Cálculo y diseño de líneas Eléctricas de Alta Tensión

CÁLCULO Y DISEÑO DE LÍNEAS ELÉCTRICAS DE ALTA TENSIÓN

APLICACIÓN AL REGLAMENTO DE LÍNEAS DE ALTA TENSIÓN (RLAT)

REAL DECRETO 223/2008 DE 15 DE FEBRERO

Pascual Simón Comín

Laboratorio Central Oficial de Electrotecnia (LCOE)

Universidad Nacional de Educación a Distancia (UNED)

Fernando Garnacho Vecino

Laboratorio Central Oficial de Electrotecnia (LCOE)

Escuela Universitaria de Ingeniería Técnica Industrial

Universidad Politécnica de Madrid

Jorge Moreno Mohíno

Laboratorio de Medidas Magnéticas (LMM)

Escuela Universitaria de Ingeniería Técnica Industrial

Universidad Politécnica de Madrid

Alberto González Sanz

Negocios Regulados de Electricidad

Gestor de Red de Electricidad-Normativa y Diseño de Red

Gas Natural Fenosa

CÁLCULO Y DISEÑO DE LÍNEAS ELÉCTRICAS DE ALTA TENSIÓN
Aplicación al Reglamento de Líneas de Alta Tensión (RLAT)

Pascual Simón Comín
Fernando Garnacho Vecino
Jorge Moreno Mohíno
Alberto González Sanz

IBERGARCETA PUBLICACIONES, S.L., Madrid, 2011
ISBN: 978-84-9281-286-8

Edición: 1ª
Impresión: 1ª
Nº de páginas: 914
Formato: 20×26
Materia CDU: 621.3 Ingeniería eléctrica. Electrotecnia.

CÁLCULO Y DISEÑO DE LÍNEAS ELÉCTRICAS DE ALTA TENSIÓN.

Aplicación al Reglamento de Líneas de Alta Tensión (RLAT)
ISBN: 978-84-9281-286-8

© Pascual Simón Comín, Fernando Garnacho Vecino,
    Jorge Moreno Mohíno, Alberto González Sanz
© Gas Natural Fenosa

COPYRIGHT © 2011 IBERGARCETA PUBLICACIONES, S.L.
info@garceta.es

Edición: 1.ª. Impresión: 1.ª
Depósito legal: M- 26262-2011

Impresión: Imprenta Valle del Tiétar

OI: 0360/2025

IMPRESO EN ESPAÑA-PRINTED IN SPAIN

CONTENIDO

AUTORES... XV
PRÓLOGO.. XVII
INTRODUCCIÓN... XIX

1. CÁLCULO ELÉCTRICO DE LÍNEAS....................................... **2**

1.1. Introducción a los tipos de conductores empleados en las líneas aéreas
    de alta tensión.. 4
    1.1.1. Conductores desnudos... 4
    1.1.2. Conductores de altas prestaciones térmicas.................... 11
    1.1.3. Cables unipolares aislados reunidos en haz.................... 13
    1.1.4. Conductores recubiertos... 14
1.2. Cálculo eléctrico.. 16
    1.2.1. Intensidad máxima admisible en los conductores............. 16
        1.2.1.1. Cálculo de la intensidad máxima admisible por densidad de
            corriente... 16
        1.2.1.2. Cálculo de la intensidad máxima admisible por transferencia
            de calor... 17
    1.2.2. Parámetros eléctricos de la línea............................... 23
        1.2.2.1. Resistencia serie... 23
        1.2.2.2. Reactancia inductiva serie................................ 27
            1.2.2.2.1. Reactancia inductiva de líneas aéreas............... 27
            1.2.2.2.2. Reactancia inductiva de líneas con cables aislados
                apantallados... 42
        1.2.2.3. Susceptancia capacitiva................................... 44
            1.2.2.3.1. Susceptancia capacitiva de líneas aéreas............. 45
            1.2.2.3.2. Susceptancia capacitiva de cables aislados......... 57
        1.2.2.4. Conductancia... 59

1.2.3. Caída de tensión en régimen permanente.. 61
    1.2.3.1. Cálculo de caída de tensión en línea corta (distribución)........ 61
    1.2.3.2. Cálculo de caída de tensión en línea de longitud media
        (distribución y transporte)... 63
    1.2.3.3. Cálculo de caída de tensión en línea larga (transporte).
        Ecuaciones de la línea en parámetros distribuidos................. 65
1.2.4. Pérdidas de potencia.. 71
    1.2.4.1. Pérdidas de potencia por efecto Joule.................................... 71
    1.2.4.2. Pérdidas de potencia por efecto corona................................ 72
1.3. Ejemplo de cálculo eléctrico de línea corta de circuito simple.................... 80
1.4. Ejemplo de cálculo eléctrico de línea corta de doble circuito..................... 84
1.5. Ejemplo de cálculo eléctrico de línea larga.. 89
1.6. Ejemplo de cálculo del efecto corona.. 100
    1.6.1. Cálculo del campo crítico.. 101
    1.6.2. Cálculo de la matriz de coeficientes de potencial............................. 102
    1.6.3. Cálculo del campo eléctrico en la superficie del conductor............... 105
1.7. Cálculo eléctrico de aisladores.. 107
    1.7.1. Tipos de aisladores, características, ventajas e inconvenientes y
        criterios de selección... 107
    1.7.2. Ejemplo de cálculo eléctrico de cadena de aisladores vidrio............ 115
1.8. Protección de las líneas contra sobretensiones.. 118
    1.8.1. Sobretensiones en líneas eléctricas de alta tensión.......................... 118
    1.8.2. Aspectos generales del procedimiento de coordinación de
        aislamiento.. 123
    1.8.3. Apantallamiento de las líneas aéreas... 131
        1.8.3.1. Modelo electrogeométrico... 132
        1.8.3.2. Modelo electrogeométrico con cable de guarda................. 134
    1.8.4. Pararrayos de resistencia variable sin explosor................................ 139
    1.8.5. Criterios de selección de los pararrayos... 144
    1.8.6. Ejemplo de selección de pararrayos en una transición..................... 151
Ejercicios propuestos.. 156
Glosario de términos... 158
Bibliografía... 166

2 CÁLCULO MECÁNICO DE CONDUCTORES... 168
2.1. Introducción al cálculo mecánico de conductores...................................... 170
2.2. Objetivos del cálculo mecánico y ecuación de cambio de condiciones........ 180
    2.2.1. Objetivos del cálculo mecánico.. 180
    2.2.2. Aplicación de la ecuación de cambio de condiciones........................ 185
        2.2.2.1. Caso de un único vano a nivel.. 188
        2.2.2.2. Caso de un solo vano desnivelado (método de Truxá)......... 189

2.2.2.3. Caso de un solo vano desnivelado (método de Truxá), considerando la acción del viento sobre la curva de equilibrio.. 191

2.2.2.4. Caso de un cantón con vanos a nivel............................. 191

2.2.2.5. Caso de un cantón con vanos a distinto nivel.......................... 194

2.2.2.6. Desequilibrio de tracciones en los vanos de un cantón........... 197

2.3. Prescripciones del RLAT para el cálculo mecánico de conductores............ 199

2.3.1. Cálculo mecánico de conductores desnudos o recubiertos................ 199

2.3.1.1. Acciones a considerar.. 199

2.3.1.2. Hipótesis de cálculo.. 200

2.3.2. Cálculo mecánico de conductores unipolares aislados reunidos en haz... 206

2.3.2.1. Acciones a considerar.. 206

2.3.2.2. Hipótesis de cálculo.. 206

2.4. Cálculo del coeficiente de sobrecarga del conductor............................ 210

2.4.1. Valores reglamentarios de los coeficientes de sobrecarga................ 210

2.4.1.1. Sobrecargas de viento en zonas A, B y C.......................... 210

2.4.1.2. Sobrecargas de hielo, para líneas de 1ª, 2ª y 3ª categoría, en zonas B y C... 211

2.4.1.3. Sobrecargas combinadas de hielo y viento, para líneas de categoría especial, en zonas B y C.................................... 212

2.4.2. Ejemplos de cálculo de coeficientes de sobrecarga........................ 213

2.4.2.1. Conductor emplazado en línea de 3ª categoría..................... 213

2.4.2.2. Conductor emplazado en línea de categoría especial.............. 213

2.5. Comparación de los modelos de la catenaria, parábola y el método de Truxá en un vano desnivelado.. 215

2.5.1. Resolución mediante las ecuaciones de la catenaria....................... 216

2.5.2. Resolución mediante el método de Truxá.................................. 218

2.5.3. Resolución utilizando la parábola considerando el vano a nivel........ 219

2.6. Ejemplo de cálculo mecánico de vano a nivel.................................... 221

2.7. Ejemplo de cálculo mecánico de vano desnivelado.............................. 232

2.7.1. Resolución sin tener en cuenta el desplazamiento de la curva de equilibrio debida a la acción del viento.................................... 233

2.7.2. Resolución teniendo en cuenta el desplazamiento de la curva de equilibrio del conductor debida a la acción del viento.................... 241

2.7.3. Resolución teniendo en cuenta el desplazamiento de la curva de equilibrio debida a la acción del viento con un viento excepcional de 150 km/h.. 250

2.8. Ejemplo de cálculo mecánico de un cantón de línea............................. 258

2.9. Ejemplo de cálculo mecánico de un cantón de línea de categoría especial.. 270

2.9.1. Cálculo mecánico del conductor de fase................................... 270

2.9.2. Cálculo mecánico del conductor de tierra.................................. 281

2.10. Repotenciación de una línea utilizando conductores de alta temperatura... 296

2.10.1. Introducción.. 296

2.10.2. Ejemplo de cálculo de una línea de 1.ª categoría con conductor
LA-280 o alternativamente conductor GTACSR 260..................... 298

2.10.2.2. Cálculos mecánicos correspondientes al conductor
GTACSR 260.. 303

2.10.2.3. Verificación de las condiciones de utilización del nuevo
conductor... 306

2.10.2.4. Estudio de las pérdidas de potencia y caídas de tensión........ 307

2.11. Ejemplo de cálculo mecánico con cables unipolares aislados reunidos
en haz.. 308

Ejercicios propuestos.. 316

Cuestiones... 318

Glosario de términos.. 319

Bibliografía... 320

3. CÁLCULO DE APOYOS.. **322**

3.1. Introducción al cálculo mecánico de apoyos...................................... 324

3.2. Tipos de apoyos para líneas aéreas de alta tensión.............................. 324

3.2.1 Apoyos metálicos.. 324

3.2.1.1. Apoyos de presilla.. 324

3.2.1.2. Apoyos de celosía... 327

3.2.1.2.1. Apoyos de celosía según UNE 207017.................... 327

3.2.1.2.2. Apoyos de celosía para líneas de más de 30 kV........ 336

3.2.1.3. Apoyos de chapa.. 341

3.2.1.3.1. Apoyos de chapa según UNE 207018.................... 341

3.2.1.3.2. Apoyos de chapa para líneas de más de 30 kV........ 350

3.2.2. Apoyos de hormigón... 352

3.2.2.1. Apoyos de hormigón vibrado (tipo HV) según UNE 207016.. 352

3.2.2.2. Apoyos de hormigón vibrado hueco (tipo HVH) según UNE
207016.. 357

3.3 Cálculo mecánico de apoyos... 362

3.3.1 Cargas verticales sobre el apoyo... 389

3.3.2 Esfuerzos longitudinales.. 392

3.3.2.1 Esfuerzos longitudinales por desequilibrio de tracciones........ 392

3.3.2.2 Esfuerzos longitudinales por rotura de conductores................ 394

3.3.3. Esfuerzos transversales.. 395

3.3.4. Esfuerzos debidos a la resultante de ángulo............................. 397

3.3.5. Cálculo de esfuerzos equivalentes cambiando su punto de
aplicación.. 398

3.3.5.1. Apoyos de presilla según RU 6704 A............................... 399

3.3.5.2. Apoyos de celosía según UNE 207017............................. 402

3.3.5.3. Otros apoyos de celosía empleados para líneas de
$30\,\text{kV} < U_n \leq 66\,\text{kV}$... 409

3.3.5.4. Apoyos de chapa según UNE 207018.. 410

3.3.5.5. Apoyos de hormigón vibrado según UNE 207016......................... 415

3.3.6 Resultante de los esfuerzos longitudinales y transversales. Esfuerzo equivalente en una sola dirección.. 420

3.4. Ejemplo de cálculo de apoyos en línea aérea de 3ª categoría simple circuito... 424

3.5. Desviación de las cadenas de aisladores... 453

3.5.1. Estudio teórico de la desviación de las cadenas de aisladores........... 453

3.5.2. Consideraciones acerca de las distancias entre el conductor y partes puestas tierra... 455

3.5.3. Ejemplo de cálculo de la desviación de la cadena de aisladores........ 459

3.6. Ejemplo de cálculo de distancias mínimas de seguridad............................ 462

3.6.1 Distancias entre conductores.. 462

3.6.2 Distancias entre conductores y partes puestas a tierra....................... 463

3.6.3 Distancias al terreno.. 464

3.6.4 Distancia a otras líneas aéreas.. 465

3.6.4.1. Cruzamientos... 465

3.6.4.2. Paralelismos... 466

3.6.5 Distancias a carreteras.. 468

3.6.5.1. Cruzamientos con carreteras..................................... 469

3.6.6 Distancias a ferrocarriles sin electrificar.. 469

3.6.6.1 Cruzamientos.. 470

3.6.7. Distancias a ferrocarriles electrificados.. 470

3.6.7.1 Cruzamientos.. 470

3.6.8. Distancias a teleféricos y cables transportadores............................. 471

3.6.8.1 Cruzamientos.. 471

3.6.9. Distancias a ríos y canales, navegables o flotables........................... 472

3.6.9.1 Cruzamientos.. 472

3.6.10 Paso por zonas... 473

3.6.10.1. Bosques, árboles y masas de arbolado...................... 475

3.6.10.2. Edificios, construcciones y zonas urbanas................. 475

3.6.10.3. Proximidad a aeropuertos... 476

3.6.10.4. Proximidad a parques eólicos................................... 476

3.6.10.5. Proximidades a obras... 476

3.7. Ejemplo de cálculo de apoyos en línea aérea de 3ª categoría doble circuito   477

3.8. Ejemplo de cálculo mecánico de apoyos que sustentan conductores unipolares aislados reunidos en haz.. 506

3.9. Ejemplo de cálculo de apoyos en línea aérea de 2ª categoría....................... 519

3.9.1. Comprobación de las dimensiones de los apoyos a utilizar.............. 528

3.9.1.1. Distancia entre conductores....................................... 528

3.9.1.2. Altura libre de los apoyos.. 529

3.9.1.3. Distancia entre los conductores de fase y las partes puestas a tierra... 530

3.9.2. Cálculo mecánico de apoyos... 532

3.10. Ejemplo de cálculo de apoyos en línea de aérea de categoría especial....... 585
    3.10.1. Comprobación de las dimensiones de los apoyos a utilizar............. 593
        3.10.1.1. Distancia entre conductores... 593
        3.10.1.2. Altura libre de los apoyos.. 594
        3.10.1.3. Distancia entre los conductores de fase y las partes puestas
                a tierra.. 595
    3.10.2. Cálculo mecánico de apoyos.. 596
Ejercicios propuestos.. 657
Glosario de términos... 660
Bibliografía.. 661

4. CÁLCULO DE CIMENTACIONES... 662
    4.1. Introducción al cálculo de cimentaciones... 664
    4.2. Cimentaciones monobloque.. 666
        4.2.1. Cálculo de la estabilidad del apoyo.. 669
    4.3. Cimentaciones de macizos independientes o de patas separadas................. 673
        4.3.1. Comprobación al arranque.. 673
        4.3.2. Comprobación a compresión... 681
        4.3.3. Comprobación de la adherencia entre anclaje y cimentación............ 683
            4.3.3.1. Cálculo de la adherencia... 685
            4.3.3.2. Cálculo a cortadura de los tornillos del casquillo.................... 686
    4.4. Ejemplos de cálculo de cimentaciones.. 687
        4.4.1. Ejemplo de cálculo de cimentación monobloque............................ 687
        4.4.2. Ejemplo de cálculo de cimentación prismática de macizos
            independientes... 692
Ejercicios propuestos.. 698
Glosario de términos... 700
Bibliografía.. 701

5. CÁLCULO DE PUESTAS A TIERRA DE LOS APOYOS............................. 702
    5.1. Cálculo de puestas a tierra.. 704
        5.1.1 Introducción.. 704
        5.1.2 Circulación de corrientes por el terreno: potenciales y gradientes...... 705
        5.1.3. Partes de la instalación de puesta a tierra de un apoyo..................... 712
        5.1.4. Prescripciones generales de seguridad.. 712
        5.1.5. Proyecto de una instalación de puesta a tierra................................. 719
        5.1.6 Intensidad de defecto a tierra e intensidad de puesta a tierra............. 729
        5.1.7. Cálculo del factor de reducción en líneas aéreas con cables de tierra 734

5.1.8. Cálculo de la intensidad de defecto a tierra en líneas de tercera categoría.. 740

5.2. Ejemplo de cálculo de puesta a tierra en línea aérea de 3ª categoría con neutro impedante y neutro aislado.. 743

    5.2.1. Caso del transformador de la subestación con neutro a tierra........... 743

        5.2.1.1. Diseño de la puesta a tierra de los apoyos no frecuentados..... 743

        5.2.1.2. Diseño de la puesta a tierra de los apoyos frecuentados......... 744

    5.2.2. Caso del transformador de la subestación con neutro aislado........... 749

        5.2.2.1. Diseño de la puesta a tierra de los apoyos no frecuentados..... 749

        5.2.2.2. Diseño de la puesta a tierra de los apoyos frecuentados......... 749

5.3. Ejemplo de cálculo de puesta a tierra en línea aérea de 2ª categoría, con cable de tierra y sin cable de tierra.. 752

    5.3.1. Caso de que la línea no esté equipada con cables de tierra.............. 754

        5.3.1.1. Diseño de la puesta a tierra de los apoyos no frecuentados..... 756

        5.3.1.2. Diseño de la puesta a tierra de los apoyos frecuentados......... 757

    5.3.2. Caso de que la línea esté equipada con cables de tierra.................. 760

        5.3.2.1. Diseño de la puesta a tierra de los apoyos no frecuentados..... 762

        5.3.2.2. Diseño de la puesta a tierra de los apoyos frecuentados......... 762

5.4. Comportamiento frente al rayo de las puestas a tierra y longitud crítica de los electrodos... 769

Ejercicios propuestos.. 779

Glosario de términos... 782

Bibliografía.. 785

6. CÁLCULO DE LÍNEAS SUBTERRÁNEAS DE ALTA TENSIÓN................... **786**

6.1. Fundamentos para el cálculo de líneas subterráneas................................. 788

    6.1.1. Introducción.. 788

    6.1.2. Tipos de configuraciones de las líneas de alta tensión con cables aislados.. 788

    6.1.3. Longitud crítica de una línea subterránea. 790

6.2. Cálculo de la intensidad admisible de un cable, en régimen permanente, sobrecarga o cortocircuito.. 795

    6.2.1. Calentamiento de un cable en régimen permanente.......................... 795

    6.2.2. Calentamiento de un cable en régimen transitorio............................ 808

        6.2.2.1. Capacidad de sobrecarga de un cable que está inicialmente descargado.. 812

        6.2.2.2. Capacidad de sobrecarga de un cable que está inicialmente cargado con una intensidad, i_1..................................... 814

        6.2.2.3. Carga de emergencia de corta duración............................. 815

        6.2.2.4. Carga cíclica diaria.. 816

    6.2.3. Intensidad admisible en régimen de cortocircuito............................ 817

6.3. Ejemplo de cálculo eléctrico de línea de alimentación a un centro de transformación del cliente... 821

6.4. Ejemplo de cálculo eléctrico de una red de distribución de compañía entre dos subestaciones... 829

6.5. Puesta a tierra de las pantallas en cables de alta tensión........................... 837

   6.5.1. Introducción... 837

   6.5.2. Forma de conexión de las pantallas de los cables aislados................ 840

      6.5.2.1. Sistema de puesta a tierra *solid bonding* (SB), o con puesta a tierra en ambos extremos del cable................................... 840

      6.5.2.2. Sistema de puesta a tierra en un solo punto, en *single-point* (SP) o *mid-point* (MP).. 842

      6.5.2.3. Sistema de puesta a tierra con transposición de pantallas *cross-bonding* (CB)... 843

      6.5.2.4. Sistema de puesta a tierra con transposición solo de conductores, pero no de pantallas................................... 845

   6.5.3. Cálculo de las tensiones inducidas para una disposición en SB......... 846

      6.5.3.1. Cálculo de las tensiones inducidas en régimen trifásico......... 850

         6.5.3.1.1. Cálculo de las tensiones inducidas en régimen trifásico para una disposición en capa...................... 852

         6.5.3.1.2. Cálculo de las tensiones inducidas en régimen trifásico para una disposición al tresbolillo............... 853

      6.5.3.2. Cálculo de las tensiones inducidas para cortocircuito monofásico... 855

         6.5.3.2.1. Tensiones inducidas en cortocircuito monofásico, con el cable instalado entre subestaciones................ 856

         6.5.3.2.2. Tensiones inducidas en cortocircuito monofásico, con el cable instalado en sifón para una falta lejana. 858

         6.5.3.2.3. Tensiones inducidas en cortocircuito monofásico, con el cable instalado con un extremo en subestación y el otro en sifón…….................. 859

         6.5.3.2.4. Tensiones inducidas en cortocircuito monofásico con el cable instalado en sifón para una falta próxima a uno de los extremos del cable................ 861

         6.5.3.2.5. Ejemplo de cálculo de sobretensiones para el cortocircuito monofásico................................ 862

   6.5.4. Formas especiales de conexión de pantallas y criterios de selección de los protectores de sobretensiones....................................... 863

   6.5.5. Pérdidas de potencia activa por corrientes de circulación por las pantallas... 865

      6.5.5.1. Pérdidas de potencia activa para cables con pantallas conectadas en SB... 867

      6.5.5.2. Pérdidas de potencia activa para cables con pantallas conectadas en CB... 872

         6.5.5.2.1. Disposición en capa..................................... 872

         6.5.5.2.2. Disposición al tresbolillo............................... 873

6.6. Cálculo del campo magnético en el entorno de líneas subterráneas.
Comparación con línea aérea.. 874

    6.6.1. Introducción.. 874

    6.6.2. Configuraciones típicas de las líneas eléctricas subterráneas............. 876

    6.6.3. Variación del campo magnético en las configuraciones típicas de
        las líneas eléctricas subterráneas.. 879

    6.6.4. Comparación del campo magnético creado por una línea aérea y
        una línea subterránea.. 889

Ejercicios propuestos.. 892

Glosario de términos.. 896

Bibliografía.. 899

AUTORES

Pascual Simón Comín. Doctor Ingeniero Industrial. Profesor asociado del Departamento de Ingeniería Eléctrica, Electrónica, y de Control de la UNED. Director de Departamento del Laboratorio Central Oficial de Electrotecnia (LCOE) de la Fundación para el Fomento de la Innovación Industrial de la Universidad Politécnica de Madrid.

Fernando Garnacho Vecino. Doctor Ingeniero Industrial. Catedrático del Departamento de Ingeniería Eléctrica de la Escuela Universitaria de Ingeniería Técnica Industrial de la Universidad Politécnica de Madrid. Director de Departamento del Laboratorio Central Oficial de Electrotecnia (LCOE) de la Fundación para el Fomento de la Innovación Industrial de la Universidad Politécnica de Madrid.

Jorge Moreno Mohíno. Doctor Ingeniero Industrial. Catedrático del Departamento de Ingeniería Eléctrica de la Escuela Universitaria de Ingeniería Técnica Industrial de la Universidad Politécnica de Madrid. Director del Laboratorio de Medidas Magnéticas (LMM) de la Fundación General de la Universidad Politécnica de Madrid.

Alberto González Sanz. Ingeniero Industrial. Departamento de Diseño e Innovación en Subestaciones y Cables de Gas Natural Fenosa.

PRÓLOGO

En la era tecnológica actual en que presenciamos continuamente cruciales avances en campos que abarcan desde la microbiología a la astronomía, tan fascinantes como ineludibles, en el ámbito de la energía se afronta hoy uno de los más importantes retos tecnológicos: su contribución a un mundo más sostenible, soportada en tres pilares básicos, como son respeto al medio ambiente, la eficiencia energética y la seguridad de suministro.

En este sentido, junto con la imprescindible concienciación y sensibilización de la sociedad sobre un consumo más racional de la energía, y junto con el fomento del desarrollo de energías más limpias, no se deben olvidar los imprescindibles requerimientos de calidad, continuidad y seguridad que hoy en día requiere del suministro energético nuestra sociedad.

Por ello, GAS NATURAL FENOSA se complace, una vez más, en la promoción y difusión de textos que permitan, a sus lectores, adquirir o afianzar los conocimientos técnicos necesarios y la aplicación práctica de los mismos, y que posibiliten llevar a cabo, con el rigor necesario, las actividades de diseño, proyecto, construcción o mantenimiento de instalaciones eléctricas.

El presente libro, pretende así ser una herramienta complementaria del promovido en su día, por UNION FENOSA Distribución, "Reglamento de Líneas de Alta Tensión y sus fundamentos técnicos", donde se difundía el citado reglamento, recién publicado, y se ilustraban los principios y fundamentos técnicos en los que se basan algunas de sus prescripciones.

Las líneas eléctricas conforman el sistema vascular de la infraestructura eléctrica, el elemento básico de conexión entre generación y consumo. El texto que tiene entre sus manos pretende facilitar al lector la comprensión de sus aspectos esenciales de diseño y construcción, a través de ejemplos prácticos y reales. Ha sido redactado, me consta, por sus autores, con intensa dedicación y fundado conocimiento de la materia y, también, con una aguda y pragmática percepción de las necesidades reales del lector que se enfrenta a este reto. Por ello, pretende, y a buen seguro conseguirá, convertirse en una referencia básica, para aquellos profesionales que hayan de desenvolver su actividad en este campo.

No quisiera dejar de recalcar la experiencia aportada por cada uno de los autores en los diferentes ámbitos, (universidad, laboratorio, empresa distribuidora eléctrica), que representa un excelente ejemplo de cooperación en aras de un objetivo común: un texto que resulte útil y enriquecedor, de cara a una aplicación práctica del Reglamento de Líneas de Alta Tensión, contribuyendo así a la mejora continua, en el diseño y construcción de las nuevas infraestructuras que constituirán el sistema eléctrico del futuro.

Junio de 2011

Blanca Losada Martín
Directora de Gestor de Red de Electricidad,
Gas Natural Fenosa

INTRODUCCIÓN

En marzo de 2008 se publicó el nuevo Reglamento sobre condiciones técnicas y garantías de seguridad en líneas eléctricas de alta tensión (RLAT), que amplía los requisitos eléctricos y mecánicos aplicables al cálculo de las líneas aéreas. En su campo de aplicación incluye las líneas subterráneas de alta tensión. Consecuentemente, surge la necesidad de que estudiantes de ingeniería, proyectistas, ingenieros, profesionales, instaladores e inspectores apliquen de forma práctica, las exigencias reglamentarias al diseño y construcción de cualquier tipo de línea, independientemente de que sea aérea o subterránea.

Los numerosos textos que tratan de las técnicas de la alta tensión o de la construcción de líneas, bien no están actualizados con los nuevos requisitos de cálculo del RLAT, bien tienen un enfoque excesivamente teórico, que dificulta sobremanera su aplicación a los problemas reales de ingeniería con los que se enfrenta el profesional eléctrico. Con el fin cubrir el vacío existente y gracias a la decidida iniciativa de GASNATURAL FENOSA, los autores aceptaron el desafío de escribir un texto que, sin perder rigor al explicar los fundamentos teóricos de los distintos modelos eléctricos y formulaciones matemáticas, tuviera por objetivo fundamental abordar los aspectos fundamentales del diseño de líneas eléctricas de alta tensión mediante la resolución detallada de ejemplos prácticos.

El libro está estructurado en seis capítulos dedicados al diseño eléctrico de líneas, cálculo mecánico de conductores, apoyos, cimentaciones, diseño de instalaciones depuesta a tierra y cálculo de líneas subterráneas, no existe ningún otro libro que reúna de forma tan detallada y con un enfoque tan eminentemente práctico todos los aspectos relacionados con el diseño de líneas de alta tensión. Cada capítulo contiene el estado del arte relacionado, los principios básicos de cálculo, una serie extensa de ejemplos resueltos, ejercicios propuestos para su resolución, glosario de términos y bibliografía.

Mediante esta estructura, se pretende facilitar al lector profesional o al estudiante relacionado con el diseño, ejecución, mantenimiento o revisión de las líneas de alta tensión, la aplicación de las técnicas de la alta tensión al diseño de líneas según los requisitos e hipótesis de cálculo establecidos por el RLAT. De esta forma, se aplica el reglamento del R.D. 223/2008, evitando la extrema dificultad que conlleva la lectura y comprensión de un texto técnico de esta extensión y complejidad.

En el libro destacan, por su originalidad y novedad, los capítulos y apartados dedicados, por ejemplo, al cálculo mecánico de apoyos según las hipótesis del nuevo reglamento de líneas eléctricas de alta tensión, al cálculo eléctrico del efecto corona, comparando las tradicionales fórmulas de Peek con otros métodos más modernos; a la repotenciación de líneas aéreas mediante la utilización de conductores de altas prestaciones térmicas; a la comprobación de la adherencia entre anclaje y cimentación; al diseño de instalaciones de puesta a tierra de apoyos en líneas equipadas con y sin cable de tierra, teniendo en cuenta las prescripciones del nuevo reglamento respecto a tensiones de paso y contacto; a los sistemas de puesta a tierra de las pantallas en los cables subterráneos; a la capacidad de transporte permanente y transitoria admisible en las líneas; o al cálculo de los campos magnéticos creados por estas.

El libro está concebido según los principios del Espacio Europeo de Educación Superior, establecidos por el Plan Bolonia, de forma que puede ser utilizado por los estudiantes de Ingeniería de Grado, por lo que facilita que el alumno realice ejercicios de autoevaluación para controlar y medir su proceso de aprendizaje.

Los autores han aportado al texto su amplia experiencia docente como profesores en las Escuelas de Ingeniería de la Universidad Politécnica de Madrid (UPM) o de la Universidad Nacional de Educación a Distancia (UNED), y su experiencia profesional como expertos técnicos del Laboratorio Central Oficial de Electrotecnia (LCOE) de la FFII, del Laboratorio de Medidas Magnéticas (LMM) de la UPM, así como en el Diseño de Innovación de Subestaciones y Cables en GAS NATURAL FENOSA. Los autores quieren resaltar que ha sido GAS NATURAL FENOSA quien ha sabido dirigir y coordinar sus esfuerzos, de forma que el texto final ha sido mucho más completo y extenso de lo que se pensó inicialmente. Por ello, quieren agradecer a D. Julio Gonzalo García, Subdirector responsable de Normativa y Diseño de Red, de GASNATURAL FENOSA, su intensa dedicación en las labores de promoción y difusión del libro que usted lector tiene entre sus manos.

Los autores quieren agradecer las distintas aportaciones realizadas por profesores y profesionales relacionados con el ámbito de la ingeniería y de las técnicas de la alta tensión. En particular, agradecen a D. Antonio Pastor Gutiérrez, Catedrático en el Departamento de Ingeniería Eléctrica de la ETSI. Industriales de la U.P.M., las clases y conocimientos transmitidos a los autores, a D. Julián Pecharromán Sacristán, Catedrático en el Departamento de Ingeniería Mecánica de la EUIT. Industrial de la U.P.M., sus aportaciones en el diseño y cálculo de cimentaciones, a D. Gregorio Denche Castejón, profesor asociado en el Departamento de Ingeniería Eléctrica de la E.U.I.T. Industrial de la U.P.M., y técnico del Departamento de Ingeniería de Líneas de Red Eléctrica de España por sus comentarios sobre el diseño de líneas aéreas, a D. Daniel García Puertas, profesor asociado en el Departamento de Ingeniería Eléctrica de la E.U.I.T. Industrial de la U.P.M., y técnico responsable del diseño de líneas de alta tensión de FEMAB, por sus aportaciones en el cálculo mecánico de líneas aéreas y a D. Abdherrahim Khamlichi, profesor asociado en el Departamento de Ingeniería Eléctrica de la E.U.I.T. Industrial de la U.P.M., y técnico del Departamento de Alta Tensión del L.C.O.E. por sus estudios sobre coordinación de aislamiento y cálculo de sobretensiones en pantallas.

Asimismo, los autores quieren agradecer las consideraciones realizadas por D. Francisco Amo Alemañ y D. Iñaki Belakortu Arandia, del Departamento de Normalización de líneas eléctricas de alta tensión de Iberdrola Distribución, sobre el cálculo mecánico de líneas y el diseño de instalaciones de puesta a tierra, respectivamente, merceda su amplia experiencia profesional acreditada en el diseño de líneas de alta tensión. Finalmente, los autores quieren agradecer a D. Francisco Miguel González Clemente de Imedexsa, sus comentarios de índole práctica sobre el cálculo de apoyos, cimentaciones y el cumplimiento de las distancias de seguridad internas de las líneas.

Juniio de 2011   **Los autores,**

Pascual Simón Comín
Fernando Garnacho Vecino
Jorge Moreno Mohíno
Alberto González Sanz

Capítulo **1**

Cálculo eléctrico de líneas

OBJETIVOS

- Dar a conocer los diferentes tipos de conductores utilizados en líneas aéreas de alta tensión.

- Comprender el cálculo eléctrico de todos los aspectos relevantes en las líneas de alta tensión, en particular, la intensidad máxima admisible en los conductores, los parámetros eléctricos de la línea, la caída de tensión en régimen permanente y la pérdida de potencia por efecto Joule y por efecto corona.

- Que el lector se familiarice con los tipos de aisladores utilizados, los principios de coordinación de aislamiento, así como el apantallamiento de las líneas con cables de tierra y los criterios de selección de los pararrayos.

SIMULACIÓN

- Hojas de cálculo en Excel.
- Programas desarrollados en Mathcad.

CONOCIMIENTOS FUNDAMENTALES PREVIOS

Se requieren conocimientos fundamentales de electromagnetismo, así como de teoría de circuitos y cálculo vectorial y matricial.

Contenido del Capítulo

1.1. Introducción a los tipos de conductores empleados en las líneas aéreas de alta tensión
  1.1.1. Conductores desnudos
  1.1.2. Conductores de altas prestaciones térmicas
  1.1.3. Cables unipolares aislados reunidos en haz
  1.1.4. Conductores recubiertos

1.2. Cálculo eléctrico
  1.2.1. Intensidad máxima admisible en los conductores
    1.2.1.1. Cálculo de la intensidad máxima admisible por densidad de corriente
    1.2.1.2. Cálculo de la intensidad máxima admisible por transferencia de calor
  1.2.2. Parámetros eléctricos de la línea
    1.2.2.1. Resistencia serie
    1.2.2.2. Reactancia inductiva serie
    1.2.2.3. Susceptancia capacitiva
    1.2.2.4. Conductancia
  1.2.3. Caída de tensión en régimen permanente
    1.2.3.1. Cálculo de caída de tensión en línea corta (distribución)
    1.2.3.2. Cálculo de caída de tensión en línea de longitud media (distribución y transporte)
    1.2.3.3. Cálculo de caída de tensión en línea larga (transporte). Ecuaciones de la línea en parámetros distribuidos.
  1.2.4. Pérdidas de potencia
    1.2.4.1. Pérdidas de potencia por efecto Joule
    1.2.4.2. Pérdidas de potencia por efecto corona

1.3. Ejemplo de cálculo eléctrico de línea corta simple circuito

1.4. Ejemplo de cálculo eléctrico de línea corta doble circuito

1.5. Ejemplo de cálculo eléctrico de línea larga

1.6. Ejemplo de cálculo del efecto corona
  1.6.1. Cálculo del campo crítico
  1.6.2. Cálculo de la matriz de coeficientes de potencial
  1.6.3. Cálculo del campo eléctrico en la superficie del conductor

1.7. Cálculo eléctrico de aisladores
  1.7.1. Tipos de aisladores, características, ventajas e inconvenientes y criterios de selección
  1.7.2. Ejemplo de cálculo eléctrico de cadena de aisladores vidrio

1.8. Protección de las líneas contra sobretensiones
  1.8.1. Sobretensiones en líneas eléctricas de alta tensión
  1.8.2. Aspectos generales del procedimiento de coordinación de aislamiento
  1.8.3. Apantallamiento de las líneas aéreas
    1.8.3.1. Modelo electrogeométrico
    1.8.3.2. Modelo electrogeométrico con cable de guarda
  1.8.4. Pararrayos de resistencia variable sin explosor
  1.8.5. Criterios de selección de los pararrayos

1.1. INTRODUCCIÓN A LOS TIPOS DE CONDUCTORES EMPLEADOS EN LAS LÍNEAS AÉREAS DE ALTA TENSIÓN

Los conductores utilizados en las líneas aéreas de alta tensión pueden ser desnudos, recubiertos o aislados reunidos en haz.

En la mayoría de las líneas aéreas se utilizan conductores desnudos. Los más utilizados son los bimetálicos «AL1/ST1A», antiguamente denominados «LA», formados con alambres internos de acero y externos de aluminio. También se utilizan otros materiales como la aleación de aluminio denominada comercialmente «almelec» o tipo «AL3», que admiten una temperatura máxima de funcionamiento de 85 ºC en régimen normal y de 100 ºC para situaciones de sobrecarga o emergencia.

Modernamente se utilizan también conductores desnudos de altas prestaciones térmicas capaces de funcionar permanentemente a temperaturas elevadas (de 150 a 250 ºC), con lo cual se puede incrementar la capacidad de transporte de una línea existente sin necesidad de sustituir los apoyos por otros de mayor altura y resistencia mecánica.

Los conductores recubiertos o unipolares aislados reunidos en haz se utilizan sólo para líneas de tensión nominal, $U_n \leq 30$ kV, en casos especiales de fuertes vientos, de protección de la avifauna, en zonas boscosas o de elevada polución, o en instalaciones provisionales.

1.1.1. Conductores desnudos

Los conductores desnudos más utilizados en la construcción de líneas eléctricas de alta tensión son cables formados por alambres redondos, aunque en ocasiones se trefilan con otras formas como la trapezoidal o con un perfil en «Z», con lo cual se consigue un cable más compacto, con el mismo diámetro exterior, pero con menor resistencia eléctrica (entre un 15% y un 20% menor).

El metal más utilizado en su fabricación es el aluminio o alguna de sus aleaciones, que ha sustituido al cobre por sus ventajas de menor peso y precio. Los conductores de cobre son muy resistentes a la corrosión cuando se instalan en ambientes muy agresivos, pero incluso en estos casos se pueden sustituir por otros cables, por ejemplo, del tipo LARL, también resistentes a la corrosión y más baratos.

En la Tabla 1.1 se indican las características más relevantes de los distintos materiales utilizados en la fabricación de conductores.

Para determinar la sección del cable a utilizar en una línea aérea no sólo hay que tener en cuenta las condiciones del cálculo eléctrico (intensidad admisible en régimen permanente, en cortocircuito o la caída de tensión), sino también hay consideraciones ligadas al cálculo mecánico del conductor.

En concreto, los conductores de mayor sección admiten tensados mayores, con lo que a pesar de su mayor peso por unidad de longitud resultan flechas menores, lo que permite utilizar apoyos de menor altura o separados por una mayor distancia. Por este motivo, es bastante habitual utilizar conductores de menores secciones en terrenos llanos, ya que se suelen proyectar vanos no muy largos. En terrenos accidentados se suelen proyectar vanos de mayores longitudes, ya que se condiciona la colocación de los apoyos a la orografía, tratando de instalarlos en los puntos de mayor altura del trazado, llegando a un mejor compromiso técnico-económico con la utilización de conductores de mayor sección al permitir tracciones mayores y menores flechas.

Tabla 1.1. Características de los materiales utilizados en la fabricación de conductores

Característica		Cobre	Almelec	Aluminio	Acero
Resistividad a 20 ºC	$10^{-8}\ \Omega \cdot m$	1,72	3,26	2,82	15
Coeficiente de temperatura de la resistencia	$10^{-3} \cdot K^{-1}$	4,1	3,6	4	Despreciable
Densidad	$Kg \cdot m^{-3}$	8890	2700	2700	7800
Carga de rotura a la tracción para un alargamiento del 1%	daN/mm^2	$38 \div 45$	$32 \div 38$	$15 \div 19$	$141 \div 145$
Modulo de elasticidad	daN/mm^2	10500	6000	6000	18500
Coeficiente de dilatación lineal	$10^{-6} \cdot ºK^{-1}$	17	23	23	11,8

Conviene destacar que en los cables de tierra se han producido cambios importantes en los últimos años en cuanto a los materiales utilizados, principalmente con objeto de utilizarlos también para circuitos de telecomunicaciones. Para ello, se instalan en su interior fibras ópticas dando lugar a los cables OPGW. En ocasiones, estas fibras ópticas también se instalan en los conductores de fase, siendo los denominados cables OPPC.

A continuación se describirán algunas de las características de los cables más utilizados en España para la construcción de las líneas aéreas:

a) Cables bimetálicos de aluminio reforzados con acero galvanizado (AL1/ST1A).

b) Cables homogéneos de aleación de aluminio (AL3).

c) Cables bimetálicos de aleación de aluminio reforzados con acero galvanizado (AL3/ST1A).

d) Cables bimetálicos de aluminio reforzados con acero recubierto de aluminio (LARL).

a) Cables bimetálicos de aluminio reforzados con acero galvanizado (AL1/ST1A)

El aluminio recocido de gran pureza presenta una carga de rotura a la tracción aproximada de 16 daN/mm^2, valor insuficiente para soportar la tracción típica en una línea de alta tensión.

Para resolver este inconveniente se utilizan conductores bimetálicos de aluminio-acero, constituidos por un alma formada por uno o varios alambres de acero, alrededor de la cual se agrupan los alambres de aluminio dispuestos en una o varias capas, de forma que, los alambres internos de acero soportan la tracción mecánica y las coronas de alambres externos conducen la corriente eléctrica.

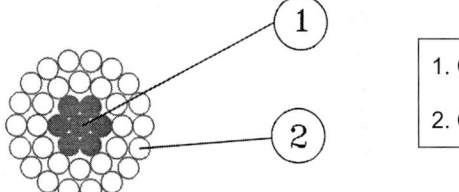

1. Conductores de acero.

2. Conductores de aluminio.

Figura 1.1. Ejemplo de conductor desnudo de aluminio-acero

Tabla 1.2. Características de los conductores de aluminio reforzados con acero, utilizados en España. Tipo AL1/ST1A

Código	Código antiguo	Sección			Nº de alambres		Diámetro del alambre		Diámetro			Masa por unidad de longitud	Resistencia a la tracción asignada	Resistencia en c.c.
		Al	Acero	Total	Al	Acero	Al	Acero	Alma	Conductor			
		mm²	mm²	mm²			mm	mm	mm	mm	Kg/km	KN	Ω/km
27-ALI/4-ST1A	LA 30	26,7	4,45	31,1	6	1	2,38	2,38	2,38	7,14	107,8	9,74	1,0736
47-ALI/8-ST1A	LA 56	46,8	7,79	54,6	6	1	3,15	3,15	3,15	9,45	188,8	16,29	0,6129
67-ALI/11-ST1A	LA 78	67,3	11,2	78,6	6	1	3,78	3,78	3,78	11,3	271,8	23,12	0,4256
94-ALI/22-ST1A	LA 110	94,2	22,0	116,2	30	7	2,00	2,00	6,00	14,0	432,5	43,17	0,3067
119-ALI/28-ST1A	LA 145	119,3	27,8	147,1	30	7	2,25	2,25	6,75	15,8	547,4	54,03	0,2423
147-ALI/34-ST1A	LA 180	147,3	34,4	181,6	30	7	2,50	2,50	7,50	17,5	675,8	64,94	0,1963
242-ALI/39-ST1A	LA 280 HAWK	241,6	39,5	281,1	26	7	3,44	2,68	8,04	21,8	976,2	84,89	0,1195
337-ALI/44-ST1A	LA 380 GULL	337,3	43,7	381,0	54	7	2,82	2,82	8,46	25,4	1274,6	107,18	0,0857
402-ALI/52-ST1A	LA 455 CONDOR	402,3	52,2	454,5	54	7	3,08	3,08	9,24	27,7	1520,5	123,75	0,0719
485-ALI/63-ST1A	LA 545 CARDINAL	484,5	62,8	547,3	54	7	3,38	3,38	10,1	30,4	1831,1	149,04	0,0597
565-ALI/72-ST1A	LA 635 FINCH	565,0	71,6	636,6	54	19	3,65	2,19	11,0	32,9	2123,0	174,14	0,0512

NOTA – La dirección de cableado de la capa externa es "a derecha" (Z).

Este tipo de cables (AL1/ST1A), son los más utilizados en España para la construcción de líneas aéreas. En la Tabla 1.2 se indican las características técnicas de los cables normalizados de este tipo.

b) Cables homogéneos de aleación de aluminio (AL3)

Esta aleación denominada comercialmente «almelec» se consigue añadiendo al aluminio pequeñas cantidades de magnesio y silicio.

Estos cables poseen una resistencia mecánica a la tracción del orden del doble que un cable de aluminio (AL1) de la misma sección con una resistencia eléctrica sólo ligeramente superior (del orden de un 20%), lo que permite fabricar cables de un solo material sin necesidad de recurrir a un alma de acero. *Véase* la Tabla 1.3.

Para la misma resistencia mecánica y eléctrica, los cables de «almelec» son más ligeros que los cables de aluminio-acero (AL1/ST1A), por lo que para las mismas condiciones de cálculo mecánico (sobrecargas y longitud de vanos) la tracción que soporta el cable de almelec será menor. Esta ventaja es especialmente importante en líneas sinuosas con apoyos de ángulo ya que los esfuerzos aplicados al apoyo resultan menores. Como inconveniente, cabe señalar que el coeficiente de dilatación lineal es mayor que para un cable bimetálico de aluminio-acero, de forma que se obtienen flechas mayores, por ejemplo en condiciones de alta temperatura y con elevada carga eléctrica en la línea.

c) Cables bimetálicos de aleación de aluminio reforzados con acero galvanizado (AL3/ST1A)

La utilización de cables bimetálicos con alma compuesta por alambres de acero y capas externas compuestas por alambres de «almelec» está destinada a zonas con sobrecargas muy elevadas de hielo, por ejemplo, en líneas de montaña, ya que su resistencia a la tracción es notablemente superior a la obtenida para los cables bimetálicos de aluminio-acero. *Véase* la Tabla 1.4.

d) Cables bimetálicos de aluminio reforzados con acero recubierto de aluminio (LARL)

En casos muy excepcionales, cuando la línea discurre por zonas muy agresivas ambientalmente, y con objeto de evitar la corrosión de los alambres de acero, se utilizan líneas con cables bimetálicos de aluminio-acero, en los que los alambres están recubiertos de aluminio con objeto de evitar su corrosión.

Antiguamente, en estos casos, se utilizaban líneas con conductores de cobre, pero su uso se ha desestimado por su elevado precio y por el elevado riesgo de robo del cable de cobre.

A continuación, en la Tabla 1.5, se pueden encontrar las principales características de este tipo de conductores LALR (aluminio-acero recubierto de aluminio).

Tabla 1.3. Características de los conductores de aleación de aluminio utilizados en España. Tipo AL3

Código	Código antiguo	Sección	Nº de alambres	Diámetro		Masa por unidad de longitud	Resistencia a la tracción asignada	Resistencia en c.c.
				Alambre	Conductor			
		mm²		mm	mm	Kg/km	KN	Ω/km
28-AL3	D 28	27,8	7	2,25	6,75	76,0	8,21	1,1817
43-AL3	D 40	43,1	7	2,80	8,40	117,7	12,72	0,7631
55-AL3	D 56	54,6	7	3,15	9,45	148,9	16,09	0,6029
76-AL3	D 80	75,5	19	2,25	11,3	207,4	22,29	0,4378
117-AL3	D 110	117,0	19	2,80	14,0	321,2	34,51	0,2827
148-AL3	D 145	148,1	19	3,15	15,8	406,5	43,68	0,2234
188-AL3	D 180	188,1	19	3,55	17,8	516,3	55,48	0,1759
279-AL3	D 280	279,3	37	3,10	21,7	769,3	82,38	0,1188
381-AL3	D 400	381,0	61	2,82	25,4	1.053,0	112,39	0,0874
454-AL3	D 450	454,5	61	3,08	27,7	1.256,1	134,07	0,0733
547-AL3	D 550	547,3	61	3,38	30,4	1.512,7	161,46	0,0608
638-AL3	D 630	638,3	61	3,65	32,9	1.764,0	188,29	0,0522

NOTA: la dirección del cableado de la capa externa es «a derecha» (Z)

Tabla 1.4. Características de los conductores de aleación de aluminio reforzado con acero, utilizados en España, tipo AL3/ST1A

Código	Código antiguo	Sección			Nº de alambres		Diámetro del alambre		Diámetro			Masa por unidad de longitud	Resistencia a la tracción asignada	Resistencia en c.c.
		Al	Acero	Total	Al	Acero	Al	Acero	Alma	Conductor				
		mm²	mm²	mm²			mm	mm	mm	mm	Kg/km	KN	Ω/km
27-AL3/4-ST1A	DA 30	26,7	4,45	31,1	6	1	2,38	2,38	2,38	7,14	107,7	12,95	1,2356
47-AL3/8-ST1A	DA 56	46,8	7,79	54,6	6	1	3,15	3,15	3,15	9,45	188,6	22,37	0,7054
67-AL3/11-ST1A	DA 78	67,3	11,2	78,6	6	1	3,78	3,78	3,78	11,3	271,6	32,21	0,4898
94-AL3/22-ST1A	DA 110	94,2	22,0	116,2	30	7	2,00	2,00	6,00	14,0	432,2	53,53	0,3530
119-AL3/28-ST1A	DA 145	119,3	27,8	147,1	30	7	2,25	2,25	6,75	15,8	547,0	67,75	0,2789
147-AL3/34-ST1A	DA 180	147,3	34,4	181,6	30	7	2,50	2,50	7,50	17,5	675,3	82,61	0,2259
226-AL3/53-ST1A	DA 280	226,4	52,8	279,3	30	7	3,10	3,10	9,30	21,7	1.038,4	124,91	0,1469

NOTA: la dirección del cableado de la capa externa es «a derecha» (Z)

Tabla 1.5. Características de los conductores tipo LARL (aluminio-acero recubierto de aluminio)

Denominación	Sección mm²			Equivalencia en cobre mm²	Diámetro mm		Composición				Carga de rotura $\frac{kgf}{daN}$	Resistencia eléctrica a 20 °C Ω/km	Masa kg/km			Módulo de elasticidad $\frac{kgf}{N}/\frac{mm^2}{mm^2}$	Coeficiente de dilatación lineal °C × 10^{-6}
	Al	Acero	Total		Alma	Total	Alambres de aluminio N°	Diámetro	Alambres de ARL N°	Diámetro			Al	ARL	Total		
LARL 30	26,7	4,4	31,1	17,5	2,38	7,14	6	2,38	1	2,38	$\frac{1.040}{1.020}$	1,0175	73,2	29,3	102,5	$\frac{7.600}{75.000}$	19,3
LARL 56	46,8	7,8	54,6	30	3,15	9,45	6	3,15	1	3,15	$\frac{1.750}{1.720}$	0,5808	128,3	51,4	179,7	$\frac{7.600}{75.000}$	19,3
LARL 78	67,4	11,2	78,6	44	3,78	11,34	6	3,78	1	3,78	$\frac{2.350}{2.300}$	0,4033	185	74	259	$\frac{7.600}{75.000}$	19,3
LARL 145	119,3	27,8	147,1	78	6,75	15,75	30	2,25	7	2,25	$\frac{5.620}{5.510}$	0,2244	330	184	514	$\frac{7.600}{75.000}$	18
LARL 180	147,3	34,3	181,6	97	7,50	17,50	30	2,50	7	2,50	$\frac{6.760}{6.630}$	0,1818	407	227	634	$\frac{7.600}{75.000}$	18
LARL HAWK	241,7	39,4	281,1	157	8,04	21,80	26	3,44	7	2,68	$\frac{8.940}{8.760}$	0,1131	667	262	929	$\frac{7.300}{72.000}$	19,1
LARL GULL	337,3	43,7	381,0	217	8,46	25,38	54	2,82	7	2,82	$\frac{11.180}{10.960}$	0,0820	932	290	1.222	$\frac{6.700}{66.000}$	19,5
LARL CONDOR	402,3	52,2	454,5	259	9,24	27,72	54	3,08	7	3,08	$\frac{13.200}{12.940}$	0,0688	1.112	345	1.457	$\frac{6.700}{66.000}$	19,5
LARL CARDINAL	484,5	62,8	547,3	312	10,14	30,42	54	3,38	7	3,38	$\frac{15.630}{15.320}$	0,0571	1.339	416	1.755	$\frac{6.700}{66.000}$	19,5
LARL FINCH	565,0	71,6	636,6	364	10,95	32,85	54	3,65	19	2,19	$\frac{18.100}{17.750}$	0,0490	1.562	475	2.037	$\frac{6.500}{64.000}$	19,6

1.1.2. Conductores de altas prestaciones térmicas

Los materiales utilizados para la fabricación de estos conductores consisten en varias combinaciones de alambres fabricados con aleaciones de aluminio y de acero. Los tipos de aluminio más utilizados para este fin son los que se recogen la tabla siguiente:

Tabla 1.6. Tipos de aleación aluminio utilizados en la fabricación de conductores de altas prestaciones térmicas

Tipo de aleación aluminio	Designación	Temperatura admisible en servicio continuo	Temperatura admisible en régimen de emergencia (*)
Térmicamente resistente	TAL	150	180
Térmicamente muy resistente	ZTAL	210	240
Aluminio totalmente recocido	1350-0	200-250	250
(*) La temperatura de operación en condiciones de emergencia no está definida normativamente, pero para aplicar esta tabla no debería superarse durante más de 10 horas por año.			

Las aleaciones de aluminio tipo TAL y ZTAL tienen la misma conductividad y resistencia mecánica que el aluminio convencional, la única diferencia es su capacidad de trabajar a altas temperaturas de forma continuada (150 °C o 210 °C) sin perder por ello, resistencia mecánica con el paso de los años.

Utilizando estos materiales se fabrican los tipos de cables que se describen a continuación:

a) TACSR o ZTACSR

Tienen la misma construcción que los clásicos AL1/ST1A (LA), sustituyendo los alambre de aluminio por alambres del tipo TAL o ZTAL, respectivamente. Estos conductores no son realmente conductores de baja flecha, ya que su coeficiente de dilatación térmica es similar a los conductores tipo LA. La única ventaja es que pueden trabajar a altas temperaturas, pero es necesario controlar la flecha.

b) TACIR o ZTACIR

Tienen la misma construcción que los clásicos AL1/ST1A (LA), sustituyendo los alambres de aluminio por alambres del tipo TAL o ZTAL respectivamente y sustituyendo también los alambres de acero por una aleación de invar (Fe, con 36% Ni). El coeficiente de dilatación térmica del invar es de entre 2,8 a $3,6 \cdot 10^{-6}$ °C^{-1}, es decir, del orden de la tercera parte que en el acero, con lo cual se consigue reducir la flecha de forma muy notable. La reducción de flecha es mucho mayor cuando el conductor trabaja por encima de los 90 °C, ya que el coeficiente de dilatación que interviene es sólo el del invar, al quedar el aluminio inerte o sin tensión mecánica por encima de esta temperatura.

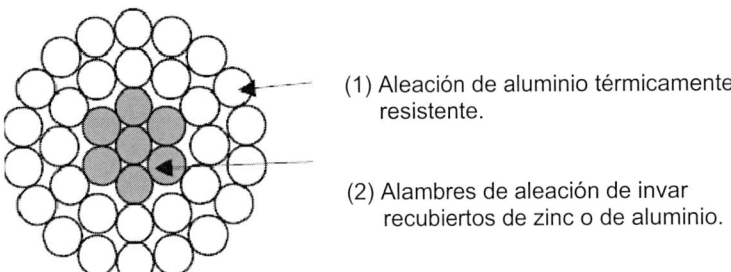

(1) Aleación de aluminio térmicamente resistente.

(2) Alambres de aleación de invar recubiertos de zinc o de aluminio.

Figura 1.2. Sección de un conductor del tipo TACIR o ZTACIR

c) GTACSR o GZTACSR

Tienen una construcción distinta a los clásicos conductores AL1/ST1A (LA). Están compuestos por capas de alambres de aleación aluminio TAL o ZTAL que rodean a un núcleo fabricado con alambres de acero galvanizado de alta resistencia.

La singularidad es que entre los alambres de acero y de aleación de aluminio existe un pequeño hueco (gap), con lo que se consigue que la tensión mecánica sea soportada sólo por los alambres de acero, aprovechando las propiedades de baja flecha del acero en todo el margen de temperaturas de funcionamiento del conductor. El hueco se rellena con una grasa resistente al calor, para reducir la fricción entre el núcleo de acero y los alambres de aleación de aluminio y para prevenir la entrada de agua. Se trata por tanto de un conductor de alta temperatura y muy baja flecha. El sistema de tendido y las grapas de fijación mecánica son especiales, lo cual supone una cierta complicación en su instalación.

Debido a que durante su instalación se tensiona sólo el núcleo de acero, manteniendo las capas de aluminio destensadas, se provoca que el punto de recocido del aluminio se sitúe a la temperatura de tendido (no a 90 ºC como para el resto de conductores), con lo cual funciona como conductor de baja flecha (con el coeficiente de dilatación térmica del acero) a partir de la temperatura de tendido. El coeficiente de dilatación térmica de un conductor LA es de $20 \cdot 10^{-6}\,{}^{\circ}C^{-1}$, mientras que, en estos conductores es el propio del acero: $11{,}8 \cdot 10^{-6}\,{}^{\circ}C^{-1}$, lo que supone una reducción casi a la mitad.

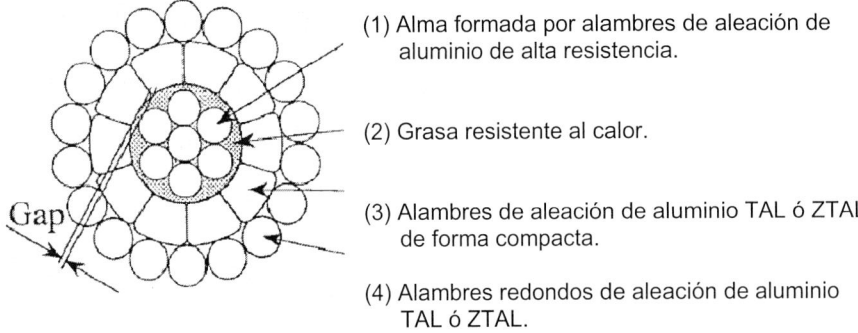

(1) Alma formada por alambres de aleación de aluminio de alta resistencia.

(2) Grasa resistente al calor.

(3) Alambres de aleación de aluminio TAL ó ZTAL de forma compacta.

(4) Alambres redondos de aleación de aluminio TAL ó ZTAL.

Figura 1.3. Sección de un conductor del tipo GTACSR o GZTACSR

En resumen, se puede afirmar que los conductores TACIR o ZTACIR, con núcleo de invar, permiten ampliar la intensidad máxima admisible respecto de un conductor convencional ACSR a casi el doble, pero son muy caros debido a los materiales utilizados. Sin embargo, los conductores del tipo GTACSR, o GZTACSR son mucho más baratos y permiten incrementar la capacidad de carga de la línea en un factor aproximado de 1,6, pero tienen el inconveniente de que su tendido es relativamente complicado y requiere de grapas y accesorios especiales.

d) ACSS o ACSS/TW

Son conductores de aluminio soportados por un núcleo compuesto por alambres de acero, con la particularidad de que los alambres de aluminio están recocidos previamente, por lo que su resistencia mecánica se reduce de forma importante (entre un 10% y un 40%) respecto de un conductor convencional AL1/ST1A (LA) con la misma composición en número de alambres. Para compensar esta pérdida de resistencia mecánica se aumenta la sección de los alambres de acero o se recurre a tipos especiales de acero de mayor resistencia.

La ventaja de estos conductores es que como el aluminio está recocido y soporta una tensión mecánica muy pequeña, el coeficiente de dilatación térmica es prácticamente el del acero, y por tanto, mucho menor que para un conductor AL1/ST1A (LA) de la misma composición. Se trata por tanto, también de un conductor de alta temperatura y baja flecha. Otra ventaja es que debido a la forma compacta del cable soportan valores mayores de la tensión de cada día (EDS) y de la tensión en horas frías (CHS), conceptos que se explicarán en el capítulo dedicado al cálculo mecánico de conductores.

Los conductores del tipo ACSS/TW se diferencian de los ACSS en que los alambres de aluminio tienen de forma trapezoidal con lo que se consigue una mayor compactación del conductor y se obtienen secciones mayores de aluminio para el mismo diámetro externo del conductor. De esta forma, se reducen de forma importante las sobrecargas por viento y hielo que dependen del diámetro del conductor.

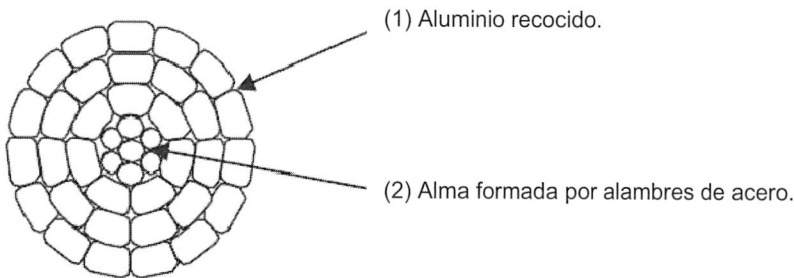

(1) Aluminio recocido.

(2) Alma formada por alambres de acero.

Figura 1.4. Sección de un conductor del tipo ACSS/TW

En el capítulo dedicado al cálculo mecánico de conductores se estudia un ejemplo de repotenciación de una línea utilizando conductores de alta temperatura.

1.1.3. Cables unipolares aislados reunidos en haz

Para la construcción de líneas aéreas, de tensión nominal menor o igual de 30 kV, se pueden utilizar también cables unipolares aislados reunidos en haz, compuestos por tres cables unipolares aislados cableados en haz alrededor de un fiador de acero o de otro material. El fiador tiene una cubierta protectora para evitar que durante el tendido se pueda dañar la cubierta de los conductores de fase. En la Figura 1.5 se presenta la estructura de este tipo de cable.

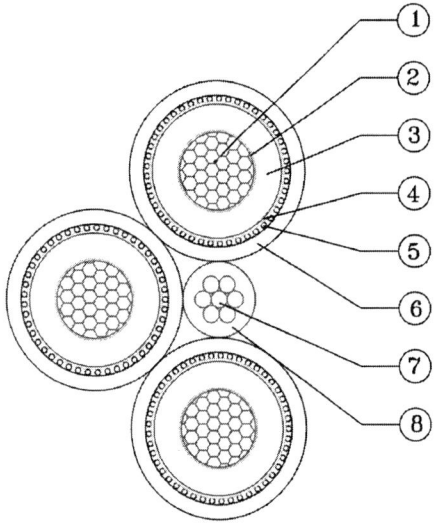

1.	Conductor.
2.	Capa semiconductora interna.
3.	Aislamiento.
4.	Capa semiconductora externa.
5.	Pantalla de hilos de cobre.
6.	Cubierta.
7.	Fiador de acero.
8.	Cubierta del fiador.

Figura 1.5. Cables unipolares aislados reunidos en haz (*cortesía de General Cable*)

La utilización de este tipo de cables prácticamente elimina el riesgo para las personas por contacto directo con partes en tensión, al ser cables apantallados y con cubierta, parecidos a los utilizados en las líneas subterráneas. Su instalación se debe realizar tensada entre apoyos siguiendo lo indicado en la ITC-LAT-08, pero nunca posada sobre fachada, con objeto de no confundirlos con los cables de baja tensión utilizados en las líneas de distribución de baja tensión o en acometidas.

Su utilización, al tratarse de cables aislados, presenta ventajas en pasos por bosques o zonas de arbolado, en zonas no urbanas de elevada polución, en instalaciones provisionales o en las que exista un movimiento importante de maquinaria de gran tamaño, o en zonas de protección de la avifauna. Además, su uso supone una mejora en la calidad de servicio al reducirse el número de defectos, en especial los defectos a tierra ocasionados por caídas de ramas, árboles o colisiones con pájaros.

Al tratarse de conductores aislados y apantallados, el RLAT no establece ninguna distancia mínima entre los conductores y los apoyos, teniendo en cuenta simplemente que no sea posible el deterioro de los cables por su movimiento o roce con otros elementos, por efecto del viento o del hielo.

1.1.4. Conductores recubiertos

Para la construcción de líneas aéreas de tensión nominal, menor o igual de 30 kV, se pueden utilizar también conductores formados por un alma conductora recubierta con un aislamiento, generalmente de XLPE, resistente a los rayos ultravioletas. El alma conductora puede estar formada por alambres de acero y de aluminio (AL1/ST1A) o por alambres de almelec (AL3). Durante la fabricación, se aplica una grasa al conductor con objeto de impedir la penetración de agua en el aislamiento y mejorar su resistencia a la corrosión. En la Figura 1.6 se aprecia la sección de un conductor de este tipo.

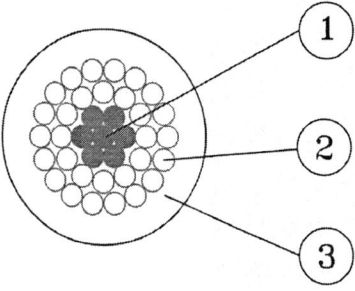

1. Alambres de acero.
2. Alambres de aluminio.
3. Aislamiento.

Figura 1.6. Conductores recubiertos

La utilización de este tipo de conductores se inició en Australia, y su uso se fue extendiendo a otros países como Noruega, Suecia, Finlandia, y también a España, se dispone ya de una experiencia considerable de servicio, de más de 20 años.

Una de las ventajas de su utilización es que, en caso de incendios en la zona boscosa por la que discurre la línea, en la mayoría de los casos no se produce el disparo de las protecciones, al contrario de lo que sucede con las líneas con conductores desnudos.

En los países nórdicos se han registrado también muchos disparos de las protecciones por caídas de árboles y ramas sobre las líneas con conductores desnudos, que se evitan al utilizar conductores recubiertos. Su utilización en pasos por bosques mejora de forma muy significativa la calidad de servicio de la línea, reduce el número de interrupciones y de colisión y electrocución de la avifauna. Otra ventaja es que a su paso por zonas de vientos fuertes dos conductores de fases distintas se pueden tocar brevemente sin que se dañe su aislamiento y actúen las protecciones.

La instalación se realiza tensada sobre aisladores con la ventaja adicional de que se pueden reducir las distancias entre los conductores de la línea a una tercera parte de la que se tendría con conductores desnudos de la misma tensión nominal.

Figura 1.7. Paso de conductores recubiertos por una zona boscosa

1.2. CÁLCULO ELÉCTRICO

La Instrucción Técnica Complementaria, ITC-LAT-07, sobre «Condiciones Técnicas y Garantías de Seguridad en Líneas Eléctricas de Alta Tensión», del Reglamento de Líneas Eléctricas de Alta Tensión, en adelante RLAT, establece en el Apartado 4.1 los cálculos a tener en cuenta en líneas aéreas con conductores desnudos.

«Se realizarán los cálculos eléctricos de la línea para los distintos regímenes de funcionamiento previstos, poniéndose claramente de manifiesto, los parámetros eléctricos de la línea, las intensidades máximas, caídas de tensión y pérdidas de potencia.»

Consecuentemente, el proyecto de las líneas aéreas de alta tensión debe recoger los cálculos citados anteriormente, de forma que la sección del conductor elegido cumpla con cada uno de los criterios siguientes:

1. La intensidad máxima admisible por el conductor debe ser superior a la intensidad que transporta en régimen permanente.

2. La caída de tensión, en régimen permanente, debe estar dentro de unas tolerancias admisibles, por ejemplo en líneas de media tensión se suele limitar alrededor de un 5%.

3. Las pérdidas de potencia (pérdidas por efecto Joule y corona) deben estar dentro de unas tolerancias admisibles.

1.2.1. Intensidad máxima admisible en los conductores

1.2.1.1. Cálculo de la intensidad máxima admisible por densidad de corriente

La ITC-LAT-07, en su Apartado 4.2.1, establece las densidades de corriente máximas en régimen permanente para los conductores de cobre, aluminio y aleación de aluminio. Dichas densidades se recogen en la Tabla 1.7.

Los valores de dicha tabla se refieren a materiales cuyas resistividades, a 20 °C, son las siguientes:

- Cobre 0,017241 $\Omega \cdot mm^2/m$.
- Aluminio duro 0,028264 $\Omega \cdot mm^2/m$.
- Aleación de aluminio 0,03250 $\Omega \cdot mm^2/m$.
- Acero galvanizado se puede considerar una resistividad de 0,192 $\Omega \cdot mm^2/m$.
- Acero recubierto de aluminio, de 0,0848 $\Omega \cdot mm^2/m$.

Los conductores empleados en líneas aéreas con conductores desnudos son, en su mayor parte, conductores mixtos compuestos por una mayoría de alambres de un material conductor (cobre, aluminio o aleación de aluminio) y de alambres de acero. Para obtener las densidades máximas de corriente, el Apartado 4.2.1 de la ITC-LAT-07, establece, por ejemplo, que para conductores de aluminio-acero:

«…se tomará en la Tabla 1 el valor de la densidad de corriente correspondiente a su sección total como si fuera de aluminio y su valor se multiplicará por un coeficiente de reducción que según la composición será: 0,916 para la composición 30 + 7; 0,937 para las composiciones 6 + 1 y 26 + 7; 0,95 para la composición 54 + 7; y 0,97 para la composición 45 + 7. El valor resultante se aplicará para la sección total del conductor».

Tabla 1.7: Densidad de corriente máxima de los conductores en régimen permanente

Sección nominal (mm^2)	Densidad de corriente (A/mm^2)		
	Cobre	Aluminio	Aleación de aluminio
10	8,75		
15	7,60	6,00	5,60
25	6,35	5,00	4,65
35	5,75	4,55	4,25
50	5,10	4,00	3,70
70	4,50	3,55	3,30
95	4,05	3,20	3,00
125	3,70	2,90	2,70
160	3,40	2,70	2,50
200	3,20	2,50	2,30
250	2,90	2,30	2,15
300	2,75	2,15	2,00
400	2,50	1,95	1,80
500	2,30	1,80	1,70
600	2,10	1,65	1,55

Las intensidades máximas de los conductores en servicio permanente se pueden calcular también, resolviendo un problema de transferencia de calor, según el cual, el calor generado en los conductores será igual al calor evacuado, tal y como se describe en el Apartado 1.2.1.2. *Véase* la también [1], [2].

1.2.1.2. Cálculo de la intensidad máxima admisible por transferencia de calor

El equilibrio térmico en el conductor se logra cuando el calor generado por unidad de tiempo es el mismo que el evacuado.

$$P_{gen} = P_{eva}$$

Pueden existir cuatro fuentes diferentes de generación de calor:

1. Calor producido por el efecto Joule, P_J.
2. Calor generado por el flujo magnético en el interior del conductor, P_M.
3. Calor debido a la radiación solar incidente sobre el conductor, P_S.
4. Calor generado por el efecto corona en el conductor, P_{cor}.

$$P_{gen} = P_J + P_M + P_S + P_{cor}$$

El calor puede ser evacuado por convección P_C, por radiación P_R y por evaporación P_W.

$$P_{eva} = P_C + P_R + P_w$$

Por tanto, en régimen permanente debe cumplirse que:

$$P_J + P_M + P_S + P_{cor} = P_C + P_R + P_w$$

A continuación, se detallan las expresiones de cada uno de los términos de esta ecuación.

a) Potencia generada por efecto Joule en el conductor

La potencia generada por efecto Joule en el conductor se puede calcular como:

$$P_J = I^2 \cdot R'_{dc} \cdot \left[1 + \alpha \cdot (\theta - 20)\right]$$

donde:

I = corriente que circula por el conductor.

R'_{dc} = resistencia en corriente continua por unidad de longitud del conductor.

α = variación de la resistencia con la temperatura.

θ = temperatura media del conductor.

La potencia generada por este efecto es función, tanto de la corriente que circula por el conductor, como de la temperatura del mismo.

b) Potencia incremental generada por efecto del campo magnético en el conductor

El flujo alterno magnético creado por la corriente alterna a través del conductor causa un calentamiento incremental debido a las corrientes inducidas en el propio conductor. Este fenómeno es generalmente insignificante en conductores no ferrosos a frecuencia industrial, pero podría ser significativo conductores de aluminio-acero. Ello se debe, a que en los conductores con núcleo de acero existe un flujo magnético longitudinal producido por la corriente en los alambres de aluminio que se encuentran en espiral alrededor del núcleo de acero. Este efecto se tiene en cuenta a través del aumento de la resistencia del conductor que se conoce por *efecto pelicular* (*véase* el Apartado 1.2.2.1):

$$P_J + P_M = I^2 \cdot R'_\theta \cdot \left[1 + \alpha \cdot (\theta - 20)\right]$$

donde:

R'_θ = resistencia en corriente alterna (considerando efecto pelicular) por unidad de longitud del conductor.

c) Potencia generada por efecto de la radiación solar sobre el conductor

La potencia debida a la radiación solar, P_S, incidiendo sobre el conductor se puede expresar por la ecuación siguiente:

$$P_S = \alpha_s \cdot \Psi \cdot D_{ext}$$

donde:

α_s = coeficiente de absorción de la superficie del conductor. Varía entre 0,23 para conductores de aluminio brillante y 0,95 para conductores degradados en ambiente industrial. En la mayoría de los casos, se suele utilizar el valor de 0,5.

Ψ = radiación solar en la zona donde el conductor se tiende (W/m^2).

D_{ext} = diámetro exterior del conductor (m).

d) Potencia generada por efecto corona

El calentamiento por efecto corona es sólo significativo con gradientes de tensión muy elevados en la superficie del conductor, los cuales están presentes en caso de precipitaciones y fuertes vientos. No obstante, no se suele incluir el calentamiento por este efecto, ya que en estas circunstancias, las corrientes de convección y de refrigeración por evaporación son elevadas y no son representativas de un régimen permanente.

e) Evacuación de calor por convección

La evacuación de calor por convección se puede dividir en dos casos, convección natural y convección forzada. Cuando la velocidad del viento es pequeña predomina la convección natural y cuando aumenta la convección forzada es la predominante. En la convección forzada es necesario conocer el ángulo ϑ que forma la dirección del viento con el conductor.

La ecuación general que describe la convección es la siguiente:

$$P_C = \pi \cdot \lambda_f \cdot \left(\theta - \theta_{amb}\right) \cdot Nu$$

donde

λ_f = conductividad térmica del aire en función de la temperatura.

$$\lambda_f = 2,42 \cdot 10^{-2} + 7,2 \cdot 10^{-5} \cdot \theta_f$$

$$\theta_f = \frac{\theta + \theta_{amb}}{2}$$

θ = temperatura media del conductor.

θ_{amb} = temperatura ambiente.

Nu = número de Nusselt que depende del tipo de convección a aplicar.

e.1) Convección forzada

Para la convección forzada cuando el viento es perpendicular al eje del conductor el número de Nusselt viene dado por la expresión siguiente:

$$Nu_{90} = B_1 \cdot (\text{Re})^{n_e}$$

donde, B_1 y n_e son parámetros que dependen del número de Reynolds, Re, y de la rugosidad del conductor, R_f (*véase* la Tabla 1.8).

El número de Reynolds para un viento perpendicular al eje de la línea se calcula:

$$\text{Re} = \frac{\rho_r \cdot v \cdot D_{ext}}{v_f}$$

donde:

ρ_r = densidad relativa del aire, $\rho_r = e^{-1,16.10^{-4} \cdot \hbar}$

$\hbar$ = altitud (m).

v = velocidad del viento (m/s).

D_{ext} diámetro del conductor (m).

v_f = viscosidad cinemática del aire (m²/s).

$$v_f = 1,32 \cdot 10^{-5} + 9,5 \cdot 10^{-8} \cdot \theta_f$$

$$\theta_f = \frac{\theta + \theta_{amb}}{2}$$

La rugosidad R_f viene dada por la expresión siguiente:

$$R_f = \frac{d_a}{2 \cdot (D_{ext} - d_a)}$$

Siendo, d_a, el *diámetro* de uno de los alambres del conductor.

La Tabla 1.8 permite elegir los valores de los parámetros B_1 y n_e, conocidos el número de Reynolds, Re y la rugosidad, R_f:

Tabla 1.8. Parámetros B_1 y n_e en función del número de Reynolds, Re y la rugosidad, R_f.

Rugosidad de la superficie	Re		B_1	n_e
	Desde	Hasta		
Cualquier R_f	10^2	$2,65 \cdot 10^3$	0,641	0,471
$R_f \leq 0,05$	$> 2,65 \cdot 10^3$	$5 \cdot 10^4$	0,178	0,633
$R_f > 0,05$			0,048	0,800

De este modo, con los términos B_1 y n_e se puede calcular la evacuación por convección forzada para el viento incidiendo perpendicular al eje de la línea.

Si el viento forma un ángulo ϑ con el eje de la línea, el cálculo del número de Nusselt se realiza aplicando la siguiente ecuación:

$$Nu_\vartheta = Nu_{90} \cdot \left[A_1 + B_2 \cdot \sin^{m_1}(\vartheta) \right]$$

donde los parámetros A_1, B_2 y m_1 dependen del ángulo ϑ de inclinación del viento según se muestra en la Tabla 1.9.

Tabla 1.9. Parámetros A_1, B_1 y m_1 en función del ángulo de incidencia del viento

ϑ	A_1	B_2	m_1
$0° < \vartheta < 24°$	0,42	0,68	1,08
$24° < \vartheta < 90°$	0,42	0,58	0,90

En general, se recomienda utilizar un ángulo de 45°, resultando:

$$Nu_\vartheta = Nu_{90} \cdot \left[0{,}42 + 0{,}58 \cdot \sin^{0,9}(45°) \right] = 0{,}8446 \cdot Nu_{90}$$

Para vientos de velocidad pequeña ($< 0{,}5 m/s$), el ángulo de incidencia es poco significativo, de forma que se utiliza la expresión siguiente para corregir el número de Nusselt:

$$Nu_{cor} = 0{,}55 \cdot Nu_{90}$$

e.2) Convección natural

Para convección natural, ($v \leq 0{,}2$ m/s), el número de Nusselt viene dado por la expresión siguiente:

$$Nu = A_2 \cdot (Gr \cdot Pr)^{m_2}$$

Las constantes A_2 y m_2 dependen del número de Rayleigh, $(Gr \cdot Pr)$, que es el producto del número de Grashof, Gr, por el número de Prandtl, Pr, según se muestra en la tabla siguiente:

Tabla 1.10. Número de Rayleigh $(Gr \cdot Pr)$

$Gr \cdot Pr$		A_2	m_2
Desde	Hasta		
10^2	10^4	0,850	0,188
10^4	10^6	0,480	0,250

donde:

Gr = número de Grashof:

$$Gr = \frac{D_{ext}^3 \cdot (\theta - \theta_{amb}) \cdot g}{(\theta_f + 273) \cdot v_f^2}$$

g = es la gravedad, 9,807 (m/s²).

D_{ext} = diámetro del conductor (m).

El número de Prandtl se puede estimar en función de la temperatura θ_f, como:

$$\Pr = 0{,}715 - 2{,}5 \cdot 10^{-4} \cdot \theta_f$$

Cuando la velocidad de viento es pequeña, CIGRE (Conferencia Internacional de Grandes Redes Eléctricas), recomienda calcular la evacuación de calor por convección bajo tres supuestos siguientes y elegir el mayor de los tres.

- Viento con dirección conocida (45° si se desconoce).
- Número de Nusselt corregido.
- Convección natural.

a) Evacuación de calor por radiación

La ecuación que describe la potencia calorífica evacuada por unidad de longitud debida a radiación es la siguiente:

$$P_R = \pi \cdot D_{ext} \cdot \xi \cdot \sigma_B \cdot \left[(\theta_{amb} + 273)^4 - (\theta + 273)^4 \right]$$

donde:

D_{ext} = diámetro exterior del conductor (m).

σ_B = constante de Stefan-Boltzman.

ξ = coeficiente de emisividad del conductor, con un valor representativo de 0,5.

θ_{amb} = temperatura ambiente.

θ = temperatura media del conductor.

b) Evacuación de calor por evaporación

La evacuación por evaporación es significativa cuando el conductor se moja por la lluvia. No obstante, el enfriamiento por evaporación se desprecia ya que permite estar en el lado de la seguridad, además de tratarse de un régimen no permanente.

c) Cálculo de la temperatura de equilibrio en el conductor

La ecuación de equilibrio térmico sin considerar los términos despreciados resulta:

$$(P_J + P_M) + P_S = P_R + P_C$$

donde la potencia calorífica generada viene dada por la ecuación:

$$(P_J + P_M) + P_S = I^2 \cdot R_\theta' \left[1 + \alpha \cdot (\theta - 20) \right] + \alpha_s \cdot \Psi \cdot D_{ext}$$

y la potencia calorífica evacuada por:

$$P_R + P_C = \pi \cdot D_{ext} \cdot \xi \cdot \sigma_B \cdot \left[\left(\theta_{amb} + 273 \right)^4 - \left(\theta + 273 \right)^4 \right] + \pi \cdot \lambda_f \cdot \left(\theta - \theta_{amb} \right) \cdot Nu$$

Considerando unas condiciones ambientales y una corriente de circulación a través del conductor se calcula la temperatura θ que alcanza el conductor en régimen permanente.

Alternativamente, se calcularía también la corriente máxima que puede circular para no sobrepasar una temperatura máxima admisible, bajo ciertas condiciones ambientales.

Utilizando este método se demuestra que las densidades de corriente mostradas en la Tabla 1.7, corresponden a una temperatura de servicio de unos 85 ºC, considerando las siguientes condiciones de cálculo:

- Temperatura ambiente: $\theta_{amb} = 20$ ºC.

- Velocidad del viento: $v = 0,6 - 0,7$ m/s.

- Ángulo de incidencia del viento sobre el conductor: $\vartheta = 45º$.

- Radiación solar: $\psi = 900$ W/m^2.

- Coeficiente de absorción y de emisividad: $\alpha_s = \xi = 0,6$.

1.2.2. Parámetros eléctricos de la línea

Los cuatro parámetros característicos de las líneas (*véase* [3] y [4]), uniformemente distribuidos a lo largo de su longitud, son la resistencia y reactancia inductiva serie, cuyos valores se expresan en por unidad de longitud (Ω/km), y la conductancia y susceptancia capacitiva paralelo, expresados también en por unidad de longitud (S/km).

A continuación se describen de forma simplificada el cálculo de cada uno de estos parámetros.

1.2.2.1. Resistencia serie

La resistencia eléctrica que presenta un conductor para corriente continua R_{dc} es directamente proporcional a su longitud ℓ e inversamente proporcional a su sección transversal recta, S.

$$R_{dc} = \rho \cdot \frac{\ell}{S}$$

donde:

R_{dc} = resistencia del conductor en corriente continua, (en Ω).

ℓ = longitud del conductor, (en m).

S = sección recta transversal del conductor, (en mm^2).

ρ = resistividad del material. Para el cobre es de 0,017241 Ω·mm^2/m; para el aluminio duro es de 0,028264 Ω·mm^2/m; para una aleación de aluminio de 0,03250 Ω·mm^2/m; para el acero galvanizado de 0,192 Ω·mm^2/m y para el acero recubierto de aluminio de 0,0848 Ω·mm^2/m.

a) Variación de la resistencia con la temperatura

La evolución de la resistencia eléctrica de un metal puro en función de la temperatura en el intervalo de temperaturas comprendido entre 0 y 100 °C, se puede considerar lineal según se muestra en la Figura 1.8.

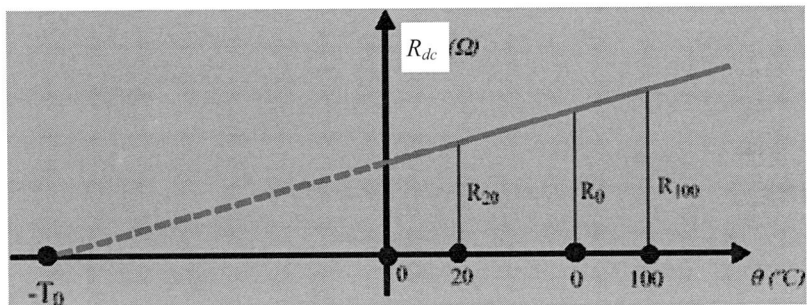

Figura 1 8. Variación de la resistencia con la temperatura

Si se extrapola el segmento de recta entre 0 °C y 100 °C a temperaturas por debajo de 0 °C, la recta cortaría al eje de abscisas en el punto $-T_0$ °C, lo cual no significa necesariamente que la resistencia del metal sea realmente nula a dicha temperatura, ya que la extrapolación es únicamente a título analítico.

Por semejanza entre los triángulos se obtiene:

$$\frac{R_{dc20}}{20 + T_0} = \frac{R_{dc\theta}}{\theta + T_0}$$

donde

θ = temperatura genérica del conductor expresada (en °C).

$R_{dc\theta}$ = resistencia en corriente continua a la temperatura θ.

R_{dc20} = resistencia del conductor a la temperatura de 20 °C, valor que viene especificada por los fabricantes y normas.

Por tanto, conocido el valor de T_0 y la resistencia a una temperatura de 20 °C, se puede calcular el valor de la resistencia a cualquier otra temperatura, θ, mediante la expresión anterior. Así, para el cobre recocido de 100% de conductividad, T_0 = 234,5 °C, y para el aluminio estirado en frío de 61% de conductividad, T_0 = 228 °C.

Desarrollando la expresión anterior resulta:

$$R_{dc\theta} = R_{dc20} \cdot \frac{(\theta + T_0)}{20 + T_0} = R_{dc20} \cdot \left[1 + \frac{1}{20 + T_0} \cdot (\theta - 20)\right]$$

$$R_{dc\theta} = R_{dc20} \cdot \left[1 + \alpha \cdot (\theta - 20)\right]$$

donde:

$$\alpha = \frac{1}{20 + T_0}$$

por lo que:

$$\alpha_{Al} = \frac{1}{20 + 228} = 0,004032°\,C^{-1}; \quad \alpha_{Cu} = \frac{1}{20 + 234,5} = 0,003929\ °\,C^{-1}$$

b) Influencia del efecto pelicular sobre la resistencia (Efecto *Skin*)

La corriente continua se distribuye uniformemente por la sección transversal del conductor, sin embargo, cuando una corriente alterna, I_{ca}, recorre un conductor se origina un campo magnético, $\overline{H}$, que induce unas fuerzas electromotrices en el conductor, que dan origen a unas corrientes inducidas, I_{ind}, tal y como muestra la Figura 1.9.

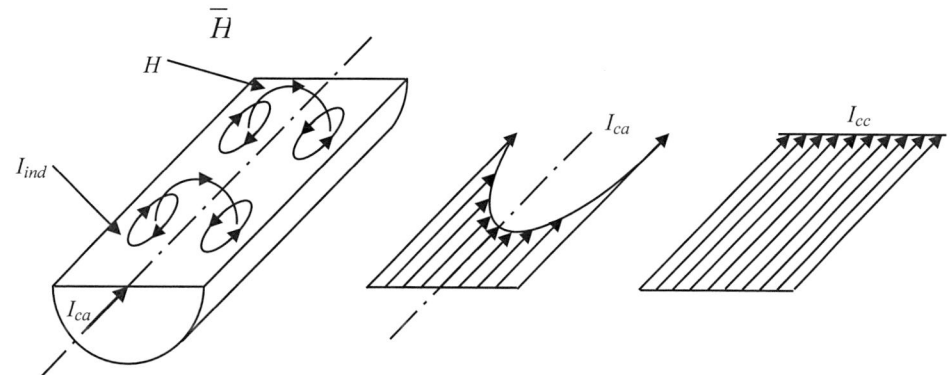

Figura.1.9. Distribución de la corriente en el conductor

Para frecuencias crecientes aumentan también las corrientes inducidas, disminuyendo la densidad de corriente en la sección central del conductor y aumentando en su periferia. Este fenómeno se conoce como *efecto pelicular* y da lugar a un aumento de resistencia sobre el conductor según la formulación siguiente:

$$R_\theta = R_{dc\theta} \cdot \left(1 + 7,5 \cdot f^2 \cdot D_{ext}^4 \cdot 10^{-7}\right)$$

donde:

R_θ = resistencia en corriente alterna a la temperatura θ.

$R_{dc\theta}$ = resistencia en corriente continua a la temperatura θ.

f = frecuencia de la corriente (en Hz).

D_{ext} = diámetro del conductor (en cm).

En la Tabla 1.11 se muestra la influencia del efecto pelicular para los diferentes conductores de aluminio-acero, para las temperaturas de 20 ºC, 50 ºC y 85 ºC.

Tabla 1.11. Influencia del efecto pelicular sobre la resistencia del conductor

Conductor	D_{ext} (cm)	R'_{dc2} (Ω/m)	R'_{dc5} (Ω/km)	R'_{dc8} (Ω/km)	R'_{20} (Ω/m)	R'_{50} (Ω/km)	R'_{85} (Ω/km)	$\dfrac{R'_{85}}{R_{dc8}}$
LA 30	0,714	0,00110749	0,00120492	0,00135661	0,00107542	0,00120551	0,00135727	1,000487
LA 56	0,945	0,0006136	0,00068782	0,00077441	0,00061452	0,00068885	0,00077557	1,001495
LA 78	1,134	0,0004261	0,00047764	0,00053777	0,00042742	0,00047912	0,00053944	1,003101
LA 110	1,4	0,0003066	0,00034369	0,00038695	0,00030881	0,00034616	0,00038974	1,007203
LA 145	1,575	0,0002422	0,0002715	0,00030568	0,00024499	0,00027463	0,0003092	1,011538
LA 180	1,75	0,0001962	0,00021993	0,00024762	0,00019965	0,0002238	0,00025197	1,017585
LA 280	2,18	0,0001194	0,00013384	0,00015069	0,00012446	0,00013951	0,00015707	1,042347
LA 380	2,538	0,0000857	0,00009607	0,00010816	0,00009237	0,00010354	0,00011657	1,077798
LA 455	2,772	0,0000718	0,00008048	0,00009062	0,00007975	0,0000894	0,00010065	1,110707
LA 545	3,042	0,0000596	0,00006681	0,00007522	0,00006917	0,00007754	0,0000873	1,16056
LA 635	3,285	0,0000511	0,00005728	0,00006449	0,00006226	0,00006979	0,00007857	1,218345

Como puede observarse, este efecto en los conductores de las líneas aéreas se puede despreciar a 85°C (influencia < 1%) para las secciones utilizadas normalmente en distribución a 20 kV (conductores del tipo LA 56 y LA 110), pero es significativo (> 5%) para secciones cuyo diámetro es superior a 2,5 cm (LA 380 y mayores).

Para cables aislados además del efecto pelicular la resistencia eléctrica efectiva aumenta también por el efecto de proximidad de cables próximos. Ambos efectos son tratados en detalle en el Apartado 6.2.1.

1.2.2.2. Reactancia inductiva serie

La circulación de corriente alterna a través de los conductores de una línea aérea trifásica produce una fuerza electromotriz inducida debida a la propia variación de corriente en el conductor (autoinducción) y otra debida a la variación de la corriente en los conductores adyacentes (inducción mutua).

La Ley de Faraday-Lenz establece que la fuerza electromotriz, e, inducida en una bobina de N espiras por el paso de una corriente variable en el tiempo es proporcional a la variación en el tiempo del flujo magnético que atraviesa la sección transversal de las espiras.

$$e = -N \cdot \frac{d\phi}{dt}$$

El signo negativo indica que la fuerza electromotriz se opone a la variación de flujo que la genera. La expresión anterior puede escribirse también como:

$$e = -\left(N \cdot \frac{d\phi}{di} \right) \cdot \frac{di}{dt} = -L \cdot \frac{di}{dt}$$

donde:

$$L = N \cdot \frac{d\phi}{di}$$

Cuando el flujo, ϕ, se expresa en (Wb) y la intensidad, i, en (A), la inductancia, L, resulta en (H).

La inductancia, L, representa el valor instantáneo del número enlaces de flujo, $\lambda = N \cdot \phi$, por unidad de corriente, i. Consecuentemente, la inductancia se calcula como el cociente de enlaces de flujo por amperio. Si la corriente es sinusoidal la inductancia puede determinarse por el cociente entre el valor eficaz de los enlaces de flujo y el valor eficaz de la corriente.

$$L = \frac{\lambda}{I}$$

Para el caso de una línea, $N = 1$, los enlaces de flujo coinciden con el flujo:

$$\lambda = N \cdot \phi = \phi$$

La inductancia global de una línea se determina mediante la superposición de la inductancia debida al flujo interno L'_{int} y la debida al flujo externo L'_{ext}.

La reactancia inductiva de una línea alimentada en corriente alterna sinusoidal de pulsación ω, es el valor resultante de multiplicar la inductancia global de la línea por la pulsación de la corriente.

$$X = \omega \cdot L$$

1.2.2.2.1. Reactancia inductiva de líneas aéreas

a) Inductancia de un conductor debido al flujo interno

Si se aplica la ley de Ampère al conductor cilíndrico de longitud infinita y de radio r, por el que circula una corriente I, (*véase* la Figura 1.10) resulta:

$$I_x = \oint_\Gamma H_x \cdot ds$$

donde:

H_x = intensidad de campo magnético.

ds = diferencial de longitud.

Γ = línea cerrada de integración.

I_x = corriente encerrada por la línea Γ.

Si la línea cerrada define un circunferencia de radio genérico x, resulta que la intensidad de campo H_x es constante en todos sus puntos.

$$I_x = H_x \cdot 2 \cdot \pi \cdot x$$

y por lo tanto:

$$H_x = \frac{I_x}{2 \cdot \pi \cdot x},$$

admitiendo que la corriente está distribuida uniformemente por toda la sección del conductor, se puede escribir:

$$H_x = \frac{1}{2 \cdot \pi \cdot x} \cdot \left(\frac{\pi \cdot x^2}{\pi \cdot r^2} \cdot I \right) = \frac{x}{2 \cdot \pi \cdot r^2} \cdot I$$

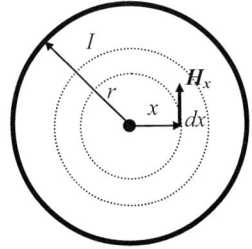

Figura 1.10. Intensidad de campo en el interior del conductor

Consecuentemente, la densidad de flujo magnético, B_x, en cualquier punto del interior del conductor, será:

$$B_x = \mu \cdot \frac{x}{2 \cdot \pi \cdot r^2} \cdot I$$

donde, μ es la *permeabilidad* del material conductor.

El flujo, $d\phi'_x$, en el elemento tubular, de espesor dx, asociado a un cilindro de longitud unitaria, vendrá expresado por la ecuación:

$$d\phi'_x = \mu \cdot \frac{x}{2 \cdot \pi \cdot r^2} \cdot I \cdot dx \left(\frac{Wb}{m} \right)$$

Los enlaces de flujo $d\lambda'_x$ serán proporcionales a la corriente enlazada, la cual se ha supuesto distribuida homogéneamente en la sección del conductor:

$$d\lambda'_x = N_x \cdot d\phi'_x = \frac{\pi \cdot x^2}{\pi \cdot r^2} \cdot d\phi'_x \left(\frac{Wb}{m} \right)$$

donde, N_x es la fracción de espiras enlazada por la línea de campo magnético H_x. Para el caso en estudio de un solo conductor, N_x es la fracción entre las superficies de los círculos de radio x y radio r.

Sustituyendo la expresión del flujo anteriormente determinada, resulta:

$$d\lambda'_x = \frac{\mu \cdot I}{2 \cdot \pi \cdot r^4} \cdot x^3 \cdot dx \left(\frac{Wb}{m} \right)$$

Los enlaces de flujo por unidad de longitud, en el interior del conductor, se determinan por integración entre el eje del conductor ($x = 0$) y el radio del mismo ($x = r$):

$$\lambda'_{int} = \int_0^r \frac{\mu \cdot I}{2 \cdot \pi \cdot r^4} \cdot x^3 \cdot dx = \frac{\mu \cdot I}{8 \cdot \pi} \left(\frac{Wb}{m} \right)$$

Teniendo en cuenta que la permeabilidad relativa μ_r, del cobre o del aluminio es igual a la unidad, el valor de μ ($\mu = \mu_r \cdot \mu_0$), corresponderá a la del vacío:

$$\mu_0 = 4 \cdot \pi \cdot 10^{-7} \text{ H/m}$$

$$\lambda'_{int} = \frac{1}{2} \cdot 10^{-7} \cdot I \left(\frac{Wb}{m} \right)$$

con lo que la inductancia interna por unidad de longitud del conductor viene dada por:

$$L'_{int} = \frac{1}{2} \cdot 10^{-7} \left(\frac{H}{m} \right)$$

b) Inductancia de un conductor debida al flujo externo

Análogamente al proceso aplicado en el apartado anterior, si se aplica la ley de Ampère a una circunferencia externa y concéntrica al conductor ($x \geq r$) que abrace a la corriente total que circula por el mismo, la intensidad de campo será:

$$H_x = \frac{I}{2 \cdot \pi \cdot x}$$

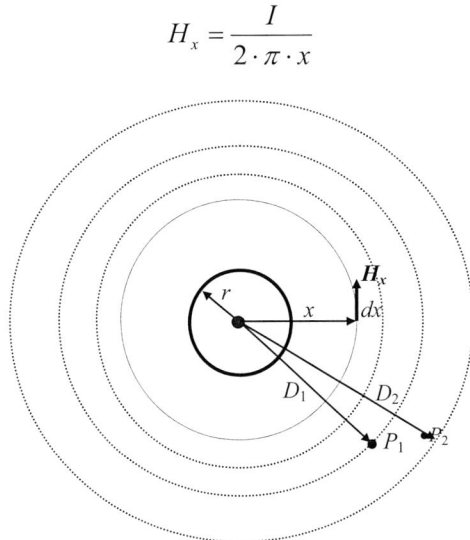

Figura 1.11. Intensidad de campo H_x a una distancia x del exterior del conductor

La densidad de flujo magnético, B_x, en cualquier punto la circunferencia de radio x, viene dada por la expresión:

$$B_x = \mu_0 \cdot \frac{I}{2 \cdot \pi \cdot x}$$

El flujo, $d\phi'_x$ en el elemento tubular asociado a un cilindro de espesor dx y de longitud unitaria vendrá expresado por la ecuación:

$$d\phi'_x = \mu_0 \cdot \frac{I}{2 \cdot \pi \cdot x} \cdot dx \left(\frac{Wb}{m}\right)$$

Los enlaces de flujo, $d\lambda'_x$ por unidad de longitud, son numéricamente iguales al flujo $d\phi'_x$ por unidad de longitud debido a que el flujo externo al conductor enlaza toda la corriente en el conductor una sola vez. Así, los enlaces de flujo por metro entre dos puntos P_1 y P_2 vienen dados por la expresión:

$$\lambda'_{12} = \int_{D_1}^{D_2} \mu_0 \cdot \frac{I}{2 \cdot \pi \cdot x} dx = \mu_0 \cdot \frac{I}{2 \cdot \pi} \cdot \ln\frac{D_2}{D_1} \left(\frac{Wb}{m}\right)$$

Sustituyendo el valor de la permeabilidad del vacío, μ_0 por $4 \cdot \pi \cdot 10^{-7}$ resulta:

$$\lambda'_{12} = 2 \cdot 10^{-7} \cdot I \cdot \ln \frac{D_2}{D_1} \quad \left(\frac{Wb}{m}\right) \qquad (1)$$

Con lo que la inductancia por unidad de longitud debida al flujo externo entre los puntos P_1 y P_2 es:

$$L'_{12} = 2 \cdot 10^{-7} \cdot \ln \frac{D_2}{D_1} \quad \left(\frac{H}{m}\right)$$

En particular, la inductancia por unidad de longitud debida al flujo externo entre un punto situado en la superficie del conductor y otro situado a una distancia D del eje, será:

$$L'_{ext} = 2 \cdot 10^{-7} \cdot \ln \frac{D}{r} \quad \left(\frac{H}{m}\right)$$

c) Inductancia global creada por la corriente de un conductor

Los enlaces de flujo por metro totales creados por la corriente de un conductor se determinan como superposición de los enlaces por metro debidos al flujo interno y los debidos al flujo externo.

$$\lambda' = \left(\frac{1}{4} \cdot 2 \cdot 10^{-7} + 2 \cdot 10^{-7} \cdot \ln \frac{D}{r}\right) \cdot I$$

expresión que puede escribirse de la forma:

$$\lambda' = \left[2 \cdot 10^{-7} \cdot \ln \frac{D}{r'}\right] \cdot I \quad \left(\frac{Wb}{m}\right)$$

donde, $r' = r \cdot e^{-1/4}$, se conoce por *radio eléctrico modificado* del conductor para el cálculo de la reactancia inductiva.

Consecuentemente, la inductancia por unidad de longitud del conductor a un puno situado a una distancia D, vendrá dada por la expresión siguiente:

$$L' = 2 \cdot 10^{-7} \cdot \ln \frac{D}{r'} \quad \left(\frac{H}{m}\right)$$

d) Enlaces de flujo de un conductor en un grupo de n conductores

Supóngase un conjunto de n conductores cilíndricos paralelos, los enlaces de flujo por metro λ'_{iP} encerrados desde un conductor genérico i del grupo hasta un punto P situado en el infinito, se determinan como superposición de los enlaces de flujo creados por las corrientes que circulan por los n conductores.

$$\lambda_{iP} = \lambda'_{1iP} + \lambda'_{2iP} + \lambda'_{3iP} + \ldots + \lambda'_{iiP} + \ldots + \lambda'_{niP}$$

Aplicando la expresión (1) deducida en el Apartado b anterior, se obtiene:

$$\lambda'_{iP} = 2 \cdot 10^{-7} \left[\left(I_1 \cdot \ln \frac{D_{iP}}{D_{1i}} + \cdots + I_i \cdot \ln \frac{D_{iP}}{r'_i} + \cdots + I_n \cdot \ln \frac{D_{nP}}{D_{ni}} \right) \right]$$

lo cual se puede expresar de la forma:

$$\lambda'_{iP} = 2 \cdot 10^{-7} \left[\left(I_1 \cdot \ln \frac{1}{D_{1i}} + \cdots + I_i \cdot \ln \frac{1}{r'_i} + \cdots + I_n \cdot \ln \frac{1}{D_{ni}} \right) \right.$$
$$\left. + \left(I_1 \cdot \ln D_{iP} + \cdots + I_i \cdot \ln D_{iP} + \cdots + I_n \cdot \ln D_{nP} \right) \right]$$

Si se considera que la suma de corrientes de los *n* conductores es nula, el valor de I_n se puede expresar de la forma:

$$I_n = -(I_1 + I_2 + \dots\dots\dots + I_{n-1})$$

Sustituyendo, I_n, en el segundo paréntesis de la expresión anterior resulta:

$$\lambda'_{iP} = 2 \cdot 10^{-7} \left[\left(I_1 \cdot \ln \frac{1}{D_{1i}} + \cdots + I_n \cdot \ln \frac{1}{D_{ni}} \right) + \left(I_1 \cdot \ln \frac{D_{1P}}{D_{nP}} + \cdots + I_{n-1} \cdot \ln \frac{D_{n-1P}}{D_{nP}} \right) \right]$$

Teniendo presente que el punto P está en el infinito, los cocientes de los neperianos del segundo paréntesis son la unidad y por tanto, todos los sumandos del segundo paréntesis son nulos, resultando:

$$\lambda'_i = 2 \cdot 10^{-7} \cdot \left[I_1 \cdot \ln \frac{1}{D_{1i}} + I_2 \cdot \ln \frac{1}{D_{2i}} + \dots + I_i \cdot \ln \frac{1}{r'_i} + \dots + I_n \cdot \ln \frac{1}{D_{ni}} \right] \quad (2)$$

e) Inductancia en una línea trifásica simplex con transposición de fases

Supóngase una línea trifásica de un solo conductor por fase, que se transpone en tramos de igual longitud y cuya configuración geométrica entre las tres posiciones de fase (D_{12}, D_{23} y D_{31}) no varía a lo largo de su recorrido (*véase* la Figura 1.13).

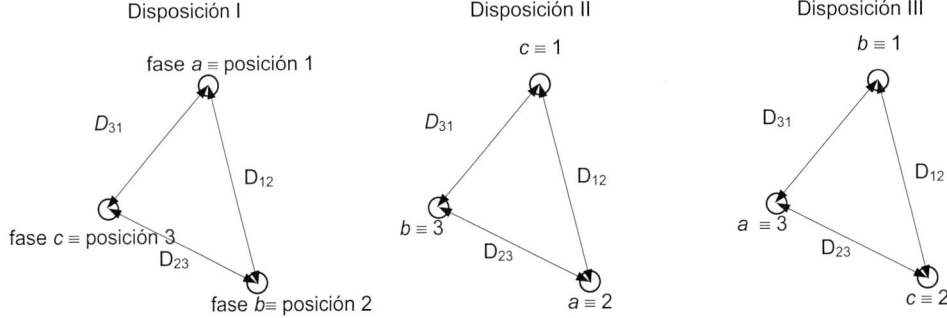

Figura 1.12. Línea trifásica simplex de simple circuito transpuesta en tramos de igual longitud

Si se aplica la expresión (2) al conductor de la fase *a* perteneciente a una línea trifásica (*a*, *b*, *c*) que está en una determinada disposición geométrica I (la fase *a* en la posición 1, la fase *b* en la posición 2 y la fase *c* en la posición 3), resulta:

$$\lambda_a'(I) = 2 \cdot 10^{-7} \cdot \left[I_a \cdot \ln\frac{1}{r'} + I_b \cdot \ln\frac{1}{D_{12}} + I_c \cdot \ln\frac{1}{D_{31}} \right]$$

Análogamente, para la disposición II (la fase *a* en la posición 2, la fase *b* en la posición 3 y la fase *c* en la posición 1), se obtendrá:

$$\lambda_a'(II) = 2 \cdot 10^{-7} \cdot \left[I_a \cdot \ln\frac{1}{r'} + I_b \cdot \ln\frac{1}{D_{23}} + I_c \cdot \ln\frac{1}{D_{12}} \right]$$

y finalmente para última disposición III (la fase *a* en la posición 3, la fase *b* en la posición 1 y la fase *c* en la posición 2), se tendrá:

$$\lambda_a'(III) = 2 \cdot 10^{-7} \cdot \left[I_a \cdot \ln\frac{1}{r'} + I_b \cdot \ln\frac{1}{D_{31}} + I_c \cdot \ln\frac{1}{D_{32}} \right]$$

Si las tres disposiciones abarcan la misma longitud de línea, el valor de los enlaces de flujo por unidad de longitud de la fase *a* de la línea vendrá dado por el valor medio de los enlaces de flujo correspondientes a las tres disposiciones I, II, III:

$$\lambda_a' = \frac{\lambda_a'(I) + \lambda_a'(II) + \lambda_a'(III)}{3}$$

Sustituyendo las expresiones anteriores resulta:

$$\lambda_a' = \frac{2 \cdot 10^{-7}}{3} \cdot \left[3 \cdot I_a \cdot \ln\frac{1}{r'} + I_b \cdot \ln\frac{1}{D_{12}.D_{23}.D_{31}} + I_c \cdot \ln\frac{1}{D_{12}.D_{23}.D_{31}} \right]$$

Considerando que se trata de un sistema trifásico equilibrado, $-(I_b + I_c) = I_a$, tenemos:

$$\lambda_a' = 2 \cdot 10^{-7} \cdot I_a \cdot \ln\frac{\sqrt[3]{D_{12} \cdot D_{23} \cdot D_{31}}}{r'}$$

Consecuentemente, la inductancia de la fase *a* vendrá dada por:

$$L_a' = 2 \cdot 10^{-7} \cdot \ln\frac{\sqrt[3]{D_{12} \cdot D_{23} \cdot D_{31}}}{r'} \quad \left(\frac{H}{km}\right)$$

El numerador del neperiano se conoce como *distancia media geométrica,* DMG, entre fases, por tanto:

$$L_a^{'} = 2 \cdot 10^{-7} \cdot \ln \frac{DMG}{r^{'}} \quad \left(\frac{H}{km} \right) \qquad (3)$$

donde:

$$DMG = \sqrt[3]{D_{12} \cdot D_{23} \cdot D_{31}} \qquad y \qquad r^{'} = r \cdot e^{-1/4}$$

f) Inductancia en una línea trifásica transpuesta con un haz de conductores por fase

Supóngase una línea trifásica con un haz de m conductores por fase que se transpone en tramos de igual longitud y cuya configuración geométrica entre las tres posiciones de fase (D_{12}, D_{23} y D_{31}) no varía a lo largo de su recorrido.

Supóngase que la distancia entre los conductores del haz es significativamente inferior a la distancia entre fases, con el fin de poder considerar que la corriente de cada fase está concentrada en el centro geométrico del haz.

Teniendo presente la ecuación (2), el valor de los enlaces de flujo por unidad de longitud en un conductor genérico i perteneciente al haz de los m conductores de la fase a vendrá dado por:

$$\lambda_{ai}^{'}(I) = 2 \cdot 10^{-7} \cdot \left[\frac{I_a}{m} \cdot \left(\ln \frac{1}{r_{ai}^{'}} + \ln \frac{1}{D_{aij}} + ... + \ln \frac{1}{D_{aim}} \right) + I_b \cdot \ln \frac{1}{D_{12}} + I_c \cdot \ln \frac{1}{D_{13}} \right]$$

Donde, D_{aij}, representa la distancia entre el conductor i y el conductor j del haz de la fase a, para $j = 1, ..., m$.

Suponiendo que los m conductores del haz están dispuestos de igual forma en cada fase y que los radios son iguales en cualquier fase la expresión anterior resulta:

$$\lambda_{ai}^{'}(I) = 2 \cdot 10^{-7} \cdot \left[I_a \cdot \left(\ln \frac{1}{\sqrt[m]{r_i^{'} \cdot D_{ij}, ..., D_{im}}} \right) + I_b \cdot \ln \frac{1}{D_{12}} + I_c \cdot \ln \frac{1}{D_{13}} \right]$$

El denominador del primer neperiano a efectos del cálculo de la reactancia inductiva se conoce como *radio medio geométrico modificado, RMG'*, del haz de una fase.

$$\lambda_{ai}^{'}(I) = 2 \cdot 10^{-7} \cdot \left[I_a \cdot \left(\ln \frac{1}{RMG'} \right) + I_b \cdot \ln \frac{1}{D_{12}} + I_c \cdot \ln \frac{1}{D_{13}} \right]$$

La inductancia asociada a un conductor del haz de la fase a se determina por el cociente de los enlaces de flujo y la corriente que circula por el conductor:

$$L_{ai}^{'}(I) = \frac{\lambda_{ai}^{'}(I)}{I_a / m} = \frac{2 \cdot 10^{-7}}{I_a} \cdot m \cdot \left[I_a \cdot \ln \frac{1}{RMG'} + I_b \cdot \ln \frac{1}{D_{12}} + I_c \cdot \ln \frac{1}{D_{13}} \right]$$

Para cada uno de los m conductores del haz de la fase a se tendrá una expresión igual a la anterior, de forma que, la inductancia de la fase a corresponde al paralelo de las m inductancias iguales de cada conductor del haz de la fase a:

$$L_a'(I) = \frac{L_{ai}(I)}{m} = \frac{2 \cdot 10^{-7}}{I_a} \cdot \left[I_a \cdot \ln\frac{1}{RMG'} + I_b \cdot \ln\frac{1}{D_{12}} + I_c \cdot \ln\frac{1}{D_{13}} \right]$$

Análogamente para la disposición II entre fases (la fase a en la posición 2, la fase b en la posición 3 y la fase c en la posición 1), se tendrá:

$$\lambda_a'(II) = 2 \cdot 10^{-7} \cdot \left[I_a \cdot \ln\frac{1}{RMG'} + I_b \cdot \ln\frac{1}{D_{23}} + I_c \cdot \ln\frac{1}{D_{21}} \right]$$

y finalmente para la disposición III entre las tres fases (la fase a en la posición 3, la fase b en la posición 1 y la fase c en la posición 2), tendremos:

$$\lambda_a'(III) = 2 \cdot 10^{-7} \cdot \left[I_a \cdot \ln\frac{1}{RMG'} + I_b \cdot \ln\frac{1}{D_{31}} + I_c \cdot \ln\frac{1}{D_{32}} \right]$$

Si las tres disposiciones abarcan la misma longitud de línea, el valor de los enlaces de flujo por unidad de longitud a lo largo de la fase a de la línea vendrá dado por el valor medio de los enlaces de flujo correspondientes a las tres disposiciones I, II, y III:

$$\lambda_a' = \frac{\lambda_a'(I) + \lambda_a'(II) + \lambda_a'(III)}{3}$$

Sustituyendo las expresiones anteriores, resulta:

$$\lambda_a' = \frac{2 \cdot 10^{-7}}{3} \cdot \left[3 \cdot I_a \cdot \ln\frac{1}{RMG'} + I_b \cdot \ln\frac{1}{D_{12} \cdot D_{23} \cdot D_{31}} + I_c \cdot \ln\frac{1}{D_{12} \cdot D_{23} \cdot D_{31}} \right]$$

Teniendo presente que se trata de un sistema trifásico equilibrado $-(I_b + I_c) = I_a$, tenemos:

$$\lambda_a' = 2 \cdot 10^{-7} \cdot I_a \cdot \ln\frac{\sqrt[3]{D_{12} \cdot D_{23} \cdot D_{31}}}{RMG'}$$

Consecuentemente la inductancia de una fase vendrá dada por la expresión:

$$L_a' = 2 \cdot 10^{-4} \cdot \ln\frac{DMG}{RMG'} \quad (H/km) \qquad (4)$$

donde:

$DMG = \sqrt[3]{D_{12} \cdot D_{23} \cdot D_{31}}$, distancia media geométrica entre fases.

$RMG = \sqrt[m]{r_i' \cdot D_{ij}...D_{im}}$, radio medio geométrico modificado del haz de m conductores.

g) Inductancia en una línea trifásica transpuesta de doble circuito

Supóngase una línea trifásica de doble circuito con disposición simétrica respecto del eje de la torre, que se transpone en tramos de igual longitud y cuyas disposiciones para cada transposición son las mostradas en la Figura 1.13. Nótese que en la figura no se muestran todas las combinaciones posibles de distancias para no saturar el dibujo, el lector puede completar las distancias que restan ($D_{32'}$, $D_{33'}$, $D_{1'2'}$, $D_{2'3'}$ y $D_{1'3'}$).

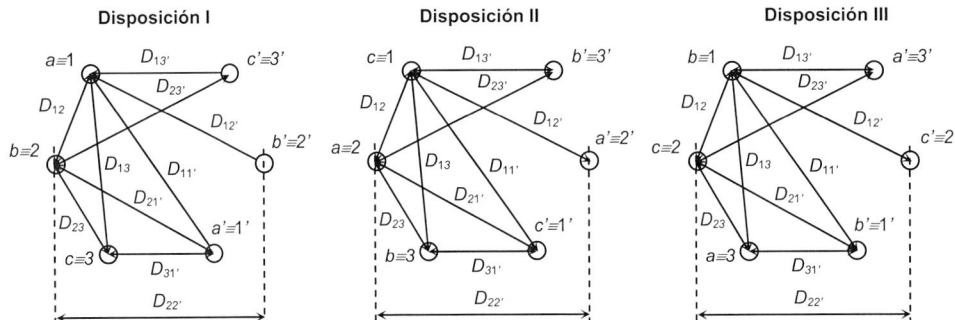

Figura 1.13. Línea trifásica simplex de doble circuito transpuesta en tramos de igual longitud

En este caso, la distancia entre los dos conductores que componen una misma fase es del mismo orden que la distancia entre fases, por lo que no se puede asumir que cada fase está concentrada en un punto y consecuentemente, la ecuación (2) para determinar el valor de los enlaces de flujo en cada conductor perteneciente a cada fase debe aplicarse sin simplificaciones. La expresión de la inductancia resulta de la generalización de la ecuación (4):

$$L_a' = 2 \cdot 10^{-4} \cdot \ln \frac{DMG_{ff}}{DMG_f'} \quad \left(\frac{H}{km} \right) \tag{5}$$

donde:

DMG_{ff}, distancia media geométrica entre fases de línea de dos circuitos.

DMG_f', distancia media geométrica de fase de línea de dos circuitos.

La distancia media geométrica entre fases viene dada por la expresión:

$$DMG_{ff} = \sqrt[3]{D_{ab} \cdot D_{bc} \cdot D_{ca}}$$

Como puede observarse en la Tabla 1.12, la distancia media geométrica entre fases DMG_{ff} puede obtenerse como media geométrica de una única disposición, por ejemplo, la I, ya que los términos son los mismos para las tres disposiciones (I, II, y III).

Tabla 1.12. Distancias medias geométricas entre fases DMG_{ff} para las diferentes disposiciones I, II y III.

Distancia entre fases	Disposición I	Disposición II	Disposición III
D_{ab}	$\sqrt[4]{D_{12} \cdot D_{12'} \cdot D_{1'2'} \cdot D_{1'2}}$	$\sqrt[4]{D_{23} \cdot D_{23'} \cdot D_{2'3'} \cdot D_{2'3}}$	$\sqrt[4]{D_{31} \cdot D_{31'} \cdot D_{3'1'} \cdot D_{3'1}}$
D_{bc}	$\sqrt[4]{D_{23} \cdot D_{23'} \cdot D_{2'3'} \cdot D_{2'3}}$	$\sqrt[4]{D_{31} \cdot D_{31'} \cdot D_{3'1'} \cdot D_{3'1}}$	$\sqrt[4]{D_{12} \cdot D_{12'} \cdot D_{1'2'} \cdot D_{1'2}}$
D_{ca}	$\sqrt[4]{D_{31} \cdot D_{31'} \cdot D_{3'1'} \cdot D_{3'1}}$	$\sqrt[4]{D_{12} \cdot D_{12'} \cdot D_{1'2'} \cdot D_{1'2}}$	$\sqrt[4]{D_{23} \cdot D_{23'} \cdot D_{2'3'} \cdot D_{2'3}}$

$$DMG_{ff} = \sqrt[3]{\left(D_{12} \cdot D_{12'} \cdot D_{1'2} \cdot D_{1'2'}\right)^{1/4} \cdot \left(D_{23} \cdot D_{23'} \cdot D_{2'3} \cdot D_{2'3'}\right)^{1/4} \cdot \left(D_{31} \cdot D_{31'} \cdot D_{3'1} \cdot D_{3'1'}\right)^{1/4}}$$

Nótese que:

$$D_{1'2'} = D_{23}$$
$$D_{2'3'} = D_{12}$$
$$D_{1'3'} = D_{13}$$
$$D_{23'} = D_{12'}$$
$$D_{2'3} = D_{21'}$$
$$D_{33'} = D_{11'}$$

Análogamente, para determinar la distancia media geométrica de fase se tiene:

$$DMG'_f = \sqrt[3]{D_{aa} \cdot D_{bb} \cdot D_{cc}}$$

Tabla 1.13. Distancias medias geométricas de fase DMG'_f para las diferentes disposiciones I, II y III

Distancia media geométrica de cada a fase	Disposición I	Disposición II	Disposición III
D_{aa}	$\sqrt{r'_a \cdot D_{11'}}$	$\sqrt{r'_a \cdot D_{22'}}$	$\sqrt{r'_a \cdot D_{33'}}$
D_{bb}	$\sqrt{r'_b \cdot D_{22'}}$	$\sqrt{r'_b \cdot D_{33'}}$	$\sqrt{r'_b \cdot D_{11'}}$
D_{cc}	$\sqrt{r'_c \cdot D_{33'}}$	$\sqrt{r'_c \cdot D_{11'}}$	$\sqrt{r'_c \cdot D_{22'}}$

La distancia media geométrica de fase DMG_f', se determina como la media geométrica de las distancias de cada fase, D_{aa}, D_{bb}, D_{cc}, para una misma disposición (por ejemplo, para la disposición I) ya que los términos son los mismos en cada una de las disposiciones (I, II y III). Además, teniendo en cuenta que los radios de las fases son iguales ($r_a' = r_b' = r_c' = r'$)

$$DMG_f' = \left[\left(r_a' \cdot D_{11'}\right) \cdot \left(r_b' \cdot D_{22'}\right) \cdot \left(r_c' \cdot D_{33'}\right)\right]^{1/6} = \left[\left(r' \cdot D_{11'}\right) \cdot \left(r' \cdot D_{22'}\right) \cdot \left(r' \cdot D_{33'}\right)\right]^{1/6}$$

Notas:

(1). En el supuesto que cada fase se compusiera de un haz de m conductores el valor de r', de la ecuación anterior, debe sustituirse por el valor del radio medio geométrico RMG', del haz de conductores descrito en la ecuación (4).

(2). El valor de la inductancia L', determinado por la ecuación (5), corresponde a la inductancia global de los dos circuitos en paralelo, de forma que, si se desea determinar el valor de la inductancia de un solo circuito, el valor será: $2 \cdot L_a'$, al estar ambos circuitos en paralelo.

h) Ejemplos de aplicación para el cálculo de la inductancia

- **línea simplex (1 conductor por fase)**

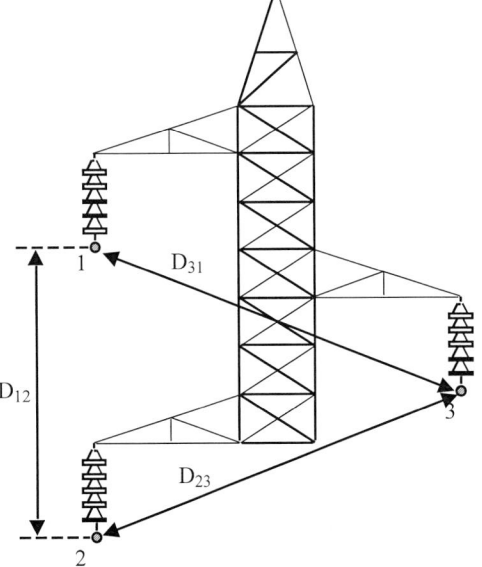

Según la ecuación (3), la inductancia por fase será:

$$L_a' = 2 \cdot 10^{-4} \cdot \ln \frac{DMG}{r'} \quad (H/km)$$

donde:

$$r' = e^{-1/4} \cdot r$$

$$DMG = \sqrt[3]{D_{12} \cdot D_{23} \cdot D_{31}}$$

Figura 1.14. Línea trifásica simplex de simple circuito

- **Línea dúplex (2 conductores por fase)**

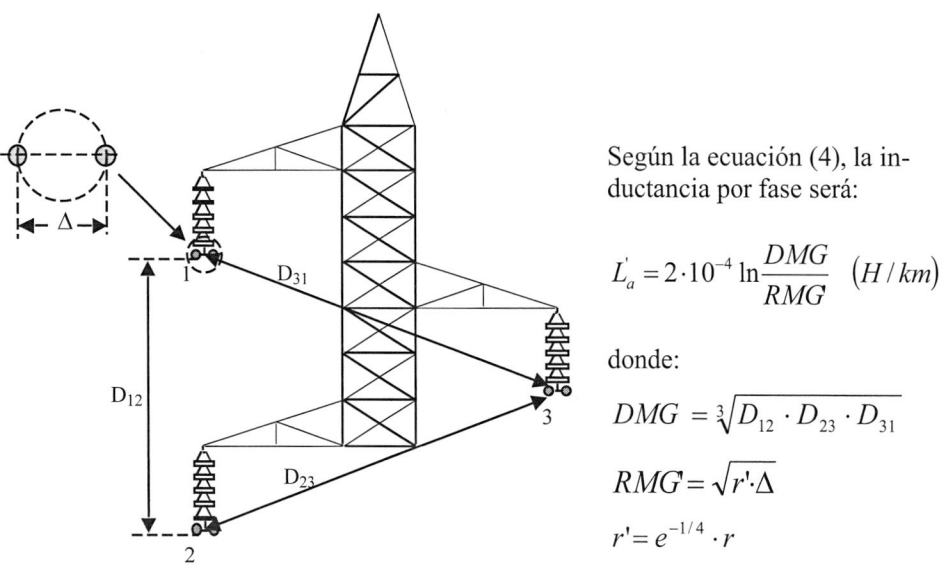

Según la ecuación (4), la inductancia por fase será:

$$L_a^{'} = 2 \cdot 10^{-4} \ln \frac{DMG}{RMG} \quad (H/km)$$

donde:

$$DMG = \sqrt[3]{D_{12} \cdot D_{23} \cdot D_{31}}$$

$$RMG' = \sqrt{r' \cdot \Delta}$$

$$r' = e^{-1/4} \cdot r$$

Figura 1.15. Línea trifásica dúplex de simple circuito

- **Línea tríplex (3 conductores por fase)**

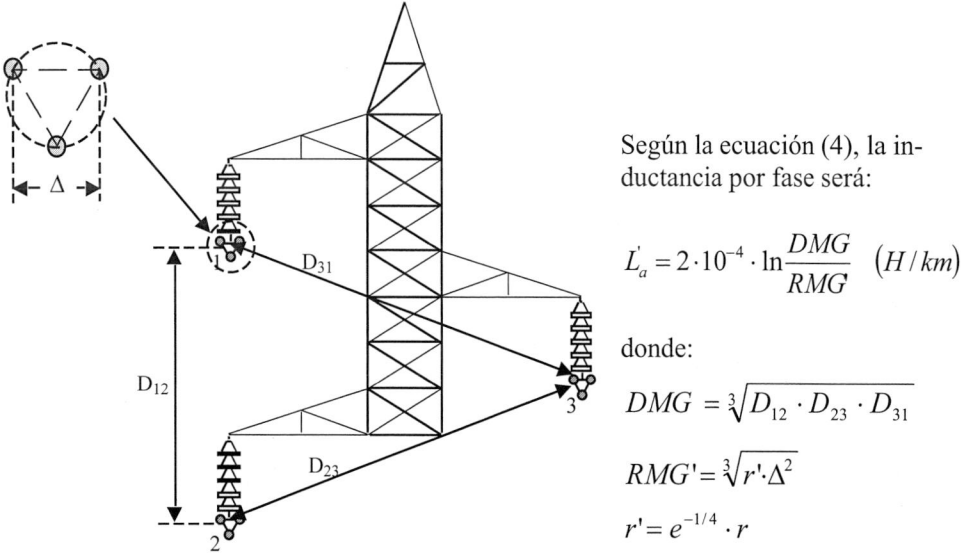

Según la ecuación (4), la inductancia por fase será:

$$L_a^{'} = 2 \cdot 10^{-4} \cdot \ln \frac{DMG}{RMG} \quad (H/km)$$

donde:

$$DMG = \sqrt[3]{D_{12} \cdot D_{23} \cdot D_{31}}$$

$$RMG' = \sqrt[3]{r' \cdot \Delta^2}$$

$$r' = e^{-1/4} \cdot r$$

Figura 1.16. Línea trifásica tríplex de simple circuito

- **Línea de doble circuito simplex (1 conductor por fase)**

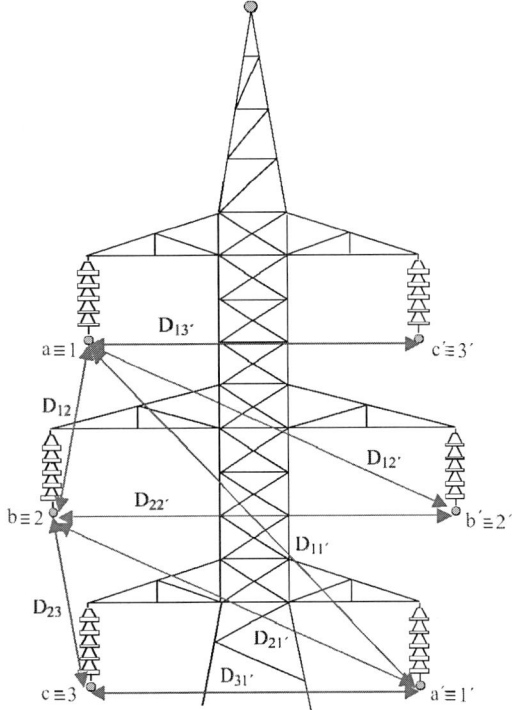

Según la ecuación (5), la inductancia por fase será:

$$L_a' = 2 \cdot 10^{-4} \cdot \ln \frac{DMG_{ff}}{DMG_f'} \quad (H/km)$$

La inductancia por cada circuito será:

$$L' = 2 \cdot L_a'$$

donde:

$$DMG_f' = \left[\left(r' \cdot D_{11'}\right) \cdot \left(r' \cdot D_{22'}\right) \cdot \left(r' \cdot D_{33'}\right)\right]^{1/6}$$

Siendo:

$$D_{33'} = D_{11'}$$

$$r' = e^{-1/4} \cdot r$$

Figura 1.17. Línea trifásica simplex de doble circuito

$$DMG_{ff} = \sqrt[3]{\left(D_{12} \cdot D_{12'} \cdot D_{1'2} \cdot D_{1'2'}\right)^{1/4} \cdot \left(D_{23} \cdot D_{23'} \cdot D_{2'3} \cdot D_{2'3'}\right)^{1/4} \cdot \left(D_{31} \cdot D_{31'} \cdot D_{3'1} \cdot D_{3'1'}\right)^{1/4}}$$

donde:

$$D_{1'2'} = D_{23}$$

$$D_{2'3'} = D_{12}$$

$$D_{1'3'} = D_{13}$$

$$D_{23'} = D_{12'}$$

$$D_{2'3} = D_{21'}$$

$$D_{33'} = D_{11'}$$

• **Línea de doble circuito dúplex (2 conductores por fase)**

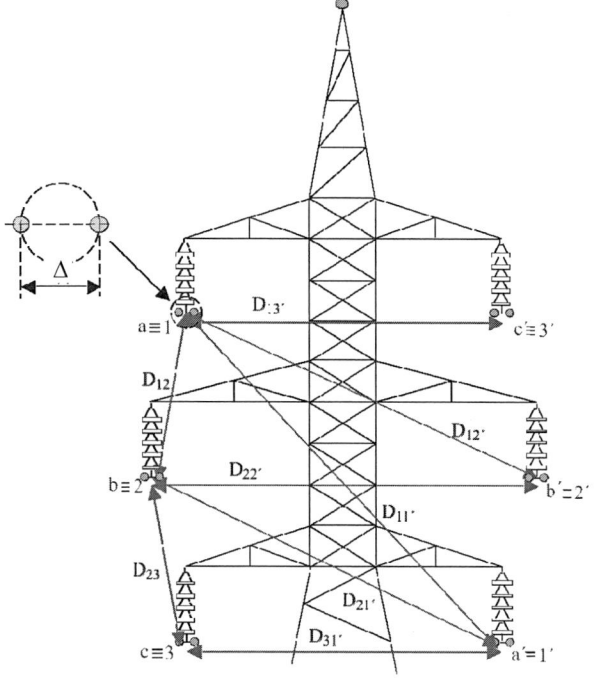

Según la ecuación (5), la inductancia por fase será:

$$L_a^{'} = 2 \cdot 10^{-4} \cdot \ln \frac{DMG_{ff}}{DMG_f^{'}} \quad (H / km)$$

Figura 1.18. Línea trifásica dúplex de doble circuito

El valor de la inductancia por circuito será:

$$L^{'} = 2 \cdot L_a^{'}$$

donde:

$$DMG_f^{'} = (RMG')^{1/2} \cdot (D_{11'} \cdot D_{22'} \cdot D_{33'})^{1/6}$$

siendo, $D_{33'} = D_{11'}$

$$RMG' = \sqrt{r^{'} \cdot \Delta} \quad con \quad r' = e^{-1/4} \cdot r$$

$$DMG_{ff} = \sqrt[3]{\left(D_{12} \cdot D_{12'} \cdot D_{1'2} \cdot D_{1'2'}\right)^{1/4} \cdot \left(D_{23} \cdot D_{23'} \cdot D_{2'3} \cdot D_{2'3'}\right)^{1/4} \left(D_{31} \cdot D_{31'} \cdot D_{3'1} \cdot D_{1'3'}\right)^{1/4}}$$

donde:

$$D_{1'2'} = D_{23}$$

$$D_{2'3'} = D_{12}$$

$$D_{1'3'} = D_{13}$$

$$D_{23'} = D_{12'}$$

$$D_{2'3} = D_{21'}$$

$$D_{33'} = D_{11'}$$

1.2.2.2.2. Reactancia inductiva de líneas con cables aislados apantallados

Considérese una línea trifásica compuesta por tres cables aislados unipolares. La circulación de las corrientes, I_a, I_b e I_c, por los conductores de los cables crea un campo magnético variable en el tiempo que induce en las pantallas unas tensiones. Si las pantallas están cortocircuitadas entre sí en sus dos extremos circularán por ellas unas corrientes I'_a, I'_b e I'_c, que para una disposición de cables equilátera estarán equilibradas por existir condiciones de simetría.

Los enlaces de flujo concatenados por la pantalla de la fase a, se calculan como:

$$\lambda_{p,a} = 2 \cdot 10^{-7} \cdot \left[I_a \cdot \ln \frac{1}{d/2} + I_b \cdot \ln \frac{1}{s} + I_c \cdot \ln \frac{1}{s} + I'_a \cdot \ln \frac{1}{d/2} + I'_b \cdot \ln \frac{1}{s} + I'_c \cdot \ln \frac{1}{s} \right]$$

donde, d, es el diámetro medio de las pantallas y s es la separación entre los centros de los cables.

Teniendo en cuenta que: $I_a + I_b + I_c = 0$, y que $I'_a + I'_b + I'_c = 0$; resulta:

$$\lambda_{p,a} = 2 \cdot 10^{-7} \cdot \left[I_a \cdot \ln \frac{s}{d/2} + I'_a \cdot \ln \frac{s}{d/2} \right]$$

La tensión inducida en la pantalla será:

$$U_{p\lambda,a} = j\omega \cdot \lambda_{p,a} = j\omega \cdot 2 \cdot 10^{-7} \cdot \left[I_a \cdot \ln \frac{s}{d/2} + I'_a \cdot \ln \frac{s}{d/2} \right]$$

$$U_{p\lambda,a} = j\omega \cdot \lambda_{p,a} = jX'_p \cdot I_a + jX'_p \cdot I'_a,$$

donde:

$$X'_p = \omega \cdot \frac{\mu_0}{2 \cdot \pi} \cdot \ln \frac{s}{d/2}$$

La caída de tensión total en la pantalla, incluyendo la de tipo resistivo resulta:

$$U_{pa} = R'_p \cdot I'_a + jX'_p \cdot I_a + jX'_p \cdot I'_a$$

donde R'_p representa la *resistencia de la pantalla* por unidad de longitud.

Si en ambos extremos se unen las pantallas a tierra y como las intensidades en las tres pantallas constituyen un sistema trifásico equilibrado (suma de corrientes es nula), la caída de tensión en las puestas a tierra será también nula y consecuentemente, debe cumplirse la siguiente condición:

$$0 = R'_p \cdot I'_a + jX'_p \cdot I_a + jX'_p \cdot I'_a$$

por lo que:

$$I'_a = \frac{-jX'_p}{R'_p + jX'_p} \cdot I_a \qquad (6)$$

Por otra parte, los enlaces de flujo concatenados por el conductor de la fase *a* serán:

$$\lambda_a = 2 \cdot 10^{-7} \cdot \left[I_a \cdot \ln\frac{1}{r'} + I_b \cdot \ln\frac{1}{s} + I_c \cdot \ln\frac{1}{s} + I'_a \cdot \ln\frac{1}{d/2} + I'_b \cdot \ln\frac{1}{s} + I'_c \cdot \ln\frac{1}{s} \right],$$

que, teniendo en cuenta que $I_a + I_b + I_c = 0$ y que $I'_a + I'_b + I'_c = 0$, resulta:

$$\lambda_a = 2 \cdot 10^{-7} \cdot \left[I_a \cdot \ln\frac{s}{r'} + I'_a \cdot \ln\frac{s}{d/2} \right]$$

La tensión inducida en el conductor de la fase *a* será:

$$U_{\lambda a} = j\omega \cdot \lambda_a = j\omega \cdot 2 \cdot 10^{-7} \cdot \left[I_a \cdot \ln\frac{s}{r'} + I'_a \cdot \ln\frac{s}{d/2} \right]$$

o bien:

$$U_{\lambda a} = jX'_a \cdot I_a + jX'_p \cdot I'_a$$

donde:

$$X'_a = \omega \cdot \frac{\mu_0}{2 \cdot \pi} \cdot \ln\frac{s}{r'}$$

Si en la ecuación anterior, se sustituye I'_a por la ecuación (6), resulta:

$$U_{\lambda a} = \left[jX'_a + \frac{X'^2_p}{R'_p + jX'_p} \right] \cdot I_a$$

que operando, se convierte en la expresión:

$$U_{\lambda a} = \frac{R'_p \cdot X'^2_p}{R'^2_p + X'^2_p} \cdot I_a + j\left(X'_a - \frac{X'^3_p}{R'^2_p + X'^2_p} \right) \cdot I_a$$

La caída de tensión total en el conductor, incluyendo la de tipo resistivo resulta:

$$U_a = \left(R' + \frac{R'_p \cdot X'^2_p}{R'^2_p + X'^2_p} \right) \cdot I_a + j\cdot\left(X'_a - \frac{X'^3_p}{R'^2_p + X'^2_p} \right) \cdot I_a$$

donde *R'* representa la *resistencia del conductor* por unidad de longitud.

Esta ecuación evidencia que la tensión inducida en el conductor tiene una componente I_a, en fase con la corriente de la fase a que se suma a la resistencia del conductor y otra componente adelantada $\pi/2$ que reduce la componente inductiva del propio conductor. En consecuencia, el circuito equivalente por fase de un cable, teniendo en cuenta la circulación de corriente por las pantallas, presenta un valor resistivo que incrementará la propia resistencia del conductor en un valor:

$$\Delta R' = \frac{R'_p \cdot X'^2_p}{R'^2_p + X'^2_p}$$

y disminuirá la reactancia inductiva en un valor:

$$\Delta X' = \frac{X'^3_p}{R'^2_p + X'^2_p}$$

Si la configuración de la línea trifásica de cable aislado, en lugar de triángulo equilátero, es en capa con transposición de cables, también se produce un incremento de la resistencia, $\Delta R'$ y una disminución de la reactancia inductiva, $\Delta X'$, pero, en este caso, los valores de X'_p y X'_a, vienen dados por las expresiones siguientes:

$$X'_a = \omega \cdot \frac{\mu_0}{2 \cdot \pi} \cdot \ln \frac{s \cdot \sqrt[3]{2}}{r'} \qquad \text{y} \qquad X'_p = \omega \cdot \frac{\mu_0}{2 \cdot \pi} \cdot \ln \frac{s \cdot \sqrt[3]{2}}{d/2}$$

Nótese que para otros tipos de cables es necesario recurrir a los catálogos de fabricante que suministran estos valores en forma de gráficas o tablas.

Para los sistemas de conexiones especiales de pantallas, descritos en el Capítulo 6, Apartado 6.5, como son, el *cross-bonding* seccionado de tramos iguales en disposición equilátera o el *single-point*, no hay circulación de corriente por las pantallas, y por tanto, se cumple que: $\Delta R' = 0$ y $\Delta X' = 0$.

1.2.2.3. Susceptancia capacitiva

La diferencia de tensión entre los conductores de una línea aérea produce una carga en la superficie de sus conductores debida al efecto capacitivo con el aire como medio dieléctrico. Asimismo, la diferencia de tensión de cada conductor con el plano de tierra provoca otra carga superficial superpuesta a la anterior por el efecto capacitivo producido entre el conductor y el plano de tierra. Estos fenómenos capacitivos tienen lugar simultáneamente entre los diferentes conductores existentes en la línea y entre estos y el plano de tierra.

Si la tensión aplicada entre dos conductores es una tensión variable en el tiempo, du/dt, se produce en ellos una variación de carga también variable en el tiempo, dq/dt, que corresponde con la corriente capacitiva i de la línea, siendo la constante de proporcionalidad entre las dos variaciones, la capacidad C entre los conductores:

$$i = \frac{dq}{dt} = C \cdot \frac{du}{dt} \Rightarrow C = \frac{dq}{du}$$

La capacidad, *C*, representa el *valor instantáneo de la carga por unidad de tensión*. Cuando la carga se expresa en culombios por metro (C/m) y la tensión en voltios (V), la capacidad resulta en por unidad de longitud, *C'* y se expresa en faradios por metro (F/m).

Si la permitividad dieléctrica del medio aislante, ε, es constante, la tensión sinusoidal que produce una carga que varía también de forma sinusoidal y la capacidad, puede determinarse por el cociente entre el valor eficaz de carga y el valor eficaz de la tensión.

$$C = \frac{Q}{U}$$

De forma práctica, la capacidad de una línea se determina mediante la superposición del efecto de las cargas que aparecen en los conductores, teniendo en cuenta el efecto del plano de tierra próximo a la línea.

1.2.2.3.1. Susceptancia capacitiva de líneas aéreas

Se define como susceptancia capacitiva de una línea alimentada en corriente alterna sinusoidal de pulsación ω, a la inversa de la reactancia capacitiva:

$$B' = \frac{1}{X_C^{'}} = \omega \cdot C' \quad (S/m)$$

a) Campo eléctrico creado por un conductor recto de gran longitud

Un conductor recto de gran longitud se simula mediante una carga rectilínea y concéntrica con el eje del conductor de un valor *q* por unidad de longitud, tal que, a la distancia coincidente con el radio del conductor ($x = r$), el potencial eléctrico creado por la carga *q* se corresponda con el valor de la tensión del propio conductor (*véase* la Figura 1.19).

Aplicando la ley de Gauss por unidad de longitud, resulta que la carga eléctrica *q*, encerrada por una superficie cilíndrica de radio *x* y concéntrica al conductor es igual a la integral sobre la superficie cilíndrica de la componente normal del vector desplazamiento eléctrico, $\overline{D}$:

$$q = \oint \overline{D} \cdot ds$$

donde el vector desplazamiento, $\overline{D}$, está relacionado con el campo eléctrico, $\overline{E}$, a través de la permitividad del medio ε, que para el caso de líneas aéreas es la permitividad en el vacío, $\varepsilon_0 = 8{,}854 \cdot 10^{-12}$ F/m:

$$\overline{D} = \varepsilon_0 \cdot \overline{E}$$

Por simetría, $\left|\overline{E}\right|$, es constante y de valor E_x, en cualquier punto de la superficie del cilindro de radio x será:

$$q = \varepsilon_0 \cdot E_x \cdot 2 \cdot \pi \cdot x$$

Consecuentemente:

$$E_x = \frac{q}{2 \cdot \pi \cdot \varepsilon_0 \cdot x}$$

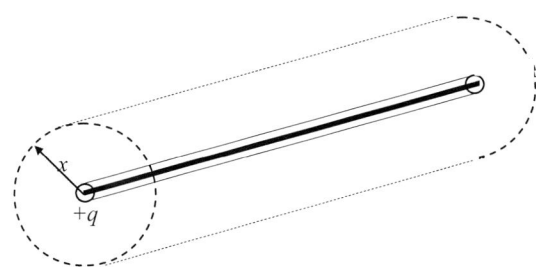

Figura 1.19. Aplicación de la Ley de Gauss a un conductor rectilíneo de longitud infinita

El campo eléctrico en cualquier punto del cilindro viene dado por la ecuación:

$$E_x = \frac{q}{2 \cdot \pi \cdot \varepsilon_0 \cdot x}$$

La diferencia de potencial U_{12} entre los dos puntos externos al conductor, P_1 y P_2, mostrado en la Figura 1.20, es igual al trabajo necesario para mover una carga de un culombio entre ambos puntos. Teniendo presente que el campo eléctrico representa la fuerza a que está sometida una carga de un culombio en el interior de un campo eléctrico, la integral de línea a lo largo de cualquier camino de integración entre los puntos P_1 y P_2, del campo eléctrico, será la diferencia de potencial U_{12}:

$$U_{12} = \int_{D_1}^{D_2} E \cdot dx$$

$$U_{12} = \frac{q}{2 \cdot \pi \cdot \varepsilon_0} \cdot \ln \frac{D_2}{D_1} \tag{7}$$

$$U_{12} = q \cdot p_{12}$$

donde:

$$p_{12} = \frac{1}{2 \cdot \pi \cdot \varepsilon_0} \cdot \ln \frac{D_2}{D_1}, \text{ se denomina } \textit{coeficiente de potencial} \text{ entre los puntos } P_1 \text{ y } P_2.$$

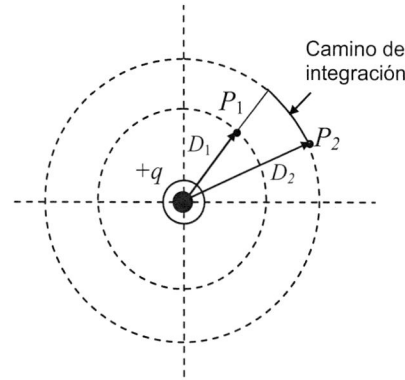

Figura 1.20. Diferencia de potencial entre P_1 y P_2, producida por una carga rectilínea

b) Capacidad de una línea bifilar alejada del plano de tierra

Supóngase la línea bifilar de la Figura 1.21 compuesta por dos conductores cilíndricos, a y b de longitud infinita, que pueden simularse por sendas cargas rectilíneas de longitud infinita situadas en los ejes de simetría de cada conductor y de valor conocido q_a y q_b, sin que existan otras cargas adicionales en el espacio considerado ($q_a + q_b = 0$).

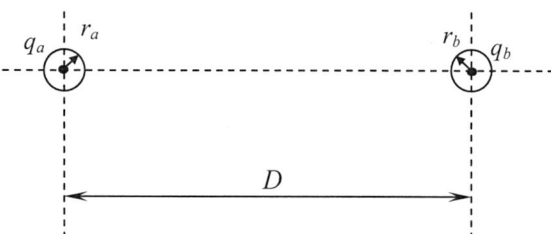

Figura 1.21. Línea bifilar compuesta por conductores

El potencial entre ambos conductores puede expresarse como la superposición del potencial creado por ambas cargas:

$$U_{ab} = U_{ab}(q_a) + U_{ab}(q_b)$$

Según (7), el potencial U_{ab}, creado por la carga q_a, es:

$$U_{ab}(q_a) = \frac{q_a}{2 \cdot \pi \cdot \varepsilon_0} \cdot \ln \frac{D}{r_a}$$

y el creado por q_b, es:

$$U_{ab}(q_b) = \frac{q_b}{2 \cdot \pi \cdot \varepsilon_0} \cdot \ln \frac{r_b}{D}$$

Teniendo en cuenta que, $q_a = -q_b = q$ y considerando que, $r_a = r_b = r$, la superposición de ambos contribuciones de potencial resulta:

$$U_{ab} = \frac{q}{2 \cdot \pi \cdot \varepsilon_0} \cdot \ln \frac{D^2}{r^2}$$

Por lo tanto, la capacidad por unidad de longitud C' entre ambos conductores, será:

$$C' = \frac{2 \cdot \pi \cdot \varepsilon_0}{2 \cdot ln \dfrac{D}{r}}$$

Si se desea determinar la capacidad respecto de un punto neutro situado a un potencial intermedio $U_{ab}/2$, el valor de la capacidad será el doble:

$$C_n' = \frac{2 \cdot \pi \cdot \varepsilon_0}{ln \dfrac{D}{r}} = \frac{0{,}0556}{ln \dfrac{D}{r}} \quad \left(\frac{\mu F}{km} \right)$$

c) Efecto del plano de tierra en el valor de la capacidad

Suponiendo que los conductores de la línea son cilíndricos de longitud infinita y que el suelo es un plano conductor paralelo a los conductores, el efecto del suelo se puede simular, según se muestra en la Figura 1.22, considerando para cada carga rectilínea asociada a un conductor otra carga ficticia (carga imagen) de igual valor absoluto pero de signo opuesto situada simétrica respecto del plano de tierra, según se aprecia en la Figura 1.22.

La diferencia de potencial entre dos puntos del espacio se determinará por la superposición de la diferencia de potencial creado por ambas cargas:

$$U_{12} = U_{12}(+q) + U_{12}(-q)$$

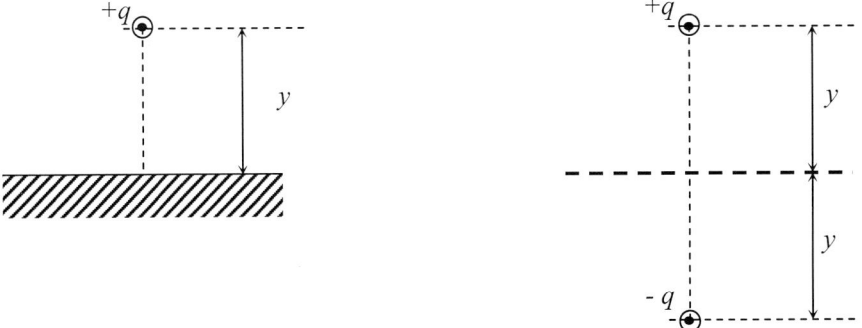

Figura 1.22. Simulación del plano del suelo mediante carga imagen

d) Capacidad en una línea trifásica de un solo conductor por fase con transposición

Supóngase la línea trifásica (*a, b, c*) en presencia del plano de tierra de la Figura 1.23, con un sólo conductor por fase, para la que se transponen sus fases en tramos de igual longitud y cuyas distancias (D_{12}, D_{23} y D_{31}) para las tres disposiciones de fase no varían a lo largo de su recorrido.

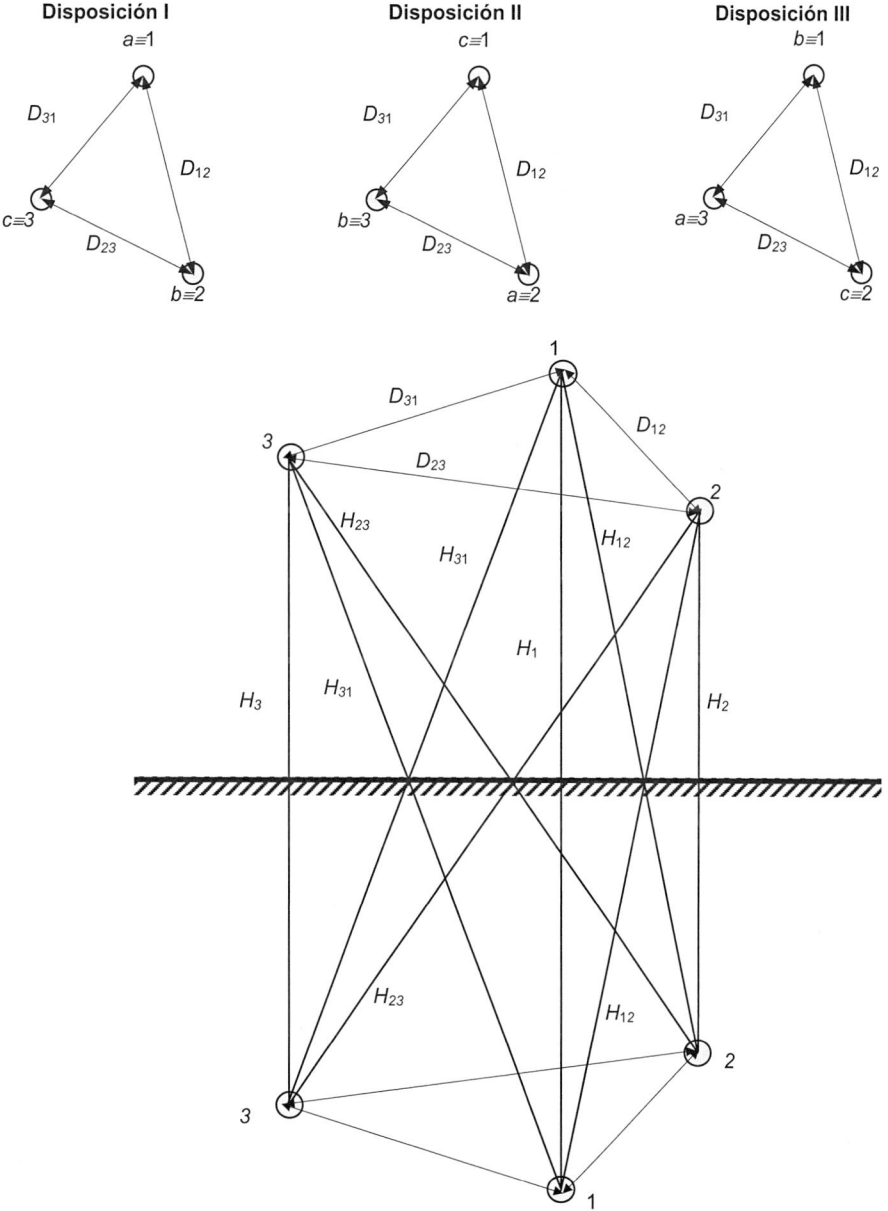

Figura 1.23. Línea simplex de simple circuito transpuesta y en presencia del plano del suelo

La diferencia de potencial U_{ab}, entre las fases a y b para la disposición geométrica, I, se determina como superposición de los potenciales creados por las tres cargas q_a, q_b y q_c, asociadas a cada conductor de fase y sus respectivas cargas imágenes ($-q_a$, $-q_b$ y $-q_c$) utilizadas para simular el plano de tierra.

Si se aplica la expresión (7) para determinar la contribución de potencial creada por cada una de las cargas, resulta:

$$U_{ab}(I) = \frac{1}{2 \cdot \pi \cdot \varepsilon_0}\left[q_a \cdot \left(\ln\frac{D_{12}}{r} - \ln\frac{H_{12}}{H_1} \right) + q_b \cdot \left(\ln\frac{r}{D_{12}} - \ln\frac{H_2}{H_{12}} \right) + q_c \cdot \left(\ln\frac{D_{23}}{D_{31}} - \ln\frac{H_{23}}{H_{31}} \right) \right]$$

Análogamente, para la disposición de fases II, (la fase a en la posición 2, la fase b en la posición 3 y la fase c en la posición 1), se obtendrá:

$$U_{ab}(II) = \frac{1}{2 \cdot \pi \cdot \varepsilon_0} \cdot \left[q_a \cdot \left(\ln\frac{D_{23}}{r} - \ln\frac{H_{23}}{H_2} \right) + q_b \cdot \left(\ln\frac{r}{D_{23}} - \ln\frac{H_3}{H_{23}} \right) + q_c \cdot \left(\ln\frac{D_{31}}{D_{12}} - \ln\frac{H_{31}}{H_{12}} \right) \right]$$

y finalmente, para la disposición de fases III, (la fase a en la posición 3, la fase b en la posición 1 y la fase c en la posición 2), se tendrá:

$$U_{ab}(III) = \frac{1}{2 \cdot \pi \cdot \varepsilon_0} \cdot \left[q_a \cdot \left(\ln\frac{D_{31}}{r} - \ln\frac{H_{31}}{H_3} \right) + q_b \cdot \left(\ln\frac{r}{D_{31}} - \ln\frac{H_1}{H_{31}} \right) + q_c \cdot \left(\ln\frac{D_{12}}{D_{23}} - \ln\frac{H_{12}}{H_{23}} \right) \right]$$

Si los tramos para las disposiciones I, II, III, tienen igual longitud el valor de la diferencia de potencial U_{ab}, a lo largo de la línea, vendrá dado por el valor medio del las diferencias de potencial correspondientes a las tres disposiciones.

$$U_{ab} = \frac{U_{ab}(I) + U_{ab}(II) + U_{ab}(III)}{3}$$

Sustituyendo las expresiones anteriores y operando resulta:

$$U_{ab} = \frac{1}{2\pi\varepsilon_0}\left[q_a\left(\ln\frac{\sqrt[3]{D_{12}.D_{23}.D_{31}}}{r} - \ln\frac{\sqrt[3]{H_{12}.H_{23}.H_{31}}}{\sqrt[3]{H_1.H_2.H_3}} \right) - q_b\left(\ln\frac{r}{\sqrt[3]{D_{12}.D_{23}.D_{31}}} - \ln\frac{\sqrt[3]{H_1.H_2.H_3}}{\sqrt[3]{H_{12}.H_{23}.H_{31}}} \right) \right]$$

Análogamente, la diferencia de tensión U_{ac} entre las fases a y c toma la expresión:

$$U_{ac} = \frac{1}{2 \cdot \pi \cdot \varepsilon_0} \cdot \left[q_a\left(\ln\frac{\sqrt[3]{D_{12}.D_{23}.D_{31}}}{r} - \ln\frac{\sqrt[3]{H_{12}.H_{23}.H_{31}}}{\sqrt[3]{H_1.H_2.H_3}} \right) - q_c\left(\ln\frac{r}{\sqrt[3]{D_{12}.D_{23}.D_{31}}} - \ln\frac{\sqrt[3]{H_1.H_2.H_3}}{\sqrt[3]{H_{12}.H_{23}.H_{31}}} \right) \right]$$

Si se suman ambas diferencias de potencial U_{ab} y U_{ac}, se tiene:

$$U_{ab} + U_{ac} = \frac{1}{2 \cdot \pi \cdot \varepsilon_0} \cdot \left[2.q_a \left(\ln \frac{DMG}{r} - \ln \frac{H^*}{H} \right) + q_b \left(\ln \frac{r}{DMG} - \ln \frac{H}{H^*} \right) + q_c \left(\ln \frac{r}{DMG} - \ln \frac{H}{H^*} \right) \right]$$

donde:

$DMG = \sqrt[3]{D_{12} \cdot D_{23} \cdot D_{31}}$, es la distancia media geométrica entre fases.

$H^* = \sqrt[3]{H_{12} \cdot H_{23} \cdot H_{31}}$

$H = \sqrt[3]{H_1 \cdot H_2 \cdot H_3}$

Teniendo presente que se cumple que, $q_a + q_b + q_c = 0$ la ecuación anterior puede expresarse de la forma:

$$U_{ab} + U_{ac} = \frac{3}{2 \cdot \pi \cdot \varepsilon_0} \cdot q_a \cdot \left(\ln \frac{DMG}{r} - \ln \frac{H^*}{H} \right)$$

Al tratarse de un sistema trifásico equilibrado se cumple la siguiente igualdad, según se deduce de la Figura 1.24:

$$U_{ab} + U_{ac} = 3 \cdot U_{an}$$

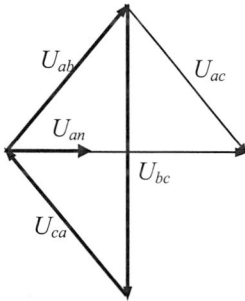

Figura 1.24. Tensiones entre fases en un sistema trifásico equilibrado

por lo tanto, resulta que:

$$U_{an} = \frac{1}{2 \cdot \pi \cdot \varepsilon_0} \cdot q_a \cdot \left(\ln \frac{DMG}{r} - \ln \frac{H^*}{H} \right)$$

En consecuencia, la capacidad por unidad de longitud de la fase respecto del neutro resulta:

$$C'_{an} = \frac{2 \cdot \pi \cdot \varepsilon_0}{\ln \dfrac{DMG}{r} - \ln \dfrac{H^*}{H}} = \frac{0,0556}{\ln \dfrac{DMG}{r} - \ln \dfrac{H^*}{H}} \quad \left(\frac{\mu F}{km} \right)$$

Si se cumple que las distancias entre los conductores y el terreno son significativamente superiores a las distancias entre los conductores de fase, se puede asumir la simplificación siguiente:

$$H_1 \approx H_2 \approx H_3 \approx H_{12} \approx H_{23} \approx H_{31} \approx H$$

En cuyo caso, el segundo sumando del denominador de las ecuaciones anteriores se anula resultando la tensión y la capacidad fase-neutro:

$$U_{an} = \frac{q_a}{2 \cdot \pi \cdot \varepsilon_0} \cdot \ln \frac{DMG}{r} \tag{8}$$

$$C'_{an} \approx \frac{2 \cdot \pi \cdot \varepsilon_0}{\ln \dfrac{DMG}{r}} = \frac{0,0556}{\ln \dfrac{DMG}{r}} \quad \left(\frac{\mu F}{km} \right) \tag{9}$$

Nótese que el hecho de considerar la presencia del terreno sin aplicar la simplificación anterior implicaría una capacidad ligeramente mayor.

e) Líneas trifásicas transpuestas con conductores en haz

La expresión (9) puede generalizarse para líneas trifásicas con m conductores en haz, que se transpone en tramos de igual longitud y cuyas distancias, D_{12}, D_{23} y D_{31}, para las tres disposiciones de fase no varían a lo largo de su recorrido:

$$C'_{an} = \frac{2 \cdot \pi \cdot \varepsilon_0}{\ln \dfrac{DMG}{RMG}} = \frac{0,0556}{\ln \dfrac{DMG}{RMG}} \quad \left(\frac{\mu F}{km} \right) \tag{10}$$

donde:

$DMG = \sqrt[3]{D_{12} \cdot D_{23} \cdot D_{31}}$, distancia media geométrica entre fases.

$RMG = \sqrt[m]{r_i \cdot D_{ij} \cdot ... \cdot D_{im}}$, radio medio geométrico del haz de m conductores, aplicable al cálculo de la capacidad.

Nótese que, a diferencia de lo que resultó en la determinación de la inductancia de línea para el cálculo de la capacidad de fase, el radio del conductor interviene en el radio medio geométrico sin el factor de corrección $e^{-1/4}$.

f) Generalización de la capacidad en una línea trifásica transpuesta de doble circuito

Supóngase una línea trifásica de doble circuito, que se transpone en tramos de igual longitud y cuya configuración geométrica es la mostrada en la Figura 1.25. Nótese que en la figura no se muestran todas las combinaciones posibles de distancias para no saturar el dibujo, el lector puede completar las distancias que restan ($D_{32'}$, $D_{33'}$, $D_{1'2'}$, $D_{2'3'}$ y $D_{1'3'}$).

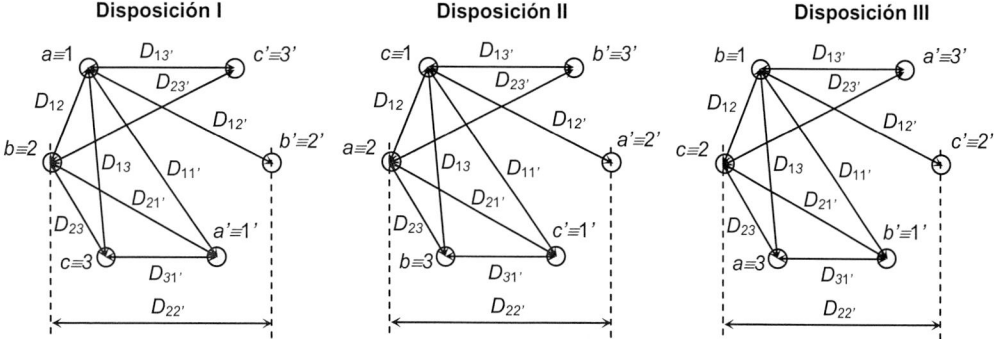

Figura 1.25. Línea trifásica simplex de doble circuito transpuesta en tramos de igual longitud

La expresión de la capacidad resulta:

$$C'_{an} = \frac{2 \cdot \pi \cdot \varepsilon_0}{\ln \dfrac{DMG_{ff}}{DMG_f}} = \frac{0,0556}{\ln \dfrac{DMG_{ff}}{DMG_f}} \quad \left(\frac{\mu F}{km}\right) \tag{11}$$

donde:

DMG_{ff} distancia media geométrica entre fases.

DMG_f distancia media geométrica de fase.

Las expresiones de DMG_{ff} y DMG_f son análogas a las deducidas para las inductancias, pero empleando el radio del conductor, r, en lugar del radio modificado, R'.

$$DMG_{ff} = \sqrt[3]{D_{ab} \cdot D_{bc} \cdot D_{ca}}$$

$$DMG_{ff} = \sqrt[3]{\left(D_{12} \cdot D_{12'} \cdot D_{1'2} \cdot D_{1'2'}\right)^{1/4} \cdot \left(D_{23} \cdot D_{23'} \cdot D_{2'3} \cdot D_{2'3'}\right)^{1/4} \cdot \left(D_{31} \cdot D_{31'} \cdot D_{3'1} \cdot D_{3'1'}\right)^{1/4}}$$

$$DMG_f = \sqrt[3]{D_{aa} \cdot D_{bb} \cdot D_{cc}}$$

$$DMG_f = \left[\left(r \cdot D_{11'}\right) \cdot \left(r \cdot D_{22'}\right) \cdot \left(r \cdot D_{33'}\right)\right]^{1/6}$$

Notas:

(1) En el supuesto que cada fase se compusiera de un haz de m conductores, el valor de r, de la ecuación anterior debe sustituirse por el valor del radio medio geométrico RMG, del haz de conductores.

(2) Debe destacarse que el valor de la capacidad C, determinado por la ecuación (11), corresponde a la capacidad global de los dos circuitos en paralelo, de forma que si se desea determinar el valor de la capacidad de un sólo circuito será la mitad, al estar ambos circuitos en paralelo.

g) Ejemplos de aplicación para el cálculo de la capacidad

- **Línea simplex (1 conductor por fase)**

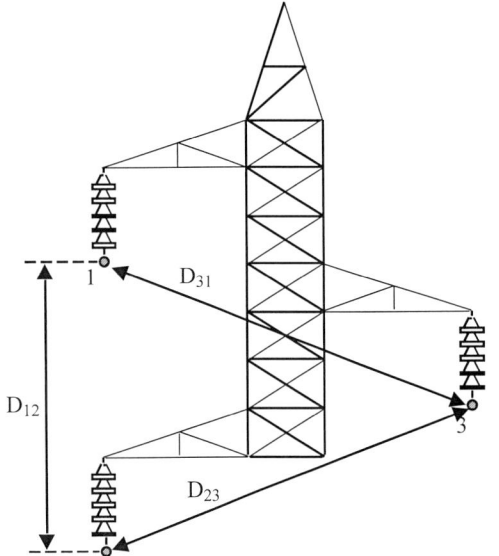

Según la ecuación (9), la capacidad por fase será:

$$C'_{an} = \frac{0,0556}{\ln \dfrac{DMG}{r}} \quad \left(\frac{\mu F}{km} \right)$$

donde:

$$DMG = \sqrt[3]{D_{12} \cdot D_{23} \cdot D_{31}}$$

Figura 1.26. Línea trifásica simplex de simple circuito

- **Línea dúplex (2 conductores por fase)**

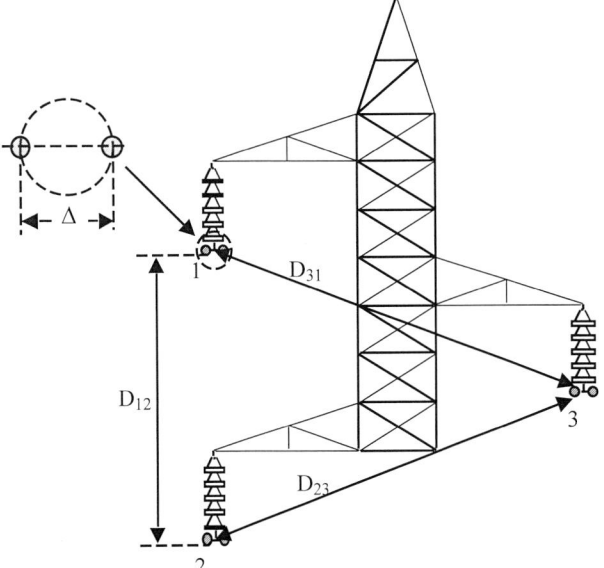

Según la ecuación (10), la capacidad por fase será:

$$C'_{an} = \frac{0,0556}{\ln \dfrac{DMG}{RMG}} \quad \left(\frac{\mu F}{km} \right)$$

donde:

$$DMG = \sqrt[3]{D_{12} \cdot D_{23} \cdot D_{31}}$$

$$RMG = \sqrt{r \cdot \Delta}$$

Figura 1.27. Línea trifásica dúplex de simple circuito

- **Línea tríplex (3 conductores por fase)**

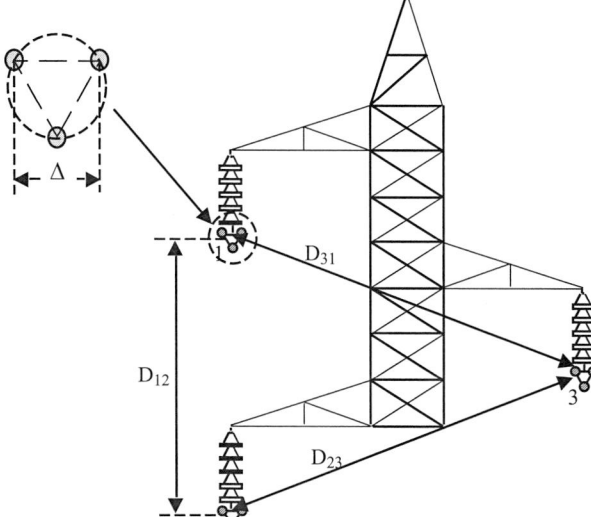

Según la ecuación (10), la capacidad por fase será:

$$C'_{an} = \frac{0,0556}{\ln \dfrac{DMG}{RMG}} \quad \left(\frac{\mu F}{km}\right)$$

donde:

$$DMG = \sqrt[3]{D_{12} \cdot D_{23} \cdot D_{31}}$$

$$RMG = \sqrt[3]{r \cdot \Delta^2}$$

Figura 1.28. Línea trifásica tríplex de simple circuito

- **Línea de doble circuito simplex (1 conductor por fase)**

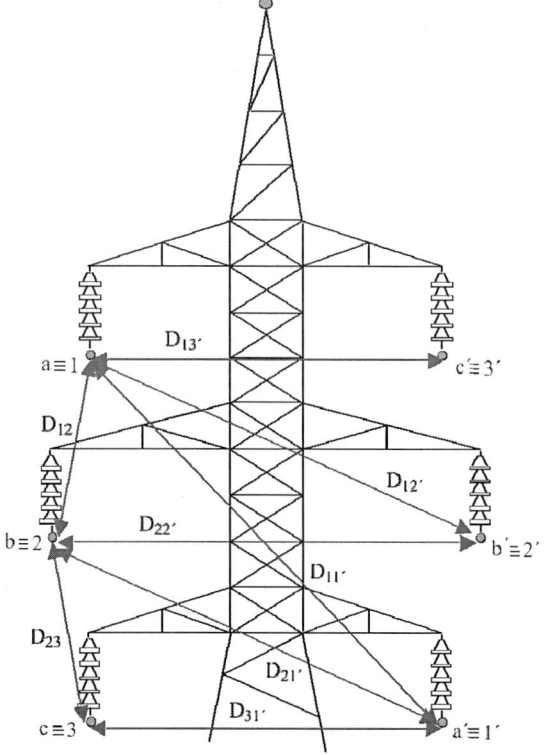

Según la ecuación (11), la capacidad por fase será:

$$C'_{an} = \frac{0,0556}{\ln \dfrac{DMG_{ff}}{DMG_f}} \quad \left(\frac{\mu F}{km}\right)$$

El valor de la capacidad de un sólo circuito sería la mitad.

donde:

$$DMG_f = \left[\left(r \cdot D_{11'}\right) \cdot \left(r \cdot D_{22'}\right) \cdot \left(r \cdot D_{33'}\right)\right]^{1/6}$$

Siendo, $D_{33'} = D_{11'}$

Figura 1.29. Línea trifásica simplex de doble circuito

$$DMG_{ff} = \sqrt[3]{\left(D_{12} \cdot D_{12'} \cdot D_{1'2} \cdot D_{1'2'}\right)^{1/4} \cdot \left(D_{23} \cdot D_{23'} \cdot D_{2'3} \cdot D_{2'3'}\right)^{1/4} \cdot \left(D_{31} \cdot D_{31'} \cdot D_{3'1} \cdot D_{1'3'}\right)^{1/4}}$$

donde:

$$D_{1'2'} = D_{23}$$

$$D_{2'3'} = D_{12}$$

$$D_{1'3'} = D_{13}$$

$$D_{23'} = D_{12'}$$

$$D_{2'3} = D_{21'}$$

$$D_{33'} = D_{11'}$$

- **Línea de doble circuito dúplex (2 conductores por fase)**

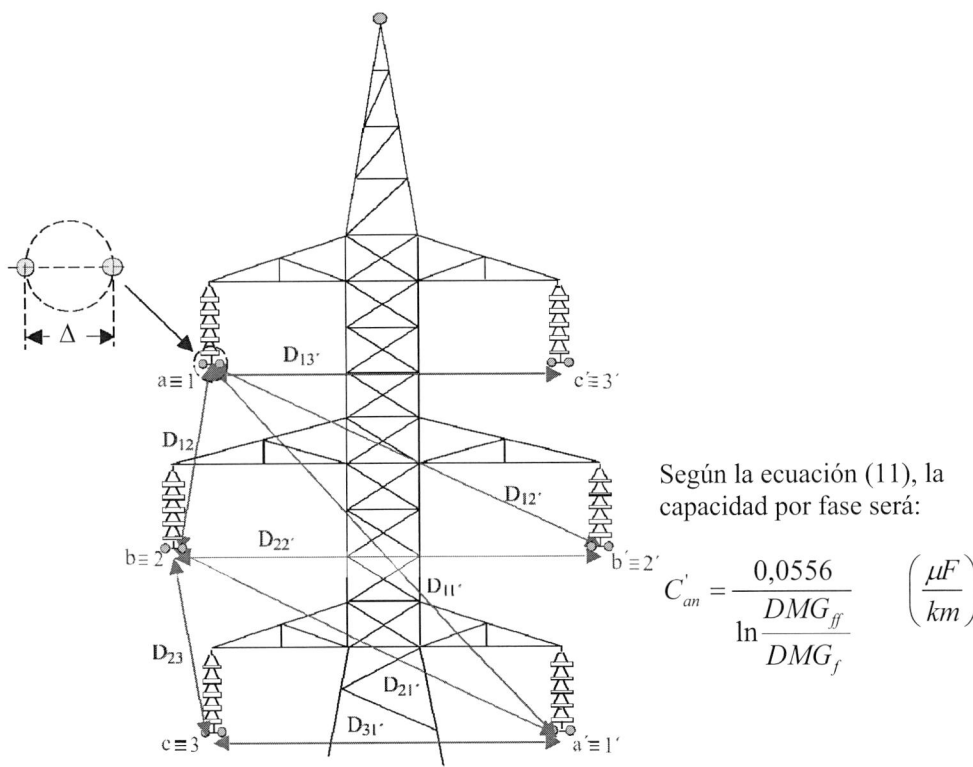

Según la ecuación (11), la capacidad por fase será:

$$C'_{an} = \frac{0,0556}{\ln \dfrac{DMG_{ff}}{DMG_f}} \quad \left(\frac{\mu F}{km}\right)$$

Figura 1.30. Línea trifásica dúplex de doble circuito

El valor de la capacidad de un sólo circuito sería la mitad.

donde:

$$DMG_f = \left[\left(RMG \cdot D_{11'}\right) \cdot \left(RMG \cdot D_{22'}\right) \cdot \left(RMG \cdot D_{33'}\right)\right]^{1/6}$$

siendo, $D_{33'} = D_{11}$

$$RMG = \sqrt{r \cdot \Delta}$$

$$DMG_{ff} = \sqrt[3]{\left(D_{12} \cdot D_{12'} \cdot D_{1'2} \cdot D_{1'2'}\right)^{1/4} \cdot \left(D_{23} \cdot D_{23'} \cdot D_{2'3} \cdot D_{2'3'}\right)^{1/4} \cdot \left(D_{31} \cdot D_{31'} \cdot D_{3'1} \cdot D_{1'3'}\right)^{1/4}}$$

donde:

$$D_{1'2'} = D_{23} \quad D_{2'3'} = D_{12} \quad D_{1'3'} = D_{13}$$

$$D_{23'} = D_{12'} \quad D_{2'3} = D_{21'} \quad D_{33'} = D_{11'}$$

1.2.2.3.2. Susceptancia capacitiva de cables aislados

La capacidad por unidad de longitud de un cable unipolar coincide con la de un condensador cilíndrico en el que el radio del electrodo cilíndrico interior se corresponde con el radio exterior de la semiconductora, r, que recubre al conductor de alta tensión y en el que el radio del electrodo cilíndrico exterior del condensador se corresponde con el radio interior de la semiconductora, r_c, que cubre el aislamiento principal del cable (*véase* la Figura 1.31).

Aplicando la Ley de Gauss en un cilindro de radio x, comprendido entre ambos electrodos cilíndricos se obtiene la siguiente expresión:

$$q = \varepsilon \cdot E_x \cdot 2 \cdot \pi \cdot x$$

La intensidad de campo eléctrico en cualquier punto del cilindro de radio x, resulta:

$$E_x = \frac{q}{2 \cdot \pi \cdot \varepsilon \cdot x}$$

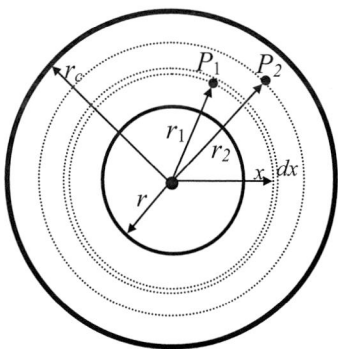

Figura 1.31. Sección transversal de un cable

La diferencia de potencial entre dos puntos cualesquiera dentro del cable se determinará mediante la misma expresión utilizada para el Apartado 1.2.2.3.1.a):

$$U_{12} = \int_{r_1}^{r_2} E_x \cdot dx$$

que operando, resulta:

$$U_{12} = \frac{q}{2 \cdot \pi \cdot \varepsilon} \cdot \ln \frac{r_2}{r_1}$$

Si se particulariza la expresión para un punto P_1 situado en la superficie exterior de la semiconductora que cubre al conductor, de radio r, y para un punto P_2 situado en la superficie interior de la semiconductora exterior que recubre al aislamiento principal, y de radio r_c la diferencia de potencial entre ambos electrodos es U_0, por lo que resulta:

$$U_0 = \frac{q}{2 \cdot \pi \cdot \varepsilon} \cdot \ln \frac{r_c}{r}$$

Consecuentemente, la capacidad C' por unidad de longitud viene expresada por la ecuación:

$$C' = \frac{2 \cdot \pi \cdot \varepsilon}{\ln \dfrac{r_c}{r}} \qquad (12)$$

Si se compara esta expresión de cables de alta tensión con la capacidad por unidad longitud de una línea aérea correspondiente a la ecuación (9), las diferencias más sustanciales entre ambas expresiones son, por un lado, el notable mayor valor de la constante dieléctrica ($\varepsilon = \varepsilon_r \cdot \varepsilon_0$) de los aislamientos utilizados en los cables, al estar comprendido entre 2,4, para cables de XLPE, hasta 3,4 o 4, para cables de papel impregnado, y por otro, la notable diferencia de magnitud del numerador del neperiano, r_c, que toma valores de algunos centímetros respecto al *DMG* que toma valores de algunos metros. Todo ello implica que la capacidad del cable unipolar sea de unas 15 a 30 veces mayor que la capacidad de la línea aérea (8 a 15 nF/km para línea aérea y del orden de unos 250 nF/km para cable aislado unipolar).

El mayor valor de capacidad de las líneas de cables aislados provoca una mayor corriente de vacío de tipo capacitivo y una elevación de tensión por efecto Ferranti en horas de baja demanda.

Bajo un punto de vista de diseño, es importante correlacionar el valor de los radios r y r_c, en función de la intensidad de campo eléctrico máximo, E_{max}, de funcionamiento en servicio continuo y de la tensión nominal del cable U_0.

Despejando el valor de q en función de U_0 y sustituyéndolo en la expresión del campo eléctrico E_x, resulta:

$$E_x = \frac{1}{x \cdot \ln \dfrac{r_c}{r}} \qquad (13)$$

que tomará el valor máximo cuando $x = r$:

$$E_{max} = \frac{U_0}{r \cdot ln \frac{r_c}{r}}$$

y el valor mínimo cuando $x = r_c$:

$$E_{min} = \frac{U_0}{r_c \cdot \ln \frac{r_c}{r}}$$

La ecuación (13) permite razonar que la intensidad de campo eléctrico no es homogénea en el interior del cable, sino que es inversamente proporcional con la distancia x. El aprovechamiento óptimo del aislamiento se obtendría sí la intensidad de campo eléctrico fuera constante en todos los puntos del aislamiento (campo homogéneo):

$$E_x = \frac{q}{2 \cdot \pi \cdot \varepsilon \cdot x} = Cte$$

Para lograr este objetivo, y suponiendo que se pudieran variar a voluntad el valor de la rigidez dieléctrica dentro del aislamiento del cable, el producto $\varepsilon \cdot x = k$ debería ser constante. Con esta idea históricamente se han tratado de desarrollar cables cuyo aislamiento estuviera formado por capas concéntricas a base de diferentes materiales aislantes cuya constante dieléctrica fuera tanto mayor cuanto más cerca estuviera del conductor.

En este caso, la tensión aplicada entre el conductor y pantalla del cable se repartiría en cada capa, conforme a la siguiente ecuación:

$$U_0 = \int_{r_1}^{r_2} \frac{q}{2 \cdot \pi \cdot \varepsilon_1} \cdot \frac{dx}{x} + \int_{r_2}^{r_3} \frac{q}{2 \cdot \pi \cdot \varepsilon_2} \cdot \frac{dx}{x} + ... = \frac{q}{2 \cdot \pi} \cdot \left[\frac{1}{\varepsilon_1} \cdot \ln \frac{r_2}{r_1} + \frac{1}{\varepsilon_2} \cdot \ln \frac{r_3}{r_2} + ... \right]$$

con lo que la capacidad resulta:

$$C = \frac{2 \cdot \pi}{\sum \frac{1}{\varepsilon_i} \cdot \ln \frac{r_{i+1}}{r_i}}$$

Lo expuesto para cables unipolares es válido también para cables tripolares de campo radial, en los que la expresión (12) corresponde a la capacidad por fase, por unidad de longitud de la línea trifásica. Al contrario de lo que sucede en líneas aéreas, las capacidades entre fases son nulas al quedar apantallado cada fase mediante su pantalla.

1.2.2.4. Conductancia

La resistencia del aislamiento de una línea aérea con tiempo seco es normalmente muy elevada, pese a ello, siempre existe una corriente de fuga entre conductor y tierra que da lugar a unas pérdidas de potencia. En caso de tiempo húmedo, la resistencia de aislamiento disminuye dando lugar a corrientes de fuga mayores y consecuentemente a mayores pérdidas.

Aunque la conductancia aumenta significativamente cuando la contaminación y la humedad se incrementan, a efectos de diseño, en lo que respecta a la caída de tensión, el efecto de la conductancia suele despreciarse. Para líneas de tensiones superiores a 120 kV los valores de conductancia son del orden siguiente:

- tiempo seco: $G' = 1 \cdot 10^{-8} - 10 \cdot 10^{-8}$ S/km.
- tiempo húmedo: $G' = 10 \cdot 10^{-8} - 30 \cdot 10^{-8}$ S/km.

Se define la conductancia por unidad de longitud como la inversa de la resistencia de aislamiento R'_{ais}.

$$G' = \frac{1}{R'_{ais}} \left(\frac{S}{km} \right)$$

Nótese, que en la fórmula anterior, la resistencia de aislamiento por unidad de longitud, R'_{aisl}, se expresa en unidades de Ω/km.

La pérdida de potencia por fase, originada por esta resistencia de aislamiento cuando la corriente de fuga circula a su través, tiene por valor:

$$P_{aisf} = R'_{ais} \cdot I^2_{fuga} = R'_{ais} \cdot \left(\frac{U/\sqrt{3}}{R'_{ais}} \right)^2 = \frac{U^2}{3} \cdot G' \cdot 10^6 \left(\frac{W}{km} \right)$$

donde:

G' = conductancia expresada en (S/km).

U = tensión de la línea expresada en (kV).

Para una línea trifásica la potencia total perdida sería:

$$P_{ais} = U^2 \cdot G' \cdot 10^3 \left(\frac{kW}{km} \right)$$

o lo que es lo mismo, la conductancia total de la línea trifásica tiene por valor:

$$G' = \frac{P_{ais}}{U^2} \cdot 10^{-3} \left(\frac{S}{km} \right)$$

Para su estimación es necesario conocer la pérdida de aislamiento de las cadenas de aisladores o aisladores que componen la línea. A título de ejemplo, en la Tabla 1.14 se muestran las pérdidas de las cadenas de aisladores de tipo normal.

Tabla 1.14. Orden de magnitud de las pérdidas en los aisladores de una línea aérea

Tiempo	Pérdidas en vatios
Seco	$1 - 3$
Húmedo	$5 - 20$

1.2.3. Caída de tensión en régimen permanente

Para el cálculo de la caída de tensión en una línea trifásica es necesario conocer los parámetros eléctricos de la línea: resistencia serie R, reactancia inductiva X, susceptancia capacitiva B y la conductancia paralelo G, para aplicar los circuitos equivalentes según sea la longitud de la línea. Cabe distinguir entre:

- Línea corta (hasta 50 km de longitud en líneas aéreas y hasta 2 km en líneas subterráneas).

- Línea aérea larga (desde 50 km hasta 300 km para líneas aéreas y desde 2 km hasta 10 km en líneas subterráneas).

- Línea aérea muy larga (más de 300 km de longitud y superior a los 10 km para líneas subterráneas).

La clasificación anterior, según la longitud, se basa en las aproximaciones admitidas al operar con los parámetros de la línea.

1.2.3.1. Cálculo de caída de tensión en línea corta (distribución)

El circuito equivalente fase-neutro de una línea corta longitud se muestra en la Figura 1.32:

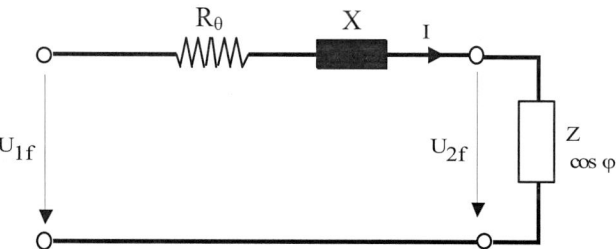

Figura 1.32. Circuito equivalente fase-neutro de una línea de corta longitud

El circuito equivalente fase-neutro, R_θ, representa la resistencia serie por fase de la línea, siendo θ, la temperatura y X la reactancia inductiva por fase de la línea. La susceptancia capacitiva B y la conductancia paralelo G, se consideran despreciables.

Considérese una línea aérea trifásica de longitud ℓ a la tensión compuesta U_{1L}, en el extremo inicial de la línea (tensión de fase $U_{1f} = U_{1L}/\sqrt{3}$), en la que en su extremo final está conectada una carga de potencia P y un factor de potencia, $cos\ \varphi$. La tensión en su extremo final será U_{2L} (tensión de fase $U_{2f} = U_{2L}/\sqrt{3}$), debido a la caída de tensión ΔU_L creada al circular la corriente I demandada por la carga.

Sea R'_θ, la resistencia por unidad de longitud a la temperatura θ y X' la reactancia por unidad de longitud. Los valores totales de la resistencia e inductancia serán respectivamente $R'_\theta \cdot \ell$ y $X' \cdot \ell$.

El diagrama vectorial de tensiones corresponde al mostrado en la Figura 1.33.

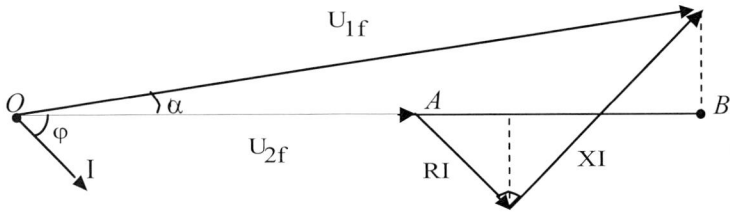

Figura 1.33. Diagrama vectorial de tensiones e intensidades de una línea de corta longitud

El desfase α, entre el fasor de la tensión en el extremo inicial de la línea U_{1f} con respecto al fasor de la tensión en el extremo final U_{2f} es de unos pocos grados, aunque en el dibujo se haya representado exagerado con fines exclusivamente didácticos. Consecuentemente, como aproximación, el fasor U_{1f} se puede considerar igual a su proyección sobre la dirección del fasor U_{2f} (segmento $\overline{OB}$).

Por lo tanto, el módulo de la caída de tensión en la fase, $\left|\overline{\Delta U_f}\right|$, vendrá definido por el segmento $\overline{AB}$:

$$\left|\overline{\Delta U_f}\right| \approx \overline{AB} = R'_\theta \cdot \ell \cdot I \cdot \cos\varphi + X' \cdot \ell \cdot I \cdot sen\varphi = \ell \cdot I \cdot \cos\varphi \cdot \left(R'_\theta + X' \cdot \tan\varphi\right)$$

Conocida la potencia P demandada por la carga, su factor de potencia $cos\ \varphi$, y la tensión de línea U_{2L} en el extremo de la carga, la corriente I demandada por la carga puede calcularse de la forma:

$$I = \frac{P}{\sqrt{3} \cdot U_{2L} \cdot \cos\varphi}$$

Sustituyendo el valor de la corriente en la expresión de la caída de tensión, resulta:

$$\left|\overline{\Delta U_f}\right| = \frac{P \cdot \ell \cdot \left(R'_\theta + X' \cdot \tan\varphi\right)}{\sqrt{3} \cdot U_{2L}}$$

Que expresada en tensión de línea, resulta:

$$\left|\overline{\Delta U_L}\right| = \frac{P \cdot \ell \cdot \left(R'_\theta + X' \cdot \tan\varphi\right)}{U_{2L}}$$

Esta expresión calcula la caída de tensión en la línea en valor absoluto. Si se divide por la tensión de línea se obtiene la caída de tensión en valor relativo.

$$\left|\overline{\Delta U}\right|_{\%} = \frac{P \cdot \ell \cdot \left(R'_{\theta} + X' \cdot \tan\varphi\right)}{U_{2L}^{2}} \cdot 100$$

1.2.3.2. Cálculo de caída de tensión en línea de longitud media (distribución y transporte)

Para este tipo de líneas se considera que la mitad de la capacidad y la mitad de la conductancia están agrupadas en cada extremo de la línea. El circuito equivalente en π se muestra en la Figura 1.34.

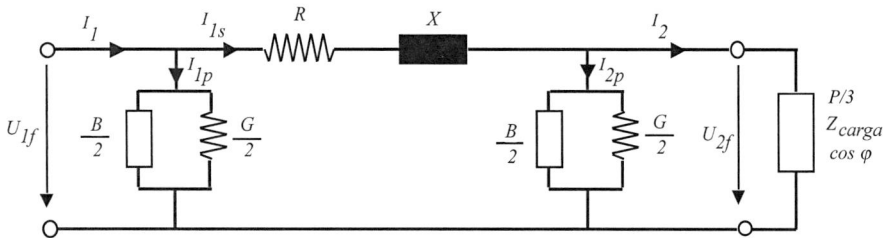

Figura 1.34. Circuito eléctrico equivalente de una línea de longitud media

donde:

R = resistencia por fase del conductor.

X = reactancia inductiva por fase.

G = conductancia por fase (inversa de la resistencia de aislamiento).

B = susceptancia capacitiva por fase (inversa de la reactancia capacitiva).

Si se define la impedancia serie $\overline{Z}$ y la admitancia paralelo $\overline{Y}$, de la siguiente forma:

$$\overline{Z} = R + jX$$

$$\overline{Y} = G + jB \, .$$

Se puede utilizar la siguiente representación para el circuito equivalente en π:

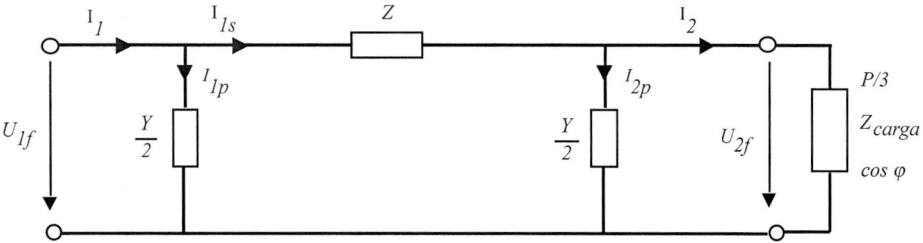

Figura 1.35. Circuito equivalente en π de una línea de media longitud

El diagrama fasorial de tensiones e intensidades, suponiendo despreciable la conductancia, se muestra en la Figura 1.36.

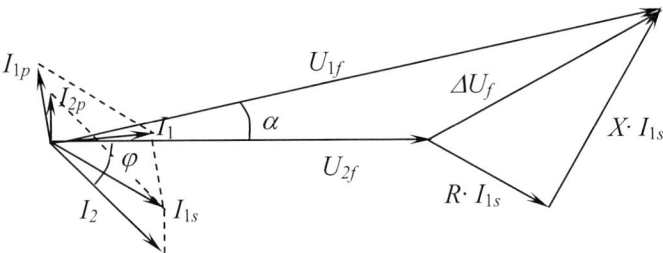

Figura 1.36. Diagrama fasorial de tensiones e intensidades de una línea de media longitud

Teniendo en cuenta que los datos disponibles son la potencia trifásica demandada por la carga P, el factor de potencia $cos\ \varphi$, la tensión en la carga U_{2L}, la impedancia serie $\overline{Z}$ y la admitancia paralelo $\overline{Y}$, es posible determinar, en primer lugar, la corriente demandada por la carga tomando como origen de ángulos U_{2f}.

$$\overline{I}_2 = \frac{P}{\sqrt{3} \cdot U_{2L} \cdot \cos \varphi} \cdot \angle -\varphi$$

Asimismo, es posible determinar la corriente demandada por la mitad de la admitancia en el extremo final de línea:

$$\overline{I}_{2p} = \overline{U}_{2f} \cdot \frac{\overline{Y}}{2}$$

Con ambas corrientes, $\overline{I}_2$ e $\overline{I}_{2p}$, se determina la corriente a través de la impedancia serie $\overline{Z}$, como:

$$\overline{I}_{1s} = \overline{I}_2 + \overline{I}_{2p}$$

Consecuentemente, la caída de tensión en la impedancia serie $\overline{Z}$, resulta:

$$\overline{\Delta U}_f = \overline{I}_{1s} \cdot \overline{Z}$$

Por lo que la tensión en el extremo inicial de la línea, será:

$$\overline{U}_{1f} = \overline{\Delta U}_f + \overline{U}_{2f}$$

La corriente demandada por la mitad de la admitancia en el extremo inicial de línea es:

$$\overline{I}_{1p} = \overline{U}_{1f} \cdot \frac{\overline{Y}}{2}$$

Con lo que la corriente entregada en el extremo de la línea resulta:

$$\overline{I}_1 = \overline{I}_{1p} + \overline{I}_{1s}$$

Calculadas la tensión $\overline{U}_{1f}$ y la corriente en el extremo inicial de la línea, $\overline{I}_1$, la potencia activa requerida en la alimentación será:

$$P_1 = 3 \cdot \left|\overline{U}_{1f}\right| \cdot \left|\overline{I}_1\right| \cdot \cos(\overline{U}_{1f}, \overline{I}_1)$$

La caída de tensión de línea en valor relativo vendrá dado por la expresión siguiente:

$$\left|\overline{\Delta U}\right|_{\%} = \frac{\left|\overline{U}_{1f}\right| - \left|\overline{U}_{2f}\right|}{\left|\overline{U}_{2f}\right|} \cdot 100 = \frac{\left|\overline{U}_{1L}\right| - \left|\overline{U}_{2L}\right|}{\left|\overline{U}_{2L}\right|} \cdot 100$$

Comportamiento de la línea frente a corrientes capacitivas (Efecto Ferranti)

Cuando una línea alimenta a cargas capacitivas, el ángulo φ de la corriente en la carga está adelantado 90° y provoca que la corriente I_{1s}, quede también adelantada respecto de la tensión de fase U_{2f}. Según se puede apreciar en la Figura 1.37, la corriente I_{1s}, que circula a través de la impedancia serie de la línea $\overline{Z}$ provoca una caída de tensión ΔU_f, cuyo ángulo puede ser superior a $\pi/2$ (especialmente cuando la reactancia X es predominante frente a la resistencia R), dando lugar a la paradoja de una tensión en el extremo final de la línea mayor que en el extremo inicial de la alimentación ($U_{2f} > U_{1f}$), este fenómeno es conocido por *efecto Ferranti*.

Un efecto similar se produce también cuando una línea funciona en vacío (sin carga en su extremo final).

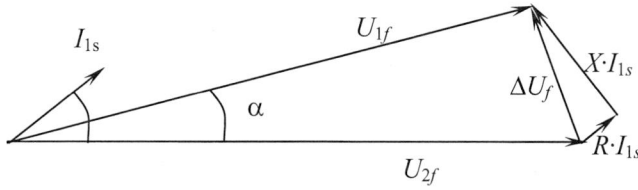

Figura 1.37. Diagrama vectorial de tensiones e intensidades de una línea de media o larga longitud funcionando en vacío

1.2.3.3. Cálculo de caída de tensión en línea larga (transporte). Ecuaciones de la línea en parámetros distribuidos

Cuando la longitud de la línea es tal que la hipótesis de suponer parámetros concentrados no es válida, debe tenerse en cuenta que en cada tramo elemental de longitud de línea existen los mismos parámetros que en cualquier otro tramo; es decir, los parámetros de la línea están homogéneamente distribuidos a lo largo de su longitud [3].

Supóngase el circuito equivalente monofásico de una línea trifásica equilibrada en el que su conductor de retorno se supone ideal, con resistencia y reactancia nula al tratarse del conductor neutro de un sistema trifásico equilibrado en el que no hay caída de tensión.

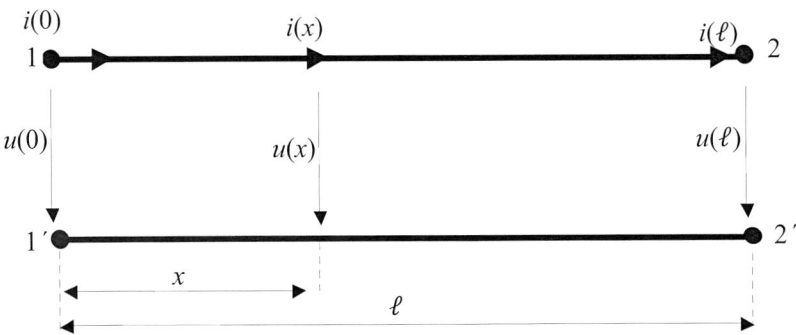

Figura 1.38. Tensiones e intensidades en una línea de larga longitud

La tensión e intensidad dependen de la posición a lo largo de la línea (*véase* la Figura 1.38). Por ejemplo, si la línea alimenta a cargas resistivas o inductivas la tensión y la corriente decrecen según se recorre la línea desde el inicio hasta la carga.

La corriente que circula desde el extremo inicial de la línea $i(0)$ se drena progresivamente a tierra a través de las capacidades $(B'\cdot dx)$ y resistencias de aislamiento $(G'\cdot dx)$ distribuidas a lo largo de la línea llegando la corriente demandada por la carga $i(\ell)$ a su extremo final. Análogamente, la tensión en el principio de línea $u(0)$ se reduce progresivamente por la caída de tensión en los elementos diferenciales de resistencia $(R'\cdot dx)$ y de reactancia $(X'\cdot dx)$ hasta llegar al extremo final la tensión $u(\ell)$.

En un punto genérico situado a una distancia x del extremo inicial de la línea, el tramo diferencial de línea se representa en la Figura 1.39 mediante parámetros diferenciales de resistencia, reactancia inductiva, susceptancia y conductancia.

Tras recorrer un tramo diferencial de longitud de línea dx, la tensión y la corriente variarán y tomarán valores de $u(x)+du(x)$ e $i(x) + di(x)$, respectivamente. Teniendo en cuenta los sentidos de los fasores de tensión y de corriente de la Figura 1.39 es posible establecer las siguientes ecuaciones:

$$di(x) = -\left(G' + jB'\right)\cdot dx \cdot u(x)$$

$$du(x) = -\left(R' + jX'\right)\cdot dx \cdot \left(i(x) + di(x)\right)$$

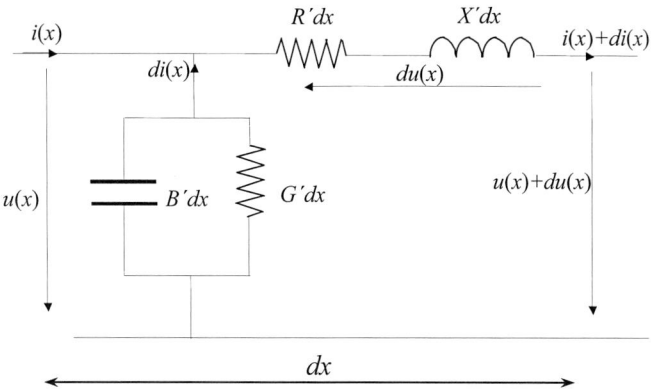

Figura 1.39. Elemento diferencial de longitud de línea con sus parámetros distribuidos

Despreciando los términos diferenciales de segundo orden respecto de los de primer orden, resulta:

$$\frac{di(x)}{dx} = -\overline{Y}' \cdot u(x)$$

$$\frac{du(x)}{dx} = -\overline{Z}' \cdot i(x)$$

donde:

$\overline{Y}' = \left(G' + jB'\right)$ = admitancia paralelo en valor por unidad de longitud.

$\overline{Z}' = \left(R' + jX'\right)$ = impedancia serie en valor por unidad de longitud.

Sistema de ecuaciones diferenciales que derivado nuevamente se transforma en:

$$\frac{d^2i(x)}{dx^2} = -\overline{Y}' \cdot \frac{du(x)}{dx}$$

$$\frac{d^2u(x)}{dx^2} = -\overline{Z}' \cdot \frac{di(x)}{dx}$$

Sustituyendo las ecuaciones de $\dfrac{du(x)}{dx}$ y $\dfrac{di(x)}{dx}$ en las expresiones anteriores, queda:

$$\frac{d^2i(x)}{dx^2} = \overline{\gamma}^2 \, i(x)$$

$$\frac{d^2u(x)}{dx^2} = \overline{\gamma}^2 \, u(x)$$

donde:

$\overline{\gamma} = \sqrt{\overline{Z'} \cdot \overline{Y'}}$, es la *constante de propagación de la línea.*

La solución general de estas dos ecuaciones diferenciales es de la forma siguiente:

$$u(x) = K_1 \cdot e^{-\overline{\gamma} \cdot x} + K_2 \cdot e^{\overline{\gamma} \cdot x}$$

$$i(x) = K_3 \cdot e^{-\overline{\gamma} \cdot x} + K_4 \cdot e^{\overline{\gamma} \cdot x}$$

Ecuaciones que pueden expresarse con funciones hiperbólicas de la forma siguiente:

$$u(x) = \overline{A}_1 \cdot Cosh(\overline{\gamma} \cdot x) + \overline{A}_2 \cdot Senh(\overline{\gamma} \cdot x)$$

$$i(x) = \overline{A}_3 \cdot Cosh(\overline{\gamma} \cdot x) + \overline{A}_4 \cdot Senh(\overline{\gamma} \cdot x)$$

En el sistema de ecuaciones anterior las cuatro constantes se determinan a través de las condiciones de contorno que son los valores conocidos de la tensión y de la intensidad en el inicio de la línea ($\overline{U}_1, \overline{I}_1$).

Sustituyendo $x = 0$ en las ecuaciones anteriores, resulta:

$$\overline{U}_1 = \overline{A}_1$$

$$\overline{I}_1 = \overline{A}_3$$

Para calcular las constantes $\overline{A}_2$ y $\overline{A}_4$ se derivan las soluciones generales. En particular, para determinar la constante $\overline{A}_2$ se deriva la solución general asociada a $u(x)$.

$$\frac{du(x)}{dx} = \overline{\gamma} \cdot A_1 \cdot Senh(\overline{\gamma} \cdot x) + \overline{\gamma} \cdot A_2 \cdot Cosh(\overline{\gamma} \cdot x)$$

Sustituyendo en esta ecuación, $\dfrac{du(x)}{dx}$ en la expresión anterior, resulta:

$$-\overline{Z'} \cdot i(x) = \overline{\gamma} \cdot \overline{A}_1 \cdot Senh(\overline{\gamma} \cdot x) + \overline{\gamma} \cdot \overline{A}_2 \cdot Cosh(\overline{\gamma} \cdot x)$$

Si se remplaza la función $i(x)$ por su solución general, queda:

$$-\overline{Z'} \cdot \left[\overline{A}_3 \cdot Cosh(\overline{\gamma} \cdot x) + \overline{A}_4 \cdot Senh(\overline{\gamma} \cdot x) \right] = \overline{\gamma} \cdot \overline{A}_1 \cdot Senh(\overline{\gamma} \cdot x) + \overline{\gamma} \cdot \overline{A}_2 \cdot Cosh(\overline{\gamma} \cdot x)$$

que particularizada para $x = 0$ resulta:

$$-\overline{Z'} \cdot \overline{A}_3 = \overline{\gamma} \cdot \overline{A}_2$$

Y sustituyendo el valor de $\overline{A}_3$, se tiene:

$$\overline{A}_2 = -\overline{Z}_0 \cdot \overline{I}_1$$

donde, $\overline{Z}_0 = \sqrt{\dfrac{\overline{Z}'}{\overline{Y}'}}$, se denomina *impedancia característica de la línea*.

Análogamente, para determinar la constante $\overline{A}_4$ se deriva la solución general $i(x)$.

$$\frac{di(x)}{dx} = \overline{\gamma} \cdot \overline{A}_3 \cdot Senh(\overline{\gamma} \cdot x) + \overline{\gamma} \cdot \overline{A}_4 \cdot Cosh(\overline{\gamma} \cdot x)$$

Sustituyendo en esta ecuación $\dfrac{di(x)}{dx}$, resulta:

$$-\overline{Y}' \cdot u(x) = \overline{\gamma} \cdot \overline{A}_3 \cdot Senh(\overline{\gamma} \cdot x) + \overline{\gamma} \cdot \overline{A}_4 \cdot Cosh(\overline{\gamma} \cdot x)$$

Reemplazando la función $u(x)$ por su solución general, queda:

$$-\overline{Y}' \cdot \left[\overline{A}_1 \cdot Cosh(\overline{\gamma} \cdot x) + \overline{A}_2 \cdot Senh(\overline{\gamma} \cdot x) \right] = \overline{\gamma} \cdot \overline{A}_3 \cdot Senh(\overline{\gamma} \cdot x) + \overline{\gamma} \cdot \overline{A}_4 \cdot Cosh(\overline{\gamma} \cdot x)$$

Particularizando para $x = 0$, resulta:

$$-\overline{Y}' \cdot \overline{A}_1 = \overline{\gamma} \cdot \overline{A}_4$$

Y sustituyendo el valor de $\overline{A}_1$, se tiene:

$$\overline{A}_4 = -\frac{\overline{U}_1}{\overline{Z}_0}$$

Por lo tanto, las ecuaciones de la línea en función de la tensión y corriente en su origen se pueden escribir sustituyendo en la solución general los valores determinados para $\overline{A}_1, \overline{A}_2, \overline{A}_3$ y $\overline{A}_4$:

$$u(x) = \overline{U}_1 \cdot Cosh(\overline{\gamma} \cdot x) - \overline{Z}_0 \cdot \overline{I}_1 \, Senh(\overline{\gamma} \cdot x)$$

$$i(x) = \overline{I}_1 \cdot Cosh(\overline{\gamma} \cdot x) - \frac{\overline{U}_1}{\overline{Z}_0} \cdot Senh(\overline{\gamma} \cdot x)$$

Particularizando para $x = \ell$, se obtiene la tensión y la corriente en el extremo final en función de la tensión y corriente en el origen:

$$\overline{U}_2 = \overline{U}_1 \cdot Cosh(\overline{\gamma} \cdot \ell) - \overline{Z}_0 \cdot \overline{I}_1 \, Senh(\overline{\gamma} \cdot \ell)$$

$$\overline{I}_2 = \overline{I}_1 \cdot Cosh(\overline{\gamma} \cdot \ell) - \frac{\overline{U}_1}{\overline{Z}_0} \cdot Senh(\overline{\gamma} \cdot \ell)$$

En ocasiones los datos del problema son la tensión y corriente en el extremo final de la línea ($\overline{U}_2, \overline{I}_2$) y se desea determinar la tensión y corriente en el extremo inicial de la línea ($\overline{U}_1, \overline{I}_1$), en cuyo caso, resolviendo el sistema de ecuaciones anterior, se obtiene:

$$\overline{U}_1 = \overline{U}_2 \cdot Cosh(\overline{\gamma} \cdot \ell) + \overline{Z}_0 \cdot \overline{I}_2 \cdot Senh(\overline{\gamma}.\ell)$$

$$\overline{I}_1 = \overline{I}_2 \cdot Cosh(\overline{\gamma} \cdot \ell) + \frac{\overline{U}_2}{\overline{Z}_0} \cdot Senh(\overline{\gamma} \cdot \ell)$$

Potencia natural de la línea

Se denomina *potencia natural* o *característica de una línea*, a la potencia transmitida por la línea cuando la carga conectada en su extremo final es igual al valor de la impedancia característica de la línea.

$$\overline{Z}_2 = \frac{\overline{U}_2}{\overline{I}_2} = \overline{Z}_0$$

En estas circunstancias de funcionamiento, el factor de potencia a lo largo de la línea se mantiene constante, como se demuestra a continuación.

Si se aplica la condición definida para la potencia natural a las expresiones de tensión e intensidad al inicio de la línea ($\overline{U}_1, \overline{I}_1$) resulta:

$$\overline{U}_1 = \overline{U}_2 \cdot \left[Cosh(\overline{\gamma} \cdot \ell) + Senh(\overline{\gamma} \cdot \ell)\right]$$

$$\overline{I}_1 = \overline{I}_2 \cdot \left[Cosh(\overline{\gamma} \cdot \ell) + Senh(\overline{\gamma} \cdot \ell)\right]$$

Consecuentemente:

$$\overline{Z}_1 = \frac{\overline{U}_1}{\overline{I}_1} = \frac{\overline{U}_2}{\overline{I}_2} = \overline{Z}_2 = \overline{Z}_0$$

Sustituyendo $\overline{Z}_0 = \overline{Z}_1$ en las ecuaciones generales de la línea se tiene que:

$$u(x) = \overline{U}_1 \cdot \left[Cosh(\overline{\gamma} \cdot x) - Senh(\overline{\gamma} \cdot x)\right]$$

$$i(x) = \overline{I}_1 \cdot \left[Cosh(\overline{\gamma} \cdot x) - Senh(\overline{\gamma} \cdot x)\right]$$

y por tanto:

$$\overline{Z}_x = \frac{u(x)}{i(x)} = \frac{\overline{U}_1}{\overline{I}_1} = \overline{Z}_1 = \overline{Z}_0$$

Es decir, la impedancia tanto en módulo como en argumento, vista desde cualquier punto de la línea, es constante.

$$\cos \varphi_1 = \cos \varphi_x = \cos \varphi_2$$

La potencia característica demandada por la carga será:

$$S_C = \frac{U_{2L}^2}{Z_0},$$

siendo U_{2L} la *tensión de línea en la carga*.

1.2.4. Pérdidas de potencia

1.2.4.1. Pérdidas de potencia por efecto Joule

Cuando circula una corriente por una línea trifásica se produce una pérdida de potencia cuyo valor es:

$$P_p = 3 \cdot I_{1s}^2 \cdot R' \cdot \ell$$

donde:

P_p = pérdida de potencia en la resistencia serie en (W).

I_{1s} = corriente en (A) que circula por la línea.

R'_θ = resistencia por unidad de longitud en alterna a la temperatura θ (en Ω/km).

ℓ = longitud total de la línea en (km).

La pérdida de potencia para líneas con una carga conectada en su extremo se suele expresar en tanto por ciento de la potencia total transportada por la línea P:

$$P = \sqrt{3} \cdot U \cdot I \cdot \cos\varphi$$

donde:

P = potencia total entregada por la línea en (W).

U = tensión de línea en la carga (V).

I = corriente por fase de la línea en (A) entregada a la carga.

$\cos\varphi$ = factor de potencia de la carga.

Asumiendo que $|I_{1s}| \approx |I|$, la pérdida de potencia, expresada en tanto por ciento, de dicha potencia es:

$$\Delta P_\% = \frac{P_p}{P} \cdot 100 = \frac{3 \cdot I^2 \cdot R'_\theta \cdot \ell}{\sqrt{3} \cdot U \cdot I \cdot \cos\varphi} \cdot 100 = \frac{P_T \cdot R'_\theta \cdot \ell}{U^2 \cdot \cos^2\varphi} \cdot 100$$

La pérdida de potencia porcentual de una línea también puede expresarse como diferencia relativa entre la potencia entregada por la fuente de alimentación y la potencia que llega a la carga.

$$\Delta P_\% = \frac{P_1 - P_2}{P_2} \cdot 100$$

La pérdida de potencia suele expresarse en tanto por ciento por kilómetro de línea:

$$\Delta P_{\%}^{'} = \frac{P_T \cdot R_{\theta}^{'}}{U^2 \cdot \cos^2 \varphi} \cdot 100$$

Para líneas de transporte esta pérdida de potencia se suele limitar a 3% por kilómetro de línea y al 5% para líneas de distribución.

1.2.4.2. Pérdidas de potencia por efecto corona

Conforme a lo establecido en el Apartado 4.3 de la ITC-LAT-07 del RLAT:

«Será preceptiva la comprobación del comportamiento de los conductores al efecto corona en las líneas de tensión nominal superior a 66 kV. Asimismo, en aquellas líneas de tensión nominal entre 30 kV y 66 kV, ambas inclusive, que puedan estar próximas al límite inferior de dicho efecto, deberá realizarse la citada comprobación.

El proyectista justificará, con arreglo a los conocimientos de la técnica, los límites de los valores de la intensidad del campo en conductores, así como en sus accesorios – herrajes y aisladores – que puedan ser admitidos en función de la densidad y proximidad de los servicios que puedan ser perturbados en la zona atravesada por la línea.»

Si un conductor de una línea aérea adquiere un potencial lo suficientemente elevado como para producir un campo eléctrico en la superficie de sus conductores igual o superior a la rigidez dieléctrica del aire se producirán descargas incompletas en el aire denominadas descargas corona. Estas descargas localizadas en la proximidad del conductor, producen pérdidas de potencia y perturbaciones radioeléctricas. Cuando la tensión aumenta, las descargas corona se hacen visibles en la oscuridad en forma de un resplandor blanco-azulado alrededor de las zonas del conductor y herrajes con mayor gradiente de tensión.

Además, las descargas corona provocan la degradación de los aislamientos de materiales compuestos debido a la aparición de ozono y óxidos nítricos que en presencia de la humedad del aire forman ácido nítrico. Este reacciona con el material compuesto ennegreciendo su superficie, y conduciendo a la pérdida de elasticidad y de las propiedades hidrofóbicas, que son las responsables del buen comportamiento de estos aislamientos frente a la contaminación.

La tensión a la cual el campo eléctrico producido es igual a la rigidez dieléctrica del aire se llama *tensión crítica de inicio de las descargas tipo corona* y aquella para la cual comienzan los efluvios, *tensión crítica visual de efecto corona*. Las pérdidas corona comienzan cuando la tensión alcanza la tensión crítica de inicio de descargas corona.

a) Cálculo del campo crítico (Fórmula de Peek)

En 1920 Peek, ingeniero de General Electric, dedujo experimentalmente el campo crítico del efecto corona para conductores dispuestos en geometría coaxial, resultados que se extendieron posteriormente a conductores paralelos [5]. Aunque la rigidez dieléctrica del aire en corriente alterna de 50 Hz depende de múltiples factores, un valor suficientemente aproximado de campo crítico corona para un conductor en disposición coaxial en presencia de aire seco y condiciones atmosféricas de 25 ºC y 760 mmHg, es de 31 kV_p/cm. Para otras condiciones de presión y temperatura ambiente, el campo crítico, E_c, varía proporcionalmente a la densidad relativa del aire en las citadas condiciones de referencia, es decir:

$$E_c = 31 \cdot \delta \; \left(\frac{kV_p}{cm} \right)$$

donde:

$$\delta = \frac{273 + 25}{273 + \theta_{amb}} \cdot \frac{p}{760}$$

E_c = valor de cresta del campo crítico de inicio de descargas corona (kVp/cm).

δ = densidad relativa del aire respecto de 25ºC y 760 mmHg.

p = presión atmosférica (mmHg).

θ_{amb} = temperatura ambiente (ºC).

A nivel práctico, y con objeto de establecer una relación entre la altitud y la presión atmosférica, se aplica la expresión recogida en la norma de coordinación de aislamiento UNE-EN 60071-2, siendo $\hbar$, la *altitud media* por donde discurre la línea en metros.

$$\delta = \frac{273 + 25}{273 + \theta_{amb}} \cdot e^{-h/8150}$$

En caso de que la superficie del conductor no sea lisa y las condiciones ambientales no correspondan con tiempo seco, la expresión anterior debe corregirse con los factores m_c y m_a.

$$E_c = 31 \cdot m_c \cdot m_a \cdot \delta = 31 \cdot m_p \cdot \delta \; \left(\frac{kV_p}{cm} \right) \qquad (14)$$

donde, $m_p = m_c \cdot m_a$

m_c = 1 para superficies lisas y toma valores comprendidos entre 0,83 y 0,87 para conductores compuestos por alambres.

m_a = 1 para tiempo seco y 0,8 para tiempo lluvioso.

El campo eléctrico a partir del cual las descargas en la superficie del conductor se convierten en efluvios visibles corresponde a un valor superior, que viene dado por la expresión empírica siguiente:

$$E_v = 31 \cdot m_p \cdot \delta \cdot \left(1 + \frac{0,308}{\sqrt{\delta \cdot r}} \right) \left(\frac{kV_p}{cm} \right) \qquad (15)$$

donde r es el *radio del conductor* expresado en cm.

Esta misma expresión puede expresarse en función de la densidad relativa del aire δ_{20} referida a 20 ºC en lugar de a 25 ºC, como:

$$E_v = 31{,}53 \cdot m_p \cdot \delta_{20} \cdot \left(1 + \frac{0{,}305}{\sqrt{\delta_{20} \cdot r}}\right) \quad \left(\frac{kV_p}{cm}\right) \qquad (16)$$

Para configuraciones de conductores en disposición paralela la rigidez dieléctrica del aire se reduce a 30 kV$_p$/cm, resultando las siguientes ecuaciones:

- Campo crítico de inicio de descargas corona:

$$E_c^* = 30 \cdot m_p \cdot \delta \quad \left(\frac{kV_p}{cm}\right) \qquad (17)$$

- Campo crítico de inicio de corona visible:

$$E_v^* = 30 \cdot m_p \cdot \delta \cdot \left(1 + \frac{0{,}301}{\sqrt{\delta \cdot r}}\right) \quad \left(\frac{kV_p}{cm}\right) \qquad (18)$$

Si se desea determinar la tensión crítica en una línea aérea a la cual se produce el inicio de las descargas corona U_c, será necesario correlacionar esta tensión con el campo eléctrico crítico de inicio de descargas corona. A tal efecto, en el Apartado de cálculo de susceptancia de una línea aérea se demostró la ecuación (8) de la tensión fase-neutro U_a, en presencia de plano de tierra:

$$U_a = \frac{q_a}{2 \cdot \pi \cdot \varepsilon_0} \ln \frac{DMG}{RMG} \qquad (19)$$

donde:

q_a = carga equivalente de la línea concentrada en el eje del conductor que simula el conductor real a potencial U_a.
DMG = distancia media geométrica entre fases.
RMG = radio medio geométrico del haz de conductores de una fase.

Asimismo, el campo eléctrico en la superficie del conductor creado por una carga lineal q_a, de longitud infinita situada en el eje del conductor, viene dada por la ecuación:

$$E = \frac{q_a}{2 \cdot \pi \cdot \varepsilon_0} \cdot \frac{1}{r} \qquad (20)$$

Dividiendo las dos expresiones anteriores es posible correlacionar la tensión en el conductor con el campo eléctrico en su superficie.

$$E = \frac{U_a}{r \cdot \ln \dfrac{DMG}{RMG}} \qquad (21)$$

Cuando el campo eléctrico adquiere el valor de la rigidez dieléctrica del aire para conductores en disposición en paralelo, E^*_c, la tensión asociada de inicio de descargas corona se denomina *tensión crítica de descargas corona*, U^*_c, que medida en valor de pico responde a la expresión:

$$U^*_c = 30 \cdot m_p \cdot \delta \cdot r \cdot \ln \frac{DMG}{RMG} \quad \left(kV_p \right) \qquad (22)$$

Ecuación que puede ponerse en valores eficaces de tensión dividiendo por $\sqrt{2}$, supuesta la onda perfectamente senoidal:

$$U^*_c = 21{,}2 \cdot m_p \cdot \delta \cdot r \cdot \ln \frac{DMG}{RMG} \quad \left(kV_{eficaz} \right) \qquad (23)$$

Aunque el campo eléctrico sea inferior al campo crítico de aparición visual de efecto corona existirán pérdidas corona siempre que la tensión crítica de aparición de descargas corona en valor eficaz U^*_c, sea inferior a la tensión máxima fase neutro de la línea $U_s / \sqrt{3}$.

Las pérdidas por efecto corona en un conductor evaluadas por Peek, corresponden a la expresión siguiente:

$$P_{corona} = 241 \cdot (f + 25) \cdot \left(\frac{U_s}{\sqrt{3}} - U^*_c \right)^2 \cdot \sqrt{\frac{r}{DMG}} \cdot 10^{-5} \left(\frac{kW}{km.fase} \right) \quad (24)$$

donde U_s es la *tensión más elevada de la línea* y U^*_c, es la *tensión crítica de aparición de corona* en valor eficaz.

Hay que destacar que para el caso de líneas trifásicas las pérdidas por efecto corona corresponden a la contribución de cada fase.

b) Determinación del campo eléctrico en la superficie de los conductores

Para determinar el campo eléctrico en la superficie de los conductores de una línea eléctrica con objeto de comprobar si es superior al campo eléctrico crítico de inicio de descargas corona (17), o si es superior al campo eléctrico visual de efecto corona (18) se utiliza el método de simulación de cargas equivalentes [6] y [7].

El método numérico de simulación de cargas consiste en calcular un conjunto de n cargas q_j ($j = 1 \dots n$) equivalentes a las reales, situadas en el eje de los n conductores que satisfacen la condición de tensión conocida en los n conductores.

La distribución de potencial eléctrico en cualquier punto del espacio y en particular, en la superficie de los conductores, se determina como superposición del potencial creado por cada una de las n cargas equivalentes que sustituye a la configuración real.

$$V_i = V_{i1} + V_{i2} + V_{i3} + \dots + V_{ij} + \dots + V_{in} \qquad (25)$$

para $i = 1, \dots, n$

donde:

V_i = potencial eléctrico en un punto P_i del espacio.

V_{ij} = potencial eléctrico en el punto P_i creado por la carga q_j.

La contribución V_{ij} de la carga q_j al potencial del punto P_i viene dada por:

$$V_{ij} = p_{ij} \cdot q_j \qquad (26)$$

donde el coeficiente de potencial p_{ij} representa el valor del potencial en el punto P_i producido por la carga lineal de longitud infinita q_j, cuando esta tiene un valor unidad.

Para tener en cuenta el plano de tierra, se considera simétricamente respecto a este otro conjunto de n cargas lineales $-q_j$, denominadas cargas imagen, iguales en módulo pero de signo opuesto a las que simulan a los conductores. De esta forma, en el plano de tierra la contribución de potencial de una carga y su simétrica se cancela. El coeficiente de potencial conjunto p'_{ij}, de una carga genérica q_j, junto con su imagen $-q_j$, en un punto P_i, está compuesto por dos sumandos, uno debido a la propia carga q_j, y el otro correspondiente a su imagen, $-q_j$, cuya composición puede expresarse de la forma siguiente:

$$p'_{ij} = \frac{1}{2 \cdot \pi \cdot \varepsilon_0} \cdot \ln \frac{H_{ij}}{D_{ij}} \qquad (27)$$

donde:

D_{ij} = distancia entre el punto P_i y la carga q_j.

H_{ij} = distancia entre el punto P_i y la carga imagen $-q_j$.

ε_0 = permitividad dieléctrica del aire.

Cuando $j = i$, la ecuación anterior toma la forma siguiente:

$$p'_{ii} = \frac{1}{2 \cdot \pi \cdot \varepsilon_0} \cdot \ln \frac{H_i}{r_i} \qquad (28)$$

donde:

r_i = es el radio del conductor i.

H_i = distancia entre el punto P_i y la carga imagen $-q_i$.

Si se plantea la ecuación (25) para cada uno de los conductores se obtendrá un sistema de n ecuaciones lineales con n incógnitas, el valor de las n cargas. En la práctica, se utiliza una carga centrada en el eje de simetría de cada conductor, con lo que el número de incógnitas se reduce a tantas como conductores existan en la configuración de la línea.

$$V_i = \sum_{j=1}^{n} p'_{ij} \cdot q_j$$

que matricialmente se expresa de la forma siguiente:

$$\left[\overline{V} \right] = \left[p' \right] \cdot \left[\overline{q} \right] \qquad (29)$$

donde:

$\left|\overline{V}\right|$ = es el vector del potencial en los n conductores.

$\left|\overline{q}\right|$ = es el vector incógnita de las n cargas lineales que simulan los n conductores.

$\left[p^{'}\right]$ = es la matriz de coeficientes de potencial $n \times n$.

Despejando el vector incógnita resulta:

$$\left[\overline{q}\right] = \left[p^{'}\right]^{-1} \cdot \left[\overline{V}\right] \qquad (30)$$

Donde, $\left[p^{'}\right]^{-1} = [C]$, se denomina matriz de capacidades por unidad de longitud.

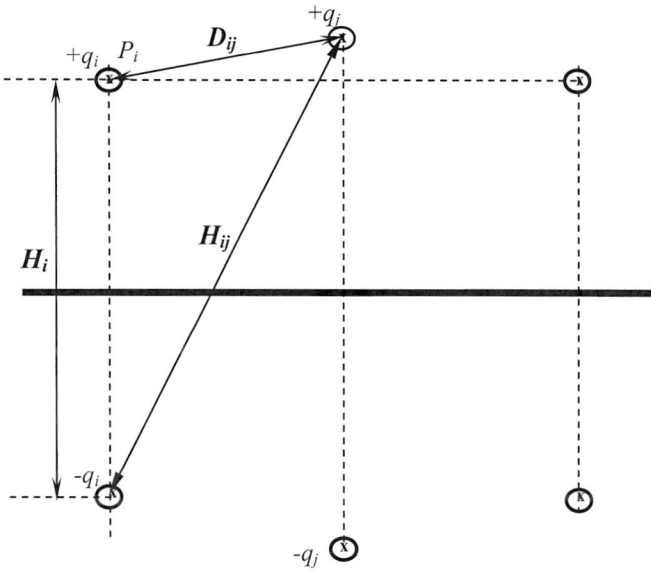

Figura 1.41. Línea eléctrica trifásica en presencia del plano de tierra. El punto P_i corresponde a un punto de la superficie del conductor i y la carga q_j está situada en el eje del conductor j.

Al tratarse de tensión alterna se trabaja en el campo complejo considerando que los vectores $\left[\overline{V}\right]$ y $\left[\overline{q}\right]$ son complejos asociados a las variables senoidales $u(t)$ y $q(t)$. Los valores complejos estarán definidos por su módulo expresado en el valor de cresta y su ángulo, que corresponderá con el desfase entre fases, tomando una de las tensiones de fase como referencia. En consecuencia, los módulos resultantes de los elementos del vector solución $\left[\overline{q}\right]$ serán los valores máximos de las cargas en los n conductores.

El vector de potenciales para una línea trifásica de tres conductores sin conductor de tierra con una carga lineal por conductor será:

$$\left[\overline{V}\right] = \frac{\sqrt{2} \cdot U}{\sqrt{3}} \begin{bmatrix} 1 \\ -0.5 - j\sqrt{3}/2 \\ -0.5 + j\sqrt{3}/2 \end{bmatrix} \qquad (31)$$

Siendo U, la *tensión de línea* o *tensión entre fases* en valor eficaz.

En el caso de existir uno o varios cables de tierra se debe incrementar la matriz $\left[p'\right]$ con tantas filas de coeficientes de potencial como conductores de tierra hubiera, a la vez que debe incluirse el valor cero en los elementos del vector de tensiones $\left[\overline{V}\right]$ correspondientes a los cables de tierra existentes. Por ejemplo, en el caso de una línea con un conductor por fase y con un cable de tierra, la matriz $\left[p'\right]$ tendría una dimensión de 4×4 y el vector $\left[\overline{q}\right]$ tendría 4 elementos.

Si existe un sólo conductor por fase, puede considerarse el campo constante en su superficie, ya que la distancia entre conductores es suficientemente grande. El campo eléctrico medio, E_{im}, en la superficie del conductor i de radio r_i se puede calcular por el teorema de Gauss:

$$E_{im} = \frac{1}{2 \cdot \pi \cdot \varepsilon_0} \cdot \frac{q_i}{r_i} \qquad (32)$$

donde, $\varepsilon_0 = 8{,}85 \cdot 10^{-12} F/m$.

Para el caso de líneas de conductores en haz, la hipótesis de campo constante en la superficie del conductor carece de rigor, ya que influyen el resto de las cargas, especialmente las más próximas pertenecientes a los otros conductores del mismo haz.

Se considera que el campo eléctrico en un conductor de un haz depende únicamente de las cargas contenidas en los conductores del mismo haz y se supone que las cargas de todos los conductores del haz son iguales a q_m, que es el valor medio de las cargas resultantes de la solución de la ecuación (30) para los m conductores del mismo haz.

Debido a la simetría en la disposición de los conductores del haz el campo eléctrico en uno de los conductores del haz creado por el resto de los $(m-1)$ conductores tiene una dirección radial. Su valor en módulo se aproxima al obtenido por una única carga situada en el eje del haz de valor igual a la carga suma de los $(m-1)$ conductores

$$\overline{E}_r = \frac{q_m \cdot (m-1)}{2 \cdot \pi \cdot \varepsilon \cdot r_h} \qquad (33)$$

donde r_h, es el *radio del haz*.

Superponiendo a $\overline{E}_r$ el campo creado por la carga q_m del propio conductor en la misma dirección de $\overline{E}_r$, se obtiene el valor del campo máximo en la dirección radial del haz.

$$\overline{E}_{max} = \frac{q_m}{2 \cdot \pi \cdot \varepsilon \cdot r} \cdot \left[1 + \frac{(m-1) \cdot r}{r_h} \right] \qquad (34)$$

El sistema de ecuaciones definido por (29) puede plantearse considerando una carga por cada conductor del haz o alternativamente una carga equivalente de valor q_m, por los m conductores del haz. A efectos de cálculo de los coeficientes de potencial se puede demostrar que el radio de la carga equivalente de los m conductores del haz viene dado por la expresión siguiente:

$$r_{equiv} = \sqrt[m]{m \cdot r \cdot r_h^{m-1}} \qquad (35)$$

donde Δ, es la *separación entre dos conductores* contiguos del haz.

$$r_h = \frac{\Delta}{2 \cdot sen\left(\dfrac{\pi}{m}\right)} \qquad (36)$$

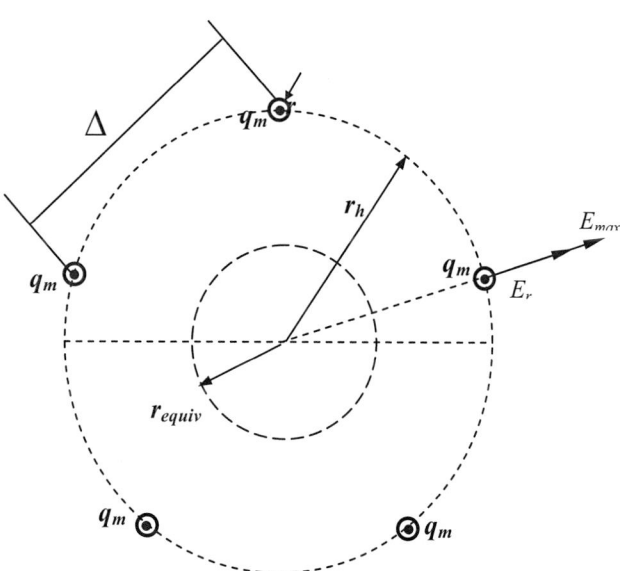

Figura 1.43. Campo eléctrico en los conductores que conforman el haz

Si el valor de cresta del campo eléctrico máximo resultante de la ecuación (34) fuese superior al valor del campo de inicio de descargas visuales corona definido por la ecuación (18) se debería diseñar otra configuración de línea, aumentando el radio r de los conductores o el número de conductores del haz con el fin de reducir el campo eléctrico máximo en los conductores. Debe resaltarse también, que aunque el incremento de la distancia entre fases y el aumento de la distancia al plano del suelo también reduce el valor del campo eléctrico máximo en los conductores, esta influencia es menor y suele estar condicionada por factores económicos.

1.3. EJEMPLO DE CÁLCULO ELÉCTRICO DE LÍNEA CORTA SIMPLE CIRCUITO

Una línea trifásica con apoyos de celosía, según UNE 207107, y armados tipo triángulo T2-20/5, enlaza una subestación con un centro de transformación a 40 km de distancia. La potencia prevista para el centro de transformación es de 1 MVA, con un *cos φ* de 0,85, a 20 kV/400/230V.

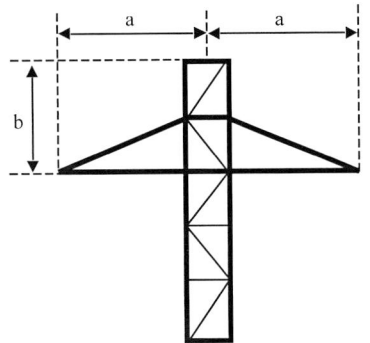

Triángulo				
Armado	*a* (m)	*b* (m)	Cogolla (mm)	Peso (Kg)
T1 - 15 / 5	1,5	1,2	510	61
T2 - 20 / 5	2	1,2	510	85
T3 - 20 / 5	2	1,2	510	113

Características del armado utilizado, tipo triángulo

Denomi-nación	Sección (mm²)			Diámetro (mm)		Composición				Carga de rotura (daN)	Resistencia eléctrica a 20°C (Ω/km)
						Alambres de aluminio		Alambres de acero			
	Aluminio	Acero	Total	Alma	Total	Nº	Diáme-tro	Nº	Diáme-tro		
LA 56	46,8	7,8	54,6	3,15	9,45	6	3,15	1	3,15	1640	0,6136

Características del conductor LA-56

Supuesto que el conductor a emplear es del tipo LA 56 (*véase* Tabla anterior) y considerando como temperatura máxima de funcionamiento normal de la línea, 50 °C, se deben de resolver las cuestiones siguientes:

1. ¿Se superar la máxima caída de tensión del 6%?

2. ¿Qué potencia puede distribuirse como máximo, atendiendo al criterio de máxima caída de tensión del 6%?

3. Si toda la potencia fuera de carácter resistivo ¿Cuál sería la máxima potencia que podría distribuirse atendiendo al criterio de máxima caída de tensión?

4. ¿Cuál sería la máxima longitud de la línea necesaria para distribuir 1 MVA, con *cos φ* = 0,85, atendiendo al criterio de máxima caída de tensión?

5. ¿Se superará el 3% de pérdidas si se distribuye la potencia máxima con *cos φ* = 0,85, atendiendo al criterio de máxima caída de tensión?

6. ¿Se superaría la máxima intensidad admisible cuando se suministra 1 MVA, con un *cos φ* = 0,85?

Solución

1. Caída de tensión.

Para el cálculo de la caída de tensión utilizaremos el circuito equivalente de línea corta, por tanto, la expresión a utilizar será:

$$\left|\overline{\Delta U}\right|_{\%} = \frac{P \cdot \ell \cdot \left(R_{\theta}^{'} + X^{'} \cdot \tan \varphi\right)}{U_{2L}^{2}} \cdot 100$$

Nótese que en esta fórmula, si se expresa la tensión, U_{2L}, en kV, la potencia P, debe expresarse en MW.

donde:

$P = S \cdot \cos \varphi = 1 \cdot 0{,}85 = 0{,}85\,\mathrm{MW}.$

$\ell = 40$ km.

$U_{2L} = 20$ kV.

$\tan \varphi = 0{,}6197.$

$\theta = 50\ ^{\circ}\mathrm{C}.$

$\alpha_{Al} = 0{,}004032\ ^{\circ}\mathrm{C}^{-1}.$

$R_{\theta}^{'} = R_{20}^{'} \cdot \left[1 + \alpha \cdot (\theta - 20)\right] = 0{,}6136 \cdot \left[1 + 0{,}004032 \cdot (50 - 20)\right] = 0{,}6878 \dfrac{\Omega}{km}.$

$X^{'} = \omega \cdot L_{a}^{'} = 2 \cdot \pi \cdot f \cdot L_{a}^{'}.$

$L_{a}^{'} = 2 \cdot 10^{-4} \cdot \ln \dfrac{DMG}{r^{'}}\quad (H/km).$

Para una cruceta tipo triángulo T2-20/5 la distancia entre los conductores se muestra en la figura siguiente:

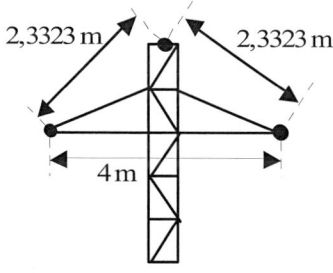

Por lo que la distancia media geométrica se determina:

$$DMG = \sqrt[3]{D_{12} \cdot D_{23} \cdot D_{31}} = \sqrt[3]{2{,}3323 \cdot 2{,}3323 \cdot 4} = 2{,}792\ m$$

$$r^{'} = r \cdot e^{-1/4} = 4{,}725 \cdot 10^{-3} \cdot e^{-1/4} = 3{,}68 \cdot 10^{-3}\ m$$

$$r = \frac{D_{ext}}{2} = 4{,}725\ mm$$

El valor de la inductancia por fase es:

$$L_a^{'} = 2 \cdot 10^{-4} \cdot \ln \frac{DMG}{r^{'}} = 2 \cdot 10^{-4} \ln \frac{2,792}{3,68 \cdot 10^{-3}} = 1,326 \cdot 10^{-3} \, H/km$$

La reactancia por kilómetro de línea es:

$$X^{'} = \omega \cdot L_a^{'} = 2 \cdot \pi \cdot f \cdot L_a^{'} = 2 \cdot \pi \cdot 50 \cdot 1,326 \cdot 10^{-3} = 0,4167 \, \Omega/km$$

La caída de tensión vale, por tanto:

$$\left| \overline{\Delta U} \right|_{\%} = \frac{P \cdot \ell \cdot \left(R_\theta^{'} + X^{'} \cdot \tan \varphi \right)}{U_{2L}^2} \cdot 100 = \frac{0,85 \cdot 40 \cdot \left(0,6878 + 0,4167 \cdot 0,6197 \right)}{20^2} \cdot 100 = 8,04\%$$

Se supera el 6% de caída de tensión admisible.

2. Potencia máxima atendiendo al criterio de máxima caída de tensión admisible del 6%.

$$\left| \overline{\Delta U} \right|_{\%} = \frac{P \cdot \ell \cdot \left(R_\theta^{'} + X^{'} \cdot \tan \varphi \right)}{U_{2L}^2} \cdot 100$$

$$P = \frac{\left| \overline{\Delta U} \right|_{\%} \cdot U_{2L}^2}{\ell \cdot \left(R_\theta^{'} + X^{'} \cdot \tan \varphi \right) \cdot 100} = \frac{6 \cdot 20^2}{40 \cdot \left(0,6878 + 0,4162 \cdot 0,6197 \right) \cdot 100} = 0,6344 \, \text{MW}$$

3. Potencia máxima atendiendo al criterio de máxima caída de tensión, si toda la potencia es de carácter resistivo.

Sabiendo que el cos $\varphi = 1$, o lo que es lo mismo, la $\tan \varphi = 0$.

$$P = \frac{\left| \overline{\Delta U} \right|_{\%} \cdot U_{2L}^2}{\ell \cdot \left(R_\theta^{'} + X^{'} \cdot \tan \varphi \right) \cdot 100} = \frac{6 \cdot 20^2}{40 \cdot \left(0,6878 + 0,4162 \cdot 0 \right) \cdot 100} = 0,8723 \, \text{MW}$$

4. Longitud máxima de la línea para distribuir la potencia inicial, atendiendo al criterio de máxima caída de tensión.

$$\ell = \frac{\left| \overline{\Delta U} \right|_{\%} \cdot U_{2L}^2}{P \cdot \left(R_\theta^{'} + X^{'} \cdot \tan \varphi \right) \cdot 100} = \frac{6 \cdot 20^2}{0,85 \cdot \left(0,6878 + 0,4162 \cdot 0,6197 \right) \cdot 100} = 29,85 \, km$$

5. Pérdida de potencia para la longitud máxima atendiendo a la caída de tensión máxima aceptable del 6%.

$$\Delta P_{\%} = \frac{P \cdot R_\theta^{'} \cdot \ell_{max}}{U^2 \cdot \cos^2 \varphi} \cdot 100 = \frac{0,85 \cdot 0,6878 \cdot 29,85}{20^2 \cdot 0,85^2} \cdot 100 = 6,04\% \, .$$

Por lo que se supera el 3% deseable.

6. Intensidad máxima admisible.

Según se puede observar de los datos del conductor de aluminio-acero LA 56:

Sección: $S_{LA\ 56} = 54,6$ mm^2.

Composición: 6 + 1.

Las densidades de corriente obtenidas de laTabla1.7, como si fuese de aluminio, para las secciones de 50 y 70 mm^2, son respectivamente:

$\delta_{Al}(50) = 4,00$ A/mm^2.

$\delta_{Al}(70) = 3,55$ A/mm^2.

Interpolando para la sección de 54,6 mm^2, se obtiene:

$\delta_{Al}(54,6) = 3,8965$ A/mm^2.

La densidad anterior corresponde a un cable de aluminio de 54,6 mm^2 de sección.

Para obtener la densidad de corriente para un cable de aluminio-acero es necesario multiplicar dicho valor por el coeficiente de corrección, según la composición del conductor, tal como indica el reglamento.

$$\delta_{LA56} = \delta_{Al}(54,6) \cdot K,$$

siendo $K = 0,937$, para la composición 6 + 1.

$$\delta_{LA56} = 3,8965 \cdot 0,937 = 3,651 \text{ A/mm}^2.$$

La intensidad máxima que admite el conductor LA 56 será:

$$I_{\text{máx.adm}} = \delta_{LA56} \cdot S_{LA56} = 3,651 \ A/mm^2 \cdot 54,6 \ mm^2 = 199,3 \ A$$

La intensidad transportada por el conductor, por fase, cuando está suministrando la potencia de 1000 kVA, será:

$$I = \frac{S}{\sqrt{3} \cdot U} = \frac{1 \cdot 10^6}{\sqrt{3} \cdot 20 \cdot 10^3} = 28,86 \ A,$$

intensidad inferior a la máxima admitida por el conductor, por lo que el conductor LA 56 dispone de sección suficiente para distribuir 1 MVA con factor de potencia 0,85, atendiendo al criterio de máxima intensidad admisible.

1.4. EJEMPLO DE CÁLCULO ELÉCTRICO DE LÍNEA CORTA DOBLE CIRCUITO

Una línea trifásica de doble circuito, de 20 kV de tensión nominal, con apoyos de celosía según UNE 207017 y armados tipo E-30/II, enlaza una subestación con una planta industrial situada a 9 km de distancia. La potencia prevista para la planta industrial es 10 MVA, $\cos \varphi = 0,9$.

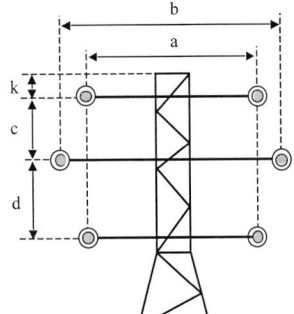

Hexágono							
Armado	a (m)	b (m)	c (m)	d (m)	k (m)	Cogolla (mm)	Peso (Kg)
E-30/ I	1,5	1,75	1,2	1,2	0	510	192
E-30/-II	1,5	1,75	1,8	1,8	0	510	192
E1 - 15 / 5	1,5	2	1,2	1,2	0,6	510	192
E2 - 15 / 5	1,5	2	1,2	1,2	0,6	510	220

Características del armado utilizado, tipo hexágono

Denomi-nación	Sección (mm²)			Diámetro (mm)		Composición				Carga de rotura (daN)	Resistencia eléctrica a 20°C (Ω/km)
						Alambres de aluminio		Alambres de acero			
	Aluminio	Acero	Total	Alma	Total	Nº	Diáme-tro	Nº	Diáme-tro		
LA 180	147,3	34,3	181,6	7,50	17,50	30	2,50	7	2,50	6390	0,1962

Características del conductor LA-180

Supuesto que el conductor a emplear es del tipo LA 180 (*véase* la Tabla adjunta) y considerando como máxima temperatura de funcionamiento normal de la línea, 85 ºC, se deben de resolver las cuestiones siguientes:

1. ¿Se superará la máxima caída de tensión permitida del 6%?

2. ¿Qué potencia puede distribuirse como máximo, atendiendo al criterio de máxima caída de tensión del 6%?

3. Si toda la potencia fuera de carácter resistivo ¿Cuál sería la máxima potencia que podría distribuirse atendiendo al criterio de máxima caída de tensión?

4. ¿Cuál sería la máxima longitud de la línea necesaria para distribuir 10 MVA, con $\cos \varphi = 0,9$, atendiendo al criterio de máxima caída de tensión?

5. ¿Se superaría el 3% de pérdidas si se distribuye la potencia máxima con $\cos \varphi = 0,9$, atendiendo al criterio de máxima caída de tensión?

6. ¿Se superará la máxima intensidad admisible cuando se suministran 10 MVA, con un $\cos \varphi = 0,9$?

Solución

1. Cálculo de la caída de tensión.

Para el cálculo de la caída de tensión utilizaremos el circuito equivalente de línea corta, por tanto, la expresión a utilizar será:

$$\left|\overline{\Delta U}_L\right|_{\%} = \frac{P \cdot \ell \cdot \left(R_\theta^{'} + X^{'} \cdot \tan\varphi\right)}{U_{2L}^2} \cdot 100$$

donde:

$P = S \cdot \cos\varphi = 10 \cdot 0{,}9 = 9\,\text{MW}.$

$\ell = 9$ km.

$U_{2L} = 20$ kV.

$tan\,\varphi = 0{,}484.$

$\theta = 85\,^{\circ}\text{C}.$

$\alpha_{Al} = 0{,}004032\,^{\circ}\text{C}^{-1}.$

$R_{\theta\,2circuitos}^{'} = \frac{R_{\theta 1circuito}^{'}}{2} = \frac{1}{2}R_{20}^{'} \cdot \left[1 + \alpha \cdot (\theta - 20)\right] = \frac{1}{2}0{,}1962 \cdot \left[1 + 0{,}004032 \cdot (85-20)\right] = 0{,}124\,\dfrac{\Omega}{km}$

$X^{'} = \omega \cdot L_a^{'} = 2 \cdot \pi \cdot f \cdot L_a^{'}.$

$L_a^{'} = 2 \cdot 10^{-4}\ln\dfrac{DMG_{ff}^{'}}{DMG_f^{'}}\quad (H/km).$

Para una cruceta tipo horizontal como la de la figura, las distancias entre fases son:

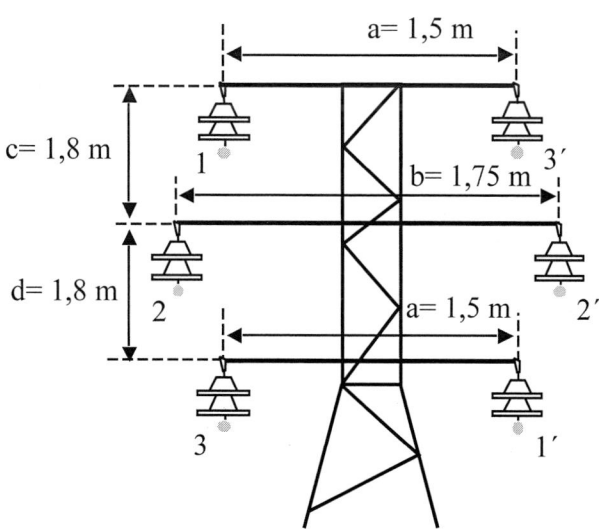

$$D_{12} = \sqrt{c^2 + \left(\frac{b-a}{2}\right)^2} = \sqrt{1,8^2 + \left(\frac{1,75-1,5}{2}\right)^2} = 1,804 \text{ m}$$

$$D_{12'} = \sqrt{c^2 + \left[a + \left(\frac{b-a}{2}\right)\right]^2} = \sqrt{1,8^2 + \left[1,5 + \left(\frac{1,75-1,5}{2}\right)\right]^2} = 2,425 \text{ m}$$

$$D_{13} = c + d = 1,8 + 1,8 = 3,6 \text{ m}$$

$$D_{13'} = a = 1,5 \text{ m}$$

$$D_{11'} = \sqrt{a^2 + (c+d)^2} = \sqrt{1,5^2 + (1,8+1,8)^2} = 3,9 \text{ m}$$

$$D_{21} = D_{12} = 1,804 \text{ m} \qquad D_{21'} = D_{12'} = 2,425 \text{ m}$$

$$D_{23} = D_{12} = 1,804 \text{ m} \qquad D_{23'} = D_{12'} = 2,425 \text{ m}$$

$$D_{22'} = b = 1,75 \text{ m}$$

$$D_{31} = D_{13} = 3,6 \text{ m} \qquad D_{31'} = a = 1,5 \text{ m}$$

$$D_{32} = D_{23} = 1,804 \text{ m} \qquad D_{32'} = D_{21'} = 2,425 \text{ m}$$

$$D_{33'} = D_{11'} = 3,9 \text{ m}$$

Las distancias medias geométricas entre fases y entre fase y neutro resultan:

$$DMG_{ff} = \sqrt[3]{\left(D_{12} \cdot D_{12'} \cdot D_{1'2} \cdot D_{1'2'}\right)^{1/4} \cdot \left(D_{23} \cdot D_{23'} \cdot D_{2'3} \cdot D_{2'3'}\right)^{1/4} \left(D_{31} \cdot D_{31'} \cdot D_{3'1} \cdot D_{1'3'}\right)^{1/4}}$$

$$DMG_{ff} = 2,1663 \text{ m}$$

$$DMG'_{f} = (r' \cdot D_{11'} \cdot r' \cdot D_{22'} \cdot r' \cdot D_{33'})^{1/6} = 0,14264 \text{ m}$$

$$r' = e^{-1/4} \cdot r = e^{-1/4} \cdot 8,75 \cdot 10^{-3} = 6,815 \cdot 10^{-3} \text{ m}$$

$$r = \frac{D_{ext}}{2} = 8,75 \text{ mm}$$

El valor de la inductancia por fase es:

$$L_a^{'} = 2 \cdot 10^{-4} \ln \frac{DMG_{ff}}{DMG_f^{'}} = 2 \cdot 10^{-4} \ln \frac{2,1663}{0,1426} = 5,441 \cdot 10^{-4} \quad (H/km)$$

La reactancia por kilómetro de línea es:

$$X^{'} = \omega \cdot L_a^{'} = 2 \cdot \pi \cdot f \cdot L_a^{'} = 2 \cdot \pi \cdot f \cdot 5,441 \cdot 10^{-4} = 0,1709 \Omega / km$$

La caída de tensión vale, por tanto:

$$\left| \Delta U \right|_{\%} = \frac{P \cdot \ell \cdot \left(R_\theta^{'} + X^{'} \cdot \tan\varphi \right)}{U_{2L}^2} \cdot 100 = \frac{9 \cdot 9 \cdot (0,124 + 0,1709 \cdot 0,484)}{20^2} \cdot 100 = 4,18\%$$

Por tanto, no se supera la caída de tensión del 6%.

2. Potencia que se puede distribuir como máximo atendiendo al criterio de máxima caída de tensión.

La potencia máxima, para no superar el 6% de caída de tensión, es:

$$P_{\max} = \frac{\left| \Delta U \right|_{\%} \cdot U_{2L}^2}{\ell \cdot \left(R_\theta^{'} + X^{'} \cdot \tan\varphi \right) \cdot 100} = \frac{6 \cdot 20^2}{9 \cdot (0,124 + 0,1709 \cdot 0,484) \cdot 100} = 12,91 MW$$

3. Si toda la potencia se prevé de carácter resistivo, ¿Cuál sería la máxima potencia a distribuir atendiendo al criterio de máxima caída de tensión?

$$P_{\max} = \frac{\left| \Delta U \right|_{\%} \cdot U_{2L}^2}{\ell \cdot \left(R_\theta^{'} + X^{'} \cdot \tan\varphi \right) \cdot 100} = \frac{6 \cdot 20^2}{9 \cdot (0,124 + 0,1709 \cdot 0) \cdot 100} = 21,5 MW$$

4. Longitud máxima de la línea para distribuir la potencia de 1 MVA, con *cos* $\varphi = 0,9$, atendiendo al criterio de máxima caída de tensión.

$$\ell_{\max} = \frac{\left| \Delta U \right|_{\%} \cdot U_{2L}^2}{P \cdot \left(R_\theta^{'} + X^{'} \cdot \tan\varphi \right) \cdot 100} = \frac{6 \cdot 20^2}{9 \cdot (0,124 + 0,1709 \cdot 0,484) \cdot 100} = 12,91 km$$

5. Pérdida de potencia para la longitud máxima atendiendo a la caída de tensión máxima aceptable del 6%.

$$\Delta P_{\%} = \frac{P \cdot R_\theta^{'} \cdot \ell_{\max}}{U^2 \cdot \cos^2\varphi} \cdot 100 = \frac{9 \cdot 0,124 \cdot 12,91}{20^2 \cdot 0,9^2} \cdot 100 = 4,44\%$$

Por tanto, se supera el 3 % deseable.

6. Intensidad máxima admisible

Según se puede observar de los datos para el conductor de aluminio-acero LA 180:

Sección: $S_{LA\,180} = 181{,}6$ mm^2.

Composición: 30 + 7

Las densidades de corriente obtenidas de la Tabla 1.7, como si fuese de aluminio, para las secciones de 160 y 200 mm^2, son respectivamente:

$$\delta_{Al\,(160)} = 2{,}7 \text{ A/mm}^2.$$

$$\delta_{Al\,(200)} = 2{,}5 \text{ A/mm}^2.$$

Interpolando para la sección de 181,6 mm^2, se obtiene:

$$\delta_{Al\,(181,6)} = 2{,}592 \text{ A/mm}^2.$$

La densidad anterior corresponde a un cable de aluminio de 181,6 mm^2 de sección. Para obtener la densidad de corriente para un cable de aluminio-acero es necesario multiplicar dicho valor por el coeficiente de corrección, según la composición del conductor, tal como indica el reglamento.

$$\delta_{LA\,180} = \delta_{Al\,(181,6)} \cdot K \,,$$

siendo $K = 0{,}916$, para la composición 30 + 7.

$$\delta_{LA\,180} = 2{,}592 \cdot 0{,}916 = 2{,}374 \text{ A/mm}^2.$$

La intensidad máxima que admite el conductor LA 180 será:

$$I_{\text{máx.adm}} = \delta_{LA\,180} \cdot S_{LA180} = 2{,}374 \; A/mm^2 \cdot 181{,}6 \; mm^2 = 431{,}2 \; A$$

La intensidad de fase transportada por cada circuito, cuando está suministrando la potencia de 10 MW, con factor de potencia 0,9, será:

$$I = \frac{1}{2} \cdot \frac{P}{\sqrt{3} \cdot U \cdot \cos\varphi} = \frac{1}{2} \cdot \frac{9 \cdot 10^6}{\sqrt{3} \cdot 20 \cdot 10^3 \cdot 0{,}9} = 144{,}3 \; A$$

intensidad inferior a la máxima admitida por el conductor, por lo que la sección es suficiente para distribuir 10 MVA con $\cos\varphi = 0{,}9$, atendiendo a la máxima intensidad admisible.

1.5. EJEMPLO DE CÁLCULO ELÉCTRICO DE LÍNEA LARGA

Una línea trifásica de configuración en capa con apoyos de celosía y armados, como la mostrada en la figura siguiente, enlaza una central de generación con un centro de consumo a 100 km de distancia.

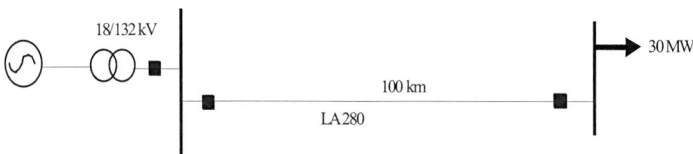

Esquema eléctrico de la línea trifásica de longitud larga.

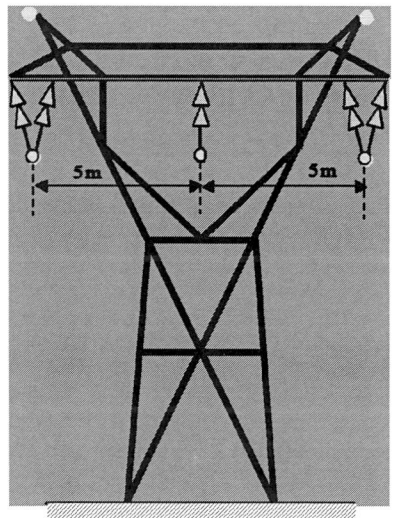

Configuración de conductores simplex en capa para la línea trifásica de longitud larga

Si la potencia demandada por el centro de consumo es de 30 MW, a 132 kV con un factor de potencia, $cos\varphi = 0,9$ inductivo, y si el conductor a emplear es del tipo LA 280, previsto en función de las condiciones ambientales y del diseño de la línea para una temperatura máxima admisible en servicio permanente de 85 ºC, se deben resolver los apartados siguientes:

1. ¿Se superará la caída máxima de tensión del 6%? Comparar los resultados utilizando el circuito equivalente de línea corta y el circuito en "π".

2. ¿Determinar si se puede transportar una carga que aumente hasta 40 MW con el mismo factor de potencia, con una caída de tensión inferior al 6%. En caso negativo, analizar la situación que resultaría mediante el empleo de un conductor dúplex, formado por dos conductores LA 280 con la configuración mostrada en la figura.

3. Comprobar, en los dos casos anteriores, si se supera la máxima intensidad admisible.

4. Calcular las pérdidas porcentuales en las condiciones dadas en el Apartado 2, supuesta la línea con conductor dúplex.

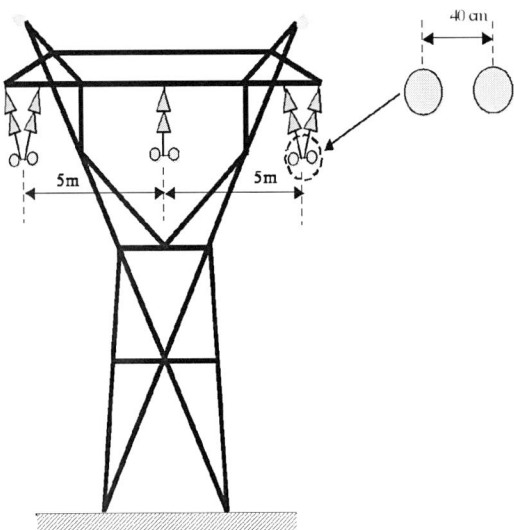

Configuración de conductores dúplex en capa para la línea trifásica de longitud larga

Las características del conductor LA 280 se muestran en la tabla siguiente:

Características del conductor LA-280

Sección (mm²)			Diámetro (mm)		Composición				Carga de rotura (daN)	Resistencia eléctrica a 20°C (Ω/km)
					Alambres de aluminio		Alambres de acero			
Al	Acero	Total	Alma	Total	N°	Diámetro	N°	Diámetro		
241,7	39,4	281,1	8,04	21,80	26	3,44	7	2,68	8450	0,1194

Solución

1-a. Caída de tensión con circuito equivalente de línea corta.

$$\left|\Delta U\right|_{\%} = \frac{P \cdot \ell \cdot \left(R_{\theta}^{'} + X^{'} \cdot \tan\varphi\right)}{U_{2L}^{2}} \cdot 100$$

donde:

$P = 30$ MW.

$\ell = 100$ km.

$U_{2L} = 132$ kV.

$\tan \varphi = 0,484$.

$\theta = 85\ ^\circ$C.

$$R_\theta^{'} = R_{20}^{'} \cdot \left[1 + \alpha \cdot (\theta - 20)\right] = 0,1194 \cdot \left[1 + 0,004032 \cdot (85 - 20)\right] = 0,1507 \frac{\Omega}{km}\ .$$

$$X^{'} = \omega \cdot L_a^{'} = 2 \cdot \pi \cdot f \cdot L_a^{'}$$

Para calcular la inductancia de la línea se aplican las ecuaciones de la línea simplex de simple circuito del Apartado 1.2.2.2.1.h.

$$L_a^{'} = 2 \cdot 10^{-4} \ln \frac{DMG}{r'}\quad \left(H / km\right)$$

La distancia media geométrica es:

$$DMG = \sqrt[3]{D_{12} \cdot D_{23} \cdot D_{31}} = \sqrt[3]{5 \cdot 5 \cdot 10} = 6,3\,m$$

El radio modificado, r', se calcula como:

$$r' = e^{-1/4} \cdot r = e^{-1/4} \cdot 10,9 \, 10^{-3} = 8,489 \, 10^{-3}\,\mathrm{m}$$

$$r = \frac{D_{ext}}{2} = 10,9\ \mathrm{mm}$$

El valor de la inductancia por fase será por tanto:

$$L_a^{'} = 2 \cdot 10^{-4} \cdot \ln \frac{DMG}{r'}\ = 2 \cdot 10^{-4} \cdot \ln \frac{6,3}{8,489 \cdot 10^{-3}} = 1,32 \cdot 10^{-3}\ \frac{H}{km}$$

y la reactancia por kilómetro de línea:

$$X^{'} = \omega \cdot L_a^{'} = 2 \cdot \pi \cdot f \cdot L_a^{'} = 2 \cdot \pi \cdot 50 \cdot 1,32 \cdot 10^{-3} = 0,415 \frac{\Omega}{km}$$

Asumiendo que el modelo de la línea corta fuera válido para una longitud de 100 km, se aplicaría la siguiente expresión:

$$\left|\Delta U\right|_{\%} = \frac{P \cdot \ell \cdot \left(R_\theta^{'} + X^{'} \cdot \tan \varphi\right)}{U_{2L}^2} \cdot 100 = \frac{30 \cdot 100 \cdot \left(0,1507 + 0,415 \cdot 0,484\right)}{132^2} \cdot 100 = 6,1\%$$

La conclusión es que se supera ligeramente el valor máximo permitido del 6%, si bien será necesario efectuar el cálculo más preciso mediante el modelo en "π", ya que la longitud de la línea excede de los 50 km considerados como límite aceptable para aplicar el modelo eléctrico de línea corta.

1-b. Caída de tensión con circuito equivalente de línea larga (circuito en "π").

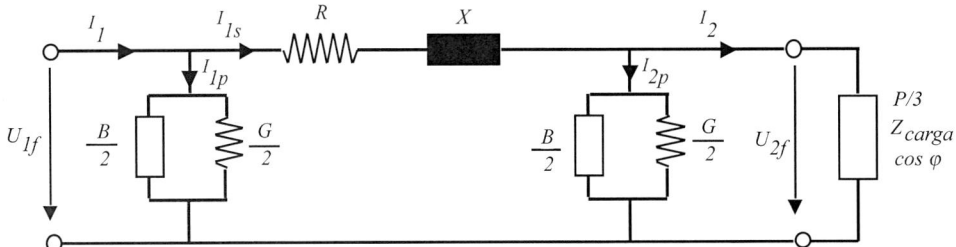

Esquema eléctrico de la línea en el equivalente en "π"

donde:

$$\overline{Z} = R + j \cdot X$$

$$\overline{Y} = G + j \cdot B$$

En este ejemplo se desprecia la conductancia, G, de la línea. Los parámetros característicos serie de la línea por km ya calculados son:

$$R_{\theta}^{'} = 0,1507\frac{\Omega}{km} \ ; \qquad X^{'} = 0,415\frac{\Omega}{km}$$

El valor de la capacidad entre fase y neutro para una línea de simple circuito en configuración simplex viene dada según el Apartado 1.2.2.3.1.g. por:

$$C_{an}^{'} = \frac{0,0556}{\ln\dfrac{DMG}{r}} = \frac{0,0556}{\ln\dfrac{6,3}{10,9 \cdot 10^{-3}}} = 8,743 \cdot 10^{-3} \frac{\mu F}{km}$$

El valor de la susceptancia por kilómetro de línea será:

$$B' = \frac{1}{X_{C}^{'}} = \omega \cdot C_{an}^{'} = 2 \cdot \pi \cdot 50 \cdot 8,743 \cdot 10^{-3} = 2,747 \ \frac{\mu S}{km}$$

Los valores de todos los parámetros para la longitud total de la línea serán:

$$R = R_{\theta}^{'} \cdot \ell = 0,1507 \cdot 100 = 15,07\,\Omega$$

$$X = X^{'} \cdot \ell = 0,415 \cdot 100 = 41,5\,\Omega$$

$$B = B' \cdot \ell = 2,747 \cdot 100 = 274,7\,\mu S$$

$$G = 0$$

Los valores de la impedancia y admitancia serán:

$$\overline{Z} = R + j \cdot X = (15{,}07 + j \cdot 41{,}5)\Omega = 44{,}14\Omega \ \angle 70{,}06°$$

$$\overline{Y} = G + j \cdot B \approx j \cdot 274{,}7 \, \mu S = 274{,}7 \, \mu S \ \angle 90°$$

Se determina a continuación el valor de la corriente I_2.

$$\overline{I}_2 = \frac{P}{\sqrt{3} \cdot U_{2L} \cdot \cos\varphi} \cdot \angle\varphi = \frac{30 \cdot 10^6}{\sqrt{3} \cdot 132 \cdot 10^3 \cdot 0{,}9} \cdot \angle - 25{,}84° = 145{,}8 \, A \ \angle - 25{,}84°$$

Dicha corriente está retrasada respecto de la tensión U_{2f}, un ángulo:

$$\varphi = \mathrm{arccos}(0{,}9) = -25{,}84°$$

Por tanto, el vector I_2 tendrá por valor:

$$\overline{I}_2 = 145{,}8 A \ \angle - 25{,}84° = (131{,}22 - j \cdot 63{,}55) A$$

Se determina el valor de la corriente I_{2p}:

$$\overline{I}_{2p} = \overline{U}_{2f} \cdot \frac{\overline{Y}}{2} = \frac{132 \cdot 10^3}{\sqrt{3}} \angle 0° \cdot \frac{274{,}7 \cdot 10^{-6}}{2} \angle 90° = 10{,}47 \, A \ \angle 90° = j \cdot 10{,}47 \, A$$

El valor de la corriente I_{1s}, será:

$$\overline{I}_{1s} = \overline{I}_2 + \overline{I}_{2p}$$

$$\overline{I}_{1s} = (131{,}22 - j \cdot 63{,}55) + (j \cdot 10{,}47) = (131{,}22 - j \cdot 53{,}55) A = 141{,}55 A \angle - 22{,}0°$$

Por otra parte, el valor de la tensión en el inicio de línea será:

$$\overline{U}_{1f} = \overline{\Delta U}_f + \overline{U}_{2f}$$

$$\overline{\Delta U}_f = \overline{I}_{1s} \cdot \overline{Z}$$

$$\overline{\Delta U}_f = 141{,}55 \angle - 22{,}0° \cdot 44{,}14 \angle 70{,}06° = 6{,}247 kV \angle 48{,}04° = (4{,}18 + j \cdot 4{,}65) kV$$

$$\overline{U}_{1f} = (4{,}18 + j \cdot 4{,}65) + \frac{132}{\sqrt{3}} = (80{,}38 + j \cdot 4{,}65) kV = 80{,}5 kV \angle 3{,}3°$$

El módulo de la tensión de línea en el origen de la línea se calcula como:

$$\left| \overline{U}_{1L} \right| = \sqrt{3} \cdot \left| \overline{U}_{1f} \right| = 139{,}5 kV$$

Se puede calcular la caída de tensión referida a la tensión en el final de línea, como:

$$\left|\overline{\Delta U}\right|_{\%} = \frac{\left|\overline{U}_{1L}\right| - \left|\overline{U}_{2L}\right|}{\left|\overline{U}_{2L}\right|} \cdot 100 = \frac{139,5 - 132}{132} \cdot 100 = 5,7\%$$

La conclusión es que no se supera la caída de tensión del 6%. Puede apreciarse también que el error cometido al utilizar para esta línea de 100 km el circuito equivalente de línea corta condiciona la aceptación del criterio de máxima caída de tensión permitida.

2. Caída de tensión para una carga de 40 MW, utilizando equivalente en "π".

Se determina en primer lugar el valor de la corriente I_2.

$$\overline{I}_2 = \frac{P_2}{\sqrt{3} \cdot U_{2L} \cdot \cos\varphi} \angle -\varphi = \frac{40 \cdot 10^6}{\sqrt{3} \cdot 132 \cdot 10^3 \cdot 0,9} \cdot \angle -25,84º = 194,4\,\text{A} \angle -25,84º$$

Dicha corriente está retrasada respecto de la tensión U_{2f}, un ángulo:

$$\varphi = \arccos(0,9) = -25,84º$$

Por tanto el vector I_2 tendrá por valor:

$$\overline{I}_2 = 194,4\,A \angle 25,84º = (174,96 - j \cdot 84,73)A$$

Se determina el valor de la corriente I_{2p}:

$$\overline{I}_{2p} = \overline{U}_{2f} \cdot \frac{\overline{Y}}{2} = \frac{132 \cdot 10^3}{\sqrt{3}} \angle 0º \cdot \frac{274,7 \cdot 10^{-6}}{2} \angle 90º = 10,47\,A \angle 90º = j \cdot 10,47\,A$$

El valor de la corriente I_{1s}, será:

$$\overline{I}_{1s} = \overline{I}_2 + \overline{I}_{2p}$$

$$\overline{I}_{1s} = (174,96 - j \cdot 84,73) + (j \cdot 10,47) = (174,96 - j \cdot 74,27)A = 190,06A\angle -23,0º$$

El valor de la tensión en el inicio de la línea será:

$$\overline{U}_{1f} = \overline{\Delta U}_f + \overline{U}_{2f}$$

$$\overline{\Delta U}_f = \overline{I}_{1s} \cdot \overline{Z}$$

$$\overline{\Delta U}_f = 190,06\angle -22,0º \cdot 44,14\angle 70,06º = 8,39kV\angle 47,06º = (5,72 + j \cdot 6,14)kV$$

$$\overline{U}_{1f} = \overline{\Delta U}_f + \overline{U}_{2f} = (5,72 + j \cdot 6,14) + \frac{132}{\sqrt{3}} = (81,92 + j \cdot 6,141)kV = 82,16kV\angle 4,3º$$

$$\left|\overline{U}_{1L}\right| = \sqrt{3} \cdot \left|\overline{U}_{1f}\right| = 142,3kV$$

Se puede calcular la caída de tensión referida a la tensión en el final de línea, como:

$$\left|\overline{\Delta U}\right|_{\%} = \frac{\left|\overline{U}_{1L}\right| - \left|\overline{U}_{2L}\right|}{\left|\overline{U}_{2L}\right|} \cdot 100 = \frac{142,3 - 132}{132} \cdot 100 = 7,8\,\%$$

Por consiguiente, se supera la caída de tensión del 6%, luego no se puede hacer el transporte en las condiciones fijadas como admisibles para caso de que el consumo aumente a 40 MW.

La alternativa para reducir la caída de tensión consiste utilizar un conductor dúplex con dos conductores LA 280 que presenta ls siguientes características:

$P = 40$ MW.

$\ell = 100$ km.

$U_{2L} = 132$ kV.

$\tan\varphi = 0,484$.

$\Delta = 0,4\,m$.

$\theta_a = 85\,$ºC.

$\alpha_{Al} = 0,004032\,$ºC^{-1}.

$R_\theta' = R_{20}' \cdot \left[1 + \alpha \cdot (\theta - 20)\right] = 0,1194 \cdot \left[1 + 0,004032 \cdot (85 - 20)\right] = 0,1507\,\dfrac{\Omega}{km}$.

$X' = \omega \cdot L_a' = 2 \cdot \pi \cdot f \cdot L_a'$.

Para calcular la inductancia se aplican las ecuaciones de la línea dúplex de simple circuito del Apartado 1.2.2.2.1.h.

$$L_a' = 2 \cdot 10^{-4} \cdot \ln\frac{DMG}{RMG'} \quad (H\,/\,km)$$

$$r = \frac{D_{ext}}{2} = 10,9 \text{ mm}$$

La distancia media geométrica es:

$$DMG = \sqrt[3]{D_{12} \cdot D_{23} \cdot D_{31}} = \sqrt[3]{5 \cdot 5 \cdot 10} = 6,3\,m$$

El radio medio geométrico resulta:

$$RMG = \sqrt{r' \cdot \Delta} = \sqrt{e^{-1/4} \cdot r \cdot \Delta} = \sqrt{e^{-1/4} \cdot 10,9 \cdot 10^{-3} \cdot 0,4} = 58,27.10^{-3}\,m$$

El valor de la inductancia por fase es:

$$L_a' = 2 \cdot 10^{-4} \cdot \ln\frac{DMG}{RMG'} = 2 \cdot 10^{-4} \cdot \ln\frac{6,3}{58,28 \cdot 10^{-3}} = 0,937 \cdot 10^{-3}\,\frac{H}{km}$$

La reactancia por kilómetro de línea es:

$$X' = \omega \cdot L'_a = 2 \cdot \pi \cdot f \cdot L'_a = 2 \cdot \pi \cdot 50 \cdot 0,937 \cdot 10^{-3} = 0,2942 \frac{\Omega}{km}$$

El valor de la capacidad entre fase y neutro para una línea de simple circuito en configuración dúplex, viene dada según el Apartado 1.2.2.3.1.g, por:

$$C'_{an} = \frac{0,0556}{\ln \dfrac{DMG}{RMG}} = \frac{0,0556}{\ln \dfrac{DGM}{\sqrt{r \cdot \Delta}}} = \frac{0,0556}{\ln \dfrac{6,3}{\sqrt{10,9 \cdot 10^{-3} \cdot 0,4}}} = 12,198 \cdot 10^{-3} \frac{\mu F}{km}$$

El valor de la susceptacia por kilómetro de línea será:

$$B' = \frac{1}{X'_C} = \omega \cdot C'_{an} = 2 \cdot \pi \cdot 50 \cdot 12,198 \cdot 10^{-3} = 3,832 \;\; \frac{\mu S}{km}$$

Los valores de dichos parámetros del circuito eléctrico en "π" equivalente (*véase la figura anterior*) para la longitud total de la línea serán:

$$R = \frac{1}{2} R'_\theta \cdot \ell = \frac{1}{2} \cdot 0,1507 \cdot 100 = 7,535 \,\Omega$$

$$X = X' \cdot \ell = 0,2942 \cdot 100 = 29,42 \,\Omega$$

$$B = B' \cdot \ell = 3,832 \cdot 100 = 383,2 \,\mu S$$

$$G = 0$$

Los valores de la impedancia y admitancia serán:

$$\overline{Z} = R + j \cdot X = (7,535 + j \cdot 29,42)\Omega = 30,37\,\Omega \;\angle 75,64º$$

$$\overline{Y} = G + j \cdot B = j \cdot 383,2 \,\mu S = 383,3 \,\mu S \;\angle 90º$$

Determinemos en primer lugar el valor de la corriente I_2. El módulo de dicha corriente tiene por valor:

$$\overline{I}_2 = \frac{P}{\sqrt{3} \cdot U_{2L} \cdot \cos\varphi} \angle \varphi = \frac{40 \cdot 10^6}{\sqrt{3} \cdot 132 \cdot 10^3 \cdot 0,9} \angle -25,84º = 194,4 \, A \angle -25,84º$$

Dicha corriente está retrasada respecto de la tensión U_{2f}, un ángulo:

$$\varphi = \arccos(0,9) = -25,84º$$

Por tanto, el vector I_2 tendrá por valor:

$$\bar{I}_2 = 194{,}4\,A \angle -25{,}84^\circ = (174{,}96 - j \cdot 84{,}73)A$$

Determinemos el valor de la corriente I_{2p}:

$$\bar{I}_{2p} = \bar{U}_{2f} \cdot \frac{\bar{Y}}{2} = \frac{132 \cdot 10^3}{\sqrt{3}} \angle 0^\circ \cdot \frac{383{,}2 \cdot 10^{-6}}{2} \angle 90^\circ = 14{,}60\,A \angle 90^\circ = j \cdot 14{,}60\,A$$

El valor de la corriente I_{1s}, que según se aprecia en la figura anterior del cuadripolo en π, será:

$$\bar{I}_{1s} = \bar{I}_2 + \bar{I}_{2p}$$

$$\bar{I}_{1s} = (174{,}96 - j \cdot 84{,}73) + (j \cdot 14{,}60) = (174{,}96 - j \cdot 70{,}13)A = 188{,}49 A \angle -21{,}8^\circ$$

El valor de la tensión en el principio de línea será:

$$\overline{U}_{1f} = \overline{\Delta U}_f + \overline{U}_{2f}$$

donde:

$$\overline{\Delta U}_f = \bar{I}_{1s} \cdot \bar{Z}$$

$$\overline{\Delta U}_f = 188{,}49 \angle -21{,}8^\circ \cdot 30{,}37 \angle 75{,}64^\circ = 5{,}72\,kV \angle 53{,}84^\circ = (3{,}38 + j \cdot 4{,}62)kV$$

$$\overline{U}_{1f} = \overline{\Delta U}_f + \overline{U}_{2f} = (3{,}38 + j \cdot 4{,}62) + \frac{132}{\sqrt{3}} = (79{,}59 + j \cdot 4{,}62)\text{kV} = 79{,}72\text{kV} \angle 3{,}32^\circ$$

$$\left| \overline{U}_{1L} \right| = \sqrt{3} \cdot \left| \overline{U}_{1f} \right| = 138{,}1 kV$$

La caída de tensión, referida en% a la tensión al final de la línea, será:

$$\left| \overline{\Delta U} \right|_\% = \frac{\left| \overline{U}_{1L} \right| - \left| \overline{U}_{2L} \right|}{\left| \overline{U}_{1L} \right|} \cdot 100 = \frac{138{,}1 - 132}{132} \cdot 100 = 4{,}6\%$$

como puede observarse, no se supera la caída de tensión del 6%, luego para un consumo de 40 MW una solución apropiada es utilizar conductores LA 280 en configuración dúplex.

3. Comprobación de la intensidad máxima admisible.

Según se puede observar de los datos del conductor de aluminio-acero LA 280:

Sección: $S_{LA\,280} = 281{,}1$ mm^2.

Composición: 26 + 7.

Las densidades de corriente obtenidas de la Tabla 1.7 como si fuese de aluminio, para las secciones de 250 y 300 mm^2, son respectivamente:

$\delta_{Al\,(250)}$ = 2,30 A/mm^2.

$\delta_{Al\,(300)}$ = 2,15 A/mm^2.

Interpolando para la sección de 281,1 mm^2, se obtiene:

$\delta_{Al\,(281,1)}$ = 2,2067 A/mm^2.

La densidad anterior corresponde a un cable de aluminio de 281,1 mm^2 de sección. Para obtener la densidad de corriente para un cable de aluminio-acero es necesario multiplicar dicho valor por el coeficiente de corrección, según la composición del conductor, tal como indica el reglamento.

$$\delta_{LA\,280} = \delta_{Al\,(281,1)} \cdot K,$$

siendo K = 0,937, para la composición 26 + 7.

$$\delta_{LA\,280} = 2,2067 \cdot 0,937 = 2,06768 \text{ A/mm}^2$$

La intensidad máxima que admite el conductor LA 280 será finalmente:

$$I_{\text{máx. adm}} = \delta_{LA\,280} \cdot S_{LA\,280} = 2,06768 \;\; A/mm^2 \cdot 281,1 \;\; mm^2 = 581,2 \;\; A$$

La máxima potencia transportada por la línea, para $cos\,\varphi$ = 0,9, será:

$$P_{\text{máx}} = \sqrt{3} \cdot U_{2L} \cdot I_{\text{máx.adm}} \cdot cos\varphi = \sqrt{3} \cdot 132 \cdot 10^3 \cdot 581,2 \cdot 0,9 = 119,6 \text{ MW}$$

potencia muy superior a los 40 MW con un $cos\,\varphi$ = 0,9.

La intensidad transportada por el conductor, por fase, cuando está suministrando la potencia de 40 MW con un $cos\,\varphi$ = 0,9 será:

$$I = \frac{P}{\sqrt{3} \cdot U_{2L} \cdot cos\varphi} = \frac{40 \cdot 10^6}{\sqrt{3} \cdot 132 \cdot 10^3 \cdot 0,9} = 194,4 A$$

Esta intensidad es claramente inferior a la máxima admitida por el conductor, por lo que el conductor LA 280 en configuración simplex dispone de sección suficiente para distribuir los 30 y 40 MW con factor de potencia 0,9. En la configuración dúplex, la capacidad de transporte sería el doble que para la configuración simplex, con lo cual el margen sería incluso mayor.

4. Pérdidas en porcentaje, en las condiciones dadas en el punto 2 (línea con conductor dúplex).

Las pérdidas de la línea se pueden calcular como diferencia relativa entre la potencia entregada por la alimentación en el origen de la línea y la potencia entregada a la carga:

$$\Delta P_{\%} = \frac{P_1 - P_2}{P_2} \cdot 100$$

La potencia total suministrada por a la línea P_1 en este caso, será:

$$P_1 = 3 \cdot \left| \overline{U}_{1f} \right| \cdot \left| \overline{I}_1 \right| \cdot \cos(\varphi_U - \varphi_I)$$

donde:

$$\left| \overline{U}_{1f} \right| \angle \varphi_U = 79{,}72 kV \angle 3{,}32°$$

El valor de la corriente $\overline{I}_1$, será:

$$\overline{I}_1 = \overline{I}_{1s} + \overline{I}_{1p}$$

donde:

$$\overline{I}_{1s} = 188{,}49 A \angle - 21{,}8° = (174{,}96 - j70{,}13) A$$

y el valor de la corriente I_{1p}, se calcula mediante:

$$\overline{I}_{1p} = \overline{U}_{1f} \cdot \frac{\overline{Y}}{2} = 79{,}72 kV \angle 3{,}32° \cdot \frac{383{,}2 \cdot 10^{-6}}{2} \angle 90° = 15{,}3 A \angle 93{,}32 = (-0{,}885 + j15{,}25) A$$

El valor de la corriente I_{1s}, será:

$$\overline{I}_1 = \overline{I}_{1s} + \overline{I}_{1p}$$

$$\overline{I}_1 = (174{,}96 - j70{,}13) + (-0{,}885 + j15{,}25) = (174{,}07 - j54{,}88) A = 182{,}5 A \angle - 17{,}5°$$

$$P_1 = 3 \cdot \left| \overline{U}_{1f} \right| \cdot \left| \overline{I}_1 \right| \cdot \cos(\varphi_U - \varphi_I) = 3 \cdot 79{,}72 \cdot 182{,}5 \cdot \cos(3{,}32 - (-17{,}5)) = 40{,}8 \, MW$$

Con lo que resulta, que las pérdidas, en valor absoluto, serán:

$$\Delta P_{\%} = P_1 - P_2 = 40{,}8 - 40 = 0{,}8 \, MW$$

cifra que, evidentemente, se corresponde con las pérdidas en la resistencia serie:

$$P_p = 3 \cdot I_{1s}^2 \cdot R = 3 \cdot 188{,}49^2 \cdot 7{,}535 = 0{,}8 MW$$

y expresada en valor relativo resulta:

$$\Delta P_{\%} = \frac{P_1 - P_2}{P_2} \cdot 100 = \frac{40{,}8 - 40}{40} \cdot 100 = 2\%$$

1.6. EJEMPLO DE CÁLCULO DEL EFECTO CORONA

Sea una línea de 220 kV de tensión nominal (U_s = 245 kV), con apoyos según se muestra en la figura siguiente. El conductor utilizado en el tendido es un LA 380, con conductor de tierra tipo OPGW 2…64F y con cadenas de aisladores de longitud 2,5 m. La altitud de emplazamiento de la línea es de unos 700 m, con tiempo normalmente húmedo y una temperatura media a lo largo del año de 18 ºC. Comprobar si se produce efecto corona y calcular las pérdidas asociadas.

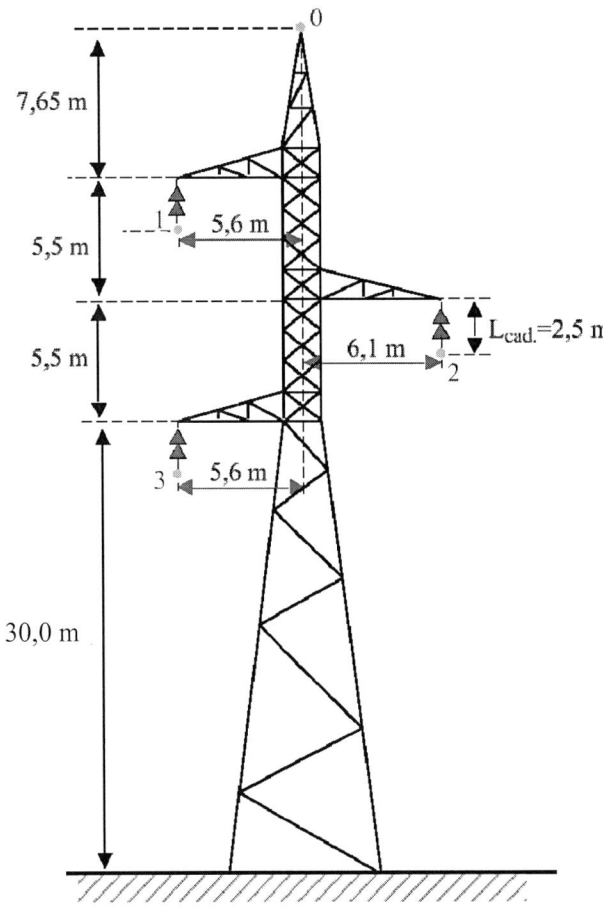

Las características del conductor LA 380 son:

Sección (mm2)			Diámetro (mm)		Composición				Carga de rotura (daN)	Resisten-cia eléctrica a 20ºC (Ω/km)
					Alambres de aluminio		Alambres de acero			
Aluminio	Acero	Total	Alma	Total	Nº	Diáme-tro	Nº	Diáme-tro		
337,3	43,7	381,0	8,46	25,38	54	2,82	7	2,82	10750	0,0857

Las características del conductor OPGW 2...64 F son:

Sección resistente (mm²)	Diámetro exterior (mm)	Tensión máxima permitida (daN)	Peso (daN/m)	Módulo de elasticidad (daN/mm²)	Resisten-cia eléctrica en cc a 20ºC (Ω/km)	Coeficiente de dilatación lineal (ºC⁻¹)	Número de fibras
134,2	17,5	3700	0,612	8500	0,316	$17,3 \times 10^{-6}$	2 ... 64

1.6.1. Cálculo del campo crítico

Campo crítico de inicio de descargas corona:

$$E_c^* = 30 \cdot m_c \cdot m_a \cdot \delta = 30 \cdot m_p \cdot \delta \left(\frac{kV_p}{cm} \right)$$

Campo crítico de inicio de corona visible:

$$E_v^* = 30 \cdot m_p \cdot \delta \cdot \left(1 + \frac{0,301}{\sqrt{\delta \cdot r}} \right) \quad \left(\frac{kV_p}{cm} \right)$$

donde:

r = radio del conductor, que es de 2,538/2=1,269 cm.

δ = densidad relativa del aire.

m_p = coeficiente que tiene en cuenta las condiciones superficiales del conductor, así como las condiciones ambientales:

$m_p = m_c \cdot m_a$

Para superficies lisas $m_c = 1$, para cables $m_c = 0,85$.

Para tiempo seco $m_a = 1$, para tiempo húmedo $m_a = 0,8$.

La densidad relativa del aire para $\hbar =700$ m y $\theta = 18$ ºC será:

$$\delta = \frac{273 + 25}{273 + \theta} \cdot e^{-\hbar / 8150} = \frac{273 + 25}{273 + 18} \cdot e^{-700 / 8150} = 0,9398$$

Si se consideran conductores formados por cables ($m_c = 0,85$) y un tiempo húmedo ($m_t = 0,8$), resulta:

$$E_c = 30 \cdot m_c \cdot m_a \cdot \delta = 30 \cdot 0,85 \cdot 0,8 \cdot 0,9398 = 19,2 \frac{kV_p}{cm}$$

El campo crítico de inicio de corona visible será:

$$E_v^* = 30 \cdot m_p \cdot \delta \cdot \left(1 + \frac{0,301}{\sqrt{\delta \cdot r}} \right) = 30 \cdot 0,85 \cdot 0,8 \cdot 0,9398 \cdot \left(1 + \frac{0,301}{\sqrt{0,9398 \cdot 1,269}} \right) = 24,5 \frac{kV_p}{cm}$$

1.6.2. Cálculo de la matriz de coeficientes de potencial

La figura de la página siguiente nos muestra las distancias entre conductores, entre conductores y tierra y entre conductores y sus imágenes respecto de tierra.

A continuación, se establecen los vectores y matrices que definen la configuración geométrica de la línea:

- Vector de altura de los conductores, incluido el de tierra:

$$Altura = \begin{bmatrix} y_0 \\ y_1 \\ y_2 \\ y_3 \end{bmatrix} = \begin{bmatrix} 48,65 \\ 38,5 \\ 33,0 \\ 27,5 \end{bmatrix} (m)$$

- Vector de radio de conductores, incluido el de tierra:

$$radios = \begin{bmatrix} r_0 \\ r_1 \\ r_2 \\ r_3 \end{bmatrix} = \begin{bmatrix} 0,00875 \\ 0,01269 \\ 0,01269 \\ 0,01269 \end{bmatrix} (m)$$

- Matriz de distancias entre conductores, incluido el de tierra:

$$\begin{bmatrix} D_{00} & D_{01} & D_{02} & D_{03} \\ D_{10} & D_{11} & D_{12} & D_{13} \\ D_{20} & D_{21} & D_{22} & D_{23} \\ D_{30} & D_{31} & D_{32} & D_{33} \end{bmatrix} = \begin{bmatrix} 0 & 11,592 & 16,797 & 21,879 \\ 11,592 & 0 & 12,928 & 11,000 \\ 16,797 & 12,928 & 0 & 12,928 \\ 21,879 & 11,000 & 12,928 & 0 \end{bmatrix} (m)$$

- Matriz de distancias entre conductores y sus imágenes, incluido el de tierra:

$$\begin{bmatrix} H_0 & H_{01} & H_{02} & H_{03} \\ H_{10} & H_1 & H_{12} & H_{13} \\ H_{20} & H_{21} & H_2 & H_{23} \\ H_{30} & H_{31} & H_{32} & H_3 \end{bmatrix} = \begin{bmatrix} 97,300 & 87,330 & 81,878 & 76,356 \\ 87,330 & 77,000 & 72,451 & 66,000 \\ 81,878 & 72,451 & 66,000 & 61,621 \\ 76,356 & 66,000 & 61,621 & 55,000 \end{bmatrix} (m)$$

Los elementos de la matriz de coeficientes de potencial $[p']$ se determinan mediante las siguientes expresiones:

Para $i \neq j$; $p'_{ij} = \dfrac{1}{2 \cdot \pi \cdot \varepsilon_0} \cdot \ln \dfrac{H_{ij}}{D_{ij}}$

Para $i = j$; $p'_{ii} = \dfrac{1}{2 \cdot \pi \cdot \varepsilon_0} \cdot \ln \dfrac{H_i}{r_i}$

A título de ejemplo, vamos a determinar dos de los coeficientes de potencial:

$$p_{12}^{'} = \frac{1}{2 \cdot \pi \cdot \varepsilon_0} \cdot \ln \frac{H_{ij}}{D_{ij}} = \frac{1}{2 \cdot \pi \cdot \varepsilon_0} \cdot \ln \frac{72,451}{12,928} = \frac{1}{2 \cdot \pi \cdot \varepsilon_0} \cdot 1,723 \; \left(m / F \right)$$

$$p_{22}^{'} = \frac{1}{2 \cdot \pi \cdot \varepsilon_0} \cdot \ln \frac{H_i}{r_i} = \frac{1}{2 \cdot \pi \cdot \varepsilon_0} \cdot \ln \frac{66,000}{0,01269} = \frac{1}{2 \cdot \pi \cdot \varepsilon_0} \cdot 8,556 \left(m / F \right)$$

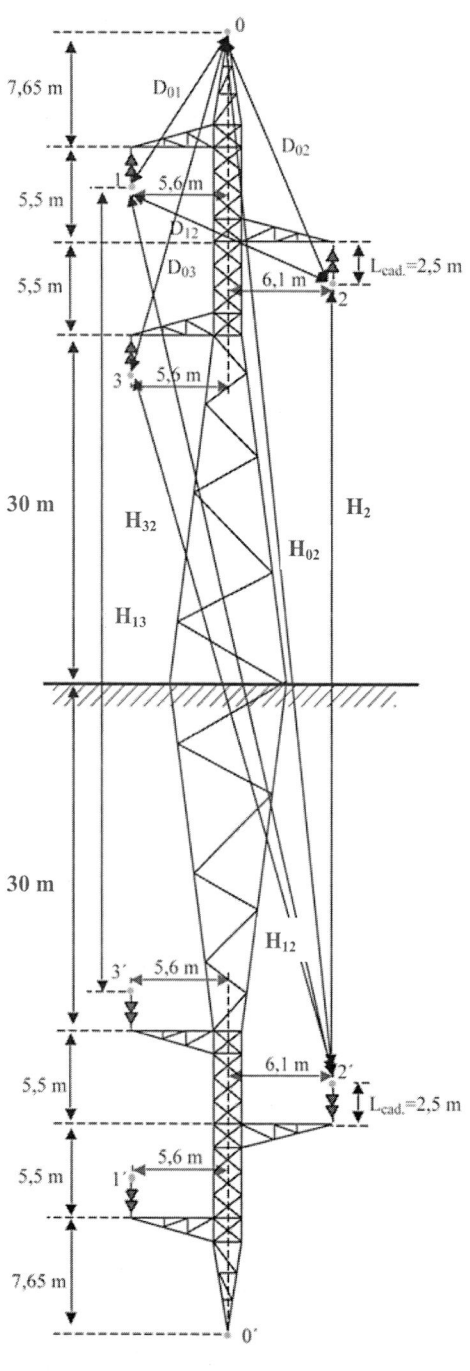

Realizando los cálculos de forma similar obtenemos la matriz de coeficientes de potencial:

$$[p'] = \begin{bmatrix} p'_{00} & p'_{01} & p'_{02} & p'_{03} \\ p'_{10} & p'_{11} & p'_{12} & p'_{13} \\ p'_{20} & p'_{21} & p'_{22} & p'_{23} \\ p'_{30} & p'_{31} & p'_{32} & p'_{33} \end{bmatrix} = \frac{1}{2 \cdot \pi \cdot \varepsilon_0} \cdot \begin{bmatrix} 9,316 & 2,019 & 1,584 & 1,250 \\ 2,019 & 8,711 & 1,723 & 1,792 \\ 1,584 & 1,723 & 8,556 & 1,562 \\ 1,250 & 1,792 & 1,562 & 8,374 \end{bmatrix} (m/F)$$

La matriz de capacidades es la inversa de la matriz de potenciales:

$$[C] = [p']^{-1}$$

Por tanto:

$$[p']^{-1} = 2 \cdot \pi \cdot \varepsilon_0 \cdot \begin{bmatrix} 0,1160 & -0,0219 & -0,0153 & -0,0098 \\ -0,0219 & 0,1277 & -0,0179 & -0,0021 \\ -0,0153 & -0,0179 & 0,1265 & -0,0175 \\ -0,0098 & -0,0021 & -0,0175 & 0,1286 \end{bmatrix} (F/m)$$

Con lo que el valor de las cargas de cada conductor se obtiene al aplicar la expresión siguiente:

$$[\overline{q}] = [p']^{-1} [\overline{V}]$$

Donde $[\overline{V}]$, es el vector de tensiones de cresta fase-tierra correspondiente a cada uno de los conductores de la línea.

$$[\overline{V}] = \frac{U \cdot \sqrt{2}}{\sqrt{3}} \cdot \begin{bmatrix} 0 & 0 \\ 1 & 0 \\ -0,5 & -j\frac{\sqrt{3}}{2} \\ -0,5 & +j\frac{\sqrt{3}}{2} \end{bmatrix} (kV_p)$$

Por tanto:

$$[\overline{q}] = [p']^{-1} \cdot [\overline{V}] = 2 \cdot \pi \cdot \varepsilon_0 \cdot \frac{U \cdot \sqrt{2}}{\sqrt{3}} \cdot \begin{bmatrix} -0,0094 & +j0,0047 \\ +0,1377 & +j0,0137 \\ -0,0724 & -j0,1247 \\ -0,0577 & +j0,1266 \end{bmatrix} (C/m)$$

El vector de carga en módulo resulta:

$$\left[\left|\bar{q}\right|\right] = 2 \cdot \pi \cdot \varepsilon_0 \cdot \frac{U \cdot \sqrt{2}}{\sqrt{3}} \cdot \begin{bmatrix} 0,0105 \\ 0,1384 \\ 0,1442 \\ 0,1391 \end{bmatrix} (C/m)$$

1.6.3. Cálculo del campo eléctrico en la superficie del conductor

El campo eléctrico en la superficie de un conductor i se calcula aplicando el teorema de Gauss, y su valor viene dado por la expresión:

$$E_i = \frac{1}{2 \cdot \pi \cdot \varepsilon_0} \cdot \frac{q_i}{r_i},$$

donde q_i, es el módulo de la carga equivalente del conductor por unidad de longitud obtenida anteriormente, que sustituyendo resulta:

$$\left[\left|\bar{E}\right|\right] = \frac{U \cdot \sqrt{2}}{\sqrt{3}} \cdot \begin{bmatrix} \frac{q_0}{r_0} \\ \frac{q_1}{r_1} \\ \frac{q_2}{r_2} \\ \frac{q_3}{r_3} \end{bmatrix} = \frac{220 \cdot \sqrt{2}}{\sqrt{3}} \cdot \begin{bmatrix} \frac{0,0105}{0,875} \\ \frac{0,1384}{1,269} \\ \frac{0,1443}{1,269} \\ \frac{0,1390}{1,269} \end{bmatrix} (kV_p/cm)$$

$$\left[\left|\bar{E}\right|\right] = \begin{bmatrix} 2,16 \\ 19,59 \\ 20,43 \\ 19,68 \end{bmatrix} (kV_p/cm)$$

Comparando los valores obtenidos de campo eléctrico en los conductores se deduce que no se alcanza el campo eléctrico crítico de inicio de corona visible pero existirán pérdidas asociadas ya que se supera el nivel crítico de descargas corona en todos los conductores de fase.

La tensión crítica en valor eficaz de inicio de descarga corona U_c^* aplicando la expresión simplificada será la siguiente:

$$U_c^* \approx 21,2 \cdot m_p \cdot \delta \cdot r \cdot \ln \frac{DMG}{RMG} = 21,2 \cdot 0,85 \cdot 0,8 \cdot 0,9398 \cdot 1,269 \cdot \ln \frac{1225}{1,269} = 118,2 \, kV_{ef}$$

donde:

$$DMG = \sqrt[3]{D_{12} \cdot D_{23} \cdot D_{31}} = \sqrt[3]{12,928 \cdot 12,928 \cdot 11} = 12,25 \; m = 1225 \; cm$$

$$RMG = r = 1,269 \; cm$$

Las pérdidas por corona, según la expresión de Peek, resultan:

$$P_{corona} = \frac{241}{\delta} \cdot (f + 25) \cdot \left(\frac{U_s}{\sqrt{3}} - U_c^* \right)^2 \cdot \sqrt{\frac{r}{DMG}} \cdot 10^{-5} \quad \left(kW \middle/ km \cdot fase \right)$$

$$P_{corona} = \frac{241}{0,9398} \cdot (50 + 25) \cdot \left(\frac{245}{\sqrt{3}} - 118,2 \right)^2 \cdot \sqrt{\frac{1,269}{1225}} \cdot 10^{-5} = 3,35 \quad \left(kW \middle/ km \cdot fase \right)$$

Suponiendo que en las tres fases se producen la misma pérdida corona, las pérdidas totales por efecto corona será 10 kW/km.

Nótese que un valor más exacto de U_c^* para cada conductor de fase puede obtenerse del vector de campo eléctrico anterior, $\left\| \overline{\overline{E}} \right\|$, fijando el valor del campo eléctrico en todos los conductores de fase igual al campo crítico $E_c = 19,2$ kV/cm y despejando el valor de U que satisface la ecuación.

Así por ejemplo, para la fase 1 resulta que, $U_c^* = 124,4$ kV; para la fase central, $U_c^* = 119,4$ kV$_{ef}$, y para la fase 3, $U_c^* = 124,0$ kV, con lo que las potencia de pérdidas para cada fase son:

$$P_{corona\,fase1} = \frac{241}{0,9398} \cdot (50 + 25) \cdot \left(\frac{245}{\sqrt{3}} - 124,5 \right)^2 \cdot \sqrt{\frac{1,269}{1225}} \cdot 10^{-5} = 1,8 \quad kW \middle/ km \cdot fase1$$

$$P_{corona\,fase2} = \frac{241}{0,9398} \cdot (50 + 25) \cdot \left(\frac{245}{\sqrt{3}} - 119,5 \right)^2 \cdot \sqrt{\frac{1,269}{1225}} \cdot 10^{-5} = 3,0 \quad kW \middle/ km \cdot fase2$$

$$P_{corona\,fase3} = \frac{241}{0,9398} \cdot (50 + 25) \cdot \left(\frac{245}{\sqrt{3}} - 124,0 \right)^2 \cdot \sqrt{\frac{1,269}{1225}} \cdot 10^{-5} = 1,9 \quad kW \middle/ km \cdot fase3$$

Resultando unas pérdidas totales de 6,7 kW/km, valor calculado más exacto que el determinado mediante la expresión simplificada de U_c^*.

1.7. CÁLCULO ELÉCTRICO DE AISLADORES

1.7.1. Tipos de aisladores, características, ventajas e inconvenientes y criterios de selección

a) Tipos de aisladores

Los aisladores son los elementos utilizados para soportar mecánicamente los conductores de las líneas y asegurar el aislamiento entre los conductores de fase o entre un conductor de fase y las estructuras puestas a tierra.

Conforme a lo establecido en el Apartado 2.3.1 de la ITC-LAT-07 del Reglamento de Líneas de Alta Tensión, los aisladores pueden fabricarse con materiales cerámicos (porcelana), vidrio [9] y [10], aislamiento compuesto de goma de silicona, polimérico [11] y [12], u otro material de características adecuadas para su función.

La porcelana fue el primer material utilizado como aislador en líneas de baja y alta tensión. Está formada por una mezcla de arcilla plástica (caolín, arcilla inglesa), cuarzo y feldespato en polvo fino. El feldespato mejora las propiedades de rigidez dieléctrica, el cuarzo mejora la resistencia mecánica y la arcilla el comportamiento frente a los cambios térmicos. Su proceso de fabricación consiste en formar con los compuestos indicados y agua una pasta, que es vertida en unos moldes con la forma prevista del aislador. A continuación, se recubre de un esmalte, se cuece a temperaturas del orden de 1300 °C y finalmente se deja enfriar a temperatura ambiente.

El vidrio utilizado para los aisladores está compuesto por una mezcla de sílice, carbonatos de calcio y de sodio y otros materiales, tales como el sulfato de bario y la alúmina mezclados con agua. La mezcla se introduce en un horno en el que se produce la fusión de los materiales. El material fundido se vierte a través de un canal refractario hacia el molde con la forma del aislador. A continuación, es sometido a unos tratamientos térmicos para obtener las variedades deseadas: vidrio templado o vidrio recocido. Los aisladores de vidrio templado poseen una gran resistencia mecánica a la tracción y compresión.

En las líneas aéreas de alta tensión se pueden utilizar también los aisladores compuestos, formados por tres elementos: un núcleo con una barra aislante de fibra de vidrio reforzada, la envolvente aislante constituida por un elastómero resistente a las corrientes superficiales (caucho de silicona vulcanizado a altas temperaturas) y los dos terminales metálicos situados en los extremos del aislador uno para fijación al apoyo y el otro para sujetar el conductor.

Otros materiales sintéticos utilizados también para la fabricación de aisladores de alta tensión son las resinas epoxi, pero su aplicación se centra fundamentalmente en aisladores de apoyo para aparamenta y subestaciones siendo menos común su uso para el tendido de líneas.

Existen múltiples formas de clasificar los aisladores. Por su constitución se clasifican como aisladores simples y aisladores compuestos. Los primeros están formados por una sola pieza aislante, mientras que los compuestos están constituidos por dos o más aisladores simples. Según su exposición ante los agentes atmosféricos, se clasifican también como aisladores de interior y de exterior.

Sin embargo, la clasificación más difundida obedece a criterios de forma e instalación, distinguiéndose aisladores rígidos de vástago y de columna o peana [8] y [9], aisladores de cadena del tipo caperuza y vástago [10] y de tipo bastón [11]. En la Figura 1.44 se muestra un ejemplo representativo de cada uno de ellos.

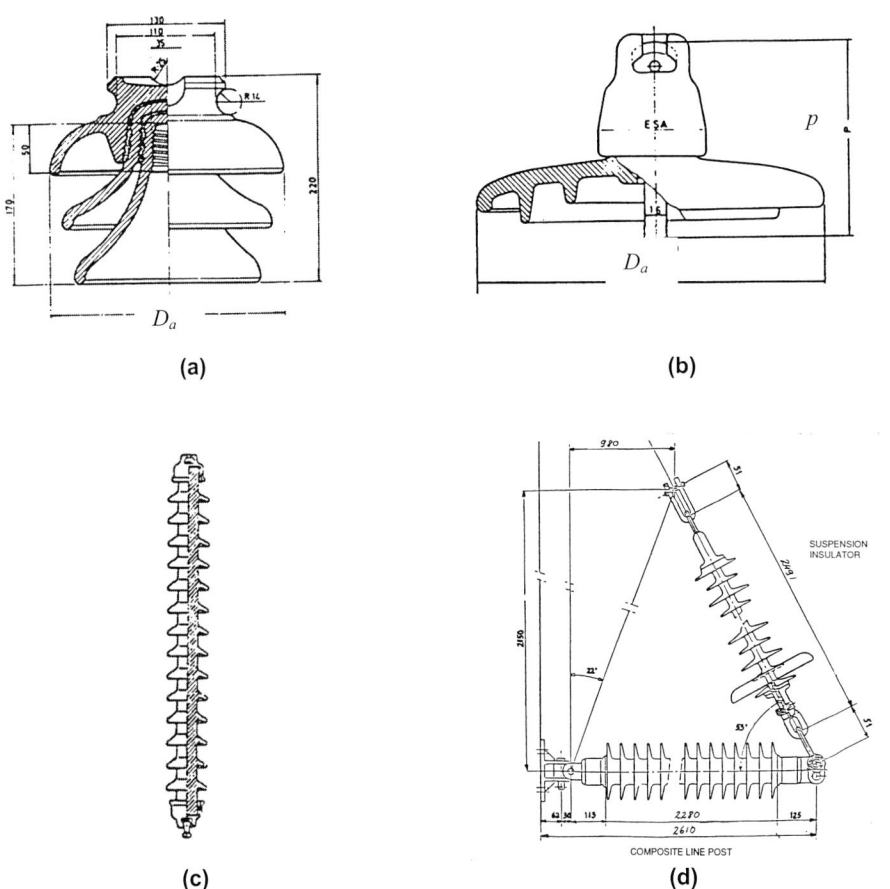

Figura 1.44: Tipos de aisladores en función de su forma: *a*) aislador tipo rígido de vástago, *b*) aislador de cadena caperuza y vástago, *c*) aislador de cadena de tipo bastón *d*) aislador tipo rígido de columna instalado horizontalmente junto con otro tipo bastón

Los *aisladores rígidos* de vástago utilizados en líneas de baja y en algunas líneas de media tensión (*véase* la Figura 1.44 a), soportan de manera rígida al conductor y están sometidos principalmente a esfuerzos de flexión y compresión. Se montan sobre el apoyo mediante un vástago que penetra en el interior del material aislante desde la parte interior del aislador. La forma de fijar el vástago al aislador puede ser mediante una rosca o mediante un material de unión. Disponen de acanaladuras, situadas lateralmente o en su superficie superior, para colocar el conductor, que se ata al aislador con alambres. Los aisladores rígidos para mayores tensiones están formados por dos o más elementos aislantes unidos de forma permanente entre sí.

En las líneas de media y alta tensión se emplean habitualmente *aisladores de cadena* que pueden unirse de forma flexible entre sí formando cadenas de suspensión o de amarre. Los elementos de la cadena están sometidos fundamentalmente a esfuerzos de tracción. El aislador más empleado en las cadenas es el de caperuza y vástago, constituido por un cuerpo aislante de vidrio o porcelana con forma de campana, con o sin ondulaciones en su superficie inferior, provisto de dos herrajes de fijación, uno en la parte superior, caperuza y el otro en la inferior, vástago, (*véase* la Figura 1.44 b). La unión de un elemento de la cadena con el siguiente, se hace introduciendo el vástago de un elemento en la oquedad dispuesta en la caperuza del siguiente. La retención se realiza a través de un pasador que se introduce en un orificio situado en la caperuza.

Una ventaja importante de este aislador está en que la rotura de la parte aislante no hace perder la resistencia mecánica del aislador. Cuanto mayor sea el número de elementos de la cadena, mayor será el nivel de aislamiento. Se utiliza como aislador de suspensión entre vanos para equilibrar la tensión mecánica en los vanos adyacentes, adaptándose la inclinación de la cadena a los esfuerzos resultantes.

La identificación de los aisladores de vidrio y porcelana de tipo caperuza y vástago es la siguiente:

U = letra que identifica que es un aislador de cadena.

-- = dígitos que indican la carga de rotura a tracción expresada en kN.

B = Acoplamiento de caperuza y vástago.

S/L = Paso corto (*small*) o largo (*large*) respectivamente.

-- = dígitos para indicar la tensión asignada del aislador de la cadena en kV.

P/D = para zona de alta polución o zona desértica.

Los herrajes en los extremos de cualquier otro aislador de cadena, diferente al de caperuza y vástago, se identifican mediante una combinación de dos letras:

$$XX: AB, AA, RB, YB:$$

siendo:

A = anilla.

B = bola.

R = alojamiento de rótula.

Y = horquilla en V.

Por ejemplo: el aislador U 70 AB 30, es un elemento de cadena de 70 kN de carga de rotura, con un herraje en forma de anilla en su parte superior y en forma de bola en su parte inferior, con una tensión asignada de 30 kV.

Además, los aisladores para líneas de 220 kV y 400 kV pueden disponer de accesorios que vienen identificados por los códigos:

AR = anillo repartidor de potencial para cadena simple.

D = anillo repartidor de potencial para cadena doble.

Otro aislador empleado frecuentemente es el tipo bastón (*véase* la Figura 1.44 c), formado por un cuerpo aislante de forma aproximadamente cilíndrica, con o sin aletas y con dispositivos de fijación en cada extremo, normalmente de tipo caperuza. La unión entre caperuzas contiguas de dos aisladores de la cadena se realiza introduciendo una pequeña pieza metálica (badajo) a través de ranuras en el interior de las caperuzas donde quedan retenidas mediante pasadores. Los aisladores compuestos normalmente son de tipo bastón.

Los aisladores de material compuesto se denominan de la siguiente forma:

CS = letra que identifica que se trata de un aislador compuesto.

-- = dígitos que indican la carga mecánica especificada expresada en kN.

-- = identificación del herraje del aislador en el extremo superior y en el extremo inferior:

   B = bola.
   S = alojamiento de bola.
   T = lengüeta.
   C = horquilla en forma de U.
   Y = horquilla en forma de V.
   E = anilla.

También se utilizan aisladores de rígidos de columna (Figura 1.44 d) que tienen una constitución idéntica a los aisladores de cadena pero que en uno de sus extremos disponen de un herraje apropiado para su fijación. Su identificación es la siguiente:

C = letra que identifica que se trata de un aislador de tipo columna.

-- = dígitos que indican la carga de flexión del aislador expresada en kN.

G, R = crucera giratoria (G) o rígida (R).

L, U, V = identificación del herraje del aislador del extremo del lado del conductor.

-- = dígitos para indicar la tensión asignada del aislador de la cadena en kV.

P = letra indicativa del aislador para alto nivel de contaminación.

Por ejemplo: el aislador C 3 RU 20, es un aislador de columna con una carga de flexión de 3 kN, preparado para una cruceta rígida con herraje para un conductor en U y para un nivel de tensión de 20 kV.

b) Características técnicas

Las características de los aisladores se centran en los aspectos geométricos, mecánicos y dieléctricos. Sin embargo, las características dieléctricas de un aislador de varios elementos no corresponden a la superposición lineal de las características de sus elementos. Así por ejemplo, la tensión soportada por una cadena de aisladores no es la suma de las tensiones soportadas por sus elementos, sino que hay que recurrir al catálogo del fabricante o a ensayos de laboratorio para conocer la tensión soportada por la cadena.

A continuación, se indican las características individuales de los elementos de un aislador y las de una cadena genérica de *n* aisladores.

1. Características de un elemento de cadena:

   - Carga de rotura mecánica especificada.
   - Carga de rotura electromecánica especificada.
   - Tensión soportada especificada a impulsos tipo rayo.
   - Tensión soportada especificada a frecuencia industrial bajo lluvia.
   - Tensiones de perforación especificada.
   - Dimensiones y longitud de la línea de fuga.

La carga de rotura electromecánica se utiliza en los aisladores en los que la distancia más corta de perforación a través del aislamiento es inferior a la mitad de la distancia más corta de contorneamiento en el aire, cuando se supone que un defecto mecánico puede provocar dicha descarga eléctrica. Esta carga de rotura se determina aplicando simultáneamente un esfuerzo de tracción y una tensión de frecuencia industrial entre los herrajes extremos del aislador.

2. Características de una cadena de aisladores:

   - Tensión soportada a impulsos tipo rayo.
   - Tensión soportada a frecuencia industrial bajo lluvia.
   - Tensión soportada a impulsos maniobra bajo lluvia.

La tensión de cebado en presencia de aisladores puede ser bastante más baja que la correspondiente para distancias libres en aire, especialmente frente a sobretensiones de frecuencia industrial y sobretensiones de tipo maniobra, siendo menor la dependencia para sobretensiones de tipo rayo. Además, en condiciones normales de explotación las tensiones soportadas están muy afectadas por las condiciones ambientales.

Las descargas a través de la superficie de los aisladores se caracterizan por mecanismos que precisan tiempos de cebado mucho mayores que a través del aire. Por tal motivo, las solicitaciones de tensión de larga duración, tales como tensiones alternas permanentes, sobretensiones temporales o incluso sobretensiones de tipo maniobra están más afectadas por la lluvia que las sobretensiones tipo rayo.

En los aislamientos de exterior, el comportamiento del aislador frente a la contaminación es un factor muy importante que debe ser tratado de forma muy especial.

La superficie de un aislador en servicio puede estar cubierta por diversas sustancias que forman una capa de contaminación. La capa de contaminación será conductora si contiene sales disueltas en agua, como sucede en los aisladores de vidrio o porcelana próximos a zonas costeras sometidos a niebla salina. La capa de contaminación también podrá ser conductora si contiene partículas con sales depositadas por humos o polvo, que son disueltas por el agua de la niebla o de la condensación de la humedad ambiental. Estos fenómenos no se producen en los aisladores de materiales compuestos como la silicona, ya que el agua resbala por la superficie del aislador (hidrofobicidad) sin llegar a formar una capa semiconductora (agua + sales disueltas).

Al ser muy pequeño el espesor de la capa semiconductora, la densidad de corriente puede llegar a ser muy elevada, provocando un calentamiento y secado, localizado en determinadas zonas, denominadas *bandas secas, véase* la Figura 1.45. Si una zona o banda del aislamiento se seca y el paso de la corriente se interrumpe, la tensión plena de todo el aislamiento se aplicará en la banda seca, provocando una descarga localizada que la cortocircuitará. El paso de corriente podrá secar otra banda y volver a desencadenar el mismo proceso. Las diferentes descargas en las bandas secas pueden llegar a concatenarse originando la descarga total del aislamiento.

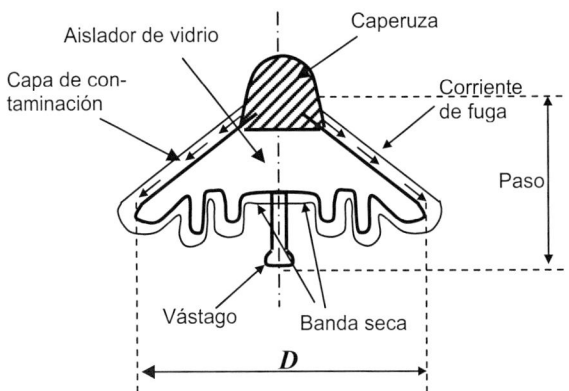

Figura 1.45. Proceso de descarga en aisladores contaminados

Para limitar los efectos de la contaminación en los aisladores de vidrio o de cerámica se pueden cubrir con grasa de silicona, logrando que la corriente de fuga se reduzca drásticamente. El inconveniente de la grasa de silicona es que con el paso del tiempo (uno o dos años) se pierde y es preciso volver a aplicarla, con la dificultad que ello supone al estar la línea en servicio. Los aisladores cubiertos con grasa de silicona se utilizan en áreas de alta contaminación donde es difícil el lavado de los aisladores, por ejemplo en túneles de trenes.

El uso de esmaltes semiconductores fue otro método que se utilizó para mejorar el comportamiento de los aisladores de vidrio y porcelana contra la contaminación, pero no ha llegó a imponerse por las pérdidas permanentes que esta solución supone.

Los aisladores de materiales poliméricos compuestos presentan ventajas frente a la porcelana o vidrio por su resistencia a la contaminación. Estos aisladores pueden soportar una mayor solicitación dieléctrica ante la contaminación, por lo que su línea de fuga puede reducirse del orden de un 30% con respecto a los valores obtenidos para el vidrio o la porcelana. Si se produce una intensa actividad de predescargas o de corona, se formará una alta concentración de ozono que en presencia de aire y humedad formará a su vez ácido nítrico que ataca a los materiales de silicona con la consiguiente pérdida de sus propiedades hidrofóbicas, disminuyendo su buen comportamiento contra la contaminación con el paso del tiempo. Por lo tanto, en los aisladores poliméricos de silicona se debe evitar la aparición de efecto corona para impedir este tipo de degradación.

Una nueva tecnología consiste en recubrir los aisladores de vidrio, por ejemplo de caperuza y vástago, con una fina capa de silicona sólida, a fin de aunar las ventajas mecánicas y de esperanza de vida de los aisladores de vidrio con las propiedades hidrofóbicas de la silicona.

c) Comparación, ventajas e inconvenientes

El vidrio presenta una serie de ventajas frente a la porcelana en las cadenas de aisladores de las líneas de alta tensión debido a sus mejores propiedades mecánicas, especialmente a la tracción. Además, al ser transparentes es más fácil detectar defectos por inspección visual. Aunque, en un elemento de una cadena de aisladores de vidrio se rompa su campana, la resistencia mecánica permanece prácticamente invariable comparada con la del aislador nuevo, lo que permite esperar a una operación de mantenimiento para sustituirlo, siempre que el aislamiento quede garantizado por el resto de los elementos de la cadena en buen estado.

Una ventaja importante de los aisladores de materiales compuestos en relación con los aisladores de vidrio y porcelana es su comportamiento frente a la contaminación ambiental. Además, la fuerte reducción de peso, de hasta diez veces para aisladores de líneas de 400 kV, y la buena elasticidad de los materiales poliméricos como la silicona permite una mayor facilidad de montaje y sustitución frente a los de vidrio. También debe destacarse como aspecto favorable, la alta elasticidad de estos materiales, por lo que ofrecen un buen comportamiento frente al vandalismo.

Los aisladores compuestos tipo bastón son utilizados como separadores de fases y en los apoyos de líneas aéreas cuando se pretenden reducir las distancias entre partes a diferente tensión.

Como contrapartida los aisladores compuestos están sometidos a un proceso de envejecimiento más acelerado que los de vidrio y porcelana, lo cual hace que su esperanza de vida sea inferior.

d) Elección de la cadena de aisladores de vidrio o porcelana

La selección del tipo y número de aisladores a instalar en un apoyo se debe realizar en función de las características mecánicas y eléctricas [8], [13] y [14] del aislador individual. Los resultados del cálculo mecánico permiten conocer la fuerza que el conductor transmite al aislador y tras la aplicación del coeficiente de seguridad establecido por el reglamento, se obtiene la carga mecánica de rotura a exigir al aislador. En algunos casos se podrá recurrir a cadenas múltiples para soportar los esfuerzos requeridos.

El aislamiento de las cadenas de aisladores de vidrio o porcelana utilizados en las líneas de alta tensión viene definido por la línea de fuga total de la cadena y el nivel de aislamiento soportado. Ambos parámetros pueden incrementarse o reducirse por la incorporación o eliminación de los elementos individuales que componen la cadena. En definitiva, el problema se reduce a la determinación del número de elementos que deben constituir las cadenas de aisladores y a determinar la distancia mínima de descarga de la cadena, para lo cual se aplica el siguiente procedimiento:

1. El primer paso consiste en elegir el nivel de contaminación acorde con la zona por la que transcurrirá la línea. En la Tabla 1.15, se muestran los cuatro niveles de contaminación recogidos en la norma UNE EN 60071-2 [14], para distintas zonas más o menos contaminadas.

2. La selección del nivel de contaminación fija una línea de fuga específica mínima fase-tierra, l_e, de los aisladores expresada en (mm/kV) de la tensión más elevada de la red (tensión eficaz fase-fase).

3. La línea de fuga total fase-tierra, l_t, de la cadena de aisladores se obtiene como el producto entre la tensión más elevada de la red y la longitud de la línea de fuga especifica, definida en la Tabla 1.15, es decir: $l_t = U_s \cdot l_e$.

4. Se elige el tipo de aislador (elemento de cadena) en función de las características mecánicas y geométricas del mismo.

5. El número de elementos que componen la cadena es el número entero, resultante de sumar una unidad a la parte entera del cociente entre la línea de fuga total y la línea de fuga individual de un aislador, l_a, es decir:

$$n_a = Parte\ entera\ (l_t/l_a) + 1$$

6. Se comprueba con los datos del catálogo del fabricante o mediante ensayos que con el número de elementos obtenidos en el paso anterior, las tensiones soportadas para los tipos de sobretensiones de ensayo (gama I: de frecuencia industrial y tipo rayo y para la gama II: tipo rayo y maniobra) son iguales o superiores al nivel de aislamiento requerido por el RLAT en su ITC-LAT 07 (Tablas 18 o 19). De lo contrario, será necesario aumentar el número de aisladores para cumplir el nivel de aislamiento correspondiente.

7. La longitud total de la cadena, L_c, se determina como el producto del número de elementos, n_a, por el paso, p_a, de uno de ellos: $L_c = n_a \cdot p_a$

8. El valor mínimo de la distancia de descarga de la cadena de aisladores, a_{som}, definida en el Apartado 5.2 de la ITC-LAT-07, es la distancia más corta en línea recta entre la parte en tensión (vástago del aislador inferior de la cadena) y la parte puesta a tierra (caperuza del aislador superior de la cadena):

$$a_{som} \approx D_a + L_c,$$

donde D_a, es el diámetro externo máximo de la campana del aislador.

Adicionalmente, en situaciones de alta contaminación, las acciones a considerar para paliar sus efectos son:

1. Aumentar el número de elementos de la cadena para aumentar la línea de fuga.

2. Limpiar periódicamente las cadenas de aisladores mediante la proyección de chorros de agua de alta resistividad.

3. Utilizar aisladores de diseños especiales antipolución.

4. Disponer aisladores de materiales poliméricos con un buen comportamiento ante depósitos contaminantes.

Tabla 1.15. Líneas de fuga establecidas por la UNE-EN 60071-2 para aisladores de porcelana y vidrio

Nivel de contamina-ción	Ejemplos de entornos típicos	Línea de fuga específica nominal mínima (mm/kV)[1]
I Ligero	- Zonas sin industrias y con baja densidad de viviendas equipadas con calefacción. - Zonas con baja densidad de industrias o viviendas, pero sometidas a viento o lluvias frecuentes. - Zonas agrícolas [2]. - Zonas montañosas. - Todas estas zonas están situadas al menos de 10 km a 20 km del mar y no están expuestas a vientos directos desde el mar [3].	16,0
II Medio	- Zona con industrias que no producen humo especialmente contaminante y/o con densidad media de viviendas equipadas con calefacción. - Zonas con elevada densidad de viviendas y/o industrias pero sujetas a vientos frecuentes y/o lluvia. - Zonas expuestas a vientos desde el mar, pero no muy próximas a la costa (al menos distantes bastantes kilómetros)[3].	20,0
III Fuerte	- Zonas con elevada densidad de industrias y suburbios de grandes ciudades con elevada densidad de calefacción generando contaminación. - Zonas cercanas al mar o en cualquier caso, expuestas a vientos relativamente fuertes provenientes del mar [3].	25,0
IV Muy fuerte	- Zonas, generalmente de extensión moderada, sometidas a polvos conductores y a humo industrial que produce depósitos conductores particularmente espesos. - Zonas, generalmente de extensión moderada, muy próximas a la costa y expuestas a pulverización salina o a vientos muy fuertes y contaminados desde el mar. - Zonas desérticas, caracterizadas por no tener lluvia durante largos periodos, expuestos a fuertes vientos que transportan arena y sal, y sometidas a condensación regular.	31,0

[1] Línea de fuga mínima de aisladores entre fase y tierra relativas a la tensión más elevada de la red (fase-fase).

[2] Empleo de fertilizantes por aspiración o quemado de residuos, puede dar lugar a un mayor nivel de contaminación por dispersión en el viento.

[3] Las distancias desde la costa marina dependen de la topografía costera y de las extremas condiciones del viento.

1.7.2. Ejemplo de cálculo eléctrico de cadena de aisladores vidrio

Seleccionar el número de elementos que debe de tener una cadena de aisladores en una línea de tensión nominal 15 kV, situada en una zona muy industrial y con vientos procedentes del mar y determine el valor mínimo de la distancia de descarga de la cadena de aisladores. El aislador a emplear es del tipo U-70 (UNE-EN 60305) [10].

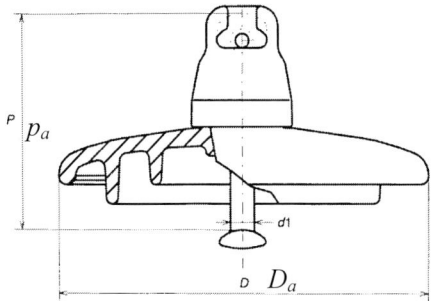

Elemento de la cadena de aisladores con acoplamiento por rótula y alojamiento de rótula

Valores especificados de características mecánicas y dimensionales para los elementos de cadena de aisladores de rótula con acoplamiento por rótula y alojamiento de rótula

Designaciones	Carga de rotura electromecánica o mecánica kN	Diámetro máximo nominal de la parte aislante D_a mm	Paso nominal p_a mm	Línea de fuga mínima nominal mm
U 40 B	40	175	110	190
U 40 BP	40	210	110	295
U 70 BS	70	255	127	295
U 70 BL	70	255	146	295
U 70 BLP	70	280	146	440
U 100 BS	100	255	127	295
U 100 BL	100	255	146	295
U 100 BLP	100	280	146	440
U 120 B	120	255	146	295
U 120 BP	120	280	146	440
U 160 BS	160	280	146	315
U 160 BSP	160	330	146	440
U 160 BL	160	280	170	340
U 160 BLP	160	330	170	525
U 210 B	210	300	170	370
U 210 BP	210	330	170	525
U 300 B	300	330	195	390
U 300 BP	300	400	195	590
U 400 B	400	380	205	525
U 530 B	530	380	240	600

Aislador tipo U 70. A. Tensión soportada a impulsos tipo rayo 1,2/50. B. Tensión del 50% de contorneo a impulsos tipo rayo. C. Tensión soportada a frecuencia industrial en seco. D. tensión soportada a frecuencia industrial bajo lluvia.

Número de unidades	A (kV)	B (kV)	C (kV)	D (kV)
1	90	110	70	45
2	150	200	115	80
3	210	280	160	115
4	285	370	200	150
5	330	460	240	185

Solución

1. Comprobación del cumplimiento del nivel de contaminación.

Según la Tabla 1.15, considerando un nivel de contaminación, tipo IV, muy fuerte, la línea de fuga específica nominal mínima es de:

$$l_e = 31 \frac{mm}{kV}$$

La tensión más elevada correspondiente a una línea de 15 kV es, $U_s = 17,5$ kV.

La línea de fuga específica mínima total para la cadena de aisladores a emplear será:

$$l_t = l_e \cdot U_s = 31 \cdot 17,5 = 542,5 \, mm$$

Si se selecciona una cadena de aisladores con un aislador tipo U 70 BL, que dispone, según la norma UNE-EN 60305 [10], de una línea de fuga mínima nominal de 295 mm, el número de elemento a emplear para la cadena será:

$$n_a = Parte \; entera \left(\frac{l_t}{295} \right) + 1 = Parte \; entera \left(\frac{542,5}{295} \right) + 1 = 2 \; elementos \, .$$

2. Comprobación del cumplimiento del nivel de aislamiento.

Según la Tabla 1.18, el nivel de aislamiento mínimo normalizado a frecuencia industrial y a impulso tipo rayo, correspondiente a la tensión más elevada de la red, U_s, de 17,5 kV, son:

- Para una tensión soportada de corta duración a frecuencia industrial (valor eficaz): 38 kV.

- Para una tensión soportada a impulsos tipo rayo (valor de cresta): 75 o 95 kV.

Según los datos de los ensayos realizados por el fabricante sobre una cadena de aisladores, con dos elementos del tipo U 70, los niveles de aislamiento soportados son:

- Para una tensión soportada de corta duración a frecuencia industrial bajo lluvia (valor eficaz): 80 kV.

- Para una tensión soportada a impulsos tipo rayo (valor de cresta): 150 kV.

Según se puede observar, los valores soportados por dos elementos tipo U 70, son superiores a los niveles de aislamiento mínimos exigidos por el RLAT en su ITC-LAT 07; por tanto, la cadena de aisladores con dos elementos U 70 BL, cumple con los requisitos eléctricos prefijados en el RLAT. Normalmente, se disponen tres unidades para asegurar que en caso de rotura de uno de ellos la línea pueda seguir operando sin peligro alguno hasta que se realice la operación de sustitución.

Con tres unidades el valor mínimo de la distancia de descarga de la cadena de aisladores, a_{som}, es:

$$a_{som} \approx D_a + L_c = D_a + n_a \cdot p_a = 255 + 3 \cdot 146 = 693 \, mm$$

y las tensiones soportadas son de 210 kV de cresta a impulsos tipo rayo y de 115 kV eficaces a frecuencia industrial bajo lluvia.

1.8. PROTECCIÓN DE LAS LÍNEAS CONTRA SOBRETENSIONES

1.8.1. Sobretensiones en líneas eléctricas de alta tensión

En el funcionamiento de las redes se producen sobretensiones que someten a los aislamientos a solicitaciones dieléctricas superiores a las de funcionamiento normal. Los valores de pico de las sobretensiones se expresan en p.u. referidas al nivel de cresta de la tensión más elevada de funcionamiento de la red ($\sqrt{2} \cdot U_s / \sqrt{3}$ para una red trifásica). La tensión más elevada de la red, U_s, puede estar presente de forma permanente en ciertos puntos de la línea, por lo que no es considerada como sobretensión.

Las sobretensiones pueden ser de origen externo, debidas al rayo, o de origen interno, debidas a maniobras (conexión de líneas, despeje de faltas, reenganches y maniobra de líneas con corrientes capacitivas o inductivas), cortocircuitos, pérdidas de carga, y fenómenos de resonancias o ferroresonancias.

Tipo	Baja frecuencia		Transitorio		
	Continua	Temporal	Frente lento	Frente rápido	Frente muy rápido
Formas de onda de tensiones y sobretensiones	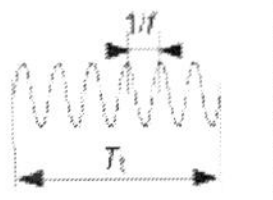	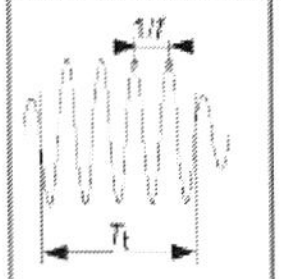	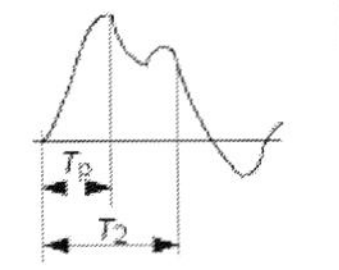	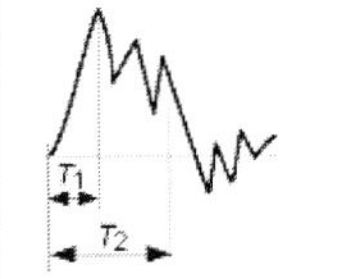	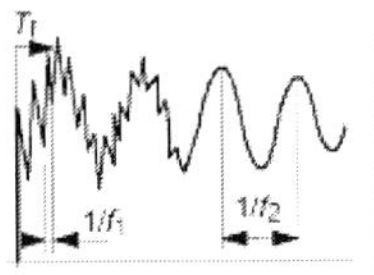
Gamas de formas de onda de tensiones y sobretensiones	f = 50 Hz o 60 Hz $T_t \geq 3\,600$s	10 Hz < f < 500 Hz $0{,}02$ s $\leq T_t \leq$ $3\,600$ s	20 μs < $T_p \leq$ 5 000 μs $T_2 \leq$ 20 ms	0,1 μs < $T_1 \leq$ 20 μs $T_2 \leq$ 300 μs	$T_f \leq$ 100 ns 0,3 MHz < f_1 < 100 MHz 30 kHz < f_2 < 300 kHz
Formas de onda de tensión normalizadas	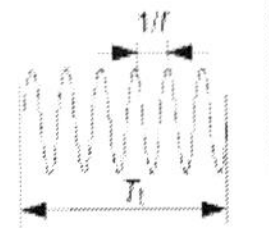 f = 50 Hz o 60 Hz T_t ª	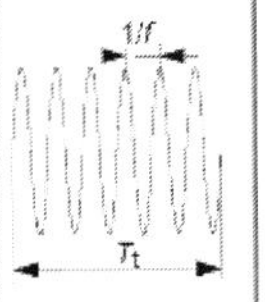 48 Hz $\leq f \leq$ 62 Hz T_t = 60 s	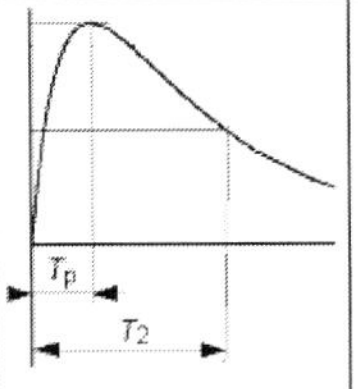 T_p = 250 μs T_2 = 2 500 μs	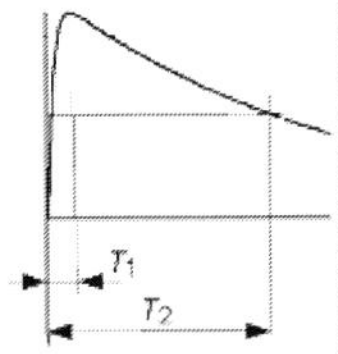 T_1 = 1,2 μs T_2 = 50 μs	a
Ensayo de tensión soportada normalizada	a	Ensayo a frecuencia industrial de corta duración	Ensayo impulso tipo maniobra	Ensayo impulso tipo rayo	a
a. A especificar por los comités de producto correspondientes.					

Figura 1.46. Clasificación de las tensiones y sobretensiones en las redes de alta tensión

Conforme a los criterios de coordinación de aislamiento establecidos en la norma de obligado cumplimiento UNE-EN 60071-1 [13], las sobretensiones se clasifican en función de su duración como sobretensiones temporales, sobretensiones transitorias de frente lento y sobretensiones transitorias de frente rápido o muy rápido.

Las sobretensiones transitorias de frente muy rápido se producen en las subestaciones aisladas en gas (GIS) por maniobras o cortocircuitos en su interior, debido al fenómeno de la descarga en el gas y a la escasa atenuación del frente de onda dentro de la conducción blindada de la GIS. Este tipo de sobretensiones se atenúan rápidamente en los propios pasatapas para la conexión de los cables con la GIS, por lo que no afectan a las líneas aéreas y afectan muy limitadamente a los cables aislados.

En la Figura 1.46, se muestra los diferentes tipos de solicitación dieléctrica contemplados en la norma UNE-EN 60071-1.

Las sobretensiones pueden producirse entre fase y tierra, entre fases o entre contactos abiertos de una misma fase (sobretensión longitudinal). Estas últimas aparecen en los seccionadores e interruptores.

Para reducir la probabilidad de fallo se exige que los aislamientos soporten un umbral de tensión para las formas de onda normalizadas representativas de los tipos de sobretensiones a las que pueden estar sometidos. Además, ciertos equipos y materiales como los transformadores y los cables deben protegerse con pararrayos para evitar que las sobretensiones transitorias provoquen el fallo en su aislamiento. Aunque en un cable se deben diferenciar dos aislamientos: el principal entre el conductor y la pantalla y el de la cubierta entre la pantalla y tierra. En este apartado únicamente se tratarán los pararrayos que protegen al aislamiento principal, los limitadores de sobretensión dispuestos entre las pantallas de los cables y tierra para proteger la cubierta se tratarán en el Apartado 6.5.

A continuación, se detallan algunas de las características más significativas de cada uno de los diferentes tipos de sobretensiones:

a) **Sobretensiones temporales**, corresponden a tensiones de frecuencia industrial (10 a 500 Hz) de duración relativamente larga, entre 20 ms y 1 h, aunque normalmente su duración es inferior a 1s.

    Como ejemplo característico, cabe citar las sobretensiones que aparecen en las fases sanas cuando se produce un cortocircuito fase-tierra. La forma de conectar el neutro a tierra es determinante en la sobretensión máxima que aparece en caso de cortocircuito a tierra. Para determinar las sobretensiones entre las fases sanas y tierra es necesario conocer los valores de las impedancias de secuencia directa, inversa y homopolar de la red, vistas desde el punto de cortocircuito. La sobretensión temporal esperada en las fases sanas de una red por un fallo de fase a tierra viene expresado por la expresión siguiente:

$$U_t = k \cdot \frac{U_s}{\sqrt{3}}$$

donde:

U_s = tensión más elevada de la red.

k = factor de defecto a tierra en un determinado punto de una red.

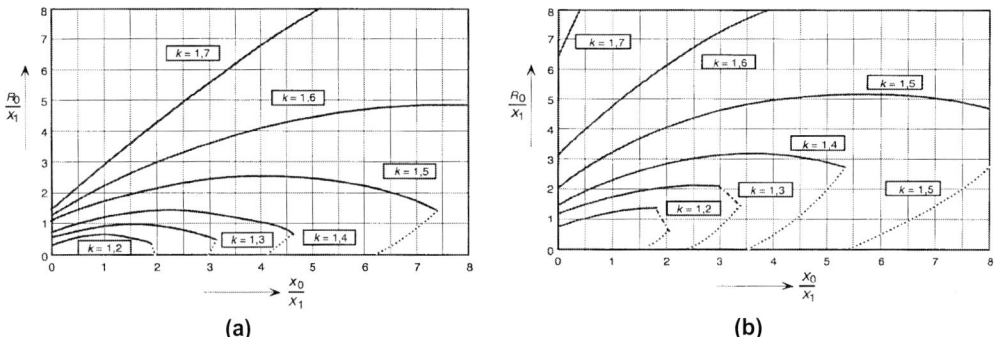

Figura. 1.47. Factor de defecto a tierra según UNE 60071-2 en relación con R_0/X_1 y X_0/X_1.
a) cuando $R_1 = 0$; **b**) cuando $R_1 = 0,5 \cdot X_1$

El factor de defecto a tierra en un punto P de una red trifásica se define como la relación U_{pf}/U_p, siendo U_{pf}, la tensión eficaz máxima entre el punto P de una fase sana y tierra durante una falta a tierra, y U_p, la tensión eficaz entre la fase y tierra en el referido punto P en ausencia de falta. En general, el factor de defecto a tierra depende de las impedancias de secuencia directa, inversa y homopolar, aunque a efectos prácticos, dado que las impedancias de secuencia directa e inversa en una línea son iguales, la norma UNE EN-60071-2 [14], facilita diferentes gráficas (Figura 1.47) en función de la resistencia y reactancia de secuencia directa (R_1, X_1) y homopolar (R_0, X_0), para evaluar el factor de defecto a tierra sin tener que recurrir al cálculo por componentes simétricas.

En la Tabla 1.16 se muestra el rango de variación del factor de defecto a tierra k, en función de la forma de conexión del neutro de la red.

Tabla 1.16. Factor de defecto a tierra en función de la forma de conexión del neutro de la red

Conexión de neutro	k
Neutro rígido a tierra	$k \leq 1,4$
Neutro no rígido a tierra	$1,4 \leq k \leq 1,73$
Neutro aislado	$1,73 \leq k \leq 1,9$

Otros motivos de sobretensiones temporales son las resonancias y ferrorresonancias que pueden aparecer bajo circunstancias de maniobras especiales debido a la capacidad del cable o de la línea junto con una inductancia no lineal, como por ejemplo la de los transformadores de tensión o de potencia.

Debe destacarse que las sobretensiones temporales pueden preverse desde el diseño de la línea a través de estudios de la red, y pueden evitarse o mitigar su efecto incorporando elementos apropiados, como resistencias.

b) **Sobretensiones transitorias**, son tensiones de corta duración, inferior a unos pocos milisegundos, oscilatorias o no y generalmente muy amortiguadas. En función de su duración se distinguen:

- **Sobretensiones de frente lento**, generalmente ondas oscilatorias con una alta frecuencia amortiguada, que se superponen con la frecuencia de la red (Figura 1.48).

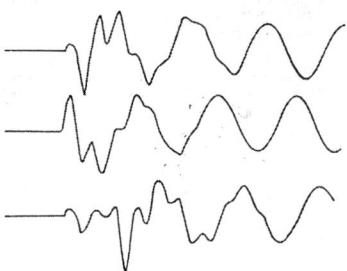

Figura 1.48. Sobretensiones transitorias tipo maniobra en el extremo de una línea durante su conexión con la red

Los tiempos de subida hasta el valor de cresta están comprendidos entre 20 μs y 5.000 μs y cuya duración hasta que la onda disminuye a la mitad de la cresta inferior o igual a 20 ms. Aparecen en las operaciones de maniobras de las redes.

En particular, después de maniobras de apertura y cierre de interruptores se producen ondas de tensión escalón que se propagan en los conductores de la línea y se reflejan en los puntos de la línea aérea o del cable donde la impedancia característica cambia, tales como en la conexión con transformadores o con otros cables, generándose una componente de alta frecuencia superpuesta a la onda principal de la tensión de red.

La magnitud de las sobretensiones debidas a maniobras en los sistemas de cables generalmente no superan el valor de dos veces la tensión más elevada de la red, aunque pueden alcanzar valores mayores en caso de maniobras de cierre y apertura que se repitan de forma consecutiva, por ejemplo si se producen reencendidos en los interruptores durante el despeje de faltas. Un fenómeno similar puede aparecer en cortocircuitos intermitentes a tierra cuando el neutro de la red está aislado.

- **Sobretensiones de frente rápido**, características de las descargas atmosféricas, generalmente unidireccionales, de tiempos de frente, T_1, comprendidos entre

0,1μs y 20μs y duración hasta que la onda disminuye a la mitad de la cresta, T_2, igual o inferior a 300 μs.

Las sobretensiones de frente rápido están causadas generalmente por la caída de rayos en los conductores de fase, en los conductores de tierra o en el apoyo. Cuando un rayo impacta sobre una línea aérea se produce una sobretensión, que viaja a lo largo de la línea. Si la sobretensión superara el nivel de aislamiento de la cadena de aisladores o la tensión soportada por la distancia de aislamiento en el aire se producirá una descarga disruptiva (cortocircuito fase-tierra). A título de ejemplo, supóngase una línea aérea de impedancia característica 400 Ω sobre la que impacta un rayo de 10 kA de corriente de descarga. Una corriente de 5 kA se bifurcará a uno y otro lado de la línea provocando una sobretensión viajera del orden de 2 MV que puede producir un fallo de aislamiento.

Las descargas atmosféricas en las proximidades de las líneas aéreas generan también sobretensiones inducidas que pueden alcanzar valores del orden de 400 kV. Estas sobretensiones son especialmente críticas en las líneas aéreas de distribución cuyo nivel de aislamiento puede verse excedido.

La forma característica de la sobretensión tipo rayo ha sido normalizada por la Comisión Internacional Electrotécnica [15], como un impulso unidireccional (positivo o negativo) con un tiempo de frente T_1, de 1,2 μs y un tiempo hasta el valor mitad de la cresta T_2, de 50 μs (*véase* la Figura 1.49).

También pueden producirse sobretensiones de frente rápido de tipo oscilatorio dentro de las subestaciones por maniobras con interruptores automáticos de vacío.

Asimismo, los cortocircuitos monofásicos producen sobretensiones oscilatorias de frente rápido entre las pantallas de los cables y tierra en configuraciones *single point* o *cross-bonding*. Este es el motivo de disponer de limitadores de sobretensión en los cruces entre pantallas de la configuración *cross-bonding* o en las pantallas abiertas de los extremos no conectados a tierra de los *single-point* (consultar Capítulo 6, Apartado 6.5).

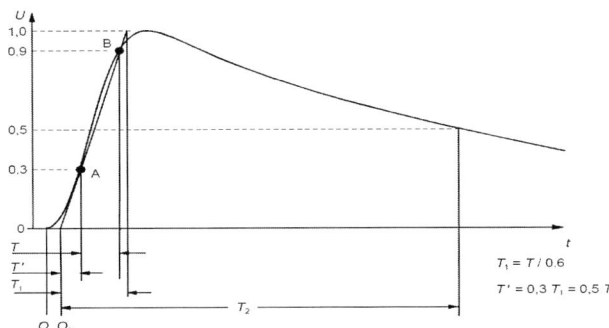

Figura 1.49. Sobretensión transitoria tipo rayo normalizada por el tiempo de frente T_1 y el tiempo hasta el valor mitad T_2

- **Sobretensiones de frente muy rápido**, generalmente unidireccionales (positivas o negativas), de duración hasta el valor de cresta inferior a 0,1 µs, duración total inferior a 3 ms y con oscilaciones superpuestas de frecuencias comprendidas entre 30 kHz y 100 MHz. Este tipo de sobretensión aparecen en subestaciones blindadas aisladas en gas (GIS).

c) **Sobretensión combinada** (temporal, transitoria de frente lento, rápido o muy rápido) que consiste en la aparición simultánea de dos tipos de sobretensión diferentes en un aislamiento longitudinal, por ejemplo entre los bornes abiertos de un mismo polo de un seccionador.

En la Tabla 1.17 se muestra el resumen de sobretensiones características en las líneas aéreas y en los cables aislados.

Tabla 1.17. Resumen de sobretensiones características en las líneas

Clasificación de sobretensiones según su origen		Normalización de sobretensiones según la norma UNE-EN 60071-1		
Origen	**Motivo**	**Frecuencia o duración de la sobretensión**	**Ensayo normalizado**	**Tipo**
Interno	- Faltas a tierra - Pérdidas de carga - Resonancias - Ferrorresonancias - Sincronización	$10\ \text{Hz} < f < 500\ \text{Hz}$	Frecuencia industrial $48\ \text{Hz} \le f \le 62\ \text{Hz}$ Duración $= 60$ s	Temporal
	- Conexión de líneas - Reenganches - Faltas - Despejes de faltas - Pérdidas de carga - Maniobras - Rayos distantes >100 km	$20\ \mu s < T_1 \le 5000 \mu s$ $T_2 \le 20$ ms	Impulsos tipo maniobra 250/2500	Transitoria de frente lento
Externo	- Rayo	$0,1\ \mu s < T_1 \le 20 \mu s$ $T_2 \le 300\ \mu s$	Impulsos tipo rayo 1,2/50	Transitoria de frente rápido

1.8.2. Aspectos generales del procedimiento de coordinación de aislamiento

En la Figura 1.50 se muestra el diagrama de bloques del proceso establecido en las normas UNE-EN 60071-1 [13] y UNE-EN 60071-2 [14] para la selección de tensiones soportadas normalizadas de los diferentes tipos de ondas de tensión (de frecuencia industrial, maniobra y tipo rayo) que caracterizan el aislamiento de una instalación o de una línea.

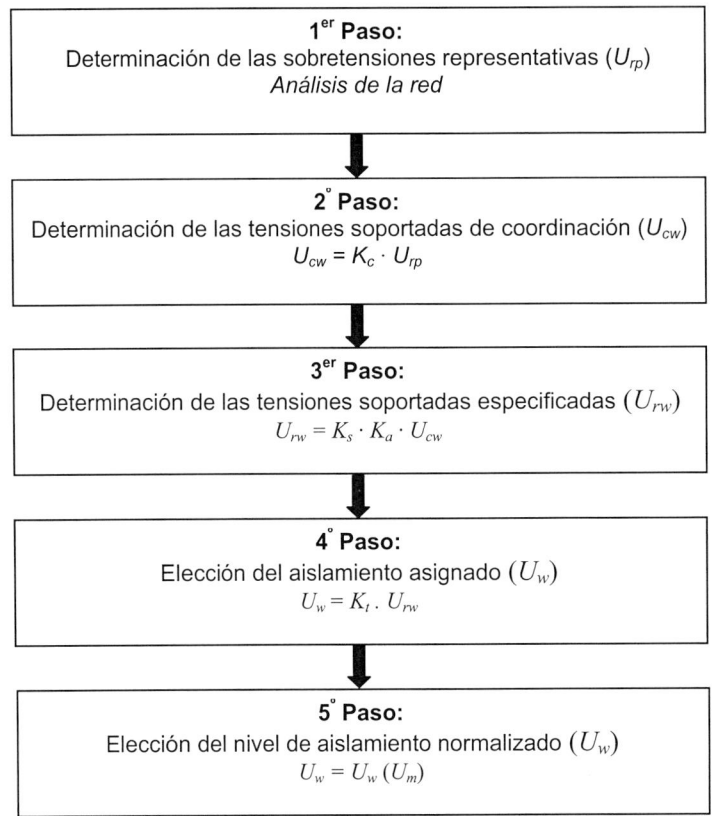

1er Paso:
Determinación de las sobretensiones representativas (U_{rp})
Análisis de la red

2° Paso:
Determinación de las tensiones soportadas de coordinación (U_{cw})
$U_{cw} = K_c \cdot U_{rp}$

3er Paso:
Determinación de las tensiones soportadas especificadas (U_{rw})
$U_{rw} = K_s \cdot K_a \cdot U_{cw}$

4° Paso:
Elección del aislamiento asignado (U_w)
$U_w = K_t \cdot U_{rw}$

5° Paso:
Elección del nivel de aislamiento normalizado (U_w)
$U_w = U_w (U_m)$

Figura 1.50: Flujograma de los pasos a seguir para establecer elegir el nivel de aislamiento

Primer paso: determinación de las sobretensiones representativas

El objetivo es determinar la amplitud, forma y duración de las tensiones y sobretensiones que provocan solicitaciones dieléctricas en los aislamientos. Esta determinación se realiza mediante un análisis de la red teniendo en cuenta las características y posición de los dispositivos de limitación de las sobretensiones. Como resultado de este análisis se obtendrá, para cada categoría de sobretensiones, una sobretensión representativa, la cual estará caracterizada o por un valor máximo estimado o por una distribución estadística completa de valores de cresta (Figura 1.51-a).

La máxima sobretensión fase-tierra debida a las descargas atmosféricas estará limitada por la cadena de aisladores más próxima al punto donde se produjo la caída del rayo. En las líneas de muy alta tensión, a veces se disponen de descargadores para limitar el valor de cresta de la sobretensión, a la vez que alejan el arco fuera de la superficie de los aisladores para evitar dañarlos.

Las sobretensiones máximas transitorias que viajando por las líneas llegan hasta los cables aislados o los transformadores dependen de la elección de la cadena de aisladores y de las distancias libres en el aire. En cualquier caso, es necesario disponer un pararrayos situado próximo al aislamiento a proteger (transformador, cable, etc.), a fin de limitar las sobretensiones transitorias.

Para el caso de una conversión de línea aérea a cable, el estudio de sobretensiones transitorias de la red en el punto de conversión, permitirá determinar las distribuciones de sobretensión que provocarán solicitaciones en el aislamiento principal del cable. Del estudio efectuado se obtendrán las curvas de frecuencia anual de aparición de sobretensiones en función del nivel de tensión, como la mostrada en la Figura 1.51 b. La sobretensión representativa elegida será aquella que garantice que no se superará una tasa anual de fallo especificado.

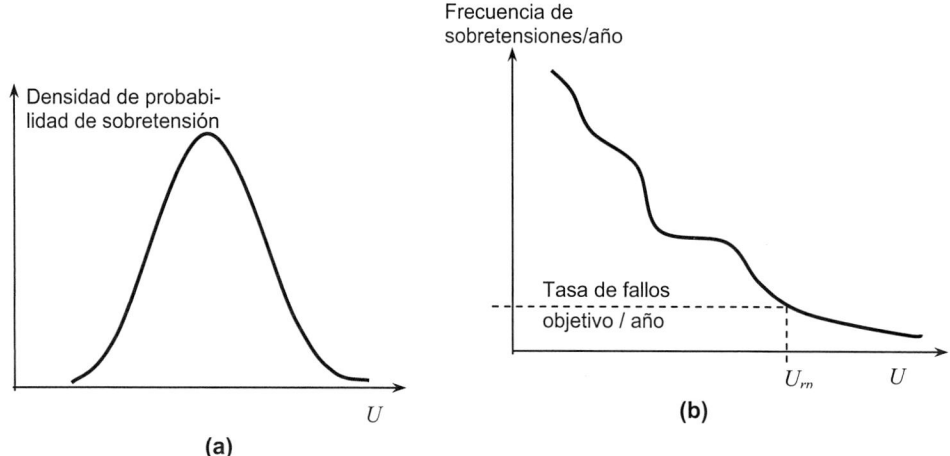

Figura 1.51. Distribución estadística de sobretensiones: **a**) distribución de densidad de probabilidad de aparición de sobretensiones f(U) en función de su valor de cresta, **b**) frecuencia anual de sobretensiones en función del nivel del valor de cresta.

Segundo paso: determinación de las tensiones soportadas de coordinación (U_{cw})

La determinación de las tensiones soportadas de coordinación consiste en fijar los valores mínimos de las tensiones soportadas por el aislamiento para que la probabilidad de fallo en presencia de las sobretensiones representativas sea aceptable.

El factor de coordinación depende de la forma de evaluación de las sobretensiones representativas, según sea una estimación empírica (método determinista) o mediante una distribución estadística de sobretensiones.

El conjunto de tensiones soportadas de coordinación para el método determinista se define como el producto de la sobretensión representativa de cada categoría (temporal, transitoria de frente lento, de frente rápido y de frente muy rápido) multiplicada por un factor de coordinación, K_c.

$$U_{cw} = K_c \cdot U_{rp}$$

Cuando se utiliza el *método determinista* la tensión soportada de coordinación de corta duración a frecuencia industrial coincide con el valor de la tensión temporal representativa, es decir, $K_c = 1$, mientras que, si se usa el *método estadístico*, la tensión soportada de coordinación es la tensión soportada por el aislamiento durante 1 minuto. Si el aislamiento es de exterior debe considerarse también el nivel de contaminación previsto en la zona.

Para *sobretensiones transitorias de frente lento*, la descarga disruptiva en el aire es un fenómeno de naturaleza estadística, cuya probabilidad de descarga crece con el nivel de tensión. La distribución de Gauss permite caracterizar con suficiente aproximación el comportamiento aleatorio del aislamiento. La distribución de Gauss queda definida por dos parámetros: el valor medio U_{50} (nivel de tensión del 50% de probabilidad de producir descarga disruptiva) y la desviación típica, z (diferencia entre el valor medio y la tensión del 16% de probabilidad de producir la descarga).

El método determinista fija las tensiones soportadas de coordinación en función de que el aislamiento sea autorregenerable (aislamiento de aire) o no lo sea (resto de aislamientos, especialmente los aislamientos líquidos y sólidos). La tensión soportada para los aislamientos autorregenerables viene dada por el valor de la tensión $U_{10\%}$ cuya probabilidad de ser soportada es del 90%, mientras que, para los aislamientos no autorregenerables la tensión soportada es la asegurada U_0, que viene dada por el valor de la tensión de 100% de probabilidad de ser soportada. Para la distribución de Gauss los niveles de $U_{10\%}$ y $U_{0\%}$ vienen dados por las expresiones siguientes:

$$U_{10\%} = U_{50\%} \cdot (1 - 1{,}3 \cdot z')$$

$$U_{0\%} \approx U_{50\%} \cdot (1 - 3 \cdot z')$$

donde:

z' = la desviación típica referida al valor medio $z' = z / U_{50\%}$

$z = U_{50\%} - U_{16\%}$

El método estadístico se basa en la determinación del riesgo de fallo $\Re$, a partir del conocimiento de la densidad de probabilidad de aparición de sobretensiones $f(U)$ y de la función de probabilidad $P(U)$, de descarga disruptiva del aislamiento en función de la tensión (Figura 1.52).

A nivel práctico, para la función de probabilidad $P(U)$, en lugar de la distribución de Gauss se utiliza la de Weibull, definida como:

$$P(U) = 1 - 0{,}5^{\left(1 + \frac{x}{4}\right)^5}$$

donde:

$x = (U - U_{50})/z$

$z = U_{50\%} - U_{16\%}$

El riesgo de fallo se define como:

$$\mathfrak{R} = \int_{U_{50}-4z}^{U_t} f(U) \cdot P(U)\, du$$

donde:

$U_{50} - 4z$ = valor de truncamiento de la función de probabilidad de descarga.

U_t = valor de truncamiento de la densidad de probabilidad de sobretensiones.

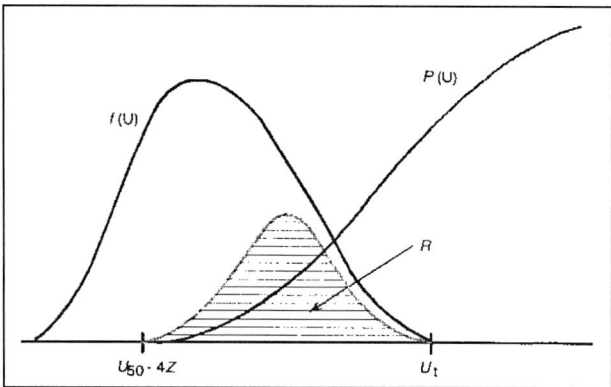

Figura 1.52. Determinación del riesgo de fallo $\mathfrak{R}$, a partir de ocurrencia de sobretensiones $f(U)$ y de la probabilidad de fallo del aislamiento $P(U)$.

Si se fija un valor de riesgo aceptable $\mathfrak{R}$, es posible determinar las tensiones soportadas de coordinación estadísticas que cumplan el objetivo fijado.

Para líneas aéreas, la tasa de fallo aceptable debida a rayos se encuentran en el rango entre 0,1 y 20 fallos por cada 100 km y año (el límite superior de fallos corresponde a líneas de distribución) y la tasa de fallos aceptable debida a sobretensiones de frente lento debe estar entre 0,01 y 0,001 fallos por maniobra.

Tercer paso: determinación de las tensiones soportadas especificadas (U_{rw})

La determinación de las tensiones soportadas especificadas U_{rw}, consiste en referir las tensiones soportadas de coordinación U_{cw}, a condiciones de ensayo normalizadas. Esto se realiza multiplicando las tensiones soportadas de coordinación por factores que compensan las diferencias entre las condiciones reales de servicio del aislamiento y las de los ensayos.

Mediante un factor se compensan las imperfecciones de montaje, dispersión en la calidad de la fabricación, el envejecimiento del aislamiento durante su vida esperada y otras influencias desconocidas. Aunque estas contribuciones no puedan evaluarse individualmente, debe adoptarse un factor de seguridad global, K_s, deducido de la experiencia. Normalmente se toma $K_s = 1,15$ para los aislamientos internos y $K_s = 1,05$ para los externos.

Para los aislamientos externos debe aplicarse además un factor adicional, K_a, de corrección atmosférica, que tenga en cuenta las diferencias entre las condiciones ambientales normalizadas de referencia y las esperadas en funcionamiento. Este factor depende de la presión atmosférica que depende a su vez de la altitud del trazado de la línea.

$$K_a = e^{m_s[h/8150]}$$

donde

h = altitud expresada en metros.

m_s = parámetro que depende del tipo de sobretensiones, toma el valor 1 para sobretensiones temporales de frecuencia industrial y para sobretensiones transitorias de frente rápido (tipo rayo) y varía entre 0 y 1, para sobretensiones transitorias de frente lento (sobretensión maniobra).

Cuarto paso: elección del nivel de aislamiento asignado (U_w)

La elección del nivel de aislamiento asignado consiste en seleccionar el conjunto de tensiones soportadas normalizadas, U_w, iguales o mayores que las tensiones soportadas especificadas.

La tensión más elevada para el material U_m, corresponde a la tensión soportada permanente del aislamiento a frecuencia industrial y se elige como la tensión normalizada más próxima, igual o superior a la tensión soportada especificada a frecuencia industrial.

En este paso se elige también la línea de fugas de los aisladores dependiendo del nivel de contaminación existente en la zona por donde discurra la línea.

En el caso de que la forma de onda del ensayo sea la misma que la tensión soportada especificada, el valor de las tensiones de nivel de aislamiento normalizado se elige de la lista de tensiones soportadas normalizadas que figuran en las Tablas 1.18 y 1.19, como el valor más próximo igual o superior a la tensión soportada especificada. Sin embargo, cuando la forma de la onda de la tensión especificada no se utiliza en los ensayos (por ejemplo, los aislamientos de las líneas aéreas de tensión nominal inferior a 220 kV no se ensayan con impulso tipo maniobra), se debe multiplicar la tensión soportada especificada por un factor de conversión de ensayo adecuado, K_t, que establezca la equivalencia con la forma de ensayo a aplicar.

Por ejemplo para aisladores limpios bajo lluvia:

- $K_t = 0,6$ para transformar el valor de la tensión especificada a impulso tipo maniobra a la tensión de frecuencia industrial.

- $K_t = 1,3$ para transformar el valor de la tensión especificada a impulso tipo maniobra a tipo rayo.

Sin embargo, para cables, según la IEC 141-1 [16]:

- $K_t = 1,3$ para transformar el valor de la tensión especificada a impulso tipo maniobra a tipo rayo.

Quinto paso: elección de los niveles de aislamiento normalizados

Para los materiales de la gama I, las tensiones soportadas normalizadas se asocian a la tensión más elevada del material, U_m, según la Tabla 1.18 y para los materiales de la gama II según la Tabla 1.19. Los niveles de aislamiento normalizados corresponden a las asociaciones obtenidas relacionando las tensiones soportadas normalizadas de las distintas columnas siempre que correspondan a la misma fila, es decir sin combinar valores de filas de distintas tensión más elevada del material.

Para el aislamiento entre fases de materiales de la gama I, las tensiones soportadas normalizadas de corta duración a frecuencia industrial y a impulsos tipo rayo entre fases son iguales a las tensiones soportadas fase-tierra especificadas en la Tabla 1.18. No obstante, los valores entre paréntesis indican que estos niveles de tensión pueden ser insuficientes y en consecuencia pueden ser necesarios ensayos complementarios entre fases a mayor nivel de tensión.

Para el aislamiento entre fases de materiales de la gama II, la tensión soportada normalizada a los impulsos tipo rayo entre fases es igual a la tensión soportada a los impulsos tipo rayo fase-tierra.

El aislamiento longitudinal aplicable a los seccionadores corresponde al aislamiento existente entre los bornes abiertos de una misma fase. En esta circunstancia, un borne puede estar sometido a la tensión de red y el otro a una sobretensión de forma de onda determinada (por ejemplo, tipo rayo o tipo maniobra).

- **Para el aislamiento longitudinal del material de la gama I**, las tensiones soportadas normalizadas de corta duración a frecuencia industrial y a los impulsos tipo rayo son iguales a las tensiones soportadas fase-tierra correspondientes de la Tabla 1.18.

- **Para el aislamiento longitudinal del material de la gama II**, la componente normalizada del impulso maniobra de la tensión soportada combinada corresponde a la tensión indicada en la Tabla 1.18 aplicada en un borne, mientras que el valor de cresta de la componente a frecuencia industrial de polaridad opuesta de valor igual a $U_m \cdot \sqrt{2}/\sqrt{3}$ se aplica en el otro borne del aislamiento longitudinal. Asimismo, la componente normalizada de impulso tipo rayo de la tensión soportada combinada corresponde a la tensión soportada fase-tierra especificada en la Tabla 1.19, aplicada en un borne, mientras que el valor de cresta de la componente a frecuencia industrial de polaridad opuesta igual a $0,7 \cdot U_m \cdot \sqrt{2}/\sqrt{3}$ se aplica en el borne opuesto del aislamiento longitudinal.

Tabla 1.18. Niveles de aislamiento normalizado para la gama I (1kV < U_m ≤ 245 kV)

Tensión más elevada para el material U_m(kV) (valor eficaz)	Tensión soportada normalizada de corta duración a frecuencia industrial(kV) (valor eficaz)	Tensión soportada normalizada a los impulsos tipo rayo (kV) (valor de cresta)
3,6	10	20
		40
7,2	20	40
		60
12	28	60
		75
		95
17,5	38	75
		95
24	50	95
		125
		145
36	70	145
		170
52	95	250
72,5	140	325
123	(185)	450
	230	550
145	(185)	(450)
	230	550
	275	650
170	(230)	(550)
	275	650
	325	750
245	(275)	(650)
	(325)	(750)
	360	850
	395	950
	460	1.050

Tabla 1.19. Niveles de aislamiento normalizado para líneas aéreas de U_m = 420 kV (gama II)

Tensión más elevada para el material. U_m (kV) (valor eficaz)	Tensión soportada normalizada a impulsos tipo maniobra			Tensión soportada normalizada a los impulsos tipo rayo U (kV) (valor de cresta)
	Aislamiento longitudinal (kV) (valor de cresta)	Fase-tierra (kV) (valor de cresta)	Entre fases (relación al valor de cresta fase-tierra)	
420	850	850	1,6	1.050
				1.175
	950	950	1,5	1.175
				1.300
	950	1.050	1,5	1.300
				1.425

1.8.3. Apantallamiento de las líneas aéreas

Con el propósito de disminuir las faltas a tierra debido a descargas atmosféricas y reducir las sobretensiones en los conductores de fase, se instalan en la parte superior de los apoyos de las líneas de transporte cables de guarda (*Overhead Ground Wire*, OGW). Cuando cae un rayo sobre un apoyo o un cable de tierra se producen sobretensiones en los propios cables de guarda y en las estructuras de los apoyos. Si la sobretensión supera el nivel de aislamiento de la cadena de aisladores se producirá el denominado cebado inverso. Es de resaltar que en estas condiciones, la presencia de los cables de guarda, a pesar de no evitar totalmente las faltas a tierra, limitan la probabilidad de que aparezcan sobretensiones sobre los conductores de fase.

Esta práctica de apantallamiento es muy útil en las líneas de muy alta tensión siendo poco eficaces en las redes de distribución donde, en la mayoría de los casos, el nivel aislamiento es insuficiente para soportar las sobretensiones inducidas.

Habitualmente, las líneas aéreas de distribución de hasta 30 kV se tienden sin cable de guarda, mientras que en las líneas de alta tensión de hasta 66 kV es recomendable el uso del cable de guarda, aunque en zonas urbanas o zonas de reducido nivel isoceráunico no se instale. Finalmente en las redes de alta tensión superiores a 66 kV se emplea cable de guarda, siendo incluso habitual dos cables de guarda en las líneas de 400 kV y en algunas de 220 kV.

También se utilizan cables de guarda con comunicación por fibra óptica (OPGW), formados por un conductor con capas exteriores de acero recubierto de aluminio (o de aleación de aluminio) en cuyo interior se aloja un núcleo de fibras ópticas. Las fibras ópticas se usan para comunicaciones, tanto de las protecciones como del telecontrol y telemando.

Una descarga atmosférica al acercarse a un conductor tendido tiene la posibilidad de impactar sobre el conductor (impacto directo) o hacerlo a tierra. A pesar de que el impacto sea a tierra, puede caer cerca de la línea y con una amplitud de corriente suficientemente elevada como para crear una sobretensión inducida en el conductor de fase y comprometer el nivel de aislamiento de la línea, situación que es común en las redes de distribución.

1.8.3.1. Modelo electrogeométrico

De acuerdo con el modelo electrogeométrico de la descarga del rayo, para un conductor tendido a una determinada altura y, puede determinarse el valor la distancia horizontal de atracción del conductor D_c, (*véase* la Figura 1.53), por debajo de la cual la caída el rayo siempre producirá un impacto directo al conductor.

- Si $y > y_g$; entonces: $D_c = R_c$

- Si $y \leq y_g$; entonces: $D_c = \sqrt{R_c^2 - (y_g - y)^2}$

donde los valores de y_g y R_c, según la norma IEEE Std 998-1996 [23], vienen dados por las ecuaciones empíricas siguientes, aunque pueden variar según otros autores:

$y_g = 8 \cdot I^{0,65}$; cuando I se expresa en kA, la distancia resulta en m.

$R_c = \gamma \cdot y_g$; con $\gamma = 1$.

Las expresiones anteriores indican que para una cierta altura y, de tendido del conductor, la distancia de atracción D_c, aumenta con la amplitud del rayo.

La distancia de atracción respecto al eje de la línea, D'_c se determina sumando el término de desplazamiento horizontal, a, del conductor respecto del eje de la línea:

$$D'_c = D_c + a$$

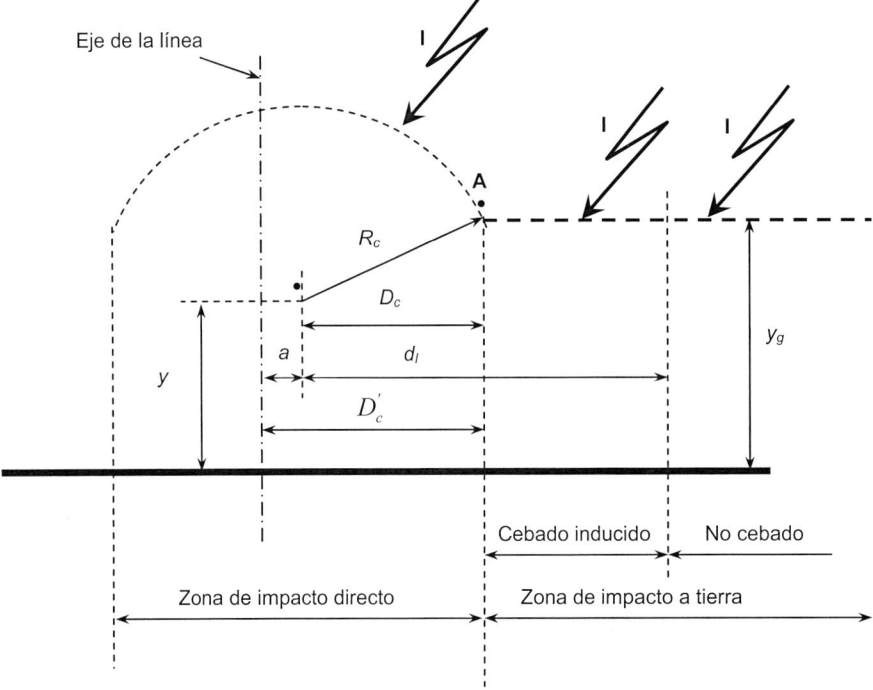

Figura 1.53. Modelo electrogeométrico de la descarga del rayo

Se producen sobretensiones tanto por impacto directo del rayo sobre el conductor, como por inducción cuando el rayo cae sobre el terreno. En el primer caso, las sobretensiones se calculan mediante la corriente viajera del rayo ($I/2$) a cada lado de la línea, multiplicada por la impedancia de onda vista por la onda de corriente al recorrer el conductor. Para determinar las sobretensiones inducidas se emplea, de manera generalizada, la expresión de Rusck modificada para tener en cuenta la resistividad del terreno. En el documento IEEE 1410 [17], se tiene en cuenta este factor a través de la expresión siguiente:

$$U(x) = \frac{Z_a \cdot I}{x} \cdot \left[1 + \frac{v/v_o}{\sqrt{2 - (v/v_0)^2}}\right] \cdot \left[y + \frac{4,7}{\sqrt{\sigma}}\right]$$

siendo, $\dfrac{v_r}{c} = \dfrac{0,486}{1 + 27,3/I}$

donde:

$U(x)$ = tensión inducida por un rayo de intensidad I (kA) que impacta a x metros del conductor.

I = valor de cresta de la corriente expresada en kA.

y = altura del conductor de la línea sobre el terreno *(m)*.

Z_a = impedancia de onda del aire (30 Ω).

σ = conductividad del terreno bajo el conductor (mS/m) a la frecuencia característica del rayo124 kHz.

v_r/c = velocidad del rayo, en tanto por uno, respecto de la luz.

Teniendo en cuenta las ecuaciones anteriores puede calcularse la distancia de atracción D_c, para cada valor de corriente I del rayo que define la frontera entre impacto directo e impacto a tierra (Figura 1.54). En esta figura puede evidenciarse que los rayos que provocan impacto directo son aquellos que caen a menor distancia, mientras los que caen más lejos descargan a tierra.

Una vez determinada la frontera D_c entre los impactos directos y los que van a tierra, debe determinarse que parte de cada uno de estos dos grupos provoca fallo en el aislamiento. Cuando se supere el nivel de aislamiento de la cadena los rayos que impactan provocarán fallo. El umbral de corriente a partir del cual un impacto directo provocará el fallo será:

$$I_c = \frac{2 \cdot NA}{Z_0}$$

donde:

NA = nivel de aislamiento frente a impulsos tipos rayo de polaridad positiva.

Z_0 = impedancia de onda del conductor: $Z_0 = 60 \cdot \ln \dfrac{2 \cdot y}{r}$

r = radio del conductor (m).

y = altura del conductor de la línea sobre el terreno (m).

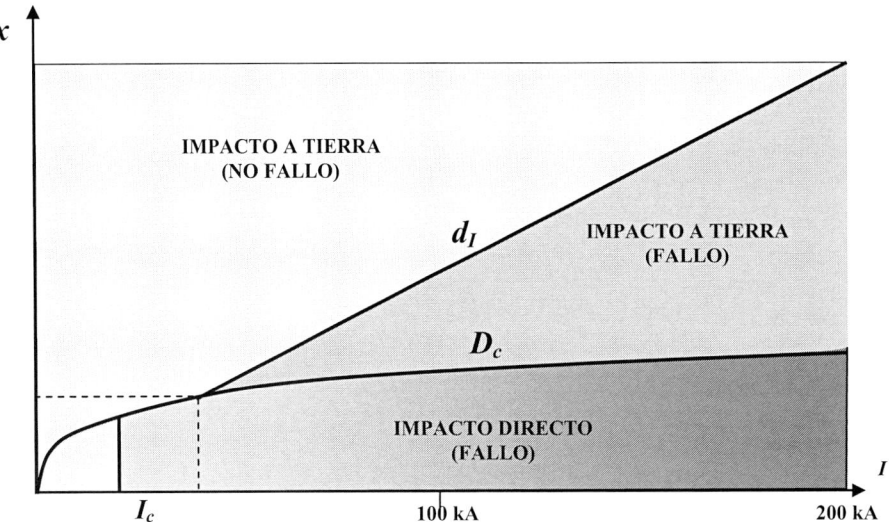

Figura 1.54. Situación de protección contra el rayo: característica D_c frontera entre impacto directo e impacto a tierra; y característica d_I frontera de los impactos a tierra que provocan fallo

La parte de los impactos indirectos que provocan fallo en el aislamiento viene definida, para cada valor de corriente, por aquellos impactos que caen a una distancia suficientemente próxima como para provocar una sobretensión inducida superior al nivel de aislamiento. La ecuación de Rusck se puede utilizar para obtener el valor de $x = d_I$, para el cual el rayo de una determinada corriente I provoca una sobretensión $U(x)$, igual al nivel de aislamiento, NA, de la línea. En la Figura 1.54, se ha representado la característica $d_I = x(I)$, que define la frontera de los rayos a tierra que provocan fallo y los que no lo provocan. La zona comprendida entre las características D_c y d_I corresponde con la zona de impactos a tierra que provocarán fallo.

1.8.3.2. Modelo electrogeométrico con cable de guarda

Cuando la línea dispone de un cable de guarda existirá un radio crítico de captura alrededor del conductor de fase D_c y otro alrededor del conductor de guarda D_g, de forma que los rayos serán capturados por uno u otro conductor en función de cuál sea la zona de captura a la que rayo acceda en primer lugar.

La Figura 1.55 representa gráficamente los radios y distancias horizontales de exposición tanto para el cable de fase (R_c, D_c), como para el de guarda (R_g, D_g). El cálculo de las referidas distancias se realiza según las ecuaciones siguientes.

Las distancias de exposición del conductor de fase D_c y de tierra D_g resultan de aplicar las ecuaciones trigonométricas siguientes:

$$D_c = R_c \cdot \left[\cos\theta - \cos(\alpha_p + \beta)\right]$$

$$D_g = R_c \cdot \cos(\alpha_p - \beta)$$

donde:

$$\alpha_p = actg\ \frac{a}{h-y}\ ;\quad \beta = asen\frac{c/2}{R_c} = asen\frac{\sqrt{a^2-(h-y)^2}}{2\cdot R_c}\ ;\qquad \theta = asen\frac{y_g-y}{R_c}\ ;$$

Si $y_g \le y$;   entonces $\theta = 0$.

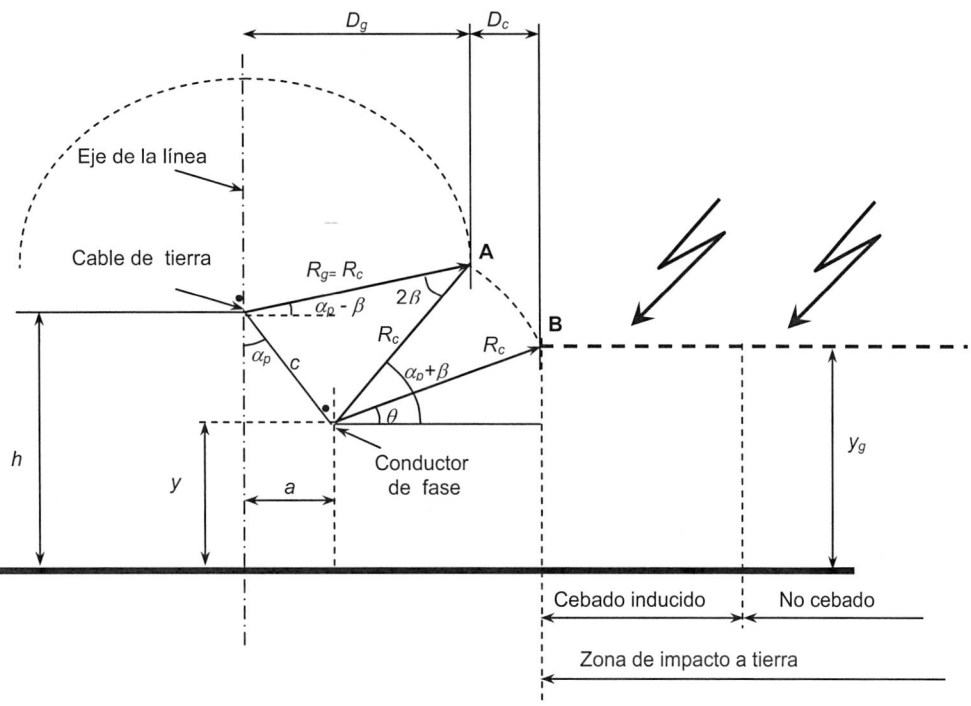

Figura 1.55 Modelo electrogeométrico con cable de guarda

El pleno apantallamiento del conductor de fase mediante el conductor de guarda se logra cuando para la intensidad crítica I_c, la distancia de exposición D_c de los conductores de fase es nula; es decir, el punto A y el B coinciden en el punto Q de la Figura 1.56, de forma que, la disposición entre el cable de guarda y los conductores forman un ángulo α_{pc}.

Teniendo presente la Figura 1.56, puede establecerse la siguiente relación:

$$sen\alpha_{pc} = \frac{y_{gc} - \dfrac{h+y}{2}}{\sqrt{R_{cc}^2 - \dfrac{c_c^2}{4}}}$$

Sabiendo que:

$$c_c = \frac{h-y}{\cos\alpha_{pc}}$$

donde:

$y_{gc} = 8 \cdot I_c^{0,65}$, cuando I_c se expresa en kA, la distancia resulta en m.

$R_{cc} = \gamma \cdot y_{gc}$, con $\gamma = 1$ distancia (en m).

$$I_c = \frac{2 \cdot NA}{Z_0}$$

siendo Z_0, la impedancia característica del cable de tierra.

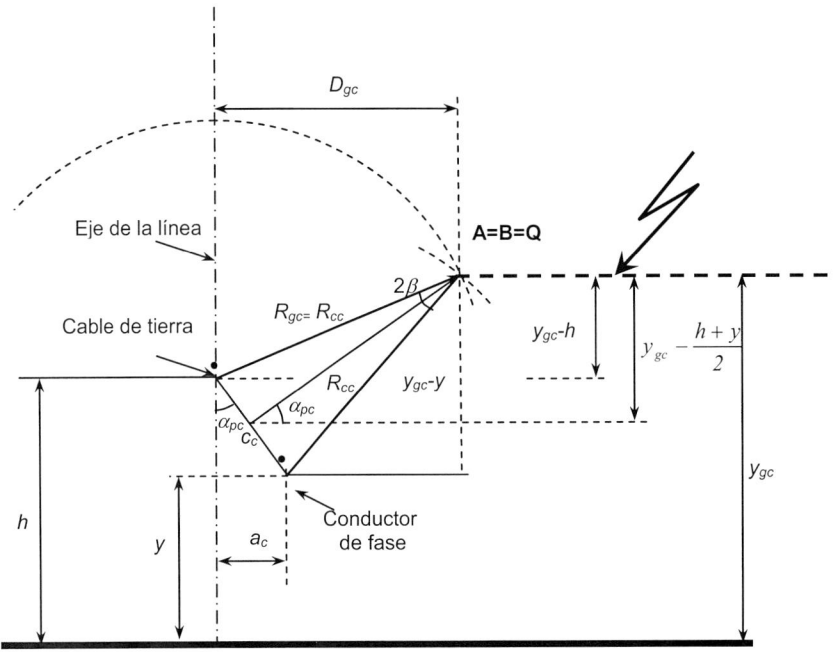

Figura 1.56. Modelo electrogeométrico con cable de guarda en condición de apantallamiento pleno

Como primera aproximación de ángulo de apantallamiento completo α_{pc} se puede tomar

$$sen\,\alpha_{pc} \approx \frac{y_{gc} - \dfrac{h+y}{2}}{R_{cc}}$$

Sustituyendo en las ecuaciones anteriores se calcula el valor exacto de α_{pc} mediante un proceso iterativo.

Cuando el apantallamiento no es pleno, sólo se logrará apantallamiento eléctrico, $D_c = 0$ (*véase* la Figura 1.56), para una intensidad suficientemente elevada I_m, mientras que para amplitudes de corriente del rayo comprendidas entre I_c e I_m, un rayo que accediera en la zona delimitada por D_c (*véase* la Figura 1.55), provocaría un fallo de aislamiento.

Determinación de la tasa total de fallos

La tasa de anual de cebados directos por unidad de longitud de la línea se obtiene de la expresión siguiente:

$$N_d = 2 \cdot N_g \cdot \int_{I_c}^{I_m} D_c \cdot f(I) \cdot dI$$

donde:

N_g = densidad de descargas de rayos en (impactos / año·km^2).

$f(I)$ = función de densidad de probabilidad del pico de la corriente del rayo.

La función $f(I)$ debe ser obtenida de datos experimentales de la zona donde discurra la línea. En caso de ausencia de datos la norma IEEE Std 1410 [17], establece la siguiente ecuación con carácter general:

$$f(I) = \frac{2,6}{31^{2,6}} \cdot \frac{I^{1,6}}{\left[1 + \left(\dfrac{I}{31}\right)^{2,6}\right]^2}$$

Asimismo, los rayos de gran amplitud que impacten en el cable de guarda o en el apoyo también producirán un cebado inverso:

- Si impacta en el cable de guarda la amplitud del rayo necesaria para producir cebado inverso viene dada por:

$$I_{cig} = \frac{2 \cdot NA}{Z_g}$$

- Si impacta en el apoyo:

$$I_{cia} = \frac{2 \cdot NA}{Z_{eq}}$$

donde

NA = nivel de aislamiento frente a impulsos tipos rayo de polaridad positiva.

Z_{eq} = impedancia de onda equivalente del paralelo de la impedancia característica del apoyo Z_T con la impedancia característica del cable de guarda en las dos direcciones de propagación del cable de tierra Z_g, junto con la impedancia de puesta a tierra del apoyo Z_{pat}, en serie.

$$Z_{eq} = \frac{Z_T \cdot Z_g}{2 \cdot Z_T + Z_g} + Z_{pat} \text{ (para un único cable de guarda)}$$

$$Z_{eq} = \frac{Z_T \cdot Z_g}{4 \cdot Z_T + Z_g} + Z_{pat} \text{ (para dos cables de guarda)}$$

La impedancia característica del cable de guarda viene dada por

$$Z_g = 60 \cdot \ln \frac{2 \cdot h}{r_g}$$

donde

r_g = radio del cable de guarda (m).

h = altura del cable de guarda sobre el terreno (m).

La impedancia característica de un apoyo, según CIGRE [18] (*véase* Figura 1.57), es:

$$Z_T = 60 \cdot \ln \left[\cot \left(0,5 tg^{-1} \frac{r_{avg}}{H_t} \right) \right]$$

expresión en la que:

$$H_t = h_1 + h_2$$

$$r_{avg} = \frac{r_1 \cdot h_2 + r_2 \cdot (h_1 + h_2) + r_3 \cdot h_1}{h_1 + h_2}$$

donde:

r_1 = radio del círculo inscrito en la sección cuadrada superior del apoyo.

r_2 = radio del círculo inscrito en la sección cuadrada central del apoyo.

r_3 = radio del círculo inscrito en la sección cuadrada en la base del apoyo.

h_1 = altura desde la base hasta la media sección del apoyo.

h_2 = altura desde la media sección hasta la parte superior del apoyo.

H_t = altura de la torre $H_t = h_1 + h_2$.

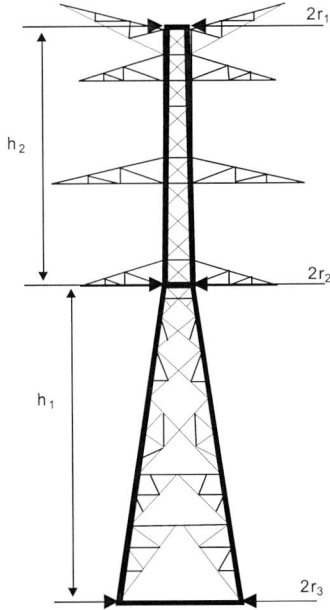

Figura 1.57. Datos geométricos del apoyo para determinar su impedancia característica

La tasa anual de cebados inversos por unidad de longitud de la línea se obtiene de la expresión siguiente:

$$N_{inv} = 2 \cdot N_g \cdot \int_{I_{cig}}^{\infty} D_g \cdot f(I) \cdot dI + N_a$$

donde:

N_g = densidad de descargas de rayos / año · km^2.

$f(I)$ = función de densidad de probabilidad del pico de la corriente del rayo.

N_a = tasa anual de cebados en los apoyos por unidad de longitud de la línea.

En las redes de distribución los cebados por sobretensiones inducidas también deben ser considerados. La expresión de Rusk permite determinar para cada valor de corriente I, la distancia máxima d_I a los conductores de fase a partir de la cual la tensión inducida es inferior al nivel de aislamiento de la línea, a la que habrá que sumar la distancia a para referirla al eje del apoyo ($x_{max} = d_I + a$).

La tasa anual de cebados por unidad de longitud de la línea debida a tensiones inducidas se obtiene de la expresión siguiente:

$$N_{ind} = 2 \cdot N_g \cdot \left(\int_{I_{mind}}^{I_m} [x_{max} - (D_g + D_c)] \cdot f(I) \cdot dI + \int_{m}^{\infty} (x_{max} - D_{gc}) \cdot f(I) \cdot dI \right)$$

donde I_{mind}, es el nivel mínimo de corriente de pico para el cual se produce el cebado por tensión inducida e I_m, es el nivel de corriente de pico a partir del cual el rayo cae únicamente en el cable de guarda o en tierra.

De todo lo anterior se deduce que la tasa anual total de cebados por unidad de longitud de la línea, N_{cb}, será:

$$N_{cb} = N_d + N_{inv} + N_{ind}$$

1.8.4. Pararrayos de resistencia variable sin explosor

Los pararrayos son dispositivos previstos para limitar las sobretensiones transitorias que aparecen en la red. Están constituidos por discos de óxido de zinc con óxido de otros metales (Bi, Sb, Mn, Co, etc.), protegidos por una envolvente de porcelana o de material de goma silicona (*véase* la Figura 1.58). Durante su fabricación se consigue la mezcla de polvo de los óxidos constituyentes debidamente compactados y sintetizados [19].

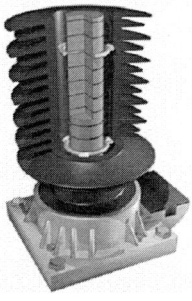

Figura 1.58. Pararrayos de óxidos metálicos sin explosor

En condiciones de funcionamiento continuo sin sobretensión, a través del pararrayos circula una corriente de fuga de unos pocos mA (región 1 de la Figura 1.59). En esta región la densidad de corriente en los discos es inferior a 10^{-5} A/mm^2, zona de trabajo en que la característica tensión-corriente es muy sensible a la temperatura. Para una misma tensión aplicada, la corriente aumenta muy significativamente al aumentar la temperatura. Es decir, que con altas temperaturas la energía disipada en el pararrayos aumenta considerablemente pudiéndose llegar a su ruptura térmica.

Cuando aparece una sobretensión, el pararrayos cambia su punto de funcionamiento (región 2). En esta región la energía de la sobretensión transitoria se drena a tierra en forma de corriente provocando un densidad entre 10^{-5} A/mm^2 y 0,2 A/mm^2, manteniendo la tensión en un valor prácticamente constante y por debajo del nivel de aislamiento del equipo o material que protege. La característica de funcionamiento en esta región viene definida por la siguiente expresión:

$$I = \beta \cdot U^{\gamma}$$

donde

I = corriente de descarga.

U = tensión residual.

γ = es el coeficiente de no linealidad que varía entre 30 y 50. A mayor valor de γ mayor protección. En los antiguos pararrayos de carburo de silicio (SiC), γ estaba comprendido entre 2 y 6.

β = es un parámetro característico del material, del proceso de fabricación y del diseño y es proporcional a la sección y a la longitud de los discos de óxidos del pararrayos.

Cuando la energía a drenar es muy elevada el punto de funcionamiento del pararrayos pasa a la región 3. La región 3 es una zona lineal de densidad de corriente superior a 0,2 A/mm^2 pero inestable térmicamente que puede conducir a la destrucción del pararrayos.

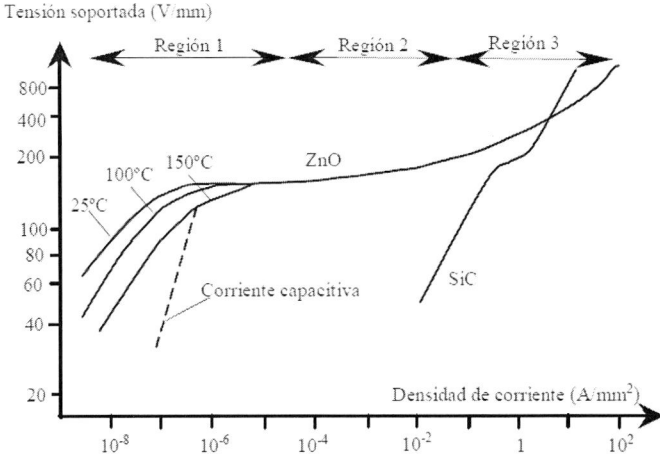

Figura 1.59. Característica tensión–densidad de corriente de los pararrayos de óxidos metálicos

Los pararrayos suelen instalarse en zonas estratégicas de la red (próximos a transformadores, en las conversiones aéreo-subterránea y en la llegada de líneas de subestación para proteger a la aparamenta), a fin de evitar el fallo del aislamiento y consecuentemente mantener la continuidad de servicio.

Los pararrayos de resistencia variable normalmente se construyen sin explosores y su funcionamiento se caracteriza por los siguientes parámetros:

- Tensión de funcionamiento continuo U_c.
- Tensión asignada U_r.
- Corriente nominal de descarga I_n.
- Capacidad de absorción de energía (clase 1, 2, 3, 4 o 5).
- Nivel de protección frente a impulsos tipo rayo U_{pl}.
- Nivel de protección frente a impulsos tipo maniobra U_{ps}.
- Línea de fuga.
- Clase de limitador de presión.

1. **Tensión de funcionamiento continuo U_c**, es la tensión eficaz máxima soportada por un pararrayos de forma permanente que garantiza su correcto funcionamiento frente a la corriente de las descargas del rayo que se puedan producir. Se comprueba mediante ensayos según la norma de obligado cumplimiento UNE-EN 60099-4 [20].

2. **Tensión asignada U_r**, es la tensión eficaz máxima soportada por un pararrayos durante 10 s después de haber sido sometido a descargas de corriente según los ensayos definidos en la norma de obligado cumplimiento UNE-EN 60099-4 [20].

Los valores normalizados de tensión asignada se indican en la Tabla 1.20, en la que puede apreciarse el amplio abanico de escalones discretos de tensión.

Tabla 1.20. Tensiones asignadas de pararrayos

Gamas de tensión asignada (kV eficaces)	Escalones de tensión asignada (kV eficaces)
3 – 30	1
30 – 54	3
54 – 96	6
96 – 288	12
288 – 396	18
396 – 756	24

En los catálogos de los fabricantes normalmente se facilita la capacidad de soportar sobretensiones temporales TOVc (*Temporary Overvoltages Capability*) que corresponde al valor eficaz de la máxima sobretensión temporal a frecuencia industrial que soporta el pararrayos durante un tiempo determinado. En general, los fabricantes de pararrayos proporcionan el valor de TOVc para 1 s y para 10 s. El valor de

TOV$_c$ para 10 s suele ser algo superior al valor de la tensión asignada U_r, ya que se define sin necesidad de aplicación previamente descargas de corriente.

3. **Corriente nominal I_n**, es el valor de cresta del impulso de corriente tipo rayo de forma de onda 8/20 (8 µs de tiempo de frente y 20 µs de tiempo hasta el valor mitad) utilizada para designar el pararrayos. Los valores normalizados de la corriente nominal de descarga son 1,5 kA, 2,5 kA, 5 kA, 10 kA y 20 kA.

En la Tabla 1.21 se presentan los valores normalizados en función de la tensión asignada U_r, del pararrayos. Los pararrayos también deben ser capaces de soportar impulsos de gran amplitud de forma de onda 4/10. La norma UNE EN 60099-4 [20], asocia para cada valor de corriente nominal I_n, un valor de impulso de corriente de gran amplitud que el pararrayos debe soportar. Así, por ejemplo, los pararrayos de corriente nominal de 10 kA deben soportar 100 kA de onda 4/10 y los de 5 kA deben soportar impulsos de 65 kA de onda 4/10.

Tabla 1.21. Valores habituales de corrientes de asignadas y clases de descarga de línea en función de la tensión nominal de la red

Tensión nominal de la red U_n (kV)	Clasificación del pararrayos					
	5 kA	10 kA			20 kA	
		Clase 1	Clase 2	Clase 3	Clase 4	Clase 5
$U_n \leq 66$	•	•	•			
$66 < U_n \leq 220$			•	•		
$220 < U_n \leq 400$				•	•	
$U_n > 400$					•	•

4. **Capacidad de absorción de energía**. Se define para los pararrayos de corriente nominal de descarga de 10 kA y 20 kA. Existen cinco clases de descarga de línea normalizadas: clases 1, 2 y 3 para los pararrayos de 10 kA de corriente nominal, y clases 4 y 5 para los pararrayos de $I_n = 20$ kA.

Para cada una de las clases se define una amplitud y duración del impulso de corriente rectangular (corriente de larga duración) que debe ser capaz de soportar el pararrayos: los de clase 1 son los que soportan menor duración e intensidad, mientras que los de clase 5 son los que pueden soportar impulsos de corriente de larga duración más severos. El fabricante mediante ensayos en laboratorio, determina la energía capaz de ser absorbida por el pararrayos por unidad de tensión asignada, kJ/kV$_r$. Bastará con multiplicar este factor por la tensión asignada del pararrayos U_r para determinar la energía máxima que es capaz de soportar.

5. **Tensión residual U_{res} y niveles de protección**. La tensión residual, U_{res}, de un pararrayos es el valor de cresta de la tensión que aparece entre sus bornes durante el paso de una corriente de descarga. La tensión residual depende de la forma de onda y de la magnitud de la corriente de descarga. Las tensiones residuales se obtienen para diferentes amplitudes de impulsos de corriente tipo rayo 8/20 (por ejemplo. 5 kA, 10 kA, 20 kA) y cuando se trata de pararrayos de intensidad nominal, I_n, de 10 kA y

20 kA también para diferentes amplitudes de impulsos de corriente tipo maniobra 30/60 µs (0,5 kA, 1 kA, 2 kA).

Los niveles de protección del pararrayos se definen tanto para impulso tipo rayo como para impulsos tipo maniobra:

- El nivel de protección a impulsos tipo rayo, U_{pl}, es el valor de la tensión residual del pararrayos para la corriente nominal de descarga I_n, de onda 8/20.

- Nivel de protección a impulsos tipo maniobra, U_{ps}, es el valor de la tensión residual del pararrayos para la corriente de impulso tipo maniobra 30/60 para la corriente de descarga 0,5 kA, 1 kA o 2 kA. A falta de un dato más preciso, el nivel de protección a impulsos tipo maniobra U_{ps}, se puede tomar igual a 2 veces la tensión asignada U_r.

La norma UNE EN 60099-4 [20] establece las diferentes clases normalizadas, como curvas características que relacionan la energía que el pararrayos es capaz de absorber por unidad de tensión asignada con el cociente entre el nivel de protección frente a onda maniobra, U_{sp}, del pararrayos y su tensión asignada U_r. Para el valor habitual de $U_{sp}/U_r \approx 2$ la energía por unidad de tensión asignada expresada en kJ/kV_r coincide con la cifra que caracteriza la clase 1, 2, 3, 4 o 5, *véase* la Figura 1.60. Como excepción para los pararrayos de clase 4 esta energía es 4,2 kJ/kV_r en lugar de 4 kJ/kV_r.

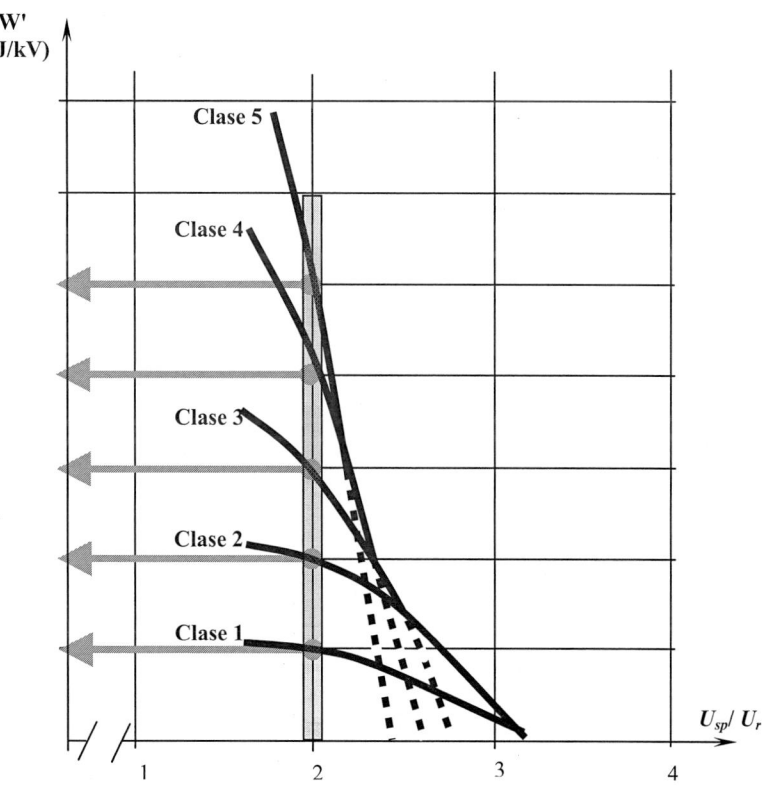

Figura 1.60. Clase energética de los pararrayos de óxidos metálicos

6. **Línea de fuga**. La línea de fuga es la longitud medida a lo largo del perímetro del aislamiento externo de un equipo y que caracteriza su resistencia frente a la contaminación. La norma UNE EN 60507 [22], define cuatro niveles de contaminación: nivel I (ligero), nivel II (medio), nivel III (fuerte) y nivel IV (muy fuerte). Para cada nivel, la norma establece el valor mínimo de línea de fuga específica, expresado en mm/kV$_s$ de la tensión máxima de la red U_s.

7. **Clase de limitador de presión**. Es el valor de la corriente de cortocircuito interno que puede soportar el pararrayos sin destrucción violenta de su envolvente. Este valor debe ser igual o superior a la máxima corriente de cortocircuito prevista en el punto de instalación del pararrayos. Resulta especialmente peligrosa la destrucción violenta de los pararrayos con envolvente de porcelana. La clase de limitador de presión, expresada en kA, se determina mediante un ensayo establecido en [20].

1.8.5. Criterios de selección de los pararrayos

La selección de los pararrayos que protegen a las líneas de alta tensión se debe realizar siguiendo el siguiente procedimiento:

Paso 1: Selección de la tensión de servicio continuo

Los pararrayos deben ser capaces de soportar en permanencia la máxima tensión de servicio que pueda aparecer en la red:

- Para redes con eliminación automática de los defectos a tierra:

$$U_c \geq 1,05 \cdot U_s / \sqrt{3}$$

- Para redes con neutro aislado o puesto a tierra por una bobina de compensación sin eliminación automática de los defectos a tierra:

$$U_c \geq 1,05 \cdot U_s$$

Nótese que el factor de 1,05 se aplica para tener en cuenta la presencia de armónicos de tensión en la red.

Paso 2: Selección de la tensión asignada

La tensión asignada de un pararrayos debe elegirse en función de las sobretensiones temporales de la red previstas en su lugar de instalación, teniendo en cuenta sus amplitudes y sus duraciones. Se recomienda estudiar tanto las debidas a faltas a tierra como las debidas a pérdidas de carga.

Cuando aparecen sobretensiones temporales las protecciones convencionales (relés de sobreintensidad, de distancia, diferencial, etc.), deben ser capaces de despejarlas en un tiempo breve (normalmente inferior a 1 s). Los pararrayos son capaces de limitar sobretensiones transitorias de frente rápido o de frente lento, pero no así las temporales, que deben ser soportadas por los pararrayos hasta la actuación de las protecciones.

Para poder comparar las sobretensiones temporales de distinta amplitud y duración que pueden aparecer en la red a fin de valorar la capacidad del pararrayos para soportarlas, la norma [21] establece la siguiente expresión empírica para determinar la amplitud de una sobretensión temporal equivalente de 10 s de duración.

$$U_{equ} = U_t \cdot \left(\frac{T_t}{10}\right)^{m_d}$$

donde:

U = amplitud de la sobretensión temporal representativa de duración T_t.

U_{eq} = amplitud de la sobretensión temporal representativa equivalente de 10 s de duración.

m_d = coeficiente que caracteriza la curva sobretensión-duración del pararrayos (según el diseño del pararrayos varía entre 0,018 y 0,022).

La tensión asignada del pararrayos U_r, debe ser superior a la sobretensión temporal equivalente más elevada, obtenida aplicando un margen de seguridad entre el 5% y el 15% a fin de tener en cuenta posibles imprecisiones en el cálculo.

Nótese que si el nivel de protección que se obtiene en el paso 5 resultase insuficiente es posible elegir un pararrayos de una tensión asignada, U_r, inferior al valor resultante mediante el criterio anterior, a condición de que el pararrayos sea capaz de absorber la energía producida por las sobretensiones.

Paso 3: Selección de la corriente nominal I_n

La corriente nominal de descarga se elige en función de la corriente tipo rayo prevista.

Para redes de $U_s \leq 72,5$ kV, se suelen utilizar pararrayos de 5 o 10 kA, siendo necesario emplear la corriente nominal mayor cuando la tensión nominal de la red es más elevada o la probabilidad de impacto de rayos es alta (>1 impacto /año·km²). Para redes de mayor tensión nominal se utilizan pararrayos de 10 o 20 kA aplicando los mismos criterios (*véase* la Tabla 1.20).

Paso 4: Capacidad de absorción de energía

Los pararrayos de óxidos metálicos deben ser capaces de absorber la energía, W, causada por las sobretensiones transitorias de la red debidas a la conexión y reenganche de las líneas de gran amplitud, la descarga de un banco de condensadores o de un cable, si se produce el recebado en la maniobra de los interruptores o la energía debida a impactos de rayo en conductores de líneas aéreas.

Aunque la forma más apropiada para determinar la energía absorbida por un pararrayos es mediante estudios numéricos mediante la simulación del sistema y analizando la energía puesta en juego a través del pararrayos para las diferentes solicitaciones, la norma UNE EN 60099-5 [21], establece tres expresiones analíticas simplificadas para estimar la energía de cada una de estas solicitaciones:

- Energía debida a la conexión y reenganche de líneas de alta tensión:

$$W = 2 \cdot U_{ps} \cdot \left(U_t - U_{ps}\right) \cdot \frac{T_w}{\left|\overline{Z}_0\right|}$$

donde:

U_{ps} = nivel de protección del pararrayos frente a onda maniobra.

U_t = amplitud de la sobretensión a tierra debida a la conexión y reenganche de la línea evaluada.

T_w = tiempo de propagación de la sobretensión a lo largo de línea, calculada como cociente entre la longitud de línea que recorre la sobretensión y la velocidad de propagación de la onda por la línea.

$\left|\overline{Z}_0\right|$ = módulo de la impedancia característica de la línea.

- Energía debida a la maniobra de condensador o cable:

$$W = \frac{1}{2} \cdot C \cdot \left(\left(3.\hat{U}_0\right)^2 - \left(\sqrt{2}.U_r\right)^2 \right)$$

donde:

C = capacidad del banco de condensadores o del cable.

$\hat{U}_0$ = cresta de la tensión de servicio entre fase y tierra.

U_r = tensión asignada del pararrayos.

- Energía debida al impacto de una rayo:

$$W = \left[2 \cdot U_f - N_l \cdot U_{pl.}\left(1 + \ln(2 \cdot U_f / U_{pl})\right)\right] \cdot \frac{U_{pl}.T_r}{\left|\overline{Z}_0\right|}$$

donde:

U_{pl} = nivel de protección a impulsos tipo rayo del pararrayos.

U_f = tensión de cebado en polaridad negativa del aislamiento de la línea.

$\left|\overline{Z}_0\right|$ = módulo de la impedancia característica de la línea.

N_l = número de líneas conectadas al pararrayos.

T_r = duración equivalente de la corriente de un rayo que comprende la descarga principal y las descargas subsiguientes, habitualmente se toma 300 µs.

Si la absorción de energía requerida es mayor a la capacidad de absorción de energía del pararrayos seleccionado se incrementará la clase del pararrayos, en caso de no existir clase energética suficiente para la corriente nominal elegida, se elegirá un pararrayos con un valor superior de corriente nominal I_n y en caso de no ser posible, la última opción sería aumentar la tensión asignada del pararrayos U_r, a condición de que los niveles de protección sean aceptables.

Paso 5: Niveles de protección, tensiones soportadas de coordinación y márgenes de protección

El nivel de protección a impulsos tipo rayo, U_{pl}, es el valor de la tensión residual, U_{res}, en bornes del pararrayos para la corriente nominal de descarga I_n. Sin embargo, la sobretensión máxima que puede llegar al objeto a proteger y que debe ser soportada por éste, U_{cw} (tensión soportada de coordinación), puede ser muy superior debido al efecto de ondas viajeras y reflexiones por cambio de impedancia característica en el punto de conexión de la línea aérea con el equipo o material protegido (cable aislado, transformador, etc.). Consecuentemente la tensión soportada de coordinación, U_{cw}, depende de la distancia al pararrayos, o lo que es lo mismo, depende del tiempo que el rayo tarda en llegar desde el pararrayos al aislamiento que protege.

$$U_{cw} = U_{pl} + 2 \cdot S_r \cdot T; \quad \text{Si} \quad U_{pl} \geq 2 \cdot S_r \cdot T$$

$$U_{cw} = 2 \cdot U_{pl}; \quad \text{Si} \quad U_{pl} < 2 \cdot S_r \cdot T$$

donde:

S_r = pendiente del rayo expresada en kV/μs.

T = tiempo de propagación del rayo desde el pararrayos al aislamiento protegido que se obtiene como cociente entre la distancia de separación ℓ y la velocidad de propagación de la luz, c, que es 300 m/μs.

$$T = \frac{\ell}{c}$$

Siendo:

$$\ell = a_1 + a_2 + a_3 + a_4$$

donde:

a_1 = longitud del conductor que conecta el pararrayos a la línea.

a_2 = longitud del conductor que conecta el pararrayos a tierra.

a_3 = longitud del conductor de fase entre el pararrayos y el equipo a proteger.

a_4 = longitud de la parte activa del pararrayos.

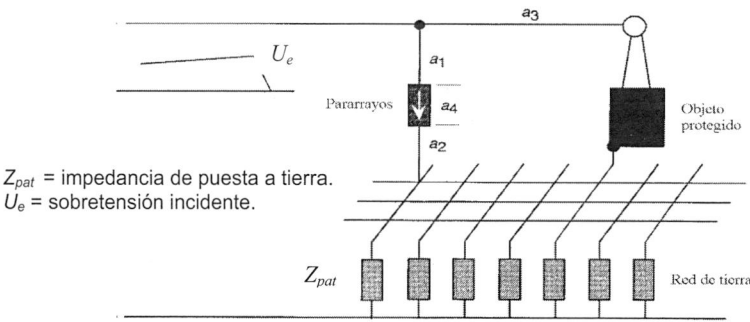

Figura 1.61. Disposición de un pararrayos para proteger a un equipo en una subestación

La pendiente del rayo, S_r, se amortigua fuertemente en su recorrido por la línea debido al efecto corona.

De modo aproximado, puede decirse que el valor de la pendiente S_r, que llega al aislamiento a proteger es inversamente proporcional a la distancia x recorrida por la sobretensión entre el punto de caída del rayo y el pararrayos, al efecto corona K_{co} y al número de líneas, N_l, conectadas en la subestación donde se encuadra el aislamiento a proteger.

$$S_r = \frac{1}{N_l \cdot K_{co} \cdot x}$$

Por tanto,

$$U_{cw} = U_{pl} + \frac{2 \cdot \ell}{c \cdot N_l \cdot K_{co} \cdot x}$$

El caso más desfavorable es considerar una sola línea conectada ($N_l = 1$).

La distancia x a partir de la cual se garantiza el correcto funcionamiento del pararrayos se calcula para satisfacer una tasa de fallos aceptable. Sin embargo, si el impacto del rayo se produce a una distancia muy pequeña del pararrayos, por ejemplo en el vano contiguo la sobretensión sería tan elevada que podría destruir el pararrayos. Esta distancia x se define como

$$x = L_{sp} + L_f$$

donde

L_{sp} = longitud del vano en cuyo extremo está conectado el pararrayos.

L_f = tramo de longitud de línea para que la tasa anual de fallos corresponda con la tasa marcada como aceptable R_a, calculada según la fórmula siguiente:

$$L_f = \frac{R_a}{N_{cb}}$$

donde:

R_a = tasa de fallo aceptable (fallos/año) establecida en [21].

N_{cb} = tasa anual total de cebados (fallos /año.km).

El valor habitual de R_a se encuentra entre 0,001 y 0,004 fallos /año, siendo un valor típico 0,0025 fallos/año. El valor habitual de N_{cb} varía entre 0,001 y 0,06 fallos/año.km; tomando para líneas de distribución valores mayores que para líneas de transporte.

Si en la ecuación anterior que define U_{cw}, se utiliza el parámetro A, tabulado en función del tipo de línea y apoyo utilizado en la Tabla 1.22, resulta:

$$U_{cw} = U_{pl} + \frac{A}{N_l} \frac{L}{(L_{sp} + L_f)}$$

donde:

$$A = \frac{2}{c.K_{co}}$$

Tabla 1.22. Valores del parámetro A según los tipos de línea aéreas

Tipo de línea	A (kV)
Líneas de distribución	
– con crucetas puestas tierra	900
– líneas con apoyos de madera	2 700
Líneas de transporte	
– de un solo conductor	4 500
– de doble haz	7 000
– de cuádruple haz	11 000
– de haz con seis u ocho conductores	17 000

Partiendo de la tensión soportada de coordinación obtenida U_{cw}, el aislamiento del material a proteger debe aguantar una tensión soportada especificada mayor U_{rw}, con el propósito de tener un cierto margen de protección. El margen mínimo de protección exigido por la norma [20] es 1,15. A nivel práctico la mayor parte de compañías exigen que el valor de la tensión soportada U_w por los aislamientos sea, al menos, 1,2 veces de la tensión soportada de coordinación calculada.

$$\frac{U_{rw}}{U_{cw}} \geq 1,15 \quad \text{y} \quad \frac{U_w}{U_{cw}} \geq 1,2$$

Nivel de protección a sobretensiones de frente lento U_{ps}

La protección contra sobretensiones de frente lento es muy importante en los equipos de tensión más elevada de la red, superior a 245 kV, mientras que para redes de tensiones inferiores no es generalmente necesaria, excepto para las máquinas rotativas.

En caso de sobretensiones de frente lento los efectos de elevación de la tensión por propagación de las ondas y reflexiones pueden despreciarse debido a que la pendiente de estas sobretensiones es mucho menor. Por tal motivo, la tensión en el pararrayos y en bornes del equipo es la misma, pese a la distancia entre ellos.

De forma general, se puede decir que los pararrayos de óxidos metálicos limitan el valor de cresta de las sobretensiones de frente lento fase-tierra a aproximadamente dos veces su tensión asignada de valor eficaz, U_r.

$$U_{ps} \approx 2 \cdot U_r$$

Las sobretensiones de frente lento fase-fase limitadas por el pararrayos alcanzan alrededor de dos veces el nivel de protección entre fase-tierra U_{ps}, con independencia de la puesta a tierra del neutro del transformador.

$$U_{pp}(fase-fase) \approx 2 \cdot U_{ps}$$

Asimismo, los pararrayos deben soportar las corrientes causadas por la conexión y reenganche de líneas que son del orden de 0,5 kA a 2 kA.

Cuando se utilizan pararrayos para limitar las sobretensiones de frente lento la distribución estadística $f(U)$ de las sobretensiones sufre una importante asimetría, tanto más pronunciada cuanto más bajo sea el nivel de protección del pararrayos frente a este tipo de sobretensiones; es decir, cuanto menor sea U_{ps}/U_{e2}. Donde U_{e2}, es nivel de tensión que tiene una probabilidad del 2% de ser superado por la función de sobretensiones de frente lento $f(U)$. Consecuentemente, pequeñas variaciones en la función de probabilidad de descarga disruptiva del aislamiento $P(U)$ pueden tener gran influencia en el riesgo de fallo (*véase* la Figura 1.52). Para tener en cuenta este efecto, la tensión soportada de coordinación U_{cw}, debe elegirse multiplicando el nivel de protección frente a impulsos tipo maniobra U_{ps}, por un factor de coordinación k_{cd}, mayor o igual que la unidad (*véase* la Figura 1.62).

$$U_{cw} \approx k_{cd} \cdot U_{ps}$$

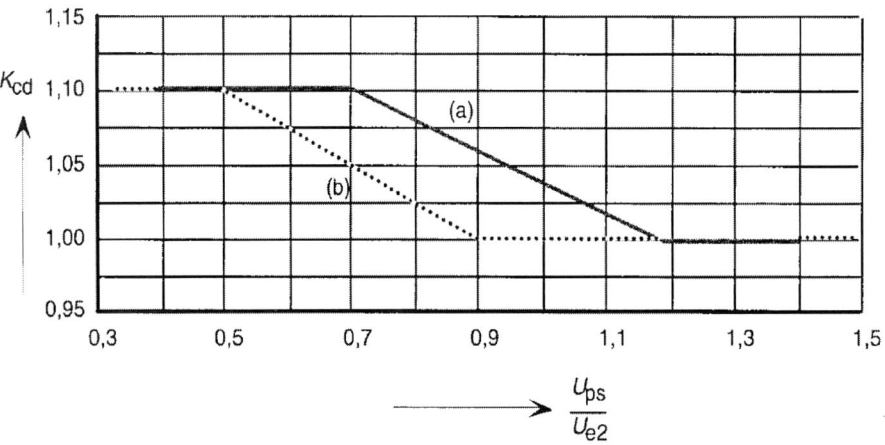

Figura 1.62. Evaluación del factor de coordinación k_{cd}: **a**) para aislamiento fase-tierra, **b**) para aislamiento fase-fase

Teniendo en cuenta la tensión soportada de coordinación, U_{cw}, calculada para impulsos de frente lento, al aislamiento debe exigírsele una tensión soportada especificada, U_{rw}, mayor, con el propósito de tener un cierto margen de protección. El mínimo margen de protección normalmente utilizado es 1,2.

$$\frac{U_w}{U_{cw}} \geq 1,2$$

Paso 6: Elección de la línea de fuga

Debe seleccionarse el nivel de contaminación más apropiado conforme a la Tabla 1.15 del Apartado 1.5, según el lugar de instalación del pararrayos. La línea de fuga mínima l_t, para un nivel de contaminación determinado se obtiene multiplicando la línea de fuga específica l_e, correspondiente al nivel de contaminación considerado por la tensión más elevada de la red U_s:

$$l_t = l_e \cdot U_s$$

La línea de fuga del aislamiento externo del pararrayos deber ser igual o superior a la línea de fuga determinada.

Paso 7. Clase de limitador de presión

Para elegir la clase de limitador debe determinarse la corriente de cortocircuito trifásico en el punto de la red donde esté prevista la instalación del pararrayos.

1.8.6. Ejemplo de selección de pararrayos en la transición aéreo-subterráneo

Se trata de elegir un pararrayos para la transición aéreo subterránea de un cable aislado conectado con una línea aérea considerando los datos siguientes:

Línea aérea

- U_n = 45 kV, U_s = 52 kV, de 5 km de longitud, de impedancia característica 450Ω, con neutro rígidamente conectado a tierra y con eliminación automática de defectos a tierra cuyas protecciones despejan cortocircuitos fase-tierra en tiempos menores a 1s.

- La longitud del primer vano desde el cable es de 200 m.

- Tensión de cebado con impulsos tipo rayo de polaridad negativa de la cadena de aisladores utilizada en la línea, 350 kV.

- La tasa de fallos aceptable fijada por el titular de la línea es de 0,0025 fallos/año.

- La tasa total de fallos de la línea es 0,02 fallos/año·km.

- Los apoyos son metálicos puestos a tierra.

- Potencia de cortocircuito de la red: 2.500 MVA.

- Un estudio numérico de simulación ha aportado los siguientes resultados de sobretensiones temporales y transitorias de frente lento:
    - Sobretensión temporal U_t, por pérdida de carga es 1,2 p.u.
    - Sobretensión de frente lento por conexión y reenganche U_t = 2,5 p.u.

Cable aislado

- Tensión asignada U_0/U = 26/45 kV.

- Nivel de aislamiento frente a impulsos tipo rayo U_p = 260 kV.

- Cable de campo radial de capacidad por unidad de longitud 0,25 μF/km, de una longitud 10 km.

Zona geográfica:

- La densidad de descargas de rayos 1,4 impactos/año·km^2

- Nivel de contaminación fuerte.

- La longitud ℓ, del bucle de conexión del pararrayos al cable mide 8 m.

Características del pararrayos según datos el fabricante:

Datos de catálogo de fabricante

	Criterio	Modelo 1	Modelo 2	Modelo 3	Modelo 4	Modelo 5
Corriente nominal (I_n)	10 kA	10 kA	10 kA	10 kA	10 kA	10 kA
Clase de descarga	2	2	2	2	2	2
Tensión asignada (U_r)	≥ 39 kV	39 kV	42 kV	45 kV	48 kV	51 kV
Tensión de func. Cont. (U_c)	≥ 30 kV	31 kV	34 kV	36 kV	38 kV	41 kV
TOVc (10 s)	≥ 40 kV	43 kV	46 kV	49 kV	53 kV	56 kV
Línea de fuga (mm)	≥ 1300	1424	1424	1424	1424	1424
Nivel de protección		106 kV	117 kV	120 kV	129 kV	140 kV

Solución

Vamos a seguir los pasos vistos anteriormente para realizar la elección del pararrayos:

Paso 1: Selección de la tensión de servicio continuo, U_c

A tratarse de una red con eliminación automática de los defectos a tierra la tensión de servicio continuo a considerar es la tensión de fase multiplicada por 1,05:

$$U_c \geq 1,05 \cdot \frac{U_S}{\sqrt{3}} = 1,05 \cdot \frac{52}{\sqrt{3}} = 31,5 \text{ kV}$$

Paso 2: Selección de la tensión asignada, U_r

La tensión asignada del pararrayos se elige en función de las sobretensiones temporales en el lugar de instalación del pararrayos que vaya a ser instalado. A tal fin, se determinan la sobretensión temporal debida a falta a tierra ($k = 1,4$ al tratarse de neutro rígido a tierra) y la debida a la pérdida de carga que según el enunciado es de 1,2 p.u.

Sobretensión temporal por falta a tierra:

$$U_t = k \cdot \frac{U_S}{\sqrt{3}} = 1,4 \cdot \frac{52}{\sqrt{3}} = 42,03 \text{ kV}$$

Sobretensión temporal por pérdida de carga:

$$U_t = 1,2 \cdot \frac{U_S}{\sqrt{3}} = 1,2 \cdot \frac{52}{\sqrt{3}} = 36,03 \text{ kV}$$

Consecuentemente, la sobretensión temporal más desfavorable es la producida por falta a tierra.

La sobretensión equivalente U_{equ}, correspondiente a una duración de 10 s se determina mediante la expresión siguiente:

$$U_{equ} = U_t \cdot \left(\frac{T_t}{10}\right)^{m_d} = 42,03 \cdot \left(\frac{1}{10}\right)^{0,02} = 40,1 \text{ kV}$$

Aplicando un margen de seguridad mínimo del 5%, la tensión asignada debe ser:

$$U_r \geq 1,05 \cdot U_{equ} = 42,1 \text{ kV}$$

Paso 3: Selección de la corriente nominal, I_n

Al tratarse de una red de tensión más elevada inferior a 72,5 kV, con alta densidad de impactos de rayo (> 1 impacto /año km^2), la corriente nominal de descarga se elige de 10 kA.

De la tabla tomada del catálogo de un fabricante de pararrayos se elige el pararrayos modelo 3, con una tensión asignada U_r, inmediatamente superior a la requerida y una corriente nominal I_n, de 10 kA.

$$U_r = 45 \text{ kV} \geq 42,1 \text{ kV}$$

Paso 4: Capacidad de absorción de energía

- Energía debida a la conexión y reenganche de líneas:

$$W = 2 \cdot U_{ps} \cdot \left(U_t - U_{ps} \right) \cdot \frac{T_w}{Z}$$

donde:

U_{ps} = nivel de protección del pararrayos frente a onda maniobra:
$$U_{ps} = 2 \cdot U_r = 2 \cdot 45 \text{ kV} = 90 \text{ kV}$$

U_t = amplitud de la sobretensión a tierra debida a la conexión o al reenganche de la línea evaluada el valor de truncamiento de la distribución de sobretensiones fase tierra $f(U)$, viene dado por:

$$U_t = 2,5 \cdot \frac{\sqrt{2}}{\sqrt{3}} \cdot U_s = 2,5 \cdot \frac{\sqrt{2}}{\sqrt{3}} \cdot 52 = 106,14 \text{ kV}$$

T_w = tiempo de propagación de la sobretensión a lo largo de línea calculada como cociente entre su longitud (5000 m) y la velocidad de propagación de la onda por la línea (300 m/μs).

$$T_w = \frac{5000}{300} = 16,67 \ \mu s$$

$\left| \overline{Z}_0 \right|$ = impedancia característica de la línea = 450 Ω.

Por tanto,

$$W = 2 \cdot U_{ps} \cdot \left(U_t - U_{ps} \right) \cdot \frac{T_w}{\left| \overline{Z}_0 \right|} = 2 \cdot 90 \cdot \left(106,14 - 90 \right) \cdot \frac{16,67}{450} = 107,6 \text{ J}$$

- Energía debida a la maniobra del cable:

$$W = \frac{1}{2} \cdot C \cdot \left(\left(3 \cdot \hat{U}_0 \right)^2 - \left(\sqrt{2} \cdot U_r \right)^2 \right)$$

donde:

C = es la capacidad del cable.

$C = 0{,}25 \cdot 10 = 2{,}5\,\mu F$

$\hat{U}_0$ cresta de la tensión de servicio entre fase y tierra.

$\hat{U}_0 = \dfrac{\sqrt{2}}{\sqrt{3}} \cdot U_s = \dfrac{\sqrt{2}}{\sqrt{3}} \cdot 52 = 42{,}46$ kV

U_r tensión asignada del pararrayos, $U_r = 45$ kV.

Así pues,

$$W = \frac{1}{2} \cdot 2{,}5 \cdot \left(\left(3 \cdot 42{,}46\right)^2 - \left(\sqrt{2} \cdot 45\right)^2 \right) = 15{,}2 \ \text{kJ}$$

- Energía debida al rayo:

$$W = \left[2 \cdot U_f - N_l \cdot U_{pl\cdot}\left(1 + \ln(2 \cdot U_f / U_{pl})\right)\right] \cdot \frac{U_{pl\cdot}T_r}{\left|\overline{Z}_0\right|}$$

donde:

U_{pl} = nivel de protección a impulsos tipo rayo del modelo 3 de pararrayos elegido.

$U_{pl}(U_r = 45kV) = 120\,\text{kV}$

U_f = tensión de cebado frente a impulsos tipo rayo de polaridad negativa de la cadena de aisladores, 350 kV.

$\left|\overline{Z}_0\right|$ = impedancia característica de la línea, 50 Ω

N_l = al tratarse de un entronque, el número de líneas conectadas al pararrayos es 1.

T_r = duración equivalente de la corriente de un rayo que se toma como $300\,\mu$s.

Por tanto,

$$W = \left[2 \cdot 350 - 1 \cdot 120 \cdot \left(1 + \ln\left(2 \cdot 350/120\right)\right)\right] \cdot \frac{120 \cdot 300}{450} = 29{,}4 \ \text{kJ}$$

La clase 1 del pararrayos (1 kJ/kV$_r$) supone una capacidad de absorción de energía superior a la mayor de las energías calculadas:

$$W_a(U_r = 45 \ \text{kV}) = 1\left(\text{kJ} / \text{kV}_r\right) \cdot 45(\text{kV}_r) = 45 \ \text{kJ}$$

Sin embargo, con el fin de prever ampliaciones de red que podrían provocar solicitaciones energéticas mayores se elige un pararrayos de corriente nominal 10 kA de clase 2 (2 kJ/kV$_r$), cuya capacidad energética es 90 kJ.

Paso 5: Niveles de protección, tensiones soportadas de coordinación y márgenes de protección

El nivel de protección a impulsos tipo rayo U_{pl} del pararrayos elegido según la tabla del catálogo del fabricante es de 120 kV.

La tensión soportada de coordinación se calcula mediante la fórmula:

$$U_{cw} = U_{pl} + \frac{A}{N_l} \frac{\ell}{(L_{sp} + L_f)}$$

donde:

- Al tratarse de apoyos metálicos puestos a tierra de una línea de distribución el parámetro A, tabulado en la Tabla 1.22, toma el valor de 900 kV.

- La longitud ℓ del bucle de conexión del pararrayos con el cable aislado es 8 m.

- El número de líneas conectadas al pararrayos $N_l = 1$.

- La longitud del primer vano L_{sp} donde se conecta el pararrayos es de 200 m.

- La tasa de fallos aceptable, R_a, fijada por el titular de la línea es de 0,0025 fallos/año.

- La tasa total de cebados, N_{cb}, que producen interrupciones es 0,02 fallos/año km

- El tramo de longitud de línea para que la tasa anual de fallos corresponda con la tasa marcada como aceptable R_a, calculada como:

$$L_f = \frac{R_a}{N_{cb}} = \frac{0,0025}{0,02} = 0,125 \, \text{km} = 125 \, \text{m}$$

Por tanto:

$$U_{cw} = 120 + \frac{900}{1} \cdot \frac{8}{(200 + 125)} = 142.15 \, \text{kV}$$

Conociendo la tensión soportada de coordinación calculada, U_{cw}, debe comprobarse que la tensión soportada, U_w, por el aislamiento principal de cable ($U_w = 250$ kV) sea, al menos, 1,2 veces mayor.

$$\frac{U_w}{U_{cw}} = \frac{250}{142,2} = 1,76 \geq 1,2$$

Por lo tanto se cumple el margen de protección requerido.

Protección contra sobretensiones de frente lento, U_{ps}

Al tratarse de una red de tensión no superior a 245 kV (gama I) la protección contra sobretensiones de frente lento (impulsos tipo maniobra) está garantizada por la protección contra sobretensiones transitorias de frente rápido (impulsos tipo rayo).

Paso 6: Elección de la línea de fuga

Teniendo en cuenta que la contaminación en la zona donde se instalará el pararrayos es fuerte, el nivel de contaminación más apropiado será el III conforme a la Tabla 1.15. La línea de fuga mínima, l_t, para dicho nivel de contaminación se obtiene de la línea de fuga especificada, $l_e = 25$ mm/kV para el nivel de contaminación III y de la tensión más elevada de la red, $U_s = 52$ kV:

$$l_t = l_e \cdot U_s = 25 \cdot 52 = 1300 \, \text{mm}$$

El pararrayos elegido tiene una línea de fuga de 1420 mm > 1300 mm, por lo que es válido.

EJERCICIOS PROPUESTOS

1.1. Cálculo eléctrico de línea en simple circuito tríplex

Obtener las características eléctricas de la línea cuya configuración se muestra en la figura siguiente: resistencia eléctrica, reactancia inductiva, susceptancia e impedancia característica.

Calcular la caída de tensión y la pérdida de potencia, suponiendo que la línea está dando servicio a una carga cuya potencia es de 250 MW, *cos φ* = 0,85, a una tensión de 400 kV.

Utilícense las ecuaciones de la línea en parámetros distribuidos. Despréciese la conductancia de la línea.

Comparar los resultados obtenidos en la caída de tensión con los que proporcionaría el cálculo utilizando el circuito equivalente en pi (π).

Datos:

- Conductor: 242-AL1/39-ST1A (LA-280 HAWK).

- Longitud de la línea: 150 km.

- Temperatura de trabajo del conductor de 70 ºC.

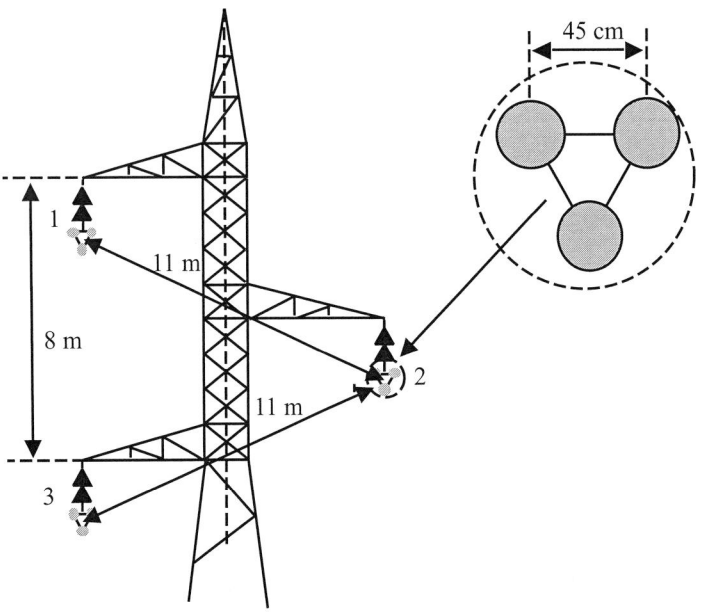

1.2. Cálculo del efecto corona

Una línea trifásica con apoyos de celosía como el mostrado en la figura, enlaza una subestación con un centro de consumo distante de ella 200 km.

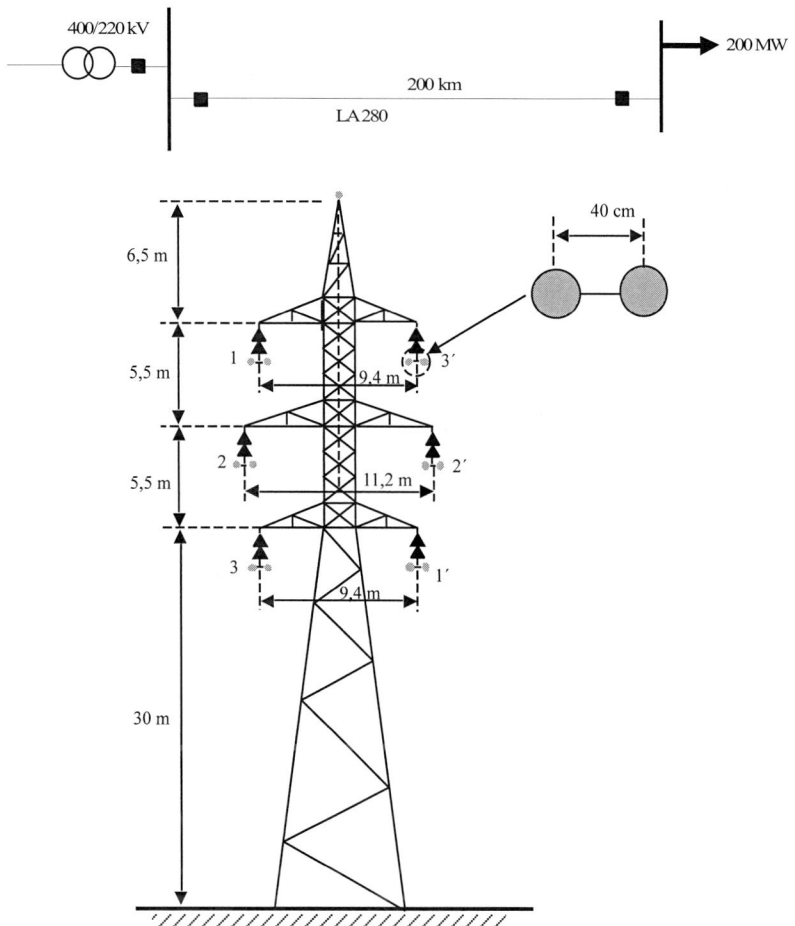

La potencia demandada por el centro de consumo es de 200 MW, $\cos \varphi = 0,85$ inductivo a 220 kV. Supuesto que el conductor a emplear es del tipo 242-AL1/39-ST1A (LA-280 HAWK), dúplex y que la máxima temperatura que va a alcanzar es 85 °C, determinar, utilizando las ecuaciones en parámetros distribuidos de la línea:

1. Tensión necesaria en el principio de línea y caída de tensión.

2. Potencia suministrada por la línea y pérdida de potencia.

3. ¿Qué ocurriría si la línea, en un determinado momento, se queda sin carga (en vacío)?

4. Realizar los apartados anteriores con el circuito equivalente en pi (π) y comparar sus resultados.

5. Comprobar si se produce efecto corona con un solo conductor por fase y comparar el resultado para configuración dúplex, si la línea está emplazada a 1000 m de altitud para una temperatura estimada de 10 °C.

El conductor de tierra a utilizar es del tipo OPGW 2...64F.

GLOSARIO DE TÉRMINOS

a	Separación horizontal del conductor de fase respecto al eje del apoyo.
a_1	Longitud del conductor que conecta el pararrayos a la línea.
a_2	Longitud del conductor que conecta el pararrayos a tierra.
a_3	Longitud del conductor de fase entre el pararrayos y el equipo a proteger.
a_4	Longitud de la parte activa del pararrayos.
a_{som}	Valor mínimo de la distancia de descarga de la cadena de aisladores.
A	Parámetro de sobretensión tipo rayo tabulado en función del tipo de línea y apoyo utilizado
A_1	Parámetro para determinar el número de Nusselt, que depende del ángulo, ϑ, de inclinación del viento.
A_2	Parámetro para determinar en número de Nusselt que pende del número de *Rayleigh*.
$\overline{A}_i$	Constante de integración fasorial i-esima ($i = 1, 2, 3$ y 4).
B	Susceptancia capacitiva.
B_1	Parámetro que dependen del número de Reynolds, Re, y de la rugosidad del conductor, R_f.
B_2	Parámetro para determinar el número de Nusselt que depende del ángulo, ϑ, de inclinación del viento.
B_x	Densidad de flujo magnético a una distancia x del eje del conductor.
B'	Susceptancia capacitiva por unidad de longitud.
c	Velocidad de la luz.
C	Capacidad.
C'	Capacidad entre dos conductores por unidad de longitud.
C'_{an}	Capacidad por unidad de longitud entre conductor de la fase a y el neutro.
$cos\ \varphi$	Factor de potencia de la carga.
d	Diámetro medio de las pantallas.
d_a	Diámetro de uno de los alambres del conductor.
d_I	Distancia horizontal de impacto del rayo de corriente de cresta I, para la cual la tensión inducida es igual al nivel de aislamiento NA, fase-tierra de la línea.
ds	Diferencial de longitud.
D	Distancia entre dos conductores de una línea bifilar.
$\overline{D}$	Vector de desplazamiento eléctrico.
D_a	Diámetro máximo de la campana del aislador.
D_c	Distancia horizontal de atracción del rayo al conductor de fase.
D'_c	Distancia horizontal de atracción del rayo al conductor de fase referida al eje del apoyo.
D_g	Distancia horizontal de atracción del cable de tierra.
D_{aa}	Distancia media geométrica de la fase a.
D_{ab}	Distancia entre la fase a y la fase b.
D_{bb}	Distancia media geométrica de la fase b.
D_{bc}	Distancia entre la fase b y la fase c.
D_{ca}	Distancia entre la fase c y la fase a.

D_{cc}	Distancia media geométrica de la fase c.
D_{ext}	Diámetro exterior del conductor.
D_{ij}	Distancia entre el conductor i y el conductor j.
D_{iP}	Distancia entre el conductor i y el punto P.
DMG	Distancia media geométrica entre fases.
DMG_{ff}	Distancia media geométrica entre fases de línea de dos circuitos.
DMG'_f	Distancia media geométrica de fase de línea de dos circuitos.
e	Fuerza electromotriz.
E_c	Valor de cresta del campo crítico de inicio de descargas corona en un conductor en disposición coaxial.
E_c^*	Valor de cresta del campo crítico de inicio de descargas corona de conductores en disposición paralela.
$\overline{E}$	Vector de desplazamiento eléctrico.
E_x	Valor del campo eléctrico en dirección de x.
E_{im}	Campo eléctrico medio en la superficie del conductor i.
$\overline{E}_r$	Campo eléctrico en la dirección radial del haz.
$\overline{E}_{max}$	Campo eléctrico máximo en la dirección radial del haz.
E_v	Valor de cresta del campo crítico de inicio de corona visible en un conductor en disposición coaxial.
E_v^*	Valor de cresta del campo crítico de inicio de corona visible de conductores en disposición paralela.
f	Frecuencia de la corriente.
$f(U)$	Densidad de probabilidad de aparición de sobretensiones.
$f(I)$	Densidad de probabilidad del pico de la corriente del rayo.
g	Gravedad terrestre.
G	Conductancia por fase (inversa de la resistencia de aislamiento).
G'	Conductancia por unidad de longitud.
Gr	Número de *Grashof*.
h	Altura del cable de tierra.
h_1	Altura desde la base hasta la media sección del apoyo.
h_2	Altura desde la media sección hasta la parte superior del apoyo.
$\hbar$	Altitud respecto del nivel del mar.
$\overline{H}$	Intensidad de campo magnético.
H_x	Valor de la intensidad de campo magnético a una distancia x del eje del conductor.
H_i	Distancia entre una carga equivalente q_i y su carga imagen q_i'.
H_t	Altura del apoyo $H_t = h_1 + h_2$.
H_{ij}	Distancia entre la carga equivalente q_i y la carga imagen q_j'.
H	Media geométrica de las distancias entre cada carga equivalente de un conductor de fase y las cargas imágenes de los otros conductores.
H^*	Media geométrica de las distancias entre cada carga equivalente de un conductor de fase y su imagen.
i	Valor de la corriente instantánea que circula por el conductor.

$i(x)$	Corriente a una distancia x del origen de la línea.
I_c	Valor de cresta de la corriente crítica del rayo para la cual un impacto directo provoca un fallo de aislamiento.
I_{cig}	Valor de cresta de la corriente crítica del rayo para la cual un impacto en el cable de guarda provoca un cebado inverso en el aislamiento.
I_{cia}	Valor de cresta de la corriente crítica del rayo para la cual un impacto en el apoyo provoca un cebado inverso en el aislamiento.
I	Valor eficaz de la corriente que circula por el conductor.
I	Valor eficaz de la corriente que circula por el conductor.
I_n	Corriente nominal de descarga de un pararrayos.
I_{ca}	Corriente alterna que recorre un conductor.
I_{ind}	Corriente inducida.
I_a, I_b, I_c	Corrientes a través de los conductores de las fases a, b y c.
I'_a, I'_b, I'_c	Corrientes inducidas por las pantallas de las fases a, b y c.
k	Factor de defecto a tierra en un determinado punto de una red.
K_a	Factor de corrección atmosférica.
K_c	Factor de coordinación.
K_s	Factor de seguridad global.
K_t	Factor de conversión de la tensión de ensayo.
K_i	Constante de integración i-ésima ($i = 1, 2, 3$ y 4).
K_{co}	Factor de efecto corona.
ℓ	Longitud del conductor.
L	Inductancia del conductor.
l_e	Línea de fuga específica de la cadena.
l_t	Línea de fuga total fase-tierra de la cadena.
l_a	Línea de fuga individual de un aislador de la cadena.
L_c	Longitud total de la cadena.
L'	Inductancia por unidad de longitud de un conductor.
L'_a	Inductancia por unidad de longitud del conductor de la fase a.
L'_a	Inductancia por unidad de longitud del conductor de la fase a.
L_{sp}	Longitud del vano en cuyo extremo está conectado el pararrayos.
L_f	Tramo de longitud de línea para que la tasa anual de fallos corresponda con la tasa marcada como aceptable.
L'_{ext}	Inductancia por unidad de longitud debida al flujo externo entre un punto situado en la superficie del conductor y otro a una distancia D del eje.
L'_{int}	Inductancia interna del conductor por unidad de longitud.
L'_{12}	Inductancia por unidad de longitud debida al flujo externo entre los puntos P_1 y P_2.
m	Número de conductores que conforman el haz.
m_a	Factor de corrección de la rigidez dieléctrica del aire según Peek en función de las condiciones ambientales.
m_c	Factor de corrección de la rigidez dieléctrica del aire según Peek en función del estado de la superficie del conductor.
m_d	Coeficiente que caracteriza la curva tensión duración del pararrayos.

m_p	Factor de corrección de la rigidez dieléctrica del aire según Peek.
m_s	Parámetro para la corrección atmosférica de la tensión soportada especificada.
m_1	Parámetro para determinar el número de Nusselt, Nu, que depende del ángulo ϑ de inclinación del viento.
m_2	Parámetro para determinar en número de Nusselt que pende del número de *Rayleigh*.
n_e	Parámetro que dependen del número de Reynolds, Re, y de la rugosidad del conductor, R_f.
N	Número de espiras.
n_a	Número de aisladores de una cadena.
N_a	Tasa anual de cebados en apoyos por unidad de longitud de línea.
N_d	Tasa anual de cebados directos por unidad de longitud de línea.
N_g	Densidad de descargas de rayos por año y km^2.
N_l	Número de líneas conectadas al pararrayos.
N_x	Fracción de espiras enlazada por la línea de campo magnético H_x.
N_{cb}	Tasa anual total de cebados por unidad de longitud de línea.
N_{ind}	Tasa anual de cebados por unidad de longitud de línea debida a tensiones inducidas.
NA	Nivel de aislamiento fase-tierra.
Nu	Número de Nusselt.
Nu_ϑ	Número de Nusselt para un ángulo del viento ϑ.
Nu_{cor}	Número de Nusselt corregido.
p	Presión atmosférica.
p_a	Paso de un aislador de cadena.
p_{ij}	Coeficiente de potencial entre el punto P_i y la carga q_j.
p_{ij}'	Coeficiente de potencial entre el punto P_i y las cargas q_j y su imagen $-q_j$.
P	Potencia trifásica demandada por la carga.
P_C	Calor evacuado por unidad de tiempo por convección.
P_i	Punto genérico i en el espacio.
P_p	Pérdida de potencia en la resistencia serie.
P_{ais}	Pérdida de potencia trifásica por unidad de longitud debida al aislamiento.
P_{aisf}	Pérdida de potencia de una fase por unidad de longitud debida al aislamiento.
$\Delta P_\%$	Pérdida de potencia, en tanto por ciento, respecto de la potencia demandada por la carga.
P_{corona}	Pérdidas por efecto corona en un conductor.
P_{eva}	Calor evacuado por unidad de tiempo.
P_{gen}	Calor generado por unidad de tiempo.
P_{cor}	Calor generado por unidad de tiempo por efecto corona en el conductor.
P_J	Calor generado por unidad de tiempo por efecto Joule.
P_M	Calor generado, por unidad de tiempo, debido al flujo magnético en el interior del conductor.
Pr	Número de Prandtl.

P_R	Calor evacuado por unidad de tiempo por radiación.
P_S	Calor generado por unidad de tiempo debido a la radiación solar incidente sobre el conductor.
P_W	Calor evacuado por unidad de tiempo por evaporación.
$P(U)$	Función de probabilidad de descarga disruptiva del aislamiento en función de la tensión U.
q	Carga eléctrica por unidad de longitud.
$q(t)$	Carga eléctrica senoidal equivalente al conductor de fase.
$\left[\bar{q}\right]$	Vector complejo de cargas por unidad de longitud senoidales $q(t)$ asociado a cada conductor de fase.
r	Radio del conductor.
r_c	Radio hasta la superficie interior de la semiconductora exterior de un cable.
r_h	Radio del haz de conductores.
r'	Radio eléctrico modificado del conductor.
r_1	Radio del círculo inscrito en la sección cuadrada superior del apoyo.
r_2	Radio del círculo inscrito en la sección cuadrada central del apoyo.
r_3	Radio del círculo inscrito en la sección cuadrada en la base del apoyo.
R_a	Tasa anual de fallos aceptable.
R_g	Radio de atracción del rayo hacia el cable de tierra.
R_{cc}	Radio de atracción crítico del rayo hacia el conductor de fase.
RMG	Radio medio geométrico del haz de m conductores.
RMG'	Radio medio geométrico modificado del haz de m conductores.
R_{dc}	Resistencia del conductor en corriente continua.
R'_{dc}	Resistencia en corriente continua por unidad de longitud del conductor.
$R_{cc\theta}$	Resistencia en corriente continua a la temperatura θ.
R	Resistencia por fase del conductor.
$\Re$	Riesgo de fallo por coordinación de aislamiento.
R_1	Resistencia de secuencia directa.
R_0	Resistencia de secuencia homopolar.
R'	Resistencia por unidad longitud en corriente alterna del conductor de fase.
R_θ	Resistencia en corriente alterna a la temperatura θ.
R'_θ	Resistencia por unidad longitud en corriente alterna del conductor de fase a la temperatura θ.
R'_p	Resistencia por unidad de longitud de la pantalla.
R_f	Rugosidad del conductor.
R_e	Número de Reynolds.
R'_{ais}	Resistencia de aislamiento por unidad de longitud.
s	Separación entre los centros de los cables.
S	Sección recta transversal del conductor.
S_r	Pendiente del rayo.
S_C	Potencia aparente característica demandada por la carga en el extremo de la línea.
T	Tiempo de propagación del rayo.
T_w	Tiempo de propagación de la sobretensión transitoria a lo largo de la línea.

T_r	Duración equivalente de la corriente del rayo.
T_t	Duración de la sobretensión temporal representativa U_t.
$TOVc$	Capacidad para soportar sobretensiones temporales.
T_1	Tiempo de frente de un impulso tipo rayo.
T_2	Tiempo hasta el valor mitad de un impulso tipo rayo.
$u(t)$	Tensión senoidal en los conductores de fase.
$u(x)$	Tensión a lo largo de la línea.
U	Tensión de la línea.
U_e	Sobretensión incidente.
U_c	Tensión de servicio continuo de un pararrayos.
U_f	Tensión de cebado de polaridad negativa del aislamiento de la línea.
U_m	Tensión más elevada para el material.
U_n	Tensión nominal de la red.
U_w	Tensión soportada normalizada.
U_r	Tensión asignada de un pararrayos.
U_{equ}	Amplitud de la sobretensión temporal representativa equivalente de 10 s de duración.
U_{res}	Tensión residual de un pararrayos.
U_s	Tensión más elevada de la red.
U_t	Sobretensión temporal representativa.
$\hat{U}_0$	Tensión de cresta fase-tierra.
U_0	Tensión del cable.
$U_{0\%}$	Tensión cuya probabilidad de producir descarga es 0%.
$U_{10\%}$	Tensión cuya probabilidad de producir descarga es 10%.
$U_{16\%}$	Tensión cuya probabilidad de producir descarga es 16%.
$U_{50\%}$	Tensión cuya probabilidad de producir descarga es 50%.
U_c^*	Tensión crítica de inicio de descargas corona.
U_{1f}	Tensión de fase en el extremo inicial de la línea.
U_{2f}	Tensión de fase en el extremo final de la línea.
U_{1L}	Tensión de línea en el extremo inicial de la línea.
U_{2L}	Tensión de línea en el extremo final de la línea.
U_a	Caída de tensión total en el conductor de la fase a.
U_{e2}	Sobretensión transitoria de frente lento que tiene la probabilidad del 2% de ser superada.
U_p	Tensión eficaz entre la fase y tierra en el punto P en ausencia de falta.
U_{pf}	Tensión eficaz máxima entre el punto P de una fase sana y tierra durante una falta a tierra.
U_{pl}	Nivel de protección de un pararrayos frente a sobretensiones tipo rayo.
U_{pp}	Sobretensión transitoria fase-fase de frente lento.
U_{ps}	Nivel de protección de un pararrayos frente a sobretensiones tipo maniobra.
$U_{\lambda a}$	Tensión inducida en el conductor de la fase a.
$U_{p\lambda,a}$	Tensión inducida en la pantalla.

U_{pa}	Caída de tensión total en la pantalla.
U_{ij}	Diferencia de potencial entre los puntos P_i y P_j.
$U_{ab}(q_a)$	Diferencia de potencial entre los conductores de las fases a y b debido a la carga q_a.
$U_{ab}(\alpha)$	Diferencia de potencial entre los conductores de las fases a y b para la disposición geométrica entre conductores de fase α.
U_{an}	Diferencia de potencial entre la fase a y el conductor de neutro.
U_{rp}	Sobretensión representativa.
U_{cw}	Sobretensión soportada de coordinación.
U_{rw}	Tensión soportada especificada.
U_t	Valor de truncamiento de la densidad de probabilidad de sobretensiones.
U_w	Tensión soportada normalizada.
$\overline{\Delta U}_f$	Caída de tensión a lo largo de una fase de la línea.
$\overline{\Delta U}_L$	Caída de tensión de una fase expresada en tensión de línea.
$\left|\overline{\Delta U}\right|_\%$	Tanto por ciento de la caída de tensión de línea.
v	Velocidad del viento.
v_r	Velocidad del rayo.
v_f	Viscosidad cinemática del aire.
V_i	Potencial eléctrico en un punto P_i del espacio.
V_{ij}	Potencial eléctrico en el punto P_i creado por la carga q_j.
$\left[\overline{V}\right]$	Vector complejo asociado a la tensión senoidal $u(t)$ de cada conductor de fase.
W	Energía.
X	Reactancia inductiva por fase.
X_0	Reactancia de secuencia homopolar.
X_1	Reactancia de secuencia directa.
X'	Reactancia inductiva por unidad de longitud de una línea.
X'_a	Reactancia inductiva de fase por unidad de longitud de una línea.
X'_p	Reactancia inductiva de pantalla por unidad de longitud de una línea.
y	Altura del conductor de fase.
y_g	Altura de atracción del rayo a tierra.
$\overline{Y}$	Admitancia paralelo.
$\overline{Y}'$	Admitancia paralelo por unidad de longitud.
z	Desviación típica.
z'	Desviación típica referida al valor medio $z' = z / U_{50}$
$\overline{Z}$	Impedancia serie.
$\overline{Z}'$	Impedancia serie en valor por unidad de longitud.
$\overline{Z}_0$	Impedancia característica de la línea.
Z_{eq}	Impedancia de onda equivalente.
Z_T	Impedancia característica del apoyo.
Z_g	Impedancia característica del cable de guarda.

Z_{pat}	Impedancia de puesta a tierra.
α_p	Ángulo de apantallamiento.
α_{pc}	Ángulo de apantallamiento completo.
α	Variación de la resistencia con la temperatura.
α_{Al}	Variación de la resistencia con la temperatura del aluminio.
α_{Cu}	Variación de la resistencia con la temperatura del cobre.
α_s	Coeficiente de absorción de la superficie del conductor.
β	Parámetro característico del material del pararrayos.
γ	Coeficiente de no linealidad de la característica del pararrayos
δ	Densidad relativa del aire respecto de 25ºc y 760 mmhg.
δ_{20}	Densidad relativa del aire respecto de 20ºc y 760 mmhg.
Δ	Separación entre dos conductores contiguos de un haz.
ε	Permitividad dieléctrica del medio aislante.
ε_r	Permitividad dieléctrica relativa del medio aislante.
ε_0	Permitividad dieléctrica del vacío.
ξ	Coeficiente de emisividad del conductor, con un valor representativo de 0,5.
$\bar{\gamma}$	Constante de propagación de la línea.
Γ	Línea cerrada de integración.
λ	Enlaces de flujo.
λ_{12}	Enlaces de flujo por unidad de longitud entre dos puntos P_1 y P_2.
λ'_{iP}	Enlaces de flujo por unidad de longitud encerrados desde un conductor genérico i hasta un punto P.
λ'_i	Enlaces de flujo por unidad de longitud del conductor genérico i.
$\lambda'_i(\alpha)$	Enlaces de flujo por unidad de longitud del conductor genérico i en la disposición geométrica de los conductores de fase α.
λ'_{int}	Enlaces de flujo internos del conductor por unidad de longitud.
$\lambda_{p,a}$	Enlaces de flujo por la pantalla del cable de la fase a.
λ_f	Conductividad térmica del aire en función de la temperatura.
Ψ	Radiación solar en la zona del tendido del conductor.
ϕ	Flujo magnético.
μ	Permeabilidad magnética.
μ_r	Permeabilidad relativa.
μ_0	Permeabilidad del vacío ($4\cdot\pi\cdot10^{-7}$ H/m).
ρ	Resistividad del material.
ρ_r	Densidad relativa del aire.
σ_B	Constante de Stefan-Boltzman
θ	Temperatura media del conductor.
θ_{amb}	Temperatura ambiente.
ϑ	Ángulo que forma la dirección del viento con el conductor.
ω	Pulsación de la corriente alterna.

BIBLIOGRAFÍA

[1]   "Brochure on thermal behavior of overhead conductors". CIGRE. SC 22, WG12.

[2]   "Standard for Calculating the Current-Temperature of Bare Overhead Conductors" IEEE Std 738™-2006. IEEE Power Engineering Society.

[3]   "Sistemas de Energía Eléctrica", Fermín Caballero. Editorial Paraninfo.

[4]   "Análisis de Sistemas Eléctricos de Potencia" William D. Stevenson. Editorial Mc Graw Hill.

[5]   "High Voltage Engineering" M.S. Naidu, V. Kamaraju. Editorial Mc. Graw-Hill.

[6]   "A Charge Simulation Method for the Calculation of High Voltage Fields". H. Singer, H. Steinbigler and P. Weiss. IEEE Trans. On P.A.S, Tomo 93 (1976).

[7]   "Effet Couronne sur les Réseaux Électriques Aériens". Claude Gary. D4 440-1 Techniques de l'Ingénieur, Traité Génie électrique.

[8]   CEI 60720. "Characteristics of line post insulators".

[9]   UNE-EN 61952:2010 "Aisladores para líneas aéreas. Aisladores compuestos rígidos de peana para sistemas de corriente alterna de tensión nominal superior a 1 kV. Definiciones, métodos de ensayo y criterios de aceptación".

[10]   UNE-EN 60305. "Aisladores para línea aéreas de tensión nominal superior a 1 kV. Elementos de las cadenas de aisladores de material cerámico o de vidrio para sistemas de corriente alterna. Características de los elementos de las cadenas de aisladores caperuza y vástago".

[11]   UNE-EN 60433. "Aisladores para líneas aéreas de tensión nominal superior a 1 kV. Aisladores de cerámica para líneas de corriente alterna. Características de los elementos de las cadenas de aisladores de tipo bastón".

[12]   UNE-EN 61466-1. "Elementos de cadena de aisladores compuestos para líneas aéreas de tensión nominal superior a 1 kV. Parte 1: Clases mecánicas y acoplamientos de extremos normalizados".

[13]   UNE-EN 60071-1. "Coordinación de aislamiento. Parte 1: Definiciones, principios y reglas".

[14]   UNE-EN 60071-2. "Coordinación de aislamiento. Parte 2: Guía de Aplicación".

[15]   IEC 60060-1. "High Voltage Test Techniques. Part 1. General definitions and test requirements".

[16]   IEC 141-1. "Tests on oil-filled and gas-pressure cables and their accessories. Part 1:Oil-filled, paper-insulated, metal-sheathed cables and accessories for alternating voltajes up to and including 400 kV.

[17]   IEEEStd 1410-2010. "Guide for Improving the Performance of Electrical Power Overhead Distribution Lines".

[18]   "Guide to procedure for estimating the lightning performance of transmission lines" de CIGRE.

[19]   D. Beato, F. Castro, F. Fernández, M. García-Gracia, J. M. García, F. Garnacho, B. Hermoso, J. Martín, L. Montañés, J. A. Martínez, "Coordinación de Asilamientos en Redes Eléctricas de Alta Tensión".

[20]   UNE-EN 60099-4 "Pararrayos. Parte 4: Pararrayos de óxido metálico sin explores para sistemas de corriente alterna".

[21]   UNE-EN 60099-5 "Pararrayos. Parte 5: Recomendaciones para la selección y utilización".

[22]   IEC 60507 "IEC 60507 Artificial Pollution Tests on High-Voltage Insulators to be used on A.C. Systems.

[23]   IEEE Std 998-1996. "Guide for Direct Lightning Stroke Shielding of Substations".

Capítulo **2**

Cálculo mecánico de conductores

OBJETIVOS

- Estudiar las ecuaciones de la mecánica (ecuaciones de la catenaria y de la parábola) que gobiernan el cálculo mecánico de los conductores.

- Conocer los objetivos del cálculo mecánico y las condiciones de sobrecarga, tracción máxima y flecha reglamentarias.

- Comprender la aplicación de la ecuación de cambio de condiciones según se trate de un vano a nivel, de un vano desnivelado, o de un cantón de línea formado por vanos.

- Distinguir las condiciones de cálculo para líneas de categoría especial según se utilicen conductores desnudos o conductores unipolares aislados reunidos en haz.

- Conocer en qué consiste la repotenciación de una línea sin modificar su trazado ni su cálculo mecánico, mediante la utilización de conductores de altas prestaciones térmicas.

SIMULACIÓN

- Hojas de cálculo en Excel.
- Programas desarrollados en Mathcad.

CONOCIMIENTOS FUNDAMENTALES PREVIOS

Se requieren conocimientos básicos de resistencia de materiales, en concreto, de la característica tensión-deformación y del módulo de elasticidad. También se requieren conocimientos básicos de electrotecnia.

CONTENIDO DEL CAPÍTULO

2.1. Introducción al cálculo mecánico de conductores

2.2. Objetivos del cálculo mecánico y ecuación de cambio de condiciones
- 2.2.1. Objetivos del cálculo mecánico
- 2.2.2. Aplicación de la ecuación de cambio de condiciones
  - 2.2.2.1. Caso de un único vano a nivel
  - 2.2.2.2. Caso de un solo vano desnivelado (método de Truxá)
  - 2.2.2.3. Caso de un solo vano desnivelado (método de Truxá), considerando la acción del viento sobre la curva de equilibrio
  - 2.2.2.4. Caso de un cantón con vanos a nivel
  - 2.2.2.5. Caso de un cantón con vanos a distinto nivel
  - 2.2.2.6. Desequilibrio de tracciones en los vanos de un cantón.

2.3. Prescripciones del RLAT para el cálculo mecánico de conductores
- 2.3.1. Cálculo mecánico de conductores desnudos o recubiertos
  - 2.3.1.1. Acciones a considerar
  - 2.3.1.2. Hipótesis de cálculo
- 2.3.2. Cálculo mecánico de conductores unipolares aislados reunidos en haz
  - 2.3.2.1. Acciones a considerar
  - 2.3.2.2. Hipótesis de cálculo

2.4. Cálculo del coeficiente de sobrecarga del conductor.
- 2.4.1. Valores reglamentarios de los coeficientes de sobrecarga.
  - 2.4.1.1. Sobrecargas de viento en zonas a, b y c.
  - 2.4.1.2. Sobrecargas de hielo, para líneas de 1ª, 2ª y 3ª categoría, en zonas B y C.
  - 2.4.1.3. Sobrecargas combinadas de hielo y viento, para líneas de categoría especial, en zonas B y C.
- 2.4.2. Ejemplos de cálculo de coeficientes de sobrecarga.
  - 2.4.2.1. Conductor emplazado en línea de 3ª categoría.
  - 2.4.2.2. Conductor emplazado en línea de categoría especial.

2.5. Comparación de los modelos de la catenaria, parábola y el método de Truxá en un vano desnivelado
- 2.5.1. Resolución mediante las ecuaciones de la catenaria
- 2.5.2. Resolución mediante el método de Truxá.
- 2.5.3. Resolución utilizando la parábola considerando el vano a nivel.

2.6. Ejemplo de cálculo mecánico de vano a nivel

2.7. Ejemplo de cálculo mecánico de vano desnivelado
- 2.7.1. Resolución sin tener en cuenta el desplazamiento de la curva de equilibrio debida a la acción del viento.
- 2.7.2. Resolución teniendo en cuenta el desplazamiento de la curva de equilibrio del conductor debida a la acción del viento.
- 2.7.3. Resolución teniendo en cuenta el desplazamiento de la curva de equilibrio debida a la acción del viento con un viento excepcional de 150 km/h

2.8. Ejemplo de cálculo mecánico de un cantón de línea

2.9. Ejemplo de cálculo mecánico de un cantón de línea de categoría especial
- 2.9.1. Cálculo mecánico del conductor de fase
- 2.9.2.- Cálculo mecánico del conductor de tierra.

2.10. Repotenciación de una línea utilizando conductores de alta temperatura
- 2.10.1. Introducción
- 2.10.2. Ejemplo de cálculo de una línea de 1.ª categoría con conductor LA-280 o alternativamente conductor GTACSR 260
  - 2.10.2.1. Cálculos mecánicos correspondientes al conductor LA-280
  - 2.10.2.2. Cálculos mecánicos correspondientes al conductor GTACSR 260
  - 2.10.2.3. Verificación de las condiciones de utilización del nuevo conductor
  - 2.10.2.4. Estudio de las pérdidas de potencia y caídas de tensión.

2.11. Ejemplo de cálculo mecánico con cables unipolares aislados reunidos en haz

2.1. INTRODUCCIÓN AL CÁLCULO MECÁNICO DE CONDUCTORES

La fuerza de tracción interna en cualquier punto de un hilo, flexible e inextensible, sometido a diversas fuerzas externas (hielo, viento, etc.), debe ser tangente a la curva de equilibrio en dicho punto.

La Figura 2.1, que representa un hilo en equilibrio tendido entre dos puntos A y B, muestra la dirección de la tracción en los puntos O, C y B.

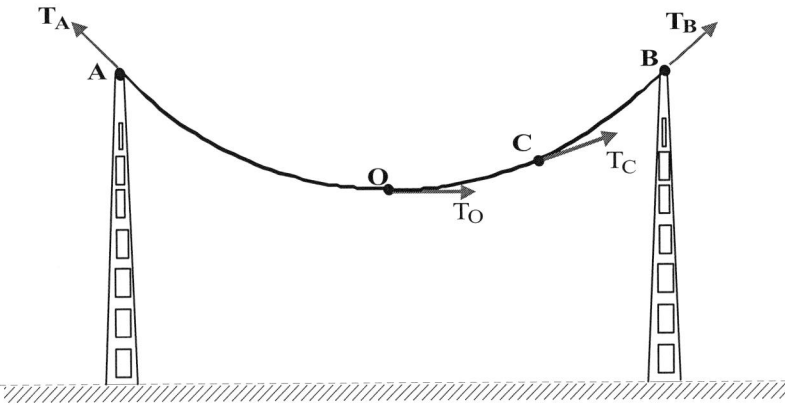

Figura 2.1. Fuerzas de tracción en cualquier punto de la curva de equilibrio de un hilo

Si se toma un trozo de hilo de peso P, entre dos puntos arbitrarios M y N, de la curva de equilibrio, la resultante de las fuerzas que actúan sobre dicho trozo tiene que ser cero.

Por tanto:

$$T_{VM} + T_{VN} = P$$

$$T_{HM} = T_{HN}$$

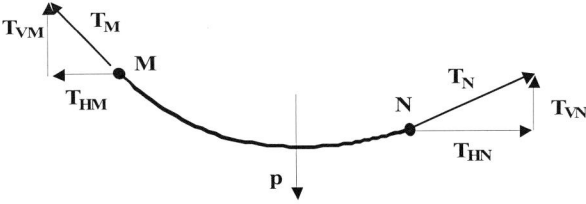

Figura 2.2. Trozo de hilo en equilibrio

Como conclusión se puede afirmar que la componente horizontal de la tracción en cualquier punto del hilo es constante: $T_{HM} = T_{HN}$.

Si el hilo está sometido a fuerzas externas (viento, hielo, etc.), la curva de equilibrio se encontrará situada en un plano paralelo a la dirección de las fuerzas. En la Figura 2.3 se puede observar que para el caso de un hilo sometido a su propio peso o a su propio peso junto con una sobrecarga de hielo (fuerza resultante F en la dirección del eje z), la curva de equilibrio se encontrará sobre un plano vertical paralelo al eje y.

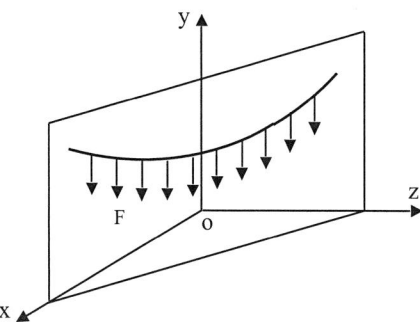

Figura 2.3. Curva de equilibrio contenida en un plano paralelo a la dirección de las fuerzas

En la Figura 2.4 se muestra el caso de un hilo sometido a una carga vertical, cuya curva de equilibrio se encuentra contenida en el plano x-y. Se denominará b a la longitud real del vano o distancia entre los puntos de sujeción del conductor A y B, a la proyección horizontal de b sobre el eje x, y d al desnivel existente entre los puntos de sujeción del conductor.

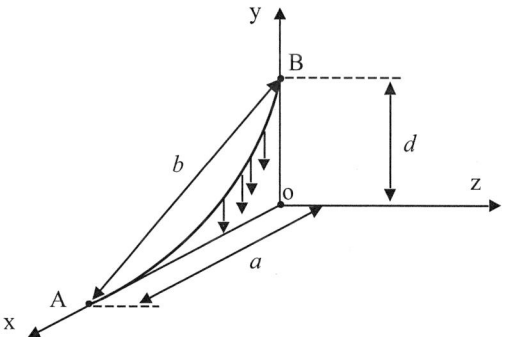

Figura 2.4. Curva de equilibrio contenida en un plano x-y, paralelo a la dirección de las fuerzas

Si este hilo se encontrara sometido simultáneamente a unas cargas por metro lineal, $p_{vertical}$, peso vertical (peso propio más sobrecarga de hielo en su caso), y p_v, carga transversal debida al viento, la curva de equilibrio se situaría en un plano paralelo a la resultante de las fuerzas que actúan sobre él, y ya no estaría contenida en el plano XY.

En la Figura 2.5 se ha representado la curva adoptada por el hilo en el plano paralelo a la resultante de las fuerzas, plano ABC. En este caso, a_v es la longitud a considerar para el vano proyectado y d_v el desnivel a considerar entre los puntos de sujeción del conductor, ambas longitudes estarían definidas en el plano *ABC*.

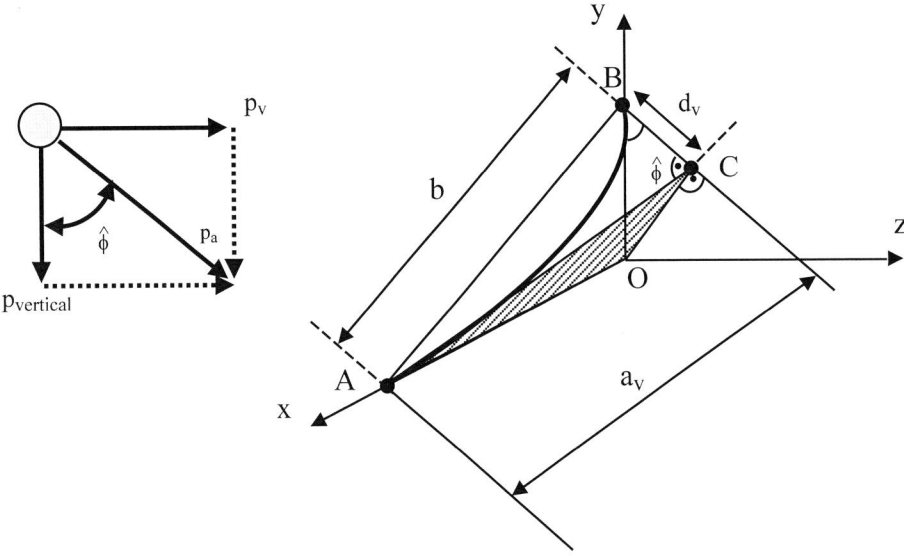

Figura 2.5. Curva de equilibrio contenida en el plano *ABC*, paralelo a la resultante de las fuerzas que actúan sobre el hilo y perpendicular al plano *AOC*

La longitud real del vano, *b*, conserva la misma expresión, siendo el nuevo desnivel por efecto del viento d_v, y la nueva longitud de vano proyectado, a_v. Nótese que el subíndice *v* para a_v, y d_v indica la presencia de viento.

$$b = \sqrt{a^2 + d^2}$$

$$d_v = d \cdot \cos \hat{\phi}$$

$$a_v = \sqrt{b^2 - d_v{}^2}$$

Un hilo flexible tendido entre dos puntos sigue la forma de una curva catenaria cuya ecuación es la siguiente:

$$y = h \cdot ch \frac{x}{h} \qquad (1)$$

donde *h* es el parámetro de catenaria de valor:

$$h = \frac{T_0}{p}$$

siendo T_0, la componente horizontal de la tracción constante en cualquier punto de la curva. Si T_0 se expresada en daN y el peso del hilo por unidad de longitud, *p*, se expresará en daN/m, y el valor de *h* resultará en metros.

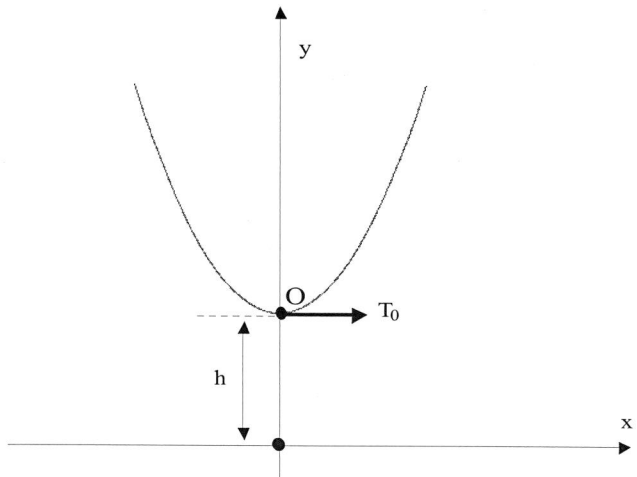

Figura 2.6. Catenaria

La forma que adopta el hilo, según puede observarse en la Figura 2.7, depende del parámetro de la catenaria, tal que $h_1 < h_2 < h_3 < h_4$.

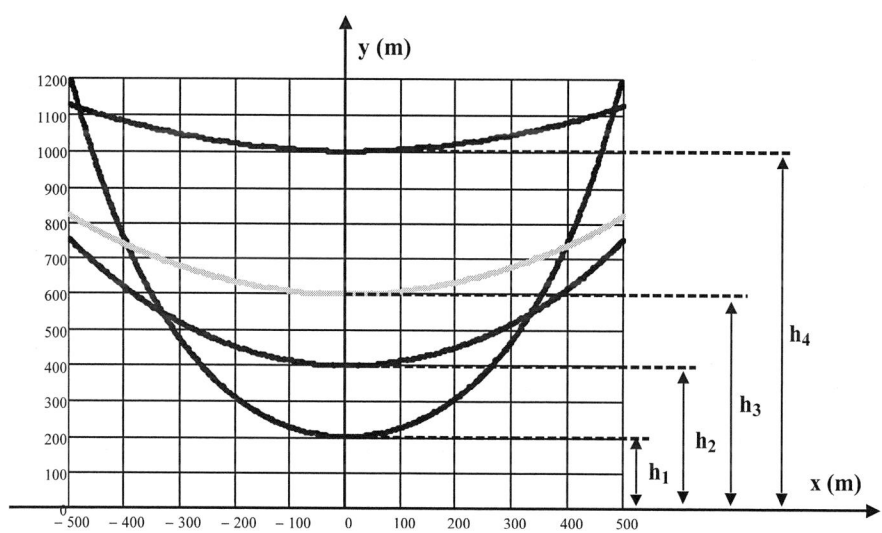

Figura 2.7. Diferentes formas de la catenaria en función del parámetro h.

Teniendo en cuenta que la fuerza de tracción en cualquier punto del hilo se puede calcular como la raíz de la suma cuadrática del peso de hilo que colgase desde ese punto hasta el origen de la catenaria (punto O de la Figura 2.6), y de la tracción horizontal, T_0 constante a lo largo del vano, se puede deducir la propiedad de la catenaria por la que la tensión total en un punto arbitrario de abscisa x es el peso de un hilo de longitud igual a la ordenada correspondiente a dicho punto. Para demostrar la propiedad anterior, considérese el vano a nivel de la Figura 2.8.

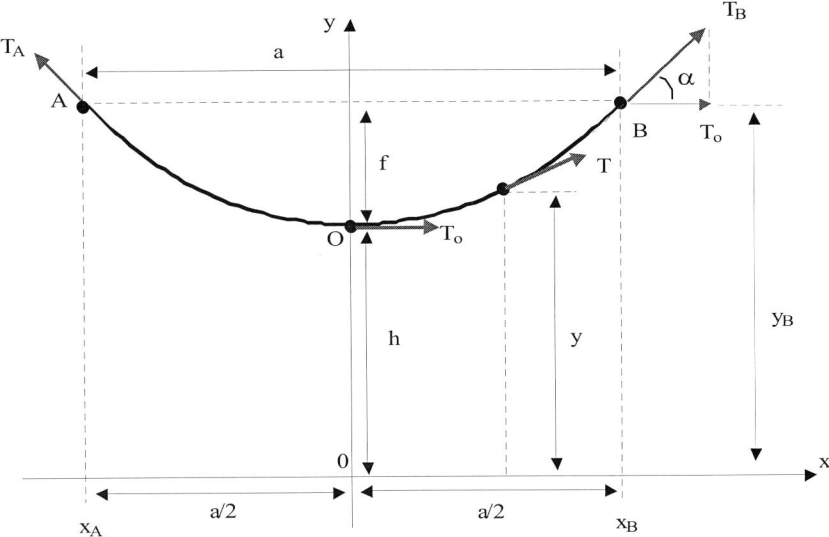

Figura 2.8. Representación de un vano a nivel

La pendiente de la curva catenaria en un punto cualquiera tiene por valor:

$$\frac{dy}{dx} = \frac{d\left(h \cdot ch\dfrac{x}{h}\right)}{dx} = sh\frac{x}{h}.$$

La pendiente en el punto B de sujeción del conductor, de la Figura 2.8, se obtiene sustituyendo el valor de la abscisa en dicho punto, $x_B = a/2$.

$$tg\alpha = sh\frac{x_B}{h} = sh\frac{a/2}{h} = sh\frac{a}{2h},$$

por lo que la tracción en dicho punto de sujeción tendrá por expresión:

$$T_B = \frac{T_0}{\cos\alpha} = T_0 \cdot \sqrt{1 + tg^2\alpha} = T_0 \cdot \sqrt{1 + sh^2\frac{a}{2.h}} = T_0 \cdot ch\frac{a}{2.h} = \frac{T_0}{h} \cdot y_B = p \cdot y_B$$

La tensión en el punto B, de sujeción del hilo, se puede expresar también como:

$$T_B = p \cdot y_B = p \cdot (h + f) = p \cdot h + p \cdot f = T_0 + p \cdot f$$

Aunque esta propiedad de la catenaria se ha demostrado para un vano a nivel, es aplicable también a vanos desnivelados. Por tanto, con carácter general la tracción total en cualquier punto de la catenaria es igual al peso de un hilo de longitud igual a la ordenada y de dicho punto. En particular para los puntos B y O, se cumple que:

$$T_B = p \cdot y_B$$
$$T_0 = p \cdot h$$

siendo p, el peso aparente por unidad de longitud (incluidas sobrecargas en su caso), en daN/m y siendo y_B, y h las ordenadas en los puntos B y O, en metros.

En general se cumple también que en cualquier punto de la curva:

$$T = p \cdot y$$

Se define la flecha f (véase la Figura 2.9), como la máxima distancia vertical que existe entre la recta que une los puntos de sujeción del conductor (recta AB) y la curva de equilibrio del hilo.

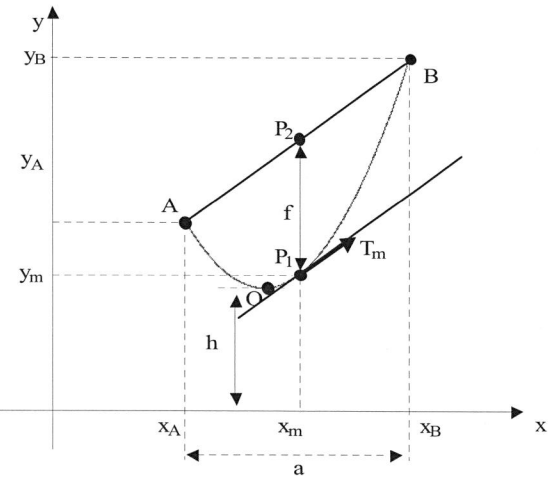

Figura 2.9. Flecha

La flecha se mide en el punto P_1, donde una recta paralela a AB es tangente a la curva de equilibrio del hilo. Su valor se calcula como la diferencia entre las ordenadas de los puntos P_2 y P_1. Se puede demostrar que la posición de P_1 coincide muy aproximadamente con el centro del vano, simplificación esta que se utilizará a partir de ahora.

Aplicando la definición de la flecha, la ecuación de la catenaria, y asumiendo que la flecha se produce exactamente en el punto medio del vano se obtiene:

$$f = y_{P2} - y_{p1} = \frac{y_A + y_B}{2} - y_{p1} = \frac{1}{2} \cdot \left(h \cdot ch \frac{x_A}{h} + h \cdot ch \frac{x_B}{h} \right) - h \cdot ch \frac{x_m}{h}$$

Como $ch \dfrac{x_A}{h} + ch \dfrac{x_B}{h} = 2 \cdot ch \left(\dfrac{x_A + x_B}{2 \cdot h} \right) \cdot ch \left(\dfrac{x_B - x_A}{2 \cdot h} \right)$, la expresión anterior se puede desarrollar como:

$$f = \frac{1}{2} \cdot h \cdot \left[\left(2 \cdot ch \left(\frac{x_A + x_B}{2 \cdot h} \right) \cdot ch \left(\frac{x_B - x_A}{2 \cdot h} \right) \right) \right] - h \cdot ch \frac{x_m}{h} = h \cdot \left[\left(ch \left(\frac{x_m}{h} \right) \cdot ch \left(\frac{a}{2 \cdot h} \right) \right) \right] - h \cdot ch \frac{x_m}{h}$$

$$f = h \cdot ch \left(\frac{x_m}{h} \right) \cdot \left[ch \left(\frac{a}{2 \cdot h} \right) - 1 \right] = y_m \cdot \left[ch \left(\frac{a}{2 \cdot h} \right) - 1 \right]$$

Como $T_m = p \cdot y_m$, la expresión para la flecha queda:

$$f = \frac{T_m}{p} \cdot \left[ch\left(\frac{a}{2 \cdot h}\right) - 1 \right] \quad (2)$$

La longitud correspondiente a un tramo de hilo en equilibrio se puede calcular integrando un elemento diferencial de longitud dl entre x_A y x_B, de la forma siguiente

$$dl = \sqrt{dx^2 + dy^2} = dx\sqrt{1 + \left(\frac{dy}{dx}\right)^2}$$

$$\frac{dy}{dx} = y', \quad y = h \cdot ch\frac{x}{h}, \quad y' = sh\frac{x}{h},$$

$$dl = dx \cdot \sqrt{1 + y'^2} = dx \cdot \sqrt{1 + \left(sh\frac{x}{h}\right)^2}$$

$$l = \int_{X_A}^{X_B} dl = \int_{X_A}^{X_B} \sqrt{1 + \left(sh\frac{x}{h}\right)^2} \cdot dx = \int_{X_A}^{X_B} ch\frac{x}{h} \cdot dx = h \cdot \left(sh\frac{x_B}{h} - sh\frac{x_A}{h}\right)$$

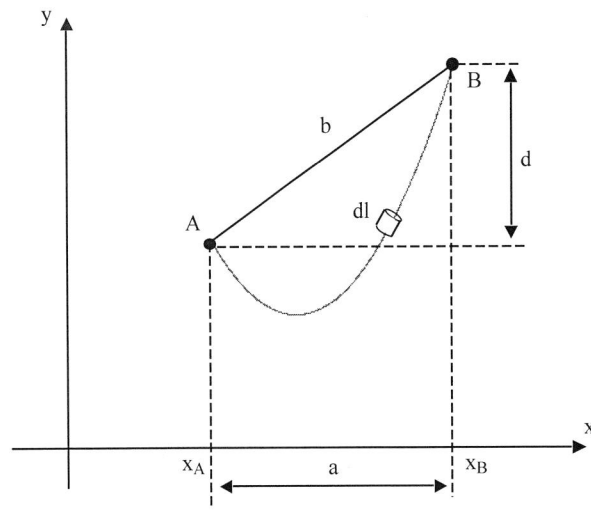

Figura 2.10. Cálculo de la longitud del hilo

El desnivel d entre los puntos de sujeción del conductor de la Figura 2.10 se puede escribir:

$$d = y_B - y_A = h \cdot ch\frac{x_B}{h} - h \cdot ch\frac{x_A}{h} = h \cdot \left(ch\frac{x_B}{h} - ch\frac{x_A}{h}\right)$$

Con el fin de obtener la longitud del hilo en función de parámetros diferentes a x_A y x_B, la expresión anterior se puede expresar de la siguiente forma ya que:

$$l^2 = h^2 \cdot \left[\left(sh\,\frac{x_B}{h} \right)^2 + \left(sh\,\frac{x_A}{h} \right)^2 - 2.sh\,\frac{x_B}{h} \cdot sh\,\frac{x_A}{h} \right]$$

$$d^2 = h^2 \cdot \left[\left(ch\,\frac{x_B}{h} \right)^2 + \left(ch\,\frac{x_A}{h} \right)^2 - 2 \cdot ch\,\frac{x_B}{h} \cdot ch\,\frac{x_A}{h} \right]$$

$$l^2 - d^2 = h^2 \cdot \left[\left(sh\,\frac{x_B}{h} \right)^2 + \left(sh\,\frac{x_A}{h} \right)^2 - \left(ch\,\frac{x_B}{h} \right)^2 - \left(ch\,\frac{x_A}{h} \right)^2 + 2 \cdot ch\,\frac{x_B}{h} \cdot ch\,\frac{x_A}{h} - 2 \cdot sh\,\frac{x_B}{h} \cdot sh\,\frac{x_A}{h} \right]$$

como $ch^2 x = 1 + sh^2 x$, y también: $ch(x_B - x_A) = ch\,x_A \cdot ch\,x_B - sh\,x_A \cdot sh\,x_B$, se tiene que:

$$l^2 - d^2 = 2 \cdot h^2 \cdot \left[-1 + \left[ch\,\frac{x_B}{h} \cdot ch\,\frac{x_A}{h} - sh\,\frac{x_B}{h} \cdot sh\,\frac{x_A}{h} \right] \right] =$$

$$= 2 \cdot h^2 \cdot \left[-1 + ch\left(\frac{x_B - x_A}{h} \right) \right] = 2 \cdot h^2 \cdot \left[ch\left(\frac{a}{h} \right) - 1 \right]$$

$$l = \sqrt{d^2 + 2 \cdot h^2 \cdot \left[ch\left(\frac{a}{h} \right) - 1 \right]} \qquad (3)$$

Si en las expresiones anteriores (1), (2) y (3), obtenidas para la catenaria, flecha y longitud del hilo, se sustituyen las funciones hiperbólicas por sus correspondientes desarrollos en serie o fórmulas de Mac Laurin:

$$ch\,x = 1 + \frac{x^2}{2!} + \frac{x^4}{4!} + ...$$

$$sh\,x = x + \frac{x^3}{3!} + \frac{x^5}{5!} + ...$$

se obtienen las simplificaciones siguientes:

a)   De la ecuación de una catenaria se pasa a la ecuación de la parábola, considerando los dos primeros términos del desarrollo en serie.

$$y = h \cdot ch\,\frac{x}{h} \longrightarrow y \approx h \cdot \left(1 + \frac{x^2}{2 \cdot h^2} \right) = \left(h + \frac{x^2}{2 \cdot h} \right) \qquad (4)$$

b) Para la flecha se consideran los tres primeros términos del desarrollo, por tanto:

$$f = \frac{T_m}{p} \cdot \left(ch\, \frac{a}{2 \cdot h} - 1 \right) \longrightarrow f \approx \frac{T_m}{p} \cdot \left(\frac{a^2}{8 \cdot h^2} + \frac{a^4}{384 \cdot h^4} \right)$$

Teniendo en cuenta la relación que existe entre la tracción en el punto medio del vano y su componente horizontal, véase que según la Figura 2.11:

$$\frac{T_m}{T_0} = \frac{b}{a}$$

y despreciando el segundo término del paréntesis en la expresión de la flecha se obtiene:

$$f = \frac{b^2 \cdot p}{8 \cdot T_m} \qquad (5)$$

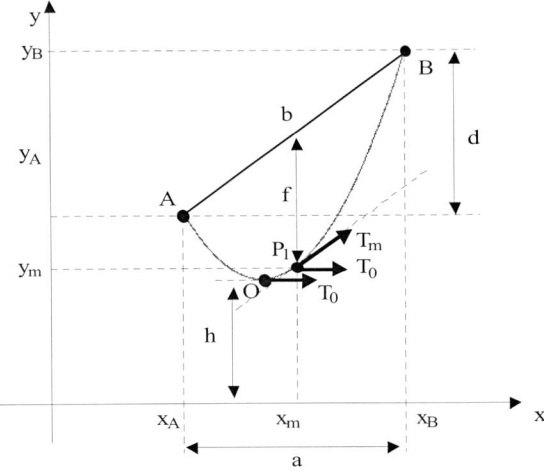

Figura 2.11. Relación entre la tensión y su componente horizontal

c) Para la longitud de hilo se consideran los tres primeros términos del desarrollo, por tanto, a partir de la ecuación (3) se tiene que:

$$l = \sqrt{d^2 + 2 \cdot h^2 \cdot \left(ch\, \frac{a}{h} - 1 \right)} \longrightarrow l = \sqrt{d^2 + 2 \cdot h^2 \cdot \left(\frac{a^2}{2 \cdot h^2} + \frac{a^4}{24 \cdot h^4} \right)} = \sqrt{d^2 + a^2 + \frac{a^4}{12 \cdot h^2}}$$

En función de la distancia real entre los puntos de sujeción del conductor b, se obtiene la siguiente expresión, ya que $b^2 = a^2 + d^2$:

$$l = \sqrt{b^2 + \frac{a^4}{12 \cdot h^2}}$$

que expresada en función de la tracción en el punto medio del vano T_m, se transforma en:

$$l = b \cdot \sqrt{1 + \frac{a^2 \cdot p^2}{12 \cdot T_m^2}} \qquad (6)$$

Para el caso de vanos a nivel (*véase* la Figura 2.12), las expresiones (5) y (6) de la flecha y longitud del hilo se pueden simplificar, ya que se cumple que:

$$b = a \qquad ; \quad T_m = T_0$$

Por tanto:

$$f = \frac{a^2 \cdot p}{8 \cdot T_0} \qquad (7)$$

$$l = a + \frac{a^3 \cdot p^2}{24 \cdot T_0^2} \qquad (8)$$

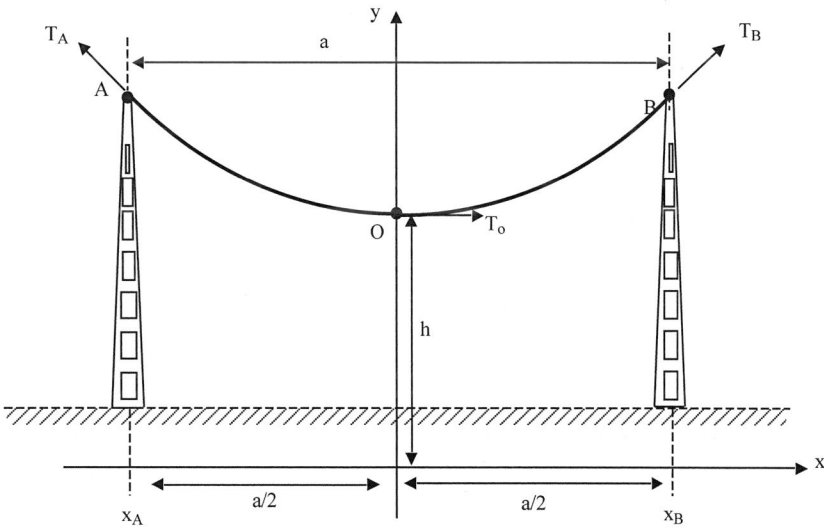

Figura 2.12. Vano a nivel

Las expresiones (7) y (8) basadas en la ecuación de la parábola se suelen aceptar para vanos de longitud inferior a 500 m y de desnivel inferior al 10%.

Este efecto se puede apreciar comparando las flechas y longitudes de conductor obtenidas mediante las ecuaciones (2) y (3) según el modelo de la catenaria, y las ecuaciones (7) y (8) según el modelo de la parábola para un vano a nivel.

Tabla 2.1. Comparación de las flechas y longitudes de conductor obtenidas
mediante las ecuaciones de la catenaria y la parábola.

Conductor LA-110	Tracción horizontal a 50°C T_0 (daN)	Vano a (m)	Desnivel d (m)	$f(m)$ según (2)	$f(m)$ según (7)	$l(m)$ según (3)	$l(m)$ según (8)
Peso propio $p = 0,424$ daN/m	504	300	0	9,48	9,46	300,80	300,80
		300	25	9,51	9,46	301,83	300,80
		300	50	9,61	9,46	304,92	300,80
		300	75	9,77	9,46	310,01	300,80
		300	100	9,99	9,46	316,98	300,80
		500	0	26,39	26,29	503,69	503,69
		500	25	26,42	26,29	504,31	503,69
		500	50	26,52	26,29	506,17	503,69
		500	75	26,68	26,29	509,25	503,69
		500	100	26,91	26,29	513,53	503,69
		1.000	0	106,72	105,16	1.029,75	1.029,49
		1.000	25	106,75	105,16	1.030,05	1.029,49
		1.000	50	106,85	105,16	1.030,96	1.029,49
		1.000	75	107,02	105,16	1.032,48	1.029,49
		1.000	100	107,25	105,16	1.034,60	1.029,49

2.2. OBJETIVOS DEL CÁLCULO MECÁNICO Y ECUACIÓN DE CAMBIO DE CONDICIONES

Los conductores de las líneas aéreas se cuelgan entre apoyos de tal manera que tienen que alcanzar una flecha perfectamente definida. Al tender los conductores se produce un esfuerzo de tracción en la sección del conductor que no debe exceder de un límite prefijado.

2.2.1. Objetivos del cálculo mecánico

El objetivo del cálculo mecánico es prever las flechas y tensiones del conductor en todas las posibles condiciones de temperatura, hielo o viento. La tensión del conductor es un parámetro muy importante para el diseño de los apoyos, mientras que las flechas máximas del vano determinarán la altura de los apoyos y su ubicación, con el objeto de mantener una distancia mínima al terreno y a otros objetos a lo largo de toda la vida útil de la línea. Por lo tanto, la integridad mecánica y eléctrica de una línea aérea dependerá de forma importante del grado de exactitud de los cálculos de la flecha y de la tensión.

Habitualmente la flecha (o la tensión) de los conductores se mide en el momento de su construcción con la línea sin energizar. La instalación que se realiza a una temperatura comprendida entre 10 °C y 35 °C, consiste en tensar los conductores a un valor entre el 10% y el 30% de su carga de la rotura.

Durante la vida útil de la línea los conductores de fase estarán sometidos a altas temperaturas en función de su carga eléctrica y en especial, durante períodos de gran demanda de energía. Todos los conductores, incluidos los cables de tierra estarán sometidos al hielo y al viento de forma más o menos ocasional. En todas estas condiciones, nunca deben romperse los conductores por una tracción excesiva o por la fatiga que implica su continuo balanceo por efecto del viento, al tiempo que se deben respetar las flechas y distancias reglamentarias.

En la Figura 2.13 se ilustra de forma aproximada cómo puede variar la flecha de una línea debida a diferentes efectos a lo largo de su vida útil.

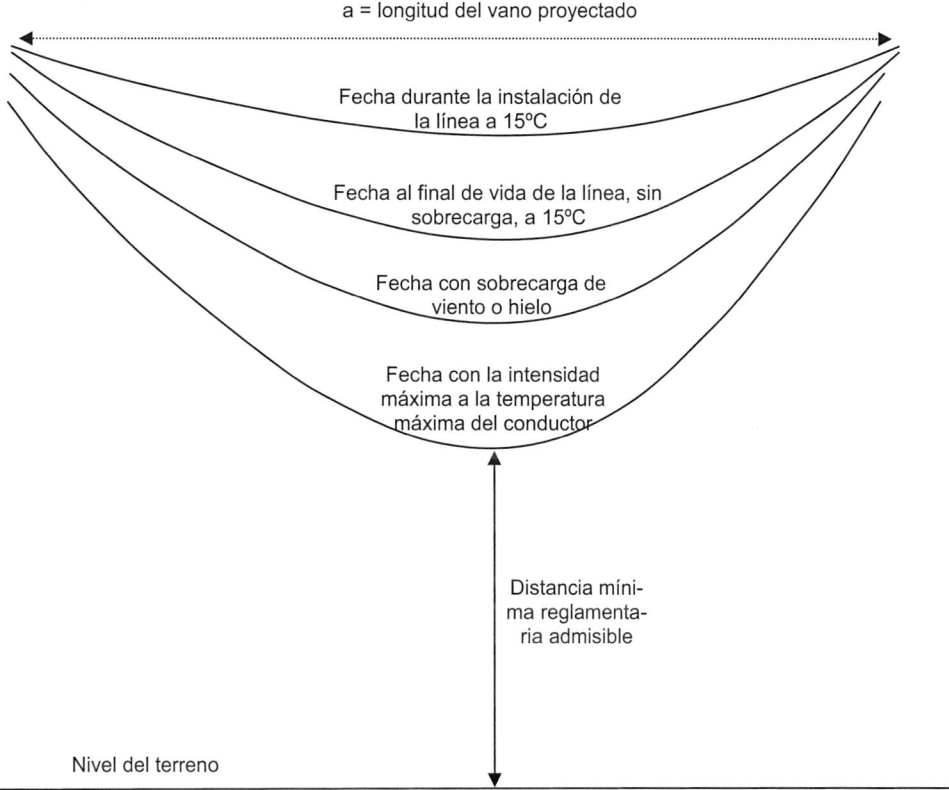

Figura 2.13. Ejemplo de variación de posición de la catenaria del conductor en distinta condiciones de servicio. Nótese que la flecha máxima no tiene que coincidir obligatoriamente con la hipótesis de temperatura

- En el momento de la construcción de la línea se mide la flecha a la temperatura del día del tendido, por ejemplo, a 15 °C.

- Las cargas severas de hielo o viento de la línea o las condiciones normales de servicio a lo largo de los años provocan un alargamiento plástico y progresivo de los capas de alambres de aluminio. Esta deformación plástica aumenta la flecha y disminuye la tensión en los conductores para las condiciones normales de servicio.

- Las solicitaciones severas de sobrecarga (viento o hielo) provocan un aumento de la flecha y de la tensión de los conductores.

- La intensidad máxima admisible, que circula por los conductores de fase provoca una flecha que resulta ser, a menudo, mayor que la correspondiente a las sobrecargas de hielo o viento.

Cuando se construye una línea, se tienden los conductores a la tensión correspondiente y a temperatura ambiente. Cuando esta línea esté sometida, por ejemplo, a un invierno muy frío o soporte sobrecargas importantes de hielo, se podrá observar como, a la misma temperatura, la flecha es mayor que en el momento del tendido. Por tanto, es necesario, para garantizar las distancias de seguridad previstas en el proyecto, compensar el alargamiento inelástico debido a la conformación de los alambres del conductor.

Para evitar este efecto, el instalador podría aplicar a los conductores un esfuerzo de tracción importante, durante unas 24 horas, antes de realizar el tendido. Otra opción sería tender los cables utilizando la tabla de tendido, como si la temperatura ambiente fuera 10 o 15 °C menor que la temperatura real.

Se define el parámetro de elongación de un arco de catenaria de la línea como la diferencia entre la longitud, l, del conductor según (3) y la longitud del vano proyectado, a. Este parámetro denominado en inglés *slack*, caracteriza el mayor o menor tensado del conductor y se expresa generalmente en unidad o en tanto por ciento:

$$Sl(pu) = \frac{l-a}{a} = \frac{1}{a}\sqrt{d^2 + 2 \cdot h \cdot \left(ch\frac{a}{h} - 1 \right)} - 1 \qquad (9)$$

Para el caso particular de vanos a nivel se tendría que $d = 0$, y por tanto, se pueden calcular la elongación y la flecha mediante las expresiones:

$$Sl(pu) = \frac{l-a}{a} = \frac{T_0}{p \cdot a}\sqrt{2 \cdot \left(ch\frac{p \cdot a}{T_0} - 1 \right)} - 1 \qquad (10)$$

$$f = \frac{T_0}{p} \cdot \left[ch\left(\frac{a \cdot p}{2 \cdot T_0} \right) - 1 \right]$$

Para cada valor de la tensión horizontal, T_0, se puede calcular la flecha, f, y la elongación del arco de catenaria, Sl, con objeto de representar gráficamente la relación entre estos tres parámetros:

Por ejemplo, para un conductor LA tipo Drake, con características:

- Carga de rotura a la tracción de 14.000 daN.

- Sección de Al: 402,8 mm^2, sección total: 468,5 mm^2.

- Módulo de elasticidad: 7.390 daN/mm^2.

- $p = p_{\text{propio}} = 1,597$ daN/m.

Si el conductor está tendido sin sobrecarga alguna en un vano a nivel de 300 m, se tendrían los valores que aparecen en la Figura 2.14 de flecha y tensión horizontal en función del parámetro de tensado Sl (%).

En estas gráficas se observa que cuanto menos tenso está el conductor, mayor es su flecha. Por ejemplo, para una tensión T_0 del 40% de la carga de rotura, es decir, de 5.600 daN, se tiene una flecha de 6,42 m y un parámetro Sl de 0,122%, que equivale, para un vano a nivel de 300 metros, a una longitud del conductor de 300,37 metros. Si se aflojara el vano añadiendo una longitud de conductor de tan solo 100 mm adicionales, se obtendría un aumento de la flecha de 0,8 m y una disminución de la tensión del 13% (320 daN menos).

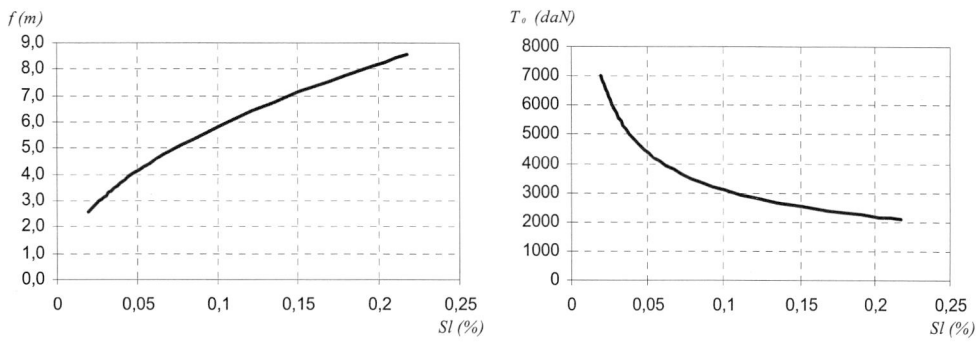

Figura 2.14. Variación de la flecha y de la tensión horizontal en función de Sl

El parámetro Sl es, por lo tanto, muy útil para evidenciar como cambios muy pequeños en la longitud del conductor, debidos, por ejemplo, a su deformación elástica o plástica o a cambios en su temperatura, que tienen un efecto muy pronunciado en la tensión y en la flecha del vano.

Los conductores poco tensos necesitan apoyos más elevados, puesto que entre el punto más bajo del conductor y el terreno ha de quedar una altura mínima reglamentaria. Además existe el peligro de que cuando haya fuertes vientos, los conductores se balanceen y puedan llegar a tocarse unos con otros. Esto sucede, en particular, con las líneas con conductores de aluminio debido al pequeño peso específico del material. El contacto entre conductores origina un cortocircuito que provoca una interrupción en el servicio y un arco eléctrico que daña al material. Para evitar tales inconvenientes, las líneas poco tensas deben estar ampliamente dimensionadas tanto en lo que se refiere a la distancia entre conductores, como a la altura de los apoyos.

Los conductores demasiado tensos están expuestos, en cambio, al peligro de la rotura cuando la fatiga del material se eleva como consecuencia de la contracción debida al frío, de la sobrecarga por la presión del viento o por el peso de la nieve o el hielo; entonces puede rebasarse fácilmente el límite admisible de la fatiga a la tracción (carga de rotura) y producirse la rotura del conductor.

Los objetivos correspondientes al cálculo mecánico de conductores son principalmente dos, a saber:

a) Establecer la tracción (daN) que ha de darse al conductor el día del tendido, de tal forma que nunca, a lo largo de la vida del conductor, se sobrepase en el mismo una fracción especificada de su carga de rotura, en las condiciones de sobrecarga y temperatura fijadas por el RLAT. En definitiva, el proyectista debe de establecer una tabla de tendido de la línea para que el instalador pueda ejecutar el tendido, garantizándose con ello el cumplimiento de las prescripciones reglamentarias durante la vida de la línea. El tendido de la línea se realiza a la temperatura ambiente sin sobrecarga alguna en el conductor.

La tabla de tendido facilita las tensiones del conductor y su flecha, en función de la temperatura del conductor en el momento del tendido y de la longitud del vano de regulación.

Se denomina *cantón* de una línea al conjunto de vanos comprendidos entre dos apoyos con cadenas de aisladores de amarre.

El *vano de regulación* es un vano a nivel ficticio, de longitud a_r, que se comporta, en cuanto a la tracción del conductor, de igual forma que lo haría un conductor instalado entre una serie de vanos comprendidos entre apoyos con cadenas de amarre. Su longitud, obtenida a partir de las longitudes de los n vanos pertenecientes a un cantón, es la siguiente, tal y como se demostrará en el Apartado 2.2.2 al estudiar la aplicación de la ecuación de cambio de condiciones.

$$a_r = \frac{\sum \frac{b_i^3}{a_i^2}}{\sum \frac{b_i^2}{a_i}} \sqrt{\frac{\sum a_i^3}{\sum \frac{b_i^2}{a_i}}}$$

donde, según la Figura 2.21:

b_i = longitud real de cada uno de los vanos.

a_i = longitud proyectada de cada uno de los vanos del cantón.

b) Obtener las flechas máximas según las hipótesis del Apartado 3.2.3 de la ITC-LAT 07 y Apartado 4.3.3. de la ITC-LA 08, para establecer las distancias entre conductores, distancias entre conductores y el terreno, distancias en cruzamientos, etc., y garantizar así el cumplimiento de las prescripciones del RLAT.

Además de los dos objetivos principales citados anteriormente, el cálculo mecánico del conductor debe de permitir también:

- Obtener la flecha mínima que se debe utilizar en el proyecto de la línea. En condiciones de flecha mínima se comprobará que en ningún apoyo de suspensión se produce un volteo o inclinación excesiva de las cadenas de aisladores que suponga un riesgo de aproximación de los conductores a partes puestas a tierra (apoyos y crucetas). Se comprobará también que se satisface una distancia mínima en el cruzamiento entre líneas eléctricas aéreas considerando, tal como indica el RLAT, la línea que cruza por debajo con su flecha mínima y la de arriba con su flecha máxima.

- Obtener las tracciones en el conductor a emplear para el cálculo de los apoyos.

- Obtener la distancia entre conductores y a partes puestas a tierra para verificar que cumplen los límites reglamentarios, evaluando para ello, en apoyos de suspensión, la desviación de la cadena de aisladores.

Es importante destacar que los cálculos de las flechas están afectados por varios factores que resultan en una exactitud entre el 2% y el 1%, incluso para los vanos más simples. Estos factores son básicamente los siguientes:

- La incertidumbre en el peso del conductor por unidad de longitud, ya que los valores utilizados son los pesos mínimos aceptables, pero en la realidad es habitual que se exceda tal valor entre el 0,2% y el 0,6%. Además durante la vida útil de la línea la tendencia es que el conductor aumente su peso por efecto de la polución y de la humedad.

- El efecto de inicio y fin de vano hace que la longitud del vano para la cual se puede considerar que el conductor es flexible sea algo menor, si los conductores se sujetan con grapas de suspensión que tienen una dimensión de unos 30 cm. El cálculo mecánico tiende a aumentar la flecha, entre un 0,4% y un 0,9% como media, según se instalen grapas de suspensión o el sistema de *armor rods*.

- La flexibilidad de los apoyos también afecta al cálculo de la flecha, provocando que el valor calculador sea algo inferior, del orden del 1%, según el tipo de apoyo y su grado de elasticidad.

2.2.2. Aplicación de la ecuación de cambio de condiciones

Los distintos métodos de cálculo de las tensiones y flechas en los conductores requieren un modelo del cambio de longitud del conductor con la tensión, la temperatura y el paso del tiempo.

Mediante el modelo deformación lineal basado en la *ecuación de cambio de condiciones*, la elongación del conductor con la tensión o la temperatura se considera totalmente elástica y reversible. Este modelo permite soluciones algebraicas para el cálculo mecánico, sin embargo, al ignorarse la elongación plástica del conductor la tensión del conductor sobre los apoyos se sobredimensiona, mientras que las flechas calculadas resultan inferiores a las que se tendrían considerando el alargamiento plástico de los conductores, por lo que se recomienda utilizar un cierto margen de seguridad en el cálculo de la flecha. Este modelo de deformación lineal se utilizará en este libro por su simplicidad y claridad didáctica.

Otros modelos más sofisticados denominados SPE, del inglés *Simplified Plastic Elongation* suman a las deformaciones elásticas anteriores un valor típico de elongación basado en la experiencia y que tiene en cuenta la elongación plástica del conductor esperada a lo largo de toda la vida útil de la línea. Por ejemplo, para conductores del tipo LA según la [1] se utiliza un 0,05%.

Los modelos más precisos denominados EPE, del inglés *Experimental Plastic Elongation* calculan la elongación plástica utilizando los resultados de múltiples ensayos de laboratorio sobre los conductores [2]. La elongación plástica del conductor se calcula mediante ecuaciones no lineales que dependen de las situaciones previas de alta sobrecarga de los conductores, y de los años de servicio de la línea. Su resolución requiere de métodos gráficos o numéricos.

En los modelos EPE los conductores de aluminio se deforman plásticamente bajo la tensión inicial, T_1, de tendido cuando se construye la línea, siendo esta deformación mayor cuanto mayor es T_1. A partir de este momento el conductor se deforma linealmente siempre que la tensión no supere el valor de T_1. Si la tensión supera este valor hasta una tensión T_2 se produce un alargamiento plástico adicional y así sucesivamente durante la vida útil de la línea. Adicionalmente se produce un tercer tipo de alargamiento plástico que es progresivo con el paso de los años de servicio de la línea, aunque no se produzcan sobrecargas mecánicas importantes y el conductor trabaje a una tensión habitual entre el 15% y el 25% de la carga de rotura del conductor. El alargamiento acumulado del conductor por este tercer motivo entre las 10 y 100 horas de servicio de la línea será del mismo orden que el acumulado entre las 100 y 1.000 horas de servicio, ya que la tasa de elongación disminuye en un factor de 10 cuando el tiempo de servicio aumenta en el mismo factor.

Los modelos EPE permiten un cálculo más exacto de las tensiones de los conductores sobre los apoyos, y de las flechas especialmente en el caso de la hipótesis de temperatura máxima en el conductor.

Sean las condiciones iniciales y finales del conductor las de la Tabla 2.2, representadas a su vez gráficamente en la Figura 2.15.

Tabla 2.2. Condiciones iniciales y finales de un conductor

Condiciones iniciales	**Condiciones finales**
Temperatura: θ_1 (°C)	Temperatura: θ_2 (°C)
Tracción horizontal: T_1 (daN)	Tracción horizontal: T_2 (daN)
Peso del conductor con su sobrecarga: $p_1 = p \cdot m_1$ (daN/m)	Peso del conductor con su sobrecarga: $p_2 = p \cdot m_2$ (daN/m)
Longitud: l_1 (m)	Longitud: l_2 (m)

Los coeficientes de sobrecarga m_1, m_2 son factores mayores o iguales a la unidad que sirven para expresar las sobrecargas del conductor en condiciones cualesquiera (con viento, con hielo, con viento y hielo simultáneamente, etc.), respecto del peso propio del conductor.

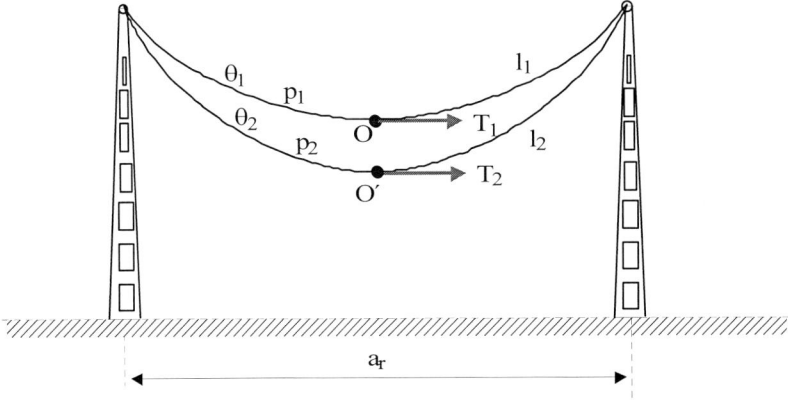

Figura 2.15. Variación de la longitud del hilo en un vano a nivel

Para un vano a nivel o cuya inclinación sea pequeña, la diferencia de longitud del conductor entre los dos estados se deberá a la elongación elástica del conductor y a la variación de su longitud con la temperatura:

$$l_2 - l_1 = \frac{a_r^3}{24} \cdot \left(\frac{p_2^2}{T_2^2} - \frac{p_1^2}{T_1^2} \right) = \alpha \cdot l_1 \cdot (\theta_2 - \theta_1) + \frac{l_1}{S \cdot E} \cdot (T_2 - T_1)$$

Aproximando en los términos de la derecha de la igualdad, la longitud del conductor por la longitud del vano, $(l_1 \approx a_r)$ y sustituyendo $T_2 = t_2 \cdot S$, y $T_1 = t_1 \cdot S$, se tiene que:

$$\frac{a_r^2 \cdot \omega^2}{24} \left(\frac{m_2^2}{t_2^2} - \frac{m_1^2}{t_1^2} \right) = \alpha \cdot (\theta_2 - \theta_1) + \frac{1}{E} \cdot (t_2 - t_1) \qquad (11)$$

Esta ecuación se puede escribir también de la forma:

$$t_2^2 \cdot (t_2 + A) = B \qquad (12)$$

donde:

$$A = \alpha \cdot E \cdot (\theta_2 - \theta_1) + K ; \quad K = \frac{a_r^2 \cdot E \cdot \omega^2 \cdot m_1^2}{24 \cdot t_1^2} - t_1 ; \quad B = \frac{a_r^2 \cdot E \cdot \omega^2 \cdot m_2^2}{24}$$

siendo:

$S =$ sección transversal del conductor en mm^2.

$a_r =$ longitud proyectada del vano o vano de regulación en metros.

$p_p =$ peso propio del conductor por unidad de longitud, en daN/m.

$\omega =$ $p/S =$ peso por unidad de volumen del conductor en daN/m/mm^2.

$t_1 =$ tracción horizontal por unidad de superficie en el estado inicial del conductor en daN/mm^2, en condiciones de temperatura, sobrecarga y tensión dadas, $t_1 = T_1/S$.

$\theta_1 =$ temperatura del conductor en el estado inicial en ºC.

$m_1 =$ coeficiente de sobrecarga del conductor en el estado inicial, $m_1 = p_1/p_p$.

$\alpha =$ coeficiente de dilatación lineal del conductor en ºC^{-1}.

$E =$ módulo de elasticidad del conductor en daN/mm^2.

$t_2 =$ tracción horizontal por unidad de superficie en el estado final del conductor en daN/mm^2, en otras condiciones de temperatura, sobrecarga y tensión, $t_2 = T_2/S$.

$\theta_2 =$ temperatura del conductor en el estado final en ºC.

m_2 coeficiente de sobrecarga del conductor en el estado final. $m_2 = p_2/p_p$.

La ecuación (12) nos permite obtener la tracción mecánica que debe tener el conductor en unas condiciones dadas de temperatura y sobrecarga (por ejemplo, el día del tendido), partiendo de otras condiciones (hipótesis más desfavorables de tracción o de flecha máxima) prefijadas y exigidas por el RLAT. Puesto que esta ecuación se ha deducido partiendo de ciertas simplificaciones nos dará soluciones aproximadas y admisibles siempre que se aplique a vanos no muy largos y con inclinaciones pequeñas, por ejemplo, longitudes menores de 300 m con pendientes menores del 10%.

A continuación se indican las ecuaciones de cambio de condiciones a utilizar y el valor de la flecha, según el tipo de vanos y número de tramos que se presenten en el trazado de la línea.

2.2.2.1. Caso de un único vano a nivel

Son de aplicación las ecuaciones (11) y (12) anteriores tomando como valor de a_r la longitud a del único vano existente.

Mediante la aplicación de (7) se puede obtener el valor de la flecha en las condiciones finales como:

$$f = \frac{a^2 \cdot p_2}{8 \cdot T_2} = \frac{a^2 \cdot \omega}{8 \cdot t_2} \cdot m_2$$

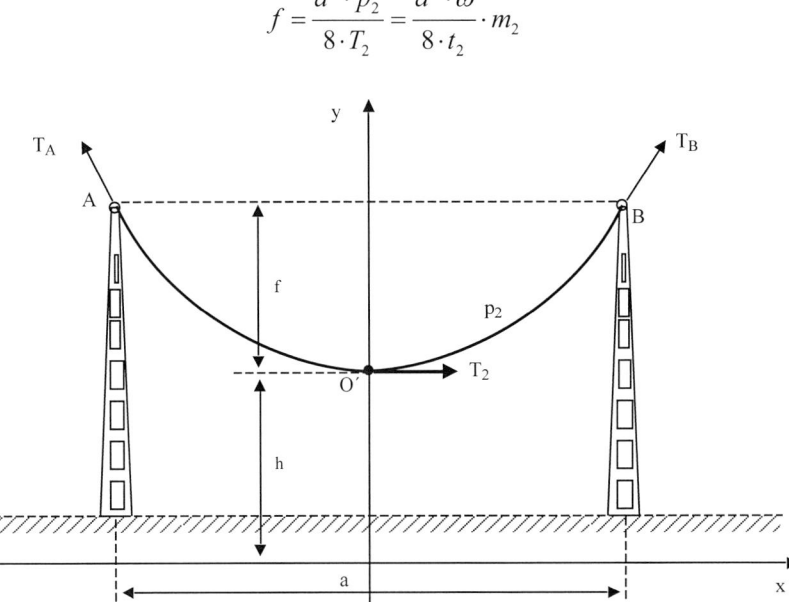

Figura 2.16. Tracciones en el conductor en un vano a nivel en la situación final

Para realizar el cálculo mecánico del conductor se partirá de las hipótesis exigidas en el RLAT, las cuales especifican la tracción máxima que no ha de superarse en el conductor. La tracción máxima en el conductor se da en la parte más elevada del vano, por ello procede calcular la tracción horizontal T_2 (*véase* la Figura 2.16), en función de la tracción en el punto más elevado del vano T_A o T_B (como es un vano a nivel $T_A = T_B$). Esta tracción horizontal se puede obtener a partir de una de las propiedades ya demostradas de la catenaria, según la cual:

$$T_A = p_2 \cdot y_A = p_2 \cdot (f + h) = p_2 \cdot \left(\frac{a^2 \cdot p_2}{8 \cdot T_2} + \frac{T_2}{p_2} \right) = \frac{a^2 \cdot p_2^2}{8 \cdot T_2} + T_2$$

Resolviendo la ecuación y despejando T_2, queda la expresión siguiente:

$$T_2 = \frac{1}{4}\left(2 \cdot T_A + \sqrt{4 \cdot T_A^2 - 2 \cdot a^2 \cdot p_2^2}\right)$$

Para mayor generalidad se puede llamar a la tensión horizontal, T_0, y utilizar el coeficiente de sobrecarga y el peso propio del conductor. Por tanto:

$$T_0 = \frac{1}{4}\left(2 \cdot T_A + \sqrt{4 \cdot T_A^2 - 2 \cdot a^2 \cdot m^2 \cdot p_p^2}\right) \qquad (13)$$

2.2.2.2. Caso de un solo vano desnivelado (método de Truxá)

En vanos desnivelados se deberían utilizar las ecuaciones de la catenaria, en lugar de su simplificación mediante una parábola. No obstante se demuestra en la bibliografía [3] y [4] que el método simplificado desarrollado por Truxá y presentado a continuación, obtiene muy buenas aproximaciones.

La tracción en el punto medio del vano para un vano a nivel coincide con la tracción horizontal, mientras que en un vano desnivelado puede existir una importante diferencia entre ambas. Por ello, el método de Truxá propone como tracción representativa del estado del conductor la tracción en el punto medio del vano en lugar de la tracción horizontal.

Este método utiliza también la ecuación de cambio de condiciones basada en la parábola, pero sustituye las tracciones horizontales T_1, T_2, por las tracciones en el punto medio del vano T_{m1}, T_{m2}, que son paralelas a la recta que une los puntos A y B (*véase* la Figura 2.17).

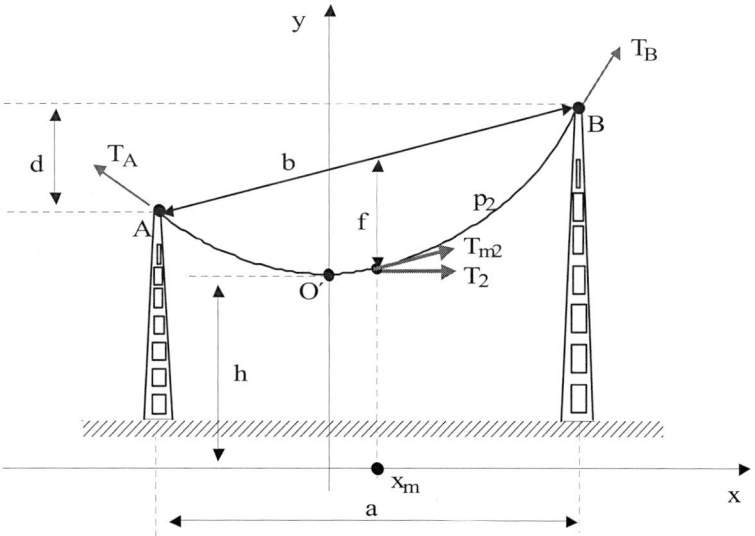

Figura 2.17. Tracciones en el conductor en un vano desnivelado en el estado final 2

La ecuación de cambio de condiciones a emplear es:

$$\frac{a^2 \cdot \omega^2}{24} \cdot \left(\frac{m_2^2}{t_{m2}^2} - \frac{m_1^2}{t_{m1}^2} \right) = \alpha \cdot (\theta_2 - \theta_1) + \frac{1}{E} \cdot (t_{m2} - t_{m1}) \qquad (14)$$

siendo, $t_{m1} = \dfrac{T_{m1}}{S}$ y $t_{m2} = \dfrac{T_{m2}}{S}$.

Esta ecuación se puede escribir de la forma:

$$t_{m2}^2 \cdot (t_{m2} + A) = B \qquad (15)$$

donde, siguiendo la nomenclatura indicada anteriormente:

$$A = \alpha \cdot E \cdot (\theta_2 - \theta_1) + K ; \quad K = \frac{a^2 \cdot E \cdot \omega^2 \cdot m_1^2}{24 \cdot t_{m1}^2} - t_{m1}; \quad B = \frac{a^2 \cdot E \cdot \omega^2 \cdot m_2^2}{24}$$

Según la ecuación (5) valor de la flecha es:

$$f = \frac{b^2 \cdot p_2}{8 \cdot T_{m2}} = \frac{b^2 \cdot \omega}{8 \cdot t_{m2}} \cdot m_2$$

Como la tensión en el punto medio del vano es paralela a la recta AB, la componente horizontal de la tracción vale:

$$T_2 = \frac{a}{b} \cdot T_{m2} \Rightarrow t_{m2} = \frac{b}{a} \cdot t_2$$

Por tanto, el valor de la flecha en función de la componente horizontal de la tracción vale:

$$f = \frac{a \cdot b \cdot p_2}{8 \cdot T_2} = \frac{a \cdot b \cdot \omega}{8 \cdot t_2} \cdot m_2 \qquad (16)$$

La tracción en el punto medio del vano T_{m2}, en función de la tracción en el punto más elevado del vano, T_B, se puede obtener, a partir de una de las propiedades demostradas de la catenaria, de la siguiente forma:

$$T_B = T_{m2} + p_2 \cdot \left(f + \frac{d}{2} \right) = T_{m2} + p_2 \cdot \left(\frac{b^2 \cdot p_2}{8 \cdot T_{m2}} + \frac{d}{2} \right) = T_{m2} + \left(\frac{b^2 \cdot p_2^2}{8 \cdot T_{m2}} + \frac{d \cdot p_2}{2} \right).$$

Resolviendo la ecuación y despejando T_{m2}, queda:

$$T_{m2} = \frac{1}{4} \left((2 \cdot T_B - p_2 \cdot d) + \sqrt{(p_2 \cdot d - 2 \cdot T_B)^2 - 2 \cdot b^2 \cdot p_2^2} \right) \qquad (17)$$

2.2.2.3. Caso de un solo vano desnivelado (método de Truxá), considerando la acción del viento sobre la curva de equilibrio

La ecuación de cambio de condiciones a emplear es similar a la (12), sustituyendo la longitud del vano proyectado, a, por la longitud del vano proyectado con viento en las condiciones iniciales y finales, a_{v1}, a_{v2}.

$$\frac{a_{v2}^2 \cdot \omega^2}{24} \cdot \frac{m_2^2}{t_{m2}^2} - \frac{a_{v1}^2 \cdot \omega^2}{24} \cdot \frac{m_1^2}{t_{m1}^2} = \alpha \cdot (\theta_2 - \theta_1) + \frac{1}{E} \cdot (t_{m2} - t_{m1}) \qquad (18)$$

que se puede escribir de la forma: $t_{m2}^2 \cdot (t_{m2} + A) = B$,

donde, siguiendo la nomenclatura indicada anteriormente:

$$A = \alpha \cdot E \cdot (\theta_2 - \theta_1) + K \; ; \quad K = \frac{a_{v1}^2 \cdot E \cdot \omega^2 \cdot m_1^2}{24 \cdot t_{m1}^2} - t_{m1} \; ; \quad B = \frac{a_{v2}^2 \cdot E \cdot \omega^2 \cdot m_2^2}{24} \; ,$$

siendo:

a_{v1} = vano proyectado sobre el plano paralelo a la dirección de las fuerzas, según las condiciones de tendido del estado 1 (*véase* el Apartado 2.1.1.).

$$a_{v1} = \sqrt{b^2 - d_{v1}^2} \; ; \quad d_{v1} = d \cdot \cos \hat{\phi}_1 \; ; \quad b = \sqrt{a^2 + d^2} \; ; \quad tg \, \hat{\phi}_1 = \frac{p_{v1}}{p_{vertical1}}$$

a_{v2} = vano proyectado sobre el plano paralelo a la dirección de las fuerzas, según las condiciones de tendido del estado 2.

$$a_{v2} = \sqrt{b^2 - d_{v2}^2} \; ; \quad d_{v2} = d \cdot \cos \hat{\phi}_2 \; ; \quad b = \sqrt{a^2 + d^2} \; ; \quad tg \, \hat{\phi}_2 = \frac{p_{v2}}{p_{vertical2}}$$

El valor de la flecha es el mismo de la ecuación (14), sustituyendo la proyección horizontal del vano a por la proyección a_{v2} en el plano paralelo a la dirección de las fuerzas.

La tracción en el punto medio del vano T_{m2}, en función de la tracción en el punto más elevado del vano, T_B, se puede representar de forma equivalente a la ecuación (15) sustituyendo el desnivel del vano, d, por el desnivel con viento: d_{v2}.

$$T_{m2} = \frac{1}{4}\left((2 \cdot T_B - p_2 \cdot d_{v2}) + \sqrt{(p_2 \cdot d_{v2} - 2 \cdot T_B)^2 - 2 \cdot b^2 \cdot p_2^2} \right) \qquad (19)$$

2.2.2.4. Caso de un cantón con vanos a nivel

El estudio de un cantón con vanos a nivel es equivalente al estudio de un solo vano a nivel, de longitud ficticia, llamado *vano ideal de regulación*. La Figura 2.18 muestra un cantón de línea, con n vanos situados entre apoyos (principio y fin del cantón) con cadenas de amarre. En los apoyos intermedios los aisladores son de suspensión y cuelgan verticalmente para soportar al conductor. Si se supone que todas las cadenas de aisladores de suspensión se encuentran verticales, lo cual se consigue en el momento del tendido y se mantiene de forma bastante aproximada en el resto de situaciones, se cumple que en todos los vanos del cantón la componente horizontal de la tracción es la misma, e igual a la que tendría el vano ideal de regulación representado en la Figura 2.19.

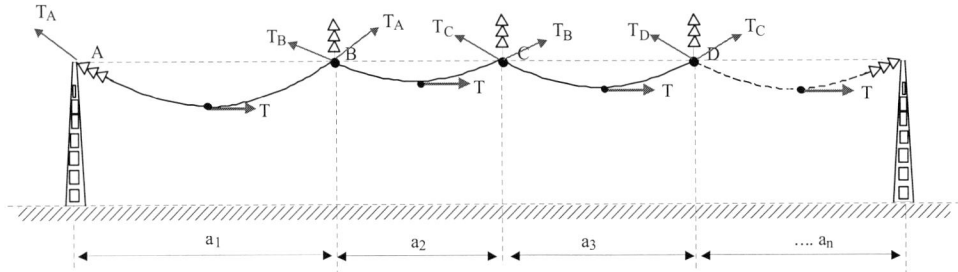

Figura 2.18. Cantón de línea con vanos a nivel

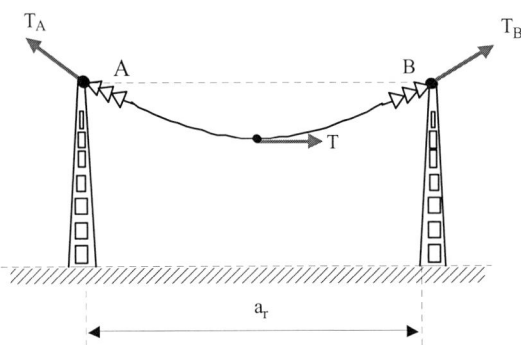

Figura 2.19. Vano de regulación correspondiente a un cantón con vanos a nivel

En la Figura 2.20 se pueden observar una serie de vanos pertenecientes a un cantón, donde θ_1, p_1 y T_1, son, por ejemplo, la temperatura, el peso aparente del conductor por unidad de longitud y la tracción horizontal máxima admisible respectivamente, correspondientes a unas condiciones especificadas.

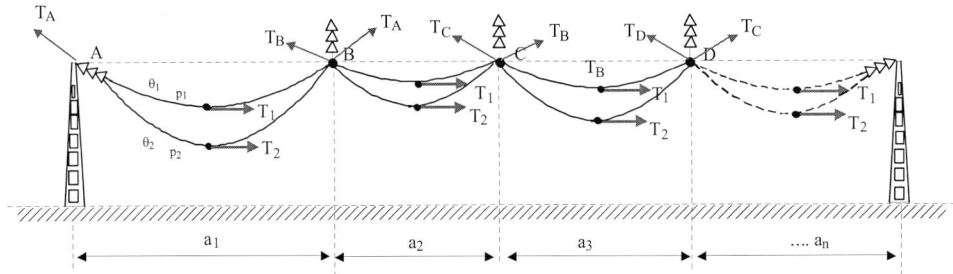

Figura 2.20. Variación de las condiciones de tendido en un cantón con vanos a nivel

El tendido se realiza normalmente a otra temperatura y con otra sobrecarga, es decir, las condiciones iniciales han variado, pasando a ser, θ_2, p_2 y T_2. Utilizando la expresión

(11), el incremento de longitud del hilo, para el vano 1, entre los dos estados, se puede expresar como:

$$\Delta l_1 = \left[\alpha \cdot l_1 \cdot (\theta_2 - \theta_1) + \frac{l_1}{E \cdot S} \cdot (T_2 - T_1) \right] - \frac{a_1^3}{24} \cdot \left(\frac{p_2^2}{T_2^2} - \frac{p_1^2}{T_1^2} \right).$$

Este incremento de longitud del hilo da lugar a una inclinación de las cadenas de aisladores, de forma que se puede aproximar el incremento de longitud del hilo por el incremento de la longitud del vano ($\Delta l_1 \approx \Delta a_1$). Por otra parte, aproximando que $a_1 \approx l_1$, se tiene que:

$$\Delta a_1 = a_1 \cdot \left[\alpha \cdot (\theta_2 - \theta_1) + \frac{T_2 - T_1}{E \cdot S} \right] - \frac{a_1^3}{24} \cdot \left(\frac{p_2^2}{T_2^2} - \frac{p_1^2}{T_1^2} \right).$$

Planteando esta misma ecuación para los n vanos del cantón y teniendo en cuenta que los apoyos extremos tienen cadenas de amarre, las desviaciones de las cadenas de aisladores se compensarán unas con otras en los distintos vanos del tramo de forma que:

$$\sum_{i=1}^{n} a_i = 0,$$

por lo que:

$$\sum_{i=1}^{n} a_i \cdot \left[\alpha \cdot (\theta_2 - \theta_1) + \frac{T_2 - T_1}{E} \right] - \sum_{i=1}^{n} a_i^3 \cdot \left(\frac{p_2^2}{24 \cdot T_2^2} - \frac{p_1^2}{24 \cdot T_1^2} \right) = 0.$$

Siendo,

$$a_r^{\ 2} = \frac{\displaystyle\sum_{i=1}^{n} a_i^3}{\displaystyle\sum_{i=1}^{n} a_i},$$

la expresión anterior quedaría:

$$a_r^{\ 2} \cdot \left(\frac{p_2^2}{24 \cdot T_2^2} - \frac{p_1^2}{24 \cdot T_1^2} \right) = \alpha \cdot (\theta_2 - \theta_1) + \frac{T_2 - T_1}{E},$$

expresión que se corresponde con la ecuación de cambio de condiciones para un vano único de longitud a_r.

Por tanto, el vano ideal de regulación tendrá una longitud que generalmente no coincidirá con ninguna de las longitudes de los vanos del cantón, y cuya expresión es la siguiente:

$$a_r = \sqrt{\frac{\displaystyle\sum_{i=1}^{n} a_i^3}{\displaystyle\sum_{i=1}^{n} a_i}} \qquad (20)$$

La longitud del vano ideal de regulación dependerá de forma muy notable del vano de mayor longitud, ya que el numerador de su expresión depende del cubo de la longitud de cada uno de los vanos.

La ecuación de cambio de condiciones será la ecuación (11), utilizando la longitud del vano ideal de regulación, a_r.

Cada uno de los vanos del cantón será, normalmente, de diferente longitud y por tanto, para realizar el cálculo mecánico y establecer las condiciones iniciales de partida en la ecuación de cambio de condiciones que garanticen que no se sobrepasa la tracción máxima admisible en el punto de fijación del conductor, se debe escoger la tracción horizontal inicial. Esta tracción horizontal inicial, T_1, debe calcularse para el vano de mayor longitud ya que, considerando que su valor es constante para todo el cantón, la tracción máxima se producirá en el punto de fijación del conductor del vano cuya flecha sea mayor, es decir, el de mayor longitud.

Si se fija el mismo valor de tracción máxima admisible en el punto de fijación del conductor en cada uno de los vanos, se pueden calcular los correspondientes valores iniciales de tracción horizontal mediante la ecuación (13), de forma que para el vano de mayor longitud se obtendrá en valor menor de tracción horizontal.

El valor de la flecha en las condiciones finales y para el vano ideal de regulación será:

$$f_r = \frac{a_r^2 \cdot p_2}{8 \cdot T_2} = \frac{a_r^2 \cdot \omega}{8 \cdot t_2} \cdot m_2$$

Obsérvese que la flecha calculada con la expresión anterior es la flecha perteneciente a un vano de longitud igual a la longitud del vano de regulación. Si se quiere obtener la flecha para cada uno de los vanos a_i pertenecientes al cantón a partir de la flecha del vano de regulación, como las componentes horizontales de la tracción son iguales en todos los vanos, se puede emplear la siguiente expresión:

$$f_i = f_r \cdot \left(\frac{a_i}{a_r} \right)^2 \qquad (21)$$

2.2.2.5. Caso de un cantón con vanos a distinto nivel

El estudio de un cantón con vanos a distinto nivel es equivalente al estudio de un solo vano a nivel, de longitud ficticia, llamado *vano ideal de regulación*. La Figura 2.21 muestra un cantón de línea, con *n* vanos situados entre apoyos (principio y fin del cantón) con cadenas de amarre. En los apoyos intermedios las cadenas de aisladores son de suspensión. Si se supone despreciable la desviación de la cadena de aisladores, se puede considerar que la tracción horizontal es la misma en todos los vanos del cantón, e igual a la que tendría el vano ideal de regulación presentado en la Figura 2.22.

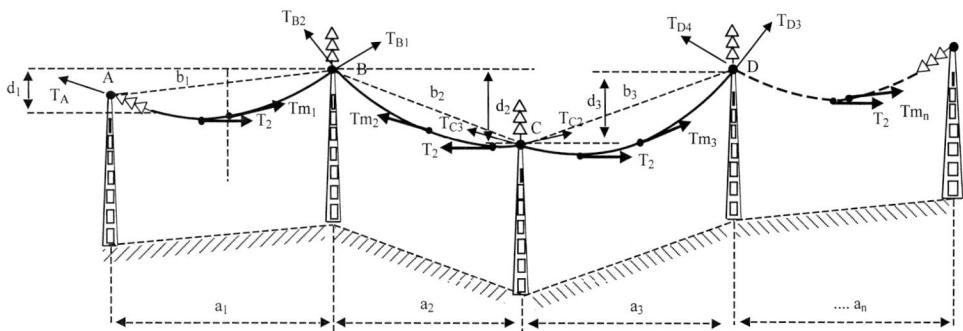

Figura 2.21. Cantón de línea con vanos a distinto nivel

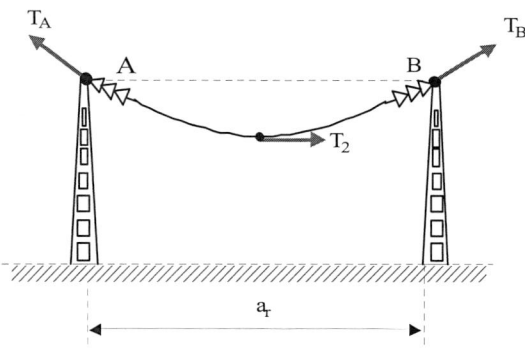

Figura 2.22. Vano de regulación correspondiente a un cantón con vanos a distinto nivel

De forma similar al caso de un cantón con vanos a nivel, se puede demostrar que la longitud del vano ideal de regulación, para el caso de vanos a distinto nivel, se calcula como:

$$a_r = \frac{\sum \dfrac{b_i^3}{a_i^2}}{\sum \dfrac{b_i^2}{a_i}} \sqrt{\frac{\sum a_i^3}{\sum \dfrac{b_i^2}{a_i}}} \qquad (22)$$

para vanos con desniveles pequeños o con diferencias pequeñas de desniveles entre los vanos, la expresión anterior se simplifica hasta obtener la ya conocida (20):

$$a_r \approx \sqrt{\frac{\sum a_i^3}{\sum a_i}}$$

Se puede demostrar que la ecuación de cambio de condiciones a emplear es similar a la de la expresión (11), sustituyendo t_1 y t_2, por τ_1 y τ_2, así como la longitud del vano a por a_r:

$$\frac{a_r^2 \cdot \omega^2}{24}\left(\frac{m_2^2}{\tau_2^2} - \frac{m_1^2}{\tau_1^2}\right) = \alpha \cdot (\theta_2 - \theta_1) + \frac{1}{E}(\tau_2 - \tau_1) \qquad (23)$$

donde τ_1 y τ_2, se calculan en función de las tracciones horizontales en el vano ideal de regulación, aplicando las ecuaciones siguientes:

$$\tau_1 = \Gamma \cdot t_1; \qquad \tau_2 = \Gamma \cdot t_2,$$

donde:

$$\Gamma = \frac{\sum \dfrac{b_i^3}{a_i^2}}{\sum \dfrac{b_i^2}{a_i}}$$

La tracción horizontal del vano de regulación se puede calcular por tanto como:

$$T_1 = \frac{\tau_1 \cdot S}{\Gamma}; \quad T_2 = \frac{\tau_2 \cdot S}{\Gamma} \qquad (24)$$

para vanos con desniveles pequeños o con diferencias pequeñas de desniveles entre los vanos, $\tau_1 \approx t_1$ y $\tau_2 \approx t_2$.

La ecuación de cambio de condiciones (23) se puede escribir de la forma:

$$\tau_2^2 \cdot (\tau_2 + A) = B$$

donde:

$$A = \alpha \cdot E \cdot (\theta_2 - \theta_1) + K; \quad K = \frac{a_r^2 \cdot E \cdot \omega^2 \cdot m_1^2}{24 \cdot \tau_1^2} - \tau_1; \quad B = \frac{a_r^2 \cdot E \cdot \omega^2 \cdot m_2^2}{24}$$

El valor de la flecha en las condiciones finales para un vano de longitud igual al vano ideal de regulación y cuya tracción horizontal sea T_2 será:

$$f_r = \frac{a_r^2 \cdot p_2}{8 \cdot T_2} = \frac{a_r^2 \cdot \omega}{8 \cdot t_2} \cdot m_2$$

Obsérvese que la flecha calculada con la expresión anterior es la flecha perteneciente a un vano de longitud igual a la longitud del vano de regulación. Si se quiere obtener la flecha para cada uno de los vanos a_i pertenecientes al cantón, a partir de la flecha del vano de regulación, como las componentes horizontales de la tracción son iguales en todos los vanos, se puede emplear la siguiente expresión:

$$f_i = f_r \cdot \left(\frac{a_i . b_i}{a_r^2}\right) \quad (25)$$

2.2.2.6. Desequilibrio de tracciones en los vanos de un cantón

En el momento del tendido, cuando se grapan los conductores a los extremos de las cadenas de aisladores de suspensión, estas quedan en posición vertical, lo que implica que la tracción horizontal del conductor es constante a lo largo de todo el cantón.

No obstante, teniendo en cuenta que los vanos serán de longitudes diferentes, los cambios en la temperatura del conductor, o las diferencias de sobrecarga de viento o hielo en vanos del mismo cantón pueden provocar un desequilibrio de tracciones en vanos adyacentes y una inclinación de las cadenas de suspensión.

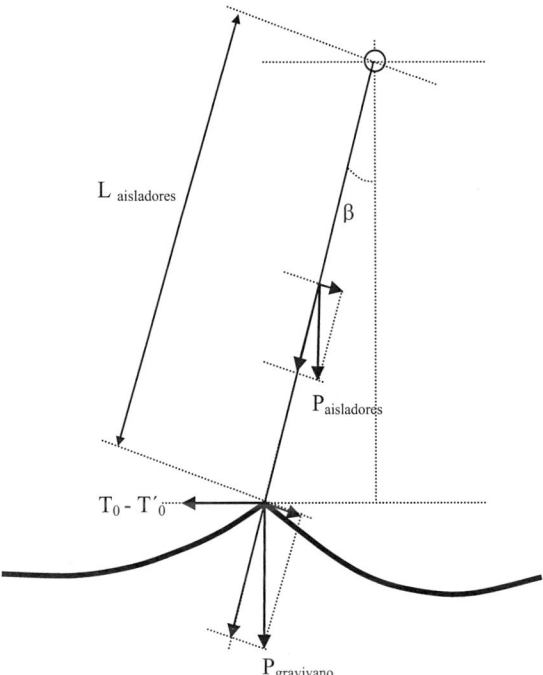

Figura 2.23. Desviación de una cadena de aisladores de suspensión por efecto del desequilibrio de tracciones

El ángulo, β, de desviación de las cadenas de suspensión se puede calcular teniendo en cuenta que en la nueva posición de equilibrio la suma de momentos respecto del punto de suspensión de la cadena será nulo y por tanto:

$$tg\beta = \frac{T_0 - T_0^{'}}{P_{gravivano} + \dfrac{P_{aisladores}}{2}}$$

La desviación longitudinal de la cadena de aisladores, D_L, se calculará en función de la longitud de la cadena de aisladores como:

$$D_L = L_{aisladores} \cdot sen\beta$$

Ejemplo 2.1

En la Figura 2.24 se calcula, como aplicación de la fórmula anterior, la desviación de la cadena de aisladores en función del desequilibrio de tracciones horizontales, para un conductor tipo *Drake* de p_{propio} = 1,597 daN/m, para una longitud de gravivano de 300 m, considerando que el peso de la cadena, grapas y herrajes es de 89 daN, y que la longitud de la cadena de suspensión es de 1,8 metros.

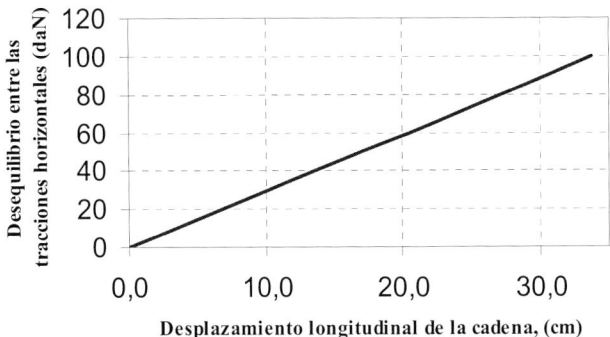

Figura 2.24. Cálculo de la desviación de una cadena de aisladores de suspensión por efecto del desequilibrio de tracciones.

Este conductor se tendió a 15 °C, en un cantón compuesto por varios vanos a nivel, con una tensión horizontal inicial de 3.500 daN. En el momento del engrapado las cadenas de suspensión se dispusieron en posición vertical. Si dos de los vanos adyacentes del cantón tienen unas longitudes de 250 m y 350 m respectivamente (gravivano = 300 m) se puede comprobar, mediante la aplicación de la ecuación de cambio de condiciones cómo, al cambiar la temperatura de servicio del conductor se producirá un desequilibrio en las tracciones horizontales. Por ejemplo, para una temperatura de 100 °C, si se supone inicialmente que ambos vanos forman sendos cantones, se tendría.

$$T_0 \text{ (en el vano de } a = 250 \text{ m)} = 1950 \text{ daN}; \qquad Sl = l - a = 0,4378 \text{ m}.$$

$$T_0 \text{ (en el vano de } a = 350 \text{ m)} = 2340 \text{ daN}; \qquad Sl = l - a = 0,8348 \text{ m}.$$

Por tanto, se tiene un desequilibrio de tracciones horizontales de 390 daN. Para compensar de forma natural el desequilibrio se producirá un desplazamiento longitudinal de la cadena de aisladores hacia el vano de mayor longitud, lo cual reducirá la tensión horizontal en este vano y la aumentará en el otro, hasta que prácticamente ambas se igualen y se alcance el equilibrio de la cadena. La igualdad de tensiones no llegará a ser total, ya que debe quedar un desequilibrio residual entre ambas que sirva precisamente para inclinar la cadena.

La desviación de las cadenas se puede calcular algebraicamente usando el parámetro *Sl* definido anteriormente mediante un proceso iterativo de cálculo. Por ejemplo, supóngase que el desplazamiento de las cadenas fuera de 7 cm. En el vano de 350 m el parámetro *Sl* disminuirá en 7cm ya que aunque la longitud, *l*, del conductor engrapado permanece constante, la longitud, a, del vano disminuye en 7cm, mientras que en el otro vano Sl aumentará en los mismos 7 cm.

Mediante los nuevos valores del Sl se pueden recalcular las tensiones en cada uno de los vanos mediante la fórmula (8c) que relaciona Sl con T_0 para el caso de vanos a nivel.

$$T_0 \text{ (vano de } a = 250 \text{ m)} = 2125 \text{ daN}; \qquad \text{para } Sl = 0,3678 \text{ m.}$$

$$T_0 \text{ (vano de } a = 350 \text{ m)} = 2245 \text{ daN}; \qquad \text{para } Sl = 0,9048 \text{ m.}$$

El desequilibrio de tracciones horizontales se ha reducido drásticamente desde unos 390 daN hasta los 20 daN. Este desequilibrio residual es exactamente el necesario para inclinar la cadena de aisladores unos 7cm, tal y como se puede comprobar si se consulta la Figura 2.24.

2.3. PRESCRIPCIONES DEL RLAT PARA EL CÁLCULO MECÁNICO DE CONDUCTORES

2.3.1. Cálculo mecánico de conductores desnudos o recubiertos

2.3.1.1. Acciones a considerar

1. Las cargas permanentes debidas al peso propio de los distintos elementos de la línea, según el Apartado 3.1.1. ITC-LAT 07:

   - Conductores.
   - Aisladores.
   - Herrajes.
   - Cables de tierra
   - Apoyos y cimentaciones.

2. La presión de viento sobre los conductores, según el Aptdo. 3.1.2 ITC-LAT 07:

   Se considera un viento de 120 km/h de velocidad, que equivale a una presión de viento sobre los conductores de:

   $$q = 60 \cdot \left(\frac{V}{120} \right)^2 \ daN / m^2 \text{, para conductores de diámetro} \leq 16 \text{ mm.}$$

   $$q = 50 \cdot \left(\frac{V}{120} \right)^2 \ daN / m^2 \text{, para conductores de diámetro} > 16 \text{ mm.}$$

$$p_V = q \cdot \frac{\phi}{1000} \quad daN/m$$

siendo V, la velocidad del viento en km/h, y ϕ el diámetro del conductor en mm.

3. La sobrecarga de hielo según el Apartado 3.1.3. ITC-LAT 07, distinta según la altitud:

Zona A: ninguna.

Zona B: $p_h = 0,18 \cdot \sqrt{\phi} \ daN/m$, siendo d el diámetro del conductor, en mm.

Zona C: $p_h = 0,36 \cdot \sqrt{\phi} \ daN/m$, siendo d el diámetro del conductor, en mm.

2.3.1.2. Hipótesis de cálculo

Con carácter general se deben estudiar hasta siete tipos de hipótesis diferentes: la de tracción máxima admisible, la adicional con viento excepcional, la de comprobación de los fenómenos vibratorios, las de flecha máxima y mínima, y las utilizadas para el cálculo de los apoyos y estudio de las desviaciones de las cadenas de aisladores. Una vez estudiadas las distintas hipótesis se puede calcular la tabla de tendido del conductor.

a) Tracción máxima admisible (Apartado 3.2.1. ITC-LAT 07)

En el RLAT se establece la hipótesis de tracción máxima para cada una de las zonas especificadas de forma diferente según se trate de líneas de categoría especial o del resto de categorías.

La tracción máxima en el conductor no resultará superior a su carga de rotura dividida por 2,5 en las siguientes condiciones:

Líneas de 1ª, 2ª y 3ª categoría

Zona A:

Con sobrecarga de viento de 120 km/h (Aptdo. 3.1.2.) a la temperatura de −5 °C.

Zona B:

a) Con sobrecarga de viento de 120 km/h (Aptdo. 3.1.2.) a la temperatura de −10 °C.

b) Con sobrecarga de hielo (Aptdo. 3.1.3.), para la zona B, a la temperatura de −15°C.

Zona C:

a) Con sobrecarga de viento de 120 km/h (Aptdo. 3.1.2.) a la temperatura de −15 ºC.

b) Con sobrecarga de hielo (Aptdo. 3.1.3.), para la zona C, a la temperatura de −20 ºC.

Líneas de categoría especial

Zona A:

Con sobrecarga de viento de 140 km/h (Aptdo. 3.1.2.) a la temperatura de −5 ºC.

Zona B:

a) Con sobrecarga de viento de 140 km/h (Aptdo. 3.1.2.) a la temperatura de −10 ºC.

b) Con sobrecarga de hielo (Aptdo. 3.1.3.) para la zona B, y viento de 60 km/h (Aptdo. 3.1.2.), a la temperatura de −15 ºC.

Zona C:

a) Con sobrecarga de viento de 140 km/h (Aptdo. 3.1.2.) a la temperatura de −15 ºC.

b) Con sobrecarga de hielo (Aptdo. 3.1.3.) para la zona C y viento de 60 km/h (Aptdo. 3.1.2.), a la temperatura de −20 ºC.

b) Hipótesis adicional

Independientemente de la zona, en caso de preverse vientos de carácter excepcional (con velocidad mayor de 120 km/h para líneas de 1ª, 2ª y 3ª categoría, o mayor de 140 km/h para líneas de categoría especial), la tracción máxima en el conductor no resultará superior a su carga de rotura dividida por 2,5 en las condiciones de cálculo siguientes:

Zona A: con sobrecarga de viento excepcional (Aptdo. 3.1.2.) a la temperatura de −5 ºC.

Zona B: con sobrecarga de viento excepcional (Aptdo. 3.1.2.) a la temperatura de −10 ºC.

Zona C: con sobrecarga de viento excepcional (Aptdo. 3.1.2.) a la temperatura de −15 ºC.

c) Comprobación de fenómenos vibratorios (Apartado 3.2.2. ITC-LAT 07)

El RLAT recomienda que la tracción a temperatura de 15 °C no supere el 22% de la carga de rotura si se realiza el estudio de amortiguamiento y se instalan dispositivos antivibratorios como los amortiguadores o separadores, o bien que no se supere el 15% de la carga de rotura en el resto de los casos.

Con este fin, y en base a la experiencia de explotación de líneas, las compañías suministradoras particularizan unos límites para la tracción mecánica del conductor habitual de cada día (valor EDS *Every Day Stress*, normalizado a 15 °C) y para la tracción del conductor en las horas frías (valor CHS *Cold Hour Stress* normalizado generalmente a – 5 °C). Los valores de EDS y CHS se expresan en porcentaje de la carga de rotura del conductor y dependen de la zona y tipo de conductor.

Distintos estudios [5], [6] y [7] han sugerido que una forma alternativa de evitar las vibraciones eólicas consiste en limitar el valor del parámetro h de la catenaria, es decir, el cociente entre la tensión horizontal, T_0, y el peso, p, por unidad de longitud. Por ejemplo, para conductores instalados sin ningún tipo de dispositivo antivibratorio, el valor de h a la temperatura de cálculo del CHS, debería estar comprendido entre 1.000 metros y 1.425 metros.

El limitar el valor de h a la temperatura CHS implica lógicamente limitar también el valor de la tensión el día de tendido a un valor que se puede calcular aplicando la ecuación de cambio de condiciones.

d) Hipótesis de flechas máximas (Apartado 3.2.3. ITC-LAT 07)

El cálculo de la flecha máxima es necesario para determinar que la separación de los conductores entre sí es mayor que la indicada en el Apartado 5.4.1 de la ITC-LAT 07, así como para determinar la altura de los apoyos que garantice que la distancia de los conductores al terreno es superior a la especificada en el Apartado 5.5 de la ITC-LAT 07.

La flecha máxima se calculará para tres hipótesis distintas:

a) Hipótesis de viento: considerar el peso propio con una sobrecarga de viento de 120 km/h (Aptdo. 3.1.2 ITC-LAT 07) a 15 °C.

b) Hipótesis de temperatura: considerar el peso propio a la temperatura previsible, según el diseño eléctrico de la línea y su intensidad nominal de trabajo. Esta temperatura no será inferior a 50 °C para líneas de 1ª, 2ª y 3ª categoría y 85 °C para líneas de categoría especial.

c) Hipótesis de hielo: considerar el peso propio con una sobrecarga de hielo (Aptdo. 3.1.3 ITC-LAT 07) a la temperatura de 0 °C.

Para el cálculo de la distancia horizontal entre conductores se utilizará la flecha máxima con viento. Para el cálculo de la distancia vertical entre conductores se utilizará la mayor de las flechas obtenidas según las hipótesis anteriores de temperatura y hielo. Para el cálculo de la distancia de los conductores al terreno se utilizará generalmente la mayor de las flechas obtenidas según las hipótesis anteriores de temperatura y hielo, salvo que la orografía del terreno determine una distancia más crítica con la hipótesis de viento.

e) Hipótesis de flecha mínima vertical

Se utiliza para comprobar en el perfil longitudinal la existencia de tiro ascendente sobre los apoyos y comprobar las distancias de seguridad en los cruzamientos de la línea con otras líneas eléctricas (Aptdo. 5.6.1 ITC-LAT 07).

Las condiciones correspondientes a esta hipótesis son:

Zona A: a la temperatura de –5 ºC sin sobrecarga.

Zona B: a la temperatura de –15 ºC sin sobrecarga.

Zona C: a la temperatura de –20 ºC sin sobrecarga.

f) Hipótesis empleadas en el cálculo de apoyos

Se utilizan para comprobar el esfuerzo de los conductores sobre los apoyos según considera el Apartado 3.5.3 (Tablas 5, 6, 7 y 8) de la ITC-LAT 07. Las hipótesis a considerar son las mismas que las especificadas en tracción máxima admisible.

g) Hipótesis empleada para el cálculo de la desviación de la cadena de aisladores

Se utiliza para calcular la distancia entre los conductores y partes puestas a tierra, según establece el Aptdo. 5.4.2 ITC-LAT 07.

Las condiciones correspondientes a esta hipótesis son:

Zona A: considerar el peso propio con una sobrecarga de viento correspondiente a una presión mitad de la definida en el Aptdo. 3.1.2 de la ITC-LAT 07, para una velocidad de 120 km/h a la temperatura de –5 ºC.

Zona B: igual sobrecarga que en zona A, pero a la temperatura de –10 ºC.

Zona C: igual sobrecarga que en zona A, pero a la temperatura de –15 ºC.

h) Tabla de tendido

Una vez efectuadas las diferentes hipótesis de cálculo mecánico es necesario establecer la tracción que hay dar al conductor el día de tendido para no sobrepasar en el mismo, en las condiciones adversas (temperatura, hielo, viento, etc.) que se puedan presentar en cualquier otro día y en cualquier año, la carga de rotura dividida por 2,5.

La tabla de tendido se calcula para las diferentes temperaturas (0, 5, 10, 15, 20, 25,30, 35, 40 y 45 ºC) sin sobrecarga.

Resumen del cálculo mecánico. Líneas Aéreas de tensión inferior a 220 kV

Zona	Tracción Máxima admisible Aptdo. 3.2.1. ITC-LAT 07			Fenómenos vibratorios EDS Aptdo. 3.2.2. ITC-LAT 07	Flechas Máximas Aptdo. 3.2.3. ITC-LAT 07			Flecha Mínima Aptdo. 5.6.1. ITC-LAT 07	Distancia de conductores a partes puestas a tierra Aptdo. 5.4.2. ITC-LAT 07
	Hipótesis de hielo	Hipótesis de viento	Hipótesis adicional con viento excepcional		Viento	Temperatura	Hielo		
A		$t_1 \le \sigma_r/c_s$ $\theta_1 = -5\,°C$ $m_1 = V_{120}$	$t_1 \le \sigma_r/c_s$ $\theta_1 = -5\,°C$ $m_1 = V_{excepcional}$	*Se recomienda:* $t_1 \le 15\% (\sigma_r)$ ó $\le 22\% (\sigma_r)$ $\theta_1 = 15\,°C$ $m_1 = 1$ (1)				$t_2 = ... f.min$ $\theta_2 = -5\,°C$ $m_2 = 1$	$t_2 = ...$ $\theta_2 = -5\,°C$ $m_2 = Presión\ V_{120}/2$
B	$t_1 \le \sigma_r/c_s$ $\theta_1 = -15\,°C$ $m_1 = Hielo$	$t_1 \le \sigma_r/c_s$ $\theta_1 = -10\,°C$ $m_1 = V_{120}$	$t_1 \le \sigma_r/c_s$ $\theta_1 = -10\,°C$ $m_1 = V_{excepcional}$		$t_2 = ...f.máx$ $\theta_2 = 15\,°C$ $m_2 = V_{120}$	$t_2 = ... f.máx$ $\theta_2 = 50\,°C$ $m_2 = 1$	$t_2 = ... f.máx$ $\theta_2 = 0\,°C$ $m_2 = Hielo$	$t_2 = ... f.min$ $\theta_2 = -15\,°C$ $m_2 = 1$	$t_2 = ...$ $\theta_2 = -10\,°C$ $m_2 = Presión\ V_{120}/2$
C	$t_1 \le \sigma_r/c_s$ $\theta_1 = -20\,°C$ $m_1 = Hielo$	$t_1 \le \sigma_r/c_s$ $\theta_1 = -15\,°C$ $m_1 = V_{120}$	$t_1 \le \sigma_r/c_s$ $\theta_1 = -15\,°C$ $m = V_{excepcional}$					$t_2 = ... f.min$ $\theta_2 = -20\,°C$ $m_2 = 1$	$t_2 = ...$ $\theta_2 = -15\,°C$ $m_2 = Presión\ V_{120}/2$

(1) Se utiliza el 22% o el 15% según que se realice o no un estudio de amortiguamiento y se instalen dispositivos especiales para evitarlo.

σ_r = carga de rotura del conductor, en daN/mm².

c_s = coeficiente de seguridad igual a 2,5 para conductores cableados y 3 para conductores de un solo alambre.

m_1 y m_2 = coeficientes de sobrecarga del conductor en las condiciones inicial y final.

$$p_v = 60 \cdot \left(\frac{V_v}{120}\right)^2 \cdot \frac{\phi}{1.000}\ \frac{daN}{m}, \text{si } \phi \le 16\ mm; \qquad p_v = 50 \cdot \left(\frac{V_v}{120}\right)^2 \cdot \frac{\phi}{1.000}\ \frac{daN}{m}, \text{si } \phi > 16\ mm;$$

D = diámetro del conductor en mm.

V_v = velocidad de viento considerada en km/h; $V_{120} = 120$ km/h; $V_{excepcional} > 120$ km/h, que puede considerar el proyectista en condiciones excepcionales.

Sobrecarga de hielo, $p_h = 0,18 \cdot \sqrt{\phi}$ (daN/m) para la zona B y $p_h = 0,36 \cdot \sqrt{\phi}$ (daN/m) para la zona C.

$$m = Coeficiente\ de\ sobrec\ arg\ a = \frac{peso\ propio\ más\ sobrecarga\ (hielo,\ viento,\ etc.)}{peso\ propio}$$

Resumen del cálculo mecánico. Líneas Aéreas de Categoría Especial o de U_n > 220 kV

Zona	Tracción Máxima admisible Aptdo. 3.2.1. ITC-LAT 07			Fenómenos vibratorios EDS Aptdo. 3.2.2. ITC-LAT 07	Flechas Máximas Aptdo. 3.2.3. ITC-LAT 07			Flecha Mínima Aptdo. 5.6.1. ITC-LAT 07	Distancia de conductores a partes puestas a tierra Aptdo. 5.4.2. ITC-LAT 07
	Hipótesis de hielo más viento	**Hipótesis de viento**	**Hipótesis adicional con viento excepcional**		**Viento**	**Temperatura**	**Hielo**		
A		$t_1 \le \sigma_r / c_s$ $\theta_1 = -5\ °C$ $m_1 = V_{140}$	$t_1 \le \sigma_r / c_s$ $\theta_1 = -5\ °C$ $m_1 = V_{excepcional}$	*Se recomienda:* $t_1 \le 15\%\ (\sigma_r)$ ó $\le 22\%\ (\sigma_r)$	$t_2 = ...f.máx$ $\theta_2 = 15\ °C$ $m_2 = V_{120}$	$t_2 = ...f.máx$ $\theta_2 = 85\ °C$ $m_2 = 1$	$t_2 = ...f.máx$ $\theta_2 = 0\ °C$ $m_2 = $ Hielo	$t_2 = ...\ f.mín$ $\theta_2 = -5\ °C$ $m_2 = 1$	$t_2 = ...$ $\theta_2 = -5\ °C$ $m_2 = $ Presión $V_{120}/2$
B	$t_1 \le \sigma_r / c_s$ $\theta_1 = -15\ °C$ $m_1 = $ Hielo$+V_{60}$	$t_1 \le \sigma_r / c_s$ $\theta_1 = -10\ °C$ $m_1 = V_{140}$	$t_1 \le \sigma_r / c_s$ $\theta_1 = -10\ °C$ $m_1 = V_{excepcional}$	$\theta_1 = 15\ °C$ $m_1 = 1$ (1)				$t_2 = ...\ f.mín$ $\theta_2 = -15\ °C$ $m_2 = 1$	$t_2 = ...$ $\theta_2 = -10\ °C$ $m_2 = $ Presión $V_{120}/2$
C	$t_1 \le \sigma_r / c_s$ $\theta_1 = -20\ °C$ $m_1 = $ Hielo$+V_{60}$	$t_1 \le \sigma_r / c_s$ $\theta_1 = -15\ °C$ $m_1 = V_{140}$	$t_1 \le \sigma_r / c_s$ $\theta_1 = -15\ °C$ $m = V_{excepcional}$					$t_2 = ...\ f.mín$ $\theta_2 = -20\ °C$ $m_2 = 1$	$t_2 = ...$ $\theta_2 = -15\ °C$ $m_2 = $ Presión $V_{120}/2$

(1) Se utiliza el 22% o el 15% según que se realice o no un estudio de amortiguamiento y se instalen dispositivos especiales para evitarlo.

σ_r = carga de rotura del conductor, en daN/mm².

c_s = coeficiente de seguridad igual a 2,5 para conductores cableados y 3 para conductores de un solo alambre.

m_1 y m_2 = coeficientes de sobrecarga del conductor en las condiciones inicial y final.

$$p_v = 60 \cdot \left(\frac{V_v}{120}\right)^2 \cdot \frac{\phi}{1.000}\ \frac{daN}{m}, \text{si } \phi \le 16\ mm; \qquad p_v = 50 \cdot \left(\frac{V_v}{120}\right)^2 \cdot \frac{\phi}{1.000}\ \frac{daN}{m}, \text{si } \phi > 16\ mm;$$

D = diámetro del conductor en mm.

V_v = velocidad de viento considerada en km/h; $V_{60} = 60$ km/h; $V_{120} = 120$ km/h; $V_{140} = 140$ km/h; $V_{excepcional} > 140$ km/h, que puede considerar el proyectista en condiciones excepcionales.

Sobrecarga de hielo, $p_h = 0,18 \cdot \sqrt{\phi}$ (daN/m) para la zona B y $p_h = 0,36 \cdot \sqrt{\phi}$ (daN/m) para la zona C.

$$m = Coeficiente\ de\ sobrecarga = \frac{peso\ propio\ más\ sobrecarga\ (hielo,\ viento,\ etc.)}{peso\ propio}$$

2.3.2. Cálculo mecánico de conductores unipolares aislados reunidos en haz

2.3.2.1. Acciones a considerar

1. Las cargas permanentes debidas al peso propio de los distintos elementos según el Apartado 4.1.1. ITC-LAT 08:

   - Cables.

   - Herrajes.

   - Empalmes.

   - Aparamenta.

   - Apoyos y cimentaciones.

2. La presión de viento sobre los conductores según el Apartado 4.1.2 ITC-LAT 08:

   Se considera un viento de 120 km/h de velocidad, que equivale a una presión de viento sobre los cables de:

   $$q = 50 \ \ daN/m^2$$

   $$p_V = q \cdot \frac{\phi}{1000} \ \ daN/m$$

   siendo V, la velocidad del viento en km/h, y ϕ el diámetro del círculo circunscrito al haz (conductores de fase y fiador) en mm.

3. La sobrecarga de hielo según el Apartado 4.1.3. ITC-LAT 08, distinta según la altitud:

   Zona A: ninguna.

   Zona B: $p_h = 0,06 \cdot \sqrt{\phi} \ \ daN/m$, siendo ϕ el diámetro del círculo circunscrito al haz (conductores de fase y fiador) en mm.

   Zona C: $p_h = 0,12 \cdot \sqrt{\phi} \ \ daN/m$, siendo ϕ el diámetro del círculo circunscrito al haz (conductores de fase y fiador) en mm.

2.3.2.2. Hipótesis de cálculo

Con carácter general se deben estudiar hasta seis tipos de hipótesis diferentes: la de tracción máxima admisible, la adicional con viento excepcional, la de comprobación de los fenómenos vibratorios, las de flecha máxima y mínima, y las utilizadas para el cálculo de los apoyos. Una vez estudiadas las distintas hipótesis se puede calcular la tabla de tendido del conductor.

a) Tracción máxima admisible (Apartado 4.3.1. ITC-LAT 08)

En el RLAT se establecen las hipótesis de tracción máxima para cada una de las zonas especificadas en el Reglamento.

La tracción máxima en el fiador o cable de fase no resultará superior a su carga de rotura dividida por 3 en las siguientes condiciones:

Zona A:

> Cable unipolar asilado reunido en haz sometido a la acción de su propio peso y a una fuerza debida al viento, según el Apartado 4.1.2, a la temperatura de −5 ºC.

Zona B:

a) Cable unipolar asilado reunido en haz sometido a la acción de su propio peso y a una fuerza debida al viento, según el Apartado 4.1.2, a la temperatura de −10 ºC.

b) Cable unipolar asilado reunido en haz sometido a la acción de su propio peso y a sobrecarga motivada por el hielo correspondiente a la zona, según el Apartado 4.1.3, a la temperatura de −15ºC.

Zona C:

a) Cable unipolar asilado reunido en haz sometido a la acción de su propio peso y a una fuerza debida al viento, según el Apartado 4.1.2, a la temperatura de −15 ºC.

b) Cable unipolar asilado reunido en haz sometido a la acción de su propio peso y a sobrecarga motivada por el hielo correspondiente a la zona, según el Apartado 4.1.3, a la temperatura de −20 ºC.

b) Hipótesis adicional

Independientemente de la zona, en caso de preverse vientos de carácter excepcional (con velocidad mayor de 120 km/h), la tracción máxima en el fiador o cable de fase no resultará superior a su carga de rotura dividida por 3 en las condiciones de cálculo siguientes:

> Zona A: con sobrecarga de viento excepcional a la temperatura de −5 ºC.

> Zona B: con sobrecarga de viento excepcional a la temperatura de −10 ºC.

> Zona C: con sobrecarga de viento excepcional a la temperatura de −15 ºC.

c) Comprobación de fenómenos vibratorios (Apartado 4.3.2. ITC-LAT 08)

En general, no han de considerarse en este tipo de instalaciones. No obstante en el caso de preverse vibraciones en el cable, se verificará que la tensión en el fiador no supera el 21% de la carga de rotura del mismo a la temperatura de 15 ºC.

d) Hipótesis de flechas máximas (Apartado 4.3.3. ITC-LAT 08)

El cálculo de la flecha máxima es necesario para determinar la distancia de los cables a conductores de otras líneas y la altura de los apoyos para garantizar la distancia de los conductores al terreno.

La flecha máxima se calculará para tres hipótesis distintas:

1. Hipótesis de viento: considerar el peso propio del cable con una sobrecarga de viento de 120 km/h (Apartado. 4.1.2 ITC-LAT 08) a 15 ºC.

2. Hipótesis de temperatura: considerar el peso propio del cable a la temperatura máxima previsible, según teniendo en cuenta las condiciones climatológicas. Esta temperatura no será inferior a 50 ºC.

3. Hipótesis de hielo: considerar el peso propio del cable con una sobrecarga de hielo (Apartado 4.3.1.3 ITC-LAT 08) a la temperatura de 0 ºC.

e) Hipótesis de flecha mínima vertical

Se utiliza para comprobar en el perfil longitudinal la existencia de tiro ascendente sobre los apoyos y comprobar las distancias de seguridad en los cruzamientos de la línea con otras líneas eléctricas.

Las condiciones correspondientes a esta hipótesis son:

Zona A: a la temperatura de –5 ºC sin sobrecarga.

Zona B: a la temperatura de –10 ºC sin sobrecarga.

Zona C: a la temperatura de –20 ºC sin sobrecarga.

f) Hipótesis empleadas en el cálculo de apoyos

Se utilizan para comprobar el esfuerzo de los conductores sobre los apoyos según considera el Apartado 4.4.3 (Tablas 3 y 4) de la ITC-LAT 08. Las hipótesis a considerar son las mismas que las especificadas en tracción máxima admisible.

g) Tabla de tendido

Una vez efectuadas las diferentes hipótesis de cálculo mecánico es necesario establecer la tracción que hay dar al fiador el día de tendido para no sobrepasar en el mismo, en las condiciones adversas (temperatura, hielo, viento, etc.), que se puedan presentar en cualquier otro día y en cualquier año, la carga de rotura dividida por 3.

La tabla de tendido se calcula para las diferentes temperaturas (0, 5, 10, 15, 20, 25, 30, 35, 40, 45 ºC) sin sobrecarga.

Resumen del cálculo mecánico. Líneas aéreas tensadas con conductores unipolares aislados reunidos en haz de $U_n \le 30$ kV

Zona	Tracción Máxima admisible Aptdo. 4.3.1. ITC-LAT 08	Fenómenos vibratorios EDS Aptdo. 4.3.2. ITC-LAT 08	Flechas Máximas Aptdo. 4.3.3. ITC-LAT 08 — Viento	Temperatura	Hielo	Flecha Mínima Aptdo. 6.5.1. ITC-LAT 08	Cálculo de Apoyos Aptdo. 4.4.3. ITC-LAT 08
A	$t_1 \le \sigma_r/3$, $\theta_1 = -5\,°C$, $m_1 = V_{120}$ — $t_1 \le \sigma_r/3$, $\theta_1 = -5\,°C$, $m_1 = V_{excepcional}$	Se recomienda: $t_1 \le 21\%\,(\sigma_r)$, $\theta_1 = 15\,°C$, $m_1 = 1$	$t_2 = \ldots f.máx$, $\theta_2 = 15\,°C$, $m_2 = Viento$	$t_2 = \ldots f.máx$, $\theta_2 = 50\,°C$, $m_2 = 1$	$t_2 = \ldots f.máx$, $\theta_2 = 0\,°C$, $m_2 = Hielo$	$t_2 = \ldots f.mín$, $\theta_2 = -5\,°C$, $m_2 = 1$	$t_2 = \ldots$, $\theta_2 = -5\,°C$, $m_2 = Viento$
B	$t_1 \le \sigma_r/3$, $\theta_1 = -10\,°C$, $m_1 = V_{120}$ / $t_1 \le \sigma_r/3$, $\theta_1 = -15\,°C$, $m_1 = Hielo$ — $t_1 \le \sigma_r/3$, $\theta_1 = -10\,°C$, $m_1 = V_{excepcional}$					$t_2 = \ldots f.mín$, $\theta_2 = -15\,°C$, $m_2 = 1$	$t_2 = \ldots$, $\theta_2 = -10\,°C$, $m_2 = Viento$ / $t_2 = \ldots$, $\theta_2 = -15\,°C$, $m_2 = Hielo$
C	$t_1 \le \sigma_r/3$, $\theta_1 = -15\,°C$, $m_1 = V_{120}$ / $t_1 \le \sigma_r/3$, $\theta_1 = -20\,°C$, $m_1 = Hielo$ — $t_1 \le \sigma_r/3$, $\theta_1 = -15\,°C$, $m_1 = V_{excepcional}$					$t_2 = \ldots f.mín$, $\theta_2 = -20\,°C$, $m_2 = 1$	$t_2 = \ldots$, $\theta_2 = -15\,°C$, $m_2 = Viento$ / $t_2 = \ldots$, $\theta_2 = -20\,°C$, $m_2 = Hielo$

σ_r = carga de rotura del conductor, en daN/mm^2.

m_1 y m_2 = coeficientes de sobrecarga del conductor en las condiciones inicial y final.

$V_{excepcional} > 120$ km/h.

$V_{120} = 120$ km/h.

Hielo $= 0{,}06 \cdot \sqrt{d}$ (daN/m) para la zona B y $0{,}12 \cdot \sqrt{d}$ (daN/m) para la zona C, siendo d el diámetro del círculo circunscrito al haz, en mm.

$$m = Coeficiente\ de\ sobrecarga = \frac{peso\ propio\ más\ sobrecarga\ (hielo,\ viento,\ etc.)}{peso\ propio}$$

2.4. CÁLCULO DEL COEFICIENTE DE SOBRECARGA DEL CONDUCTOR

2.4.1. Valores reglamentarios de los coeficientes de sobrecarga

El *coeficiente de sobrecarga de un conductor* se define como la relación existente entre el peso aparente del conductor por unidad de longitud p (peso propio junto a su sobrecarga) y su peso propio por unidad de longitud p_p.

$$m = \frac{p}{p_p}$$

2.4.1.1. Sobrecargas de viento en zonas A, B y C

El peso aparente p, del conductor vale:

$$p = p_p \left(\frac{daN}{m} \right) + sobrecarga \left(\frac{daN}{m} \right) = \sqrt{p_p^2 + p_v^2}$$

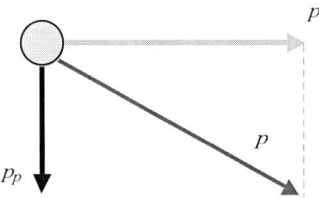

Figura 2.25. Peso aparente del conductor con sobrecarga de viento

donde:

p_p = peso propio del conductor, en daN/m.

p_v = sobrecarga debida al viento, en daN/m. $p_v = q.\phi$, siendo q la presión de viento en daN/m^2, según la categoría de la línea y ϕ el diámetro del conductor en metros.

Líneas de 1ª, 2ª y 3ª categoría

Se considerará una velocidad mínima de viento de 120 km/h.

Si $\phi \le 16$ mm:

$$q = 60 \cdot \left(\frac{120}{120} \right)^2 = 60 \frac{daN}{m^2}$$

Si $\phi > 16$ mm:

$$q = 50 \cdot \left(\frac{120}{120} \right)^2 = 50 \frac{daN}{m^2}$$

Líneas de categoría especial

Se considerará una velocidad mínima de viento de 140 km/h.

Si $\phi \leq 16$ mm:

$$q = 60 \cdot \left(\frac{140}{120}\right)^2 = 81{,}67 \, \frac{daN}{m^2}$$

Si $\phi > 16$ mm:

$$q = 50 \cdot \left(\frac{140}{120}\right)^2 = 68{,}06 \, \frac{daN}{m^2}$$

El coeficiente de sobrecarga vale:

$$m = \frac{p}{p_p} = \frac{\sqrt{p_p^2 + \left(q \cdot \phi \cdot 10^{-3}\right)^2}}{p_p}$$

2.4.1.2. Sobrecargas de hielo, para líneas de 1ª, 2ª y 3ª categoría, en zonas B y C

Se considerará una sobrecarga de hielo. El peso aparente p, del conductor vale:

$$p = p_p \left(\frac{daN}{m}\right) + sobrecarga \left(\frac{daN}{m}\right) = p_p + p_h$$

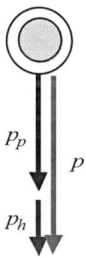

Figura 2.26. Peso aparente del conductor con sobrecarga de hielo

donde:

p_p = peso propio del conductor, en daN/m.

p_h = sobrecarga debida al manguito de hielo, en daN/m. $p_h = 0{,}18 \cdot \sqrt{\phi}$ en zona B,

$p_h = 0{,}36 \cdot \sqrt{\phi}$, en zona C, siendo ϕ el diámetro del conductor en mm.

El coeficiente de sobrecarga vale:

$$m = \frac{p}{p_p} = \frac{p_p + p_h}{p_p}$$

2.4.1.3. Sobrecargas combinadas de hielo y viento, para líneas de categoría especial, en zonas B y C

Se considerará una sobrecarga combinada de hielo y viento de 60 km/h de forma que el peso aparente p, del conductor vale:

$$p = p_p\left(\frac{daN}{m}\right) + sobrecarga\left(\frac{daN}{m}\right) = \sqrt{\left(p_p + p_h\right)^2 + p_v^2}$$

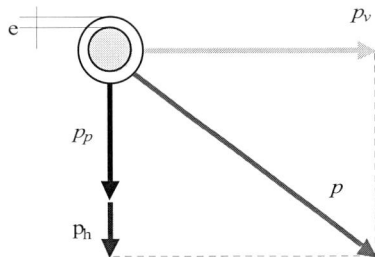

Figura 2.27. Peso aparente del conductor con sobrecarga de viento y de hielo

donde:

p_p = peso propio del conductor, en daN/m.

p_h = sobrecarga debida al manguito de hielo, en daN/m. $p_h = 0,18 \cdot \sqrt{\phi}$ en zona B, $p_h = 0,36 \cdot \sqrt{\phi}$ en zona C, siendo ϕ el diámetro del conductor en mm.

p_v = sobrecarga debida al viento, en daN/m. $p_v = q \cdot \left(\phi + 2 \cdot e\right) \cdot 10^{-3}$, siendo q la presión de viento en daN/m^2, ϕ el diámetro del conductor en mm y e el espesor del manguito de hielo en mm.

$$e = -\frac{\phi}{2} + \sqrt{\frac{\phi^2}{4} + \frac{240 \cdot \sqrt{\phi}}{\pi}} \quad \text{(Zona B)}; \quad e = -\frac{\phi}{2} + \sqrt{\frac{\phi^2}{4} + \frac{480 \cdot \sqrt{\phi}}{\pi}} \quad \text{(Zona C)}$$

Si $\phi \leq 16$ mm:

$$q = 60.\left(\frac{60}{120}\right)^2 = 15\,\frac{daN}{m^2}$$

Si $\phi \geq 16$ mm:

$$q = 50 \cdot \left(\frac{60}{120}\right)^2 = 12,5\,\frac{daN}{m^2}$$

El coeficiente de sobrecarga vale:

$$m = \frac{p}{p_p} = \frac{\sqrt{\left(p_p + p_h\right)^2 + \left[q \cdot \left(\phi + 2 \cdot e\right) \cdot 10^{-3}\right]^2}}{p_p}$$

2.4.2. Ejemplos de cálculo de coeficientes de sobrecarga

2.4.2.1. Conductor emplazado en línea de 3.ª categoría

Calcular el coeficiente de sobrecarga, correspondiente a la tracción máxima admisible, para un conductor LA-56, situado en las tres zonas, si la tensión nominal de la línea es de 15 kV.

Características del conductor:

- Tipo: LA-56.
- Peso propio: $p_p = 0{,}186$ daN/m.
- Diámetro: $\phi = 9{,}45$ mm.

a) Sobrecarga de viento para zonas A, B y C

$$m = \frac{p}{p_p} = \frac{\sqrt{p_p^2 + p_v^2}}{p_p} = \frac{\sqrt{0{,}186^2 + \left[60 \cdot \left(\frac{120}{120}\right)^2 \cdot 9{,}45 \cdot 10^{-3}\right]^2}}{p_p} = \frac{\sqrt{0{,}186^2 + 0{,}567^2}}{0{,}186} =$$

$$= \frac{0{,}5967}{0{,}186} = 3{,}21$$

b) Sobrecarga de hielo para zona B

$$m = \frac{p}{p_p} = \frac{p_p + 0{,}18 \cdot \sqrt{\phi}}{p_p} = \frac{0{,}186 + 0{,}18 \cdot \sqrt{9{,}45}}{0{,}186} = \frac{0{,}739}{0{,}186} = 3{,}97$$

c) Sobrecarga de hielo para zona C

$$m = \frac{p}{p_p} = \frac{p_p + 0{,}36 \cdot \sqrt{\phi}}{p_p} = \frac{0{,}186 + 0{,}36 \cdot \sqrt{9{,}45}}{0{,}186} = \frac{1{,}293}{0{,}186} = 6{,}95$$

2.4.2.2. Conductor emplazado en línea de categoría especial

Calcular el coeficiente de sobrecarga correspondiente a la tracción máxima admisible, para un conductor LA-280 situado en las tres zonas, si la tensión nominal de la línea es de 220 kV.

Características del conductor:

- Tipo: LA-280.
- Peso propio: $p_p = 0{,}959$ daN/m.
- Diámetro: $\phi = 21{,}8$ mm.

a) Sobrecarga de viento para zonas A, B y C

$$m = \frac{p}{p_p} = \frac{\sqrt{p_p^2 + p_v^2}}{p_p} = \frac{\sqrt{0,959^2 + \left[50 \cdot \left(\frac{140}{120}\right)^2 \cdot 21,8 \cdot 10^{-3}\right]^2}}{0,959} = \frac{\sqrt{0,959^2 + 1,484^2}}{0,959} = \frac{1,766}{0,959} = 1,84$$

b) Sobrecarga combinada de hielo y viento para zona B:

El espesor del manguito de hielo vale:

$$e = -\frac{\phi}{2} + \sqrt{\frac{\phi^2}{4} + \frac{240 \cdot \sqrt{\phi}}{\pi}} = -\frac{21,8}{2} + \sqrt{\frac{21,8^2}{4} + \frac{240 \cdot \sqrt{21,8}}{\pi}} = 10,9 \; mm$$

El coeficiente de sobrecarga vale:

$$m = \frac{p}{p_p} = \frac{\sqrt{\left(p_p + 0,18 \cdot \sqrt{\phi}\right)^2 + \left[q \cdot (\phi + 2 \cdot e) \cdot 10^{-3}\right]^2}}{p_p}$$

$$m = \frac{p}{p_p} = \frac{\sqrt{\left(0,959 + 0,18 \cdot \sqrt{21,8}\right)^2 + \left[50 \cdot \left(\frac{60}{120}\right)^2 \cdot (21,8 + 2 \cdot 10,9) \cdot 10^{-3}\right]^2}}{0,959} = \frac{\sqrt{1,799^2 + 0,545^2}}{0,959}$$

$$m = \frac{p}{p_p} = \frac{1,88}{0,959} = 1,96$$

c) Sobrecarga combinada de hielo y viento para zona C:

El espesor del manguito de hielo vale:

$$e = -\frac{\phi}{2} + \sqrt{\frac{\phi^2}{4} + \frac{480 \cdot \sqrt{\phi}}{\pi}} = -\frac{21,8}{2} + \sqrt{\frac{21,8^2}{4} + \frac{480 \cdot \sqrt{21,8}}{\pi}} = 17,9 \; mm$$

El coeficiente de sobrecarga vale:

$$m = \frac{p}{p_p} = \frac{\sqrt{\left(p_p + 0,36 \cdot \sqrt{\phi}\right)^2 + \left[q \cdot (\phi + 2 \cdot e) \cdot 10^{-3}\right]^2}}{p_p}$$

$$m = \frac{p}{p_p} = \frac{\sqrt{\left(0,959 + 0,36 \cdot \sqrt{21,8}\right)^2 + \left[50 \cdot \left(\frac{60}{120}\right)^2 \cdot (21,8 + 2 \cdot 17,9) \cdot 10^{-3}\right]^2}}{0,959} = \frac{\sqrt{2,64^2 + 0,72^2}}{0,959}$$

$$m = \frac{p}{p_p} = \frac{2,73}{0,959} = 2,85$$

2.5. COMPARACIÓN DE LOS MODELOS DE LA CATENARIA, PARÁBOLA Y EL MÉTODO DE TRUXÁ EN UN VANO DESNIVELADO

Se pretende establecer el cálculo mecánico de un conductor LA-280 de una línea de 132 kV, emplazada a una altitud de 600 m, para un vano cuya distancia horizontal entre apoyos es de 350 m y con un desnivel de 100 m, utilizando las expresiones de la catenaria, parábola y el método de Truxá.

Para comparar los resultados obtenidos por los tres métodos, se procederá a obtener el valor de la tracción en el conductor y la flecha a una temperatura de 20 ºC, partiendo de la hipótesis de tracción máxima admisible con sobrecarga de hielo, establecida por el RLAT en el Apartado 3.2.1 de la ITC- LAT 07.

Características del conductor:

- $S = 281,1$ mm^2.
- $\phi = 21,8$ mm.
- $p_p = 0,959$ daN/m.
- $E = 7556$ daN/mm^2.
- $\alpha = 18,9 \cdot 10^{-6}$ ºC^{-1}.
- $\sigma_{rot} = 8459$ daN.

La condición impuesta en el RLAT, correspondiente a la hipótesis de tracción máxima, es que no ha de superarse en el conductor, la carga de rotura dividida por un coeficiente de 2,5, con sobrecarga de hielo en zona B, a la temperatura de −15 ºC.

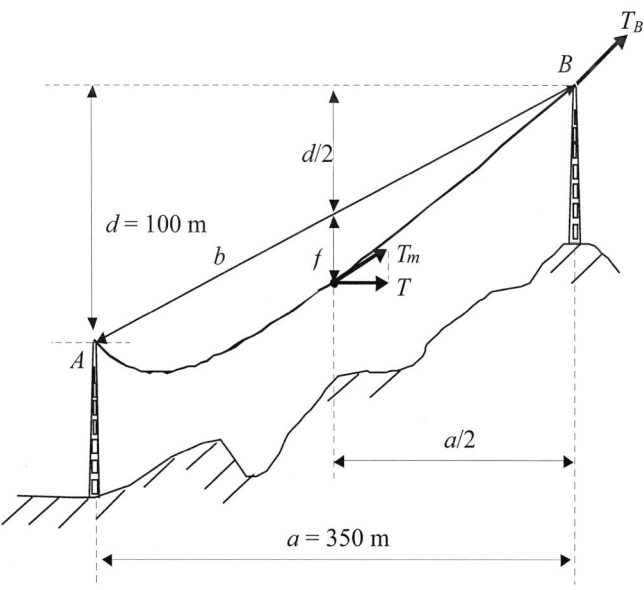

Figura 2.28. Tracciones en el vano desnivelado

La tracción máxima se da en el punto más elevado del cable (T_B), siendo la tracción en el punto medio del vano (Tm), la calculada según la expresión (17), de este capítulo:

$$T_m = \frac{1}{4} \cdot \left[2 \cdot T_B - p \cdot d + \sqrt{(p \cdot d - 2 \cdot T_B)^2 - 2 \cdot p^2 \cdot b^2} \right]$$

donde los distintos términos que intervienen son:

p = peso aparente del conductor (peso propio más sobrecarga) en daN/m.

$$p = p_p + p_h = p_p + 0,18 \cdot \sqrt{\phi} = 0,959 + 0,18 \cdot \sqrt{21,8} = 1,8 \, \frac{daN}{m}$$

b = distancia entre los puntos A y B, = $\sqrt{350^2 + 100^2} = 364$ m

$$T_B = \frac{\sigma_{rot}}{2,5} = \frac{8459}{2,5} = 3.383,6 \, daN$$

d = desnivel del vano, $d = 100$ m.

Por lo que el valor de T_m es:

$$T_m = \frac{1}{4} \cdot \left[2 \cdot \frac{8459}{2,5} - 1,8 \cdot 100 + \sqrt{\left[1,8 \cdot 100 - 2 \cdot \frac{8459}{2,5} \right]^2 - \left(2 \cdot 1,8^2 \cdot 364^2 \right)} \right] = 3277,2 \, daN$$

La componente horizontal de la tracción T, correspondiente al valor de T_m, viene dado por:

$$T = T_m \cdot \frac{a}{b} = 3277,2 \cdot \frac{350}{364} = 3151,15 \, daN$$

Según la hipótesis de hielo este valor de la tracción no ha de superarse a la temperatura de –15 ºC con un coeficiente de sobrecarga de:

$$m = \frac{p}{p_p} = \frac{1,8}{0,959} = 1,877$$

La flecha que se produce en estas condiciones es:

$$f = \frac{b^2 \cdot p}{8 \cdot T_m} = \frac{364^2 \cdot 1,8}{8 \cdot 3277,2} = 9,09 \, m$$

2.5.1. Resolución mediante las ecuaciones de la catenaria

La longitud del hilo dada por la expresión (3) es:

$$l = \sqrt{d^2 + 2 \cdot h^2 \cdot \left(ch\left(\frac{a}{h}\right) - 1 \right)}$$

La ecuación de cambio de cambio de condiciones se expresa mediante la relación:

$$l_2 - l_1 = l_1 \cdot \left[\alpha \cdot (\theta_2 - \theta_1) + \frac{1}{S \cdot E} \cdot (T_{m2} - T_{m1}) \right]$$

Para estimar la deformación elástica del conductor como consecuencia de las diferencias de tracciones entre las condiciones inicial y final se toma la tracción en el punto medio del vano, ya que para vanos desnivelados dicha tracción representa mucho mejor la tracción media a la que está sometido el conductor a lo largo del vano, que la tracción horizontal. Por ejemplo, en el caso de vanos muy desnivelados, en los que el vértice de la curva (catenaria) se sitúa fuera del vano, la tracción del conductor es superior a la componente horizontal en todos sus puntos.

Sustituyendo los valores de las longitudes para cada uno de los estados queda:

$$\sqrt{d^2 + 2 \cdot h_2^2 \cdot \left(ch\left(\frac{a}{h_2}\right) - 1 \right)} - \sqrt{d^2 + 2 \cdot h_1^2 \cdot \left(ch\left(\frac{a}{h_1}\right) - 1 \right)} =$$

$$\sqrt{d^2 + 2 \cdot h_1^2 \cdot \left(ch\left(\frac{a}{h_1}\right) - 1 \right)} \cdot \left[\alpha \cdot (\theta_2 - \theta_1) + \frac{1}{S.E} \cdot (T_2 - T_1) \cdot \frac{b}{a} \right]$$

siendo:

a = vano en metros = 350 m.

d = desnivel del vano = 100 m.

T_{m1} = 3.277,2 daN, tracción en el punto medio del vano, correspondiente al estado inicial del conductor.

$T_1 = T_{m1} \cdot \dfrac{a}{b} = 3.151,15 \ daN$, tracción horizontal en el vano, correspondiente al estado inicial del conductor.

p_1 = 1,8 daN/m, peso aparente del conductor correspondiente al estado inicial.

$h_1 = \dfrac{T_1}{p_1} = \dfrac{3.151,15}{1,8} = 1.750,63 \ m$, el parámetro de la catenaria correspondiente al estado inicial del conductor.

θ_1 = temperatura del conductor en el estado inicial = −15 °C.

α = coeficiente de dilatación lineal del conductor en °C^{-1} = $18,9 \cdot 10^{-6}$ °C^{-1}.

E = módulo de elasticidad del conductor en daN/ mm^2 = 7.556 daN/mm^2

T_{m2} = tracción en el punto medio del vano, correspondiente al estado final del conductor, en daN.

$T_2 = T_{m2} \cdot \dfrac{a}{b}$, tracción horizontal en el vano, correspondiente al estado final del conductor, en daN.

$h_2 = \dfrac{T_2}{p_2}$, el parámetro de la catenaria correspondiente al estado final del conductor, en metros.

θ_2 = 20 °C, temperatura del conductor en el estado final.

p_2 = 0,959 daN/m, peso del conductor correspondiente al estado final.

Resolviendo la ecuación de cambio de condiciones se obtiene un valor de la tracción horizontal en el conductor:

$$T_2 \ (catenaria) = 1.704,9 \ daN$$

Utilizando la expresión (2) para la flecha, queda:

$$f(catenaria) = \frac{T_{m2}}{p_2} \cdot \left[ch\left(\frac{a}{2 \cdot h_2}\right) - 1 \right] = \frac{T_2 \cdot \dfrac{b}{a}}{p_2} \cdot \left[\cosh\left(\frac{a}{2 \cdot \dfrac{T_2}{p_2}}\right) - 1 \right] = 8,97 \ m$$

2.5.2. Resolución mediante el método de Truxá

Utilizando la ecuación de cambio de condiciones (15), se calculará la tracción y la flecha en el vano para una temperatura de 20 °C.

$$t_{m2}^2 \cdot \left(t_{m2} + A\right) = B$$

donde:

$$A = \alpha \cdot E \cdot \left(\theta_2 - \theta_1\right) + K ; \quad K = \frac{a^2 \cdot E \cdot \omega^2 \cdot m_1^2}{24 \cdot t_{m1}^2} - t_{m1} ; \quad B = \frac{a^2 \cdot E \cdot \omega^2 \cdot m_2^2}{24}$$

siendo:

a = vano en metros = 350 m.

ω = peso propio del conductor por unidad de volumen, en daN/m/mm^2.

$$\omega = \frac{p_p}{S} = \frac{0,959 \dfrac{daN}{m}}{281,1 \ mm^2} = 0,0034 \ daN / m / mm^2$$

t_{m1} = tensión por unidad de superficie, en el punto medio del vano, correspondiente al estado inicial del conductor, en daN/ mm^2.

$$t_{m1} = \frac{T_m}{S} = \frac{3277,2}{281,1} = 11,66 \ daN / mm^2$$

θ_1 = temperatura del conductor en el estado inicial = −15 °C.

m_1 = coeficiente de sobrecarga del conductor en el estado inicial = 1,877.

α = coeficiente de dilatación lineal del conductor en °C^{-1} = 18,9 · 10^{-6} °C^{-1}.

E = módulo de elasticidad del conductor en daN/ mm^2 = 7556 daN/mm^2.

t_{m2} = tensión por unidad de superficie, en el punto medio del vano, correspondiente al estado final del conductor, en daN/ mm^2.

θ_2 = temperatura del conductor en el estado final en °C.

m_2 = coeficiente de sobrecarga del conductor en el estado final.

Los parámetros correspondientes al estado inicial serán:

t_{m1} (daN/mm^2)	θ_1 (°C)	m_1
11,66	−15 °C	1,877

Partiendo de las condiciones del estado inicial con sobrecarga de hielo y empleando la ecuación de cambio de condiciones, se obtendrá la tracción a 20 ºC sin sobrecarga.

t_{m2} (daN/mm^2)	θ_2 (ºC)	m_2
	20 ºC	1

Resolviendo la ecuación de cambio de condiciones se obtiene un valor de la tracción en el conductor:

$$t_{m2} = 6{,}308 \ daN / mm^2$$

$$T_{m2} = t_{m2} \cdot S = 6{,}308 \cdot 281{,}1 = 1773{,}1 \ daN$$

La componente horizontal de la tracción vale:

$$T_2 \left(Truxá \right) = T_{m2} \cdot \frac{a}{b} = 1773{,}1 \cdot \frac{350}{364} = 1.705{,}0 \ daN$$

La flecha que se produce en estas condiciones es:

$$f \left(Truxá \right) = \frac{b^2 \cdot p}{8 \cdot T_{m2}} = \frac{364^2 \cdot 0{,}959}{8 \cdot 1773{,}17} = 8{,}96 \ m$$

2.5.3. Resolución utilizando la parábola considerando el vano a nivel

Utilizando la ecuación de cambio de condiciones (10), se calculará la tracción y la flecha en el vano para una temperatura de 20 ºC.

$$t_2^2 \cdot \left(t_2 + A \right) = B \qquad (10)$$

donde:

$$A = \alpha \cdot E \cdot \left(\theta_2 - \theta_1 \right) + K , \quad K = \frac{a^2 \cdot E \cdot \omega^2 \cdot m_1^2}{24 \cdot t_1^2} - t_1 , \quad B = \frac{a^2 \cdot E \cdot \omega^2 \cdot m_2^2}{24} ,$$

siendo:

a = vano en metros = 350 m.

ω = peso propio del conductor por unidad de volumen, en daN/m/mm^2.

$$\omega = \frac{p_p}{S} = \frac{0{,}959 \ daN/m}{281{,}1 \ mm^2} = 0{,}0034 \ daN / m / mm^2 .$$

t_1 = componente horizontal de la tracción por unidad de superficie, correspondiente al estado inicial del conductor, en daN/ mm^2.

$$t_1 = \frac{T}{S} = \frac{3151{,}15}{281{,}1} = 11{,}21 \ daN / mm^2 .$$

θ_1 = temperatura del conductor en el estado inicial = −15 ºC.

m_1 = coeficiente de sobrecarga del conductor en el estado inicial = 1,877.

α = coeficiente de dilatación lineal del conductor en $°C^{-1}$ = $18,9 \cdot 10^{-6}$ $°C^{-1}$.

E = módulo de elasticidad del conductor en daN/ mm² = 7556 daN/mm².

t_2 = componente horizontal de la tracción por unidad de superficie, correspondiente al estado final del conductor, en daN/ mm².

θ_2 = temperatura del conductor en el estado final en °C.

m_2= coeficiente de sobrecarga del conductor en el estado final.

Los parámetros correspondientes al estado inicial serán:

t_1 (daN/mm²)	θ_1 (°C)	m_1
11,21	−15 °C	1,877

Partiendo de las condiciones del estado inicial con sobrecarga de hielo y empleando la ecuación de cambio de condiciones, se obtendrá la tracción a 20 °C sin sobrecarga.

t_2 (daN/mm²)	θ_2 (°C)	m_2
	20 °C	1

Resolviendo la ecuación de cambio de condiciones se obtiene un valor de la tracción en el conductor:

$$t_2 = 6,019 \ daN / mm^2$$

$$T_2\left(Parábola\right) = t_2 \cdot S = 6,019 \cdot 281,1 = 1691,9 \ daN$$

La flecha que se produce en estas condiciones es:

$$f\left(Parábola\right) = \frac{a^2 \cdot p}{8 \cdot T_2} = \frac{350^2 \cdot 0,959}{8 \cdot 1691,9} = 8,68 \ m$$

La tabla comparativa de los resultados, se muestra a continuación:

Parámetro obtenido	Utilización de las ecuaciones de la catenaria	Utilización del método de Truxá	Utilización de la parábola para vano a nivel
Tracción horizontal (daN)	1.704,9	1.705,0	1.691,9
Flecha (m)	8,97	8,98	8,68

Si el vano hubiese sido de 1.000 m, con un desnivel de 300 m los resultados serían:

Parámetro obtenido	Utilización de las ecuaciones de la catenaria	Utilización del método de Truxá	Utilización de la parábola para vano a nivel
Tracción horizontal (daN)	1.676,2	1.676,3	1.674,1
Flecha (m)	75,17	74,66	71,60

2.6. EJEMPLO DE CÁLCULO MECÁNICO DE VANO A NIVEL

Establecer el cálculo mecánico de un conductor LA-56, instalado en una zona de 600 m de altitud, tendido en un solo vano a nivel de longitud 170 m, suponiendo que en la zona se considera un viento excepcional de 130 km/h y la tensión nominal de la línea es de 15 kV.

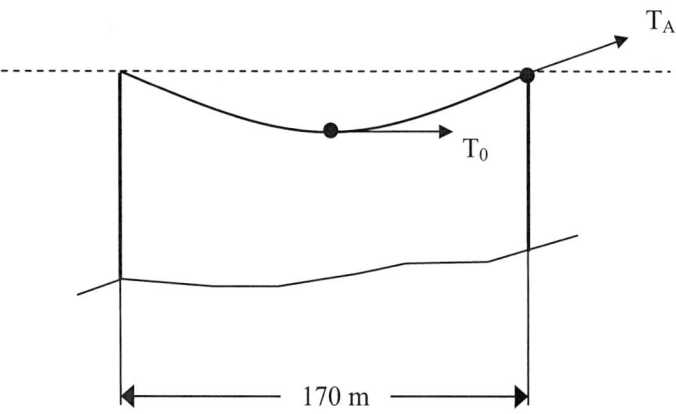

Figura 2.29. Vano a nivel

Características del conductor:

- $S = 54,6 \text{ mm}^2$.

- $\phi = 9,45 \text{ mm}$.

- $p_p = 0,1856 \text{ daN/m}$.

- $E = 7949 \text{ daN/mm}^2$.

- $\alpha = 19,1 \cdot 10^{-6} \text{ °C}^{-1}$.

- $\sigma_{rot} = 1639 \text{ daN}$.

Solución

a) Hipótesis de tracción máxima

El RLAT considera, para el cálculo de la tracción máxima admisible, tres hipótesis: hielo, viento y viento excepcional. Se comenzará considerando que la hipótesis más desfavorable sea la de hielo y comprobando posteriormente, mediante la ecuación de cambio de condiciones, que la tracción obtenida para las otras dos hipótesis resulta menor. En caso de obtener una tracción mayor para alguna de estas dos hipótesis habría que volver a iniciar el cálculo partiendo de la hipótesis que dé una tracción mayor.

Según la hipótesis de hielo en la zona B, no ha de superarse en el cable una tracción superior a la carga de rotura dividida por un coeficiente de seguridad de 2,5, con sobrecarga de hielo (Apartado 3.1.3. ITC-LAT 07), a la temperatura de −15 °C.

En líneas de distribución de media tensión (15 kV, 20 kV), con objeto de no tener que exigir la hipótesis de rotura de conductores en los apoyos de alineación y ángulo (Apartado 3.5.3 ITC-LAT 07), se utilizará un coeficiente de seguridad 3 en vez del 2,5 mencionado anteriormente. Por tanto la tracción máxima que no ha de superarse en ningún punto del conductor es su carga de rotura dividida por 3. Esta tracción se dará en el punto más elevado del cable T_A, siendo la tracción horizontal T_0, que corresponde a la tracción en el centro del vano.

Aplicando la fórmula (13):

$$T_0 = \frac{1}{4}\left(2 \cdot T_A + \sqrt{4 \cdot T_A^2 - 2 \cdot p^2 \cdot a^2}\right)$$

donde:

p = peso aparente del conductor (peso propio más sobrecarga) en daN/m.

$$p = p_p + p_h = 0{,}1856 + 0{,}18 \cdot \sqrt{9{,}45} = 0{,}739 \ daN/m.$$

a = longitud del vano = 170 m.

$$T_A = \frac{\sigma_{rot}}{3} = \frac{1639}{3} = 546{,}3 \ daN.$$

Por lo que el valor de T_0 es:

$$T_0 = \frac{1}{4}\cdot\left[2\cdot\left(\frac{1.639}{3}\right) + \sqrt{4\cdot\left(\frac{1.639}{3}\right)^2 - \left(2\cdot 0{,}739^2 \cdot 170^2\right)}\right] = 542{,}7 \ daN$$

Este valor de la tracción no ha de superarse a la temperatura de –15 ºC con un coeficiente de sobrecarga de:

$$m = \frac{p}{p_p} = \frac{p_p + p_h}{p_p} = \frac{0{,}739}{0{,}1856} = 3{,}98$$

La flecha que se produce en estas condiciones, aplicando la fórmula (7), es:

$$f = \frac{a^2 \cdot p}{8 \cdot T_0} = \frac{170^2 \cdot 0{,}739}{8 \cdot 542{,}7} = 4{,}92 \ m$$

Como se observa a continuación, también la tracción horizontal del cable está relacionada con la tracción en el punto más elevado del mismo mediante la relación siguiente y cuyo valor coincide con el obtenido anteriormente:

$$T_0 = T_A - p \cdot f = 546{,}3 - 0{,}739 \cdot 4{,}92 = 542{,}7 \ daN$$

Aplicando la ecuación de cambio de condiciones (12), y considerando como estado inicial (subíndice 1) la hipótesis de hielo anteriormente estudiada, se obtendrá la tracción en el conductor para el resto de condiciones reglamentarias de tracción máxima (hipótesis de viento y de viento excepcional).

$$t_2^2 \cdot (t_2 + A) = B$$

donde:

$$A = \alpha \cdot E \cdot (\theta_2 - \theta_1) + K ; \quad K = \frac{a^2 \cdot E \cdot \omega^2 \cdot m_1^2}{24 \cdot t_1^2} - t_1 ; \quad B = \frac{a^2 \cdot E \cdot \omega^2 \cdot m_2^2}{24}$$

siendo:

a = vano en metros = 170 m.

ω = peso propio del conductor en daN/m/mm^2.

$$\omega = \frac{p_p}{S} = \frac{0,1856\, daN/m}{54,6\ mm^2} = 0,0034\ \text{daN/m/mm}^2$$

t_1 = tensión en el estado inicial del conductor en daN/ mm^2.

$$t_1 = \frac{T_0}{S} = \frac{542,7}{54,6} = 9,94\ \text{daN/m/mm}^2$$

θ_1 = temperatura del conductor en el estado inicial en ºC = −15 ºC.

m_1=coeficiente de sobrecarga del conductor en el estado inicial = 3,98.

α = coeficiente de dilatación lineal del conductor en ºC^{-1} = $19,1 \cdot 10^{-6}$ ºC^{-1}.

E = módulo de elasticidad del conductor en daN/ mm^2 = 7.949 daN/mm^2.

t_2 = tensión en el estado final del conductor en daN/ mm^2.

θ_2 = temperatura del conductor en el estado final en ºC.

m_2 = coeficiente de sobrecarga del conductor en el estado final.

Los parámetros correspondientes al estado inicial serán:

t_1 (daN/mm^2)	θ_1 (ºC)	m_1
9,94	−15	3,98

Se obtendrá, empleando la ecuación de cambio de condiciones, la tracción en el conductor para las condiciones de viento y viento excepcional, impuestas en la hipótesis de tracción máxima.

a1) La tracción horizontal en el conductor a la temperatura de −10 ºC, con viento de 120 km/h, ha de ser inferior a 542,7 daN (o su equivalente t_1 = 9,94 daN/mm^2).

t_2 (daN/mm^2)	θ_2 (ºC)	m_2
	−10	3,215

Así pues, tenemos que:

$$m_2 = \frac{p}{p_p} = \frac{\sqrt{p_p^2 + p_v^2}}{p_p} = \frac{\sqrt{0,1856^2 + \left[60 \cdot \left(\frac{120}{120} \right)^2 \cdot 9,45 \cdot 10^{-3} \right]^2}}{0,1856} = 3,215$$

Aplicando la ecuación de cambio de condiciones queda:

$$K = \frac{a^2 \cdot E \cdot \omega^2 \cdot m_1^2}{24 \cdot t_1^2} - t_1 = \frac{170^2 \cdot 7949 \cdot 0{,}0034^2 \cdot 3{,}98^2}{24 \cdot 9{,}94^2} - 9{,}94 = 7{,}81 \;\; daN/mm^2$$

$$A = \alpha \cdot E \cdot (\theta_2 - \theta_1) + K = 19{,}1 \cdot 10^{-6} \cdot 7949 \cdot (-10 - (-15)) + 7{,}81 = 8{,}57 \;\; daN/mm^2$$

$$B = \frac{a^2 \cdot E \cdot \omega^2 \cdot m_2^2}{24} = \frac{170^2 \cdot 7949 \cdot 0{,}0034^2 \cdot 3{,}215^2}{24} = 1143 \;\; daN^3/mm^6$$

$$t_2^2 \cdot (t_2 + A) = B$$

$$t_2^2 \cdot (t_2 + 8{,}57) = 1.143$$

La resolución de la ecuación anterior se puede realizar mediante múltiples métodos, por ejemplo, mediante iteraciones por aproximaciones sucesivas. Para ello, se parte de un valor arbitrario estimado de t_2, y se calcula el valor residual R siguiente:

$$R = t_2^2 \cdot (t_2 + A) - B$$

Si R es positivo se realiza la iteración siguiente, con un valor de t_2 mayor, y con un valor menor si R es negativo, hasta estimar con suficiente aproximación. Tras varias iteraciones, el valor de t_2 cuando R cambia de signo. Por tanto, los valores que se calculan a lo largo del ejemplo hay que entenderlos como valores suficientemente aproximados, pero no como valores exactos.

En este caso la resolución de la ecuación da un valor de:

$$t_2 = 8{,}25 \;\; daN/mm^2$$

$$T_2 = t_2 \cdot S = 8{,}25 \cdot 54{,}6 = 450{,}2 \;\; daN$$

El valor obtenido para T_2 resulta inferior al valor de $T_1 = 542{,}7$ daN, y por tanto, se confirma que la hipótesis de hielo es la más desfavorable.

La flecha que se produce en estas condiciones es:

$$f = \frac{a^2 \cdot p}{8 \cdot T_2} = \frac{170^2 \cdot 0{,}596}{8 \cdot 450{,}2} = 4{,}79 \;\; m$$

a2) Hipótesis adicional

Por tratarse de zona B y darse un viento excepcional de 130 km/h, según el Apartado 3.2.1 de la ITC-LAT 07, habrá que comprobar que no se supera la carga de rotura dividida por 3 a la temperatura de −10 ºC con la sobrecarga correspondiente a dicho viento.

t_2 (daN/mm^2)	θ_2 (°C)	m_2
	−10	3,723

$$m_2 = \frac{p}{p_p} = \frac{\sqrt{p_p^2 + p_v^2}}{p_p} = \frac{\sqrt{0,1856^2 + \left[60 \cdot \left(\frac{130}{120}\right)^2 \cdot 9,45 \cdot 10^{-3}\right]^2}}{0,1856} = 3,723$$

Si se aplica la ecuación de cambio de condiciones queda:

$$A = \alpha \cdot E \cdot (\theta_2 - \theta_1) + K = 19,1 \cdot 10^{-6} \cdot 7.949 \cdot [-10 - (-15)] + 7,81 = 8,57 \ daN/mm^2$$

$$B = \frac{a^2 \cdot E \cdot \omega^2 \cdot m_2^2}{24} = \frac{170^2 \cdot 7949 \cdot 0,0034^2 \cdot 3,723^2}{24} = 1532 \ daN^3/mm^6$$

$$t_2^2 \cdot (t_2 + A) = B$$

$$t_2^2 \cdot (t_2 + 8,57) = 1532$$

$$t_2 = 9,27 \ daN/mm^2$$

$$T_2 = t_2 \cdot S = 9,27 \cdot 54,6 = 506,1 \ daN$$

El valor obtenido para T_2 resulta inferior al valor de $T_1 = 542,7$ daN, y por tanto, se confirma que la hipótesis de hielo es la más desfavorable.

La flecha que se produce en estas condiciones es:

$$f = \frac{a^2 \cdot p}{8 \cdot T_2} = \frac{170^2 \cdot 0,69}{8 \cdot 506,1} = 4,93 \ m$$

El lector puede comprobar, por ejemplo, que si el viento fuera de 140 km/h la tracción obtenida sería superior a la obtenida en la hipótesis de hielo, en cuyo caso habría que utilizar la hipótesis de viento excepcional como punto de partida en la ecuación de cambio de condiciones.

b) Comprobación de fenómenos vibratorios

b1) Tensión de cada día, EDS (Every Day Stress)

En general, se recomienda que la tracción en el conductor a la temperatura de 15 °C no supere el 22% de la carga de rotura si se realiza el estudio de amortiguamiento y se instalan dispositivos antivibratorios, o bien, que no supere el 15% de la carga de rotura si no se instalan.

Partiendo de esta hipótesis y empleando la ecuación de cambio de condiciones, se obtendrá la tracción en el conductor:

t_2 (daN/mm^2)	θ_2 (°C)	m_2
	15	1

Aplicando la ecuación de cambio de condiciones queda:

$$A = \alpha \cdot E \cdot (\theta_2 - \theta_1) + K = 19,1 \cdot 10^{-6} \cdot 7.949 \cdot (15 - (-15)) + 7,81 = 12,36 \ daN/mm^2$$

$$B = \frac{a^2 \cdot E \cdot \omega^2 \cdot m_2^2}{24} = \frac{170^2 \cdot 7949 \cdot 0,0034^2 \cdot 1^2}{24} = 110,57 \ daN^3/mm^6$$

$$t_2^2 \cdot (t_2 + A) = B$$

$$t_2^2 \cdot (t_2 + 12,36) = 110,57$$

$$t_2 = 2,71 \ daN/mm^2$$

$$T_2 = t_2.S = 2,71 \cdot 54,6 = 147,9 \ daN$$

$$Coef.EDS \approx \frac{T_2}{\sigma_{rot}} \cdot 100 = \frac{147,9}{1639} \cdot 100 = 9\%$$

Por lo tanto, resulta admisible al ser inferior al 15%.

La flecha que se produce en estas condiciones es:

$$f = \frac{a^2 \cdot p}{8 \cdot T_2} = \frac{170^2 \cdot 0,1856}{8 \cdot 147,9} = 4,53 \ m$$

b2) Tensión en Horas Frías, CHS (*Cold Hour Stress*)

Esta hipótesis no se incluye en el RLAT pero suele ser utilizada por las distintas empresas suministradoras de energía en base a la experiencia en la explotación de sus líneas. En general, para líneas de distribución de media tensión, la tracción en el conductor a la temperatura de –5 °C para todas las zonas, sin sobrecarga, no debe ser superior al 20% de la carga de rotura del conductor. Para líneas de transporte, con conductor LA-280 se suele considerar, en general, una tracción en el conductor no superior al 23% de la carga de rotura a la misma temperatura.

t_2 (daN/mm^2)	θ_2 (°C)	m_2
	–5	1

Aplicando la ecuación de cambio de condiciones queda:

$$A = \alpha \cdot E \cdot (\theta_2 - \theta_1) + K = 19,1 \cdot 10^{-6} \cdot 7949 \cdot (-5 - (-15)) + 7,81 = 9,33 \ daN/mm^2$$

$$B = \frac{a^2 \cdot E \cdot \omega^2 \cdot m_2^2}{24} = \frac{170^2 \cdot 7949 \cdot 0,0034^2 \cdot 1^2}{24} = 110,57 \ daN^3/mm^6$$

$$t_2^2 \cdot (t_2 + A) = B$$

$$t_2^2 \cdot (t_2 + 9,33) = 110,57$$

$$t_2 = 2,99 \ daN / mm^2$$

$$T_2 = t_2 \cdot S = 2,99 \cdot 54,6 = 163,6 \ daN$$

$$Coef.CHS \approx \frac{T_2}{\sigma_{rot}} \cdot 100 = \frac{163,6}{1639} \cdot 100 = 10\%$$

Por lo tanto, resulta admisible al ser inferior al 20%.

La flecha que se produce en estas condiciones es:

$$f = \frac{a^2 \cdot p}{8 \cdot T_2} = \frac{170^2 \cdot 0,1856}{8 \cdot 163,6} = 4,10 \ m$$

c) Hipótesis de flechas máximas

Estas hipótesis permiten calcular la tracción mecánica y la flecha máxima que se va a dar en el vano en cálculo para poder comprobar la distancia entre conductores, entre conductores y apoyos y calcular la altura de los apoyos que satisfaga las distancias de seguridad.

Se debe de calcular la flecha máxima para hipótesis de viento, temperatura y hielo.

c1) Hipótesis de flecha máxima con viento

t_2 (daN/mm^2)	θ_2 (°C)	m_2
	15	3,215

Se hace notar que para la hipótesis de flecha máxima con viento el RLAT no considera el viento excepcional sino un viento a 120 km/h.

Aplicando la ecuación de cambio de condiciones queda:

$$A = \alpha \cdot E \cdot (\theta_2 - \theta_1) + K = 19,1 \cdot 10^{-6} \cdot 7949 \cdot (15 - (-15)) + 7,81 = 12,36 \ daN / mm^2$$

$$B = \frac{a^2 \cdot E \cdot \omega^2 \cdot m_2^2}{24} = \frac{170^2 \cdot 7949 \cdot 0,0034^2 \cdot 3,215^2}{24} = 1143 \ daN^3 / mm^6$$

$$t_2^2 \cdot (t_2 + A) = B$$

$$t_2^2 \cdot (t_2 + 12,36) = 1143$$

$$t_2 = 7,57 \ daN/mm^2$$

$$T_2 = t_2 \cdot S = 7,57 \cdot 54,6 = 413,4 \ daN$$

El valor de la flecha es:

$$f_{máx.V} = \frac{a^2 \cdot p}{8 \cdot T_2} = \frac{170^2 \cdot 0,596}{8 \cdot 413,4} = 5,21 \ m$$

c2) Hipótesis de flecha máxima con temperatura.

t_2 (daN/mm^2)	θ_2 (°C)	m_2
	50	1

Aplicando la ecuación de cambio de condiciones queda:

$$A = \alpha \cdot E \cdot (\theta_2 - \theta_1) + K = 19,1 \cdot 10^{-6} \cdot 7949 \cdot (50 - (-15)) + 7,81 = 17,69 \ daN/mm^2$$

$$B = \frac{a^2 \cdot E \cdot \omega^2 \cdot m_2^2}{24} = \frac{170^2 \cdot 7949 \cdot 0,0034^2 \cdot 1^2}{24} = 110,57 \ daN^3/mm^6$$

$$t_2^2 \cdot (t_2 + A) = B$$

$$t_2^2 \cdot (t_2 + 17,69) = 110,57$$

$$t_2 = 2,35 \ daN/mm^2$$

$$T_2 = t_2 \cdot S = 2,35 \cdot 54,6 = 128,3 \ daN$$

El valor de la flecha es:

$$f_{máx.\theta} = \frac{a^2 \cdot p}{8 \cdot T_2} = \frac{170^2 \cdot 0,1856}{8 \cdot 128,3} = 5,22 \ m$$

c3) Hipótesis de flecha máxima con hielo

t_2 (daN/mm^2)	θ_2 (°C)	m_2
	0	3,98

$$m_2 = \frac{p}{p_p} = \frac{p_p + p_h}{p} = \frac{0,1856 + 0,18 \cdot \sqrt{9,45}}{0,1856} = \frac{0,739}{0,1856} = 3,98$$

Aplicando la ecuación de cambio de condiciones queda:

$$A = \alpha \cdot E \cdot (\theta_2 - \theta_1) + K = 19{,}1 \cdot 10^{-6} \cdot 7949 \cdot (0 - (-15)) + 7{,}81 = 10{,}09 \ daN/mm^2$$

$$B = \frac{a^2 \cdot E \cdot \omega^2 \cdot m_2^2}{24} = \frac{170^2 \cdot 7949 \cdot 0{,}0034^2 \cdot 3{,}98^2}{24} = 1753 \ daN^3/mm^6$$

$$t_2^2 \cdot (t_2 + A) = B$$

$$t_2^2 \cdot (t_2 + 10{,}09) = 1753$$

$$t_2 = 9{,}47 \ daN/mm^2$$

$$T_2 = t_2 \cdot S = 9{,}47 \cdot 54{,}6 = 517{,}0 \ daN$$

El valor de la flecha es:

$$f_{máx.H} = \frac{a^2 \cdot p}{8 \cdot T_2} = \frac{170^2 \cdot 0{,}739}{8 \cdot 517{,}0} = 5{,}16 \ m$$

d) Hipótesis de flecha mínima vertical

Se utiliza para comprobar en el perfil longitudinal la inexistencia de tiro ascendente sobre los apoyos de suspensión y las distancias de seguridad de la línea con otras líneas eléctricas que crucen por encima (Apartado 5.6.1. ITC-LAT 07).

$t_2 \ (daN/mm^2)$	$\theta_2 \ (°C)$	m_2
	$-15 \ °C$	1

Aplicando la ecuación de cambio de condiciones queda:

$$A = \alpha \cdot E \cdot (\theta_2 - \theta_1) + K = 19{,}1 \cdot 10^{-6} \cdot 7949 \cdot (-15 - (-15)) + 7{,}81 = 7{,}81 \ daN/mm^2$$

$$B = \frac{a^2 \cdot E \cdot \omega^2 \cdot m_2^2}{24} = \frac{170^2 \cdot 7949 \cdot 0{,}0034^2 \cdot 1^2}{24} = 110{,}57 \ daN^3/mm^6$$

$$t_2^2 \cdot (t_2 + A) = B$$

$$t_2^2 \cdot (t_2 + 7{,}81) = 110{,}57$$

$$t_2 = 3{,}17 \ daN/mm^2$$

$$T_2 = t_2 \cdot S = 3{,}17 \cdot 54{,}6 = 173{,}3 \ daN$$

El valor de la flecha mínima para el vano de cálculo:

$$f_{mín.} = \frac{a^2 \cdot p}{8 \cdot T_2} = \frac{170^2 \cdot 0{,}1856}{8 \cdot 173{,}3} = 3{,}87 \ m$$

e) Hipótesis para el cálculo de apoyos

Coinciden con las hipótesis de tracción máxima, de hielo y viento a 120 km/h calculadas anteriormente.

f) Hipótesis empleada para el cálculo de la desviación de la cadena de aisladores

Se utiliza para calcular la distancia entre los conductores y partes puestas a tierra, según establece el Apartado 5.4.2 de la ITC-LAT 07.

Las condiciones correspondientes a esta hipótesis son:

t_2 (daN/mm^2)	θ_2 (°C)	m_2
	−10 °C	1,826

$$m_2 = \frac{p}{p_p} = \frac{\sqrt{p_p^2 + p_v^2}}{p_p} = \frac{\sqrt{0,1856^2 + \left[\frac{60}{2} \cdot \left(\frac{120}{120}\right)^2 \cdot 9,45 \cdot 10^{-3}\right]^2}}{0,1856} = \frac{0,3389}{0,1856} = 1,826$$

Aplicando la ecuación de cambio de condiciones queda:

$$A = \alpha \cdot E \cdot (\theta_2 - \theta_1) + K = 19,1 \cdot 10^{-6} \cdot 7949 \cdot (-10 - (-15)) + 7,81 = 8,57 \ \ daN/mm^2$$

$$B = \frac{a^2 \cdot E \cdot \omega^2 \cdot m_2^2}{24} = \frac{170^2 \cdot 7949 \cdot 0,0034^2 \cdot 1,826^2}{24} = 368,63 \ \ daN^3/mm^6$$

$$t_2^2 \cdot (t_2 + A) = B$$

$$t_2^2 \cdot (t_2 + 8,57) = 368,63$$

$$t_2 = 5,18 \ \ daN/mm^2$$

$$T_2 = t_2 \cdot S = 5,18 \cdot 54,6 = 282,7 \ \ daN$$

El valor de la flecha en estas condiciones vale:

$$f_{desv.} = \frac{a^2 \cdot p}{8 \cdot T_2} = \frac{170^2 \cdot 0,3389}{8 \cdot 282,7} = 4,33 \ \ m$$

g) Tabla de tendido

t_2 (daN/mm^2)	θ_2 (°C)	m_2
	0, 5, 10, …40	1

Aplicando de nuevo la ecuación de cambio de condiciones se obtienen las tracciones que han de darse el día del tendido junto con sus flechas correspondientes. Obsérvese que el tendido se realiza a temperatura ambiente y sin sobrecarga alguna en el conductor.

θ (°C)	T_2 (daN)	F_{ar} (m)
0	159,2	4,21
5	155,2	4,32
10	151,4	4,43
15	147,9	4,53
20	144,6	4,63
25	141,5	4,73
30	138,6	4,84
35	135,8	4,94
40	133,1	5,03

RESUMEN

Hipótesis	Sobrecarga	Temperatura	Tracción horizontal (daN)	Flecha f (m)
Tracción máxima	Hielo	−15 °C	542,7	4,92
	Viento	−10 °C	450,2	4,79
	Viento excepcional	−10 °C	506,1	4,93
E.D.S.	Peso propio	15 °C	147,9	4,53
C.H.S	Peso propio	−5 °C	163,6	4,10
Flecha máxima	Viento	15 °C	413,4	5,21
	Peso propio	50 °C	128,3	5,22
	Hielo	0 °C	517,0	5,16
Flecha mínima	Peso propio	−15 °C	173,3	3,87
Cálculo de apoyos	Hielo	−15 °C	542,7	4,93
	Viento	−10 °C	450,2	4,79
Desviación de cadena	Viento mitad	−10 °C	282,7	4,33

2.7. EJEMPLO DE CÁLCULO MECÁNICO DE VANO DESNIVELADO

Establecer el cálculo mecánico de un conductor LA-78, instalado a una altitud de 400 m en un solo vano cuya distancia horizontal entre apoyos es de 250 m y para un desnivel en el apoyo de la derecha de 50 m. La tensión nominal de la línea de 20 kV.

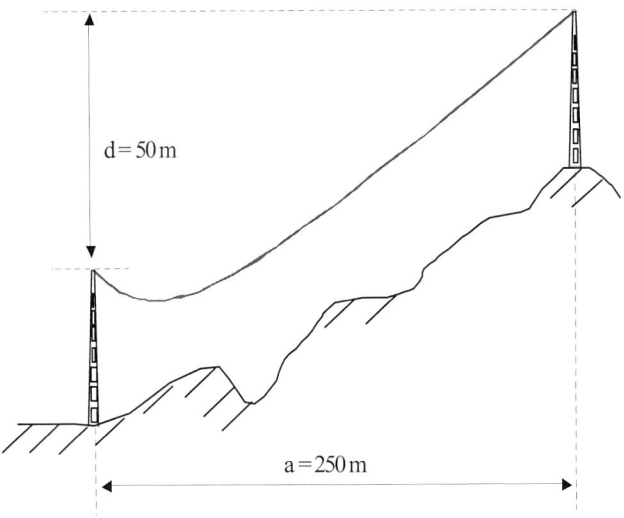

Figura 2.30. Vano desnivelado

Características del conductor:

- $S = 78,6$ mm^2.

- $\phi = 11,34$ mm.

- $p_p = 0,267$ daN/m.

- $E = 7949$ daN/mm^2.

- $\alpha = 19,1 \cdot 10^{-6}$ °C^{-1}.

- $\sigma_{rot} = 2316$ daN.

Tal como se ha indicado en el Apartado 2.1, al tratarse de un vano desnivelado sometido a una sobrecarga de viento, cabría considerar, para los cálculos mecánicos del conductor, el vano proyectado a_v, sobre el plano inclinado paralelo a la dirección de las fuerzas que actúan sobre el conductor, así como el desnivel entre los puntos de sujeción del conductor, correspondiente al vano proyectado sobre dicho plano d_v.

Teniendo en cuenta que cuando actúa el viento sobre el conductor no lo hace de forma continua sino a ráfagas, la curva de equilibrio no se encuentra siempre situada un plano inclinado, por tanto, el cálculo mecánico de un conductor sometido a la acción del viento se suele realizar considerando que la curva de equilibrio del conductor siempre está en un plano vertical.

2.7.1. Resolución sin tener en cuenta el desplazamiento de la curva de equilibrio debida a la acción del viento

a) Hipótesis de tracción máxima

a1) Hipótesis de viento

Una de las condiciones impuestas en el RLAT correspondiente a esta hipótesis es que no ha de superarse, en el conductor, la carga de rotura dividida por un coeficiente de 2,5, con sobrecarga de viento según la zona, a la temperatura de –5 ºC. Al tratarse de zona A, no se considera la hipótesis de hielo.

No obstante, en líneas de distribución de media tensión (15 kV, 20 kV), con objeto de no tener que exigir la hipótesis de rotura de conductores en el cálculo mecánico de los apoyos de alineación y ángulo, según el Apartado 3.5.3 de la ITC-LAT 07, es habitual utilizar un coeficiente 3 en vez del 2,5 mencionado anteriormente. Por tanto, la tracción máxima que no ha de superarse en ningún punto del conductor es su carga de rotura dividida por 3.

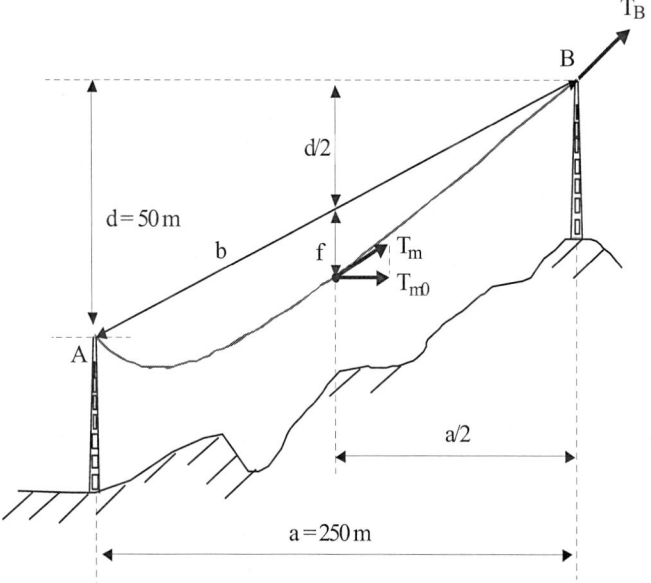

Figura 2.31. Tracciones en el vano desnivelado

Esta tracción se da en el punto más elevado del cable (T_B), siendo la tracción en el punto medio del vano (T_m), la calculada según la expresión (17) de este capítulo:

$$T_m = \frac{1}{4} \cdot \left[2 \cdot T_B - p \cdot d + \sqrt{(p \cdot d - 2 \cdot T_B)^2 - 2 \cdot p^2 \cdot b^2} \right]$$

donde **los distintos términos que intervienen son:**

p = peso aparente del conductor (peso propio más sobrecarga) en daN/m.

$$p = \sqrt{p_p^{\,2} + p_v^2} = \sqrt{p_p^{\,2} + \left[60 \cdot \left(\frac{V_v}{120}\right)^2 \cdot \phi \cdot 10^{-3}\right]^2} =$$

$$= \sqrt{0,267^2 + \left[60 \cdot \left(\frac{120}{120}\right)^2 \cdot 11,34 \cdot 10^{-3}\right]^2} = 0,731 \, \frac{daN}{m}$$

b = distancia entre los puntos A y B, $= \sqrt{250^2 + 50^2} = 254,95 \ m$.

$$T_B = \frac{\sigma_{rot}}{3} = \frac{2316}{3} = 772 \ daN\,.$$

d = desnivel del vano = 50 m.

Por lo que el valor de T_m, es:

$$T_m = \frac{1}{4} \cdot \left[2 \cdot \frac{2316}{3} - 0,731 \cdot 50 + \sqrt{\left[0,731 \cdot 50 - 2 \cdot \frac{2316}{3}\right]^2 - \left(2 \cdot 0,731^2 \cdot 254,95^2\right)}\right] =$$

$$= 747,9 \ daN$$

Según la hipótesis de viento este valor de la tracción no ha de superarse a la temperatura de $-5 \ ^\circ$C con un coeficiente de sobrecarga de:

$$m = \frac{p}{p_p} = \frac{0,731}{0,267} = 2,738$$

La flecha que se produce en estas condiciones es:

$$f = \frac{b^2 \cdot p}{8 \cdot T_m} = \frac{254,95^2 \cdot 0,731}{8 \cdot 747,92} = 7,94 \ m$$

Como se evidencia a continuación, la tensión en el punto medio del conductor se puede calcular también a partir de la tensión en el punto más elevado del vano, mediante la relación siguiente, deducida de las propiedades de la parábola:

$$T_m = T_B - p \cdot \left(f + \frac{d}{2}\right) = 772 - 0,731 \cdot \left(7,94 + \frac{50}{2}\right) = 747,9 \ daN$$

Utilizando la ecuación de cambio de condiciones (15), se comprobará que se cumplen las exigencias impuestas en el RLAT, se calcularán las flechas máximas y se obtendrán las tracciones para las diferentes consideraciones exigidas.

$$t_{m2}^2 \cdot \left(t_{m2} + A\right) = B$$

donde:

$$A = \alpha \cdot E \cdot (\theta_2 - \theta_1) + K, \quad K = \frac{a^2 \cdot E \cdot \omega^2 \cdot m_1^2}{24 \cdot t_{m1}^2} - t_{m1}, \quad B = \frac{a^2 \cdot E \cdot \omega^2 \cdot m_2^2}{24},$$

siendo:

a = vano en metros = 250 m.

ω = peso propio del conductor por unidad de volumen, en daN/m/mm^2.

$$\omega = \frac{p_p}{S} = \frac{0,267 \, daN/m}{78,6 \; mm^2} = 0,0034 \; daN/m/mm^2.$$

t_{m1} = tensión por unidad de superficie, en el punto medio del vano, correspondiente al estado inicial del conductor, en daN/ mm^2.

$$t_{m1} = \frac{T_m}{S} = \frac{747,9}{78,6} = 9,516 \; daN/mm^2.$$

θ_1 = temperatura del conductor en el estado inicial = −5 ºC.

m_1 = coeficiente de sobrecarga del conductor en el estado inicial = 2,738.

α = coeficiente de dilatación lineal del conductor en ºC^{-1} = $19,1 \cdot 10^{-6}$ ºC^{-1}.

E = módulo de elasticidad del conductor en daN/ mm^2 = 7.949 daN/mm^2.

t_{m2} = tensión por unidad de superficie, en el punto medio del vano, correspondiente al estado final del conductor, en daN/ mm^2.

θ_2 = temperatura del conductor en el estado final en ºC.

m_2 = coeficiente de sobrecarga del conductor en el estado final.

Los parámetros correspondientes al estado inicial serán:

t_{m1} (daN/mm^2)	θ_1 (ºC)	m_1
9,516	−5 ºC	2,738

a2) Hipótesis adicional

No se considera por no darse en la zona viento excepcional superior a 120 km/h.

b) Comprobación de fenómenos vibratorios

b1) Tensión de cada día, EDS (*Every Day Stress*)

En general, se recomienda que la tracción a temperatura de 15 ºC no supere el 22% de la carga de rotura si se realiza el estudio de amortiguamiento y se instalan dispositivos antivibratorios, o que bien no supere el 15% de la carga de rotura si no se instalan.

Partiendo de las condiciones del estado inicial con viento y empleando la ecuación de cambio de condiciones, se obtendrá la tensión en el conductor:

t_{m2} (daN/mm^2)	θ_2 (ºC)	m_2
	15 ºC	1

Aplicando la ecuación de cambio de condiciones queda:

$$K = \frac{a^2 \cdot E \cdot \omega^2 \cdot m_1^2}{24 \cdot t_{m1}^2} - t_{m1} = \frac{250^2 \cdot 7949 \cdot 0{,}0034^2 \cdot 2{,}738^2}{24 \cdot 9{,}516^2} - 9{,}516 = 10{,}254 \ daN/mm^2$$

$$A = \alpha \cdot E \cdot (\theta_2 - \theta_1) + K = 19{,}1 \cdot 10^{-6} \cdot 7949 \cdot (15 - (-5)) + 10{,}253 = 13{,}290 \ daN/mm^2$$

$$B = \frac{a^2 \cdot E \cdot \omega^2 \cdot m_2^2}{24} = \frac{250^2 \cdot 7949 \cdot 0{,}0034^2 \cdot 1^2}{24} = 238{,}87 \ daN^3/mm^6$$

$$t_{m2}^2 \cdot (t_{m2} + A) = B$$

$$t_{m2}^2 \cdot (t_{m2} + 13{,}290) = 238{,}87$$

$$t_{m2} = 3{,}745 \ daN/mm^2$$

$$T_{m2} = t_{m2} \cdot S = 3{,}745 \cdot 78{,}6 = 294{,}3 \ daN$$

Al ser un vano muy desnivelado el límite dinámico establecido del 15% de la carga de rotura, se debe de comprobar en el punto más elevado del vano; por lo tanto, es necesario referir la tensión anterior (tensión en el punto medio) al punto más elevado del vano. Para ello, se utiliza la relación deducida de las propiedades de la parábola:

$$T_B = T_{m2} + p \cdot \left(f + \frac{d}{2} \right) = T_{m2} + p_p \cdot \left(\frac{b^2 \cdot p_p}{8 \cdot T_{m2}} + \frac{d}{2} \right)$$

que sustituyendo valores queda:

$$T_B = 294{,}3 + 0{,}267 \cdot \left[\frac{254{,}95^2 \cdot 0{,}267}{8 \cdot 294{,}3} + \frac{50}{2} \right] = 303{,}0 \ daN$$

El coeficiente EDS vale:

$$Coef.EDS = \frac{T_B}{\sigma_{rot}} \cdot 100 = \frac{303{,}0}{2316} \cdot 100 = 13{,}1\% \ < \ 15\%$$

b2) Tensión en Horas Frías, CHS (*Cool Hour Stress*)

Este criterio de diseño no se incluye en el reglamento de líneas aéreas pero se suele utilizar por las distintas empresas suministradoras de energía en base a la experiencia en la explotación de sus líneas. En general, para líneas de distribución de media tensión, la tracción en el conductor a −5ºC para todas las zonas, sin sobrecarga, no debe ser superior al 20% de la carga de rotura del conductor.

t_{m2} (daN/mm^2)	θ_2 (ºC)	m_2
	−5 ºC	1

Aplicando la ecuación de cambio de condiciones queda:

$$A = \alpha \cdot E \cdot (\theta_2 - \theta_1) + K = 19,1 \cdot 10^{-6} \cdot 7949 \cdot (-5 - (-5)) + 10,254 = 10,254 \ daN/mm^2$$

$$B = \frac{a^2 \cdot E \cdot \omega^2 \cdot m_2^2}{24} = \frac{250^2 \cdot 7949 \cdot 0,0034^2 \cdot 1^2}{24} = 238,87 \ daN^3/mm^6$$

$$t_{m2}^2 \cdot (t_{m2} + A) = B$$

$$t_{m2}^2 \cdot (t_{m2} + 10,254) = 238,87$$

$$t_{m2} = 4,082 \ daN/mm^2$$

$$T_{m2} = t_{m2} \cdot S = 4,082 \cdot 78,6 = 320,8 \ daN$$

Al ser un vano muy desnivelado, el límite dinámico establecido del 20% de la carga de rotura se debe de comprobar en el punto más elevado del vano; por lo tanto es necesario referir la tensión anterior (tensión en el punto medio) al punto más elevado del vano. Para ello se utiliza la relación:

$$T_B = T_{m2} + p \cdot \left(f + \frac{d}{2} \right) = T_{m2} + p_p \cdot \left(\frac{b^2 \cdot p_p}{8 \cdot T_{m2}} + \frac{d}{2} \right)$$

que sustituyendo valores queda:

$$T_B = 320,84 + 0,267 \cdot \left(\frac{254,95^2 \cdot 0,267}{8 \cdot 320,84} + \frac{50}{2} \right) = 329,3 \ daN$$

El coeficiente CHS vale:

$$Coef.CHS = \frac{T_B}{\sigma_{rot}} \cdot 100 = \frac{329,3}{2316} \cdot 100 = 14,2\% \ < \ 20\%$$

c) Hipótesis de flechas máximas

Estas hipótesis permiten calcular la tracción mecánica y la flecha máxima para poder comprobar la distancia tanto entre conductores, como entre conductores y apoyos, así como calcular la altura de los apoyos. Para su cálculo se consideran las hipótesis reglamentarias correspondientes a la zona A (viento y temperatura).

c1) Hipótesis de flecha máxima con viento

t_{m2} (daN/mm^2)	θ_2 (°C)	m_2
	15 °C	2,738

Aplicando la ecuación de cambio de condiciones queda:

$$A = \alpha \cdot E \cdot (\theta_2 - \theta_1) + K = 19,1 \cdot 10^{-6} \cdot 7949 \cdot (15 - (-5)) + 10,254 = 13,291 \ daN/mm^2$$

$$B = \frac{a^2 \cdot E \cdot \omega^2 \cdot m_2^2}{24} = \frac{250^2 \cdot 7949 \cdot 0,0034^2 \cdot 2,738^2}{24} = 1790 \;\; daN^3/mm^6$$

$$t_{m2}^2 \cdot (t_{m2} + A) = B$$

$$t_{m2}^2 \cdot (t_{m2} + 13,291) = 1790$$

$$t_{m2} = 8,97 \;\; daN/mm^2$$

$$T_{m2} = t_{m2} \cdot S = 8,97 \cdot 78,6 = 704,9 \;\; daN$$

El valor de la flecha es:

$$f_{máx.V} = \frac{b^2 \cdot \omega}{8 \cdot t_2} \cdot m_2 = \frac{254,95^2 \cdot 0,0034}{8 \cdot 8,97} \cdot 2,738 = 8,43 \;\; m$$

c2) Hipótesis de flecha máxima con temperatura

t_{m2} (daN/mm^2)	θ_2 (ºC)	m_2
	50 ºC	1

Aplicando la ecuación de cambio de condiciones queda:

$$A = \alpha \cdot E \cdot (\theta_2 - \theta_1) + K = 19,1 \cdot 10^{-6} \cdot 7949 \cdot (50 - (-5)) + 10,254 = 18,604 \;\; daN/mm^2$$

$$B = \frac{a^2 \cdot E \cdot \omega^2 \cdot m_2^2}{24} = \frac{250^2 \cdot 7949 \cdot 0,0034^2 \cdot 1^2}{24} = 238,87 \;\; daN^3/mm^6$$

$$t_{m2}^2 \cdot (t_{m2} + A) = B$$

$$t_{m2}^2 \cdot (t_{m2} + 18,604) = 238,87$$

$$t_{m2} = 3,301 \;\; daN/mm^2$$

$$T_{m2} = t_{m2} \cdot S = 3,301 \cdot 78,6 = 259,5 \;\; daN$$

El valor de la flecha es:

$$f_{máx.\theta} = \frac{b^2 \cdot \omega}{8 \cdot t_2} \cdot m_2 = \frac{254,95^2 \cdot 0,0034}{8 \cdot 3,301} \cdot 1 = 8,36 \;\; m$$

c3) Hipótesis de flecha máxima con hielo

No se considera en zona A.

d) Hipótesis de flecha mínima vertical

Se utiliza para comprobar en el perfil longitudinal la existencia de tiro ascendente sobre los apoyos y comprobar las distancias de seguridad en los cruzamientos con otras líneas eléctricas (Apartado 5.6.1 de la ITC-LAT 07).

t_{m2} (daN/mm^2)	θ_2 (°C)	m_2
	−5 °C	1

En este caso, la hipótesis de flecha mínima coincide con la hipótesis correspondiente a fenómenos vibratorios en condiciones de temperatura mínima (CHS); por tanto:

$$t_{m2} = 4{,}082 \ daN / mm^2$$

$$T_{m2} = t_{m2} \cdot S = 4{,}082 \cdot 78{,}6 = 320{,}8 \ daN$$

El valor de la flecha es:

$$f_{mín.} = \frac{b^2 \cdot \omega}{8 \cdot t_{m2}} \cdot m_2 = \frac{254{,}95^2 \cdot 0{,}0034}{8 \cdot 4{,}082} \cdot 1 = 6{,}76 \ m$$

e) Hipótesis para el cálculo de apoyos

Coincide con las hipótesis de tracción máxima, calculadas anteriormente.

f) Hipótesis empleada para el cálculo de la desviación de la cadena de aisladores

Se utiliza para calcular la distancia entre los conductores y partes puestas a tierra, según establece el Apartado 5.4.2 de la ITC-LAT 07.

Las condiciones correspondientes a esta hipótesis son:

t_{m2} (daN/mm^2)	θ_2 (°C)	m_2
	−5 °C	1,620

$$m_2 = \frac{p}{p_p} = \frac{\sqrt{p_p^2 + \left(\dfrac{p_v}{2}\right)^2}}{p_p} = \frac{\sqrt{0{,}267^2 + \left[\dfrac{60}{2} \cdot \left(\dfrac{120}{120}\right)^2 \cdot 11{,}34 \cdot 10^{-3}\right]^2}}{0{,}267} = 1{,}620$$

Aplicando la ecuación de cambio de condiciones queda:

$$A = \alpha \cdot E \cdot (\theta_2 - \theta_1) + K = 19{,}1 \cdot 10^{-6} \cdot 7949 \cdot (-5 - (-5)) + 10{,}254 = 10{,}254 \ daN / mm^2$$

$$B = \frac{a^2 \cdot E \cdot \omega^2 \cdot m_2^2}{24} = \frac{250^2 \cdot 7949 \cdot 0{,}0034^2 \cdot 1{,}62^2}{24} = 626{,}67 \ daN^3 / mm^6$$

$$t_{m2}^2 \cdot (t_{m2} + A) = B$$

$$t_{m2}^2 \cdot (t_{m2} + 10{,}254) = 626{,}67$$

$$t_{m2} = 6{,}176 \ daN/mm^2$$

$$T_{m2} = t_{m2} \cdot S = 6{,}176 \cdot 78{,}6 = 485{,}4 \ daN$$

g) Tabla de tendido

t_{m2} (daN/mm²)	θ_2 (°C)	m_2
	0, 5, 10,…, 40	1

Aplicando de nuevo la ecuación de cambio de condiciones y la relación entre la tracción horizontal y la tracción en el punto medio del vano, se obtienen las tracciones horizontales que han de darse el día del tendido junto con sus flechas correspondientes. Obsérvese que el tendido se realiza a temperatura ambiente y sin sobrecarga alguna en el conductor.

Temperatura θ(°C)	Tracción en el punto medio del vano, T_{m2} (daN)	Tracción horizontal, $T_{m2,\,0}$ (daN)	Flecha f (m)
0	313,6	307,5	6,92
5	306,8	300,9	7,07
10	300,4	294,6	7,22
15	294,3	288,6	7,37
20	288,6	283,0	7,52
25	283,1	277,6	7,66
30	277,9	272,5	7,81
35	273,0	267,7	7,95
40	268,3	263,1	8,09
45	263,9	258,7	8,22

RESUMEN: Tracciones en el punto medio del vano

Hipótesis	Sobrecarga	Temperatura	Tracción en el punto medio del vano, T_m (daN)	Flecha f (m)
Tracción máxima	Viento	–5 °C	747,9	–
E.D.S.	Peso propio	15 °C	294,3	–
C.H.S	Peso propio	–5 °C	320,8	–
Flecha máxima	Viento	15 °C	704,9	8,42
Flecha máxima	Peso propio	50 °C	259,5	8,36
Flecha mínima	Peso propio	–5 °C	320,8	6,76
Cálculo de apoyos	Viento	–5 °C	747,9	–
Desviación de cadenas	Viento mitad	–5 °C	485,4	–

2.7.2. Resolución teniendo en cuenta el desplazamiento de la curva de equilibrio del conductor debido a la acción del viento

a) Hipótesis de tracción máxima

a1) Tracción máxima con viento

Se considerará un viento de 120 km/h a la temperatura de –5 ºC. La tracción en el conductor ha de ser inferior a la carga de rotura dividida por 3, considerando la curva de equilibrio contenida en el plano desviado bajo la acción del viento (120 km/h).

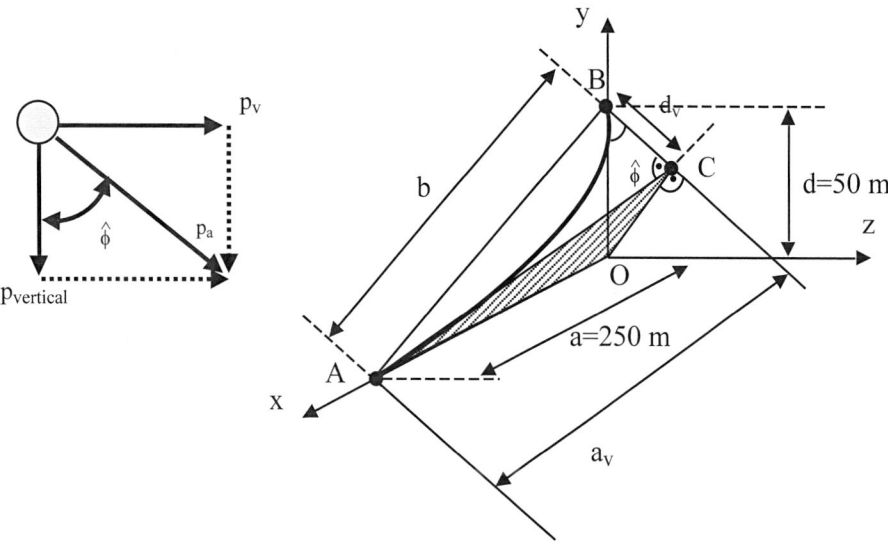

Figura 2.32. Vano desnivelado desplazado bajo la acción del viento

Esta tracción se da en el punto más elevado del cable (T_B), siendo la tracción en el punto medio del vano (T_m), la dada por expresión (19):

$$T_m = \frac{1}{4} \cdot \left[2 \cdot T_B - p \cdot d_v + \sqrt{(p \cdot d_v - 2 \cdot T_B)^2 - 2 \cdot p^2 \cdot b^2} \right]$$

donde:

$^{\circ}p$ = peso aparente del conductor (peso propio más sobrecarga) en daN/m.

$$p = \sqrt{p_p^2 + p_v^2} = \sqrt{p_p^2 + \left[60 \cdot \left(\frac{120}{120} \right)^2 \cdot \phi \cdot 10^{-3} \right]^2} = 0,731 \frac{daN}{m}$$

b = longitud entre los puntos de sujeción del conductor: $\sqrt{250^2 + 50^2} = 254,95\ m$

$$T_B = \frac{\sigma_{rot}}{3} = \frac{2316}{3} = 772\ daN$$

d_v = nuevo desnivel considerando el vano situado en el plano inclinado,

$$d_v = d \cdot \cos \hat{\phi}$$

$$\cos \hat{\phi} = \frac{p_p}{p} = \frac{0,267}{0,731} = 0,365$$

$$d_v = d \cdot \cos \hat{\phi} = 50 \cdot 0,365 = 18,26 \ m$$

La nueva longitud del vano proyectado considerando el desplazamiento de la curva de equilibrio es:

$$a_v = \sqrt{b^2 - {d_v}^2} = \sqrt{254,95^2 - 18,26^2} = 254,29 \ m$$

Por lo que el valor de T_m, es:

$$T_m = \frac{1}{4} \cdot \left[2 \cdot \frac{2316}{3} - 0,731 \cdot 18,26 + \sqrt{\left[0,731 \cdot 18,26 - 2 \cdot \frac{2316}{3} \right]^2 - \left(2 \cdot 0,731^2 \cdot 254,95^2 \right)} \right] =$$

$$= 759,6 \ daN$$

Este valor de la tracción no ha de superarse a la temperatura de – 5 ºC con un coeficiente de sobrecarga de:

$$m = \frac{p}{p_p} = \frac{0,731}{0,267} = 2,738$$

La flecha que se produce en estas condiciones es:

$$f = \frac{b^2 \cdot p}{8 \cdot T_m} = \frac{254,95^2 \cdot 0,731}{8 \cdot 759,61} = 7,82 \ m$$

Como se observa a continuación, también la tensión en el punto medio del conductor está relacionada con la tensión en el punto más elevado del mismo mediante la relación siguiente y cuyo valor coincide con el obtenido anteriormente:

$$T_m = T_B - p \cdot \left(f + \frac{d_v}{2} \right) = 772 - 0,731 \cdot \left(7,82 + \frac{18,26}{2} \right) = 759,6 \ daN$$

Utilizando la ecuación de cambio de condiciones (18), se comprobará que se cumplen las exigencias impuestas en el RLAT, se calcularán las flechas máximas y se obtendrán las tracciones para las diferentes consideraciones exigidas.

$$\frac{a_{v2}^2 \cdot \omega^2}{24} \cdot \frac{m_2^2}{t_{m2}^2} - \frac{a_{v1}^2 \cdot \omega^2}{24} \cdot \frac{m_1^2}{t_{m1}^2} = \alpha \cdot \left(\theta_2 - \theta_1 \right) + \frac{1}{E} \cdot \left(t_{m2} - t_{m1} \right)$$

que se puede escribir de la forma:

$$t_{m2}^2 \cdot \left(t_{m2} + A \right) = B$$

donde:

$$A = \alpha \cdot E \cdot (\theta_2 - \theta_1) + K \; ; \quad K = \frac{a_{v1}^2 \cdot E \cdot \omega^2 \cdot m_1^2}{24 \cdot t_{m1}^2} - t_{m1} \; ; \quad B = \frac{a_{v2}^2 \cdot E \cdot \omega^2 \cdot m_2^2}{24}$$

siendo:

a_{v1} = vano proyectado sobre el plano inclinado en las condiciones iniciales de tendido (120 km/h) en metros. $a_v = 254,29\ m$.

ω = peso propio del conductor por unidad de volumen = 0,0034 daN/m/mm^2.

t_{m1} = tensión por unidad de superficie, en el punto medio del vano, correspondiente al estado inicial del conductor, en daN/mm^2.

$$t_{m1} = \frac{T_{m1}}{S} = \frac{759,61}{78,6} = 9,664 \ \ daN / mm^2$$

θ_1 = temperatura del conductor en el estado inicial = –5 ºC.

m_1 = coeficiente de sobrecarga del conductor en el estado inicial = 2,738.

α = coeficiente de dilatación lineal del conductor en ºC^{-1} = $19,1 \cdot 10^{-6}$ ºC^{-1}.

E = módulo de elasticidad del conductor en daN/ mm^2 = 7949 daN/mm^2.

t_{m2} = tensión por unidad de superficie, en el punto medio del vano, correspondiente al estado final del conductor, en daN/ mm^2.

θ_2 = temperatura del conductor en el estado final en ºC.

m_2 = coeficiente de sobrecarga del conductor en el estado final.

Los parámetros correspondientes al estado inicial serán:

t_{m1} (daN/mm^2)	θ_1 (ºC)	m_1
9,664	–5 ºC	2,738

a2) Hipótesis adicional

No se considera por no darse viento excepcional en la zona.

b) Comprobación de fenómenos vibratorios

b1) Tensión de cada día, EDS (*Every Day Stress*)

Como en el Apartado 2.7.1 de este problema, la tracción a temperatura de 15 ºC no debe superar el 15% de la carga de rotura del conductor.

Partiendo de las condiciones del estado inicial con viento y empleando la ecuación de cambio de condiciones, se obtendrá la tracción en el conductor:

t_{m2} (daN/mm^2)	θ_2 (ºC)	m_2
	15 ºC	1

Aplicando la ecuación de cambio de condiciones queda:

$$K = \frac{a_{v1}^2 \cdot E \cdot \omega^2 \cdot m_1^2}{24 . t_{m1}^2} - t_{m1} = \frac{254,29^2 \cdot 7949 \cdot 0,0034^2 \cdot 2,738^2}{24 \cdot 9,664^2} - 9,664 = 10,166 \ daN / mm^2$$

$$A = \alpha \cdot E \cdot (\theta_2 - \theta_1) + K = 19,1 \cdot 10^{-6} \cdot 7949 \cdot (15 - (-5)) + 10,166 = 13,202 \ daN / mm^2$$

$$B = \frac{a_{v2}^2 \cdot E \cdot \omega^2 \cdot m_2^2}{24} = \frac{250^2 \cdot 7949 \cdot 0,0034^2 \cdot 1^2}{24} = 238,87 \ daN^3 / mm^6$$

$$t_{m2}^2 \cdot (t_{m2} + A) = B$$

$$t_{m2}^2 \cdot (t_{m2} + 13,202) = 238,87$$

$$t_{m2} = 3,75 \, daN / mm^2$$

$$T_{m2} = t_{m2} \cdot S = 3,75 \cdot 78,6 = 295,0 \ daN$$

A partir de T_{m2} se puede calcular la tracción en el punto B o más elevado del vano mediante la expresión:

$$T_B = T_{m2} + p \cdot \left(f + \frac{d}{2} \right) = T_{m2} + p_p \cdot \left(\frac{b^2 \cdot p_p}{8 \cdot T_{m2}} + \frac{d}{2} \right)$$

que sustituyendo valores queda:

$$T_B = 295,0 + 0,267 \cdot \left[\frac{254,95^2 \cdot 0,267}{8 \cdot 295,0} + \frac{50}{2} \right] = 303,6 \ daN$$

El coeficiente EDS vale:

$$Coef. EDS = \frac{T_B}{\sigma_{rot}} \cdot 100 = \frac{303,6}{2.316} \cdot 100 = 13,1\% \ < \ 15\%$$

b2) Tensión en Horas Frías, CHS (*Cool Hour Stress*)

La tracción en el conductor a –5ºC para todas las zonas, sin sobrecarga, no debe ser superior al 20% de la carga de rotura del conductor.

t_{m2} (daN/mm^2)	θ_2 (ºC)	m_2
	–5 ºC	1

Aplicando la ecuación de cambio de condiciones queda:

$$A = \alpha \cdot E \cdot (\theta_2 - \theta_1) + K = 19,1 \cdot 10^{-6} \cdot 7949 \cdot (-5 - (-5)) + 10,166 = 10,166 \ daN / mm^2$$

$$B = \frac{a_{v2}^2 \cdot E \cdot \omega^2 \cdot m_2^2}{24} = \frac{250^2 \cdot 7949 \cdot 0,0034^2 \cdot 1^2}{24} = 238,87 \ daN^3 / mm^6$$

$$t_{m2}^2 \cdot (t_{m2} + A) = B$$

$$t_{m2}^2 \cdot (t_{m2} + 10{,}166) = 238{,}87$$

$$t_{m2} = 4{,}093 \; daN / mm^2$$

$$T_{m2} = t_{m2} \cdot S = 4{,}093 \cdot 78{,}6 = 321{,}7 \; daN$$

A partir de T_{m2} se puede calcular la tracción en el punto B o más elevado del vano mediante la expresión:

$$T_B = T_{m2} + p \cdot \left(f + \frac{d}{2} \right) = T_{m2} + p_p \cdot \left(\frac{b^2 \cdot p_p}{8 \cdot T_{m2}} + \frac{d}{2} \right)$$

que sustituyendo valores queda:

$$T_B = 321{,}7 + 0{,}267 \cdot \left[\frac{254{,}95^2 \cdot 0{,}267}{8 \cdot 321{,}7} + \frac{50}{2} \right] = 330{,}2 \; daN$$

El coeficiente CHS vale:

$$Coef.CHS = \frac{T_B}{\sigma_{rot}} \cdot 100 = \frac{330{,}2}{2316} \cdot 100 = 14{,}3 \; \% \; < \; 20 \; \%$$

c) Hipótesis de flechas máximas

Estas hipótesis permiten calcular la tracción mecánica y la flecha máxima para poder comprobar la distancia tanto entre conductores como entre conductores y apoyos, así como calcular la altura de los apoyos.

Para su cálculo se consideran las hipótesis reglamentarias correspondientes a la zona A (viento y temperatura).

c1) Hipótesis de flecha máxima con viento

t_{m2} (daN/mm^2)	θ_2 (°C)	m_2
	15 °C	2,738

Aplicando la ecuación de cambio de condiciones queda:

$$A = \alpha \cdot E \cdot (\theta_2 - \theta_1) + K = 19{,}1 \cdot 10^{-6} \cdot 7949 \cdot (15 - (-5)) + 10{,}166 = 13{,}202 \; daN / mm^2$$

$$B = \frac{a_{v2}^2 \cdot E \cdot \omega^2 \cdot m_2^2}{24} = \frac{254{,}29^2 \cdot 7949 \cdot 0{,}0034^2 \cdot 2{,}738^2}{24} = 1852{,}105 \; daN^3 / mm^6$$

$$t_{m2}^2 \cdot (t_{m2} + A) = B$$

$$t_{m2}^2 \cdot (t_{m2} + 13{,}202) = 1852{,}105$$

$$t_{m2} = 9,111 \ daN/mm^2$$

$$T_{m2} = t_{m2} \cdot S = 9,111 \cdot 78,6 = 716,1 \ daN$$

El valor de la flecha es:

$$f_{máx.V} = \frac{b^2 \cdot \omega}{8 \cdot t_2} \cdot m_2 = \frac{254,95^2 \cdot 0,0034}{8 \cdot 9,111} \cdot 2,738 = 8,29 \ m$$

c2) Hipótesis de flecha máxima con temperatura.

t_{m2} (daN/mm^2)	θ_2 (°C)	m_2
	50 °C	1

Aplicando la ecuación de cambio de condiciones queda:

$$A = \alpha \cdot E \cdot (\theta_2 - \theta_1) + K = 19,1 \cdot 10^{-6} \cdot 7949 \cdot (50 - (-5)) + 10,166 = 18,516 \ daN/mm^2$$

$$B = \frac{a_{v2}^2 \cdot E \cdot \omega^2 \cdot m_2^2}{24} = \frac{250^2 \cdot 7949 \cdot 0,0034^2 \cdot 1^2}{24} = 238,868 \ daN^3/mm^6$$

$$t_{m2}^2 \cdot (t_{m2} + A) = B$$

$$t_{m2}^2 \cdot (t_{m2} + 18,516) = 238,868$$

$$t_{m2} = 3,309 \ daN/mm^2$$

$$T_{m2} = t_{m2} \cdot S = 3,309 \cdot 78,6 = 260,1 \ daN$$

El valor de la flecha es:

$$f_{máx.\theta} = \frac{b^2 \cdot \omega}{8 \cdot t_2} \cdot m_2 = \frac{254,95^2 \cdot 0,0034}{8 \cdot 3,309} \cdot 1 = 8,34 \ m$$

c3) Hipótesis de flecha máxima con hielo

No se considera en zona A

d) Hipótesis de flecha mínima vertical

t_{m2} (daN/mm^2)	θ_2 (°C)	m_2
	−5 °C	1

En este caso la hipótesis de flecha mínima coincide con la hipótesis correspondiente a fenómenos vibratorios en condiciones de temperatura mínima (CHS).

$$t_{m2} = 4,093 \ daN/mm^2$$

$$T_{m2} = t_2 \cdot S = 4{,}093 \cdot 78{,}6 = 321{,}71 \ daN$$

El valor de la flecha es:

$$f_{min.} = \frac{b^2 \cdot \omega}{8 \cdot t_2} \cdot m_2 = \frac{254{,}95^2 \cdot 0{,}0034}{8 \cdot 4{,}093} \cdot 1 = 6{,}74 \ m$$

e) Hipótesis para el cálculo de apoyos

Se utiliza para obtener la tracción del conductor que hay que tener en cuenta a la hora de calcular los apoyos de la línea. Esta tracción, para este caso, en la zona A, es la correspondiente al conductor sometido a una sobrecarga de viento de 120 km/h a la temperatura de –5 ºC. Es decir esta hipótesis es coincidente con la hipótesis de tracción máxima con viento, anteriormente calculada.

f) Hipótesis empleada para el cálculo de la desviación de la cadena de aisladores

Se utiliza para calcular la distancia entre los conductores y partes puestas a tierra, según establece el Apartado 5.4.2. ITC-LAT 07. Al considerarse en esta hipótesis una sobrecarga sobre el conductor correspondiente a una presión de viento mitad al indicado en el Apartado 3.1.2 del RLAT, será necesario, al emplear la ecuación de cambio de condiciones, calcular el vano a_v proyectado sobre el plano inclinado del conductor por efecto de la presión de viento.

Siendo:

p = peso aparente del conductor (peso propio más sobrecarga debida a la presión de viento mitad) en daN/m..

$$p = \sqrt{p_p{}^2 + \left(\frac{p_v}{2}\right)^2} = \sqrt{p_p{}^2 + \left[\frac{60}{2} \cdot \left(\frac{120}{120}\right)^2 \cdot \phi \cdot 10^{-3}\right]^2} = 0{,}432 \ \frac{daN}{m} .$$

b = longitud entre los puntos de sujeción del conductor = $\sqrt{250^2 + 50^2} = 254{,}95 \ m$

d_v = nuevo desnivel considerando el vano situado en el plano inclinado,

$$d_v = d \cdot \cos \hat{\phi} .$$

$$\cos \hat{\phi} = \frac{p_p}{p} = \frac{0{,}267}{0{,}432} = 0{,}617 .$$

$$d_v = d \cdot \cos \hat{\phi} = 50 \cdot 0{,}618 = 30{,}871 \ m .$$

La nueva longitud del vano proyectado es:

$$a_v = \sqrt{b^2 - d_v{}^2} = \sqrt{254{,}95^2 - 30{,}871^2} = 253{,}075 \ m$$

El coeficiente de sobrecarga será:

$$m_2 = \frac{p}{p_p} = \frac{0{,}432}{0{,}267} = 1{,}620$$

Las condiciones correspondientes a esta hipótesis son:

t_{m2} (daN/mm^2)	θ_2 (ºC)	m_2
	−5 ºC	1,620

Aplicando la ecuación de cambio de condiciones queda:

$$A = \alpha \cdot E \cdot (\theta_2 - \theta_1) + K = 19,1 \cdot 10^{-6} \cdot 7949 \cdot (-5 - (-5)) + 10,166 = 10,166 \ daN/mm^2$$

$$B = \frac{a_{v2}^2 \cdot E \cdot \omega^2 \cdot m_2^2}{24} = \frac{253,071^2 \cdot 7949 \cdot 0,0034^2 \cdot 1,62^2}{24} = 642,178 \ daN^3/mm^6$$

$$t_{m2}^2 \cdot (t_{m2} + A) = B$$

$$t_{m2}^2 \cdot (t_{m2} + 10,166) = 642,178$$

$$t_2 = 6,254 \ daN/mm^2$$

$$T_2 = t_2 \cdot S = 6,254 \cdot 78,6 = 491,6 \ daN$$

g) Tabla de tendido

t_{m2} (daN/mm^2)	θ_2 (ºC)	m_2
	0, 5, 10, …40	1

Aplicando de nuevo la ecuación de cambio de condiciones y la relación entre la tracción horizontal y la tracción en el punto medio del vano, se obtienen las tracciones horizontales que han de darse el día del tendido junto con sus flechas correspondientes. Obsérvese que el tendido se realiza a temperatura ambiente y sin sobrecarga alguna en el conductor.

Temperatura θ (ºC)	Tracción en el punto medio del vano, T_{m2} (daN)	Tracción horizontal, $T_{m2,0}$ (daN)	Flecha f (m)
0	314,4	308,3	6,90
5	307,6	301,6	7,05
10	301,1	295,3	7,20
15	295,0	289,2	7,35
20	289,2	283,6	7,50
25	283,7	278,2	7,65
30	278,5	273,1	7,79
35	273,6	268,2	7,93
40	268,8	263,6	8,07
45	264,3	259,2	8,21

RESUMEN: Tracciones en el punto medio del vano

Hipótesis	Sobrecarga	Temperatura	Tracción en el punto medio del vano, T_m (daN)	Flecha f (m)
Tracción máxima	Viento	−5 °C	759,61	–
E.D.S.	Peso propio	15 °C	294,7	–
C.H.S	Peso propio	−5 °C	321,7	–
Flecha máxima	Viento	15 °C	716,1	8,29
Flecha máxima	Peso propio	50 °C	260,1	8,34
Flecha mínima	Peso propio	−5 °C	321,7	6,74
Cálculo de apoyos	Viento	−5 °C	759,6	–

A continuación se puede ver un resumen comparativo entre la consideración de plano vertical y plano inclinado al establecer la ecuación de cambio de condiciones.

Hipótesis	Sobre-carga	Tempe-ratura	Tracción en el punto medio del vano (daN)		Flecha (m)	
			plano vertical	plano inclinado	plano vertical	plano inclinado
Tracción máxima	Viento	−5 °C	747,9	759,61		
E.D.S.	Peso propio	15 °C	294,3	294,7		
C.H.S	Peso propio	−5 °C	320,8	321,7		
Flecha máxima	Viento	15 °C	704,9	716,1	8,42	8,29
Flecha máxima	Peso propio	50 °C	259,5	260,1	8,36	8,34
Flecha mínima	Peso propio	−5 °C	320,8	321,7	6,76	6,74
Cálculo de apoyos	Viento	−5 °C	747,9	759,6		
Desviación de cadenas	Viento mitad	−5 °C	485,4	759,61		

Como se puede apreciar, para el vano y desnivel considerados, las diferencias no son excesivamente significativas y por tanto, el aplicar uno u otro método, teniendo en cuenta los coeficientes de seguridad adoptados y exigidos por el RLAT, no supone influencia alguna en el diseño de la línea, por lo cual el interés de considerar la desviación del plano del conductor en la ecuación de cambio de condiciones es más académico que práctico.

2.7.3. Resolución teniendo en cuenta el desplazamiento de la curva de equilibrio debida a la acción del viento con un viento excepcional de 150 km/h

Este ejemplo se correspondería con las líneas de distribución, en media tensión, emplazadas en lugares con fuertes vientos, por ejemplo, en las islas Canarias.

a) Hipótesis de tracción máxima

a1) Hipótesis de tracción máxima (adicional) con viento de 150 km/h a la temperatura de –5°C

La tracción en el conductor ha de ser inferior a la carga de rotura dividida por 3, considerando la curva de equilibrio contenida en el plano desviado bajo la acción del viento (150 km/h).

Esta tracción se da en el punto más elevado del cable (T_B), siendo la tracción en el punto medio del vano (T_m), la dada por la siguiente expresión:

$$T_m = \frac{1}{4} \cdot \left[2 \cdot T_B - p \cdot d_v + \sqrt{\left(p \cdot d_v - 2 \cdot T_B\right)^2 - 2 \cdot p^2 \cdot b^2} \right],$$

donde:

p = peso aparente del conductor (peso propio más sobrecarga) en daN/m.

$$p = \sqrt{p_p^2 + p_v^2} = \sqrt{p_p^2 + \left[60 \cdot \left(\frac{150}{120}\right)^2 \cdot \phi \cdot 10^{-3} \right]^2} = 1{,}096.$$

b = longitud entre los puntos de sujeción del conductor,

$$b = \sqrt{250^2 + 50^2} = 254{,}95 \ m.$$

$$T_B = \frac{\sigma_{rot}}{3} = \frac{2316}{3} = 772 \ daN.$$

d_v = nuevo desnivel considerando el vano situado en el plano inclinado,

$$d_v = d \cdot \cos \hat{\phi}.$$

$$\cos \hat{\phi} = \frac{p_p}{p} = \frac{0{,}267}{1{,}096} = 0{,}2436.$$

$$d_v = d \cdot \cos \hat{\phi} = 50 \cdot 0{,}2436 = 12{,}18 \ m.$$

La nueva longitud del vano proyectado considerando el desplazamiento de la curva de equilibrio es:

$$a_v = \sqrt{b^2 - d_v^2} = \sqrt{254{,}95^2 - 12{,}18^2} = 254{,}65 \ m.$$

Por lo que el valor de T_m, es:

$$T_m = \frac{1}{4} \cdot \left[2 \cdot \frac{2316}{3} - 1,096 \cdot 12,18 + \sqrt{\left[1,096 \cdot 12,18 - 2 \cdot \frac{2316}{3}\right]^2 - \left(2 \cdot 1,096^2 \cdot 254,95^2\right)} \right] =$$

$$= 752,3 \ \ daN$$

Los parámetros correspondientes al estado inicial, a la hora de establecer los cálculos mecánicos, al aplicar la ecuación de cambio de condiciones son:

t_{m1} (daN/mm^2)	θ_1 (°C)	m_1
9,572	–5 °C	4,105

donde:

$$t_{m1} = \frac{T_{m1}}{S} = \frac{752,3}{78,6} = 9,572 \ \ daN / mm^2 .$$

$$m_1 = \frac{p}{p_p} = \frac{\sqrt{p_p^2 + p_v^2}}{p_p} = \frac{\sqrt{0,267^2 + \left[60 \cdot \left(\frac{150}{120}\right)^2 \cdot 11,34 \cdot 10^{-3}\right]^2}}{0,267} = \frac{1,096}{0,267} = 4,105 .$$

b) Comprobación de fenómenos vibratorios

b1) Tensión de cada día, EDS (*Every Day Stress*)

La tracción a temperatura de 15 °C no debe superar el 15% de la carga de rotura, ya que no se instalan dispositivos antivibratorios.

Partiendo de las condiciones del estado inicial con sobrecarga de viento excepcional de 150 km/h y empleando la ecuación de cambio de condiciones, se obtendrá la tracción en el conductor:

t_{m2} (daN/mm^2)	θ_2 (°C)	m_2
	15 °C	1

Aplicando la ecuación de cambio de condiciones queda:

$$K = \frac{a_{v1}^2 \cdot E \cdot \omega^2 \cdot m_1^2}{24 \cdot t_{m1}^2} - t_{m1} = \frac{254,65^2 \cdot 7949 \cdot 0,0034^2 \cdot 4,105^2}{24 \cdot 9,572^2} - 9,572 = 36,023 \ \ daN / mm^2$$

$$A = \alpha \cdot E \cdot \left(\theta_2 - \theta_1\right) + K = 19,1 \cdot 10^{-6} \cdot 7949 \cdot \left(15 - \left(-5\right)\right) + 36,023 = 39,059 \ \ daN / mm^2$$

$$B = \frac{a_{v2}^2 \cdot E \cdot \omega^2 \cdot m_2^2}{24} = \frac{250^2 \cdot 7949 \cdot 0,0034^2 \cdot 1^2}{24} = 238,868 \ \ daN^3 / mm^6$$

$$t_{m2}^2 \cdot \left(t_{m2} + A\right) = B$$

$$t_{m2}^2 \cdot (t_{m2} + 39,059) = 238,868$$

$$t_{m2} = 2,400 \; daN/mm^2$$

$$T_{m2} = t_{m2} \cdot S = 2,40 \cdot 78,6 = 188,7 \; daN$$

A partir de T_{m2} se puede calcular la tracción en el punto B o más elevado del vano mediante la expresión:

$$T_B = T_{m2} + p \cdot \left(f + \frac{d}{2} \right) = T_{m2} + p_p \cdot \left(\frac{b^2 \cdot p_p}{8 \cdot T_{m2}} + \frac{d}{2} \right)$$

que sustituyendo valores queda:

$$T_B = 188,7 + 0,267 \cdot \left[\frac{254,95^2 \cdot 0,267}{8 \cdot 188,7} + \frac{50}{2} \right] = 198,4 \; daN$$

El coeficiente EDS vale:

$$Coef.EDS = \frac{T_B}{\sigma_{rot}} \cdot 100 = \frac{198,4}{2316} \cdot 100 = 8,6\% \;\; < \;\; 15\%$$

b2) Tensión en Horas Frías, CHS (*Cool Hour Stress*)

La tracción en el conductor a –5ºC para todas las zonas, sin sobrecarga, no debe ser superior al 20% de la carga de rotura del conductor.

t_{m2} (daN/mm^2)	θ_2 (ºC)	m_2
	–5 ºC	1

Aplicando la ecuación de cambio de condiciones queda:

$$K = \frac{a_{v1}^2 \cdot E \cdot \omega^2 \cdot m_1^2}{24 \cdot t_{m1}^2} - t_{m1} = \frac{254,65^2 \cdot 7949 \cdot 0,0034^2 \cdot 4,105^2}{24 \cdot 9,572^2} - 9,572 = 36,023 \; daN/mm^2$$

$$A = \alpha \cdot E \cdot (\theta_2 - \theta_1) + K = 19,1 \cdot 10^{-6} \cdot 7949 \cdot (-5 - (-5)) + 36,023 = 36,023 \; daN/mm^2$$

$$B = \frac{a_{v2}^2 \cdot E \cdot \omega^2 \cdot m_2^2}{24} = \frac{250^2 \cdot 7949 \cdot 0,0034^2 \cdot 1^2}{24} = 238,868 \; daN^3/mm^6$$

$$t_{m2}^2 \cdot (t_{m2} + A) = B$$

$$t_{m2}^2 \cdot (t_{m2} + 36,023) = 238,868$$

$$t_{m2} = 2,490 \; daN/mm^2$$

$$T_{m2} = t_{m2} \cdot S = 2,49 \cdot 78,6 = 195,7 \ daN$$

A partir de T_{m2} se puede calcular la tracción en el punto B, o más elevado del vano, mediante la expresión:

$$T_B = T_{m2} + p \cdot \left(f + \frac{d}{2} \right) = T_{m2} + p_p \cdot \left(\frac{b^2 \cdot p_p}{8 \cdot T_{m2}} + \frac{d}{2} \right)$$

que sustituyendo valores queda:

$$T_B = 195,7 + 0,267 \cdot \left[\frac{254,95^2 \cdot 0,267}{8 \cdot 195,7} + \frac{50}{2} \right] = 205,4 \ daN$$

El coeficiente CHS vale:

$$Coef.CHS = \frac{T_B}{\sigma_{rot}} \cdot 100 = \frac{205,4}{2316} \cdot 100 = 8,9\% \quad < 20\%$$

c) Hipótesis de flechas máximas

Para su cálculo se consideran las hipótesis de viento y temperatura correspondientes a la zona A.

c1) Hipótesis de flecha máxima con viento

t_{m2} (daN/mm^2)	θ_2 (°C)	m_2
	15 °C	2,738

Aplicando la ecuación de cambio de condiciones queda:

$$A = \alpha \cdot E \cdot (\theta_2 - \theta_1) + K = 19,1 \cdot 10^{-6} \cdot 7949 \cdot (15 - (-5)) + 36,023 = 39,059 \ daN / mm^2$$

$$B = \frac{a_{v2}^2 \cdot E \cdot \omega^2 \cdot m_2^2}{24} = \frac{254,29^2 \cdot 7949 \cdot 0,0034^2 \cdot 2,738^2}{24} = 1.852,105 \ daN^3 / mm^6$$

$$t_{m2}^2 \cdot (t_{m2} + A) = B$$

$$t_{m2}^2 \cdot (t_{m2} + 39,059) = 1852,105$$

$$t_{m2} = 6,384 \ daN / mm^2$$

$$T_{m2} = t_{m2} \cdot S = 6,384 \cdot 78,6 = 501,8 \ daN$$

El valor de la flecha es:

$$f_{máx.V} = \frac{b^2 \cdot \omega}{8 \cdot t_{m2}} \cdot m_2 = \frac{254,95^2 \cdot 0,0034}{8 \cdot 6,384} \cdot 2,738 = 11,84 \ m$$

c2) Hipótesis de flecha máxima con temperatura

t_{m2} (daN/mm^2)	θ_2 (ºC)	m_2
	50 ºC	1

Aplicando la ecuación de cambio de condiciones queda:

$$A = \alpha \cdot E \cdot (\theta_2 - \theta_1) + K = 19{,}1 \cdot 10^{-6} \cdot 7949 \cdot (50 - (-5)) + 36{,}023 = 44{,}373 \ daN/mm^2$$

$$B = \frac{a_{v2}^2 \cdot E \cdot \omega^2 \cdot m_2^2}{24} = \frac{250^2 \cdot 7949 \cdot 0{,}0034^2 \cdot 1^2}{24} = 238{,}868 \ daN^3/mm^6$$

$$t_{m2}^2 \cdot (t_{m2} + A) = B$$

$$t_{m2}^2 \cdot (t_{m2} + 44{,}373) = 238{,}868$$

$$t_{m2} = 2{,}263 \ daN/mm^2$$

$$T_{m2} = t_{m2} \cdot S = 2{,}263 \cdot 78{,}6 = 177{,}9 \ daN$$

El valor de la flecha es:

$$f_{máx.\theta} = \frac{b^2 \cdot \omega}{8 \cdot t_{m2}} \cdot m_2 = \frac{254{,}95^2 \cdot 0{,}0034}{8 \cdot 2{,}263} \cdot 1 = 12{,}20 \ m$$

c3) Hipótesis de flecha máxima con hielo

No se considera en zona A

d) Hipótesis de flecha mínima vertical

t_{m2} (daN/mm^2)	θ_2 (ºC)	m_2
	–5 ºC	1

La hipótesis de la flecha mínima coincide con la hipótesis correspondiente a fenómenos vibratorios en condiciones de temperatura mínima (CHS), por tanto:

$$t_{m2} = 2{,}490 \ daN/mm^2$$

$$T_{m2} = t_{m2} \cdot S = 2{,}490 \cdot 78{,}6 = 195{,}7 \ daN$$

El valor de la flecha es:

$$f_{mín.} = \frac{b^2 \cdot \omega}{8 \cdot t_2} \cdot m_2 = \frac{254{,}95^2 \cdot 0{,}0034}{8 \cdot 2{,}49} \cdot 1 = 11{,}08 \ m$$

e) Hipótesis para el cálculo de apoyos

Se utiliza para obtener la tracción del conductor a tener en cuenta a la hora de calcular los apoyos de la línea. Esta tracción, según el RLAT en zona A, y aunque exista un viento excepcional, es la correspondiente al conductor sometido a una sobrecarga de viento de 120 km/h a la temperatura de –5 ºC. No obstante, y con objeto de obtener un mayor margen de seguridad, el proyectista podría utilizar la velocidad excepcional de 150 km/h. En este ejemplo se calcula para 120 km/h.

t_{m2} (daN/mm^2)	θ_2 (ºC)	m_2
	–5 ºC	2,738

Aplicando la ecuación de cambio de condiciones queda:

$$A = \alpha \cdot E \cdot (\theta_2 - \theta_1) + K = 19{,}1 \cdot 10^{-6} \cdot 7949 \cdot (-5 - (-5)) + 36{,}023 = 36{,}023 \ daN/mm^2$$

$$B = \frac{a_{v2}^2 \cdot E \cdot \omega^2 \cdot m_2^2}{24} = \frac{254{,}29^2 \cdot 7949 \cdot 0{,}0034^2 \cdot 2{,}738^2}{24} = 1852{,}105 \ daN^3/mm^6$$

$$t_{m2}^2 \cdot (t_{m2} + A) = B$$

$$t_{m2}^2 \cdot (t_{m2} + 36{,}023) = 1852{,}105$$

$$t_{m2} = 6{,}592 \ daN/mm^2$$

$$T_{m2} = t_{m2} \cdot S = 6{,}592 \cdot 78{,}6 = 518{,}2 \ daN$$

El valor de la flecha es:

$$f = \frac{b^2 \cdot \omega}{8 \cdot t_{m2}} \cdot m_2 = \frac{254{,}95^2 \cdot 0{,}0034}{8 \cdot 6{,}592} \cdot 2{,}738 = 11{,}46 \ m$$

f) Hipótesis empleada para el cálculo de la desviación de la cadena de aisladores

Se utiliza para calcular la distancia entre los conductores y partes puestas a tierra, según establece el Apartado 5.4.2 de la ITC-LAT 07. Al considerarse en esta hipótesis una sobrecarga sobre el conductor correspondiente a una presión de viento de la mitad de la indicada en el Apartado 3.1.2. del RLAT, será necesario, al emplear la ecuación de cambio de condiciones, calcular el vano a_v proyectado sobre el plano inclinado del conductor por efecto de la presión de viento.

Así pues, tenemos:

p = peso aparente del conductor (peso propio más sobrecarga debida a la presión de viento mitad) en daN/m.

$$p = \sqrt{p_p^2 + \left(\frac{p_v}{2}\right)^2} = \sqrt{p_p^2 + \left[\frac{60}{2} \cdot \left(\frac{120}{120}\right)^2 \cdot \phi \cdot 10^{-3}\right]^2} = 0{,}432 \frac{daN}{m}$$

b = longitud entre los puntos de sujeción del conductor = $\sqrt{250^2 + 50^2} = 254,95\ m$

d_v = nuevo desnivel considerando el vano situado en el plano inclinado,

$$d_v = d \cdot \cos \hat{\phi}$$

$$\cos \hat{\phi} = \frac{p_p}{p} = \frac{0,267}{0,432} = 0,617$$

$$d_v = d \cdot \cos \hat{\phi} = 50 \cdot 0,618 = 30.871\ m$$

La nueva longitud del vano proyectado es:

$$a_v = \sqrt{b^2 - d_v^{\ 2}} = \sqrt{254,95^2 - 30,870^2} = 253,075\ m$$

Y el coeficiente de sobrecarga será:

$$m_2 = \frac{p}{p_p} = \frac{0,432}{0,267} = 1,62$$

Las condiciones correspondientes a esta hipótesis son:

t_{m2} (daN/mm^2)	θ_2 (ºC)	m_2
	–5 ºC	1,62

Aplicando la ecuación de cambio de condiciones queda:

$$A = \alpha \cdot E \cdot (\theta_2 - \theta_1) + K = 19,1 \cdot 10^{-6} \cdot 7949 \cdot (-5 - (-5)) + 36,023 = 36,023\ daN / mm^2$$

$$B = \frac{a_{v2}^2 \cdot E \cdot \omega^2 \cdot m_2^2}{24} = \frac{253,071^2 \cdot 7949 \cdot 0,0034^2 \cdot 1,62^2}{24} = 642,178\ daN^3 / mm^6$$

$$t_{m2}^2 \cdot (t_{m2} + A) = B$$

$$t_{m2}^2 \cdot (t_{m2} + 36,023) = 642,178$$

$$t_{m2} = 4,005\ daN / mm^2$$

$$T_{m2} = t_{m2} \cdot S = 4,005 \cdot 78,6 = 314,8\ daN$$

g) Tabla de tendido

t_{m2} (daN/mm^2)	θ_2 (ºC)	m_2
	0, 5, 10, …40	1

Aplicando de nuevo la ecuación de cambio de condiciones y la relación entre la tracción horizontal y la tracción en el punto medio del vano, se obtienen las tracciones horizontales que han de darse el día del tendido junto con sus flechas correspondientes. Obsérvese que el tendido se realiza a temperatura ambiente y sin sobrecarga alguna en el conductor.

Temperatura θ (°C)	Tracción en el punto medio del vano, T_{m2} (daN)	Tracción horizontal, $T_{m2,\,0}$ (daN)	Flecha f (m)
0	193,9	190,1	11,19
5	192,1	188,4	11,29
10	190,4	186,7	11,40
15	188,7	185,0	11,50
20	187,0	183,4	11,60
25	185,4	181,8	11,70
30	183,8	180,2	11,80
35	182,3	178,7	11,90
40	180,8	177,3	12,00
45	179,3	175,8	12,10

RESUMEN: Tracciones en el punto medio del vano

Hipótesis	Sobrecarga	Temperatura	Tracción en el punto medio del vano, Tm (daN)	Flecha f (m)
Tracción máxima	Viento excepcional	–5 °C	752,3	–
E.D.S.	Peso propio	15 °C	188,7	–
C.H.S	Peso propio	– 5 °C	195,7	–
Flecha máxima	Viento	15 °C	501,8	11,84
Flecha máxima	Peso propio	50 °C	177,9	12,20
Flecha mínima	Peso propio	–5 °C	195,7	11,08
Cálculo de apoyos	Viento	–5 °C	518,2	–
Desviación de cadena	Viento mitad	–5 °C	314,8	–

2.8. EJEMPLO DE CÁLCULO MECÁNICO DE UN CANTÓN DE LÍNEA

Se trata de establecer el cálculo mecánico de un conductor LA-110, instalado en un cantón con tres vanos desnivelados a 1.350 metros de altitud. Se limitará la tracción en el conductor de forma que no se supere el 9% de la carga de rotura del conductor a 15°C (EDS) y el 16% de la carga de rotura del conductor a −5 °C (CHS). La tensión nominal de la línea es de 20 kV.

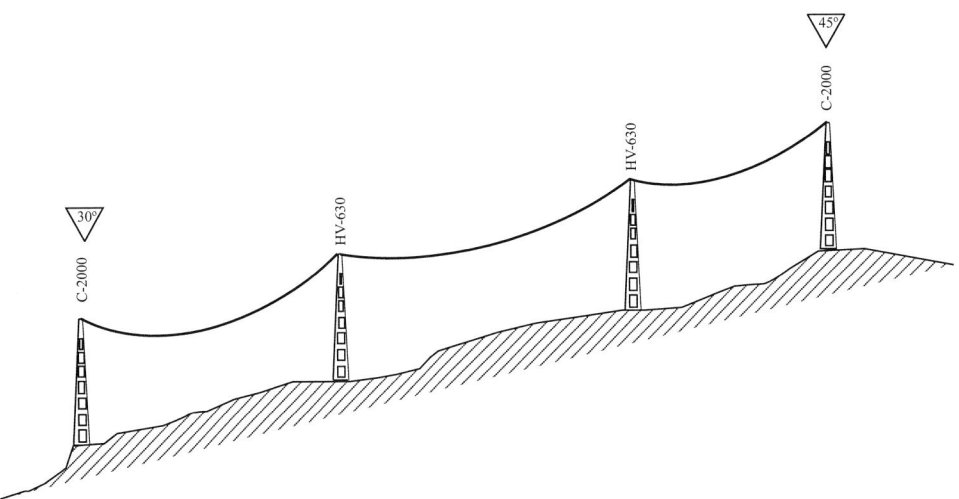

Figura 2.33. Perfil de la línea

Datos del cantón:

Longitud del vano a_i (m)	163	226	92
Desnivel (m)	16	19	36

Características del conductor:

- $S = 116,2$ mm^2.
- $\phi = 14$ mm.
- $p_p = 0,425$ daN/m.
- $E = 8.047$ daN/mm^2.
- $\alpha = 17,8 \cdot 10{-}6$ °C^{-1}.
- $\sigma_{rot} = 4.318$ daN.

Vamos a realizar el cálculo del vano ideal de regulación suponiendo vanos nivelados (*véase* la Figura 2.34):

$$a_r = \sqrt{\frac{\sum (a_i)^3}{\sum a_i}} = \sqrt{\frac{163^3 + 226^3 + 92^3}{163 + 226 + 927}} = 186,067 \ m$$

Para el caso de vanos desnivelados, el vano ideal de regulación se calcula según la Ecuación (22):

$$a_r = \frac{\sum \dfrac{b_i^3}{a_i^2}}{\sum \dfrac{b_i^2}{a_i}} \cdot \sqrt{\frac{\sum (a_i)^3}{\sum \dfrac{b_i^2}{a_i}}}$$

siendo b_i, la distancia real entre los puntos de sujeción de los conductores de los diferentes vanos, que para nuestro caso valen:

$$b_1 = \sqrt{163^2 + 16^2} = 163{,}78 \ m$$

$$b_2 = \sqrt{226^2 + 19^2} = 226{,}80 \ m$$

$$b_3 = \sqrt{92^2 + 36^2} = 98{,}80 \ m$$

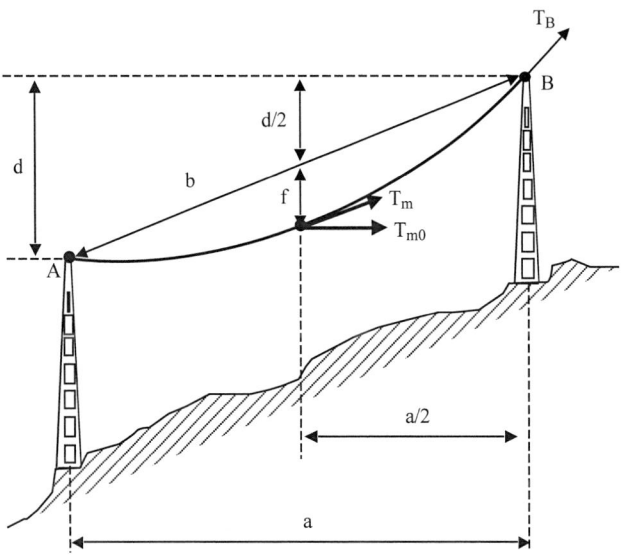

Figura 2.34. Vano desnivelado

Por tanto, el vano ideal de regulación tendía un valor:

$$a_r = \frac{\dfrac{163{,}78^3}{163^2} + \dfrac{226{,}80^3}{226^2} + \dfrac{98{,}80^3}{92^2}}{\dfrac{163{,}78^2}{163} + \dfrac{226{,}80^2}{226} + \dfrac{98{,}80^2}{92}} \cdot \sqrt{\frac{163^3 + 226^3 + 92^3}{\dfrac{163{,}78^2}{163} + \dfrac{226{,}80^2}{226} + \dfrac{98{,}80^2}{92}}} = 186{,}275 \ m$$

En primer lugar, se establecerá la tracción horizontal máxima que debe existir en el vano de regulación. Esta tracción horizontal será igual en todos los vanos y por lo tanto, se debe de calcular como el valor que garantice que en ningún vano se sobrepase, en el punto más alto de fijación del conductor, su carga de rotura dividida por el coeficiente de seguridad de 3. Para ello se calculan las tracciones en los puntos medios de cada vano mediante la expresión que relaciona dicha tracción con la del punto más elevado del conductor.

$$T_m = \frac{1}{4} \cdot \left[2 \cdot T_B - p \cdot d + \sqrt{\left[(p \cdot d) - 2 \cdot T_B \right]^2 - \left(2 \cdot p^2 \cdot b^2 \right)} \right]$$

donde:

T_B = tracción máxima que se puede dar en el cable, en daN.

p = peso del cable en el estado considerado (incluyendo la sobrecarga), (en daN/m).

d = desnivel del vano considerado, en metros.

b = distancia entre los puntos de sujeción del cable para el vano considerado, (en m).

Para el primer vano del cantón, teniendo en cuenta que no ha de superarse en ningún punto del conductor la carga de rotura dividida por 3, tendremos:

$$T_B = \frac{\sigma_{rot}}{3} = \frac{4.318}{3} = 1439,33 \; daN$$

El peso del conductor con sobrecarga de hielo según para zona C es:

$$p = p_p + p_h = p_p + 0,36 \cdot \sqrt{\phi}$$

siendo:

ϕ = el diámetro del conductor expresado en mm.

$p = 0,425 + 0,36 \cdot \sqrt{14} = 1,772 \; daN / m$.

Coeficiente de sobrecarga: $m = \dfrac{p}{p_p} = 4,169$.

Sustituyendo los valores anteriores en la expresión correspondiente a la tracción en el punto medio del vano queda para el vano 1:

$$T_{m,vano1} = \frac{1}{4} \cdot \left[2 \cdot 1439,33 - 1,77 \cdot 16 + \sqrt{\left[(1,77 \cdot 16) - 2 \cdot 1439,33 \right]^2 - \left(2 \cdot 1,77^2 \cdot 163,78^2 \right)} \right] =$$

$$= 1417,7 \; daN$$

Realizando las mismas operaciones para el resto de vanos queda:

$$T_{m,vano2} = 1408,2 \; daN \; ; \quad T_{m,vano3} = 1404,7 \; daN$$

Como la tracción en el punto medio del vano es paralela a la recta que une los puntos A y B de fijación del conductor, se cumple que la tracción horizontal en un vano desnivelado está relacionada con la tracción en el punto medio del vano mediante la expresión:

$$T_{m0} = T_m \cdot \frac{a}{b}$$

Para el primer vano vale:

$$T_{m0,vano\,1} = T_{m,\,vano1} \cdot \frac{a_1}{b_1} = 1417,7 \cdot \frac{163}{163,78} = 1410,9 \;\; daN$$

Realizando las mismas operaciones para el resto de vanos queda:

$$T_{m0,vano\,2} = 1403,2 \;\; daN \; ; \;\; T_{m0,vano\,3} = 1308,1 \;\; daN$$

Por tanto, para no sobrepasar en ningún punto de ningún vano, la carga de rotura del conductor dividida por el coeficiente de seguridad, la tracción horizontal que debe tener como máximo el vano de regulación será la menor de las tracciones horizontales anteriores, que en nuestro caso se corresponde con la del vano 3, es decir:

$$T_{m0(min)} = 1308,1 \;\; daN$$

Por el hecho de tener vanos desnivelados, la tracción a emplear en la ecuación de cambio de condiciones (24) viene dada por la relación:

Si llamamos,

$$\Gamma = \frac{\sum \dfrac{b_i^3}{a_i^2}}{\sum \dfrac{b_i^2}{a_i}} = 1,019$$

entonces,

$$\tau_1 = \frac{T_{m0(min)} \cdot \Gamma}{S} = \frac{1308,1 \cdot 1,019}{116,2} = \frac{1332,86}{116,2} = 11,47 \;\; \frac{daN}{mm^2}$$

a) Hipótesis de tracción máxima

a1) Tracción máxima con hielo

Una de las condiciones impuestas en el RLAT correspondiente a esta hipótesis es que no ha de superarse la tracción, $\tau_1 \cdot S$, de 1.332,86 daN, con sobrecarga de hielo para la zona C, a la temperatura de –20 °C, situación esta ya estudiada y que se considerará como inicial.

Los parámetros correspondientes al estado inicial serán:

τ_1 (daN/mm^2)	θ_1 (°C)	m_1
11,47	–20 °C	4,17

Empleando la ecuación de cambio de condiciones, se obtendrá la tracción en el conductor para las otras condiciones impuestas en la hipótesis de tracción máxima.

a2) Tracción máxima con viento

La tracción en el conductor a la temperatura de −15 °C con viento de 120 km/h ha de ser inferior a 1.332,9 daN.

τ_2 (daN/mm^2)	θ_2 (°C)	m_2
	−15 °C	2,21

$$m_2 = \frac{p}{p_p} = \frac{\sqrt{p_p^2 + p_v^{\,2}}}{p_p} = \frac{\sqrt{0,425^2 + \left[60 \cdot \left(\dfrac{120}{120}\right) \cdot 14 \cdot 10^{-3}\right]^2}}{0,425} = 2,21$$

Aplicando la ecuación de cambio de condiciones, queda:

$$K = \frac{a_r^2 \cdot E \cdot \omega^2 \cdot m_1^2}{24 \cdot \tau_1^2} - \tau_1 = \frac{186,275^2 \cdot 8047 \cdot 0,003657^2 \cdot 4,17^2}{24 \cdot 11,47^2} - 11,47 = 9,093 \; daN/mm^2$$

$$A = \alpha \cdot E \cdot (\theta_2 - \theta_1) + K = 17,8 \cdot 10^{-6} \cdot 8047 \cdot (-15 - (-20)) + 9,093 = 9,809 \; daN/mm^2$$

$$B = \frac{a_r^2 \cdot E \cdot \omega^2 \cdot m_2^2}{24} = \frac{186,275^2 \cdot 8047 \cdot 0,003657^2 \cdot 4,17^2}{24} = 763,598 \; daN^3/mm^6$$

$$\tau_2^2 \cdot (\tau_2 + A) = B$$

$$\tau_2^2 \cdot (\tau_2 + 9,809) = 763,598$$

$$\tau_2 = 6,78 \; daN/mm^2$$

$$T_2 = \frac{\tau_2 \cdot S}{\Gamma} = \frac{6,78 \cdot 116,2}{1,019} = 773,6 \; daN$$

tracción inferior a 1.332,86 daN.

a3) Hipótesis adicional

Con viento excepcional superior a 120 km/h debería de comprobarse si se supera la tracción de 1.332,86 daN a −15 °C.

b) Comprobación de fenómenos vibratorios

b1) Tensión de cada día, EDS (*Every Day Stress*)

En general, se recomienda que la tracción a temperatura de 15 °C no supere el 22% de la carga de rotura si se realiza el estudio de amortiguamiento y se instalan dispositivos antivibratorios, o que bien no supere el 15% de la carga de rotura si no se instalan. Para nuestro ejemplo se ha exigido no superar 9% a la temperatura de 15 °C.

τ_2 (daN/mm^2)	θ_2 (°C)	m_2
	15 °C	1

Aplicando la ecuación de cambio de condiciones queda:

$$A = \alpha \cdot E \cdot (\theta_2 - \theta_1) + K = 17,8 \cdot 10^{-6} \cdot 8047 \cdot (15 - (-20)) + 9,093 = 14,106 \ daN/mm^2$$

$$B = \frac{a_r^2 \cdot E \cdot \omega^2 \cdot m_2^2}{24} = \frac{186,275^2 \cdot 8047 \cdot 0,003657^2 \cdot 1^2}{24} = 155,632 \ daN^3/mm^6$$

$$\tau_2^2 \cdot (\tau_2 + A) = B$$

$$\tau_2^2 \cdot (\tau_2 + 14,106) = 155,632$$

$$\tau_2 = 3,015 \ daN/mm^2$$

$$T_2 = \frac{\tau_2 \cdot S}{\Gamma} = \frac{3,015 \cdot 116,2}{1,019} = 343,8 \ daN$$

A continuación se calcula el coeficiente EDS, en %.

La tracción en el punto medio de los vanos correspondiente a esta tracción horizontal sería:

$$T_{m2, vano\, i} = T_2 \cdot \frac{b_i}{a_i}$$

que para cada uno de los vanos quedaría:

$$T_{m2, vano\, 1} = T_2 \cdot \frac{b_1}{a_1} = 343,8 \cdot \frac{163,78}{163} = 345,5 \ daN$$

Para el resto de vanos quedaría:

$$T_{m2, vano\, 2} = 345,0 \ daN ; \quad T_{m2, vano\, 3} = 369,2 \ daN$$

La tracción en el extremo superior de cada vano, correspondiente a esta tracción, es:

$$T_{B, vano\, i} = p_p \cdot \left[\frac{b_i^2 \cdot p_p}{8 \cdot T_{m2, vano\, i}} + \frac{d_i}{2} \right] + T_{m2, vano\, i}$$

Para el vano 1 quedaría:

$$T_{B, vano\, 1} = 0,425 \cdot \left[\frac{163,78^2 \cdot 0,425}{8 \cdot 343,8} + \frac{16}{2} \right] + 343,8 = 350,6 \ daN$$

Para el resto de vanos queda:

$$T_{B, vano\, 2} = 352,4 \ daN ; \quad T_{B, vano\, 3} = 377,5 \ daN$$

El coeficiente EDS vale:

$$Coef.EDS = \frac{M\acute{a}x\,(T_{B,vano\,i})}{\sigma_{rot}} \cdot 100 = \frac{377,5}{4318} \cdot 100 = 8,74\ \% \ < 9\ \%$$

b2) Tensión en Horas Frías, CHS (*Cool Hour Stress*)

Para nuestro ejemplo se ha exigido no superar 16% a la temperatura de –5 ºC.

τ_2 (daN/mm^2)	θ_2 (ºC)	m_2
	–5 ºC	1

Aplicando la ecuación de cambio de condiciones queda:

$$A = \alpha \cdot E \cdot (\theta_2 - \theta_1) + K = 17,8 \cdot 10^{-6} \cdot 8047 \cdot (-5 - (-20)) + 9,093 = 11,241\ daN\,/\,mm^2$$

$$B = \frac{a_r^{\,2} \cdot E \cdot \omega^2 \cdot m_2^2}{24} = \frac{186,275^2 \cdot 8047 \cdot 0,003657^2 \cdot 1^2}{24} = 155,632\ daN^3\,/\,mm^6$$

$$\tau_2^2 \cdot (\tau_2 + A) = B$$

$$\tau_2^2 \cdot (\tau_2 + 11,241) = 155,632$$

$$\tau_2 = 3,276\ daN\,/\,mm^2$$

$$T_2 = \frac{\tau_2 \cdot S}{\Gamma} = \frac{3,276 \cdot 116,2}{1,019} = 373,6\ daN$$

A continuación se calcula el coeficiente CHS en %.

La tracción en el punto medio de los vanos correspondiente a esta tracción horizontal sería:

$$T_{m2,vano\,i} = T_2 \cdot \frac{b_i}{a_i}$$

que para cada uno de los vanos quedaría:

$$T_{m2,vano\,1} = T_2 \cdot \frac{b_1}{a_1} = 373,6 \cdot \frac{163,78}{163} = 375,3\ daN$$

Para el resto de vanos quedaría:

$$T_{m2,\,vano\,2} = 374,9\ daN\,,\ T_{m2,\,vano\,3} = 401,1\ daN$$

La tracción en el extremo superior de cada vano, correspondiente a esta tracción, sería:

$$T_{B,vano\,i} = p_p \cdot \left[\frac{b^2 \cdot p_p}{8 \cdot T_{m2,vano\,i}} + \frac{d}{2} \right] + T_{m2,vano\,i}$$

Para el vano 1 quedaría:

$$T_{B,vano\,1} = 0,425 \cdot \left[\frac{163,78^2 \cdot 0,425}{8 \cdot 375,3} + \frac{16}{2} \right] + 375,3 = 380,4 \; daN$$

Para el resto de vanos queda:

$$T_{B,vano\,2} = 382,0 \; daN \; ; \quad T_{B,vano\,3} = 409,3 \; daN$$

El coeficiente CHS vale:

$$Coef.CHS = \frac{Máx\,(T_{B,vano\,i})}{\sigma_{rot}} \cdot 100 = \frac{409,3}{4318} \cdot 100 = 9,48\% \; <16\%$$

c) Hipótesis de flechas máximas

Estas hipótesis permiten calcular la tracción mecánica y la flecha máxima para poder comprobar la distancia entre conductores, entre conductores y apoyos y calcular la altura de los apoyos. Para su cálculo se consideran las hipótesis reglamentarias correspondientes a la zona C (viento, temperatura y hielo).

c1) Hipótesis de flecha máxima con viento.

τ_2 (daN/mm^2)	θ_2 (ºC)	m_2
	15 ºC	2,21

Aplicando la ecuación de cambio de condiciones queda:

$$A = \alpha \cdot E \cdot (\theta_2 - \theta_1) + K = 17,8 \cdot 10^{-6} \cdot 8047 \cdot (15 - (-20)) + 9,093 = 14,106 \; daN/mm^2$$

$$B = \frac{a_r^2 \cdot E \cdot \omega^2 \cdot m_2^2}{24} = \frac{186,275^2 \cdot 8047 \cdot 0,003657^2 \cdot 2,21^2}{24} = 763,598 \; daN^3/mm^6$$

$$\tau_2^2 \cdot (\tau_2 + A) = B$$

$$\tau_2^2 \cdot (\tau_2 + 14,106) = 763,598$$

$$\tau_2 = 6,1415 \; daN/mm^2$$

$$T_2 = \frac{\tau_2 \cdot S}{\Gamma} = \frac{6,141 \cdot 116,2}{1,019} = 700,4 \; daN$$

El valor de la flecha es:

$$f_{máx.V} = \frac{a_r^2 \cdot p_p}{8 \cdot T_2} \cdot m_2 = \frac{186,275^2 \cdot 0,425}{8 \cdot 700,4} \cdot 2,21 = 5,830 \ m$$

c2) Hipótesis de flecha máxima con temperatura

τ_2 (daN/mm^2)	θ_2 (ºC)	m_2
	50 ºC	1

Aplicando la ecuación de cambio de condiciones queda:

$$A = \alpha \cdot E \cdot (\theta_2 - \theta_1) + K = 17,8 \cdot 10^{-6} \cdot 8047 \cdot (50 - (-20)) + 9,093 = 19,119 \ daN/mm^2$$

$$B = \frac{a_r^2 \cdot E \cdot \omega^2 \cdot m_2^2}{24} = \frac{186,275^2 \cdot 8047 \cdot 0,003657^2 \cdot 1^2}{24} = 155,632 \ daN^3/mm^6$$

$$\tau_2^2 \cdot (\tau_2 + A) = B$$

$$\tau_2^2 \cdot (\tau_2 + 19,119) = 155,632$$

$$\tau_2 = 2,672 \ daN/mm^2$$

$$T_2 = \frac{\tau_2 \cdot S}{\Gamma} = \frac{2,672 \cdot 116,2}{1,019} = 304,8 \ daN$$

El valor de la flecha es:

$$f_{máx.\theta} = \frac{a_r^2 \cdot p_p}{8 \cdot T_2} \cdot m_2 = \frac{186,275^2 \cdot 0,425}{8 \cdot 304,8} \cdot 1 = 6,048 \ m$$

c3) Hipótesis de flecha máxima con hielo

τ_2 (daN/mm^2)	θ_2 (ºC)	m_2
	0 ºC	4,17

Aplicando la ecuación de cambio de condiciones queda:

$$A = \alpha \cdot E \cdot (\theta_2 - \theta_1) + K = 17,8 \cdot 10^{-6} \cdot 8047 \cdot (0 - (-20)) + 9,093 = 11,958 \ daN/mm^2$$

$$B = \frac{a_r^2 \cdot E \cdot \omega^2 \cdot m_2^2}{24} = \frac{186,275^2 \cdot 8047 \cdot 0,003657^2 \cdot 4,17^2}{24} = 2705,495 \ daN^3/mm^6$$

$$\tau_2^2 \cdot (\tau_2 + A) = B$$

$$\tau_2^2 \cdot (\tau_2 + 11,958) = 2705,495$$

$$\tau_2 = 10,883 \ daN/mm^2$$

$$T_2 = \frac{\tau_2 \cdot S}{\Gamma} = \frac{10,883 \cdot 116,2}{1,019} = 1241,2 \ daN$$

El valor de la flecha es:

$$f_{máx.h} = \frac{a_r^2 \cdot p_p}{8 \cdot T_2} \cdot m_2 = \frac{186,275^2 \cdot 0,425}{8 \cdot 1241,2} \cdot 4,17 = 6,192 \ m$$

Si se quiere obtener el valor de la flecha para cada uno de los vanos pertenecientes al cantón, teniendo en cuenta la expresión (25), resulta que:

$$f_{máx.h, \ vano \ i} = \frac{a_i \cdot b_i}{a_r^2} \cdot f_{máx.h}$$

que para cada uno de los vanos queda:

$$f_{máx.h, \ vano \ 1} = \frac{a_1 \cdot b_1}{a_r^2} \cdot f_{máx.h} = \frac{163 \cdot 163,78}{186,275^2} \cdot 6,192 = 4,764 \ m$$

$$f_{máx.h, \ vano \ 2} = \frac{a_2 \cdot b_2}{a_r^2} \cdot f_{máx.h} = \frac{226 \cdot 226,8}{186,275^2} \cdot 6,192 = 9,147 \ m$$

$$f_{máx.h, \ vano \ 3} = \frac{a_3 \cdot b_3}{a_r^2} \cdot f_{máx.h} = \frac{92 \cdot 98,8}{186,275^2} \cdot 6,192 = 1,622 \ m$$

d) Hipótesis de flecha mínima vertical

Se utiliza para comprobar en el perfil longitudinal la existencia de tiro ascendente sobre los apoyos y comprobar las distancias de seguridad en los cruzamientos con otras líneas eléctricas (Apartado 5.6.1. ITC-LAT 07).

τ_2 (daN/mm^2)	θ_2 (°C)	m_2
	−20 °C	1

Aplicando la ecuación de cambio de condiciones queda:

$$A = \alpha \cdot E \cdot (\theta_2 - \theta_1) + K = 17,8 \cdot 10^{-6} \cdot 8047 \cdot (-20 - (-20)) + 9,093 = 9,093 \ daN/mm^2$$

$$B = \frac{a_r^2 \cdot E \cdot \omega^2 \cdot m_2^2}{24} = \frac{186,275^2 \cdot 8047 \cdot 0,003657^2 \cdot 1^2}{24} = 155,632 \ daN^3/mm^6$$

$$\tau_2^2 \cdot (\tau_2 + A) = B$$

$$\tau_2^2 \cdot (\tau_2 + 9,093) = 155,632$$

$$\tau_2 = 3,514 \ daN/mm^2$$

$$T_2 = \frac{\tau_2 \cdot S}{\Gamma} = \frac{3,514 \cdot 116,2}{1,019} = 400,7 \ daN$$

El valor de la flecha es:

$$f_{min.ar} = \frac{a_r^2 \cdot p_p}{8 \cdot T_2} \cdot m_2 = \frac{186,275^2 \cdot 0,425}{8 \cdot 400,7} \cdot 1 = 4,600 \ m$$

Si se quiere obtener el valor de la flecha mínima para cada uno de los vanos pertenecientes al cantón, utilizaremos la expresión (25):

$$f_{mín, vano \ i} = \frac{a_i \cdot b_i}{a_r^2} \cdot f_{min.ar}$$

que para cada uno de los vanos queda:

$$f_{mín, vano \ 1} = \frac{a_1 \cdot b_1}{a_r^2} \cdot f_{min.ar} = \frac{163 \cdot 163,78}{186,275^2} \cdot 4,600 = 3,539 \ m$$

$$f_{mín, vano \ 2} = \frac{a_2 \cdot b_2}{a_r^2} \cdot f_{min.ar} = \frac{226 \cdot 226,8}{186,275^2} \cdot 4,600 = 6,796 \ m$$

$$f_{mín, vano \ 3} = \frac{a_3 \cdot b_3}{a_r^2} \cdot f_{min.ar} = \frac{92 \cdot 98,8}{186,275^2} \cdot 4,600 = 1,205 \ m$$

e) Hipótesis para el cálculo de apoyos

Coincide con las hipótesis de tracción máxima, calculadas anteriormente.

f) Hipótesis empleada para el cálculo de la desviación de la cadena de aisladores

Se utiliza para calcular la distancia entre los conductores y partes puestas a tierra, según establece el Apartado 5.4.2. ITC-LAT 07.

Las condiciones correspondientes a esta hipótesis son:

τ_2 (daN/mm^2)	θ_2 (ºC)	m_2
	−15 ºC	1,406

$$m_2 = \frac{p}{p_p} = \frac{\sqrt{p_p^2 + p_v^2}}{p_p} = \frac{\sqrt{0,425^2 + \left[\frac{60}{2} \cdot \left(\frac{120}{120} \right)^2 \cdot 14 \cdot 10^{-3} \right]^2}}{0,425} = 1,406$$

Aplicando la ecuación de cambio de condiciones queda:

$$A = \alpha \cdot E \cdot (\theta_2 - \theta_1) + K = 17,8 \cdot 10^{-6} \cdot 8047 \cdot (-15 - (-20)) + 9,093 = 9,809 \ daN/mm^2$$

$$B = \frac{a_r^2 \cdot E \cdot \omega^2 \cdot m_2^2}{24} = \frac{186,275^2 \cdot 8047 \cdot 0,003657^2 \cdot 1,406^2}{24} = 307,624 \ daN^3/mm^6$$

$$\tau_2^2 \cdot (\tau_2 + A) = B$$

$$\tau_2^2 \cdot (\tau_2 + 9,809) = 307,624$$

$$\tau_2 = 4,618 \ daN/mm^2$$

$$T_2 = \frac{\tau_2 \cdot S}{\Gamma} = \frac{4,618 \cdot 116,2}{1,019} = 526,61 \ daN$$

g) Tabla de tendido

τ_2 (daN/mm^2)	θ_2 (°C)	m_2
	0, 5, 10, …40	1

Aplicando de nuevo la ecuación de cambio de condiciones y la relación entre la tracción τ_2 y la tracción horizontal T_2, se obtienen las tracciones horizontales que han de darse el día del tendido, junto con sus flechas correspondientes. Obsérvese que el tendido se realiza a temperatura ambiente y sin sobrecarga alguna en el conductor.

Temperatura θ (°C)	Tracción horizontal, T_2 (daN)	Flecha f_{ar} (m)
0	365,4	5,045
5	357,8	5,152
10	350,6	5,257
15	343,8	5,361
20	337,4	5,464
25	331,3	5,564
30	325,5	5,664
35	320,0	5,760
40	314,6	5,860
45	309,6	5,954

2.9. EJEMPLO DE CÁLCULO MECÁNICO DE UN CANTÓN DE LÍNEA DE CATEGORÍA ESPECIAL

2.9.1. Cálculo mecánico del conductor de fase

Se quiere establecer el cálculo mecánico de un conductor LA-280, instalado en un cantón con vanos desnivelados a 1.200 metros de altitud (zona C). La tensión nominal de la línea es de 220 kV. El límite EDS para esta línea se fija en un 21% a la temperatura de 15 ºC y el CHS en un 23% a la temperatura de –10 ºC.

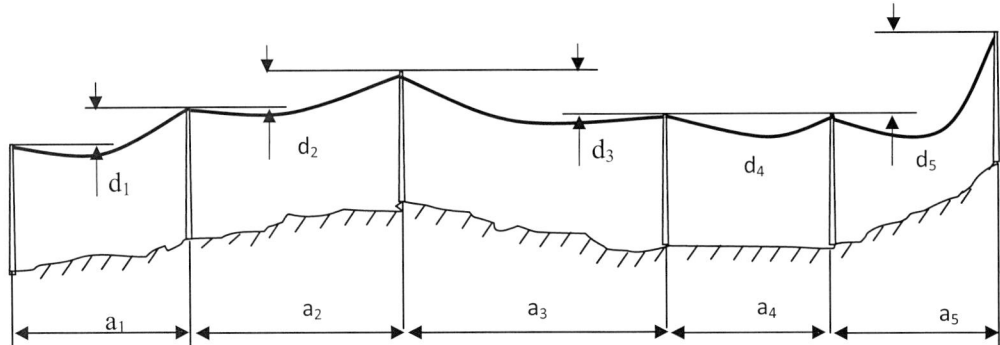

Figura 2.35. Perfil de la línea

Datos del cantón:

Longitud del vano a_i (m)	250	240	277	245	280
Desnivel (m)	15	20	–10	0	40

Características del conductor:

- $S = 281{,}1$ mm^2.
- $\phi = 21{,}8$ mm.
- $p_p = 0{,}959$ daN/m.
- $E = 7.556$ daN/mm^2.
- $\alpha = 18{,}9 \cdot 10^{-6}$ ºC^{-1}.
- $\sigma_{rot} = 8459$ daN.

El cálculo del vano ideal de regulación, suponiendo vanos nivelados, se realiza según la expresión (20):

$$a_r = \sqrt{\frac{\sum (a_i)^3}{\sum a_i}} = \sqrt{\frac{250^3 + 240^3 + 277^3 + 245^3 + 280^3}{250 + 240 + 277 + 245 + 280}} = 260{,}033 \ m$$

No obstante, para el caso de vanos desnivelados, la expresión a utilizar para el vano ideal de regulación es la (22), por tanto:

$$a_r = \frac{\sum \dfrac{b_i^3}{a_i^2}}{\sum \dfrac{b_i^2}{a_i}} \cdot \sqrt{\frac{\sum (a_i)^3}{\sum \dfrac{b_i^2}{a_i}}},$$

siendo b_i, la distancia real entre los puntos de sujeción de los conductores de los diferentes vanos, que para nuestro caso valen:

$$b_1 = \sqrt{250^2 + 15^2} = 250{,}45 \ m$$

$$b_2 = \sqrt{240^2 + 20^2} = 240{,}83 \ m$$

$$b_3 = \sqrt{277^2 + 10^2} = 277{,}18 \ m$$

$$b_4 = \sqrt{245^2 + 0^2} = 245 \ m$$

$$b_5 = \sqrt{280^2 + 40^2} = 282{,}84 \ m$$

Por tanto, el vano ideal de regulación tendrá la longitud siguiente:

$$a_r = \frac{\dfrac{250{,}45^3}{250^2} + \dfrac{240{,}83^3}{240^2} + \dfrac{277{,}18^3}{277^2} + \dfrac{245^3}{245^2} + \dfrac{282{,}84^3}{280^2}}{\dfrac{250{,}45^2}{250} + \dfrac{240{,}83^2}{240} + \dfrac{277{,}18^2}{277} + \dfrac{245^2}{245} + \dfrac{282{,}84^2}{280}} \cdot \sqrt{\frac{250^3 + 240^3 + 277^3 + 245^3 + 280^3}{\dfrac{250{,}45^2}{250} + \dfrac{240{,}83^2}{240} + \dfrac{277{,}18^2}{277} + \dfrac{245^2}{245} + \dfrac{282{,}84^2}{280}}} =$$

$$= 260{,}038 \ m$$

que prácticamente coincide con el valor obtenido para el caso de vanos nivelados.

Se establecerá primeramente la tracción horizontal máxima que debe existir en el vano de regulación. Esta tracción horizontal será igual en todos los vanos y por lo tanto se debe de calcular como el valor que garantice que en ningún vano se sobrepase, en el punto más alto de fijación del conductor, su carga de rotura dividida por el coeficiente de seguridad de 2,5. Para ello se calculan las tracciones en los puntos medios de cada vano mediante la expresión que relaciona dicha tracción con la del punto más elevado del conductor.

$$T_m = \frac{1}{4} \cdot \left[2 \cdot T_B - p \cdot d + \sqrt{\left[(p \cdot d) - 2 \cdot T_B \right]^2 - \left(2 \cdot p^2 \cdot b^2 \right)} \right]$$

donde:

T_B = tracción máxima que se puede dar en el cable, en daN.

p = peso del conductor en el estado considerado (incluyendo la sobrecarga), en daN/m.

d = desnivel del vano considerado, en m, (desnivel siempre positivo).

b = distancia entre los puntos de sujeción del cable para el vano considerado, en metros.

Para el primer vano del cantón, teniendo en cuenta que no ha de superarse en ningún punto del cable la carga de rotura dividido por 2,5, tendremos:

$$T_B = \frac{\sigma_{rot}}{2,5} = 3383,6 \ daN$$

El peso del conductor con sobrecarga de hielo para zona C y viento de 60 km/h es:

$$p = \sqrt{(p_p + p_h)^2 + p_v^2} = \sqrt{\left(p_p + 0,36 \cdot \sqrt{\phi}\right)^2 + \left[50 \cdot \left(\frac{60}{120}\right)^2 \cdot (\phi + 2 \cdot e) \cdot 10^{-3}\right]^2}$$

siendo e el *espesor del manguito de hielo* en mm:

$$e = -r + \sqrt{r^2 + \frac{480 \cdot \sqrt{2.r}}{\pi}} = -10,9 + \sqrt{10,9^2 + \frac{480 \cdot \sqrt{2 \cdot 10,9}}{\pi}} = 17,948 \ mm$$

por lo que :

$$p = \sqrt{\left(0,959 + 0,36 \cdot \sqrt{21,8}\right)^2 + \left[50 \cdot \left(\frac{60}{120}\right)^2 \cdot (21,8 + 2 \cdot 17,948) \cdot 10^{-3}\right]^2} = 2,737 \ daN/m$$

$d_1 = 15$ m

$$b_1 = \sqrt{250^2 + 15^2} = 250,45 \ m$$

Sustituyendo los valores anteriores en la expresión correspondiente a la tracción en el punto medio del vano queda para el vano 1:

$$T_{m,vano\,1} = \frac{1}{4} \cdot \left[2 \cdot 3383,6 - 2,736 \cdot 15 + \sqrt{\left[(2,736 \cdot 15) - 2 \cdot 3383,6\right]^2 - \left(2 \cdot 2,736^2 \cdot 250,45^2\right)} \right] =$$
$$= 3345,5 \ daN$$

Realizando las mismas operaciones para el resto de vanos queda:

$$T_{m,vano\,2} = 3340,0 \ daN \, , \quad T_{m,vano\,3} = 3348,4 \ daN$$

$$T_{m,vano\,4} = 3366,9 \ daN \, , \quad T_{m,vano\,5} = 3306,2 \ daN$$

La tracción horizontal en un vano desnivelado está relacionada con la tracción en el punto medio del vano mediante la expresión:

$$T_{m0} = T_m \cdot \frac{a}{b}$$

Para el primer vano vale:

$$T_{m0,vano1} = T_{m,vano1} \cdot \frac{a_1}{b_1} = 3345,5 \cdot \frac{250}{250,45} = 3339,5 \; daN$$

Realizando las mismas operaciones para el resto de vanos queda:

$$T_{m0,vano2} = 3328,4 \; daN, \quad T_{m0,vano3} = 3346,3 \; daN$$

$$T_{m0,vano4} = 3366,9 \; daN, \quad T_{m0,vano5} = 3273,0 \; daN$$

Por tanto, para no sobrepasar en ningún punto de ningún vano, la carga de rotura del conductor dividida por el coeficiente de seguridad, la tracción horizontal que debe tener como máximo el vano de regulación, será la menor de las tracciones horizontales anteriores, que en nuestro caso se corresponde con la del vano 5, es decir:

$$T_{m0(mín)} = 3273,0 \; daN$$

Por el hecho de tener vanos desnivelados la tracción a emplear en la ecuación de cambio de condiciones, según (24) viene dada por:

$$\tau_1 = \frac{T_{m0(mín)} \cdot \dfrac{\sum \dfrac{b_i^3}{a_i^2}}{\sum \dfrac{b_i^2}{a_i}}}{S} = \frac{3273,0 \cdot 1,0034}{116,2} = 11,683 \; \frac{daN}{mm^2}$$

Siendo: $\dfrac{\sum \dfrac{b_i^3}{a_i^2}}{\sum \dfrac{b_i^2}{a_i}} = \Gamma = 1,0034$

a) **Hipótesis de tracción máxima**

a1) Tracción máxima con hielo y viento

Una de las condiciones impuestas en el RLAT correspondiente a esta hipótesis es que no ha de superarse la tracción de 3.273,0 daN, con sobrecarga de hielo para la zona C y viento de 60 km/h, a la temperatura de –20 ºC, situación está ya estudiada y que se considerará como inicial.

Los parámetros correspondientes al estado inicial serán:

τ_1 (daN/mm^2)	θ_1 (ºC)	m_1
11,683	–20 ºC	2,854

$$m_1 = \frac{p}{p_p} = \frac{\sqrt{(p_p + p_h)^2 + p_v^2}}{p} = \frac{2,737}{0,959} = 2,854$$

a2) Tracción máxima con viento

La tracción en el conductor a la temperatura de –15 ºC con viento de 140 km/h ha de ser inferior a 3.273,0 daN

τ_2 (daN/mm^2)	θ_2 (ºC)	m_2
	–15 ºC	1,842

$$m_2 = \frac{p}{p_p} = \frac{\sqrt{p_p^2 + p_v^2}}{p_p} = \frac{\sqrt{0,959^2 + \left[50 \cdot \left(\frac{140}{120}\right) \cdot 21,8 \cdot 10^{-3}\right]^2}}{0,959} = 1,842$$

Aplicando la ecuación de cambio de condiciones queda:

$$K = \frac{a_r^2 \cdot E \cdot \omega^2 \cdot m_1^2}{24 \cdot \tau_1^2} - \tau_1 = \frac{260,038^2 \cdot 7556 \cdot 0,003412^2 \cdot 2,854^2}{24 \cdot 11,683^2} - 11,683 = 3,101 \ daN/mm^2$$

$$A = \alpha \cdot E \cdot (\theta_2 - \theta_1) + K = 18,9 \cdot 10^{-6} \cdot 7556 \cdot (-15 - (-20)) + 3,101 = 3,815 \ daN/mm^2$$

$$B = \frac{a_r^2 \cdot E \cdot \omega^2 \cdot m_2^2}{24} = \frac{260,038^2 \cdot 7556 \cdot 0,003412^2 \cdot 1,842^2}{24} = 840,807 \ daN^3/mm^6$$

$$\tau_2^2 \cdot (\tau_2 + A) = B$$

$$\tau_2^2 \cdot (\tau_2 + 3,815) = 840,807$$

$$\tau_2 = 8,323 \ daN/mm^2$$

$$T_2 = \frac{\tau_2 \cdot S}{\Gamma} = \frac{8,323 \cdot 281,1}{1,0034} = 2.331,7 \ daN$$

tracción inferior a 3.273,0 daN.

Si hubiésemos tenido un viento excepcional superior a 140 km/h debería de comprobarse si se supera la tracción de 3.271,0 daN a –15 ºC.

b) Comprobación de fenómenos vibratorios

b1) Tensión de cada día, EDS (*Every Day Stress*)

Para nuestro ejemplo se ha exigido no superar el 21% de la carga de rotura a la temperatura de 15 ºC.

τ_2 (daN/mm^2)	θ_2 (ºC)	m_2
	15 ºC	1

Aplicando la ecuación de cambio de condiciones queda:

$$A = \alpha \cdot E \cdot (\theta_2 - \theta_1) + K = 18,9 \cdot 10^{-6} \cdot 7556 \cdot (15 - (-20)) + 3,101 = 8,099 \ daN/mm^2$$

$$B = \frac{a_r^2 \cdot E \cdot \omega^2 \cdot m_2^2}{24} = \frac{260{,}038^2 \cdot 7556 \cdot 0{,}003412^2 \cdot 1^2}{24} = 247{,}782 \ daN^3 / mm^6$$

$$\tau_2^2 \cdot (\tau_2 + A) = B$$

$$\tau_2^2 \cdot (\tau_2 + 8{,}099) = 247{,}782$$

$$\tau_2 = 4{,}444 \ daN / mm^2$$

$$T_2 = \frac{\tau_2 \cdot S}{\Gamma} = \frac{4{,}444 \cdot 281{,}1}{1{,}0034} = 1245{,}2 \ daN$$

A continuación se calcula el coeficiente EDS en %.

La tracción en el punto medio de los vanos correspondiente a esta tracción horizontal sería:

$$T_{m2, vano\,1} = T_2 \cdot \frac{b_1}{a_1} = 1245{,}2 \cdot \frac{250{,}45}{250} = 1247{,}4 \ daN$$

Para el resto de vanos quedaría

$$T_{m2, vano\,2} = 1249{,}5 \ daN \,, \quad T_{m2, vano\,3} = 1246{,}0 \ daN$$

$$T_{m2, vano\,4} = 1245{,}2 \ daN \,, \quad T_{m2, vano\,5} = 1257{,}8 \ daN$$

La tracción en el extremo superior de cada vano correspondiente a esta tracción sería:

$$T_{B, vano\,i} = p_p \cdot \left[\frac{b_i^2 \cdot p_p}{8 \cdot T_{m2, vano\,i}} + \frac{d_i}{2} \right] + T_{m2, vano\,i}$$

Para el vano 1 quedaría:

$$T_{B, vano\,1} = 0{,}959 \cdot \left[\frac{250{,}45^2 \cdot 0{,}959}{8 \cdot 1247{,}4} + \frac{15}{2} \right] + 1247{,}4 = 1260{,}4 \ daN$$

Para el resto de vanos queda:

$$T_{B, vano\,2} = 1264{,}4 \ daN \,, \quad T_{B, vano\,3} = 1248{,}3 \ daN$$

$$T_{B, vano\,4} = 1250{,}7 \ daN \,, \quad T_{B, vano\,5} = 1284{,}3 \ daN$$

El coeficiente EDS vale:

$$Coef.EDS = \frac{M\acute{a}x \ (T_{B, vano\,i})}{\sigma_{rot}} \cdot 100 = \frac{1284{,}3}{8459} \cdot 100 = 15{,}2\% \ < 21\%$$

b2) Tensión en Horas Frías, CHS (*Cool Hour Stress*)

Para nuestro ejemplo se ha exigido no superar 23% a la temperatura de –10 ºC.

τ_2 (daN/mm^2)	θ_2 (ºC)	m_2
	–10 ºC	1

Aplicando la ecuación de cambio de condiciones queda:

$$A = \alpha \cdot E \cdot (\theta_2 - \theta_1) + K = 18,9 \cdot 10^{-6} \cdot 7556 \cdot (-10 - (-20)) + 3,101 = 4,529 \ daN/mm^2$$

$$B = \frac{a_r^{\ 2} \cdot E \cdot \omega^2 \cdot m_2^2}{24} = \frac{260,038^2 \cdot 7556 \cdot 0,003412^2 \cdot 1^2}{24} = 247,782 \ daN^3/mm^6$$

$$\tau_2^2 \cdot (\tau_2 + A) = B$$

$$\tau_2^2 \cdot (\tau_2 + 4,529) = 247,782$$

$$\tau_2 = 5,078 \ daN/mm^2$$

$$T_2 = \frac{\tau_2 \cdot S}{\Gamma} = \frac{5,078 \cdot 281,1}{1,0034} = 1422,8 \ daN$$

A continuación, se calcula el coeficiente CHS en %.

La tracción en el punto medio de los vanos correspondiente a esta tracción horizontal sería:

$$T_{m2, \, vano \, 1} = T_2 \cdot \frac{b_1}{a_1} = 1422,8 \cdot \frac{250,45}{250} = 1425,3 \ daN$$

Para el resto de vanos quedaría

$$T_{m2, \, vano \, 2} = 1427,7 \ daN, \quad T_{m2, \, vano \, 3} = 1423,7 \ daN$$

$$T_{m2, \, vano \, 4} = 1422,8 \ daN, \quad T_{m2, \, vano \, 5} = 1437,2 \ daN$$

La tracción en el extremo superior de cada vano, correspondiente a esta tracción, sería:

$$T_{B, vano \, i} = p_p \cdot \left[\frac{b_i^{\ 2} \cdot p_p}{8 \cdot T_{m2, \, vano \, i}} + \frac{d_i}{2} \right] + T_{m2, \, vano \, i}$$

Para el vano 1 quedaría:

$$T_{B, vano \, 1} = 0,959 \cdot \left[\frac{250,45^2 \cdot 0,959}{8 \cdot 1425,3} + \frac{15}{2} \right] + 1425,3 = 1437,6 \ daN$$

Para el resto de vanos queda:

$$T_{B,vano\,2} = 1442,0\ daN\,,\quad T_{B,vano\,3} = 1425,1\ daN$$

$$T_{B,vano\,4} = 1427,6\ daN\,,\quad T_{B,vano\,5} = 1462,8\ daN$$

El coeficiente CHS vale:

$$Coef.CHS = \frac{Máx\,(T_{B,vano\,i})}{\sigma_{rot}} \cdot 100 = \frac{1462,8}{8459} \cdot 100 = 17,3\% \ < 23\%$$

c) Hipótesis de flechas máximas

Estas hipótesis permiten calcular la tracción mecánica y la flecha máxima para poder comprobar la distancia tanto entre conductores como entre conductores y apoyos, así como calcular la altura de los apoyos. Para su cálculo se consideran las hipótesis reglamentarias correspondientes a la zona C (viento, temperatura y hielo).

c1) Hipótesis de flecha máxima con viento

Aunque el RLAT establece el cálculo de la flecha máxima para un viento de 120 km/h, en este caso, el proyectista decide calcularla para un viento de 140 km/h, con objeto de aumentar las distancias de seguridad.

τ_2 (daN/mm^2)	θ_2 (°C)	m_2
	15 °C	1,842

Aplicando la ecuación de cambio de condiciones queda:

$$A = \alpha \cdot E \cdot (\theta_2 - \theta_1) + K = 18,9 \cdot 10^{-6} \cdot 7556 \cdot (15 - (-20)) + 3,101 = 8,099\ daN\,/\,mm^2$$

$$B = \frac{a_r^{\,2} \cdot E \cdot \omega^2 \cdot m_2^2}{24} = \frac{260,038^2 \cdot 7556 \cdot 0,003412^2 \cdot 1,842^2}{24} = 840,807\ daN^3\,/\,mm^6$$

$$\tau_2^2 \cdot (\tau_2 + A) = B$$

$$\tau_2^2 \cdot (\tau_2 + 8,099) = 840,807$$

$$\tau_2 = 7,372\ daN\,/\,mm^2$$

$$T_2 = \frac{\tau_2 \cdot S}{\Gamma} = \frac{7,372 \cdot 281,1}{1,0034} = 2065,3\ daN$$

El valor de la flecha es:

$$f_{máx.V} = \frac{a_r^{\,2} \cdot p_p}{8 \cdot T_2} \cdot m_2 = \frac{260,038^2 \cdot 0,959}{8 \cdot 2065,3} \cdot 1,842 = 7,230\ m$$

c2) Hipótesis de flecha máxima con temperatura.

τ_2 (daN/mm^2)	θ_2 (ºC)	m_2
	85 ºC	1

Aplicando la ecuación de cambio de condiciones queda:

$$A = \alpha \cdot E \cdot \left(\theta_2 - \theta_1\right) + K = 18,9 \cdot 10^{-6} \cdot 7556 \cdot \left(85 - \left(-20\right)\right) + 3,101 = 18,096 \ daN / mm^2$$

$$B = \frac{a_r^2 \cdot E \cdot \omega^2 \cdot m_2^2}{24} = \frac{260,038^2 \cdot 7556 \cdot 0,003412^2 \cdot 1^2}{24} = 247,782 \ daN^3 / mm^6$$

$$\tau_2^2 \cdot \left(\tau_2 + A\right) = B$$

$$\tau_2^2 \cdot \left(\tau_2 + 18,096\right) = 247,782$$

$$\tau_2 = 3,397 \ daN / mm^2$$

$$T_2 = \frac{\tau_2 \cdot S}{\Gamma} = \frac{3,397 \cdot 281,1}{1,0034} = 951,6 \ daN$$

El valor de la flecha es:

$$f_{máx.\theta} = \frac{a_r^2 \cdot p_p}{8 \cdot T_2} \cdot m_2 = \frac{260,038^2 \cdot 0,959}{8 \cdot 951,6} \cdot 1 = 8,518 \ m$$

Si se quiere obtener el valor de la flecha para cada uno de los vanos pertenecientes al cantón, teniendo en cuenta las expresiones (5) y (14), resulta que:

$$f_{máx.\theta, vano \ i} = \frac{a_i \cdot b_i}{a_r^2} \cdot f_{máx.\theta},$$

que para cada uno de los vanos queda:

$$f_{máx.\theta, vano \ 1} = \frac{a_1 \cdot b_1}{a_r^2} \cdot f_{máx.\theta} = \frac{250 \cdot 250,45}{260,038^2} \cdot 8,518 = 7,887 \ m$$

$$f_{máx.\theta, vano \ 2} = 7,281 \ m \ , \ f_{máx.\theta, vano \ 3} = 9,672 \ m \ , \ f_{máx.\theta, vano \ 4} = 7,561 \ m \ , \ f_{máx.\theta, vano \ 5} = 9,976 \ m$$

c3) Hipótesis de flecha máxima con hielo

τ_2 (daN/mm^2)	θ_2 (ºC)	m_2
	0 ºC	2,753

$$m_2 = \frac{p}{p_p} = \frac{p_p + p_h}{p} = \frac{0,959 + 0,36 \cdot \sqrt{21,8}}{0,959} = 2,7534$$

Aplicando la ecuación de cambio de condiciones queda:

$$A = \alpha \cdot E \cdot (\theta_2 - \theta_1) + K = 18,9 \cdot 10^{-6} \cdot 7556 \cdot (0 - (-20)) + 3,101 = 5,957 \ daN/mm^2$$

$$B = \frac{a_r^2 \cdot E \cdot \omega^2 \cdot m_2^2}{24} = \frac{260,038^2 \cdot 7556 \cdot 0,003412^2 \cdot 2,7534^2}{24} = 1877,559 \ daN^3/mm^6$$

$$\tau_2^2 \cdot (\tau_2 + A) = B$$

$$\tau_2^2 \cdot (\tau_2 + 5,957) = 1877,559$$

$$\tau_2 = 10,637 \ daN/mm^2$$

$$T_2 = \frac{\tau_2 \cdot S}{\Gamma} = \frac{10,637 \cdot 281,1}{1,0034} = 2980,1 \ daN$$

El valor de la flecha es:

$$f_{máx.h} = \frac{a_r^2 \cdot p_p}{8 \cdot T_2} \cdot m_2 = \frac{260,038^2 \cdot 0,959}{8 \cdot 2980,1} \cdot 2,753 = 7,487 \ m$$

Se observa que la flecha máxima es la obtenida en la hipótesis de temperatura.

d) Hipótesis de flecha mínima vertical

Se utiliza para comprobar en el perfil longitudinal la existencia de tiro ascendente sobre los apoyos y comprobar las distancias de seguridad en los cruzamientos con otras líneas eléctricas (Aptdo. 5.6.1. ITC-LAT 07).

τ_2 (daN/mm^2)	θ_2 (ºC)	m_2
	–20 ºC	1

Aplicando la ecuación de cambio de condiciones queda:

$$A = \alpha \cdot E \cdot (\theta_2 - \theta_1) + K = 18,9 \cdot 10^{-6} \cdot 7556 \cdot (-20 - (-20)) + 3,101 = 3,101 \ daN/mm^2$$

$$B = \frac{a_r^2 \cdot E \cdot \omega^2 \cdot m_2^2}{24} = \frac{260,038^2 \cdot 7556 \cdot 0,003412^2 \cdot 1^2}{24} = 247,782 \ daN^3/mm^6$$

$$\tau_2^2 \cdot (\tau_2 + A) = B$$

$$\tau_2^2 \cdot (\tau_2 + 3,101) = 247,782$$

$$\tau_2 = 5,399 \ daN/mm^2$$

$$T_2 = \frac{\tau_2 \cdot S}{\Gamma} = \frac{5,399 \cdot 281,1}{1,0034} = 1512,6 \ daN$$

El valor de la flecha es:

$$f_{min.ar} = \frac{a_r^2 \cdot p_p}{8 \cdot T_2} \cdot m_2 = \frac{260,038^2 \cdot 0,959}{8 \cdot 1512,6} \cdot 1 = 5,359 \ m$$

Si se quiere obtener el valor de la flecha mínima para cada uno de los vanos pertenecientes al cantón, utilizaremos la expresión:

$$f_{mín, \, vano \, i} = \frac{a_i \cdot b_i}{a_r^2} \cdot f_{min.ar} \, ,$$

que para cada uno de los vanos queda:

$$f_{mín, \, vano \, 1} = 4,962 \ m \, , \quad f_{mín, \, vano \, 2} = 4,581 \ m \, , \quad f_{mín, \, vano \, 3} = 6,085 \ m$$

$$f_{mín, \, vano \, 4} = 4,757 \ m \, , \quad f_{mín, \, vano \, 5} = 6,276 \ m$$

e) Hipótesis para el cálculo de apoyos

Coincide con las hipótesis de tracción máxima, calculadas anteriormente.

f) Hipótesis empleada para el cálculo de la desviación de la cadena de aisladores

Aunque el RLAT establece el cálculo de la distancia entre conductores y partes puestas a tierra, considerando sobre el conductor una sobrecarga correspondiente a una presión de viento de la mitad, para un viento de 120 km/h, en este caso el proyectista, para mayor seguridad, la calcula como la mitad de la presión correspondiente a un viento de 140 km/h.

Las condiciones correspondientes a esta hipótesis son:

τ_2 (daN/mm^2)	θ_2 (ºC)	m_2
	–15 ºC	1,264

$$m_2 = \frac{p}{p_p} = \frac{\sqrt{p_p^2 + p_v^2}}{p_p} = \frac{\sqrt{0,959^2 + \left[\frac{50}{2} \cdot \left(\frac{140}{120} \right)^2 \cdot 21,8 \cdot 10^{-3} \right]^2}}{0,959} = 1,264$$

Aplicando la ecuación de cambio de condiciones queda:

$$A = \alpha \cdot E \cdot (\theta_2 - \theta_1) + K = 18,9 \cdot 10^{-6} \cdot 7556 \cdot (-15 - (-20)) + 3,101 = 3,815 \ daN \, / \, mm^2$$

$$B = \frac{a_r^2 \cdot E \cdot \omega^2 \cdot m_2^2}{24} = \frac{260,038^2 \cdot 7556 \cdot 0,003412^2 \cdot 1,264^2}{24} = 396,038 \ daN^3 \, / \, mm^6$$

$$\tau_2^2 \cdot (\tau_2 + A) = B$$

$$\tau_2^2 \cdot (\tau_2 + 3{,}815) = 396{,}038$$

$$\tau_2 = 6{,}267 \ daN/mm^2$$

$$T_2 = \frac{\tau_2 \cdot S}{\Gamma} = \frac{6{,}267 \cdot 281{,}1}{1{,}0034} = 1755{,}9 \ daN$$

g) Tabla de tendido

τ_2 (daN/mm^2)	θ_2 (°C)	m_2
	0, 5, 10, …40	1

Aplicando de nuevo la ecuación de cambio de condiciones y la relación entre la tracción τ_2 y la tracción horizontal T_2, se obtienen las tracciones horizontales que han de darse el día del tendido junto con sus flechas correspondientes. Obsérvese que el tendido se realiza a temperatura ambiente y sin sobrecarga alguna en el conductor.

Temperatura θ(°C)	Tracción horizontal, T_2 (daN)	Flecha f_r (m)
0	1.344,4	6,029
5	1.309,3	6,191
10	1.276,2	6,351
15	1.245,2	6,510
20	1.216,0	6,666
25	1.188,5	6,820
30	1.163,1	6,969
35	1.138,0	7,123
40	1.114,8	7,271
45	1.092,8	7,417

2.9.2. Cálculo mecánico del conductor de tierra

Se trata de realizar el cálculo mecánico de un conductor de tierra de tipo AC-50, instalado en la misma línea descrita en el Apartado 2.9.1. El límite EDS para este conductor se fija en un 17% a la temperatura de 15 °C y el CHS en un 18% a la temperatura de –10 °C.

Características del conductor:
- $S = 49{,}48$ mm^2.
- $\phi = 9$ mm.
- $p_p = 0{,}391$ daN/m.
- $E = 18.000$ daN/mm^2.
- $\alpha = 11{,}5 \cdot 10^{-6}$ °C^{-1}.
- $\sigma_{rot} = 6174$ daN.

Para el primer vano del cantón, teniendo en cuenta que no ha de superarse en ningún punto del cable la carga de rotura dividido por 2,5, tendremos:

$$T_B = \frac{\sigma_{rot}}{2,5} = 2469,6 \ daN$$

El peso del conductor con sobrecarga de hielo para zona C y viento de 60 km/h es:

$$p = \sqrt{(p_p + p_h)^2 + p_v^2} = \sqrt{\left(p_p + 0,36 \cdot \sqrt{\phi}\right)^2 + \left[50 \cdot \left(\frac{60}{120}\right)^2 \cdot (\phi + 2 \cdot e) \cdot 10^{-3}\right]^2}$$

siendo e el espesor del manguito de hielo en mm:

$$e = -r + \sqrt{r^2 + \frac{480 \cdot \sqrt{2 \cdot r}}{\pi}} = -4,5 + \sqrt{4,5^2 + \frac{480 \cdot \sqrt{2 \cdot 4,5}}{\pi}} = 17,38 \ mm$$

por lo que :

$$p = \sqrt{\left(0,391 + 0,36 \cdot \sqrt{9}\right)^2 + \left[50 \cdot \left(\frac{60}{120}\right)^2 \cdot (9 + 2 \cdot 17,38) \cdot 10^{-3}\right]^2} = 1,57 \ daN/m$$

Sustituyendo los valores anteriores en la expresión correspondiente a la tracción en el punto medio del vano queda para el vano 1:

$$T_{m,vano\,1} = \frac{1}{4} \cdot \left[2 \cdot 2.469,6 - 1,57 \cdot 15 + \sqrt{[(1,57 \cdot 15) - 2 \cdot 2.469,6]^2 - \left(2 \cdot 1,57^2 \cdot 250,45^2\right)}\right] =$$

$$= 2.449,9 \ daN$$

Realizando las mismas operaciones para el resto de vanos queda:

$$T_{m,vano\,2} = 2444,6 \ daN \ , \quad T_{m,vano\,3} = 2467,9 \ daN$$

$$T_{m,vano\,4} = 2462 \ daN \ , \quad T_{m,vano\,5} = 2428 \ daN$$

Para el primer vano la tracción horizontal se calcula como:

$$T_{m0,vano\,1} = T_{m,vano1} \cdot \frac{a_1}{b_1} = 2449,9 \cdot \frac{250}{250,45} = 2445,5 \ daN$$

Realizando las mismas operaciones para el resto de vanos queda:

$$T_{m0,vano\,2} = 2438,1 \ daN \ , \quad T_{m0,vano\,3} = 2466,2 \ daN$$

$$T_{m0,vano\,4} = 2462 \ daN \ , \quad T_{m0,vano\,5} = 2403,6 \ daN$$

Por tanto, para no sobrepasar en ningún punto de ningún vano la carga de rotura del conductor dividida por el coeficiente de seguridad, la tracción horizontal que debe tener como máximo el vano de regulación será la menor de las tracciones horizontales anteriores, que en nuestro caso se corresponde con la del vano 5, es decir:

$$T_{m0(mín)} = 2403,6 \ daN$$

Por el hecho de tener vanos desnivelados, la tracción a emplear en la ecuación de cambio de condiciones, según (24), viene dada por:

$$\tau_1 = \frac{T_{m0(mín)} \cdot \Gamma}{S} = \frac{2403,6 \cdot 1,0034}{49,48} = 48,74 \, daN/mm^2$$

a) Hipótesis de tracción máxima

a1) Tracción máxima con hielo y viento

Una de las condiciones impuestas en el RLAT correspondiente a esta hipótesis es que no ha de superarse la tracción de 2.403,6 daN con sobrecarga de hielo para la zona C y viento de 60 km/h, a la temperatura de – 20 °C, situación esta ya estudiada y que se considerará como inicial.

Los parámetros correspondientes al estado inicial serán:

τ_1 (daN/mm^2)	θ_1 (°C)	m_1
48,74	–20 °C	4,01

$$m_1 = \frac{p}{p_p} = \frac{\sqrt{(p_p + p_h)^2 + p_v^{\,2}}}{p_p} = \frac{1,57}{0,391} = 4,01$$

a2) Tracción máxima con viento

La tracción en el conductor a la temperatura de –15 °C con viento de 140 km/h ha de ser inferior a 2.402,3 daN.

τ_2 (daN/mm^2)	θ_2 (°C)	m_2
	–15 °C	2,129

$$m_2 = \frac{p}{p_p} = \frac{\sqrt{p_p^{\,2} + p_v^{\,2}}}{p_p} = \frac{\sqrt{0,391^2 + \left[60 \cdot \left(\frac{140}{120}\right)^2 \cdot 9 \cdot 10^{-3}\right]^2}}{0,391} = 2,129$$

Aplicando la ecuación de cambio de condiciones queda:

$$K = \frac{a_r^{\,2} \cdot E \cdot \omega^2 \cdot m_1^2}{24 \cdot \tau_1^2} - \tau_1 = \frac{260,038^2 \cdot 18000 \cdot 0,0079^2 \cdot 4,01^2}{24 \cdot 48,74^2} - 48,74 = -27,32 \ daN/mm^2$$

$$A = \alpha \cdot E \cdot (\theta_2 - \theta_1) + K = 11,5 \cdot 10^{-6} \cdot 18000 \cdot (-15 - (-20)) - 27,32 = -26,28 \ daN/mm^2$$

$$B = \frac{a_r^2 \cdot E \cdot \omega^2 \cdot m_2^2}{24} = \frac{260,038^2 \cdot 18000 \cdot 0,0079^2 \cdot 2,129^2}{24} = 14346,3 \ daN^3/mm^6$$

$$\tau_2^2 \cdot (\tau_2 + A) = B$$

$$\tau_2^2 \cdot (\tau_2 - 26,28) = 14346,3$$

$$\tau_2 = 36,85 \ daN/mm^2$$

$$T_2 = \frac{\tau_2 \cdot S}{\Gamma} = \frac{36,85 \cdot 49,48}{1,0034} = 1817,2 \ daN$$

tracción inferior a 2403,6 daN.

Si hubiésemos tenido un viento excepcional superior a 140 km/h debería de comprobarse si se supera la tracción de 2403,6 daN a –15 ºC.

b) Comprobación de fenómenos vibratorios

b1) Tensión de cada día, EDS (*Every Day Stress*)

Para nuestro ejemplo se ha exigido no superar el 17% de la carga de rotura a la temperatura de 15 ºC.

τ_2 (daN/mm^2)	θ_2 (ºC)	m_2
	15 ºC	1

Aplicando la ecuación de cambio de condiciones queda:

$$A = \alpha \cdot E \cdot (\theta_2 - \theta_1) + K = 11,5 \cdot 10^{-6} \cdot 18000 \cdot (15 - (-20)) - 27,32 = -20,07 \ daN/mm^2$$

$$B = \frac{a_r^2 \cdot E \cdot \omega^2 \cdot m_2^2}{24} = \frac{260,038^2 \cdot 18000 \cdot 0,0079^2 \cdot 1^2}{24} = 3165,11 \ daN^3/mm^6$$

$$\tau_2^2 \cdot (\tau_2 + A) = B$$

$$\tau_2^2 \cdot (\tau_2 - 20,07) = 3165,11$$

$$\tau_2 = 25,1 \ daN/mm^2$$

$$T_2 = \frac{\tau_2 \cdot S}{\Gamma} = \frac{25,1 \cdot 49,48}{1,0034} = 1237,7 \ daN$$

A continuación se calcula el coeficiente EDS en %.

La tracción en el punto medio de los vanos correspondiente a esta tracción horizontal sería:

$$T_{m2,\,vano\,1} = T_2 \cdot \frac{b_1}{a_1} = 1237,7 \cdot \frac{250,45}{250} = 1239,9 \; daN$$

Para el resto de vanos quedaría:

$$T_{m2,\,vano\,2} = 1240,3 \; daN \; , \quad T_{m2,\,vano\,3} = 1236,8 \; daN$$

$$T_{m2,\,vano\,4} = 1236 \; daN \; , \quad T_{m2,\,vano\,5} = 1248,5 \; daN$$

La tracción en el extremo superior de cada vano, correspondiente a esta tracción, sería:

$$T_{B,\,vano\,i} = p_p \cdot \left[\frac{b_i^{\,2} \cdot p_p}{8 \cdot T_{m2,\,vano\,i}} + \frac{d_i}{2} \right] + T_{m2,\,vano\,i}$$

Para el vano 1 quedaría:

$$T_{B,\,vano\,1} = 0,391 \cdot \left[\frac{250,45^2 \cdot 0,391}{8 \cdot 1239,9} + \frac{15}{2} \right] + 1239,9 = 1243,8 \; daN$$

Para el resto de vanos queda:

$$T_{B,\,vano\,2} = 1.245 \; daN \; , \quad T_{B,\,vano\,3} = 1.236 \; daN$$

$$T_{B,\,vano\,4} = 1.237 \; daN \; , \quad T_{B,\,vano\,5} = 1.257,6 \; daN$$

El coeficiente EDS vale:

$$Coef.EDS = \frac{M\acute{a}x \, (T_{B,\,vano\,i})}{\sigma_{rot}} \cdot 100 = \frac{1257,6}{6174} \cdot 100 = 20,36\% \; > 17\%$$

Al ser el coeficiente EDS superior al 17%, el límite dinámico de la tracción lo impone esta hipótesis de tensión de cada día, por lo cual, el cálculo mecánico del conductor debe realizarse estableciendo como parámetros del estado inicial en la ecuación de cambio de condiciones, los indicados para la tensión de cada día.

Para el primer vano del cantón, teniendo en cuenta que no ha de superarse en ningún punto del cable el 17% de la carga de rotura, tendremos:

$$T_B = \frac{17 \cdot \sigma_{rot}}{100} = 1049,58 \; daN$$

La tracción en el punto medio del vano queda para el vano 1:

$$T_m = \frac{1}{4} \cdot \left[2 \cdot T_B - p \cdot d + \sqrt{[(p \cdot d) - 2 \cdot T_B]^2 - (2 \cdot p^2 \cdot b^2)} \right]$$

$$T_{m,vano\,1} = \frac{1}{4} \cdot \left[2 \cdot 1049,58 - 0,391 \cdot 15 + \sqrt{[(0,391 \cdot 15) - 2 \cdot 1049,58]^2 - (2 \cdot 0,391^2 \cdot 250,45^2)} \right] =$$

$$= 1045,5 \ daN$$

Realizando las mismas operaciones para el resto de vanos queda:

$$T_{m,vano\,2} = 1044,6 \ daN, \quad T_{m,vano\,3} = 1050,1 \ daN$$

$$T_{m,vano\,4} = 1048,5 \ daN, \quad T_{m,vano\,5} = 1040,3 \ daN$$

La tracción horizontal en el primer vano vale:

$$T_{m0,vano\,1} = T_{m,vano1} \cdot \frac{a_1}{b_1} = 1.045,5 \cdot \frac{250}{250,45} = 1043,6 \ daN$$

Realizando las mismas operaciones para el resto de vanos queda:

$$T_{m0,vano\,2} = 1041 \ daN, \quad T_{m0,vano\,3} = 1049,5 \ daN$$

$$T_{m0,vano\,4} = 1048,5 \ daN, \quad T_{m0,vano\,5} = 1029,8 \ daN$$

Por tanto, para no sobrepasar en ningún punto de ningún vano, el 17% de la carga de rotura del conductor, la tracción horizontal que debe tener, como máximo, el vano de regulación, será la menor de las tracciones horizontales anteriores, que en nuestro caso se corresponde con la del vano 5, es decir:

$$T_{m0(mín)} = 1029,8 \ daN$$

La tracción a emplear en la ecuación de cambio de condiciones viene dada por:

$$\tau_1 = \frac{T_{m0(mín)} \cdot \Gamma}{S} = \frac{1029,8 \cdot 1,0034}{49,48} = 20,88 \ \frac{daN}{mm^2}$$

Los parámetros correspondientes al estado inicial serán:

τ_1 (daN/mm^2)	θ_1 (°C)	m_1
20,88	15 °C	1

b2) Tensión en horas frías, CHS (*Cool Hour Stress*)

Para nuestro ejemplo se ha exigido no superar 18% a la temperatura de –10 °C.

τ_2 (daN/mm^2)	θ_2 (°C)	m_2
	–10 °C	1

Aplicando la ecuación de cambio de condiciones queda:

$$K = \frac{a_r^{\;2} \cdot E \cdot \omega^2 \cdot m_1^2}{24 \cdot \tau_1^2} - \tau_1 = \frac{260,038^2 \cdot 18000 \cdot 0,0079^2 \cdot 1^2}{24 \cdot 20,88^2} - 20,88 = -13,62 \ daN / mm^2$$

$$A = \alpha \cdot E \cdot (\theta_2 - \theta_1) + K = 11,5 \cdot 10^{-6} \cdot 18000 \cdot (-10 - 15) - 13,62 = -18,79 \ daN / mm^2$$

$$B = \frac{a_r^{\;2} \cdot E \cdot \omega^2 \cdot m_2^2}{24} = \frac{260,038^2 \cdot 18000 \cdot 0,0079^2 \cdot 1^2}{24} = 3165,1 \ daN^3 / mm^6$$

$$\tau_2^2 \cdot (\tau_2 + A) = B$$

$$\tau_2^2 \cdot (\tau_2 - 18,79) = 3165,1$$

$$\tau_2 = 24,19 \ daN / mm^2$$

$$T_2 = \frac{\tau_2 \cdot S}{\Gamma} = \frac{24,19 \cdot 49,48}{1,0034} = 1192,8 \ daN$$

A continuación se calcula el coeficiente CHS en %.

La tracción en el punto medio de los vanos correspondiente a esta tracción horizontal sería:

$$T_{m2,\,vano\,1} = T_2 \cdot \frac{b_1}{a_1} = 1192,8 \cdot \frac{250,45}{250} = 1194,9 \ daN$$

Para el resto de vanos quedaría

$$T_{m2,\,vano\,2} = 1197,7 \ daN \ , \ T_{m2,\,vano\,3} = 1194,3 \ daN$$

$$T_{m2,\,vano\,4} = 1193,5 \ daN \ , \ T_{m2,\,vano\,5} = 1205,7 \ daN$$

La tracción en el extremo superior de cada vano, correspondiente a esta tracción, sería:

$$T_{B,\,vano\,i} = p_p \cdot \left[\frac{b_i^{\;2} \cdot p_p}{8 \cdot T_{m2,\,vano\,i}} + \frac{d_i}{2} \right] + \ T_{m2,\,vano\,i}$$

Para el vano 1 quedaría:

$$T_{B,\,vano\,1} = 0,391 \cdot \left[\frac{250,45^2 \cdot 0,391}{8 \cdot 1194,9} + \frac{15}{2} \right] + \ 1194,9 = 1198,8 \ daN$$

Para el resto de vanos queda:

$$T_{B,\,vano\,2} = 1202,5 \ daN \ , \ T_{B,\,vano\,3} = 1193,6 \ daN$$

$$T_{B,\,vano\,4} = 1194,5 \ daN \ , \ T_{B,\,vano\,5} = 1214,7 \ daN$$

El coeficiente CHS vale:

$$Coef.CHS = \frac{Máx\ (T_{B,vano\ i})}{\sigma_{rot}} \cdot 100 = \frac{1214,7}{6174} \cdot 100 = 19,67\% \ > 18\%$$

Al ser el coeficiente CHS superior al 18%, el límite dinámico de la tracción lo impone esta hipótesis de tensión en horas frías, por lo cual el cálculo mecánico del conductor debe realizarse estableciendo como parámetros del estado inicial en la ecuación de cambio de condiciones, los indicados para la tensión en horas frías.

Para el primer vano del cantón, teniendo en cuenta que no ha de superarse en ningún punto del cable el 18% de la carga de rotura, tendremos:

$$T_B = \frac{18 \cdot \sigma_{rot}}{100} = 1111,32\ \ daN$$

La tracción en el punto medio del vano queda para el vano 1:

$$T_m = \frac{1}{4} \cdot \left[2 \cdot T_B - p \cdot d + \sqrt{[(p \cdot d) - 2 \cdot T_B]^2 - (2 \cdot p^2 \cdot b^2)} \right]$$

$$T_{m,vano\ 1} = \frac{1}{4} \cdot \left[2 \cdot 1111,32 - 0,391 \cdot 15 + \sqrt{[(0,391 \cdot 15) - 2 \cdot 1111,32]^2 - (2 \cdot 0,391^2 \cdot 250,45^2)} \right] =$$

$$= 1107,3\ \ daN$$

Realizando las mismas operaciones para el resto de vanos queda:

$$T_{m,vano\ 2} = 1106,4\ \ daN\ , \quad T_{m,vano\ 3} = 1111,9\ \ daN$$

$$T_{m,vano\ 4} = 1110,3\ \ daN\ , \quad T_{m,vano\ 5} = 1102,1\ \ daN$$

La tracción horizontal para el primer vano vale:

$$T_{m0,vano\ 1} = T_{m,\ vano1} \cdot \frac{a_1}{b_1} = 1107,3 \cdot \frac{250}{250,45} = 1105,3\ \ daN$$

Realizando las mismas operaciones para el resto de vanos queda:

$$T_{m0,vano\ 2} = 1102,6\ \ daN\ , \quad T_{m0,vano\ 3} = 1111,2\ \ daN$$

$$T_{m0,vano\ 4} = 1110,3\ \ daN\ , \quad T_{m0,vano\ 5} = 1091\ \ daN$$

Por tanto, para no sobrepasar en ningún punto de ningún vano, el 18% de la carga de rotura del conductor, la tracción horizontal que debe tener como máximo el vano de regulación será la menor de las tracciones horizontales anteriores, que en nuestro caso se corresponde con la del vano 5, es decir:

$$T_{m0(mín)} = 1091\ \ daN$$

La tracción a emplear en la ecuación de cambio de condiciones viene por:

$$\tau_1 = \frac{T_{m0(min)} \cdot \Gamma}{S} = \frac{1091 \cdot 1{,}0034}{49{,}48} = 22{,}12 \ \frac{daN}{mm^2}$$

Los parámetros correspondientes al estado inicial serán:

τ_1 (daN/mm^2)	θ_1 (°C)	m_1
22,12	–10 °C	1

A continuación se deben calcular, partiendo de estas nuevas condiciones iniciales, las tracciones correspondientes al resto de hipótesis.

c) Revisión de la hipótesis de tracción máxima

c1) Revisión de la tracción máxima con hielo y viento

Se determina la tracción en el conductor con sobrecarga de hielo para la zona C y viento de 60 km/h, a la temperatura de –20°C .

τ_2 (daN/mm^2)	θ_2 (°C)	m_2
	–20 °C	4,01

Aplicando la ecuación de cambio de condiciones, queda:

$$K = \frac{a_r^2 \cdot E \cdot \omega^2 \cdot m_1^2}{24 \cdot \tau_1^2} - \tau_1 = \frac{260{,}038^2 \cdot 18000 \cdot 0{,}0079^2 \cdot 1^2}{24 \cdot 22{,}12^2} - 22{,}12 = -15{,}65 \ daN/mm^2$$

$$A = \alpha \cdot E \cdot (\theta_2 - \theta_1) + K = 11{,}5 \cdot 10^{-6} \cdot 18000 \cdot (-20 - (-10)) - 15{,}65 = -17{,}72 \ daN/mm^2$$

$$B = \frac{a_r^2 \cdot E \cdot \omega^2 \cdot m_2^2}{24} = \frac{260{,}038^2 \cdot 18000 \cdot 0{,}0079^2 \cdot 4{,}01^2}{24} = 50895{,}3 \ daN^3/mm^6$$

$$\tau_2^2 . (\tau_2 + A) = B$$

$$\tau_2^2 \cdot (\tau_2 - 17{,}72) = 50895{,}3$$

$$\tau_2 = 44{,}01 \ daN/mm^2$$

$$T_2 = \frac{\tau_2 \cdot S}{\Gamma} = \frac{44{,}01 \cdot 49{,}48}{1{,}0034} = 2170{,}2 \ daN$$

valor que resulta menor del obtenido inicialmente para esta misma hipótesis.

c2) Revisión de la tracción máxima con viento

Se determina la tracción en el conductor a la temperatura de –15 °C con viento de 140 km/h.

τ_2 (daN/mm^2)	θ_2 (°C)	m_2
	–15 °C	2,129

Aplicando la ecuación de cambio de condiciones queda:

$$A = \alpha \cdot E \cdot (\theta_2 - \theta_1) + K = 11,5 \cdot 10^{-6} \cdot 18000 \cdot (-15 - (-10)) - 15,65 = -16,68 \ daN/mm^2$$

$$B = \frac{a_r^2 \cdot E \cdot \omega^2 \cdot m_2^2}{24} = \frac{260,038^2 \cdot 18000 \cdot 0,0079^2 \cdot 2,129^2}{24} = 14346,3 \ daN^3/mm^6$$

$$\tau_2^2 \cdot (\tau_2 + A) = B$$

$$\tau_2^2 \cdot (\tau_2 - 16,68) = 14.346,3$$

$$\tau_2 = 31,32 \ daN/mm^2$$

$$T_2 = \frac{\tau_2 \cdot S}{\Gamma} = \frac{31,32 \cdot 49,48}{1,0034} = 1544.5 \ daN$$

valor que resulta menor del obtenido inicialmente para esta misma hipótesis.

A continuación se debe calcular, para estas nuevas condiciones iniciales, el nuevo coeficiente EDS.

d)   Revisión de la tensión de cada día, EDS (Every Day Stress)

Se determina la tracción en el conductor a la temperatura de 15 ºC sin sobrecarga

τ_2 (daN/mm^2)	θ_2 (ºC)	m_2
	15 ºC	1

Aplicando la ecuación de cambio de condiciones queda:

$$A = \alpha \cdot E \cdot (\theta_2 - \theta_1) + K = 11,5 \cdot 10^{-6} \cdot 18000 \cdot (15 - (-10)) - 15,65 = -10,47 \ daN/mm^2$$

$$B = \frac{a_r^2 \cdot E \cdot \omega^2 \cdot m_2^2}{24} = \frac{260,038^2 \cdot 18000 \cdot 0,0079^2 \cdot 1^2}{24} = 3165,1 \ daN^3/mm^6$$

$$\tau_2^2 \cdot (\tau_2 + A) = B$$

$$\tau_2^2 \cdot (\tau_2 - 10,47) = 3165,1$$

$$\tau_2 = 19,13 \ daN/mm^2$$

$$T_2 = \frac{\tau_2 \cdot S}{\Gamma} = \frac{19,13 \cdot 49,48}{1,0034} = 943,3 \ daN$$

A continuación, se calcula el coeficiente EDS en %.

La tracción en el punto medio de los vanos correspondiente a esta tracción horizontal sería:

$$T_{m2, vano\,1} = T_2 \cdot \frac{b_1}{a_1} = 943,3 \cdot \frac{250,45}{250} = 945 \ daN$$

Para el resto de vanos quedaría

$T_{m2,vano\,2} = 947\ daN$, $T_{m2,vano\,3} = 944\ daN$, $T_{m2,vano\,4} = 943,\ daN$, $T_{m2,vano\,5} = 953\ daN$

La tracción en el extremo superior de cada vano, correspondiente a esta tracción, sería:

$$T_{B,vano\,i} = p_p \cdot \left[\frac{b_i^2 \cdot p_p}{8 \cdot T_{m2,vano\,i}} + \frac{d_i}{2} \right] + T_{m2,vano\,i}$$

Para el vano 1 quedaría:

$$T_{B,vano\,1} = 0{,}391 \cdot \left[\frac{250{,}45^2 \cdot 0{,}391}{8 \cdot 945} + \frac{15}{2} \right] + 945 = 949\ daN$$

Para el resto de vanos queda:

$T_{B,vano\,2} = 952\ daN$, $T_{B,vano\,3} = 944\ daN$, $T_{B,vano\,4} = 945\ daN$, $T_{B,vano\,5} = 962\ daN$

El coeficiente EDS vale:

$$Coef.EDS = \frac{M\acute{a}x\,(T_{B,vano\,i})}{\sigma_{rot}} \cdot 100 = \frac{962}{6174} \cdot 100 = 15{,}58\ \%$$

$$Coef.EDS = \frac{M\acute{a}x\,(T_{B,vano\,i})}{\sigma_{rot}} \cdot 100 = \frac{962}{6174} \cdot 100 = 15{,}58\%$$

e) Hipótesis de flechas máximas

e1) Hipótesis de flecha máxima con viento

Aunque el RLAT establece el cálculo de la flecha máxima para un viento de 120 km/h, en este caso, el proyectista decide calcularla para un viento de 140 km/h, con objeto de aumentar las distancias de seguridad.

τ_2 (daN/mm^2)	θ_2 (ºC)	m_2
	15 ºC	2,129

$$A = \alpha \cdot E \cdot (\theta_2 - \theta_1) + K = 11{,}5 \cdot 10^{-6} \cdot 18000 \cdot (15 - (-10)) - 15{,}65 = -10{,}47\ daN/mm^2$$

$$B = \frac{a_r^2 \cdot E \cdot \omega^2 \cdot m_2^2}{24} = \frac{260{,}038^2 \cdot 18000 \cdot 0{,}0079^2 \cdot 2{,}129^2}{24} = 14346{,}3\ daN^3/mm^6$$

$$\tau_2^2 \cdot (\tau_2 + A) = B$$

$$\tau_2^2 \cdot (\tau_2 - 10,47) = 14346,3$$

$$\tau_2 = 28,34 \ daN/mm^2$$

$$T_2 = \frac{\tau_2 \cdot S}{\Gamma} = \frac{28,34 \cdot 49,48}{1,0034} = 1397,5 \ daN$$

El valor de la flecha es:

$$f_{máx.V} = \frac{a_r^2 \cdot p_p}{8 \cdot T_2} \cdot m_2 = \frac{260,038^2 \cdot 0,391}{8 \cdot 1397,5} \cdot 2,129 = 5,03 \ m$$

e2) Hipótesis de flecha máxima con temperatura

τ_2 (daN/mm^2)	θ_2 (ºC)	m_2
	85 ºC	1

Aplicando la ecuación de cambio de condiciones queda:

$$A = \alpha \cdot E \cdot (\theta_2 - \theta_1) + K = 11,5 \cdot 10^{-6} \cdot 18000 \cdot (85 - (-10)) - 15,65 = 4025 \ daN/mm^2$$

$$B = \frac{a_r^2 \cdot E \cdot \omega^2 \cdot m_2^2}{24} = \frac{260,038^2 \cdot 18000 \cdot 0,0079^2 \cdot 1^2}{24} = 3165,1 \ daN^3/mm^6$$

$$\tau_2^2 \cdot (\tau_2 + A) = B$$

$$\tau_2^2 \cdot (\tau_2 + 4,025) = 3165,1$$

$$\tau_2 = 13,46 \ daN/mm^2$$

$$T_2 = \frac{\tau_2 \cdot S}{\Gamma} = \frac{13,46 \cdot 49,48}{1,0034} = 663,7 \ daN$$

El valor de la flecha es:

$$f_{máx.\theta} = \frac{a_r^2 \cdot p_p}{8 \cdot T_2} \cdot m_2 = \frac{260,038^2 \cdot 0,391}{8 \cdot 663,7} \cdot 1 = 4,98 \ m$$

e3) Hipótesis de flecha máxima con hielo

τ_2 (daN/mm^2)	θ_2 (ºC)	m_2
	0 ºC	3,76

$$m_2 = \frac{p}{p_p} = \frac{p_p + p_h}{p_p} = \frac{0{,}391 + 0{,}36 \cdot \sqrt{9}}{0{,}391} = 3{,}76$$

Aplicando la ecuación de cambio de condiciones queda:

$$A = \alpha \cdot E \cdot (\theta_2 - \theta_1) + K = 11{,}5 \cdot 10^{-6} \cdot 18000 \cdot (0 - (-10)) - 15{,}65 = -13{,}58 \ daN/mm^2$$

$$B = \frac{a_r^{\,2} \cdot E \cdot \omega^2 \cdot m_2^2}{24} = \frac{260{,}038^2 \cdot 18000 \cdot 0{,}0079^2 \cdot 3{,}76^2}{24} = 44747 \ daN^3/mm^6$$

$$\tau_2^2 \cdot (\tau_2 + A) = B$$

$$\tau_2^2 \cdot (\tau_2 - 13{,}58) = 44747$$

$$\tau_2 = 40{,}66 \ daN/mm^2$$

$$T_2 = \frac{\tau_2 \cdot S}{\Gamma} = \frac{40{,}66 \cdot 49{,}48}{1{,}0034} = 2005 \ daN$$

El valor de la flecha es:

$$f_{máx.h} = \frac{a_r^2 \cdot p_p}{8 \cdot T_2} \cdot m_2 = \frac{260{,}038^2 \cdot 0{,}391}{8 \cdot 2005} \cdot 3{,}76 = 6{,}2 \ m$$

Se observa que la flecha máxima es la obtenida en la hipótesis de hielo.

Si se quiere obtener el valor de la flecha para cada uno de los vanos pertenecientes al cantón, teniendo en cuenta la expresión (25), resulta:

$$f_{máx.h,\,vano\,i} = \frac{a_i \cdot b_i}{a_r^2} \cdot f_{máx.h}$$

que para cada uno de los vanos queda:

$$f_{máx.h,\,vano\,1} = \frac{a_1 \cdot b_1}{a_r^2} \cdot f_{máx.h} = \frac{250 \cdot 250{,}45}{260{,}038^2} \cdot 6{,}2 = 5{,}74 \ m$$

$$f_{máx.h,\,vano\,2} = 5{,}3 \ m \ , \quad f_{máx.h,\,vano\,3} = 7 \ m \ , \quad f_{máx.h,\,vano\,4} = 5{,}5 \ m \ , \quad f_{máx.\theta,\,vano\,5} = 7{,}2 \ m$$

f) Hipótesis de flecha mínima vertical

Se utiliza para comprobar en el perfil longitudinal la existencia de tiro ascendente sobre los apoyos y comprobar las distancias de seguridad en los cruzamientos con otras líneas eléctricas (Aptdo. 5.6.1. ITC-LAT 07).

τ_2 (daN/mm^2)	θ_2 (ºC)	m_2
	–20 ºC	1

Aplicando la ecuación de cambio de condiciones queda:

$$A = \alpha \cdot E \cdot (\theta_2 - \theta_1) + K = 11,5 \cdot 10^{-6} \cdot 18000 \cdot (-20 - (-10)) - 15,65 = -17,72 \ daN/mm^2$$

$$B = \frac{a_r^2 \cdot E \cdot \omega^2 \cdot m_2^2}{24} = \frac{260,038^2 \cdot 18000 \cdot 0,0079^2 \cdot 1^2}{24} = 3165,1 \ daN^3/mm^6$$

$$\tau_2^2 \cdot (\tau_2 + A) = B$$

$$\tau_2^2 \cdot (\tau_2 - 17,72) = 3165,1$$

$$\tau_2 = 23,47 \ daN/mm^2$$

$$T_2 = \frac{\tau_2 \cdot S}{\Gamma} = \frac{23,47 \cdot 49,48}{1,0034} = 1157,3 \ daN$$

El valor de la flecha es:

$$f_{min.ar} = \frac{a_r^2 \cdot p_p}{8 \cdot T_2} \cdot m_2 = \frac{260,038^2 \cdot 0,391}{8 \cdot 1157,3} \cdot 1 = 2,85 \ m$$

Si se quiere obtener el valor de la flecha mínima para cada uno de los vanos pertenecientes al cantón, se utiliza la expresión (25):

$$f_{min, vano \ i} = \frac{a_i \cdot b_i}{a_r^2} \cdot f_{min.ar}$$

que para cada uno de los vanos queda:

$$f_{min, vano \ 1} = 2,6 \ m \ , \quad f_{min, vano \ 2} = 2,2 \ m \ , \quad f_{min, vano \ 3} = 3,3 \ m$$

$$f_{min, vano \ 4} = 2,5 \ m \ , \quad f_{min, vano \ 5} = 3,3 \ m$$

g) Hipótesis para el cálculo de apoyos

Coincide con las hipótesis de tracción máxima calculadas anteriormente.

h) Tabla de tendido

τ_2 (daN/mm^2)	θ_2 (ºC)	m_2
	0, 5, 10, …40	1

Aplicando de nuevo la ecuación de cambio de condiciones y la relación entre la tracción τ_2 y la tracción horizontal T_2, se obtienen las tracciones horizontales que han de darse el día del tendido junto con sus flechas correspondientes. Obsérvese que el tendido se realiza a temperatura ambiente y sin sobrecarga alguna en el conductor.

Temperatura θ (°C)	Tracción horizontal, T_2 (daN)	Flecha f_r (m)
0	1.029	3,2
5	999,5	3,3
10	970,9	3,4
15	944	3,5
20	917	3,6
25	892	3,7
30	868	3,8
35	845	3,9
40	823	4
45	802	4,1
50	782	4,2

Resumen del cálculo mecánico del conductor AC-50

Hipótesis	Sobrecarga	Temperatura	Tracción horizontal (daN)	Flecha f_r (m)	Coef. (%)
Tracción máxima	Hielo + viento (60 km/h)	–20 °C	2.170,2	–	–
	Viento (140 km/h)	–15 °C	1.544,5	–	–
E.D.S.	Peso propio	15 °C	943,3	–	15,58
C.H.S	Peso propio	–10 °C	1.111,3	–	18,00
Flecha máxima	Viento (140 km/h)	15 °C	1.397,5	5,03	–
	Peso propio	85 °C	663,7	4,98	–
	Hielo	0 °C	2.005	6,20	–
Flecha mínima	Peso propio	–20 °C	1.157,3	2,85	–
Cálculo de apoyos	Hielo + viento (60 km/h)	–20 °C	2.170,2	–	–
	Viento (140 km/h)	–15 °C	1.544,5	–	–

2.10. REPOTENCIACIÓN DE UNA LÍNEA UTILIZANDO CONDUCTORES DE ALTA TEMPERATURA

2.10.1. Introducción

La intensidad máxima admisible en una línea aérea de alta tensión no debe provocar una pérdida inadmisible en la resistencia mecánica al cabo de su vida útil, garantizando al mismo tiempo las distancias al terreno y a otros elementos, en las condiciones reglamentarias más desfavorables de flecha.

Esto implica que habrá que limitar la temperatura de servicio del conductor para garantizar las condiciones siguientes:

- Que no se produzca una reducción permanente inadmisible en su resistencia mecánica, lo cual sucede si el conductor de aluminio o de cobre funciona de forma permanente por encima de 90 °C, ya que se alcanza la temperatura de recocido del material. Este proceso se produce de forma muy notable en los conductores fabricados solo con cobre o aluminio y en menor medida, en los conductores de aluminio-acero.

  Se debe recalcar que la pérdida de resistencia mecánica es un proceso acumulativo, de forma que es necesario limitar las horas de servicio de la línea en condiciones de emergencia a lo largo de su vida útil. Aunque un conductor puede trabajar a 100 °C durante algunas horas, resultaría inaceptable mantener estas condiciones de emergencia de forma continua. Por ejemplo, un conductor sólo de aluminio puede perder un 5% de su resistencia mecánica al cabo de 400 horas de funcionamiento a 100 °C.

- Que debido al mismo fenómeno de recocido no se produzca un alargamiento plástico del conductor que provoque flechas excesivas y distancias de seguridad no reglamentarias.

- Que no se produzca, ni siquiera de forma ocasional, una reducción inadmisible en las distancias de seguridad, debido al alargamiento elástico del conductor por efecto de una temperatura de funcionamiento excesiva, por ejemplo en situaciones de carga eléctrica de emergencia.

En este sentido, el Apartado 2.1.2.3 de la ITC-07 limita la temperatura de utilización de los conductores de aluminio tanto en régimen permanente como en condiciones de sobrecarga, emergencia o fallo del sistema eléctrico.

«La máxima temperatura de servicio de conductores de aluminio bajo diferentes condiciones operativas deberá ser indicada en las especificaciones del proyecto. Estas especificaciones darán algunos o todos los requisitos, bajo las siguientes condiciones:

      a)   La temperatura máxima de servicio bajo carga normal en la línea, que no sobrepasará los 85 °C.

b) *La temperatura máxima de corta duración para momentos especificados, bajo diferentes cargas en la línea, superiores al nivel normal, que no sobrepasará los 100 °C.*

c) *La temperatura máxima debida a un fallo especificado del sistema eléctrico, que no sobrepasará los 100 °C.*

El uso de conductores de alta temperatura, tales como los compuestos por aleaciones especiales de Aluminio-Zirconio, definidos en la norma IEC 62004, permite trabajar con temperaturas de servicio superiores».

Resulta de gran interés estudiar las posibles alternativas para aumentar la potencia que una línea es capaz de transportar, sin necesidad de construir una nueva línea, con lo que el impacto visual y ambiental es muy pequeño y la inversión moderada. Para este propósito, las alternativas posibles son las siguientes:

- Aumentar la temperatura de funcionamiento de la línea respecto de la establecida en su proyecto original, manteniendo siempre las distancias reglamentarias de seguridad. Como se deben respetar las temperaturas máximas de funcionamiento de los conductores de aluminio (85°C ó 100°C), además de las distancias reglamentarias en condiciones de flecha máxima, el margen de aumento de la carga a transportar sin cambiar los conductores no suele ser muy amplio y dependerá de la temperatura prevista en el proyecto original de la línea. Uno de los inconvenientes de esta alternativa es que aumentan las pérdidas de potencia y las caídas de tensión en la línea.

- Remplazar los conductores por otros de menor resistencia y que por tanto serán capaces de transportar más carga a temperaturas de funcionamiento moderadas. Esta solución tiene el inconveniente de que habrá que aumentar la sección, y con ello, el peso y diámetro del conductor. Al aumentar el diámetro lo harán también las sobrecargas de viento y hielo. En conclusión, será necesario revisar el cálculo mecánico de los apoyos, reforzarlos o posiblemente sustituirlos, con lo que la inversión resultará generalmente alta.

- Sustituir los conductores del tipo ACSR (Aluminium Conductor Steel Reinforced) por otros compuestos sólo por alambres con aleación de aluminio-magnesio-silicio, según el IEC 60104, (AAAC-All Aluminium Alloy Concuctor), que para el mismo peso son capaces de soportar una mayor tracción mecánica y que, utilizados con la misma tensión, son capaces de transportar una corriente mayor, sin aumentar por ello la flecha.

  De esta forma se puede incrementar la capacidad de carga del orden de un 40% ó 50% sin aumentar la temperatura de servicio de la línea, ni el peso o diámetro del conductor [8].

- Sustituir el conductor existente (ACSR), en una línea con un conductor por fase, por un circuito dúplex, cuyos conductores de fase seguirán siendo del tipo ACSR, con una sección de la mitad de la del conductor inicial. Por ejemplo, sustituir un LA-110, por un LA-56 en configuración dúplex. Esta alternativa requiere replantear todo el cálculo mecánico de los apoyos, de forma que si se quieren mantener los mismos apoyos, sería necesario reducir la longitud de los vanos, intercalando nuevos apoyos entre los existentes.

- Otra de las posibilidades más atractivas consiste en sustituir los conductores existentes por otros capaces de funcionar a altas temperaturas (150 °C e incluso 250 °C) y que tengan coeficientes de dilatación pequeños con la temperatura. Estos conductores se denominan de altas prestaciones térmicas y baja flecha. El inconveniente de esta alternativa es el aumento de las pérdidas de potencia y de la caída de tensión, así como el precio y la dificultad de su instalación, según sea el tipo de conductor utilizado.

2.10.2. Ejemplo de cálculo de una línea de 1.ª categoría con conductor LA-280 o alternativamente conductor GTACSR 260

El cruzamiento de un río, en zona climatológica A, se realiza con una línea aérea de tensión nominal 132 kV, con conductor LA 280, siendo el vano nivelado y de 440 metros de longitud. Se debe de calcular la flecha máxima suponiendo una temperatura de servicio del conductor de 85 °C, y una intensidad máxima admisible en esas condiciones de 581 A.

Se pretende repotenciar la línea cambiando el conductor LA 280 por uno de alta temperatura tipo GTACSR de 260 mm^2, que permite una intensidad admisible en régimen permanente de 970 A, para una temperatura del conductor de 150 °C, lo cual supone aumentar la capacidad de carga de la línea en un 67%.

Para poder utilizar los mismos apoyos, las condiciones habituales a cumplir, según la bibliografía [8] son:

- El diámetro del nuevo conductor no debe ser mucho mayor que el del conductor actual (del orden del 5%).

- La tensión máxima admisible no puede superar en más de un 10% la tensión original.

- La flecha máxima en las condiciones más desfavorables no puede superar la flecha máxima calculada en el proyecto original.

Se debe realizar el cálculo mecánico del conductor de alta temperatura para comprobar que se cumplen las condiciones anteriores y que el proyecto es viable.

Téngase en cuenta que en el conductor de alta temperatura, para temperaturas superiores a la del tendido, solo estará tensionada el alma de acero y por tanto el coeficiente de dilatación, módulo de elasticidad y carga de rotura a utilizar en el cálculo mecánico serán los correspondientes al alma de acero.

Las características de los conductores, según referencia [9], son las siguientes:

1. Características dimensionales y eléctricas:

Tipo de conductor	Sección (mm²)			∅ total mm	Composición				Intensidad máxima admisible en régimen permanente		Resistencia eléctrica a 20 °C (Ω/km)
					Alambres de aluminio		Alambres de acero				
	Al	Acero	Total		N°	∅ mm	N°	∅ mm	Temperatura (°C)	I (A)	
LA 280	241,7	39,4	281,1	21,8	26	3,44	7	2,68	85	581	0,1194
GTACSR 260	261,3	56,29	317,6	23,1	12 (int) + 19 (ext)	–3,15	7	3,20	150	970	0,113

2. Características mecánicas:

Tipo de conductor	Carga de rotura (daN)		Módulo de elasticidad (daN/mm²)		Coeficiente de dilatación (10⁻⁶·°C⁻¹)		Peso (kg/m)
	Conductor	Acero	Conductor	Acero	Conductor	Acero	
LA 280	8459	–	7556	–	18,9	–	0,959
GTACSR 260	12780	8970	8730	20580	18,2	11,5	1,188

2.10.2.1. Cálculos mecánicos correspondientes al conductor LA-280

Características del conductor LA-280:

- $S = 281,1$ mm².
- $\phi = 21,8$ mm.
- $p_p = 0,959$ daN/m.
- $E = 7.556$ daN/mm².
- $\alpha = 18,9 \cdot 10^{-6}$ °C⁻¹.
- $\sigma_{rot} = 8459$ daN.

a) Hipótesis de tracción máxima (hipótesis de viento)

Una de las condiciones impuestas en el R.L.A.T correspondiente a esta hipótesis es que no ha de superarse, en el conductor, la carga de rotura dividida por un coeficiente de

2,5, con sobrecarga de viento según la zona, a la temperatura de –5 °C. Al tratarse de zona A, no se considera la hipótesis de hielo.

Por tanto, la tracción máxima que no ha de superarse en ningún punto del conductor es su carga de rotura dividida por 2,5. Esta tracción se dará en el punto más elevado del cable T_A, siendo la tracción horizontal T_0, que corresponde a la tracción en el centro del vano.

Aplicando la fórmula (13):

$$T_0 = \frac{1}{4} \cdot \left(2 \cdot T_A + \sqrt{4 \cdot T_A^2 - 2 \cdot p^2 . a^2} \right)$$

donde:

p = peso aparente del conductor (peso propio más sobrecarga) en daN/m.

$$p = \sqrt{p_p{}^2 + p_v{}^2} = \sqrt{p_p{}^2 + \left[50 \cdot \left(\frac{V_v}{120} \right)^2 \cdot \phi \cdot 10^{-3} \right]^2} = \sqrt{0{,}959^2 + \left[50 \cdot \left(\frac{120}{120} \right)^2 \cdot 21{,}8 \cdot 10^{-3} \right]^2} =$$

$$= 1{,}45 \frac{daN}{m}$$

a = longitud del vano, a= 440 m.

$$T_A = \frac{\sigma_{rot}}{2{,}5} = \frac{8459}{2{,}5} = 3383{,}6 \ daN$$

Por lo que el valor de T_0 es:

$$T_0 = \frac{1}{4} \cdot \left[2 \cdot \left(\frac{8459}{2{,}5} \right) + \sqrt{4 \cdot \left(\frac{8459}{2{,}5} \right)^2 - \left(2 \cdot 1{,}45^2 \cdot 440^2 \right)} \right] = 3368{,}5 \ daN$$

Este valor de la tracción no ha de superarse a la temperatura de –5 °C con un coeficiente de sobrecarga de:

$$m = \frac{p}{p_p} = \frac{\sqrt{p_p{}^2 + p_v{}^2}}{p_p} = \frac{1{,}45}{0{,}959} = 1{,}52$$

La flecha que se produce en estas condiciones, aplicando la fórmula (7), es:

$$f = \frac{a^2 \cdot p}{8 \cdot T_0} = \frac{440^2 \cdot 1{,}45}{8 \cdot 3368{,}5} = 10{,}41 \ m$$

Aplicando la ecuación de cambio de condiciones (12), y considerando como estado inicial (subíndice 1) la hipótesis de viento anteriormente estudiada, se obtendrá la tracción en el conductor y las flechas para las hipótesis de flechas máximas reglamentarias.

$$t_2^2 \cdot \left(t_2 + A \right) = B$$

donde:

$$A = \alpha \cdot E \cdot (\theta_2 - \theta_1) + K, \quad K = \frac{a^2 \cdot E \cdot \omega^2 \cdot m_1^2}{24 \cdot t_1^2} - t_1, \quad B = \frac{a^2 \cdot E \cdot \omega^2 \cdot m_2^2}{24}$$

siendo:

a = vano en metros = 440 m.

ω = peso propio del conductor en daN/m/mm^2.

$$\omega = \frac{p_p}{S} = \frac{0,959 \, daN/m}{281,1 \, mm^2} = 0,0034 \; daN \, / \, m \, / \, mm^2$$

t_1 = tensión en el estado inicial del conductor en daN/ mm^2.

$$t_1 = \frac{T_0}{S} = \frac{3368,5}{281,1} = 11,98 \; daN \, / \, mm^2$$

θ_1 = temperatura del conductor en el estado inicial en ºC = –5 ºC.

m_1 = coeficiente de sobrecarga del conductor en el estado inicial = 1,52.

α = coeficiente de dilatación lineal del conductor en ºC^{-1} = $18,9 \cdot 10^{-6}$ ºC^{-1}.

E = módulo de elasticidad del conductor en daN/ mm^2 = 7.556 daN/mm^2.

t_2 = tensión en el estado final del conductor en daN/ mm^2.

θ_2 = temperatura del conductor en el estado final en ºC.

m_2 = coeficiente de sobrecarga del conductor en el estado final.

Los parámetros correspondientes al estado inicial serán:

t_1 (daN/mm^2)	θ_1 (ºC)	m_1
11,98	–5	1,52

b) Hipótesis de flechas máximas

Estas hipótesis permiten calcular la tracción mecánica y la flecha máxima que se va a dar en el vano en cálculo, para poder comprobar la distancia entre conductores, entre conductores y apoyos y calcular la altura de los apoyos que satisfaga las distancias de seguridad.

Se debe calcular la flecha máxima para la hipótesis de viento y temperatura, ya que no se considera hielo en esta zona.

b1) Hipótesis de flecha máxima con viento

t_2 (daN/mm^2)	θ_2 (ºC)	m_2
	15	1,52

Aplicando la ecuación de cambio de condiciones queda:

$$t_2 = 11,07 \; daN \, / \, mm^2$$

$$T_2 = t_2 \cdot S = 11,07 \cdot 281,1 = 3113,3 \; daN$$

El valor de la flecha es:

$$f_{máx.V} = \frac{a^2 \cdot p}{8 \cdot T_2} = \frac{440^2 \cdot 1,45}{8 \cdot 3113,3} = 11,3 \ m$$

b2) Hipótesis de flecha máxima con temperatura

t_2 (daN/mm^2)	θ_2 (°C)	m_2
	85	1

Aplicando la ecuación de cambio de condiciones queda:

$$t_2 = 6,21 \ daN / mm^2$$

$$T_2 = t_2 \cdot S = 6,21 \cdot 281,1 = 1745,6 \ daN$$

El valor de la flecha es:

$$f_{máx.\theta} = \frac{a^2 \cdot p}{8 \cdot T_2} = \frac{440^2 \cdot 0,959}{8 \cdot 1745,6} = 13,3 \ m$$

Aplicando de nuevo la ecuación de cambio de condiciones se obtienen las flechas para otras temperaturas.

θ(°C)	T_2 (daN)	f (m)
10	2.374	9,7
20	2.261	10,2
30	2.159	10,7
40	2.068	11,2
50	1.983	11,7
60	1.908	12,2
70	1.839	12,6
80	1.776	13,1
85	1.746	13,3
90	1.718	13,5
100	1.663	13,9
110	1.616	14,4
120	1.569	14,8
130	1.528	15,2
140	1.489	15,6
150	1.450	16,0
160	1.417	16,4

2.10.2.2. Cálculos mecánicos correspondientes al conductor GTACSR 260

Características del conductor GTACSR-260:

- $S_{acero} = 56,29$ mm^2.

- $\phi_{conductor} = 23,1$ mm.

- $p_p = 1,165$ daN/m.

- $E_{acero} = 20.580$ daN/mm^2.

- $\alpha_{acero} = 11,5 \cdot 10^{-6}$ ºC^{-1}.

- $\sigma_{rot.\ acero} = 8970$ daN.

a) Hipótesis de tracción máxima (hipótesis de viento)

La tracción horizontal T_0, que corresponde a la tracción en el centro del vano es:

$$T_0 = \frac{1}{4} \cdot \left(2 \cdot T_A + \sqrt{4 \cdot T_A^2 - 2 \cdot p^2 \cdot a^2} \right)$$

donde:

p = peso aparente del conductor (peso propio más sobrecarga) en daN/m.

$$p = \sqrt{p_p^2 + p_v^2} = \sqrt{p_p^2 + \left[50 \cdot \left(\frac{V_v}{120} \right)^2 \cdot \phi \cdot 10^{-3} \right]^2} = \sqrt{1,165^2 + \left[50 \cdot \left(\frac{120}{120} \right)^2 \cdot 23,1 \cdot 10^{-3} \right]^2} =$$

$$= 1,64 \frac{daN}{m}$$

a = longitud del vano = 440 m

$$T_A = \frac{\sigma_{rot}}{2,5} = \frac{8.970}{2,5} = 3588 \ daN$$

Por lo que el valor de T_0 es:

$$T_0 = \frac{1}{4} \cdot \left[2 \cdot \left(\frac{8970}{2,5} \right) + \sqrt{4 \cdot \left(\frac{8970}{2,5} \right)^2 - \left(2 \cdot 1,64^2 \cdot 440^2 \right)} \right] = 3569,77 \ daN$$

Este valor de la tracción no ha de superarse a la temperatura de – 5 ºC con un coeficiente de sobrecarga de:

$$m = \frac{p}{p_p} = \frac{\sqrt{p_p^2 + p_v^2}}{p_p} = \frac{1,64}{1,165} = 1,41$$

La flecha que se produce en estas condiciones, aplicando la fórmula (7), es:

$$f = \frac{a^2 \cdot p}{8 \cdot T_0} = \frac{440^2 \cdot 1,65}{8 \cdot 3569,77} = 11,18 \ m$$

Aplicando la ecuación de cambio de condiciones (12), y considerando como estado inicial (subíndice 1) la hipótesis de viento anteriormente estudiada, se obtendrá la tracción en el conductor y las flechas para las hipótesis de flechas máximas reglamentarias.

$$t_2^2 \cdot (t_2 + A) = B$$

donde:

$$A = \alpha \cdot E \cdot (\theta_2 - \theta_1) + K, \quad K = \frac{a^2 \cdot E \cdot \omega^2 \cdot m_1^2}{24 \cdot t_1^2} - t_1, \quad B = \frac{a^2 \cdot E \cdot \omega^2 \cdot m_2^2}{24}$$

siendo:

a = vano en metros = 440 m.

ω = peso propio del conductor en daN/m/mm^2.

$$\omega = \frac{p_p}{S} = \frac{1,165 \dfrac{daN}{m}}{56,29 \, mm^2} = 0,0207 \; daN / m / mm^2$$

t_1 = tensión en el estado inicial del conductor en daN/ mm^2.

$$t_1 = \frac{T_0}{S} = \frac{3569,77}{56,29} = 63,42 \; daN / mm^2$$

θ_1 = temperatura del conductor en el estado inicial en °C = –5 °C.

m_1 = coeficiente de sobrecarga del conductor en el estado inicial = 1,41.

α = coeficiente de dilatación lineal del conductor en °C^{-1} = $11,5 \cdot 10^{-6}$ °C^{-1}.

E = módulo de elasticidad del conductor en daN/ mm^2 = 20.580 daN/mm^2.

t_2 = tensión en el estado final del conductor en daN/ mm^2.

θ_2 = temperatura del conductor en el estado final en °C.

m_2 = coeficiente de sobrecarga del conductor en el estado final

Los parámetros correspondientes al estado inicial serán:

t_1 (daN/mm^2)	θ_1 (°C)	m_1
63,42	–5	1,41

b) Hipótesis de flechas máximas

b1) Hipótesis de flecha máxima con viento

t_2 (daN/mm^2)	θ_2 (°C)	m_2
	15	1,41

Aplicando la ecuación de cambio de condiciones queda:

$$t_2 = 61,23 \; daN / mm^2$$

$$T_2 = t_2 . S = 61,23 \cdot 56,29 = 3446,9 \; daN$$

El valor de la flecha es:

$$f_{máx.V} = \frac{a^2 \cdot p}{8 \cdot T_2} = \frac{440^2 \cdot 1,65}{8 \cdot 3446,9} = 11,5 \ m$$

b2) Hipótesis de flecha máxima con temperatura

t_2 (daN/mm^2)	θ_2 (°C)	m_2
	150	1

Aplicando la ecuación de cambio de condiciones queda:

$$t_2 = 38,84 \ daN \, / \, mm^2$$

$$T_2 = t_2 \cdot S = 38,84 \cdot 56.29 = 2186,2 \ daN$$

El valor de la flecha es:

$$f_{máx.\theta} = \frac{a^2 \cdot p}{8 \cdot T_2} = \frac{440^2 \cdot 1,165}{8 \cdot 2186,2} = 12,9 \ m$$

Aplicando de nuevo la ecuación de cambio de condiciones se obtienen las flechas para otras temperaturas.

θ (°C)	T_2 (daN)	f (m)
10	2.902	9,7
20	2.838	9,9
30	2.776	10,2
40	2.716	10,4
50	2.656	10,6
60	2.603	10,8
70	2.549	11,1
80	2.498	11,3
85	2.473	11,4
90	2.448	11,5
100	2.400	11,7
110	2.354	12,0
120	2.310	12,2
130	2.267	12,4
140	2.226	12,7
150	2.186	12,9
160	2.148	13,1

2.10.2.3. Verificación de las condiciones de utilización del nuevo conductor

Para poder utilizar los apoyos existentes con este nuevo conductor, se han puesto como requisitos:

- El diámetro del nuevo conductor no debe ser muy superior al del conductor instalado. Este requisito indica que las sobrecargas de viento sobre los conductores, que darán lugar a esfuerzos transversales sobre los apoyos, no difieran mucho entre sí con objeto de que los nuevos esfuerzos sean asumibles por los apoyos existentes. Realmente esta consideración habría que verificarla teniendo en cuenta los esfuerzos reales soportados por los apoyos.

  - Diámetro del conductor LA-280: 21,8 mm.

  - Diámetro del conductor GTACSR-260: 23,1 mm.

  El esfuerzo transversal, debido al viento sobre el conductor, y aplicado en el punto de sujeción del conductor sobre el apoyo, para cada uno de los apoyos que sustentan el vano de 440 m, suponiendo un conductor por fase, viene dado por:

  $$F_T = q \cdot \phi \cdot \frac{a}{2} = 50 \cdot \left(\frac{120}{120}\right)^2 \cdot 21,8.10^{-3} \cdot \frac{440}{2} = 239,8 \ daN \ \text{(para el LA-280)}$$

  $$F_T = q \cdot \phi \cdot \frac{a}{2} = 50 \cdot \left(\frac{120}{120}\right)^2 \cdot 23,1 \cdot 10^{-3} \cdot \frac{440}{2} = 254,1 \ daN \ \text{(para el GTACSR-260)}$$

  El esfuerzo transversal, al utilizar este nuevo conductor se incrementa del orden del 6%, siendo este porcentaje normalmente asumible por los apoyos existentes.

- La tracción máxima admisible no puede superar en más de un 10% la tracción original.

  La tracción que se emplea en el cálculo de apoyos, emplazados en zona A, es la correspondiente a la hipótesis de tracción máxima (temperatura de –5 ºC con sobrecarga de viento de 120 km/h), los valores de dicha tracción para cada uno de los conductores estudiados son:

  - $T_{.máx}$ = 3368,5 daN (para el LA-280).

  - $T_{.máx}$ = 3569,8 daN (para el GTACSR-260).

  La tracción para el nuevo conductor no difiere de la del conductor instalado en más de un 6%, siendo este porcentaje normalmente asumible por los apoyos existentes.

- La flecha máxima en las condiciones más desfavorables no puede superar la flecha máxima calculada en el proyecto original.

  A continuación se representa un gráfico donde se indican las flechas obtenidas para cada conductor en función de la temperatura.

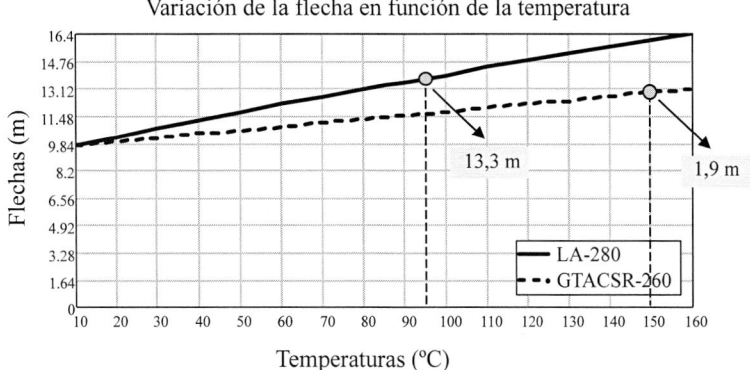

Figura 2.36. Variación de la flecha de los conductores en función de la temperatura

Según puede observarse, la flecha correspondiente al conductor LA-280, para una temperatura máxima de servicio de 85 °C, es de 13,3 m, valor inferior al de la flecha que tendría el conductor GTACSR-260 para una temperatura máxima de servicio de 150 °C, que sería de 12,9 m.

2.10.2.4. Estudio de las pérdidas de potencia y caídas de tensión

Uno de los inconvenientes de la repotenciación mediante conductores de alta temperatura es el aumento de las pérdidas de potencia y de la caída de tensión. Aunque este aspecto no resulta crítico en este ejemplo, al tratarse de un vano de 440 m de longitud, se estudiará la pérdida de potencia y caída de tensión por kilómetro de longitud de la línea en función del tipo de conductor utilizado. Para ello, y con objeto de simplificar los cálculos, se considerará que la línea funciona con un factor de potencia unitario.

En primer lugar se calculan las resistencias eléctricas de ambos conductores para sus temperaturas previstas de funcionamiento cuando la línea trabaja a plena carga.

$$R_1' = R'_{LA-280}(85°C) = R'_{LA-280}(20°C) \cdot \left[1 + \alpha \cdot (85-20)\right] = 0,1194 \cdot \left[1 + 0,00403 \cdot (85-20)\right] =$$

$$= 0,1507 \frac{\Omega}{km}$$

$$R_2' = R'_{GTACSR-260}(150°C) = R'_{GTACSR-260}(20°C) \cdot \left[1 + \alpha \cdot (150-20)\right] =$$

$$= 0,113 \cdot \left[1 + 0,00403 \cdot (150-20)\right] = 0,1722 \frac{\Omega}{km}$$

Se calcula también la potencia de plena carga de la línea para los dos conductores:

$$P_1 = \sqrt{3} \cdot U_n \cdot I_1 = \sqrt{3} \cdot 132kV \cdot 581A = 132,8 \ MW$$

$$P_2 = \sqrt{3} \cdot U_n \cdot I_2 = \sqrt{3} \cdot 132kV \cdot 970A = 221,8 \ MW$$

Por último, aplicando las fórmulas de pérdida de potencia y caída de tensión, indicadas en el capítulo de cálculos eléctricos, para línea corta, se obtiene:

$$P_{p1} = \frac{3 \cdot R'_1 \cdot I_1^2 \cdot 100}{P_1} = 0{,}115 \frac{\%}{km}$$

$$P_{p2} = \frac{3 \cdot R'_2 \cdot I_2^2 \cdot 100}{P_2} = 0{,}219 \frac{\%}{km}$$

$$\Delta U_1 = \frac{P_1 \cdot R'_1 \cdot 100}{U_n^2} = 0{,}115 \frac{\%}{km}$$

$$\Delta U_1 = \frac{P_2 \cdot R'_2 \cdot 100}{U_n^2} = 0{,}219 \frac{\%}{km}$$

Como conclusión se observa que tanto la pérdida de potencia como la caída de tensión porcentual aumentan del orden de un 90%, lo cual si bien no es crítico en este ejemplo, dado que la longitud de la línea es tan solo de 440 m, sí que resulta muy importante en líneas de mayor longitud.

2.11. EJEMPLO DE CÁLCULO MECÁNICO CON CABLES UNIPOLARES AISLADOS REUNIDOS EN HAZ

Establecer el cálculo mecánico de un conductor RHVS 12/20 kV 3(1×95) AL+ 50AC, instalado en una zona de 300 m de altitud, tendido en un solo vano a nivel de longitud 80 m, siendo la tensión nominal de la línea de 15 kV.

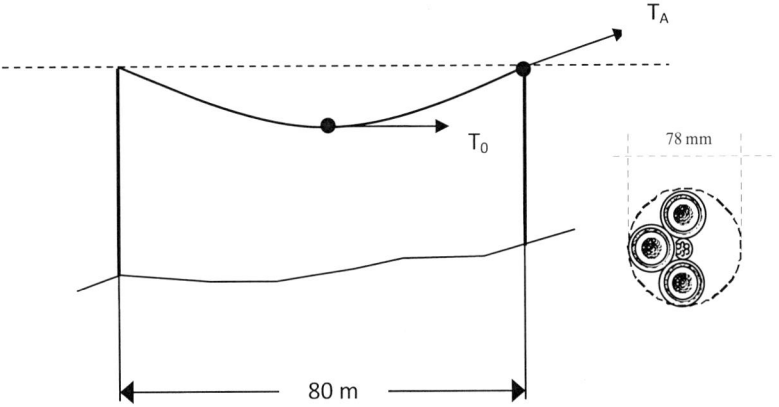

Figura 2.37. Vano a nivel con cables unipolares aislados reunidos en haz

Características del conductor:
- $S_{Al} = 95$ mm^2.
- $S_{Ac} = 50$ mm^2.
- $d_{\text{haz}} = 78$ mm.
- $p_{\text{haz}} = 4{,}45$ daN/m.
- $E_{Ac} = 15.000$ daN/ mm^2.
- $\alpha_{Ac} = 11 \cdot 10^{-6}$ ºC^{-1}.
- $\sigma_{\text{rot. Ac}} = 6400$ daN.

Solución

a) Hipótesis de tracción máxima

El RLAT considera, en el Apartado 4.3.1 de la ITC-LAT 08, para el cálculo de la tracción máxima admisible en zona A, dos hipótesis: viento y viento excepcional. En este ejemplo no se ha considerado viento excepcional alguno. No obstante, en el caso de darse sobre la línea en estudio viento excepcional, se comenzaría el cálculo por esta hipótesis.

Según la hipótesis de viento en zona A, no ha de superarse en el fiador una tracción superior a la carga de rotura dividida por un coeficiente de seguridad de 3, con sobrecarga de viento (Aptdo. 4.1.2. ITC-LAT 08), a la temperatura de −5 ºC.

Esta tracción, T_A, se dará en el punto más elevado del vano, mientras que la tracción horizontal T_0, se calcula aplicando la fórmula (13):

$$T_0 = \frac{1}{4} \cdot \left(2 \cdot T_A + \sqrt{4 \cdot T_A^2 - 2 \cdot p^2 \cdot a^2} \right)$$

donde:

p = peso aparente del haz (peso propio más sobrecarga) en daN/m.

$$p = \sqrt{p_p^2 + p_v^2} = \sqrt{4,463^2 + \left(50 \cdot 78 \cdot 10^{-3}\right)^2} = 5,93 \; daN/m$$

a = longitud del vano, a = 80 m.

$$T_A = \frac{\sigma_{rot}}{3} = \frac{6.400}{3} = 2133,33 \; daN$$

Por lo que el valor de T_0 es:

$$T_0 = \frac{1}{4} \cdot \left[2 \cdot \left(\frac{6400}{3}\right) + \sqrt{4 \cdot \left(\frac{6400}{3}\right)^2 - \left(2 \cdot 5,93^2 \cdot 80^2\right)} \right] = 2120 \; daN$$

Este valor de la tensión no ha de superarse a la temperatura de − 5 ºC con un coeficiente de sobrecarga de:

$$m = \frac{p}{p_p} = \frac{\sqrt{p_p^2 + p_v^2}}{p_p} = \frac{5,93}{4,463} = 1,328$$

La flecha que se produce en estas condiciones, aplicando la fórmula (7), es:

$$f = \frac{a^2 \cdot p}{8 \cdot T_0} = \frac{80^2 \cdot 5,93}{8 \cdot 2120} = 2,24 \; m$$

Aplicando la ecuación de cambio de condiciones (12), y considerando como estado inicial la hipótesis de viento anteriormente estudiada, se obtendrá la tracción en el conductor para las hipótesis de comprobación de fenómenos vibratorios y para el cálculo de las flechas máximas.

$$t_2^2 \cdot (t_2 + A) = B$$

donde:

$$A = \alpha \cdot E \cdot (\theta_2 - \theta_1) + K , \quad K = \frac{a^2 \cdot E \cdot \omega^2 \cdot m_1^2}{24 \cdot t_1^2} - t_1, \quad B = \frac{a^2 \cdot E \cdot \omega^2 \cdot m_2^2}{24}$$

siendo:

a = vano en metros, $a = 80$ m.

ω = peso propio del haz en daN/m/mm^2.

$$\omega = \frac{p_p}{S} = \frac{4,45 \dfrac{daN}{m}}{50 \ mm^2} = 0,089 \ \ daN / m / mm^2$$

t_1 = tracción en el estado inicial del fiador en daN/ mm^2.

$$t_1 = \frac{T_0}{S} = \frac{2120}{50} = 42,4 \ \ daN / mm^2$$

θ_1 = temperatura del fiador en el estado inicial en ºC = –5 ºC.

m_1 = coeficiente de sobrecarga del haz en el estado inicial = 1,328.

α = coeficiente de dilatación lineal del fiador en ºC^{-1} = $11 \cdot 10^{-6}$ ºC^{-1}.

E = módulo de elasticidad del fiador en daN/ mm^2 = 15.000 daN/mm^2.

t_2 = tracción en el estado final del fiador en daN/ mm^2.

θ_2 = temperatura del fiador en el estado final en ºC.

m_2 = coeficiente de sobrecarga del haz en el estado final.

Los parámetros correspondientes al estado inicial serán:

t_1 (daN/mm^2)	θ_1 (ºC)	m_1
42,4	–5	1,328

b) Comprobación de fenómenos vibratorios: Tensión de cada día, EDS (*Every Day Stress*).

Para evitar que la aparición de vientos puedan dar origen a fenómenos vibratorios en el cable, según el Apartado 4.3.2. ITC-LAT 08, la tracción en el fiador no debe superar el 21% de su carga de rotura a la temperatura de 15 ºC sin sobrecarga alguna.

Partiendo de la hipótesis de tracción máxima con viento y empleando la ecuación de cambio de condiciones, se obtendrá la tracción en el conductor:

t_2 (daN/mm^2)	θ_2 (ºC)	m_2
	15	1

Aplicando la ecuación de cambio de condiciones queda:

$$K = \frac{a^2 \cdot E \cdot \omega^2 \cdot m_1^2}{24 \cdot t_1^2} - t_1 = \frac{80^2 \cdot 15000 \cdot 0,089^2 \cdot 1,328^2}{24 \cdot 42,4^2} - 42,4 = -11,32 \ \ daN / mm^2$$

$$A = \alpha \cdot E \cdot \left(\theta_2 - \theta_1\right) + K = 11 \cdot 10^{-6} \cdot 15000 \cdot \left(15 - \left(-5\right)\right) - 11,32 = -8,02 \ daN/mm^2$$

$$B = \frac{a^2 \cdot E \cdot \omega^2 \cdot m_2^2}{24} = \frac{80^2 \cdot 15000 \cdot 0,089^2 \cdot 1^2}{24} = 31.684 \ daN^3/mm^6$$

$$t_2^2 . (t_2 + A) = B$$

$$t_2^2 \cdot (t_2 - 8,02) = 31.684$$

$$t_2 = 34,56 \ daN/mm^2$$

$$T_2 = t_2 \cdot S = 34,56 \cdot 50 = 1728 \ daN$$

La flecha que se produce en estas condiciones es:

$$f = \frac{a^2 \cdot p}{8 \cdot T_2} = \frac{80^2 \cdot 4,45}{8 \cdot 1728} = 2,06 \ m$$

La tracción en el extremo superior del vano correspondiente a esta tracción horizontal se puede calcular utilizando las propiedades de la catenaria como:

$$T_A = T_2 + p_p \cdot f = 1728 + 4,45 \cdot 2,06 = 1737 \ daN$$

$$Coef.EDS = \frac{T_A}{\sigma_{rot}} \cdot 100 = \frac{1737}{6400} \cdot 100 = 27,1 \ \% \ > 21\%$$

Al ser el coeficiente EDS superior al 21%, el límite de la tracción lo impone esta hipótesis de tensión de cada día, por lo cual el cálculo mecánico del conductor debe realizarse estableciendo como parámetros del estado inicial en la ecuación de cambio de condiciones, los obtenidos para la tensión de cada día.

Para el vano en estudio, teniendo en cuenta que no ha de superarse en ningún punto del fiador el 21% de la carga de rotura, tendremos:

$$T_A = \frac{21 \cdot \sigma_{rot}}{100} = 1344 \ daN$$

La tracción horizontal T_0, que corresponde a la tracción anterior, en el centro del vano es:

$$T_0 = \frac{1}{4} \cdot \left(2 \cdot 1344 + \sqrt{4 \cdot 1344^2 - 2 \cdot 4,463^2 \cdot 80^2}\right) = 1332 \ daN$$

La tracción a emplear en la ecuación de cambio de condiciones, viene dada por la relación:

$$t_1 = \frac{T_0}{Sección} = \frac{1332}{50} = 26,64 \ daN/mm^2$$

Los parámetros correspondientes al estado inicial serán:

t_1 (daN/mm^2)	θ_1 (ºC)	m_1
26,64	15 ºC	1

A continuación se debe calcular, para estas nuevas condiciones iniciales, la tracción correspondiente a la hipótesis de tracción máxima admisible.

c) Revisión de la hipótesis de tracción máxima

Se determina la tracción en el conductor con sobrecarga de viento (Aptdo. 4.1.2. ITC-LAT 08), a la temperatura de –5 ºC.

t_2 (daN/mm^2)	θ_2 (ºC)	m_2
	–5 ºC	1,328

Aplicando la ecuación de cambio de condiciones queda:

$$K = \frac{a^2 \cdot E \cdot \omega^2 \cdot m_1^2}{24 \cdot t_1^2} - t_1 = \frac{80^2 \cdot 15000 \cdot 0,089^2 \cdot 1^2}{24 \cdot 26,64^2} - 26,64 = 18 \ daN/mm^2$$

$$A = \alpha \cdot E \cdot (\theta_2 - \theta_1) + K = 11 \cdot 10^{-6} \cdot 15000 \cdot (-5 - 15) + 18 = 14,7 \ daN/mm^2$$

$$B = \frac{a^2 \cdot E \cdot \omega^2 \cdot m_2^2}{24} = \frac{80^2 \cdot 15000 \cdot 0,089^2 \cdot 1,328^2}{24} = 55877 \ daN^3/mm^6$$

$$t_2^2 \cdot (t_2 + A) = B$$

$$t_2^2 \cdot (t_2 + 14,7) = 55877$$

$$t_2 = 33,91 \ daN/mm^2$$

$$T_2 = t_2 \cdot S = 33,91 \cdot 50 = 1695,5 \ daN$$

La flecha que se produce en estas condiciones es:

$$f = \frac{a^2 \cdot p}{8 \cdot T_2} = \frac{80^2 \cdot 5,93}{8 \cdot 1695,5} = 2,79 \ m$$

d) Hipótesis de flechas máximas

Estas hipótesis permiten calcular la tracción mecánica y la flecha máxima que se va a dar en el vano para calcular la altura de los apoyos que satisfaga las distancias de seguridad.

Partiendo de las condiciones de la hipótesis de EDS, se debe de calcular la flecha máxima para hipótesis de viento y temperatura ya que en zona A no se considera hielo.

d1) Hipótesis de flecha máxima con viento

t_2 (daN/mm^2)	θ_2 (°C)	m_2
	15	1,328

Aplicando la ecuación de cambio de condiciones queda:

$$A = \alpha \cdot E \cdot (\theta_2 - \theta_1) + K = 11 \cdot 10^{-6} \cdot 15000 \cdot (15 - 15) + 18 = 18 \ daN/mm^2$$

$$B = \frac{a^2 \cdot E \cdot \omega^2 \cdot m_2^2}{24} = \frac{80^2 \cdot 15000 \cdot 0,089^2 \cdot 1,328^2}{24} = 55877 \ daN^3/mm^6$$

$$t_2^2 \cdot (t_2 + A) = B$$

$$t_2^2 \cdot (t_2 + 18) = 55877$$

$$t_2 = 33,08 \ daN/mm^2$$

$$T_2 = t_2 \cdot S = 33,08 \cdot 50 = 1654 \ daN$$

El valor de la flecha es:

$$f_{máx.V} = \frac{a^2 \cdot p}{8 \cdot T_2} = \frac{80^2 \cdot 5,93}{8 \cdot 1654} = 2,87 \ m$$

d2) Hipótesis de flecha máxima con temperatura

t_2 (daN/mm^2)	θ_2 (°C)	m_2
	50	1

Aplicando la ecuación de cambio de condiciones queda:

$$A = \alpha \cdot E \cdot (\theta_2 - \theta_1) + K = 11 \cdot 10^{-6} \cdot 15000 \cdot (50 - 15) + 18 = 23,77 \ daN/mm^2$$

$$B = \frac{a^2 \cdot E \cdot \omega^2 \cdot m_2^2}{24} = \frac{80^2 \cdot 15000 \cdot 0,089^2 \cdot 1^2}{24} = 31684 \ daN^3/mm^6$$

$$t_2^2 \cdot (t_2 + A) = B$$

$$t_2^2 \cdot (t_2 + 23,77) = 31684$$

$$t_2 = 25,39 \ daN/mm^2$$

$$T_2 = t_2 \cdot S = 25,39 \cdot 50 = 1269,5 \ daN$$

El valor de la flecha es:

$$f_{máx.\theta} = \frac{a^2 \cdot p}{8 \cdot T_2} = \frac{80^2 \cdot 4,45}{8 \cdot 1269,5} = 2,80 \ m$$

d3) Hipótesis de flecha máxima con hielo (no se considera en la Zona A)

A continuación, y aunque no es de aplicación para este ejemplo, se realiza el cálculo en la zona B, con objeto de ilustrar cómo se calcula la sobrecarga por manguito de hielo en este tipo de conductores.

t_2 (daN/mm^2)	θ_2 (°C)	m_2
	0	1,12

$$m_2 = \frac{p}{p_p} = \frac{p_p + p_h}{p_p} = \frac{4,45 + 0,06 \cdot \sqrt{78}}{4,45} = \frac{4,979}{4,45} = 1,12$$

Aplicando la ecuación de cambio de condiciones se obtendría:

$$t_2 = 29,66 \ daN/mm^2$$

$$T_2 = t_2 \cdot S = 29,66 \cdot 50 = 1483 \ daN$$

El valor de la flecha es:

$$f_{máx.H} = \frac{a^2 \cdot p}{8 \cdot T_2} = \frac{80^2 \cdot 4,979}{8 \cdot 1483} = 2,68 \ m$$

e) Hipótesis de flecha mínima vertical

Se utiliza para comprobar en el perfil longitudinal la inexistencia de tiro ascendente sobre los apoyos de suspensión y las distancias de seguridad de la línea con otras líneas eléctricas que crucen por encima (Aptdo. 6.5.1 ITC-LAT 08).

t_2 (daN/mm^2)	θ_2 (°C)	m_2
	−5 °C	1

Aplicando la ecuación de cambio de condiciones queda:

$$A = \alpha \cdot E \cdot (\theta_2 - \theta_1) + K = 11 \cdot 10^{-6} \cdot 15000.(-5-15) + 18 = 14,7 \ daN/mm^2$$

$$B = \frac{a^2 \cdot E \cdot \omega^2 \cdot m_2^2}{24} = \frac{80^2 \cdot 15000 \cdot 0,089^2 \cdot 1^2}{24} = 31.684 \ daN^3/mm^6$$

$$t_2^2 \cdot (t_2 + A) = B$$

$$t_2^2 \cdot (t_2 + 14,7) = 31684$$

$$t_2 = 27,43 \ daN/mm^2$$

$$T_2 = t_2 \cdot S = 27,43 \cdot 50 = 1371 \ daN$$

El valor de la flecha mínima para el vano de cálculo es:

$$f_{min.} = \frac{a^2 \cdot p}{8 \cdot T_2} \cdot = \frac{80^2 \cdot 4{,}45}{8 \cdot 1371} = 2{,}59 \ m$$

f) Hipótesis para el cálculo de apoyos

Coincide con las hipótesis de tracción máxima de viento a 120 km/h calculada anteriormente.

g) Tabla de tendido

t_2 (daN/mm^2)	θ_2 (°C)	m_2
	0, 5, 10, …40	1

Aplicando de nuevo la ecuación de cambio de condiciones se obtienen las tracciones que han de darse el día del tendido junto con sus flechas correspondientes. Obsérvese que el tendido se realiza a temperatura ambiente y sin sobrecarga alguna en el conductor.

θ (°C)	T_2 (daN)	f (m)
0	1.374	2,59
5	1.364	2,61
10	1.354	2,63
15	1.345	2,65
20	1.335	2,67
25	1.325	2,69
30	1.316	2,71
35	1.317	2,72
40	1.298	2,74

Resumen del cálculo mecánico del conductor RHVS 12/20 kV 3 (1×95) AL+50 AC

Hipótesis	Sobrecarga	Temperatura	Tracción horizontal (daN)	Flecha f (m)	Coef. (%)
Tracción máxima	Viento	–5 °C	1.695,5	2,79	–
E.D.S.	Peso propio	15 °C	1.332	2,65	21
Flecha máxima	Viento	15 °C	1.654	2,87	–
	Peso propio	50 °C	1.269	2,8	–
	Hielo (zona B)	0 °C	1.483	2,68	–
Flecha mínima	Peso propio	–5 °C	1.371	2,59	–
Cálculo de apoyos	Viento	–5 °C	1.695,5	2,79	–

EJERCICIOS PROPUESTOS

2.1. Aplicación de la ecuación de cambio de condiciones

Se está proyectando el tendido de una línea, de 3ª categoría, con un conductor de las siguientes características:

- Sección total: 288,6 mm^2.

- Diámetro del conductor: 22,05 mm.

- Módulo de elasticidad, E =8.000 daN /mm^2.

- Coeficiente de dilatación: $\alpha = 17,7 \cdot 10^{-6}$ °C^{-1}.

- Carga de rotura: 10.163 daN.

- Peso propio, 1,083 daN/m.

La línea discurre por una zona más de 1.000 metros de altitud, y la longitud del vano teórico de regulación es de 300 metros, con vanos aproximadamente a nivel.

Se pide:

a) Determinar las condiciones en las que se producirá la tracción máxima admisible en el conductor, teniendo en cuenta tanto la hipótesis reglamentarias de hielo a –20 °C como la de viento a –15 °C, estimando para esta zona, según los datos meteorológicos disponibles, una velocidad del viento de 150 km/h. Se utilizará un coeficiente de seguridad para el cálculo mecánico de los conductores de 3.

b) Calcular el valor de la tracción horizontal máxima admisible.

c) Calcular la flecha máxima del conductor teniendo en cuenta las tres hipótesis reglamentarias, de viento, temperatura y de hielo.

d) Calcular el valor de la tensión de cada día (EDS) y comprobar si dicho valor es inferior al 18%.

2.2. Cálculo de un vano de gran longitud y muy desnivelado

Un vano de una línea eléctrica aérea, situado en zona A, comprendido entre dos apoyos de anclaje, está definido por una separación horizontal entre apoyos de 800 m, y un desnivel de 300 metros, con mayor altura en el apoyo de la derecha.

Para realizar el tendido se emplea un conductor de aluminio-acero que tiene las características siguientes:

- Sección total: 546,06mm^2.

- Diámetro del conductor: 30,38 mm.

- Módulo de elasticidad, E =7.000 daN /mm^2.

- Coeficiente de dilatación: $\alpha = 19,3 \cdot 10^{-6} \, ^\circ C^{-1}$.

- Carga de rotura: 15.536 daN.

- Peso propio, 826 daN/m.

Se desea que en las condiciones más desfavorables a efectos de esfuerzos de tracción (sobrecarga de viento a –5°C, al tratarse de zona A), la máxima fuerza de tracción a que pueda estar sometido el conductor no supere la de rotura dividida por el coeficiente reglamentario de 2,5.

Se pide:

a) Determinar, considerando desviada la curva de equilibrio por el viento, la tracción horizontal en las condiciones más desfavorables citadas.

b) Aplicar la ecuación de cambio de condiciones para determinar la tracción horizontal el día del tendido, supuesta una temperatura de 20°C y sin sobrecarga.

c) Determinar la flecha el día del tendido.

2.3. Cálculo del coeficiente de sobrecarga

Calcular el coeficiente de sobrecarga correspondiente a las condiciones de tracción máxima admisible de una línea de categoría especial, en zona C, para cada una de las hipótesis reglamentarias. Datos a considerar:

- Peso propio del conductor: 0,959 daN/m.

- Diámetro conductor: 21,8 mm.

- Peso volumétrico específico del hielo: 750 daN /m^3.

2.4. Cálculo de la flecha mínima

En una línea aérea situada en zona B, se tiene un cantón constituido por tres vanos a nivel de 170, 165 y 155 metros, respectivamente. El conductor empleado es el LA-110. Se desea que la flecha sea de 4 m en el vano de 165 m, un día en que la temperatura sea de 50 °C y no haya sobrecargas.

Determinar:

a) La componente horizontal de la fuerza de tracción el día del tendido (20 °C y sin sobrecarga).

b) El coeficiente de seguridad para las condiciones reglamentarias de máxima tracción admisible.

c) La flecha mínima en el vano de 155 metros.

CUESTIONES

2.1. Indicar cuál es la ventaja de utilizar conductores de aluminio acero con los alambres de acero recubiertos de aluminio (LARL) frente a otros tipos de conductores, como los de aluminio acero galvanizado (LA).

   a) Son mejores que los conductores convencionales de aluminio acero ya que tienen mayor carga de rotura.

   b) Su utilización está especialmente recomendada para evitar la aparición de efecto corona.

   c) Se utilizan en lugares con contaminación ambiental para evitar la corrosión de los alambres de acero.

   d) Para la misma sección se mejora la conductividad térmica del conductor, con lo cual se minimizan las pérdidas.

   e) Su ventaja es que pueden fabricar cables con varias capas de alambres recubiertos de acero recubiertos de aluminio.

2.2. Seleccionar la respuesta correcta relativa al uso de conductores de distintas secciones en las líneas aéreas.

   a) El uso de conductores de mayor sección permite tendidos con flechas menores, ya que se pueden tensar más.

   b) El uso de conductores de mayor sección no permite tendidos con flechas menores ya que su peso es mayor y la carga de rotura es sensiblemente constante.

   c) El uso de conductores de mayor sección se utiliza en terrenos llanos con separaciones entre apoyos pequeña, ya que resulta más económico para reducir pérdidas.

   d) El uso de conductores de mayor sección de la prevista en el cálculo eléctrico se utiliza muy frecuentemente con objeto de prever un fallo de actuación en el relé de protección de sobreintensidad.

GLOSARIO DE TÉRMINOS

a Longitud del vano proyectado.

a_r Longitud del vano ideal de regulación.

a_v Longitud del vano proyectado considerando el desplazamiento de la curva de equilibrio del conductor por efecto del viento.

A Expresión que interviene en la ecuación de cambio de condiciones.

b Distancia entre los puntos de sujeción del conductor.

B Expresión que interviene en la ecuación de cambio de condiciones.

d Desnivel entre los puntos de sujeción del conductor.

d_v Desnivel entre los puntos de sujeción del conductor considerando el desplazamiento de la curva de equilibrio del conductor por efecto del viento.

e Espesor del manguito de hielo.

E Módulo de elasticidad del conductor.

f Flecha del vano.

$f_{máx.v}$ Flecha máxima en la hipótesis de viento.

$f_{máx.h}$ Flecha máxima en la hipótesis de hielo.

$f_{máx.\theta}$ Flecha máxima en la hipótesis de temperatura.

f_r Flecha del vano ideal de regulación.

$f_{mín}$ Flecha mínima del vano.

h Parámetro de la catenaria.

I Intensidad de corriente eléctrica.

K Expresión que interviene en la ecuación de cambio de condiciones.

l Longitud del hilo.

m Coeficiente de sobrecarga en el conductor

m_1 Coeficiente de sobrecarga en el estado inicial.

m_2 Coeficiente de sobrecarga en el estado final.

p Peso aparente del conductor.

p_1 Peso aparente del conductor en el estado inicial.

p_2 Peso aparente del conductor en el estado final.

p_h Sobrecarga debida al manguito de hielo sobre el conductor.

p_p Peso propio del conductor.

p_v Sobrecarga debida al viento sobre el conductor

$p_{vertical}$ Componente vertical del peso aparente.

P Potencia activa transportada por una línea.

P_p Pérdida de potencia activa en una línea.

q Presión del viento.

R' Resistencia del conductor por unidad de longitud.

S Sección del conductor.

Sl Diferencia entre la longitud del conductor y la longitud del vano proyectado.

t Tracción horizontal en un vano o en un cantón por unidad de superficie.

t_1 Tracción horizontal en un vano o en un cantón por unidad de superficie, en el estado inicial.

t_2 Tracción horizontal en un vano o en un cantón por unidad de superficie, en el estado final.

T_0 Tracción horizontal en un vano o en un cantón.

T_1 Tracción horizontal en un vano o en un cantón, en el estado inicial.

T_2 Tracción horizontal en un vano o en un cantón, en el estado final.

T_m Tracción en el punto medio de un vano.

T_A Tracción sobre el conductor en el punto de sujeción A.

T_B	Tracción sobre el conductor en el punto de sujeción B.
U_n	Tensión nominal de la línea.
α	Coeficiente de dilatación lineal del conductor.
β	Ángulo de desviación de la cadena de aisladores.
ΔU	Caída de tensión en una línea.
ϕ	Diámetro del conductor
$\hat{\phi}$	Ángulo de desviación de la curva de equilibrio del conductor por la acción del viento.
θ_1	Temperatura del conductor en el estado inicial.
θ_2	Temperatura del conductor en el estado final.
σ_{rot}	Carga de rotura del conductor.
τ	Tracción por unidad de superficie para cantones con vanos desnivelados empleando el método de Truxá.
τ_1	Tracción por unidad de superficie para cantones con vanos desnivelados en el estado inicial empleando el método de Truxá.
τ_2	Tracción por unidad de superficie para cantones con vanos desnivelados en el estado final empleando el método de Truxá.
Γ	Coeficiente de corrección de la tracción horizontal para cantones con vanos desnivelados empleando el método de Truxá.
ω	Peso propio del conductor por unidad de sección.

BIBLIOGRAFÍA

[1] CEI 1597. "Overhead electrical conductors. Calculation methods for stranded bared conductors. First edition 1995.

[2] CIGRE. TB 324. Sag-tension calculation methods for overhead lines. June 2007.

[3] Julián Moreno Clemente. Cálculo de líneas eléctricas aéreas de alta tensión. Málaga 2004. 5ª Edición reformada.

[4] Julián Moreno Clemente. Evolución del cálculo mecánico de conductores en líneas aéreas con la aplicación de la informática. DYNA. Abril 2001.

[5] CIGRE SC22/WG11.04. "Safe design tension with respect to aeolian vibrations. Part I: single unprotected conductors". Electra, no. 186. October 1999. pp 53-87.

[6] CIGRE SC22/WG11.04. "Safe design tension with respect to aeolian vibrations. Part II: Damped single conductors with dampers". Electra, vol. 198. October 2001.

[7] CIGRE SC22/WG11.04. "Overhead conductor safe design tension with respect to aeolian vibrations. Part III. Bundled conductors lines". Electra, no. 220. June 2005. pp 46-59. Technical Brochure Nº 273, 2005.

[8] CIGRE. TB 244. Conductors for the uprating of overhead lines. April 2004.

[9] Kotaka, S. et al, "Applications of Gap-Tupe small-sag Conductors for overhead transmission lines", SEI Technical Review, number 50, June 2000.

[10] REAL DECRETO 223/2008, de 15 de febrero, por el que se aprueban el Reglamento sobre condiciones técnicas y garantías de seguridad en líneas eléctricas de alta tensión y sus instrucciones técnicas complementarias ITC-LAT 01 a 09.

Capítulo **3**

Cálculo de apoyos

OBJETIVOS

- Conocer los tipos constructivos de apoyos utilizados en líneas aéreas de alta tensión, según su forma de fabricación (metálicos y de hormigón armado), según la función que desempeñen en la línea (principio de línea, suspensión, amarre o anclaje) y según su posición en el trazado, (en alineación o ángulo).

- Estudiar las hipótesis reglamentarias, en condiciones normales y especiales, necesarias para su cálculo.

- Distinguir entre los diferentes métodos de cálculo utilizados, según se trate de apoyos empleados en líneas de media tensión, donde se consideran los esfuerzos aplicados en el eje de los apoyos o de apoyos para líneas de mayor tensión, en los que los esfuerzos se consideran aplicados en los puntos de sujeción de los conductores, lo que requiere el estudio de un árbol de cargas más completo.

- Conocer también la forma de determinar la distancia mínima de separación entre conductores y entre estos y partes de los apoyos puestas a tierra, así como las distancias externas al terreno o en cruzamientos y paralelismos.

SIMULACIÓN
- Hojas de cálculo en Excel.
- Programas desarrollados en Mathcad.

CONOCIMIENTOS FUNDAMENTALES PREVIOS

Se requieren conocimientos básicos de resistencia de materiales, en concreto, de los conceptos de coeficiente de seguridad a la rotura de los materiales, esfuerzos de tracción –compresión, momentos de torsión y flexión. También se requieren conocimientos básicos de electrotecnia para entender la necesidad de las distancias de aislamiento al aire.

CONTENIDO DEL CAPÍTULO

3.1. Introducción al cálculo mecánico de apoyos

3.2. Tipos de apoyos para líneas aéreas de alta tensión

3.2.1. Apoyos metálicos
    3.2.1.1. Apoyos de presilla
    3.2.1.2. Apoyos de celosía
    3.2.1.3. Apoyos de chapa
3.2.2. Apoyos de hormigón
    3.2.2.1. Apoyos de hormigón vibrado (tipo HV) según UNE 207016
    3.2.2.2. Apoyos de hormigón vibrado hueco (tipo HVH) según UNE 207016

3.3 Cálculo mecánico de apoyos

3.3.1. Cargas verticales sobre el apoyo
    3.3.2.1. Esfuerzos longitudinales por desequilibrio de tracciones
    3.3.2.2. Esfuerzos longitudinales por rotura de conductores.
3.3.3. Esfuerzos transversales
3.3.4. Esfuerzos debidos a la resultante de ángulo
3.3.5. Cálculo de esfuerzos equivalentes cambiando su punto de aplicación.
    3.3.5.1. Apoyos de presilla según RU 6704 A
    3.3.5.2. Apoyos de celosía según UNE 207017
    3.3.5.3. Otros apoyos de celosía empleados para líneas de 30 kV < U_n ≤ 66 kV
    3.3.5.4. Apoyos de chapa según UNE 207018
    3.3.5.5. Apoyos de hormigón vibrado según UNE 207016
3.3.6 Resultante de los esfuerzos longitudinales y transversales. Esfuerzo equivalente en una sola dirección

3.4. Ejemplo de cálculo de apoyos en línea aérea de 3ª categoría simple circuito

3.5. Desviación de las cadenas de aisladores

3.5.1. Estudio teórico de la desviación de las cadenas de aisladores
3.5.2. Consideraciones acerca de las distancias entre el conductor y partes puestas tierra
3.5.3. Ejemplo de cálculo de la desviación de la cadena de aisladores

3.6. Ejemplo de cálculo de distancias mínimas de seguridad

3.6.1. Distancias entre conductores
3.6.2. Distancias entre conductores y partes puestas a tierra
3.6.3. Distancias al terreno
3.6.4. Distancia a otras líneas aéreas
3.6.5. Distancias a carreteras
3.6.6. Distancias a ferrocarriles sin electrificar
3.6.7. Distancias a ferrocarriles electrificados
3.6.8. Distancias a teleféricos y cables transportadores
3.6.9. Distancias a ríos y canales, navegables o flotables
3.6.10. Paso por zonas

3.7. Ejemplo de cálculo de apoyos en línea aérea de 3ª categoría doble circuito

3.8. Ejemplo de cálculo mecánico de apoyos que sustentan conductores unipolares aislados reunidos en haz

3.9. Ejemplo de cálculo de apoyos en línea aérea de 2ª categoría

3.9.1. Comprobación de las dimensiones de los apoyos a utilizar
3.9.2. Cálculo mecánico de apoyos

3.10. Ejemplo de cálculo de apoyos en línea de aérea de categoría especial

3.1. INTRODUCCIÓN AL CÁLCULO MECÁNICO DE APOYOS

La selección de los apoyos a emplear para el proyecto de una línea aérea debe considerar dos aspectos: su altura y los esfuerzos a que van a estar sometidos.

La altura de los apoyos seleccionados debe garantizar que, en las condiciones de flecha máxima y flecha mínima de los conductores, especificadas por el RLAT en los Apartados 3.2.3 y 5.6.1 de la ITC–LAT 07, respectivamente, se cumplan las distancias de seguridad entre conductores y tierra, así como las establecidas para los cruzamientos.

Por otro lado, el proyectista de la línea debe de calcular los esfuerzos sobre los apoyos conforme a las hipótesis de cálculo del Apartado 3.5.3 ITC–LAT 07 y elegir, de entre la gama de apoyos ofertada por el fabricante, aquellos que soporten los esfuerzos calculados.

Para conseguir este objetivo, el fabricante del apoyo especificará los esfuerzos combinados (verticales, transversales, longitudinales y torsión) soportados, aplicando los coeficientes de seguridad dependientes del material constituyente del apoyo, especificados en el Apartado 3.5.4. ITC–LAT 07.

Para seleccionar el apoyo más adecuado, el proyectista debe comparar los esfuerzos calculados con los dados por el fabricante. Ambos esfuerzos han estado referidos a los mismos puntos del apoyo. Para poder realizar la mencionada comparación es necesario conocer las características de los apoyos: alturas, esfuerzos sobre los mismos, puntos de aplicación de dichos esfuerzos, etc.

3.2. TIPOS DE APOYOS PARA LÍNEAS AÉREAS DE ALTA TENSIÓN

En función del material utilizado, los apoyos pueden ser metálicos y de hormigón vibrado. En ocasiones especiales se pueden utilizar también apoyos de madera.

3.2.1. Apoyos metálicos

Los apoyos metálicos se pueden clasificar en:

- Apoyos de presilla.
- Apoyos de celosía.
- Apoyos de chapa.

3.2.1.1. Apoyos de presilla

Su empleo ha sido muy habitual durante los años 80 y 90 del siglo XX, en líneas aéreas de distribución de 15 y 20 kV, aunque en la actualidad, su empleo por parte de las compañías de distribución es escaso o nulo.

Las características de este apoyo están definidas en la Recomendación Unesa, RU – 6704 A [1].

En la Figura 3.1, *T* y *L* son las componentes horizontales de una carga aplicada al apoyo en el extremo superior de la cabeza, según las direcciones principal y secundaria, respectivamente. El apoyo es capaz de soportar simultáneamente cualquiera de estas dos cargas junto con las cargas verticales, *V*.

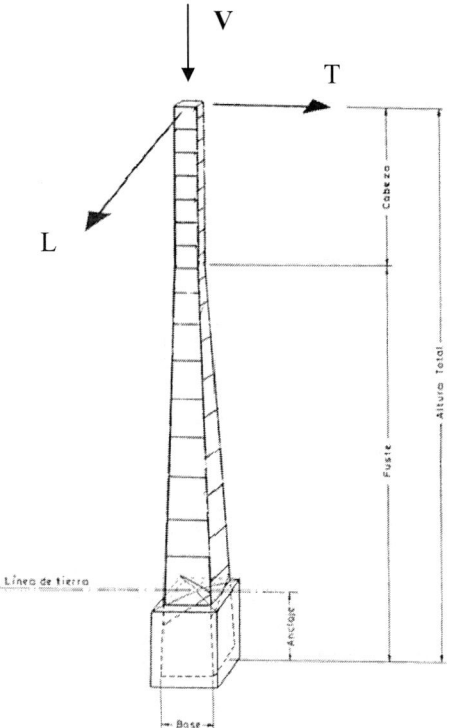

Figura 3.1. Apoyo de presilla

El apoyo está constituido por la cabeza cuadrangular y el fuste troncopiramidal, dividido en tramos de 6 metros atornillados entre sí, siendo el anclaje la parte inferior del fuste. El fuste y la cabeza del apoyo se construyen con cuatro montantes (angulares) de acero galvanizado, entre los que van soldadas unas pletinas. Al ser un apoyo de cabeza cuadrangular, los esfuerzos soportados por el apoyo en la dirección principal y secundaria son idénticos (*T* = *L*).

Figura 3.2. Detalle del apoyo de presilla

Los apoyos se designan mediante tres grupos alfanuméricos, dispuestos en el orden indicado, por ejemplo:

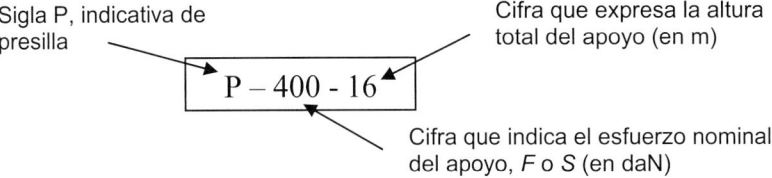

Los esfuerzos normalizados para estos apoyos se representan en la Tabla 3.1.

Tabla 3.1. Cargas y coeficientes de seguridad en un apoyo de presilla

Carga nominal (daN)	Carga de trabajo más sobrecarga (daN)		Coeficiente de Seguridad	Carga de ensayo (daN)	
	V	T o L		V [1]	T o L [2]
250	200	250	1,5	300	375+W
400	300	400	1,5	450	600+W
750	400	750	1,5	600	1125+W
1250	500	1.250	1,5	750	1875+W

(1) La carga vertical V se aplica en el eje del apoyo, en el extremo superior de la cabeza.

(2) Las cargas T o L se aplican horizontalmente, en el extremo superior de la cabeza.

A las cargas de ensayo V, junto con T o L, se le debe añadir la fuerza W resultante de la presión ejercida por el viento sobre el apoyo correspondiente a una velocidad de viento de 120 km/h, multiplicada por el coeficiente de seguridad.

Como se puede observar de la tabla anterior, el apoyo de presilla no soporta esfuerzo de torsión alguno. Las alturas disponibles para este tipo de apoyos se representan en la Tabla 3.2.

Tabla 3.2. Alturas de los apoyos de presilla

Esfuerzo nominal (daN)	Alturas totales Tolerancia + 5% (m)
250	9 – 11 – 13
400	10 – 12 – 14 – 16
750	10 – 12 – 14 – 16
1.250	10 – 12 – 14 – 16

Los cuatro montantes de cada apoyo disponen, a 0,4 m por encima del nivel teórico del terreno, un orificio de 3,5 mm de diámetro para la conexión de la puesta a tierra.

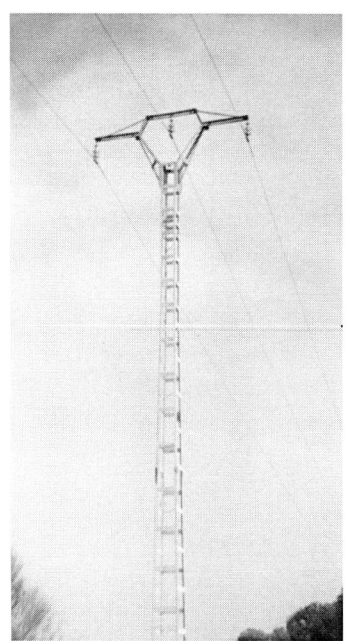

0,4 m

Figura 3.3. Detalle de la base y alzado de un apoyo de alineación de presilla

3.2.1.2. Apoyos de celosía

Es el más empleado en líneas aéreas de alta tensión. Dentro de ellos se distinguen dos tipos:

- Los apoyos de celosía utilizados para líneas aéreas de hasta 30 kV, construidos según la norma UNE 207017 [2]. No se excluye su uso para tensiones superiores, siempre que no se sobrepase la resistencia mecánica del apoyo.

- Los grandes apoyos de celosía para líneas de 45 kV en adelante, que no están regulados por una norma de producto, se construyen cumpliendo los principios básicos del RLAT.

3.2.1.2.1. Apoyos de celosía según UNE 207017

La norma es una adaptación de la antigua RU 6704 A de 1985. Las características de este apoyo se especifican a continuación.

El apoyo está constituido por cabeza cuadrangular de 4,2 m de longitud y fuste troncopiramidal en tramos de 6,5 metros de longitud máxima, atornillados entre sí, siendo el anclaje la parte inferior del fuste. Conformado por cuatro montantes (angulares) de acero galvanizado, entre los que van soldadas o atornilladas unas celosías (angulares). Al ser un apoyo de cabeza cuadrangular, los esfuerzos soportados por el apoyo en ambas direcciones son idénticos.

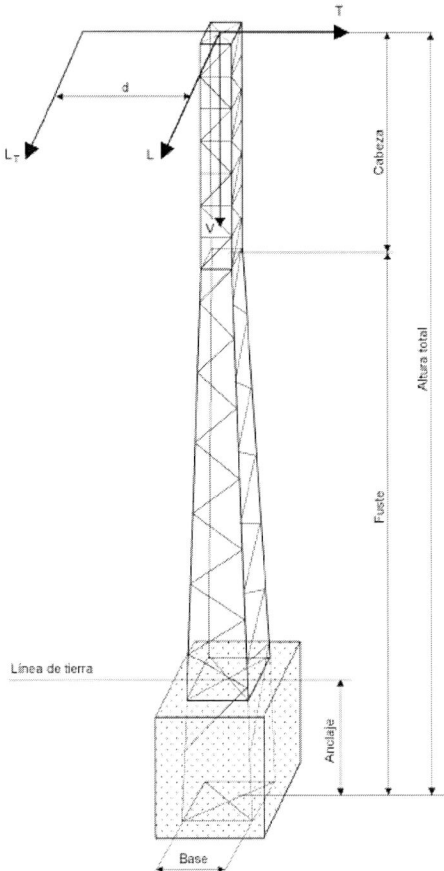

Figura 3.4. Apoyo de celosía según UNE 207017

En la Figura 3.4, L es la componente horizontal de una carga aplicada al apoyo, en el extremo superior de la cabeza, según la dirección longitudinal (paralela a la línea), T es la componente horizontal de una carga aplicada al apoyo, en el extremo superior de la cabeza, según la dirección transversal (perpendicular a la línea) y L_t es una fuerza longitudinal aplicada en el extremo superior de la cabeza a una distancia d del eje del apoyo, que provoca un momento de torsión. V representa las cargas verticales especificadas para cada ensayo.

Figura 3.5. Detalle del apoyo de celosía

Los apoyos se designan mediante tres grupos alfanuméricos, dispuestos en el orden indicado, por ejemplo:

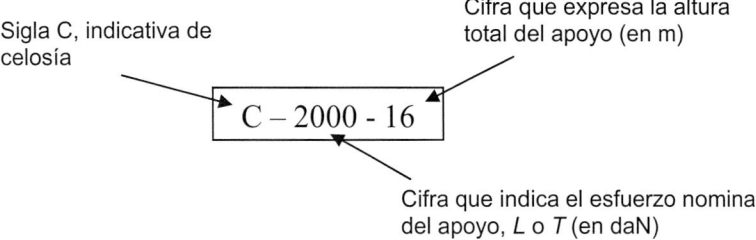

Las características técnicas de estos apoyos se representan en la Tabla 3.3.

Tabla 3.3. Cargas y coeficientes de seguridad en un apoyo de celosía según UNE 207017

Carga nominal (daN)	Carga de trabajo más sobrecarga (daN)			Distancia d (m)	Coeficiente de seguridad	Carga de ensayo (daN)		
	V	L o T	L_t			$V^{(1)}$	L o $T^{(2)}$	$L_t^{(3)}$
500	600	500			1,5	900	750+W	
	600		500	1,5	1,2	720		600
1.000	600	1.000			1,5	900	1.500+W	
	600		700	1,5	1,2	720		840
2.000	600	2.000			1,5	900	3.000+W	
	600		1.400	1,5	1,2	720		1.680
3.000	800	3.000			1,5	1.200	4.500+W	
	800		1.400	1,5	1,2	960		1.680
4.500	800	4.500			1,5	1.200	6.750+W	
	800		1.400	1,5	1,2	960		1.680
7.000	1.200	7.000			1,5	1.800	10.500+W	
	1.200		2.500	1,5	1,2	1.440		3.000
9.000	1.200	9.000			1,5	1.800	13.500+W	
	1.200		2.500	1,5	1,2	1.440		3.000

(1) La carga vertical V se aplica en el eje del apoyo, en el extremo superior de la cabeza.

(2) Las cargas L o T se aplican horizontalmente, en extremo superior de la cabeza. A las cargas de ensayo V, junto con L o T, se le debe añadir la fuerza W, resultante de la presión ejercida por el viento sobre el apoyo correspondiente, a una velocidad de viento de 120 km/h, multiplicada por el coeficiente de seguridad.

(3) La carga L_t se aplica horizontalmente en el extremo superior de la cabeza, a una distancia d del eje del apoyo.

Las cargas verticales V, indicadas en la Tabla 3.3, no son limitativas de la carga máxima vertical centrada que pueden soportar los apoyos. Su valor puede ser superior si las cargas horizontales L o T a las que está sometido el apoyo, son menores a las indicadas en la Tabla 3.3.

En general los apoyos deben de responder a la ecuación siguiente:

$$V_1 + \kappa \cdot H_1 \leq V + \kappa \cdot H \qquad (1)$$

donde:

V_1 = carga vertical centrada a la que se somete al apoyo, en daN.

κ = constante del apoyo. Es el coeficiente de repercusión de las cargas horizontales frente a las verticales. Su valor excede normalmente de 5, sin embargo, en caso de no conocerse el valor para cada apoyo, se tomará $\kappa = 5$.

H_1 = carga horizontal a la que se somete al apoyo.

V = carga vertical centrada de trabajo más sobrecarga especificada en la Tabla 3.3.

H = carga horizontal de trabajo más sobrecarga especificada en la Tabla 3.3, L o T.

La expresión (1), que se denomina *ecuación resistente del apoyo*, es aplicable siempre que $H_1 \leq H$ y que $V_1 \leq 3 \cdot V$.

En la Tabla 3.4 se indica, tomando $\kappa = 5$, la ecuación resistente de los apoyos de celosía normalizados.

Tabla 3.4. Ecuación resistente del apoyo para $\kappa = 5$

Carga nominal (daN)	Cargas especificadas		Ecuación resistente (daN) $V + \kappa \cdot H$	Valor máximo de H_1 (daN)
	Carga de trabajo más sobrecarga (daN)			
	V	H		
500	600	500	3.100	500
1.000	600	1.000	5.600	1.000
2.000	600	2.000	10.600	2.000
3.000	800	3.000	15.800	3.000
4.500	800	4.500	23.300	4.500
7.000	1.200	7.000	36.200	7.000
9.000	1.200	9.000	46.200	9.000

Para demostrar que la mayoración de la carga vertical se puede realizar cuando la carga horizontal aplicada sobre el apoyo es inferior a la nominal, considérese la Figura 3.6. Sean, V, la carga vertical nominal y L, la carga horizontal, soportadas por el apoyo, ambas aplicadas en el centro del apoyo, según muestra la Figura 3.6.

La carga vertical V, provoca en cada uno de los cuatro puntos (1, 2, 3 y 4) reflejados en la Figura 3.6, las reacciones verticales R_1^V, R_2^V, R_3^V y R_4^V, respectivamente, con sentido opuesto a V, y de valor:

$$R_1^V = R_2^V = R_3^V = R_4^V = \frac{V}{4}$$

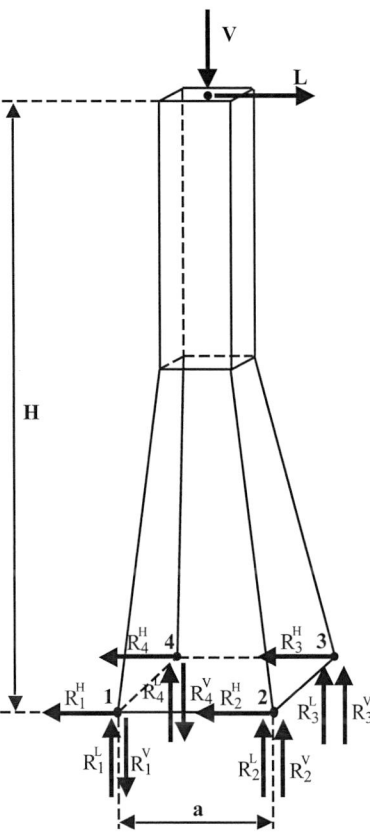

Figura 3.6. Reacciones al aplicar cargas sobre apoyos de celosía

De la misma forma, la carga horizontal L genera un momento $L \cdot H$ y aparecen unas reacciones verticales R_1^L, R_2^L, R_3^L y R_4^L en cada uno de los cuatro puntos (1, 2, 3 y 4) de la misma magnitud, cuyos valores serán:

$$\frac{L}{2} \cdot H = R_1^L \cdot a; \quad R_1^L = \frac{L \cdot H}{2 \cdot a}$$

Los sentidos de estas reacciones quedan reflejados en la Figura 3.6, de forma que generan un momento flector opuesto que equilibra el generado por L.

La reacción vertical total en los puntos 1 y 2 será:

$$R_1 = R_1^V - R_1^L$$

$$R_2 = R_2^V + R_2^L$$

Sustituyendo los valores de R_1^V, R_1^L, R_2^V y R_2^L, tendremos:

$$R_1 = R_1^V - R_1^L = \frac{V}{4} - \frac{L.H}{2.a}$$

$$R_2 = R_2^V + R_2^L = \frac{V}{4} + \frac{L \cdot H}{2 \cdot a}$$

Para apoyos cuyas cargas y características sean conocidas, sería fácil obtener los valores de las reacciones R_1 y R_2.

Si se mantiene invariable el valor de R_2 para el que ha sido diseñado el apoyo, se puede comprobar fácilmente, tal como se describe a continuación, que se puede aplicar una carga vertical mayor que la nominal del apoyo cuando se aplica una carga horizontal inferior a la nominal.

En efecto, sea L la carga horizontal nominal soportada por el apoyo, sea L' la carga horizontal real aplicada sobre el mismo, de valor inferior a L, y sea V' una carga vertical aplicada sobre el apoyo que sobrepasa el valor de V en, $M \cdot (L - L')$, de tal forma que, el valor de V' debe satisfacer la siguiente igualdad:

$$R_2 = \frac{V'}{4} + \frac{L' \cdot H}{2 \cdot a},$$

de donde:

$$V' = 4 \cdot \left(R_2 - \frac{L' \cdot H}{2 \cdot a} \right) \qquad (2)$$

y además según se ha definido V':

$$V' = V + M \cdot \left(L - L' \right).$$

Por lo que el coeficiente de mayoración de la carga vertical será:

$$M = \frac{V' - V}{L - L'} = \frac{4 \cdot \left(R_2 - \dfrac{L' \cdot H}{2 \cdot a} \right) - V}{L - L'} \qquad (3)$$

Si se aplican estas expresiones para los apoyos de celosía tipo C 2000, se obtiene la Tabla 3.5, en la que se indican los valores máximos admisibles de las cargas verticales V' en función de la carga horizontal aplicada L'.

Tabla 3.5. Mayoración de las cargas verticales en apoyo C 2000

Tipo de apoyo	Carga vertical especificada V (daN)	Carga horizontal especificada L (daN)	Anchura de su base a (m)	Altura total H (m)	Reacción total R_2 (daN)	Carga horizontal real aplicada L' (daN)	Carga vertical máxima admisible V' (daN)	Coeficiente de mayoración de la carga vertical sobre la diferencia de las cargas horizontales, M
C –2000	600	2.000	0,85	10	11.915	1.800	5.306	23,5
		2.000	0,85	10	11.915	1.000	24.129	23,5
		2.000	0,85	10	11.915	200	42.953	23,5
		2.000	1	12	12.150	1.800	5.400	24,0
		2.000	1	12	12.150	1.000	24.600	24,0
		2.000	1	12	12.150	200	43.800	24,0
		2.000	1,1	14	12.877	1.800	5.691	25,5
		2.000	1,1	14	12.877	1.000	26.055	25,5
		2.000	1,1	14	12.877	200	46.418	25,5
		2.000	1,2	16	13.483	1.800	5.933	26,7
		2.000	1,2	16	13.483	1.000	27.267	26,7
		2.000	1,2	16	13.483	200	48.600	26,7
		2.000	1,25	18	14.550	1.800	6.360	28,8
		2.000	1,25	18	14.550	1.000	29.400	28,8
		2.000	1,25	18	14.550	200	52.440	28,8
		2.000	1,3	20	15.535	1.800	6.754	30,8
		2.000	1,3	20	15.535	1.000	31.369	30,8
		2.000	1,3	20	15.535	200	55.985	30,8
		2.000	1,45	22	15.322	1.800	6.669	30,3
		2.000	1,45	22	15.322	1.000	30.945	30,3
		2.000	1,45	22	15.322	200	55.221	30,3
		2.000	1,6	24	15.150	1.800	6.600	30,0
		2.000	1,6	24	15.150	1.000	30.600	30,0
		2.000	1,6	24	15.150	200	54.600	30,0
		2.000	1,75	26	15.007	1.800	6.543	29,7
		2.000	1,75	26	15.007	1.000	30.314	29,7
		2.000	1,75	26	15.007	200	54.086	29,7

Las alturas disponibles para los apoyos de celosía, según UNE 207017, deben ser los siguientes: 10 – 12 – 14 – 16 – 18 – 20 – 22 – 24 y 26 m, con una tolerancia de ± 0,2 m. Las dimensiones normalizadas de la cabeza del apoyo se muestran en la Figura 3.7.

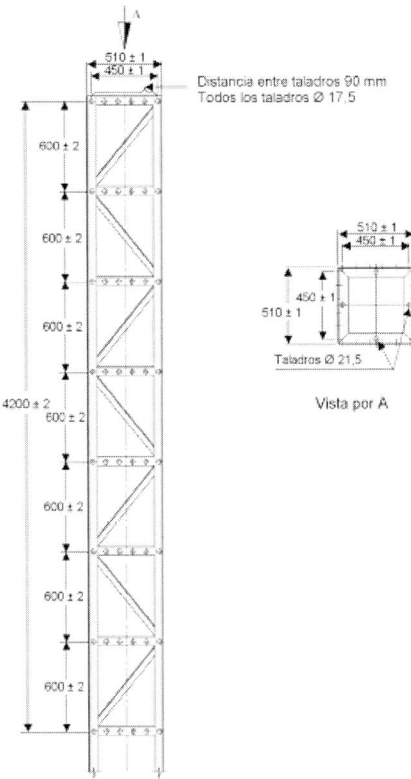

Figura 3.7. Cabeza de los apoyos de celosía, según UNE 207017

Los cuatro montantes de cada apoyo tendrán, a 0,4 m por encima del nivel teórico del terreno, un orificio de 3,5 mm de diámetro para la conexión de la puesta a tierra.

Figura 3.8. Conexión de apoyo de celosía a tierra

Tal como se observa en la Tabla 3.3, no existen apoyos para más de 9.000 daN de esfuerzo horizontal. Sin embargo, la antigua recomendación RU 6704 B de 1995 especificaba apoyos con esfuerzo útil de hasta 13.000 daN, por lo que es factible la utilización de este tipo de apoyos y sus características se incluyen también en la Figura 3.9.

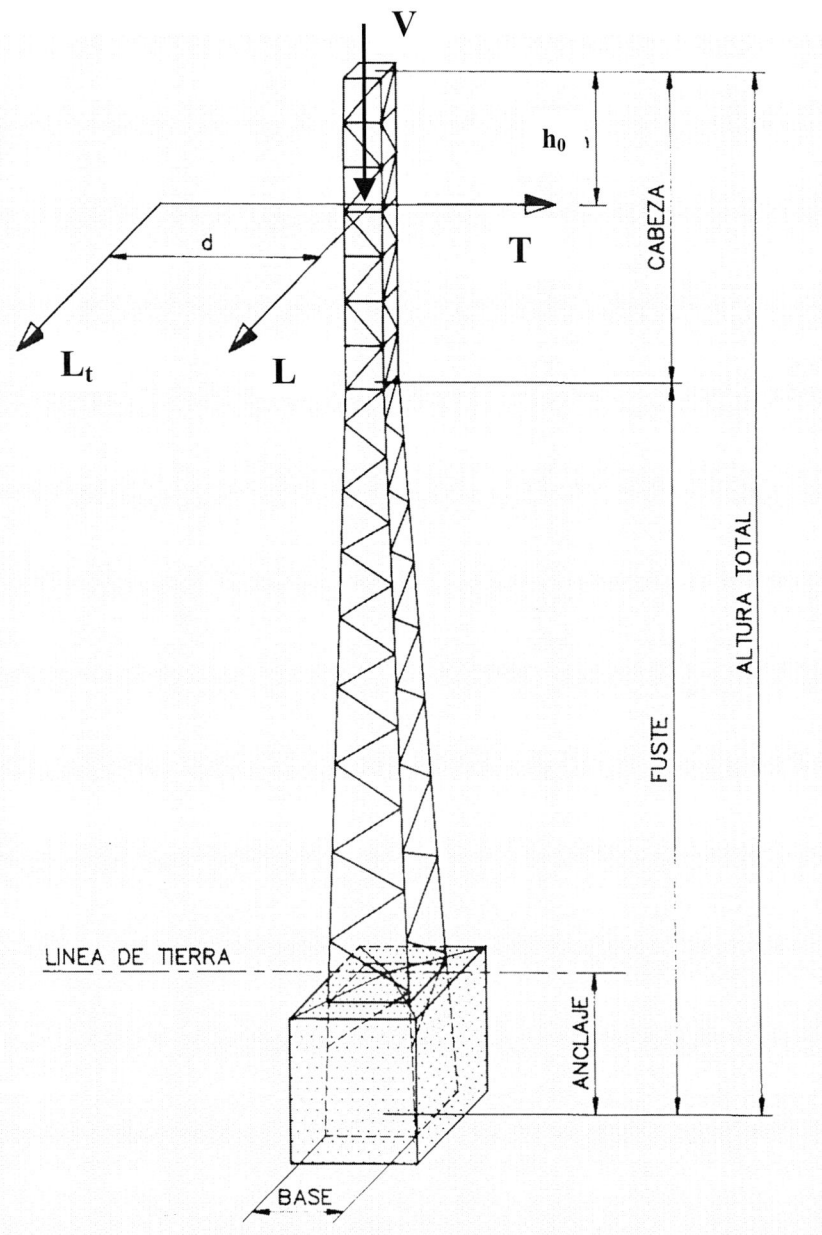

Figura 3.9. Apoyo de celosía según RU 6704B: 1995

Obsérvese que en estos apoyos, a partir de un esfuerzo nominal de 4.500 daN, los esfuerzos se especifican a una distancia h de la cogolla.

Los esfuerzos nominales para estos apoyos se representan en la Tabla 3.6.

Tabla 3.6. Cargas y coeficientes de seguridad en un apoyo de celosía según RU 6704 B: 1995

Esfuer-zo nominal (daN)	Casos de carga	Carga de trabajo más sobrecarga (daN)			h_0 (m)	d (m)	Coef. de segu-ridad	Carga límite especificada			Dura-ción del ensayo (s)
								Carga de ensayo (daN)			
		V	L o T	L_t				V [1]	L o T [2]	L_t [3]	
1.000	A	600	550	700	0	1,5	1,2	720	660	840	
	B	1.500	1.000	–	0	–	1,5	2.250	1.500+W	–	
2.000	A	900	1.150	1.350	0	1,5	1,2	1.080	1.380	1.620	
	B	2.200	2.000	–	0	–	1,5	3.300	3.000+W	–	
3.000	A	1.000	2.000	1.500	0	1,5	1,2	1.200	2.400	1.800	
	B	2.500	3.000	–	0	–	1,5	3.750	4.500+W	–	
4.500	A	1.000	3.000	1.500	0	1,5	1,2	1.200	3.600	1.800	60
	B	2.500	4.500	–	0	–	1,5	3.750	6.750+W	–	
7.000	A	4.500	5.000	2.500	1,4	1,5	1,2	5.400	600	3.000	
	B	5.000	7.000	–	1,4	–	1,5	7.500	10.500+W	–	
9.000	A	4.500	6.500	2.500	1,4	1,5	1,2	5.400	7.800	3.000	
	B	5.000	9.000	–	1,4	–	1,5	7.500	13.500+W	–	
13.000	A	4.500	9.300	2.500	1,4	1,5	1,2	5.400	11.160	3.000	
	B	5.000	13.000	–	1,4	–	1,5	7.500	19.500+W	–	

(1) La carga vertical V se aplica en el eje del apoyo, en el extremo superior de la cabeza.

(2) Las cargas L o T se aplican horizontalmente.

A las cargas de ensayo V, junto con L o T, se le debe añadir la fuerza W resultante de la presión ejercida por el viento sobre el apoyo correspondiente a una velocidad de viento de 120 km/h, multiplicada por el coeficiente de seguridad.

(3) La carga L_t se aplica horizontalmente, a una distancia d, del eje del apoyo.

3.2.1.2.2. Apoyos de celosía para líneas de más de 30 kV

El Apartado 3.1.4 de la ITC-LAT 07 exige, en el caso de desequilibrio de tracciones, para las líneas de más de 66 kV, que el esfuerzo correspondiente al desequilibrio se aplique en el punto de fijación de los conductores y cables de tierra, lo que supone conocer, para cada apoyo, el árbol de cargas en cada punto de sujeción de los conductores sobre el apoyo, para poder comparar los cálculos efectuados y poder seleccionar el apoyo más adecuado.

Sin embargo, para este tipo de apoyos no existe una forma normalizada de facilitar los esfuerzos que son capaces de soportar, por lo que los fabricantes suelen dar los esfuerzos útiles (verticales, transversales, longitudinales o de torsión) combinados de varias formas. El punto de aplicación de los esfuerzos provocados por los conductores de fase suele estar situado a la altura de la cruceta central, en el eje del apoyo.

La designación para este tipo de apoyos depende del fabricante, aunque normalmente las siglas que la componen indican el modelo, el tipo de apoyo, la disposición de circuitos, las longitudes de crucetas, las distancias entre crucetas y la altura libre del apoyo considerada desde la línea de tierra a la cruceta o semicruceta inferior.

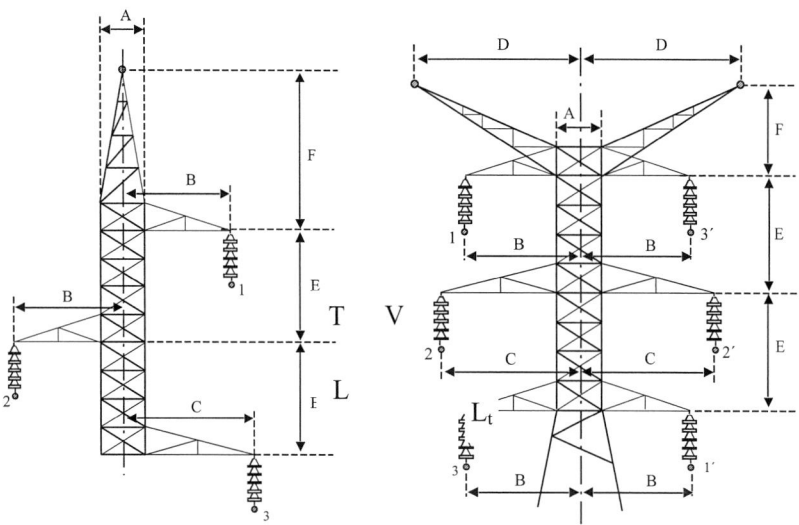

Figura 3.10. Crucetas para apoyos de más de 30 kV

Ejemplo de designación:

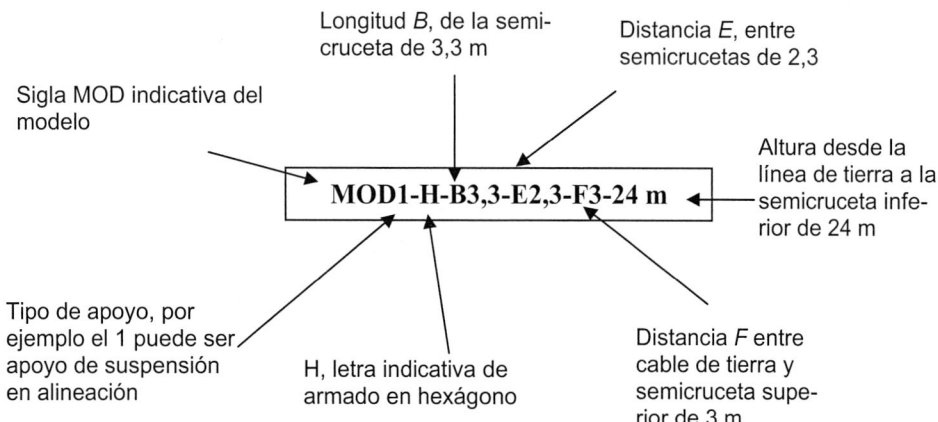

Como ejemplo, en la Figura 3.11 se muestra la geometría de un apoyo para una línea de 132 kV.

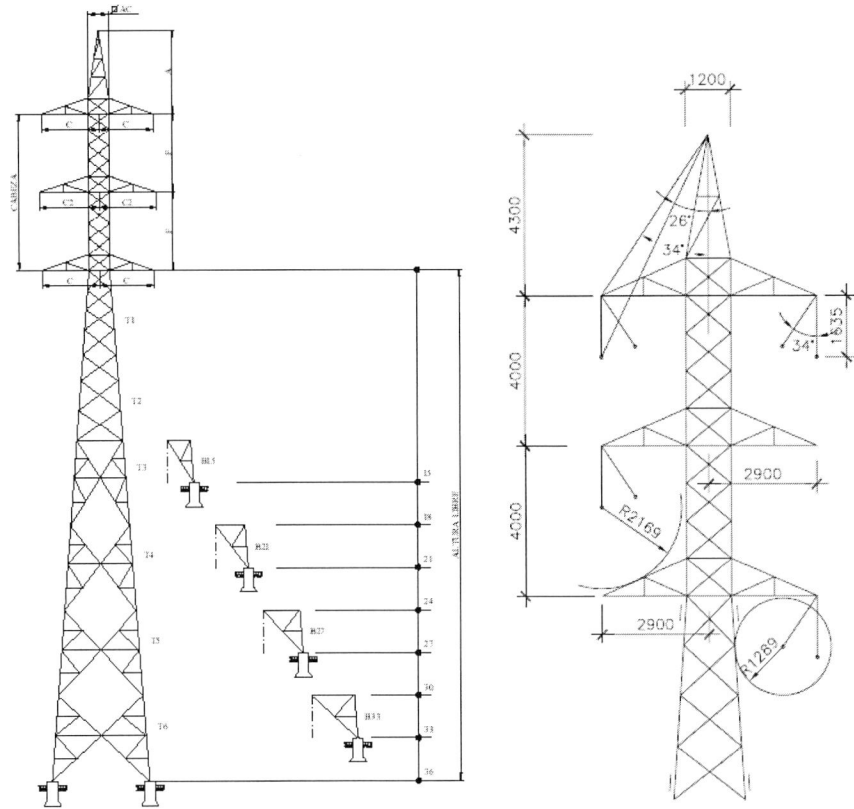

Figura 3.11. Geometrías para apoyos de más de 30 kV y detalle de armado en línea de 132 kV

En la Tabla 3.7, a modo de ejemplo, se indica cómo un fabricante facilita los esfuerzos útiles soportados por un determinado tipo de apoyo.

Tabla 3.7. Cargas y coeficientes de seguridad para apoyos de celosía empleados en líneas de más de 30 kV

Denominación	Esfuerzos útiles soportados (daN)							
	Coeficiente de seguridad = 1,5[1]		Coeficiente de seguridad = 1,5		Coeficiente de seguridad = 1,2		Coeficiente de seguridad = 1,2	
	T	V	L	V	L_t	V	L_t	V
MOD1 –H –C3,3 –F2,3 –A3	1.370	1.500	1.710	2.625	1.000	700	900	525

(1) En este caso, el apoyo es capaz de soportar además de los esfuerzos T y V una sobrecarga de viento calculada para una velocidad de 120 km/h.

Todos los apoyos dispondrán sobre sus angulares, cercanos a la línea de tierra, unos orificios para la conexión a tierra del apoyo.

A continuación, a modo de ejemplo, se especifican las características resistentes y las dimensiones de un apoyo de celosía tipo D, con armado E –4,6/5,5T, empleado en líneas de 220 kV. (Figura 3.12)

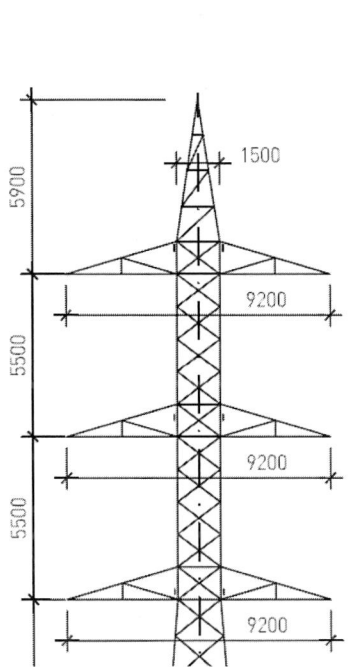

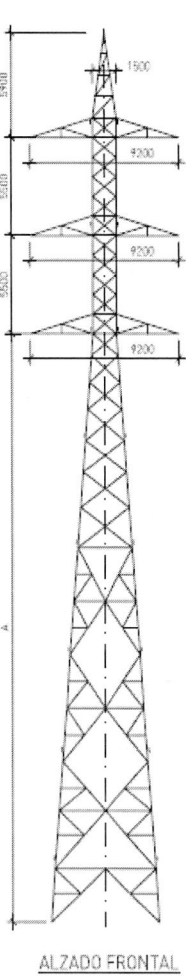

Figura 3.12. Apoyo tipo D –4900 –18 –E4,6/5,5 –T, para líneas de 220 kV

Denominación: D –4900 –18 –E4,6/5,5 –T.

- Peso aproximado: 4187 kg.
- Esfuerzo nominal: 4950 daN.
- Altura: 18 m.
- Armado: E4,6/5,5T (4,6 m de semicruceta y 5,5 m de separación en vertical entre crucetas).
- Esfuerzos soportados en daN, en punta de cruceta, para las diferentes hipótesis de cálculo de apoyos.

Hipótesis 1ª: viento a 140 km/h, C.S. = 1,5				Hipótesis 1b: viento a 140 km/h, C.S. = 1,5					
H_c	H_t	V_c	V_t	H_c	H_t	L_c	L_t	V_c	V_t
610	365	1.500	500	210	165	400	200	1.500	500

Hipótesis 2ª: Hielo viento 60 km/h, C.S. = 1,5				Hipótesis 2b: Hielo + viento 60 km/h, C.S. = 1,5					
H_c	H_t	V_c	V_t	H_c	H_t	L_c	L_t	V_c	V_t
680	410	2.200	1.000	210	130	500	300	2.000	1.000

Hipótesis 3 Desequilibrio de tracciones C.S. = 1,2				Hipótesis 4ª: rotura del conductor C.S. = 1,2				Hipótesis 4b: rotura cable de tierra C.S. = 1,2		
L_c	L_t	V_c	V_t	T_c	V_{cr}	V_c	V_t	T_t	V_{tr}	V_c
940	565	2.500	1.000	2.300	1.750	2.500	1.000	2.200	700	2.500

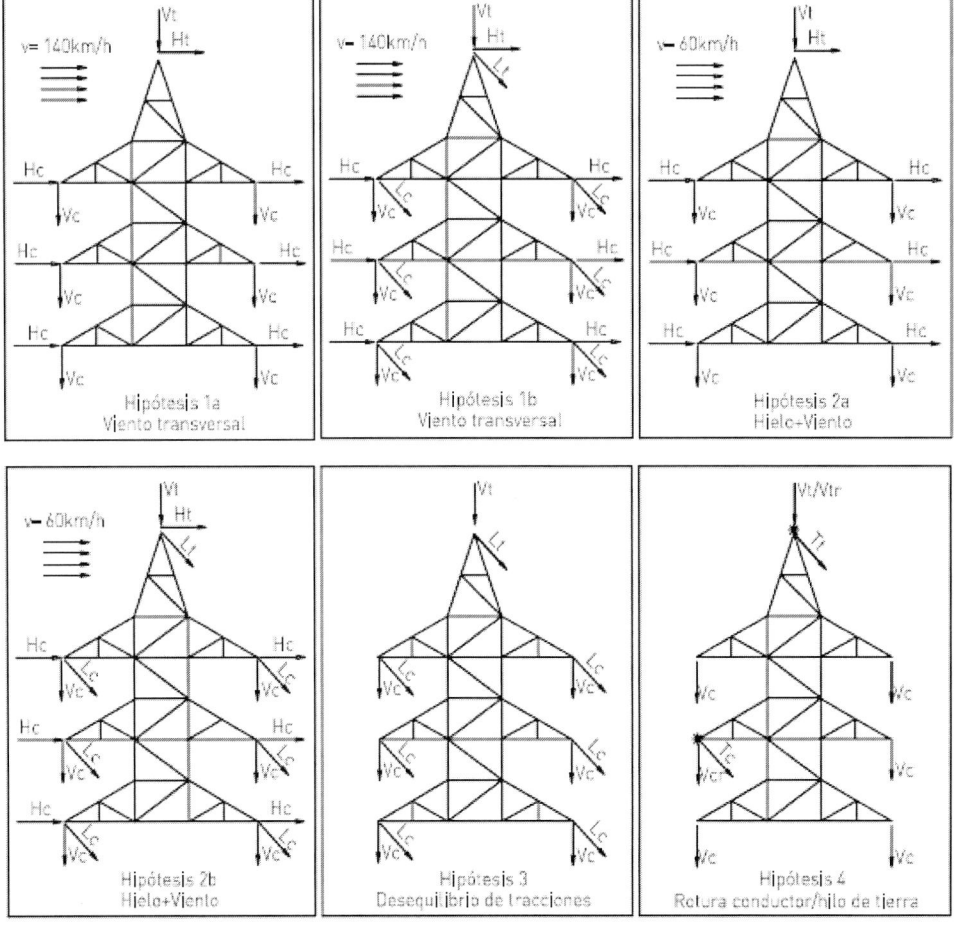

Figura 3.13. Esfuerzos soportados, en daN, en punta de cruceta, para las diferentes hipótesis de cálculo, para el apoyo D –4900 –18 –E4,6/5,5 – T

La Figura 3.14 muestra dos apoyos de celosía para un< línea de 15 kV y 132 kV.

Figura 3.14. Apoyo de celosía de amarre en alineación, con cruceta de bóveda horizontal en simple circuito y apoyo de celosía de suspensión en alineación de simple circuito, preparado para doble circuito en configuración dúplex

3.2.1.3. Apoyos de chapa

Podemos distinguir dos tipos de apoyos de chapa, a saber:

- Los apoyos de chapa utilizados para líneas aéreas de hasta 30 kV, regulados por la UNE 207018 [3], aunque no se excluye su uso para tensiones superiores siempre que no se sobrepasen las capacidades mecánicas de los apoyos.

- Los grandes apoyos de chapa para líneas de 45 kV en adelante, no regulados específicamente por norma alguna.

3.2.1.3.1. Apoyos de chapa según UNE 207018

Esta norma es la adaptación de la RU 6707A. Las características de este tipo de apoyo, definidas en la norma, se especifican a continuación.

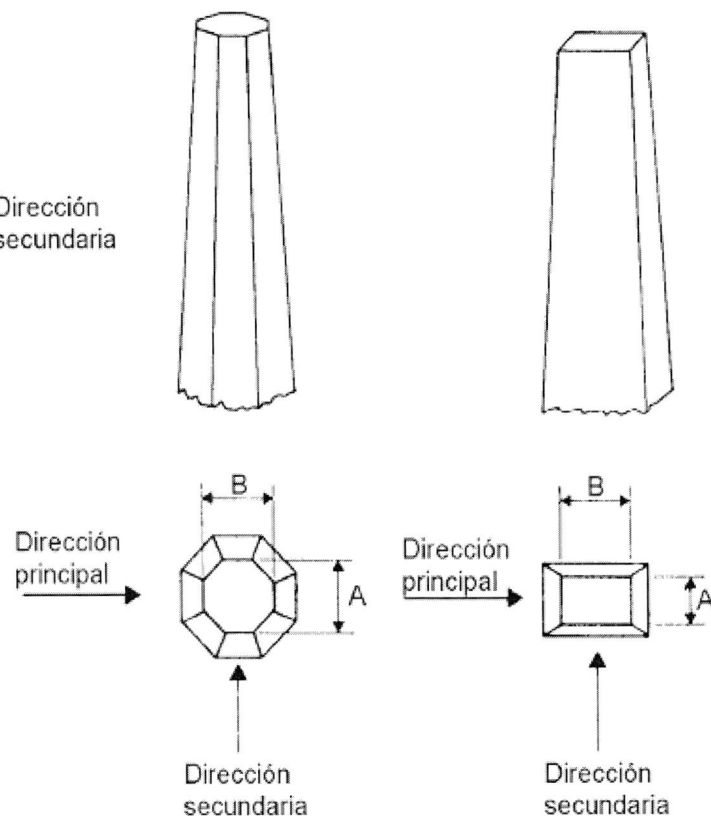

Figura 3.15. Apoyo de chapa según UNE 207018:2006

Según puede observarse de la Figura 3.15, se dispone de dos tipos de apoyo de chapa, uno de sección transversal rectangular y otro de sección transversal poligonal. Las cargas aplicadas sobre el apoyo se realizan sobre la dirección principal (transversal a la línea) y sobre la dirección secundaria (longitudinal a la línea).

El apoyo de chapa de sección poligonal admite el mismo esfuerzo sobre la dirección principal que sobre la secundaria.

El apoyo de chapa de sección rectangular admite menos esfuerzo sobre la dirección secundaria que sobre la dirección principal.

Los apoyos pueden ser de forma troncopiramidal con base poligonal de número de lados múltiplo de cuatro, paralelos e iguales dos a dos, o de forma troncocónica. En los apoyos de carga nominal de hasta 630 daN, ninguno de los tramos que los componen debe tener más de 11 metros de longitud. El último tramo, es decir, la cabeza del apoyo, suele tener una longitud de 5 metros.

Todos los apoyos deben de disponer de un sistema, por ejemplo, mediante taladros, para la fijación de los peldaños que permitan su escalada y maniobra.

Figura 3.16. Detalles de apoyo de chapa rectangular

La Figura 3.16 muestra detalles de un apoyo de chapa rectangular [4].

Las cargas aplicadas sobre los apoyos de sección poligonal regular y circular se representan en la Figura 3.17.

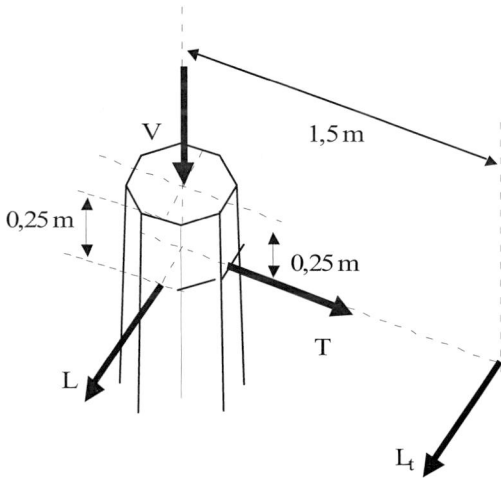

Figura 3.17. Cargas sobre apoyos de sección poligonal regular

En la Tabla 3.8 se muestran las cargas de ensayo que deben de soportar los apoyos de sección poligonal regular en función de su carga nominal y los coeficientes de seguridad.

Tabla 3.8. Cargas y coeficientes de seguridad en un apoyo de sección poligonal regular y circular según UNE 207018: 2006

Carga nominal (daN)	Carga de trabajo más sobre-carga (daN)			Coef. de seguri-dad	Carga de ensayo (daN)		
	V	T o L	L_t		$V^{(1)}$	T o $L^{(2)}$	$L_t^{(3)}$
160	500	160	–	1,5	750	240+W	–
250	700	250	–	1,5	1.050	375+W	–
400	700	400	–	1,5	1.050	600+W	–
630	750	630	–	1,5	1.125	945+W	–
800	800	800	–	1,5	1.200	1.200+W	–
1.000	1.750	1.000	–	1,5	2.625	1.500+W	–
	1.750	–	667	1,2	2.100	–	800
1.250	1.750	1.250	–	1,5	2.625	1.875+W	–
	1.750	–	833	1,2	2.100	–	1.000
1.600	1.750	1.600	–	1,5	2.625	2.400+W	–
	1.750	–	1.067	1,2	2.100	–	1.280
2.500	1.750	2.500	–	1,5	2.625	3.750+W	–
	1.750	–	1.650	1,2	2.100	–	1.980

(1) La carga vertical V se aplica en el eje del apoyo, en el extremo superior de la cabeza.

(2) Las cargas L o T se aplican horizontalmente a 250 mm por debajo de la cogolla.

A las cargas de ensayo V, junto con L o T, se le debe añadir la fuerza W, resultante de la presión ejercida por el viento sobre el apoyo correspondiente a una velocidad de viento de 120 km/h, multiplicada por el coeficiente de seguridad.

(3) La carga L_t, se aplica horizontalmente, a 250 mm por debajo de la cogolla, y a una distancia de 1.500 mm del eje del apoyo.

Las cargas aplicadas sobre los apoyos de sección rectangular se representan en la Figura 3.18.

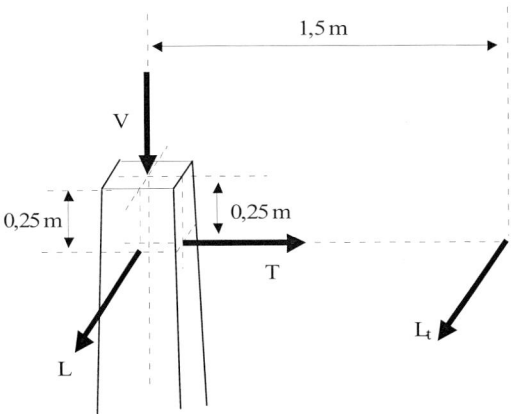

Figura 3.18. Cargas sobre apoyos de sección rectangular

En la Tabla 3.9 se muestran las cargas de ensayo que deben de soportar los apoyos de sección rectangular en función de su carga nominal y los coeficientes de seguridad.

Tabla 3.9. Cargas y coeficientes de seguridad en un apoyo de sección rectangular según UNE 207018: 2006

Carga nominal (daN)	Carga de trabajo más sobre-carga (daN)				Coef. de seg.	Carga de ensayo (daN)			
	V	T	L	L_t		$V^{(1)}$	$T^{(2)}$	$L^{(2)}$	$L_t^{(3)}$
160	380	160	–	–	1,5	570	240+W	–	–
	380	–	80	–	1,5	570	–	120	–
250	450	250	–	–	1,5	675	375+W	–	–
	450	–	125	–	1,5	675	–	188	–
400	450	400	–	–	1,5	675	600+W	–	–
	450	–	200	–	1,5	675	–	300	–
630	540	630	–	–	1,5	810	945+W	–	–
	540	–	350	–	1,5	810	–	525	–
800	800	800	–	–	1,5	1.200	1.200+W	–	–
	800	–	400	–	1,5	1.200	–	600	–
1000	1.050	1.000	–	–	1,5	1.575	1.500+W	–	–
	1.050	–	500	–	1,5	1.575	–	750	–
	1.050	–	–	667	1,2	1.260	–	–	800
1250	1.650	1.250	–	–	1,5	2.475	1.875+W	–	–
	1.650	–	625	–	1,5	2.475	–	938	–
	1.650	–	–	833	1,2	1.980	–	–	1.000
1600	1.650	1.600	–	–	1,5	2.475	2.400+W	–	–
	1.650	–	800	–	1,5	2.475	–	1.200	–
	1.650	–	–	1.067	1,2	1.980	–	–	1.280
2500	1.750	2.500	–	–	1,5	2.625	3.750+W	–	–
	1.750	–	1.300	–	1,5	2.625	–	1.950	–
	1.750	–	–	1.650	1,2	2.100	–	–	1.980

(1) La carga vertical V se aplica en el eje del apoyo, en el extremo superior de la cabeza.

(2) Las cargas L o T se aplican horizontalmente a 250 mm por debajo de la cogolla.

A las cargas de ensayo V, junto con L ó T, se le debe añadir la fuerza W, resultante de la presión ejercida por el viento sobre el apoyo correspondiente a una velocidad de viento de 120 km/h, multiplicada por el coeficiente de seguridad.

(3) La carga L_t se aplica horizontalmente, a 250 mm por debajo de la cogolla, y a una distancia de 1.500 mm del eje del apoyo.

Para la puesta a tierra de los apoyos estos deben de disponer de un dispositivo con un orificio capaz de albergar tornillos de métrica 12 y que permita desembornar por encima del hormigón del recubrimiento.

Estos apoyos se designan mediante cuatro grupos de siglas y números, dispuestos en el orden indicado a continuación, con el significado siguiente:

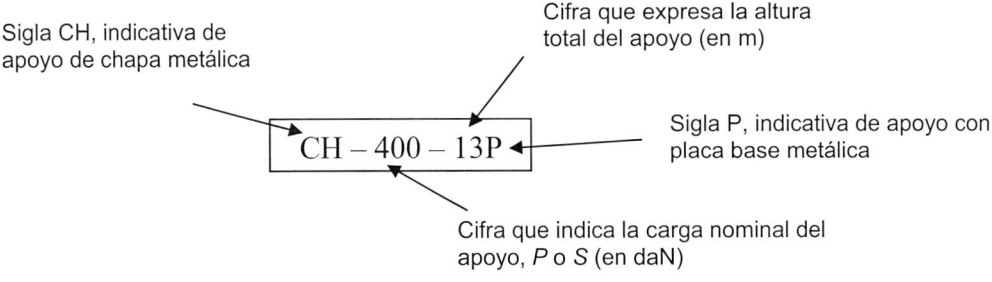

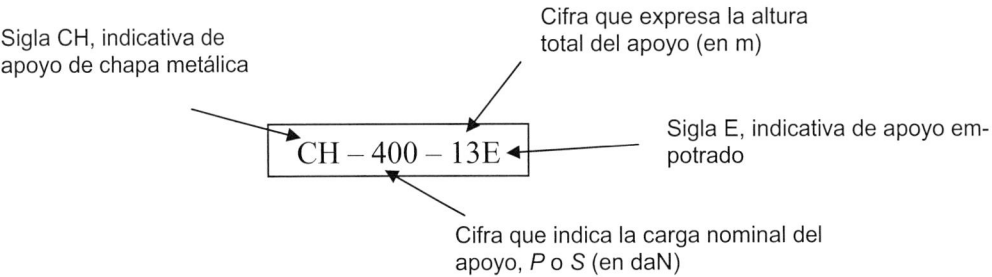

Según la forma de instalación, los apoyos de chapa pueden ser:

- **Apoyos empotrados**, previstos para su fijación al terreno a través de macizos de hormigón (Figura 3.19).

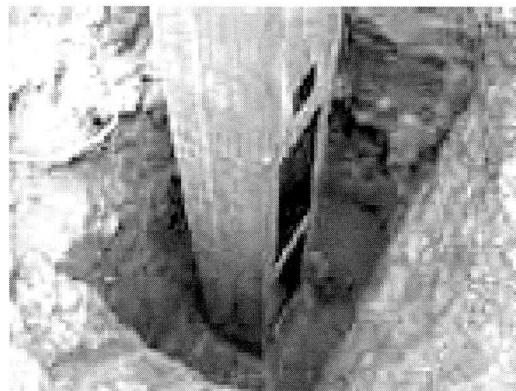

Figura 3.19. Apoyo de chapa rectangular en macizo de hormigón durante su instalación

- **Apoyos con placa base metálica,** previstos para su fijación al terreno por medio de pernos metálicos (Figura 3.20).

Figura 3.20. Apoyo de chapa rectangular sobre placa base durante su instalación

Las alturas libres mínimas que cada tipo de apoyo debe tener en función de su carga nominal se muestran en la Tabla 3.10.

Tabla 3.10. Alturas libres mínimas para los apoyos de chapa

Carga nominal (daN)	Alturas libres mínimas (m)
160	7 y 9
250	7, 9 y 11
400 630 800	7, 9, 11 y 13
1.000 1.250 1.600	7, 9, 11,13 y 15
2.500	9, 11,13 y 15

Para la fijación de las crucetas, herrajes u otros accesorios deben de disponer de taladros situados en dos planos verticales, perpendiculares entre sí y coincidentes con la dirección principal y secundaria respectivamente.

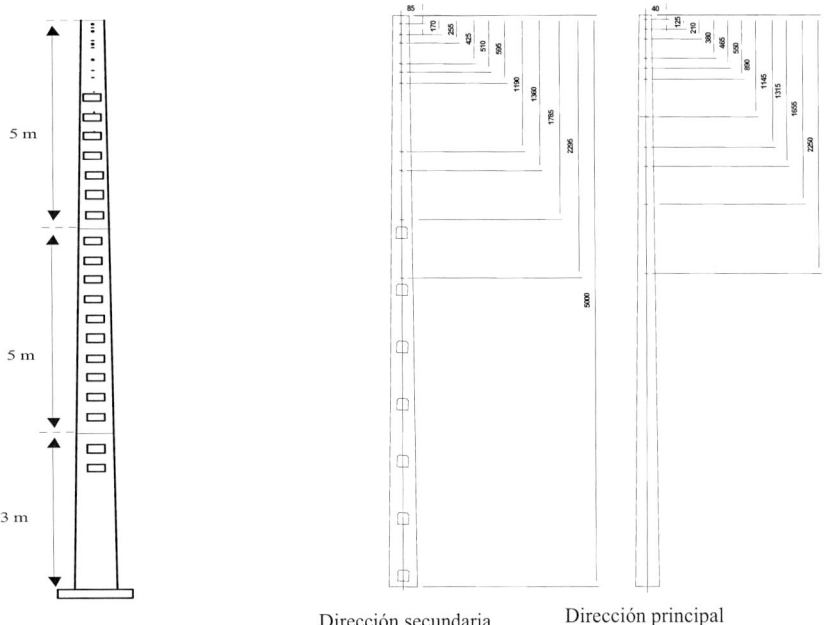

Dirección secundaria   Dirección principal

Figura 3.21. Esquema de composición de apoyo de chapa rectangular de 13 metros de altura libre y detalle de cabeza de apoyo de chapa con taladros en ambas caras

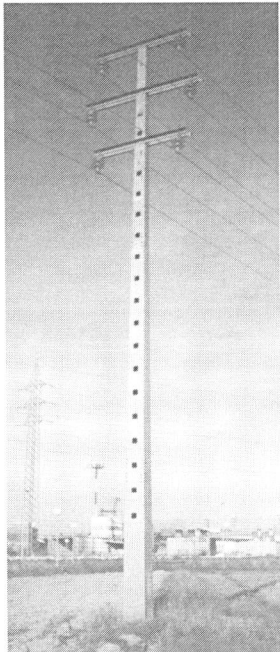
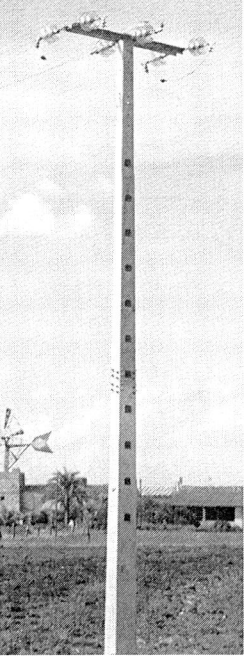

Figura 3.22. Apoyo de chapa rectangular de suspensión en alineación en doble circuito y apoyo de amarre en alineación simple circuito

La disposición que adopta el apoyo de chapa rectangular en la traza de la línea se muestra en la Figura 3.23, de forma que se puede apreciar que los apoyos de anclaje y fin de línea están girados respecto del resto para poder aprovechar al máximo su carga de trabajo.

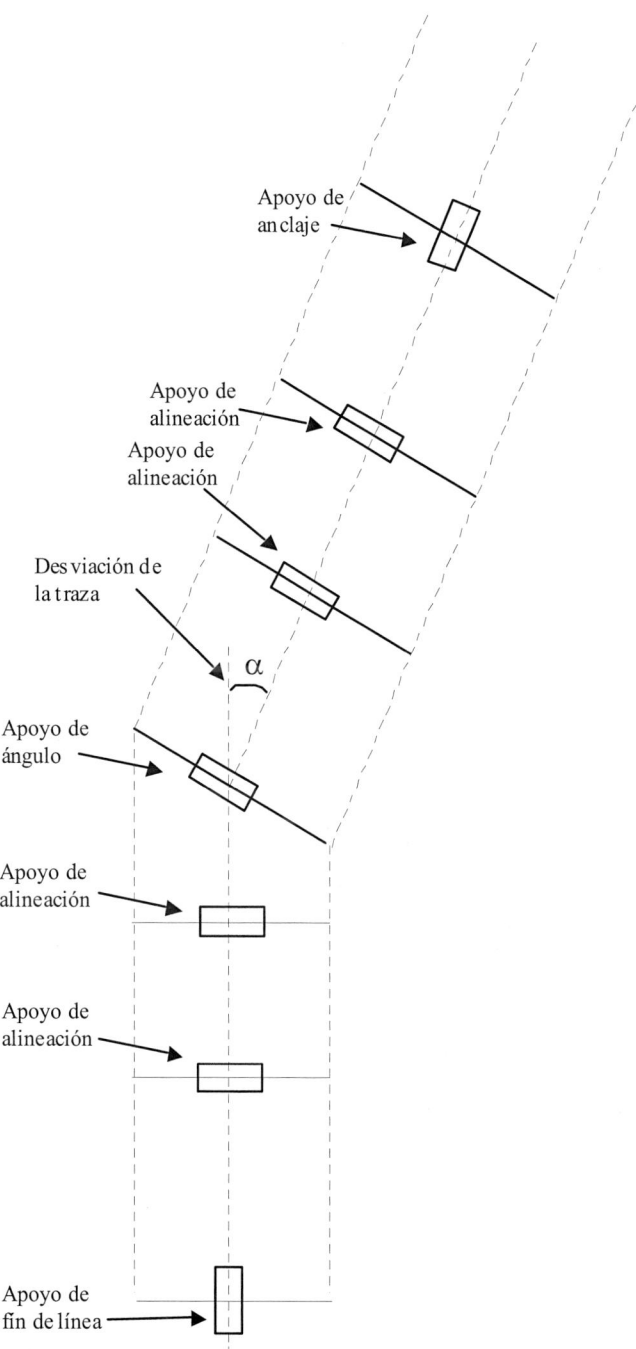

Figura 3.23. Disposición de apoyos de chapa rectangulares en la traza de la línea

3.2.1.3.2. Apoyos de chapa para líneas de más de 30 kV

No existe una norma específica de construcción y de características para estos apoyos no obstante se construirán de forma que sus componentes cumplan con las normas UNE aplicables según el RLAT.

Suelen fabricarse de dos tipos, en función de la configuración de la línea:

1. Simple circuito en triángulo (a tresbolillo)

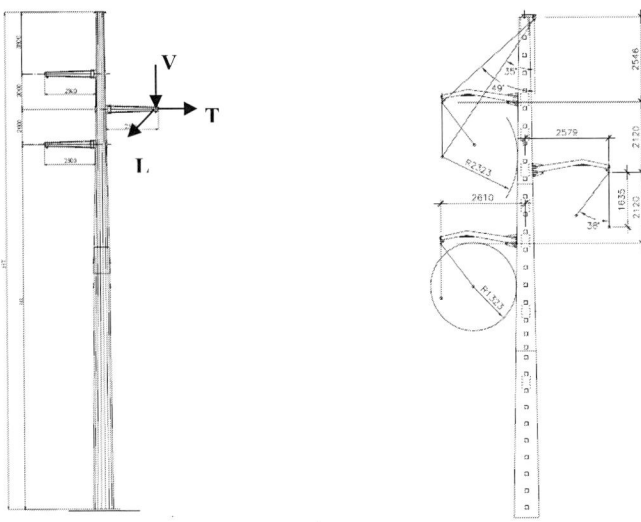

Figura 3.24. Apoyo de chapa poligonal para línea a 132 kV en simple circuito y detalle de armado a tresbolillo (SC –66 –T –C –2), para apoyo de chapa rectangular en línea de 66 kV

2. Doble circuito

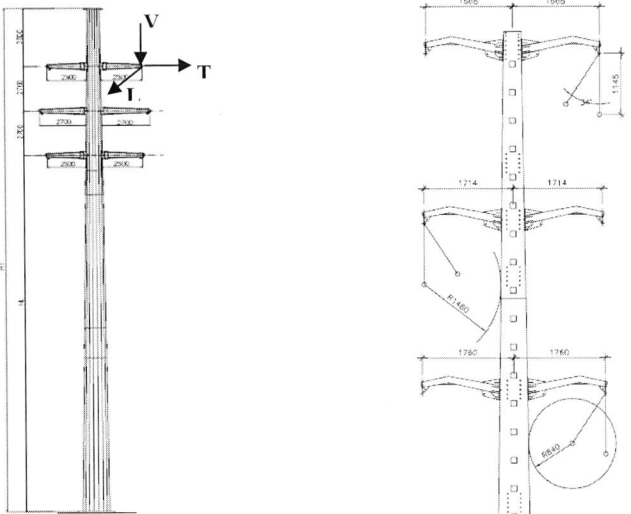

Figura 3.25. Apoyo de chapa poligonal para línea a 66 kV en doble circuito y detalle de armado (DC –66 –H –C –3), en doble circuito para apoyo rectangular de chapa en línea de 66 kV

Los fabricantes facilitan los esfuerzos soportados por este tipo de apoyos de forma similar a lo indicado para apoyos de celosía para líneas de más de 30 kV, siendo su designación parecida, como se indica en los siguientes ejemplos.

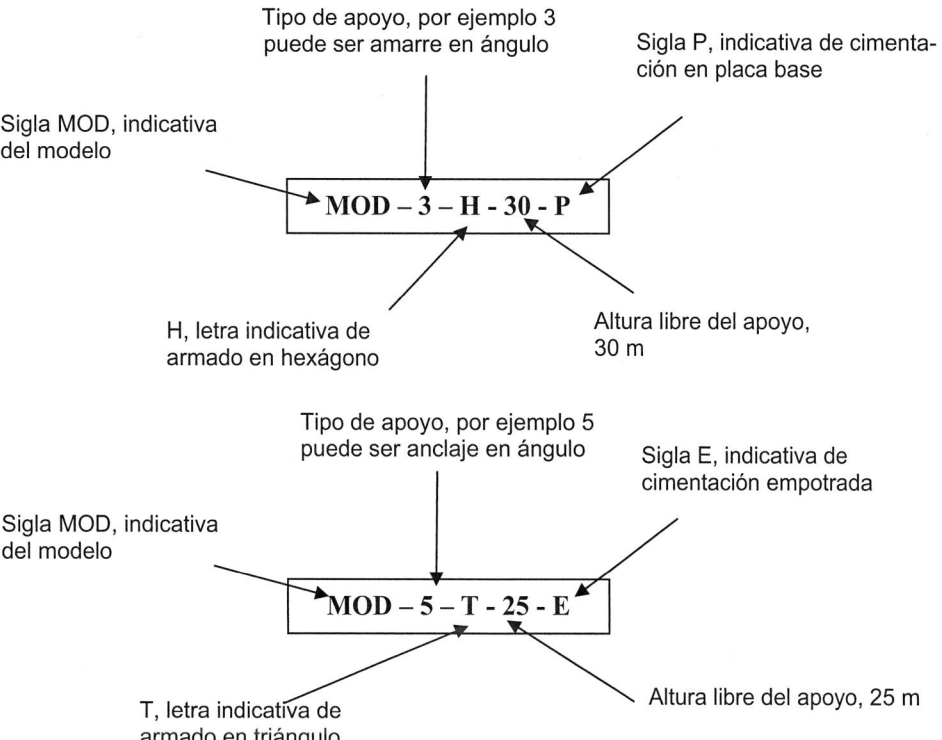

La Figura 3.26 muestra un apoyo de chapa poligonal (12 lados), para una línea de 132 kV, en doble circuito, configuración dúplex.

Figura 3.26. Apoyo poligonal de chapa para línea de 132 kV, con detalle de indicación de riesgo eléctrico y sistema de escalamiento

3.2.2. Apoyos de hormigón

Los apoyos de hormigón empleados en líneas aéreas de alta tensión se pueden clasificar de la siguiente forma:

- Apoyos de hormigón vibrado (tipo HV).

- Apoyos de hormigón vibrado hueco (tipo HVH).

Las características de estos apoyos de hormigón se especifican en la Norma UNE 207016 [5], que es una adaptación de las RU 6703 C y RU 6709 A para apoyos de hormigón vibrado y apoyos de hormigón vibrado hueco, respectivamente.

El campo de aplicación de los apoyos de hormigón, tipo HV y HVH, descritos en la Norma UNE 207016 abarca tanto a las líneas aéreas de alta tensión como a las de baja tensión.

3.2.2.1. Apoyos de hormigón vibrado (tipo HV) según UNE 207016

La forma geométrica de este apoyo es la de una viga troncopiramidal de sección exterior rectangular, maciza en sus dos primeros metros medidos desde la cogolla y con sección en forma de «I» reforzada con nervios en el resto de su longitud.

El apoyo de hormigón vibrado, HV, es un apoyo reforzado que está proyectado para soportar indistintamente un esfuerzo nominal T o L, a la distancia h_4 por debajo de la cogolla o un esfuerzo útil *Coef. T* o *Coef. L*, a una distancia h_5 por encima de la cogolla.

La Figura 3.27 muestra la configuración geométrica del apoyo HV y las cargas o esfuerzos aplicados durante los ensayos. El valor de *Coef.*, depende la altura h_5, de forma que:

Para,

$$h_5 = 0,75 \text{ m},$$

$$Coef. = 0,9$$

Para otros valores de h_5,

$$Coef = \frac{5,4}{h_5 + 5,25}$$

El apoyo tipo HV, al ser de sección rectangular, admite menos esfuerzo sobre la dirección secundaria L, que sobre la dirección principal T.

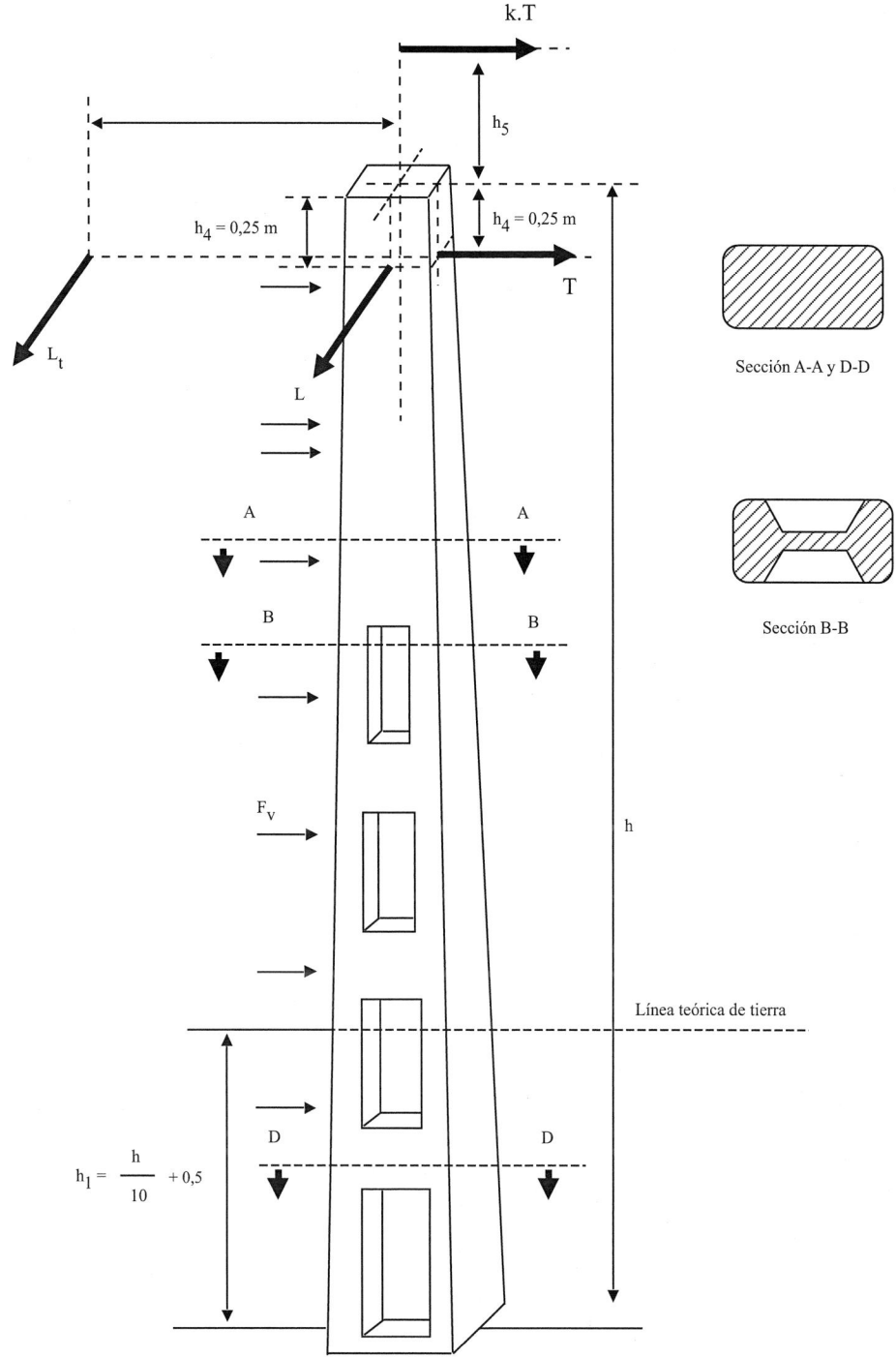

Figura 3.27. Apoyo de hormigón vibrado según UNE 207016

La Figura 3.28 muestra las vistas de la cabeza, tanto de la cara ancha como de la cara estrecha y la disposición de los orificios pasantes. La conicidad adoptada para la cara estrecha debe ser de (13 ± 2) mm/m y la conicidad adoptada para la cara ancha debe ser de (21 ± 2) mm/m.

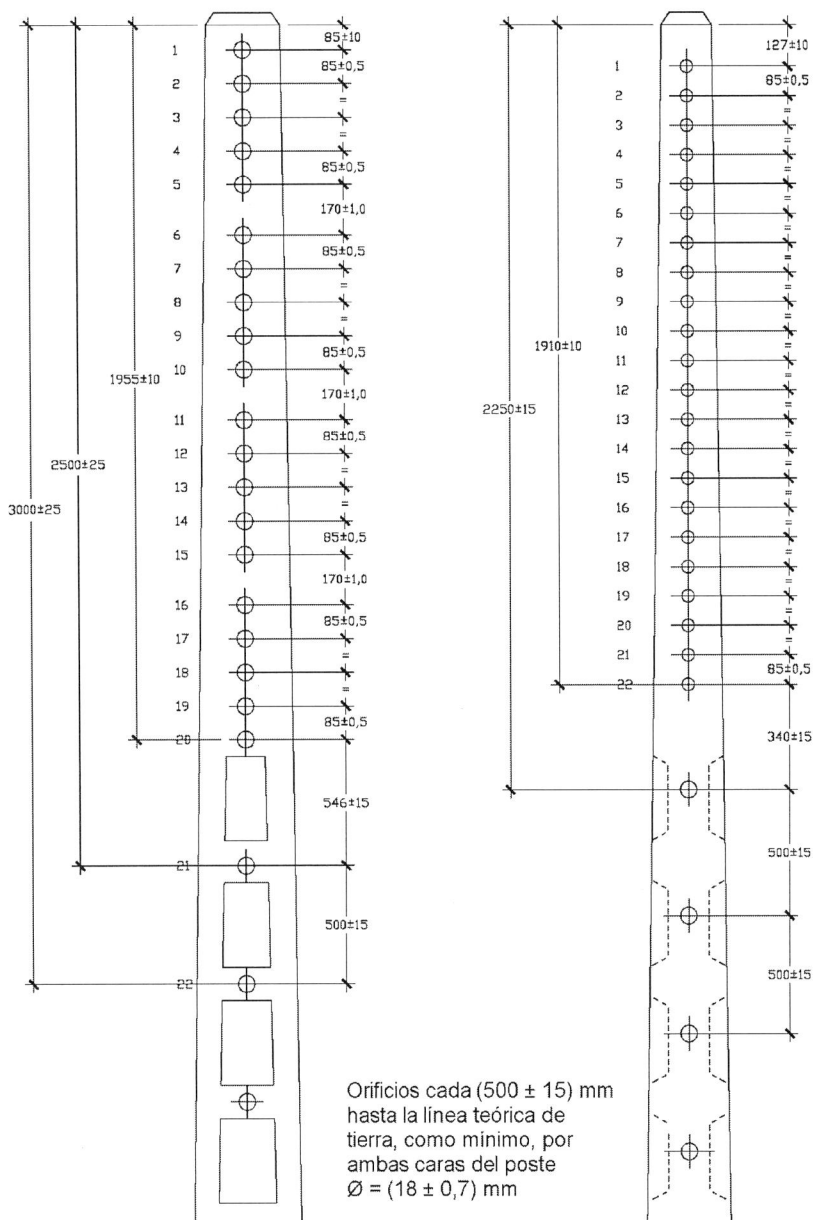

Figura 3.28. Disposición de orificios pasantes en apoyo de hormigón vibrado según UNE 207016

Las medidas nominales de la cogolla y longitudes y esfuerzos de los apoyos tipo HV, se muestran en la Tabla 3.11.

Tabla 3.11. Medidas nominales de cogolla, longitudes y esfuerzos de los apoyos HV

Esfuerzo nominal T (daN)	Medidas de cogolla (mm × mm)	Longitud (m)				
		9	11	13	15	17
160	1.110 × 145	×	×			
250		×	×	×		
400	140 × 200	×	×	×		
630		×	×	×	×	×
800		×	×	×	×	×
1.000	170 × 255	×	×	×	×	×
1.600		×	×	×	×	×

Figura 3.29. Detalle de apoyo de hormigón tipo HV

Los apoyos se designan mediante tres grupos de siglas y números con el significado siguiente:

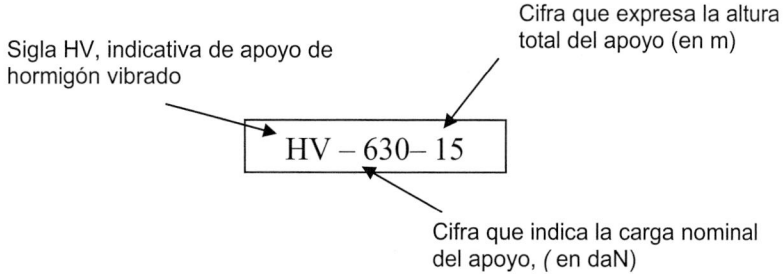

Cifra que expresa la altura total del apoyo (en m)

Sigla HV, indicativa de apoyo de hormigón vibrado

HV – 630– 15

Cifra que indica la carga nominal del apoyo, (en daN)

Los esfuerzos y los momentos de rotura a torsión de los apoyos tipo HV, se muestran en la Tabla 3.12. Los puntos de aplicación de dichos esfuerzos se encuentran representados en la Figura 3.27.

Tabla 3.12. Esfuerzos, coeficientes de seguridad y momentos de rotura a torsión para apoyos tipo HV, según UNE 207016

Nominal		Secundario		Momento de rotura a torsión (daN·m)[1]
Esfuerzo *T* (daN)	Coeficiente de seguridad	Esfuerzo *L* (daN)	Coeficiente de seguridad	
160	2,25	100	2,25	–
250	2,25	160	2,25	–
400	2,25	250	2,25	–
630	2,25	360	2,25	–
800	2,25	400	2,25	–
1.000	2,25	500	2,25	540
1.600	2,25	600	2,25	540

(1) El momento de torsión de trabajo se debe de calcular dividiendo el momento de rotura entre el coeficiente de seguridad, que según el RLAT puede ser un 20% inferior al utilizado en hipótesis normales, es decir 1,8.

Para su puesta a tierra los apoyos deben disponer de dos bornes normalizados ubicados en la cara estrecha del poste, uno de ellos en la parte inferior y otro en la parte superior. Entre ambos bornes debe de existir continuidad eléctrica, siendo las armaduras del poste las encargadas de conducir las corrientes de cortocircuito entre ambos puntos.

La Figura 3.30 detalla la forma y disposición de los bornes de puesta a tierra.

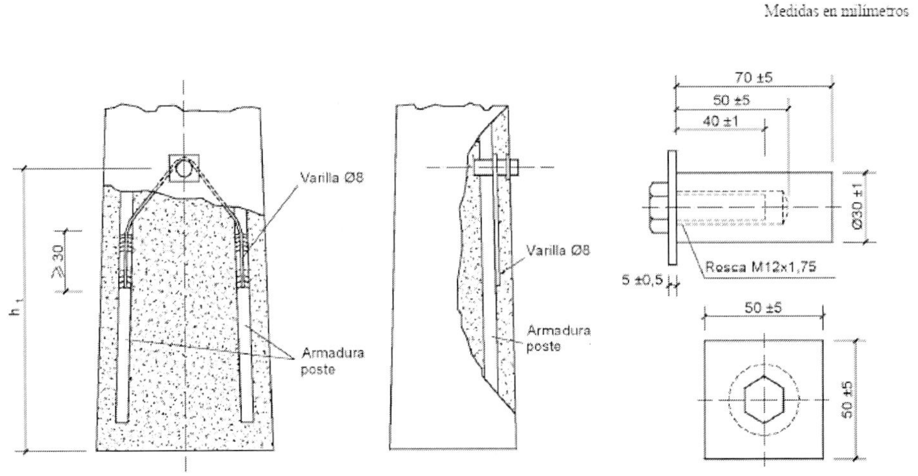

Figura 3.30. Forma y disposición de los bornes de puesta a tierra

La Figura 3.31 muestra un apoyo de hormigón vibrado de suspensión en alineación, con cruceta de bóveda.

Figura 3.31. Apoyos HV de suspensión en alineación

3.2.2.2. **Apoyos de hormigón vibrado hueco (tipo HVH) según UNE 207016**

La forma geométrica de este apoyo es la de una viga troncopiramidal de sección exterior cuadrangular, maciza en la zona de la cabeza, y hueca en el resto de su longitud. La forma de la sección hueca puede ser poligonal o circular.

El apoyo de hormigón vibrado, HVH, puede soportar el esfuerzo nominal T a una distancia $h_4 = 0,25$, por debajo de la cogolla.

La Figura 3.32 muestra la configuración geométrica del apoyo HVH con los esfuerzos aplicados durante los ensayos.

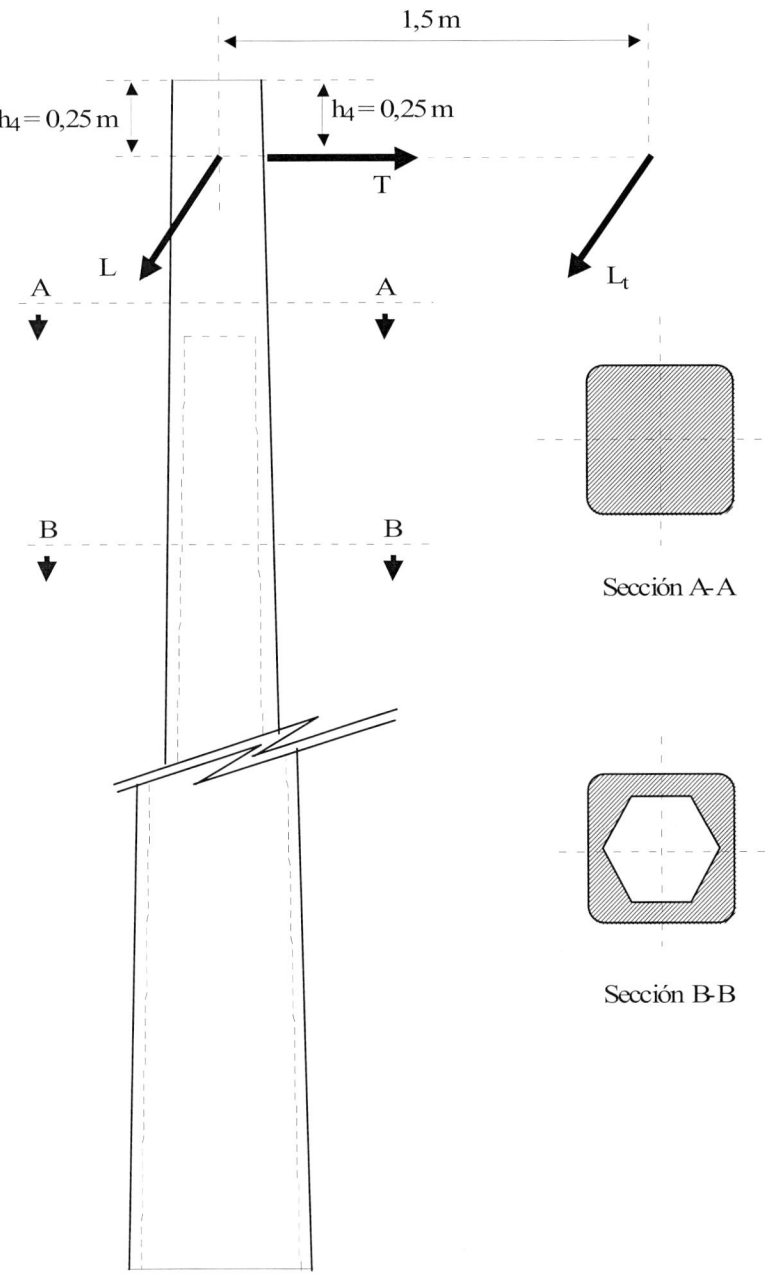

Figura 3.32. Apoyo de hormigón vibrado hueco según UNE 207016

Las cargas se aplican tanto sobre la dirección principal (transversal a la línea) como sobre la dirección secundaria (longitudinal a la línea). El apoyo tipo HVH admite idéntico esfuerzo en ambas direcciones por ser de sección cuadrada.

La Figura 3.33 muestra las vistas de la cabeza, en ambas caras y la disposición de los orificios pasantes. La conicidad adoptada para ambas caras debe ser de 25 mm/m.

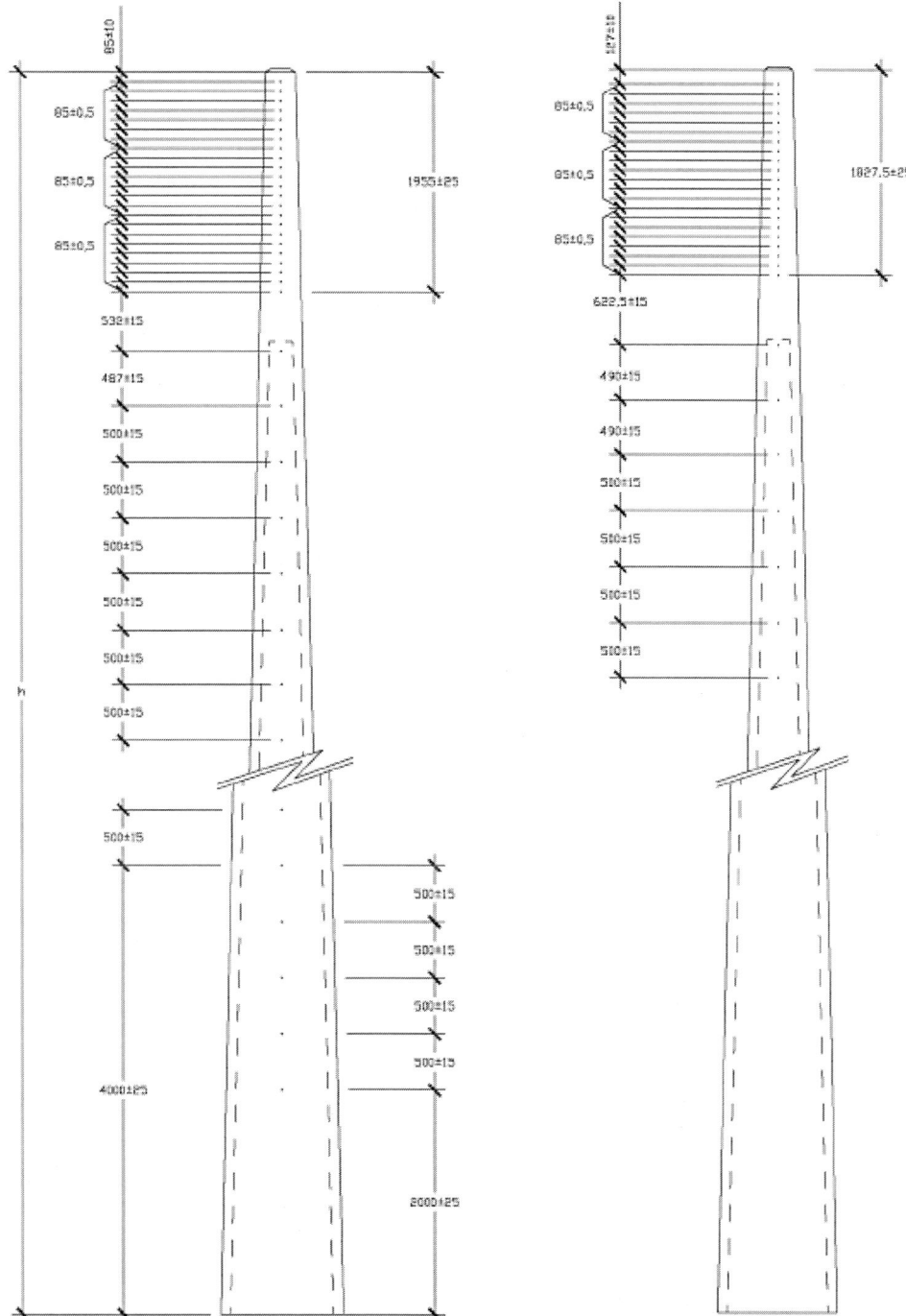

Figura 3.33. Disposición de orificios pasantes en apoyo de hormigón vibrado hueco, según UNE 207016

Las medidas nominales de la cogolla y longitudes y esfuerzos de los apoyos tipo HV, se muestran en la Tabla 3.13.

Tabla 3.13. Medidas nominales de cogolla, longitudes y esfuerzos de los apoyos HVH

Esfuerzo nominal T (daN)	Medidas de cogolla (mm × mm)	Longitud (m)				
		9	11	13	15	17
1.000		×	×	×	×	×
1.600	250 × 250	×	×	×	×	×
2.000		×	×	×	×	×
2.500		×	×	×	×	×
3.000	275 × 275	×	×	×	×	×
3.500		×	×	×	×	×
4.500		×	×	×	×	×

Los apoyos se designan mediante tres grupos de siglas y números con el significado siguiente:

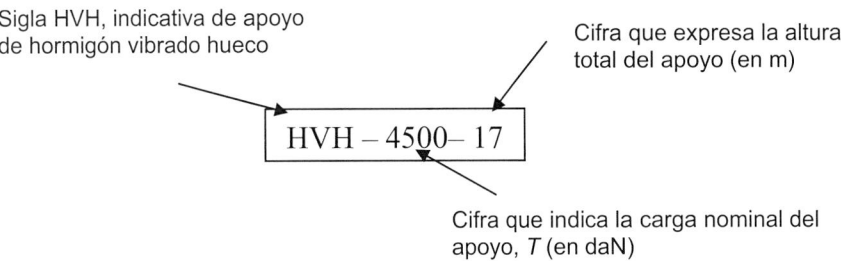

En la Tabla 3.14 se indican los esfuerzos y los momentos de rotura a torsión de los apoyos tipo HVH. Los puntos de aplicación de dichos esfuerzos se encuentran representados en la Figura 3.31.

Conforme al Apartado 3.5.4 de la ITC-LAT 07, el coeficiente de seguridad a la rotura para los esfuerzos transversal y longitudinal será de 2,25 y para el momento de torsión, podrá reducirse a 1,8.

Tabla 3.14. Esfuerzos y momentos de rotura a torsión para apoyos tipo HVH, según UNE 207016

Esfuerzo principal y secundario $T = L$ (daN)	Momento de rotura a torsión (daN·m)
1.000	4.230
1.600	
2.000	
2.500	5.130
3.000	
3.500	
4.500	

Para la puesta a tierra de los apoyos se deben disponer dos bornes de puesta a tierra, situados en la misma cara del poste, uno en la parte inferior y otro en la superior. La forma de conexión a las armaduras internas del poste se detalla en la Figura 3.29.

Las Figuras 3.34 y 3.35 muestran apoyos de hormigón vibrado hueco, así como el detalle de alguno de sus armados.

Figura 3.34. Apoyo HVH de fin de línea con C.T. intemperie para línea de 15 kV

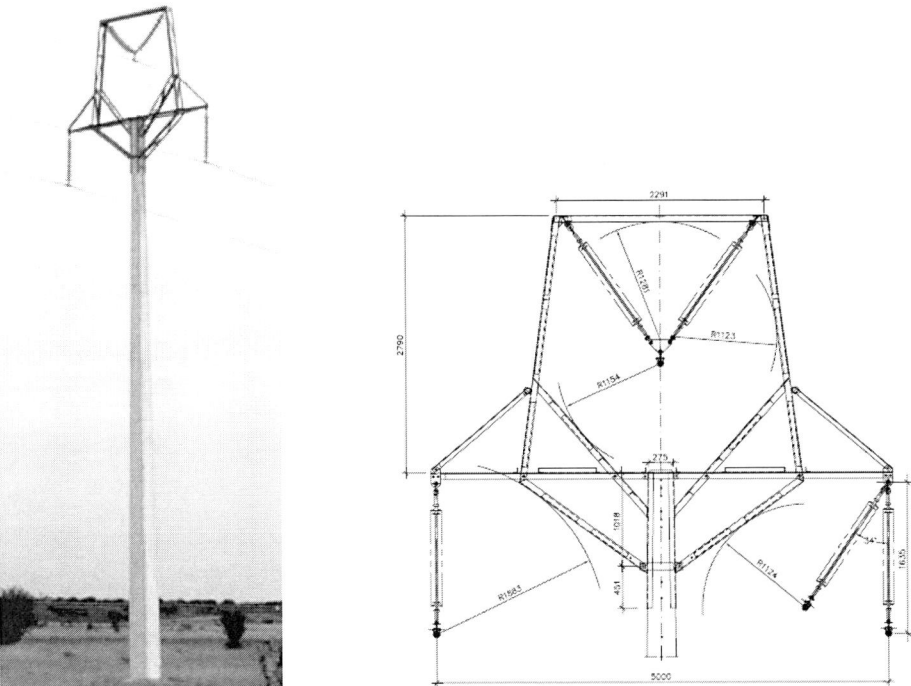

Figura 3.35. Apoyo HVH de suspensión en alineación simple circuito para línea de 132 kV con detalle de armado B –132 –H2

3.3 CÁLCULO MECÁNICO DE APOYOS

Los cálculos mecánicos de los apoyos empleados en líneas aéreas con conductores desnudos o recubiertos, se deben de realizar siguiendo las indicaciones especificadas en el Apartado 3.5.3 de la ITC-LAT 07 «Hipótesis de cálculo» [6]. En dicho apartado se especifican las cuatro hipótesis de cálculo que han de cumpli cada uno de los apoyos a emplazar en la línea con sus coeficientes de seguridad correspondientes. De estas cuatro hipótesis, las de viento y hielo se denominan *normales* y las otras dos, desequilibrio de tracciones y rotura de conductores *anormales*.

Para cada una de las hipótesis, se especifican los esfuerzos que se deben considerar aplicados sobre el apoyo, y que dependiendo del tipo de apoyo y de la hipótesis pueden ser:

V = esfuerzos verticales debidos a las cargas permanentes.

L = esfuerzo longitudinal debido a los desequilibrios de tracciones.

T = esfuerzo transversal debido al viento sobre los conductores, apoyos, aisladores y herrajes.

A continuación, se reproducen las mencionadas tablas junto con su interpretación.

Tabla 3.15. Apoyos de líneas situadas en zona A (I)

Tipo de apoyo	Tipo de esfuerzo	1ª hipótesis (Viento)	3ª hipótesis (Desequilibrio de tracciones)	4ª hipótesis (Rotura de conductores)
Suspensión de alineación o Suspensión de ángulo	V	Cargas permanentes (Aptdo. 3.1.1), considerando los conductores y cables de tierra sometidos a una sobrecarga de viento (Aptdo. 3.1.2), correspondiente a una velocidad mínima de 120 o 140 km/h, según la categoría de la línea.		
	T	Esfuerzo del viento (Aptdo. 3.1.2), correspondiente a una velocidad mínima de 120 o 140 km/h, según la categoría de la línea, sobre: – Conductores y cables de tierra. – Apoyo. Solo ángulo: resultante de ángulo (Aptdo. 3.1.6.)	ALINEACIÓN: No aplica. ÁNGULO: Resultante de ángulo (Aptdo. 3.1.6.)	
	L	No aplica.	Desequilibrio de tracciones (Aptdo. 3.1.4.1)	Rotura de conductores y cables de tierra (Aptdo. 3.1.5.1)
Amarre de alineación o Amarre de ángulo	V	Cargas permanentes (Aptdo. 3.1.1), considerando los conductores y cables de tierra sometidos a una sobrecarga de viento (Aptdo. 3.1.2), correspondiente a una velocidad mínima de 120 o 140 km/h, según la categoría de la línea.		
	T	Esfuerzo del viento (Aptdo. 3.1.2), para una velocidad mínima de 120 o 140 km/h, según la categoría de la línea, sobre: – Conductores y cables de tierra. – Apoyo. Solo ángulo: resultante de ángulo (Aptdo. 3.1.6.)	ALINEACIÓN: No aplica. ÁNGULO: Resultante de ángulo (Aptdo. 3.1.6.)	
	L	No aplica	Desequilibrio de tracciones (Aptdo. 3.1.4.2)	Rotura de conductores y cables de tierra (Aptdo. 3.1.5.2)

Para la determinación de las tensiones de los conductores y cables de tierra se considerarán sometidos a una sobrecarga de viento (Aptdo. 3.1.2), correspondiente a una velocidad mínima de 120 o 140 km/h, según la categoría de la línea y a la temperatura de –5 °C.

V = esfuerzo vertical   L = esfuerzo longitudinal   T = esfuerzo transversal

Tabla 3.16: Apoyos de líneas situadas en zona A (II)

Tipo de apoyo	Tipo de esfuerzo	1ª hipótesis (Viento)	2ª hipótesis (Desequilibrio de tracciones)	4ª hipótesis (Rotura de conductores)
Anclaje de alineación o Anclaje de ángulo	V	Cargas permanentes (Aptdo. 3.1.1) considerando los conductores y cables de tierra sometidos a una sobrecarga de viento (Aptdo. 3.1.2), correspondiente a una velocidad mínima de 120 o 140 km/h, según la categoría de la línea.		
	T	Esfuerzo del viento (Aptdo. 3.1.2), correspondiente a una velocidad mínima de 120 o 140 km/h, según la categoría de la línea, sobre: – Conductores y cables de tierra. – Apoyo. Solo ángulo: resultante de ángulo (Aptdo. 3.1.6).	ALINEACIÓN: No aplica ÁNGULO: Resultante de ángulo (Aptdo. 3.1.6).	
	L	No aplica	Desequilibrio de tracciones (Apartado 3.1.4.3)	Rotura de conductores y cables de tierra (Aptdo. 3.1.5.3).
Fin de línea	V	Cargas permanentes (Aptdo. 3.1.1), considerando los conductores y cables de tierra sometidos a una sobrecarga de viento (Aptdo. 3.1.2), correspondiente a una velocidad mínima de 120 o 140 km/h, según la categoría de la línea.	No aplica	Cargas permanentes (Aptdo. 3.1.1), considerando los conductores y cables de tierra sometidos a una sobrecarga de viento (Aptdo. 3.1.2), correspondiente a una velocidad mínima de 120 o 140 km/h, según categoría de la línea.
	T	Esfuerzo del viento (Aptdo. 3.1.2), correspondiente a una velocidad mínima de 120 o 140 km/h, según la categoría de la línea, sobre: – Conductores y cables de tierra. – Apoyo.		No aplica
	L	Desequilibrio de tracciones (Aptdo. 3.1.4.4).		Rotura de conductores y cables de tierra (Aptdo. 3.1.5.4).

Para la determinación de las tensiones de los conductores y cables de tierra se considerarán sometidos a una sobrecarga de viento (Aptdo. 3.1.2), correspondiente a una velocidad mínima de 120 o 140 km/h, según la categoría de la línea y a la temperatura de –5 °C.

V = esfuerzo vertical L = esfuerzo longitudinal T = esfuerzo transversal

Tabla 3.17. Apoyos de líneas situadas en zonas B y C (I)

Tipo de apoyo	Tipo de esfuerzo	1ª hipótesis (Viento)	2ª hipótesis (Hielo)	2ª hipótesis (Hielo + Viento)	3ª hipótesis (Desequilibrio de tracciones)	4ª hipótesis (Rotura de conductores)
Suspensión de alineación o Suspensión de ángulo	V	Cargas permanentes (Aptdo. 3.1.1) considerando los conductores y cables de tierra sometidos a una sobrecarga de viento correspondiente a una velocidad mínima de 120 o 140 km/h según la categoría de la línea.	Cargas permanentes (Aptdo. 3.1.1), considerando los conductores y cables de tierra sometidos a la sobrecarga de hielo mínima (Aptdo. 3.1.3).	Cargas permanentes (Aptdo. 3.1.1) considerando los conductores y cables de tierra sometidos a la sobrecarga de hielo mínima (Aptdo. 3.1.3) y a una sobrecarga de viento mínima correspondiente a 60 km/h (Aptdo. 3.1.2)	Cargas permanentes (Aptdo. 3.1.1) considerando los conductores y cables de tierra sometidos a la sobrecarga de hielo mínima (Aptdo. 3.1.3). Para las líneas de categoría especial, además de la sobrecarga de hielo, se considerarán los conductores y cables de tierra sometidos a una sobrecarga de viento mínima correspondiente a 60 km/h (Aptdo. 3.1.2).	
	T	Esfuerzo del viento (Aptdo. 3.1.2), correspondiente a una velocidad mínima de 120 o 140 km/h, según la categoría de la línea, sobre: – Conductores y cables de tierra. – Apoyo. Solo ángulo: resultante de ángulo (Aptdo. 3.1.6.).	ALINEACIÓN: No se aplica. ÁNGULO: Resultante de ángulo (Aptdo. 3.1.6.).	Esfuerzo del viento (Aptdo. 3.1.2) para una velocidad mínima de 60 km/h y sobrecarga de hielo (Aptdo. 3.1.3) sobre: – Conductores y cables de tierra. – Apoyo. Solo ángulo: Resultante de ángulo (Aptdo. 3.1.6).	ALINEACIÓN: No se aplica. ÁNGULO: Resultante de ángulo (Aptdo. 3.1.6.)	
	L		No aplica.		Desequilibrio de tracciones (Aptdo. 3.1.4.1)	Rotura de conductores y cables de tierra (Aptdo. 3.1.5.1).
Amarre de alineación o Amarre de ángulo	V	Cargas permanentes (Aptdo. 3.1.1) considerando los conductores y cables de tierra sometidos a una sobrecarga de viento correspondiente a una velocidad mínima de 120 o 140 km/h, según la categoría de la línea.	Cargas permanentes (Aptdo. 3.1.1), considerando los conductores y cables de tierra sometidos a la sobrecarga de hielo mínima (Aptdo. 3.1.3).	Cargas permanentes (Aptdo. 3.1.1) considerando los conductores y cables de tierra sometidos a la sobrecarga de hielo mínima (Aptdo. 3.1.3) y a una sobrecarga de viento mínima correspondiente a 60 km/h (Aptdo. 3.1.2)	Cargas permanentes (Aptdo. 3.1.1) considerando los conductores y cables de tierra sometidos a la sobrecarga de hielo mínima (Aptdo. 3.1.3). Para las líneas de categoría especial, además de la sobrecarga de hielo, se considerarán los conductores y cables de tierra sometidos a una sobrecarga de viento mínima correspondiente a 60 km/h (Aptdo. 3.1.2).	
	T	Esfuerzo del viento (Aptdo. 3.1.2) que corresponde a una velocidad mínima de 120 o 140 km/h según la categoría de la línea, sobre: – Conductores y cables de tierra. – Apoyo. Solo ángulo: resultante de ángulo (Aptdo. 3.1.6).	ALINEACIÓN: No se aplica. ÁNGULO: Resultante de ángulo (Aptdo. 3.1.6.).	Esfuerzo del viento (Aptdo. 3.1.2) para una velocidad mínima de 60 km/h y sobrecarga de hielo (Aptdo. 3.1.3) sobre: – Conductores y cables de tierra. – Apoyo. Solo ángulo: resultante de ángulo (Aptdo. 3.1.6).	ALINEACIÓN: No se aplica ÁNGULO: Resultante de ángulo (Aptdo. 3.1.6.).	
	L		No aplica.		Desequilibrio de tracciones (Aptdo. 3.1.4.2).	Rotura de conductores y cables de tierra (Aptdo. 3.1.5.2).

Para la determinación de las tensiones de los conductores y cables de tierra se considerará:
1ª hipótesis: sometidos a una sobrecarga de viento (Aptdo. 3.1.2) correspondiente a una velocidad mínima de 120 o 140 km/h, según la categoría de la línea y la categoría de la línea.
Resto hipótesis: sometidos a una sobrecarga de hielo mínima (Aptdo. 3.1.3) y a la temperatura de –15 °C en zona B y –20 °C en zona C. En las líneas de categoría especial, además de la sobrecarga de hielo, se considerarán los conductores y cables de tierra sometidos a una sobrecarga de viento mínima correspondiente a 60 km/h (Aptdo. 3.1.2). La 2ª hipótesis (Hielo + Viento) será de aplicación exclusiva para las líneas de categoría especial.

Tabla 3.18. Apoyos de líneas situadas en zonas B y C (II)

Tipo de apoyo	Tipo de esfuerzo	1ª hipótesis (Viento)	2ª hipótesis (Hielo)	2ª hipótesis (Hielo + Viento)	3ª hipótesis (Desequilibrio de tracciones)	4ª hipótesis (Rotura de conductores)
Anclaje de alineación o Anclaje de ángulo	V	Cargas permanentes (Aptdo. 3.1.1), considerando los conductores y cables de tierra sometidos a una sobrecarga de viento (Aptdo. 3.1.2), correspondiente a una velocidad mínima de 120 o 140 km/h, según la categoría de la línea.	Cargas permanentes (Aptdo. 3.1.1), considerando los conductores y cables de tierra sometidos a la sobrecarga de hielo mínima (Aptdo. 3.1.3).	Cargas permanentes (Aptdo. 3.1.1), considerando los conductores y cables de tierra sometidos a la sobrecarga de hielo mínima (Aptdo. 3.1.3) y a una sobrecarga de viento mínima correspondiente a 60 km/h (Aptdo. 3.1.2).	Cargas permanentes (Aptdo. 3.1.1), considerando los conductores y cables de tierra sometidos a la sobrecarga de hielo mínima (Aptdo. 3.1.3). Para las líneas de categoría especial, además de la sobrecarga de hielo, se considerarán los conductores y cables de tierra sometidos a una sobrecarga de viento mínima correspondiente a 60 km/h (Aptdo. 3.1.2).	
	T	Esfuerzo del viento (Aptdo. 3.1.2), correspondiente a una velocidad mínima de 120 o 140 km/h, según la categoría de la línea, sobre: – Conductores y cables de tierra. – Apoyo. Solo ángulo: resultante de ángulo (Aptdo. 3.1.6).	ALINEACIÓN: No se aplica. ÁNGULO: Resultante de ángulo (Aptdo. 3.1.6.).	Esfuerzo del viento (Aptdo. 3.1.2) para una velocidad mínima de 60 km/h y sobrecarga de hielo (Aptdo. 3.1.3) sobre: – Conductores y cables de tierra. – Apoyo. Solo ángulo: resultante de ángulo (Aptdo. 3.1.6.).	ALINEACIÓN: No se aplica ÁNGULO: Resultante de ángulo (Aptdo. 3.1.6.)	
	L		No aplica.		Desequilibrio de tracciones (Aptdo. 3.1.4.3)	Rotura de conductores y cables de tierra (Aptdo. 3.1.5.3.)

Tabla 3.18. Apoyos de líneas situadas en zonas B y C (II) (continuación)

Tipo de apoyo	Tipo de esfuerzo	1ª hipótesis (Viento)	2ª hipótesis (Hielo)	2ª hipótesis (Hielo + Viento)	3ª hipótesis (Desequilibrio de tracciones)	4ª hipótesis (Rotura de conductores)
Fin de línea	V	Cargas permanentes (Aptdo. 3.1.1), considerando los conductores y cables de tierra sometidos a una sobrecarga de viento (Aptdo. 3.1.2), correspondiente a una velocidad mínima de 120 o 140 km/h según la categoría de la línea.	Cargas permanentes (Aptdo. 3.1.1), considerando los conductores y cables de tierra sometidos a la sobrecarga de hielo mínima (Aptdo. 3.1.3).	Cargas permanentes (Aptdo. 3.1.1), considerando los conductores y cables de tierra sometidos a la sobrecarga de hielo mínima (Aptdo. 3.1.3) y a una sobrecarga de viento mínima correspondiente a 60 km/h (Aptdo. 3.1.2).	No aplica.	Cargas permanentes (Aptdo. 3.1.1), considerando los conductores y cables de tierra sometidos a la sobrecarga de hielo mínima (Aptdo. 3.1.3). Para las líneas de categoría especial, además de la sobrecarga de hielo, se considerarán los conductores y cables de tierra sometidos a una sobrecarga de viento mínima de 60 km/h (Aptdo. 3.1.2).
	T	Esfuerzo del viento (Aptdo. 3.1.2) correspondiente a una velocidad mínima de 120 o 140 km/h según la categoría de la línea, sobre: – Conductores y cables de tierra. – Apoyo.	No aplica.	Esfuerzo del viento (Aptdo. 3.1.2) para una velocidad mínima de 60 km/h y sobrecarga de hielo (Aptdo. 3.1.3) sobre: – Conductores y cables de tierra. – Apoyo.		No aplica.
	L	Desequilibrio de tracciones (Aptdo. 3.1.4.4.).	Desequilibrio de tracciones (Aptdo. 3.1.4.4.).		Desequilibrio de tracciones (Aptdo. 3.1.4.4.).	Rotura de conductores y cables de tierra (Aptdo. 3.1.5.4.).

Para la determinación de las tensiones de los conductores y cables de tierra se considerará:

1ª hipótesis: Sometidos a una sobrecarga de viento (Aptdo. 3.1.2) correspondiente a una velocidad mínima de 120 o 140 km/h, según la categoría de la línea y a la temperatura de –10 °C en zona B y –15 °C en zona C.

Resto hipótesis: Sometidos a una sobrecarga de hielo mínima (Aptdo. 3.1.3) y a la temperatura de –15 °C en zona B y –20 °C en zona C. En las líneas de categoría especial, además de la sobrecarga de hielo, se considerarán los conductores y cables de tierra sometidos a una sobrecarga de viento mínima correspondiente a 60 km/h (Aptdo. 3.1.2). La 2ª hipótesis (Hielo + Viento) será de aplicación exclusiva para las líneas de categoría especial.

V = esfuerzo vertical L = esfuerzo longitudinal T = esfuerzo transversal

Tabla 3.19. Interpretación de la Tabla 3.15

Zona A – (apoyos de suspensión en alineación)

Cargas	1ª hipótesis (Viento)	3ª hipótesis (Desequilibrio de tracciones)	4ª hipótesis (Rotura de conductores)
V (vertical)	$P_{cond.} + P_{cadena} + P_{herrajes}$	$P_{cond.} + P_{cadena} + P_{herrajes}$	$P_{cond.} + P_{cadena} + P_{herrajes}$
T (Transversal)	$n \cdot F_T$	0	0
L (Longitudinal)	0	$n \cdot (\% \text{ des.}) \cdot T_v$	$(\% \ rot.) \cdot T_v$

n = número de subconductores del haz.

T_v = tensión horizontal en un conductor a $-5\ °C$ con viento reglamentario, 120 km/h (1ª, 2ª y 3ª categoría), 140 km/h (categoría especial).

$$P_{cond} = n \cdot p_P \cdot \left[\frac{a_1 + a_2}{2} + \frac{T_v}{p} \cdot \left(\frac{d_1}{a_1} - \frac{d_2}{a_2} \right) \right] (daN)$$

$$F_T = q \cdot \phi \cdot 10^{-3} \cdot \frac{a_1 + a_2}{2} \ (daN)$$

q = presión de viento reglamentaria sobre los conductores.

$\%\ des.$ = coeficiente de desequilibrio para apoyos de alineación, 0,08 (8%, $U_n \leq 66$ kV), 0,15 (15%, $U_n > 66$ kV).

$\%\ rot.$ = coeficiente de rotura para apoyos de alineación en% de la tensión del cable roto; 0,5 (50%, $n = 1$ o 2), 0,75 (75%, $n = 3$), 1 (100%, $n \geq 4$).

Tabla 3.20. Interpretación de la Tabla 3.15

Zona A (apoyos de suspensión en ángulo)

Cargas	1ª hipótesis (Viento)	3ª hipótesis (Desequilibrio de tracciones)	4ª hipótesis (Rotura de conductores)
V (vertical)	$P_{cond.} + P_{cadena} + P_{herrajes}$	$P_{cond.} + P_{cadena} + P_{herrajes}$	$P_{cond.} + P_{cadena} + P_{herrajes}$
T (Transversal)	$n \cdot (F_T + R_{ángulo})$	$n \cdot (2 - \% \, des.) \cdot T_v \cdot sen\dfrac{\alpha}{2}$	$(2 \cdot n - 1) \cdot \% \, rot. \cdot T_v \cdot sen\dfrac{\alpha}{2}$
L (Longitudinal)	0	$n \cdot \% \, des. \cdot T_v \cdot cos\dfrac{\alpha}{2}$	$\% \, rot. \cdot T_v \cdot cos\dfrac{\alpha}{2}$

n = número de subconductores del haz.

T_v = tensión horizontal en un conductor a −5 °C con viento reglamentario, 120 km/h (1ª, 2ª y 3ª categoría), 140 km/h (categoría especial).

$$P_{cond} = n \cdot p_P \cdot \left[\frac{a_1 + a_2}{2} + \frac{T_v}{p} \cdot \left(\frac{d_1}{a_1} - \frac{d_2}{a_2} \right) \right] \, (daN)$$

$$F_T = q \cdot \phi \cdot 10^{-3} \cdot \frac{a_1 + a_2}{2} \cdot cos\frac{\alpha}{2} \, (daN)$$

$$R_{ángulo} = 2 \cdot T_v \cdot sen\frac{\alpha}{2} \, (daN)$$

q = presión de viento reglamentaria sobre los conductores.

$\%$ $des.$ = coeficiente de desequilibrio para apoyos de alineación, 0,08 (8‰, $U_n \leq$ 66 kV), 0,15 (15‰, $U_n >$ 66 kV).

$\%$ $rot.$ = coeficiente de rotura para apoyos de alineación, en‰, de la tensión del cable roto, 0,5 (50‰, $n =$ 1 o 2), 0,75 (75‰, $n =$ 3), 1 (100‰, $n \geq$ 4).

Tabla 3.21. Interpretación de la Tabla 3.15

Zona A (apoyos de amarre en alineación)

Cargas	1ª hipótesis (Viento)	3ª hipótesis (Desequilibrio de tracciones)	4ª hipótesis (Rotura de conductores)
V (vertical)	$P_{cond.} + P_{cadena} + P_{herrajes}$	$P_{cond.} + P_{cadena} + P_{herrajes}$	$P_{cond.} + P_{cadena} + P_{herrajes}$
T (Transversal)	$n \cdot FT$	0	0
L (Longitudinal)	0	$n \cdot (\%\ des.) \cdot T_{v1}$	T_{v1}

n = número de subconductores del haz.

T_{v1} = tensión horizontal en un conductor, en el vano anterior a $-5\ ^{\circ}$C con viento reglamentario, 120 km/h (1ª, 2ª y 3ª categoría), 140 km/h (categoría especial).

T_{v2} = tensión horizontal en un conductor, en el vano posterior a $-5\ ^{\circ}$C con viento reglamentario, 120 km/h (1ª, 2ª y 3ª categoría), 140 km/h (categoría especial).

Nota: se ha considerado, $T_{v1} > T_{v2}$.

$$P_{cond} = n \cdot p_P \cdot \left[\frac{a_1 + a_2}{2} + \frac{T_{v1}}{p} \cdot \frac{d_1}{a_1} - \frac{T_{v2}}{p} \cdot \frac{d_2}{a_2} \right] (daN)$$

$$F_T = q \cdot \phi \cdot 10^{-3} \cdot \frac{a_1 + a_2}{2}\ (daN)$$

q = presión de viento reglamentaria sobre los conductores.

$\%\ des.$ = coeficiente de desequilibrio para apoyos de alineación, 0,15 (15%, $U_n \leq 66$ kV), 0,25 (25%, $U_n > 66$ kV).

Tabla 3.22. Interpretación de la Tabla 3.15

Zona A (apoyos de amarre en ángulo)

Cargas	1ª hipótesis (Viento)	3ª hipótesis (Desequilibrio de tracciones)	4ª hipótesis (Rotura de conductores)
V (vertical)	$P_{cond.} + P_{cadena} + P_{herrajes}$	$P_{cond.} + P_{cadena} + P_{herrajes}$	$P_{cond.} + P_{cadena} + P_{herrajes}$
T (Transversal)	$n \cdot (F_T + R_{ángulo})$	$n \cdot (2 - \% \, des.) \cdot T_{v1} \cdot sen \dfrac{\alpha}{2}$	$\left[n \cdot T_{v1} + (n-1) \cdot T_{v2} \right] \cdot sen \dfrac{\alpha}{2}$
L (Longitudinal)	0	$n \cdot \% \, des. \cdot T_{v1} \cdot \cos \dfrac{\alpha}{2}$	$\left[n \cdot T_{v1} - (n-1) \cdot T_{v2} \right] \cdot \cos \dfrac{\alpha}{2}$

n = número de subconductores del haz.

T_{v1} = tensión horizontal en un conductor, en el vano anterior a –5 °C con viento reglamentario, 120 km/h (1ª, 2ª y 3ª categoría), 140 km/h (categoría especial).

T_{v2} = tensión horizontal en un conductor, en el vano posterior a –5 °C con viento reglamentario, 120 km/h (1ª, 2ª y 3ª categoría), 140 km/h (categoría especial).

Nota: se ha considerado, $T_{v1} > T_{v2}$.

$$P_{cond} = n \cdot p_P \cdot \left[\frac{a_1 + a_2}{2} + \frac{T_{v1}}{p} \cdot \frac{d_1}{a_1} - \frac{T_{v2}}{p} \cdot \frac{d_2}{a_2} \right] (daN)$$

$$F_T = q \cdot \phi \cdot 10^{-3} \cdot \frac{a_1 + a_2}{2} \cdot \cos \frac{\alpha}{2} \, (daN)$$

$$R_{ángulo} = 2 \cdot T_v \cdot sen \frac{\alpha}{2} \, (daN)$$

q = presión de viento reglamentaria sobre los conductores.

$\%\, des.$ = coeficiente de desequilibrio para apoyos de alineación, 0,15 (15%, $U_n \le 66$ kV), 0,25 (25%, $U_n > 66$ kV).

Tabla 3.23. Interpretación de la Tabla 3.16

Zona A (apoyos de anclaje en alineación)

Cargas	1ª hipótesis (Viento)	3ª hipótesis (Desequilibrio de tracciones)	4ª hipótesis (Rotura de conductores)
V (vertical)	$P_{cond.} + P_{cadena} + P_{herrajes}$	$P_{cond.} + P_{cadena} + P_{herrajes}$	$P_{cond.} + P_{cadena} + P_{herrajes}$
T (Transversal)	$n \cdot F_T$	0	0
L (Longitudinal)	0	$n \cdot (\% \ des.) \cdot T_{v1}$	$n \cdot (\% \ rot.) \cdot T_{v1}$

n = número de subconductores del haz.

T_{v1} = tensión horizontal en un conductor, en el vano anterior a -5 °C con viento reglamentario, 120 km/h (1ª, 2ª y 3ª categoría), 140 km/h (categoría especial).

T_{v2} = tensión horizontal en un conductor, en el vano posterior a -5 °C con viento reglamentario, 120 km/h (1ª, 2ª y 3ª categoría), 140 km/h (categoría especial).

Nota: se ha considerado $T_{v1} > T_{v2}$.

$$P_{cond} = n \cdot p_P \cdot \left[\frac{a_1 + a_2}{2} + \frac{T_{v1}}{p} \cdot \frac{d_1}{a_1} - \frac{T_{v2}}{p} \cdot \frac{d_2}{a_2} \right] (daN)$$

$$F_T = q \cdot \phi \cdot 10^{-3} \cdot \frac{a_1 + a_2}{2} \ (daN)$$

q = presión de viento reglamentaria sobre los conductores.

$\%$ *des.* = coeficiente de desequilibrio para apoyos de anclaje, 0,5(50%).

$\%$ *rot.* = coeficiente de rotura para apoyos de anclaje en% de la rotura total del haz, 1 (100%, $n = 1$), 0,5 (50%, $n \geq 2$).

Tabla 3.24. Interpretación de la Tabla 3.16

Zona A (apoyos de anclaje en ángulo)

Cargas	1ª hipótesis (Viento)	3ª hipótesis (Desequilibrio de tracciones)	4ª hipótesis (Rotura de conductores)
V (vertical)	$P_{cond.} + P_{cadena} + P_{herrajes}$	$P_{cond.} + P_{cadena} + P_{herrajes}$	$P_{cond.} + P_{cadena} + P_{herrajes}$
T (Transversal)	$N\left(F_T + R_{\text{ángulo}}\right)$	$n \cdot (2 - \% \, des.)\, T_{v1} \cdot sen\dfrac{\alpha}{2}$	$n \cdot \%rot. \cdot T_{v1} \cdot sen\dfrac{\alpha}{2}$
L (Longitudinal)	0	$n \cdot \% \, des. \cdot T_{v1} \cdot \cos\dfrac{\alpha}{2}$	$n \cdot \%rot. \cdot T_{v1} \cdot \cos\dfrac{\alpha}{2}$

n = número de subconductores del haz.

T_{v1} = tensión horizontal en un conductor, en el vano anterior a -5 °C con viento reglamentario, 120 km/h (1ª, 2ª y 3ª categoría), 140 km/h (categoría especial).

T_{v2} = tensión horizontal en un conductor, en el vano posterior a -5 °C con viento reglamentario, 120 km/h (1ª, 2ª y 3ª categoría), 140 km/h (categoría especial).

Nota: se ha considerado $T_{v1} > T_{v2}$.

$$P_{cond} = n \cdot p_P \cdot \left[\frac{a_1 + a_2}{2} + \frac{T_{v1}}{p} \cdot \left(\frac{d_1}{a_1}\right) - \frac{T_{v2}}{p_{ap}} \cdot \left(\frac{d_2}{a_2}\right)\right] (daN)$$

$$F_T = q \cdot \phi \cdot 10^{-3} \cdot \frac{a_1 + a_2}{2} \cdot \cos\left(\frac{\alpha}{2}\right)(daN)$$

$$R_{\text{ángulo}} = \left(T_{v1} + T_{v2}\right) \cdot sen\left(\frac{\alpha}{2}\right)(daN)$$

q = presión de viento reglamentaria sobre los conductores.

% *des.* = coeficiente de desequilibrio para apoyos de anclaje, 0,5 (50%).

% *rot.* = coeficiente de rotura para apoyos de anclaje en% de la rotura total del haz, 1 (100%, $n = 1$), 0,5 (50%, $n \geq 2$).

Tabla 3.25. Interpretación de la Tabla 3.16

Zona A (apoyos de fin de línea)

Cargas	1ª hipótesis (Viento)	3ª hipótesis (Desequilibrio de tracciones)	4ª hipótesis (Rotura de conductores)
V (vertical)	$P_{cond.} + P_{cadena} + P_{herrajes}$	No aplica	$P_{cond.} + P_{cadena} + P_{herrajes}$
T (Transversal)	$n \cdot F_T$	No aplica	0
L (Longitudinal)	$n \cdot T_v$	No aplica	$n \cdot T_v$

n = número de subconductores del haz.

T_v = tensión horizontal en un conductor a $-5\ ^\circ C$ con viento reglamentario, 120 km/h (1ª, 2ª y 3ª categoría), 140 km/h (categoría especial).

$$P_{cond} = n \cdot p_P \cdot \left[\frac{a_1}{2} + \frac{T_v}{p} \cdot \frac{d_1}{a_1} \right]\ (daN)$$

$$F_T = q \cdot \phi \cdot 10^{-3} \cdot \frac{a_1}{2}\ (daN)$$

q = presión de viento reglamentaria sobre los conductores.

Tabla 3.26. Interpretación de la Tabla 3.17

Zonas B y C (apoyos de suspensión en alineación, líneas de 1ª, 2ª y 3ª categoría)

Cargas	1ª hipótesis (Viento)	2ª hipótesis (Hielo)	3ª hipótesis (Desequilibrio de tracciones)	4ª hipótesis (Rotura de conductores)
V (vertical)	$P_{cond.} + P_{cadena} + P_{herrajes}$	$P_{cond.+hielo} + P_{cadena} + P_{herrajes}$	$P_{cond.+hielo} + P_{cadena} + P_{herrajes}$	$P_{cond.+hielo} + P_{cadena} + P_{herrajes}$
T (Transversal)	$n \cdot F_T$	0	0	0
L (Longitudinal)	0	0	$n \cdot (\% \, des.) \cdot T_h$	$(\% \, rot.) \cdot T_h$

n = número de subconductores del haz.

T_v = tensión horizontal en un conductor a −10 °C en zona B, −15 °C en zona C con viento reglamentario de 120 km/h.

T_h = tensión horizontal en un conductor a −15 °C en zona B, −20 °C en zona C con sobrecarga de hielo según la zona.

$$P_{cond} = n \cdot p_P \cdot \left[\frac{a_1 + a_2}{2} + \frac{T_v}{p} \cdot \left(\frac{d_1}{a_1} - \frac{d_2}{a_2} \right) \right] \, (daN)$$

$$P_{cond+hielo} = n \cdot p \cdot \left[\frac{a_1 + a_2}{2} + \frac{T_h}{p} \cdot \left(\frac{d_1}{a_1} - \frac{d_2}{a_2} \right) \right] \, (daN)$$

$$F_T = q \cdot \phi \cdot 10^{-3} \cdot \frac{a_1 + a_2}{2} \, (daN)$$

q = presión de viento reglamentaria sobre los conductores.

% des. = coeficiente de desequilibrio para apoyos de alineación, 0,08 (8%, $U_n \leq 66$ kV), 0,15 (15%, $U_n > 66$ kV).

% rot. = coeficiente de rotura para apoyos de alineación en% de la tensión del cable roto, 0,5 (50%, n = 1 o 2), 0,75 (75%, n = 3), 1 (100%, n ≥ 4).

Tabla 3.27. Interpretación de la Tabla 3.17

Zonas B y C (apoyos de suspensión en ángulo, líneas de 1ª, 2ª y 3ª categoría)

Cargas	1ª hipótesis (Viento)	2ª hipótesis (Hielo)	3ª hipótesis (Desequilibrio de tracciones)	4ª hipótesis (Rotura de conductores)
V (vertical)	$P_{cond.} + P_{cadena} + P_{herrajes}$	$P_{cond.+hielo} + P_{cadena} + P_{herrajes}$	$P_{cond.+hielo} + P_{cadena} + P_{herrajes}$	$P_{cond.+hielo} + P_{cadena} + P_{herrajes}$
T (Transversal)	$n \cdot (F_T + R_{ángulo})$	$n \cdot R_{ángulohielo}$	$n \cdot (2 - \% \, des.) \cdot T_h \cdot sen\dfrac{\alpha}{2}$	$(2 \cdot n - 1) \cdot \% \, rot. \cdot T_h \cdot sen\dfrac{\alpha}{2}$
L (Longitudinal)	0	0	$n \cdot \% \, des. \cdot T_h \cdot cos\dfrac{\alpha}{2}$	$\% \, rot. \cdot T_h \cdot cos\dfrac{\alpha}{2}$

n = número de subconductores del haz.

T_v = tensión horizontal en un conductor a $-10\ °C$ en zona B, $-15\ °C$ en zona C con viento reglamentario de 120 km/h.

T_h = tensión horizontal en un conductor a $-15\ °C$ en zona B, $-20\ °C$ en zona C con sobrecarga de hielo según la zona.

$$P_{cond} = n \cdot p_P \cdot \left[\frac{a_1 + a_2}{2} + \frac{T_v}{p} \cdot \left(\frac{d_1}{a_1} - \frac{d_2}{a_2} \right) \right] (daN) , \quad P_{cond+hielo} = n \cdot p \cdot \left[\frac{a_1 + a_2}{2} + \frac{T_h}{p} \cdot \left(\frac{d_1}{a_1} - \frac{d_2}{a_2} \right) \right] (daN)$$

$$F_T = q \cdot \phi \cdot 10^{-3} \cdot \frac{a_1 + a_2}{2} \cdot \cos\frac{\alpha}{2} (daN) , \quad R_{ángulo} = 2 \cdot T_v \cdot sen\frac{\alpha}{2} (daN) , \quad R_{ángulohielo} = 2 \cdot T_h \cdot sen\frac{\alpha}{2} (daN)$$

q = presión de viento reglamentaria sobre los conductores.

$\%\ des.$ = coeficiente de desequilibrio para apoyos de alineación, 0,08 (8%, $U_n \leq 66$ kV), 0,15 (15%, $U_n > 66$ kV).

$\%\ rot.$ = coeficiente de rotura para apoyos de alineación en% de la tensión del cable roto, 0,5 (50%, n = 1 o 2), 0,75 (75%, n = 3), 1 (100%, $n \geq 4$).

Tabla 3.28. Interpretación de la Tabla 3.17

Zonas B y C (apoyos de amarre en alineación, líneas de 1ª, 2ª y 3ª categoría)

Cargas	1ª hipótesis (Viento)	2ª hipótesis (Hielo)	3ª hipótesis (Desequilibrio de tracciones)	4ª hipótesis (Rotura de conductores)
V (vertical)	$P_{cond.} + P_{cadena} + P_{herrajes}$	$P_{cond+hielo} + P_{cadena} + P_{herrajes}$	$P_{cond+hielo} + P_{cadena} + P_{herrajes}$	$P_{cond+hielo} + P_{cadena} + P_{herrajes}$
T (Transversal)	$n \cdot F_T$	0	0	0
L (Longitudinal)	0	0	$n \cdot (\% \ des.) \cdot T_{h1}$	T_{h1}

n = número de subconductores del haz.

T_{v1} = tensión horizontal en un conductor, en el vano anterior a $-10\ ^\circ\text{C}$ en zona B, $-15\ ^\circ\text{C}$ en zona C, con sobrecarga de viento de 120 km/h.

T_{v2} = tensión horizontal en un conductor, en el vano posterior a $-10\ ^\circ\text{C}$ en zona B, $-15\ ^\circ\text{C}$ en zona C, con sobrecarga de viento de 120 km/h.

T_{h1} = tensión horizontal en un conductor, en el vano anterior a $-15\ ^\circ\text{C}$ en zona B, $-20\ ^\circ\text{C}$ en zona C, con sobrecarga de hielo según la zona.

T_{h2} = tensión horizontal en un conductor, en el vano posterior a $-15\ ^\circ\text{C}$ en zona B, $-20\ ^\circ\text{C}$ en zona C, con sobrecarga de hielo según la zona.

Nota: se ha considerado $T_{h1} > T_{h2}$.

$$P_{cond} = n \cdot p_P \cdot \left[\frac{a_1 + a_2}{2} + \frac{T_{v1}}{p} \cdot \frac{d_1}{a_1} - \frac{T_{v2}}{p} \cdot \frac{d_2}{a_2} \right] (daN), \quad P_{cond+hielo} = n \cdot p \cdot \left[\frac{a_1 + a_2}{2} + \frac{T_{h1}}{p} \cdot \frac{d_1}{a_1} - \frac{T_{h2}}{p} \cdot \frac{d_2}{a_2} \right] (daN)$$

$$F_T = q \cdot \phi \cdot 10^{-3} \cdot \frac{a_1 + a_2}{2} \ (daN)$$

q = presión de viento reglamentaria sobre los conductores.

$\% \ des.$ = coeficiente de desequilibrio para apoyos de alineación, 0,15 (15%, $U_n \leq$ 66 kV), 0,25 (25%, $U_n >$ 66 kV).

Tabla 3.29. Interpretación de la Tabla 3.17

Zonas B y C (apoyos de amarre en ángulo, líneas de 1ª, 2ª y 3ª categoría)

Cargas	1ª hipótesis (Viento)	2ª hipótesis (Hielo)	3ª hipótesis (Desequilibrio de tracciones)	4ª hipótesis (Rotura de conductores)
V (vertical)	$P_{cond.} + P_{cadena} + P_{herrajes}$	$P_{cond.+hielo} + P_{cadena} + P_{herrajes}$	$P_{cond.+hielo} + P_{cadena} + P_{herrajes}$	$P_{cond.+hielo} + P_{cadena} + P_{herrajes}$
T (Transversal)	$n \cdot (F_T + R_{ángulo})$	$n \cdot R_{ángulohielo}$	$n \cdot (2 - \% \, des.) \cdot T_{h1} \cdot sen\dfrac{\alpha}{2}$	$[n \cdot T_{h1} + (n-1) \cdot T_{h2}] \cdot sen\dfrac{\alpha}{2}$
L (Longitudinal)	0	0	$n \cdot \% \, des. \cdot T_{h1} \cdot cos\dfrac{\alpha}{2}$	$[n \cdot T_{h1} - (n-1) \cdot T_{h2}] \cdot cos\dfrac{\alpha}{2}$

n = número de subconductores del haz.

T_{v1} = tensión horizontal en un conductor, en el vano anterior a -10 °C en zona B, -15 °C en zona C, con sobrecarga de viento de 120 km/h.

T_{v2} = tensión horizontal en un conductor, en el vano posterior a -10 °C en zona B, -15 °C en zona C, con sobrecarga de viento de 120 km/h.

T_{h1} = tensión horizontal en un conductor, en el vano anterior a -15 °C en zona B, -20 °C en zona C, con sobrecarga de hielo según la zona.

T_{h2} = tensión horizontal en un conductor, en el vano posterior a -15 °C en zona B, -20 °C en zona C, con sobrecarga de hielo según zona.

Nota: se ha considerado $T_{h1} > T_{h2}$.

$$P_{cond} = n \cdot p_P \cdot \left[\frac{a_1 + a_2}{2} + \frac{T_{v1}}{p} \cdot \frac{d_1}{a_1} - \frac{T_{v2}}{p} \cdot \frac{d_2}{a_2} \right] (daN) \, , \quad P_{cond+hielo} = n \cdot p \cdot \left[\frac{a_1 + a_2}{2} + \frac{T_{h1}}{p} \cdot \frac{d_1}{a_1} - \frac{T_{h2}}{p} \cdot \frac{d_2}{a_2} \right] (daN)$$

$$F_T = q \cdot \phi \cdot 10^{-3} \cdot \frac{a_1 + a_2}{2} \cdot \cos\frac{\alpha}{2} \, (daN) \, , \quad R_{ángulo} = (T_{v1} + T_{v2}) \cdot sen\frac{\alpha}{2} \, (daN) \, , \quad R_{ángulohielo} = (T_{h1} + T_{h2}) \cdot sen\frac{\alpha}{2} \, (daN)$$

q = presión de viento reglamentaria sobre los conductores.

$\% \, des.$ = coeficiente de desequilibrio para apoyos de alineación, 0,15 (15%, $U_n \leq 66$ kV), 0,25 (25%, $U_n > 66$ kV).

Tabla 3.30. Interpretación de la Tabla 3.18

Zonas B y C (apoyos de anclaje en alineación, líneas de 1ª, 2ª y 3ª categoría)

Cargas	1ª hipótesis (Viento)	2ª hipótesis (Hielo)	3ª hipótesis (Desequilibrio de tracciones)	4ª hipótesis (Rotura de conductores)
V (vertical)	$P_{cond.} + P_{cadena} + P_{herrajes}$	$P_{cond.+hielo} + P_{cadena} + P_{herrajes}$	$P_{cond.+hielo} + P_{cadena} + P_{herrajes}$	$P_{cond.+hielo} + P_{cadena} + P_{herrajes}$
T (Transversal)	$n \cdot F_T$	0	0	0
L (Longitudinal)	0	0	$n \cdot (\% \, des.) \cdot T_{h1}$	$n \cdot (\% \, rot.) \cdot T_{h1}$

n = número de subconductores del haz.

T_{v1} = tensión horizontal en un conductor, en el vano anterior a $-10\ ^\circ$C en zona B, $-15\ ^\circ$C en zona C, con sobrecarga de viento de 120 km/h.

T_{v2} = tensión horizontal en un conductor, en el vano posterior a $-10\ ^\circ$C en zona B, $-15\ ^\circ$C en zona C, con sobrecarga de viento de 120 km/h.

T_{h1} = tensión horizontal en un conductor, en el vano anterior a $-15\ ^\circ$C en zona B, $-20\ ^\circ$C en zona C, con sobrecarga de hielo según la zona.

T_{h2} = tensión horizontal en un conductor, en el vano posterior a $-15\ ^\circ$C en zona B, $-20\ ^\circ$C en zona C, con sobrecarga de hielo según la zona.

Nota: se ha considerado $T_{h1} > T_{h2}$.

$$P_{cond} = n \cdot p_P \cdot \left[\frac{a_1 + a_2}{2} + \frac{T_{v1}}{p} \cdot \frac{d_1}{a_1} - \frac{T_{v2}}{p} \cdot \frac{d_2}{a_2} \right] (daN), \quad P_{cond+hielo} = n \cdot p \cdot \left[\frac{a_1 + a_2}{2} + \frac{T_{h1}}{p} \cdot \frac{d_1}{a_1} - \frac{T_{h2}}{p} \cdot \frac{d_2}{a_2} \right] (daN)$$

$$F_T = q \cdot \phi \cdot 10^{-3} \cdot \frac{a_1 + a_2}{2} \ (daN)$$

q = presión de viento reglamentaria sobre los conductores.

% *des.* = coeficiente de desequilibrio para apoyos de anclaje, 0,5 (50%).

% *rot.* = coeficiente de rotura para apoyos de anclaje en% de la rotura total del haz, 1 (100%, $n = 1$), 0,5 (50%, $n \geq 2$).

CÁLCULO Y DISEÑO DE LÍNEAS ELÉCTRICAS DE ALTA TENSIÓN

Tabla 3.31. Interpretación de la Tabla 3.18

Zonas B y C (apoyos de anclaje en ángulo, líneas de 1ª, 2ª y 3ª categoría)

Cargas	1ª hipótesis (Viento)	2ª hipótesis (Hielo)	3ª hipótesis (Desequilibrio de tracciones)	4ª hipótesis (Rotura de conductores)
V (vertical)	$P_{cond.} + P_{cadena} + P_{herrajes}$	$P_{cond.+hielo} + P_{cadena} + P_{herrajes}$	$P_{cond.+hielo} + P_{cadena} + P_{herrajes}$	$P_{cond.+hielo} + P_{cadena} + P_{herrajes}$
T (Transversal)	$n \cdot (F_T + R_{\acute{a}ngulo})$	$n \cdot R_{\acute{a}ngulohielo}$	$n \cdot (2 - \% \, des.) \cdot T_{h1} \cdot sen\dfrac{\alpha}{2}$	$n \cdot \% \, rot. \cdot T_{h1} \cdot sen\dfrac{\alpha}{2}$
L (Longitudinal)	0	0	$n \cdot \% \, des. \cdot T_{h1} \cdot cos\dfrac{\alpha}{2}$	$n \cdot \% \, rot. \cdot T_{h1} \cdot cos\dfrac{\alpha}{2}$

n = número de subconductores del haz.

T_{v1} = tensión horizontal en un conductor, en el vano anterior a $-10\ ^\circ$C en zona B, $-15\ ^\circ$C en zona C, con sobrecarga de viento de 120 km/h.

T_{v2} = tensión horizontal en un conductor, en el vano posterior a $-10\ ^\circ$C en zona B, $-15\ ^\circ$C en zona C, con sobrecarga de viento de 120 km/h.

T_{h1} = tensión horizontal en un conductor, en el vano anterior a $-15\ ^\circ$C en zona B, $-20\ ^\circ$C en zona C, con sobrecarga de hielo según la zona.

T_{h2} = tensión horizontal en un conductor, en el vano posterior a $-15\ ^\circ$C en zona B, $-20\ ^\circ$C en zona C, con sobrecarga de hielo según la zona.

Nota: se ha considerado $T_{h1} > T_{h2}$.

$$P_{cond} = n \cdot p_P \cdot \left[\frac{a_1 + a_2}{2} + \frac{T_{v1}}{p} \cdot \frac{d_1}{a_1} - \frac{T_{v2}}{p} \cdot \frac{d_2}{a_2} \right] (daN), \quad P_{cond+hielo} = n \cdot p \cdot \left[\frac{a_1 + a_2}{2} + \frac{T_{h1}}{p} \cdot \frac{d_1}{a_1} - \frac{T_{h2}}{p} \cdot \frac{d_2}{a_2} \right] (daN)$$

$$F_T = q \cdot \phi \cdot 10^{-3} \cdot \frac{a_1 + a_2}{2} \cdot cos\left(\frac{\alpha}{2}\right) (daN), \quad R_{\acute{a}ngulo} = (T_{v1} + T_{v2}) \cdot sen\left(\frac{\alpha}{2}\right) (daN), \quad R_{\acute{a}ngulo} = (T_{h1} + T_{h2}) \cdot sen\left(\frac{\alpha}{2}\right) (daN)$$

q = presión de viento reglamentaria sobre los conductores.

$\% \, des.$ = coeficiente de desequilibrio para apoyos de anclaje, 0,5 (50%).

$\% \, rot.$ = coeficiente de rotura para apoyos de anclaje, en % de la rotura total del haz, 1 (100%, n =1), 0,5 (50%, $n \geq 2$).

Tabla 3.32. Interpretación de la Tabla 3.18

Zonas B y C (apoyos de fin de línea, líneas de 1ª, 2ª y 3ª categoría)

Cargas	1ª hipótesis (Viento)	2ª hipótesis (Hielo)	3ª hipótesis (Desequilibrio de tracciones)	4ª hipótesis (Rotura de conductores)
V (vertical)	$P_{cond.} + P_{cadena} + P_{herrajes}$	$P_{cond.+hielo} + P_{cadena} + P_{herrajes}$	*No aplica*	$P_{cond.+hielo} + P_{cadena} + P_{herrajes}$
T (Transversal)	$n \cdot F_T$	0	*No aplica*	0
L (Longitudinal)	$n \cdot T_v$	$n \cdot T_h$	No aplica	$n \cdot T_h$

n = número de subconductores del haz.

T_v = tensión horizontal en un conductor a $-10\ ^{\circ}C$ en zona B, $-15\ ^{\circ}C$ en zona C, con sobrecarga de viento de 120 km/h.

T_h = tensión horizontal en un conductor a $-15\ ^{\circ}C$ en zona B, $-20\ ^{\circ}C$ en zona C, con sobrecarga de hielo según la zona.

$$P_{cond} = n \cdot p_P \cdot \left[\frac{a_1}{2} + \frac{T_v}{p} \cdot \frac{d_1}{a_1} \right] (daN), \quad P_{cond+hielo} = n \cdot p \cdot \left[\frac{a_1}{2} + \frac{T_h}{p} \cdot \frac{d_1}{a_1} \right] (daN)$$

$$F_T = q \cdot \phi \cdot 10^{-3} \cdot \frac{a_1}{2}\ (daN)$$

q = presión de viento reglamentaria sobre los conductores.

Tabla 3.33. Interpretación de la Tabla 3.17

Zonas B y C (apoyos de suspensión en alineación, líneas de categoría especial)

Cargas	1ª hipótesis (Viento)	2ª hipótesis (Hielo)	3ª hipótesis (Desequilibrio de tracciones)	4ª hipótesis (Rotura de conductores)
V (vertical)	$P_{cond.} + P_{cadena} + P_{herrajes}$	$P_{cond.+hielo} + P_{cadena} + P_{herrajes}$	$P_{cond.+hielo} + P_{cadena} + P_{herrajes}$	$P_{cond.+hielo} + P_{cadena} + P_{herrajes}$
T (Transversal)	$n \cdot F_T$	$n \cdot F_{T(60)}$	0	0
L (Longitudinal)	0	0	$n \cdot (\% \, des.) \cdot T_{h+v}$	$\% \, rot. \cdot T_{h+v}$

n = número de subconductores del haz.

T_v = tensión horizontal en un conductor a -10 °C en zona B, -15 °C en zona C con viento reglamentario de 140 km/h.

T_{h+v} = tensión horizontal en un conductor a -15 °C en zona B, -20 °C en zona C con sobrecarga de hielo según la zona y viento de 60 km/h.

$$P_{cond} = n \cdot p_P \cdot \left[\frac{a_1 + a_2}{2} + \frac{T_v}{p} \cdot \left(\frac{d_1}{a_1} - \frac{d_2}{a_2} \right) \right] (daN), \quad P_{cond.+hielo} = n \cdot p \cdot \left[\frac{a_1 + a_2}{2} + \frac{T_{h+v}}{p} \cdot \left(\frac{d_1}{a_1} - \frac{d_2}{a_2} \right) \right] (daN)$$

$$F_T = q_{140} \cdot \phi \cdot 10^{-3} \cdot \frac{a_1 + a_2}{2} \, (daN), \quad F_{T(60)} = q_{60} \cdot (\phi + 2 \cdot e) \cdot 10^{-3} \cdot \frac{a_1 + a_2}{2} \, (daN)$$

q_v = presión de viento reglamentaria sobre los conductores a la velocidad V (km/h).

$\% \, des.$ = coeficiente de desequilibrio para apoyos de alineación, 0,08 (8%, $U_n \le 66$ kV), 0,15 (15%, $U_n > 66$ kV).

$\% \, rot.$ = coeficiente de rotura para apoyos de alineación en% de la tensión del cable roto, 0,5 (50%, $n = 1$ o 2), 0,75 (75%, $n = 3$), 1 (100%, $n \ge 4$).

Tabla 3.34. Interpretación de la Tabla 3.17

Zonas B y C (apoyos de suspensión en ángulo, líneas de categoría especial)

Cargas	1ª hipótesis (Viento)	2ª hipótesis (Hielo)	3ª hipótesis (Desequilibrio de tracciones)	4ª hipótesis (Rotura de conductores)
V (vertical)	$P_{cond.} + P_{cadena} + P_{herrajes}$	$P_{cond.+hielo} + P_{cadena} + P_{herrajes}$	$P_{cond.+hielo} + P_{cadena} + P_{herrajes}$	$P_{cond.+hielo} + P_{cadena} + P_{herrajes}$
T (Transversal)	$n \cdot (F_T + R_{ángulo})$	$n \cdot (F_{T(60)} + R_{ángulohieloviento})$	$n \cdot (2 - \% \, des.) \cdot T_{h+v} \cdot sen\dfrac{\alpha}{2}$	$(2 \cdot n - 1) \cdot \% \, rot. \cdot T_{h+v} \cdot sen\dfrac{\alpha}{2}$
L (Longitudinal)	0	0	$n \cdot \% \, des. \cdot T_{h+v} \cdot cos\dfrac{\alpha}{2}$	$\% \, rot. \cdot T_{h+v} \cdot cos\dfrac{\alpha}{2}$

n = número de subconductores del haz.

T_v = tensión horizontal en un conductor a –10 °C en zona B, –15 °C en zona C con viento reglamentario de 140 km/h.

T_{h+v} = tensión horizontal en un conductor a –15 °C en zona B, –20 °C en zona C con sobrecarga de hielo según la zona y viento de 60 km/h.

$$P_{cond} = n \cdot p_P \cdot \left[\frac{a_1 + a_2}{2} + \frac{T_v}{p} \cdot \left(\frac{d_1}{a_1} - \frac{d_2}{a_2} \right) \right] (daN), \quad P_{cond+hielo} = n \cdot p \cdot \left[\frac{a_1 + a_2}{2} + \frac{T_{h+v}}{p} \cdot \left(\frac{d_1}{a_1} - \frac{d_2}{a_2} \right) \right] (daN)$$

$$F_T = q_{140} \cdot \phi \cdot 10^{-3} \cdot \frac{a_1 + a_2}{2} \cdot cos\frac{\alpha}{2} (daN), \quad F_{T(60)} = q_{60} \cdot (\phi + 2 \cdot e) \cdot 10^{-3} \cdot \frac{a_1 + a_2}{2} \cdot cos\frac{\alpha}{2} (daN), \quad R_{ángulo} = 2 \cdot T_v \cdot sen\frac{\alpha}{2} (daN),$$

$$R_{ángulohieloviento} = 2 \cdot T_{h+v} \cdot sen\frac{\alpha}{2} (daN)$$

q_v = presión de viento reglamentaria sobre los conductores a la velocidad V (km/h).

$\%$ *des.* = coeficiente de desequilibrio para apoyos de alineación, 0,08 (8%, $U_n \le 66$ kV), 0,15 (15%, $U_n > 66$ kV).

$\%$ *rot.* = coeficiente de rotura para apoyos de alineación en% de la tensión del cable roto, 0,5 (50%, n = 1 o 2), 0,75 (75%, n = 3), 1 (100%, $n \ge 4$).

Tabla 3.35. Interpretación de la Tabla 3.17

Zonas B y C (apoyos de amarre en alineación, líneas de categoría especial)

Cargas	1ª hipótesis (Viento)	2ª hipótesis (Hielo)	3ª hipótesis (Desequilibrio de tracciones)	4ª hipótesis (Rotura de conductores)
V (vertical)	$P_{cond.} + P_{cadena} + P_{herrajes}$	$P_{cond.+hielo} + P_{cadena} + P_{herrajes}$	$P_{cond.+hielo} + P_{cadena} + P_{herrajes}$	$P_{cond.+hielo} + P_{cadena} + P_{herrajes}$
T (Transversal)	$n \cdot F_T$	$n \cdot F_{T(60)}$	0	0
L (Longitudinal)	0	0	$n \cdot (\% \, des.) \, T_{(h+v)1}$	$T_{(h+v)1}$

n = número de subconductores del haz.

T_{v1} = tensión horizontal en un conductor, en el vano anterior a –10 °C en zona B, –15 °C en zona C, con sobrecarga de viento de 140 km/h.

T_{v2} = tensión horizontal en un conductor, en el vano posterior a –10 °C en zona B, –15 °C en zona C, con sobrecarga de viento de 140 km/h.

$T_{(h+v)1}$ = tensión horizontal en un conductor, en el vano anterior a –15 °C en zona B, –20 °C en zona C, con sobrecarga de hielo según la zona y viento de 60 km/h.

$T_{(h+v)2}$ = tensión horizontal en un conductor, en el vano posterior a –15 °C en zona B, –20 °C en zona C, con sobrecarga de hielo según la zona y viento de 60 km/h.

Nota: se ha considerado $T_{(h+v)1} > T_{(h+v)2}$.

$$P_{cond} = n \cdot p_P \cdot \left[\frac{a_1 + a_2}{2} + \frac{T_{v1}}{p} \cdot \frac{d_1}{a_1} - \frac{T_{v2}}{p} \cdot \frac{d_2}{a_2} \right] (daN), \quad P_{cond.+hielo} = n \cdot p \cdot \left[\frac{a_1 + a_2}{2} + \frac{T_{(h+v)1}}{p} \cdot \frac{d_1}{a_1} - \frac{T_{(h+v)2}}{p} \cdot \frac{d_2}{a_2} \right] (daN)$$

$$F_T = q_{140} \cdot \phi \cdot 10^{-3} \cdot \frac{a_1 + a_2}{2} \, (daN), \quad F_{T(60)} = q_{60} \cdot (\phi + 2 \cdot e) \cdot 10^{-3} \cdot \frac{a_1 + a_2}{2} \, (daN)$$

q_v = presión de viento reglamentaria sobre los conductores a la velocidad V (km/h).

$\%\, des.$ = coeficiente de desequilibrio para apoyos de alineación, 0,15 (15%, $U_n \leq 66$ kV), 0,25 (25%, $U_n > 66$ kV).

Tabla 3.36. Interpretación de la Tabla 3.17

Zonas B y C (apoyos de amarre en ángulo, líneas de categoría especial)

Cargas	1ª hipótesis (Viento)	2ª hipótesis (Hielo)	3ª hipótesis (Desequilibrio de tracciones)	4ª hipótesis (Rotura de conductores)
V (vertical)	$P_{cond.} + P_{cadena} + P_{herrajes}$	$P_{cond.+hielo} + P_{cadena} + P_{herrajes}$	$P_{cond.+hielo} + P_{cadena} + P_{herrajes}$	$P_{cond} + P_{cadena} + P_{herrajes}$
T (Transversal)	$n \cdot (F_T + R_{ángulo})$	$n \cdot (F_{T(60)} + R_{ángulohieloviento})$	$n \cdot (2 - \% \, des.) \cdot T_{(h+v)1} \cdot sen\dfrac{\alpha}{2}$	$[n \cdot T_{(h+v)1} + (n-1) \cdot T_{(h+v)2}] \cdot sen\dfrac{\alpha}{2}$
L (Longitudinal)	0	0	$n \cdot \% \, des. \cdot T_{(h+v)1} \cdot \cos\dfrac{\alpha}{2}$	$[n \cdot T_{(h+v)1} - (n-1) \cdot T_{(h+v)2}] \cdot \cos\dfrac{\alpha}{2}$

n = número de subconductores del haz.

T_{v1} = tensión horizontal en un conductor, en el vano anterior a -10 °C en zona B, -15 °C en zona C, con sobrecarga de viento de 140 km/h.

T_{v2} = tensión horizontal en un conductor, en el vano posterior a -10 °C en zona B, -15 °C en zona C, con sobrecarga de viento de 140 km/h.

$T_{(h+v)1}$ = tensión horizontal en un conductor, en el vano anterior a -15 °C en zona B, -20 °C en zona C, con sobrecarga de hielo según la zona y viento de 60 km/h.

$T_{(h+v)2}$ = tensión horizontal en un conductor, en el vano posterior a -15 °C en zona B, -20 °C en zona C, con sobrecarga de hielo según la zona y viento de 60 km/h.

Nota: se ha considerado $T_{(h+v)1} > T_{(h+v)2}$.

$P_{cond} = n \cdot p_P \cdot \left[\dfrac{a_1 + a_2}{2} + \dfrac{T_{v1}}{p} \cdot \dfrac{d_1}{a_1} - \dfrac{T_{v2}}{p} \cdot \dfrac{d_2}{a_2} \right] (daN)$, $P_{cond+hielo} = n \cdot p \cdot \left[\dfrac{a_1 + a_2}{2} + \dfrac{T_{(h+v)1}}{p} \cdot \dfrac{d_1}{a_1} - \dfrac{T_{(h+v)2}}{p} \cdot \dfrac{d_2}{a_2} \right] (daN)$,

$F_T = q_{140} \cdot \phi \cdot 10^{-3} \cdot \dfrac{a_1 + a_2}{2} \cdot \cos\dfrac{\alpha}{2} (daN)$, $F_{T(60)} = q_{60} \cdot (\phi + 2 \cdot e) \cdot 10^{-3} \cdot \dfrac{a_1 + a_2}{2} \cdot \cos\dfrac{\alpha}{2} (daN)$, $R_{ángulo} = (T_{v1} + T_{v2}) \cdot sen\dfrac{\alpha}{2} (daN)$,

$R_{ángulohieloviento} = (T_{(h+v)1} + T_{(h+v)2}) \cdot sen\dfrac{\alpha}{2} (daN)$

q_v = presión de viento reglamentaria sobre los conductores a la velocidad V (km/h).

$\% \, des.$ = coeficiente de desequilibrio para apoyos de alineación, 0,15 (15%, $U_n \leq 66$ kV), 0,25 (25%, $U_n > 66$ kV).

Tabla 3.37. Interpretación de la Tabla 3.18

Zonas B y C (apoyos de anclaje en alineación, líneas de categoría especial)

Cargas	1ª hipótesis (Viento)	2ª hipótesis (Hielo)	3ª hipótesis (Desequilibrio de tracciones)	4ª hipótesis (Rotura de conductores)
V (vertical)	$P_{cond.} + P_{cadena} + P_{herrajes}$	$P_{cond.+hielo} + P_{cadena} + P_{herrajes}$	$P_{cond.+hielo} + P_{cadena} + P_{herrajes}$	$P_{cond.+hielo} + P_{cadena} + P_{herrajes}$
T (Transversal)	$n \cdot F_T$	$n \cdot F_{T(60)}$	0	0
L (Longitudinal)	0	0	$n \cdot (\% \ des.) \cdot T_{(h+v)1}$	$n \cdot (\% \ rot.) \ T_{(h+v)1}$

n = número de subconductores del haz.

T_{v1} = tensión horizontal en un conductor, en el vano anterior a −10 °C en zona B, −15 °C en zona C, con sobrecarga de viento de 140 km/h.

T_{v2} = tensión horizontal en un conductor, en el vano posterior a −10 °C en zona B, −15 °C en zona C, con sobrecarga de viento de 140 km/h.

$T_{(h+v)1}$ = tensión horizontal en un conductor, en el vano anterior a −15 °C en zona B, −20 °C en zona C, con sobrecarga de hielo según la zona y viento de 60 km/h.

$T_{(h+v)2}$ = tensión horizontal en un conductor, en el vano posterior a −15 °C en zona B, −20 °C en zona C, con sobrecarga de hielo según la zona y viento de 60 km/h.

Nota: se ha considerado $T_{(h+v)1} > T_{(h+v)2}$.

$$P_{cond} = n \cdot p_P \left[\frac{a_1 + a_2}{2} + \frac{T_{v1}}{p} \cdot \frac{d_1}{a_1} - \frac{T_{v2}}{p} \cdot \frac{d_2}{a_2} \right] (daN), \quad P_{cond+hielo} = n \cdot p \cdot \left[\frac{a_1 + a_2}{2} + \frac{T_{(h+v)1}}{p} \cdot \frac{d_1}{a_1} - \frac{T_{(h+v)2}}{p} \cdot \frac{d_2}{a_2} \right] (daN)$$

$$F_T = q_{140} \cdot \phi \cdot 10^{-3} \cdot \frac{a_1 + a_2}{2} (daN), \quad F_{T(60)} = q_{60} \cdot (\phi + 2 \cdot e) \cdot 10^{-3} \cdot \frac{a_1 + a_2}{2} (daN)$$

q_v = presión de viento reglamentaria sobre los conductores a la velocidad V (km/h).

$\% \ des.$ = coeficiente de desequilibrio para apoyos de anclaje, 0,5 (50%).

$\% \ rot.$ = coeficiente de rotura para apoyos de anclaje en% de la rotura total del haz, 1 (100%, $n = 1$), 0,5 (50%, $n \geq 2$).

Tabla 3.38. Interpretación de la Tabla 3.18

Zonas B y C (apoyos de anclaje en ángulo, líneas de categoría especial)

Cargas	1ª hipótesis (Viento)	2ª hipótesis (Hielo)	3ª hipótesis (Desequilibrio de tracciones)	4ª hipótesis (Rotura de conductores)
V (vertical)	$P_{cond.} + P_{cadena} + P_{herrajes}$	$P_{cond.+hielo} + P_{cadena} + P_{herrajes}$	$P_{cond.+hielo} + P_{cadena} + P_{herrajes}$	$P_{cond.+hielo} + P_{cadena} + P_{herrajes}$
T (Transversal)	$n \cdot (F_T + R_{ángulo})$	$n \cdot (F_{T(60)} + R_{ángulohieloviento})$	$n \cdot (2 - \% \, des.) \cdot T_{(h+v)l} \cdot sen \dfrac{\alpha}{2}$	$n \cdot \% \, rot. \cdot T_{(h+v)l} \cdot sen \dfrac{\alpha}{2}$
L (Longitudinal)	0	0	$n \cdot \% \, des. \cdot T_{(h+v)l} \cdot cos \dfrac{\alpha}{2}$	$n \cdot \% \, rot. \cdot T_{(h+v)l} \cdot cos \dfrac{\alpha}{2}$

n = número de subconductores del haz.

T_{v1} = tensión horizontal en un conductor, en el vano anterior a -10 °C en zona B, -15 °C en zona C, con sobrecarga de viento de 140 km/h.

T_{v2} = tensión horizontal en un conductor, en el vano posterior a -10 °C en zona B, -15 °C en zona C, con sobrecarga de viento de 140 km/h.

$T_{(h+v)1}$ = tensión horizontal en un conductor, en el vano anterior a -15 °C en zona B, -20 °C en zona C, con sobrecarga de hielo según la zona y viento de 60 km/h.

$T_{(h+v)2}$ = tensión horizontal en un conductor, en el vano posterior a -15 °C en zona B, -20 °C en zona C, con sobrecarga de hielo según la zona y viento de 60 km/h.

Nota: se ha considerado $T_{(h+v)1} > T_{(h+v)2}$.

$$P_{cond} = n \cdot p_P \cdot \left[\frac{a_1 + a_2}{2} + \frac{T_{v1}}{p} \cdot \frac{d_1}{a_1} - \frac{T_{v2}}{p} \cdot \frac{d_2}{a_2} \right] (daN), \quad P_{cond+hielo} = n \cdot p \cdot \left[\frac{a_1 + a_2}{2} + \frac{T_{(h+v)1}}{p} \cdot \frac{d_1}{a_1} - \frac{T_{(h+v)2}}{p} \cdot \frac{d_2}{a_2} \right] (daN),$$

$$F_T = q_{140} \cdot \phi \cdot 10^{-3} \cdot \frac{a_1 + a_2}{2} \cdot cos \frac{\alpha}{2} \, (daN), \quad F_{T(60)} = q_{60} \cdot (\phi + 2 \cdot e) \cdot 10^{-3} \cdot \frac{a_1 + a_2}{2} \cdot cos \frac{\alpha}{2} \, (daN), \quad R_{ángulo} = (T_{v1} + T_{v2}) \cdot sen \frac{\alpha}{2} \, (daN),$$

$$R_{ángulohieloviento} = (T_{(h+v)1} + T_{(h+v)2}) \cdot sen \frac{\alpha}{2} \, (daN)$$

q_v = presión de viento reglamentaria sobre los conductores a la velocidad V (km/h).

% *des.* = coeficiente de desequilibrio para apoyos de anclaje, 0,5 (50%).

% *rot.* = coeficiente de rotura para apoyos de anclaje en % de la rotura total del haz, 1 (100%, $n = 1$), 0,5 (50%, $n \geq 2$).

Tabla 3.39. Interpretación de la Tabla 3.18

Zonas B y C (apoyos de fin de línea, de líneas de categoría especial)

Cargas	1ª hipótesis (Viento)	2ª hipótesis (Hielo)	3ª hipótesis (Desequilibrio de tracciones)	4ª hipótesis (Rotura de conductores)
V (vertical)	$P_{cond.} + P_{cadena} + P_{herrajes}$	$P_{cond.+hielo} + P_{cadena} + P_{herrajes}$	No aplica	$P_{cond.+hielo} + P_{cadena} + P_{herrajes}$
T (Transversal)	$n \cdot F_T$	$n \cdot F_{T(60)}$	No aplica	0
L (Longitudinal)	$n \cdot T_v$	$n \cdot T_{h+v}$	No aplica	$n \cdot T_{h+v}$

n = número de subconductores del haz.

T_v = tensión horizontal en un conductor a –10 °C en zona B, –15 °C en zona C, con sobrecarga de viento de 140 km/h.

T_{h+v} = tensión horizontal en un conductor a –15 °C en zona B, –20 °C en zona C, con sobrecarga de hielo según la zona y viento de 60 km/h.

$$P_{cond} = n \cdot p_p \cdot \left[\frac{a_1}{2} + \frac{T_v}{p} \cdot \frac{d_1}{a_1} \right] (daN), \quad P_{cond.+hielo} = n \cdot p \cdot \left[\frac{a_1}{2} + \frac{T_{(h+v)}}{p} \cdot \frac{d_1}{a_1} \right] (daN)$$

$$F_T = q_{140} \cdot \phi \cdot 10^{-3} \cdot \frac{a_1}{2} (daN), \quad F_{T(60)} = q_{60} \cdot (\phi + 2 \cdot e) \cdot 10^{-3} \cdot \frac{a_1}{2} (daN)$$

q_v = presión de viento reglamentaria sobre los conductores a la velocidad V (km/h).

3.3.1 Cargas verticales sobre el apoyo

Las cargas verticales que actúan sobre el apoyo son las llamadas cargas permanentes, especificadas en el Apartado 3.1.1 de la ITC-LAT 07, y son debidas al peso de los conductores y cables de tierra, aisladores, dispositivos emplazados sobre el apoyo (seccionadores, interruptores, transformadores, etc.), herrajes y accesorios. En el caso de los apoyos normalizados según UNE 207016, UNE 207017 y UNE 207018, habrá que añadir también el peso de las crucetas, ya que se considera como un elemento externo que se monta sobre el apoyo.

Los valores de los pesos se obtienen de los fabricantes del aislador, del equipo de alta tensión, del accesorio, del herraje o de la cruceta correspondiente. Para determinar el peso del conductor sobre el apoyo se multiplica el peso por unidad de longitud del conductor, facilitado en la norma UNE –EN 50182 [7], por la longitud del *gravivano*. El gravivano se define como la distancia horizontal entre los vértices de las catenarias de los vanos contiguos al apoyo. Para la obtención del gravivano, a_g, considérese la Figura 3.36.

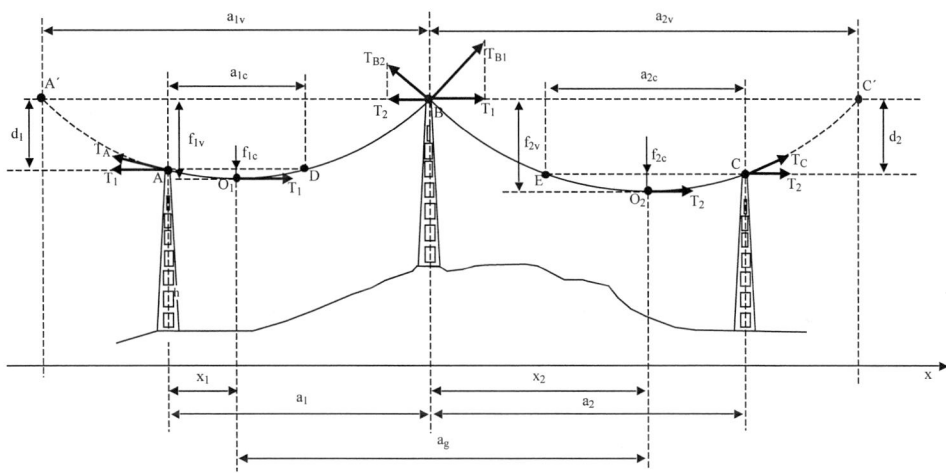

Figura 3.36. Gravivano, a_g

La Figura 3.36 muestra dos vanos pertenecientes a una línea, situados ambos en cantones diferentes, de longitudes a_1 y a_2, a distinto nivel, d_1 y d_2 respectivamente. Si prolongamos la catenaria desde el punto A hasta el punto A', obtenemos un vano a nivel virtual entre A' y B, de longitud a_{1v}.

La flecha para este vano a nivel, de longitud a_{1v}, tiene por expresión:

$$f_{1v} = \frac{a_{1v}^2 \cdot p}{8 \cdot T_1}$$

La longitud a_{1v} se puede calcular como:

$$\frac{a_{1v}}{2} = a_1 - x_1 \Rightarrow a_{1v} = 2 \cdot (a_1 - x_1)$$

que sustituida en la expresión de la flecha f_{1v}, resulta:

$$f_{1v} = \frac{[2 \cdot (a_1 - x_1)]^2 \cdot p}{8 \cdot T_1} = \frac{(a_1 - x_1)^2 \cdot p}{2 \cdot T_1}$$

La flecha de un vano a nivel ficticio, de longitud a_{1c}, situado entre A y D, sería:

$$f_{1c} = \frac{a_{1c}^2 \cdot p}{8 \cdot T_1} = \frac{(2 \cdot x_1)^2 \cdot p}{8 \cdot T_1} = \frac{x_1^2 \cdot p}{2 \cdot T_1}$$

Por otra parte el desnivel, d_1, existente entre los puntos de sujeción de los apoyos se puede determinar como:

$$d_1 = f_{1v} - f_{1c} = \frac{(a_1 - x)^2 \cdot p}{2 \cdot T_1} - \frac{x_1^2 \cdot p}{2 \cdot T_1} = \frac{(a_1^2 + x_1^2 - 2 \cdot a_1 \cdot x) \cdot p}{2 \cdot T_1} - \frac{x_1^2 \cdot p}{2 \cdot T_1}$$

$$d_1 = \frac{a_1 \cdot p \cdot (a_1 - 2 \cdot x_1)}{2 \cdot T_1}$$

Despejando en la expresión anterior el valor de x_1, resulta:

$$x_1 = \frac{a_1}{2} - \frac{d_1 \cdot T_1}{p \cdot a_1}$$

Para el vano de longitud a_2, se obtiene, operando de la misma forma:

$$x_2 = \frac{a_2}{2} - \frac{d_2 \cdot T_2}{p \cdot a_2}$$

La longitud de conductor que gravita sobre el apoyo central, es decir el gravivano, a_g, será aproximadamente la distancia entre los puntos O_1 y O_2, es decir:

$$a_g = (a_1 - x_1) + x_2 = a_1 - \left(\frac{a_1}{2} - \frac{d_1 \cdot T_1}{p \cdot a_1} \right) + \left(\frac{a_2}{2} - \frac{d_2 \cdot T_2}{p \cdot a_2} \right)$$

$$a_g = \frac{a_1 + a_2}{2} + \left(\frac{d_1 \cdot T_1}{p \cdot a_1} - \frac{d_2 \cdot T_2}{p \cdot a_2} \right)$$

Como los parámetros de las catenarias correspondientes a ambos vanos tienen por valor, $h_1 = \dfrac{T_1}{p}$ y $h_2 = \dfrac{T_2}{p}$, la expresión para el gravivano queda:

$$a_g = \frac{a_1 + a_2}{2} + \left(h_1 \cdot \frac{d_1}{a_1} - h_2 \cdot \frac{d_2}{a_2} \right) \qquad (1)$$

Los valores correspondientes a los desniveles d_1 y d_2 adoptan valores positivos o negativos dependiendo de la posición de los apoyos. Si el punto de sujeción del conductor en el apoyo de la derecha del vano está más alto que en el apoyo de la izquierda, el desnivel se considera positivo; en caso contrario negativo. Aplicando esta regla a la Figura 3.36, el desnivel del vano 1 es positivo y del vano 2 negativo.

Una expresión más exacta del gravivano se obtiene utilizando la ecuación de la catenaria. Su valor se muestra a continuación:

$$a_g = a_{g1} + a_{g2} \text{ (m)}$$

donde:

$$a_{g1} = a_1 - h_1 \cdot \left(\arg th \frac{\left(ch \frac{a_1}{h_1} \right) - 1}{sh \frac{a_1}{h_1}} - \arg sh \frac{\frac{d_1}{h_1}}{\sqrt{sh^2 \frac{a_1}{h_1} - \left(\left(ch \frac{a_1}{h_1} \right) - 1 \right)^2}} \right)$$

$$a_{g2} = h_2 \cdot \left(\arg th \frac{\left(ch \frac{a_2}{h_2} \right) - 1}{sh \frac{a_2}{h_2}} - \arg sh \frac{\frac{d_2}{h_2}}{\sqrt{sh^2 \frac{a_2}{h_2} - \left(\left(ch \frac{a_2}{h_2} \right) - 1 \right)^2}} \right)$$

Si el apoyo central fuese un apoyo de alineación, el parámetro de catenaria de los vanos contiguos al apoyo sería el mismo, $h_1 = h_2 = h$, con lo que la expresión (1) del gravivano quedaría:

$$a_g = \frac{a_1 + a_2}{2} + h \cdot \left(\frac{d_1}{a_1} - \frac{d_2}{a_2} \right) \qquad (2)$$

Si sobre el apoyo están tendidos n conductores, el valor de la carga vertical que actúa sobre el apoyo central debida al peso de los conductores tiene por expresión general:

$$F_V = n \cdot p_{vertical} \cdot a_g = n \cdot p_{vertical} \cdot \left[\frac{a_1 + a_2}{2} + \left(h_1 \cdot \frac{d_1}{a_1} - h_2 \cdot \frac{d_2}{a_2} \right) \right]$$

siendo $p_{vertical}$, la componente vertical del peso aparente.

Las cargas verticales sobre el apoyo o cargas permanentes intervienen en cada una de las cuatro hipótesis especificadas en las Tablas 5, 6, 7 y 8 del Apartado 3.5.3 de la ITC-LAT 07.

La expresión de las cargas verticales, en el caso de considerar la 1ª hipótesis (Viento), queda de la siguiente forma:

$$F_V = n \cdot p_{vertical} \cdot a_g = n \cdot p_p \cdot \left[\frac{a_1 + a_2}{2} + \left(\frac{T_{v1}}{p} \cdot \frac{d_1}{a_1} - \frac{T_{v2}}{p} \cdot \frac{d_2}{a_2} \right) \right] \qquad (3)$$

siendo p_p el peso propio y $p = \sqrt{p_p^2 + p_v^2}$, el peso propio más la sobrecarga de viento.

Nota: Se ha considerado la curva de equilibrio del conductor contenida en un plano vertical, y no en uno paralelo a la dirección de la resultante de las fuerzas actuantes sobre ella (peso propio y viento).

La expresión de las cargas verticales, para la 2ª hipótesis (solo con sobrecarga de hielo), queda de la siguiente forma:

$$F_V = n \cdot p_{vertical} \cdot a_g = n \cdot p \cdot \left[\frac{a_1 + a_2}{2} + \left(\frac{T_{h1}}{p} \cdot \frac{d_1}{a_1} - \frac{T_{h2}}{p} \cdot \frac{d_2}{a_2} \right) \right] =$$

$$= n \cdot \left[p \cdot \frac{a_1 + a_2}{2} + \left(T_{h1} \cdot \frac{d_1}{a_1} - T_{h2} \cdot \frac{d_2}{a_2} \right) \right] \quad (4)$$

siendo p_p el peso propio y $p = p_p + p_h$ el peso propio más la sobrecarga de hielo.

La expresión de las cargas verticales, en el caso de considerar la 2ª hipótesis (con sobrecarga combinada de hielo y viento), queda de la siguiente forma;

$$F_V = n \cdot p_{vertical} \cdot a_g = n \cdot \left(p_p + p_h \right) \cdot \left[\frac{a_1 + a_2}{2} + \left(\frac{T_{(h+v)1}}{p} \cdot \frac{d_1}{a_1} - \frac{T_{(h+v)2}}{p} \cdot \frac{d_2}{a_2} \right) \right] \qquad (5)$$

siendo p_p, el peso propio; p_h, el peso correspondiente a la sobrecarga de hielo y p el peso propio más la sobrecarga de hielo: $p = \sqrt{\left(p_p + p_h \right)^2 + p_v^2}$.

3.3.2. Esfuerzos longitudinales

Los esfuerzos longitudinales están provocados por desequilibrios de tracciones y por la rotura de conductores.

3.3.2.1. Esfuerzos longitudinales por desequilibrio de tracciones

Los esfuerzos longitudinales que los conductores transmiten a los apoyos, debido al desequilibrio de tracciones, se especifican en el RLAT en función del tipo de apoyo a utilizar, como un porcentaje de las tracciones unilaterales de todos los conductores y cables de tierra.

- Apoyos de alineación y ángulo en suspensión:
  - Si $U_n > 66$ kV, $F_L = 15\%$
  - Si $U_n \leq 66$ kV, $F_L = 8\%$.

- Apoyos de alineación y ángulo en amarre:
  - Si $U_n > 66$ kV, $F_L = 25\%$.
  - Si $U_n \leq 66$ kV, $F_L = 15\%$.
- Apoyos de anclaje: $F_L = 50\%$.
- Apoyos de fin de línea: $F_L = 100\%$.

Según se especifica en el Apartado 3.1.4 de la ITC-LAT 07, los esfuerzos longitudinales provocados por estos desequilibrios deben considerarse aplicados en los puntos de sujeción de los conductores sobre los armados, siempre que la tensión nominal de línea sea mayor de 66 kV. Además, para esta misma tensión y dependiendo de la configuración de los armados empleados en la línea, estos desequilibrios pueden dar lugar a momentos de torsión sobre los apoyos que es obligatorio considerar, por ejemplo en apoyos en configuración a tresbolillo.

En la Figura 3.37 se representan los esfuerzos por fase debidos al desequilibrio de tracciones, aplicados en el punto de sujeción del conductor. Como la disposición del armado es de tipo tresbolillo, estos esfuerzos dan lugar a un momento torsor sobre el apoyo, cuyo valor es:

$$M_t = F_{L1} \cdot d_{c1} + F_{L3} \cdot d_{c3} - F_{L2} \cdot d_{c2}$$

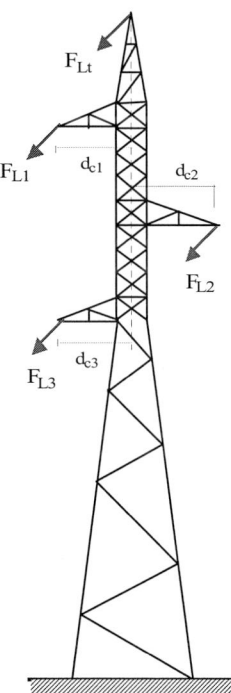

Figura 3.37. Armado en tresbolillo donde el desequilibrio de tracciones provoca un esfuerzo de torsión sobre el apoyo

Por tanto, según la hipótesis de desequilibrio de tracciones, para seleccionar el apoyo adecuado, se debe elegir de entre la gama presentada por el fabricante, aquel apoyo que esté ensayado para soportar simultáneamente cargas verticales, longitudinales y de torsión. Para líneas aéreas de tensión nominal, $U_n \leq 66$ kV, el esfuerzo producido por estos desequilibrios puede considerarse aplicado sobre el eje del apoyo, de forma que no es necesario considerar el esfuerzo de torsión.

3.3.2.2. Esfuerzos longitudinales por rotura de conductores.

Según el Apartado 3.1.5 de la ITC-LAT 07, se considerará la rotura de los conductores (uno o varios) de una sola fase o cable de tierra por apoyo, independientemente del número de circuitos o cables de tierra instalados en él. Este esfuerzo se considerará aplicado en el punto que produzca la solicitación más desfavorable para cualquier elemento del apoyo, teniendo en cuenta la torsión producida en el caso de que aquel esfuerzo sea excéntrico.

En la Tabla 3.40 se indican los esfuerzos que provocan torsión en caso de rotura de conductores en función del tipo de apoyo.

Tabla 3.40. Esfuerzos de torsión sobre los apoyos provocados por rotura de conductores

Tipo de apoyo	Nº de conductores que se rompen	Número de conductores por fase	Esfuerzo en los conductores que no se rompen en % de la tensión según la hipótesis de tracción máxima
Suspensión de alineación o suspensión de ángulo	1 de fase	1	50%
		2	50%
		3	75%
		≥ 4	100%
	1 de tierra	cualquiera	100%
Amarre de alineación o amarre de ángulo	1 de fase o 1 de tierra	cualquiera	100%
Anclaje de alineación o anclaje de ángulo	1 de fase o 1 de tierra	1	100%
	Todos los conductores del haz	≥ 2	50%
Fin de línea	Todos los conductores del haz o 1 de tierra	cualquiera	100%

En la hipótesis de rotura de conductores, en apoyos de amarre o anclaje que separan dos cantones, las tracciones de cada cantón son ligeramente diferentes y provocan esfuerzos longitudinales de pequeño valor, que habitualmente no se tienen en cuenta para el cálculo del momento de torsión sobre el apoyo. Los únicos esfuerzos longitudinales que se suelen considerar son los debidos al desequilibrio originado por el conductor que se rompe, por lo que para el cálculo del apoyo se supone que rompe el conductor del cantón de menor tracción, provocando así una mayor torsión la tracción del otro cantón.

3.3.3. Esfuerzos transversales

Los esfuerzos transversales se pueden deber a la resultante de ángulo en apoyos en ángulo o al viento que actúa sobre cualquier tipo de apoyo, conductores, herrajes, accesorios y aisladores.

En líneas de media tensión, normalmente para el cálculo de los esfuerzos transversales, solo se considera el esfuerzo que transmiten los conductores a los apoyos, ya que el debido al viento sobre los armados, y el debido al viento sobre herrajes, accesorios y aisladores, son muy pequeños.

El esfuerzo debido al viento sobre el propio apoyo no es necesario considerarlo, siempre que el viento sea el reglamentario, ya que los esfuerzos soportados, especificados por el fabricante suelen incluir el esfuerzo debido a un viento de 120 km/h.

En el caso de considerarse un viento superior al especificado por el fabricante durante los ensayos del apoyo, deberá tenerse en cuenta el esfuerzo transversal de este viento excepcional, lo que supondrá una reducción de los esfuerzos longitudinales y transversales soportados por el apoyo.

Por ejemplo, la presión adicional del viento sobre el apoyo debida a la diferencia entre un viento excepcional y otro a 120 km/h viene dada por la siguiente expresión:

- Apoyos de celosía :

$$Pv_{Apoyo} = 170 \cdot \left[\left(\frac{V_{Excepcional}}{120} \right)^2 - 1 \right]$$

- Otros apoyos considerados de superficies planas (CH, HV y HVH).

$$Pv_{Apoyo} = 100 \cdot \left[\left(\frac{V_{Excepcional}}{120} \right)^2 - 1 \right]$$

donde:

Pv_{Apoyo} = presión del viento sobre el apoyo debido a la diferencia del viento excepcional con respecto a los 120 km/h. (daN/m^2).

$V_{Excepcional}$ = velocidad de viento excepcional (km/h).

El esfuerzo transversal sobre el apoyo macizo y de sección cuadrada de la Figura 3.38, debido a la diferencia entre la velocidad excepcional y la velocidad de 120 km/h vendrá dado por la siguiente expresión:

$$T_{Apoyo} = \frac{T_{Prisma} \cdot H_{Prisma} + T_{Tronco} \cdot H_{Tronco}}{H_{Apoyo}}$$

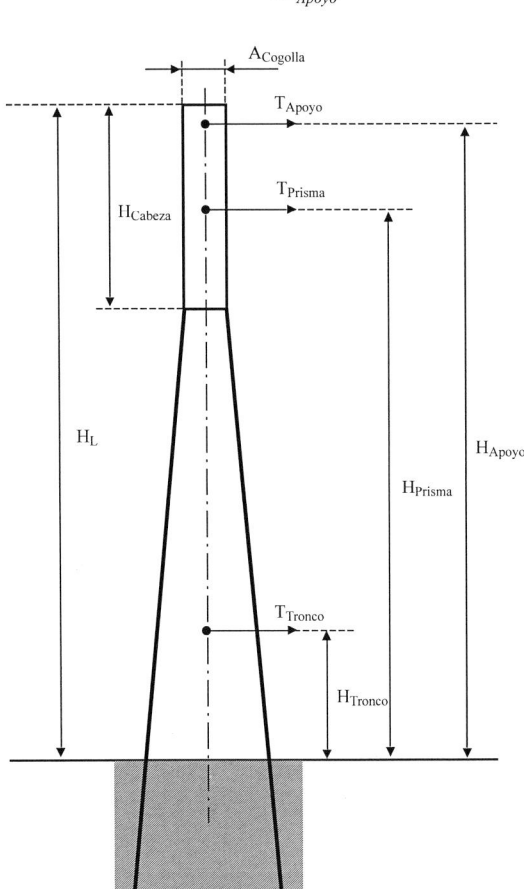

Figura 3.38. Esfuerzo debido al viento sobre el propio apoyo

donde:

T_{Apoyo} = esfuerzo transversal de la presión del viento sobre el apoyo debido a la diferencia del viento excepcional con respecto a los 120 km/h y aplicado a la distancia de la cogolla especificada por el fabricante (daN).

Pv_{Apoyo} = presión del viento sobre el apoyo debido a la diferencia del viento excepcional con respecto a los 120 km/h. (daN/m^2).

$T_{prisma} = Pv_{Apoyo} \cdot A_{Prisma}$, esfuerzo transversal de la presión del viento sobre la parte prismática del apoyo debido a la diferencia del viento excepcional con respecto a los 120 km/h (daN).

$A_{Prisma} = H_{Cabeza} \cdot A_{Cogolla}$, área de la parte prismática del apoyo expuesta al viento.

H_{Cabeza} = altura de la cabeza que es la parte prismática de los apoyos (m).

$A_{Cogolla}$ = anchura o profundidad de la cogolla del apoyo (m).

$H_{Prisma} = H_L - H_{Cabeza}/2$, altura del centro de gravedad de la superficie prismática del apoyo respecto de la línea de tierra (m).

H_L = Altura libre del apoyo (m).

$T_{Tronco} = Pv_{Apoyo} \cdot A_{Tronco}$, esfuerzo transversal de la presión del viento sobre la parte troncopiramidal del apoyo debido a la diferencia del viento excepcional con respecto a los 120 km/h (daN).

$A_{\text{Tronco}} = \dfrac{A_{cogolla} + A_{base}}{2} \cdot \left(H_L - H_{Cabeza}\right)$, área de la parte troncopiramidal del apoyo (m²).

A_{base} = ancho de la base del apoyo a la altura de la línea de tierra (m).

$H_{\text{Tronco}} = \dfrac{H_L - H_{Cabeza}}{3} \cdot \left(\dfrac{2 \cdot A_{Cogolla} + A_{base}}{A_{Cogolla} + A_{base}}\right)$, altura del centro de gravedad de la superficie troncopiramidal del apoyo respecto de la línea de tierra (m).

H_{Apoyo} = altura del punto de aplicación respecto de la línea de tierra de los esfuerzos según especifica el fabricante (m).

3.3.4. Esfuerzos debidos a la resultante de ángulo

El RLAT exige que en los apoyos de ángulo se tenga en cuenta, junto con el viento sobre la línea, la resultante de ángulo.

Según el Apartado 5.1.2 de la ITC-LAT 07, el viento actúa en un plano horizontal sobre la superficie del conductor y en una dirección perpendicular a la traza de la línea; por tanto, en los apoyos de ángulo, los esfuerzos debidos al viento en cada uno de los vanos adyacentes al apoyo tienen distinta dirección (*véase* F_{v1} y F_{v2}, de la Figura 3.39).

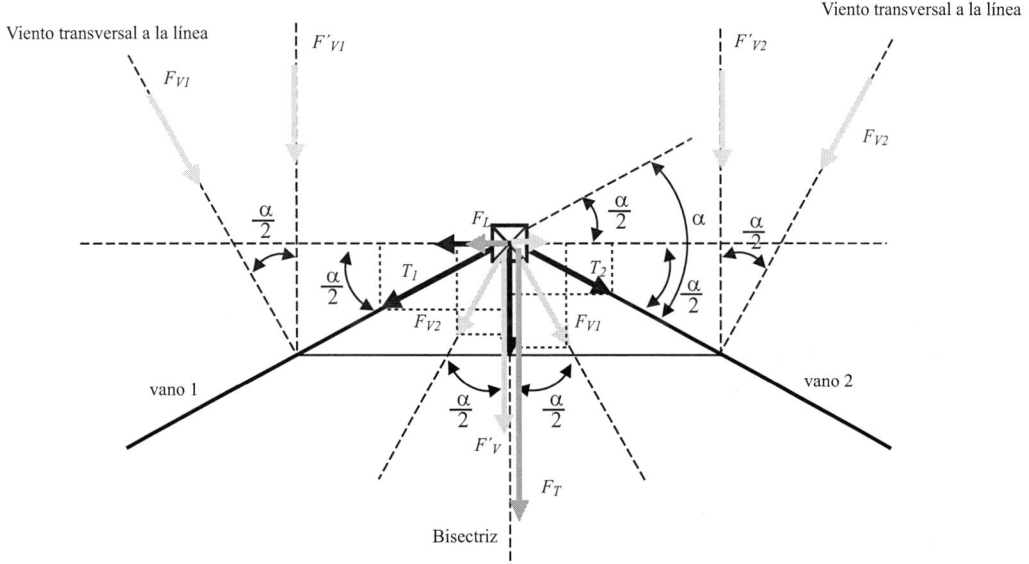

Figura 3.39. Esfuerzo debido al viento sobre el propio apoyo

Las expresiones para las fuerzas del viento sobre los conductores de cada vano son las siguientes:

$$F_{V1} = q \cdot d \cdot \frac{a_1}{2}$$

$$F_{V2} = q \cdot d \cdot \frac{a_2}{2}$$

Las expresiones para las fuerzas del viento sobre el apoyo, en la dirección de la bisectriz, son las siguientes:

$$F'_{V1} = q \cdot d \cdot \frac{a_1}{2} \cdot \cos\frac{\alpha}{2}$$

$$F'_{V2} = q \cdot d \cdot \frac{a_2}{2} \cdot \cos\frac{\alpha}{2}$$

$$F'_V = F'_{V1} + F'_{V2}$$

Para las fuerzas representadas en la Figura 3.39, la resultante transversal total sobre el apoyo, en la dirección de la bisectriz será:

$$F_T = T_1 \cdot sen\frac{\alpha}{2} + T_2 \cdot sen\frac{\alpha}{2} + q \cdot d \cdot \left(\frac{a_1 + a_2}{2}\right) \cdot \cos\frac{\alpha}{2} \quad (6)$$

La resultante sobre el apoyo en la dirección perpendicular a la bisectriz será:

$$F_L = (T_1 - T_2) \cdot \cos\frac{\alpha}{2} + (F_{V2} - F_{V1}) \cdot sen\frac{\alpha}{2} = (T_1 - T_2) \cdot \cos\frac{\alpha}{2} + q \cdot d \cdot \left(\frac{a_2 - a_1}{2}\right) \cdot sen\frac{\alpha}{2} \quad (7)$$

3.3.5. Cálculo de esfuerzos equivalentes cambiando su punto de aplicación

Independientemente que los esfuerzos aplicados sobre apoyo sean longitudinales o transversales, siempre será necesario, para elegir el apoyo a emplazar en la línea, comparar los esfuerzos obtenidos en los cálculos con los esfuerzos dados por el fabricante del apoyo. La mayor parte de las veces ocurre que los esfuerzos calculados no se aplican en los mismos puntos que los especificados por el fabricante del apoyo; por tanto, es necesario transformarlos en los equivalentes sobre los puntos de aplicación utilizados por el fabricante.

Para calcular el momento de todas las fuerzas aplicadas en los puntos de sujeción de los conductores se deberá tener en cuenta si estos puntos se encuentran por debajo o por encima de la cogolla del apoyo.

En el caso de que los puntos de sujeción de los conductores se encuentren por debajo de la cogolla del apoyo se deberán tomar momentos respecto de la línea de tierra ya que el apoyo tiende a romperse en las proximidades de la misma.

En el caso contrario, es decir, cuando se encuentren los puntos de sujeción de los conductores por encima de la cogolla, el momento a que estará sometido el apoyo respecto de la línea de tierra será inferior al admisible, por lo que el apoyo realmente no romperá por este punto, sino por su sección más débil según su constitución, por ejemplo, a la altura de la unión de la cabeza y el fuste. Debido a todas estas consideraciones se deberán tomar momentos a la altura de la sección más débil.

A continuación se indica la obtención de los esfuerzos equivalentes para los diferentes apoyos y configuraciones empleados en líneas aéreas de alta tensión.

3.3.5.1. Apoyos de presilla según RU 6704 A

El esfuerzo dado por el fabricante para este tipo de apoyos, se da, como se ha especificado anteriormente, en la cogolla del apoyo.

a)   Esfuerzos aplicados por encima de la cogolla del apoyo

En los apoyos de presilla se tomarán momentos respecto del punto de unión entre la cabeza y el fuste, que normalmente se encuentra a 6 m de la cogolla.

- **Apoyo de presilla con cruceta en bóveda**

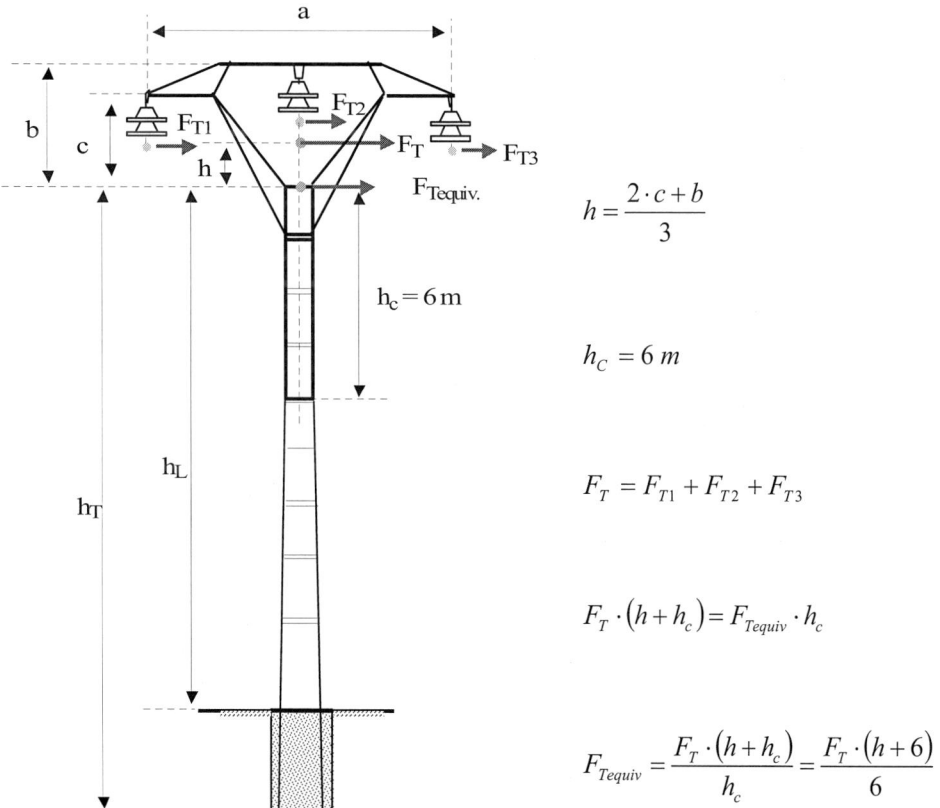

$$h = \frac{2 \cdot c + b}{3}$$

$$h_C = 6\ m$$

$$F_T = F_{T1} + F_{T2} + F_{T3}$$

$$F_T \cdot \left(h + h_c\right) = F_{Tequiv} \cdot h_c$$

$$F_{Tequiv} = \frac{F_T \cdot \left(h + h_c\right)}{h_c} = \frac{F_T \cdot \left(h + 6\right)}{6}$$

Figura 3.40. Esfuerzos a considerar sobre el apoyo de presilla con cruceta en bóveda

Las principales características de este tipo de cruceta se muestran en Tabla 3.41:

Tabla 3.41. Características de armados en bóveda para apoyos de presilla

Armado	*a* (m)	*b* (m)	*c* (m)	Peso (kg)
BP	1,82	1,1	0,7	83

b) Esfuerzos aplicados por debajo de la cogolla del apoyo

- **Apoyo de presilla con armado en tresbolillo**

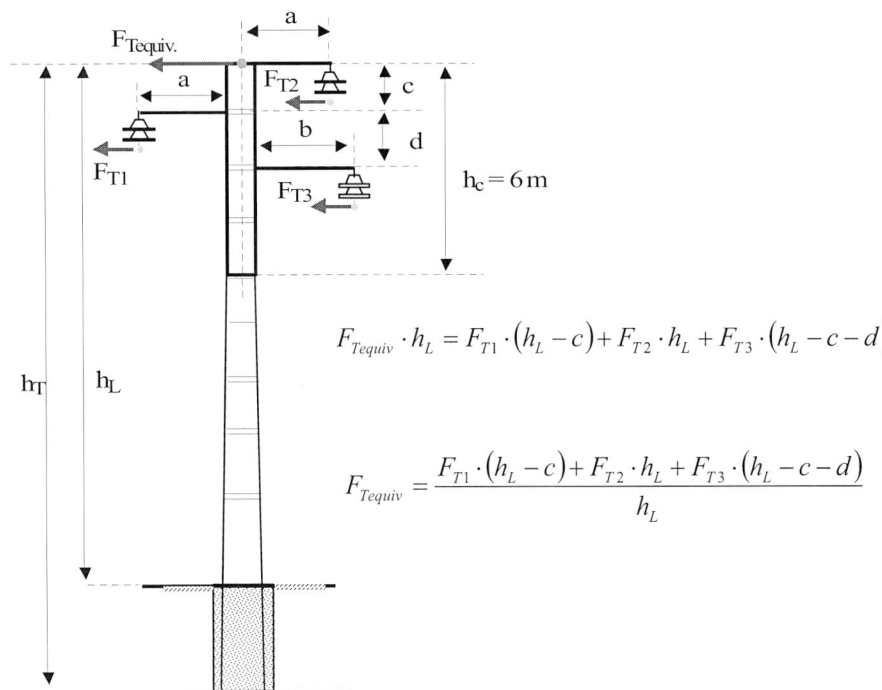

$$F_{Tequiv} \cdot h_L = F_{T1} \cdot (h_L - c) + F_{T2} \cdot h_L + F_{T3} \cdot (h_L - c - d)$$

$$F_{Tequiv} = \frac{F_{T1} \cdot (h_L - c) + F_{T2} \cdot h_L + F_{T3} \cdot (h_L - c - d)}{h_L}$$

Figura 3.41. Esfuerzos a considerar sobre el apoyo de presilla con armado en tresbolillo

Las principales características de este tipo de cruceta se muestran en la Tabla 3.42:

Tabla 3.42. Características de armados en tresbolillo para apoyos de presilla

Armado	*a* (m)	*b* (m)	*c* (m)	*d* (m)	Peso (kg)
TB1	0,75	1	1	1	75
TB2	1	1,25	1	1	100
TB3	1,25	1,25	1	1	120

- **Apoyo de presilla con armado en doble circuito**

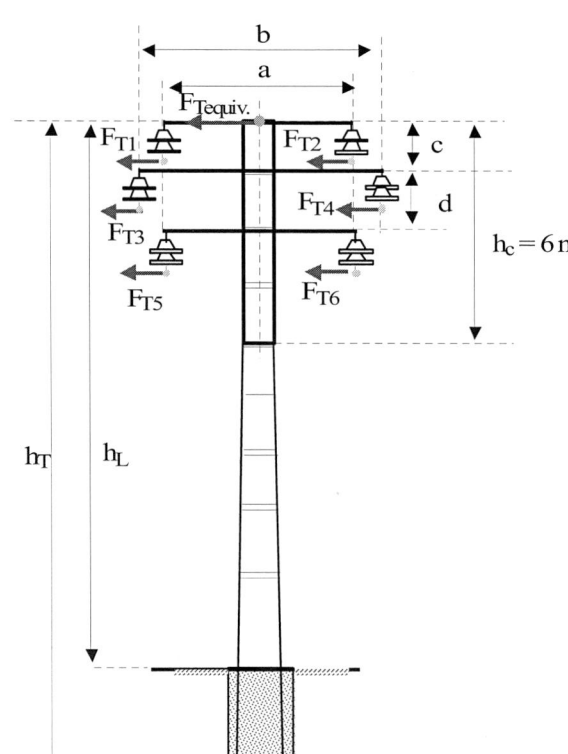

Figura 3.42. Esfuerzos a considerar sobre el apoyo de presilla con armado en doble circuito

$$F_{Tequiv} \cdot h_L = \left(F_{T1} + F_{T2}\right) \cdot h_L + \left(F_{T3} + F_{T4}\right) \cdot \left(h_L - c\right) + \left(F_{T5} + F_{T6}\right) \cdot \left(h_L - c - d\right)$$

$$F_{Tequiv} = \frac{\left(F_{T1} + F_{T2}\right) \cdot h_L + \left(F_{T3} + F_{T4}\right) \cdot \left(h_L - c\right) + \left(F_{T5} + F_{T6}\right) \cdot \left(h_L - c - d\right)}{h_L}$$

Las principales características de este tipo de cruceta se muestran en la Tabla 3.43:

Tabla 3.43. Características de armados en doble circuito para apoyos de presilla

Armado	a (m)	b (m)	c (m)	d (m)	Peso (kg)
E1	0,75	1	1	1	156
E2	1	1,25	1	1	200
E3	1,25	1,25	1	1	240

3.3.5.2. Apoyos de celosía según UNE 207017

El esfuerzo útil, especificado en la Norma, para este tipo de apoyos, se da aplicado en la cogolla del apoyo.

a) Esfuerzos aplicados en la cogolla del apoyo

En los apoyos de celosía, cuya cruceta se encuentre situada sobre la cogolla del apoyo, los esfuerzos calculados se compararán directamente con los especificados por el fabricante del apoyo o con los especificados en la Norma UNE 207017.

- **Apoyo de celosía con cruceta horizontal**

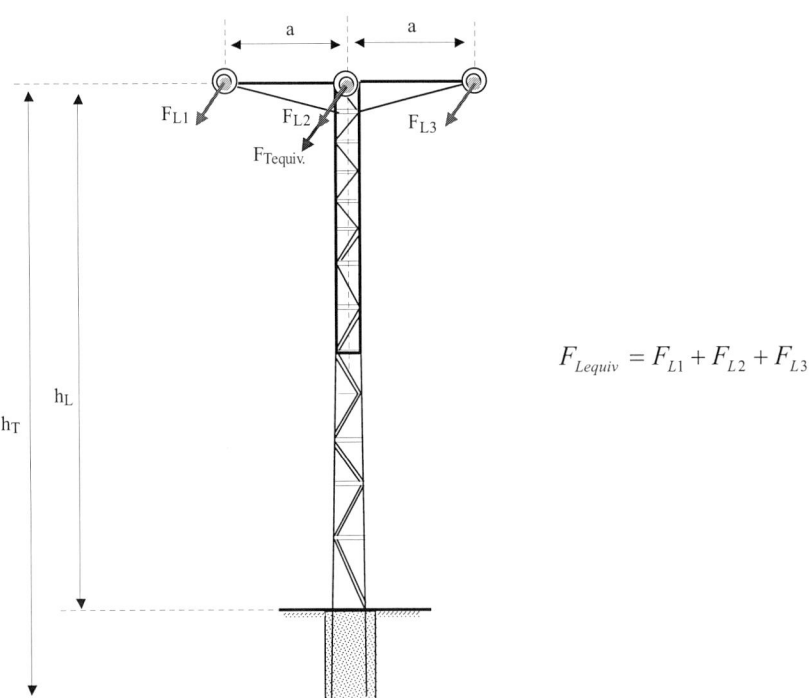

$$F_{Lequiv} = F_{L1} + F_{L2} + F_{L3}$$

Figura 3.43. Esfuerzos a considerar sobre el apoyo de celosía con cruceta horizontal

Las principales características de este tipo de cruceta se muestran en la Tabla 3.44:

Tabla 3.44. Características de cruceta horizontal para apoyos de celosía.

Armado	a (m)	Anchura de la cogolla (mm)	Peso (kg)
H–35	1,75	510	70
H1–15/5	1,5	510	61
H2–15/5	2	510	85
H3–15/5	2	510	113

b) Esfuerzos aplicados por encima de la cogolla del apoyo

En los apoyos de celosía, según UNE 207017, se tomarán momentos respecto de la distancia de la cogolla al final del primer tramo de los apoyos, es decir, respecto de la cabeza del apoyo, que se corresponde con 4,2 m.

- **Apoyo de celosía con cruceta en bóveda**

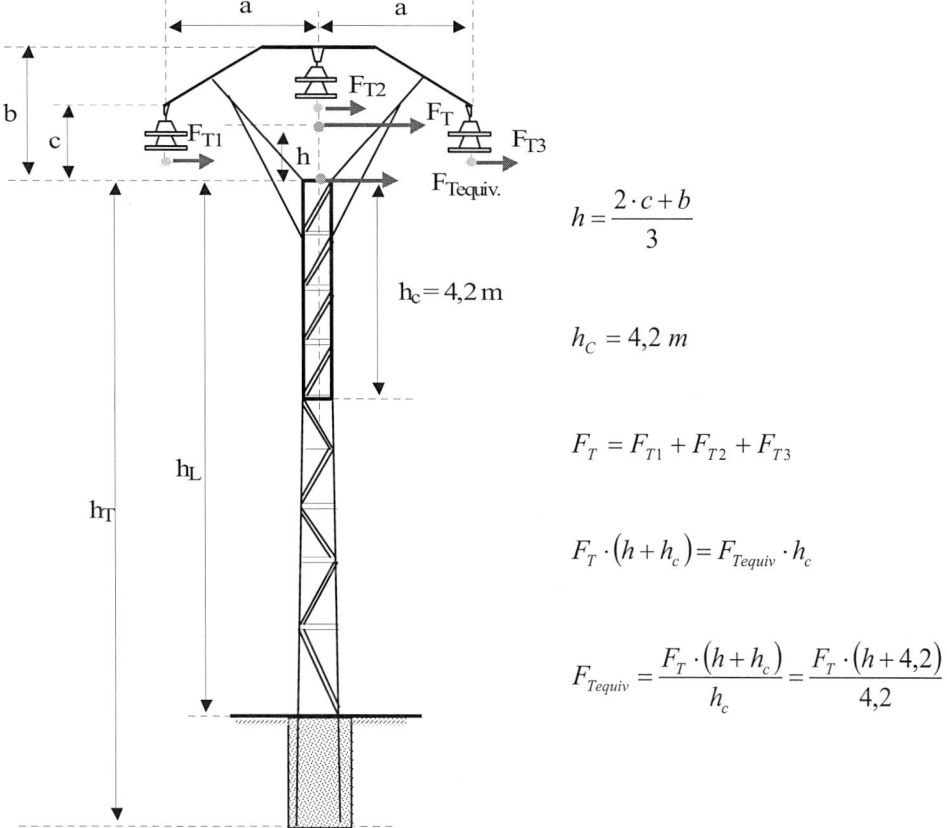

$$h = \frac{2 \cdot c + b}{3}$$

$$h_C = 4,2 \; m$$

$$F_T = F_{T1} + F_{T2} + F_{T3}$$

$$F_T \cdot \left(h + h_c \right) = F_{Tequiv} \cdot h_c$$

$$F_{Tequiv} = \frac{F_T \cdot \left(h + h_c \right)}{h_c} = \frac{F_T \cdot \left(h + 4,2 \right)}{4,2}$$

Figura 3.44. Esfuerzos a considerar sobre el apoyo de celosía con cruceta en bóveda

Las principales características de este tipo de cruceta se muestran en la Tabla 3.45:

Tabla 3.45. Características de cruceta en bóveda para apoyos de celosía

Armado	a (m)	b (m)	c (m)	Peso (kg)
BC–40	1,95	1,1	0,67	108
BC–50	2,42	1,1	0,5	128

- **Apoyo de celosía con armado en bóveda horizontal**

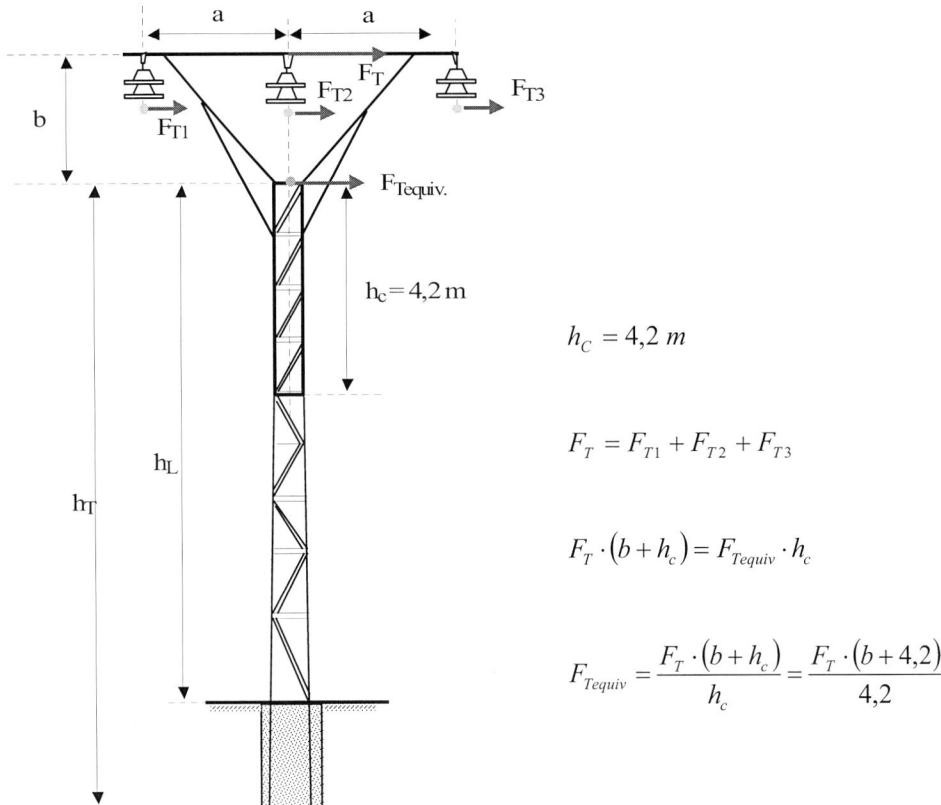

$$h_C = 4,2\ m$$

$$F_T = F_{T1} + F_{T2} + F_{T3}$$

$$F_T \cdot (b + h_c) = F_{Tequiv} \cdot h_c$$

$$F_{Tequiv} = \frac{F_T \cdot (b + h_c)}{h_c} = \frac{F_T \cdot (b + 4,2)}{4,2}$$

Figura 3.45. Esfuerzos a considerar sobre el apoyo de celosía con armado en bóveda horizontal

Las principales características de este tipo de cruceta se muestran en la Tabla 3.46:

Tabla 3.46. Características de armado en bóveda horizontal para apoyos de celosía

Armado	*a* (m)	*b* (m)	Peso (kg)
BC1–20	2	1,5	200
BC2–20	2	1,5	237
BC3–20	2	1,5	248
BC1–25	2,5	1,5	248
BC2–25	2,5	1,5	325

- **Apoyo de celosía con cruceta en bóveda triangular**

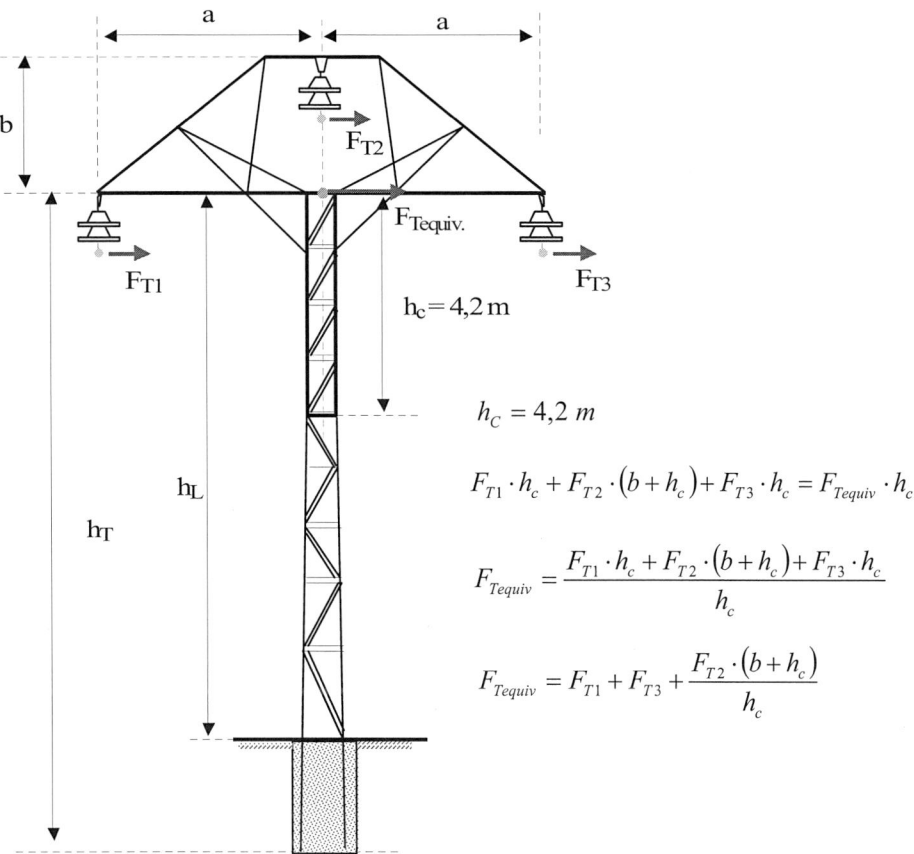

$$h_C = 4,2\ m$$

$$F_{T1} \cdot h_c + F_{T2} \cdot (b + h_c) + F_{T3} \cdot h_c = F_{Tequiv} \cdot h_c$$

$$F_{Tequiv} = \frac{F_{T1} \cdot h_c + F_{T2} \cdot (b + h_c) + F_{T3} \cdot h_c}{h_c}$$

$$F_{Tequiv} = F_{T1} + F_{T3} + \frac{F_{T2} \cdot (b + h_c)}{h_c}$$

Figura 3.46. Esfuerzos a considerar sobre el apoyo de celosía con cruceta en bóveda triangular

Las principales características de este tipo de cruceta se muestran en la Tabla 3.47:

Tabla 3.47. Características de cruceta en bóveda triangular para apoyos de celosía

Armado	*a* (m)	*b* (m)	Peso (kg)
B–36	1,8	0,9	157

c) **Esfuerzos aplicados por debajo de la cogolla del apoyo**

- **Apoyo de celosía con cruceta triangular**

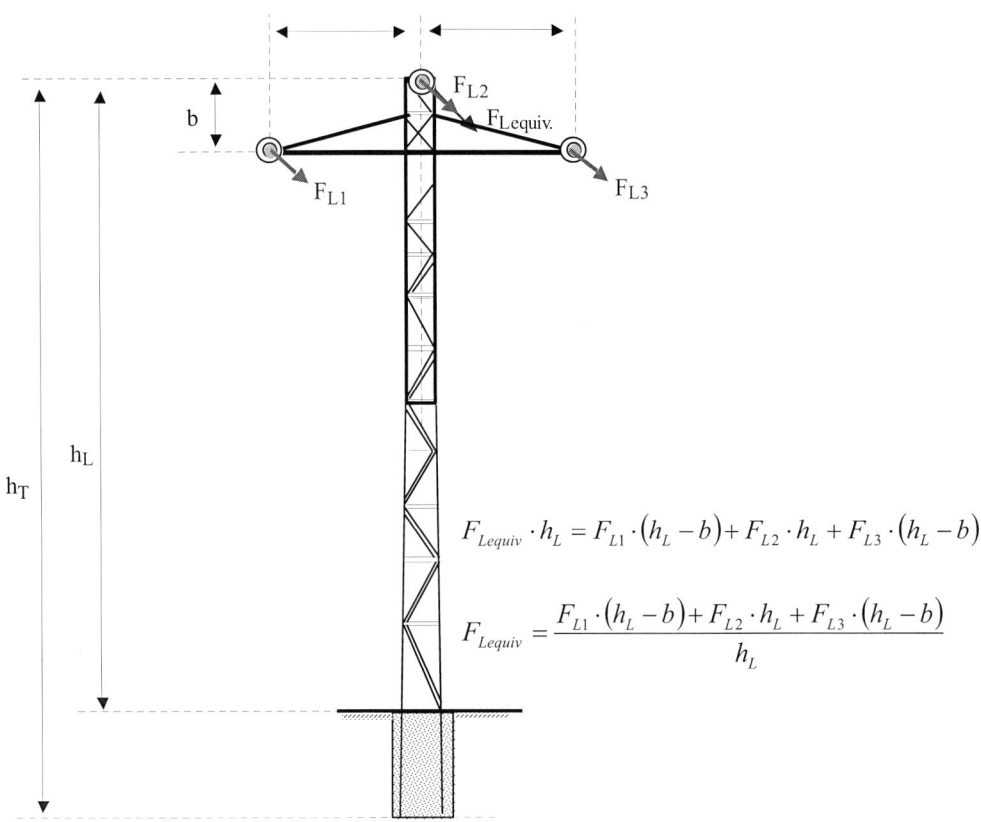

$$F_{Lequiv} \cdot h_L = F_{L1} \cdot \left(h_L - b\right) + F_{L2} \cdot h_L + F_{L3} \cdot \left(h_L - b\right)$$

$$F_{Lequiv} = \frac{F_{L1} \cdot \left(h_L - b\right) + F_{L2} \cdot h_L + F_{L3} \cdot \left(h_L - b\right)}{h_L}$$

Figura 3.47. Esfuerzos a considerar sobre el apoyo de celosía con cruceta triangular

Las principales características de este tipo de cruceta se muestran en la Tabla 3.48:

Tabla 3.48. Características de cruceta triangular para apoyos de celosía

Armado	*a* (m)	*b* (m)	Anchura de la cogolla (mm)	Peso (kg)
T1 –15/5	1,5	1,2	510	61
T2 –20/5	2	1,2	510	85
T3 –20/5	2	1,2	510	113

- **Apoyo de celosía con armado en tresbolillo**

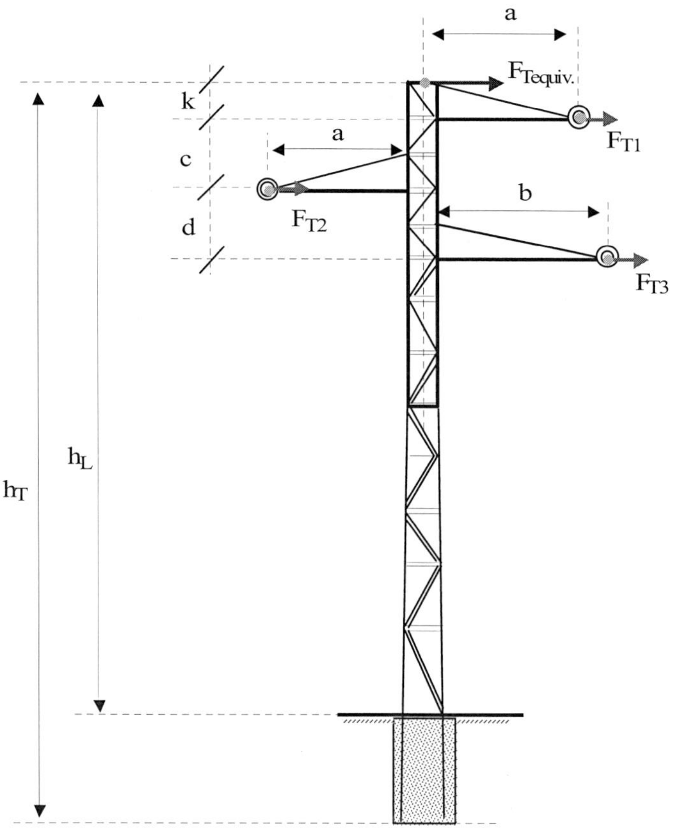

Figura 3.48. Esfuerzos a considerar sobre el apoyo de celosía con armado en tresbolillo

$$F_{Tequiv} \cdot h_L = F_{T1} \cdot \left(h_L - k\right) + F_{T2} \cdot \left(h_L - k - c\right) + F_{T3} \cdot \left(h_L - k - c - d\right)$$

$$F_{Tequiv} = \frac{F_{T1} \cdot \left(h_L - k\right) + F_{T2} \cdot \left(h_L - k - c\right) + F_{T3} \cdot \left(h_L - k - c - d\right)}{h_L}$$

Las principales características de este tipo de cruceta se muestran en la Tabla 3.49:

Tabla 3.49. Características de armado en tresbolillo para apoyos de celosía

Armado	a (m)	b (m)	c (m)	d (m)	k (m)	Anchura de la cogolla (mm)	Peso (kg)
D–15–I	1,5	1,75	1,2	1,2	0	510	96
D–15–II	1,5	1,75	1,8	1,8	0	510	96
TB1–15/5	1,5	2	1,2	1,2	0,6	510	96
TB2–15/5	1,5	2	1,2	1,2	0,6	510	110

- **Apoyo de celosía con cruceta en doble circuito**

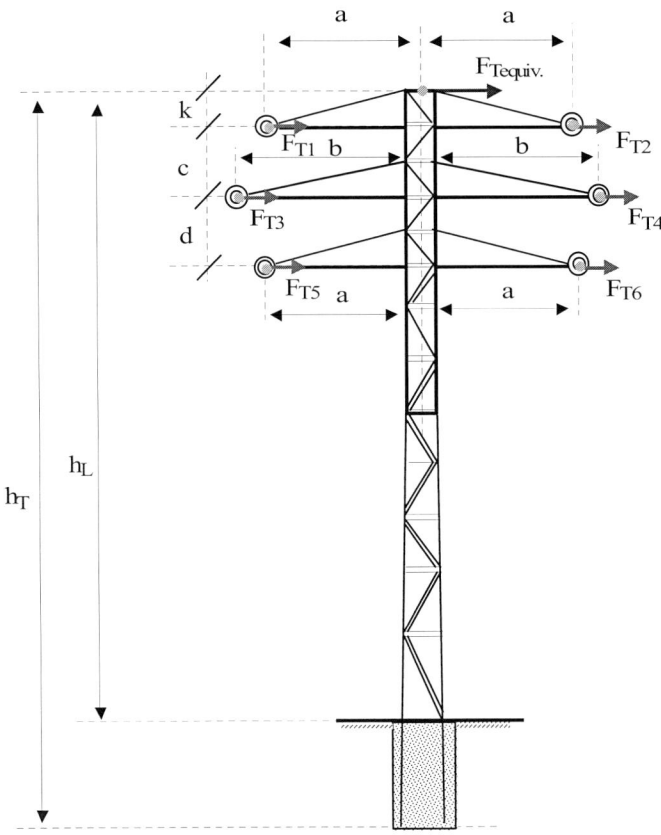

Figura 3.49. – Esfuerzos a considerar sobre el apoyo de celosía con cruceta en doble circuito

$$F_{Tequiv} \cdot h_L = \left(F_{T1} + F_{T2}\right) \cdot \left(h_L - k\right) + \left(F_{T3} + F_{T4}\right) \cdot \left(h_L - k - c\right) + \left(F_{T5} + F_{T6}\right) \cdot \left(h_L - k - c - d\right)$$

$$F_{Tequiv} = \frac{\left(F_{T1} + F_{T2}\right) \cdot \left(h_L - k\right) + \left(F_{T3} + F_{T4}\right) \cdot \left(h_L - k - c\right) + \left(F_{T5} + F_{T6}\right) \cdot \left(h_L - k - c - d\right)}{.h_L}$$

Las principales características de este tipo de cruceta se muestran en la Tabla 3.50:

Tabla 3.50. Características de cruceta en doble circuito para apoyos de celosía

Armado	a (m)	b (m)	c (m)	d (m)	k (m)	Anchura de la cogolla (mm)	Peso (kg)
E –30 –I	1,5	1,75	1,2	1,2	0	510	192
E –30 –II	1,5	1,75	1,8	1,8	0	510	192
E1 –15/5	1,5	2	1,2	1,2	0,6	510	192
E2 –15/5	1,5	2	1,2	1,2	0,6	510	220

3.3.5.3. Otros apoyos de celosía empleados para líneas de 30 kV < U_n ≤ 66 kV

El esfuerzo especificado por el fabricante para este tipo de apoyos, se suele facilitar a la altura de la cruceta central.

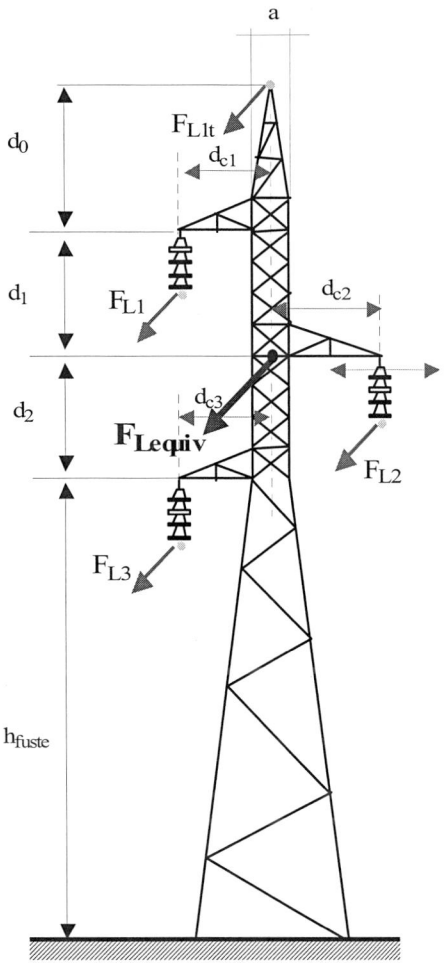

Figura 3.50. Esfuerzos a considerar sobre el apoyo de celosía para líneas de U_n > 30 kV

$$F_{Lequiv} \cdot \left(d_2 + h_{fuste}\right) = F_{L1t} \cdot \left(d_0 + d_1 + d_2 + h_{fuste}\right) + F_{L1} \cdot \left(d_1 + d_2 + h_{fuste}\right) +$$

$$+ F_{L2} \cdot \left(d_2 + h_{fuste}\right) + F_{L3} \cdot h_{fuste}$$

$$F_{Lequiv} = \frac{F_{L1t} \cdot \left(d_0 + d_1 + d_2 + h_{fuste}\right) + F_{L1} \cdot \left(d_1 + d_2 + h_{fuste}\right) + F_{L2} \cdot \left(d_2 + h_{fuste}\right) + F_{L3} \cdot h_{fuste}}{d_2 + h_{fuste}}$$

3.3.5.4. Apoyos de chapa según UNE 207018

El esfuerzo útil, especificado en la norma, para este tipo de apoyos, se aplica a una distancia $h_0 = 0,25$ m por debajo de la cogolla del apoyo.

a) Esfuerzos aplicados por encima de la cogolla del apoyo

En los apoyos de chapa, según UNE 207018, se tomarán momentos respecto a la distancia de la cogolla al final del primer tramo de los apoyos, es decir, respecto a la cabeza del apoyo, que se corresponde normalmente con 5 m.

- **Apoyo de chapa rectangular con cruceta en bóveda**

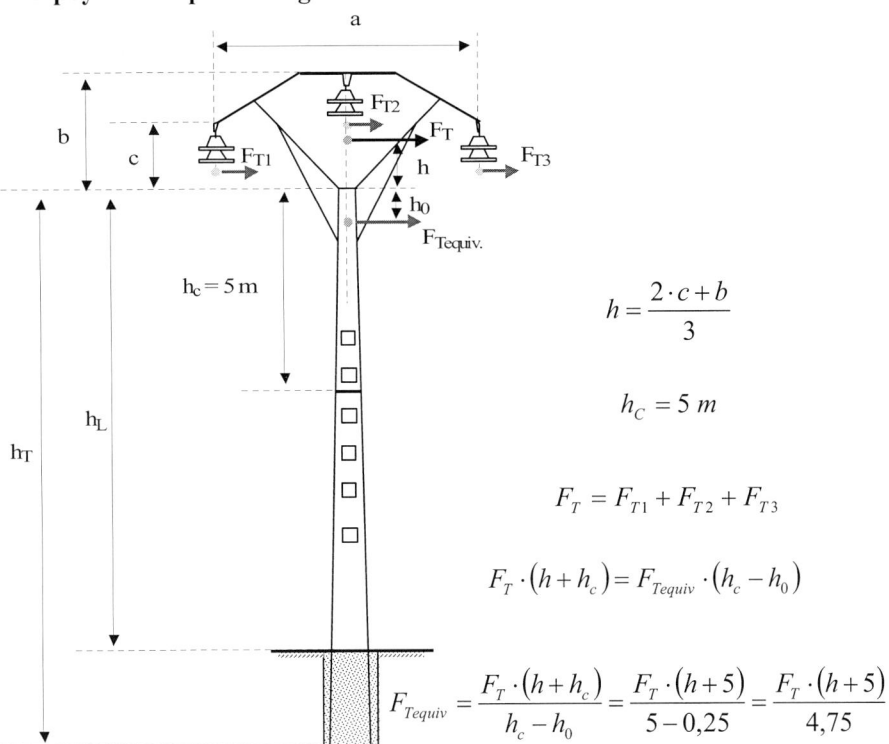

$$h = \frac{2 \cdot c + b}{3}$$

$$h_C = 5\ m$$

$$F_T = F_{T1} + F_{T2} + F_{T3}$$

$$F_T \cdot (h + h_c) = F_{Tequiv} \cdot (h_c - h_0)$$

$$F_{Tequiv} = \frac{F_T \cdot (h + h_c)}{h_c - h_0} = \frac{F_T \cdot (h + 5)}{5 - 0,25} = \frac{F_T \cdot (h + 5)}{4,75}$$

Figura 3.51. Esfuerzos a considerar sobre el apoyo de chapa rectangular con cruceta en bóveda

Algunas características, como ejemplo de este tipo de armado, se muestran en la Tabla 3.51:

Tabla 3.51. Características de cruceta en bóveda para apoyos de chapa rectangular.

Armado	a (m)	b (m)	c (m)	Peso (kg)
B –1	3,2	1,365	0,985	56
B –2	4	1,655	1,22	143
BR –1	3,2	1,365	0,985	90

- **Apoyo de chapa rectangular con cruceta en bóveda tipo B–66**

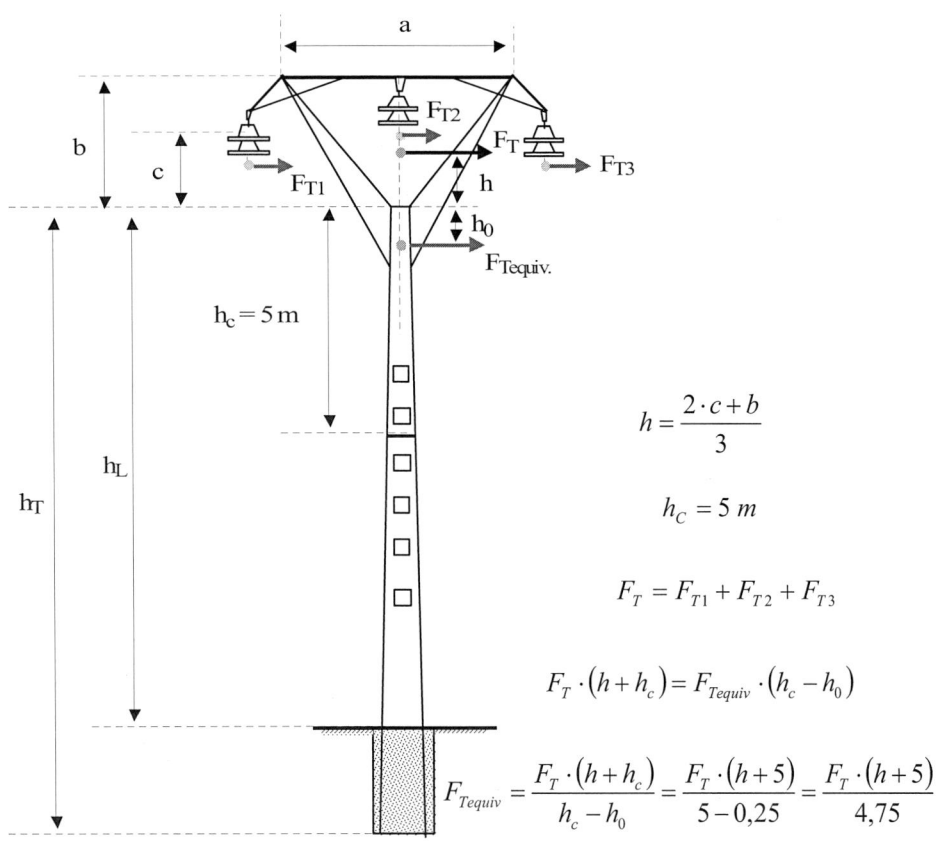

$$h = \frac{2 \cdot c + b}{3}$$

$$h_c = 5\ m$$

$$F_T = F_{T1} + F_{T2} + F_{T3}$$

$$F_T \cdot (h + h_c) = F_{Tequiv} \cdot (h_c - h_0)$$

$$F_{Tequiv} = \frac{F_T \cdot (h + h_c)}{h_c - h_0} = \frac{F_T \cdot (h + 5)}{5 - 0,25} = \frac{F_T \cdot (h + 5)}{4,75}$$

Figura 3.52. Esfuerzos a considerar sobre el apoyo de chapa rectangular con cruceta en bóveda, tipo B –66

Algunas características, como ejemplo, de este tipo de armado se muestran en la Tabla 3.52:

Tabla 3.52. Características de cruceta en bóveda tipo B–66, para apoyos de chapa rectangular

Armado	*a* (m)	*b* (m)	*c* (m)	Peso (kg)
B–66	5,25	1,7	1,15	186

b) Esfuerzos aplicados por debajo de la cogolla del apoyo

- **Apoyo de chapa rectangular con cruceta horizontal**

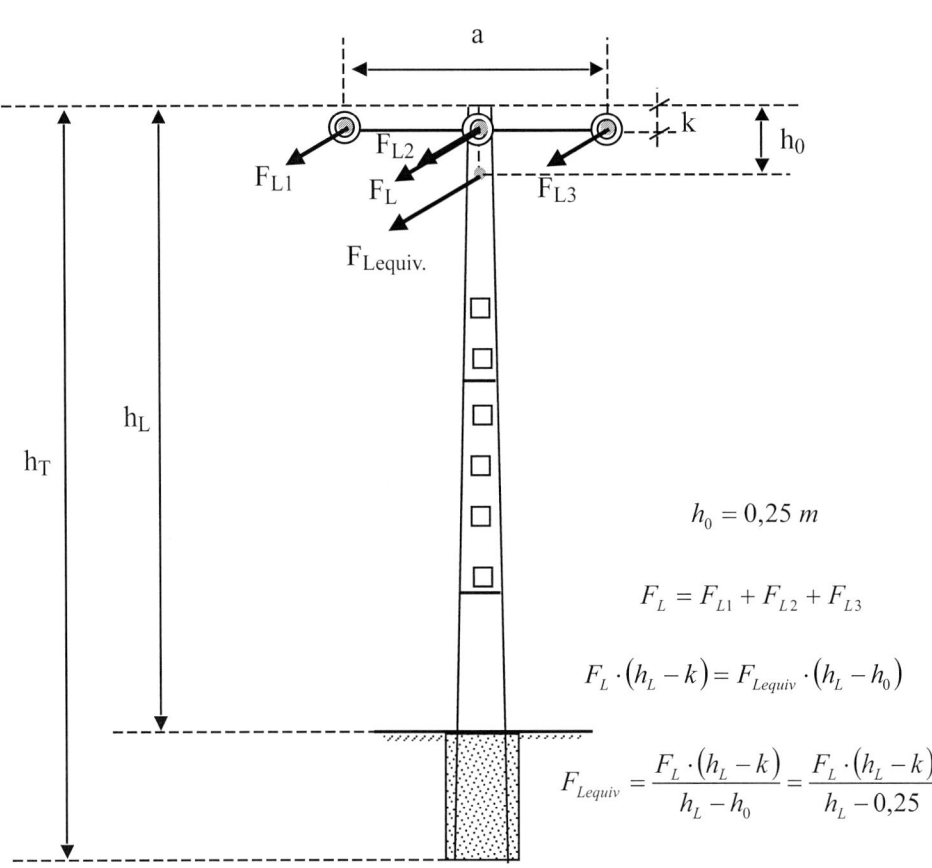

$$h_0 = 0,25 \; m$$

$$F_L = F_{L1} + F_{L2} + F_{L3}$$

$$F_L \cdot (h_L - k) = F_{Lequiv} \cdot (h_L - h_0)$$

$$F_{Lequiv} = \frac{F_L \cdot (h_L - k)}{h_L - h_0} = \frac{F_L \cdot (h_L - k)}{h_L - 0,25}$$

Figura 3.53 Esfuerzos a considerar sobre el apoyo de chapa rectangular
con cruceta horizontal

Algunas características, como ejemplo, de este tipo de armado se muestran en la Tabla 3.53:

Tabla 3.53. Características de cruceta horizontal, para apoyos de chapa rectangular

Armado	a (m)	k (m)	Peso (kg)
CR–1	3,3	0,085	94
CR–2	4,1	0,085	139
C–2	4,1	0,085	149

- **Apoyo de chapa rectangular con armado en tresbolillo**

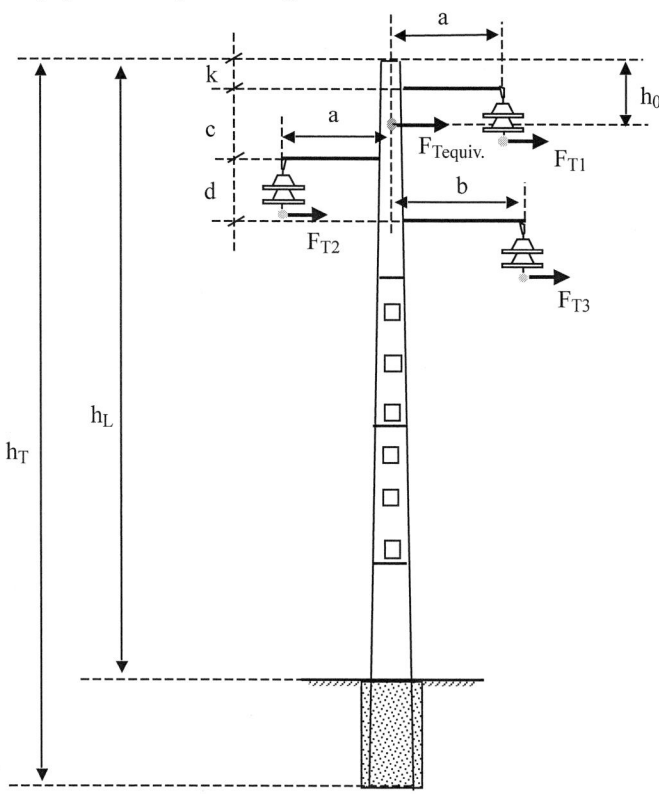

Figura 3.54. Esfuerzos a considerar sobre el apoyo de chapa rectangular con armado en tresbolillo

$$h_0 = 0,25 \ m$$

$$F_{Tequiv} \cdot (h_L - h_0) = F_{T1} \cdot (h_L - k) + F_{T2} \cdot (h_L - k - c) + F_{T3} \cdot (h_L - k - c - d)$$

$$F_{Tequiv} = \frac{F_{T1} \cdot (h_L - k) + F_{T2} \cdot (h_L - k - c) + F_{T3} \cdot (h_L - k - c - d)}{h_L - h_0}$$

Algunas características, como ejemplo, de este tipo de armado se muestran en la Tabla 3.54:

Tabla 3.54. Características de armado en tresbolillo, para apoyos de chapa rectangular

Armado	a (m)	b (m)	c (m)	d (m)	k (m)	Peso (kg)
BA–1/TRES –I	0,95	1,2	1,275	1,435	0,085	62
BA–1/TRES –II	0,95	1,2	1,7	1,51	0,085	62
BA–2/TRES –I	0,95	1,2	1,275	1,435	0,085	130
BA–2/TRES –II	0,95	1,2	1,7	1,51	0,085	130
T66/132	1,5	1,75	1,19	1,225	0,085	175

- **Apoyo de chapa rectangular con cruceta en doble circuito**

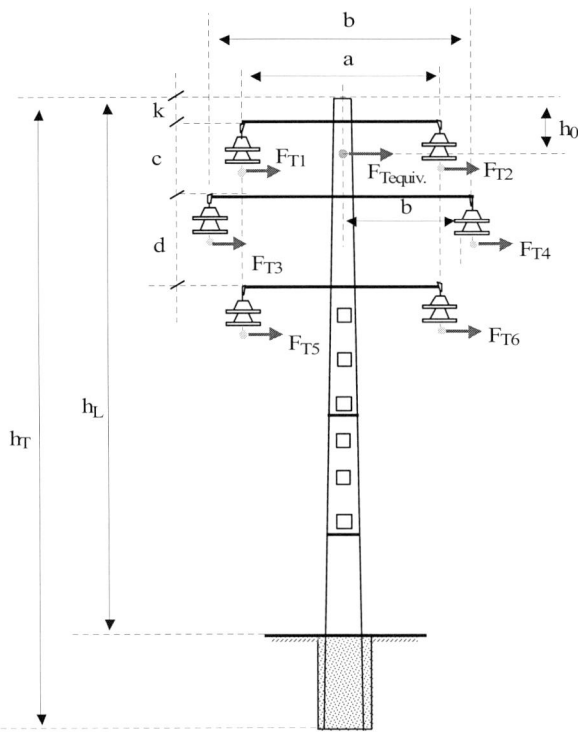

Figura 3.55. Esfuerzos a considerar sobre el apoyo de chapa rectangular con cruceta en doble circuito

$$h_0 = 0,25 \; m$$

$$F_{Tequiv} \cdot (h_L - h_0) = (F_{T1} + F_{T2}) \cdot (h_L - k) + (F_{T3} + F_{T4}) \cdot (h_L - k - c) + (F_{T5} + F_{T6}) \cdot (h_L - k - c - d)$$

$$F_{Tequiv} = \frac{(F_{T1} + F_{T2}) \cdot (h_L - k) + (F_{T3} + F_{T4}) \cdot (h_L - k - c) + (F_{T5} + F_{T6}) \cdot (h_L - k - c - d)}{h_L - h_0}$$

Algunas características, como ejemplo, de este tipo de armado se muestran en la Tabla 3.55:

Tabla 3.55. Características de con cruceta en doble circuito, para apoyos de chapa rectangular

Armado	a (m)	b (m)	c (m)	d (m)	k (m)	Peso (kg)
DC–1	1,9	2,4	1,275	1,127	0,085	91
DC–2	1,9	2,4	1,275	1,127	0,085	180
DC–66	3	3,5	1,19	1,225	0,085	305

3.3.5.5. Apoyos de hormigón vibrado según UNE 207016

El esfuerzo útil, especificado en la Norma, para este tipo de apoyos, se aplica a una distancia $h_0 = 0,25$ m.

a) Esfuerzos aplicados por encima de la cogolla del apoyo

En los apoyos de hormigón de tipo normal, HV, según UNE 207016, el esfuerzo, F_T, aplicado a una distancia h por encima de la cogolla, será equivalente a un esfuerzo F_{Tequiv}, aplicado a una distancia h_0 por debajo, cuyo valor viene dado por la expresión:

$$F_{Tequiv} = \frac{F_T}{K}, \text{ para } h = 0,75 \text{ m se obtiene } K = 0,9, \text{ para otros valores de } h.$$

$$K = \frac{5,4}{h + 5,25}$$

- **Apoyo de hormigón vibrado, HV, con cruceta en bóveda**

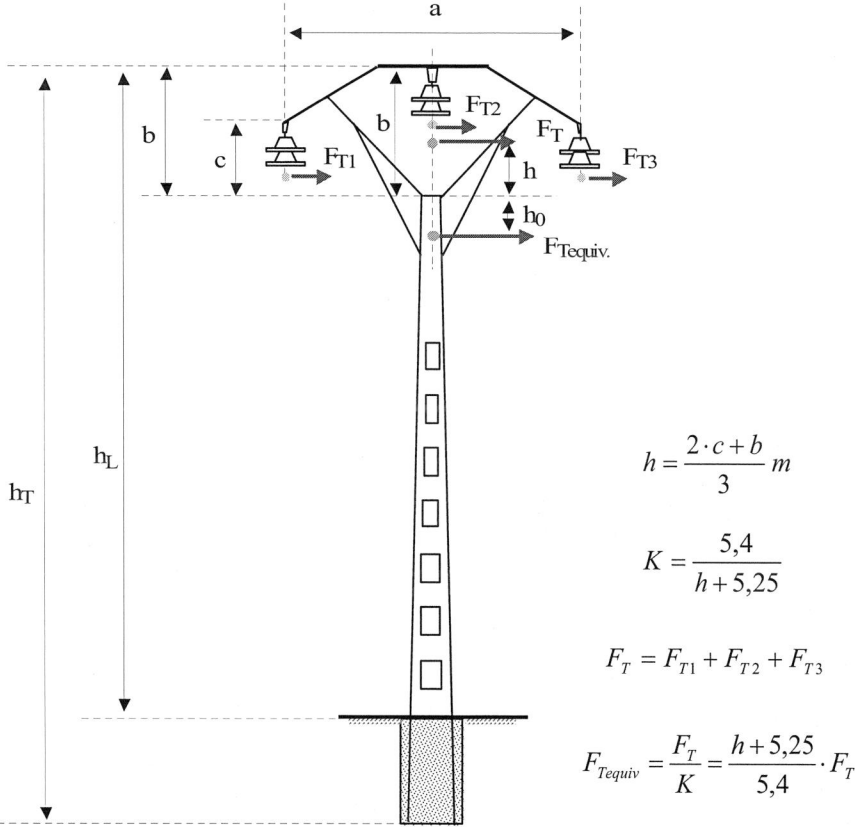

$$h = \frac{2 \cdot c + b}{3} \, m$$

$$K = \frac{5,4}{h + 5,25}$$

$$F_T = F_{T1} + F_{T2} + F_{T3}$$

$$F_{Tequiv} = \frac{F_T}{K} = \frac{h + 5,25}{5,4} \cdot F_T$$

Figura 3.56. Esfuerzos a considerar sobre el apoyo de hormigón vibrado con cruceta en bóveda

Algunas características de este tipo de armado se mostraron en la Tabla 3.51.

- **Apoyo de hormigón vibrado, HV, con cruceta en bóveda tipo B –66**

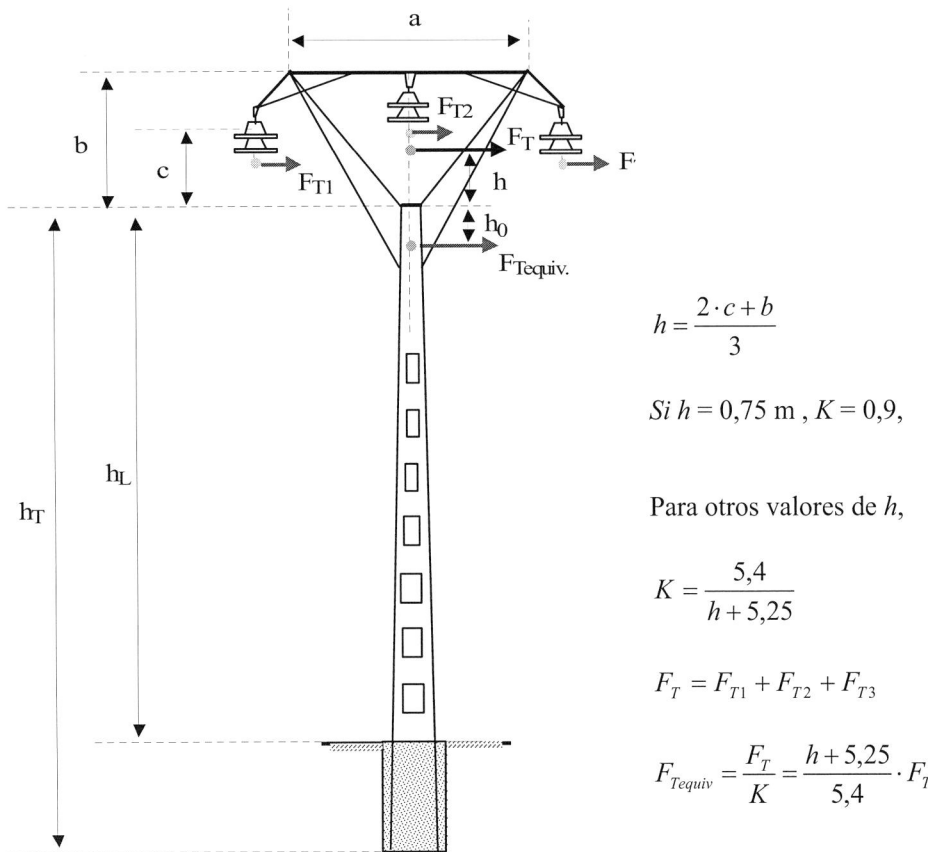

$$h = \frac{2 \cdot c + b}{3}$$

Si $h = 0{,}75$ m , $K = 0{,}9$,

Para otros valores de h,

$$K = \frac{5{,}4}{h + 5{,}25}$$

$$F_T = F_{T1} + F_{T2} + F_{T3}$$

$$F_{Tequiv} = \frac{F_T}{K} = \frac{h + 5{,}25}{5{,}4} \cdot F_T$$

Figura 3.57. Esfuerzos a considerar sobre el apoyo de hormigón vibrado con cruceta en bóveda, tipo B –66

Algunas características, como ejemplo, de este tipo de armado se muestran en la Tabla 3.56:

Tabla 3.56. Características de cruceta en bóveda, B–66, para apoyos de hormigón vibrado

Armado	*a* (m)	*b* (m)	*c* (m)	Peso (kg)
B –66	5,25	1,7	1,15	186

b) Esfuerzos aplicados por debajo de la cogolla del apoyo

- **Apoyo de hormigón vibrado hueco, HVH, con cruceta horizontal**

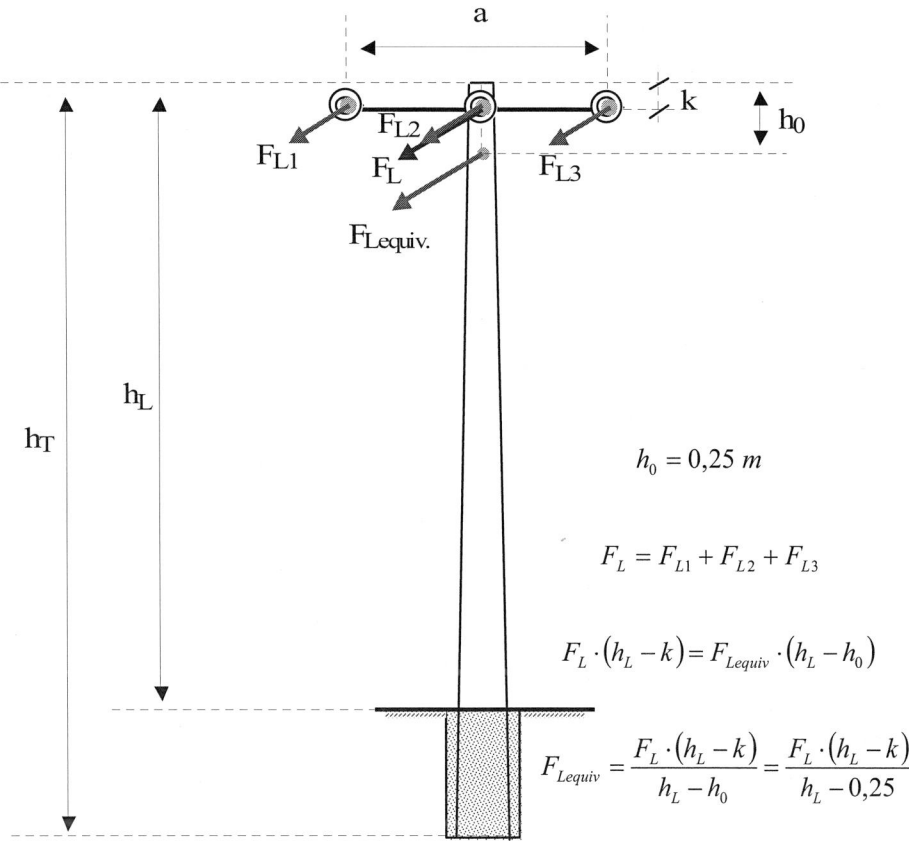

$$h_0 = 0,25 \ m$$

$$F_L = F_{L1} + F_{L2} + F_{L3}$$

$$F_L \cdot (h_L - k) = F_{Lequiv} \cdot (h_L - h_0)$$

$$F_{Lequiv} = \frac{F_L \cdot (h_L - k)}{h_L - h_0} = \frac{F_L \cdot (h_L - k)}{h_L - 0,25}$$

Figura 3.58. Esfuerzos a considerar sobre el apoyo de hormigón vibrado hueco con cruceta horizontal

Algunas características, como ejemplo, de este tipo de armado se muestran en la Tabla 3.57:

Tabla 3.57. Características de cruceta horizontal para apoyos de hormigón vibrado hueco

Armado	*a* (m)	*k* (m)	Peso (kg)
CR–1	3,3	0,085	94
CR–2	4,1	0,085	139

- **Apoyo de hormigón vibrado, HV, con armado en tresbolillo**

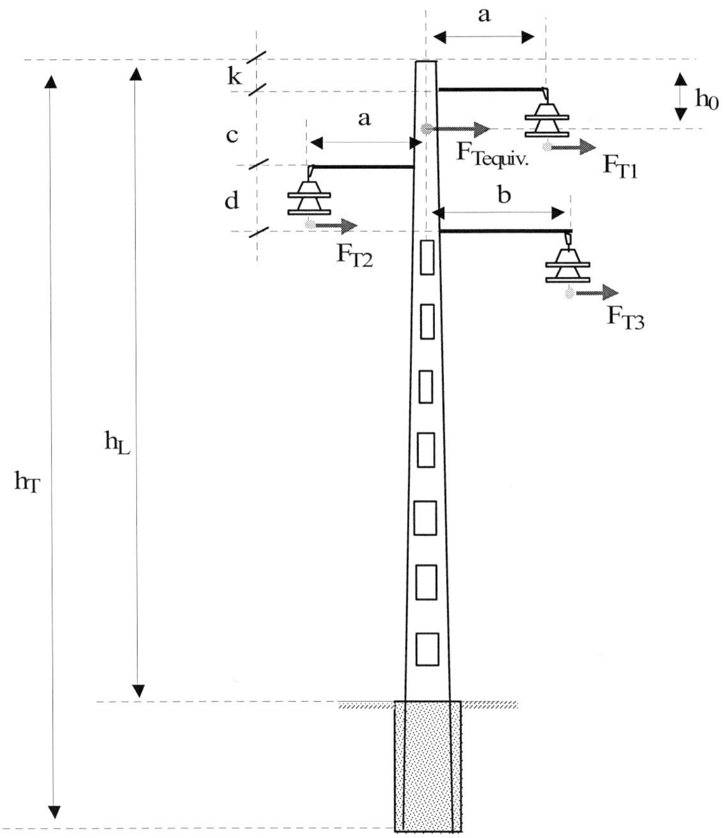

Figura 3.59. Esfuerzos a considerar sobre el apoyo de hormigón vibrado con armado a tresbolillo

$$h_0 = 0,25 \ m$$

$$F_{Tequiv} \cdot (h_L - h_0) = F_{T1} \cdot (h_L - k) + F_{T2} \cdot (h_L - k - c) + F_{T3} \cdot (h_L - k - c - d)$$

$$F_{Tequiv} = \frac{F_{T1} \cdot (h_L - k) + F_{T2} \cdot (h_L - k - c) + F_{T3} \cdot (h_L - k - c - d)}{h_L - h_0}$$

Algunas características, como ejemplo de este tipo de armado, se muestran en la Tabla 3.58:

Tabla 3.58. Características de armado a tresbolillo para apoyos de hormigón vibrado

Armado	a (m)	b (m)	c (m)	d (m)	k (m)	Peso (kg)
BA–1/TRES –I	0,95	1,2	1,275	1,435	0,0085	62
BA–1/TRES –II	0,95	1,2	1,7	1,51	0,0085	62
BA–2/TRES –I	0,95	1,2	1,275	1,435	0,0085	130
BA–2/TRES –II	0,95	1,2	1,7	1,51	0,0085	130
T 66/132	1,5	1,75	1,19	1,225	0,0085	175

- **Apoyo de hormigón vibrado hueco, HVH, con cruceta en doble circuito**

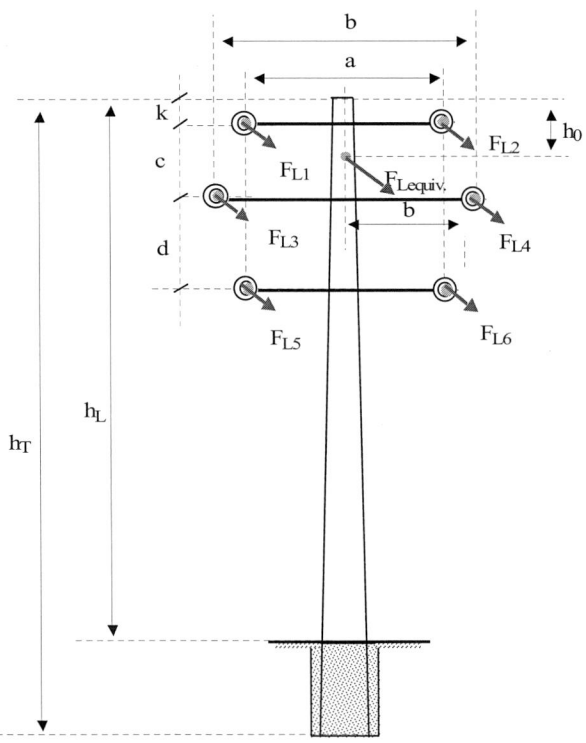

Figura 3.60. Esfuerzos a considerar sobre el apoyo de hormigón vibrado hueco con cruceta en doble circuito

$$h_0 = 0,25\ m$$

$$F_{Lequiv} \cdot (h_L - h_0) = (F_{L1} + F_{L2}) \cdot (h_L - k) + (F_{L3} + F_{L4}) \cdot (h_L - k - c) + (F_{L5} + F_{L6}) \cdot (h_L - k - c - d)$$

$$F_{Lequiv} = \frac{(F_{L1} + F_{L2}) \cdot (h_L - k) + (F_{L3} + F_{L4}) \cdot (h_L - k - c) + (F_{L5} + F_{L6}) \cdot (h_L - k - c - d)}{h_L - h_0}$$

Algunas características, como ejemplo, de este tipo de armado se muestran en la Tabla 3.59:

Tabla 3.59. Características de cruceta en doble circuito para apoyos de hormigón vibrado hueco

Armado	a (m)	b (m)	c (m)	d (m)	k (m)	Peso (kg)
DC–1	2,1	2,1	1,275	1,127	0,085	94
DC–2	2,1	2,1	1,275	1,127	0,085	185
DC–66	3	3,5	1,19	1,225	0,085	305

3.3.6. Resultante de los esfuerzos longitudinales y transversales. Esfuerzo equivalente en una sola dirección

A la hora de calcular las diferentes hipótesis especificadas por el RLAT se puede dar el caso, como por ejemplo, en la hipótesis de viento para los apoyos fin de línea que tengamos aplicado sobre el apoyo, a la vez, un esfuerzo longitudinal debido al desequilibrio de tracciones y un esfuerzo transversal debido al viento.

Como se ha visto en el apartado correspondiente a las características de los apoyos, los apoyos de presilla RU–6704A, Celosía según UNE 207017, Chapa según UNE 207018 y Hormigón según UNE 207016, este tipo de apoyos se ensaya sometiendo al apoyo a cargas verticales junto con transversales o longitudinales, pero no a la vez con cargas transversales y longitudinales, por lo que es necesario, cuando se den estos casos, reducir la resultante de esos dos esfuerzos según una de las direcciones del apoyo, normalmente la dirección principal.

Para obtener el esfuerzo equivalente, F_{Tequiv}, de los dos esfuerzos, según una sola dirección, por ejemplo la dirección transversal, sometamos al apoyo de celosía de la Figura 3.61, de altura total h_T, simultáneamente, a un esfuerzo longitudinal F_L y a un esfuerzo transversal F_T [8].

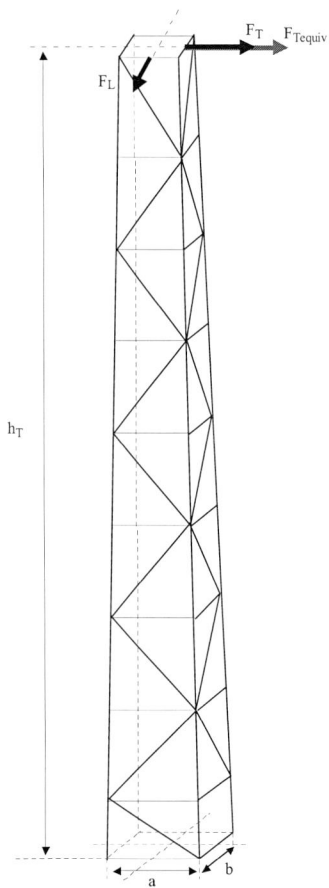

Figura 3.61. Apoyo de celosía con esfuerzos longitudinales y transversales aplicados a la vez

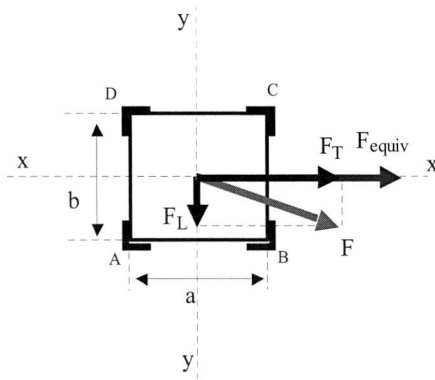

Figura 3.62. Sección de la base del apoyo

La fuerza *FT*, según la Figura 3.62, produce un momento alrededor del eje *y*, en la base del apoyo, de valor:

$$M_y = F_T \cdot h_T$$

Este momento M_y produce un esfuerzo de compresión sobre los montantes (angulares) *C* y *B* y un esfuerzo de tracción sobre los montantes *A* y *D*. Dichos esfuerzos son iguales y de sentido contrario, y su valor se representa por N_C, N_B, N_A y N_D, siendo:

$$N_C = N_B = -N_A = -N_D$$

Estos esfuerzos están representados sobre la Figura 3.63, donde se muestra un corte de los angulares a la altura de la base del apoyo.

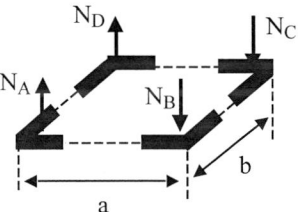

Figura 3.63. Sección de la base del apoyo y esfuerzos producidos por el momento M_y

El momento M_y está equilibrado con los pares producidos en los montantes, de forma que:

$$M_y = 2 \cdot \left(N_B \cdot a \right)$$

Que sustituyendo el valor de M_y, queda:

$$F_T \cdot h_T = 2 \cdot \left(N_B \cdot a \right)$$

$$N_B = \frac{F_T \cdot h_T}{2 \cdot a}$$

La fuerza F_L, según la Figura 3.61, produce un momento, alrededor del eje x, en la base del apoyo, de valor:

$$M_x = F_L \cdot h_T$$

Este momento M_x produce un esfuerzo de compresión sobre los montantes (angulares) A y B y un esfuerzo de tracción sobre los montantes D y C. Dichos esfuerzos son iguales y de sentido contrario, y su valor se representa por N'_A, N'_B, N'_C y N'_D, siendo:

$$N'_A = N'_B = -N'_C = -N'_D$$

Estos esfuerzos están representados sobre la Figura 3.64, donde se muestra un corte de los angulares a la altura de la base del apoyo.

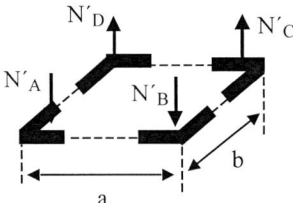

Figura 3.64. Sección de la base del apoyo y esfuerzos producidos por el momento *Mx*

El momento M_x está equilibrado con los pares producidos en los montantes, de forma que:

$$M_x = 2 \cdot \left(N'_B \cdot b\right)$$

Que sustituyendo el valor de M_x, queda:

$$F_L \cdot h_T = 2 \cdot \left(N'_B \cdot b\right)$$

$$N'_B = \frac{F_L \cdot h_T}{2 \cdot b}$$

La fuerza F_{Tequiv}, según la Figura 3.61, produce un momento, alrededor del eje y, en la base del apoyo, de valor:

$$M'_y = F_{Tequiv} \cdot h_T$$

Este momento M'_y produce un esfuerzo de compresión sobre los montantes (angulares) C y B y un esfuerzo de tracción sobre los montantes A y D. Dichos esfuerzos son iguales y de sentido contrario, y su valor se representa por N''_C, N''_B, N''_A y N''_D, de tal forma que:

$$N''_C = N''_B = -N''_A = -N''_D$$

Estos esfuerzos están representados sobre la Figura 3.65, donde se muestra un corte de los angulares a la altura de la base del apoyo.

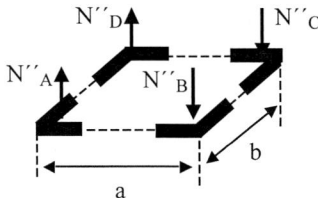

Figura 3.65. Sección de la base del apoyo y esfuerzos producidos por el momento M'_y

El momento M'_y está equilibrado con los pares producidos en los montantes, de forma que:

$$M'_y = 2 \cdot \left(N''_B \cdot a \right)$$

que sustituyendo el valor de M_y, queda:

$$F_{Tequiv} \cdot h_T = 2 \cdot \left(N''_B \cdot a \right)$$

$$N''_B = \frac{F_{Tequiv} \cdot h_T}{2 \cdot a}$$

Como los esfuerzos de compresión sobre el montante D tiene que ser el mismo, tanto el producido por el esfuerzo equivalente como el producido por la suma de los esfuerzos longitudinales y transversales, se obtiene:

$$N_B + N'_B = N''_B$$

Sustituyendo sus valores correspondientes quedaría:

$$\frac{F_T \cdot h_T}{2 \cdot a} + \frac{F_L \cdot h_T}{2 \cdot b} = \frac{F_{Tequiv} \cdot h_T}{2 \cdot a} \, ,$$

de donde:

$$F_{Tequiv} = F_T + \frac{F_L \cdot a}{b} \, ,$$

que aplicado al caso de apoyos de celosía cuya base sea cuadrada, es decir, $a = b$, el esfuerzo equivalente según la dirección transversal sería:

$$F_{Tequiv} = F_T + F_L$$

Lo anterior también es válido para apoyos de chapa de base cuadrada.

En el caso de otro tipo de apoyos metálicos que no sean de base cuadrada o apoyos de hormigón, la obtención del esfuerzo equivalente según una única dirección se complica teniendo que calcular los esfuerzos máximos y comprobar que no se superan las tensiones admisibles del material.

En el caso de otro tipo de apoyos metálicos que no sean de base cuadrada o apoyos de hormigón, la obtención del esfuerzo equivalente según una única dirección se complica, teniendo que calcular los esfuerzos máximos y comprobar que no se superan las tensiones admisibles del material.

3.4 EJEMPLO DE CÁLCULO DE APOYOS EN LÍNEA AÉREA DE 3ª CATEGORÍA SIMPLE CIRCUITO

Se trata de calcular los apoyos de una línea de 15 kV cuyo perfil es conocido. El conductor a emplear es el 94-AL1/22-ST1A (antiguo LA-110). La línea discurre a una altitud de 1.200 m y se exige para el cálculo mecánico del conductor, un límite dinámico del 8,7% para el EDS a la temperatura de 15 ºC y un 15,9% para el CHS a la temperatura de −5 ºC.

Dadas las características de la zona y el difícil acceso a la misma, se pretende utilizar para los apoyos de principio y fin de línea, anclaje y amarre en ángulo, apoyos de celosía según la Norma UNE 207017 con cruceta recta y para los apoyos de alineación en suspensión, apoyos de chapa rectangular según UNE 207018 y cruceta de bóveda. La línea no dispone de otro tipo de apoyos distintos a los mencionados.

El aislamiento estará formado por cadenas de aisladores de vidrio, con aislador U-70-BS de 1 m de longitud en amarre y 0,6 m de longitud en suspensión.

Los apoyos principio de línea y fin de línea son pasos subterráneo-aéreo y aéreo-subterráneo respectivamente.

Características de los elementos empleados

- **Cadenas de aisladores de suspensión**
    - Tipo: U 70 – BS.
    - Longitud: 0,6 m.
    - Peso de cadena: 8 daN.
    - Peso de herrajes: 1 daN.
    - Diámetro: 0,255 m.
    - Nº de aisladores: 2.

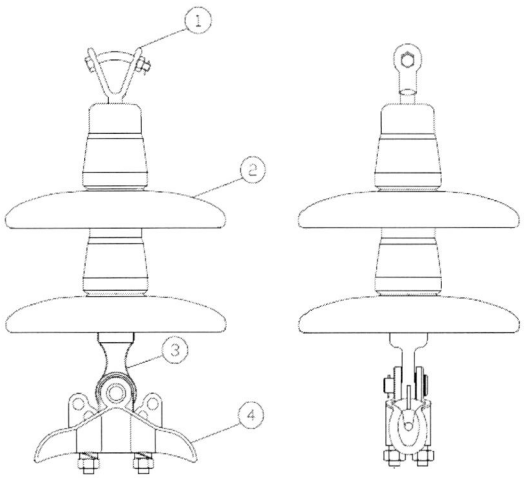

1. Horquilla de bola

2. Aislador de vidrio

3. Rótula corta

4. Grapa de suspensión

- **Cadenas de aisladores de amarre**
  - Tipo: U 70 – BS.
  - Longitud: 1 m.
  - Peso de cadena: 10 daN.
  - Peso de herrajes: 2 daN.
  - Diámetro: 0,255 m.
  - Nº de aisladores: 3.

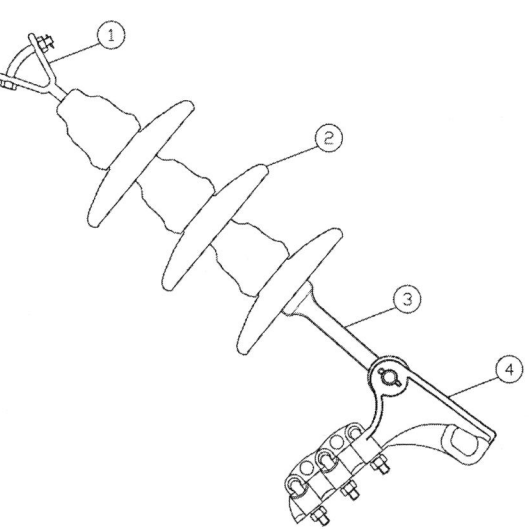

1. Horquilla de bola
2. Aislador de vidrio
3. Rótula larga
4. Grapa de amarre

- **Cruceta de bóveda**

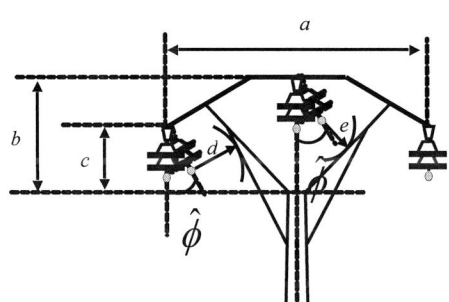

a (m)	b (m)	c (m)	d (m)	e (m)	$\hat{\phi}$ (°)	Peso (kg)
3	1,365	0,985	0,324	0,297	58	56

- **Cruceta recta**

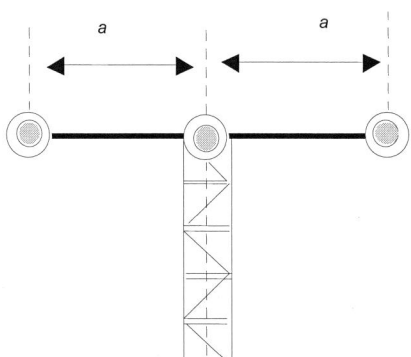

a (m)	Cogolla(m)	Peso (kg)
1,75	510	70

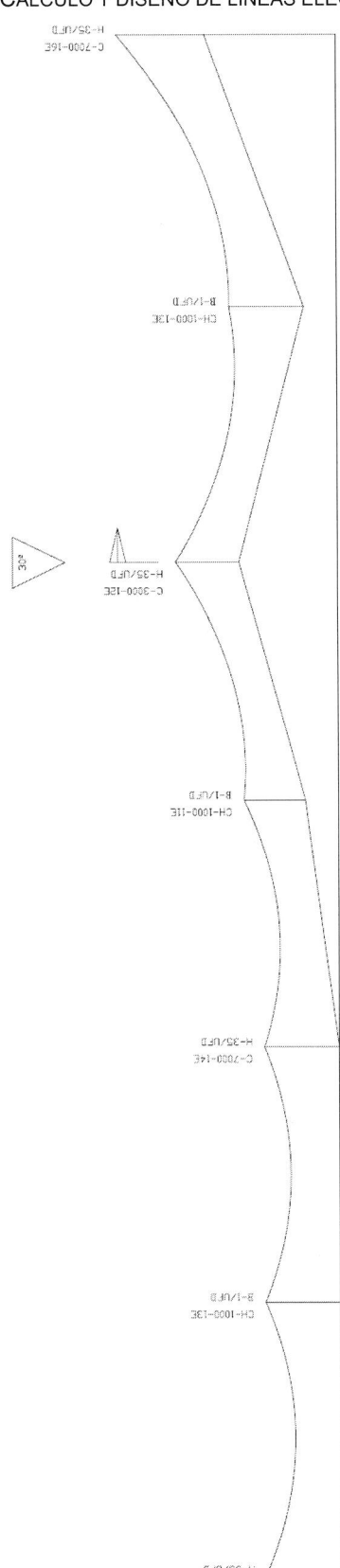

Nº apoyo	1	2	3	4	5	6	7
Tipo	Fin de línea	Suspensión en alineación	Anclaje en alineación	Suspensión en alineación	Amarre en ángulo	Suspensión en alineación	Fin de línea

Datos del conductor

- Tipo: 94-AL1/22-ST1A (Antiguo LA-110).
- Sección: 116,2 mm^2.
- Diámetro: 14 mm.
- Composición: 30 + 7.
- Carga de rotura: 4.318 daN.
- Módulo de elasticidad: 8.047 daN/mm^2.
- Coeficiente de dilatación: $17,8 \cdot 10^{-6}$ °C^{-1}.

Condiciones de cálculo

- Zona C.
- Coeficiente de seguridad: 3.
- Límite EDS: 8,7% a 15 °C.
- Límite CHS: 15,9% a –5 °C.

Pesos del conductor incluyendo las sobrecargas reglamentarias

- Peso propio: 0,425 daN/m.
- Peso con sobrecarga de viento: 0,941 daN/m.
- Peso con sobrecarga de hielo: 1,772 daN/m
- Peso con sobrecarga de viento mitad: 0,597 daN/m.

Resultados del cálculo mecánico del conductor

Tramo	Vano (m)	Desnivel (m)	Vano de regulación (m)	Tracción máxima (daN)		Tracción (daN)	Flecha máxima (m)
				–20 °C + hielo	–15 °C + viento	–15 °C con presión de viento mitad	15°C + viento
1-2	160	0	155,2	1354	840	598	4,1
2-3	150	0					3,6
3-4	145	5	142,6	1329	838	607	3,5
4-5	140	10					3,2
5-6	150	–10	155,2	1346	833	592	3,7
6-7	160	15					4,2

APOYO Nº 1. APOYO DE PRINCIPIO DE LÍNEA

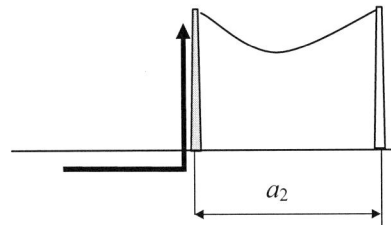

$a_2 = 160$ m.

Por tratarse de un apoyo cuyo único vano a la derecha es un vano a nivel, el eolovano y el gravivano sobre el apoyo coinciden siendo su valor:

$$a_{gV} = a_{gH} = a_e = \frac{a_2}{2} = \frac{160}{2} = 80 \ m$$

donde a_{gV} es el *gravivano con viento*, a_{gH} el *gravivano con hielo* y a_e es el *eolovano*.

1ª hipótesis: viento de 120 km/h, a −15 ºC

a) Cargas verticales

- Peso de conductores:

$$P_{COND} = n \cdot p_p \cdot a_{gV} = 3 \cdot 0,425 \cdot 80 \approx 102 \ daN$$

- Peso de cadenas de aisladores:

$$P_{CAD} = n_{CAD} \cdot p_{CAD} = 3 \cdot 10 = 30 \ daN$$

- Peso de herrajes:

$$P_{HERR} = n_{CAD} \cdot p_{HERR} = 3 \cdot 2 = 6 \ daN$$

- Peso de cruceta

$$P_{CRUC} = 68,67 \ daN \ \text{(cruceta recta)}$$

Total cargas verticales:

$$F_V = P_{COND} + P_{CAD} + P_{HERR} + P_{CRUC} = 102 + 30 + 6 + 68,67 \approx 207 \ daN$$

b) Cargas transversales, por viento sobre los conductores (Aptdo. 3.1.2. ITC-LAT 07)

$$F_{T1} = q \cdot \phi \cdot 10^{-3} \cdot a_e = 60 \cdot \left(\frac{120}{120}\right)^2 \cdot 14 \cdot 10^{-3} \cdot 80 = 67,2 \ daN$$

$$F_{T1} = F_{T2} = F_{T3}$$

$$F_T = n \cdot F_{T1} = 3 \cdot 67{,}2 = 201{,}6 \ daN$$

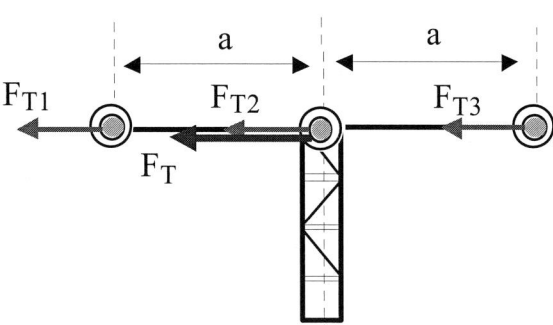

c) Cargas longitudinales por desequilibrio de tracciones (Aptdo. 3.1.4.4. ITC-LAT 07)

En los apoyos fin de línea se considera el 100% de las tracciones unilaterales de todos los conductores.

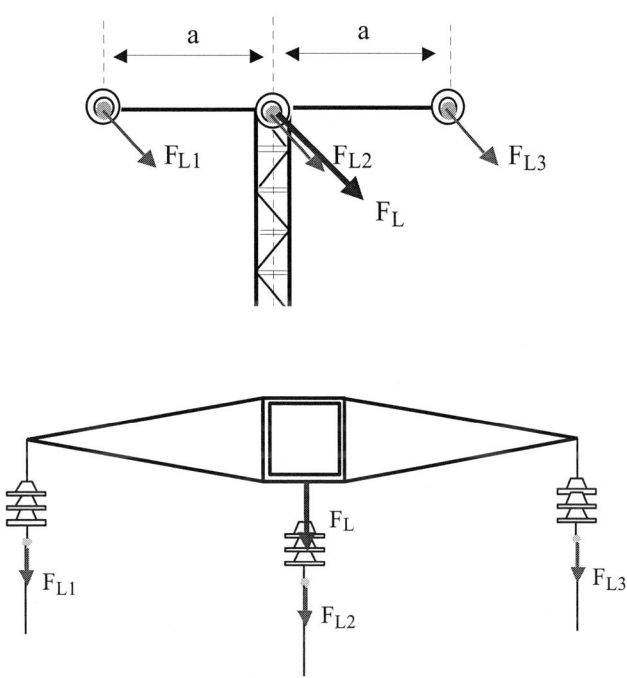

$$F_{L1} = T_V = 840 \ daN$$

siendo T_V, la tracción horizontal en el primer cantón, a –15 ºC con viento de 120 km/h.

$$F_{L1} = F_{L2} = F_{L3}$$

$$F_L = n.F_{L1} = 3840 = 2520 \ daN$$

Los esfuerzos, para esta hipótesis, sobre el apoyo son:

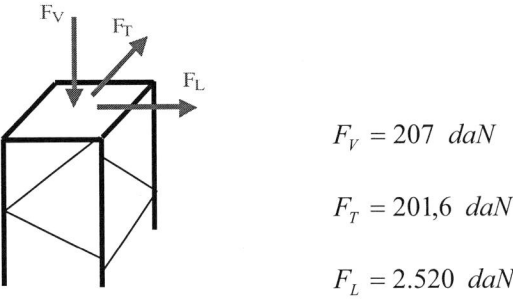

$$F_V = 207 \ daN$$

$$F_T = 201{,}6 \ daN$$

$$F_L = 2.520 \ daN$$

Lo que equivale a esfuerzos de compresión, F_V, y de flexión, $F_{equiv.}$, de valores:

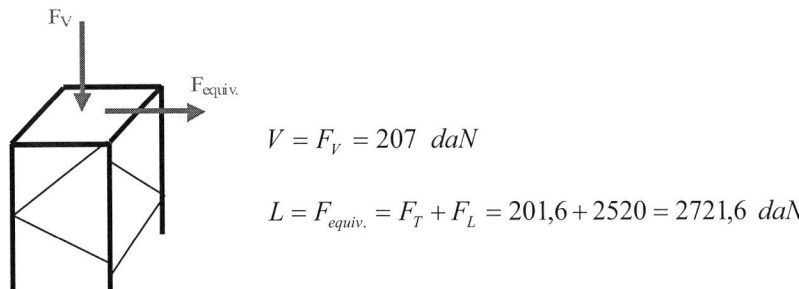

$$V = F_V = 207 \ daN$$

$$L = F_{equiv.} = F_T + F_L = 201{,}6 + 2520 = 2721{,}6 \ daN$$

2ª hipótesis: hielo en zona C, a –20 ºC

a) Cargas verticales

- Peso de conductores:

$$P_{COND} = n \cdot (p_p + p_h) \cdot a_{gH} = n \cdot (p_p + 0{,}36 \cdot \sqrt{\phi}) \cdot a_{gH}$$

$$P_{COND} = 3 \cdot 1{,}772 \cdot 80 = 425{,}2 \ daN$$

- Peso de cadenas de aisladores: herrajes y cruceta igual que en la primera hipótesis.

Total cargas verticales:

$$F_V = P_{COND} + P_{CAD} + P_{HERR} + P_{CRUC} = 425{,}2 + 30 + 6 + 68{,}67 \approx 529{,}9 \ daN$$

b) Cargas transversales, por viento sobre los conductores (Aptdo. 3.1.2. ITC-LAT 07)

No se consideran cargas transversales por viento.

c) Cargas longitudinales por desequilibrio de tracciones (Aptdo. 3.1.4.4. ITC-LAT 07)

En los apoyos fin de línea se considera el 100% de las tracciones unilaterales de todos los conductores.

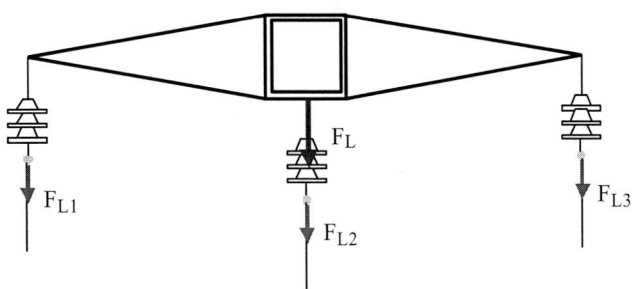

$$F_{L1} = T_H = 1354 \; daN$$

siendo T_H, la tracción horizontal en el primer cantón a –20 ºC con sobrecarga de hielo.

$$F_{L1} = F_{L2} = F_{L3}$$

$$F_L = n \cdot F_{L1} = 3 \cdot 1354 = 4062 \; daN$$

Los esfuerzos aplicados, para esta hipótesis, sobre el apoyo son:

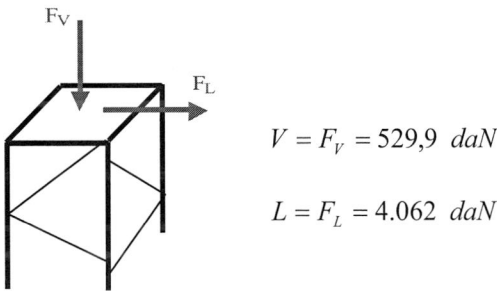

$$V = F_V = 529,9 \; daN$$

$$L = F_L = 4.062 \; daN$$

3ª hipótesis: desequilibrio de tracciones

Esta hipótesis no aplica al ser un apoyo de fin de línea.

4ª hipótesis: rotura de conductores con hielo zona C, a –20 ºC

a) Cargas verticales

Idénticas a las calculadas en la 2ª hipótesis pero descontándose el peso del conductor roto.

$$P_{COND} = (n-1) \cdot (p_p + p_h) \cdot a_{gH} = (n-1) \cdot (p_p + 0,36 \cdot \sqrt{\phi}) \cdot a_{gH}$$

$$P_{COND} = 2 \cdot 1,772 \cdot 80 = 283,5 \; daN$$

Total cargas verticales:

$$F_V = P_{COND} + P_{CAD} + P_{HERR} + P_{CRUC} = 283,5 + 30 + 6 + 68,67 \approx 388 \ daN$$

b) Cargas transversales, por viento sobre los conductores (Aptdo. 3.1.2. ITC-LAT 07)

No se consideran cargas transversales por viento.

c) Cargas longitudinales por rotura de conductores (Aptdo. 3.1.5.4. ITC-LAT 07)

Se considera la rotura de un solo conductor. Esto provoca sobre el apoyo un momento de torsión que viene dado por:

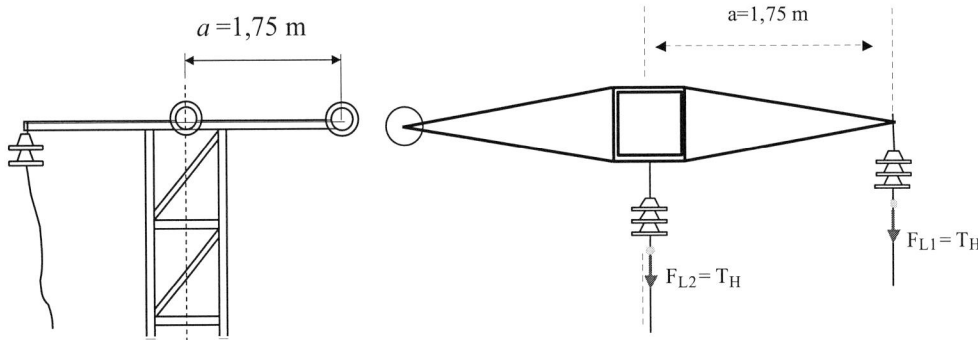

$$M_T = F_{L1} \cdot a = 1354 \cdot 1,75 \approx 2369,5 \ daN \cdot m \,,$$

siendo T_H, la tracción en el primer cantón a –20 °C con sobrecarga de hielo.

Los esfuerzos aplicados, para esta hipótesis, sobre el apoyo son:

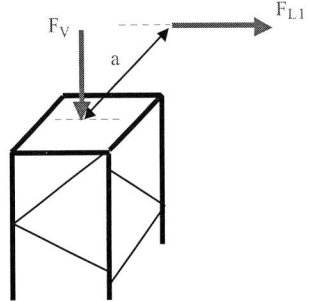

$$F_V = 389,5 \ daN$$

$$M_T = 2369,5 \ daN \cdot m$$

Los esfuerzos sobre el apoyo son:

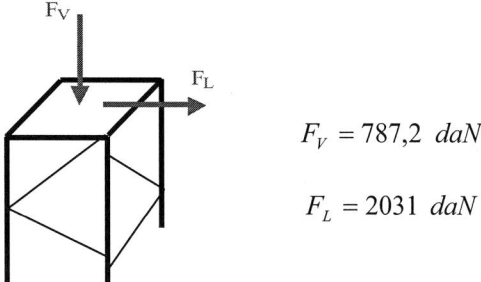

$$F_V = 787,2 \ daN$$

$$F_L = 2031 \ daN$$

4ª hipótesis: rotura de conductores con hielo en zona C, a –20 ºC

a) Cargas verticales

Al tratarse de un apoyo de anclaje, dicho apoyo pertenece a dos cantones diferentes. Los conductores pertenecientes a estos cantones están tendidos normalmente con tracciones diferentes. Para calcular los esfuerzos sobre el apoyo se debe de considerar que se rompe el conductor que disponga de menor tracción, ya que así se genera mayor desequilibrio en el apoyo. Dentro de esta hipótesis, al calcular las cargas permanentes sobre el apoyo y por tanto, la debida al peso de los conductores, se calculará el peso total de los conductores descontado el peso del conductor que se rompe. En este caso, el conductor roto pertenece al segundo cantón, de longitud 145 m.

El gravivano para las dos fases sanas será el ya calculado con hielo:

$$a_{gH1} \approx 121,6 \ m$$

El gravivano para la fase en la que se ha roto el conductor:

$$a_{gH2} = \frac{a_1}{2} + \left(\frac{T_{h1}}{p} \cdot \frac{d_1}{a_1} \right) = \frac{150}{2} + \frac{1354}{1,772} \cdot \frac{0}{150} = 75 \ m$$

- Peso de conductores:

$$P_{COND} = (n-1) \cdot (p_p + p_h) \cdot a_{gH1} + (p_p + p_h) \cdot a_{gH2}$$

$$P_{COND} = 2 \cdot 1,772 \cdot 121,6 + 1,772 \cdot 75 = 563,9 \ daN$$

- Peso de cadenas de aisladores, herrajes y cruceta: igual que en la 1ª hipótesis.

Total cargas verticales:

$$F_V = P_{COND} + P_{CAD} + P_{HERR} + P_{CRUC} = 563,9 + 60 + 12 + 68,67 \approx 705 \ daN$$

b) No existen cargas transversales en esta hipótesis

c) Cargas longitudinales por rotura de conductores (Aptdo. 3.1.5.3. ITC-LAT 07)

Se considera la rotura de un solo conductor. Esto provoca sobre el apoyo un momento torsor que viene dado por:

Tipo de apoyo	1ª hipótesis (viento)		2ª hipótesis (hielo)	
C-4500	$T = 1530$ kg	$V = 272$ kg	$T = 1.620$ kg	$V = 272$ kg
C-7000	$T = 2395$ kg	$V = 407$ kg	$T = 2.490$ kg	$V = 407$ kg
C-9000	$T = 3060$ kg	$V = 407$ kg	$T = 3.100$ kg	$V = 407$ kg

Esfuerzos útiles por fase, para 1ª y 2ª hipótesis, en apoyos tipo "C" con cruceta tipo "L3".

Tipo de apoyo	3ª hipótesis (desequilibrio)		4ª hipótesis (torsión)	
C-4500	$L = 2025$ kg	$V = 272$ kg	$R = 1260$ kg	$V = 272$ kg
C-7000	$L = 3120$ kg	$V = 407$ kg	$R = 2005$ kg	$V = 407$ kg
C-9000	$T = 3880$ kg	$V = 407$ kg	$R = 2155$ kg	$V = 407$ kg

Esfuerzos útiles por fase, para 3ª y 4ª hipótesis, en apoyos tipo "C" con cruceta tipo "L3".

Por otra parte, los esfuerzos obtenidos previamente, expresados de la misma forma en que lo hace el fabricante, se recogen en la tabla siguiente:

1ª hipótesis (viento)		2ª hipótesis (hielo)	
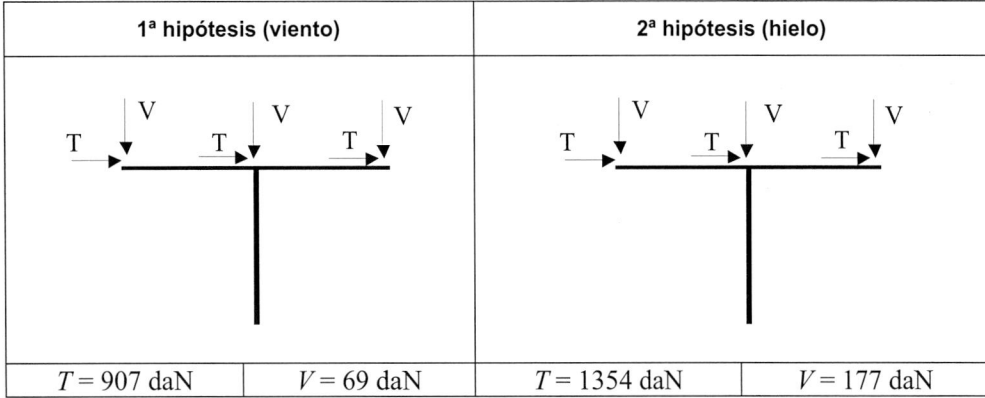			
$T = 907$ daN	$V = 69$ daN	$T = 1354$ daN	$V = 177$ daN

3ª hipótesis (desequilibrio)		4ª hipótesis (torsión)	
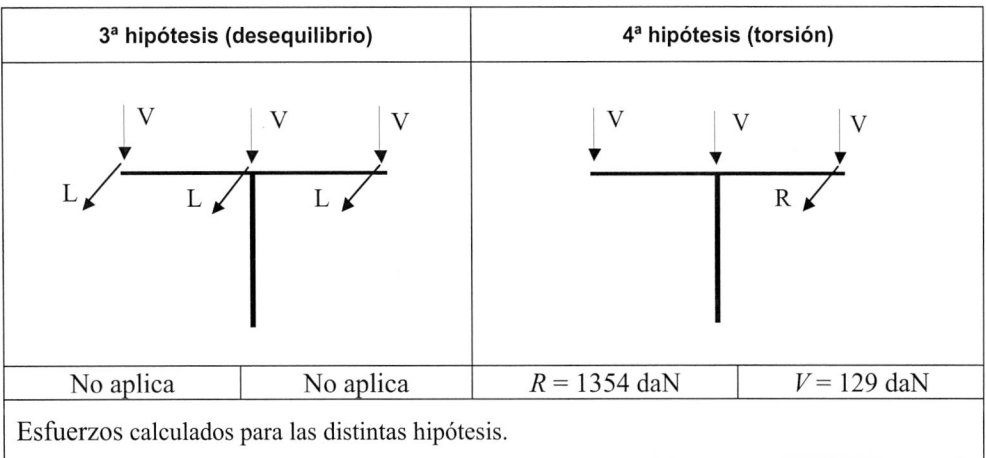			
No aplica	No aplica	$R = 1354$ daN	$V = 129$ daN
Esfuerzos calculados para las distintas hipótesis.			

Se concluye que para conseguir que los esfuerzos aplicados sean menores que los soportados por el apoyo, hay que elegir el modelo C-7000.

APOYO Nº 2. APOYO DE SUSPENSIÓN EN ALINEACIÓN

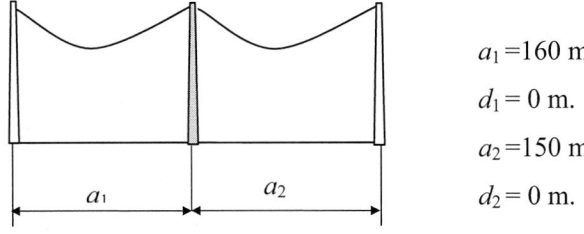

$a_1 = 160$ m.

$d_1 = 0$ m.

$a_2 = 150$ m.

$d_2 = 0$ m.

Por tratarse de un apoyo situado entre dos vanos a nivel, el eolovano y gravivano sobre el apoyo coinciden siendo su valor:

$$a_{gV} = a_{gH} = a_e = \frac{a_1 + a_2}{2} = \frac{160 + 150}{2} = 155 \ m$$

1ª hipótesis: viento de 120 km/h, a –15 ºC

a) Cargas verticales

- Peso de conductores:

$$P_{COND} = n \cdot p_p \cdot a_{gV} = 3 \cdot 0{,}425 \cdot 155 \approx 197{,}5 \; daN$$

- Peso de cadenas de aisladores:

$$P_{CAD} = n_{CAD} \cdot p_{CAD} = 3 \cdot 8 = 24 \; daN$$

- Peso de herrajes:

$$P_{HERR} = n_{CAD} \cdot p_{HERR/CAD} = 3 \cdot 1 = 3 \; daN$$

- Peso de cruceta:

$$P_{CRUC} = 54{,}94 \; daN \; \text{(cruceta de bóveda)}$$

Total cargas verticales:

$$F_V = P_{COND} + P_{CAD} + P_{HERR} + P_{CRUC} = 197{,}6 + 24 + 3 + 54{,}94 \approx 279{,}5 \; daN$$

b) Cargas transversales por viento sobre los conductores (Aptdo. 3.1.2. ITC-LAT 07)

$$F_T = n \cdot q \cdot \phi \cdot 10^{-3} \cdot a_e = 3 \cdot 60 \cdot \left(\frac{120}{120}\right)^2 \cdot 14 \cdot 10^{-3} \cdot 155 = 390{,}6 \; daN$$

Este esfuerzo se encuentra aplicado a una distancia h por encima de la cogolla, que se calcula en función de las dimensiones b, c, de la cruceta, como:

$$h = \frac{b + 2 \cdot c}{3} = \frac{1{,}365 + 2 \cdot 0{,}985}{3} = 1{,}11 \; m$$

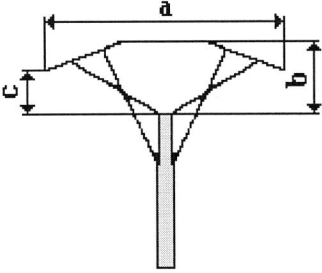

Armado	a (m)	b (m)	c (m)	Peso (kg)
$B1$	3	1,365	0,985	56

Como los esfuerzos soportados por los apoyos rectangulares de chapa, especificados en la Norma UNE 207018, están aplicados a una distancia h_0 de 0,25 m por debajo de la cogolla del apoyo, es necesario, para elegir el apoyo, reducir el esfuerzo transversal calculado en esta hipótesis al mismo punto de aplicación.

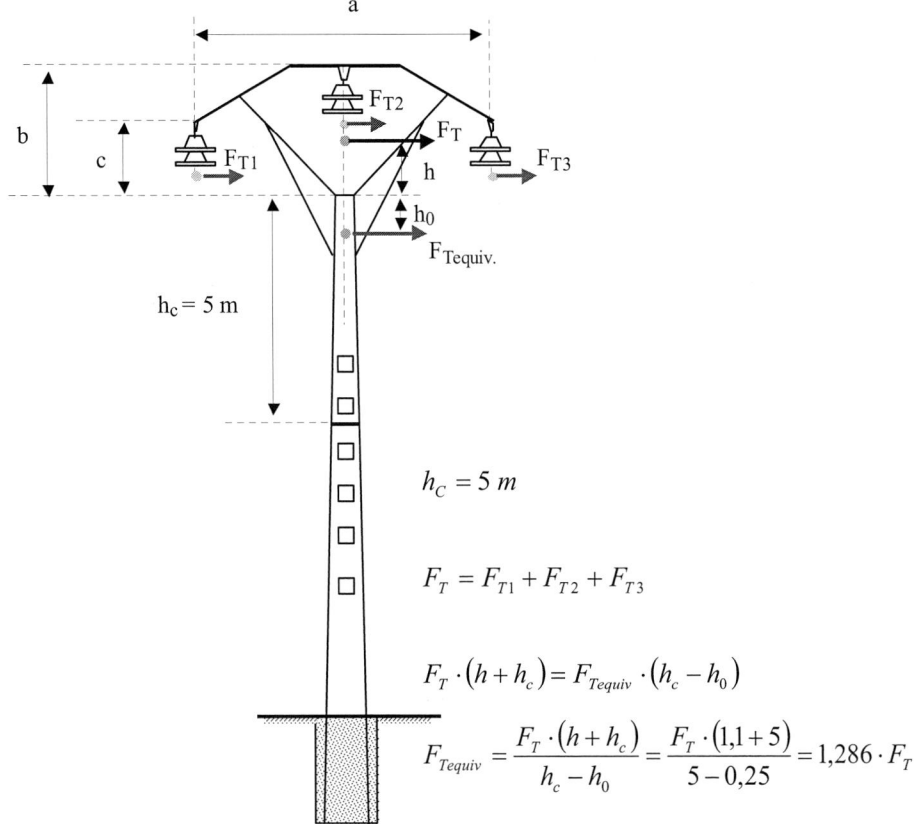

Por tanto, el esfuerzo transversal F_T, reducido a 0,25 m por debajo de la cogolla se incrementa en un factor K igual a 1,228.

$$F_{Tequiv} = F_T \cdot K = 390,6 \cdot 1,286 \approx 502,6 \ daN$$

c) No se consideran cargas longitudinales en la hipótesis de viento

Los esfuerzos aplicados sobre el apoyo para esta hipótesis son:

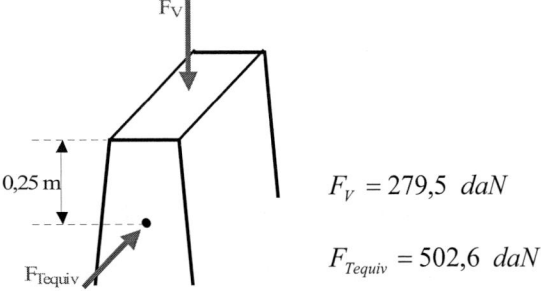

$$F_V = 279,5 \ daN$$

$$F_{Tequiv} = 502,6 \ daN$$

2ª hipótesis: hielo en zona C, a −20 ºC

a) Cargas verticales

- Peso de conductores:

$$P_{COND} = n \cdot (p_p + p_h) \cdot a_{gH} = n \cdot (p_p + 0,36 \cdot \sqrt{\phi}) \cdot a_{gH}$$

$$P_{COND} = 3 \cdot 1,772 \cdot 155 = 824 \ daN$$

- Peso de cadenas de aisladores, herrajes y cruceta, igual que en la primera hipótesis:

Total cargas verticales:

$$F_V = P_{COND} + P_{CAD} + P_{HERR} + P_{CRUC} = 824 + 24 + 3 + 54,94 \approx 905,8 \ daN$$

b) No se consideran cargas transversales en la hipótesis de hielo

c) No se consideran cargas longitudinales en la hipótesis de hielo

Los esfuerzos aplicados sobre el apoyo para esta hipótesis son:

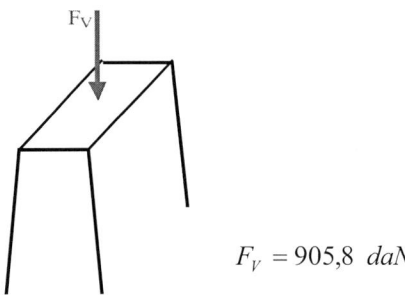

$$F_V = 905,8 \ daN$$

3ª hipótesis: desequilibrio de tracciones

a) Cargas verticales

Son idénticas a las calculadas en la 2ª hipótesis.

$$F_V \approx 906 \ daN$$

b) No se consideran cargas transversales en esta hipótesis

c) Cargas longitudinales por desequilibrio de tracciones (Aptdo. 3.1.4.1. ITC-LAT 07)

En los apoyos de alineación con cadenas de suspensión se considera el 8% de las tracciones unilaterales de todos los conductores.

$$F_L = n \cdot 0,08 \cdot T_H = 3 \cdot 0,08 \cdot 1354 \approx 325 \ daN$$

siendo T_H, la tracción horizontal en el primer cantón, a −20 ºC con sobrecarga de hielo.

Igual como se estudió para los esfuerzos transversales en la 1ª hipótesis, este esfuerzo longitudinal está aplicado sobre la cruceta en un punto situado a una altura h por encima de la cogolla del apoyo, por lo que también es necesario reducirlo a 0,25 m por debajo de la cogolla.

$$F_{Lequiv} = F_L \cdot K = 325 \cdot 1,286 \approx 418 \ daN$$

Los esfuerzos aplicados sobre el apoyo para esta hipótesis son:

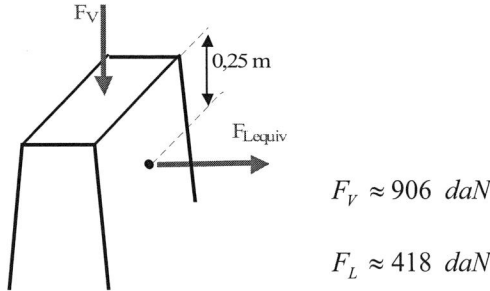

$$F_V \approx 906 \ daN$$

$$F_L \approx 418 \ daN$$

4ª hipótesis: rotura de conductores con hielo en zona C, a –20 °C

El Apartado 3.5.3 de la ITC-LAT 07 establece que, para líneas de tensión nominal hasta 66 kV, en los apoyos de alineación y ángulo con cadenas de suspensión o amarre con conductores de carga de rotura inferior a 6600 daN, se puede prescindir de la consideración de la cuarta hipótesis (rotura de conductores), cuando en la línea se verifiquen simultáneamente las siguientes condiciones:

a) Que los conductores y cables de tierra tengan un coeficiente de seguridad de 3 como mínimo.

b) Que el coeficiente de seguridad de los apoyos y cimentaciones en la hipótesis tercera sea el correspondiente a las hipótesis normales.

c) Que se instalen apoyos de anclaje cada 3 kilómetros como máximo.

En este ejemplo se dan todas las condiciones anteriores, por lo tanto, se prescinde del cálculo de esta hipótesis y en consecuencia, a los apoyos de alineación y ángulo no se les exigirá que soporten momento torsor alguno.

Elección del apoyo de alineación

Para elegir el apoyo de chapa rectangular que soporte los esfuerzos calculados en cada una de las hipótesis, vamos a reproducir los esfuerzos soportados por los apoyos chapa rectangular, según la norma UNE 207018.

Carga Nominal (daN)	Carga de trabajo más sobrecarga (daN)			
	V	T	L	L_t
800	800	800	–	–
	800	–	400	–
1000	1050	1000	–	–
	1050	–	500	–
	1050	–	–	667
1250	1650	1250	–	–
	1650	–	625	–
	1650	–	–	833

T es el esfuerzo soportado en sentido transversal o esfuerzo principal.

L es el esfuerzo soportado en sentido longitudinal o esfuerzo secundario.

Si se comparan los esfuerzos obtenidos con los presentados en la tabla anterior el apoyo a seleccionar resulta el **CH-1000.**

APOYO Nº 3. APOYO DE ANCLAJE EN ALINEACIÓN

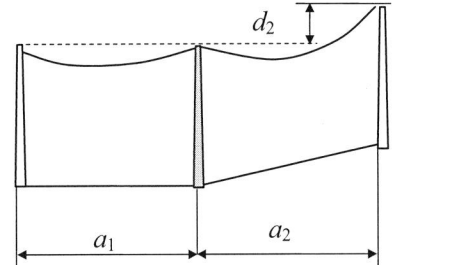

$a_1 = 150$ m.

$d_1 = 0$ m.

$a_2 = 145$ m.

$d_2 = 5$ m.

Por tratarse de un apoyo situado entre vanos a distinto nivel, el eolovano y gravivano no coinciden, siendo su valor:

Eolovano: $a_e = \dfrac{a_1 + a_2}{2} = \dfrac{150 + 145}{2} = 147,5 \ m$

Gravivano con viento:

$$a_{gV} = \frac{a_1 + a_2}{2} + \left(\frac{T_{V1}}{p} \cdot \frac{d_1}{a_1} - \frac{T_{V2}}{p} \cdot \frac{d_2}{a_2} \right) = 147,5 + \frac{840}{0,941} \cdot \frac{0}{150} - \frac{838}{0,941} \cdot \frac{5}{145} = 116,8 \ m$$

siendo p, el peso con sobrecarga de viento.

Gravivano con hielo:

$$a_{gH} = \frac{a_1 + a_2}{2} + \left(\frac{T_{h1}}{p} \cdot \frac{d_1}{a_1} - \frac{T_{h2}}{p} \cdot \frac{d_2}{a_2} \right) = 147,5 + \frac{1354}{1,772} \cdot \frac{0}{150} - \frac{1329}{1,772} \cdot \frac{5}{145} = 121,6 \ m$$

siendo p, el peso con sobrecarga de hielo.

1ª hipótesis: viento de 120 km/h, a –15 ºC

a) Cargas verticales

- Peso de conductores:

$$P_{COND} = n \cdot p_p \cdot a_{gV} = 3 \cdot 0,425 \cdot 116,8 \approx 148,8 \ daN$$

- Peso de cadenas de aisladores:

$$P_{CAD} = n_{CAD} \cdot p_{CAD} = 6 \cdot 10 = 60 \ daN$$

- Peso de herrajes:

$$P_{HERR} = n_{CAD} \cdot p_{HERR/CAD} = 6 \cdot 2 = 12 \ daN$$

- Peso de cruceta:

$$P_{CRUC} = 68,67 \ daN \ \text{(cruceta recta)}$$

Total cargas verticales:

$$F_V = P_{COND} + P_{CAD} + P_{HERR} + P_{CRUC} = 148,8 + 60 + 12 + 68,67 \approx 289,5 \ daN$$

b) Cargas transversales debidas al viento sobre los conductores (Aptdo. 3.1.2. ITC-LAT 07)

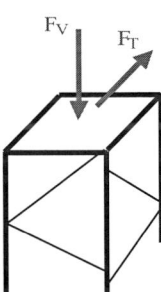

$$F_T = n \cdot q \cdot \phi \cdot 10^{-3} \cdot a_e = 3 \cdot 60 \cdot \left(\frac{120}{120}\right)^2 \cdot 14 \cdot 10^{-3} \cdot 147,5 = 371,7 \ daN$$

c) No existen cargas longitudinales en esta hipótesis

2ª hipótesis: hielo en zona C, a –20 ºC

a) Cargas verticales

- Peso de conductores:

$$P_{COND} = n \cdot (p_p + p_h) \cdot a_{gH} = n \cdot (p_p + 0,36 \cdot \sqrt{\phi}) \cdot a_{gH}$$

$$P_{COND} = 3 \cdot 1,772 \cdot 121,6 \approx 646,5 \ daN$$

- Peso de cadenas de aisladores, herrajes y cruceta: igual que en la 1ª hipótesis.

Total cargas verticales:

$$F_V = P_{COND} + P_{CAD} + P_{HERR} + P_{CRUC} = 646,5 + 60 + 12 + 68,67 \approx 787,2 \ daN$$

b) No existen cargas transversales en esta hipótesis

c) No existen cargas longitudinales en esta hipótesis

3ª hipótesis: desequilibrio de tracciones

a) Cargas verticales

Son idénticas a las calculadas en la 2ª hipótesis.

Total cargas verticales:

$$F_V = P_{COND} + P_{CAD} + P_{HERR} + P_{CRUC} = 646,5 + 60 + 12 + 68,67 \approx 787,2 \ daN$$

b) No existen cargas transversales en esta hipótesis

c) Cargas longitudinales por desequilibrio de tracciones (Aptdo. 3.1.4.3. ITC-LAT 07)

En los apoyos de anclaje se considera el 50% de las tracciones unilaterales de todos los conductores.

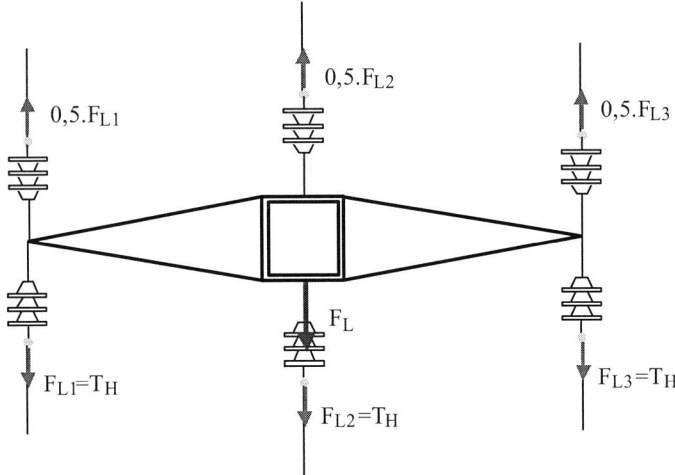

$$F_L = n \cdot 0,5 \cdot T_H = 3 \cdot 0,5 \cdot 1354 = 2031 \ daN$$

siendo T_H, la tracción en el primer cantón a –20 ºC con sobrecarga de hielo. Se escoge la tracción del primer cantón por ser mayor que la del segundo cantón.

Los esfuerzos sobre el apoyo son:

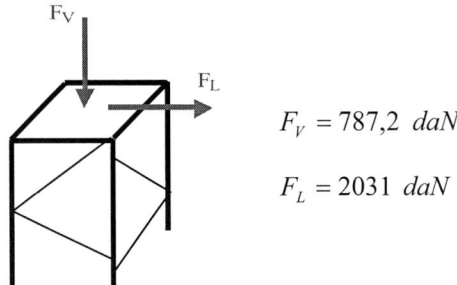

$$F_V = 787,2 \ daN$$

$$F_L = 2031 \ daN$$

4ª hipótesis: rotura de conductores con hielo en zona C, a –20 ºC

a) Cargas verticales

Al tratarse de un apoyo de anclaje, dicho apoyo pertenece a dos cantones diferentes. Los conductores pertenecientes a estos cantones están tendidos normalmente con tracciones diferentes. Para calcular los esfuerzos sobre el apoyo se debe de considerar que se rompe el conductor que disponga de menor tracción, ya que así se genera mayor desequilibrio en el apoyo. Dentro de esta hipótesis, al calcular las cargas permanentes sobre el apoyo y por tanto, la debida al peso de los conductores, se calculará el peso total de los conductores descontado el peso del conductor que se rompe. En este caso, el conductor roto pertenece al segundo cantón, de longitud 145 m.

El gravivano para las dos fases sanas será el ya calculado con hielo:

$$a_{gH1} \approx 121,6 \ m$$

El gravivano para la fase en la que se ha roto el conductor:

$$a_{gH2} = \frac{a_1}{2} + \left(\frac{T_{h1}}{p} \cdot \frac{d_1}{a_1} \right) = \frac{150}{2} + \frac{1354}{1,772} \cdot \frac{0}{150} = 75 \ m$$

- Peso de conductores:

$$P_{COND} = (n-1) \cdot (p_p + p_h) \cdot a_{gH1} + (p_p + p_h) \cdot a_{gH2}$$

$$P_{COND} = 2 \cdot 1,772 \cdot 121,6 + 1,772 \cdot 75 = 563,9 \ daN$$

- Peso de cadenas de aisladores, herrajes y cruceta: igual que en la 1ª hipótesis.

Total cargas verticales:

$$F_V = P_{COND} + P_{CAD} + P_{HERR} + P_{CRUC} = 563,9 + 60 + 12 + 68,67 \approx 705 \ daN$$

b) No existen cargas transversales en esta hipótesis

c) Cargas longitudinales por rotura de conductores (Aptdo. 3.1.5.3. ITC-LAT 07)

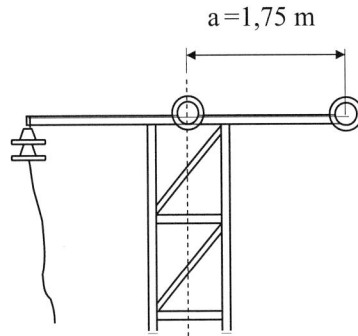

$$M_T = T_H \cdot a = 1354 \cdot 1{,}75 = 2369{,}5 \;\; daN \cdot m$$

Los esfuerzos aplicados sobre el apoyo, para esta hipótesis son:

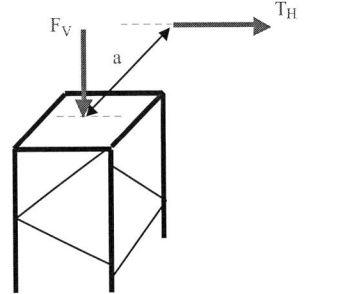

$$F_V = 705 \;\; daN$$

$$M_T = 2369{,}5 \;\; daN \cdot m$$

Elección del apoyo de anclaje

Para elegir el apoyo de celosía que soporte los esfuerzos calculados en cada una de las hipótesis, vamos a reproducir los esfuerzos soportados por los apoyos de celosía, según norma UNE 207017.

Carga Nominal (daN)	Carga de trabajo más sobrecarga (daN)			Cota (m)
	$V^{(1)}$	L o $T^{(2)}$	$L_t^{(3)}$	d
4.500	800	4.500		
	800		1400	1,5
7.000	1200	7000		
	1.200		2500	1,5
9.000	1200	9000		
	1200		2500	1,5

1) La carga vertical V se aplica en el eje del apoyo, en el extremo superior de la cabeza.
2) Las cargas L o T se aplican horizontalmente, en el extremo superior de la cabeza.
3) La carga L_t se aplica horizontalmente, en el extremo superior de la cabeza a una distancia d del eje del apoyo.

Comparando los esfuerzos obtenidos con los presentados en la tabla anterior de la norma UNE 207017, se debe elegir un apoyo **C-7000**, ya que el par de torsión soportado por el apoyo es mayor que el calculado:

$$L_t \cdot d = 2500 \cdot 1{,}5 = 3750 \; daN \cdot m > M_T = 2369{,}5 \; daN \cdot m$$

APOYO Nº 4. APOYO DE SUSPENSIÓN EN ALINEACIÓN

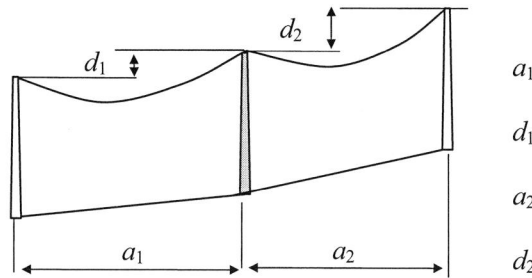

$a_1 = 145$ m.

$d_1 = 5$ m.

$a_2 = 140$ m.

$d_2 = 10$ m.

Por tratarse de un apoyo situado entre vanos a distinto nivel, el eolovano y gravivano no coinciden, siendo su valor:

Eolovano: $a_e = \dfrac{a_1 + a_2}{2} = \dfrac{145 + 140}{2} = 142,5 \ m$.

Gravivano con viento:

$$a_{gV} = \frac{a_1 + a_2}{2} + \frac{T_V}{p} \cdot \left(\frac{d_1}{a_1} - \frac{d_2}{a_2} \right) = 142,5 + \frac{838}{0,941} \cdot \left(\frac{5}{145} - \frac{10}{140} \right) \approx 109,6 \ m$$

siendo p, el peso con sobrecarga de viento.

Gravivano con hielo:

$$a_{gH} = \frac{a_1 + a_2}{2} + \frac{T_h}{p} \cdot \left(\frac{d_1}{a_1} - \frac{d_2}{a_2} \right) = 142,5 + \frac{1329}{1,772} \cdot \left(\frac{5}{145} - \frac{10}{140} \right) \approx 114,8 \ m$$

siendo p, el peso con sobrecarga de hielo.

1ª hipótesis: viento de 120 km/h, a –15 ºC

a) Cargas verticales

- Peso de conductores:

$$P_{COND} = n \cdot p_p \cdot a_{gV} = 3 \cdot 0,425 \cdot 109,6 = 139,7 \ daN$$

Total cargas verticales:

$$F_V = P_{COND} + P_{CAD} + P_{HERR} + P_{CRUC} = 139,7 + 24 + 3 + 54,95 \approx 221,6 \ daN$$

b) Cargas transversales debidas al viento sobre los conductores (Aptdo. 3.1.2. ITC-LAT 07)

$$F_T = n \cdot q \cdot \phi \cdot 10^{-3} \cdot a_e = 3 \cdot 60 \cdot \left(\frac{120}{120} \right)^2 \cdot 14 \cdot 10^{-3} \cdot 142,5 = 359,1 \ daN$$

Este esfuerzo transversal está aplicado sobre la cruceta en un punto situado por encima de la cogolla del apoyo, por lo que es necesario reducirlo a 0,25 m por debajo de la cogolla, tal como se ha especificado para el apoyo n° 2,

$$F_{Tequiv} = F_T \cdot K = 359,1 \cdot 1,286 = 461,8 \ daN$$

c) No existen cargas longitudinales en esta hipótesis

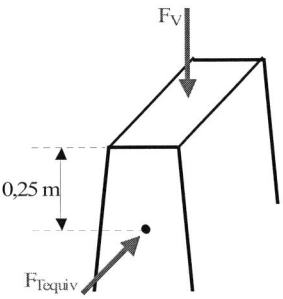

2ª hipótesis: hielo en zona C, a –20 °C

a) Cargas verticales

- Peso de conductores:

$$P_{COND} = n \cdot (p_p + p_h) \cdot a_{gH} = n \cdot (p_p + 0,36 \cdot \sqrt{\phi}) \cdot a_{gH}$$

$$P_{COND} = 3 \cdot 1,772 \cdot 114,8 \approx 610 \ daN$$

Total cargas verticales:

$$F_V = P_{COND} + P_{CAD} + P_{HERR} + P_{CRUC} = 610 + 24 + 3 + 54,94 \approx 692 \ daN$$

b) No existen cargas transversales en esta hipótesis

c) No existen cargas longitudinales en esta hipótesis

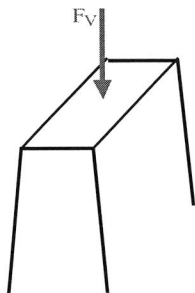

3ª hipótesis: desequilibrio de tracciones

a) Cargas verticales

Son idénticas a las calculadas en la hipótesis 2ª.

$$F_V \approx 692 \ daN$$

b) No existen cargas transversales en esta hipótesis

c) Cargas longitudinales por desequilibrio de tracciones (Aptdo. 3.1.4.1. ITC-LAT 07)

En los apoyos de alineación de $U_n \leq 66$ kV con cadenas de suspensión se considera el 8% de las tracciones horizontales unilaterales de todos los conductores.

$$F_L = n \cdot 0,08 \cdot T_H = 3 \cdot 0,08 \cdot 1329 \approx 319 \ daN$$

Este esfuerzo longitudinal está aplicado sobre la cruceta en un punto situado por encima de la cogolla del apoyo, por lo que también es necesario reducirlo a 0,25 m por debajo de la cogolla.

$$F_{Lequiv} = F_L \cdot K = 319 \cdot 1,286 = 410,4 \ daN$$

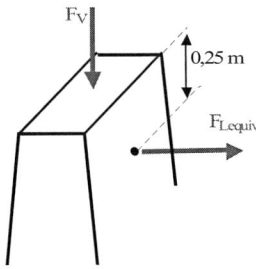

4ª hipótesis: rotura de conductores con hielo en zona C, a –20 °C

Por las mismas razones expuestas para el apoyo de alineación número 2 se puede prescindir de la aplicación de esta hipótesis.

Elección del apoyo de alineación

Comparando los esfuerzos obtenidos con los presentados en la tabla de selección del apoyo número 2, se elige un apoyo **CH-1000.**

APOYO Nº 5. APOYO DE AMARRE EN ÁNGULO

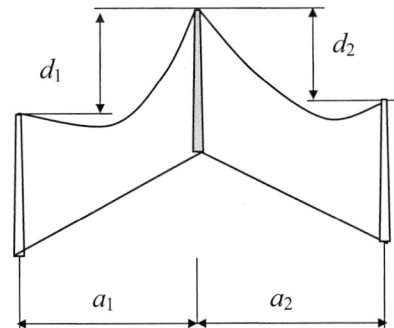

$a_1 = 140$ m.

$d_1 = 10$ m.

$a_2 = 150$ m.

$d_2 = -10$ m.

Por tratarse de un apoyo situado entre vanos a distinto nivel, el eolovano y gravivano no coinciden, siendo su valor:

Eolovano: $a_e = \dfrac{a_1 + a_2}{2} = \dfrac{140 + 150}{2} = 145 \ m$.

Gravivano con viento:

$$a_{gV} = \frac{a_1 + a_2}{2} + \left(\frac{T_{V1}}{p} \cdot \frac{d_1}{a_1} - \frac{T_{V2}}{p} \cdot \frac{d_2}{a_2} \right) = 145 + \frac{838}{0,941} \cdot \frac{10}{140} - \frac{833}{0,941} \cdot \frac{-10}{150} \approx 267,6 \ m$$

siendo p, el peso con sobrecarga de viento.

Gravivano con hielo:

$$a_{gH} = \frac{a_1 + a_2}{2} + \left(\frac{T_{h1}}{p} \cdot \frac{d_1}{a_1} - \frac{T_{h2}}{p} \cdot \frac{d_2}{a_2} \right) = 145 + \frac{1.329}{1,772} \cdot \frac{10}{140} - \frac{1.346}{1,772} \cdot \frac{-10}{150} \approx 249,2 \ m$$

siendo p, el peso con sobrecarga de hielo.

1ª hipótesis: viento de 120 km/h, a –15 ºC

a) Cargas verticales

- Peso de conductores:

$$P_{COND} = n \cdot p_p \cdot a_{gV} = 3 \cdot 0,425 \cdot 267,6 = 341,2 \ daN$$

El peso de las cadenas de aisladores, herrajes y crucetas se calcula igual que para el apoyo de anclaje número 3.

Total cargas verticales:

$$F_V = P_{COND} + P_{CAD} + P_{HERR} + P_{CRUC} = 341,2 + 60 + 12 + 68,67 \approx 481,7 \ daN$$

b) Cargas transversales por la resultante de ángulo y el viento

$$F_T = n_x \cdot \left[(T_{V1} + T_{V2}) \cdot sen\frac{\alpha}{2} + a_e \cdot q \cdot \left(\frac{120}{120} \right)^2 \cdot \phi \cdot 10^{-3} \cdot \cos\frac{\alpha}{2} \right]$$

$$F_T = 3 \cdot \left[(838 + 833) \cdot sen\frac{30}{2} + 145 \cdot 60 \cdot \left(\frac{120}{120} \right)^2 \cdot 14 \cdot 10^{-3} \cdot \cos\frac{30}{2} \right]$$

$$F_T \approx 1650,4 \ daN$$

c) No existen cargas longitudinales en esta hipótesis

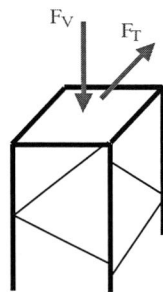

2ª hipótesis: hielo en zona C, a –20 ºC

a) Cargas verticales

- Peso de conductores:

$$P_{COND} = n \cdot (p_p + p_h) \cdot a_{gH} = n \cdot (p_p + 0,36 \cdot \sqrt{\phi}) \cdot a_{gH}$$

$$P_{COND} \approx 3 \cdot 1,772 \cdot 249,2 = 1324,7 \; daN$$

Total cargas verticales:

$$F_V = P_{COND} + P_{CAD} + P_{HERR} + P_{CRUC} = 1324,7 + 60 + 12 + 68,67 \approx 1465,4 \; daN$$

b) Cargas transversales por la resultante de ángulo (Aptdo. 3.1.6. ITC-LAT 07)

$$F_T = n \cdot (T_{H1} + T_{H2}) \cdot sen \frac{\alpha}{2}$$

$$F_T = 3 \cdot \left[(1329 + 1346) \cdot sen \frac{30}{2} \right] \approx 2077 \; daN$$

c) No existen cargas longitudinales en esta hipótesis

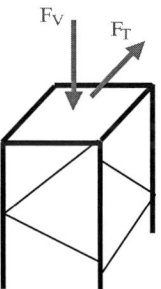

3ª hipótesis: desequilibrio de tracciones

a) Cargas verticales

Son idénticas a las calculadas en la 2ª hipótesis.

Total cargas verticales:

$$F_V \approx 1465,4 \; daN$$

b) Cargas transversales y longitudinales por desequilibrio de tracciones (Aptdo. 3.1.4.2. ITC-LAT 07)

En los apoyos de ángulo con cadenas de amarre, en líneas de $U_n \le 66$ kV, se considera un desequilibrio del 15% de las tracciones unilaterales de todos los conductores. Este desequilibrio produce los esfuerzos transversales y longitudinales siguientes:

$$F_T = n \cdot 1{,}85 \cdot T_{Hm\acute{a}x} \cdot sen\frac{\alpha}{2} = 3 \cdot 1{,}85 \cdot 1346 \cdot sen\frac{30}{2} \approx 1933{,}5 \ daN$$

$$F_L = n \cdot 0{,}15 \cdot T_{Hm\acute{a}x} \cdot cos\frac{\alpha}{2} = 3 \cdot 0{,}15 \cdot 1346 \cdot cos\frac{30}{2} \approx 585 \ daN$$

siendo $T_{Hm\acute{a}x}$, la tensión máxima de los dos cantones a –20 ºC con sobrecarga de hielo.

Los esfuerzos sobre el apoyo, para esta hipótesis, son:

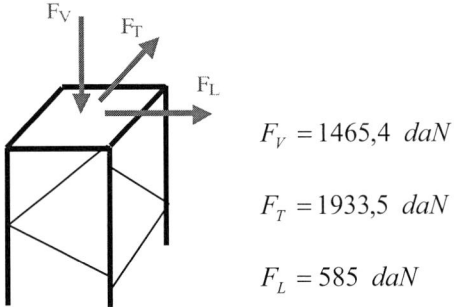

$$F_V = 1465{,}4 \ daN$$

$$F_T = 1933{,}5 \ daN$$

$$F_L = 585 \ daN$$

Se puede calcular el esfuerzo equivalente que provoca el mismo momento flector sobre el apoyo, que la aplicación simultánea de F_T y F_L.

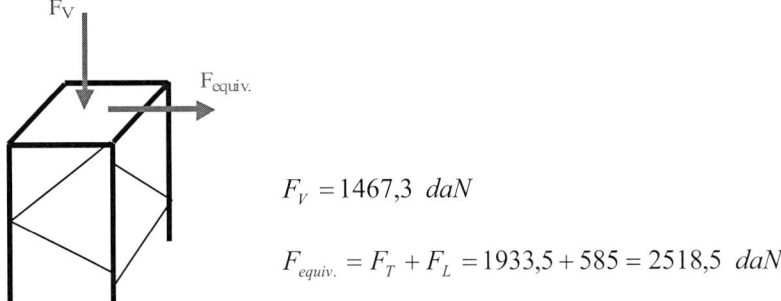

$$F_V = 1467{,}3 \ daN$$

$$F_{equiv.} = F_T + F_L = 1933{,}5 + 585 = 2518{,}5 \ daN$$

4ª hipótesis: rotura de conductores con hielo en zona a –20 ºC

Por las mismas razones expuestas para los apoyos de alineación números 2 y 4, se puede prescindir de la aplicación de esta hipótesis.

Elección del apoyo de ángulo adecuado

Comparando los esfuerzos obtenidos con los presentados en la tabla de selección del apoyo número 1, se elige un apoyo **C-3000,** ya que el esfuerzo longitudinal o transversal a que está sometido dicho apoyo es 2518,5 daN, menor que el esfuerzo útil especificado de 3000 daN. En cuanto a la carga vertical soportada especificada que es tan solo de 800 daN, y por tanto, menor que los 1465,4 daN aplicados, puede considerarse suficiente siempre que se cumpla la expresión (1).

$$F_V + 5 \cdot F_{equiv} \le V + 5 \cdot L$$

En este caso se cumple, ya que:

$$F_V + 5 \cdot F_{equiv} = 1465,4 + 5 \cdot 2518,5 = 14058 \; daN$$

$$V + 5 \cdot L = 800 + 5 \cdot 3000 = 15800 \; daN$$

y además se cumple la condición adicional de que $F_V < 3 \cdot V$.

APOYO Nº 6. APOYO DE SUSPENSIÓN EN ALINEACIÓN

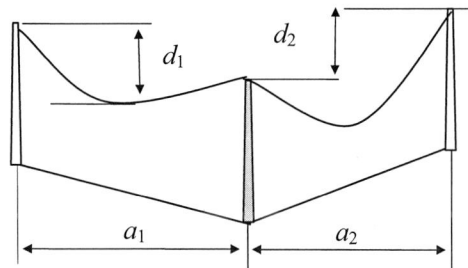

$a_1 = 150$ m.

$d_1 = -10$ m.

$a_2 = 160$ m.

$d_2 = 15$ m.

Por tratarse de un apoyo situado entre vanos a distinto nivel, el eolovano y gravivano no coinciden, siendo su valor:

Eolovano: $a_e = \dfrac{a_1 + a_2}{2} = \dfrac{150 + 160}{2} = 155 \; m$

Gravivano con viento:

$$a_{gV} = \frac{a_1 + a_2}{2} + \frac{T_V}{p} \cdot \left(\frac{d_1}{a_1} - \frac{d_2}{a_2} \right) = 155 + \frac{833}{0,941} \cdot \left(\frac{-10}{150} - \frac{15}{160} \right) \approx 13 \; m$$

siendo p, el peso con sobrecarga de viento.

Gravivano con hielo:

$$a_{gH} = \frac{a_1 + a_2}{2} + \frac{T_h}{p} \cdot \left(\frac{d_1}{a_1} - \frac{d_2}{a_2} \right) = 155 + \frac{1346}{1,772} \cdot \left(\frac{-10}{150} - \frac{15}{160} \right) = 33,1 \; m$$

siendo p, el peso con sobrecarga de hielo.

El cálculo de este apoyo se realiza de la misma forma que para los apoyos números 2 y 4, cambiando las longitudes del eolovano y gravivano.

El lector puede comprobar que el apoyo de chapa **CH-1000**, cumpliría todas las hipótesis de cálculo.

APOYO Nº 7. APOYO FINAL DE LÍNEA

1ª hipótesis: viento de 120 km/h, a –15 ºC

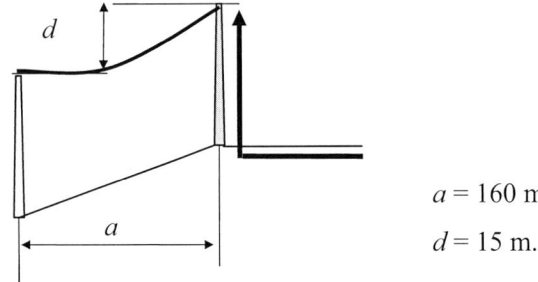

$a = 160$ m.

$d = 15$ m.

Por tratarse de un apoyo situado entre vanos a distinto nivel, el eolovano y gravivano no coinciden, siendo su valor:

Eolovano:

$$a_e = \frac{a}{2} = \frac{160}{2} = 80 \ m$$

Gravivano con viento:

$$a_{gV} = \frac{a}{2} + \frac{T_V}{p} \cdot \frac{d}{a} = 80 + \frac{833}{0,941} \cdot \frac{15}{160} = 163 \ m$$

siendo p, el peso con sobrecarga de viento.

Gravivano con hielo:

$$a_{gH} = \frac{a}{2} + \frac{T_h}{p} \cdot \frac{d}{a} = 80 + \frac{1346}{1,772} \cdot \frac{15}{160} = 151,24 \ m$$

siendo p, el peso con sobrecarga de hielo.

El cálculo de este apoyo se realiza de la misma forma que para el apoyo número 1 de principio de línea, cambiando las longitudes del eolovano y gravivano. El lector puede comprobar que el apoyo de celosía **C-7000**, cumpliría todas las hipótesis de cálculo.

3.5. DESVIACIÓN DE LAS CADENAS DE AISLADORES

3.5.1. Estudio teórico de la desviación de las cadenas de aisladores

Cuando un apoyo está a inferior nivel que los adyacentes, podría producirse el denominado *volteo de cadenas* o simplemente un desviación de las cadenas que provocase un acercamiento excesivo de los conductores al apoyo o a las crucetas, según los casos.

El desvío de cadenas se mide mediante el ángulo β, indicado en la Figura 3.66.

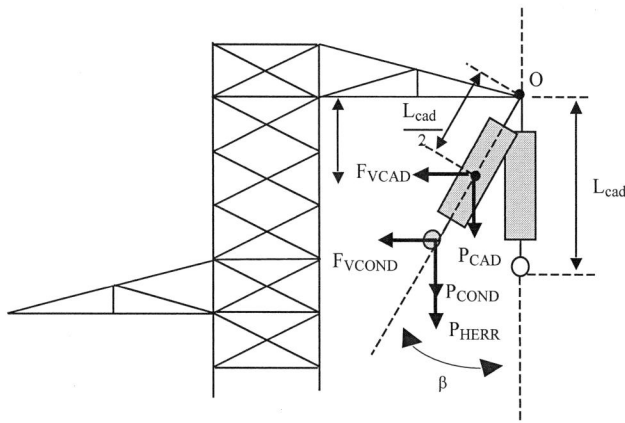

Figura 3.66. Desviación de cadenas de aisladores

Para estudiar el equilibrio de fuerzas sobre la cadena se ha de considerar que la cadena y el conductor se desvían bajo la acción de la mitad de la presión de viento correspondiente a un viento de velocidad 120 km/h. La tracción mecánica del conductor, tal como se indica en el Apartado 5.4.2 de la ITC-LAT 07, se calculará considerando una presión de viento mitad a la correspondiente a un viento de 120 km/h y a la temperatura de –5 ºC para zona A, –10 ºC para zona B, y –15 ºC para la zona C.

Considerando el aislador como un cilindro de longitud L_{cad} y tomando momentos respecto a O, que es el punto de giro de la cadena, tal y como se muestra en la Figura 3.67, se tiene que:

Momentos de cargas horizontales:

$$F_{VCAD} \cdot \frac{L_{cad}}{2} \cdot \cos \beta + F_{VCOND} \cdot L_{cad} \cdot \cos \beta$$

Momentos de cargas verticales:

$$P_{CAD} \cdot \frac{L_{cad}}{2} \cdot sen\beta + \left(P_{COND} + P_{HERR}\right) \cdot L_{cad} \cdot sen\beta$$

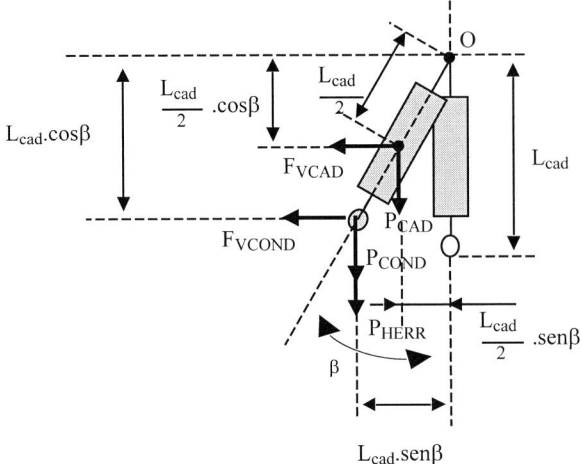

Figura 3.67. Cargas aplicadas sobre la cadena de aisladores

En la situación de equilibrio los momentos se igualan, teniendo:

$$P_{CAD} \cdot \frac{L_{cad}}{2} \cdot sen\beta + \left(P_{COND} + P_{HERR}\right) \cdot L_{cad} \cdot sen\beta = F_{VCAD} \cdot \frac{L_{cad}}{2} \cdot \cos\beta + F_{VCOND} \cdot L_{cad} \cdot \cos\beta$$

con lo que:

$$tg\beta = \frac{\dfrac{F_{VCAD}}{2} + F_{VCOND}}{P_{COND} + \dfrac{P_{CAD}}{2} + P_{HERR}} \qquad \beta = arc.tg\left(\frac{\dfrac{F_{VCAD}}{2} + F_{VCOND}}{P_{COND} + \dfrac{P_{CAD}}{2} + P_{HERR}}\right) \quad (8)$$

Sobre esta última expresión se analizan los siguientes supuestos:

a) Si debido al desnivel de las apoyos la longitud del gravivano es negativa, se cumplirá también que $P_{COND} < 0$, entonces la expresión a aplicar para el ángulo de desviación de cadena será según el caso:

a1) Si: $P_{COND} + \dfrac{P_{CAD}}{2} + P_{HERR} = 0$

La suma de cargas verticales es cero; consecuentemente solo existen cargas horizontales y la cadena de aisladores quedará horizontal.

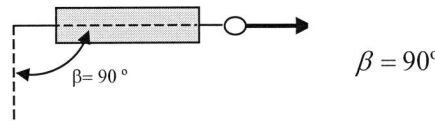

$$\beta = 90°$$

Figura 3.68. Cadena de aisladores en posición horizontal

a2) Si: $P_{COND} + \dfrac{P_{CAD}}{2} + P_{HERR} > 0$

La suma de cargas verticales es mayor que cero y la cadena de aisladores quedará inclinada con un ángulo inferior a 90 °, que se calcula según la expresión (8).

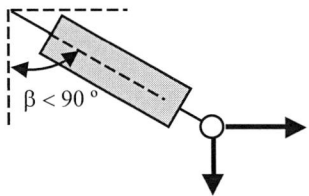

Figura 3.69. Inclinación de cadena de aisladores, β < 90°

a3) Si: $P_{COND} + \dfrac{P_{CAD}}{2} + P_{HERR} < 0$

La suma de cargas verticales es menor que cero y la cadena de aisladores se volteará (β > 90 °). Considerando que en el equilibrio la suma de momentos es nula, se demostraría la expresión siguiente:

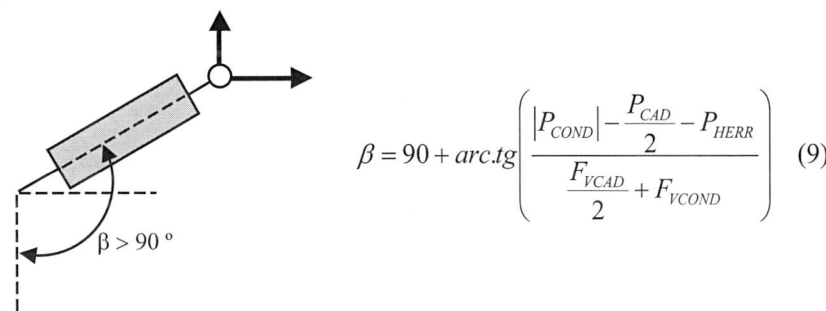

$$\beta = 90 + arc.tg\left(\dfrac{|P_{COND}| - \dfrac{P_{CAD}}{2} - P_{HERR}}{\dfrac{F_{VCAD}}{2} + F_{VCOND}} \right) \quad (9)$$

Figura 3.70. Inclinación de cadena de aisladores, β > 90°

b) Si $P_{COND} > 0$, la desviación de cadena se calcula según la expresión (8) y es siempre menor de 90°.

3.5.2. Consideraciones acerca de las distancias entre el conductor y partes puestas tierra

Cuando se produce el volteo de una cadena, puede incumplirse con la distancia reglamentaria respecto de partes puestas a tierra, (*véanse* por ejemplo las distancias *A*, *C*, *C'* y *D* en la Figura 3.71).

Tal como muestra también la Figura 3.71, en el caso de conductor dúplex, los conductores del haz tendrán una determinada separación entre sí, Δ (del orden de unos 20 cm, generalmente). Dicha separación entre conductores provoca una disminución de la distancia a masa del conductor (distancias A y C), ya que el conductor más cercano al apoyo no se encuentra en la vertical del engrape.

Es necesario considerar también que debido al efecto de la conicidad del fuste del apoyo, la distancia entre el conductor y la cruceta del nivel inferior C' es menor que C. El dato de la conicidad de los apoyos es fácilmente deducible al conocer sus alturas y separaciones entre patas.

Además, es necesario verificar la distancia entre el conductor y el tirante de la cruceta existente bajo el mismo, (distancia D). Para dimensionar la altura mínima de la cabeza del apoyo, esta distancia D suele ser más determinante que la separación necesaria entre conductores.

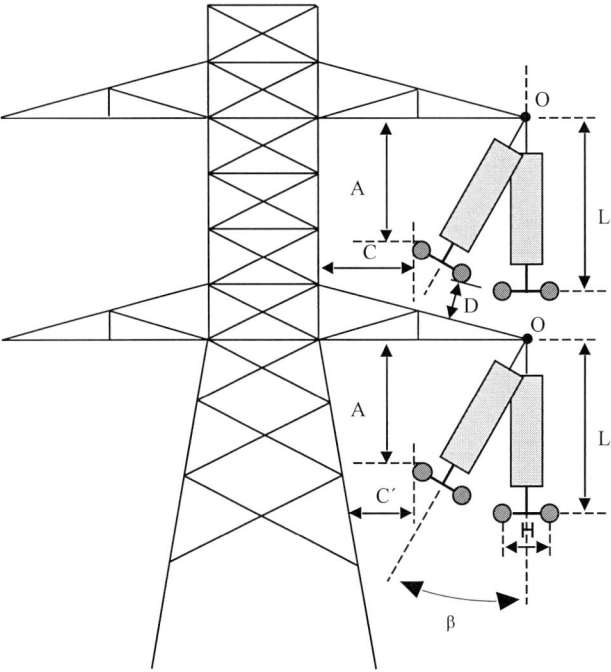

Figura 3.71. Distancias del conductor a partes puestas a tierra

A modo de ejemplo, se muestran varias figuras con las distancias de los conductores a partes puestas a tierra a verificar, para el caso de un armado en doble circuito y según el tipo de apoyo.

a) Apoyo de suspensión en alineación: verificar D_1, D_2, D_3, D_4, D_5 y D_6.

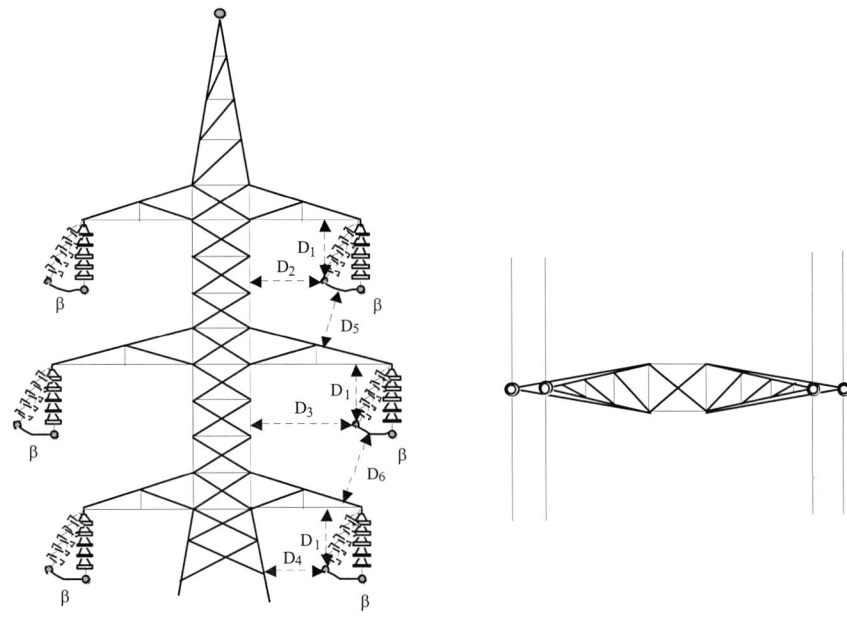

Figura 3.72. Distancias del conductor a partes puestas a tierra en apoyos de suspensión en alineación

b) Apoyos de amarre o anclaje en alineación: verificar D_1, D_2, D_3, D_4, D_5 y D_6.

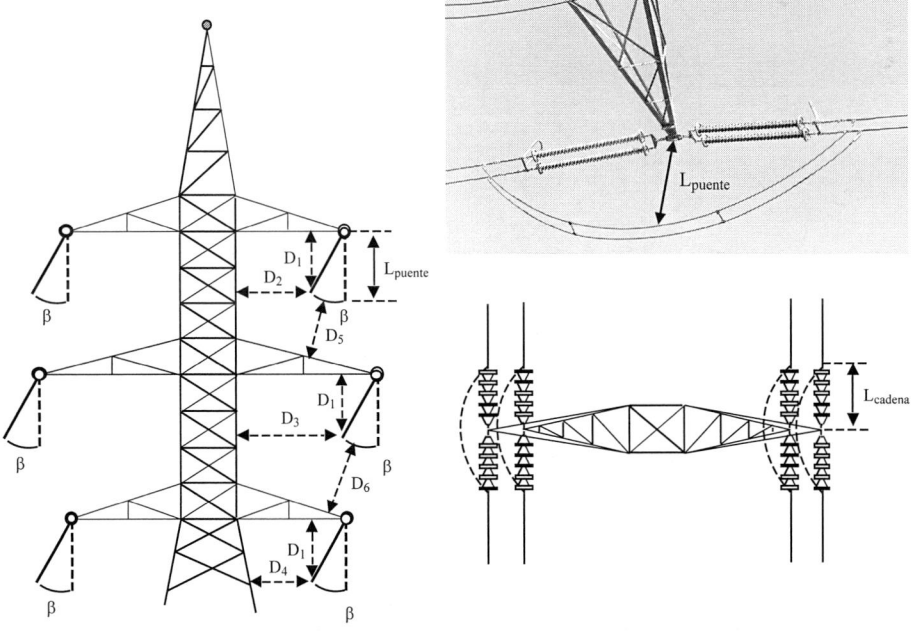

Figura 3.73. Distancias del conductor a partes puestas a tierra en apoyos de amarre o anclaje en alineación

En este caso, se debe definir la longitud del puente que une ambas cadenas de amarre, que se suele tomar igual a la longitud de la cadena de aisladores, así como el ángulo de oscilación del puente, que suele ser por convenio de 20º. Con dichas características se determinan las longitudes de crucetas necesarias y el resto de dimensiones de la cabeza del apoyo.

c) Apoyos de amarre o anclaje en ángulo: verificar las distancias D_1, D_2, D_3, D_4, D_5, D_6 y D_7.
En este caso, se deben verificar especialmente las distancias D_2, D_3 y D_4 ya que el cambio de dirección de la traza provoca un acercamiento del puente al cuerpo del apoyo, tanto mayor cuanto más cerrado sea el ángulo, lo que puede provocar la necesidad de crucetas más largas.

También se verificarán las distancias del extremo de la cadena al cuerpo de la cruceta (D_7), para detectar la posible necesidad de usar crucetas rectas si el ángulo es muy cerrado.

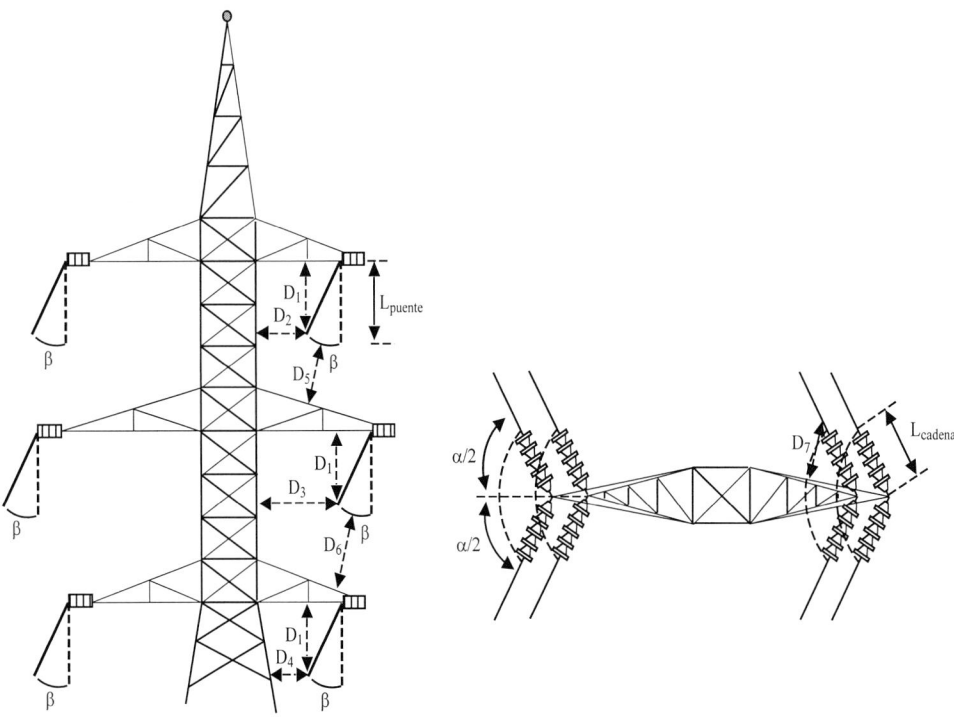

Figura 3.74. Distancias del conductor a partes puestas a tierra en apoyos de amarre en ángulo

3.5.3. Ejemplo de cálculo de la desviación de la cadena de aisladores

Se trata de estudiar la desviación de la cadena de aisladores en el apoyo suspensión en alineación nº 6 del ejemplo del Apartado 3.4, utilizando una cruceta de bóveda.

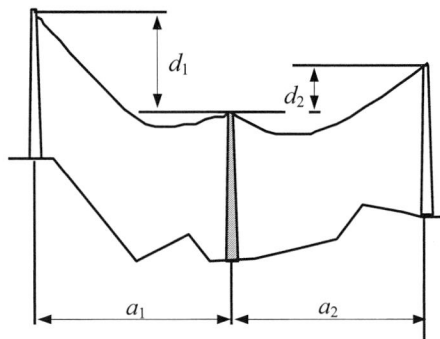

Datos:

Vano anterior: $a_1 = 150$ m, desnivel, $d_1 = -10$ m.

Vano posterior: $a_2 = 160$ m, desnivel $d_2 = 15$ m.

Conductor empleado: LA-110 en zona C.

Diámetro del conductor, $\phi = 14$ mm.

Tracción en el conductor a -15ºC con viento mitad: $T_{v/2} = 592$ daN.

Peso aparente de conductor con viento mitad: $p = 0,597$ daN/m.

Peso de la cadena de aisladores: $P_{CAD} = 8$ daN.

Longitud de la cadena de aisladores: $L_{cad} = 0,6$ m.

Diámetro de la cadena: $\phi_{CAD} = 0,255$ m.

Peso de herrajes por cadena: $P_{HERR} = 1$ daN.

Solución

Eolovano: $a_e = \dfrac{a_1 + a_2}{2} = \dfrac{150 + 160}{2} = 155 \ m$

Gravivano con viento mitad:

$$a_{g\frac{V}{2}} = \frac{a_1 + a_2}{2} + \frac{T_{V/2}}{p} \cdot \left(\frac{d_1}{a_1} - \frac{d_2}{a_2} \right) = 155 + \frac{592}{0,597} \cdot \left(\frac{-10}{150} - \frac{15}{160} \right) = -4,07 \ m$$

siendo p, el peso con la sobrecarga correspondiente a una presión de viento mitad.

- Peso del conductor:

$$P_{COND} = p_p \cdot a_{gV/2} = 0,425 \cdot \left(-4,07 \right) = -1,7 \ daN$$

- Viento sobre la cadena de aisladores:

$$F_{VCAD} = q_{V/2} \cdot \phi_{CAD} \cdot L_{cad} = \frac{70}{2} \cdot 0{,}255 \cdot 0{,}6 = 5{,}355 \ daN$$

- Viento sobre el conductor:

$$F_{VCOND} = q_{V/2} \cdot \phi \cdot 10^{-3} \cdot a_e = \frac{60}{2} \cdot 14 \cdot 10^{-3} \cdot 155 = 65{,}1 \ daN$$

Como,

$$P_{COND} + \frac{P_{CAD}}{2} + P_{HERR} = -1{,}7 + \frac{8}{2} + 1 > 0$$

el ángulo de desviación de la cadena se calculará según la expresión (8), siendo su valor:

$$\beta = arc.tg\left(\frac{\dfrac{5{,}355}{2} + 65{,}1}{-1{,}7 + \dfrac{8}{2} + 1} \right) = arc.tg(20{,}53) = 87{,}2^{\circ}$$

Aunque en el enunciado del ejercicio no se han facilitado las dimensiones detalladas de la cruceta, al ser el ángulo de desviación casi de 90º, es casi seguro que se incumplirán con las distancias de seguridad reglamentarias. Para corregir esta situación se pueden adoptar varias soluciones.

a) Elevar el apoyo en estudio, reducir la altura de los colindantes, o ambas cosas a la vez, hasta alcanzar un valor de β aceptable. La reducción de la altura de los apoyos debe de garantizar la distancia reglamentaria de los conductores al terreno.

b) Replantear la colocación de este apoyo en otro lugar.

c) Eliminar el apoyo. Esta solución implicaría un vano demasiado largo (310 m), lo que supondría utilizar crucetas y apoyos de diferentes características a los empleados en el ejemplo.

d) Colocar en dicho apoyo cadenas de amarre, con lo que habría que recalcular completamente la línea, ya que el cantón en el que está emplazado el apoyo de alineación, quedaría dividido en dos.

e) Colocación de contrapesos. Aunque en líneas de MT su uso es muy reducido, podrían instalarse contrapesos de cadena. No se debe proyectar la línea utilizando contrapesos, su empleo queda limitado a líneas existentes donde, por cualquier motivo, se produzca el volteo de cadenas.

Como aplicación de alguna de las soluciones propuestas anteriormente, se supone que se adopta la solución a), variando la altura de los apoyos, quedando como se indica a continuación:

Vano anterior: $a_1 = 150$ m, desnivel $d_1 = -4$ m (antes, -10m).

Vano posterior: $a_2 = 160$ m, desnivel $d_2 = 9$ m (antes, 15 m).

Gravivano con viento mitad:

$$a_{g\frac{V}{2}} = \frac{a_1 + a_2}{2} + \frac{T_{V/2}}{p} \cdot \left(\frac{d_1}{a_1} - \frac{d_2}{a_2} \right) = 155 + \frac{592}{0,597} \cdot \left(\frac{-4}{150} - \frac{9}{160} \right) = 72,8 \ m$$

- Peso del conductor:

$$P_{COND} = p_p \cdot a_{gV/2} = 0,425 \cdot 72,8 = 30,94 \ daN \ .$$

El ángulo de desviación de la cadena tiene un valor de:

$$\beta = arc.tg \left(\frac{\frac{5,355}{2} + 65,1}{30,94 + \frac{8}{2} + 1} \right) = arc.tg(1,88) = 62,1^\circ$$

Se puede observar como al cambiar los desniveles se ha reducido el ángulo considerablemente. Normalmente las crucetas de bóveda con cadenas de 600 mm de longitud admiten ángulos de oscilación del orden de los 60º.

En el caso de instalar contrapesos, solución (e) anterior, si se fija un ángulo $\beta = 60^\circ$, el contrapeso necesario para no superar dicho ángulo tendría un valor:

$$Contrapeso = \frac{\frac{F_{VCAD}}{2} + F_{VCOND}}{\tan \beta} - P_{COND} - \frac{P_{CAD}}{2} - P_{HERR}$$

$$Contrapeso = \frac{\frac{5,355}{2} + 65,1}{1,732} - (-1,7) - \frac{8}{2} - 1 = 35,8 \ daN$$

Si finalmente se instalara un contrapeso normalizado de 50 daN, el ángulo pasaría a ser:

$$\beta = arc.tg \left(\frac{\frac{5,355}{2} + 65,1}{-1,7 + \frac{8}{2} + 1 + 50} \right) = arc.tg(1,27) = 51,8^\circ$$

3.6. EJEMPLO DE CÁLCULO DE DISTANCIAS MÍNIMAS DE SEGURIDAD

A continuación, se determinan las distancias mínimas de seguridad, según establece el Apartado 5 de la ITC-LAT 07 [6], para el ejemplo del Apartado 3.4 de una línea de 15kV, suponiendo para dicha línea distintas situaciones de cruzamientos y paralelismos.

3.6.1. Distancias entre conductores

Según establece el Apartado 5.4.1 de la ITC-LAT 07, la separación mínima entre los conductores de fase de un mismo circuito se determinará por la siguiente fórmula:

$$D = K \cdot \sqrt{f_{máx.} + L_{cad}} + K' \cdot D_{pp}$$

donde:

D = separación entre conductores de fase del mismo circuito o de circuitos distintos, en metros.

K = coeficiente que depende de la oscilación de los conductores con el viento, que se tomará de la Tabla 16 de la ITC-LAT 07.

Angulo de oscilación	Valores de K	
	Líneas de tensión nominal superior a 30 kV	Líneas de tensión nominal igual o inferior a 30 kV
Superior a 65°	0,7	0,65
Entre 40° y 65°	0,65	0,6
Inferior a 40°	0,6	0,55

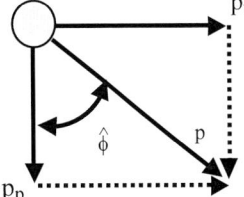

$$p_p = 0,425 \ daN/m$$

$$p_V = 0,84 \ daN/m$$

$$tg\hat{\phi} = \frac{p_V}{p_p} = \frac{0,84}{0,425} = 1,976$$

$$\hat{\phi} = 63,16°$$

De la tabla anterior, se obtiene una valor de $K = 0,6$, ya que la tensión de la línea es inferior a 30 kV.

$f_{máx.}$ = flecha máxima, en metros, para las hipótesis, según el Apartado 3.2.3 de la ITC-LAT 07.

La flecha máxima a considerar para la distancia entre conductores es la correspondiente a la hipótesis de viento, que para los distintos vanos de la línea tiene un valor de:

$$f_{máx(vano1)} = 4,1 \ m, \quad f_{máx(vano2)} = 3,6 \ m, \quad f_{máx(vano3)} = 3,5 \ m$$

$$f_{máx(vano4)} = 3,2 \ m, \quad f_{máx(vano5)} = 3,7 \ m, \quad f_{máx(vano6)} = 4,2 \ m$$

L_{cad} = longitud en metros de la cadena de suspensión. L_{cad} = 0,6 m.

K' = coeficiente que depende de la tensión nominal de la línea, K' = 0,75 para líneas que no son de categoría especial.

D_{pp} = distancia mínima aérea especificada para prevenir una descarga disruptiva entre conductores de fase durante sobretensiones de frente lento o rápido.

Los valores de D_{pp} se indican en el Apartado 5.2 de la ITC-LAT 07, en función de la tensión más elevada de la línea. En este caso, D_{pp} = 0,2 m.

Para este caso debe de existir una distancia mínima entre conductores de:

$$D_{vano1} = 0,6 \cdot \sqrt{4,1 + 0,6} + 0,75 \cdot 0,2 = 1,45 \ m$$

$$D_{vano2} = 0,6 \cdot \sqrt{3,6 + 0,6} + 0,75 \cdot 0,2 = 1,38 \ m$$

$$D_{vano3} = 0,6 \cdot \sqrt{3,5 + 0,6} + 0,75 \cdot 0,2 = 1,36 \ m$$

$$D_{vano4} = 0,6 \cdot \sqrt{3,2 + 0,6} + 0,75 \cdot 0,2 = 1,32 \ m$$

$$D_{vano5} = 0,6 \cdot \sqrt{3,7 + 0,6} + 0,75 \cdot 0,2 = 1,39 \ m$$

$$D_{vano6} = 0,6 \cdot \sqrt{4,2 + 0,6} + 0,75 \cdot 0,2 = 1,46 \ m$$

Las crucetas recta y de bóveda utilizadas para la línea garantizan una distancia entre conductores, según las dimensiones especificadas en el Apartado 3.4, mayor que la obtenida para cualquiera de los seis vanos.

3.6.2. Distancias entre conductores y partes puestas a tierra

La separación mínima entre los conductores y sus accesorios en tensión y los apoyos no será inferior a D_{el}, con un mínimo de 0,2 metros.

Para este ejemplo, al ser la tensión nominal de la línea de 15 kV, el valor especificado para D_{el}, en el Apartado 5.2 de la ITC-LAT 07, en función de la tensión más elevada de la línea, es de 0,16 m, por lo que la distancia mínima no será inferior a 0,2 m. Por lo tanto, habrá que comprobar si se garantiza esta distancia para la máxima desviación prevista de la cadena de aisladores.

Según la Figura de la cruceta de bóveda del Apartado 3.4, un ángulo de desviación de cadena de 58° permite una distancia del conductor central a la cruceta de 0,297 m. Si se comprueba que en ningún apoyo de alineación de la línea se sobrepasa ese ángulo, se cumpliría la distancia mínima de 0,2 m. El lector puede comprobar que el apoyo de alineación más desfavorable es el n° 6, ya que su ángulo de oscilación de cadena es muy superior al del resto de los apoyos de alineación. Según el Apartado 3.5.2 es necesario utilizar un contrapeso de 50 daN en cada una de las cadenas de suspensión, para obtener un ángulo de 50,8° cumpliendo con la distancia de seguridad.

3.6.3. Distancias al terreno

La altura de los apoyos será la necesaria para que los conductores, con su flecha máxima vertical, según la hipótesis de temperatura o de hielo, queden situados por encima de cualquier punto del terreno a una altura mínima de:

$$D_{add} + D_{el} = 5,3 + D_{el}$$

en metros, con un mínimo de 6 metros.

En este caso:

$$D_{add} + D_{el} = 5,3 + 0,16 = 5,36 \ m$$

por tanto, la distancia mínima debe ser de 6 m.

Como ejemplo se calculará la altura mínima de los apoyos que permite cumplir con las distancias al terreno para el vano n° 1 de 160 m de longitud. Para ello, los datos de flecha máxima tomados del cálculo mecánico del conductor son las siguientes:

- Para 0 °C con sobrecarga de hielo, $f_{máx.hielo} = 4,49 \ m$

- Para 50 °C sin sobrecarga, $f_{máx.\theta} = 4,49 \ m$

Por tanto, para el apoyo n° 1, perteneciente al vano a nivel de 160 m de longitud, con cruceta de horizontal, la altura libre mínima del apoyo principio de línea sería igual a la distancia mínima de los conductores al terreno más la flecha máxima.

$$H_{apoyo.mín} = 6 + f_{máx.hielo} = 6 + 4,49 = 10,49 \ m$$

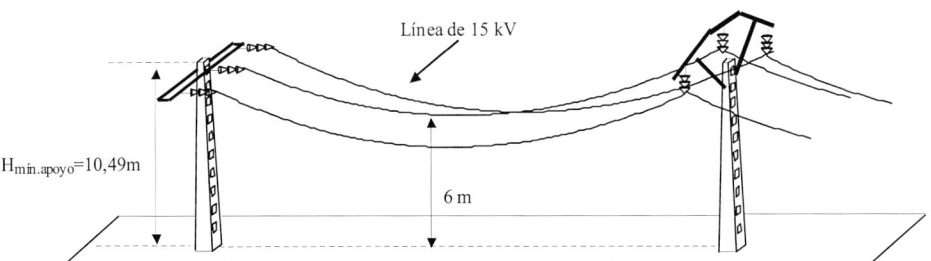

3.6.4. Distancia a otras líneas aéreas

3.6.4.1. Cruzamientos

Supóngase que en el vano nº 1 se produce el cruce con una línea de alta tensión de tensión nominal 220 kV.

Según se indica en el Apartado 5.6.1 de la ITC-LAT 07, la distancia entre los conductores de la línea inferior (línea de 15 kV) y las partes más próximas de los apoyos de la línea superior (línea de 220 kV) no deberá ser inferior a:

$$D_{add} + D_{el} = 1,5 + D_{el}$$

con un mínimo de 5 metros para las líneas de tensión superior a 132 kV y hasta 220 kV, considerándose los conductores de la línea en su posición de máxima desviación bajo la acción de la hipótesis de viento a) del Apartado 3.2.3.

En nuestro caso: $D_{add} + D_{el} = 1,5 + 1,7 = 3,2 \ m$, con un mínimo de 5 metros.

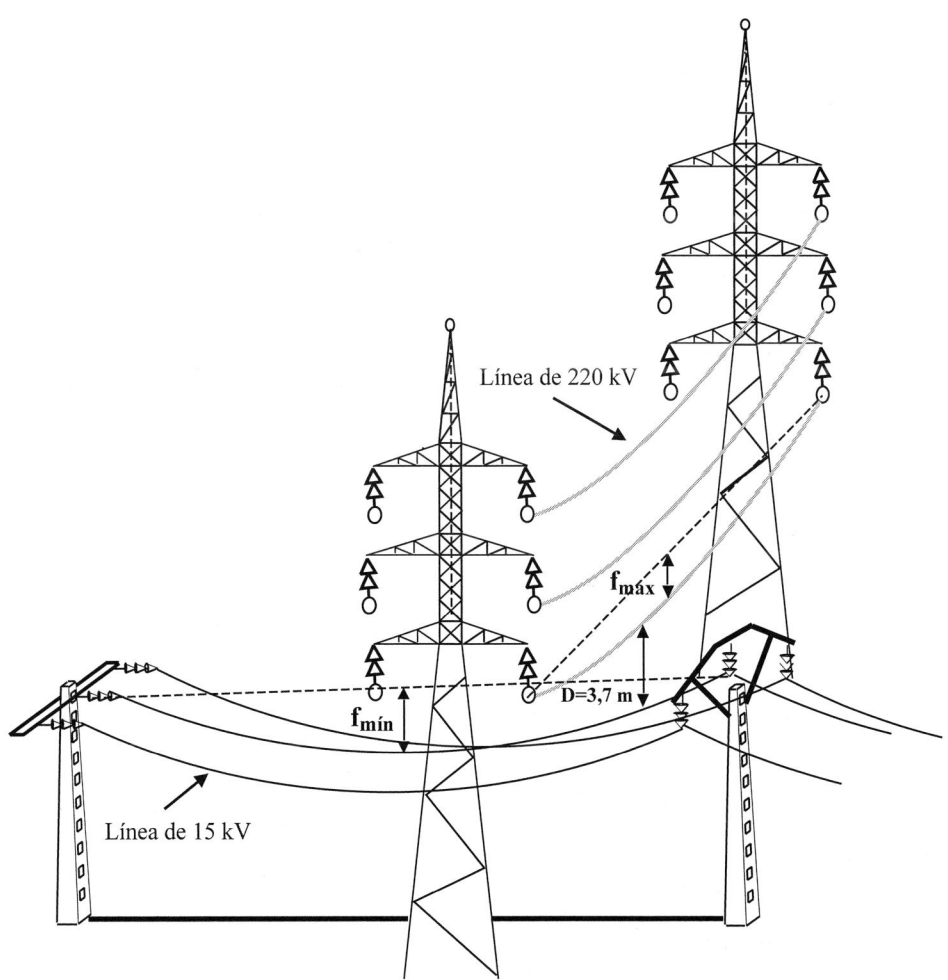

Línea de 220 kV

$f_{máx}$

$f_{mín}$

D=3,7 m

Línea de 15 kV

La distancia mínima en vertical entre ambas líneas, suponiendo los conductores de la línea de 220 kV con su máxima flecha vertical y los conductores de la línea de 15 kV con su mínima flecha, debe ser de $D_{add} + D_{pp}$, en metros.

En este caso: $D_{add} + D_{pp} = 3,5 + 0,2 = 3,7 \ m$

3.6.4.2. Paralelismos

Supóngase que alguno de los vanos de la línea de 15 kV es paralelo a un tramo de una línea de 132 kV. Las características del tramo de la línea de 132 kV son:

- Altura libre de los apoyos: 35,3 m.
- Conductor: LA-280.
- Peso propio: 0,957 daN/m.
- Diámetro del conductor: 21,8 mm.
- Zona C:
    - Tracción máxima del conductor: 2250 daN.
    - Flecha máxima a 15 ºC con sobrecarga de viento, en el vano mayor de 240 m del tramo paralelo a la línea de 15 kV: 8,67 m.
    - Longitud de cadena de aisladores de suspensión: 1,592 m.

El Apartado 5.6.2 de la ITC-LAT 07, especifica que siempre que sea posible, se evitará la construcción de líneas paralelas de transporte o de distribución de energía eléctrica a distancias inferiores a 1,5 veces la altura del apoyo más alto, entre las trazas de los conductores más próximos.

En este caso, al ser la altura libre del apoyo más alto de 35,3 m, se evitará el paralelismo a una distancia inferior a $1,5 \times 35,3 = 52,95$ m.

Cuando lo anterior no sea posible, entre los conductores contiguos de las líneas paralelas no deberá existir una separación inferior a la prescrita en el Apartado 5.4.1, considerando los valores de K, K', L_{cad}, $f_{máx.}$ y D_{pp} de la línea de mayor tensión, en nuestro caso, 132 kV.

$$D = K \cdot \sqrt{f_{máx} + L_{cad}} + K' \cdot D_{pp}$$

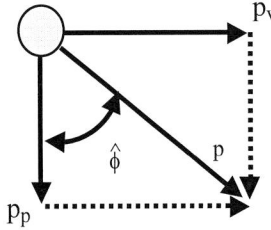

$$p_p = 0,957 \ daN/m$$

$$p_V = q \cdot \phi = 50 \cdot 21,8 \cdot 10^{-3} = 1,09 \ daN/m$$

$$tg\hat{\phi} = \frac{p_V}{p_p} = \frac{1,09}{0,957} = 1,138$$

$$\hat{\phi} = 48,7º$$

donde:

D = separación entre conductores de fase de los circuitos de ambas líneas paralelas, en metros.

K = 0,65 ya que la tensión de la línea es superior a 30 kV y el ángulo de oscilación está comprendido entre 40 y 65 º.

$f_{máx.}$ = flecha máxima en metros, para las hipótesis según el Apartado 3.2.3 de la ITC-LAT 07. La flecha máxima a considerar para la distancia entre conductores es la correspondiente a la hipótesis de viento, que en este caso vale 8,67 m.

L_{cad} = longitud en metros de la cadena de suspensión, L = 1,592 m.

K' = 0,75 para líneas que no son de categoría especial.

D_{pp} = distancia mínima aérea especificada en función de la tensión más elevada de la línea (para este caso, de 145 kV), D_{pp} = 1,4 m.

$$D = 0,65 \cdot \sqrt{8,67 + 1,592} + 0,75 \cdot 1,4 = 3,13 \ m$$

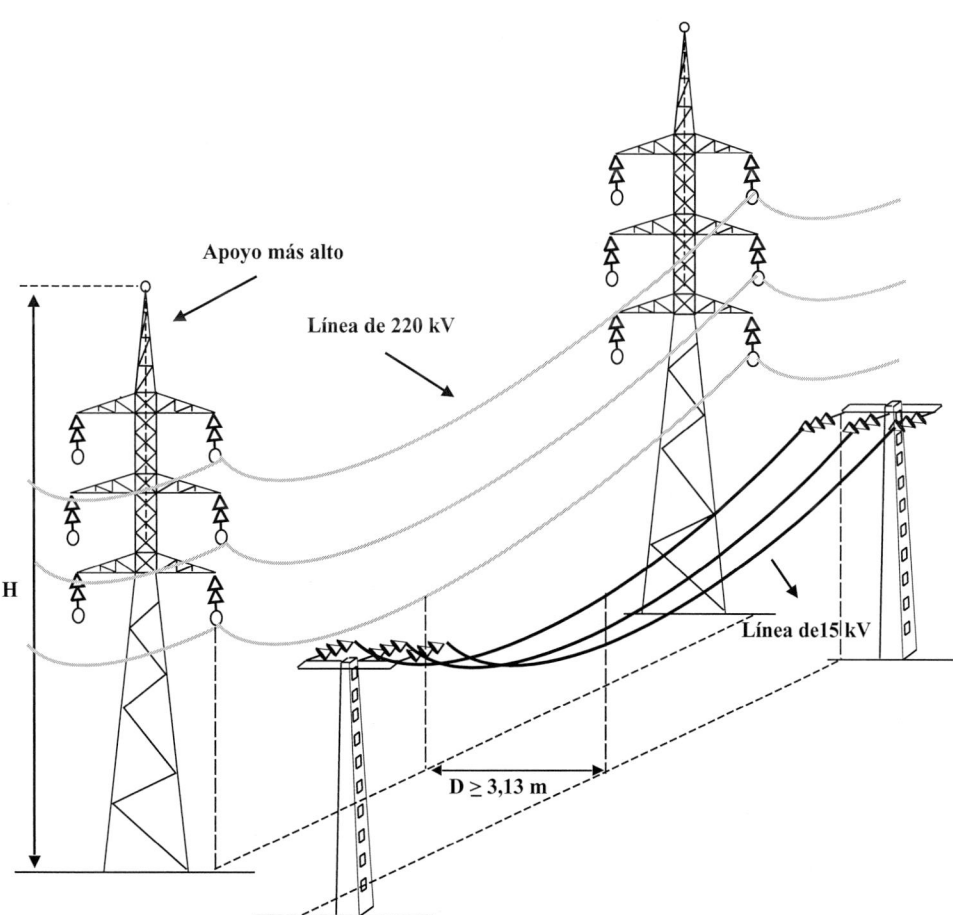

3.6.5. Distancias a carreteras

Si la línea se va a emplazar próxima a una carretera se tendrán en cuenta las consideraciones especificadas en el Apartado 5.7 de la ITC-LAT 07. Para la Red de Carreteras del Estado, la instalación de apoyos se realizará preferentemente detrás de la línea límite de edificación y a una distancia, D, a la arista exterior de la calzada superior a vez y media su altura. La línea límite de edificación es la situada a 50 metros en autopistas, autovías y vías rápidas, y a 25 metros en el resto de carreteras de la Red de Carreteras del Estado de la arista exterior de la calzada.

Para las carreteras no pertenecientes a la Red de Carreteras del Estado, la instalación de los apoyos deberá cumplir la normativa vigente de cada comunidad autónoma aplicable a tal efecto.

Independientemente de que la carretera pertenezca o no a la Red de Carreteras del Estado, para la colocación de apoyos dentro de la zona de afección de la carretera, se solicitará la oportuna autorización a los órganos competentes de la Administración. Para la Red de Carreteras del Estado, la zona de afección, Z, comprende una distancia de 100 metros desde la arista exterior de la explanación en el caso de autopistas, autovías y vías rápidas, y 50 metros en el resto de carreteras de la Red de Carreteras del Estado.

En circunstancias topográficas excepcionales, y previa justificación técnica y aprobación del órgano competente de la Administración, podrá permitirse la colocación de apoyos a distancias menores de las fijadas.

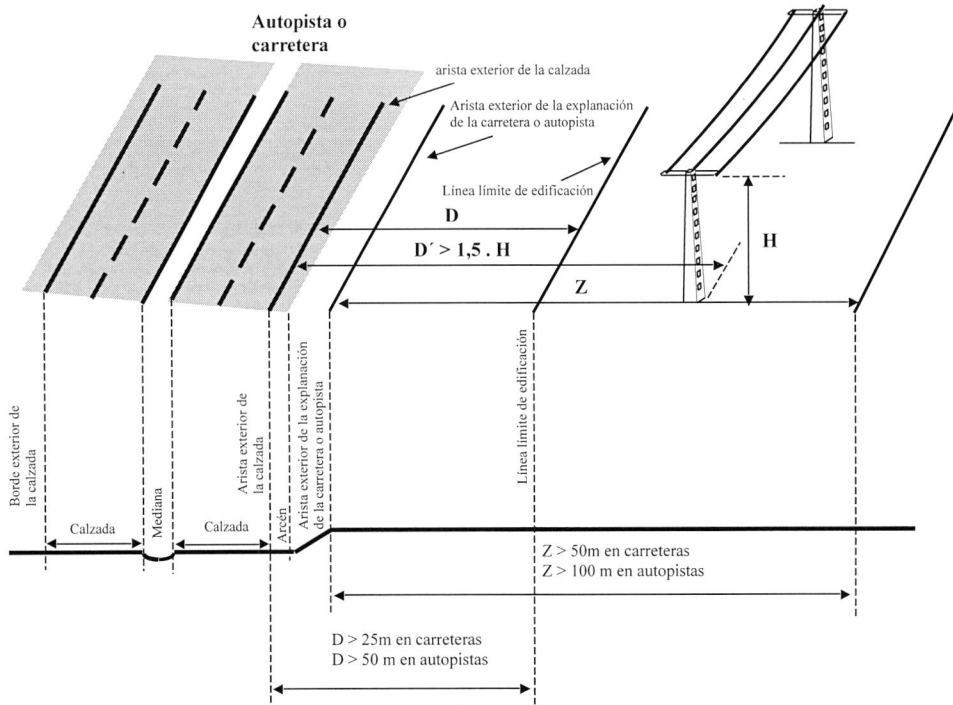

3.6.5.1. Cruzamientos con carreteras

La distancia mínima de los conductores sobre la rasante de la carretera será de:

$$D_{add} + D_{el} \text{ (en metros)},$$

con una distancia mínima de 7 metros.

Los valores de D_{el} se indican en el Apartado en el Apartado 5.2 de la ITC-LAT 07 en función de la tensión más elevada de la línea.

Para la línea de 15 kV el valor de D_{el} es de 0,16 m, siendo $D_{add} = 6,3$ para líneas de categoría no especial. Por tanto la distancia de los conductores en su cruzamiento con la carretera quedará:

$$D_{add} + D_{el} = 6,3 + 0,16 = 6,46 \text{ m},$$

con un mínimo de 7 metros.

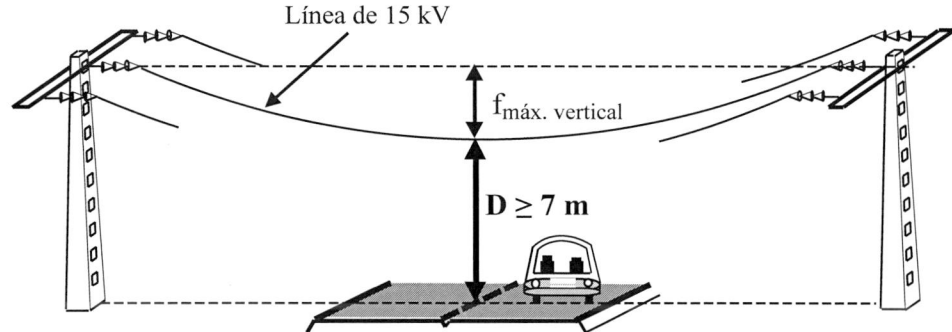

3.6.6. Distancias a ferrocarriles sin electrificar

Según el Apartado 5.8 de la ITC-LAT 07, para la instalación de los apoyos, tanto en el caso de paralelismo como en el caso de cruzamientos, se tendrán en cuenta las siguientes consideraciones:

a) A ambos lados de las líneas ferroviarias que formen parte de la red ferroviaria de interés general se establece la línea límite de edificación desde la cual hasta la línea ferroviaria queda prohibido cualquier tipo de obra de edificación, reconstrucción o ampliación.

b) La línea límite de edificación es la situada a 50 metros de la arista exterior de la explanación, medidos en horizontal y perpendicularmente al carril exterior de la vía férrea. No se autorizará la instalación de apoyos dentro de la superficie afectada por la línea límite de edificación.

c) Para la colocación de los apoyos en la zona de protección de las líneas ferroviarias, se solicitará la oportuna autorización a los órganos competentes de la Administración. La línea límite de la zona de protección es la situada a 70 metros de la arista exterior de la explanación, medidos en horizontal y perpendicularmente al carril exterior de la vía férrea.

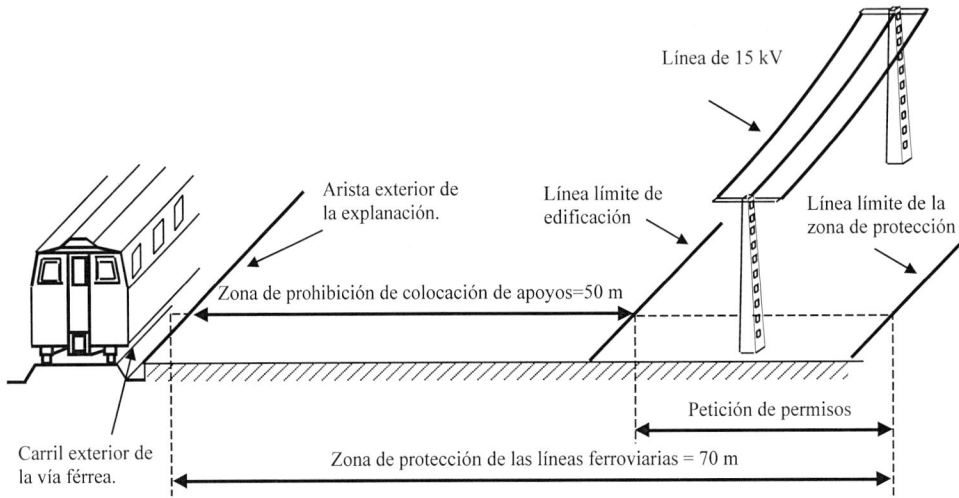

d) En los cruzamientos no se podrán instalar los apoyos a una distancia de la arista exterior de la explanación inferior a vez y media la altura del apoyo.

e) En circunstancias topográficas excepcionales, y previa justificación técnica y aprobación del órgano competente de la Administración, podrá permitirse la colocación de apoyos a distancias menores de las fijadas.

3.6.6.1. Cruzamientos

La distancia mínima de los conductores de la línea eléctrica sobre las cabezas de los carriles, D, será la misma que para cruzamientos con carreteras.

3.6.7. Distancias a ferrocarriles electrificados

Para la instalación de los apoyos, tanto en el caso de paralelismo como en el caso de cruzamientos, se seguirá lo indicado en al Apartado 5 para ferrocarriles sin electrificar.

3.6.7.1. Cruzamientos

En el cruzamiento entre las líneas eléctricas y los ferrocarriles electrificados, tranvías y trolebuses, la distancia mínima vertical de los conductores de la línea eléctrica, con su máxima flecha vertical, según las hipótesis del Apartado 3.2.3 de la ITC-LAT 07, sobre el conductor más alto de todas las líneas de energía eléctrica, telefónicas y telegráficas del ferrocarril será de:

$$D' = D_{add} + D_{el} = 3,5 + D_{el} \text{ (en metros)}$$

con un mínimo de 4 metros. Los valores de D_{el} se indican en el Apartado 5.2 en función de la tensión más elevada de la línea.

Para el caso de cruzamiento de una línea de 15 kV sobre ferrocarril electrificado, la distancia mínima vertical será de 3,5 + 0,16 = 3,46 m, con un mínimo de 4 metros.

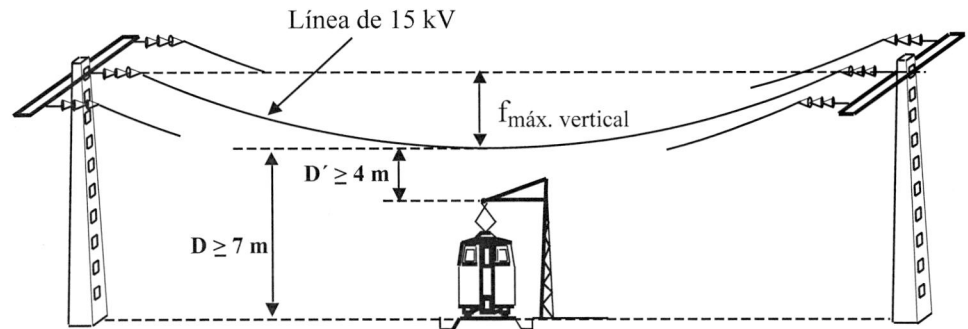

Además, en el caso de ferrocarriles, tranvías y trolebuses provistos de trole, o de otros elementos de toma de corriente que puedan accidentalmente separarse de la línea de contacto, los conductores de la línea eléctrica deberán estar situados a una altura tal que, al desconectarse el órgano de toma de corriente, no quede, teniendo en cuenta la posición más desfavorable que pueda adoptar, a menor distancia de aquellos que la definida anteriormente.

3.6.8. Distancias a teleféricos y cables transportadores

3.6.8.1. Cruzamientos

El cruce de una línea eléctrica con teleféricos o cables transportadores deberá efectuarse siempre superiormente, salvo casos razonadamente muy justificados que expresamente se autoricen.

La distancia mínima vertical entre los conductores de la línea eléctrica, con su máxima flecha vertical, y la parte más elevada del teleférico, teniendo en cuenta las oscilaciones de los cables del mismo durante su explotación normal y la posible sobre elevación que pueda alcanzar por reducción de carga en caso de accidente será de:

$$D_{add} + D_{el} = 4,5 + D_{el} \text{ (en metros)},$$

con un mínimo de 5 metros. Los valores de D_{el} se indican en el Apartado 5.2 en función de la tensión más elevada de la línea.

Para el caso de cruzamiento de una línea de 15 kV sobre teleférico, la distancia mínima vertical será de 4,5 + 0,16 = 4,66 m, con un mínimo de 5 metros.

La distancia horizontal entre la parte más próxima del teleférico y los apoyos de la línea eléctrica en el vano de cruce será, como mínimo, la que se obtenga de la fórmula anteriormente indicada, en nuestro caso, de 4,66 metros.

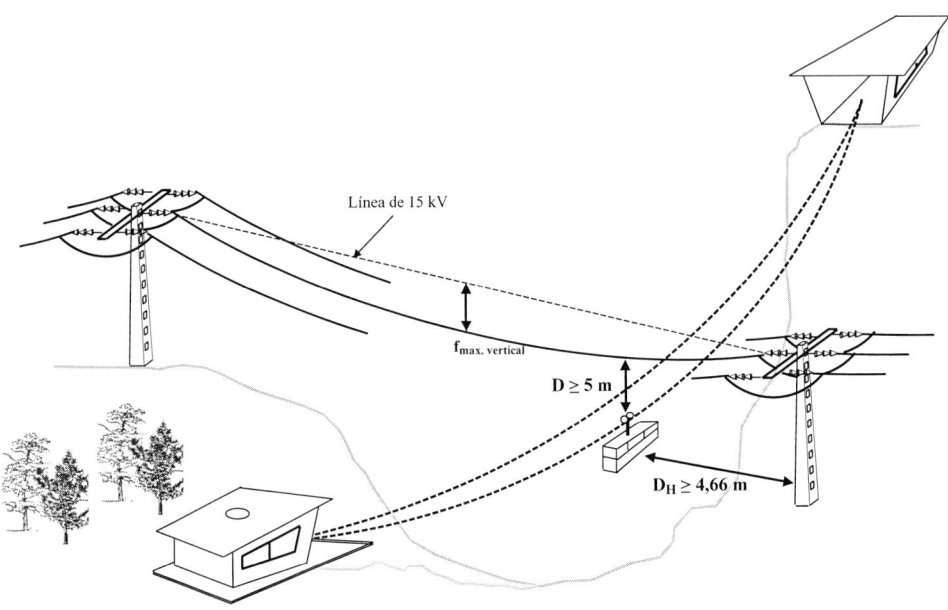

3.6.9. Distancias a ríos y canales, navegables o flotables

Para la instalación de los apoyos, tanto en el caso de paralelismo como en el caso de cruzamientos, se tendrán en cuenta las siguientes consideraciones:

a) La instalación de apoyos se realizará a una distancia de 25 metros y, como mínimo, vez y media la altura de los apoyos, desde el borde del cauce fluvial correspondiente al caudal de la máxima avenida. No obstante, podrá admitirse la colocación de apoyos a distancias inferiores si existe la autorización previa de la Administración competente. En el caso de la línea de 15 kV, con altura libre del apoyo de 15 m, las distancias se muestran en la figura siguiente.

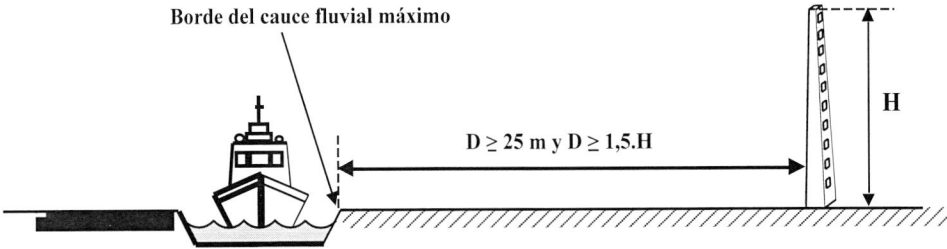

b) En circunstancias topográficas excepcionales, y previa justificación técnica y aprobación de la Administración, podrá permitirse la colocación de apoyos a distancias menores de las fijadas.

3.6.9.1. Cruzamientos

En los cruzamientos con ríos y canales, navegables o flotables, la distancia mínima vertical de los conductores, con su máxima flecha vertical según las hipótesis del Apartado 3.2.3 de la ITC-LAT 07, sobre la superficie del agua para el máximo nivel que pueda alcanzar esta será, para la línea de 15 kV de:

$$G + D_{add} + D_{el} = G + 2,3 + 0,16 = G + 2,46 \text{ metros,}$$

siendo G el gálibo.

En el caso de que no exista gálibo definido, se considerará este igual a 4,7 metros.

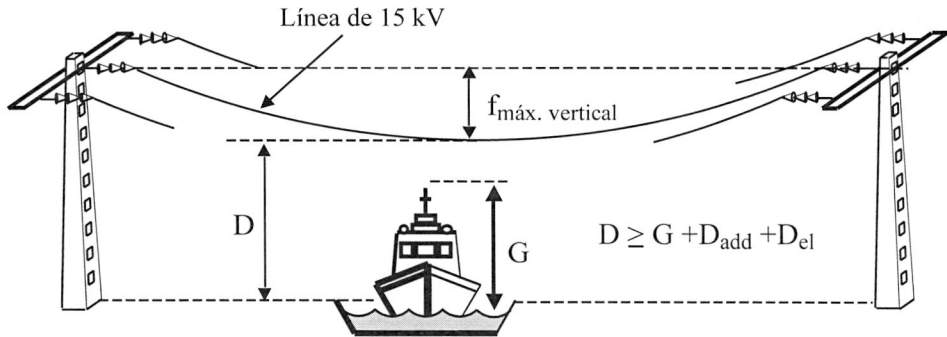

3.6.10. Paso por zonas

En general, para las líneas eléctricas aéreas con conductores desnudos se define la zona de *servidumbre de vuelo* como la franja de terreno definida por la proyección sobre el suelo de los conductores extremos, considerados éstos y sus cadenas de aisladores en las condiciones más desfavorables, sin contemplar distancia alguna adicional.

Las condiciones más desfavorables son considerar los conductores y sus cadenas de aisladores en su posición de máxima desviación, es decir, sometidos a la acción de su propio peso y a una sobrecarga de viento, considerando una velocidad de viento de 120 km/h a la temperatura de +15 ºC.

Como ejemplo se calcula, de forma aproximada, el límite de la zona de servidumbre de vuelo en el centro del primer vano del ejercicio del Apartado 3.4.

Cálculo de desviación de la cadena de aisladores en el apoyo nº 2.

- Vano anterior: $a_1 = 150$ m, desnivel $d_1 = 0$ m.
- Vano posterior: $a_2 = 160$ m, desnivel $d_2 = 0$ m.
- Conductor empleado: LA-110 en zona C.
- Tracción en el conductor a –15ºC con viento de 120 km/h: $T_V = 840$ daN.
- Peso aparente de conductor con viento de 120 km/h: $p = 0,941$ daN.
- Diámetro del conductor: $\phi_{COND} = 14$ mm.
- Peso de la cadena de aisladores: $P_{CAD} = 10$ daN.
- Longitud de la cadena de aisladores: $L_{cad} = 0,6$ m.
- Diámetro de la cadena: $\phi_{CAD} = 0,255$ m.
- Peso de herrajes por cadena: $P_{HERR} = 2$ daN.
- Peso propio: $p_p = 0,425$ daN/m.

Diámetro de la cadena:

Eolovano:

$$a_e = \frac{a_1 + a_2}{2} = \frac{150 + 160}{2} = 155 \ m$$

Gravivano con viento:

$$a_{gV} = a_e = 155 \ m$$

- Peso del conductor:

$$P_{COND} = p_p \cdot a_{gV} = 0{,}425 \cdot 155 = 65{,}87 \ daN$$

- Viento sobre la cadena de aisladores:

$$F_{VCAD} = q \cdot \phi_{CAD} \cdot L_{cad} = 70 \cdot 0{,}255 \cdot 0{,}6 = 10{,}71 \ daN$$

- Viento sobre el conductor:

$$F_{VCOND} = q \cdot \phi_{COND} \cdot 10^{-3} \cdot a_e = 60 \cdot 14 \cdot 10^{-3} \cdot 155 = 130{,}2 \ daN$$

El ángulo de desviación de la cadena tiene un valor:

$$\beta = arc.tag\left(\frac{\dfrac{10{,}71}{2} + 130{,}2}{65{,}87 + \dfrac{10}{2} + 2} \right) = arc.tag\left(1{,}86\right) = 61{,}73º$$

La zona de servidumbre de vuelo en el centro del vano, se situará a una distancia de la línea que une los puntos de sujeción de las cadenas de aisladores de los apoyos nº 1 y nº 2, dada por la suma de la proyección horizontal de la cadena de aisladores y de la proyección horizontal de la flecha máxima, con sobrecarga de viento a la temperatura de 15 ºC.

- Proyección horizontal de la cadena de aisladores:

$$L_{cad} \cdot sen\beta = 0{,}6 \cdot sen(61{,}73) = 0{,}528 \ m$$

- Proyección horizontal de la flecha máxima con viento de 120 km/h:

$$\hat{\phi} = 63{,}16º$$

$$fmáxV = 4{,}1 \ m$$

$$f_{max V} \cdot sen \ \hat{\phi} = 4{,}1 \cdot sen(63{,}16) = 3{,}658 \ m$$

La zona de servidumbre de vuelo en el centro del vano se situará a una distancia a una distancia de la línea que une los puntos de sujeción de las cadenas de aisladores de los apoyos nº 1 y nº 2, de 0,528 m + 3,658 m = 4,186 metros.

3.6.10.1. Bosques, árboles y masas de arbolado

Para evitar las interrupciones del servicio y los posibles incendios producidos por el contacto de ramas o troncos de árboles con los conductores de una línea eléctrica aérea, deberá establecerse, mediante la indemnización correspondiente, una zona de protección de la línea definida por la zona de servidumbre de vuelo, incrementada por la siguiente distancia de seguridad a ambos lados de dicha proyección:

$$D_{add} + D_{el} = 1,5 + D_{el} \text{ (en metros)}$$

con un mínimo de 2 metros.

Para la línea de 15 kV, la distancia será de 1,5 + 0,16 = 1,66 m, con un mínimo de 2 metros.

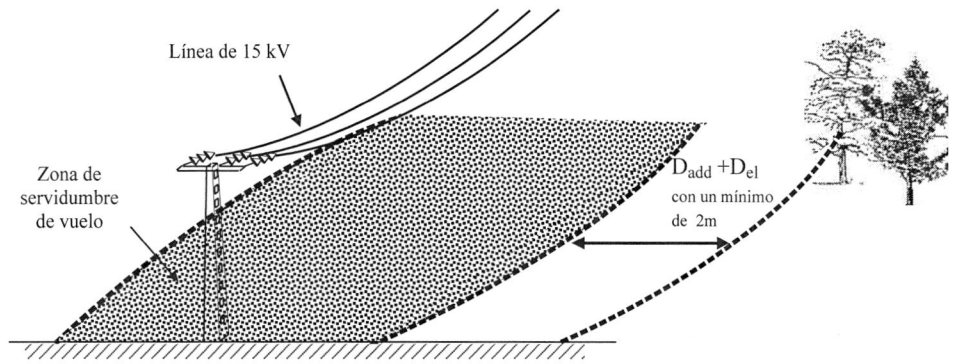

3.6.10.2. Edificios, construcciones y zonas urbanas

Se evitará el tendido de líneas eléctricas aéreas de alta tensión con conductores desnudos en terrenos que estén clasificados como suelo urbano, cuando pertenezcan al territorio de municipios que tengan plan de ordenación o como casco de población en municipios que carezcan de dicho plan. No obstante, a petición del titular de la instalación y cuando las circunstancias técnicas o económicas lo aconsejen, el órgano competente de la Administración podrá autorizar el tendido aéreo de dichas líneas en las zonas antes indicadas.

Se podrá autorizar el tendido aéreo de líneas eléctricas de alta tensión con conductores desnudos en las zonas de reserva urbana con plan general de ordenación legalmente aprobado, y en zonas y polígonos industriales con plan parcial de ordenación aprobado, así como en los terrenos del suelo urbano no comprendidos dentro del casco de la población en municipios que carezcan de plan de ordenación.

Conforme a lo establecido en el Real Decreto 1955/2000, de 1 de diciembre, no se construirán edificios e instalaciones industriales en la servidumbre de vuelo, incrementada por la siguiente distancia mínima de seguridad a ambos lados:

$$D_{add} + D_{el} = 3,3 + D_{el} \text{ (en metros),}$$

con un mínimo de 5 metros.

Para la línea de 15 kV, la distancia será de 3,3 + 0,16 = 3,46 m, con un mínimo de 5 metros.

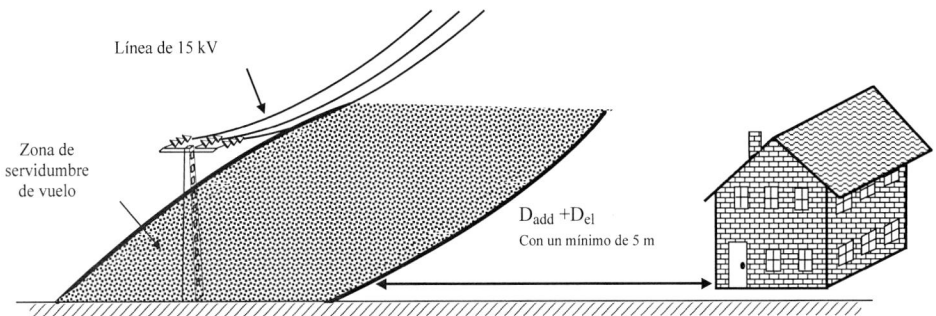

Análogamente, no se construirán líneas por encima de edificios e instalaciones industriales en la franja definida anteriormente.

No obstante, en los casos de mutuo acuerdo entre las partes, las distancias mínimas que deberán existir en las condiciones más desfavorables, entre los conductores de la línea eléctrica y los edificios o construcciones que se encuentren bajo ella, serán las siguientes:

- Sobre puntos accesibles a las personas: $5,5 + D_{el}$ (m), con un mínimo de 6 m.

- Sobre puntos no accesibles a las personas: $3,3 + D_{el}$ (m), con un mínimo de 4 m.

3.6.10.3. Proximidad a aeropuertos

Las líneas eléctricas aéreas de AT con conductores desnudos que hayan de construirse en la proximidad de los aeropuertos, aeródromos, helipuertos e instalaciones de ayuda a la navegación aérea, deberán ajustarse a lo especificado en la legislación y disposiciones vigentes en la materia que correspondan.

3.6.10.4. Proximidad a parques eólicos

Por motivos de seguridad de las líneas eléctricas aéreas de conductores desnudos, no se permite la instalación de nuevos aerogeneradores en la franja de terreno definida por la zona de servidumbre de vuelo incrementada en la altura total del aerogenerador, incluida la pala, más 10 m.

3.6.10.5. Proximidades a obras

Cuando se realicen obras próximas a líneas aéreas y con objeto de garantizar la protección de los trabajadores frente a los riesgos eléctricos según la reglamentación aplicable de prevención de riesgos laborales, el promotor de la obra se encargará de que se realice la señalización mediante el balizamiento de la línea aérea. El balizamiento utilizará elementos normalizados y podrá ser temporal.

3.7. EJEMPLO DE CÁLCULO DE APOYOS EN LÍNEA AÉREA DE 3 ª CATEGORÍA Y DOBLE CIRCUITO

Tensión nominal U_n = 15 kV, doble circuito simplex y emplazada en zona B.

Se trata de comprobar, si los apoyos calculados y que figuran en la tabla siguiente, son adecuados según lo especificado en el RLAT.

Apoyo n°	Función	Tipo	Altura libre h_L (m)
1	Principio de línea	HVH-3500-17	14,18
2	Suspensión en alineación	HV-630-15	13,06
3	Suspensión en alineación	HV-630-17	15,02
4	Amarre en ángulo (15 °)	HVH-1600-17	14,65
5	Suspensión en alineación	HV-630-15	13,06
6	Anclaje en alineación	HVH-1600-17	14,65
7	Suspensión en alineación	HV-630-15	13,06
8	Fin de línea	HVH-3500-17	14,18

El conductor empleado es el 47-AL1/8-ST1A (antiguo LA-56), estando la línea emplazada a una altitud de 600 m y habiéndose exigido, en los cálculos mecánicos del conductor, unos límites del 9% para el EDS a la temperatura de 15 °C y del 20%, para el CHS. a la temperatura de –5 °C.

Para los apoyos de principio y fin de línea, anclaje y amarre en ángulo se han utilizado apoyos de hormigón vibrado hueco (HVH), y para los de suspensión en alineación, apoyos de hormigón vibrado, (HV). La cruceta empleada en los apoyos de la línea es de doble circuito, tipo DC-1 para apoyos de suspensión y DC-2, para el resto.

El aislamiento está formado por cadenas de aisladores de núcleo de fibra de vidrio y resina con aletas de silicona de 0,6 m de longitud en los apoyos de suspensión y de 1 m en el resto de apoyos.

Las longitudes de las cadenas utilizadas, superiores a las necesarias por los requisitos de aislamiento, tienen por objeto mejorar la protección de la avifauna y disminuir el riesgo de electrocución de las aves cuando se posan sobre el apoyo.

Los apoyos de principio y fin de línea son pasos subterráneo-aéreo y aéreo-subterráneo respectivamente.

Características de los elementos empleados

- **Cadenas de aisladores de suspensión**

  - Tipo: AIS-S.
  - Longitud: 0,6 m.
  - Peso de cadena: 2,5 daN.
  - Peso de herrajes: 1,5 daN.
  - Diámetro: 0,11 m.

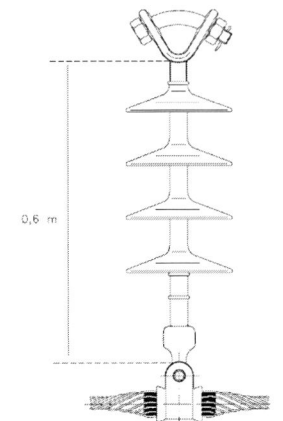

- **Cadenas de aisladores de amarre**

  - Tipo: AIS-M.
  - Longitud: 1 m.
  - Peso de cadena: 4 daN.
  - Peso de herrajes: 2 daN.
  - Diámetro: 0,11 m.

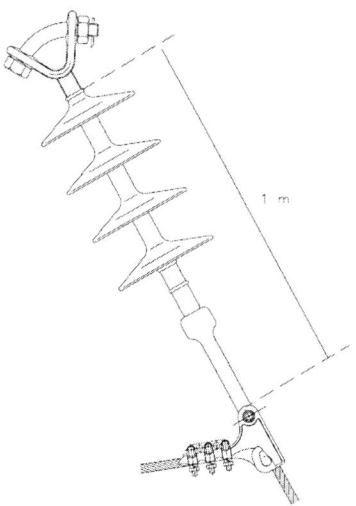

- **Crucetas DC-1 y DC-2**

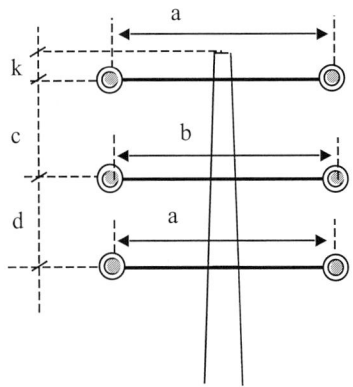

Armado	a (m)	b (m)	c (m)	d (m)	k (m)	Peso (kg)
DC-1	2,1	2,1	1,275	1,127	0,085	94
DC-2	2,1	2,1	1,275	1,127	0,085	185

- **Datos del conductor**

    - Tipo**:** 47-AL1/8-ST1A (Antiguo LA-56).

    - Sección: 54,6 mm^2.

    - Diámetro: 9,45 mm.

    - Composición: 6 + 1.

    - Carga de rotura: 1638,8 daN.

    - Módulo de elasticidad: 7949 daN/mm^2.

    - Coeficiente de dilatación: 19,1 $\cdot 10^{-6}$ ºC^{-1}.

- **Condiciones de cálculo**

    - Zona B.

    - Coeficiente de seguridad: 3.

    - Límite EDS**:** 9% a 15 ºC.

    - Límite CHS**:** 20% a –5 ºC.

- **Pesos del conductor incluyendo las sobrecargas reglamentarias**

    - Peso propio: 0,1856 daN/m.

    - Peso con sobrecarga de viento: 0,597 daN/m.

    - Peso con sobrecarga de hielo: 0,739 daN/m.

    - Peso con sobrecarga de viento mitad: 0,339 daN/m.

- **Resultados del cálculo mecánico del conductor**

Tramo	Vano (m)	Desnivel (m)	Vano de regulación (m)	Tracción máxima (daN)		Tracción (daN)	Flecha máxima (m)
				–15 ºC + Hielo	–10 ºC + Viento	–10 ºC con presión de viento mitad	50 ºC
1-2	145	2					4,0
2-3	150	3	150,2	531	442	283	4,2
3-4	155	4					4,5
4-5	160	3	157,6	534	444	282	4,8
5-6	155	2					4,5
6-7	135	2	141,9	528	440	285	3,5
7-8	148	–2					4,2

Nota: si se calcula la distancia mínima entre conductores, según el Apartado 5.4.1 de la ITC-LAT 07, las distancias c y d especificadas para las crucetas DC-1 y DC-2, resultan inferiores al valor calculado. No obstante el RLAT admite adoptar separaciones menores que las obtenidas por aplicación directa de la fórmula, siempre que se adopten medidas preventivas para evitar fenómenos de galope. Estas medidas pueden incluir la instalación de accesorios especiales en la línea, por ejemplo, separadores espirales entre conductores del haz, pesos excéntricos, amortiguadores para el viento, péndulos para desintonización o controladores aerodinámico [9].

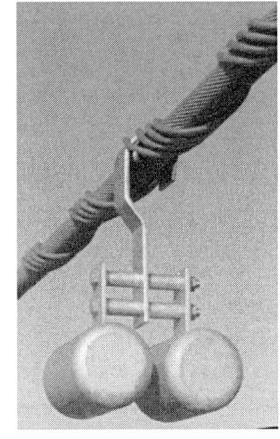

Péndulo para desintonización

APOYO Nº 1. APOYO DE PRINCIPIO DE LÍNEA

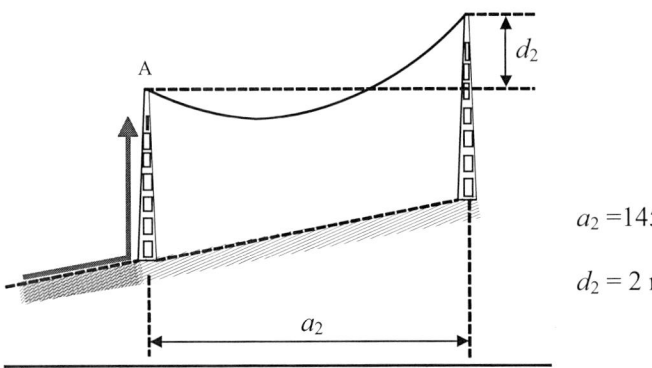

$a_2 = 145$ m.

$d_2 = 2$ m.

Por tratarse de un apoyo cuyo vano a la derecha es desnivelado, el eolovano y el gravivano no coinciden, siendo su valor:

Eolovano: $a_e = \dfrac{a_2}{2} = \dfrac{145}{2} = 72,5 \; m$

Gravivano con viento:

$$a_{gV} = \frac{a_2}{2} - \left(\frac{T_{V2}}{p} \cdot \frac{d_2}{a_2} \right) = \frac{145}{2} - \left(\frac{442}{0,597} \cdot \frac{2}{145} \right) = 62,28 \; m$$

siendo *p,* el peso con sobrecarga de viento.

Gravivano con hielo:

$$a_{gH} = \frac{a_2}{2} - \left(\frac{T_{h2}}{p} \cdot \frac{d_2}{a_2} \right) = \frac{145}{2} - \left(\frac{531}{0,739} \cdot \frac{2}{145} \right) = 62,58 \; m$$

siendo *p*, el peso con sobrecarga de hielo.

1ª hipótesis: viento de 120 km/h, a −10 ºC

a) Cargas verticales

- Peso de conductores:

$$P_{COND} = n \cdot p_p \cdot a_{gV} = 6 \cdot 0,1856 \cdot 62,28 = 69,35 \ daN$$

- Peso de cadenas de aisladores:

$$P_{CAD} = n_{CAD} \cdot p_{CAD} = 6 \cdot 4 = 24 \ daN$$

- Peso de herrajes:

$$P_{HERR} = n_{CAD} \cdot p_{HERR} = 6 \cdot 2 = 12 \ daN$$

- Peso de cruceta:

$$P_{CRUC} = 181,48 \ daN \quad \text{(Cruceta DC-2)}$$

- Total cargas verticales:

$$F_V = P_{COND} + P_{CAD} + P_{HERR} + P_{CRUC} = 69,35 + 24 + 12 + 181,48 = 286,8 \ daN$$

b) Cargas transversales, por viento sobre los conductores (Aptdo. 3.1.2. ITC-LAT 07)

$$F_{T1} = q \cdot \phi \cdot 10^{-3} \cdot a_e = 60 \cdot \left(\frac{120}{120}\right)^2 \cdot 9,45 \cdot 10^{-3} \cdot 72,5 = 41,1 \ daN$$

$$F_{T1} = F_{T2} = F_{T3} = F_{T4} = F_{T5} = F_{T6} = 41,1 \ daN$$

$$F_{Tequiv} = \frac{(F_{T1} + F_{T2}) \cdot (h_L - k) + (F_{T3} + F_{T4}) \cdot (h_L - k - c) + (F_{T5} + F_{T6}) \cdot (h_L - k - c - d)}{h_L - h_0}$$

$$F_{Tequiv} = \frac{2 \cdot F_{T1} \cdot [(h_L - k) + (h_L - k - c) + (h_L - k - c - d)]}{h_L - h_0} = F_{T1}.Coef$$

$$Coef = \frac{2 \cdot [(14,18 - 0,085) + (14,189 - 0,085 - 1,275) + (14,18 - 0,085 - 1,275 - 1,127)]}{14,18 - 0,25} = 5,543$$

$$F_{Tequiv} = F_{T1} \cdot Coef = 41,1 \cdot 5,543 = 227,8 \ daN$$

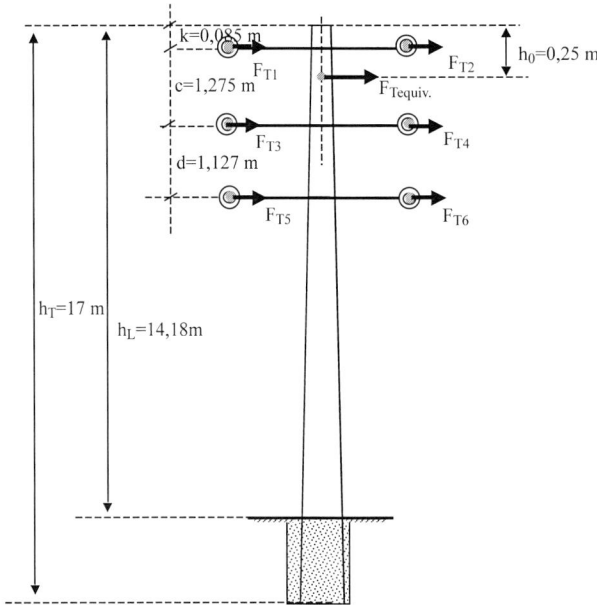

c) Cargas longitudinales por desequilibrio de tracciones (Aptdo. 3.1.4.4. ITC-LAT 07)

En los apoyos fin de línea se considera el 100% de las tracciones unilaterales de todos los conductores.

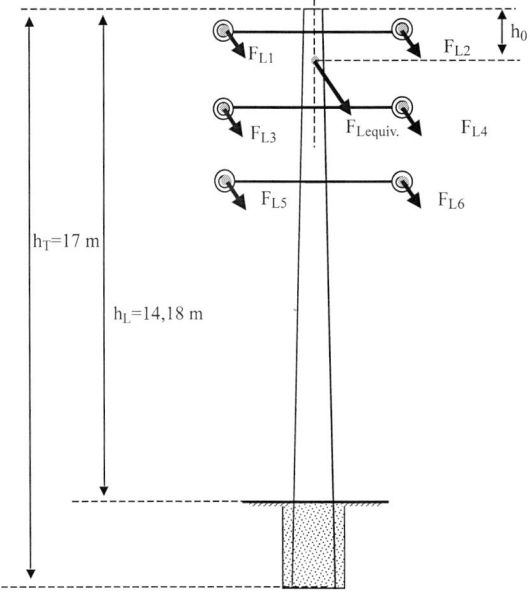

$$F_{L1} = T_V = 442 \ daN \ ,$$

siendo T_V, la tensión en el primer cantón a -10 ºC, con viento de 120 km/h.

$$F_{Lequiv} = F_{L1} \cdot Coef = 442 \cdot 5,543 = 2450 \ daN$$

Los esfuerzos, para esta hipótesis, sobre el apoyo son:

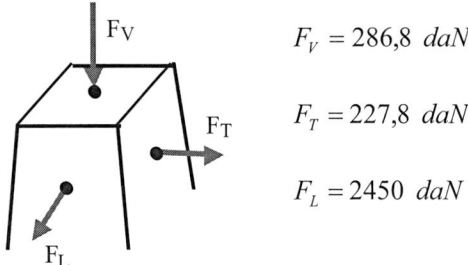

$$F_V = 286,8 \ daN$$

$$F_T = 227,8 \ daN$$

$$F_L = 2450 \ daN$$

2ª hipótesis: hielo en la zona B, a –15 ºC

a) Cargas verticales

- Peso de conductores

$$P_{COND} = n \cdot (p_p + p_h) \cdot a_{gH} = n \cdot (p_p + 0,18 \cdot \sqrt{\phi}) \cdot a_{gH}$$

$$P_{COND} = 6 \cdot 0,739 \cdot 62,58 = 277,5 \ daN$$

- Peso de cadenas de aisladores, herrajes y cruceta, igual que en la primera hipótesis

Total cargas verticales:

$$F_V = P_{COND} + P_{CAD} + P_{HERR} + P_{CRUC} = 277,5 + 24 + 12 + 181,48 = 495 \ daN$$

b) Cargas transversales, por viento sobre los conductores (Aptdo. 3.1.2. ITC-LAT 07)

No se consideran cargas transversales por viento.

c) Cargas longitudinales por desequilibrio de tracciones (Aptdo. 3.1.4.4. ITC-LAT 07)

En los apoyos fin de línea se considera el 100% de las tracciones unilaterales de todos los conductores.

$$F_{L1} = T_H = 531 \ daN$$

$$F_{Lequiv} = F_{L1} \cdot Coef. = 531 \cdot 5,543 \approx 2943 \ daN$$

siendo T_H, la tensión en el primer cantón a –15 ºC con sobrecarga de hielo.

Los esfuerzos aplicados para esta hipótesis sobre el apoyo son:

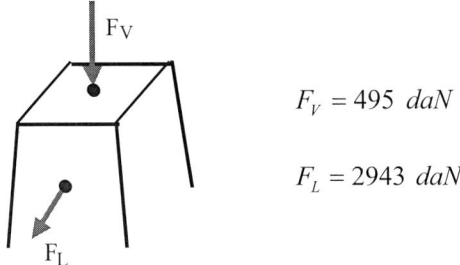

$$F_V = 495 \ daN$$

$$F_L = 2943 \ daN$$

3ª hipótesis: desequilibrio de tracciones

Esta hipótesis no se aplica al ser un apoyo de fin de línea.

4ª hipótesis: rotura de conductores con hielo en la zona B, a –15 ºC

a) Cargas verticales

Idénticas a las calculadas en la 2ª hipótesis pero descontándose el peso del conductor roto.

$$P_{COND} = (n-1) \cdot (p_p + p_h) \cdot a_{gH} = (n-1) \cdot (p_p + 0,18 \cdot \sqrt{\phi}) \cdot a_{gH}$$

$$P_{COND} = 5 \cdot 0,739 \cdot 62,58 = 231,2 \ daN$$

Total cargas verticales:

$$F_V = P_{COND} + P_{CAD} + P_{HERR} + P_{CRUC} = 231,2 + 24 + 12 + 181,48 = 448,7 \ daN$$

b) Cargas transversales, por viento sobre los conductores (Aptdo. 3.1.2. ITC-LAT 07)

No se consideran cargas transversales por viento.

c) Cargas longitudinales por rotura de conductores (Aptdo. 3.1.5.4. ITC-LAT 07)

Se considera la rotura de un solo conductor. Esto provoca un momento de torsión sobre el apoyo que viene dado por:

$$M_T = T_H \cdot \frac{b}{2} = 531 \cdot \frac{2,1}{2} = 557,55 \ daN \cdot m$$

siendo T_H, la tracción en el primer cantón a –15 ºC con sobrecarga de hielo.

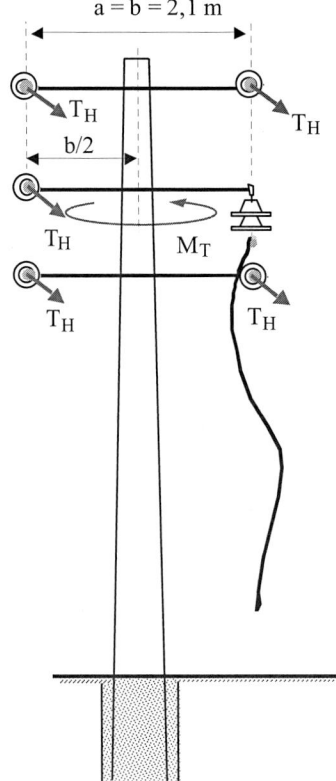

Los esfuerzos aplicados para esta hipótesis sobre el apoyo son:

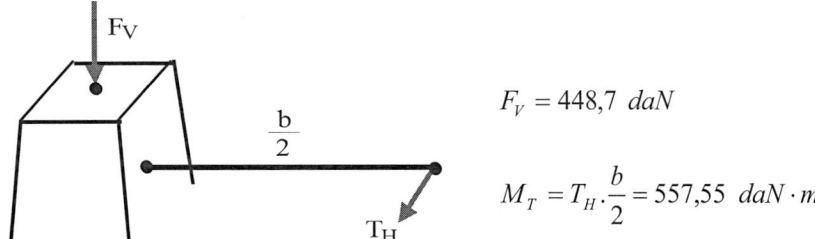

$$F_V = 448,7 \ daN$$

$$M_T = T_H \cdot \frac{b}{2} = 557,55 \ daN \cdot m$$

Elección del apoyo de principio de línea

Para elegir el apoyo que soporte los esfuerzos calculados en cada una de las hipótesis, se indican los esfuerzos soportados por cada uno de los apoyos HVH especificados en la Norma UNE 207016.

Esfuerzo principal y secundario $T = L$ (daN)	Momento de rotura a torsión (daN·m)
1000	4230
1600	
2000	
2500	5130
3000	
3500	
4500	

Comparando los esfuerzos obtenidos con los presentados en la tabla anterior se elige un apoyo **HVH-3000**, que soporta esfuerzos superiores a los resultantes de las distintas hipótesis.

El esfuerzo de torsión soportado por el apoyo es mayor que el valor calculado de M_T, ya que el momento de rotura a torsión del apoyo (5130 daN·m) dividido entre el coeficiente de seguridad, es mayor que M_T. El coeficiente de seguridad, según indica el Apartado 3.5.4 de la ITC-LAT 07, será el 80% del coeficiente de seguridad especificado en la Norma UNE 207016.

$$Coef.seg = 0{,}8 \cdot 2{,}5 = 2$$

$$\frac{5130}{2} \, daN \cdot m = 2565 \, daN \cdot m > M_T = 557{,}55 \, daN \cdot m$$

APOYO Nº 2. APOYO DE SUSPENSIÓN EN ALINEACIÓN

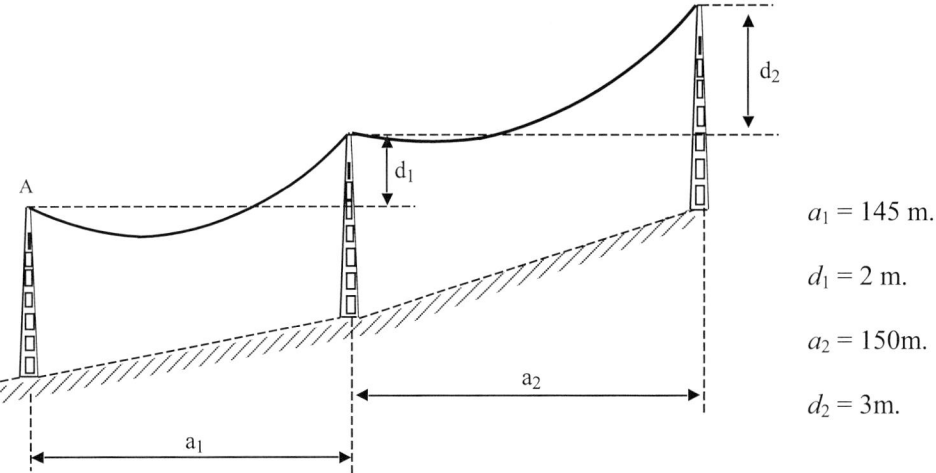

$a_1 = 145$ m.

$d_1 = 2$ m.

$a_2 = 150$m.

$d_2 = 3$m.

Por tratarse de un apoyo situado entre vanos a distinto nivel, el eolovano y gravivano no coinciden, siendo su valor:

Eolovano:

$$a_e = \frac{a_1 + a_2}{2} = \frac{145 + 150}{2} = 147,5 \ m$$

Gravivano con viento:

$$a_{gV} = \frac{a_1 + a_2}{2} + \frac{T_V}{p} \cdot \left(\frac{d_1}{a_1} - \frac{d_2}{a_2} \right) = 147,5 + \frac{442}{0,597} \cdot \left(\frac{2}{145} - \frac{3}{150} \right) = 142,9 \ m$$

siendo p, el peso con sobrecarga de viento.

Gravivano con hielo:

$$a_{gH} = \frac{a_1 + a_2}{2} + \frac{T_h}{p} \cdot \left(\frac{d_1}{a_1} - \frac{d_2}{a_2} \right) = 147,5 + \frac{531}{0,739} \cdot \left(\frac{2}{145} - \frac{3}{150} \right) = 143 \ m$$

siendo p, el peso con sobrecarga de hielo.

1ª hipótesis: viento de 120 km/h, a –10 ºC

a) Cargas verticales

- Peso de conductores:

$$P_{COND} = n \cdot p_p \cdot a_{gV} = 6 \cdot 0,1856 \cdot 142,9 = 159,13 \ daN$$

- Peso de cadenas de aisladores:

$$P_{CAD} = n_{CAD} \cdot p_{CAD} = 6 \cdot 2,5 = 15 \ daN$$

- Peso de herrajes:

$$P_{HERR} = n_{CAD} \cdot p_{HERR} = 6 \cdot 1,5 = 9 \ daN$$

- Peso de cruceta:

$$P_{CRUC} = 92,21 \ daN \ \text{(cruceta DC-1)}$$

Total cargas verticales:

$$F_V = P_{COND} + P_{CAD} + P_{HERR} + P_{CRUC} = 159,13 + 15 + 9 + 92,21 \approx 275,3 \ daN$$

b) Cargas transversales por viento sobre los conductores (Aptdo. 3.1.2. ITC-LAT 07)

$$F_{T1} = q \cdot \phi \cdot 10^{-3} \cdot a_e = 60 \cdot \left(\frac{120}{120} \right)^2 \cdot 9,45 \cdot 10^{-3} \cdot 147,5 = 83,63 \ daN$$

$$F_{T1} = F_{T2} = F_{T3} = F_{T4} = F_{T5} = F_{T6} = 83,63 \ daN$$

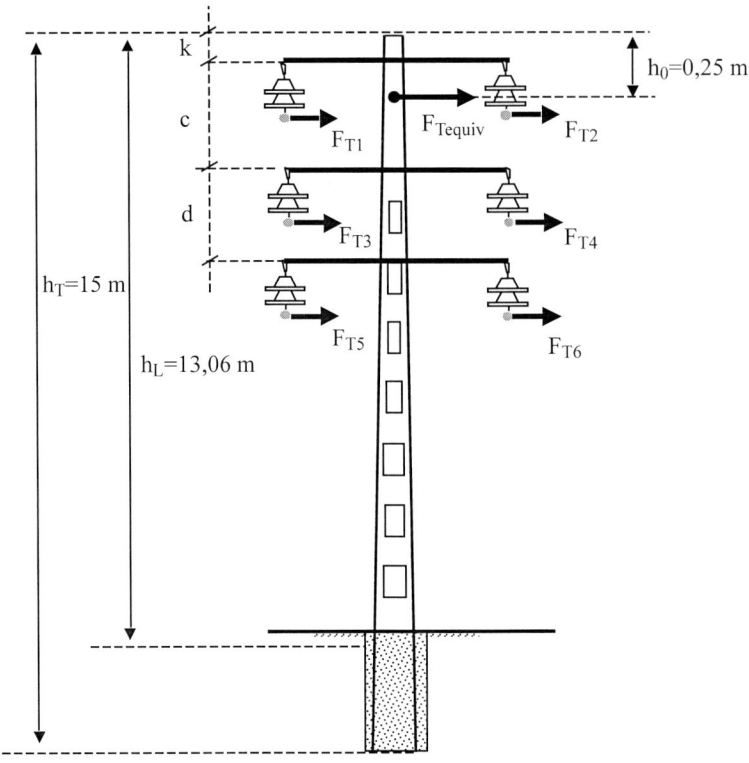

$$F_{Tequiv} = \frac{(F_{T1} + F_{T2}) \cdot (h_L - k) + (F_{T3} + F_{T4}) \cdot (h_L - k - c) + (F_{T5} + F_{T6}) \cdot (h_L - k - c - d)}{h_L - h_0}$$

$$F_{Tequiv} = \frac{2 \cdot F_{T1} \cdot [(h_L - k) + (h_L - k - c) + (h_L - k - c - d)]}{h_L - h_0} = F_{T1} \cdot Coef$$

$$Coef = \frac{2 \cdot [(13,06 - 0,085) + (13,06 - 0,085 - 1,275) + (13,06 - 0,085 - 1,275 - 1,127)]}{13,06 - 0,25} = 5,503$$

$$F_{Tequiv} = F_{T1} \cdot Coef = 83,63 \cdot 5,503 \approx 460 \ daN$$

c) No se consideran cargas longitudinales en la hipótesis de viento

Los esfuerzos aplicados sobre el apoyo para esta hipótesis son:

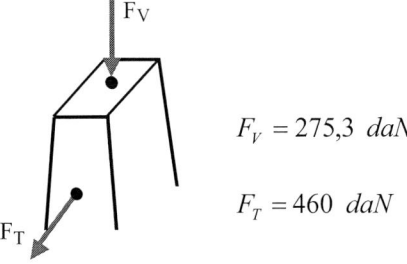

$$F_V = 275,3 \ daN$$

$$F_T = 460 \ daN$$

2ª hipótesis: hielo en Zona B, a –15 ºC

a) Cargas verticales

- Peso de conductores:

$$P_{COND} = n \cdot (p_p + p_h) \cdot a_{gH} = n \cdot (p_p + 0{,}18 \cdot \sqrt{\phi}) \cdot a_{gH}$$

$$P_{COND} = 6 \cdot 0{,}739 \cdot 143 = 634 \ daN$$

- Peso de cadenas de aisladores, herrajes y cruceta: igual que para la 1ª hipótesis.

Total cargas verticales:

$$F_V = P_{COND} + P_{CAD} + P_{HERR} + P_{CRUC} = 634 + 15 + 9 + 92{,}21 = 750{,}2 \ daN$$

b) No se consideran cargas transversales en la hipótesis de hielo

c) No se consideran cargas longitudinales en la hipótesis de hielo

Los esfuerzos aplicados sobre el apoyo para esta hipótesis son:

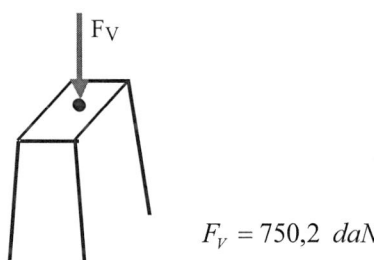

$$F_V = 750{,}2 \ daN$$

3ª hipótesis: desequilibrio de tracciones

a) Cargas verticales

Son idénticas a las calculadas en la 2ª hipótesis:

$$F_V = 750{,}2 \ daN$$

b) No se consideran cargas transversales en esta hipótesis

c) Cargas longitudinales por desequilibrio de tracciones (Aptdo. 3.1.4.1. ITC-LAT 07)

En los apoyos de alineación con aislamiento suspendido se considera el 8% de las tracciones unilaterales de todos los conductores.

$$F_{L1} = F_{L2} = F_{L3} = F_{L4} = F_{L5} = F_{L6} = 0{,}08 \cdot T_H = 0{,}08 \cdot 531 = 42{,}48 \ daN$$

siendo T_H, la tensión en el primer cantón a –15 ºC con hielo.

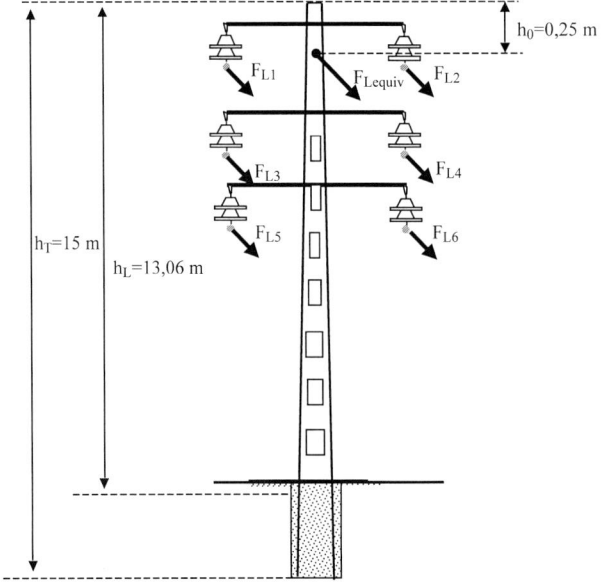

$$F_{Lequiv} = F_{L1} \cdot Coef = 42{,}48 \cdot 5{,}503 \approx 234 \; daN$$

Nótese que el valor del coeficiente es el ya calculado para este apoyo en la 1ª hipótesis. El esfuerzo longitudinal equivalente está aplicado a 0,25 m por debajo de la cogolla.

Los esfuerzos para esta hipótesis sobre el apoyo son:

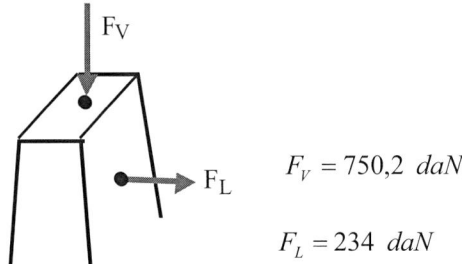

$$F_V = 750{,}2 \;\; daN$$

$$F_L = 234 \;\; daN$$

4ª hipótesis: rotura de conductores con hielo en Zona B, a –15 °C

El Apartado 3.5.3 de la ITC-LAT 07, establece que para líneas de tensión nominal hasta 66 kV, en los apoyos de alineación y ángulo con cadenas de aislamiento de suspensión y amarre con conductores de carga de rotura inferior a 6600 daN, se puede prescindir de la consideración de la cuarta hipótesis (rotura de conductores), cuando en la línea se verifiquen simultáneamente las siguientes condiciones:

a) Que los conductores y cables de tierra tengan un coeficiente de seguridad de 3 como mínimo.

b) Que el coeficiente de seguridad de los apoyos y cimentaciones en la 3ª hipótesis sea el correspondiente a las hipótesis normales.

c) Que se instalen apoyos de anclaje cada 3 kilómetros como máximo.

En nuestro ejemplo, se dan todas las condiciones anteriores, por lo tanto, se prescinde del cálculo de esta cuarta hipótesis, es decir, a los apoyos de alineación y ángulo no se les exige momento torsor alguno.

Elección del apoyo de alineación

Para elegir el apoyo que soporte los esfuerzos calculados en cada una de las hipótesis, se indican los esfuerzos soportados por cada uno de los apoyos de hormigón vibrado especificados en la Norma UNE 207016.

Esfuerzo nominal T (daN)	Esfuerzo secundario L (daN)
160	100
250	160
400	250
630	360
800	400
1000	500
1600	600

Comparando los esfuerzos obtenidos, para las tres hipótesis estudiadas con los presentados en la tabla anterior, se elige un apoyo **HV-630**.

APOYO Nº 3. APOYO DE SUSPENSIÓN EN ALINEACIÓN

Se calcula de forma similar al apoyo nº 2.

APOYO Nº 4. APOYO DE AMARRE EN ÁNGULO

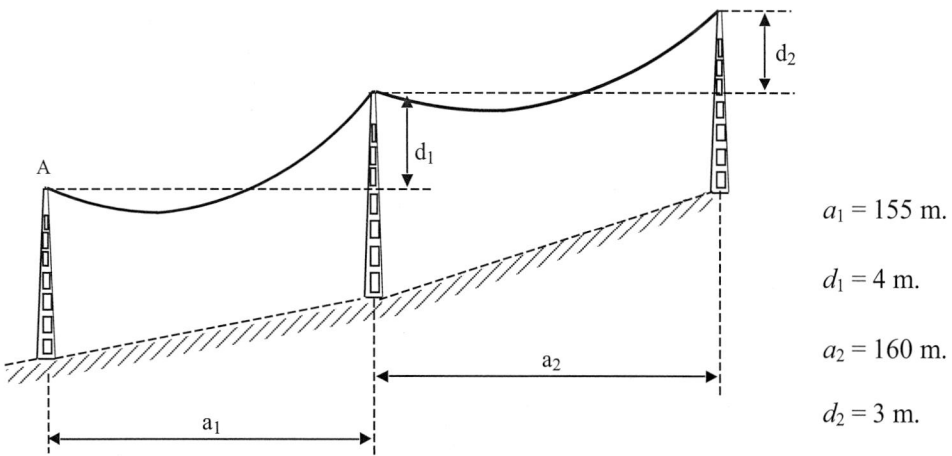

$a_1 = 155$ m.

$d_1 = 4$ m.

$a_2 = 160$ m.

$d_2 = 3$ m.

Por tratarse de un apoyo situado entre vanos a distinto nivel, el eolovano y gravivano no coinciden, siendo su valor:

Eolovano:

$$a_e = \frac{a_1 + a_2}{2} = \frac{155 + 160}{2} = 157,5 \ m$$

Gravivano con viento:

$$a_{gV} = \frac{a_1 + a_2}{2} + \left(\frac{T_{V1}}{p} \cdot \frac{d_1}{a_1} - \frac{T_{V2}}{p} \cdot \frac{d_2}{a_2} \right) = 157,5 + \left(\frac{442}{0,597} \cdot \frac{4}{155} - \frac{444}{0,597} \cdot \frac{3}{160} \right) = 162,7 \ m$$

siendo p, el peso con sobrecarga de viento.

Gravivano con hielo:

$$a_{gH} = \frac{a_1 + a_2}{2} + \left(\frac{T_{h1}}{p} \cdot \frac{d_1}{a_1} - \frac{T_{h2}}{p} \cdot \frac{d_2}{a_2} \right) = 157,5 + \left(\frac{531}{0,739} \cdot \frac{4}{155} - \frac{534}{0,739} \cdot \frac{3}{160} \right) = 162,5 \ m$$

siendo p, el peso con sobrecarga de hielo.

1ª hipótesis: viento de 120 km/h, a –10 ºC

a) Cargas verticales

- Peso de conductores:

$$P_{COND} = n \cdot p_p \cdot a_{gV} = 6 \cdot 0,1856 \cdot 162,7 \approx 181 \ daN$$

- Peso de cadenas de aisladores:

$$P_{CAD} = n_{CAD} \cdot p_{CAD} = 12 \cdot 4 = 48 \ daN$$

- Peso de herrajes:

$$P_{HERR} = n_{CAD} \cdot p_{HERR} = 12 \cdot 2 = 24 \ daN$$

- Peso de cruceta:

$$P_{CRUC} = 181,48 \ daN \ \text{(cruceta DC-2)}$$

Total cargas verticales:

$$F_V = P_{COND} + P_{CAD} + P_{HERR} + P_{CRUC} = 181 + 48 + 24 + 181,48 = 434,5 \ daN$$

b) Cargas transversales por la resultante de ángulo y el viento

Los esfuerzos sobre el apoyo se representan en la figura siguiente:

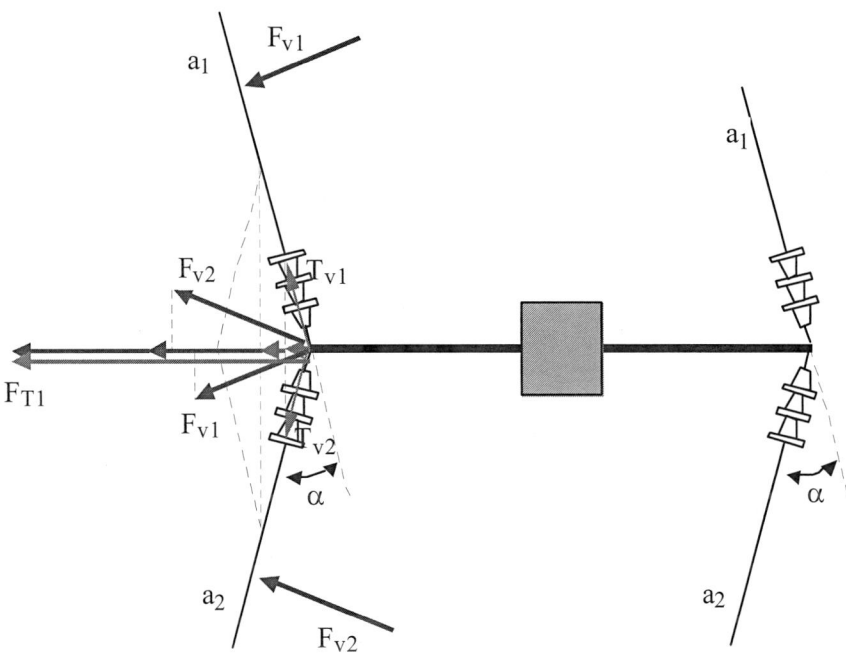

$$F_{T1} = \left[(T_{V1} + T_{V2}) \cdot sen\frac{\alpha}{2} + \left(\frac{a_1 + a_2}{2}\right) \cdot q \cdot \left(\frac{120}{120}\right)^2 \cdot \phi \cdot 10^{-3} \cdot cos\frac{\alpha}{2} \right]$$

$$F_{T1} = \left[(442 + 444) \cdot sen\frac{15}{2} + \left(\frac{155 + 160}{2}\right) \cdot 60 \cdot \left(\frac{120}{120}\right)^2 \cdot 9,45 \cdot 10^{-3} \cdot cos\frac{15}{2} \right] = 204,2 \ daN$$

El esfuerzo transversal calculado es debido a la acción del viento y a la resultante de ángulo sobre un solo conductor.

$$F_{T1} = F_{T2} = F_{T3} = F_{T4} = F_{T5} = F_{T6} = F_T = 204,2 \ daN$$

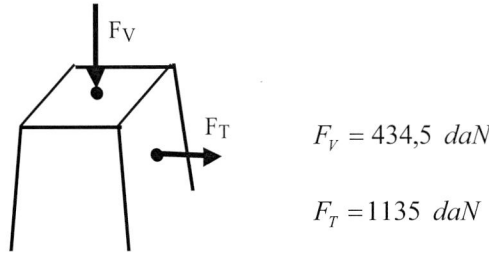

Por tratarse de una configuración en doble circuito, con cruceta tipo DC-2, el esfuerzo transversal total debido a los seis conductores, reducido al punto de aplicación situado a 0,25 m por debajo de la cogolla del apoyo, tal como se ha realizado en apartados anteriores, y teniendo en cuenta que la altura libre del apoyo es $h_L = 14{,}65$ m, se calcula como:

$$Coef = \frac{2 \cdot \left[\left(h_L - k \right) + \left(h_L - k - c \right) + \left(h_L - k - c - d \right) \right]}{h_L - h_0}$$

$$Coef = \frac{2 \cdot \left[\left(14{,}65 - 0{,}085 \right) + \left(14{,}65 - 0{,}085 - 1{,}275 \right) + \left(14{,}65 - 0{,}085 - 1{,}275 - 1{,}127 \right) \right]}{14{,}65 - 0{,}25} = 5{,}558$$

$$F_{Tequiv} = F_{T1} \cdot Coef = 204{,}2 \cdot 5{,}558 \approx 1135 \; daN$$

c) No se consideran cargas longitudinales en esta hipótesis

Los esfuerzos para esta hipótesis sobre el apoyo son:

$$F_V = 434{,}5 \; daN$$

$$F_T = 1135 \; daN$$

2ª hipótesis: hielo en Zona B, a –15 ºC

a) Cargas verticales

- Peso de conductores:

$$P_{COND} = n \cdot (p_p + p_h) \cdot a_{gH} = n \cdot (p_p + 0,18 \cdot \sqrt{\phi}) \cdot a_{gH}$$

$$P_{COND} = 6 \cdot 0,739 \cdot 162,5 \approx 720,4 \; daN$$

- Peso de cadenas de aisladores, herrajes y cruceta: igual que para la primera hipótesis

Total cargas verticales:

$$F_V = P_{COND} + P_{CAD} + P_{HERR} + P_{CRUC} = 720,4 + 48 + 24 + 181,48 = 973,9 \; daN$$

b) Cargas transversales por la resultante de ángulo (Aptdo. 3.1.6. ITC-LAT 07)

Los esfuerzos sobre el apoyo se representan en la figura siguiente:

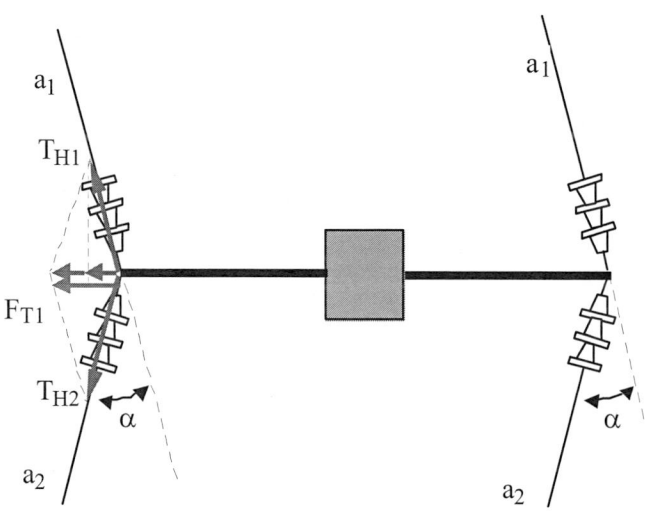

$$F_{T1} = (T_{H1} + T_{H2}) \cdot sen \frac{\alpha}{2} = (531 + 534) \cdot sen \frac{15}{2} = 139 \; daN$$

El esfuerzo transversal calculado es debido a la resultante de ángulo sobre un solo conductor.

$$F_{T1} = F_{T2} = F_{T3} = F_{T4} = F_{T5} = F_{T6} = F_T = 139 \; daN$$

Por tratarse de una configuración en doble circuito, con cruceta tipo DC-2, el esfuerzo transversal total, debido a los seis conductores, reducido al punto de aplicación situado a 0,25 m por debajo de la cogolla del apoyo, tal como se ha realizado para la 1ª hipótesis, sería:

$$F_{Tequiv} = F_{T1} \cdot Coef = 139 \cdot 5{,}558 \approx 773 \ daN$$

c) No se consideran cargas longitudinales en esta hipótesis

Los esfuerzos, para esta hipótesis, sobre el apoyo son:

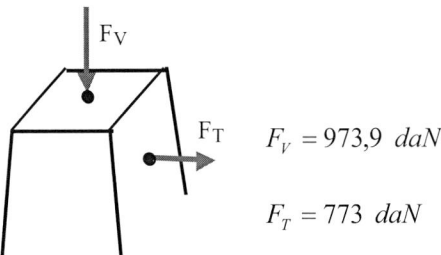

$$F_V = 973{,}9 \ daN$$

$$F_T = 773 \ daN$$

3ª hipótesis: desequilibrio de tracciones

a) Cargas verticales

Son idénticas a las calculadas en la 2ª hipótesis.

Total cargas verticales:

$$F_V = 973{,}9 \ daN$$

b) Cargas transversales y longitudinales por desequilibrio de tracciones (Aptdo. 3.1.4.2. ITC-LAT 07)

En los apoyos de ángulo con cadenas de amarre se considera el 15% de las tracciones unilaterales de todos los conductores. Este desequilibrio produce los esfuerzos transversales y longitudinales indicados en la figura siguiente, donde T_H es la tracción máxima que se tiene de entre los dos cantones a –15 °C, con sobrecarga de hielo. En nuestro caso, $T_H = 534{,}2$ daN.

$$F_{T1} = \left(T_H + 0{,}85 \cdot T_H\right) \cdot sen\frac{\alpha}{2} = 1{,}85 \cdot T_H \cdot sen\frac{\alpha}{2} = 1{,}85 \cdot 534 \cdot sen\frac{15}{2} \approx 129 \ daN$$

$$F_{L1} = \left(T_H - 0{,}85 \cdot T_H\right) \cdot \cos\frac{\alpha}{2} = 0{,}15 \cdot T_H \cdot \cos\frac{\alpha}{2} = 0{,}15 \cdot 534 \cdot \cos\frac{15}{2} = 79{,}4 \ daN$$

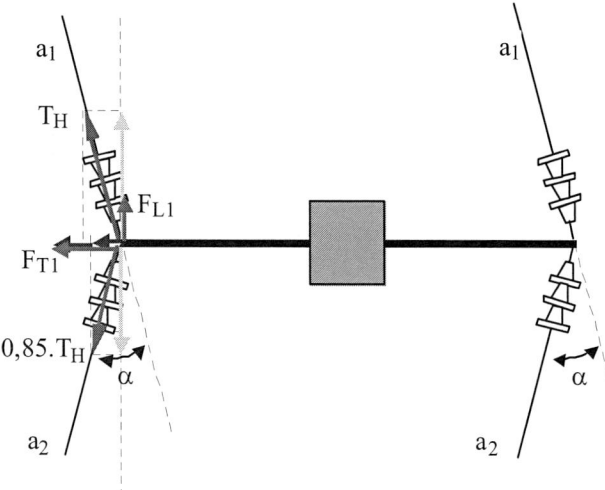

Los esfuerzos transversal y longitudinal anteriores son debidos al desequilibrio de tracciones sobre un solo conductor. Al tratarse de un apoyo con una configuración en doble circuito, se tiene:

$$F_{T1} = F_{T2} = F_{T3} = F_{T4} = F_{T5} = F_{T6} = F_T = 129 \; daN$$

$$F_{L1} = F_{L2} = F_{L3} = F_{L4} = F_{L5} = F_{L6} = F_L = 79,4 \; daN$$

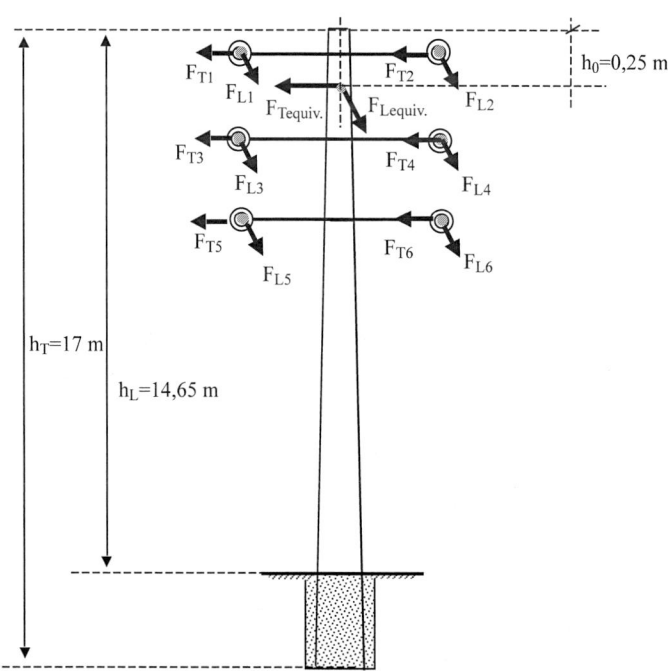

$$F_{Tequiv} = F_{T1} \cdot Coef = 129 \cdot 5{,}558 = 717 \; daN$$

$$F_{Lequiv} = F_{L1} \cdot Coef = 79{,}4 \cdot 5{,}558 = 441{,}4 \; daN$$

Los esfuerzos sobre el apoyo, para esta hipótesis, son:

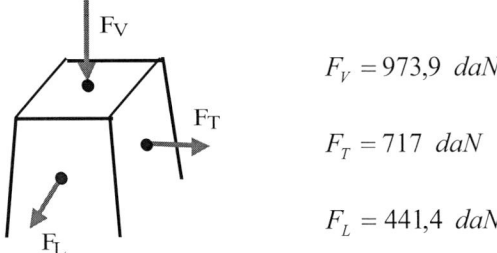

$$F_V = 973{,}9 \; daN$$

$$F_T = 717 \; daN$$

$$F_L = 441{,}4 \; daN$$

4ª hipótesis: rotura de conductores con hielo según la zona, a –15 °C

Por las mismas razones expuestas para el apoyo de alineación número 2, se puede prescindir de la aplicación de esta hipótesis.

Elección del apoyo de ángulo adecuado

Para elegir el apoyo que soporte los esfuerzos calculados en cada una de las hipótesis, se indican los esfuerzos soportados por cada uno de los apoyos HVH especificados en la Norma UNE 207016.

Esfuerzo principal y secundario $T = L$ (daN)	Momento de rotura a torsión (daN·m)
1000	
1600	4230
2000	
2500	
3000	5130
3500	
4500	

Comparando los esfuerzos obtenidos con los presentados en la tabla anterior, se elige un apoyo **HVH-1600**.

APOYO Nº 5. APOYO DE SUSPENSIÓN EN ALINEACIÓN

Se calcula de forma similar al apoyo nº 2.

APOYO Nº 6. APOYO DE ANCLAJE EN ALINEACIÓN

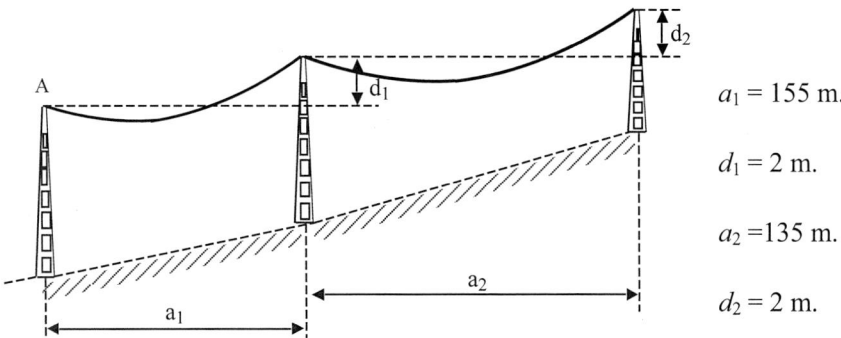

$a_1 = 155$ m.

$d_1 = 2$ m.

$a_2 = 135$ m.

$d_2 = 2$ m.

Por tratarse de un apoyo situado entre vanos a distinto nivel, el eolovano y gravivano no coinciden, siendo su valor:

Eolovano: $a_e = \dfrac{a_1 + a_2}{2} = \dfrac{155 + 135}{2} = 145 \ m$

Gravivano con viento:

$$a_{gV} = \frac{a_1 + a_2}{2} + \left(\frac{T_{V1}}{p} \cdot \frac{d_1}{a_1} - \frac{T_{V2}}{p} \cdot \frac{d_2}{a_2} \right) = \frac{155 + 135}{2} + \left(\frac{444}{0,597} \cdot \frac{2}{155} - \frac{440}{0,597} \cdot \frac{2}{135} \right) = 143,7 \ m$$

siendo p, el peso con sobrecarga de viento.

Gravivano con hielo:

$$a_{gH} = \frac{a_1 + a_2}{2} + \left(\frac{T_{h1}}{p} \cdot \frac{d_1}{a_1} - \frac{T_{h2}}{p} \cdot \frac{d_2}{a_2} \right) = \frac{155 + 135}{2} + \left(\frac{534}{0,739} \cdot \frac{2}{155} - \frac{528}{0,739} \cdot \frac{2}{135} \right) = 143,7 \ m$$

siendo p, el peso con sobrecarga de hielo.

1ª hipótesis: viento de 120 km/h, a –10 ºC

a) Cargas verticales

- Peso de conductores:

$$P_{COND} = n \cdot p_p \cdot a_{gV} = 6 \cdot 0,1856 \cdot 143,7 \approx 160 \ daN$$

- Peso de cadenas de aisladores:

$$P_{CAD} = n_{CAD} \cdot p_{CAD} = 12 \cdot 4 = 48 \ daN$$

- Peso de herrajes:

$$P_{HERR} = n_{CAD} \cdot p_{HERR} = 12 \cdot 2 = 24 \ daN$$

- Peso de cruceta:

$$P_{CRUC} = 181,48 \ daN \ \text{(cruceta DC-2)}$$

Total cargas verticales:

$$F_V = P_{COND} + P_{CAD} + P_{HERR} + P_{CRUC} = 160 + 48 + 24 + 181,48 = 413,5 \ daN$$

b) Cargas transversales debidas al viento sobre los conductores (Aptdo. 3.1.2. ITC-LAT 07)

$$F_{T1} = q \cdot \phi \cdot 10^{-3} \cdot a_e = 60 \cdot \left(\frac{120}{120}\right)^2 \cdot 9,45 \cdot 10^{-3} \cdot 145 = 82,21 \ daN$$

$$F_{T1} = F_{T2} = F_{T3} = F_{T4} = F_{T5} = F_{T6} = 82,21 \ daN$$

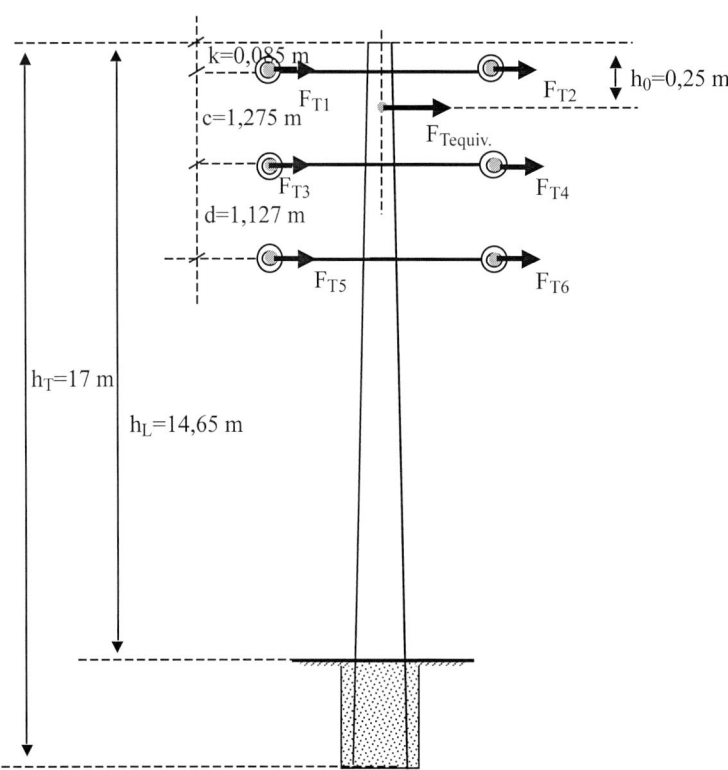

El coeficiente de reducción de esfuerzos ya se ha calculado en el apoyo nº 4, ya que tiene las mismas dimensiones.

$$F_{T_{equiv}} = F_{T1} \cdot Coef = 82,21 \cdot 5,558 = 456,9 \ daN$$

c) No se consideran cargas longitudinales en esta hipótesis

Los esfuerzos, para esta hipótesis, sobre el apoyo son:

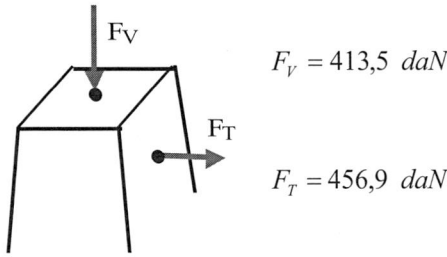

$$F_V = 413,5 \ \ daN$$

$$F_T = 456,9 \ \ daN$$

2ª hipótesis: hielo en la zona B, a –15 ºC

a) Cargas verticales

- Peso de conductores

$$P_{COND} = n \cdot (p_p + p_h) \cdot a_{gH} = n \cdot (p_p + 0,18 \cdot \sqrt{\phi}) \cdot a_{gH}$$

$$P_{COND} = 6 \cdot 0,739 \cdot 143,7 = 637,2 \ \ daN$$

- Peso de cadenas de aisladores, herrajes y cruceta, igual que para la 1ª hipótesis.

Total cargas verticales:

$$F_V = P_{COND} + P_{CAD} + P_{HERR} + P_{CRUC} = 637,2 + 48 + 24 + 181,48 = 890,7 \ \ daN$$

b) No se consideran cargas transversales en esta hipótesis

c) No se consideran cargas longitudinales en esta hipótesis

Los esfuerzos, para esta hipótesis, sobre el apoyo, son:

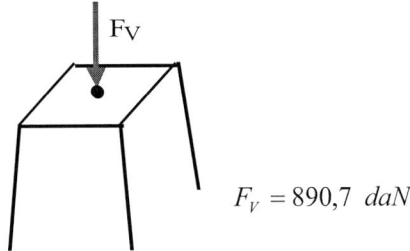

$$F_V = 890,7 \ daN$$

3ª hipótesis: desequilibrio de tracciones

a) Cargas verticales

Son idénticas a las calculadas en la 2ª hipótesis.

$$F_V = 890,7 \ daN$$

b) No se consideran cargas transversales en esta hipótesis.

c) Cargas longitudinales por desequilibrio de tracciones (Aptdo. 3.1.4.3. ITC-LAT 07)

En los apoyos de anclaje se considera el 50% de las tracciones unilaterales de todos los conductores.

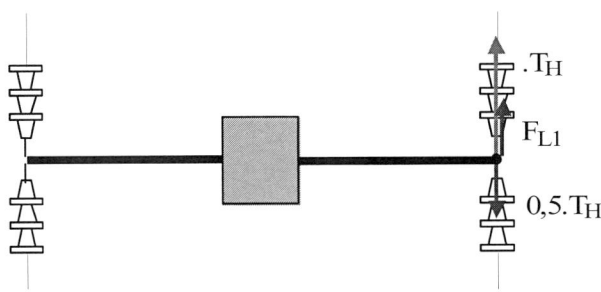

$$F_{L1} = 0,5 \cdot T_H = 0,5 \cdot 534 \approx 267 \ daN$$

siendo T_H, la tracción máxima de los cantones a uno y otro lado del apoyo de anclaje, a –15 ºC con sobrecarga de hielo.

El esfuerzo longitudinal anterior, sobre el apoyo, es debido al desequilibrio de tracciones sobre un solo conductor. Al tratarse de un apoyo con una configuración en doble circuito, se tiene:

$$F_{L1} = F_{L2} = F_{L3} = F_{L4} = F_{L5} = F_{L6} = F_L = 267 \ daN$$

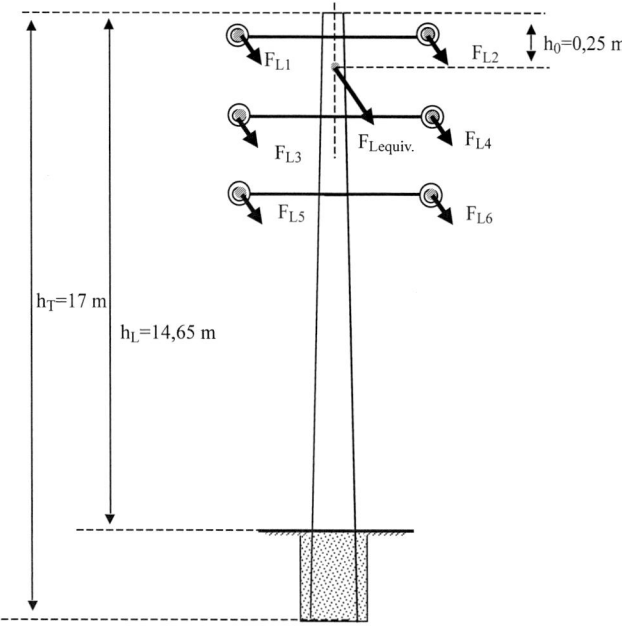

$$F_{Lequiv} = F_{L1} \cdot Coef. = 267 \cdot 5{,}558 = 1484 \ daN$$

Los esfuerzos, para esta hipótesis, sobre el apoyo son:

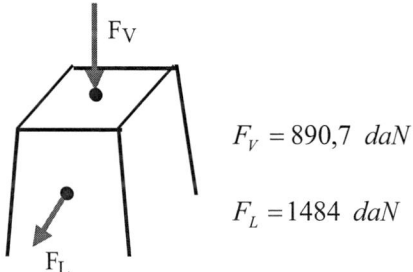

$$F_V = 890{,}7 \ daN$$

$$F_L = 1484 \ daN$$

4ª hipótesis: rotura de conductores con hielo en la Zona B, a –15 ºC

a) Cargas verticales

Son idénticas a las calculadas en la 2ª hipótesis, pero descontándose el peso del conductor roto, que corresponderá al de la fase central, ya que su rotura produce mayor momento de torsión sobre el apoyo. Para que la carga vertical sea mayor se considerará que se rompe el conductor en el vano de menor gravivano, es decir, el que está a la derecha del apoyo en estudio.

$$P_{COND} = P_{(n-1), \ CONDUCTORES \ NO \ ROTOS} + P_{CONDUCTOR \ ROTO}$$

$$P_{COND} = (n-1) \cdot (p_p + p_h) \cdot a_{gH} + (p_p + p_h) \cdot \left[\frac{a_1}{2} + \left(\frac{T_{h1}}{p} \cdot \frac{d_1}{a_1} \right) \right]$$

$$P_{COND} = (p_p + 0,18 \cdot \sqrt{\phi}) \cdot \left[(n-1) \cdot a_{gH} + \frac{a_1}{2} + \left(\frac{T_{h1}}{p} \cdot \frac{d_1}{a_1} \right) \right]$$

$$P_{COND} = 0,739 \cdot \left[5 \cdot 143,7 + \frac{155}{2} + \left(\frac{534}{0,739} \cdot \frac{2}{155} \right) \right] = 595,1 \; daN$$

Total cargas verticales:

$$F_V = P_{COND} + P_{CAD} + P_{HERR} + P_{CRUC} = 595,1 + 48 + 24 + 181,48 = 848,6 \; daN$$

b) No se consideran cargas transversales en esta hipótesis

c) Cargas longitudinales por rotura de conductores (Aptdo. 3.1.5.3. ITC-LAT 07)

El caso más desfavorable es considerar la rotura del conductor central, que provoca sobre el apoyo un momento de torsión, M_T.

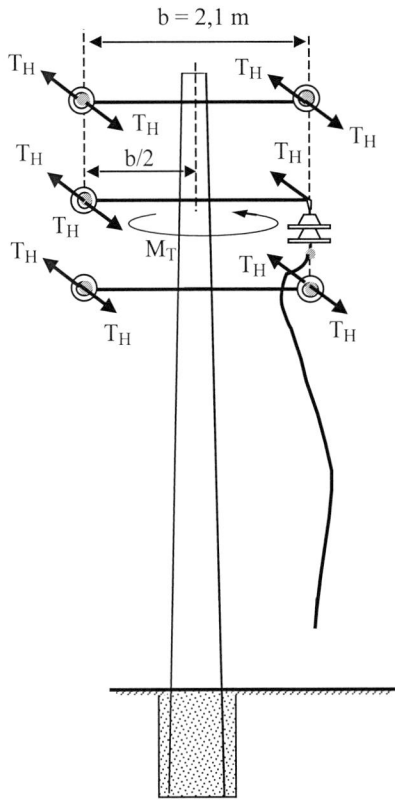

$$M_T = T_H \cdot \frac{b}{2} = 534 \cdot \frac{2,1}{2} = 560,7 \; daN \cdot m$$

Los esfuerzos, para esta hipótesis, sobre el apoyo, son:

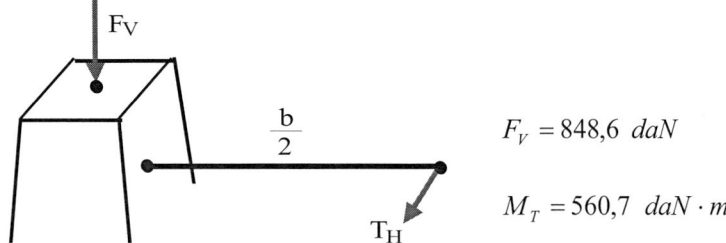

$$F_V = 848,6 \ daN$$

$$M_T = 560,7 \ daN \cdot m$$

Elección del apoyo de anclaje

Para elegir el apoyo que soporte los esfuerzos calculados en cada una de las hipótesis, se indican los esfuerzos soportados por cada uno de los apoyos HVH especificados en la Norma UNE 207016.

Esfuerzo principal y secundario $T = L$ (daN)	Momento de rotura a torsión (daN·m)
1000	
1600	4230
2000	
2500	
3000	5130
3500	
4500	

Comparando los esfuerzos obtenidos con los presentados en la tabla anterior, se elige un apoyo **HVH-1600**, que soporta esfuerzos superiores a los resultantes de las distintas hipótesis. El esfuerzo de torsión soportado por el apoyo es mayor que el valor calculado de M_T, ya que el momento de rotura a torsión del apoyo (4230 daN·m) dividido entre el coeficiente de seguridad, es mayor que M_T. El coeficiente de seguridad, según indica el Apartado 3.5.4 de la ITC-LAT 07, será el 80% del coeficiente de seguridad especificado en la Norma UNE 207016.

$$Coef.seg = 0,8.2,5 = 2$$

$$\frac{4230}{2} \ daN \cdot m = 2115 \ daN \cdot m > M_T = 560,7 \ daN \cdot m$$

APOYO Nº 7. APOYO DE SUSPENSIÓN EN ALINEACIÓN

Se calcula de forma similar al apoyo nº 2.

APOYO Nº 8. APOYO FIN DE LÍNEA

Se calcula de forma similar al apoyo nº 1.

3.8. EJEMPLO DE CÁLCULO MECÁNICO DE APOYOS QUE SUSTENTAN CONDUCTORES UNIPOLARES AISLADOS REUNIDOS EN HAZ

Se trata de calcular los apoyos más representativos de una línea de 15 kV, cuyo trazado y perfil es conocido. El conductor a emplear es el RHVZ 18/30 kV 3(1x95) Al + H16 + 50 AC. La línea discurre a una altitud de 600 m (zona B) y se exige para el cálculo mecánico del conductor un límite dinámico del 21% para el EDS a la temperatura de 15 ºC.

Para los apoyos de principio y fin de línea, se pretende utilizar un anclaje en alineación y amarre en ángulo, apoyos de celosía según la Norma UNE 207017; y para los apoyos de suspensión en alineación, apoyos de hormigón vibrado, según UNE 207016. La línea no dispone de otro tipo de apoyos distintos a los mencionados.

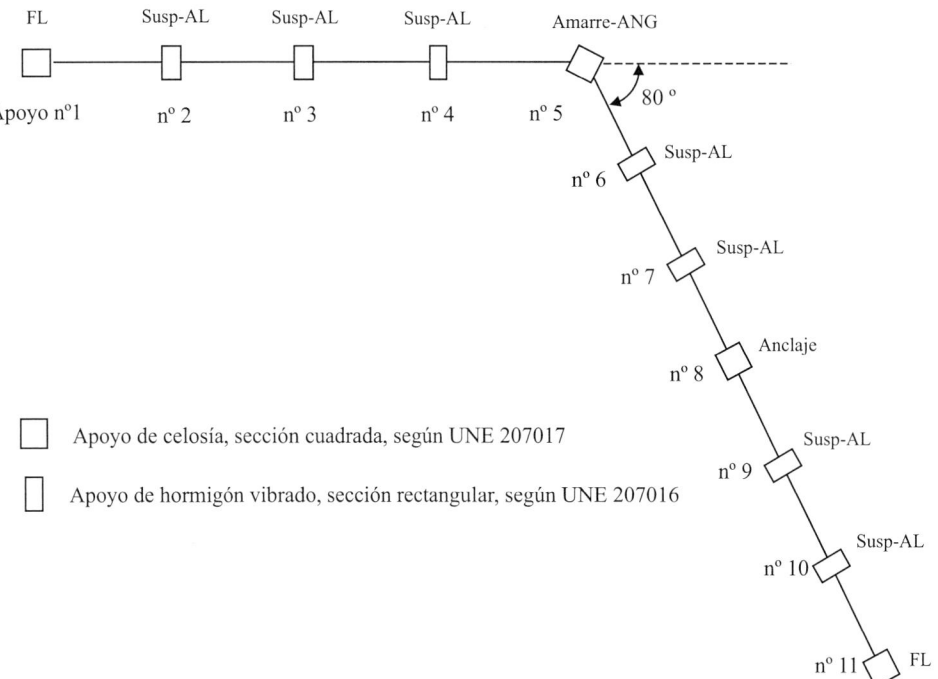

- • **Datos del cable**
    - – Tipo**:** RHVS 18/30 kV 3(1×95) Al + H16 + 50 AC.
    - – Sección del fiador: 50 mm^2.
    - – Diámetro exterior del haz, incluido el fiador: d_{haz} = 80,4 mm.
    - – Carga de rotura del fiador: 6.200 daN.
    - – Módulo de elasticidad del fiador: 20000 daN/mm^2.
    - – Coeficiente de dilatación del fiador: $11,5 \cdot 10^{-6}$ ºC^{-1}.

- • **Pesos del cable incluyendo las sobrecargas reglamentarias**
    - – Peso propio: p_p = 4,336 daN/m.
    - – Peso con sobrecarga de viento: p = 5,913 daN/m.
    - – Peso con sobrecarga de hielo: p = 4,874 daN/m.

- **Resultados del cálculo mecánico del conductor**

Tramo	Vano (m)	Desnivel (m)	Vano de regulación (m)	Tracción máxima (daN)	
				−15 ºC +hielo	−10 ºC + viento
1-2	60	0	90	1494	1741
2-3	86	10			
3-4	102	−4			
4-5	95	0			
5-6	49	0	50	1538	1698
6-7	55	0			
7-8	45	0			
8-9	104	0	100	1489	1746
9-10	113	0			
10-11	59	0			

- **Detalles de la fijación del cable fiador según el tipo de apoyo**

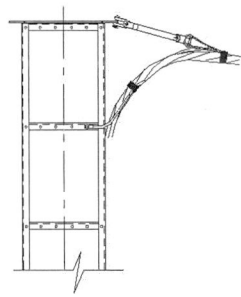

Apoyo de celosía en fin de línea

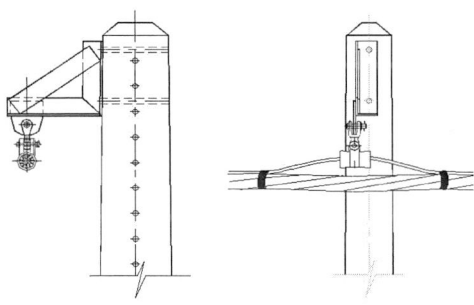

Apoyo de hormigón en suspensión

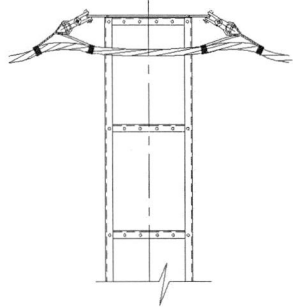

Apoyo de celosía en ángulo

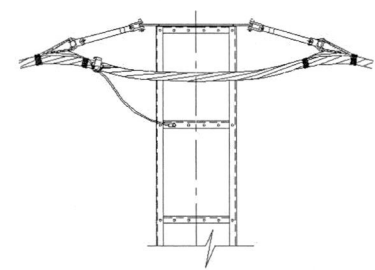

Apoyo de celosía en anclaje

APOYO Nº 1. APOYO DE PRINCIPIO DE LÍNEA

Por tratarse de un apoyo cuyo único vano a la derecha es un vano a nivel, el eolovano y el gravivano sobre el apoyo coinciden, siendo su valor:

$$a_{gV} = a_{gH} = a_e = \frac{a_2}{2} = \frac{60}{2} = 30 \ m$$

donde a_{gV} es el gravivano con viento, a_{gH} el gravivano con hielo y a_e es el eolovano.

1ª hipótesis: viento de 120 km/h, a −10 ºC

a) Cargas verticales

- Peso de conductores:

$$P_{COND} = p_p \cdot a_{gV} = 4,336 \cdot 30 = 130,1 \ daN$$

El peso de los herrajes se considera despreciable para este tipo de líneas.

Total cargas verticales:

$$F_V = 130,1 \ daN$$

b) Cargas transversales, por viento sobre los conductores (Apartado 4.1.2. ITC-LAT 08)

$$F_T = q \cdot d_{haz} \cdot 10^{-3} \cdot a_e = 50 \cdot 80,4 \cdot 10^{-3} \cdot 30 = 120,6 \ daN$$

c) Cargas longitudinales por desequilibrio de tracciones (Apartado 4.2.3. ITC-LAT 08)

En los apoyos fin de línea se considera el 100% de la tracción del fiador.

$$F_L = T_V = 1741 \ daN$$

siendo T_V, la tracción horizontal en el primer cantón a −10 ºC con viento de 120 km/h.

Los esfuerzos, para esta hipótesis, sobre el apoyo son:

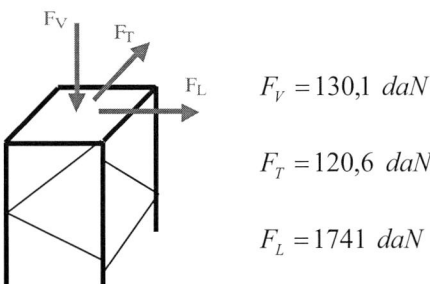

$$F_V = 130,1 \ daN$$

$$F_T = 120,6 \ daN$$

$$F_L = 1741 \ daN$$

Lo que equivale a esfuerzos de compresión, F_V, y de flexión, $F_{equiv.}$, de valores:

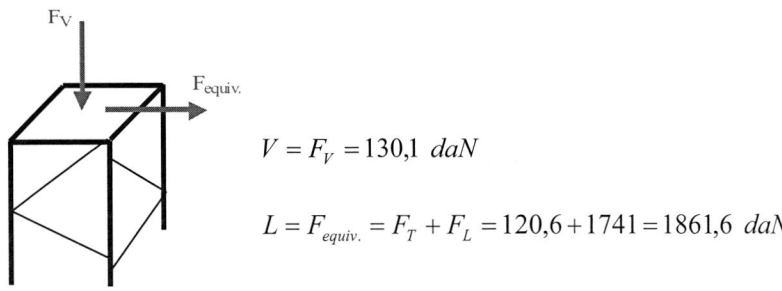

$$V = F_V = 130,1 \ daN$$

$$L = F_{equiv.} = F_T + F_L = 120,6 + 1741 = 1861,6 \ daN$$

2ª hipótesis: hielo en la zona B, a –15ºC

a) Cargas verticales

- Peso de conductores:

$$P_{COND} = (p_p + p_h) \cdot a_{gH} = (p_p + 0,06 \cdot \sqrt{d_{haz}}) \cdot a_{gH}$$

$$P_{COND} = \left(4,336 + 0,06 \cdot \sqrt{80,4}\right) \cdot 30 = 146,2 \ daN$$

Total cargas verticales:

$$F_V = 146,2 \ daN$$

b) Cargas transversales, por viento sobre los conductores (Apartado 4.1.2. ITC-LAT 08)

No se consideran cargas transversales por viento.

c) Cargas longitudinales por desequilibrio de tracciones (Apartado 4.2.3. ITC-LAT 08)

En los apoyos fin de línea se considera el 100% de la tracción del fiador.

$$F_L = T_H = 1494 \ daN$$

Los esfuerzos aplicados, para esta hipótesis, sobre el apoyo son:

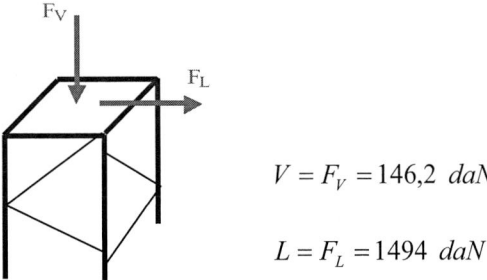

$$V = F_V = 146,2 \ daN$$

$$L = F_L = 1494 \ daN$$

3ª hipótesis: desequilibrio de tracciones

Esta hipótesis no aplica al ser un apoyo de fin de línea.

4ª hipótesis: rotura de conductores con hielo zona C, a –20 ºC)

El esfuerzo está centrado sobre el apoyo y la rotura del fiador no produce ningún momento de torsión; por lo tanto, esta hipótesis no aporta ninguna condición adicional a las ya estudiadas.

Elección del apoyo de principio de línea

A la vista de los esfuerzos sobre el apoyo, se selecciona un apoyo C-2000, según UNE 207017.

Carga nominal (daN)	Carga de trabajo más sobrecarga (daN)			Cota (m)	Coeficiente de seguridad
	$V^{(1)}$	L o $T^{(2)}$	$L_t^{(3)}$	d	
1000	600	1000			1,5
	600		700	1,5	1,2
2000	600	2000			1,5
	600		1400	1,5	1,2
3000	800	3000			1,5
	800		1400	1,5	1,2

(1) La carga vertical V se aplica en el eje del apoyo, el extremo superior de la cabeza.

(2) Las cargas L o T se aplican horizontalmente, en extremo superior de la cabeza.

(3) La carga L_t se aplica horizontalmente, en el extremo superior de la cabeza a una distancia "d" del eje del apoyo.

APOYO Nº 3. APOYO DE SUSPENSIÓN EN ALINEACIÓN

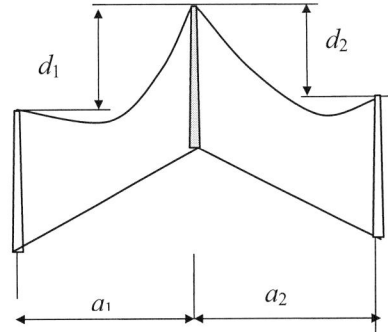

$a_1 = 86$ m.

$d_1 = 10$ m.

$a_2 = 102$ m.

$d_2 = -4$ m.

Por tratarse de un apoyo situado entre vanos a distinto nivel, el eolovano y gravivano no coinciden, siendo su valor:

Eolovano: $a_e = \dfrac{a_1 + a_2}{2} = \dfrac{86 + 102}{2} = 94 \ m$

Gravivano con viento:

$$a_{gV} = \frac{a_1 + a_2}{2} + \frac{T_V}{p} \cdot \left(\frac{d_1}{a_1} - \frac{d_2}{a_2} \right) = 94 + \frac{1741}{5,913} \cdot \left(\frac{10}{86} - \frac{-4}{102} \right) = 139,8 \ m$$

siendo p, el peso con sobrecarga de viento.

Gravivano con hielo:

$$a_{gH} = \frac{a_1 + a_2}{2} + \frac{T_H}{p} \cdot \left(\frac{d_1}{a_1} - \frac{d_2}{a_2} \right) = 94 + \frac{1494}{4,874} \cdot \left(\frac{10}{86} - \frac{-4}{102} \right) = 141,7 \ m$$

siendo p, el peso con sobrecarga de hielo.

1ª hipótesis: viento de 120 km/h, a −10 ºC

a) Cargas verticales

- Peso de conductores:

$$P_{COND} = p_p \cdot a_{gV} = 4,336 \cdot 139,8 = 130,1 \ daN$$

Total cargas verticales:

$$F_V = 606,2 \ daN$$

b) Cargas transversales, por viento sobre los conductores (Apartado 4.1.2. ITC-LAT 08)

$$F_T = q \cdot d_{haz} \cdot 10^{-3} \cdot a_e = 50 \cdot 80,4 \cdot 10^{-3} \cdot 94 = 377,9 \ daN$$

c) No existen cargas longitudinales en esta hipótesis

Los esfuerzos aplicados, para esta hipótesis, sobre el apoyo son:

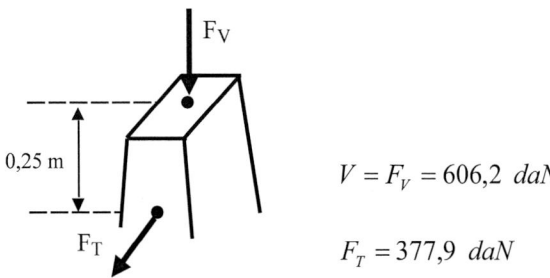

$$V = F_V = 606,2 \ daN$$

$$F_T = 377,9 \ daN$$

2ª hipótesis: hielo en zona B, a –15 ºC

a) Cargas verticales

- Peso de conductores:

$$P_{COND} = (p_p + p_h) \cdot a_{gH} = (p_p + 0,06 \cdot \sqrt{d_{haz}}) \cdot a_{gH}$$

$$P_{COND} = \left(4,336 + 0,06 \cdot \sqrt{80,4}\right) \cdot 139,8 = 681,4 \ daN$$

Total cargas verticales:

$$F_V = 681,4 \ daN$$

b) No existen cargas transversales en esta hipótesis

c) No existen cargas longitudinales en esta hipótesis

Los esfuerzos aplicados, para esta hipótesis, sobre el apoyo, son:

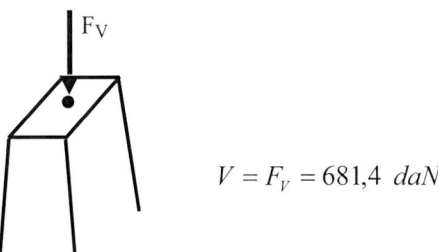

$$V = F_V = 681,4 \ daN$$

3ª hipótesis: desequilibrio de tracciones

a) Cargas verticales

Son idénticas a las calculadas en la 2 ª hipótesis.

$$F_V \approx 681,4 \ daN$$

b) No existen cargas transversales en esta hipótesis

c) Cargas longitudinales por desequilibrio de tracciones (Apartado 4.2.3 ITC-LAT 08)

En los apoyos de suspensión en alineación, se considera el 8% de la tracción del fiador.

$$F_L = 0,08 \cdot T_H = 0,08 \cdot 1494 = 119,5 \ daN$$

Los esfuerzos aplicados, para esta hipótesis, sobre el apoyo son:

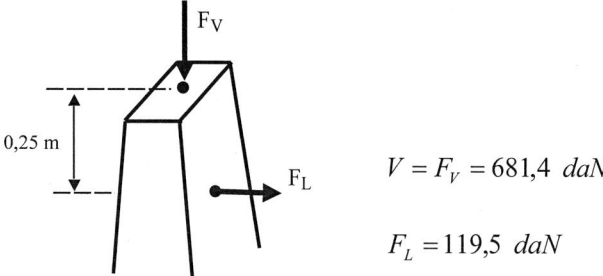

$$V = F_V = 681,4 \ daN$$

$$F_L = 119,5 \ daN$$

4ª hipótesis: rotura de conductores con hielo en zona B, a –15 ºC

El Apartado 4.4.3 de la ITC-LAT 08, establece que en los apoyos de alineación y ángulo con fiador de carga de rotura inferior a 6470 daN, se puede prescindir de la consideración de la cuarta hipótesis (rotura de conductores), cuando en la línea se verifiquen simultáneamente las siguientes condiciones:

a) Que el fiador tenga un coeficiente de seguridad de 3 como mínimo.

b) Que el coeficiente de seguridad de los apoyos y cimentaciones en la hipótesis tercera sea el correspondiente a las hipótesis normales.

c) Que se instalen apoyos de anclaje cada 3 kilómetros como máximo.

En este ejemplo se dan todas las condiciones anteriores, por lo tanto, se prescinde del cálculo de esta hipótesis y en consecuencia, a los apoyos de alineación y ángulo no se les exigirá que soporten momento torsor alguno.

Elección del apoyo de alineación

Para elegir el apoyo que soporte los esfuerzos calculados en cada una de las hipótesis, se indican los esfuerzos soportados por cada uno de los apoyos de hormigón vibrado, especificados en la Norma UNE 207016.

Esfuerzo nominal T (daN)	Esfuerzo secundario L (daN)
160	100
250	160
400	250
630	360
800	400
1000	500
1600	600

Comparando los esfuerzos obtenidos, para las tres hipótesis estudiadas, con los presentados en la tabla anterior se elige un apoyo **HV-400**.

APOYO Nº 5. APOYO DE AMARRE EN ÁNGULO

Por tratarse de un apoyo entre dos vanos a nivel, el eolovano y el gravivano sobre el apoyo coinciden, siendo su valor:

$$a_{gV} = a_{gH} = a_e = \frac{a_1 + a_2}{2} = \frac{95 + 49}{2} = 72 \ m$$

donde a_{gV} es el gravivano con viento, a_{gH} el gravivano con hielo y a_e es el eolovano.

1ª hipótesis: viento de 120 km/h, a –10 ºC

a) Cargas verticales

- Peso de conductores:

$$P_{COND} = p_p \cdot a_{gV} = 4,336 \cdot 72 = 312,2 \ daN$$

Total cargas verticales:

$$F_V = 312,2 \ daN$$

b) Cargas transversales por la resultante de ángulo y el viento (Apartado. 4.2.2. ITC-LAT 08)

$$F_T = \left(T_{V1} + T_{V2}\right) \cdot sen\frac{\alpha}{2} + a_e \cdot q \cdot d_{haz} \cdot 10^{-3} \cdot cos\frac{\alpha}{2}$$

$$F_T = \left(1741 + 1698\right) \cdot sen\frac{80}{2} + 72 \cdot 50 \cdot 80,4 \cdot 10^{-3} \cdot cos\frac{80}{2} = 2432,3 \ daN$$

c) No existen cargas longitudinales en esta hipótesis

Los esfuerzos aplicados, para esta hipótesis, sobre el apoyo son:

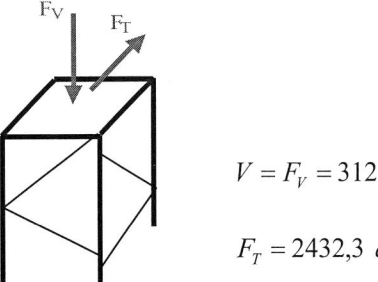

$$V = F_V = 312,2 \ daN$$

$$F_T = 2432,3 \ daN$$

2ª hipótesis: hielo en zona B, a –15 ºC

a) Cargas verticales

- Peso de conductores:

$$P_{COND} = (p_p + p_h) \cdot a_{gH} = (p_p + 0,06 \cdot \sqrt{d_{haz}}) \cdot a_{gH}$$

$$P_{COND} = \left(4,336 + 0,06 \cdot \sqrt{80,4}\right) \cdot 72 = 350,9 \ daN$$

Total cargas verticales:

$$F_V = 350,9 \ daN$$

b) Cargas transversales por la resultante de ángulo

$$F_T = \left(T_{H1} + T_{H2}\right) \cdot sen\frac{\alpha}{2} = \left(1494 + 1538\right) \cdot sen\frac{80}{2} = 1948,9 \ daN$$

c) No existen cargas longitudinales en esta hipótesis

Los esfuerzos aplicados, para esta hipótesis, sobre el apoyo son:

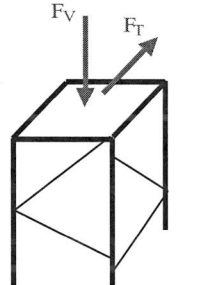

$$V = F_V = 350,9 \ daN$$

$$F_T = 1948,9 \ daN$$

3ª hipótesis: desequilibrio de tracciones

a) Cargas verticales

Son idénticas a las calculadas en la 2 ª hipótesis.

Total cargas verticales:

$$F_V = 350,9 \ daN$$

b) Cargas transversales y longitudinales por desequilibrio de tracciones (Apartado 4.2.3 ITC-LAT 08)

En los apoyos de amarre en ángulo se considera un desequilibrio del 15% de la tracción del fiador. Este desequilibrio produce los esfuerzos transversales y longitudinales siguientes:

$$F_T = 1,85 \cdot T_{Hmáx} \cdot sen\frac{\alpha}{2} = 1,85 \cdot 1538 \cdot sen\frac{80}{2} = 1828,9 \ daN$$

$$F_L = 0{,}15 \cdot T_{Hmáx} \cdot \cos\frac{\alpha}{2} = 0{,}15 \cdot 1538 \cdot \cos\frac{80}{2} = 176{,}7 \ daN$$

siendo $T_{Hmáx}$, la tracción máxima de los dos cantones a –15 ºC con sobrecarga de hielo.

Los esfuerzos sobre el apoyo, para esta hipótesis, son:

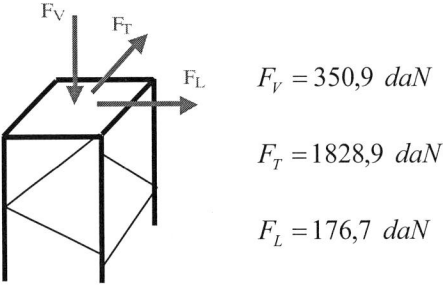

$$F_V = 350{,}9 \ daN$$

$$F_T = 1828{,}9 \ daN$$

$$F_L = 176{,}7 \ daN$$

Se puede calcular el esfuerzo equivalente, que provoca el mismo momento flector sobre el apoyo que la aplicación simultanea de F_T y F_L.

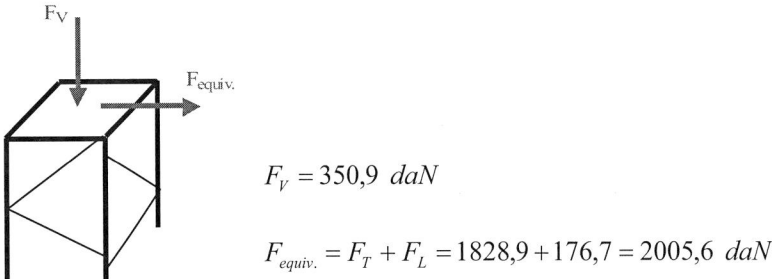

$$F_V = 350{,}9 \ daN$$

$$F_{equiv.} = F_T + F_L = 1828{,}9 + 176{,}7 = 2005{,}6 \ daN$$

4ª hipótesis: rotura de conductores con hielo en zona B, a – 15 ºC

Por las mismas razones expuestas para el apoyo de alineación nº 3, se puede prescindir de la aplicación de esta hipótesis.

Elección del apoyo de principio de línea

A la vista de los esfuerzos sobre el apoyo, y de los esfuerzos soportados por los apoyos normalizados, indicados en la tabla de elección del apoyo nº 1, se escoge, según UNE 207017, un apoyo **C-3000**.

APOYO Nº 8. ANCLAJE EN ALINEACIÓN

Por tratarse de un apoyo entre dos vanos a nivel, el eolovano y el gravivano sobre el apoyo coinciden, siendo su valor:

$$a_{gV} = a_{gH} = a_e = \frac{a_1 + a_2}{2} = \frac{45 + 104}{2} = 74{,}5 \ m$$

donde a_{gV} es el gravivano con viento, a_{gH} el gravivano con hielo y a_e es el eolovano.

1ª hipótesis: viento de 120 km/h, a –10 ºC

a) Cargas verticales

- Peso de conductores:

$$P_{COND} = p_p \cdot a_{gV} = 4{,}336 \cdot 74{,}5 = 323 \ daN$$

Total cargas verticales:

$$F_V = 323 \ daN$$

b) Cargas transversales, por viento sobre los conductores (Apartado 4.1.2. ITC-LAT 08)

$$F_T = q \cdot d_{haz} \cdot 10^{-3} \cdot a_e = 50 \cdot 80{,}4 \cdot 10^{-3} \cdot 74{,}5 = 299{,}5 \ daN$$

c) No existen cargas longitudinales en esta hipótesis

Los esfuerzos aplicados, para esta hipótesis, sobre el apoyo son:

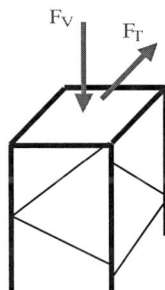

$$V = F_V = 3232 \ daN$$

$$F_T = 299{,}5 \ daN$$

2ª hipótesis: hielo en zona B, a – 15 ºC

a) Cargas verticales

- Peso de conductores:

$$P_{COND} = (p_p + p_h) \cdot a_{gH} = (p_p + 0{,}06 \cdot \sqrt{d_{haz}}) \cdot a_{gH}$$

$$P_{COND} = \left(4{,}336 + 0{,}06 \cdot \sqrt{80{,}4}\right) \cdot 74{,}5 = 363{,}1 \ daN$$

Total cargas verticales:

$$F_V = 363{,}1 \ daN$$

b) No existen cargas transversales en esta hipótesis

c) No existen cargas longitudinales en esta hipótesis

Los esfuerzos aplicados, para esta hipótesis, sobre el apoyo son:

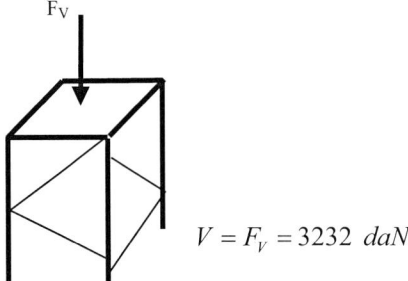

$$V = F_V = 3232 \ daN$$

3ª hipótesis: desequilibrio de tracciones

a) Cargas verticales

Son idénticas a las calculadas en la hipótesis 2 ª.

$$F_V = 363,1 \ daN$$

b) No existen cargas transversales en esta hipótesis

c) Cargas longitudinales por desequilibrio de tracciones (Apartado 4.2.3 ITC-LAT 08)

En los apoyos de suspensión en alineación se considera el 50% de la tracción del fiador.

$$F_L = 0,5 \cdot T_{Hmáx} = 0,5 \cdot 1538 = 769 \ daN$$

siendo $T_{Hmáx}$, la tracción máxima de los dos cantones a – 15 ºC con sobrecarga de hielo.

Los esfuerzos aplicados, para esta hipótesis, sobre el apoyo son:

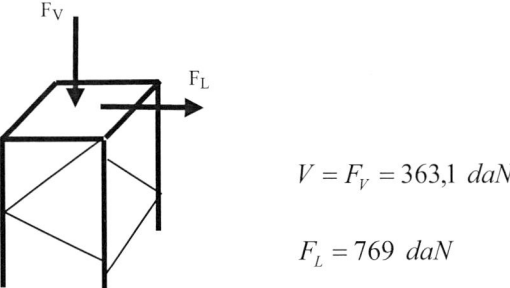

$$V = F_V = 363,1 \ daN$$

$$F_L = 769 \ daN$$

4ª hipótesis: rotura de conductores con hielo zona B, a – 15 ºC

El esfuerzo está centrado sobre el apoyo y la rotura del fiador no produce ningún momento de torsión, por lo tanto esta hipótesis no aporta ninguna condición adicional a las ya estudiadas.

Elección del apoyo de anclaje

A la vista de los esfuerzos sobre el apoyo, y de los esfuerzos soportados por los apoyos normalizados indicados en la tabla de elección del apoyo nº 1, se escoge un apoyo C-1000, según UNE 207017.

3.9. EJEMPLO DE CÁLCULO DE APOYOS EN LÍNEA AÉREA DE 2.ª CATEGORÍA

Tensión nominal $U_n = 66$ kV, de un circuito simple a tresbolillo y emplazada en zona C.

Características del conductor de fase utilizado

- Denominación: 242-AL1/39-ST1A (LA-280).
- Sección, $S = 281,1$ mm^2.
- Diámetro, $\Phi_f = 21,8$ mm.
- Peso propio, $p_{pf} = 0,957$ daN/m.
- Módulo de elasticidad, $E = 7500$ daN/mm^2.
- Carga de rotura, $\sigma_{rot} = 8489$ daN.

- Peso, con sobrecarga de viento de 120 km/h, del conductor de fase.

$$p_{Vf} = \sqrt{p_{pf}^2 + \left(q \cdot \phi_f \cdot 10^{-3}\right)^2} = \sqrt{0,957^2 + \left[50 \cdot \left(\frac{120}{120}\right)^2 \cdot 21,8 \cdot 10^{-3}\right]^2} = 1,45 \; daN/m$$

- Peso con sobrecarga de hielo del conductor de fase.

$$p_{Hf} = p_{pf} + 0,36 \cdot \sqrt{\phi_f} = 0,957 + 0,36 \cdot \sqrt{21,8} = 2,64 \; daN/m$$

Características del conductor de tierra utilizado

- Denominación: 50-ST1A (AC-50).
- Sección, $S = 49,48$ mm^2.
- Diámetro, $\Phi_t = 9$ mm.
- Peso propio, $p_{pt} = 0,391$ daN/m.
- Módulo de elasticidad, $E = 18000$ daN/mm^2.
- Carga de rotura, $\sigma_{rot} = 6174$ daN.

- Peso con sobrecarga de viento del conductor de tierra

$$p_{Vt} = \sqrt{p_{pt}^2 + \left(q \cdot \phi_t \cdot 10^{-3}\right)^2} = \sqrt{0,391^2 + \left(60 \cdot \left(\frac{120}{120}\right)^2 \cdot 9 \cdot 10^{-3}\right)^2} = 0,67 \; daN/m$$

- Peso con sobrecarga de hielo del conductor de fase.

$$p_{Ht} = p_{pt} + 0,36 \cdot \sqrt{\phi_t} = 0,391 + 0,36 \cdot \sqrt{9} = 1,47 \; daN/m$$

Datos obtenidos del cálculo mecánico de los conductores

Se van a estudiar los apoyos pertenecientes a dos cantones de la línea con vanos de regulación de 220 y 240 m. Según la especificación de la bibliografía [1], se han obtenido las tracciones y flechas siguientes:

- Para el conductor de fase:

    - CHS admisible a –10 ºC del 23%.

    - EDS admisible a 15 ºC del 21%.

Vano de regulación (m)	Tracción máxima (daN)		Tracción (daN)	Flecha máxima (m)		
	–20ºC+ hielo	–15 ºC +viento	–15 ºC con presión de viento mitad	15ºC +viento	0ºC +hielo	50 ºC
220	2250	1322	1038	7,31	7,50	7,84
240	2250	1309	1018	8,67	8,87	9,21

- Para el conductor de tierra:

    - CHS admisible a –10 ºC del 18%.

    - EDS admisible a 15 ºC del 17%.

Vano de regulación (m)	Tracción máxima (daN)		Flecha máxima (m)		
	–20ºC+ hielo	–15 ºC +viento	15ºC +viento	0ºC +hielo	50 ºC
220	1493	838	5,28	6,20	5,35
240	1495	813	6,38	7,34	6,46

Cadena de aisladores de suspensión utilizada

- Cadena de suspensión: 6 × U-70 BS.
- Peso: 21 kg.
- Diámetro, $\phi_{CAD} = 0,255$ m.
- Longitud, $L_{cad} \approx 1,05$ m.

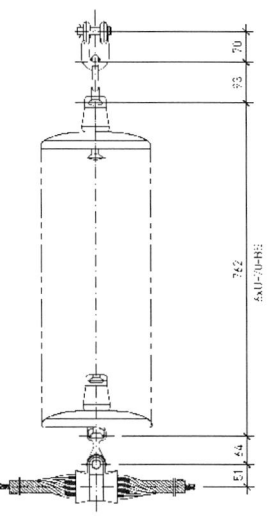
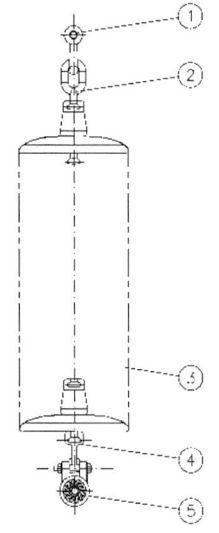

1. Grillete recto.

2. Anilla bola.

3. Aislador de vidrio.

4. Rótula corta.

5. Grapa de suspen-
   sión armada.

Cadena de aisladores de amarre utilizada

– Cadena de amarre: 6 x U-100 BS.

– Peso: 27 kg.

– Diámetro, $\phi_{CAD} = 0{,}255$ m.

– Longitud, $L_{cad} \approx 1{,}62$ m.

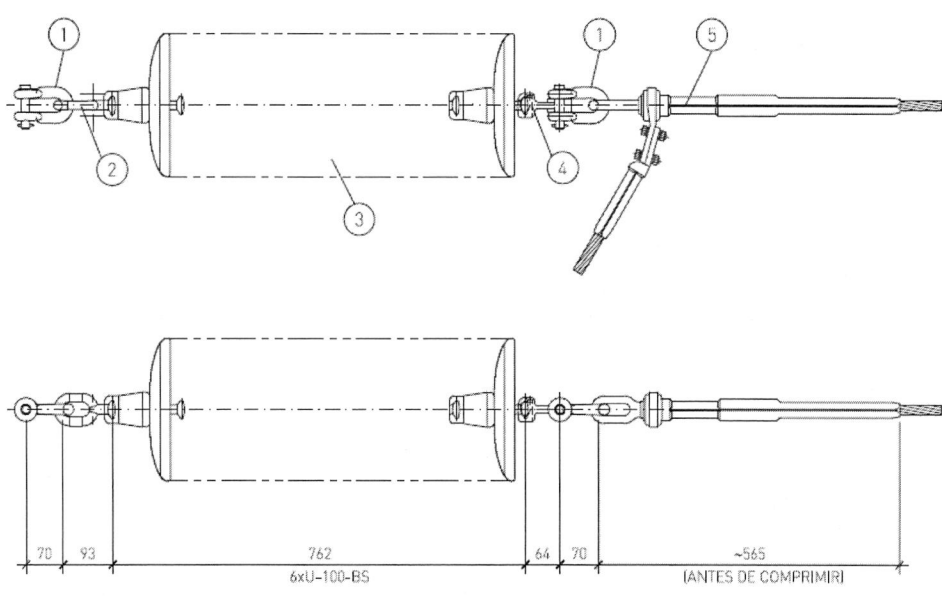

1. Grillete recto.   4. Rótula corta.

2. Anilla bola.   5. Grapa de amarre
                           de compresión.
3. Aislador de vidrio.

Apoyos y armados utilizados

- Apoyo de suspensión en alineación y ángulo pequeño (≤ 5º), amarre en alineación y anclaje en alineación: tipo O con armado T-2/1,3.

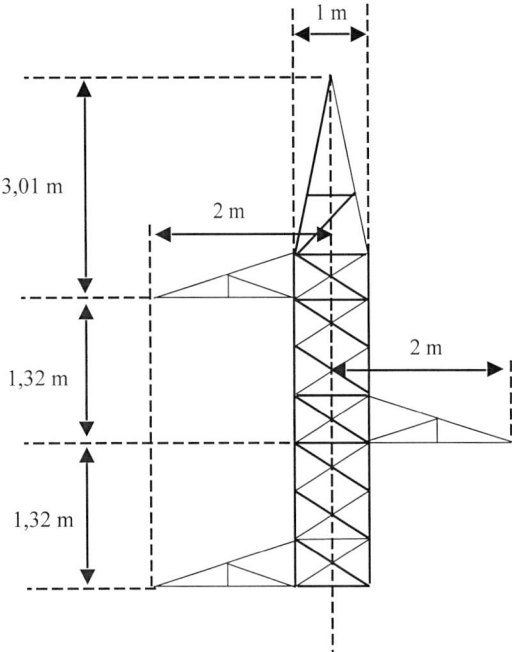

Serie de alturas libres disponibles (medidas entre la cruceta inferior y el terreno):

12,60 – 14,90 – 17,15 – 19,55 – 21,65 – 24,10 y 25,85 m.

- Apoyos de amarre en ángulo y anclaje en ángulo: tipo H con armado T-2,4/2.

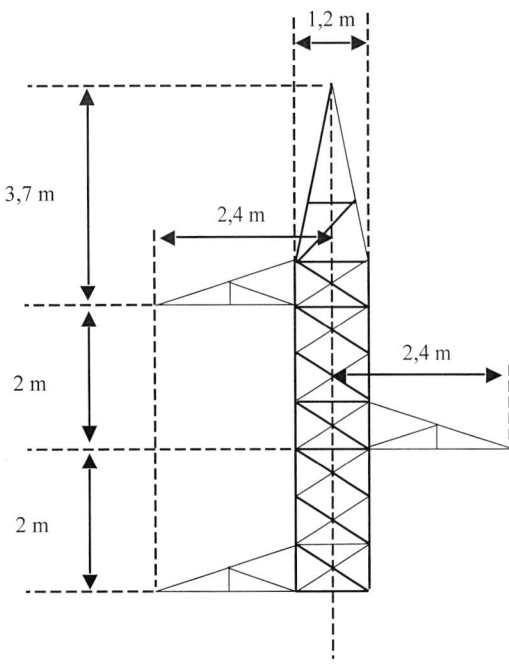

Serie de alturas libres disponibles (medidas entre la cruceta inferior y el terreno):

10,25 – 14,60 – 16,80 – 19,05 – 22,65 – 23,45 – 25,70 y 27,95 m.

- Apoyos fin de línea: tipo H, con cruceta B-2,4/3.

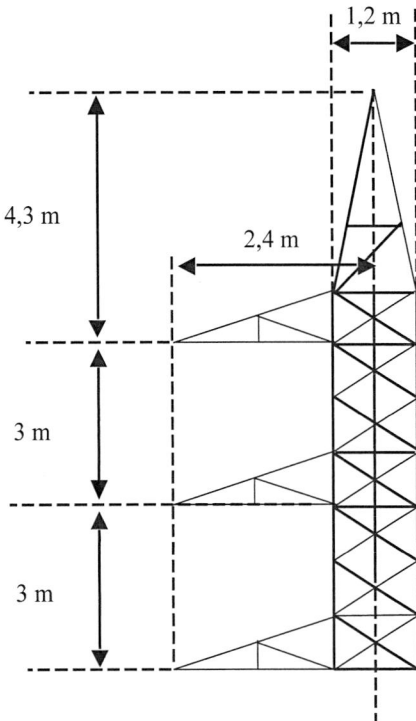

Serie de alturas libres disponibles (medidas entre la cruceta inferior y el terreno):

10,25 – 14,60 – 16,80 – 19,05 – 22,65 – 23,45 – 25,70 y 27,95 m.

A continuación se especifican los esfuerzos soportados en los puntos de fijación de los conductores, para cada uno de los tres tipos de apoyos y para cada una de las hipótesis reglamentarias, de forma similar a como lo hacen los fabricantes en sus catálogos técnicos.

En las tres tablas siguientes, cada esfuerzo nominal caracteriza un tipo de apoyo que se fabrica con diferentes alturas. Para cada esfuerzo nominal se indican varias combinaciones de esfuerzos soportados por el mismo apoyo en función del parámetro R, que se define como:

$$R = \frac{H_t}{H_c}$$

donde H_t, representa el esfuerzo transversal soportado por el apoyo en el punto de sujeción del cable de tierra y H_c, el esfuerzo transversal soportado por el apoyo en el punto de sujeción del conductor de fase.

Símbolos utilizados para los árboles de carga

- Apoyo tipo O, con armado T-2/1,3.

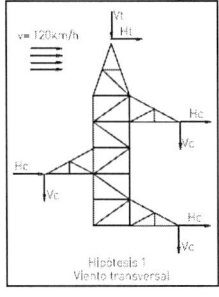 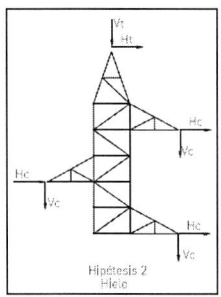 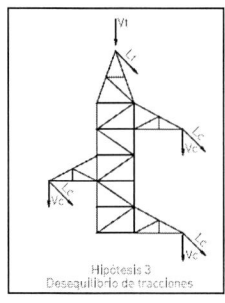 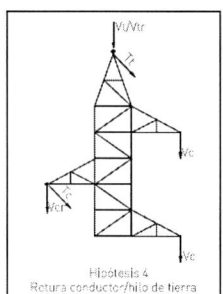

- Apoyo tipo H, con armado T-2,4/2.

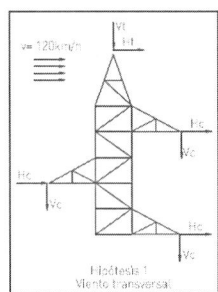 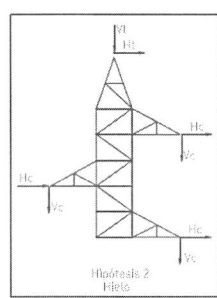 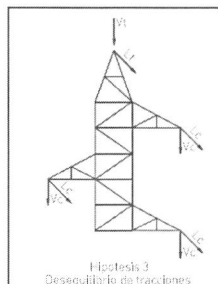 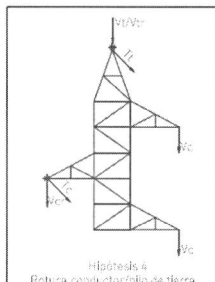

- Apoyo tipo H, con cruceta B-2,4/3

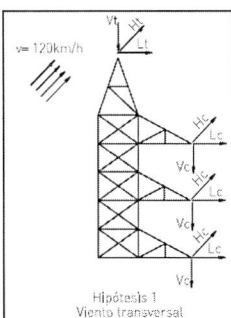 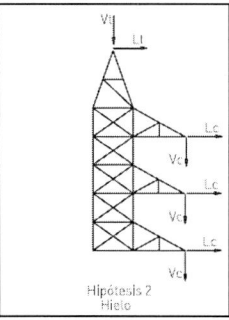 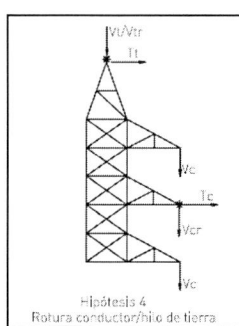

Esfuerzos soportados por los apoyos

APOYOS METÁLICOS DE CELOSÍA TIPO O CON ARMADO T-2,0/1,3(-T)

ESFUERZOS (daN) [1]

DENOMINACIÓN	PESO APROX. [kg][4]	ALTURA A [m][3]	Esfuerzo Nominal [daN][3]	R=Ht/Hc	Hipótesis 1 — Viento a 120 km/h C.S.=1,5				Hipótesis 2 — Hielo C.S.=1,5				Hipótesis 3 — Desequilibrio de tracciones C.S.=1,2				Hipótesis 4a — Rotura de conductor C.S.=1,2				Hipótesis 4b — Rotura cable tierra C.S.=1,2		
					Hc	Ht	Vc	Vt	Hc	Ht	Vc	Vt	Lc	Lt	Vc	Vt	Tc	Vcr	Vc	Vt	Tt	Vtr	Vc
O-1600-12,60-T-2/1,3(-T)	1.223	14,30		R=0	555	0	650	0	730	0	1.300	0	910	0	1.300	0	2.000	700	1.300	0	–	–	–
O-1600-14,90-T-2/1,3(-T)	1.349	16,25																					
O-1600-17,15-T-2/1,3(-T)	1.558	18,90	F=1.665	R=0,7	450	315	650	500	550	385	1.300	1.000	685	480	1.300	1.000	2.000	700	1.300	1.000	2.000	700	1.300
O-1600-19,55-T-2/1,3(-T)	1.711	20,95																					
O-1600-21,65-T-2/1,3(-T)	1.897	23,45																					
O-1600-24,10-T-2/1,3(-T)	2.061	25,60		R=1	410	410	650	500	510	510	1.300	1.000	640	640	1.300	1.000	2.000	700	1.300	1.000	2.500	700	1.300
O-1600-25,85-T-2/1,3(-T)	2.232	27,75																					
O-3000-12,60-T-2/1,3(-T)	1.380	14,35		R=0	1.030	0	650	0	1.130	0	1.300	0	1.155	0	1.300	0	2.000	700	1.300	0	–	–	–
O-3000-14,90-T-2/1,3(-T)	1.558	16,65																					
O-3000-17,15-T-2/1,3(-T)	1.772	18,95	F=3.090	R=0,7	763	535	650	500	835	585	1.300	1.000	1.045	730	1.300	1.000	2.000	700	1.300	1.000	2.500	700	1.300
O-3000-19,55-T-2/1,3(-T)	2.014	21,35																					
O-3000-21,65-T-2/1,3(-T)	2.235	23,50																					
O-3000-24,10-T-2/1,3(-T)	2.485	26,00		R=1	690	690	650	500	755	755	1.300	1.000	945	945	1.300	1.000	2.000	700	1.300	1.000	2.500	700	1.300
O-3000-25,85-T-2/1,3(-T)	2.749	27,75																					
O-4000-12,60-T-2/1,3(-T)	1.549	14,40		R=0	1.420	0	650	0	1.580	0	1.300	0	1.165	0	1.300	0	2.000	700	1.300	0	–	–	–
O-4000-14,90-T-2/1,3(-T)	1.798	16,85																					
O-4000-17,15-T-2/1,3(-T)	2.070	19,00	F=4.260	R=0,7	1.125	785	650	500	1.170	820	1.300	1.000	1.045	730	1.300	1.000	2.000	700	1.300	1.000	2.500	700	1.300
O-4000-19,55-T-2/1,3(-T)	2.368	21,55																					
O-4000-21,65-T-2/1,3(-T)	2.600	23,50																					
O-4000-24,10-T-2/1,3(-T)	2.902	26,10		R=1	1.010	1.010	650	500	1.050	1.050	1.300	1.000	1.000	1.000	1.300	1.000	2.000	700	1.300	1.000	2.500	700	1.300
O-4000-25,85-T-2/1,3(-T)	3.150	27,80																					
O-6000-12,60-T-2/1,3(-T)	1.785	14,50		R=0	2.065	0	650	0	2.220	0	1.300	0	1.600	0	1.300	0	2.375	700	1.300	0	–	–	–
O-6000-14,90-T-2/1,3(-T)	2.080	17,10																					
O-6000-17,15-T-2/1,3(-T)	2.329	19,05	F=6.195	R=0,7	1.580	1.105	650	500	1.730	1.210	1.300	1.000	1.425	1.000	1.300	1.000	2.375	700	1.300	1.000	2.500	700	1.300
O-6000-19,55-T-2/1,3(-T)	2.675	21,80																					
O-6000-21,65-T-2/1,3(-T)	3.030	23,55																					
O-6000-24,10-T-2/1,3(-T)	3.484	26,35		R=1	1.450	1.450	650	500	1.550	1.550	1.300	1.000	1.365	1.365	1.300	1.000	2.375	700	1.300	1.000	2.500	700	1.300
O-6000-25,85-T-2/1,3(-T)	3.769	27,85																					

APOYOS METÁLICOS DE CELOSÍA TIPO H CON ARMADO T-2,4/2(-T)

DENOMINACIÓN	PESO APROX. [kg] [4]	ALTURA A [m] [3]	Esfuerzo Nominal [daN]	R=Ht/Hc	Hipótesis 1 Viento a 120 km/h C.S.=1,5				Hipótesis 2 Hielo C.S.=1,5				Hipótesis 3 Desequilibrio de tracciones C.S.=1,2				Hipótesis 4a Rotura de conductor C.S.=1,2				Hipótesis 4b Rotura cable tierra C.S.=1,2		
					Hc	Ht	Vc	Vt	Hc	Ht	Vc	Vt	Lc	Lt	Vc	Vt	Tc	Vcr	Vc	Vt	Tt	Vtr	Vc
H-7200-10,25-T-2,4/2(-T)	1.866	13,45																					
H-7200-14,60-T-2,4/2(-T)	2.074	15,75		R=0	2.335	0	650	0	2.550	0	1.300	0	2.040	0	1.300	0	2.500	900	1.300	0	---	---	---
H-7200-16,80-T-2,4/2(-T)	2.421	18,05																					
H-7200-19,05-T-2,4/2(-T)	2.666	20,35	F=7.200																				
H-7200-22,65-T-2,4/2(-T)	3.014	22,65		R≠0	1.680	1.050	650	500	1.700	1.060	1.300	1.000	1.825	1.325	1.300	1.000	2.500	900	1.300	1.000	2.300	700	1.300
H-7200-23,45-T-2,4/2(-T)	3.286	24,95																					
H-7200-25,70-T-2,4/2(-T)	3.666	27,25			1.360	1.360	650	500	1.370	1.370	1.300	1.000	---	---	1.300	1.000	2.500	900	1.300	1.000	2.300	700	1.300
H-7200-27,95-T-2,4/2(-T)	3.953	29,55																					
H-9500-10,25-T-2,4/2(-T)	2.294	13,45																					
H-9500-14,60-T-2,4/2(-T)	2.561	15,75		R=0	3.170	0	650	0	3.330	0	1.300	0	2.230	0	1.300	0	3.000	900	1.300	0	---	---	---
H-9500-16,80-T-2,4/2(-T)	3.114	18,05																					
H-9500-19,05-T-2,4/2(-T)	3.477	20,35	F=9.500																				
H-9500-22,65-T-2,4/2(-T)	3.966	22,65		R=x	2.530	1.700	650	500	2.600	1.750	1.300	1.000	2.000	2.000	1.300	1.000	3.000	900	1.300	1.000	2.300	700	1.300
H-9500-23,45-T-2,4/2(-T)	4.338	24,95																					
H-9500-25,70-T-2,4/2(-T)	4.834	27,25																					
H-9500-27,95-T-2,4/2(-T)	5.196	29,55																					
H-13000-10,25-T-2,4/2(-T)	2.854	13,45																					
H-13000-14,60-T-2,4/2(-T)	3.229	15,75		R=0	4.330	0	650	0	4.550	0	1.300	0	3.450	0	1.300	0	4.000	1.050	1.300	0	---	---	---
H-13000-16,80-T-2,4/2(-T)	3.711	18,05																					
H-13000-19,05-T-2,4/2(-T)	3.078	20,35	F=13.000																				
H-13000-22,65-T-2,4/2(-T)	4.683	22,65		R=x	3.180	1.800	650	500	3.250	2.000	1.300	1.000	3.100	2.500	1.300	1.000	4.000	1.050	1.300	1.000	3.000	830	1.300
H-13000-23,45-T-2,4/2 (-T)	5.101	24,95																					
H-13000-25,70-T-2,4/2(-T)	5.773	27,25																					
H-13000-27,95-T-2,4/2(-T)	6.243	29,55																					

ESFUERZOS [daN] [1]

APOYOS METÁLICOS DE CELOSÍA TIPO H CON ARMADO B-2,4/3,0(-T)

DENOMINACION	PESO APROX. (kg)	ALTURA A (m) [3]	Esfuerzo Nominal (daN)	R=Ht/Hc	ESFUERZOS (daN) [1]																
					Hipótesis 1 Viento a 120 km/h C.S.=1,5						Hipótesis 2 Hielo C.S.=1,5				Hipótesis 4a Rotura de conductor C.S.=1,2				Hipótesis 4b Rotura cable tierra C.S.=1,2		
					Hc	Ht	Lc	Lt	Vc	Vt	Lc	Lt	Vc	Vt	Tc	Vcr	Vc	Vt	Tt	Vtr	Vc
H-6500-10,25-B-2,4/3,0-T	2.006	13,45	F=6500	R=0																	
H-6500-14,60-B-2,4/3,0-T	2.214	15,75			150	0	1.200	0	200	0	1.620	0	1.000	0	2.500	0	1.000	0	–	–	–
H-6500-16,80-B-2,4/3,0-T	2.561	18,05																			
H-6500-19,05-B-2,4/3,0-T	2.806	20,35																			
H-6500-22,65-B-2,4/3,0-T	3.154	22,65		R≠0																	
H-6500-23,45-B-2,4/3,0-T	3.426	24,95			150	150	1.200	1.160	200	200	1.620	990	1.000	1.000	2.500	900	1.000	1.000	2.300	700	1.000
H-6500-25,70-B-2,4/3,0-T	3.806	27,25																			
H-6500-27,95-B-2,4/3,0-T	4.093	29,55																			
H-8800-10,25-B-2,4/3,0-T	2.459	13,45	F=8850	R=0	200	0	2.100	0	250	0	2.270	0	500	0	3.000	0	1.000	0	–	–	–
H-8800-14,60-B-2,4/3,0-T	2.726	15,75																			
H-8800-16,80-B-2,4/3,0-T	3.279	18,05																			
H-8800-19,05-B-2,4/3,0-T	3.642	20,35																			
H-8800-22,65-B-2,4/3,0-T	4.151	22,65		R≠0	200	150	2.100	1.160	250	150	2.270	1.500	500	1.000	3.000	900	1.000	1.000	2.300	700	1.000
H-8800-23,45-B-2,4/3,0-T	4.503	24,95																			
H-8800-25,70-B-2,4/3,0-T	4.999	27,25																			
H-8800-27,95-B-2,4/3,0-T	5.361	29,55																			
H-9900-10,25-B-2,4/3,0-T	3.050	13,45	F=9900	R=0	250	0	2.700	0	300	0	2.300	0	600	0	4.000	0	1.000	0	–	–	–
H-9900-14,60-B-2,4/3,0-T	3.425	15,75																			
H-9900-16,80-B-2,4/3,0-T	3.907	18,05																			
H-9900-19,05-B-2,4/3,0-T	4.274	20,35																			
H-9900-22,65-B-2,4/3,0-T	4.879	22,65		R≠0	250	150	2.700	1.200	300	150	2.300	1.960	600	500	4.000	900	1.000	1.000	3.000	700	1.000
H-9900-23,45-B-2,4/3,0-T	5.297	24,95																			
H-9900-25,70-B-2,4/3,0-T	5.969	27,25																			
H-9900-27,95-B-2,4/3,0-T	6.439	29,55																			

3.9.1. Comprobación de las dimensiones de los apoyos a utilizar

Antes de proceder al cálculo mecánico de los apoyos, es necesario comprobar que los apoyos y armados propuestos en el enunciado satisfacen las distancias de seguridad reglamentarias, tanto internas como externas, así como seleccionar la altura libre de los apoyos a utilizar. En este ejemplo se considerará que la línea no tiene ningún vano de longitud superior a 240 m.

3.9.1.1. Distancia entre conductores

La separación mínima entre los conductores de fase de un mismo circuito se calcula aplicando la fórmula siguiente para tres condiciones distintas: viento, hielo y temperatura elevada. La distancia obtenida para la condición de viento servirá para comprobar la separación horizontal entre conductores, mientras que la distancia máxima de las condiciones de hielo y temperatura servirá para calcular la separación vertical.

$$D = K \cdot \sqrt{F + L_{cad}} + K' \cdot D_{pp}$$

donde:

K = coeficiente que depende de la oscilación de los conductores con el viento.

K' = coeficiente que depende de la tensión nominal de la línea, $K' = 0,75$ líneas que no son de categoría especial.

F = flecha máxima en metros, para el vano de mayor longitud.

L_{cad} = longitud en metros de la cadena de suspensión, $L_{cad} = 1,05$ m.

D_{pp} = distancia mínima aérea especificada para prevenir una descarga disruptiva entre conductores de fase durante sobretensiones de frente lento o rápido. Los valores de D_{pp} se indican en el Apartado 5.2 de la ITC-LAT 07, en función de la tensión más elevada de la línea. Para una línea de 66 kV, $D_{pp} = 0,8$ m.

D = separación entre conductores de fase del mismo circuito o circuitos distintos en metros.

a) **Distancia con viento**

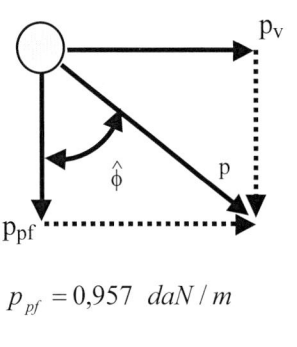

$$p_{pf} = 0,957 \ \ daN / m$$

$$p_V = q \cdot \phi_f \cdot 10^{-3} = 50 \cdot 21,8 \cdot 10^{-3} = 1,09 daN / m$$

$$tg\hat{\phi} = \frac{p_V}{p_{pf}} = \frac{1,09}{0,957} = 1,139$$

$$\hat{\phi} = 48,71°,$$

de la Tabla 16 del Apartado 5.4.1 de la ITC-LAT 07 se obtiene una valor de $K = 0,65$ ya que la tensión de la línea es superior a 30 kV.

La flecha máxima a considerar para la distancia entre conductores es la correspondiente a la hipótesis de viento, que para el vano de 240 m tiene un valor de:

$$F_{máx.viento} = 8,67 \ m$$

Para este caso la distancia horizontal mínima entre conductores será:

$$D_{viento.vano240} = 0,65 \cdot \sqrt{8,67 + 1,05} + 0,75 \cdot 0,8 = 2,636 \ m$$

La distancia entre conductores en posición vertical se obtendrá considerando la flecha máxima de entre las condiciones de hielo y temperatura elevada, sin desviación del conductor por viento, es decir, $\hat{\phi} = 0$, y por tanto, según la Tabla 16 del Apartado 5.4.1 de la ITC –LAT 07, $K = 0,6$.

b) Distancia con hielo

$$D_{hielo.vano240} = 0,6 \cdot \sqrt{8,87 + 1,05} + 0,75 \cdot 0,8 = 2,489 \ m$$

c) Distancia con temperatura elevada

$$D_{temperatura.vano240} = 0,6 \cdot \sqrt{9,21 + 1,05} + 0,75 \cdot 0,8 = 2,522 \ m$$

El armado del tipo T-2/1,3 mantiene una distancia entre conductores en disposición horizontal y vertical mayor de 2,636 y 2,522 m respectivamente, y por lo tanto satisface las condiciones reglamentarias.

Se podría hacer una comprobación similar para los armados utilizados en apoyos con cadenas de amarre que tienen una separación entre conductores mayor, tomando en la fórmula de la distancia, la longitud de la cadena, $L_{cad} = 0$ por ser cadena de amarre, con lo que resulta una distancia D inferior a la calculada y se cumplen también las distancias reglamentarias.

3.9.1.2. Altura libre de los apoyos

Para asegurar que en todo el trazado de la línea se cumplen las distancias mínimas al terreno, se debe de comprobar la altura de los apoyos mediante la utilización de las curvas de la catenaria para flecha máxima junto con el perfil del terreno. En este ejemplo se considerará que el perfil del terreno es llano, de modo que la altura libre de los apoyos se obtendrá sumando la longitud de la cadena de aisladores de suspensión, la flecha máxima y la altura mínima de los conductores al suelo, añadiendo un metro más de seguridad. Este margen de seguridad tiene en cuenta las imprecisiones de cálculo y la deformación plástica de los conductores a lo largo de la vida útil de la línea.

$$L_{cad} = 1,05 \ m$$

$$f_{máx.temperatura} = 9,21 \ m$$

$$D_{conductor-terreno} = 5,3 + D_{el} = 5,3 + 0,7 = 6 \ m$$

el valor de D_{el} se indica en el Apartado 5.2 de la ITC-LAT 07, en función de la tensión más elevada de la línea.

$$H_{libre} = L_{cad} + f_{máx.temperatura} + D_{conductor-terreno} + 1 = 1,05 + 9,21 + 6 + 1 = 18,26 \ m$$

Entre la serie de apoyos tipo O se seleccionará una altura libre mayor o igual de 19,55 m, y para los apoyos tipo H, de 19,05 m.

3.9.1.3. Distancia entre los conductores de fase y las partes puestas a tierra

Se calcula la desviación de la cadena de aisladores en un apoyo de alineación entre dos vanos a nivel de 240 m.

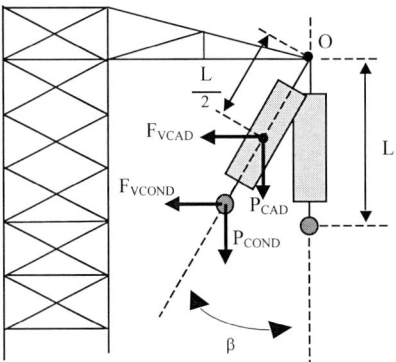

Eolovano: $a_e = \dfrac{a_1 + a_2}{2} = \dfrac{240 + 240}{2} = 240 \ m$

Tracción a –15 ºC + viento mitad:

$$T_{V/2} = 1018 \ daN$$

Gravivano con viento mitad: al ser vanos a nivel, coincidirán con el eolovano.

$$a_{gV/2} = \frac{a_1 + a_2}{2} + \frac{T_{V/2}}{p_{f/2}} \cdot \left(\frac{d_1}{a_1} - \frac{d_2}{a_2} \right) = \frac{240 + 240}{2} + \frac{1018}{1,101} \cdot \left(\frac{0}{240} - \frac{0}{240} \right) = 240 \ m$$

$$p_{f/2} = \sqrt{p_{pf}^2 + \left(\frac{q}{2} \cdot \phi \cdot 10^{-3} \right)^2} = \sqrt{0,957^2 + \left(\frac{50}{2} \cdot 21,8 \cdot 10^{-3} \right)^2} = 1,101 \ daN/m$$

siendo $p_{f/2}$, el peso del conductor de fase con una sobrecarga debida a una presión de viento mitad a la correspondiente a 120 km/h.

- Peso del conductor:

$$P_{COND} = p_{pf} \cdot a_{gV/2} = 0,957 \cdot 240 = 229,68 \ daN$$

- Peso de la cadena de aisladores:

$$P_{CAD} = 20,6 \ daN$$

- Viento sobre la cadena de aisladores:

$$F_{VCAD} = q_{V/2} \cdot \phi_{CAD} \cdot L_{cad} = \frac{70}{2} \cdot 0,255 \cdot 1,05 = 9,371 \ daN$$

- Viento sobre el conductor:

$$F_{VCOND} = q_{V/2} \cdot \phi \cdot 10^{-3} \cdot a_e = \frac{50}{2} \cdot 21,8 \cdot 10^{-3} \cdot 240 = 130,8 \ daN$$

El ángulo de desviación de la cadena tiene un valor:

$$\beta = arc.tg \left(\frac{\dfrac{F_{VCAD}}{2} + F_{VCOND}}{P_{COND} + \dfrac{P_{CAD}}{2}} \right) = arc.tg \left(\frac{\dfrac{9,371}{2} + 130,8}{229,68 + \dfrac{20,6}{2}} \right) = 29,4 \ ^\circ$$

La separación mínima entre los conductores y sus accesorios en tensión y los apoyos no será inferior a D_{el}, con un mínimo de 0,2 m. Para la línea de 66 kV, el valor de D_{el} es de 0,7 m. Según puede observarse en la figura, las distancias del conductor al apoyo, en el caso de desviación de la cadena de aisladores, son superiores a 0,7 m; por lo tanto, se cumplen las distancias reglamentarias.

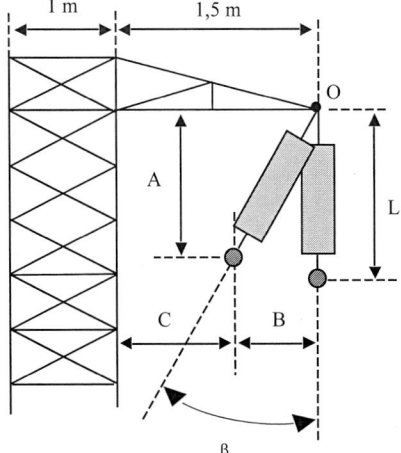

$$A = L_{cad} \cdot \cos \beta = 0,915 \ m$$

$$B = L_{cad} \cdot sen\beta = 0,515 \ m$$

$$C = 1,5 \ m - B = 0,985 \ m$$

$$A \ y \ C > 0,7 \ m$$

3.9.2. Cálculo mecánico de apoyos

Se pretende ilustrar el cálculo mecánico de los distintos tipos de apoyos definidos en el RLAT, para lo cual se especifican en la tabla siguiente los datos de las longitudes de vanos, desniveles, ángulo de desviación de la traza y vanos de regulación, necesarios para el cálculo de algunos de los apoyos de la línea. En un proyecto real, para realizar de forma individualizada el cálculo de todos los apoyos, se utilizan habitualmente herramientas informáticas.

Datos de vanos y desniveles para los apoyos en cálculo:

Tipo de apoyo	Vano anterior		Angulo de la traza	Vano posterior		Vano de regulación para el cantón o cantones anterior y posterior	
	a_1 (m)	d_1 (m)	α (°)	a_2 (m)	d_2 (m)	a_{r1} (m)	a_{r2} (m)
Principio o fin de línea	0	0	–	240	0	–	240
Amarre en alineación	240	0	–	220	25	240	220
Suspensión en alineación	210	15	–	220	25	220	
Amarre en ángulo	240	20	45	220	–5	240	220
Anclaje en alineación	240	0	–	220	25	240	220
Anclaje en ángulo	240	20	45	220	–25	240	220
Suspensión en ángulo	240	20	5	220	–25	240	

Con objeto de comparar los esfuerzos reglamentarios a los que van a estar sometidos los apoyos con los especificados por el fabricante, se calcularán los esfuerzos verticales, transversales y longitudinales aplicados en los puntos de sujeción de los conductores.

APOYO DE PRINCIPIO DE LÍNEA

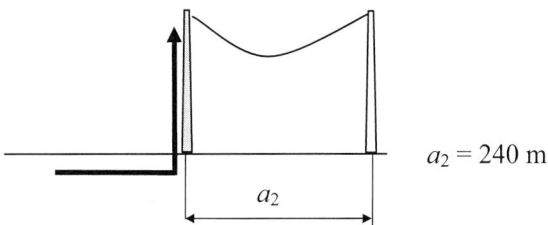

$a_2 = 240$ m.

Tracciones para el conductor de fase en el vano de regulación de 240 m

- Tracción a –20 °C + hielo: $T_{Hf} = 2250$ daN.
- Tracción a –15 °C + viento: $T_{Vf} = 1309$ daN.

Tracciones para el conductor de tierra en el vano de regulación de 240 m

- Tracción a –20 °C + hielo: $T_{Ht} = 1495,5$ daN.

- Tracción a –15 °C + viento: $T_{Vf} = 813,5$ daN.

Por tratarse de un apoyo cuyo único vano a la derecha es un vano a nivel, el eolovano y el gravivano sobre el apoyo, para los conductores de fase y de tierra coinciden, siendo su valor:

$$a_{gV} = a_{gH} = a_e = \frac{a_2}{2} = \frac{240}{2} = 120 \ m$$

donde, a_{gV} es el gravivano con viento, a_{gH} el gravivano con hielo y a_e es el eolovano.

1ª hipótesis: viento de 120 km/h, a –15 °C

a) Cargas verticales

- Peso de conductores:

$$P_{COND.FASE} = n_f \cdot p_{pf} \cdot a_{gV} = 1 \cdot 0,957 \cdot 120 = 114,84 \ daN$$

$$P_{COND.TIERRA} = n_t \cdot p_{pt} \cdot a_{gV} = 1 \cdot 0,391 \cdot 120 = 46,92 \ daN$$

- Peso de cadena de aisladores, incluidos los herrajes:

$$P_{CAD} = 27 \cdot 0,981 = 26,48 \ daN$$

Total cargas verticales:

- Carga vertical por fase:

$$F_{Vf} = P_{COND.FASE} + P_{CAD} = 114,84 + 26,48 = 141,32 \ daN$$

- Carga vertical debida al conductor de tierra:

$$F_{Vt} = P_{COND.TIERRA} = 46,92 \ daN$$

b) Cargas transversales por viento sobre los conductores (Aptdo. 3.1.2. ITC-LAT 07)

Esfuerzo transversal debido al viento sobre el conductor de fase:

$$F_{Tf} = q \cdot \phi_f \cdot 10^{-3} \cdot a_e = 50 \cdot \left(\frac{120}{120}\right)^2 \cdot 21,8 \cdot 10^{-3} \cdot 120 = 130,8 \ daN$$

Esfuerzo transversal debido al viento sobre el conductor de tierra:

$$F_{Tt} = q \cdot \phi_t \cdot 10^{-3} \cdot a_e = 60 \cdot \left(\frac{120}{120}\right)^2 \cdot 9 \cdot 10^{-3} \cdot 120 = 64,8 \ daN$$

c) Cargas longitudinales por desequilibrio de tracciones (Aptdo. 3.1.4.4. ITC-LAT 07)

En los apoyos fin de línea se considera el 100% de las tracciones unilaterales de todos los conductores.

Esfuerzo longitudinal debido a la tracción del conductor de fase:

$$F_{Lf} = T_{Vf} = 1309 \ daN$$

siendo T_{Vf}, la tracción del conductor de fase en el primer cantón a –15 ºC con viento de 120 km/h.

Esfuerzo longitudinal debido a la tracción del conductor de tierra:

$$F_{Lt} = T_{Vt} = 813 \ daN$$

siendo T_{Vt}, la tracción del conductor de tierra en el primer cantón a –15 ºC con viento de 120 km/h.

Los esfuerzos, para esta hipótesis, sobre el apoyo son:

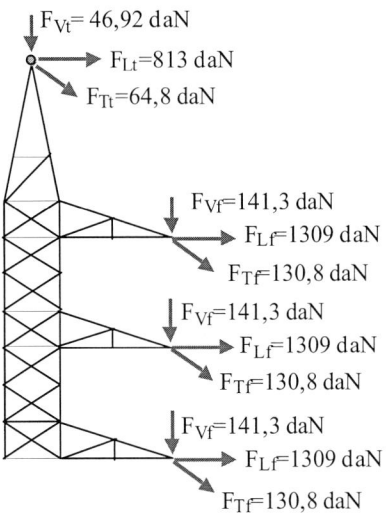

El apoyo seleccionado para cumplir con esta hipótesis es H-8800-22,65-B-2,4/3,0-T, cuyos esfuerzos soportados se indican a continuación:

Tipo de esfuerzo	(daN)	Cumplimiento
H_C	200	$H_C > F_{Tf}$
H_t	150	$H_t > F_{Tt}$
L_C	2100	$L_C > F_{Lf}$
L_t	1160	$L_t > F_{Lt}$
V_C	250	$V_C > F_{Vf}$
V_t	150	$V_t > F_{Vt}$

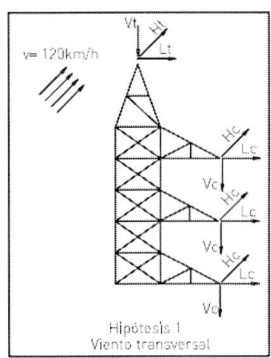

2ª hipótesis: hielo en zona C, a –20 °C

a) Cargas verticales

- Peso de conductores:

$$P_{COND.FASE} = n_f \cdot \left(p_{pf} + p_{hf}\right) \cdot a_{gH} = n_f \cdot \left(p_{pf} + 0,36 \cdot \sqrt{\phi_f}\right) \cdot a_{gH}$$

$$P_{COND.FASE} = 1 \cdot \left(0,957 + 0,36 \cdot \sqrt{21,8}\right) \cdot 120 = 316,54 \ daN$$

$$P_{COND.TIERRA} = n_t \cdot \left(p_{pt} + p_{ht}\right) \cdot a_{gH} = n_t \cdot \left(p_{pt} + 0,36 \cdot \sqrt{\phi_t}\right) \cdot a_{gH}$$

$$P_{COND.TIERRA} = 1 \cdot \left(0,391 + 0,36 \cdot \sqrt{9}\right) \cdot 120 = 176,52 \ daN$$

- Peso de cadena de aisladores, incluidos los herrajes:

$$P_{CAD} = 27 \cdot 0,981 = 26,48 \ daN$$

Total cargas verticales:

- Carga vertical por fase:

$$F_{Vf} = P_{COND.FASE} + P_{CAD} = 316,54 + 26,48 = 343,02 \ daN$$

- Carga vertical debida al conductor de tierra:

$$F_{Vt} = P_{COND.TIERRA} = 176,52 \ daN$$

b) Cargas transversales por viento sobre los conductores (Aptdo. 3.1.2. ITC-LAT 07)

No se consideran cargas transversales por viento.

c) Cargas longitudinales por desequilibrio de tracciones (Aptdo. 3.1.4.4. ITC-LAT 07)

En los apoyos fin de línea se considera el 100% de las tracciones unilaterales de todos los conductores.

Esfuerzo longitudinal debido a la tracción del conductor de fase:

$$F_{Lf} = T_{Hf} = 2250 \ daN$$

siendo, T_{Hf}, la tracción del conductor de fase en el primer cantón a –20 °C con sobrecarga de hielo.

Esfuerzo longitudinal debido a la tracción del conductor de tierra:

$$F_{Lt} = T_{Ht} = 1495 \ daN$$

siendo, T_{Ht}, la tracción del conductor de tierra en el primer cantón a –20 °C con sobrecarga de hielo.

Los esfuerzos, para esta hipótesis, sobre el apoyo son:

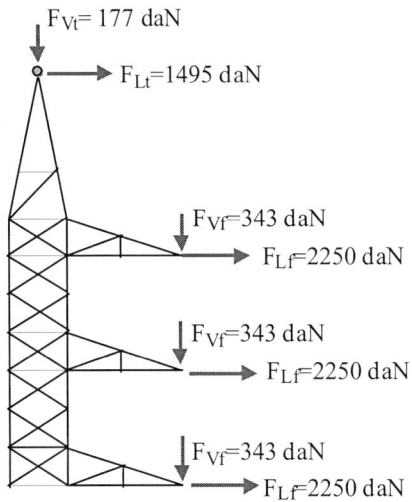

El apoyo seleccionado para la 1ª hipótesis, H-8800-22,65-B-2,4/3,0-T, cumple también los esfuerzos calculados en la 2ª hipótesis ya que:

Tipo de esfuerzo	(daN)	Cumplimiento
L_C	2270	$L_C > F_{Lf}$
L_t	1500	$L_t > F_{Lt}$
V_C	500	$V_C > F_{Vf}$
V_t	1000	$V_t > F_{Vt}$

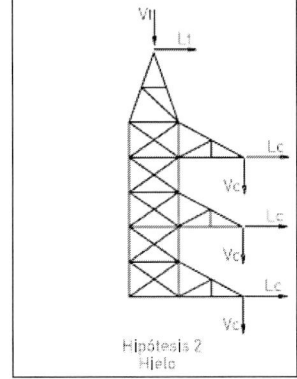

3ª hipótesis: desequilibrio de tracciones

Esta hipótesis no se aplica al ser un apoyo de fin de línea.

4ª hipótesis: rotura de conductores con hielo en la zona C, a –20 °C

a) Cargas verticales

Idénticas a las calculadas en la 2ª hipótesis para los conductores que no se rompen.

- Carga vertical por fase: $F_{Vf} = 343{,}02\ daN$

- Carga vertical debida al conductor de tierra: $F_{Vt} = 176{,}52\ daN$

Para los conductores rotos:

$$P_{COND.FASE.r} = 0 \ daN$$

$$P_{COND.TIERRA.r} = 0 \ daN$$

Nótese que se desprecia el peso de conductor roto que colgaría desde la cadena de aisladores hasta el suelo.

- Carga vertical por fase del cable roto:

$$F_{Vfr} = P_{COND.FASE.r} + P_{CAD} = 0 + 26,48 = 26,48 \ daN$$

- Carga vertical debida al conductor de tierra roto:

$$F_{Vtr} = P_{COND.TIERRA.r} = 0 \ daN$$

b) Cargas transversales por viento sobre los conductores (Aptdo. 3.1.2. ITC-LAT 07)

No se consideran cargas transversales por viento.

c) Cargas longitudinales por rotura de conductores (Aptdo. 3.1.5.4. ITC-LAT 07)

Se considera la rotura de un solo conductor de fase o conductor de tierra sin reducción alguna de su tracción.

c-1) Rotura del conductor de fase

El apoyo se encuentra sometido a las cargas verticales calculadas y a las cargas longitudinales ya obtenidas en la 2ª hipótesis, según la figura siguiente:

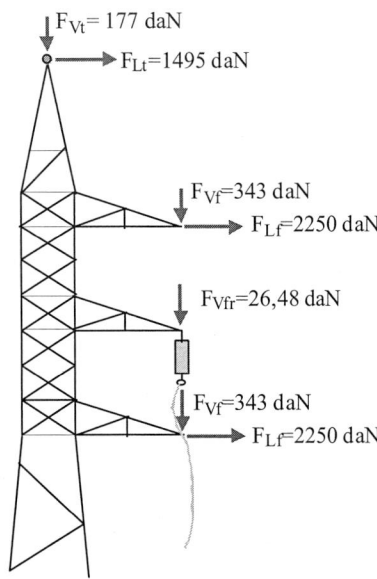

Teniendo en cuenta que los esfuerzos del árbol de cargas obtenido en esta hipótesis son menores que los obtenidos en la hipótesis 2ª y puesto que en este apoyo no aparece momento de torsión alguno debido a la rotura del conductor, se puede concluir que el apoyo H-8800-22,65-B-2,4/3,0-T, es válido para cumplir con la 4ª hipótesis

c-2) Rotura del conductor de tierra

El apoyo se encuentra sometido a las cargas verticales calculadas y a las cargas longitudinales ya obtenidas en la 2ª hipótesis, según la figura siguiente:

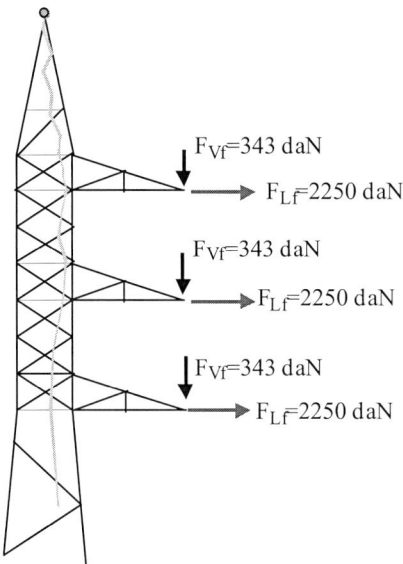

Teniendo en cuenta que los esfuerzos del árbol de cargas obtenidos en esta hipótesis son menores que los obtenidos en la 2ª hipótesis y puesto que, en este apoyo no aparece momento de torsión alguno debido a la rotura del conductor, se puede concluir que el apoyo H-8800-22,65-B-2,4/3,0-T es válido para cumplir con la 4ª hipótesis

APOYO DE AMARRE EN ALINEACIÓN

Este apoyo delimita dos cantones, el de la izquierda con un vano de regulación de 240 metros y el de la derecha, de 220 m.

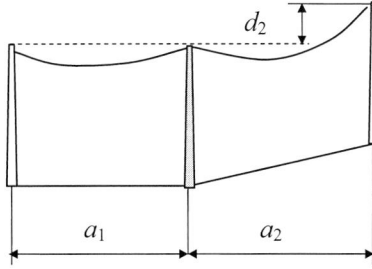

$a_1 = 240$ m.

$d_1 = 0$ m.

$a_2 = 220$ m.

$d_2 = 25$ m.

Tracciones para el conductor de fase en el vano de regulación de 240 m

- Tracción a –20 ºC + hielo: T_{Hf1}=2250 daN.
- Tracción a –15 ºC + viento: T_{Vf1}= 1309 daN.

Tracciones para el conductor de fase en el vano de regulación de 220 m

- Tracción a –20 ºC + hielo: T_{Hf2}=2250 daN.
- Tracción a –15 ºC + viento: T_{Vf2}= 1322 daN.

Tracciones para el conductor de tierra en el vano de regulación de 240 m

- Tracción a –20 ºC + hielo: T_{Ht1} =1495 daN.
- Tracción a –15 ºC + viento: T_{Vt1}= 813 daN.

Tracciones para el conductor de tierra en el vano de regulación de 220 m

- Tracción a –20 ºC + hielo: T_{Ht2}=1493 daN.
- Tracción a –15 ºC + viento: T_{Vt2}= 838 daN.

Por tratarse de un apoyo situado entre vanos a distinto nivel, el eolovano y gravivano no coinciden, siendo su valor:

Eolovano para los conductores de fase y de tierra:

$$a_e = \frac{a_1 + a_2}{2} = \frac{240 + 220}{2} = 230 \ m$$

Gravivano con viento para los conductores de fase:

$$a_{gVf} = \frac{a_1 + a_2}{2} + \left(\frac{T_{Vf1}}{p_{Vf}} \cdot \frac{d_1}{a_1} - \frac{T_{Vf2}}{p_{Vf}} \cdot \frac{d_2}{a_2} \right) = 230 + \frac{1309}{1,45} \cdot \frac{0}{240} - \frac{1322}{1,45} \cdot \frac{25}{220} = 126,4 \ m$$

siendo p_{vf}, el peso con sobrecarga de viento del conductor de fase.

Gravivano con viento para el conductor de tierra:

$$a_{gVt} = \frac{a_1 + a_2}{2} + \left(\frac{T_{Vt1}}{p_{Vt}} \cdot \frac{d_1}{a_1} - \frac{T_{Vt2}}{p_{Vt}} \cdot \frac{d_2}{a_2} \right) = 230 + \frac{813}{0,67} \cdot \frac{0}{240} - \frac{838}{0,67} \cdot \frac{25}{220} = 87,9 \ m$$

siendo p_{Vt} el peso con sobrecarga de viento del conductor de tierra.

Gravivano con hielo para los conductores de fase:

$$a_{gHf} = \frac{a_1 + a_2}{2} + \left(\frac{T_{Hf1}}{p_{Hf}} \cdot \frac{d_1}{a_1} - \frac{T_{Hf2}}{p_{Hf}} \cdot \frac{d_2}{a_2} \right) = 230 + \frac{2250}{2,64} \cdot \frac{0}{240} - \frac{2250}{2,64} \cdot \frac{25}{220} = 133,1 \ m$$

siendo p_{Hf}, el peso con sobrecarga de hielo del conductor de fase.

Gravivano con hielo para el conductor de tierra:

$$a_{gHt} = \frac{a_1 + a_2}{2} + \left(\frac{T_{Ht1}}{p_{Ht}} \cdot \frac{d_1}{a_1} - \frac{T_{Ht2}}{p_{Ht}} \cdot \frac{d_2}{a_2} \right) = 230 + \frac{1495}{1,47} \cdot \frac{0}{240} - \frac{1493}{1,47} \cdot \frac{25}{220} = 114,5 \ m$$

siendo p_{Ht} el peso con sobrecarga de hielo del conductor de tierra.

1ª hipótesis: viento de 120 km/h, a −15 ºC

a) Cargas verticales

- Peso de conductores:

$$P_{COND.FASE} = n_f \cdot p_{pf} \cdot a_{gVf} = 1 \cdot 0,957 \cdot 126,4 = 120,96 \ daN$$

$$P_{COND.TIERRA} = n_t \cdot p_{pt} \cdot a_{gVt} = 1 \cdot 0,391 \cdot 87,9 = 34,36 \ daN$$

- Peso de cadena de aisladores, incluidos los herrajes:

$$P_{CAD} = 27 \cdot 0,981 = 26,48 \ daN$$

Total de cargas verticales, teniendo en cuenta que al ser un apoyo de amarre cada cruceta soporta el peso de dos cadenas de aisladores:

- Carga vertical por fase:

$$F_{Vf} = P_{COND.FASE} + 2 \cdot P_{CAD} = 120,96 + 2 \cdot 26,48 = 173,9 \ daN$$

- Carga vertical debida al conductor de tierra:

$$F_{Vt} = P_{COND.TIERRA} = 34,4 daN$$

b) Cargas transversales por viento sobre los conductores (Aptdo. 3.1.2. ITC-LAT 07)

Esfuerzo transversal debido al viento sobre el conductor de fase:

$$F_{Tf} = q \cdot \phi_f \cdot 10^{-3} \cdot a_e = 50 \cdot \left(\frac{120}{120} \right)^2 \cdot 21,8 \cdot 10^{-3} \cdot 230 = 250,7 \ daN$$

Esfuerzo transversal debido al viento sobre el conductor de tierra:

$$F_{Tt} = q \cdot \phi_t \cdot 10^{-3} \cdot a_e = 60 \cdot \left(\frac{120}{120} \right)^2 \cdot 9 \cdot 10^{-3} \cdot 230 = 124,2 \ daN$$

c) No se consideran cargas longitudinales en la hipótesis de viento

Los esfuerzos, para esta hipótesis, sobre el apoyo son:

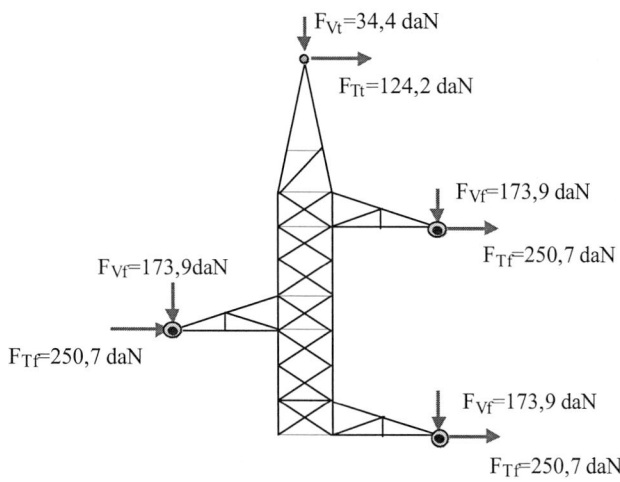

El apoyo seleccionado para cumplir con esta hipótesis es el O-1600-19,55-T-2/1,3, cuyos esfuerzos soportados se indican a continuación:

Tipo de esfuerzo	(daN)	Cumplimiento
H_C	450	$H_C > F_{Tf}$
H_t	315	$H_t > F_{Tt}$
V_C	650	$V_C > F_{Vf}$
V_t	500	$V_t > F_{Vt}$

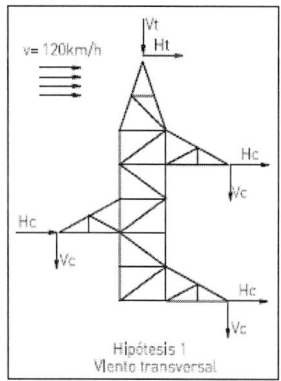

2ª hipótesis: hielo en zona C, a –20 ºC

a) Cargas verticales

- Peso de conductores:

$$P_{COND.FASE} = n_f \cdot \left(p_{pf} + p_{hf}\right) \cdot a_{gHf} = n_f \cdot \left(p_{pf} + 0,36 \cdot \sqrt{\phi_f}\right) \cdot a_{gHf}$$

$$P_{COND.FASE} = 1 \cdot \left(0,957 + 0,36 \cdot \sqrt{21,8}\right) \cdot 133,1 = 351,1 \ daN$$

$$P_{COND.TIERRA} = n_t \cdot \left(p_{pt} + p_{ht}\right) \cdot a_{gHt} = n_t \cdot \left(p_{pt} + 0,36 \cdot \sqrt{\phi_t}\right) \cdot a_{gHt}$$

$$P_{COND.TIERRA} = 1 \cdot \left(0,391 + 0,36 \cdot \sqrt{9}\right) \cdot 114,5 = 168,4 \ daN$$

- Peso de cadena de aisladores, incluidos los herrajes:

$$P_{CAD} = 27 \cdot 0,981 = 26,48 \ daN$$

Total cargas verticales:

- Carga vertical por fase:

$$F_{Vf} = P_{COND.FASE} + 2 \cdot P_{CAD} = 351,1 + 2 \cdot 26,48 = 404,1 \ daN$$

- Carga vertical debida al conductor de tierra:

$$F_{Vt} = P_{COND.TIERRA} = 168,4 \ daN$$

b) No se consideran cargas transversales en la hipótesis de hielo

c) No se consideran cargas longitudinales en la hipótesis de hielo

Los esfuerzos sobre el apoyo, para esta hipótesis, son:

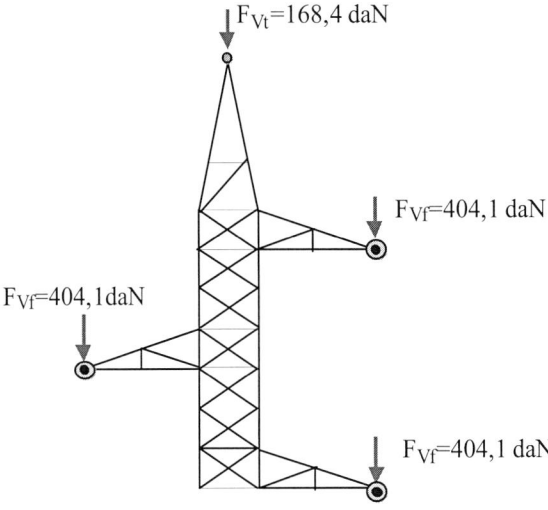

El apoyo seleccionado anteriormente, O-1600-19,55-T-2/1,3 cumple también con los esfuerzos de esta hipótesis.

Tipo de esfuerzo	(daN)	Cumplimiento
H_C	550	–
H_t	385	–
V_C	1300	$V_C > F_{Vf}$
V_t	1000	$V_t > F_{Vt}$

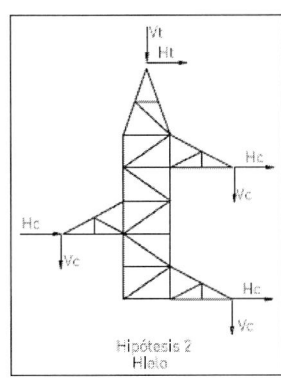

3ª hipótesis: desequilibrio de tracciones

a) Cargas verticales

Idénticas a las calculadas en la 2ª hipótesis.

- Carga vertical por fase: $F_{Vf} = 404{,}1\ daN$

- Carga vertical debida al conductor de tierra: $F_{Vt} = 168{,}4\ daN$

b) No se consideran cargas transversales en esta hipótesis

c) Cargas longitudinales por desequilibrio de tracciones (Aptdo. 3.1.4.2. ITC-LAT 07)

En los apoyos de alineación con cadenas de amarre, al ser la $U_n \leq 66$ kV, se considera el 15% de las tracciones unilaterales de todos los conductores.

Esfuerzo longitudinal debido a la tracción del conductor de fase:

$$F_{Lf} = n_f \cdot 0{,}15 \cdot T_{Hf} = 1 \cdot 0{,}15 \cdot 2250 = 337{,}5\ daN$$

siendo T_{Hf}, el valor máximo de las tracciones del conductor de fase a –20 ºC con sobre-carga de hielo para los vanos contiguos al apoyo, $T_{Hf} = $ máx (T_{Hf1}, T_{Hf2})

Esfuerzo longitudinal debido a la tracción del conductor de tierra:

$$F_{Lt} = n_t \cdot 0{,}15 . T_{Ht} = 1 \cdot 0{,}15 \cdot 1495 = 224{,}3\ daN$$

siendo T_{Hf}, el valor máximo de entre las tracciones del conductor de fase a –20 ºC con sobrecarga de hielo para los vanos contiguos al apoyo, $T_{Ht} = $ máx (T_{Ht1}, T_{Ht2})

Los esfuerzos sobre el apoyo para esta hipótesis son:

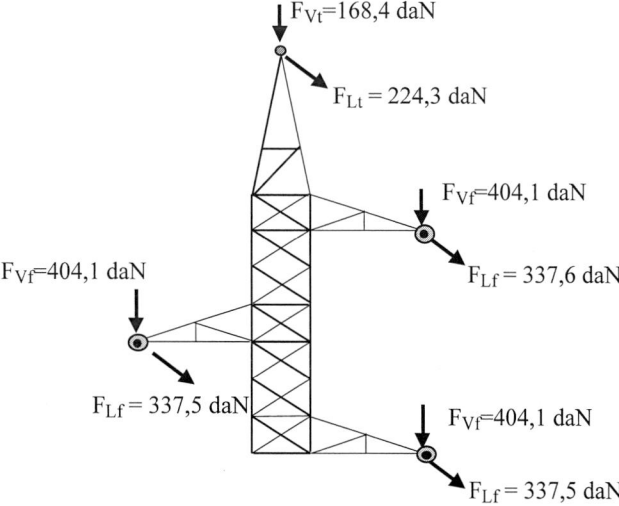

El apoyo seleccionado anteriormente, O-1600-19,55-T-2/1,3 cumple también con los esfuerzos de esta hipótesis.

Tipo de esfuerzo	(daN)	Cumplimiento
L_C	685	$L_C > F_{Lf}$
L_t	480	$L_t > F_{Lt}$
V_C	1300	$V_C > F_{Vf}$
V_t	1000	$V_t > F_{Vt}$

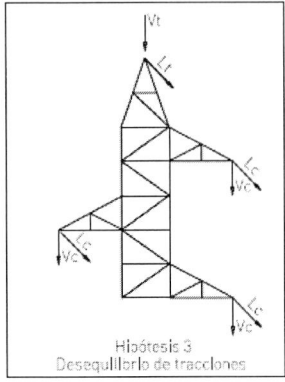

Hipótesis 3
Desequilibrio de tracciones

4ª hipótesis: rotura de conductores con hielo en la zona C, a –20 ºC

El conductor de fase roto debe ser aquel que provoque el mayor esfuerzo de torsión sobre el apoyo, por lo que se romperá el conductor del vano cuya tracción a –20 ºC, con sobrecarga de hielo, sea la menor. De esta forma el conductor del vano con mayor tracción es el que provoca el esfuerzo de torsión. Para los conductores de fase, como la tracción es la misma en los dos cantones, se podría romper el conductor de cualquiera de los dos vanos. En este caso se considera que se rompe el conductor en el vano de la derecha, ya que el gravivano resultante es mayor que si se rompe en el vano de la izquierda.

En este caso, el conductor de tierra roto, , debe ser aquel que provoque el mayor esfuerzo de flexión sobre el apoyo, por lo que se romperá el conductor del cantón cuya tracción a –20 ºC, con sobrecarga de hielo, sea la menor. De esta forma, el conductor del cantón con mayor tracción es el que provoca el esfuerzo de flexión. En este ejemplo la tracción mayor para el conductor de tierra es, $T_{Ht} = 1495$ daN, por lo que se romperá el conductor de tierra en el vano de la derecha.

a) Cargas verticales

Para los conductores que no se rompen son idénticas a las calculadas en la 2ª hipótesis.

- Carga vertical por fase: $F_{Vf} = 404,1 \ daN$

- Carga vertical debida al conductor de tierra: $F_{Vt} = 168,4 \ daN$

  La carga vertical para los conductores rotos será:

$$P_{COND.FASE.r} = n_f \cdot \left(p_{pf} + p_{hf} \right) \cdot a_{gHfr} = n_f \cdot \left(p_{pf} + 0,36 \cdot \sqrt{\phi_f} \right) \cdot a_{gHfr}$$

$$P_{COND.FASE.r} = 1 \cdot \left(0,957 + 0,36 \cdot \sqrt{21,8} \right) \cdot 120 = 316,54 \ daN$$

$$\text{Siendo: } a_{gHfr} = \frac{a_1}{2} + \left(\frac{T_{Hf1}}{p_{Hf}} \cdot \frac{d_1}{a_1} \right) = 120 + \frac{2250}{2,64} \cdot \frac{0}{240} = 120 \ m$$

$$P_{COND.TIERRA.r} = n_t \cdot \left(p_{pt} + p_{ht} \right) \cdot a_{gHtr} = n_t \cdot \left(p_{pt} + 0,36 \cdot \sqrt{\phi_t} \right) \cdot a_{gHtr}$$

$$P_{COND.TIERRA.r} = 1 \cdot \left(0,391 + 0,36 \cdot \sqrt{9} \right) \cdot 120 = 176,5 \ daN$$

Siendo $a_{gHtr} = \dfrac{a_1}{2} + \left(\dfrac{T_{Ht1}}{p_{Ht}} \cdot \dfrac{d_1}{a_1} \right) = 120 + \dfrac{1495}{1,47} \cdot \dfrac{0}{240} = 120 \ m$

Total cargas verticales:

- Carga vertical por fase: $F_{Vf} = 404{,}1 \ daN$

- Carga vertical debida al conductor de tierra: $F_{Vt} = 168{,}4 \ daN$

- Carga vertical por fase del cable roto:

$$F_{Vfr} = P_{COND.FASE.r} + 2 \cdot P_{CAD} = 316{,}54 + 2 \cdot 26{,}48 = 369{,}5 \ daN$$

- Carga vertical debida al conductor de tierra roto:

$$F_{Vtr} = P_{COND.TIERRA.r} = 176{,}5 \ daN$$

b) Cargas transversales, por viento sobre los conductores (Aptdo. 3.1.2. ITC-LAT 07)

No se consideran cargas transversales por viento.

c) Cargas longitudinales por rotura de conductores (Aptdo. 3.1.5.2. ITC-LAT 07)

Se considera la rotura de un solo conductor de fase o conductor de tierra sin reducción alguna de su tracción.

c-1) Rotura del conductor de fase

Según se muestra en la figura siguiente, el apoyo se encuentra sometido a unas cargas verticales y a un momento torsor, cuyo valor es:

$$M_t = F_{Lf} \cdot B_c = máx \left(T_{Hf1}, T_{Hf2} \right) \cdot B_c = 2250 \cdot 2 = 4500 \ daN.m$$

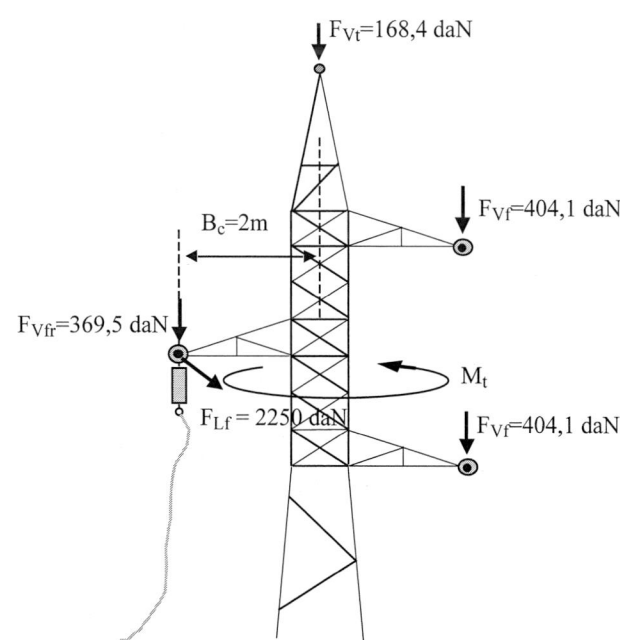

El apoyo seleccionado anteriormente no soporta los esfuerzos correspondientes a esta hipótesis y hay que seleccionar el O-6000-19,55-T-2/1,3, cuyos esfuerzos soportados se indican a continuación:

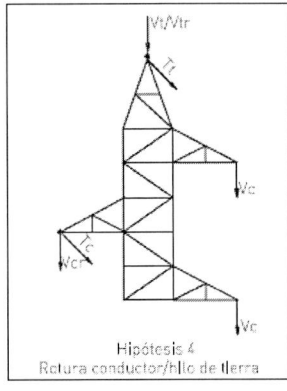

Tipo de esfuerzo	(daN)	Cumplimiento
T_c	2375	$T_C > F_{Lf}$
V_{cr}	700	$V_{cr} > F_{Vfr}$
V_c	1300	$V_C > F_{Vf}$
V_t	1000	$V_t > F_{Vt}$

c-2) Rotura del conductor de tierra

Según se muestra en la figura siguiente, el apoyo se encuentra sometido a unas cargas verticales y a un momento flector, cuyo valor es:

$$M_f = F_{Lt} \cdot H_L = máx(T_{Ht1}, T_{Ht2}) \cdot H_L = 1495 \cdot 25,20 = 37674 \; daN \cdot m$$

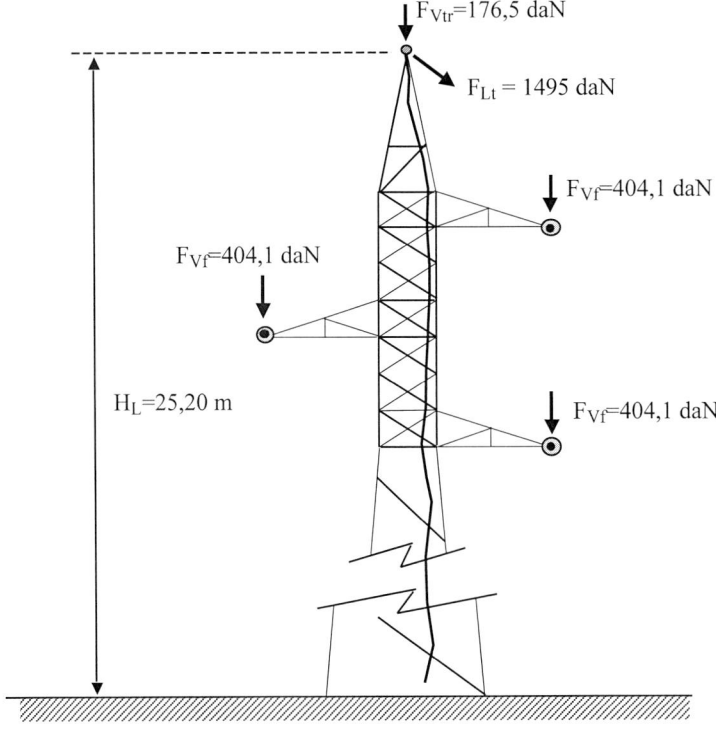

Se comprueba que el apoyo O-6000-19,55-T-2/1,3, elegido anteriormente cumple también con los esfuerzos resultantes de la rotura del conductor de tierra.

Tipo de esfuerzo	(daN)	Cumplimiento
T_t	2500	$T_t > F_{Lt}$
V_{tr}	700	$V_{tr} > F_{Vtr}$
V_c	1300	$V_C > F_{Vf}$

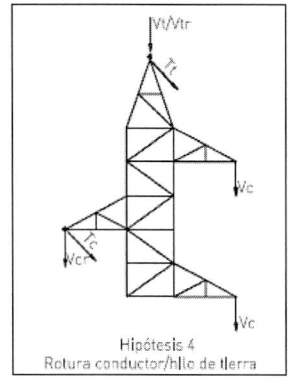

Hipótesis 4
Rotura conductor/hilo de tierra

APOYO DE SUSPENSIÓN EN ALINEACIÓN

Se considera que el apoyo pertenece a un cantón, cuyo vano de regulación es de 220 m.

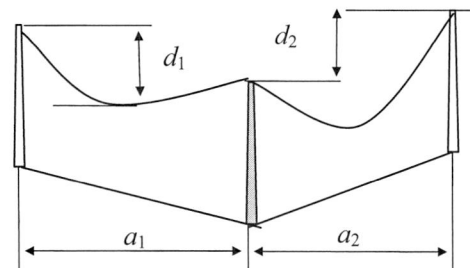

$a_1 = 210$ m.

$d_1 = -15$ m.

$a_2 = 220$ m.

$d_2 = 25$ m.

Tracciones para el conductor de fase en el vano de regulación de 220 m

- Tracción a –20 ºC + hielo: T_{Hf}=2250 daN.
- Tracción a –15 ºC + viento: T_{Vf}= 1322 daN.

Tracciones para el conductor de tierra en el vano de regulación de 220 m

- Tracción a –20 ºC + hielo: T_{Ht}=1493 daN.
- Tracción a –15 ºC + viento: T_{Vt}= 838 daN.

Por tratarse de un apoyo situado entre vanos a distinto nivel, el eolovano y el gravivano no coinciden, siendo su valor:

Eolovano para los conductores de fase y de tierra:

$$a_e = \frac{a_1 + a_2}{2} = \frac{210 + 220}{2} = 215 \ m$$

Gravivano con viento para los conductores de fase:

$$a_{gVf} = \frac{a_1 + a_2}{2} + \frac{T_{Vf}}{p_{Vf}} \cdot \left(\frac{d_1}{a_1} - \frac{d_2}{a_2} \right) = 215 + \frac{1322}{1,45} \cdot \left(\frac{-15}{210} - \frac{25}{220} \right) = 46,22 \ m$$

siendo p_{vf} el peso con sobrecarga de viento del conductor de fase.

Gravivano con viento para el conductor de tierra:

$$a_{gVt} = \frac{a_1 + a_2}{2} + \frac{T_{Vt}}{p_{Vt}} \cdot \left(\frac{d_1}{a_1} - \frac{d_2}{a_2}\right) = 215 + \frac{838}{0,67} \cdot \left(\frac{-15}{210} - \frac{25}{220}\right) = -16,41 \ m$$

siendo p_{Vt} el peso con sobrecarga de viento del conductor de tierra.

Gravivano con hielo para los conductores de fase:

$$a_{gHf} = \frac{a_1 + a_2}{2} + \frac{T_{Hf}}{p_{Hf}} \cdot \left(\frac{d_1}{a_1} - \frac{d_2}{a_2}\right) = 230 + \frac{2250}{2,64} \cdot \left(\frac{-15}{210} - \frac{25}{220}\right) = 72,27 \ m$$

siendo p_{Hf}, el peso con sobrecarga de hielo del conductor de fase.

Gravivano con hielo para los conductores de tierra:

$$a_{gHt} = \frac{a_1 + a_2}{2} + \frac{T_{Ht}}{p_{Ht}} \cdot \left(\frac{d_1}{a_1} - \frac{d_2}{a_2}\right) = 230 + \frac{1493}{1,47} \cdot \left(\frac{-15}{210} - \frac{25}{220}\right) = 41,97 \ m$$

siendo p_{Ht}, el peso con sobrecarga de hielo del conductor de tierra.

1ª hipótesis: viento de 120 km/h a –15 ºC

a) Cargas verticales

*   Peso de conductores:

$$P_{COND.FASE} = n_f \cdot p_{pf} \cdot a_{gVf} = 1 \cdot 0,957 \cdot 46,22 = 44,23 \ daN$$

$$P_{COND.TIERRA} = n_t \cdot p_{pt} \cdot a_{gVt} = 1 \cdot 0,391 \cdot (-16,41) = -6,41 \ daN$$

*   Peso de cadena de aisladores, incluidos los herrajes:

$$P_{CAD} = 21 \cdot 0,981 = 20,6 \ daN$$

Total cargas verticales:

*   Carga vertical por fase: $F_{Vf} = P_{COND.FASE} + P_{CAD} = 44,23 + 20,6 = 64,83 \ daN$

*   Carga vertical debida al conductor de tierra: $F_{Vt} = P_{COND.TIERRA} = -6,41 \ daN$

Nótese que, aunque el tiro vertical en el conductor de tierra sea ascendente, este aspecto, al contrario de lo que sucedería con los conductores de fase, no plantea problema alguno de distancias al apoyo, ya que el conductor de tierra y el apoyo están unidos eléctricamente.

b) Cargas transversales por viento sobre los conductores (Aptdo. 3.1.2. ITC-LAT 07)

Esfuerzo transversal debido al viento sobre el conductor de fase:

$$F_{Tf} = q \cdot \phi_f \cdot 10^{-3} \cdot a_e = 50 \cdot \left(\frac{120}{120}\right)^2 \cdot 21{,}8 \cdot 10^{-3} \cdot 215 = 234{,}3 \ daN$$

Esfuerzo transversal debido al viento sobre el conductor de tierra:

$$F_{Tt} = q \cdot \phi_t \cdot 10^{-3} \cdot a_e = 60 \cdot \left(\frac{120}{120}\right)^2 \cdot 9 \cdot 10^{-3} \cdot 215 = 116{,}1 \ daN$$

c) No se consideran cargas longitudinales en la hipótesis de viento

Los esfuerzos sobre el apoyo para esta hipótesis son:

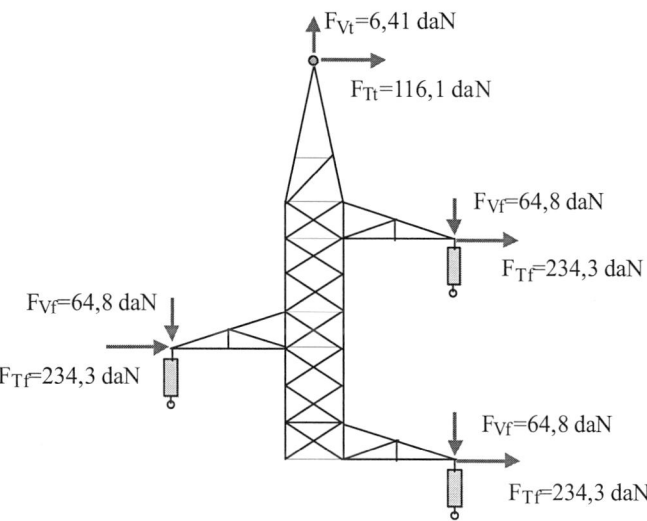

El apoyo seleccionado para cumplir con esta hipótesis es el O-1600-19,55-T-2/1,3, cuyos esfuerzos soportados se indican a continuación:

Tipo de esfuerzo	(daN)	Cumplimiento
H_C	450	$H_C > F_{Tf}$
H_t	315	$H_t > F_{Tt}$
V_C	650	$V_C > F_{Vf}$
V_t	500	$V_t > F_{Vt}$

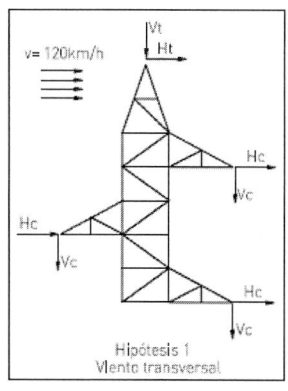

2ª hipótesis: hielo en la zona C, a –20 ºC

a) Cargas verticales

- Peso de conductores:

$$P_{COND.FASE} = n_f \cdot \left(p_{pf} + p_{hf}\right) \cdot a_{gHf} = n_f \cdot \left(p_{pf} + 0,36 \cdot \sqrt{\phi_f}\right) \cdot a_{gHf}$$

$$P_{COND.FASE} = 1 \cdot \left(0,957 + 0,36 \cdot \sqrt{21,8}\right) \cdot 72,27 = 190,63 \ daN$$

$$P_{COND.TIERRA} = n_t \cdot \left(p_{pt} + p_{ht}\right) \cdot a_{gHt} = n_t \cdot \left(p_{pt} + 0,36 \cdot \sqrt{\phi_t}\right) \cdot a_{gHt}$$

$$P_{COND.TIERRA} = 1 \cdot \left(0,391 + 0,36 \cdot \sqrt{9}\right) \cdot 41,97 = 61,73 \ daN$$

- Peso de cadena de aisladores, incluidos los herrajes:

$$P_{CAD} = 21 \cdot 0,981 = 20,6 \ daN$$

Total cargas verticales:

- Carga vertical por fase:

$$F_{Vf} = P_{COND.FASE} + P_{CAD} = 190,63 + 20,68 = 211,31 \ daN$$

- Carga vertical debida al conductor de tierra:

$$F_{Vt} = P_{COND.TIERRA} = 61,63 \ daN$$

b) No se consideran cargas transversales en la hipótesis de hielo.

c) No se consideran cargas longitudinales en la hipótesis de hielo.

Los esfuerzos sobre el apoyo para esta hipótesis son:

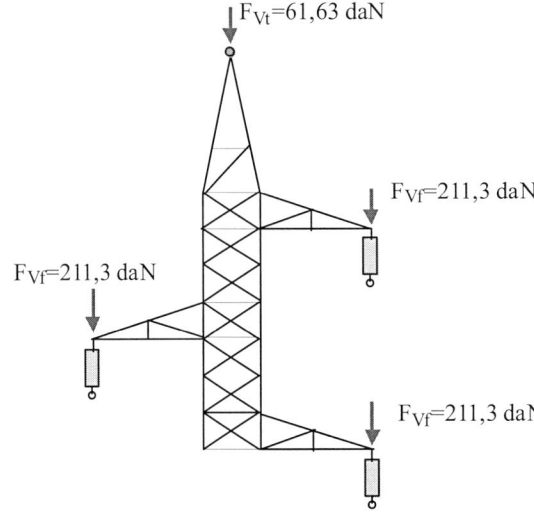

El apoyo seleccionado anteriormente, O-1600-19,55-T-2/1,3 cumple también con los esfuerzos de esta hipótesis.

Tipo de esfuerzo	(daN)	Cumplimiento
H_C	550	–
H_t	385	–
V_C	1300	$V_C > F_{Vf}$
V_t	1000	$V_t > F_{Vt}$

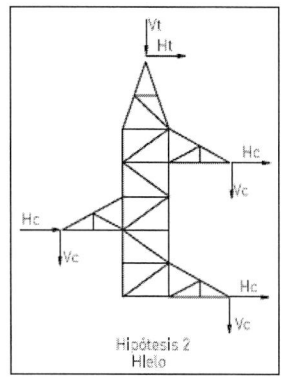

3ª hipótesis: desequilibrio de tracciones

a) Cargas verticales

Idénticas a las calculadas en la 2ª hipótesis.

- Carga vertical por fase: $F_{Vf} = 211,31 \ daN$

- Carga vertical debida al conductor de tierra: $F_{Vt} = 61,63 \ daN$

b) No se consideran cargas transversales en esta hipótesis

c) Cargas longitudinales por desequilibrio de tracciones (Aptdo. 3.1.4.1. ITC-LAT 07)

En los apoyos de alineación con cadenas de suspensión, al ser una línea de $U_n \leq 66$ kV, se considera el 8% de las tracciones unilaterales de todos los conductores.

Esfuerzo longitudinal debido a la tracción del conductor de fase:

$$F_{Lf} = n_f \cdot 0,08 \cdot T_{Hf} = 1 \cdot 0,08 \cdot 2250 = 180 \ daN$$

Esfuerzo longitudinal debido a la tracción del conductor de tierra:

$$F_{Lt} = n_t \cdot 0,08 \cdot T_{Ht} = 1 \cdot 0,08 \cdot 1493 = 119,5 \ daN$$

Los esfuerzos, para esta hipótesis, sobre el apoyo son:

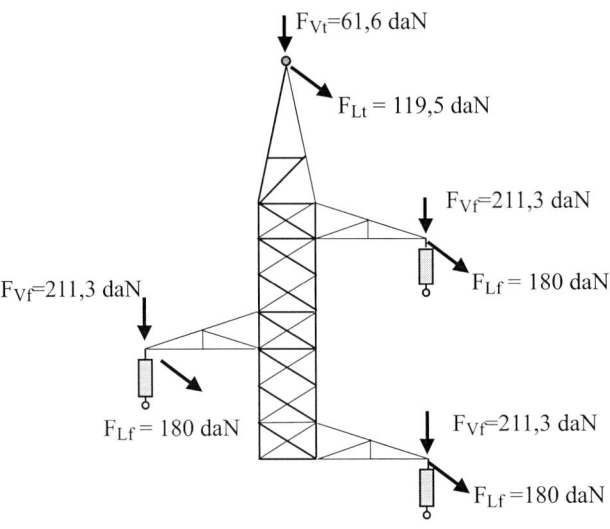

El apoyo seleccionado anteriormente, O-1600-19,55-T-2/1,3 cumple también con los esfuerzos de esta hipótesis.

Tipo de esfuerzo	(daN)	Cumplimiento
L_C	685	$L_C > F_{Lf}$
L_t	480	$L_t > F_{Lt}$
V_C	1300	$V_C > F_{Vf}$
V_t	1000	$V_t > F_{Vt}$

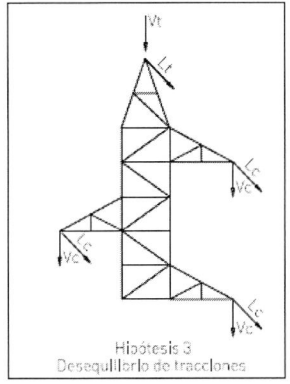

4ª hipótesis: rotura de conductores con hielo en la zona C, a –20 ºC

a) Cargas verticales (Aptdo. 3.1.1. ITC-LAT 07)

Para los conductores que no se rompen son idénticas a las calculadas en la 2ª hipótesis.

- Carga vertical por fase: $F_{Vf} = 211,31 \, daN$
- Carga vertical debida al conductor de tierra: $F_{Vt} = 61,63 \, daN$

Se considera que se rompe el conductor o el cable de tierra en el vano de la derecha, ya que el gravivano resultante es mayor que si se rompe en el vano de la izquierda.

Para los conductores rotos:

$$P_{COND.FASE.r} = n_f \cdot \left(p_{pf} + p_{hf}\right) \cdot a_{gHfr} = n_f \cdot \left(p_{pf} + 0,36 \cdot \sqrt{\phi_f}\right) \cdot a_{gHfr}$$
$$P_{COND.FASE.r} = 1 \cdot \left(0,957 + 0,36 \cdot \sqrt{21,8}\right) \cdot 44,12 = 116,4 \ daN$$

Siendo, $a_{gHfr} = \dfrac{a_1}{2} + \dfrac{T_{Hf}}{p_{Hf}} \cdot \dfrac{d_1}{a_1} = \dfrac{210}{2} + \dfrac{2250}{2,64} \cdot \left(\dfrac{-15}{210}\right) = 44,12 \ m$

$$P_{COND.TIERRA.r} = n_t \cdot \left(p_{pt} + p_{ht}\right) \cdot a_{gHtr} = n_t \cdot \left(p_{pt} + 0,36 \cdot \sqrt{\phi_t}\right) \cdot a_{gHtr}$$
$$P_{COND.TIERRA.r} = 1 \cdot \left(0,391 + 0,36 \cdot \sqrt{9}\right) \cdot 32,43 = 47,7 \ daN$$

Siendo, $a_{gHtr} = \dfrac{a_1}{2} + \dfrac{T_{Ht}}{p_{Ht}} \cdot \dfrac{d_1}{a_1} = \dfrac{210}{2} + \dfrac{1493}{1,47} \cdot \left(\dfrac{-15}{210}\right) = 32,43 \ m$

Total cargas verticales:

- Carga vertical por fase: $F_{Vf} = 211,31 \ daN$

- Carga vertical debida al conductor de tierra: $F_{Vt} = 61,63 \ daN$

- Carga vertical por fase del cable roto:

$$F_{Vfr} = P_{COND.FASE.r} + P_{CAD} = 116,4 + 20,68 = 137,1 \ daN$$

- Carga vertical debida al conductor de tierra roto:

$$F_{Vtr} = P_{COND.TIERRA.r} = 47,7 \ daN$$

b) Cargas transversales, por viento sobre los conductores (Aptdo. 3.1.2. ITC-LAT 07)

No se consideran cargas transversales por viento.

c) Cargas longitudinales por rotura de conductores (Aptdo. 3.1.5.2. ITC-LAT 07)

Se considera la rotura de un solo conductor de fase o conductor de tierra.

c-1) Rotura del conductor de fase

Se considera la rotura de un solo conductor de fase, con una reducción del 50% de la tracción del conductor roto por ser una línea simplex, debido al desvío de la cadena de aisladores cuando se produce la rotura del conductor.

Según se muestra en la figura siguiente, el apoyo se encuentra sometido a unas cargas verticales y a un momento torsor, cuyo valor es:

$$M_t = 0,5 \cdot F_{Lf} \cdot B_c = 0,5 \cdot T_{Hf} \cdot B_c = 0,5 \cdot 2250 \cdot 2 = 2250 \ daN \cdot m$$

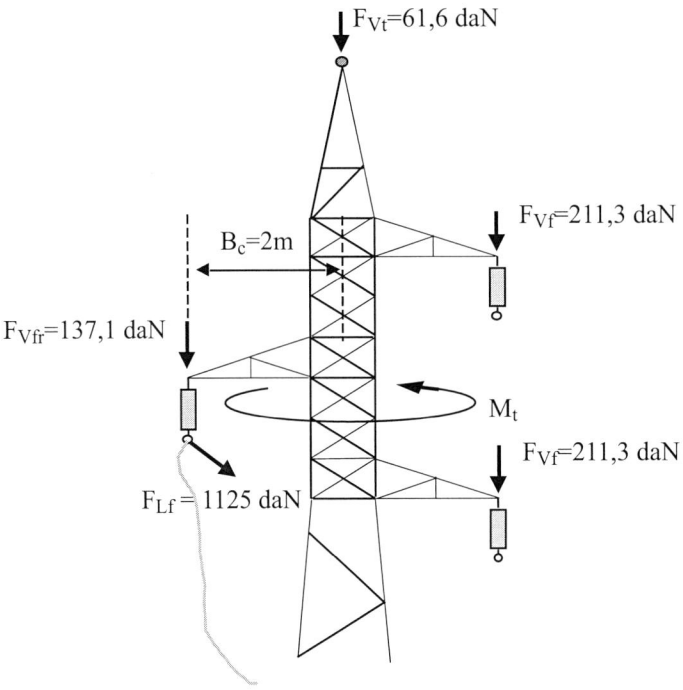

El apoyo seleccionado anteriormente, O-1600-19,55-T-2/1,3 cumple también con los esfuerzos de esta hipótesis.

Tipo de esfuerzo	(daN)	Cumplimiento
T_c	2000	$T_C > F_{Lf}$
V_{cr}	700	$V_{cr} > F_{Vfr}$
V_c	1300	$V_C > F_{Vf}$
V_t	1000	$V_t > F_{Vt}$

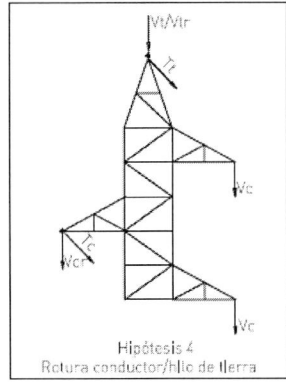

Hipótesis 4
Rotura conductor/hilo de tierra

c-2) Rotura del conductor de tierra

Se considera la rotura del conductor de tierra sin reducción alguna de su tracción. Según se muestra en la figura siguiente, el apoyo se encuentra sometido a unas cargas verticales y a un momento flector, cuyo valor es:

$$M_f = F_{Lt} \cdot H_L = T_{Ht} \cdot H_L = 1493 \cdot 25,20 = 37624 \; daN \cdot m$$

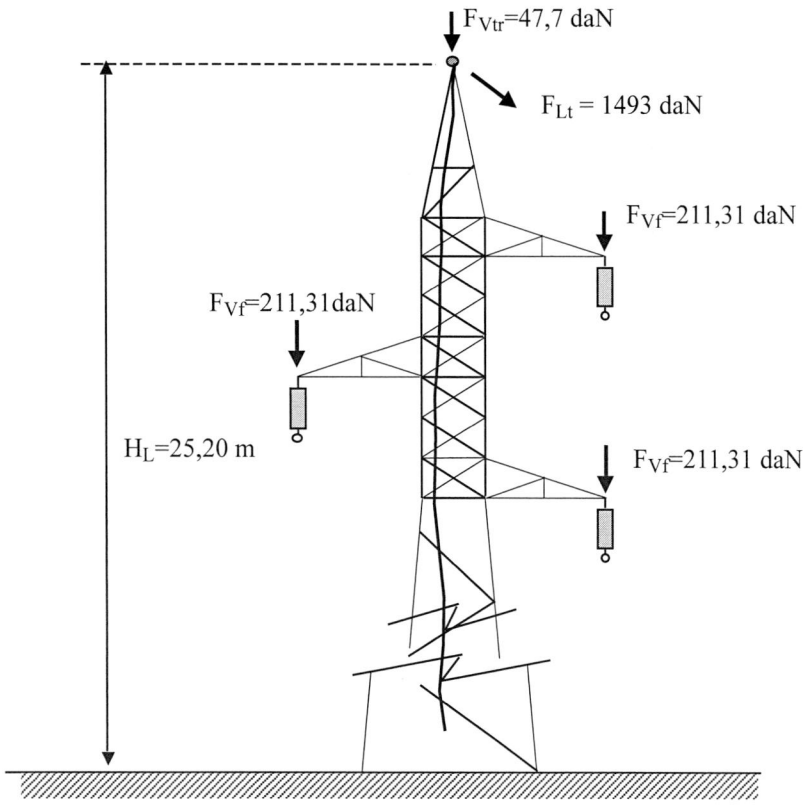

El apoyo seleccionado anteriormente, O-1600-19,55-T-2/1,3 cumple también con los esfuerzos de esta hipótesis.

Tipo de esfuerzo	(daN)	Cumplimiento
T_t	2000	$T_t > F_{Lt}$
V_{tr}	700	$V_{tr} > F_{Vtr}$
V_c	1300	$V_C > F_{Vf}$

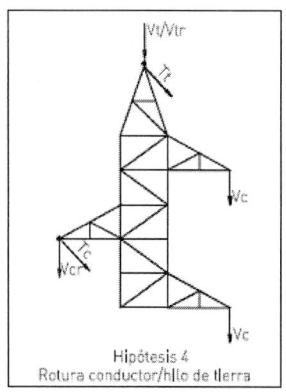

Hipótesis 4
Rotura conductor/hilo de tierra

APOYO DE AMARRE EN ÁNGULO

Este apoyo delimita dos cantones el de la izquierda, con un vano de regulación de 240 metros y el de la derecha, de 220 metros.

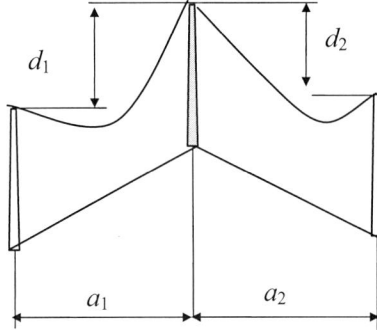

$a_1 = 240$ m.

$d_1 = 20$ m.

$a_2 = 220$ m.

$d_2 = -5$ m.

Ángulo de desviación de la traza, $\alpha = 45$ °

Tracciones para el conductor de fase en el vano de regulación de 240 m

- Tracción a –20 °C + hielo: T_{Hf1}=2250 daN.
- Tracción a –15 °C + viento: T_{Vf1}= 1309 daN.

Tracciones para el conductor de fase en el vano de regulación de 220m

- Tracción a –20 °C + hielo: T_{Hf2}=2250 daN.
- Tracción a –15 °C + viento: T_{Vf2}= 1322 daN.

Tracciones para el conductor de tierra en el vano de regulación de 240 m

- Tracción a –20 °C + hielo: T_{Ht1} =1495 daN.
- Tracción a –15 °C + viento: T_{Vt1}= 813 daN.

Tracciones para el conductor de tierra en el vano de regulación de 220 m

- Tracción a –20 °C + hielo: T_{Ht2}=1493 daN.
- Tracción a –15 °C + viento: T_{Vt2}= 838 daN.

Por tratarse de un apoyo situado entre vanos a distinto nivel, el Eolovano y Gravivano no coinciden, siendo su valor:

Eolovano para los conductores de fase y de tierra:

$$a_e = \frac{a_1 + a_2}{2} = \frac{240 + 220}{2} = 230 \ m$$

Gravivano con viento para los conductores de fase:

$$a_{gVf} = \frac{a_1 + a_2}{2} + \left(\frac{T_{Vf1}}{p_{Vf}} \cdot \frac{d_1}{a_1} - \frac{T_{Vf2}}{p_{Vf}} \cdot \frac{d_2}{a_2} \right) = 230 + \frac{1309}{1,45} \cdot \frac{20}{240} - \frac{1322}{1,45} \cdot \left(\frac{-5}{220} \right) = 325,95 \; m$$

siendo p_{Vf} el peso con sobrecarga de viento del conductor de fase.

Gravivano con viento para el conductor de tierra:

$$a_{gVt} = \frac{a_1 + a_2}{2} + \left(\frac{T_{Vt1}}{p_{Vt}} \cdot \frac{d_1}{a_1} - \frac{T_{Vt2}}{p_{Vt}} \cdot \frac{d_2}{a_2} \right) = 230 + \frac{813}{0,67} \cdot \frac{20}{240} - \frac{838}{0,67} \cdot \left(\frac{-5}{220} \right) = 359,6 \; m$$

siendo p_{Vt} el peso con sobrecarga de viento del conductor de tierra.

Gravivano con hielo para los conductores de fase:

$$a_{gHf} = \frac{a_1 + a_2}{2} + \left(\frac{T_{Hf1}}{p_{Hf}} \cdot \frac{d_1}{a_1} - \frac{T_{Hf2}}{p_{Hf}} \cdot \frac{d_2}{a_2} \right) = 230 + \frac{2250}{2,64} \cdot \frac{20}{240} - \frac{2250}{2,64} \cdot \left(\frac{-5}{220} \right) = 320,39 \; m$$

siendo p_{Hf} el peso con sobrecarga de hielo del conductor de fase.

Gravivano con hielo para los conductores de tierra:

$$a_{gHt} = \frac{a_1 + a_2}{2} + \left(\frac{T_{Ht1}}{p_{Ht}} \cdot \frac{d_1}{a_1} - \frac{T_{Ht2}}{p_{Ht}} \cdot \frac{d_2}{a_2} \right) = 230 + \frac{1495}{1,47} \cdot \frac{20}{240} - \frac{1493}{1,47} \cdot \left(\frac{-5}{220} \right) = 337,87 \; m$$

siendo p_{Ht} el peso con sobrecarga de hielo del conductor de tierra.

1ª hipótesis: viento de 120 km/h a –15 ºC

a) Cargas verticales

- Peso de conductores:

$$P_{COND.FASE} = n_f \cdot p_{pf} \cdot a_{gVf} = 1 \cdot 0,957 \cdot 325,95 = 311,93 \; daN$$

$$P_{COND.TIERRA} = n_t \cdot p_{pt} \cdot a_{gVt} = 1 \cdot 0,391 \cdot 359,6 = 140,6 \; daN$$

- Peso de cadena de aisladores, incluidos los herrajes:

$$P_{CAD} = 27 \cdot 0,981 = 26,48 \; daN$$

Total cargas verticales:

- Carga vertical por fase:

$$F_{Vf} = P_{COND.FASE} + 2 \cdot P_{CAD} = 311,93 + 2 \cdot 26,48 = 364,9 \; daN$$

- Carga vertical debida al conductor de tierra:

$$F_{Vt} = P_{COND.TIERRA} = 140,6 \ daN$$

b) Cargas transversales debidas a la resultante de ángulo (Aptdo. 3.1.6. ITC-LAT 07) y al viento (Aptdo. 3.1.2. ITC-LAT 07).

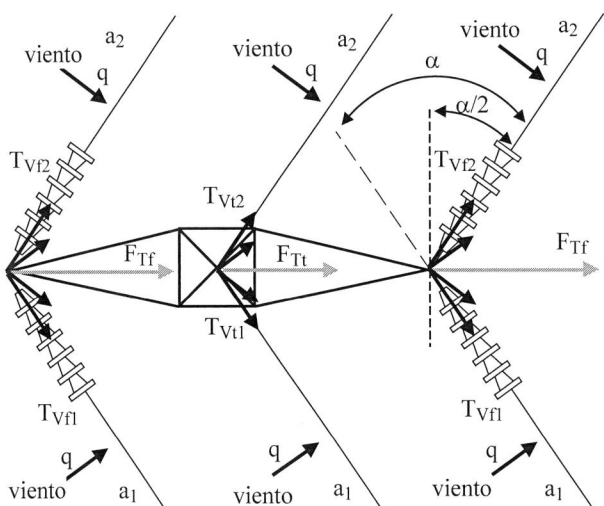

Esfuerzo transversal debido al viento y a la resultante de ángulo sobre el conductor de fase:

$$F_{Tf} = n_f \cdot \left[\left(T_{Vf1} + T_{Vf2} \right) \cdot sen\frac{\alpha}{2} + \left(\frac{a_1 + a_2}{2} \right) \cdot q \cdot \phi_f \cdot 10^{-3} \cdot \cos\frac{\alpha}{2} \right]$$

$$F_{Tf} = 1 \cdot \left[\left(1309 + 1322 \right) \cdot sen\frac{45}{2} + 230 \cdot 50 \cdot \left(\frac{120}{120} \right)^2 \cdot 21,8 \cdot 10^{-3} \cdot \cos\frac{45}{2} \right] = 1238,6 \ daN$$

Esfuerzo transversal debido al viento y a la resultante de ángulo sobre el conductor de tierra:

$$F_{Tt} = n_t \cdot \left[\left(T_{Vt1} + T_{Vt2} \right) \cdot sen\frac{\alpha}{2} + \left(\frac{a_1 + a_2}{2} \right) \cdot q \cdot \phi_t \cdot 10^{-3} \cdot \cos\frac{\alpha}{2} \right]$$

$$F_{Tt} = 1 \cdot \left[\left(813 + 838 \right) \cdot sen\frac{45}{2} + 230 \cdot 60 \cdot \left(\frac{120}{120} \right)^2 \cdot 9 \cdot 10^{-3} \cdot \cos\frac{45}{2} \right] = 746,7 \ daN$$

c) No se consideran cargas longitudinales en la hipótesis de viento

Aunque existen realmente cargas longitudinales debidas a las diferencias entre las tracciones de los conductores en los dos cantones y al viento que actúa sobre vanos de diferente longitud, el RLAT no considera dichas cargas, ya que, en general, son pequeñas.

Los esfuerzos sobre el apoyo para esta hipótesis son:

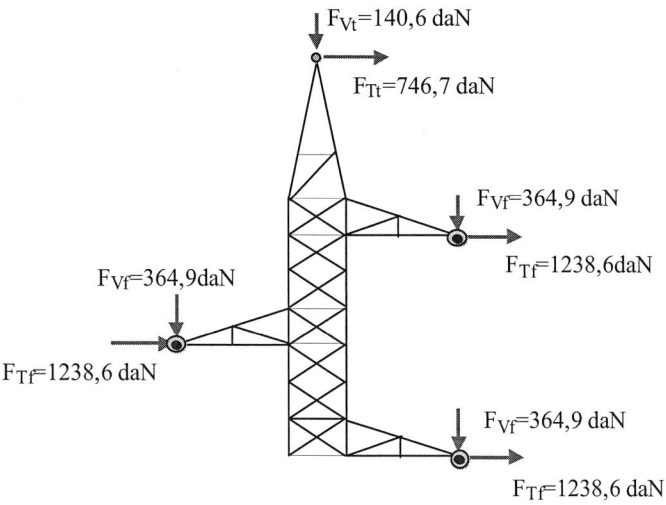

El apoyo seleccionado para cumplir con esta hipótesis es el H-7200-19,05-T-2,4/2, cuyos esfuerzos soportados se indican a continuación:

Tipo de esfuerzo	(daN)	Cumplimiento
H_C	1680	$H_C > F_{Tf}$
H_t	1050	$H_t > F_{Tt}$
V_C	650	$V_C > F_{Vf}$
V_t	500	$V_t > F_{Vt}$

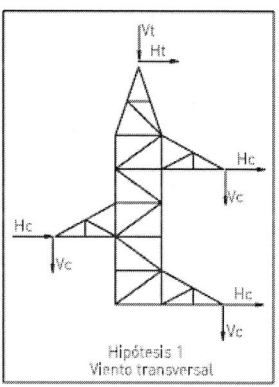

2ª hipótesis: hielo en zona C, a –20 ºC

a) Cargas verticales

- Peso de conductores:

$$P_{COND.FASE} = n_f \cdot \left(p_{pf} + p_{hf}\right) \cdot a_{gHf} = n_f \cdot \left(p_{pf} + 0,36 \cdot \sqrt{\phi_f}\right) \cdot a_{gHf}$$

$$P_{COND.FASE} = 1 \cdot \left(0,957 + 0,36 \cdot \sqrt{21,8}\right) \cdot 320,39 = 845,14 \; daN$$

$$P_{COND.TIERRA} = n_t \cdot \left(p_{pt} + p_{ht}\right) \cdot a_{gHt} = n_t \cdot \left(p_{pt} + 0,36 \cdot \sqrt{\phi_t}\right) \cdot a_{gHt}$$

$$P_{COND.TIERRA} = 1 \cdot \left(0,391 + 0,36 \cdot \sqrt{9}\right) \cdot 337,87 = 497 \; daN$$

• Peso de cadena de aisladores, incluidos los herrajes:

$$P_{CAD} = 27 \cdot 0,981 = 26,48 \ daN$$

Total cargas verticales:

• Carga vertical por fase:

$$F_{Vf} = P_{COND.FASE} + 2 \cdot P_{CAD} = 845,14 + 2 \cdot 26,48 = 898 daN$$

• Carga vertical debida al conductor de tierra:

$$F_{Vt} = P_{COND.TIERRA} = 497 \ daN$$

b) Cargas transversales debidas a la resultante de ángulo (Aptdo. 3.1.6. ITC-LAT 07)

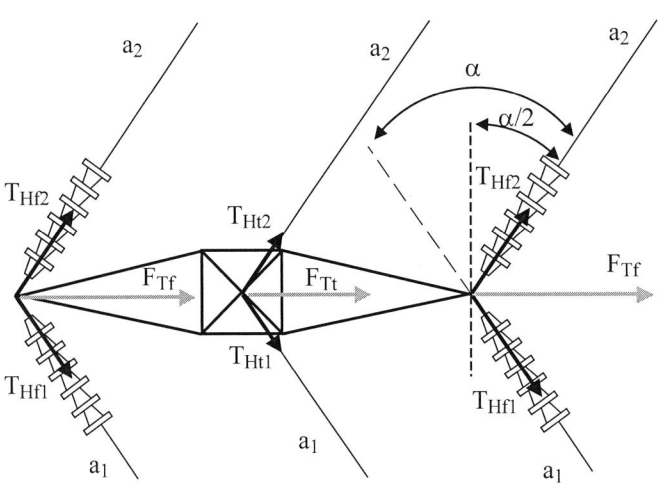

Esfuerzo transversal debido a la resultante de ángulo sobre el conductor de fase:

$$F_{Tf} = n_f \cdot \left[\left(T_{Hf1} + T_{Hf2} \right) \cdot sen \frac{\alpha}{2} \right] = 1 \cdot \left[\left(2250 + 2250 \right) \cdot sen \frac{45}{2} \right] = 1722 \ daN$$

Esfuerzo transversal debido al viento y a la resultante de ángulo sobre el conductor de tierra:

$$F_{Tt} = n_t \cdot \left[\left(T_{Ht1} + T_{Ht2} \right) \cdot sen \frac{\alpha}{2} \right] = 1 \cdot \left[\left(1495 + 1493 \right) \cdot sen \frac{45}{2} \right] = 1143,8 \ daN$$

c) No se consideran cargas longitudinales en la hipótesis de viento

Los esfuerzos sobre el apoyo para esta hipótesis, son:

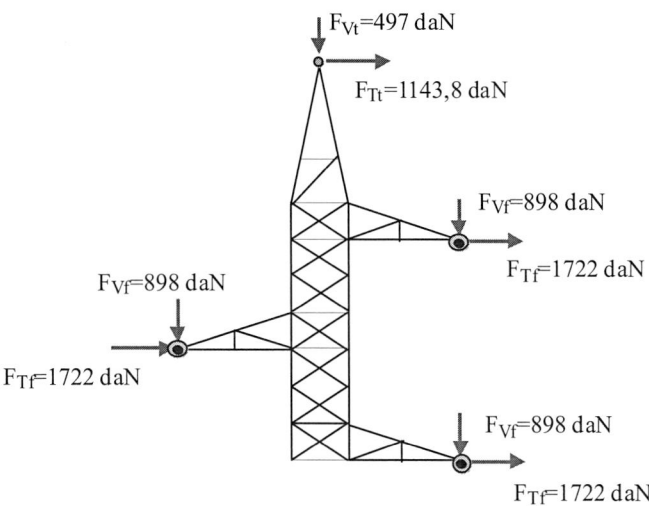

El apoyo seleccionado anteriormente no soporta los esfuerzos correspondientes a esta hipótesis y hay que seleccionar el H-9500-19,05-T-2,4/2, cuyos esfuerzos soportados se indican a continuación:

Tipo de esfuerzo	(daN)	Cumplimiento
H_C	2600	$H_C > F_{Tf}$
H_t	1750	$H_t > F_{Tt}$
V_C	1300	$V_C > F_{Vf}$
V_t	1000	$V_t > F_{Vt}$

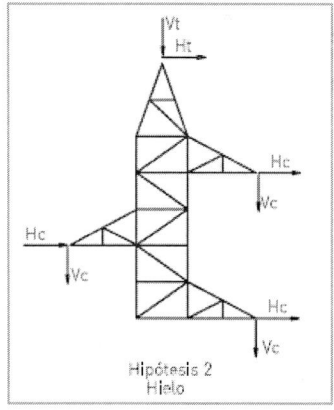

3ª hipótesis: desequilibrio de tracciones

a) Cargas verticales

Idénticas a las calculadas en la 2 ª hipótesis.

Total cargas verticales:

- Carga vertical por fase: $F_{Vf} = 898 daN$

- Carga vertical debida al conductor de tierra: $F_{Vt} = 497 \ daN$

***b) Cargas transversales debidas a la resultante de ángulo (Aptdo. 3.1.6. ITC-LAT 07)
y longitudinales por desequilibrio de tracciones (Aptdo. 3.1.4.2 ITC-LAT 07)***

En los apoyos de ángulo, para líneas de $U_n \leq 66$ kV con cadenas de amarre, se considera el 15% de las tracciones unilaterales de todos los conductores y cables de tierra. Este desequilibrio produce los esfuerzos transversales y longitudinales indicados en la figura siguiente, donde T_{Hf} y T_{Ht} son las tracciones máximas a –20 °C, con sobrecarga de hielo, entre las tracciones de los cantones contiguos al apoyo para el conductor de fase y conductor de tierra respectivamente. En este caso $T_{Hf} = 2250$ daN y $T_{Ht} = 1395$ daN.

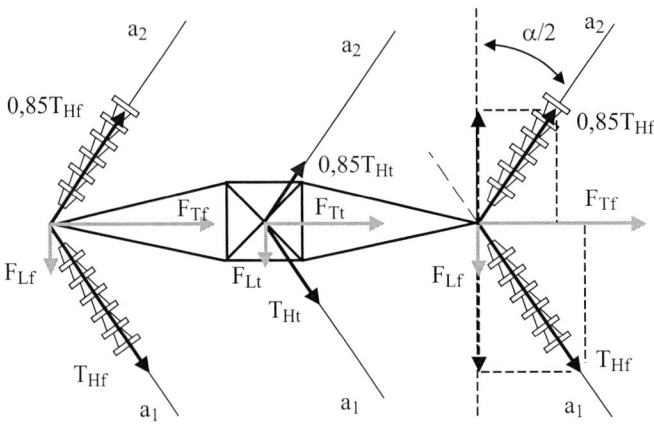

Los esfuerzos longitudinal y transversal para el conductor de fase son:

$$F_{Tf} = \left(T_{Hf} + 0,85 \cdot T_{Hf}\right) \cdot sen\frac{\alpha}{2} = 1,85 \cdot T_{Hf} \cdot sen\frac{\alpha}{2} = 1,85 \cdot 2250 \cdot sen\frac{45}{2} = 1592,9 \; daN$$

$$F_{Lf} = \left(T_{Hf} - 0,85 \cdot T_{Hf}\right) \cdot \cos\frac{\alpha}{2} = 0,15 \cdot T_{Hf} \cdot \cos\frac{\alpha}{2} = 0,15 \cdot 2250 \cdot \cos\frac{45}{2} = 311,8 \; daN$$

Los esfuerzos longitudinal y transversal para el conductor de tierra son:

$$F_{Tt} = \left(T_{Ht} + 0,85 \cdot T_{Ht}\right) \cdot sen\frac{\alpha}{2} = 1,85 \cdot T_{Ht} \cdot sen\frac{\alpha}{2} = 1,85 \cdot 1495 \cdot sen\frac{45}{2} = 1058,4 \; daN$$

$$F_{Lt} = \left(T_{Ht} - 0,85 \cdot T_{Ht}\right) \cdot \cos\frac{\alpha}{2} = 0,15 \cdot T_{Ht} \cdot \cos\frac{\alpha}{2} = 0,15 \cdot 1495 \cdot \cos\frac{45}{2} = 207,2 \; daN$$

Para esta hipótesis, los esfuerzos calculados sobre el apoyo, , no son directamente comparables con el árbol de cargas especificado. Sin embargo, teniendo en cuenta que el apoyo de celosía es de base cuadrada, resulta admisible calcular un esfuerzo longitudinal equivalente a la suma aritmética de los esfuerzos longitudinal y transversal, y que provoca la misma flexión sobre el apoyo.

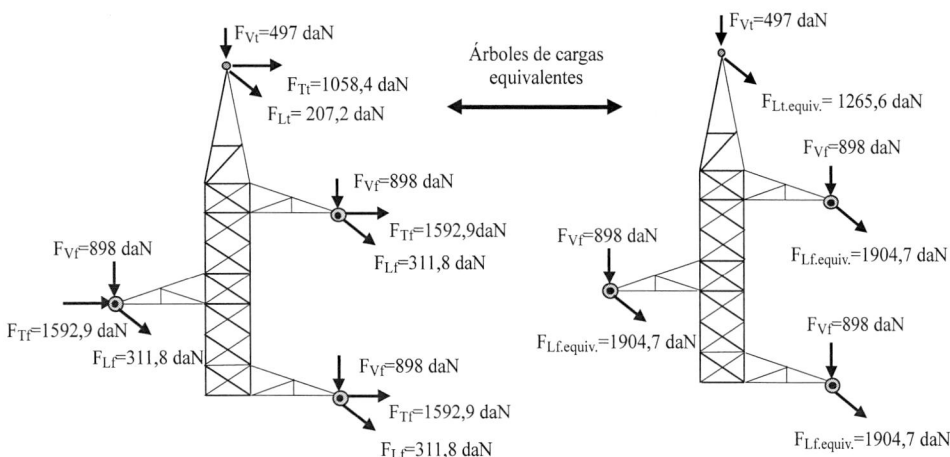

El apoyo seleccionado anteriormente, H-9500-19,05-T-2,4/2 cumple también con los esfuerzos de esta hipótesis.

Tipo de esfuerzo	(daN)	Cumplimiento
L_C	2000	$L_C > F_{Lf.equiv.}$
L_t	2000	$L_t > F_{Lt.equiv.}$
V_C	1300	$V_C > F_{Vf}$
V_t	1000	$V_t > F_{Vt}$

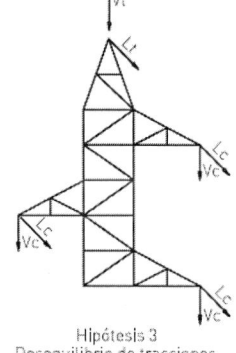

Hipótesis 3
Desequilibrio de tracciones

4ª hipótesis: rotura de conductores con hielo en zona C a –20 °C

El conductor de fase roto debe ser aquel que provoque el mayor esfuerzo de torsión sobre el apoyo, por lo que se romperá el conductor del vano cuya tracción a –20 °C, con sobrecarga de hielo, sea la menor. De esta forma, el conductor del vano con mayor tracción es el que provoca el esfuerzo de torsión. Para los conductores de fase, como la tracción es la misma en los dos cantones, se podría romper el conductor de cualquiera de los dos vanos. En este caso, se considera que se rompe el conductor en el vano de la derecha, ya que el gravivano resultante es mayor que si se rompe en el vano de la izquierda.

El conductor de tierra roto, en este caso, debe ser aquel que provoque el mayor esfuerzo de flexión sobre el apoyo, por lo que se romperá el conductor del cantón cuya tracción a –20 ºC, con sobrecarga de hielo, sea la menor. De esta forma, el conductor del cantón con mayor tracción es el que provoca el esfuerzo de flexión. En este ejemplo, la tracción mayor para el conductor de tierra es, $T_{Ht} = 1495$ daN, por lo que se romperá el conductor de tierra en el vano de la derecha.

a) Cargas verticales

Idénticas a las calculadas en la 2ª hipótesis para los conductores que no se rompen.

- Carga vertical por fase: $F_{Vf} = 898 daN$

- Carga vertical debida al conductor de tierra: $F_{Vt} = 497\ daN$

Para los conductores rotos:

$$P_{COND.FASE.r} = n_f \cdot \left(p_{pf} + p_{hf}\right) \cdot a_{gHf} = n_f \cdot \left(p_{pf} + 0,36 \cdot \sqrt{\phi_f}\right) \cdot a_{gHfr}$$
$$P_{COND.FASE.r} = 1 \cdot \left(0,957 + 0,36 \cdot \sqrt{21,8}\right) \cdot 191 = 503,8\ daN$$

Siendo:

$$a_{gHfr} = \frac{a_1}{2} + \left(\frac{T_{Hf1}}{p_{Hf}} \cdot \frac{d_1}{a_1}\right) = \frac{240}{2} + \frac{2250}{2,64} \cdot \frac{20}{240} = 191\ m$$

$$P_{COND.TIERRA.r} = n_t \cdot \left(p_{pt} + p_{ht}\right) \cdot a_{gHtr} = n_t \cdot \left(p_{pt} + 0,36 \cdot \sqrt{\phi_t}\right) \cdot a_{gHtr}$$
$$P_{COND.TIERRA.r} = 1 \cdot \left(0,391 + 0,36 \cdot \sqrt{9}\right) \cdot 204,7 = 301,1\ daN$$

Siendo

$$a_{gHtr} = \frac{a_1}{2} + \left(\frac{T_{Ht1}}{p_{Ht}} \cdot \frac{d_1}{a_1}\right) = \frac{240}{2} + \frac{1495}{1,47} \cdot \frac{20}{240} = 204,7\ m$$

Total cargas verticales:

- Carga vertical por fase: $F_{Vf} = 898 daN$

- Carga vertical debida al conductor de tierra: $F_{Vt} = 497\ daN$

- Carga vertical por fase del cable roto:

$$F_{Vfr} = P_{COND.FASE.r} + 2 \cdot P_{CAD} = 503,8 + 2 \cdot 26,48 = 556,8\ daN$$

- Carga vertical debida al conductor de tierra roto:

$$F_{Vtr} = P_{COND.TIERRA.r} = 301,1\ daN$$

b) Cargas transversales debidas a la resultante de ángulo (Aptdo. 3.1.6. ITC-LAT 07) y longitudinales por rotura del conductor (Aptdo. 3.1.5.2. ITC-LAT 07)

Se considera la rotura de un solo conductor de fase o conductor de tierra sin reducción alguna de su tracción.

b-1) Caso de rotura del conductor de fase

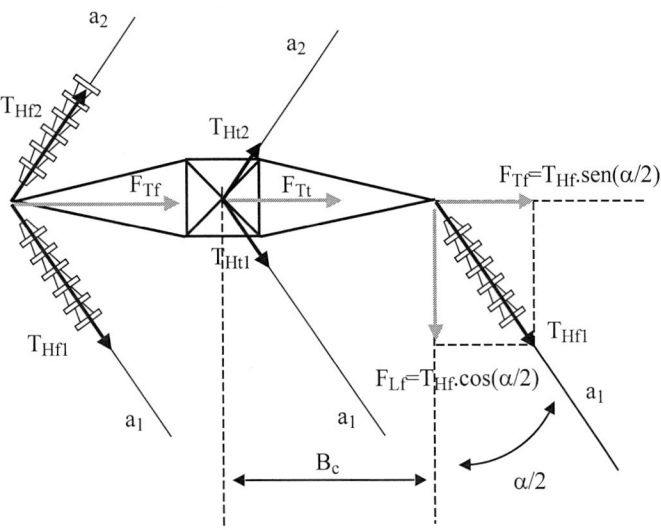

El esfuerzo transversal debido al conductor de fase roto, vale:

$$F_{Tfr} = T_{Hf} \cdot sen\frac{\alpha}{2} = 2250 \cdot sen\frac{45}{2} = 861 \, daN$$

El esfuerzo longitudinal debido al conductor de fase roto, vale:

$$F_{Lfr} = T_{Hf} \cdot \cos\frac{\alpha}{2} = 2250 \cdot \cos\frac{45}{2} = 2078,7 \, daN$$

Este esfuerzo longitudinal provoca sobre el apoyo un momento torsor de valor:

$$M_t = F_{Lfr} \cdot B_c = 2078,7 \cdot 3 = 6236 \, daN \cdot m$$

Los esfuerzos a los que queda sometido el apoyo se muestran en la figura siguiente:

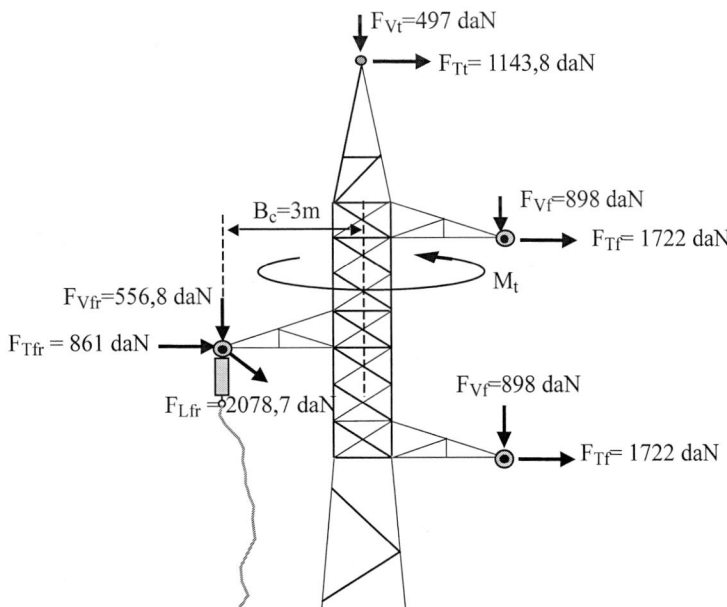

Para el apoyo seleccionado anteriormente, H-9500-19,05-T-2,4/2, los esfuerzos especificados, que se muestran a continuación, no incluyen el efecto combinado de la torsión, M_t con el esfuerzo transversal F_{Tf}, al no incluirse este último.

Tipo de esfuerzo	(daN)
T_C	3000
V_{Cr}	900
V_C	1300
V_t	1000

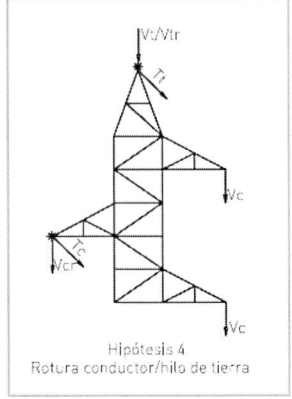

Hipótesis 4
Rotura conductor/hilo de tierra

Para comprobar si un apoyo es capaz de soportar la acción combinada de los esfuerzos transversales y del par torsor, los fabricantes deben facilitar esta información, por ejemplo, mediante gráficos que indiquen el par torsor soportado en función del esfuerzo útil del apoyo, tal y como se aprecia en la figura siguiente para un apoyo de similares características.

Para calcular el esfuerzo útil del apoyo se debe de utilizar la información especificada por el fabricante [10], aunque generalmente se calcula como la suma aritmética de todos los esfuerzos transversales y longitudinales aplicados sobre el apoyo, teniendo en cuenta un coeficiente de mayoración cuando existen esfuerzos aplicados en su cúpula.

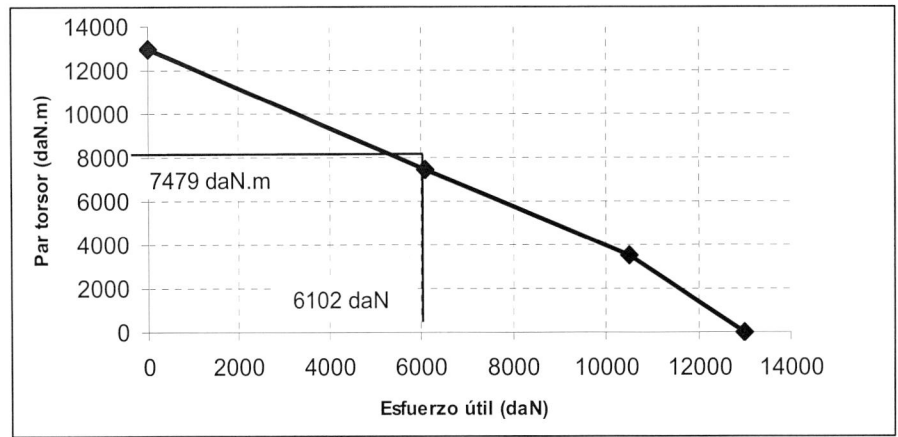

En este ejemplo, el esfuerzo útil se calcula como:

$$F_{\text{útil}} = \left(F_{Tt} + 2 \cdot F_{Tf} + F_{Tfr}\right) \cdot Coef. = \left(1143,8 + 2 \cdot 1722 + 861\right) \cdot 1,12 = 6102 \, daN$$

Para este esfuerzo útil, según la gráfica, el par torsor soportado es de 7479 daN·m, valor superior a M_t, por lo que se cumpliría con los esfuerzos solicitados en esta hipótesis.

b-2) Caso de rotura del conductor de tierra

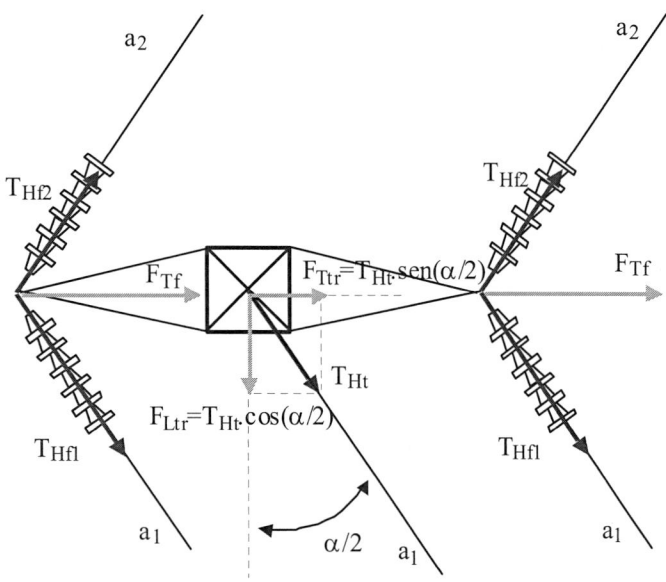

El esfuerzo transversal debido al conductor de tierra roto, vale:

$$F_{Ttr} = T_{Ht} \cdot sen\frac{\alpha}{2} = 1495 \cdot sen\left(\frac{45}{2}\right) = 572 \ daN$$

El esfuerzo longitudinal debido al conductor de fase roto, vale:

$$F_{Ltr} = T_{Ht} \cdot cos\left(\frac{\alpha}{2}\right) = 1495 \cdot cos\left(\frac{45}{2}\right) = 1381 \ daN$$

Para esta hipótesis, los esfuerzos calculados sobre el apoyo no son directamente comparables con el árbol de cargas especificado. Sin embargo, resulta admisible calcular un esfuerzo longitudinal equivalente para el cable de tierra como la suma aritmética de los esfuerzos longitudinal y transversal, y que provoca la misma flexión sobre el apoyo, con objeto de compararlos con los especificados por el fabricante para la 2ª hipótesis.

Los esfuerzos a los que queda sometido el apoyo se muestran en la figura siguiente:

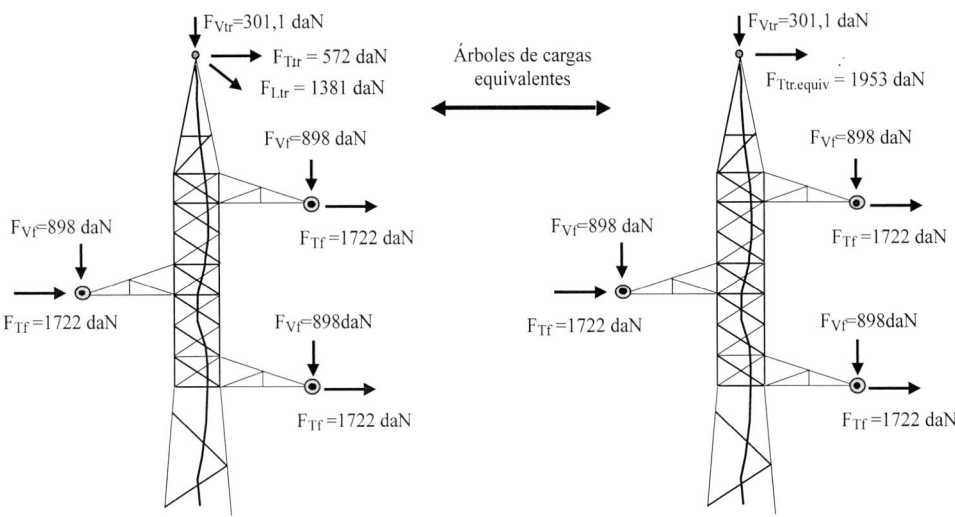

El apoyo seleccionado anteriormente, H-9500-19,05-T-2,4/2, no cumple con los esfuerzos solicitados y es necesario seleccionar el apoyo, H-13000-19,05-T-2,4/2, cuyos esfuerzos especificados para la 2ª hipótesis se indican a continuación:

Tipo de esfuerzo	(daN)	Cumplimiento
H_C	3250	$H_C > F_{Tf}$
H_t	2000	$H_t > F_{Ttr.equivg}$
V_C	1300	$V_C > F_{Vf}$
V_t	1000	$V_t > F_{Vtr}$

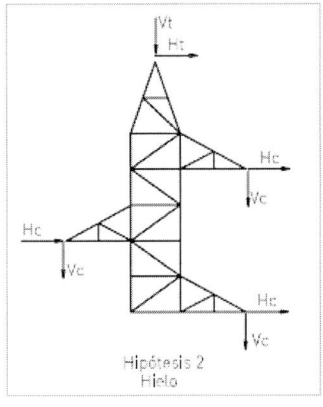

APOYO DE ANCLAJE EN ALINEACIÓN

Utilizando las mismas longitudes, desniveles y tracciones que en el apoyo de amarre en alineación, se trata ahora de realizar el cálculo mecánico de un apoyo de anclaje en alineación.

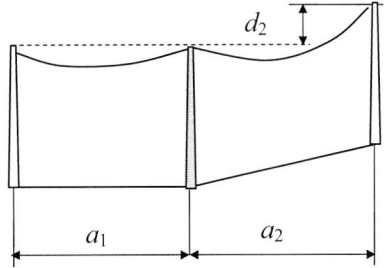

$a_1 = 240$ m.

$d_1 = 0$ m.

$a_2 = 220$ m.

$d_2 = 25$ m.

Las hipótesis 1ª, 2ª y 4ª calculadas para el apoyo de amarre, son idénticas para el apoyo de anclaje, y solo es necesario realizar el cálculo de la 3ª hipótesis de desequilibrio de tracciones, que es más exigente en un apoyo de anclaje. En el apoyo de amarre calculado anteriormente, se seleccionó el O-6000-19,55-T-2/1,3, debido a los esfuerzos calculados para la 4ª hipótesis de rotura de conductores, que resultaba ser la más exigente de todas. Por tanto, para el apoyo de anclaje que se calcula a continuación, solamente es necesario comprobar si el apoyo O-6000-19,55-T-2/1,3 cumple con la 3ª hipótesis.

3ª hipótesis: desequilibrio de tracciones

a) Cargas verticales

Idénticas a las calculadas en la 2ª hipótesis para el apoyo de amarre.

- Carga vertical por fase: $F_{Vf} = 404,1\ daN$

- Carga vertical debida al conductor de tierra: $F_{Vt} = 168,4\ daN$

b) No se consideran cargas transversales en esta hipótesis

c) Cargas longitudinales por desequilibrio de tracciones (Aptdo. 3.1.4.2. ITC-LAT 07)

En los apoyos de anclaje se considera el 50% de las tracciones unilaterales de todos los conductores.

Esfuerzo longitudinal debido a la tracción del conductor de fase:

$$F_{Lf} = n_f \cdot 0,5. T_{Hf} = 1 \cdot 0,5 \cdot 2250 = 1125\ daN$$

siendo T_{Hf}, el valor máximo de entre las tracciones del conductor de fase, a –20 ºC con sobrecarga de hielo, para los vanos contiguos al apoyo. T_{Hf}= máx (T_{Ht1}, T_{Ht2})

Esfuerzo longitudinal debido a la tracción del conductor de tierra:

$$F_{Lt} = n_t \cdot 0,5 \cdot T_{Ht} = 1 \cdot 0,5 \cdot 1495 = 747,5\ daN$$

siendo T_{Hf}, el valor máximo de entre las tracciones del conductor de fase a –20 ºC con sobrecarga de hielo para los vanos contiguos al apoyo T_{Ht} = máx (T_{Ht1}, T_{Ht2})

Los esfuerzos, para esta hipótesis, sobre el apoyo son:

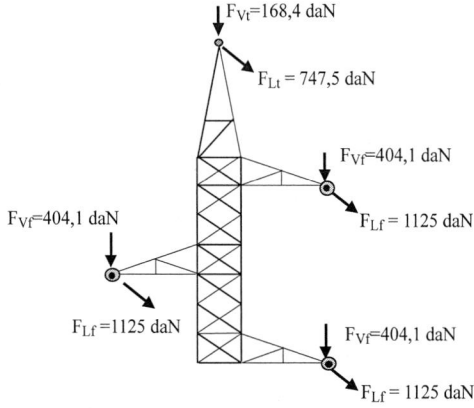

El apoyo O-6000-19,55-T-2/1,3, cumple también con los esfuerzos de esta hipótesis.

Tipo de esfuerzo	(daN)	Cumplimiento
L_C	1425	$L_C > F_{Lf}$
L_t	1000	$L_t > F_{Lt}$
V_C	1300	$V_C > F_{Vf}$
V_t	1000	$V_t > F_{Vt}$

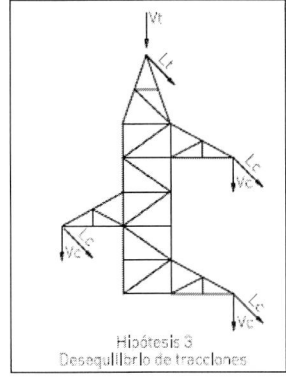

Hipótesis 3
Desequilibrio de tracciones

APOYO DE ANCLAJE EN ÁNGULO

Utilizando las mismas longitudes, desniveles y tracciones que en el apoyo de amarre en ángulo, se trata ahora de realizar el cálculo mecánico de un apoyo de anclaje en ángulo.

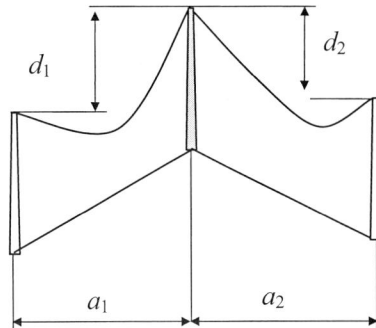

$a_1 = 240$ m.

$d_1 = 20$ m.

$a_2 = 220$ m.

$d_2 = -5$ m.

Ángulo de desviación
de la traza, $\alpha = 45°$

Las hipótesis 1ª, 2ª y 4ª calculadas para el apoyo de amarre en ángulo son idénticas para el apoyo de anclaje en ángulo, y tan solo es necesario realizar el cálculo de la 3ª hipótesis de desequilibrio de tracciones, que es más exigente en un apoyo de anclaje. En el apoyo de amarre en ángulo calculado anteriormente se seleccionó el apoyo H-13000-19,05-T-2,4/2, debido a los esfuerzos calculados para la 4ª hipótesis de rotura de conductores, que resultaba ser la más exigente de todas. Por tanto, para el apoyo de anclaje en ángulo que se calcula a continuación solamente es necesario comprobar si el apoyo H-13000-19,05-T-2,4/2 cumple con la 3ª hipótesis.

3ª hipótesis: desequilibrio de tracciones

a) Cargas verticales (Aptdo. 3.1.1. ITC-LAT 07)

Idénticas a las calculadas en la 2ª hipótesis para el apoyo de amarre en ángulo.

Total cargas verticales:

- Carga vertical por fase:

$$F_{Vf} = 898 \; daN$$

- Carga vertical debida al conductor de tierra:

$$F_{Vt} = 497 \; daN$$

b) Cargas transversales debidas a la resultante de ángulo (Aptdo. 3.1.6. ITC-LAT 07) y longitudinales por desequilibrio de tracciones (Aptdo. 3.1.4.2. ITC-LAT 07)

En los apoyos de anclaje se considera el 50% de las tracciones unilaterales de todos los conductores y cables de tierra. Este desequilibrio produce los esfuerzos transversales y longitudinales indicados en la figura siguiente, donde T_{Hf} y T_{Ht} son las tracciones máximas a –20 °C, con sobrecarga de hielo, entre las tracciones de los cantones contiguos al apoyo para el conductor de fase y conductor de tierra, respectivamente.

En este caso, T_{Hf} = 2250 daN y T_{Ht} = 1495 daN.

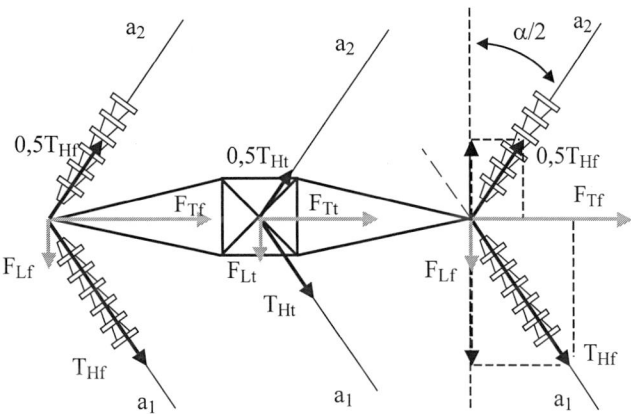

Los esfuerzos longitudinal y transversal correspondientes al conductor de fase son:

$$F_{Tf} = \left(T_{Hf} + 0.5 \cdot T_{Hf}\right) \cdot sen \frac{\alpha}{2} = 1.5 \cdot T_{Hf} \cdot sen \frac{\alpha}{2} = 1.5 \cdot 2250 \cdot sen \frac{45}{2} = 1291.5 \; daN$$

$$F_{Lf} = \left(T_{Hf} - 0.5 \cdot T_{Hf}\right) \cdot cos \frac{\alpha}{2} = 0.5 \cdot T_{Hf} \cdot cos \frac{\alpha}{2} = 0.5 \cdot 2250 \cdot cos \frac{45}{2} = 1039.4 \; daN$$

Los esfuerzos longitudinal y transversal correspondientes al conductor de tierra son:

$$F_{Tt} = \left(T_{Ht} + 0.5 \cdot T_{Ht}\right) \cdot sen \frac{\alpha}{2} = 1.5 \cdot T_{Ht} \cdot sen \frac{\alpha}{2} = 1.5 \cdot 1495 \cdot sen \frac{45}{2} = 858 \; daN$$

$$F_{Lt} = \left(T_{Ht} - 0.5 \cdot T_{Ht}\right) \cdot cos \frac{\alpha}{2} = 0.5 \cdot T_{Ht} \cdot cos \frac{\alpha}{2} = 0.5 \cdot 1495 \cdot cos \frac{45}{2} = 691 \; daN$$

Los esfuerzos, para esta hipótesis, sobre el apoyo son:

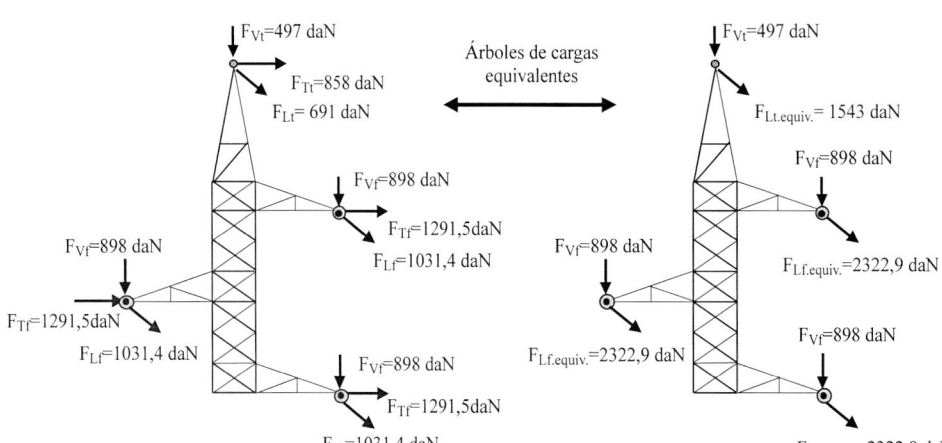

El apoyo seleccionado, H-1300-19,05-T-2,4/2, cumple también con los esfuerzos de esta hipótesis.

Tipo de esfuerzo	(daN)	Cumplimiento
L_C	3100	$L_C > F_{Lf.equiv}$
L_t	2500	$L_t > F_{Lt.equiv}$
V_C	1300	$V_C > F_{Vf}$
V_t	1000	$V_t > F_{Vt}$

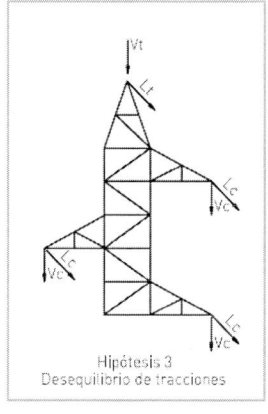

Hipótesis 3
Desequilibrio de tracciones

APOYO DE SUSPENSIÓN EN ÁNGULO

Este apoyo pertenece a un cantón cuyo vano ideal de regulación es de 240 m.

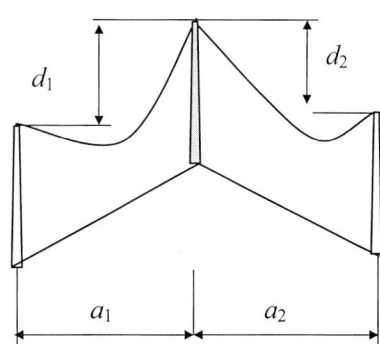

a_1 = 240 m.

d_1 = 20 m.

a_2 = 220 m.

d_2 = –5 m.

Ángulo de desviación
de la traza, α= 5 °

Tracciones para el conductor de fase en el vano de regulación de 240 m

- Tracción a –20 °C + hielo: T_{Hf} = 2250 daN.

- Tracción a –15 °C + viento: T_{Vf} = 1309 daN.

Tracciones para el conductor de tierra en el vano de regulación de 240 m

- Tracción a –20 °C + hielo: T_{Ht} = 1495 daN.

- Tracción a –15 °C + viento: T_{Vt} = 813 daN.

Por tratarse de un apoyo situado entre vanos a distinto nivel, el eolovano y gravivano no coinciden, siendo su valor:

Eolovano para los conductores de fase y de tierra:

$$a_e = \frac{a_1 + a_2}{2} = \frac{240 + 220}{2} = 230 \ m$$

Gravivano con viento para los conductores de fase:

$$a_{gVf} = \frac{a_1 + a_2}{2} + \frac{T_{Vf}}{p_{Vf}} \cdot \left(\frac{d_1}{a_1} - \frac{d_2}{a_2} \right) = 230 + \frac{1309}{1,45} \cdot \left[\frac{20}{240} - \left(\frac{-5}{220} \right) \right] = 325,75 \ m$$

siendo p_{vf} el peso con sobrecarga de viento del conductor de fase.

Gravivano con viento para el conductor de tierra:

$$a_{gVt} = \frac{a_1 + a_2}{2} + \frac{T_{Vt}}{p_{Vt}} \cdot \left(\frac{d_1}{a_1} - \frac{d_2}{a_2} \right) = 230 + \frac{813}{0,67} \cdot \left[\frac{20}{240} - \left(\frac{-5}{220} \right) \right] = 358,70 \ m$$

siendo p_{Vt} el peso con sobrecarga de viento del conductor de tierra.

Gravivano con hielo para los conductores de fase:

$$a_{gHf} = \frac{a_1 + a_2}{2} + \frac{T_{Hf}}{p_{Hf}} \cdot \left(\frac{d_1}{a_1} - \frac{d_2}{a_2} \right) = 230 + \frac{2250}{2,64} \cdot \left[\frac{20}{240} - \left(\frac{-5}{220} \right) \right] = 320,39 \ m$$

siendo p_{Hf} el peso con sobrecarga de hielo del conductor de fase.

Gravivano con hielo para los conductores de tierra:

$$a_{gHt} = \frac{a_1 + a_2}{2} + \frac{T_{Ht}}{p_{Ht}} \cdot \left(\frac{d_1}{a_1} - \frac{d_2}{a_2} \right) = 230 + \frac{1495}{1,47} \cdot \left[\frac{20}{240} - \left(\frac{-5}{220} \right) \right] = 337,87 \ m$$

siendo p_{Ht} el peso con sobrecarga de hielo del conductor de tierra.

1ª hipótesis: viento de 120 km/h, a –15 ºC

a) Cargas verticales

- Peso de los conductores:

$$P_{COND.FASE} = n_f \cdot p_{pf} \cdot a_{gVf} = 1 \cdot 0,957 \cdot 325,75 = 311,74 \; daN$$

$$P_{COND.TIERRA} = n_t \cdot p_{pt} \cdot a_{gVt} = 1 \cdot 0,391 \cdot 358,7 = 140,25 \; daN$$

- Peso de la cadena de aisladores, incluidos los herrajes:

$$P_{CAD} = 21 \cdot 0,981 = 20,6 \; daN$$

Total cargas verticales:

- Carga vertical por fase:

$$F_{Vf} = P_{COND.FASE} + P_{CAD} = 311,74 + 20,6 = 332,34 \; daN$$

- Carga vertical debida al conductor de tierra:

$$F_{Vt} = P_{COND.TIERRA} = 140,25 \; daN$$

b) Cargas transversales debidas a la resultante de ángulo (Aptdo. 3.1.6. ITC-LAT 07) y al viento (Aptdo. 3.1.2. ITC-LAT 07)

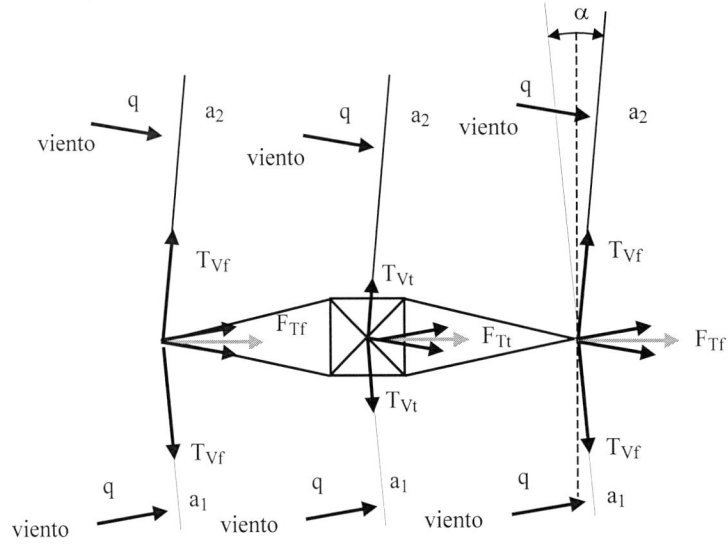

Esfuerzo transversal debido al viento y a la resultante de ángulo sobre el conductor de fase:

$$F_{Tf} = n_f \cdot \left[2 \cdot T_{Vf} \cdot sen\frac{\alpha}{2} + \left(\frac{a_1 + a_2}{2} \right) \cdot q \cdot \phi_f \cdot 10^{-3} \cdot cos\frac{\alpha}{2} \right]$$

$$F_{Tf} = 1 \cdot \left[2 \cdot 1309 \cdot sen\frac{5}{2} + 230 \cdot 50 \cdot 21,8 \cdot 10^{-3} \cdot cos\frac{5}{2} \right] = 364,66 \ daN$$

Esfuerzo transversal debido al viento y a la resultante de ángulo sobre el conductor de tierra:

$$F_{Tt} = n_t \cdot \left[2 \cdot T_{Vt} \cdot sen\frac{\alpha}{2} + \left(\frac{a_1 + a_2}{2} \right) \cdot q \cdot \phi_f \cdot 10^{-3} \cdot cos\frac{\alpha}{2} \right]$$

$$F_{Tt} = 1 \cdot \left[2 \cdot 813 \cdot sen\frac{5}{2} + 230 \cdot 60 \cdot 9 \cdot 10^{-3} \cdot cos\frac{5}{2} \right] = 195,01 \ daN$$

c) No se consideran cargas longitudinales en la hipótesis de viento

Aunque realmente existen cargas longitudinales debido a que el viento actúa sobre vanos de diferente longitud, el RLAT no considera dichas cargas, ya que en general son pequeñas.

Los esfuerzos sobre el apoyo para esta hipótesis son:

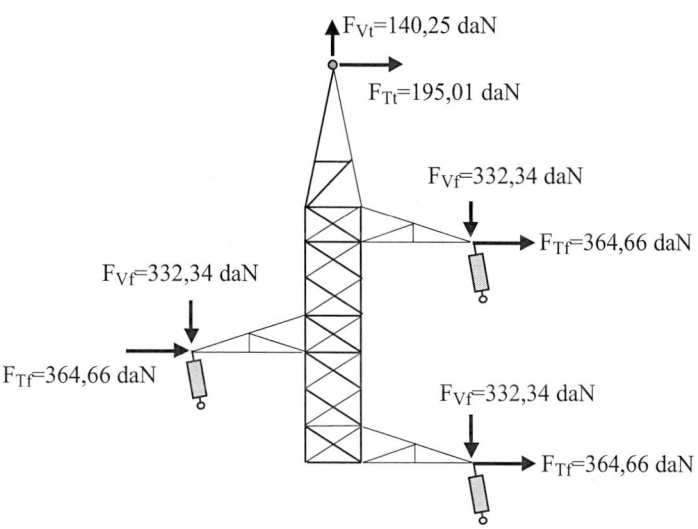

El apoyo seleccionado para cumplir con esta hipótesis es el O-1600-19,55-T-2/1,3, cuyos esfuerzos soportados se indican a continuación:

Tipo de esfuerzo	(daN)	Cumplimiento
H_C	450	$H_C > F_{Tf}$
H_t	315	$H_t > F_{Tt}$
V_C	650	$V_C > F_{Vf}$
V_t	500	$V_t > F_{Vt}$

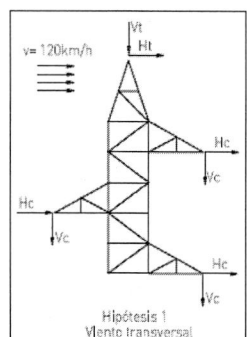

2ª hipótesis: hielo en la zona C, a –20 ºC

a) Cargas verticales

- Peso de conductores:

$$P_{COND.FASE} = n_f \cdot (p_{pf} + p_{hf}) \cdot a_{gHf} = n_f \cdot (p_{pf} + 0,36 \cdot \sqrt{\phi_f}) \cdot a_{gHf}$$

$$P_{COND.FASE} = 1 \cdot (0,957 + 0,36 \cdot \sqrt{21,8}) \cdot 320,39 = 845,14 \ daN$$

$$P_{COND.TIERRA} = n_t \cdot (p_{pt} + p_{ht}) \cdot a_{gHt} = n_t \cdot (p_{pt} + 0,36 \cdot \sqrt{\phi_t}) \cdot a_{gHt}$$

$$P_{COND.TIERRA} = 1 \cdot (0,391 + 0,36 \cdot \sqrt{9}) \cdot 337,87 = 497 \ daN$$

- Peso de cadena de aisladores, incluidos los herrajes:

$$P_{CAD} = 21 \cdot 0,981 = 20,6 \ daN$$

Total cargas verticales:

- Carga vertical por fase:

$$F_{Vf} = P_{COND.FASE} + P_{CAD} = 845,14 + 20,6 = 874,7 \ daN$$

- Carga vertical debida al conductor de tierra:

$$F_{Vt} = P_{COND.TIERRA} = 497 \ daN$$

b) Cargas transversales debidas a la resultante de ángulo (Aptdo. 3.1.6. ITC-LAT 07)

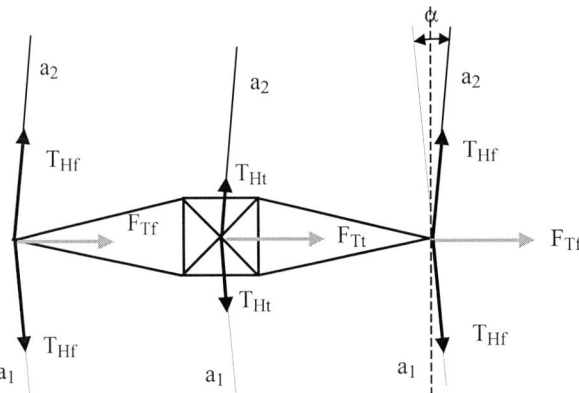

Esfuerzo transversal debido a la resultante de ángulo sobre el conductor de fase:

$$F_{Tf} = n_f \cdot 2 \cdot T_{Hf} \cdot sen\frac{\alpha}{2} = 1 \cdot 2 \cdot 2250 \cdot sen\left(\frac{5}{2}\right) = 196,3 \ daN$$

Esfuerzo transversal debido al viento y a la resultante de ángulo sobre el conductor de tierra:

$$F_{Tt} = n_f \cdot 2 \cdot T_{Ht} \cdot sen\frac{\alpha}{2} = 1 \cdot 2 \cdot 1495 \cdot sen\left(\frac{5}{2}\right) = 130{,}4 \ daN$$

c) No se consideran cargas longitudinales en esta hipótesis

Los esfuerzos, para esta hipótesis, sobre el apoyo son:

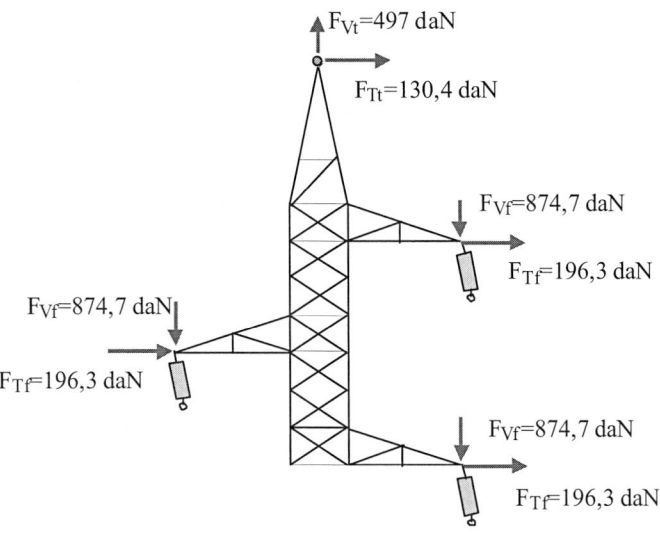

El apoyo seleccionado anteriormente, O-1600-19,55-T-2/1,3, cumple también con los esfuerzos de esta hipótesis.

Tipo de esfuerzo	(daN)	Cumplimiento
H_C	550	$H_C > F_{Tf}$
H_t	385	$H_T > F_{Tt}$
V_C	1300	$V_C > F_{Vf}$
V_t	1000	$V_t > F_{Vt}$

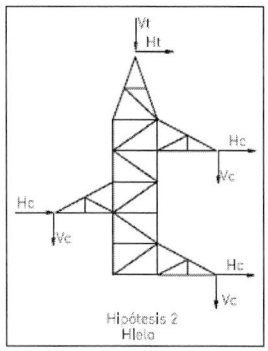

3ª hipótesis: desequilibrio de tracciones

a) Cargas verticales (Aptdo. 3.1.1. ITC-LAT 07)

Idénticas a las calculadas en la 2 ª hipótesis.

Total cargas verticales:

- Carga vertical por fase:

$$F_{Vf} = 874{,}7 \ daN$$

- Carga vertical debida al conductor de tierra:

$$F_{Vt} = 497 \ daN$$

b) Cargas transversales debidas a la resultante de ángulo (Aptdo. 3.1.6. ITC-LAT 07) y longitudinales por desequilibrio de tracciones (Aptdo. 3.1.4.2 ITC-LAT 07)

En los apoyos de ángulo con cadenas de suspensión, para líneas de $U_n \leq 66$ kV, se considera el 8% de las tracciones unilaterales de todos los conductores y cables de tierra. Este desequilibrio produce los esfuerzos transversales y longitudinales indicados en la figura siguiente, donde T_{Hf} y T_{Ht} son las tracciones en el cantón, a –20 ºC con sobrecarga de hielo, para el conductor de fase y conductor de tierra, respectivamente. En este caso, $T_{Hf} = 2250$ daN y $T_{Ht} = 1495$ daN

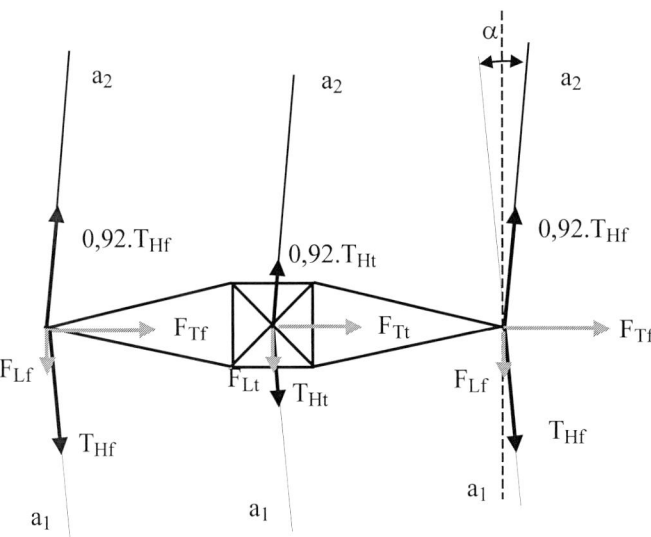

Los esfuerzos longitudinal y transversal correspondientes al conductor de fase son:

$$F_{Tf} = \left(T_{Hf} + 0{,}92 \cdot T_{Hf}\right) \cdot sen\frac{\alpha}{2} = 1{,}92 \cdot T_{Hf} \cdot sen\frac{\alpha}{2} = 1{,}92 \cdot 2250 \cdot sen\frac{5}{2} = 188{,}4 \ daN$$

$$F_{Lf} = \left(T_{Hf} - 0{,}92 \cdot T_{Hf}\right) \cdot \cos\frac{\alpha}{2} = 0{,}08 \cdot T_{Hf} \cdot \cos\frac{\alpha}{2} = 0{,}08 \cdot 2250 \cdot \cos\frac{5}{2} = 179{,}8 \ daN$$

Los esfuerzos longitudinal y transversal correspondientes al conductor de tierra son:

$$F_{Tt} = \left(T_{Ht} + 0{,}92 \cdot T_{Ht}\right) \cdot sen\frac{\alpha}{2} = 1{,}92 \cdot T_{Ht} \cdot sen\frac{\alpha}{2} = 1{,}92 \cdot 1495 \cdot sen\frac{5}{2} = 125{,}2 \ daN$$

$$F_{Lt} = \left(T_{Ht} - 0{,}92 \cdot T_{Ht}\right) \cdot \cos\frac{\alpha}{2} = 0{,}08 \cdot T_{Ht} \cdot \cos\frac{\alpha}{2} = 0{,}08 \cdot 1495 \cdot \cos\frac{5}{2} = 119{,}5 \; daN$$

Para esta hipótesis, los esfuerzos calculados sobre el apoyo no son directamente comparables con el árbol de cargas especificado. Sin embargo, resulta admisible calcular un esfuerzo longitudinal equivalente, como la suma aritmética de los esfuerzos longitudinal y transversal, y que provoca la misma flexión sobre el apoyo.

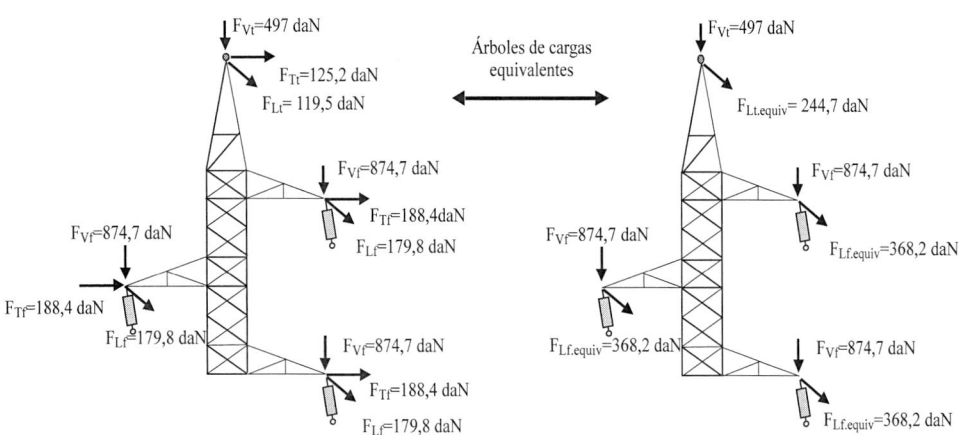

El apoyo seleccionado anteriormente O-1600-19,55-T-2/1,3, cumple también con los esfuerzos de esta hipótesis.

Tipo de esfuerzo	(daN)	Cumplimiento
L_C	685	$L_C > F_{Lf.equiv}$
L_t	480	$L_t > F_{Lt.equiv}$
V_C	1300	$V_C > F_{Vf}$
V_t	1000	$V_t > F_{Vt}$

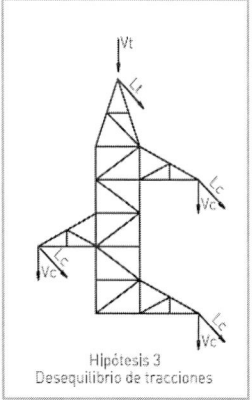

4ª hipótesis: rotura de conductores con hielo en la zona C, a –20 ºC

a) Cargas verticales

Idénticas a las calculadas en la 2ª hipótesis para los conductores que no se rompen.

- Carga vertical por fase:

$$F_{Vf} = 874{,}7 \; daN$$

- Carga vertical debida al conductor de tierra:

$$F_{Vt} = 497 \ daN$$

Se considera que se rompe el conductor o el cable de tierra en el vano de la derecha, ya que el gravivano resultante es mayor que si se rompe en el vano de la izquierda.

Para los conductores rotos:

$$P_{COND.FASE.r} = n_f \cdot \left(p_{pf} + p_{hf}\right) \cdot a_{gHf} = n_f \cdot \left(p_{pf} + 0,36 \cdot \sqrt{\phi_f}\right) \cdot a_{gHfr}$$
$$P_{COND.FASE.r} = 1 \cdot \left(0,957 + 0,36 \cdot \sqrt{21,8}\right) \cdot 191 = 503,8 \ daN$$

Siendo:

$$a_{gHfr} = \frac{a_1}{2} + \left(\frac{T_{Hf}}{p_{Hf}} \cdot \frac{d_1}{a_1}\right) = \frac{240}{2} + \frac{2250}{2,64} \cdot \frac{20}{240} = 191 \ m$$

$$P_{COND.TIERRA.r} = n_t \cdot \left(p_{pt} + p_{ht}\right) \cdot a_{gHtr} = n_t \cdot \left(p_{pt} + 0,36 \cdot \sqrt{\phi_t}\right) \cdot a_{gHtr}$$
$$P_{COND.TIERRA.r} = 1 \cdot \left(0,391 + 0,36 \cdot \sqrt{9}\right) \cdot 204,7 = 301,1 \ daN$$

Siendo

$$a_{gHtr} = \frac{a_1}{2} + \left(\frac{T_{Ht}}{p_{Ht}} \cdot \frac{d_1}{a_1}\right) = \frac{240}{2} + \frac{1495}{1,47} \cdot \frac{20}{240} = 204,7 \ m$$

Total cargas verticales:

- Carga vertical por fase:

$$F_{Vf} = 874,7 \ daN$$

- Carga vertical debida al conductor de tierra:

$$F_{Vt} = 497 \ daN$$

- Carga vertical por fase del cable roto:

$$F_{Vfr} = P_{COND.FASE.r} + P_{CAD} = 503,8 + 20,6 = 524,4 \ daN$$

- Carga vertical debida al conductor de tierra roto:

$$F_{Vtr} = P_{COND.TIERRA.r} = 301,1 \ daN$$

b) Cargas transversales y longitudinales debidas a la resultante de ángulo (Aptdo.
   3.1.6. ITC-LAT 07) y rotura del conductor (Aptdo. 3.1.5.1. ITC-LAT 07)

Se considera la rotura de un solo conductor de fase o conductor de tierra.

b-1) Caso de rotura del conductor de fase

Se considera la rotura de un solo conductor de fase, con una reducción del 50%
de la tracción del conductor roto por ser una línea simplex, debido al desvío de
la cadena de aisladores cuando se produce la rotura del conductor.

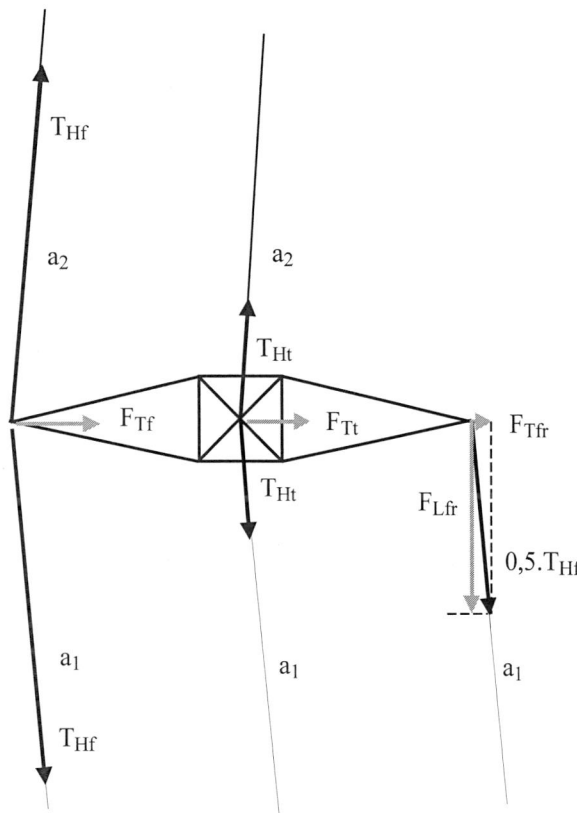

El esfuerzo transversal debido al conductor de fase roto, vale:

$$F_{Tfr} = 0{,}5 \cdot T_{Hf} \cdot sen\frac{\alpha}{2} = 0{,}5 \cdot 2250 \cdot sen\frac{5}{2} = 49{,}1 \; daN$$

El esfuerzo longitudinal debido al conductor de fase roto, vale:

$$F_{Lfr} = 0{,}5 \cdot T_{Hf} \cdot cos\frac{\alpha}{2} = 0{,}5 \cdot 2250 \cdot cos\frac{5}{2} = 1123{,}9 \; daN$$

Este esfuerzo longitudinal provoca sobre el apoyo un momento torsor de valor:

$$M_t = F_{Lfr} \cdot B_c = 1123,9 \cdot 2 = 2248 \; daN \cdot m$$

Los esfuerzos a los que queda sometido el apoyo se muestran en la figura siguiente:

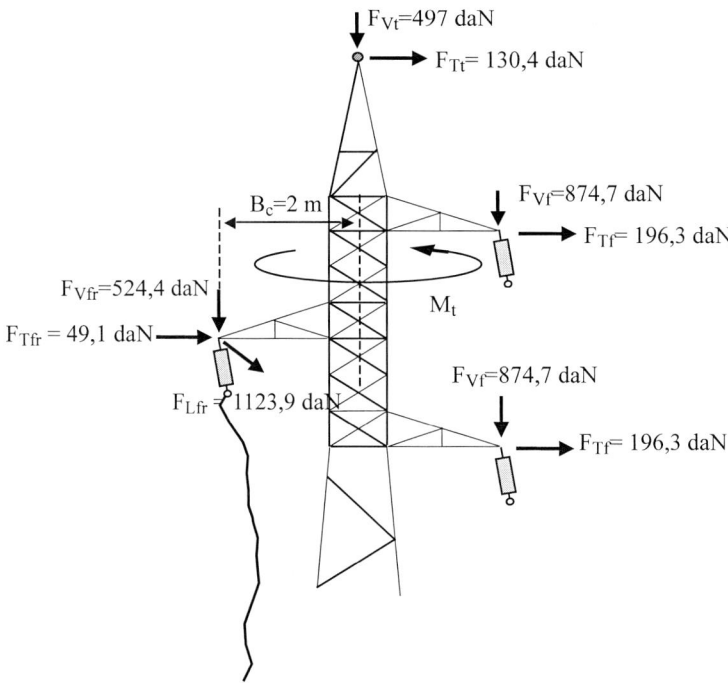

Para el apoyo seleccionado anteriormente, O-1600-19,55-T-2/1,3, los esfuerzos especificados, que se muestran a continuación, no incluyen el efecto combinado de la torsión, M_t, con el esfuerzo transversal F_{Tf}, al no incluirse este último.

Tipo de esfuerzo	(daN)
T_c	2000
V_{cr}	700
V_c	1300
V_t	1000

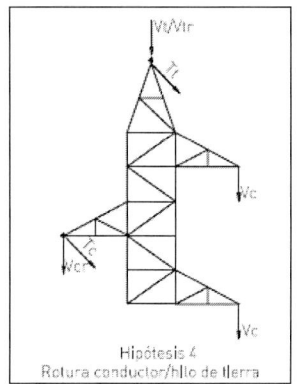

Hipótesis 4
Rotura conductor/hilo de tierra

Para comprobar si un apoyo es capaz de soportar la acción combinada de los esfuerzos transversales y del par torsor, los fabricantes deben facilitar esta información, por ejemplo, mediante gráficos o tablas tal y como se explicó al estudiar el apoyo de amarre en ángulo.

b-2) Caso de rotura del conductor de tierra

Se considera la rotura del conductor de tierra sin reducción alguna de la tracción.

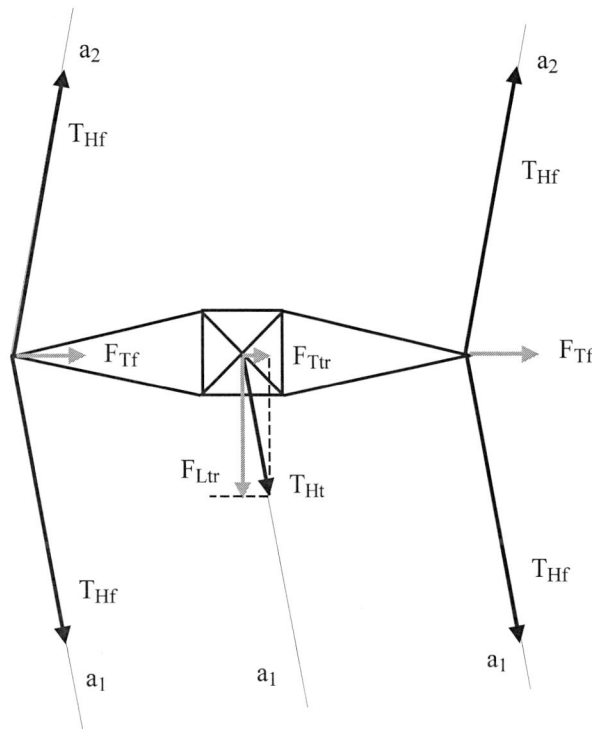

El esfuerzo transversal debido al conductor de tierra roto, vale:

$$F_{Ttr} = T_{Ht} \cdot sen\frac{\alpha}{2} = 1495 \cdot sen\frac{5}{2} = 65,2 \ daN$$

El esfuerzo longitudinal debido al conductor de fase roto, vale:

$$F_{Ltr} = T_{Ht} \cdot cos\frac{\alpha}{2} = 1495 \cdot cos\frac{5}{2} = 1493,6 \ daN$$

Para esta hipótesis, los esfuerzos calculados sobre el apoyo, no son directamente comparables con el árbol de cargas especificado. Sin embargo, resulta admisible calcular un esfuerzo longitudinal equivalente para el cable de tierra, como la suma aritmética de los esfuerzos longitudinal y transversal y que provoca la misma flexión sobre el apoyo, con objeto de compararlos con los especificados por el fabricante para la 2ª hipótesis. Los esfuerzos a los que queda sometido el apoyo se muestran en la figura siguiente:

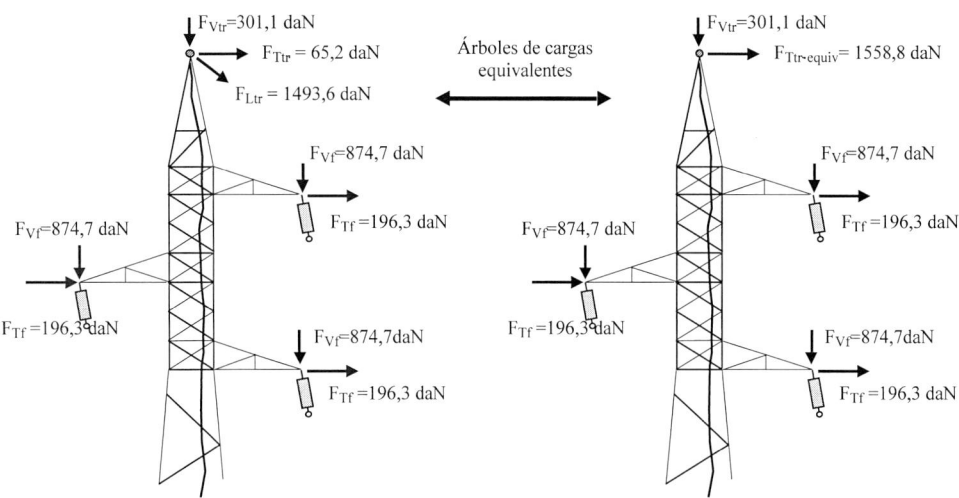

El apoyo seleccionado anteriormente, O-1600-19,55-T-2/1,3 no cumple con los esfuerzos solicitados y es necesario seleccionar el apoyo O-600-19,55-T-2/1,3, cuyos esfuerzos especificados para la 2ª hipótesis se indican a continuación:

Tipo de esfuerzo	(daN)	Cumplimiento
H_C	1550	$H_C > F_{Tf}$
H_t	1550	$H_t \approx F_{Tt}$ (*)
V_C	1300	$V_C > F_{Vf}$
V_t	1000	$V_t > F_{Vt}$

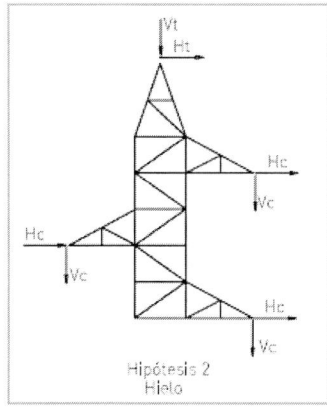

(*) Aunque el esfuerzo calculado es ligeramente superior al admisible, se considera válido ya que la diferencia entre ambos en tan solo del 0,6%.

3.10. EJEMPLO DE CÁLCULO DE APOYOS EN LÍNEA DE AÉREA DE CATEGORÍA ESPECIAL

Tensión nominal, $U_n = 220$ kV, doble circuito dúplex y emplazada en la zona B.

Características del conductor de fase utilizado:

- − Denominación: 242-AL1/39-ST1A (LA-280).
- − Sección, $S = 281,1$ mm^2.
- − Diámetro, $\Phi_f = 21,8$ mm.
- − Peso propio, $p_{pf} = 0,957$ daN/m.
- − Módulo de elasticidad, $E = 7500$ daN/mm^2.
- − Coeficiente de dilatación, $\alpha = 18,9 \cdot 10^{-6}$ °C^{-1}.
- − Carga de rotura, $\sigma_{rot} = 8489$ daN.

- • Peso con sobrecarga de viento del conductor de fase. Por ser de categoría especial el viento será de 140 km/h.

$$p_{Vf} = \sqrt{p_{pf}^2 + \left(q \cdot \phi_f \cdot 10^{-3}\right)^2} = \sqrt{0,957^2 + \left[50 \cdot \left(\frac{140}{120}\right)^2 \cdot 21,8.10^{-3}\right]^2} = 1,765 \, daN / m$$

- • Peso con sobrecarga de hielo del conductor de fase.

$$p_{Hf} = p_{pf} + 0,18 \cdot \sqrt{\phi_f} = 0,957 + 0,18 \cdot \sqrt{21,8} = 1,797 \, daN / m$$

- • Peso con sobrecarga de hielo y viento de 60 km/h, del conductor de fase.

$$p_{HVf} = \sqrt{\left(p_{pf} + 0,18 \cdot \sqrt{\phi_f}\right)^2 + \left[q \cdot \left(\phi_f + 2 \cdot e_f\right) \cdot 10^{-3}\right]^2}$$

$$p_{HVf} = \sqrt{\left(0,957 + 0,18 \cdot \sqrt{21,8}\right)^2 + \left[50 \cdot \left(\frac{60}{120}\right)^2 \cdot \left(21,8 + 2 \cdot 10,9\right) \cdot 10^{-3}\right]^2} = 1,878 \, daN / m \, ,$$

donde el espesor del manguito de hielo se calcula como:

$$e_f = -\frac{\phi_f}{2} + \sqrt{\left(\frac{\phi_f}{2}\right)^2 + \frac{240 \cdot \sqrt{\phi_f}}{\pi}} = -\frac{21,8}{2} + \sqrt{\left(\frac{21,8}{2}\right)^2 + \frac{240 \cdot \sqrt{21,8}}{\pi}} = 10,91 \, mm$$

Características del conductor de tierra utilizado:

- − Denominación: OPGW 2...48.
- − Sección, $S = 106,21$ mm^2.
- − Diámetro, $\Phi_t = 14,68$ mm.
- − Peso propio, $p_{pt} = 0,529$ daN/m.
- − Módulo de elasticidad, $E = 10964$ daN/mm^2.
- − Coeficiente de dilatación, $\alpha = 15,76 \cdot 10^{-6}$ °C^{-1}.

- Carga de rotura, $\sigma_{rot} = 7827$ daN.

- Peso con sobrecarga de viento de 140km/h del conductor de tierra:

$$p_{Vt} = \sqrt{p_{pt}^2 + \left(q \cdot \phi_t \cdot 10^{-3}\right)^2} = \sqrt{0,529^2 + \left[60 \cdot \left(\frac{140}{120}\right)^2 \cdot 14,68 \cdot 10^{-3}\right]^2} = 1,310 \; daN/m$$

- Peso con sobrecarga de hielo del conductor de tierra.

$$p_{Ht} = p_{pt} + 0,18 \cdot \sqrt{\phi_t} = 0,529 + 0,18 \cdot \sqrt{14,68} = 1,219 \; daN/m$$

- Peso con sobrecarga de hielo y viento de 60 km/h, del conductor de tierra.

$$p_{HVt} = \sqrt{\left(p_{pt} + 0,18 \cdot \sqrt{\phi_t}\right)^2 + \left[q.(\phi_t + 2 \cdot e_t) \cdot 10^{-3}\right]^2} =$$

$$p_{HVt} = \sqrt{\left(0,529 + 0,18 \cdot \sqrt{14,68}\right)^2 + \left[60 \cdot \left(\frac{60}{120}\right)^2 \cdot (14,68 + 2 \cdot 11,28) \cdot 10^{-3}\right]^2} = 1,341 \; daN/m$$

donde el espesor del manguito de hielo se calcula como:

$$e_t = -\frac{\phi_t}{2} + \sqrt{\left(\frac{\phi_t}{2}\right)^2 + \frac{240 \cdot \sqrt{\phi_t}}{\pi}} = -\frac{14,68}{2} + \sqrt{\left(\frac{14,68}{2}\right)^2 + \frac{240 \cdot \sqrt{14,68}}{\pi}} = 11,28 \; mm$$

Datos obtenidos del cálculo mecánico de los conductores

Se van a estudiar los apoyos pertenecientes a tres cantones de la línea con vanos de regulación de 300, 320 y 340 m. Según la especificación de la bibliografía [1], se han obtenido las tracciones y flechas siguientes:

Para el conductor de fase:

- CHS admisible a –5 ºC del 23%.
- EDS admisible a 15 ºC del 21%.

Vano de regulación(m)	Tracción máxima (daN)		Tracción (daN)	Flecha máxima (m)		
	–15ºC + hielo + viento de 60 km/h	–10 ºC +viento de 140 km/h	–10 ºC con presión de viento mitad	15ºC +viento	0ºC +hielo	85 ºC
300	3191	2997	2209	7,02	6,98	8,74
320	3231	3034	2209	7,85	7,82	9,62
340	3267	3070	2212	8,72	8,70	10,54

Para el conductor de tierra:

- CHS admisible a –5 ºC del 19%.
- EDS admisible a 15 ºC del 16%.

Vano de regulación (m)	Tracción máxima (daN)		Tracción (daN)	Flecha máxima (m)		
	–15ºC + hielo + viento de 60 km/h	–10 ºC +viento de 140 km/h	–10 ºC con presión de viento mitad	15ºC +viento	0ºC +hielo	85 ºC
300	2150	2085	1407	7,09	7,12	7,88
320	2150	2086	1373	8,06	8,10	8,87
340	2150	2088	1346	9,09	9,13	9,92

Cadena de aisladores de la suspensión utilizada

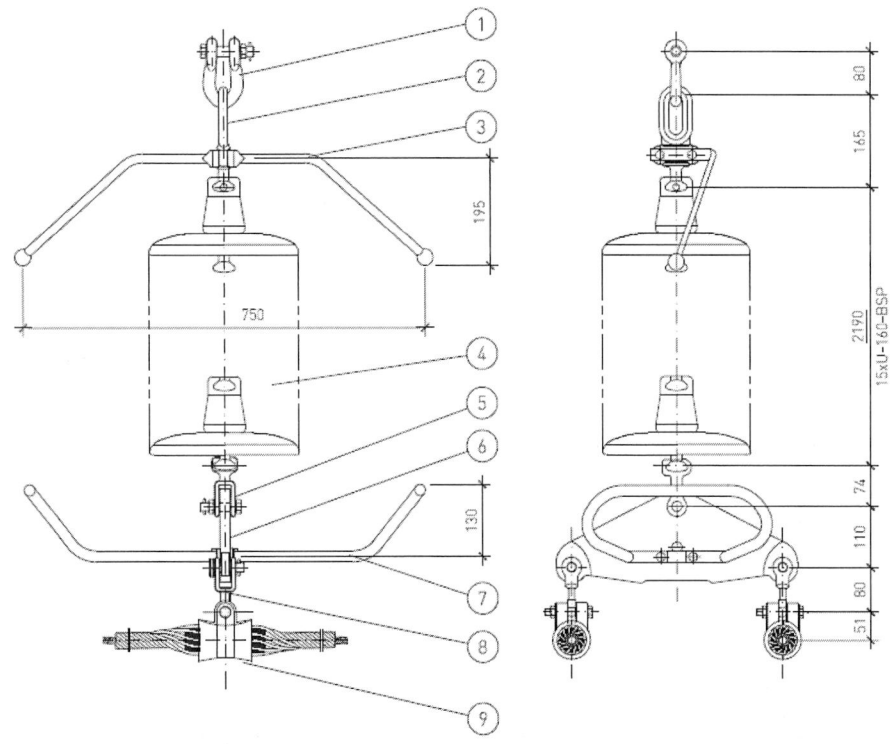

1. Grillete recto.	6. Yugo triangular.
2. Anilla bola.	7. Raqueta de suspensión.
3. Descargador.	8. Horquilla revirada.
4. Aislador de vidrio.	9. Grapa de suspensión armada.
5. Rótula horquilla.	

– Cadena de suspensión: $15 \times$U-160-BSP.
– Peso: 159 kg.
– Diámetro, $\phi_{CAD} = 0,330$ m.
– Longitud, $L_{cad} \approx 2,75$ m.

Cadena de aisladores de amarre utilizada

– Cadena de amarre: $2 \times 17 \times$U-160-BS.
– Peso: 242 kg.
– Diámetro, $\phi_{CAD} = 0,280$ m.
– Longitud, $L_{cad} \approx 4,32$ m.

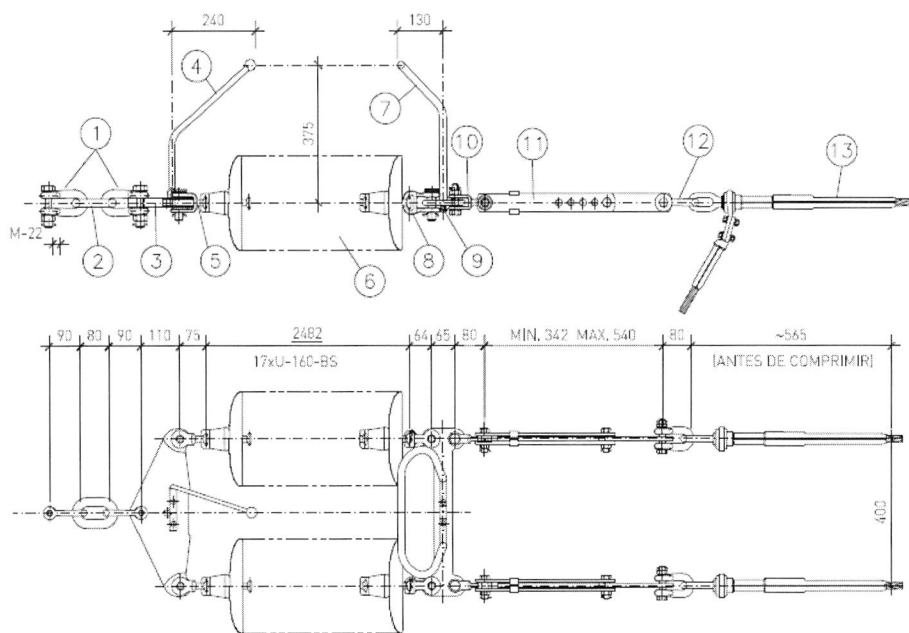

1. Grillete recto.	8. Rótula de horquilla.
2. Eslabón.	9. Yugo separador.
3. Yugo triangular.	10. Horquilla revirada.
4. Descargador.	11. Tensor de corredera.
5. Horquilla bola.	12. Grillete recto.
6. Aislador de vidrio.	13. Grapa de amarre de compresión.
7. Raqueta de amarre.	

Apoyos y armados utilizados

- Apoyo de suspensión en alineación y ángulo (≤ 5º), amarre en alineación y anclaje en alineación: tipo D con armado E-4,6/5,5-T

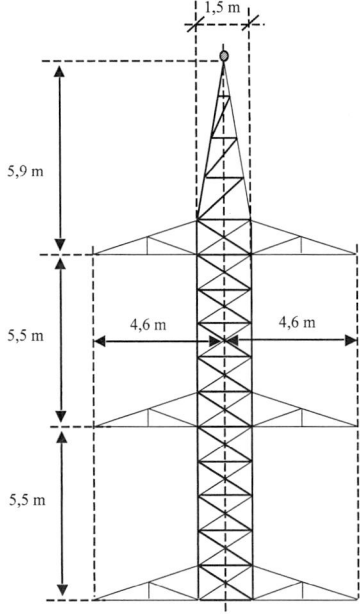

Serie de alturas libres disponibles (medidas entre la cruceta inferior y el terreno):

18,00 –21,00 –24,00 –27,00 –30,00 y 33,00 m.

- Apoyo de amarre en ángulo, anclaje en ángulo y fin de línea: tipo T, con armado E-4,7/5,5-T

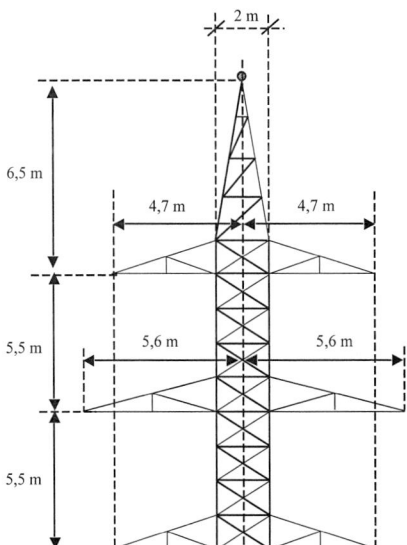

Serie de alturas libres disponibles (medidas entre la cruceta inferior y el terreno):

15,00 –20,00 –25,00 –30,00 y 35,00 m.

A continuación se especifican los esfuerzos soportados en los puntos de fijación de los conductores, para cada uno de los dos tipos de apoyos y para cada una de las hipótesis reglamentarias, de forma similar a cómo lo hacen los fabricantes en sus catálogos técnicos. En las dos tablas siguientes, cada esfuerzo nominal caracteriza un tipo de apoyo que se fabrica con diferentes alturas.

Símbolos utilizados para los árboles de carga

- Apoyo tipo D con armado E-4,6/5,5.

- Apoyo tipo T con armado E-4,7/5,5-T

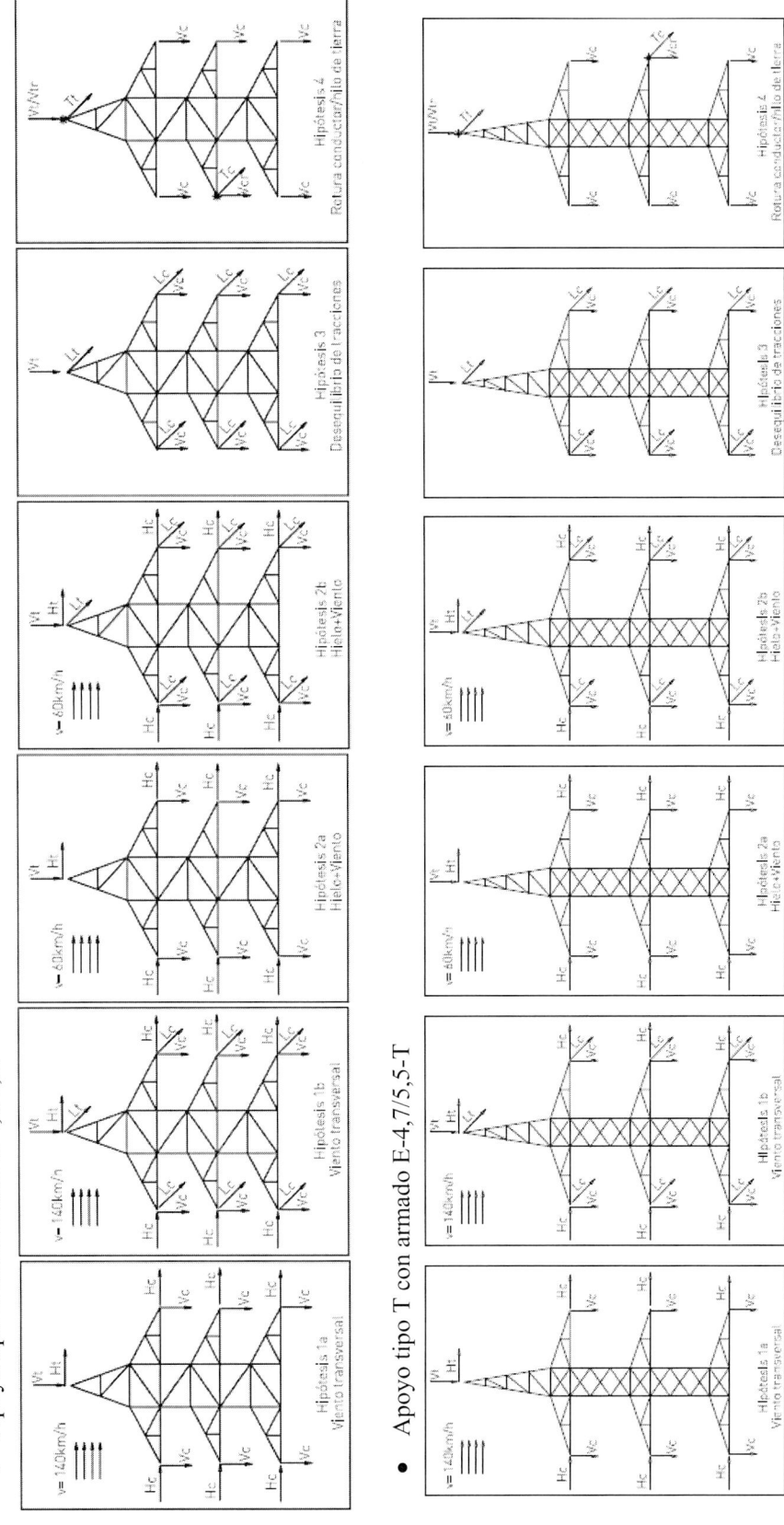

Esfuerzos soportados por los apoyos

APOYOS METÁLICOS DE CELOSÍA TIPO D CON ARMADO E-4,6/5,5.-T

ESFUERZOS [daN] [1]

DENOMINACION	PESO APROX [kg]	ALTURA A [m][3]	Esfuerzo Nominal [daN]	1a Hc	1a Ht	1a Vc	1a Vt	1b Hc	1b Ht	1b Lc	1b Lt	1b Vc	1b Vt	2a Hc	2a Ht	2a Vc	2a Vt	2b Hc	2b Ht	2b Lc	2b Lt	2b Vc	2b Vt	3 Lc	3 Lt	3 Vc	3 Vt	4a Tc	4a Vcr	4a Vc	4a Vt	4b Tt	4b Vtr	4b Vc
				Hipótesis 1a Viento a 140 km/h C.S.=1,5				Hipótesis 1b Viento a 140 km/h C.S.=1,5						Hipótesis 2a Hielo+Viento 60 km/h C.S.=1,5				Hipótesis 2b Hielo+Viento 60 km/h C.S.=1,5						Hipótesis 3. Desequilibrio de tracciones C.S.=1,2				Hipótesis 4a Rotura de conductor C.S.=1,2				Hipótesis 4b Rotura cable tierra C.S.=1,2		
D-4900-18,00-E-4,6/5,5-T	4.187	18,00																															
D-4900-21,00-E-4,6/5,5-T	4.725	21,00																															
D-4900-24,00-E-4,6/5,5-T	5.117	24,00	F=4.950	610	365	1.500	500	210	165	400	200	1.500	500	680	410	2.200	1.000	210	130	500	300	2.000	1.000	940	565	2.500	1.000	2.300	1.750	2.500	1.000	2.200	700	2.500
D-4900-27,00-E-4,6/5,5-T	5.729	27,00																															
D-4900-30,00-E-4,6/5,5-T	6.141	30,00																															
D-4900-33,00-E-4,6/5,5-T	6.890	33,00																															
D-6900-18,00-E-4,6/5,5-T	4.427	18,00																															
D-6900-21,00-E-4,6/5,5-T	5.051	21,00																															
D-6900-24,00-E-4,6/5,5-T	5.480	24,00	F=6.900	940	565	1.500	500	340	215	600	350	1.500	500	1.070	640	2.500	1.000	220	140	850	500	2.000	1.000	1.405	845	2.500	1.000	2.300	1.750	2.500	1.000	2.500	700	2.500
D-6900-27,00-E-4,6/5,5-T	6.133	27,00																															
D-6900-30,00-E-4,6/5,5-T	6.594	30,00																															
D-6900-33,00-E-4,6/5,5-T	7.383	33,00																															
D-11200-18,00-E-4,6/5,5-T	5.996	18,00																															
D-11200-21,00-E-4,6/5,5-T	6.683	21,00																															
D-11200-24,00-E-4,6/5,5-T	7.186	24,00	F=11.220	1.550	930	2.000	500	450	330	1.100	600	2.000	500	1.740	1.055	2.500	1.500	250	150	1.600	900	2.000	1.000	2.345	1.405	2.500	1.000	4.150	1.960	2.500	1.000	3.000	700	2.500
D-11200-27,00-E-4,6/5,5-T	7.934	27,00																															
D-11200-30,00-E-4,6/5,5-T	8.462	30,00																															
D-11200-33,00-E-4,6/5,5-T	9.372	33,00																															
D-18300-18,00-E-4,6/5,5-T	7.018	18,00																															
D-18300-21,00-E-4,6/5,5-T	7.857	21,00																															
D-18300-24,00-E-4,6/5,5-T	8.478	24,00	F=18.300	2.540	1.530	2.000	500	540	430	2.000	1.100	2.000	500	2.720	1.630	2.500	1.000	300	200	2.300	1.700	2.000	1.000	3.250	2.405	2.500	1.000	4.150	1.960	2.500	1.000	3.000	700	2.500
D-18300-27,00-E-4,6/5,5-T	9.376	27,00																															
D-18300-30,00-E-4,6/5,5-T	10.024	30,00																															
D-18300-33,00-E-4,6/5,5-T	11.033	33,00																															
D-27000-18,00-E-4,6/5,5-T	8.758	18,00																															
D-27000-21,00-E-4,6/5,5-T	9.797	21,00																															
D-27000-24,00-E-4,6/5,5-T	10.539	24,00	F=27.000	3.760	2.255	2.000	500	760	455	3.000	1.800	2.000	500	4.000	2.300	2.800	1.000	400	200	3.600	2.100	2.000	1.000	5.125	2.935	2.500	1.000	5.150	1.960	2.800	1.000	3.000	700	2.800
D-27000-27,00-E-4,6/5,5-T	11.644	27,00																															
D-27000-30,00-E-4,6/5,5-T	12.434	30,00																															
D-27000-33,00-E-4,6/5,5-T	13.630	33,00																															

APOYOS METÁLICOS DE CELOSÍA TIPO T CON ARMADO E-4,7/5,5-T

ESFUERZOS [daN] [1]

DENOMINACIÓN	PESO APROX [kg]	ALTURA A [m][3]	Esfuerzo Nominal [daN][3]	Hipótesis 1a Viento a 140 km/h C.S.=1,5				Hipótesis 1b Viento a 140 km/h C.S.=1,5					Hipótesis 2a Hielo+Viento 60km/h C.S.=1,5				Hipótesis 2b Hielo+Viento 60km/h C.S.=1,5					Hipótesis 3. Desequilibrio de tracciones C.S.=1,2					Hipótesis 4a Rotura de conductor C.S.=1,2				Hipótesis 4b Rotura cable tierra C.S.=1,2		
				Hc	Ht	Vc	Vt	Hc	Lc	Lt	Vc	Vt	Hc	Ht	Vc	Vt	Hc	Lc	Lt	Vc	Vt	Hc	Lc	Lt	Vc	Vt	Tc	Vcr	Vc	Vt	Tt	Vtr	Vc
T-39300-15,00-E-4,7/5,5-T	10.158	15,00																																
T-39300-20,00-E-4,7/5,5-T	11.812	20,00																																
T-39300-25,00-E-4,7/5,5-T	13.690	25,00	F=39.300	5.750	2.800	2.000	700	1.000	4.750	2.100	2.000	700	5.950	2.900	3.000	1.000	800	4.750	2.100	3.000	1.000	1.200	7.500	3.750	3.000	1.000	6.400	2.000	3.000	1.000	3.750	700	3.000
T-39300-30,00-E-4,7/5,5-T	15.752	30,00																																
T-39300-35,00-E-4,7/5,5-T	17.809	35,00																																
T-62400-15,00-E-4,7/5,5-T	15.240	15,00																																
T-62400-20,00-E-4,7/5,5-T	17.950	20,00																																
T-62400-25,00-E-4,7/5,5-T	20.860	25,00	F=62.400	8.900	4.400	2.000	1.000	1.900	7.000	3.000	2.000	700	9.300	4.200	3.650	1.500	600	8.800	3.300	3.650	1.500	500	11.600	6.100	3.650	1.500	11.600	3.650	3.650	1.500	8.000	1.500	3.650
T-62400-30,00-E-4,7/5,5-T	24.050	30,00																																
T-62400-35,00-E-4,7/5,5-T	27.040	35,00																																

3.10.1. Comprobación de las dimensiones de los apoyos a utilizar

Antes de proceder al cálculo mecánico de los apoyos es necesario comprobar que los apoyos y armados propuestos en el enunciado satisfacen las distancias de seguridad reglamentarias, tanto internas como externas, así como seleccionar la altura libre de los apoyos a utilizar. En este ejemplo se considerará que la línea no tiene ningún vano de longitud superior a 340 m.

3.10.1.1. Distancia entre conductores

La separación mínima entre los conductores de fase de un mismo circuito se calcula aplicando la fórmula siguiente para tres condiciones distintas: viento, hielo y temperatura elevada. La distancia obtenida para la condición de viento servirá para comprobar la separación horizontal entre conductores, mientras que la distancia máxima de las condiciones de hielo y temperatura servirá para calcular la separación vertical.

$$D = K \cdot \sqrt{F + L_{cad}} + K' \cdot D_{pp}$$

donde:

K = coeficiente que depende de la oscilación de los conductores con el viento.

K' = coeficiente que depende de la tensión nominal de la línea, $K' = 0,85$ para líneas de categoría especial.

F = flecha máxima, en metros, para el vano de mayor longitud.

L_{cad} = longitud en metros de la cadena de suspensión. $L = 2,75$ m.

D_{pp} = distancia mínima aérea especificada para prevenir una descarga disruptiva entre conductores de fase durante sobretensiones de frente lento o rápido.

        Los valores de D_{pp} se indican en el Apartado 5.2 en función de la tensión más elevada de la línea. Para una línea de 220 kV, $D_{pp} = 2$ m.

D = separación entre conductores de fase del mismo circuito o circuitos distintos en metros.

a) **Distancia con viento**

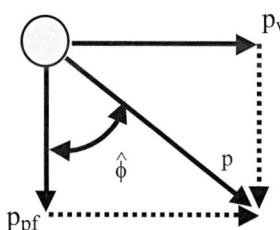

$$p_{pf} = 0,957 \ daN/m$$

$$p_V = q \cdot \phi_f \cdot 10^{-3} = 50 \cdot 21,8 \cdot 10^{-3} = 1,09 \ daN/m$$

$$tg\hat{\phi} = \frac{p_V}{p_{pf}} = \frac{1,09}{0,957} = 1,139$$

$$\hat{\phi} = 48{,}71º,$$

de la Tabla16 del Apartado 5.4.1 de la ITC-LAT 07, se obtiene una valor de $K = 0{,}65$, ya que la tensión de la línea es superior a 30 kV.

La flecha máxima a considerar para la distancia entre conductores es la correspondiente a la hipótesis de viento, que para el vano de 340 m tiene un valor de:

$$F_{máx.viento} = 8{,}72 \ m$$

Para este caso, la distancia horizontal mínima entre conductores será:

$$D_{viento.vano\ 340} = 0{,}65 \cdot \sqrt{8{,}72 + 2{,}75} + 0{,}85 \cdot 2 = 3{,}9 \ m$$

La distancia entre conductores en posición vertical se obtendrá considerando la flecha máxima de entre las condiciones de hielo y temperatura elevada, sin desviación del conductor por viento, es decir, $\hat{\phi} = 0$, y por tanto, según la Tabla 16 del Apartado 5.4.1 de la ITC-LAT 07, $K = 0{,}6$.

b) Distancia con hielo

$$D_{hielo.vano\ 340} = 0{,}6 \cdot \sqrt{8{,}80 + 2{,}75} + 0{,}85 \cdot 2 = 3{,}74 \ m$$

c) Distancia con temperatura elevada

$$D_{temperatura.vano\ 340} = 0{,}6 \cdot \sqrt{10{,}54 + 2{,}75} + 0{,}85 \cdot 2 = 3{,}88 \ m$$

El armado del tipo E-4,6/5,5-T mantiene una distancia entre conductores en disposición horizontal y vertical mayor de 3,9 y 3,88 m respectivamente, y por lo tanto, satisface las condiciones reglamentarias.

Se podría hacer una comprobación similar para los armados utilizados en apoyos con cadenas de amarre que tienen una mayor separación entre conductores, tomando en la fórmula de la distancia, la longitud de la cadena, $L_{cad} = 0$, por ser cadena de amarre, con lo que resulta una distancia D inferior a la calculada y se cumplen también las distancias reglamentarias.

3.10.1.2. Altura libre de los apoyos

Para asegurar que en todo el trazado de la línea se cumplen las distancias mínimas al terreno, la altura de los apoyos se debe de comprobar mediante la utilización de las curvas de la catenaria para una flecha máxima, junto con el perfil del terreno. En este ejemplo se considerará que el perfil del terreno es llano, de modo que la altura libre de los apoyos se obtendrá sumando la longitud de la cadena de aisladores de suspensión, la flecha máxima y la altura mínima de los conductores al suelo, añadiendo un metro más de seguridad. Este margen de seguridad tiene en cuenta las imprecisiones de cálculo y la deformación plástica de los conductores a lo largo de la vida útil de la línea

$$L_{cad} = 2{,}75 \, m$$

$$f_{máx.temperatura} = 10{,}54 \, m$$

$$D_{conductor-terreno} = 5,3 + D_{el} = 5,3 + 1,7 = 7 \ m$$

el valor de D_{el} se indica en el Apartado 5.2 de la ITC-LAT 07, en función de la tensión más elevada de la línea.

$$H_{libre} = L_{cad} + f_{máx.temperatura} + D_{conductor-terreno} + 1 = 2,75 + 10,54 + 7 + 1 = 21,29 \ m$$

De entre la serie de apoyos tipo D, se seleccionará una altura libre mayor o igual de 24 m, y para los apoyos tipo T, de 25 m.

3.10.1.3. Distancia entre los conductores de fase y las partes puestas a tierra

A continuación se calcula, a modo de ejemplo, la desviación de la cadena de aisladores en un apoyo de alineación entre dos vanos a nivel de 340 m. El cálculo de las distancias para cada uno de los apoyos de la línea se debería realizar de forma detallada, tal y como se ha indicado en el Apartado 3.5.

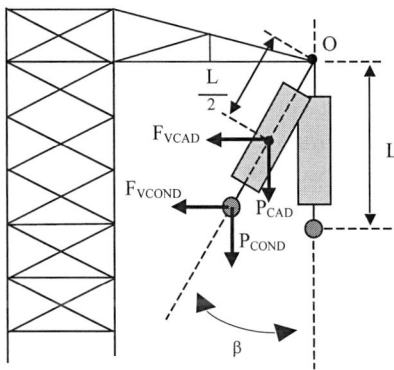

Eolovano: $a_e = \dfrac{a_1 + a_2}{2} = \dfrac{340 + 340}{2} = 340 \ m$

Tracción a $-10 \ °C$ + viento mitad: $T_{V/2} = 2212 \ daN$

Gravivano con viento mitad: al ser vanos a nivel coincidirá con el eolovano.

$$a_{gV/2} = \frac{a_1 + a_2}{2} + \frac{T_{V/2}}{p_{f/2}} \cdot \left(\frac{d_1}{a_1} - \frac{d_2}{a_2} \right) = \frac{340 + 340}{2} + \frac{2212}{1,101} \cdot \left(\frac{0}{340} - \frac{0}{340} \right) = 340 \ m$$

$$p_{f/2} = \sqrt{p_{pf}^2 + \left(\frac{q}{2} \cdot \phi \right)^2} = \sqrt{0,957^2 + \left(\frac{50}{2} \cdot 21,8 \cdot 10^{-3} \right)^2} = 1,101 \ daN/m$$

siendo $p_{f/2}$, el peso del conductor de fase con una sobrecarga debida a una presión de viento mitad a la correspondiente a 120 km/h.

- Peso de los conductores:

$$P_{COND} = 2 \cdot p_{pf} \cdot a_{gV/2} = 2 \cdot 0,957 \cdot 340 = 650,76 \ daN$$

- Peso de la cadena de aisladores:

$$P_{CAD} = 156 \ daN$$

- Viento sobre la cadena de aisladores:

$$F_{VCAD} = q_{V/2} \cdot \phi_{CAD} \cdot L_{cad} = \frac{70}{2} \cdot 0{,}330 \cdot 2{,}75 = 31{,}76 \ daN$$

- Viento sobre los conductores:

$$F_{VCOND} = 2 \cdot q_{V/2} \cdot \phi \cdot 10^{-3} \cdot a_e = 2 \cdot \frac{50}{2} \cdot 21{,}8 \cdot 10^{-3} \cdot 340 = 370{,}6 \ daN$$

El ángulo de desviación de la cadena tiene un valor:

$$\beta = arc.tg \left(\frac{\dfrac{F_{VCAD}}{2} + F_{VCOND}}{P_{COND} + \dfrac{P_{CAD}}{2}} \right) = arc.tg \left(\frac{\dfrac{31{,}76}{2} + 370{,}6}{650{,}76 + \dfrac{156}{2}} \right) = 27{,}9 \ °$$

La separación mínima entre los conductores y sus accesorios en tensión y los apoyos no será inferior a D_{el}, con un mínimo de 0,2 m. Para la línea de 220 kV el valor de D_{el} es de 1,7 m. Según puede observarse en la figura, las distancias del conductor al apoyo, en el caso de desviación de la cadena de aisladores, son superiores a 1,7 m; por lo tanto, se cumplen las distancias reglamentarias.

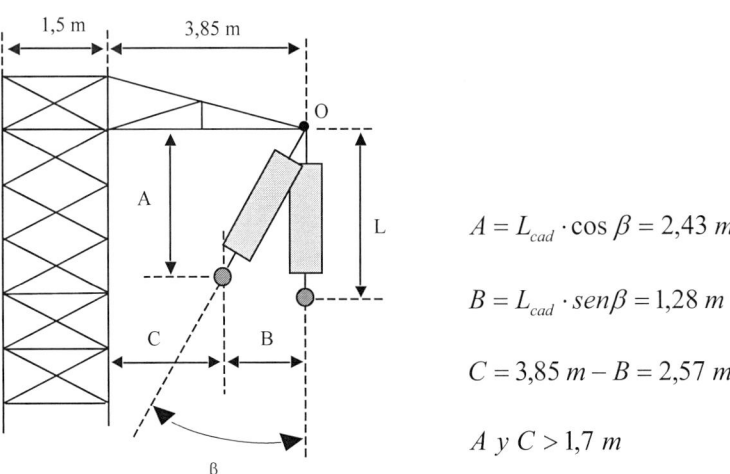

$$A = L_{cad} \cdot \cos \beta = 2{,}43 \ m$$

$$B = L_{cad} \cdot sen\beta = 1{,}28 \ m$$

$$C = 3{,}85 \ m - B = 2{,}57 \ m$$

$$A \ y \ C > 1{,}7 \ m$$

3.10.2. Cálculo mecánico de apoyos

Se pretende ilustrar el cálculo mecánico de los distintos tipos de apoyos definidos en el RLAT, para lo cual se especifican en la tabla siguiente los datos de las longitudes de vanos, desniveles, ángulo de desviación de la traza y vanos de regulación, necesarios para el cálculo de algunos de los apoyos de la línea. En un proyecto real, para realizar de forma individualizada el cálculo de todos los apoyos, se utilizan habitualmente herramientas informáticas.

Datos de vanos y desniveles para los apoyos en cálculo

Tipo de apoyo	Vano anterior		Angulo de la traza	Vano posterior		Vano de regulación para el cantón o cantones anterior y posterior	
	a_1 (m)	d_1 (m)	α (°)	a_2 (m)	d_2 (m)	a_{r1} (m)	a_{r2} (m)
Principio o fin de línea	0	0	–	340	0	–	340
Amarre en alineación	340	0	–	300	50	340	300
Suspensión en alineación	310	–20	–	300	30	320	
Amarre en ángulo	340	10	55	320	–10	340	320
Anclaje en alineación	340	0	–	300	50	340	300
Anclaje en ángulo	340	10	55	320	–10	340	320
Suspensión en ángulo	310	–20	5	300	30	320	

Con objeto de comparar los esfuerzos reglamentarios a los que van a estar sometidos los apoyos con los especificados por el fabricante, se calcularán los esfuerzos verticales, transversales y longitudinales aplicados en los puntos de sujeción de los conductores.

APOYO DE PRINCIPIO DE LÍNEA

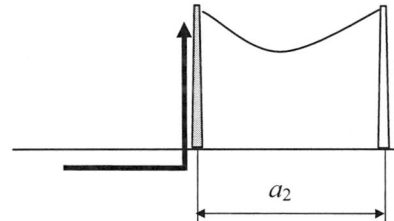

$a_2 = 340$ m.

Tracciones para el conductor de fase en el vano de regulación de 340 m

- Tracción a –10°C + viento de 140 km/h: $T_{Vf} = 3070$ daN.

- Tracción a –15°C + hielo+ viento de 60 km/h: $T_{HVf} = 3267$ daN.

Tracciones para el conductor de tierra en el vano de regulación de 340 m

- Tracción a –10°C + viento de 140 km/h: $T_{Vt} = 2088$ daN.

- Tracción a –15°C + hielo+ viento de 60 km/h: $T_{HVt} = 2150$ daN.

Por tratarse de un apoyo cuyo único vano a la derecha es un vano a nivel, el eolovano y el gravivano sobre el apoyo coinciden, para los conductores de fase y de tierra, siendo su valor:

$$a_{gV} = a_{gH} = a_e = \frac{a_2}{2} = \frac{340}{2} = 170 \ m$$

donde a_{gV} es el gravivano con viento, a_{gH} el gravivano con hielo y a_e es el eolovano.

1ª hipótesis: viento de 140 km/h, a −10 ºC

a) Cargas verticales

- Peso de conductores:

$$P_{COND.FASE} = n_f \cdot p_{pf} \cdot a_{gV} = 2 \cdot 0,957 \cdot 170 = 325,38 \ daN$$

$$P_{COND.TIERRA} = n_t \cdot p_{pt} \cdot a_{gV} = 1 \cdot 0,529 \cdot 170 = 89,93 \ daN$$

- Peso de cadena de aisladores, incluidos los herrajes:

$$P_{CAD} = 242 \cdot 0,981 = 237,4 \ daN$$

Nótese que esta cadena es doble, ya que consta de un yugo triangular y de dos cadenas de aisladores, una para cada conductor del haz.

Total cargas verticales:

- Carga vertical por fase:

$$F_{Vf} = P_{COND.FASE} + P_{CAD} = 325,38 + 237,4 = 562,78 \ daN$$

- Carga vertical debida al conductor de tierra:

$$F_{Vt} = P_{COND.TIERRA} = 89,93 \ daN$$

b) Cargas transversales por viento sobre los conductores (Aptdo. 3.1.2. ITC-LAT 07)

Esfuerzo transversal debido al viento sobre el conductor de fase:

$$F_{Tf} = n_f \cdot q \cdot \phi_f \cdot 10^{-3} \cdot a_e = 2 \cdot 50 \cdot \left(\frac{140}{120}\right)^2 \cdot 21,8 \cdot 10^{-3} \cdot 170 = 504,42 \ daN$$

Esfuerzo transversal debido al viento sobre el conductor de tierra:

$$F_{Tt} = n_t \cdot q \cdot 10^{-3} \cdot \phi_t \cdot a_e = 1 \cdot 60 \cdot \left(\frac{140}{120}\right)^2 \cdot 14,68 \cdot 10^{-3} \cdot 170 = 203,8 \ daN$$

Nótese que no se ha tenido en cuenta el viento sobre la cadena de aisladores. El proyectista juzgará si su consideración supone un esfuerzo importante sobre el apoyo, sobre todo, como en este caso, al tratarse de cadena de aisladores de gran longitud y considerable diámetro.

c) Cargas longitudinales por desequilibrio de tracciones (Aptdo. 3.1.4.4. ITC-LAT 07)

En los apoyos fin de línea se considera el 100% de las tracciones unilaterales de todos los conductores.

Esfuerzo longitudinal debido a la tracción del conductor de fase:

$$F_{Lf} = n_f \cdot T_{Vf} = 2 \cdot 3070 = 6140 \ daN \, ,$$

siendo T_{Vf}, la tracción del conductor de fase en el primer cantón a –10 ºC, con viento de 140 km/h.

Esfuerzo longitudinal debido a la tracción del conductor de tierra:

$$F_{Lt} = n_t \cdot T_{Vt} = 1 \cdot 2088 = 2088 \ daN \, ,$$

siendo T_{Vt}, la tracción del conductor de tierra en el primer cantón a –10 ºC con viento de 140 km/h.

Los esfuerzos sobre el apoyo, para esta hipótesis, son:

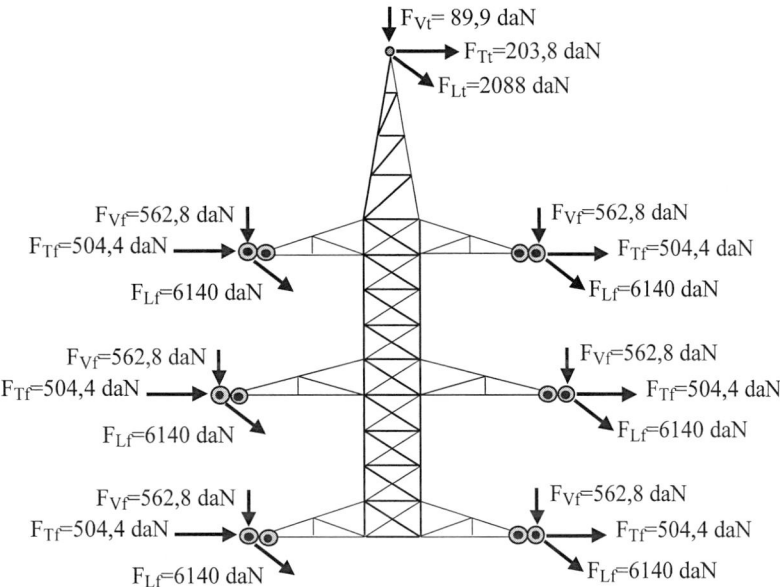

El apoyo seleccionado para cumplir con esta hipótesis es el T-62400-25,00-E-4,7/5,5-T, cuyos esfuerzos soportados se indican a continuación:

Tipo de esfuerzo	(daN)	Cumplimiento
H_C	1900	$H_C > F_{Tf}$
H_t	1400	$H_t > F_{Tt}$
L_C	7000	$L_C > F_{Lf}$
L_t	3000	$L_t > F_{Lt}$
V_C	2000	$V_C > F_{Vf}$
V_t	700	$V_t > F_{Vt}$

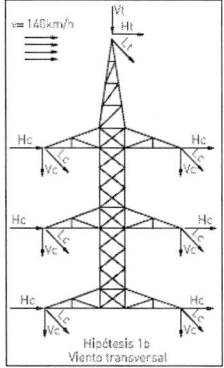

2ª hipótesis: hielo en zona B y viento de 60 km/h, a –15 ºC

a) Cargas verticales

- Peso de conductores:

$$P_{COND.FASE} = n_f \cdot \left(p_{pf} + p_{hf}\right) \cdot a_{gH} = n_f \cdot \left(p_{pf} + 0{,}18 \cdot \sqrt{\phi_f}\right) \cdot a_{gH}$$

$$P_{COND.FASE} = 2 \cdot \left(0{,}957 + 0{,}18 \cdot \sqrt{21{,}8}\right) \cdot 170 = 611{,}1 \; daN$$

$$P_{COND.TIERRA} = n_t \cdot \left(p_{pt} + p_{ht}\right) \cdot a_{gH} = n_t \cdot \left(p_{pt} + 0{,}18 \cdot \sqrt{\phi_t}\right) \cdot a_{gH}$$

$$P_{COND.TIERRA} = 1 \cdot \left(0{,}529 + 0{,}18 \cdot \sqrt{14{,}68}\right) \cdot 170 = 207{,}2 \; daN$$

- Peso de cadena de aisladores, incluidos los herrajes:

$$P_{CAD} = 242 \cdot 0{,}981 = 237{,}4 \; daN$$

Total cargas verticales:

- Carga vertical por fase:

$$F_{Vf} = P_{COND.FASE} + P_{CAD} = 611{,}1 + 237{,}4 = 848{,}5 \; daN$$

- Carga vertical debida al conductor de tierra:

$$F_{Vt} = P_{COND.TIERRA} = 207{,}2 \; daN$$

b) Cargas transversales, por viento sobre los conductores (Aptdo. 3.1.2. ITC-LAT 07)

Esfuerzo transversal debido al viento de 60 km/h sobre el conductor de fase:

$$F_{Tf} = n_f \cdot q \cdot \left(\phi_f + 2 \cdot e_f\right) \cdot 10^{-3} \cdot a_e = 2 \cdot 50 \cdot \left(\frac{60}{120}\right)^2 \cdot \left(21{,}8 + 2 \cdot 10{,}9\right) \cdot 10^{-3} \cdot 170 = 185{,}3 \; daN$$

Esfuerzo transversal debido al viento de 60 km/h sobre el conductor de tierra:

$$F_{Tt} = n_t \cdot q \cdot \left(\phi_t + 2 \cdot e_t\right) \cdot 10^{-3} \cdot a_e = 1 \cdot 50 \cdot \left(\frac{60}{120}\right)^2 \cdot \left(14{,}68 + 2 \cdot 11{,}28\right) \cdot 10^{-3} \cdot 170 = 79{,}1 \; daN$$

c) Cargas longitudinales por desequilibrio de tracciones (Aptdo. 3.1.4.4. ITC-LAT 07)

En los apoyos fin de línea se considera el 100% de las tracciones unilaterales de todos los conductores.

Esfuerzo longitudinal debido a la tracción del conductor de fase:

$$F_{Lf} = n_f \cdot T_{HVf} = 2 \cdot 3267 = 6534 \; daN$$

siendo T_{HVf}, la tracción del conductor de fase en el primer cantón a –15 ºC con sobrecarga de hielo y viento de 60 km/h.

Esfuerzo longitudinal debido a la tracción del conductor de tierra:

$$F_{Lt} = n_t \cdot T_{HVt} = 1 \cdot 2150 = 2150 \ daN$$

siendo T_{HVt}, la tracción del conductor de tierra en el primer cantón a –15 ºC con sobre-carga de hielo y viento de 60 km/h.

Los esfuerzos sobre el apoyo, para esta hipótesis, son:

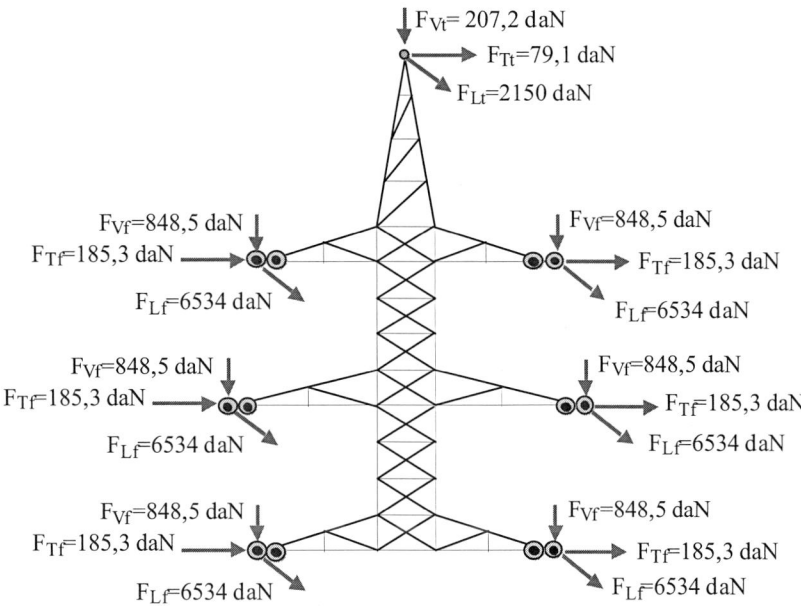

El apoyo seleccionado para la hipótesis 1ª, T-62400-25,00-E-4,7/5,5-T, cumple tam-bién los esfuerzos calculados en la hipótesis 2ª ya que:

Tipo de esfuerzo	(daN)	Cumplimiento
H_C	600	$H_C > F_{Tf}$
H_t	500	$H_t > F_{Tt}$
L_C	8800	$L_C > F_{Lf}$
L_t	3300	$L_t > F_{Lt}$
V_C	3650	$V_C > F_{Vf}$
V_t	1500	$V_t > F_{Vt}$

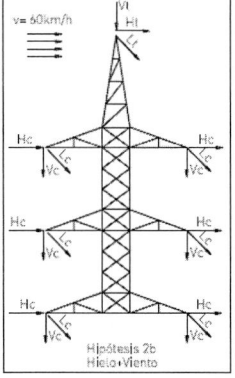

3ª hipótesis: desequilibrio de tracciones

Esta hipótesis no aplica al ser un apoyo de fin de línea.

4ª hipótesis: rotura de conductores con hielo en zona B y viento de 60 km/h, a –15ºC

a) Cargas verticales

Idénticas a las calculadas en la 2ª hipótesis para los conductores que no se rompen.

- Carga vertical por fase:

$$F_{Vf} = 848,5 \; daN$$

- Carga vertical debida al conductor de tierra:

$$F_{Vt} = 207,2 \; daN$$

Para los conductores rotos:

$$P_{COND.FASE.r} = 0 \; daN$$

$$P_{COND.TIERRA.r} = 0 \; daN$$

Nótese que se desprecia el peso de conductor roto que colgaría desde la cadena de aisladores hasta el suelo.

- Carga vertical por fase del cable roto:

$$F_{Vfr} = P_{COND.FASE.r} + P_{CAD} = 0 + 237,4 = 237,4 \; daN$$

- Carga vertical debida al conductor de tierra roto:

$$F_{Vtr} = P_{COND.TIERRA.r} = 0 \; daN$$

b) Cargas transversales, por viento sobre los conductores (Aptdo. 3.1.2. ITC-LAT 07)

No se consideran cargas transversales por viento.

c) Cargas longitudinales por rotura de conductores (Aptdo. 3.1.5.4. ITC-LAT 07)

Se considera la rotura de los dos conductores del haz correspondientes a una fase o rotura del conductor de tierra, sin reducción alguna de su tracción en los conductores que no se rompen.

c-1) Rotura de los conductores de fase

Se considera la rotura de uno de los haces correspondientes a la cruceta central, ya que al ser esta cruceta la de mayor dimensión, la rotura de conductores provoca un esfuerzo a torsión mayor sobre el apoyo. Según se muestra en la figura siguiente, el apoyo se encuentra sometido a unas cargas verticales y longitudinales, ya calculadas en la 2ª hipótesis, junto a un momento torsor, cuyo valor es:

$$M_T = F_{Lf} \cdot B_c = 2 \cdot T_{HVf} \cdot B_c = 2 \cdot 3267 \cdot 5,6 = 36590,4 \; daN \cdot m$$

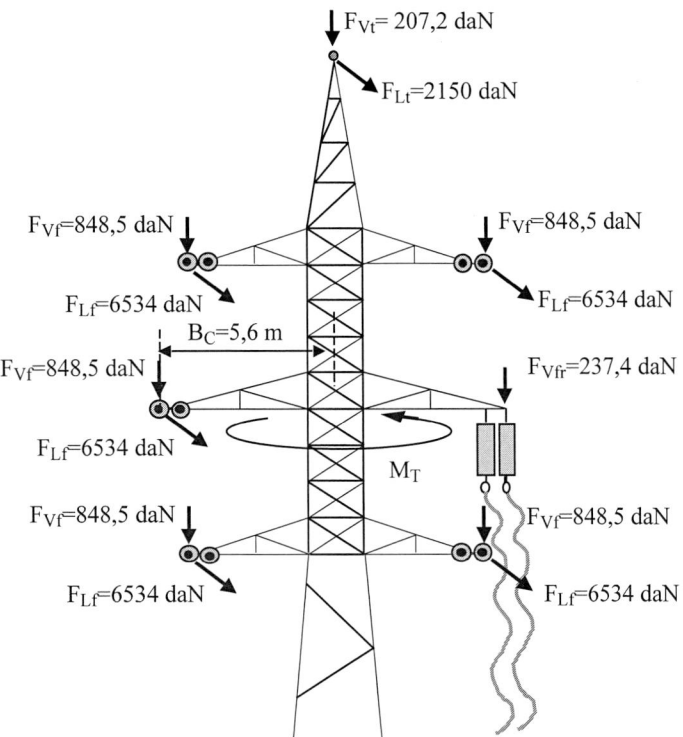

Para el apoyo seleccionado anteriormente, T-62400-25,00-E-4,7/5,5-T, los esfuerzos especificados que se muestran a continuación, no incluyen el efecto combinado de la torsión, M_t, con los esfuerzos longitudinales F_{Lf} y F_{Lt}, al no incluirse estos últimos.

Tipo de esfuerzo	(daN)
T_C	11600
V_{Cr}	3150
V_C	3650
V_t	1500

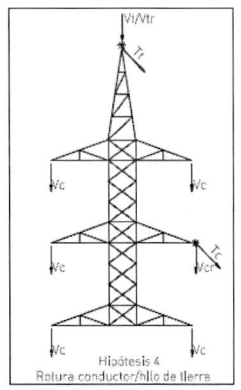

Para comprobar si el apoyo es capaz de soportar la acción combinada de los esfuerzos longitudinales y del par torsor, los fabricantes deben facilitar esta información, por ejemplo, mediante gráficos que indiquen el par torsor soportado en función del esfuerzo útil del apoyo, tal y como se explicó en el Apartado 3.9.

c-2) Rotura del conductor de tierra

El apoyo se encuentra sometido a unas cargas verticales y longitudinales, cuyos valores, ya calculados en la 2ª hipótesis, se indican en la figura siguiente:

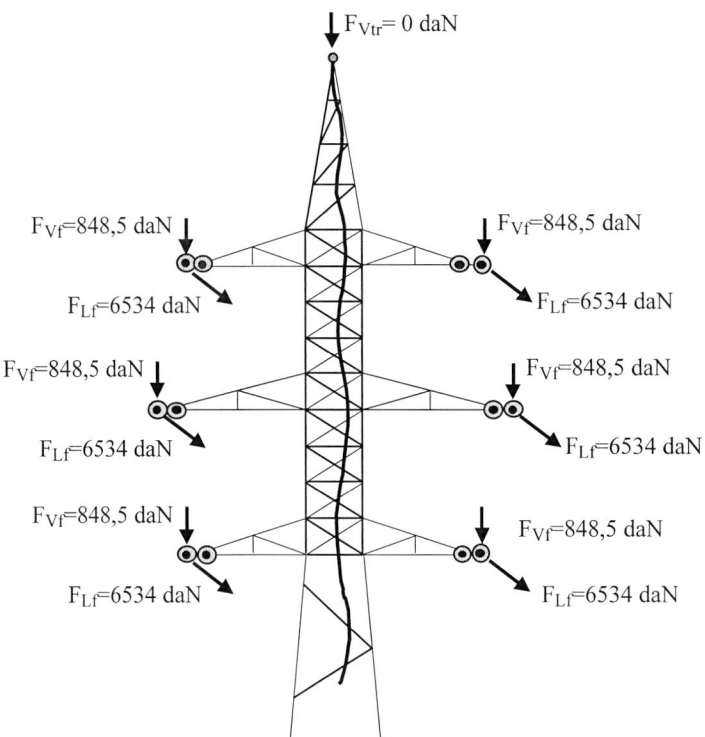

Para el apoyo seleccionado anteriormente, T-62400-25,00-E-4,7/5,5-T, los esfuerzos especificados para la 4ª hipótesis, no incluyen el efecto longitudinal F_{Lf}. Sin embargo, si que son comparables los esfuerzos soportados por este apoyo en la 3ª hipótesis, tal y como se indica a continuación.

Tipo de esfuerzo	(daN)	Cumplimiento
L_C	11600	$L_C > F_{Lf}$
L_t	6100	$L_t > 0$
V_C	3650	$V_C > F_{Vf}$
V_t	1500	$V_t > F_{Vt}$

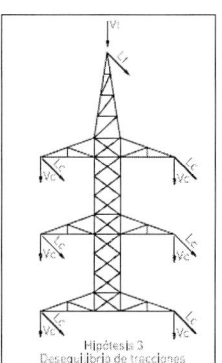

APOYO DE AMARRE EN ALINEACIÓN

Este apoyo delimita dos cantones, el de la izquierda con un vano de regulación, de 340 metros y el de la derecha, de 300 metros.

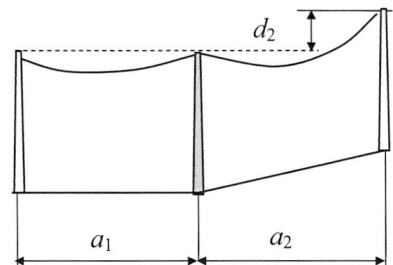

$a_1 = 340$ m.

$d_1 = 0$ m.

$a_2 = 300$ m.

$d_2 = 50$ m.

Tracciones para el conductor de fase en el vano de regulación de 340 m

- Tracción a –10ºC + viento de 140 km/h: $T_{Vf1} = 3070$ daN.

- Tracción a –15ºC + hielo+ viento de 60 km/h: $T_{HVf1} = 3267$ daN.

Tracciones para el conductor de fase en el vano de regulación de 300 m

- Tracción a –10 ºC + viento de 140 km/h: $T_{Vf2} = 2997$ daN.

- Tracción a –15 ºC + hielo + viento de 60 km/h: $T_{HVf2} = 3191$ daN.

Tracciones para el conductor de tierra en el vano de regulación de 340 m

- Tracción a –10ºC + viento de 140 km/h: $T_{Vt1} = 2088$ daN.

- Tracción a –15ºC + hielo+ viento de 60 km/h: $T_{HVt1} = 2150$ daN.

Tracciones para el conductor de tierra en el vano de regulación de 300 m

- Tracción a –10 ºC + viento de 140 km/h: $T_{Vt2} = 2085$ daN.

- Tracción a –15 ºC + hielo + viento de 60 km/h: $T_{HVt2}' = 2150$ daN.

Por tratarse de un apoyo situado entre vanos a distinto nivel, el eolovano y gravivano no coinciden, siendo su valor:

Eolovano para los conductores de fase y de tierra:

$$a_e = \frac{a_1 + a_2}{2} = \frac{340 + 300}{2} = 320 \ m$$

Gravivano con viento de 140 km/h para los conductores de fase:

$$a_{gVf} = \frac{a_1 + a_2}{2} + \left(\frac{T_{Vf1}}{p_{Vf}} \cdot \frac{d_1}{a_1} - \frac{T_{Vf2}}{p_{Vf}} \cdot \frac{d_2}{a_2} \right) = 320 + \frac{3070}{1,765} \cdot \frac{0}{340} - \frac{2997}{1,765} \cdot \frac{50}{300} = 37,0 \ m,$$

siendo p_{vf}, el peso con sobrecarga de viento del conductor de fase.

Gravivano con viento de 140 km/h para el conductor de tierra:

$$a_{gVt} = \frac{a_1 + a_2}{2} + \left(\frac{T_{Vt1}}{p_{Vt}} \cdot \frac{d_1}{a_1} - \frac{T_{Vt2}}{p_{Vt}} \cdot \frac{d_2}{a_2} \right) = 320 + \frac{2088}{1,31} \cdot \frac{0}{340} - \frac{2085}{1,31} \cdot \frac{50}{300} = 54,7 \ m$$

siendo p_{Vt}, el peso con sobrecarga de viento del conductor de tierra.

Gravivano con hielo y viento de 60 km/h para los conductores de fase:

$$a_{gHVf} = \frac{a_1 + a_2}{2} + \left(\frac{T_{HVf1}}{p_{HVf}} \cdot \frac{d_1}{a_1} - \frac{T_{HVf2}}{p_{HVf}} \cdot \frac{d_2}{a_2} \right) = 320 + \frac{3267}{1,878} \cdot \frac{0}{340} - \frac{3191}{1,878} \cdot \frac{50}{300} = 36,8 \ m$$

siendo p_{HVf}, el peso con sobrecarga de hielo y viento del conductor de fase.

Gravivano con hielo y viento de 60 km/h para el conductor de tierra:

$$a_{gHVt} = \frac{a_1 + a_2}{2} + \left(\frac{T_{HVt1}}{p_{HVt}} \cdot \frac{d_1}{a_1} - \frac{T_{HVt2}}{p_{HVt}} \cdot \frac{d_2}{a_2} \right) = 320 + \frac{2150}{1,341} \cdot \frac{0}{340} - \frac{2150}{1,341} \cdot \frac{50}{300} = 52,8 \ m$$

siendo p_{HVt}, el peso con sobrecarga de hielo y viento del conductor de tierra.

1ª hipótesis: viento de 140 km/h a –10 ºC

a) Cargas verticales

- Peso de conductores:

$$P_{COND.FASE} = n_f \cdot p_{pf} \cdot a_{gVf} = 2 \cdot 0,957 \cdot 37,0 = 70,8 \ daN$$

$$P_{COND.TIERRA} = n_t \cdot p_{pt} \cdot a_{gVt} = 1 \cdot 0,529 \cdot 54,7 = 28,9 \ daN$$

- Peso de cadena de aisladores incluidos los herrajes:

$$P_{CAD} = 242 \cdot 0,981 = 237,4 \ daN$$

Total cargas verticales:

- Carga vertical por fase:

$$F_{Vf} = P_{COND.FASE} + 2 \cdot P_{CAD} = 70,8 + 2 \cdot 237,4 = 545,6 \ daN$$

- Carga vertical debida al conductor de tierra:

$$F_{Vt} = P_{COND.TIERRA} = 28,9 \, daN$$

b) Cargas transversales, por viento sobre los conductores (Aptdo. 3.1.2. ITC-LAT 07)

Esfuerzo transversal debido al viento sobre el conductor de fase:

$$F_{Tf} = n_f \cdot q \cdot \phi_f \cdot 10^{-3} \cdot a_e = 2 \cdot 50 \cdot \left(\frac{140}{120} \right)^2 \cdot 21,8 \cdot 10^{-3} \cdot 320 = 949,5 \ daN$$

Esfuerzo transversal debido al viento sobre el conductor de tierra:

$$F_{Tt} = n_t \cdot q \cdot \phi_t \cdot 10^{-3} \cdot a_e = 1 \cdot 60 \cdot \left(\frac{140}{120}\right)^2 \cdot 14,68 \cdot 10^{-3} \cdot 320 = 383,6 \ daN$$

c) No se consideran cargas longitudinales en la hipótesis de viento

Los esfuerzos sobre el apoyo, para esta hipótesis son:

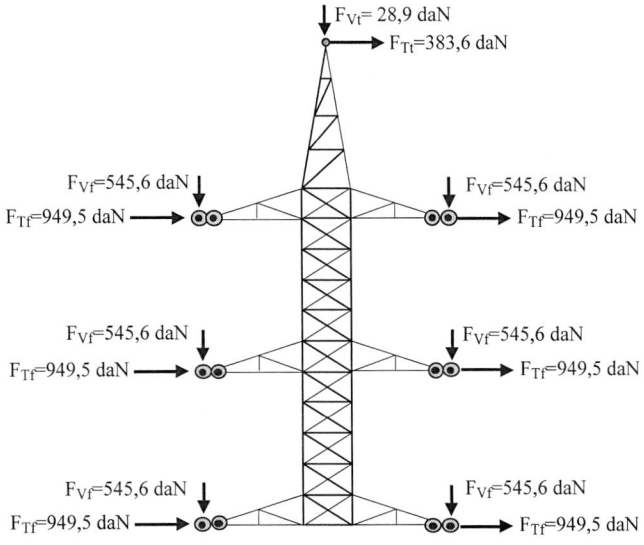

El apoyo seleccionado para cumplir con esta hipótesis es el D-11200-24,00-E-4,6/5,5-T, cuyos esfuerzos soportados se indican a continuación:

Tipo de esfuerzo	(daN)	Cumplimiento
H_C	1550	$HC > F_{Tf}$
Ht	930	$Ht > F_{Tt}$
V_C	2000	$VC > F_{Vf}$
Vt	500	$Vt > F_{Vt}$

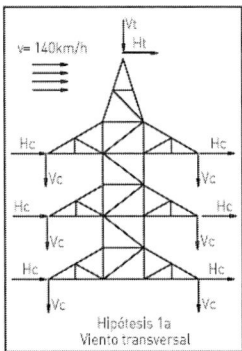

2ª hipótesis: hielo en zona B y viento de 60 km/h, a –15 °C

a) Cargas verticales

- Peso de conductores:

$$P_{COND.FASE} = n_f \cdot \left(p_{pf} + p_{hf}\right) \cdot a_{gHVf} = n_f \cdot \left(p_{pf} + 0,18 \cdot \sqrt{\phi_f}\right) \cdot a_{gHVf}$$
$$P_{COND.FASE} = 2 \cdot \left(0,957 + 0,18 \cdot \sqrt{21,8}\right) \cdot 36,8 = 132,27 \ daN$$

$$P_{COND.TIERRA} = n_t \cdot \left(p_{pt} + p_{ht}\right) \cdot a_{gHVt} = n_t \cdot \left(p_{pt} + 0,18 \cdot \sqrt{\phi_t}\right) \cdot a_{gHVt}$$
$$P_{COND.TIERRA} = 1 \cdot \left(0,529 + 0,18 \cdot \sqrt{14,68}\right) \cdot 52,8 = 64,36 \ daN$$

- Peso de cadena de aisladores, incluidos los herrajes:

$$P_{CAD} = 242 \cdot 0,981 = 237,4 \ daN$$

Total cargas verticales:

- Carga vertical por fase:

$$F_{Vf} = P_{COND.FASE} + 2 \cdot P_{CAD} = 132,27 + 2 \cdot 237,4 = 607,1 \ daN$$

- Carga vertical debida al conductor de tierra:

$$F_{Vt} = P_{COND.TIERRA} = 64,4 \ daN$$

b) Cargas transversales, por viento sobre los conductores (Aptdo. 3.1.2. ITC-LAT 07)

Esfuerzo transversal debido al viento de 60 km/h sobre el conductor de fase:

$$F_{Tf} = n_f \cdot q \cdot \left(\phi_f + 2 \cdot e_f\right) \cdot 10^{-3} \cdot a_e = 2 \cdot 50 \cdot \left(\frac{60}{120}\right)^2 \cdot \left(21,8 + 2 \cdot 10,9\right) \cdot 10^{-3} \cdot 320 = 348,8 \ daN$$

Esfuerzo transversal debido al viento de 60 km/h sobre el conductor de tierra:

$$F_{Tt} = n_t \cdot q \cdot \left(\phi_t + 2 \cdot e_t\right) \cdot 10^{-3} \cdot a_e = 1 \cdot 50 \cdot \left(\frac{60}{120}\right)^2 \cdot \left(14,68 + 2 \cdot 11,28\right) \cdot 10^{-3} \cdot 320 = 149 \ daN$$

c) No se consideran cargas longitudinales en la hipótesis de hielo y viento de 60 km/h

Los esfuerzos sobre el apoyo, para esta hipótesis, son:

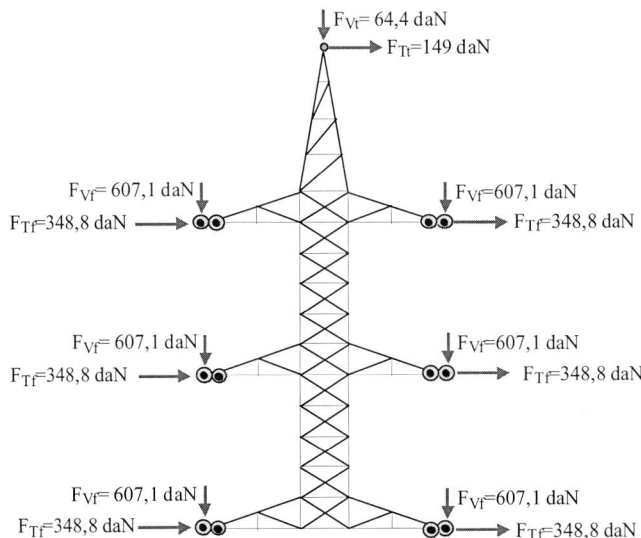

El apoyo seleccionado anteriormente, D-11200-24,00-E-4,6/5,5-T, cumple también con los esfuerzos de esta hipótesis.

Tipo de esfuerzo	(daN)	Cumplimiento
H_C	1740	$H_C > F_{Tf}$
H_t	1055	$H_t > F_{Tt}$
V_C	2500	$V_C > F_{Vf}$
V_t	1500	$V_t > F_{Vt}$

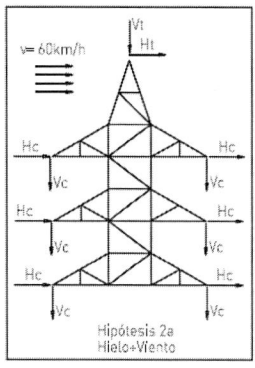

3ª hipótesis: desequilibrio de tracciones

a) Cargas verticales

Idénticas a las calculadas en la 2ª hipótesis.

- Carga vertical por fase: $F_{Vf} = 607,1 \ daN$

- Carga vertical debida al conductor de tierra: $F_{Vt} = 64,4 \ daN$

b) No se consideran cargas transversales en esta hipótesis

c) Cargas longitudinales por desequilibrio de tracciones (Aptdo. 3.1.4.2. ITC-LAT 07)

En los apoyos de alineación con cadenas de amarre, al ser la $U_n > 66$ kV, se considera el 25% de las tracciones unilaterales de todos los conductores.

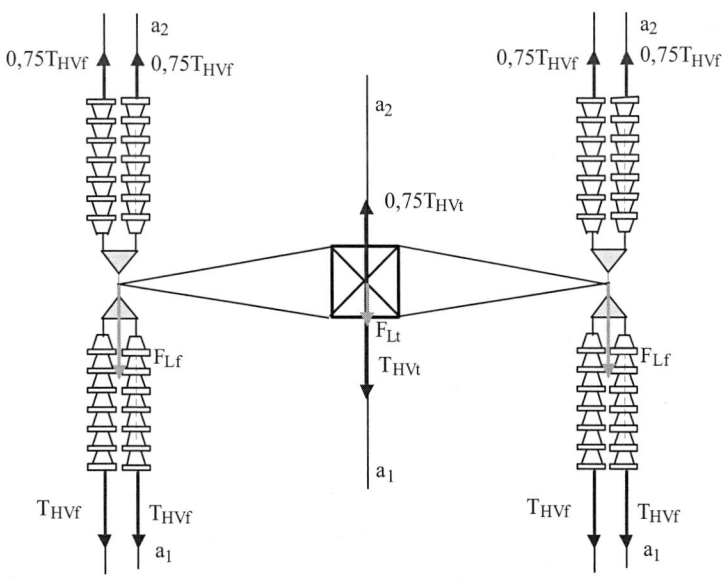

Esfuerzo longitudinal debido a la tracción del conductor de fase:

$$F_{Lf} = n_f \cdot 0{,}25 \cdot T_{HVf} = 2 \cdot 0{,}25 \cdot 3267 = 1633{,}5 \ daN$$

siendo T_{HVf}, el valor máximo de entre las tracciones del conductor de fase a –15 ºC, con sobrecarga de hielo y viento de 60 km/h, para los vanos contiguos al apoyo. T_{HVf} = máx (T_{HVf1}, T_{HVf2}).

Esfuerzo longitudinal debido a la tracción del conductor de tierra:

$$F_{Lt} = n_t \cdot 0{,}25 \cdot T_{HVt} = 1 \cdot 0{,}25 \cdot 2150 = 537{,}5 \ daN$$

siendo T_{HVf}, el valor máximo de entre las tracciones del conductor de fase a –15 ºC, con sobrecarga de hielo y viento de 60 km/h, para los vanos contiguos al apoyo. T_{HVt} = máx (T_{HVt1}, T_{HVt2}).

Los esfuerzos, para esta hipótesis, sobre el apoyo son:

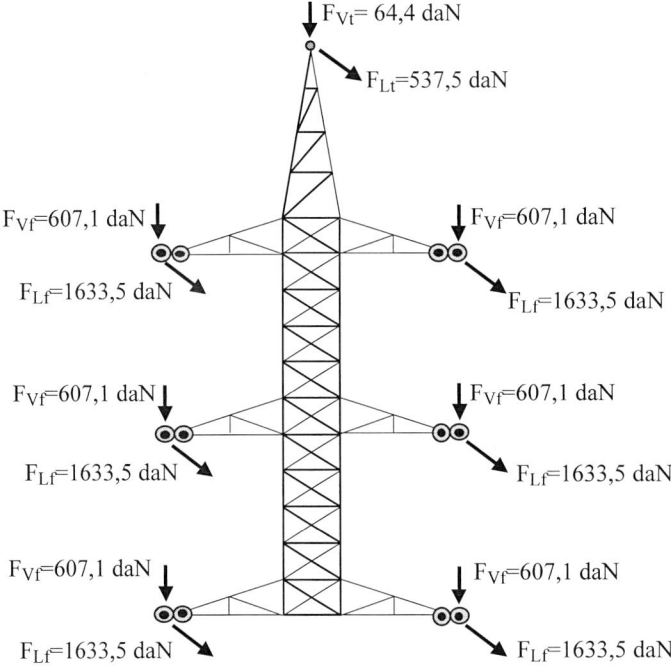

El apoyo seleccionado anteriormente, D-11200-24,00-E-4,6/5,5-T cumple también con los esfuerzos de esta hipótesis.

Tipo de esfuerzo	(daN)	Cumplimiento
L_C	2345	$L_C > F_{Lf}$
L_t	1405	$L_t > F_{Lt}$
V_C	2500	$V_C > F_{Vf}$
V_t	1000	$V_t > F_{Vt}$

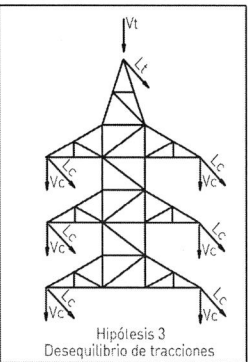

Hipótesis 3
Desequilibrio de tracciones

4ª hipótesis: rotura de conductores con hielo en la zona B y viento de 60 km/h, a –15 ºC

El conductor de fase roto debe ser aquel que provoque el mayor esfuerzo de torsión sobre el apoyo, por lo que se romperá el conductor del vano cuya tracción a –15 ºC, con sobrecarga de hielo y viento de 60 km/h, sea la menor. De esta forma el conductor del vano con mayor tracción es el que provoca el esfuerzo de torsión. En este ejemplo la tracción mayor para el conductor de fase se tiene en el vano de la izquierda, T_{HVf1} = 3267 daN, por lo que se romperá el conductor de fase en el vano de la derecha.

El conductor de tierra roto debe ser aquel que provoque el mayor esfuerzo de flexión sobre el apoyo. Como la tracción es la misma en los dos cantones, se podría romper el conductor de cualquiera de los dos vanos. En este caso, se considera que se rompe el conductor en el vano de la derecha, ya que el gravivano resultante es mayor que si se rompe en el vano de la izquierda.

a) Cargas verticales

Idénticas a las calculadas en la 2ª hipótesis para los conductores que no se rompen.

- Carga vertical por fase: $F_{Vf} = 607{,}1\ daN$

- Carga vertical debida al conductor de tierra: $F_{Vt} = 64{,}4\ daN$

La carga vertical para los conductores rotos, teniendo en cuenta que se rompe un solo conductor del haz, será:

$$P_{COND.FASE.r} = \left(p_{pf} + p_{hf}\right) \cdot a_{gHVf} + \left(p_{pf} + p_{hf}\right) \cdot a_{gHVfr} = \left(p_{pf} + p_{hf}\right) \cdot \left(a_{gHVf} + a_{gHVfr}\right)$$

$$P_{COND.FASE.r} = \left(0{,}957 + 0{,}18 \cdot \sqrt{21{,}8}\right) \cdot \left(36{,}8 + 170\right) = 371{,}6\ daN$$

Siendo:

$$a_{gHVfr} = \frac{a_1}{2} + \left(\frac{T_{HVf1}}{p_{HVf}} \cdot \frac{d_1}{a_1}\right) = \frac{340}{2} + \frac{3267}{1{,}878} \cdot \frac{0}{340} = 170\ m$$

$$P_{COND.TIERRA.r} = \left(p_{pt} + p_{ht}\right) \cdot a_{gHVtr} = \left(0{,}529 + 0{,}18 \cdot \sqrt{14{,}68}\right) \cdot 170 = 207{,}2\ daN$$

Siendo:

$$a_{gHVtr} = \frac{a_1}{2} + \left(\frac{T_{HVt1}}{p_{HVt}} \cdot \frac{d_1}{a_1} \right) = \frac{340}{2} + \frac{2150}{1,34} \cdot \frac{0}{340} = 170 \ m$$

Total cargas verticales:

- Carga vertical por fase: $F_{Vf} = 607,1 \ daN$

- Carga vertical debida al conductor de tierra: $F_{Vt} = 64,4 \ daN$

- Carga vertical por fase del cable roto:

$$F_{Vfr} = P_{COND.FASE.r} + 2 \cdot P_{CAD} = 371,6 + 2 \cdot 237,4 = 846,4 \ daN$$

- Carga vertical debida al conductor de tierra roto:

$$F_{Vtr} = P_{COND.TIERRA.r} = 207,2 \ daN$$

b) Cargas transversales, por viento sobre los conductores (Aptdo. 3.1.2. ITC-LAT 07)

No se consideran cargas transversales por viento.

c) Cargas longitudinales por rotura de conductores (Aptdo. 3.1.5.2. ITC-LAT 07)

Se considera la rotura de un solo conductor por fase o conductor de tierra, sin reducción alguna de su tracción.

c-1) Rotura del conductor de fase

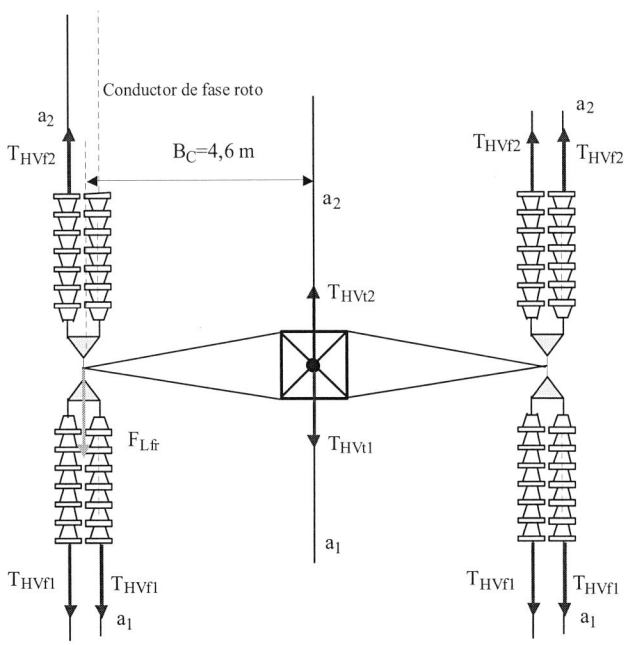

Según se muestra en la figura siguiente, el apoyo se encuentra sometido a unas cargas verticales junto a un momento torsor cuyo valor es:

$$M_t = F_{Lfr} \cdot B_c = T_{HVf1} \cdot B_c = 3267 \cdot 4,6 = 15028 \; daN \cdot m$$

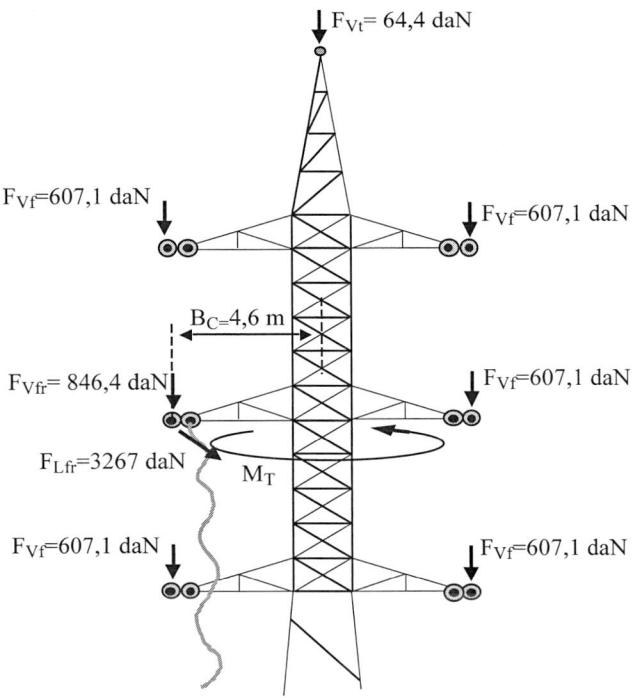

El apoyo seleccionado anteriormente, D-11200-24,00-E-4,6/5,5-T, cumple también con los esfuerzos de esta hipótesis.

Tipo de esfuerzo	(daN)	Cumplimiento
T_c	4150	$T_C > F_{Lfr}$
V_{cr}	1960	$V_{cr} > F_{Vfr}$
V_c	2500	$V_C > F_{Vf}$
V_t	1000	$V_t > F_{Vt}$

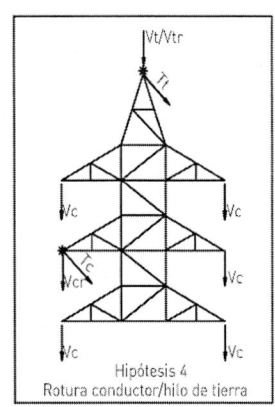

Hipótesis 4
Rotura conductor/hilo de tierra

c-2) Rotura del conductor de tierra

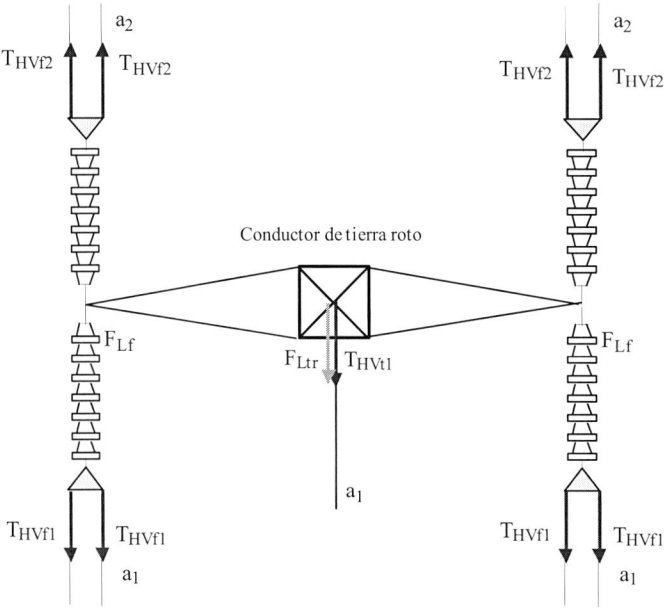

Según se muestra en la figura siguiente, el apoyo se encuentra sometido a unas cargas verticales y a un momento flector, cuyo valor es:

$$M_t = F_{Lt} \cdot H_L = m\acute{a}x\left(T_{HVt1}, T_{HVt2}\right) \cdot H_L = 2150 \cdot 40,9 = 87935 \; daN \cdot m$$

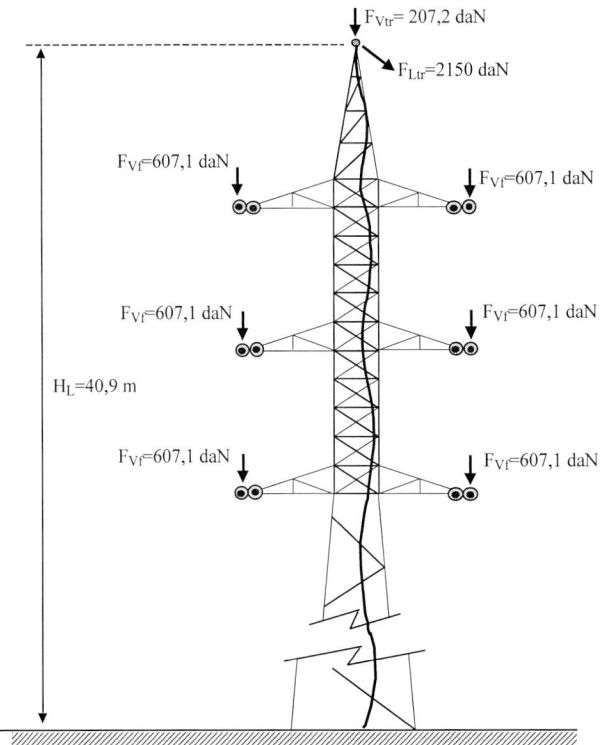

El apoyo seleccionado anteriormente, D-11200-24,00-E-4,6/5,5-T, cumple también con los esfuerzos de esta hipótesis.

Tipo de esfuerzo	(daN)	Cumplimiento
T_t	3000	$T_t > F_{Ltr}$
V_{tr}	700	$L_t > F_{Vtr}$
V_c	2500	$V_C > F_{Vf}$

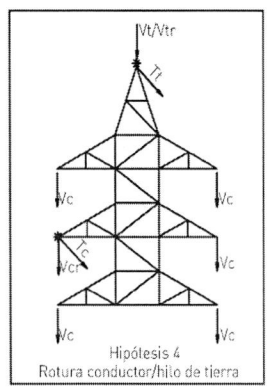

Hipótesis 4
Rotura conductor/hilo de tierra

APOYO DE SUSPENSIÓN EN ALINEACIÓN

Se considera que el apoyo pertenece a un cantón cuyo vano de regulación es de 320 m.

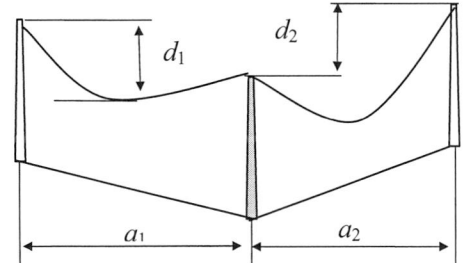

$a_1 = 310$ m.

$d_1 = -20$ m.

$a_2 = 300$ m.

$d_2 = 30$ m.

Tracciones para el conductor de fase en el vano de regulación de 320 m

- Tracción a –10 ºC + viento de 140 km/h: $T_{Vf} = 3034$ daN.
- Tracción a –15 ºC + hielo + viento de 60 km/h: $T_{HVf} = 3231$ daN.

Tracciones para el conductor de tierra en el vano de regulación de 320 m

- Tracción a –10 ºC + viento de 140 km/h: $T_{Vt} = 2086$ daN.
- Tracción a –15 ºC + hielo + viento de 60 km/h: $T_{HVt} = 2150$ daN.

Por tratarse de un apoyo situado entre vanos a distinto nivel, el eolovano y gravivano no coinciden, siendo su valor:

Eolovano para los conductores de fase y de tierra:

$$a_e = \frac{a_1 + a_2}{2} = \frac{310 + 300}{2} = 305 \ m$$

Gravivano con viento para los conductores de fase:

$$a_{gVf} = \frac{a_1 + a_2}{2} + \frac{T_{Vf}}{p_{Vf}} \cdot \left(\frac{d_1}{a_1} - \frac{d_2}{a_2} \right) = 305 + \frac{3034}{1,765} \cdot \left(\frac{-20}{310} - \frac{30}{300} \right) = 22,20 \ m$$

siendo p_{vf}, el peso con sobrecarga de viento de 140 km/h del conductor de fase.

Gravivano con viento para el conductor de tierra:

$$a_{gVt} = \frac{a_1 + a_2}{2} + \frac{T_{Vt}}{p_{Vt}} \cdot \left(\frac{d_1}{a_1} - \frac{d_2}{a_2} \right) = 305 + \frac{2086}{1,310} \cdot \left(\frac{-20}{310} - \frac{30}{300} \right) = 43,03 \ m$$

siendo p_{Vt}, el peso con sobrecarga de viento del conductor de tierra.

Gravivano con hielo y viento de 60 km/h para los conductores de fase:

$$a_{gHVf} = \frac{a_1 + a_2}{2} + \frac{T_{HVf}}{p_{HVf}} \cdot \left(\frac{d_1}{a_1} - \frac{d_2}{a_2} \right) = 305 + \frac{3231}{1,878} \cdot \left(\frac{-20}{310} - \frac{30}{300} \right) = 21,96 \ m$$

siendo p_{Hf}, el peso con sobrecarga de hielo y viento de 60 km/h del conductor de fase.

Gravivano con hielo y viento de 60 km/h para los conductores de tierra:

$$a_{gHVt} = \frac{a_1 + a_2}{2} + \frac{T_{HVt}}{p_{HVt}} \cdot \left(\frac{d_1}{a_1} - \frac{d_2}{a_2} \right) = 305 + \frac{2150}{1,341} \cdot \left(\frac{-20}{310} - \frac{30}{300} \right) = 41,23 \ m$$

siendo p_{Ht}, el peso con sobrecarga de hielo y viento de 60 km/h del conductor de tierra.

1ª hipótesis: viento de 140 km/h, a –15 ºC

a) Cargas verticales

- Peso de conductores:

$$P_{COND.FASE} = n_f \cdot p_{pf} \cdot a_{gVf} = 2 \cdot 0,957 \cdot 22,20 = 42,49 \ daN$$

$$P_{COND.TIERRA} = n_t \cdot p_{pt} \cdot a_{gVt} = 1 \cdot 0,529 \cdot 43,03 = 22,76 \ daN$$

- Peso de cadena de aisladores, incluidos los herrajes:

$$P_{CAD} = 159 \cdot 0,981 = 156 \ daN$$

Total cargas verticales:

- Carga vertical por fase:

$$F_{Vf} = P_{COND.FASE} + P_{CAD} = 42,49 + 156 = 198,5 \ daN$$

- Carga vertical debida al conductor de tierra:

$$F_{Vt} = P_{COND.TIERRA} = 22,76 \; daN$$

b) Cargas transversales, por viento sobre los conductores (Aptdo. 3.1.2. ITC-LAT 07)

Esfuerzo transversal debido al viento sobre el conductor de fase:

$$F_{Tf} = n_f \cdot q \cdot \phi_f \cdot 10^{-3} \cdot a_e = 2 \cdot 50 \cdot \left(\frac{140}{120}\right)^2 \cdot 21,8 \cdot 10^{-3} \cdot 305 = 905 \; daN$$

Esfuerzo transversal debido al viento sobre el conductor de tierra:

$$F_{Tt} = n_t \cdot q \cdot \phi_t \cdot 10^{-3} \cdot a_e = 1 \cdot 60 \cdot \left(\frac{140}{120}\right)^2 \cdot 14,68 \cdot 10^{-3} \cdot 305 = 365,65 \; daN$$

c) No se consideran cargas longitudinales en la hipótesis de viento

Los esfuerzos sobre el apoyo, para esta hipótesis, son:

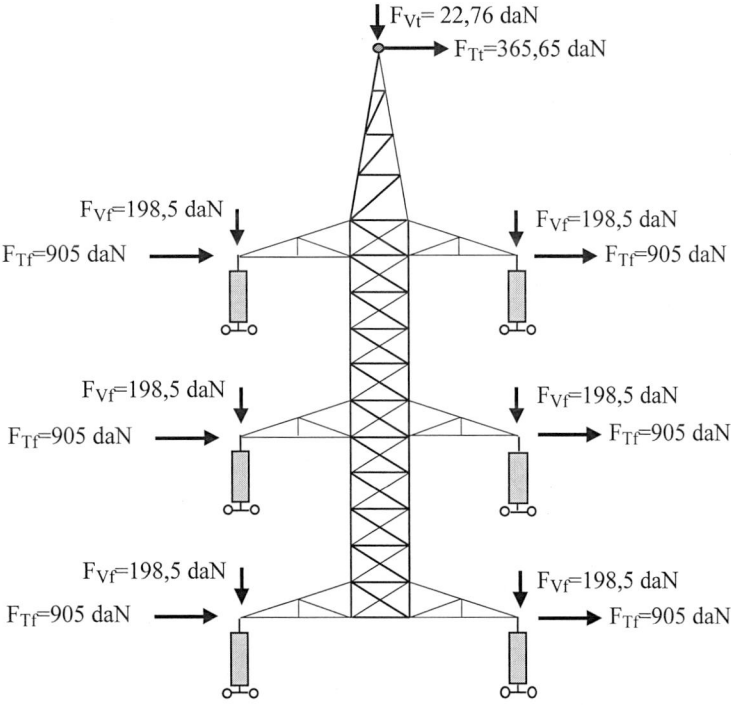

El apoyo seleccionado para cumplir con esta hipótesis es el D-6900-24-E-4,6/5,5-T, cuyos esfuerzos soportados se indican a continuación:

Tipo de esfuerzo	(daN)	Cumplimiento
H_C	940	$H_C > F_{Tf}$
H_t	565	$H_t > F_{Tt}$
V_C	1500	$V_C > F_{Vf}$
V_t	500	$V_t > F_{Vt}$

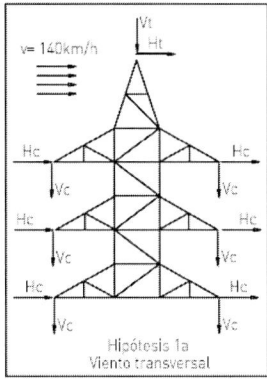

Hipótesis 1a
Viento transversal

2ª hipótesis: hielo en zona B y viento de 60 km/h, a –15 ºC

a) Cargas verticales

- Peso de los conductores:

$$P_{COND.FASE} = n_f \cdot \left(p_{pf} + p_{hf}\right) \cdot a_{gHVf} = n_f \cdot \left(p_{pf} + 0,18 \cdot \sqrt{\phi_f}\right) a_{gHVf}$$

$$P_{COND.FASE} = 2 \cdot \left(0,957 + 0,18 \cdot \sqrt{21,8}\right) \cdot 21,96 = 78,94 \ daN$$

$$P_{COND.TIERRA} = n_t \cdot \left(p_{pt} + p_{ht}\right) \cdot a_{gHVt} = n_t \cdot \left(p_{pt} + 0,18 \cdot \sqrt{\phi_t}\right) \cdot a_{gHVt}$$

$$P_{COND.TIERRA} = 1 \cdot \left(0,529 + 0,18 \cdot \sqrt{14,68}\right) \cdot 41,23 = 50,24 \ daN$$

- Peso de la cadena de aisladores, incluidos los herrajes:

$$P_{CAD} = 159 \cdot 0,981 = 156 \ daN$$

Total cargas verticales:

- Carga vertical por fase:

$$F_{Vf} = P_{COND.FASE} + P_{CAD} = 78,94 + 156 = 234,9 \ daN$$

- Carga vertical debida al conductor de tierra:

$$F_{Vt} = P_{COND.TIERRA} = 50,2 \ daN$$

b) Cargas transversales por viento sobre los conductores (Aptdo. 3.1.2. ITC-LAT 07)

Esfuerzo transversal debido al viento de 60 km/h sobre el conductor de fase:

$$F_{Tf} = n_f \cdot q \cdot \left(\phi_f + 2 \cdot e_f\right) \cdot 10^{-3} \cdot a_e = 2 \cdot 50 \cdot \left(\frac{60}{120}\right)^2 \cdot \left(21,8 + 2 \cdot 10,9\right) \cdot 10^{-3} \cdot 305 = 332,5 \ daN$$

Esfuerzo transversal debido al viento de 60 km/h sobre el conductor de tierra:

$$F_{T_t} = n_t \cdot q \cdot (\phi_t + 2 \cdot e_t) \cdot 10^{-3} \cdot a_e = 1 \cdot 50 \cdot \left(\frac{60}{120}\right)^2 \cdot (14{,}68 + 2 \cdot 11{,}28) \cdot 10^{-3} \cdot 305 = 142 \ daN$$

c) No se consideran cargas longitudinales en la hipótesis de hielo y viento de 60 km/h

Los esfuerzos, para esta hipótesis, sobre el apoyo son:

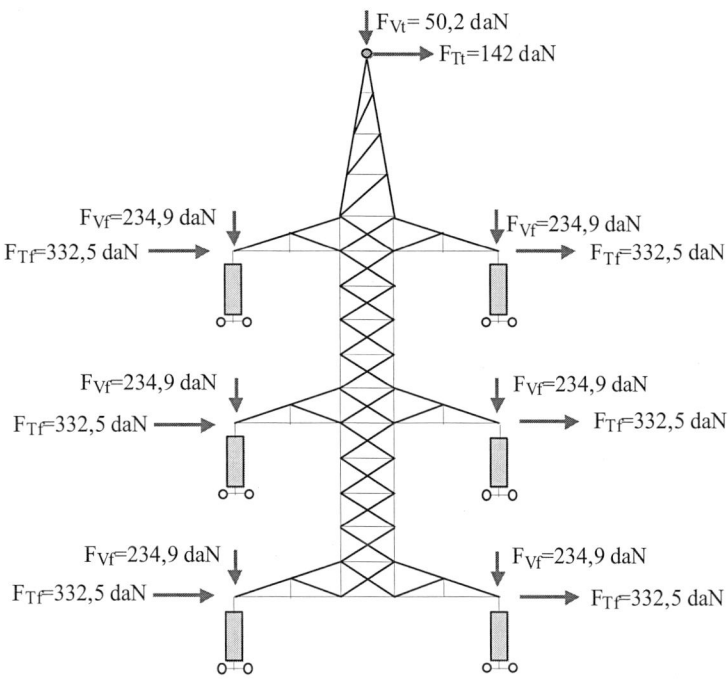

El apoyo seleccionado anteriormente, D-6900-24-E-4,6/5,5-T, 3 cumple también con los esfuerzos de esta hipótesis.

Tipo de esfuerzo	(daN)	Cumplimiento
H_C	1070	$H_C > F_{Tf}$
H_t	640	$H_t > F_{Tt}$
V_C	2500	$V_C > F_{Vf}$
V_t	1000	$V_t > F_{Vt}$

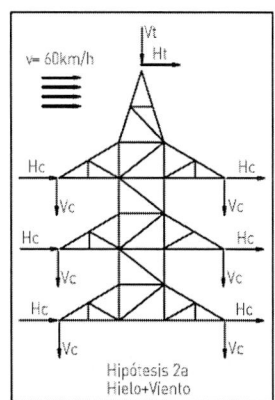

3ª hipótesis: desequilibrio de tracciones

a) Cargas verticales

Idénticas a las calculadas en la 2ª hipótesis.

- Carga vertical por fase:

$$F_{Vf} = 234,9 \ daN$$

- Carga vertical debida al conductor de tierra:

$$F_{Vt} = 50,2 \ daN$$

b) No se consideran cargas transversales en esta hipótesis

c) Cargas longitudinales por desequilibrio de tracciones (Aptdo. 3.1.4.1. ITC-LAT 07)

En los apoyos de alineación con cadenas de suspensión, al ser una línea de $U_n > 66$ kV, se considera el 15% de las tracciones unilaterales de todos los conductores.

Esfuerzo longitudinal debido a la tracción del conductor de fase:

$$F_{Lf} = n_f \cdot 0,15 \cdot T_{HVf} = 2 \cdot 0,15 \cdot 3231 = 969,3 \ daN$$

Esfuerzo longitudinal debido a la tracción del conductor de tierra:

$$F_{Lt} = n_t \cdot 0,15 \cdot T_{HVt} = 1 \cdot 0,15 \cdot 2150 = 322,5 \ daN$$

Los esfuerzos, para esta hipótesis, sobre el apoyo son:

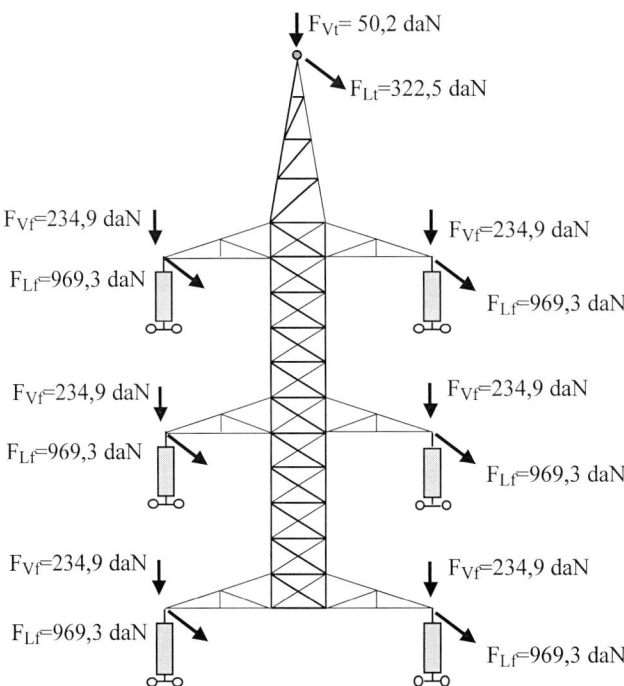

El apoyo seleccionado anteriormente, D-6900-24-E-4,6/5,5-T, cumple también con los esfuerzos de esta hipótesis.

Tipo de esfuerzo	(daN)	Cumplimiento
L_C	1405	$L_C > F_{Lf}$
L_t	845	$L_t > F_{Lt}$
V_C	2500	$V_C > F_{Vf}$
V_t	1000	$V_t > F_{Vt}$

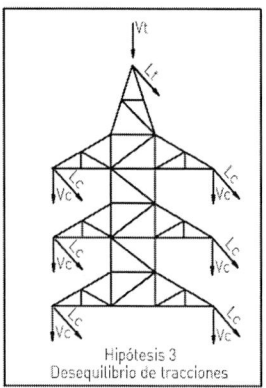

Hipótesis 3
Desequilibrio de tracciones

4ª hipótesis: rotura de conductores con hielo en zona B y viento de 60 km/h, a −15 ºC

a) Cargas verticales

Idénticas a las calculadas en la 2ª hipótesis para los conductores que no se rompen.

- Carga vertical por fase:

$$F_{Vf} = 234,9 \ daN$$

- Carga vertical debida al conductor de tierra:

$$F_{Vt} = 50,2 \ daN$$

Para los conductores rotos: se considera que se rompe el conductor o el conductor de tierra en el vano de la derecha, ya que el gravivano resultante es mayor que si se rompe en el vano de la izquierda.

$$P_{COND.FASE.r} = \left(p_{pf} + p_{hf}\right) \cdot a_{gHVf} + \left(p_{pf} + p_{hf}\right) \cdot a_{gHVfr} = \left(p_{pf} + p_{hf}\right) \cdot \left(a_{gHVf} + a_{gHVfr}\right)$$

$$P_{COND.FASE.r} = \left(0,957 + 0,18 \cdot \sqrt{21,8}\right) \cdot \left(21,96 + 44\right) = 118,56 \ daN$$

Siendo:

$$a_{gHVfr} = \frac{a_1}{2} + \frac{T_{HVf}}{p_{HVf}} \cdot \frac{d_1}{a_1} = \frac{310}{2} + \frac{3231}{1,878} \cdot \left(\frac{-20}{310}\right) = 44 \ m$$

$$P_{COND.TIERRA.r} = \left(p_{pt} + p_{ht}\right) \cdot a_{gHVtr} = \left(0,529 + 0,18 \cdot \sqrt{14,68}\right) \cdot 51,56 = 62,83 \ daN$$

Siendo:

$$a_{gHVtr} = \frac{a_1}{2} + \frac{T_{HVt}}{p_{HVt}} \cdot \frac{d_1}{a_1} = \frac{310}{2} + \frac{2150}{1,341} \cdot \left(\frac{-20}{310}\right) = 51,56 \ m$$

- Carga vertical por fase del cable roto:

$$F_{Vfr} = P_{COND.FASE.r} + P_{CAD} = 118,56 + 156 = 274,6 \ daN$$

- Carga vertical debida al conductor de tierra roto:

$$F_{Vtr} = P_{COND.TIERRA.r} = 62,8 \ daN$$

b) Cargas transversales, por viento sobre los conductores (Aptdo. 3.1.2. ITC-LAT 07)

No se consideran cargas transversales por viento.

c) Cargas longitudinales por rotura de conductores (Aptdo. 3.1.5.2. ITC-LAT 07)

Se considera la rotura de un solo conductor de fase o conductor de tierra.

c-1) Rotura del conductor de fase

Tal como establece el RLAT, se considera la rotura de un solo conductor por fase, con una reducción del 50% de la tracción del conductor roto, por ser una línea dúplex.

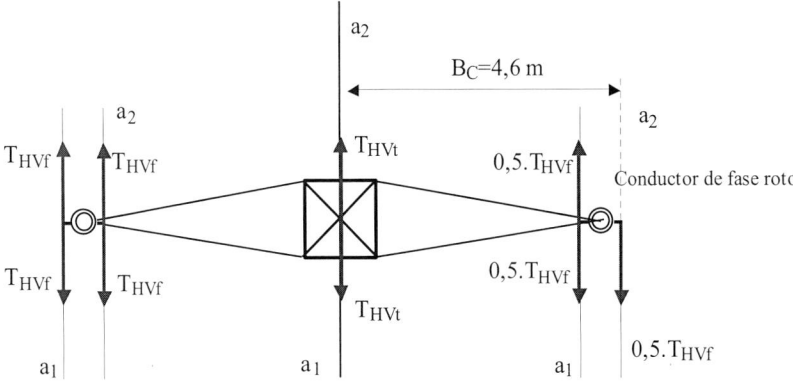

Según se muestra en la figura siguiente, el apoyo se encuentra sometido a unas cargas verticales y a un momento torsor, cuyo valor es:

$$M_T = 0,5 \cdot T_{HVf} \cdot B_c = 0,5 \cdot 3231 \cdot 4,6 = 1615,5 \cdot 4,6 = 7431,3 \ daN \cdot m$$

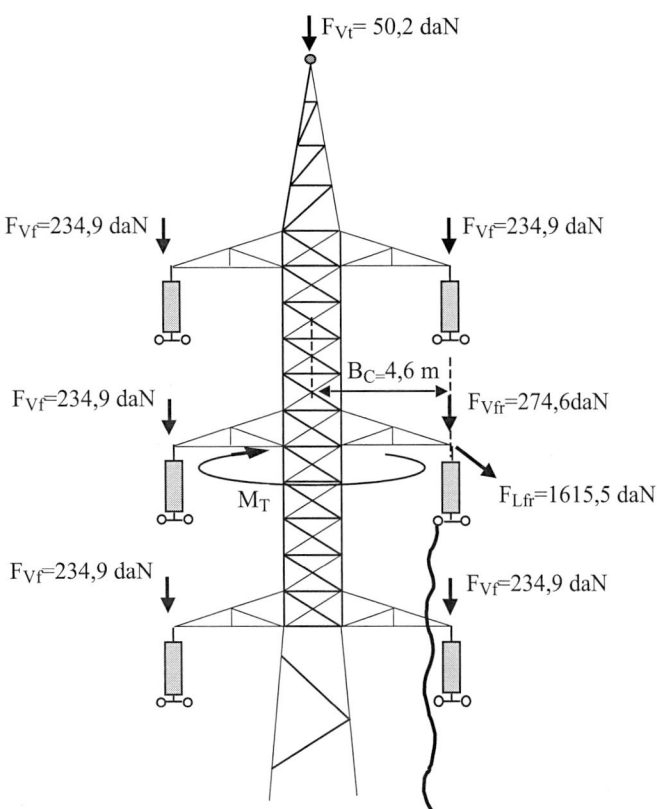

El apoyo seleccionado anteriormente, D-6900-24-E-4,6/5,5-T, cumple también con los esfuerzos de esta hipótesis.

Tipo de esfuerzo	(daN)	Cumplimiento
T_c	2300	$T_C > F_{Lf}$
V_{cr}	1750	$V_{cr} > F_{Vfr}$
V_c	2500	$V_C > F_{Vf}$
V_t	1000	$V_t > F_{Vt}$

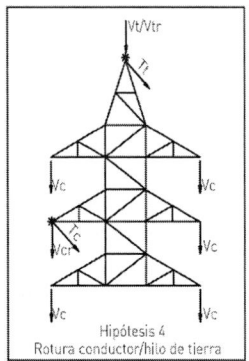

c-2) Rotura del conductor de tierra
Se considera la rotura del conductor de tierra sin reducción alguna de su tracción.

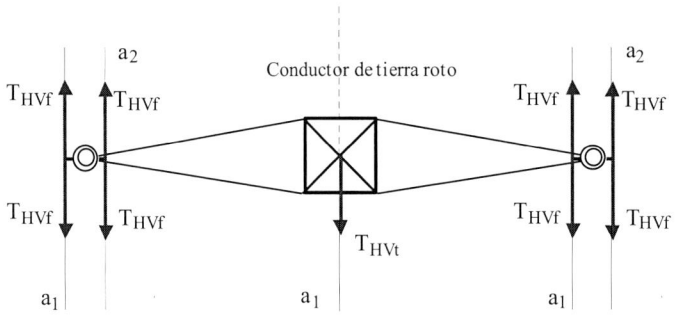

Según se muestra en la figura siguiente, el apoyo se encuentra sometido a unas cargas verticales y a un momento flector, cuyo valor es:

$$M_t = F_L \cdot H_L = T_{HVt} \cdot H_L = 2150 \cdot 40,9 = 87935 \; daN \cdot m$$

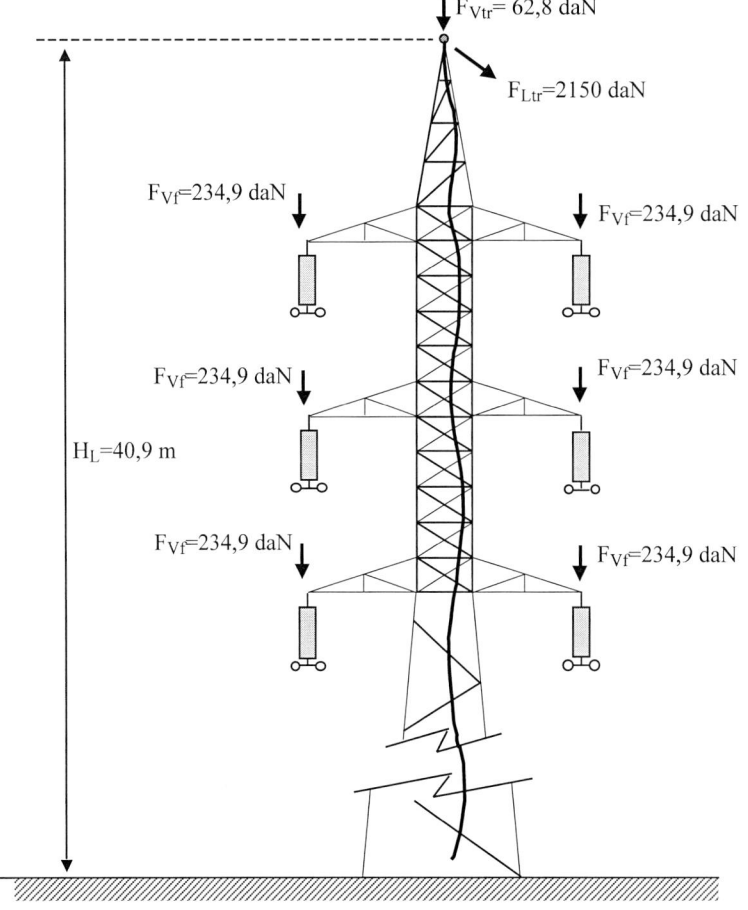

El apoyo seleccionado anteriormente, D-6900-24-E-4,6/5,5-T, cumple también con los esfuerzos de esta hipótesis.

Tipo de esfuerzo	(daN)	Cumplimiento
T_t	2500	$T_t > F_{Lt}$
V_{tr}	700	$L_t > F_{Vtr}$
V_c	2500	$V_C > F_{Vf}$

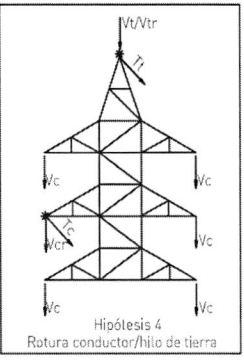

Hipótesis 4
Rotura conductor/hilo de tierra

APOYO DE AMARRE EN ÁNGULO

Este apoyo delimita dos cantones, el de la izquierda con un vano de regulación de 340 metros y el de la derecha, de 320 metros.

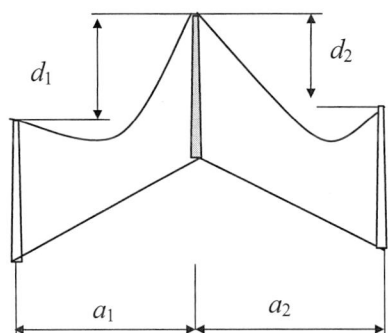

$a_1 = 340$ m.

$d_1 = 10$ m.

$a_2 = 320$ m.

$d_2 = -10$ m.

Ángulo de desviación de la traza, $\alpha = 55°$

Tracciones para el conductor de fase en el vano de regulación de 340 m

- Tracción a –10 °C + viento de 140 km/h: $T_{Vf1} = 3070$ daN.
- Tracción a –15 °C + hielo + viento de 60 km/h: $T_{HVf1} = 3267$ daN.

Tracciones para el conductor de fase en el vano de regulación de 320 m

- Tracción a –10 °C + viento de 140 km/h: $T_{Vf2} = 3034$ daN.
- Tracción a –15 °C + hielo + viento de 60 km/h: $T_{HVf2} = 3231$ daN.

Tracciones para el conductor de tierra en el vano de regulación de 340 m

- Tracción a –10 °C + viento de 140 km/h: $T_{Vt1} = 2088$ daN.
- Tracción a –15 °C + hielo + viento de 60 km/h: $T_{HVt1} = 2150$ daN.

Tracciones para el conductor de tierra en el vano de regulación de 320 m

- Tracción a −10 °C + viento de 140 km/h: T_{Vt2}=2086 daN.

- Tracción a −15 °C + hielo + viento de 60 km/h: T_{HVt2}=2150 daN.

Por tratarse de un apoyo situado entre vanos a distinto nivel, el eolovano y gravivano no coinciden, siendo su valor:

Eolovano para los conductores de fase y de tierra:

$$a_e = \frac{a_1 + a_2}{2} = \frac{340 + 320}{2} = 330 \ m$$

Gravivano con viento para los conductores de fase:

$$a_{gVf} = \frac{a_1 + a_2}{2} + \left(\frac{T_{Vf1}}{p_{Vf}} \cdot \frac{d_1}{a_1} - \frac{T_{Vf2}}{p_{Vf}} \cdot \frac{d_2}{a_2} \right) = 330 + \frac{3070}{1,765} \cdot \frac{10}{340} - \frac{3034}{1,765} \cdot \left(\frac{-10}{320} \right) = 434.88 \ m$$

siendo p_{vf}, el peso con sobrecarga de viento de 140 km/h del conductor de fase.

Gravivano con viento para el conductor de tierra:

$$a_{gVt} = \frac{a_1 + a_2}{2} + \left(\frac{T_{Vt1}}{p_{Vt}} \cdot \frac{d_1}{a_1} - \frac{T_{Vt2}}{p_{Vt}} \cdot \frac{d_2}{a_2} \right) = 330 + \frac{2088}{1,31} \cdot \frac{10}{340} - \frac{2086}{1,31} \cdot \left(\frac{-10}{320} \right) = 426,64 \ m$$

siendo p_{Vt}, el peso con sobrecarga de viento de 140 km/h del conductor de tierra.

Gravivano con hielo y viento de 60 km/h para los conductores de fase:

$$a_{gHVf} = \frac{a_1 + a_2}{2} + \left(\frac{T_{HVf1}}{p_{HVf}} \cdot \frac{d_1}{a_1} - \frac{T_{HVf2}}{p_{HVf}} \cdot \frac{d_2}{a_2} \right) = 330 + \frac{3267}{1,878} \cdot \frac{10}{340} - \frac{3231}{1,878} \cdot \left(\frac{-10}{320} \right) = 434,93 \ m$$

siendo p_{HVf}, el peso con sobrecarga de hielo y viento de 60 km/h del conductor de fase.

Gravivano con hielo y viento de 60 km/h para los conductores de tierra:

$$a_{gHVt} = \frac{a_1 + a_2}{2} + \left(\frac{T_{HVt1}}{p_{HVt}} \cdot \frac{d_1}{a_1} - \frac{T_{HVt2}}{p_{HVt}} \cdot \frac{d_2}{a_2} \right) = 330 + \frac{2150}{1,341} \cdot \frac{10}{340} - \frac{2150}{1,341} \cdot \left(\frac{-10}{320} \right) = 427,26 \ m$$

siendo p_{HVt}, el peso con sobrecarga de hielo y viento de 60 km/h del conductor de tierra.

1ª hipótesis: viento de 140 km/h, a −10 ºC

a) Cargas verticales

- Peso de conductores:

$$P_{COND.FASE} = n_f \cdot p_{pf} \cdot a_{gVf} = 2 \cdot 0,957 \cdot 434,88 = 832,36 \ daN$$

$$P_{COND.TIERRA} = n_t \cdot p_{pt} \cdot a_{gVt} = 1 \cdot 0,529 \cdot 426,64 = 225,69 \ daN$$

- Peso de cadena de aisladores, incluidos los herrajes:

$$P_{CAD} = 242 \cdot 0,981 = 237,4 \ daN$$

Total cargas verticales:

- Carga vertical por fase:

$$F_{Vf} = P_{COND.FASE} + 2 \cdot P_{CAD} = 832,36 + 2 \cdot 237,4 = 1307,2 daN$$

- Carga vertical debida al conductor de tierra:

$$F_{Vt} = P_{COND.TIERRA} = 225,7 daN$$

b) Resultante de ángulo con viento de 140 km/h (Aptdo. 3.1.6. ITC-LAT 07)

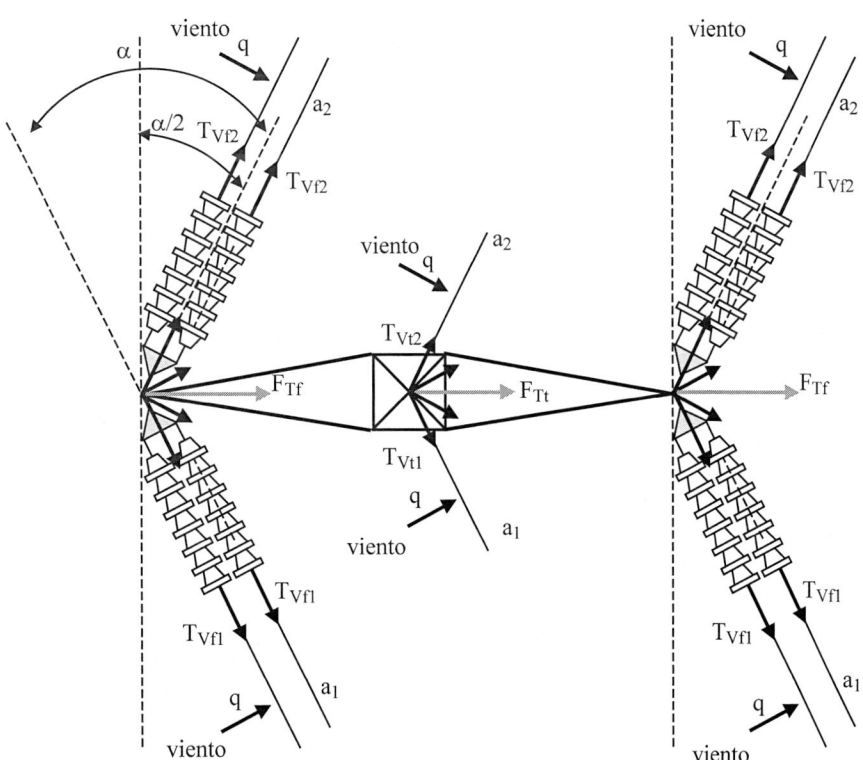

Esfuerzo transversal debido al viento de 140 km/h y a la resultante de ángulo sobre el conductor de fase:

$$F_{Tf} = n_f \cdot \left[\left(T_{Vf1} + T_{Vf2} \right) \cdot sen\frac{\alpha}{2} + \left(\frac{a_1 + a_2}{2} \right) \cdot q \cdot \phi_f \cdot 10^{-3} \cdot cos\ \frac{\alpha}{2} \right]$$

$$F_{Tf} = 2 \cdot \left[\left(3070 + 3034 \right) \cdot sen\frac{55}{2} + 330 \cdot 50 \cdot \left(\frac{140}{120} \right)^2 \cdot 21,8 \cdot 10^{-3} \cdot cos\ \frac{55}{2} \right]$$

$$F_{Tf} = 6505,6\ daN$$

Esfuerzo transversal debido al viento de 140 km/h y a la resultante de ángulo sobre el conductor de tierra:

$$F_{Tt} = n_t \cdot \left[\left(T_{Vt1} + T_{Vt2} \right) \cdot sen\frac{\alpha}{2} + \left(\frac{a_1 + a_2}{2} \right) \cdot q \cdot \phi_t \cdot 10^{-3} \cdot cos\ \frac{\alpha}{2} \right]$$

$$F_{Tt} = 1 \cdot \left[\left(2088 + 2086 \right) \cdot sen\frac{55}{2} + 330 \cdot 60 \cdot \left(\frac{140}{120} \right)^2 \cdot 14,68 \cdot 10^{-3} \cdot cos\ \frac{55}{2} \right] = 2278,3\ daN$$

c) No se consideran cargas longitudinales en la hipótesis de viento

Para esta hipótesis, los esfuerzos sobre el apoyo son:

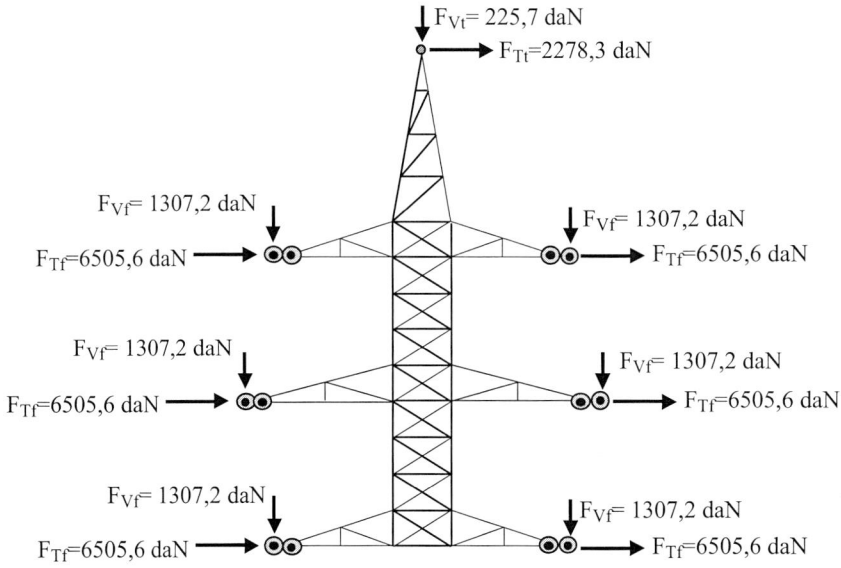

El apoyo seleccionado para cumplir con esta hipótesis es el T-62400-25,00-E-4,7/5,5-T, cuyos esfuerzos soportados se indican a continuación:

Tipo de esfuerzo	(daN)	Cumplimiento
H_C	8900	$H_C > F_{Tf}$
H_t	4400	$H_t > F_{Tt}$
V_C	2000	$V_C > F_{Vf}$
V_t	1000	$V_t > F_{Vt}$

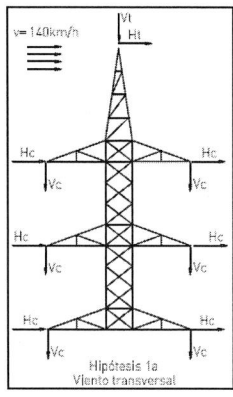

2ª hipótesis: hielo en la zona B y viento de 60 km/h, a –15 °C

a) Cargas verticales

- Peso de conductores:

$$P_{COND.FASE} = n_f \cdot \left(p_{pf} + p_{hf}\right) \cdot a_{gHVf} = n_f \cdot \left(p_{pf} + 0,36 \cdot \sqrt{\phi_f}\right) \cdot a_{gHVf}$$
$$P_{COND.FASE} = 2 \cdot \left(0,957 + 0,18 \cdot \sqrt{21,8}\right) \cdot 434,93 = 1563,51 \ daN$$

$$P_{COND.TIERRA} = n_t \cdot \left(p_{pt} + p_{ht}\right) \cdot a_{gHVt} = n_t \cdot \left(p_{pt} + 0,36 \cdot \sqrt{\phi_t}\right) \cdot a_{gHVt}$$
$$P_{COND.TIERRA} = 1 \cdot \left(0,529 + 0,18 \cdot \sqrt{14,68}\right) \cdot 427,26 = 520,68 \ daN$$

- Peso de cadena de aisladores, incluidos los herrajes:

$$P_{CAD} = 242 \cdot 0,981 = 237,4 \ daN$$

Total cargas verticales:

- Carga vertical por fase:

$$F_{Vf} = P_{COND.FASE} + 2 \cdot P_{CAD} = 1563,51 + 2 \cdot 237,4 = 2038,3 daN$$

- Carga vertical debida al conductor de tierra:

$$F_{Vt} = P_{COND.TIERRA} = 520,7 \ daN$$

b) Resultante de ángulo con hielo y viento de 60 km/h (Aptdo. 3.1.6. ITC-LAT 07)

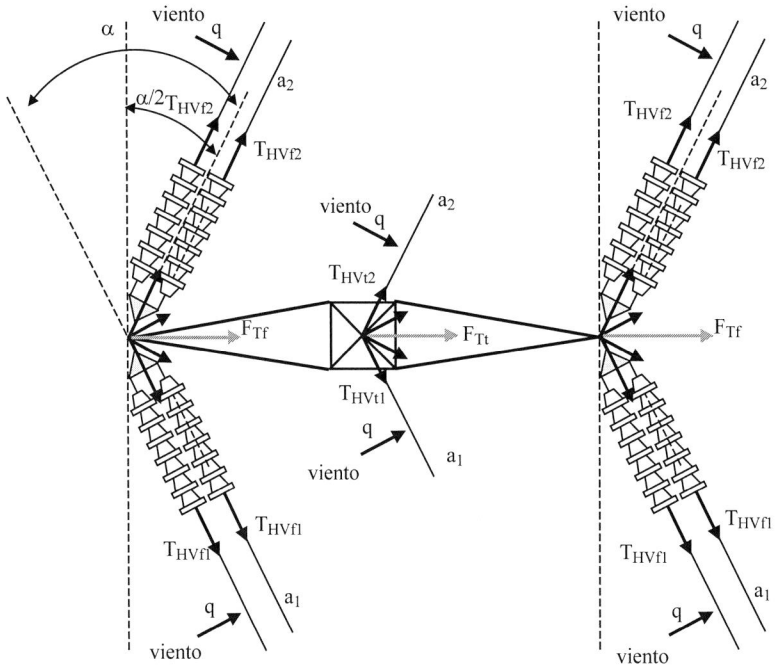

Esfuerzo transversal debido al viento de 60 km/h y a la resultante del ángulo sobre el conductor de fase:

$$F_{Tf} = n_f \cdot \left[\left(T_{HVf1} + T_{HVf2} \right) \cdot sen\frac{\alpha}{2} + a_e \cdot q \cdot \left(\phi_f + 2 \cdot e_f \right) \cdot 10^{-3} \cdot \cos\frac{\alpha}{2} \right]$$

$$F_{Tf} = 2 \cdot \left[\left(3267 + 3231 \right) \cdot sen\frac{55}{2} + 330 \cdot 50 \cdot \left(\frac{60}{120} \right)^2 \cdot \left(21,8 + 2 \cdot 10,9 \right) \cdot 10^{-3} \cdot \cos\frac{55}{2} \right] =$$

$$= 6319,9 \ daN$$

Esfuerzo transversal debido al viento de 60 km/h y a la resultante del ángulo sobre el conductor de tierra:

$$F_{Tt} = n_t \cdot \left[\left(T_{HVt1} + T_{HVt2} \right) \cdot sen\frac{\alpha}{2} + a_e \cdot q \cdot \left(\phi_t + 2 \cdot e_t \right) \cdot 10^{-3} \cdot \cos\frac{\alpha}{2} \right]$$

$$F_{Tt} = 1 \cdot \left[\left(2150 + 2150 \right) \cdot sen\frac{55}{2} + 330 \cdot 50 \cdot \left(\frac{60}{120} \right)^2 \cdot \left(14,68 + 2 \cdot 11,28 \right) \cdot 10^{-3} \cdot \cos\frac{55}{2} \right] =$$

$$= 2121,8 \ daN$$

c) No se consideran cargas longitudinales en la hipótesis de hielo y viento de 60 km/h

Los esfuerzos sobre el apoyo para esta hipótesis, son:

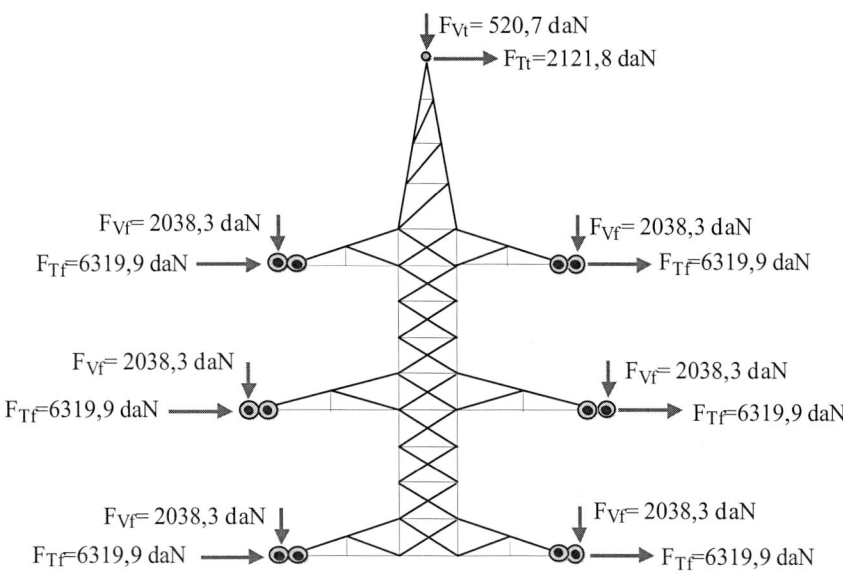

El apoyo seleccionado anteriormente, T-62400-25,00-E-4,7/5,5-T, también soporta los esfuerzos de esta hipótesis.

Tipo de esfuerzo	(daN)	Cumplimiento
H_C	9300	$H_C > F_{Tf}$
H_t	4200	$H_t > F_{Tt}$
V_C	3650	$V_C > F_{Vf}$
V_t	1500	$V_t > F_{Vt}$

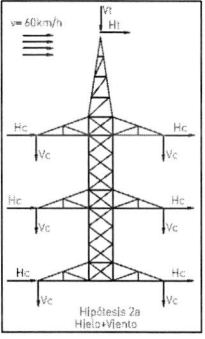

3ª hipótesis: desequilibrio de tracciones

a) Cargas verticales

Idénticas a las calculadas en la 2ª hipótesis.

Total cargas verticales:

- Carga vertical por fase:

$$F_{Vf} = 2038,3 \ daN$$

- Carga vertical debida al conductor de tierra:

$$F_{Vt} = 520,7 \ daN$$

***b)* Cargas transversales debidas a la resultante de ángulo (Aptdo. 3.1.6. ITC-LAT 07)
*y longitudinales por desequilibrio de tracciones (Aptdo. 3.1.4.2. ITC-LAT 07)***

En los apoyos de ángulo con cadenas de amarre, para líneas de tensión nominal superior a 66 kV, se considera el 25% de las tracciones unilaterales de todos los conductores y cables de tierra. Este desequilibrio produce los esfuerzos transversales y longitudinales indicados en la figura siguiente, donde T_{HVf} y T_{HVt} son las tracciones máximas a –15 ºC, con sobrecarga de hielo y viento de 60 km/h, entre las tracciones de los cantones contiguos al apoyo para el conductor de fase y el conductor de tierra, respectivamente. En este caso, T_{HVf} = 3267 daN y T_{HVt} = 2150 daN.

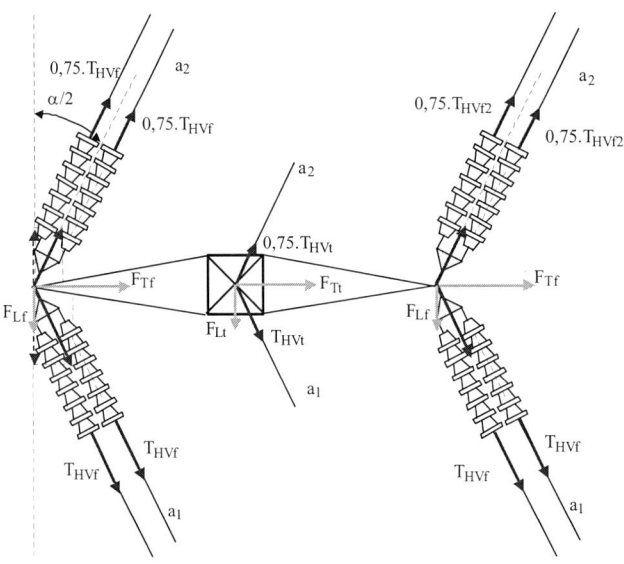

Los esfuerzos longitudinal y transversal correspondientes al conductor de fase son:

$$F_{Tf} = n_f \cdot \left(T_{HVf} + 0,75 \cdot T_{HVf}\right) \cdot sen\frac{\alpha}{2} = 2 \cdot 1,75 \cdot T_{HVf} \cdot sen\frac{\alpha}{2} = 2 \cdot 1,75 \cdot 3267 \cdot sen\frac{55}{2} =$$

$$= 5279,9 \; daN$$

$$F_{Lf} = n_f \cdot \left(T_{HVf} - 0,75 \cdot T_{HVf}\right) \cdot \cos\frac{\alpha}{2} = 2 \cdot 0,25 \cdot T_{HVf} \cdot \cos\frac{\alpha}{2} = 2 \cdot 0,25 \cdot 3267 \cdot \cos\frac{55}{2} =$$

$$= 1448,9 \; daN$$

Los esfuerzos longitudinal y transversal correspondientes al conductor de tierra son:

$$F_{Tt} = n_t \cdot \left(T_{HVt} + 0,75 \cdot T_{HVt}\right) \cdot sen\frac{\alpha}{2} = 1 \cdot 1,75 \cdot T_{HVt} \cdot sen\frac{\alpha}{2} = 1 \cdot 1,75 \cdot 2150 \cdot sen\frac{55}{2} =$$

$$= 1737,3 \; daN$$

$$F_{Lt} = n_t \cdot \left(T_{HVt} - 0,75 \cdot T_{HVt}\right) \cdot \cos\frac{\alpha}{2} = 1 \cdot 0,25 \cdot T_{HVt} \cdot \cos\frac{\alpha}{2} = 1 \cdot 0,25 \cdot 2150 \cdot \cos\frac{55}{2} =$$

$$= 476,8 \; daN$$

Los esfuerzos sobre el apoyo para esta hipótesis son:

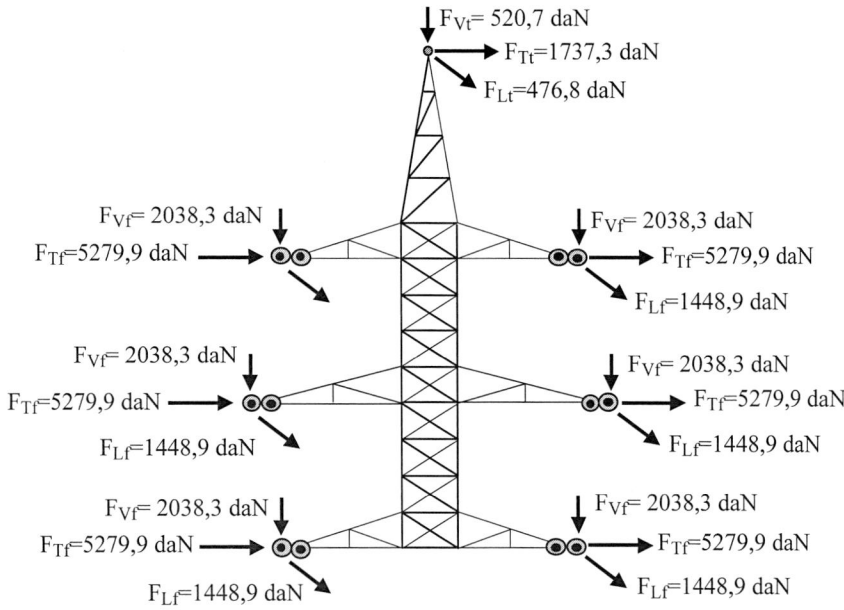

Para esta hipótesis, los esfuerzos calculados sobre el apoyo, no son directamente comparables con el árbol de cargas especificado. Sin embargo, teniendo en cuenta que el apoyo de celosía es de base cuadrada, resulta admisible calcular un esfuerzo longitudinal equivalente, que es la suma aritmética de los esfuerzos longitudinal y transversal, y que provoca la misma flexión sobre el apoyo.

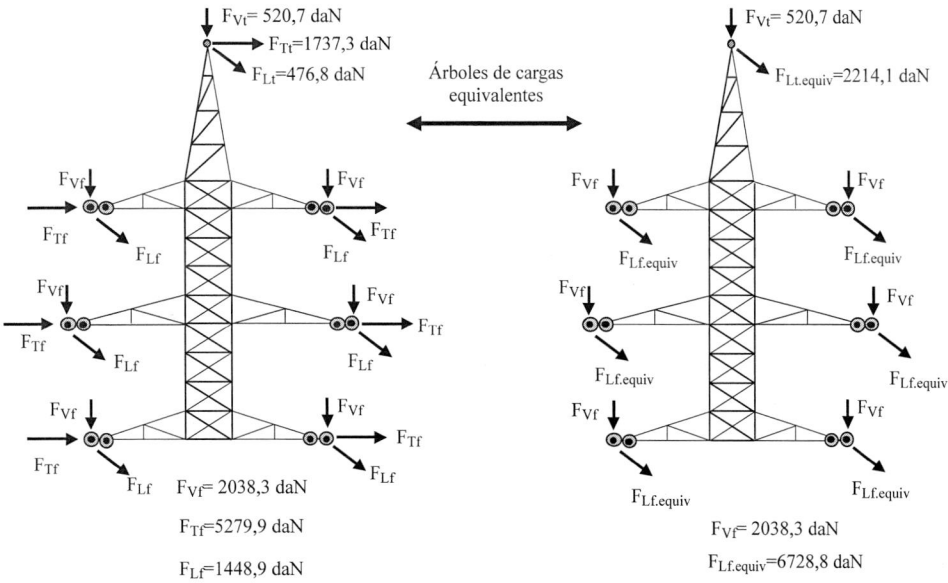

El apoyo seleccionado anteriormente, T-62400-25,00-E-4,7/5,5-T, también soporta los esfuerzos de esta hipótesis.

Tipo de esfuerzo	(daN)	Cumplimiento
L_C	11600	$L_C > F_{Lf.equiv}$
L_t	6100	$L_t > F_{Lt.equiv}$
V_C	3650	$V_C > F_{Vf}$
V_t	1500	$V_t > F_{Vt}$

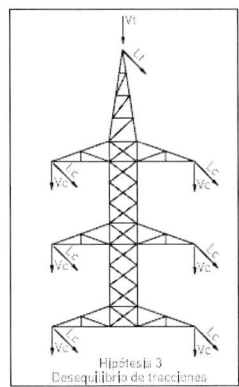

4ª hipótesis: rotura de conductores con hielo en la zona B y viento de 60 km/h, a –15 ºC

El conductor de fase roto debe ser aquel que provoque el mayor esfuerzo de torsión sobre el apoyo, por lo que se romperá el conductor del vano, cuya tracción a –15 ºC, con sobrecarga de hielo y viento de 60 km/h, sea la menor. De esta forma el conductor del vano con mayor tracción es el que provoca el esfuerzo de torsión. En este ejemplo la tracción mayor para el conductor de fase se tiene en el vano de la izquierda, $T_{HVf1} = 3267$ daN, por lo que se romperá el conductor de fase en el vano de la derecha.

El conductor de tierra roto debe ser aquel que provoque el mayor esfuerzo de flexión sobre el apoyo cómo la tracción es la misma en los dos cantones, se podría romper el conductor de cualquiera de los dos vanos. En este caso se considera que se rompe el conductor en el vano de la derecha, ya que el gravivano resultante es mayor que si se rompe en el vano de la izquierda.

a) Cargas verticales

Idénticas a las calculadas en la 2ª hipótesis para los conductores que no se rompen.

- Carga vertical por fase:

$$F_{Vf} = 2038,3 daN$$

- Carga vertical debida al conductor de tierra:

$$F_{Vt} = 520,7\ daN$$

La carga vertical para los conductores rotos, teniendo en cuenta que se rompe un solo conductor del haz, será:

$$P_{COND.FASE.r} = (p_{pf} + p_{hf}) \cdot a_{gHVf} + (p_{pf} + p_{hf}) \cdot a_{gHVfr} = (p_{pf} + p_{hf}) \cdot (a_{gHVf} + a_{gHVfr})$$
$$P_{COND.FASE.r} = (0,957 + 0,18 \cdot \sqrt{21,8}) \cdot (434,93 + 221,17) = 1179,3\ daN$$

Siendo:

$$a_{gHVfr} = \frac{a_1}{2} + \left(\frac{T_{HVf1}}{p_{HVf}} \cdot \frac{d_1}{a_1} \right) = \frac{340}{2} + \frac{3267}{1,878} \cdot \frac{10}{340} = 221,17\ m$$

$$P_{COND.TIERRA.r} = \left(p_{pt} + p_{ht}\right) \cdot a_{gHVtr} = \left(0{,}529 + 0{,}18 \cdot \sqrt{14{,}68}\right) \cdot 217{,}16 = 264{,}64 \ daN$$

Siendo:

$$a_{gHVtr} = \frac{a_1}{2} + \left(\frac{T_{HVt1}}{p_{HVt}} \cdot \frac{d_1}{a_1}\right) = \frac{340}{2} + \frac{2150}{1{,}341} \cdot \frac{10}{340} = 217{,}16 \ m$$

- Carga vertical por fase del cable roto:

$$F_{Vfr} = P_{COND.FASE.r} + 2 \cdot P_{CAD} = 1179{,}3 + 2 \cdot 237{,}4 = 1654{,}1 \ daN$$

- Carga vertical debida al conductor de tierra roto:

$$F_{Vtr} = P_{COND.TIERRA.r} = 264{,}6 \ daN$$

b) Cargas transversales debidas a la resultante de ángulo (Aptdo. 3.1.6. ITC-LAT 07) y longitudinales por rotura del conductor (Aptdo. 3.1.5.2. ITC-LAT 07)

Se considera la rotura de un solo conductor por fase o conductor de tierra sin reducción alguna de su tracción.

b-1) Caso de rotura del conductor de fase

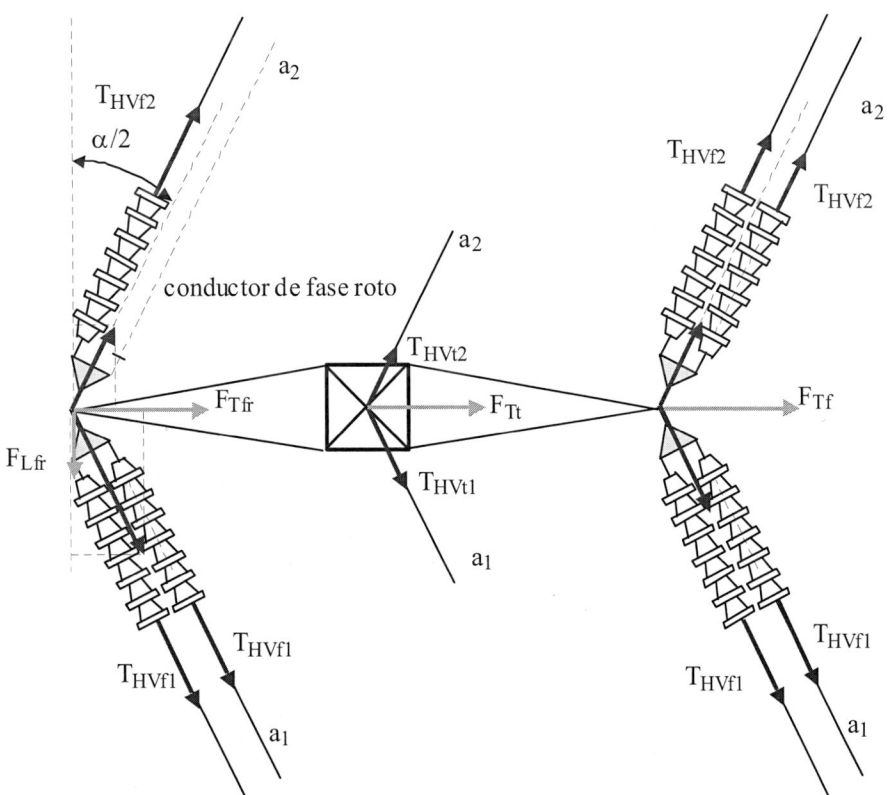

El esfuerzo transversal debido a los conductores de fase no rotos, vale:

$$F_{Tf} = n_f \cdot \left(T_{HVf1} + T_{HVf2}\right) \cdot sen\frac{\alpha}{2} = 2 \cdot (3267 + 3231) \cdot sen\frac{55}{2} = 6000,9 \; daN$$

El esfuerzo transversal debido al conductor de fase roto, vale:

$$F_{Tfr} = \left(2 \cdot T_{HVf1} + T_{HVf2}\right) \cdot sen\frac{\alpha}{2} = (2 \cdot 3267 + 3231) \cdot sen\frac{55}{2} = 4509 \; daN$$

El esfuerzo transversal debido al conductor de tierra no roto, vale:

$$F_{Tt} = \left(T_{HVt1} + T_{HVt2}\right) \cdot sen\frac{\alpha}{2} = (2150 + 2150) \cdot sen\frac{55}{2} = 1985,5 \; daN$$

El esfuerzo longitudinal debido al conductor de fase roto, vale:

$$F_{Lfr} = \left(2 \cdot T_{HVf1} - T_{HVf2}\right) \cdot \cos\frac{\alpha}{2} \approx T_{HVf1} \cdot \cos\frac{\alpha}{2} = 3267 \cdot \cos\frac{55}{2} = 2897,9 \; daN$$

Este esfuerzo longitudinal provoca sobre el apoyo un momento torsor de valor:

$$M_t = F_{Lfr} \cdot B_c = 2897,9 \cdot 5,6 = 16228 \; daN \cdot m$$

Los esfuerzos a los que queda sometido el apoyo se muestran en la figura siguiente:

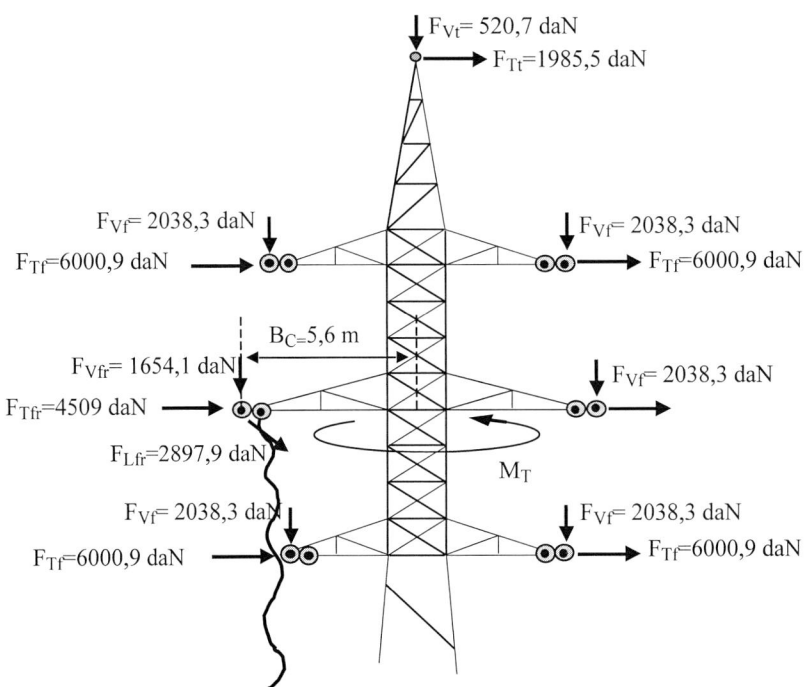

Para el apoyo seleccionado anteriormente, T-62400-25,00-E-4,7/5,5-T, los esfuerzos especificados que se muestran a continuación no incluyen el efecto combinado de la torsión M_t, con el esfuerzo transversal F_{Tf}, al no incluirse este último.

Tipo de esfuerzo	(daN)
T_C	11600
V_{Cr}	3650
V_C	3650
V_t	1500

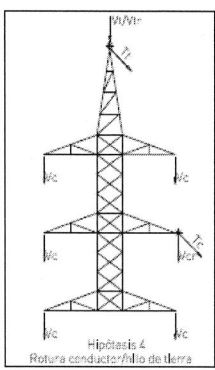

Para comprobar si un apoyo es capaz de soportar la acción combinada de los esfuerzos transversales y del par torsor, los fabricantes deben facilitar esta información, tal como se indicó, para un apoyo del mismo tipo en el Apartado 3.9.

b-2) Caso de rotura del conductor de tierra

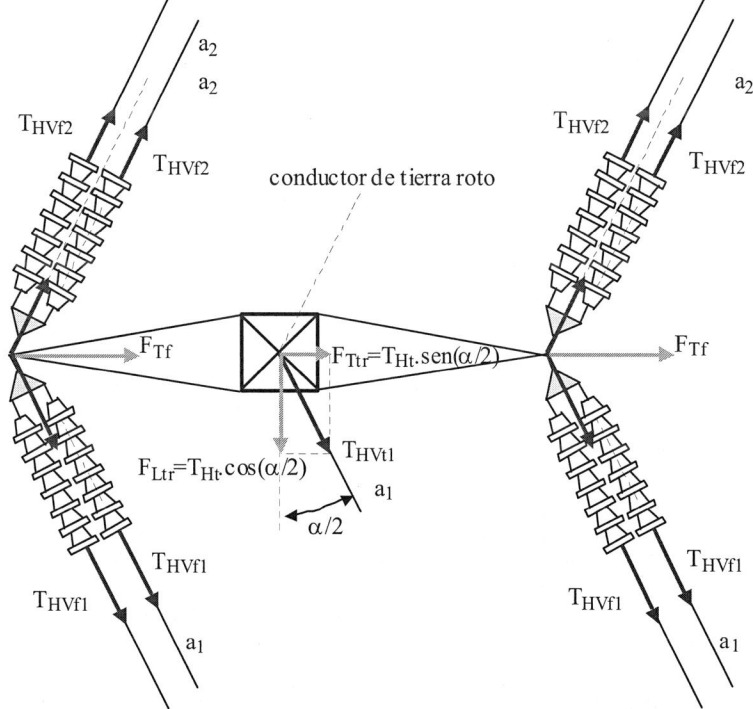

El esfuerzo transversal debido al conductor de tierra roto, vale:

$$F_{Ttr} = T_{HVt} \cdot sen\frac{\alpha}{2} = 2150 \cdot sen\frac{55}{2} = 992,8 \; daN$$

El esfuerzo longitudinal debido al conductor de tierra roto, vale:

$$F_{Ltr} = T_{HVt} \cdot \cos\left(\frac{\alpha}{2}\right) = 2150 \cdot \cos\frac{55}{2} = 1907{,}1 \; daN$$

Para esta hipótesis, los esfuerzos calculados sobre el apoyo, no son directamente comparables con el árbol de cargas especificado. Sin embargo, resulta admisible calcular un esfuerzo longitudinal equivalente para el cable de tierra, como la suma aritmética de los esfuerzos longitudinal y transversal, y que provoca la misma flexión sobre el apoyo, con objeto de compararlos con los especificados por el fabricante para la 2ª hipótesis. Los esfuerzos a los que queda sometido el apoyo se muestran en la figura siguiente:

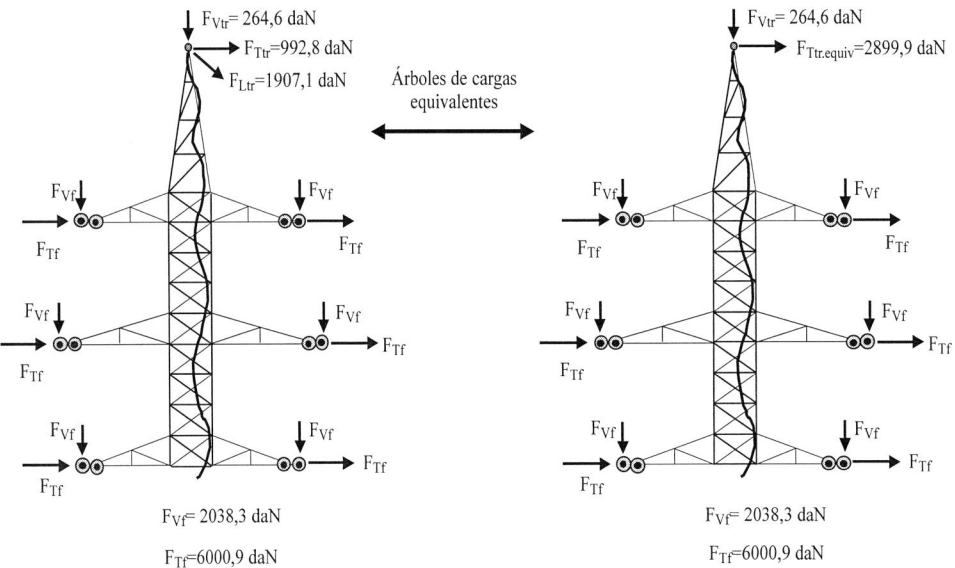

El apoyo seleccionado anteriormente, T-62400-25,00-E-4,7/5,5-T, cumple con los esfuerzos calculados para esta hipótesis.

Tipo de esfuerzo	(daN)	Cumplimiento
H_C	9300	$H_C > F_{Tf}$
H_t	4200	$H_t > F_{Ttr.equivg}$
V_C	3650	$V_C > F_{Vf}$
V_t	1500	$V_t > F_{Vtr}$

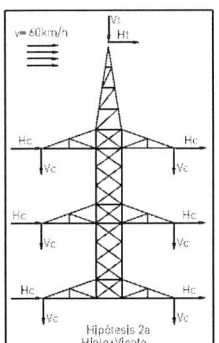

APOYO DE ANCLAJE EN ALINEACIÓN

Utilizando las mismas longitudes, desniveles y tracciones que en el apoyo de amarre en alineación, se trata ahora de realizar el cálculo mecánico de un apoyo de anclaje en alineación.

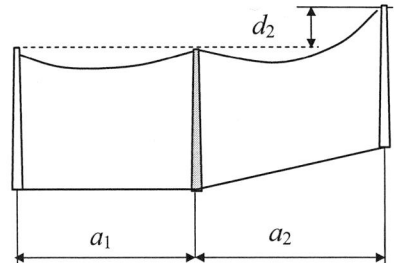

$a_1 = 340$ m.

$d_1 = 0$ m.

$a_2 = 300$ m.

$d_2 = 50$ m.

Las hipótesis 1ª, 2ª y 4ª, calculadas para el apoyo de amarre son idénticas para el apoyo de anclaje, y tan solo es necesario realizar el cálculo de la 3ª hipótesis de desequilibrio de tracciones que es más exigente en un apoyo de anclaje.

En el apoyo de amarre calculado anteriormente se seleccionó el D-11200-24,00-E-4,6/5,5-T. Por tanto, para el apoyo de anclaje que se calcula a continuación solamente es necesario comprobar si este tipo de apoyo cumple con la 3ª hipótesis.

3ª hipótesis: desequilibrio de tracciones

a) Cargas verticales

Idénticas a las calculadas en la 2ª hipótesis para el apoyo de amarre.

- Carga vertical por fase:

$$F_{Vf} = 607,1 \ daN$$

- Carga vertical debida al conductor de tierra:

$$F_{Vt} = 64,4 \ daN$$

b) No se consideran cargas transversales en esta hipótesis

c) Cargas longitudinales por desequilibrio de tracciones (Aptdo. 3.1.4.3. ITC-LAT 07)

En los apoyos de anclaje se considera el 50% de las tracciones unilaterales de todos los conductores.

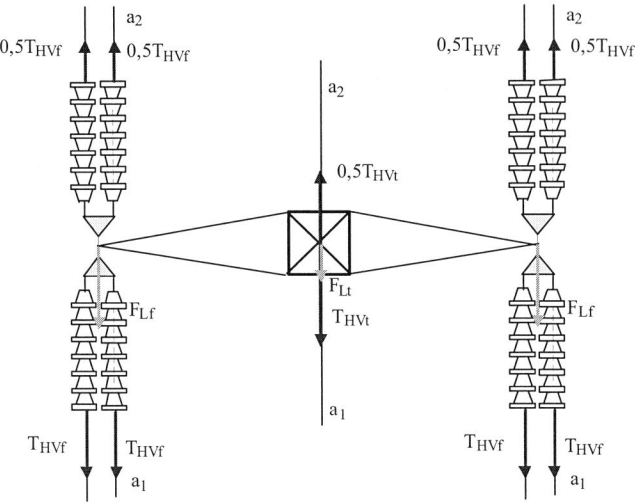

Esfuerzo longitudinal debido a la tracción del conductor de fase:

$$F_{Lf} = n_f \cdot 0,5 \cdot T_{HVf} = 2 \cdot 0,5 \cdot 3267 = 3267 \quad daN$$

siendo T_{HVf}, el valor máximo entre las tracciones del conductor de fase a -15 ºC, con sobrecarga de hielo y viento de 60 km/h para los vanos contiguos al apoyo. T_{HVf} = máx (T_{HVf1}, T_{HVf2}).

Esfuerzo longitudinal debido a la tracción del conductor de tierra:

$$F_{Lt} = n_t \cdot 0,5 \cdot T_{HVt} = 1 \cdot 0,5 \cdot 2150 = 1075 \quad daN$$

siendo T_{HVf}, el valor máximo entre las tracciones del conductor de fase a -15 ºC, con sobrecarga de hielo y viento de 60 km/h para los vanos contiguos al apoyo. T_{HVt} = máx (T_{HVt1}, T_{HVt2}).

Para esta hipótesis, los esfuerzos sobre el apoyo, son:

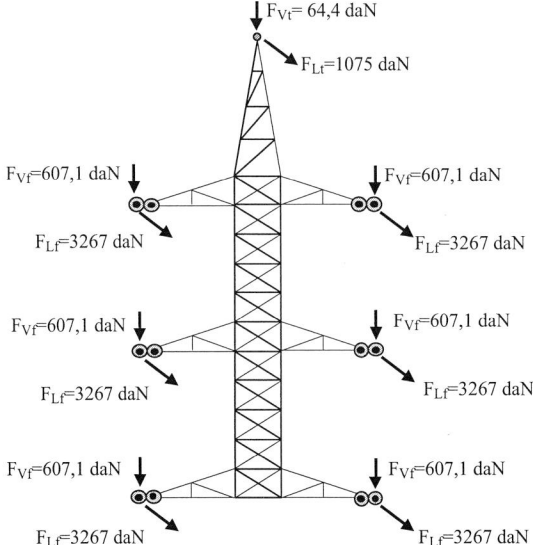

El apoyo seleccionado anteriormente no cumple con estos esfuerzos, por lo que es necesario utilizar el D-27000-24,00-E-4,6/5,5-T, cuyos esfuerzos soportados se indican a continuación.

Tipo de esfuerzo	(daN)	Cumplimiento
L_C	5125	$L_C > F_{Lf}$
L_t	2935	$L_t > F_{Lt}$
V_C	2500	$V_C > F_{Vf}$
V_t	1000	$V_t > F_{Vt}$

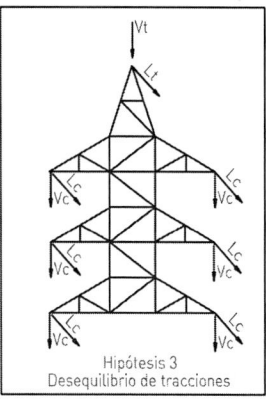

Hipótesis 3
Desequilibrio de tracciones

APOYO DE ANCLAJE EN ÁNGULO

Utilizando las mismas longitudes, desniveles y tracciones que en el apoyo de amarre en ángulo, se trata ahora de realizar el cálculo mecánico de un apoyo de anclaje en ángulo.

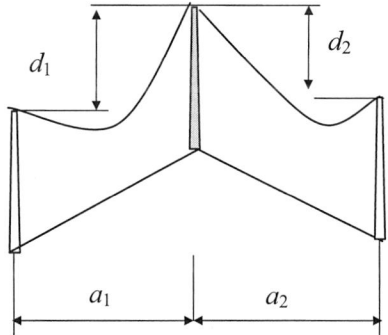

$a_1 = 340$ m.

$d_1 = 10$ m.

$a_2 = 320$ m.

$d_2 = -10$ m.

Ángulo de desviación de la traza, $\alpha = 55\,°$

Las hipótesis 1ª, 2ª y 4ª calculadas para el apoyo de amarre en ángulo son idénticas para el apoyo de anclaje en ángulo, y tan solo es necesario realizar el cálculo de la 3ª hipótesis de desequilibrio de tracciones que es más exigente en un apoyo de anclaje.

En el apoyo de amarre en ángulo calculado anteriormente, se seleccionó el T-62400-25,00-E-4,7/5,5-T. Por tanto, para el apoyo de anclaje en ángulo que se calcula a continuación solamente es necesario comprobar si este tipo de apoyo cumple con la 3ª hipótesis.

3ª hipótesis: desequilibrio de tracciones

a) Cargas verticales

Idénticas a las calculadas en la 2ª hipótesis para el apoyo de amarre en ángulo.

Total cargas verticales:

- Carga vertical por fase:

$$F_{Vf} = 2038,3 daN$$

- Carga vertical debida al conductor de tierra:

$$F_{Vt} = 520,7\ daN$$

b) Cargas transversales debidas a la resultante de ángulo (Aptdo. 3.1.6. ITC-LAT 07) y longitudinales por Desequilibrio de tracciones (Aptdo. 3.1.4.3. ITC-LAT 07)

En los apoyos de anclaje en ángulo se considera el 50% de las tracciones unilaterales de todos los conductores y cables de tierra. Este desequilibrio produce los esfuerzos transversales y longitudinales indicados en la figura siguiente, donde T_{HVf} y T_{HVt} son las tracciones máximas a –15 °C, con sobrecarga de hielo y viento de 60 km/h, elegidas entre las tracciones de los cantones contiguos al apoyo para el conductor de fase y conductor de tierra, respectivamente. En este caso, T_{HVf} = 3267 daN y T_{HVt} = 2150 daN.

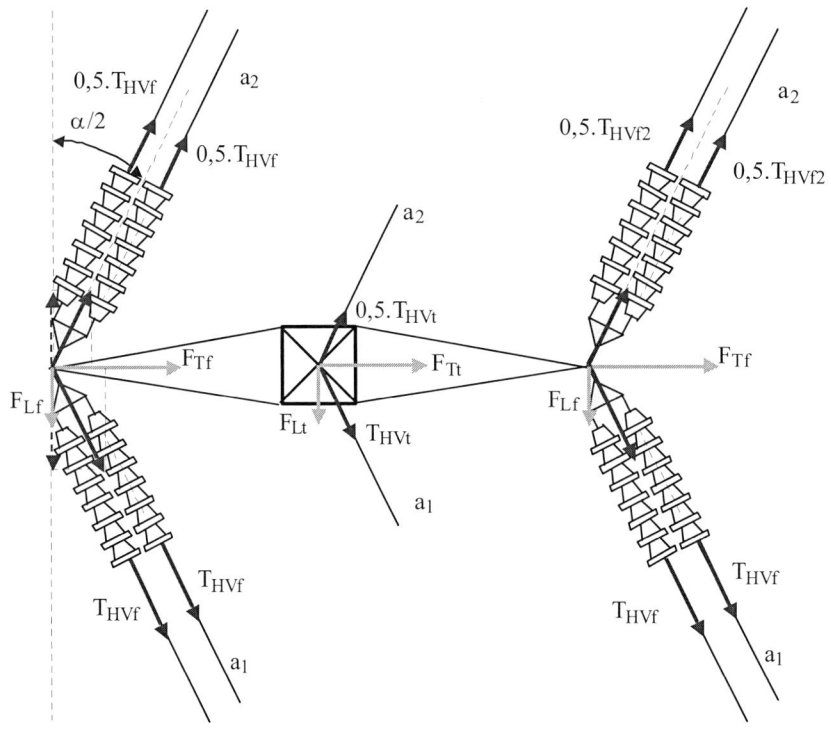

Los esfuerzos longitudinal y transversal correspondientes al conductor de fase son:

$$F_{Tf} = n_f \cdot \left(T_{HVf} + 0{,}5 \cdot T_{HVf}\right) \cdot sen\frac{\alpha}{2} = 2 \cdot 1{,}5 \cdot T_{HVf} \cdot sen\frac{\alpha}{2} = 2 \cdot 1{,}5 \cdot 3267 \cdot sen\frac{55}{2} =$$

$$= 4525{,}6 \ daN$$

$$F_{Lf} = n_f \cdot \left(T_{HVf} - 0{,}5 \cdot T_{HVf}\right) \cdot \cos\frac{\alpha}{2} = 2 \cdot 0{,}5 \cdot T_{HVf} \cdot \cos\frac{\alpha}{2} = 2 \cdot 0{,}5 \cdot 3267 \cdot \cos\frac{55}{2} =$$

$$= 2897{,}9 \ daN$$

Los esfuerzos longitudinal y transversal correspondientes al conductor de tierra son:

$$F_{Tt} = n_t \cdot \left(T_{HVt} + 0{,}5 \cdot T_{HVt}\right) \cdot sen\frac{\alpha}{2} = 1 \cdot 1{,}5 \cdot T_{HVt} \cdot sen\frac{\alpha}{2} = 1 \cdot 1{,}5 \cdot 2150 \cdot sen\frac{55}{2} =$$

$$= 1489{,}1 \ daN$$

$$F_{Lt} = n_t \cdot \left(T_{HVt} - 0{,}5 \cdot T_{HVt}\right) \cdot \cos\frac{\alpha}{2} = 1 \cdot 0{,}5 \cdot T_{HVt} \cdot \cos\frac{\alpha}{2} = 1 \cdot 0{,}5 \cdot 2150 \cdot \cos\frac{55}{2} =$$

$$= 953{,}5 \ daN$$

Los esfuerzos, para esta hipótesis, sobre el apoyo son:

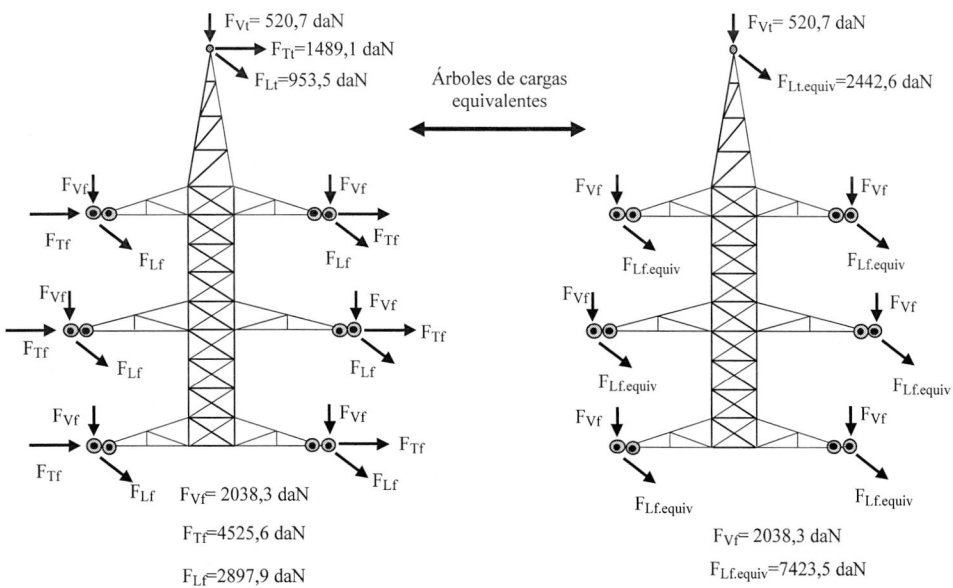

El apoyo seleccionado anteriormente, T-62400-25,00-E-4,7/5,5-T, cumple con los esfuerzos calculados para esta hipótesis.

Tipo de esfuerzo	(daN)	Cumplimiento
L_C	11600	$L_C > F_{Lf.equiv}$
L_t	6100	$L_t > F_{Lt.equiv}$
V_C	3650	$V_C > F_{Vf}$
V_t	1500	$V_t > F_{Vt}$

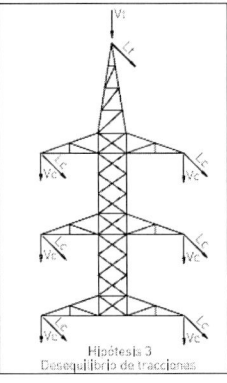

Hipótesis 3
Desequilibrio de tracciones

APOYO DE SUSPENSIÓN EN ANGULO

Este apoyo pertenece a un cantón cuyo vano ideal de regulación es de 320 m.

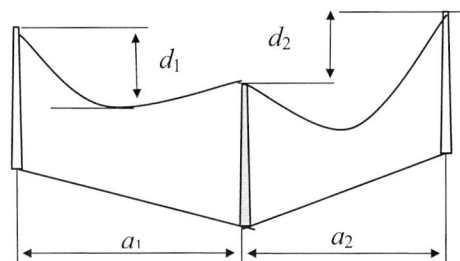

$a_1 = 310$ m.

$d_1 = -20$ m.

$a_2 = 300$ m.

$d_2 = 30$ m.

Ángulo de desviación de la traza, $\alpha = 5\,°$

Tracciones para el conductor de fase en el vano de regulación de 320 m

- Tracción a –10 °C + viento de 140 km/h: $T_{Vf} = 3034$ daN.
- Tracción a –15 °C + hielo + viento de 60 km/h: $T_{HVf} = 3231$ daN.

Tracciones para el conductor de tierra en el vano de regulación de 320 m

- Tracción a –10 °C + viento de 140 km/h: $T_{Vt} = 2086$ daN.
- Tracción a –15 °C + hielo + viento de 60 km/h: $T_{HVt} = 2150$ daN.

Por tratarse de un apoyo situado entre vanos a distinto nivel, el eolovano y gravivano no coinciden, siendo su valor:

Eolovano para los conductores de fase y de tierra:

$$a_e = \frac{a_1 + a_2}{2} = \frac{310 + 300}{2} = 305 \ m$$

Gravivano con viento para los conductores de fase:

$$a_{gVf} = \frac{a_1 + a_2}{2} + \frac{T_{Vf}}{p_{Vf}} \cdot \left(\frac{d_1}{a_1} - \frac{d_2}{a_2} \right) = 305 + \frac{3034}{1,765} \cdot \left(\frac{-20}{310} - \frac{30}{300} \right) = 22,20 \ m$$

siendo p_{Vf}, el peso con sobrecarga de viento de 140 km/h del conductor de fase.

Gravivano con viento para el conductor de tierra:

$$a_{gVt} = \frac{a_1 + a_2}{2} + \frac{T_{Vt}}{p_{Vt}} \cdot \left(\frac{d_1}{a_1} - \frac{d_2}{a_2} \right) = 305 + \frac{2086}{1,31} \cdot \left(\frac{-20}{310} - \frac{30}{300} \right) = 43,03 \ m$$

siendo p_{Vt}, el peso con sobrecarga de viento del conductor de tierra.

Gravivano con hielo y viento de 60 km/h para los conductores de fase:

$$a_{gHVf} = \frac{a_1 + a_2}{2} + \frac{T_{HVf}}{p_{HVf}} \cdot \left(\frac{d_1}{a_1} - \frac{d_2}{a_2} \right) = 305 + \frac{3231}{1,878} \cdot \left(\frac{-20}{310} - \frac{30}{300} \right) = 21,96 \ m$$

siendo p_{Hf}, el peso con sobrecarga de hielo y viento de 60 km/h del conductor de fase.

Gravivano con hielo y viento de 60 km/h para los conductores de tierra:

$$a_{gHVt} = \frac{a_1 + a_2}{2} + \frac{T_{HVt}}{p_{HVt}} \cdot \left(\frac{d_1}{a_1} - \frac{d_2}{a_2} \right) = 305 + \frac{2150}{1,341} \cdot \left(\frac{-20}{310} - \frac{30}{300} \right) = 41,23 \ m$$

siendo p_{Ht}, el peso con sobrecarga de hielo y viento de 60 km/h del conductor de tierra.

1ª hipótesis: viento de 140 km/h, a –10 ºC

a) Cargas verticales (Aptdo. 3.1.1. ITC-LAT 07)

- Peso de los conductores:

$$P_{COND.FASE} = n_f \cdot p_{pf} \cdot a_{gVf} = 2 \cdot 0,957 \cdot 22,2 = 42,49 \ daN$$

$$P_{COND.TIERRA} = n_t \cdot p_{pt} \cdot a_{gVt} = 1 \cdot 0,529 \cdot 43,03 = 22,76 \ daN$$

- Peso de la cadena de aisladores, incluidos los herrajes:

$$P_{CAD} = 159 \cdot 0,981 = 156 \ daN$$

Total cargas verticales:

- Carga vertical por fase:

$$F_{Vf} = P_{COND.FASE} + P_{CAD} = 42,29 + 156 = 198,49 \ daN$$

- Carga vertical debida al conductor de tierra:

$$F_{Vt} = P_{COND.TIERRA} = 22,76 \; daN$$

b) Cargas transversales debidas a la resultante de ángulo (Aptdo. 3.1.6. ITC-LAT 07) y al viento (Aptdo. 3.1.2. ITC-LAT 07)

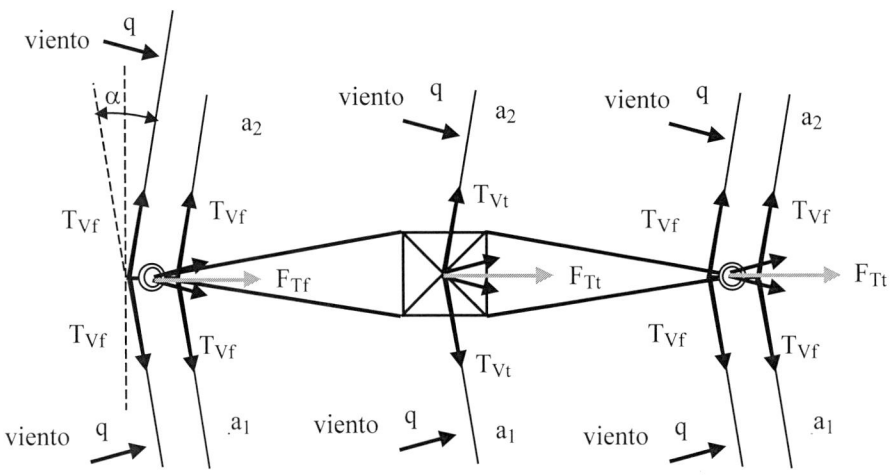

Esfuerzo transversal debido al viento de 140 km/h y a la resultante de ángulo sobre el conductor de fase:

$$F_{Tf} = n_f \cdot \left[2 \cdot T_{Vf} \cdot sen\frac{\alpha}{2} + a_e \cdot q \cdot \phi_f \cdot 10^{-3} \cdot \cos\frac{\alpha}{2} \right]$$

$$F_{Tf} = 2 \cdot \left[2 \cdot 2086 \cdot sen\frac{5}{2} + 330 \cdot 50 \cdot \left(\frac{140}{120}\right)^2 \cdot 21,8 \cdot 10^{-3} \cdot \cos\frac{5}{2} \right] = 1342,2 \; daN$$

Esfuerzo transversal debido al viento de 140 km/h y a la resultante de ángulo sobre el conductor de tierra:

$$F_{Tt} = n_t \cdot \left[2 \cdot T_{Vt} \cdot sen\frac{\alpha}{2} + a_e \cdot q \cdot \phi_t \cdot 10^{-3} \cdot \cos\frac{\alpha}{2} \right]$$

$$F_{Tt} = 1 \cdot \left[2 \cdot 2086 \cdot sen\frac{5}{2} + 330 \cdot 60 \cdot \left(\frac{140}{120}\right)^2 \cdot 14,68 \cdot 10^{-3} \cdot \cos\frac{5}{2} \right] = 577,23 \; daN$$

c) No se consideran cargas longitudinales en la hipótesis de viento

Para esta hipótesis, los esfuerzos sobre el apoyo son:

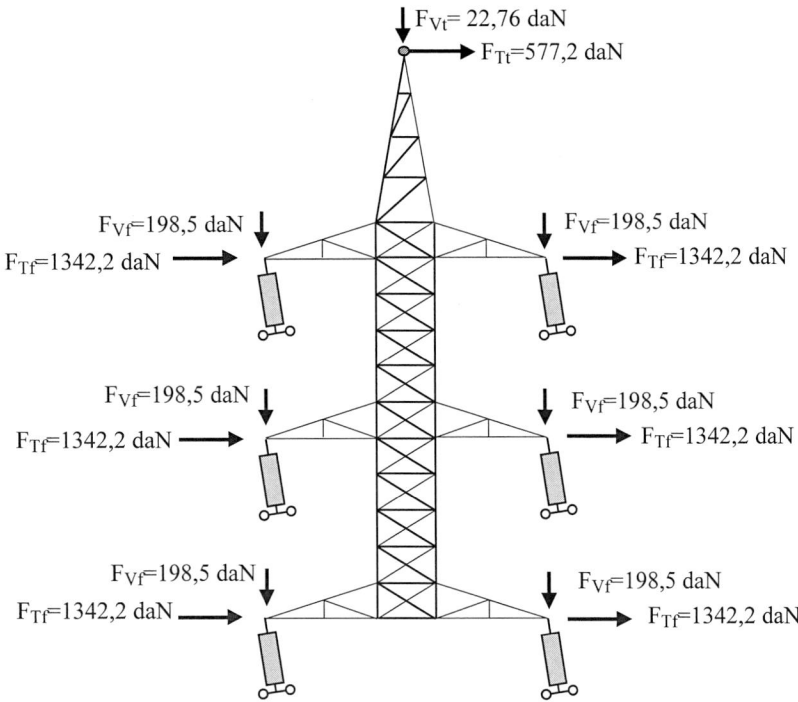

El apoyo seleccionado para cumplir con esta hipótesis es el D-11200-24-E-4,6/5,5-T, cuyos esfuerzos soportados se indican a continuación:

Tipo de esfuerzo	(daN)	Cumplimiento
H_C	1550	$H_C > F_{Tf}$
H_t	930	$H_t > F_{Tt}$
V_C	2000	$V_C > F_{Vf}$
V_t	500	$V_t > F_{Vt}$

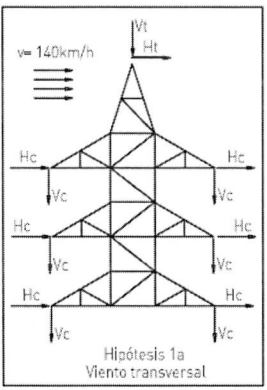

Hipótesis 1a
Viento transversal

2ª hipótesis: hielo en la zona B y viento de 60 km/h, a –15 ºC

a) Cargas verticales

- Peso de los conductores:

$$P_{COND.FASE} = n_f \cdot \left(p_{pf} + p_{hf} \right) \cdot a_{gHVf} = n_f \cdot \left(p_{pf} + 0,18 \cdot \sqrt{\phi_f} \right) \cdot a_{gHVf}$$

$$P_{COND.FASE} = 2 \cdot \left(0,957 + 0,18 \cdot \sqrt{21,8} \right) \cdot 21,96 = 78,94 \ daN$$

$$P_{COND.TIERRA} = n_t \cdot \left(p_{pt} + p_{ht}\right) \cdot a_{gHVt} = n_t \cdot \left(p_{pt} + 0,18 \cdot \sqrt{\phi_t}\right) \cdot a_{gHVt}$$

$$P_{COND.TIERRA} = 1 \cdot \left(0,529 + 0,18 \cdot \sqrt{14,68}\right) \cdot 41,23 = 50,24 \ daN$$

- Peso de la cadena de aisladores, incluidos los herrajes:

$$P_{CAD} = 159 \cdot 0,981 = 156 \ daN$$

Total cargas verticales:

- Carga vertical por fase:

$$F_{Vf} = P_{COND.FASE} + P_{CAD} = 78,94 + 156 = 234,94 \ daN$$

- Carga vertical debida al conductor de tierra:

$$F_{Vt} = P_{COND.TIERRA} = 50,2 \ daN$$

b) Cargas transversales debidas a la resultante de ángulo (Aptdo. 3.1.6. ITC-LAT 07)

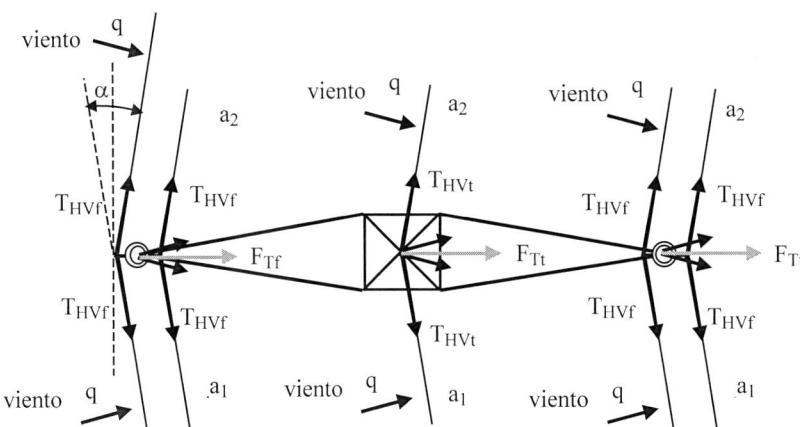

Esfuerzo transversal debido al viento de 60 km/h y a la resultante de ángulo sobre el conductor de fase:

$$F_{Tf} = n_f \cdot \left[2 \cdot T_{HVf} \cdot sen\frac{\alpha}{2} + a_e \cdot q \cdot \left(\phi_f + 2 \cdot e_f\right) \cdot 10^{-3} \cdot \cos\left(\frac{\alpha}{2}\right)\right]$$

$$F_{Tf} = 2 \cdot \left[2 \cdot 3231 \cdot sen\frac{5}{2} + 330 \cdot 50 \cdot \left(\frac{60}{120}\right)^2 \cdot \left(21,8 + 2 \cdot 10,9\right) \cdot 10^{-3} \cdot \cos\frac{5}{2}\right] = 923,1 \ daN$$

Esfuerzo transversal debido al viento de 60 km/h y a la resultante de ángulo sobre el conductor de tierra:

$$F_{Tt} = n_t \cdot \left[2 \cdot T_{HVt} \cdot sen\frac{\alpha}{2} + a_e \cdot q \cdot \left(\phi_t + 2 \cdot e_t\right) \cdot 10^{-3} \cdot \cos\frac{\alpha}{2}\right]$$

$$F_{Tt} = 1 \cdot \left[2 \cdot 2150 \cdot sen\frac{5}{2} + 330 \cdot 50 \cdot \left(\frac{60}{120}\right)^2 \cdot (14,68 + 2 \cdot 11,28) \cdot 10^{-3} \cdot \cos\frac{5}{2} \right] = 341 \, daN$$

c) No se consideran cargas longitudinales en la hipótesis de hielo y viento de 60 km/h

Los esfuerzos, para esta hipótesis, sobre el apoyo son:

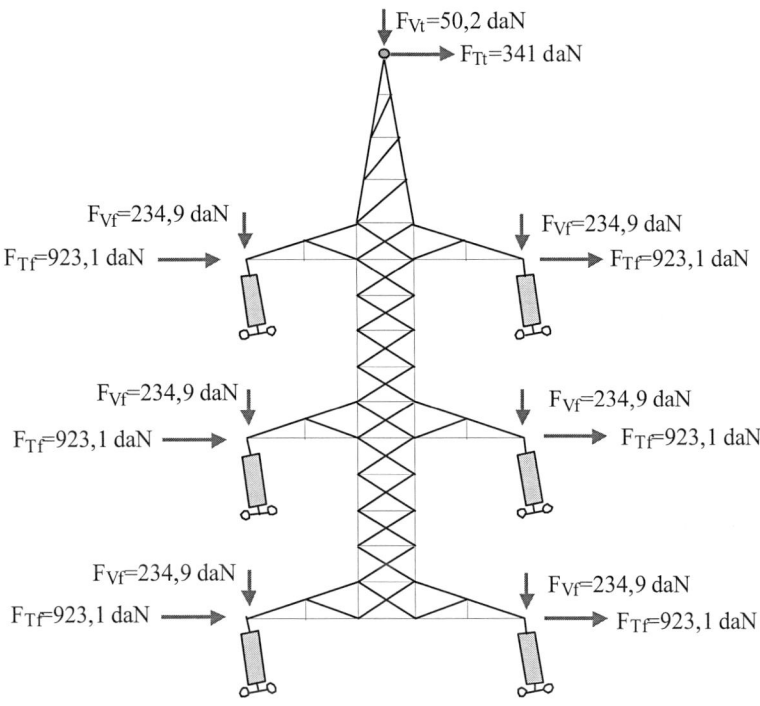

El apoyo seleccionado anteriormente, D-11200-24-E-4,6/5,5-T, cumple también con los esfuerzos de esta hipótesis.

Tipo de esfuerzo	(daN)	Cumplimiento
H_C	1740	$H_C > F_{Tf}$
H_t	1055	$H_t > F_{Tt}$
V_C	2500	$V_C > F_{Vf}$
V_t	1500	$V_t > F_{Vt}$

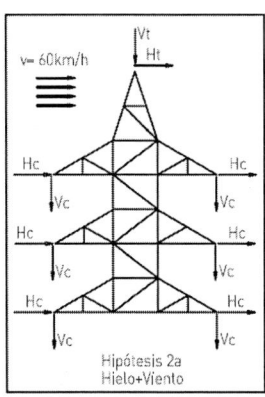

3ª hipótesis: desequilibrio de tracciones

a) Cargas verticales

Idénticas a las calculadas en la 2ª hipótesis.

- Carga vertical por fase:

$$F_{Vf} = 234,9 \ daN$$

- Carga vertical debida al conductor de tierra:

$$F_{Vt} = 50,2 \ daN$$

b) Cargas transversales debidas a la resultante de ángulo (Aptdo. 3.1.6. ITC-LAT 07) y longitudinales por desequilibrio de tracciones (Aptdo. 3.1.4.2 ITC-LAT 07)

En los apoyos de ángulo con cadenas de suspensión, para líneas de $U_n > 66$ kV, se considera el 15% de las tracciones unilaterales de todos los conductores y cables de tierra. Este desequilibrio produce los esfuerzos transversales y longitudinales indicados en la figura siguiente, donde T_{HVf} y T_{HVt} son las tracciones en el cantón a –15 ºC, con sobrecarga de hielo y viento de 60 km/h, para el conductor de fase y conductor de tierra respectivamente. En este caso, T_{HVf} = 3231 daN y T_{HVt} = 2150 daN.

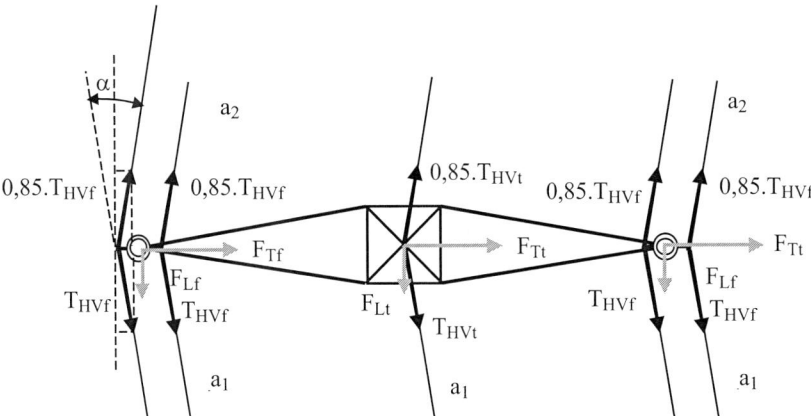

Los esfuerzos longitudinal y transversal correspondientes al conductor de fase son:

$$F_{Tf} = n_f \cdot \left(T_{HVf} + 0,85 \cdot T_{HVf} \right) \cdot sen \frac{\alpha}{2} = 2 \cdot 1,75 \cdot T_{HVf} \cdot sen \frac{\alpha}{2} = 2 \cdot 1,85 \cdot 3231 \cdot sen \frac{5}{2} =$$

$$= 521,4 \ daN$$

$$F_{Lf} = n_f \cdot \left(T_{HVf} - 0,85 \cdot T_{HVf} \right) \cdot \cos \frac{\alpha}{2} = 2 \cdot 0,15 \cdot T_{HVf} \cdot \cos \frac{\alpha}{2} = 2 \cdot 0,15 \cdot 3231 \cdot \cos \frac{5}{2} =$$

$$= 968,4 \ daN$$

Los esfuerzos longitudinal y transversal correspondientes al conductor de tierra son:

$$F_{Tt} = n_t \cdot \left(T_{HVt} + 0,85 \cdot T_{HVt} \right) \cdot sen \frac{\alpha}{2} = 1 \cdot 1,85 \cdot T_{HVt} \cdot sen \frac{\alpha}{2} = 1 \cdot 1,85 \cdot 2150 \cdot sen \frac{5}{2} =$$

$$= 173,5 \ daN$$

$$F_{Lt} = n_t \cdot \left(T_{HVt} - 0,85 \cdot T_{HVt}\right) \cdot \cos\frac{\alpha}{2} = 1 \cdot 0,15 \cdot T_{HVt} \cdot \cos\frac{\alpha}{2} = 1 \cdot 0,15 \cdot 2150 \cdot \cos\frac{5}{2} =$$

$$= 322,2 \; daN$$

Para esta hipótesis, los esfuerzos calculados sobre el apoyo, no son directamente comparables con el árbol de cargas especificado. Sin embargo, resulta admisible calcular un esfuerzo longitudinal equivalente como la suma aritmética de los esfuerzos longitudinal y transversal, y que provoca la misma flexión sobre el apoyo.

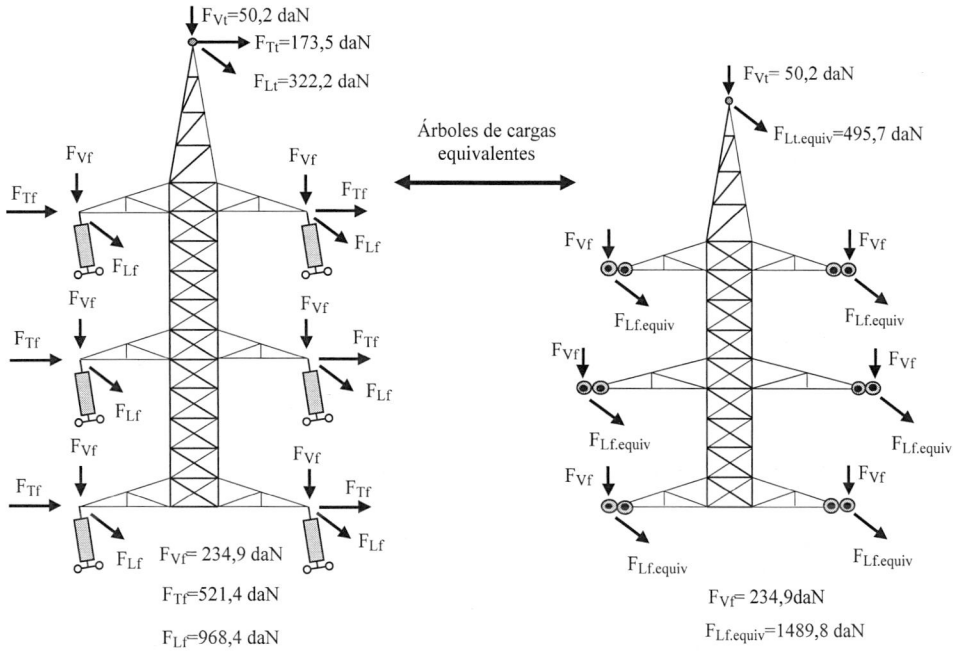

El apoyo seleccionado anteriormente, el D-11200-24-E-4,6/5,5-T, cumple también con los esfuerzos de esta hipótesis.

Tipo de esfuerzo	(daN)	Cumplimiento
L_C	2345	$L_C > F_{Lf.equiv}$
L_t	1405	$L_t > F_{Lt.equiv}$
V_C	2500	$V_C > F_{Vf}$
V_t	1000	$V_t > F_{Vt}$

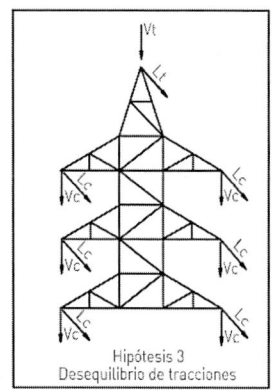

Hipótesis 3
Desequilibrio de tracciones

4ª hipótesis: rotura de conductores con hielo en zona C y viento de 60 km/h a –15 ºC)

a) Cargas verticales

Idénticas a las calculadas en la 2ª hipótesis para los conductores que no se rompen.

- Carga vertical por fase:

$$F_{Vf} = 234,9 \ daN$$

- Carga vertical debida al conductor de tierra:

$$F_{Vt} = 50,2 \ daN$$

- Para los conductores rotos:

Se considera que se rompe el conductor o el conductor de tierra en el vano de la derecha, ya que el gravivano resultante es mayor que si se rompe en el vano de la izquierda.

$$P_{COND.FASE.r} = \left(p_{pf} + p_{hf}\right) \cdot a_{gHVf} + \left(p_{pf} + p_{hf}\right) \cdot a_{gHVfr} = \left(p_{pf} + p_{hf}\right) \cdot \left(a_{gHVf} + a_{gHVfr}\right)$$

$$P_{COND.FASE.r} = \left(0,957 + 0,18 \cdot \sqrt{21,8}\right) \cdot \left(21,96 + 43,54\right) = 118,6 \ daN$$

Siendo:

$$a_{gHVfr} = \frac{a_1}{2} + \left(\frac{T_{Hft}}{p_{Hft}} \cdot \frac{d_1}{a_1}\right) = \frac{310}{2} + \frac{3230,6}{1,87} \cdot \left(\frac{-20}{310}\right) = 43,54 \ m$$

$$P_{COND.TIERRA.r} = \left(p_{pt} + p_{ht}\right) \cdot a_{gHVtr} = \left(0,529 + 0,18 \cdot \sqrt{14,68}\right) \cdot 51,56 = 62,8 \ daN$$

Siendo:

$$a_{gHVtr} = \frac{a_1}{2} + \left(\frac{T_{HVt}}{p_{HVt}} \cdot \frac{d_1}{a_1}\right) = \frac{310}{2} + \frac{2150}{1,341} \cdot \left(\frac{-20}{310}\right) = 51,56 \ m$$

Carga vertical por fase del cable roto:

$$F_{Vfr} = P_{COND.FASE.r} + P_{CAD} = 118,6 + 156 = 274,6 \ daN$$

Carga vertical debida al conductor de tierra roto:

$$F_{Vtr} = P_{COND.TIERRA.r} = 62,8 \ daN$$

b) Cargas transversales y longitudinales debidas a la resultante de ángulo (Aptdo. 3.1.6. ITC-LAT 07) y rotura del conductor (Aptdo. 3.1.5.1. ITC-LAT 07)

Se considera la rotura de un solo conductor de fase o conductor de tierra.

b-1) Caso de rotura del conductor de fase

Se considera la rotura de un solo conductor de fase, con una reducción del 50% de la tracción del conductor roto, debido al desvío de la cadena de aisladores cuando se produce la rotura del conductor.

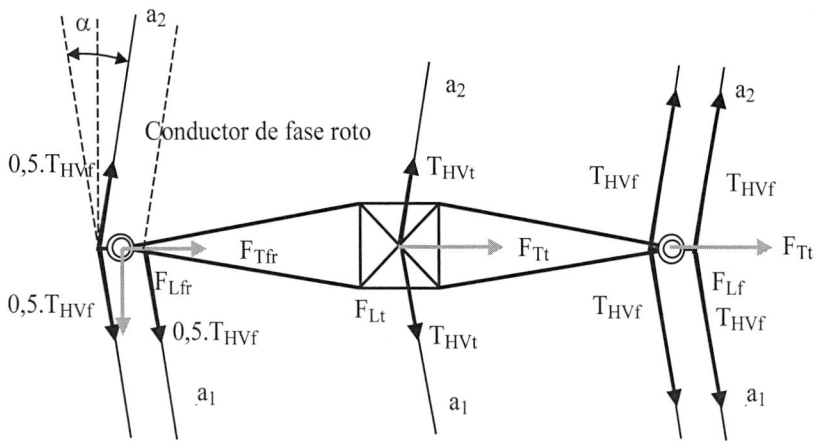

El esfuerzo transversal debido a los conductores de fase no rotos, vale:

$$F_{Tf} = n_f \cdot 2 \cdot T_{HVf} \cdot sen\frac{\alpha}{2} = 2 \cdot 2 \cdot 3231 \cdot sen\frac{5}{2} = 563,7 \ daN$$

El esfuerzo transversal debido al conductor de fase roto, vale:

$$F_{Tfr} = 1,5 \cdot T_{HVf} \cdot sen\frac{\alpha}{2} = 1,5 \cdot 3231 \cdot sen\frac{5}{2} = 211,4 \ daN$$

El esfuerzo transversal debido al conductor de tierra no roto, vale:

$$F_{Tt} = 2 \cdot T_{HVt} \cdot sen\frac{\alpha}{2} = 2 \cdot 2150 \cdot sen\frac{5}{2} = 187,6 \ daN$$

El esfuerzo longitudinal debido al conductor de fase roto, vale:

$$F_{Lfr} = 0,5 \cdot T_{HVf} \cdot cos\frac{\alpha}{2} = 0,5 \cdot 3231 \cdot cos\frac{5}{2} = 1614 \ daN$$

Este esfuerzo longitudinal provoca sobre el apoyo un momento torsor de valor:

$$M_t = F_{Lfr} \cdot B_c = 1614 \cdot 5 \cdot 6 = 9038 \ daN \cdot m$$

Los esfuerzos a los que queda sometido el apoyo se muestran en la figura siguiente:

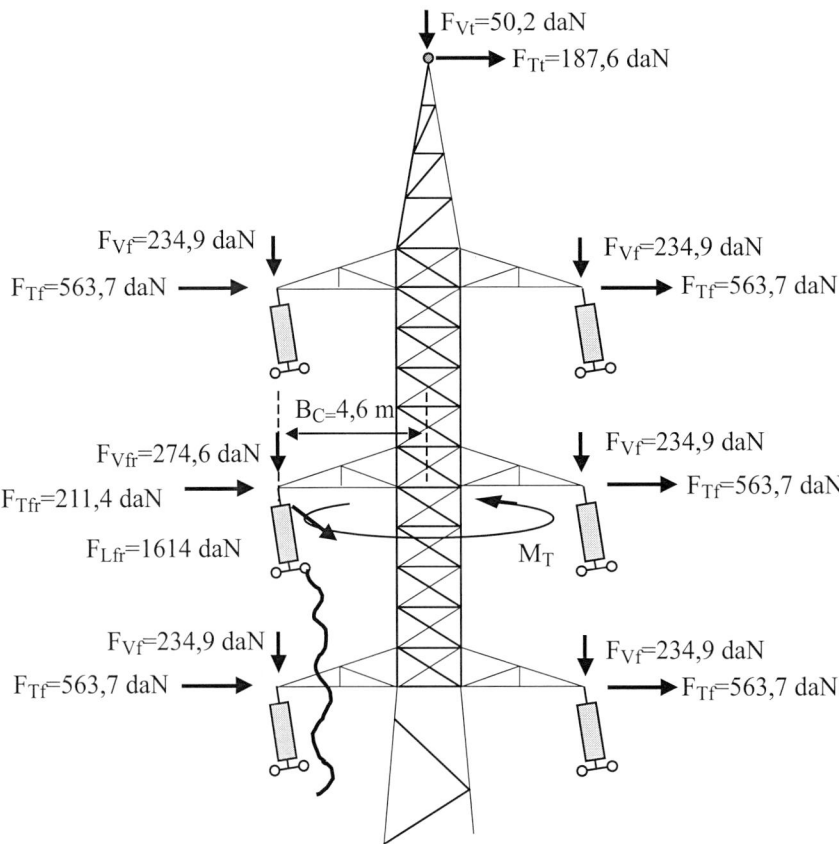

Para el apoyo seleccionado anteriormente, D-11200-24-E-4,6/5,5-T, los esfuerzos especificados que se muestran a continuación no incluyen el efecto combinado de la torsión M_t, con el esfuerzo transversal F_{Tf}, al no incluirse este último.

Tipo de esfuerzo	(daN)
T_c	4150
V_{cr}	1960
V_c	2500
V_t	1000

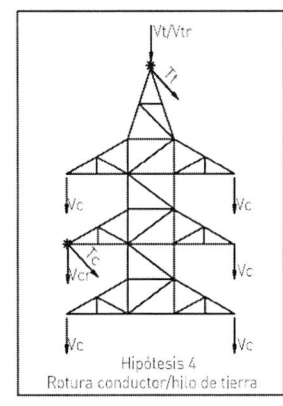

Hipótesis 4
Rotura conductor/hilo de tierra

Para comprobar si un apoyo es capaz de soportar la acción combinada de los esfuerzos transversales y del par torsor, los fabricantes deben facilitar esta información, tal como se indicó, para un apoyo del mismo tipo en el Apartado 3.9.

b-2) Rotura del conductor de tierra

Se considera la rotura del conductor de tierra sin reducción alguna de su tracción.

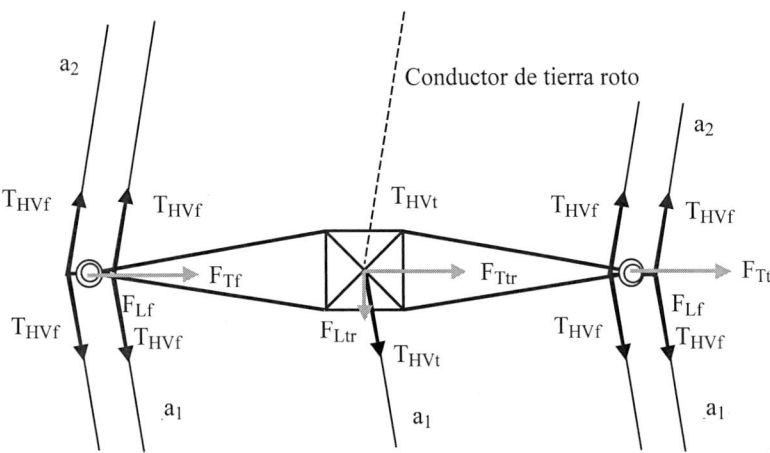

El esfuerzo transversal debido a los conductores de fase no rotos, vale:

$$F_{Tf} = n_f \cdot 2 \cdot T_{HVf} \cdot sen\frac{\alpha}{2} = 2 \cdot 2 \cdot 3231 \cdot sen\frac{5}{2} = 563,7 \ daN$$

El esfuerzo transversal debido al conductor de tierra roto, vale:

$$F_{Ttr} = T_{HVt} \cdot sen\frac{\alpha}{2} = 2150 \cdot sen\frac{5}{2} = 93,8 \ daN$$

El esfuerzo longitudinal debido al conductor de tierra roto, vale:

$$F_{Ltr} = T_{HVt} \cdot \cos\frac{\alpha}{2} = 2150 \cdot \cos\frac{5}{2} = 2147,9 \ daN$$

Según se muestra en la figura siguiente, el apoyo se encuentra sometido a unas cargas verticales junto a un momento flector cuyo valor es:

$$M_t = F_{Lr} \cdot H_L = 2147,9 \cdot 40,9 = 87849 \ daN \cdot m$$

Para esta hipótesis, los esfuerzos calculados sobre el apoyo, no son directamente comparables con el árbol de cargas especificado. Sin embargo, resulta admisible calcular un esfuerzo longitudinal equivalente para el cable de tierra, como la suma aritmética de los esfuerzos longitudinal y transversal que provoca la misma flexión sobre el apoyo, con objeto de compararlos con los especificados por el fabricante para la 2ª hipótesis.

Los esfuerzos a los que queda sometido el apoyo se muestran en la figura siguiente:

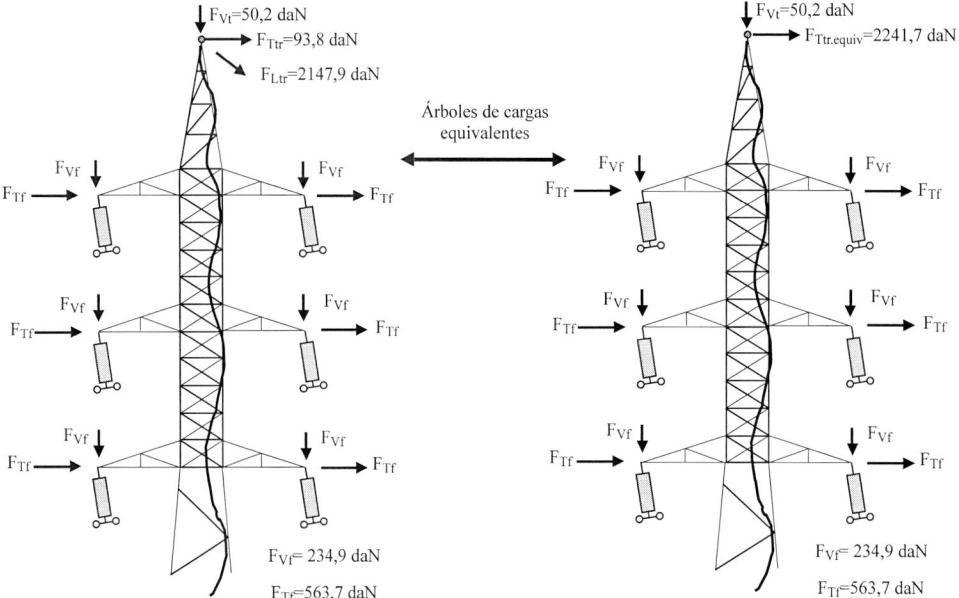

El apoyo seleccionado anteriormente, D-11200-24-E-4,6/5,5-T no cumple con los esfuerzos solicitados y es necesario seleccionar el apoyo D-2700-24-E-4,6/5,5-T, cuyos esfuerzos especificados para la 2ª hipótesis se indican a continuación:

Tipo de esfuerzo	(daN)	Cumplimiento
H_C	4000	$H_C > F_{Tf}$
H_t	2300	$H_t > F_{Tt}$
V_C	2800	$V_C > F_{Vf}$
V_t	1000	$V_t > F_{Vt}$

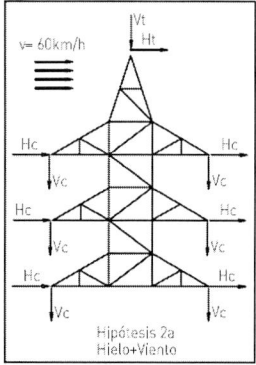

EJERCICIOS PROPUESTOS

3.1. Cálculo de apoyos en línea con conductores en tresbolillo

A partir de los datos proporcionados, establecer el cálculo de los apoyos nº 2 y nº 4, el amarre en ángulo (50 °) y la suspensión en alineación, respectivamente, indicando el apoyo elegido. Calcular el ángulo de desviación de la cadena de aisladores en el apoyo nº 4.

- **Características del apoyo nº 2 , amarre en ángulo, tipo HVH**

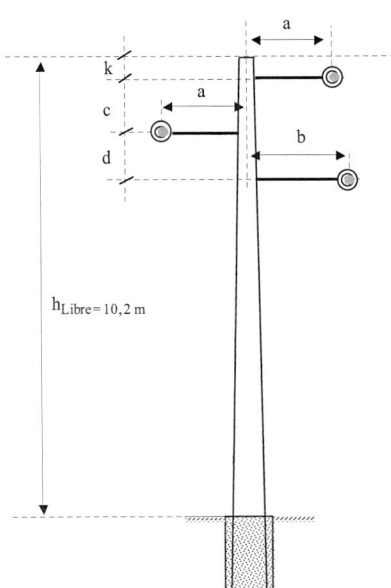

	Tresbolillo					
Armado	a (m)	b (m)	c (m)	d (m)	k (m)	Peso (daN)
BA-1	0,95	1,2	1,275	1,127	0,085	62

- **Características del apoyo nº 4 , suspensión en alineación, tipo CH tubular rectangular**

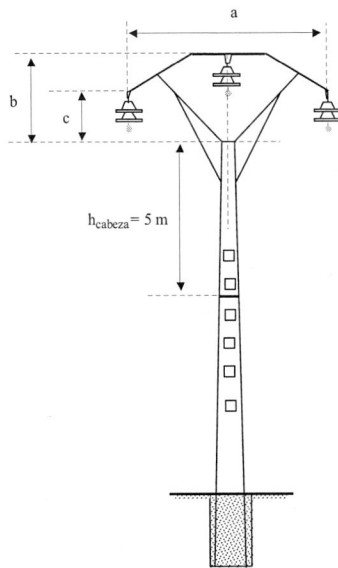

	Bóveda			
Armado	a (m)	b (m)	c (m)	Peso (daN)
B-1	3,2	1,365	0,985	56

● **Características de los elementos empleados**

Cadenas de aisladores de suspensión

– Longitud: 0,6 m.
– Peso de cadena: 10 daN.
– Peso de herrajes: 2 daN.
– Diámetro: 0,25 m.

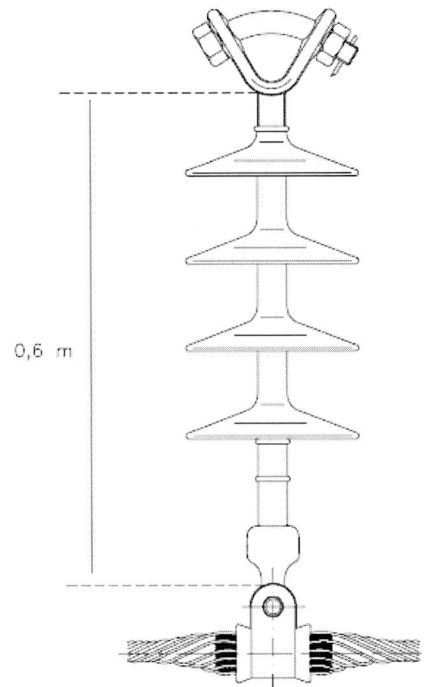

Cadenas de aisladores de amarre

– Longitud: 1 m.
– Peso de cadena: 15 daN.
– Peso de herrajes: 3 daN.
– Diámetro: 0,25 m.

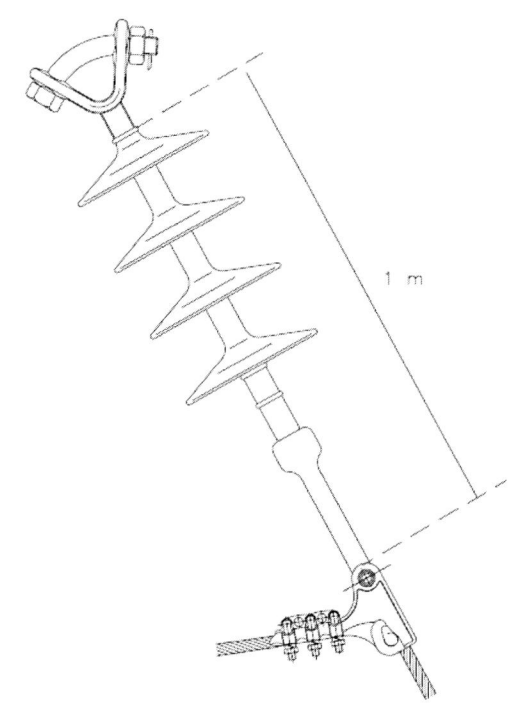

Datos de cálculo mecánico, zona B

Conductor: 47-AL1/8-ST1A (LA 56)	Peso propio, 0,1855 daN/m
Sección: 54,6 mm^2	Peso propio más sobrecarga de viento, 0,597 daN/m.
Diámetro: 9,45 mm	Peso propio más sobrecarga de hielo, 0,739 daN/m.
Carga de rotura: $\sigma_r = 1638$ daN	Peso propio más presión de viento mitad, 0,339 daN/m.
Módulo de elasticidad: E = 7946 daN/mm^2.	Coeficiente de dilatación: $\alpha = 19{,}1 \cdot 10^{-6}\ ^\circ\mathrm{C}^{-1}$.

Tramo	Cantón	Vano (m)	Desnivel (m)	Vano de regulación (m)	Hipótesis de tracción Máxima (–15 °C + hielo) T (daN)	Hipótesis de tracción Máxima (–10 °C + viento) T (daN)	Hipótesis de viento mitad (–10 °C + viento/2) T (daN)
1-2	1	170	5	170	541	448	281
2-3	2	145	0	148,6	535	446	287
3-4		155	–10				
4-5		145	15				

3.2. Cálculo de la distancia entre conductores

Una línea aérea de 15 kV está formada por un solo vano de 150 m de longitud y se ha tendido con un conductor tipo 94-AL1/22-ST1A (LA-110). Calcular la separación mínima, horizontal y vertical, que debe existir entre conductores sabiendo que:

- La línea discurre a una altitud de 600 m.

- La tracción horizontal en el conductor a 15 °C, con sobrecarga de viento reglamentaria, es de 1102,2 daN.

- La tracción horizontal en el conductor a 0 °C, con sobrecarga de hielo reglamentaria, es 1323,9 daN.

- La tracción horizontal en el conductor a 50 °C sin sobrecarga es de 506 daN.

GLOSARIO DE TÉRMINOS

a	Longitud del vano proyectado.
a_e	Eolovano.
a_{gv}	Gravivano con viento.
a_{gH}	Gravivano con hielo.
a_r	Longitud del vano ideal de regulación.
d	Desnivel entre los puntos de sujeción del conductor.
Coef.	Coeficiente de mayoración o reducción de los esfuerzos longitudinales o transversales aplicados sobre los apoyos empleados en media tensión, al punto normalizado de aplicación del esfuerzo útil.
D	Distancia mínima entre conductores.
D_{add}	Distancia adicional para evitar descargas disruptiva entre la línea y otros elementos externos a la línea.
D_{el}	Distancia mínima en el aire para prevenir una descarga entre conductores de fase y objetos a potencial de tierra ante sobretensiones.
D_{pp}	Distancia mínima en el aire para prevenir una descarga entre conductores de fase ante sobretensiones.
e	Espesor del manguito de hielo.
E	Módulo de elasticidad del conductor.
f	Flecha del vano.
$f_{máx.v}$	Flecha máxima en la hipótesis de viento.
$f_{máx.h}$	Flecha máxima en la hipótesis de hielo.
$f_{máx.\theta}$	Flecha máxima en la hipótesis de temperatura.
$f_{mín}$	Flecha mínima del vano.
F_L	Esfuerzo longitudinal resultante aplicado sobre el apoyo.
F_T	Esfuerzo transversal resultante aplicado sobre el apoyo.
F_V	Esfuerzo vertical resultante aplicado sobre el apoyo.
h	Parámetro de la catenaria.
H	Carga horizontal sobre el apoyo.
h_0	Distancia del punto de aplicación del esfuerzo útil a la cogolla del apoyo.
κ	Constante del apoyo (relaciona las cargas horizontales con las verticales).
K	Coeficiente reglamentario que depende de la oscilación de los conductores con el viento.
K'	Coeficiente reglamentario que depende tensión nominal de la línea, U_n.
L	Carga longitudinal en la dirección secundaria del apoyo.
L_t	Carga longitudinal aplicada a una distancia, d, del eje del apoyo.
L_{cad}	Longitud de la cadena de aisladores.
M	Coeficiente de mayoración de las cargas verticales en el apoyo.
M_t	Momento de torsión aplicado sobre el apoyo.
P_{COND}	Peso del conductor o conductores sobre el apoyo.

P_{CAD} Peso de la cadena o cadenas de aisladores sobre el apoyo.

P_{HERR} Peso de los herrajes sobre el apoyo.

p Peso aparente del conductor.

p_h Sobrecarga debida al manguito de hielo sobre el conductor.

p_p Peso propio del conductor.

p_v Sobrecarga debida al viento sobre el conductor

q Presión del viento.

R_i^{v} Reacción vertical del terreno debida a una carga sobre el apoyo vertical.

R_i^{L} Reacción vertical del terreno debida a una carga sobre el apoyo longitudinal.

R_i Reacción vertical total del terreno en el punto i.

T Carga transversal en la dirección principal del apoyo.

T_v Tracción horizontal del conductor en la hipótesis de viento.

T_h Tracción horizontal del conductor en la hipótesis de hielo.

U_n Tensión nominal de la línea.

V Carga vertical sobre el apoyo.

α Ángulo de desviación de la traza de la línea.

β Ángulo de desviación de la cadena de aisladores.

ϕ Diámetro del conductor.

ϕ_{CAD} Diámetro de la cadena de aisladores.

$\hat{\phi}$ Ángulo de desviación de la curva de equilibrio del conductor por la acción del viento.

BIBLIOGRAFÍA

[1]   RU 6704 A. Recomendación Unesa. Apoyos metálicos para líneas eléctricas hasta 30 kV.

[2]   UNE 207017. Apoyos metálicos de celosía para líneas eléctricas aéreas de distribución.

[3]   UNE 207018. Apoyos de chapa metálica para líneas eléctricas aéreas de distribución.

[4]   Catálogo de apoyos tubulares de chapa metálica. Jiménez Belinchón, S.A.

[5]   UNE 207016. Postes de hormigón, tipo HV y HVH para líneas eléctricas aéreas.

[6]   REAL DECRETO 223/2008, de 15 de febrero, por el que se aprueban el Reglamento sobre condiciones técnicas y garantías de seguridad en líneas eléctricas de alta tensión y sus instrucciones técnicas complementarias ITC-LAT 01 a 09.

[7]   UNE –EN 50182. Conductores para líneas eléctricas aéreas.

[8]   Julián Moreno Clemente. Cálculo de líneas eléctricas aéreas de alta tensión. Málaga 2004. 5ª Edición reformada.

[9]   CIGRE. TB 322. State of the art conductor galloping. June 2007.

[10] Catálogo general IMEDEXSA 2010, adaptado al nuevo reglamento R.D. 223/2008.

Capítulo **4**

Cálculo de cimentaciones

Objetivos

- Conocer los dos tipos de cimentaciones empleadas en líneas aéreas de alta tensión: de tipo monobloque y de macizos independientes.

- Comprender los criterios de cálculo necesarios para conseguir la estabilidad de los apoyos.

- Para las cimentaciones en macizos independientes se debe prestar especial atención al cálculo de la adherencia entre el apoyo y la cimentación, así como a la cortadura de los tornillos de los casquillos que se unen a los perfiles del apoyo y quedan embebidos en el hormigón.

- El dimensionamiento de los dos tipos de cimentaciones se ilustra mediante el desarrollo de ejemplos.

Simulación

- Hojas de cálculo en Excel.
- Programas desarrollados en Mathcad.

Conocimientos fundamentales previos

Se requieren conocimientos básicos de resistencia de materiales, en concreto del significado y cálculo de los esfuerzos de tracción-compresión, cortadura, de los momentos de flexión y del concepto mecánico de adherencia. También se requieren conocimientos básicos de geometría para calcular los volúmenes de distintos cuerpos como troncos de pirámide y troncos de cono.

CONTENIDO DEL CAPÍTULO

4.1. Introducción al cálculo de cimentaciones

4.2. Cimentaciones monobloque

   4.2.1. Cálculo de la estabilidad del apoyo

4.3. Cimentaciones de macizos independientes o de patas separadas

   4.3.1. Comprobación al arranque

   4.3.2. Comprobación a compresión

   4.3.3. Comprobación de la adherencia entre anclaje y cimentación

4.3.3.1. Cálculo de la adherencia

4.3.3.2. Cálculo a cortadura de los tornillos del casquillo

4.4. Ejemplos de cálculo de cimentaciones

   4.4.1. Ejemplo de cálculo de cimentación monobloque

   4.4.2. Ejemplo de cálculo de cimentación prismática de macizos independientes

4.1. INTRODUCCIÓN AL CÁLCULO DE CIMENTACIONES

La manera más habitual de fijar los apoyos al suelo, es mediante macizos de hormigón. El macizo, que ha de sustentar el apoyo, transmite al terreno todas las solicitaciones que existen en su base como consecuencia de la actuación de los diferentes esfuerzos a los que está sometido.

Las cimentaciones en forma de macizos se ejecutan en obra y sus dimensiones deben garantizar que el apoyo permanezca estable ante las diferentes solicitaciones. Esta estabilidad debe de quedar garantizada por el equilibrio entre los esfuerzos solicitantes y las reacciones del terreno, considerando además un determinado coeficiente de seguridad, según prescribe el RLAT.

Las cimentaciones, dependiendo de las dimensiones del apoyo se ejecutan, en forma macizos monobloque (un solo macizo para todo el apoyo), *véase* Figura 4.1, o en forma de macizos independientes (patas separadas), *véase* la Figura 4.2.

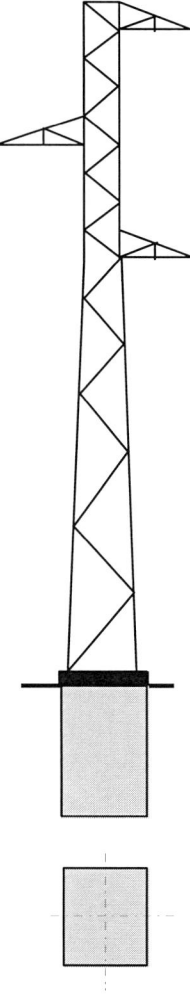

Figura 4.1. Cimentación monobloque

Para las mismas solicitaciones, las cimentaciones monobloque, necesitan un volumen de hormigón mayor que las cimentaciones de patas separadas, ya que no utilizan tan favorablemente la acción estabilizadora del terreno. Es por ello, que su empleo, ha de evitarse en terrenos de poca consistencia, tales como terrenos sueltos, arcillas plásticas, pantanos, etc.

Las cimentaciones de patas separadas formando un cuadrado representan, actualmente, casi la totalidad de los apoyos de las grandes líneas, siendo el lado del cuadrado de cuatro o cinco metros.

Figura 4.2. Cimentaciones de patas separadas

Las cimentaciones de patas separadas, están solicitadas sólo por esfuerzos sencillos como son la compresión y el arranque. Los esfuerzos de compresión, repartidos uniformemente en toda la superficie de la base de la cimentación, los soportan la mayor parte de los terrenos. Son los esfuerzos que tratan de arrancar la cimentación del terreno los que requieren una atención especial.

4.2. CIMENTACIONES MONOBLOQUE

El cálculo de las cimentaciones monobloques de hormigón se fundamenta en el método desarrollado por la Comisión Federal Suiza, que llegó a las siguientes conclusiones [1].

- En el caso de terrenos sueltos o sin cohesión (arena), al aplicar sobre el macizo, una fuerza F, el eje de rotación del macizo coincide con el punto O, centro de gravedad y geométrico del macizo (*véase* Figura 4.3).

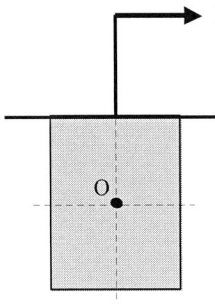

Figura 4.3. Centro de giro, O, de la cimentación en terrenos sueltos

- En el caso de terrenos plásticos, al aplicar sobre el macizo, una fuerza F, el eje de rotación del macizo se halla en el punto O' desplazado del centro geométrico del macizo (*véase* la Figura 4.4).

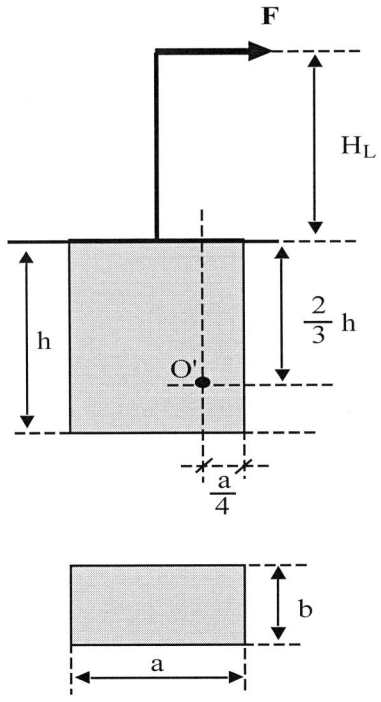

Figura 4.4. Centro de giro, O', de la cimentación en terrenos plásticos

- En el caso de terrenos muy resistentes, al aplicar sobre el macizo, una fuerza *F*, el eje de rotación del macizo se halla en el punto *O´´*, ubicado en la base de la cimentación (*véase* la Figura 4.5).

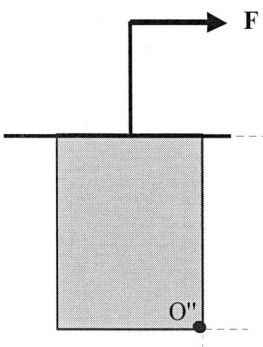

Figura 4.5. Centro de giro, O´´, de la cimentación en terrenos muy resistentes

La mencionada comisión también comprobó que la resistencia de los terrenos a la compresión a lo largo de las paredes verticales aumenta con la profundidad, depende de la clase de terreno y de su grado de humedad. Además, la resistencia del terreno bajo de la cimentación es igual o superior a la resistencia en cualquier punto de las paredes verticales.

Partiendo de estas conclusiones, el ingeniero Sulzberger, perteneciente a la Comisión Federal Suiza propuso las siguientes hipótesis de cálculo:

a) El macizo de hormigón puede girar, como máximo, un ángulo α, definido por la $tg\,\alpha = 0,01$, independientemente de las características del terreno. Esta condición se exige en el Apartado 3.6.1 de la ITC-LAT 07, donde se indica que

    «... *en las cimentaciones de apoyos cuya estabilidad esté fundamentalmente confiada a las reacciones horizontales del terreno, no se admitirá un ángulo de giro de la cimentación cuya tangente sea superior a 0,01 para alcanzar el equilibrio de las acciones volcadoras máximas con las reacciones del terreno*».

b) El terreno se comporta como un cuerpo plástico y elástico, y por ello los desplazamientos del macizo dan origen a reacciones del terreno proporcionales a estos desplazamientos.

c) La resistencia del terreno es nula en la superficie y crece proporcionalmente con la profundidad.

d) No se toman en consideración las fuerzas de rozamiento.

Para determinar las dimensiones de las cimentaciones en terrenos plásticos, (*véase* la Figura 4.4), Sulzberger propone un método de cálculo aplicable siempre que se cumpla que.

$$H_L > 5 \cdot h$$

Considérese que la cimentación del apoyo sea de base rectangular, según muestra la Figura 4.6. Si se aplica sobre el apoyo, una fuerza F, la presión que ejerce el macizo de hormigón da lugar a unas reacciones del terreno, tanto laterales, R_1 y R_2 (reacciones distribuidas de forma parabólica) como verticales, R_3 (distribuidas de forma lineal).

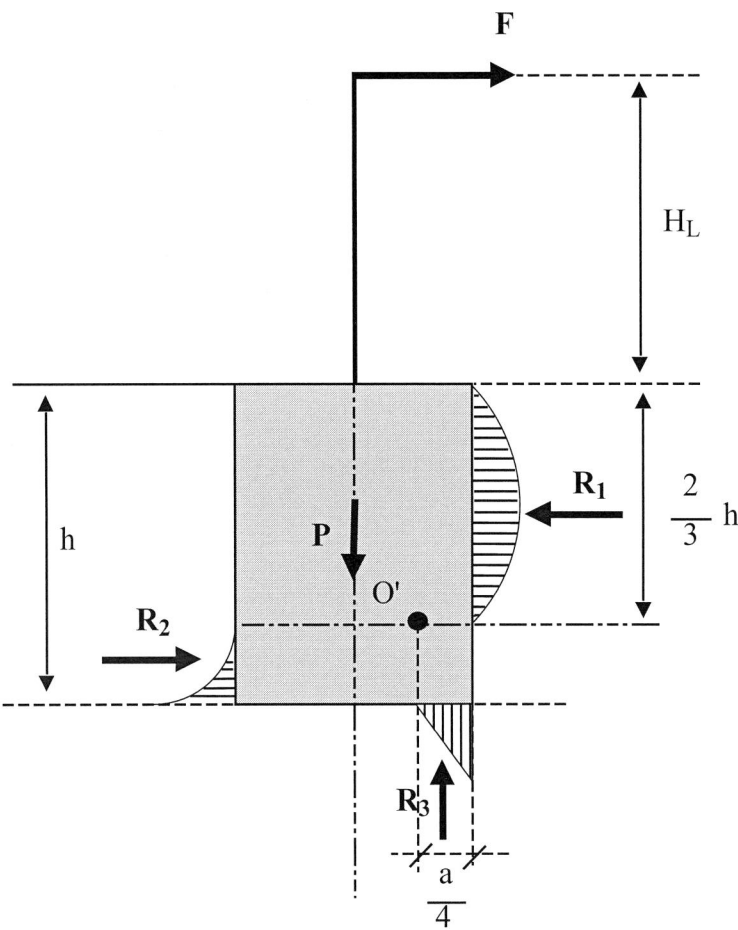

Figura 4.6. Esfuerzos que la cimentación ejerce sobre el terreno y reacciones del terreno sobre la cimentación

donde:

$F =$ esfuerzo sobre el apoyo, en daN.

$H_L =$ altura desde el punto de aplicación de F hasta la línea de tierra, en m.

$H =$ profundidad de la cimentación, en m.

$P =$ peso del conjunto formado por el macizo de hormigón, el apoyo y otros elementos, en daN.

$a =$ anchura de la cimentación, en m.

$b =$ espesor de la cimentación, en m.

$O' =$ centro de rotación de la cimentación, que para un terreno plástico tiene de coordenadas: $\left(\frac{2}{3} \cdot h, \frac{1}{4} \cdot a \right)$.

4.2.1. Cálculo de la estabilidad del apoyo

La estabilidad del apoyo queda asegurada por la igualdad entre los esfuerzos solicitantes y las reacciones del terreno, o lo que es lo mismo, cuando el momento al vuelco, M_v, sea igual a los momentos estabilizadores M_1 y M_2, debido a las reacciones laterales y verticales del terreno,

$$M_V = M_1 + M_2$$

a) Momento al vuelco

$$M_V = F \cdot \left(H_L + \frac{2}{3} \cdot h \right), \text{ en daN·m.}$$

b) Momento estabilizador debido a las reacciones laterales del terreno

$$M_1 = \frac{b \cdot h^3}{36} \cdot C_h \cdot tg \, \alpha \,, \text{(en daN·m)}$$

donde:

$b =$ espesor de la cimentación, en m.

$h =$ profundidad de la cimentación, en m.

$\alpha =$ ángulo máximo de giro del macizo de hormigón, para $tg \, \alpha = 0,01$.

$C_h =$ coeficiente de compresibilidad del terreno a una profundidad de h metros, en daN/m^3.

El coeficiente de compresibilidad orientativo, para diferentes tipos de terreno, a 2 metros de profundidad, C_2, viene indicado en el Apartado 3.6.5 de la ITC-LAT 07, del RLAT (*véase* la Tabla 4.1)

Tabla 4.1. Características orientativas del terreno para el cálculo de cimentaciones

Naturaleza del terreno	Peso específico aparente (Tn/m³)	Angulo de talud natural (Grados sexag.)	Carga admisible (daN/cm²)	Coeficiente de rozamiento entre cimiento y terreno al arranque (Grados sexag.)	Coeficiente de compresibilidad C_2 a 2 m de profundidad (daN/cm³) [b]
I. Rocas en buen estado: Isótropas. Estratificadas (con algunas grietas)			30-60 / 10-20		
II. Terrenos no coherentes:					
a) Gravera arenosa (mínimo 1/3 de volumen de grava hasta 70 mm de tamaño)	1,80-1,90		4-8	20°-22°	
b) Arenoso grueso (con diámetros de partículas entre 2 mm y 0,2 mm)	1,60-1,80	30°	2-4	20°-25°	8-20
c) Arenoso fino (con diámetros de partículas entre 2 mm y 0,2 mm)	1,50-1,60		1,5-3		
III. Terrenos no coherentes sueltos:					
a) Gravera arenosa	1,70-1,80		3-5		
b) Arenoso grueso	1,60-1,70	30°	2-3		8-12
c) Arenoso fino	1,40-1,50		1-1,5		
IV. Terrenos coherentes [a]:					
a) Arcilloso duro	1,80		4	20°-25°	10
b) Arcilloso semiduro	1,80	20°	2	22°	6-8
c) Arcilloso blando	1,50-2,00		1	14°-16°	4-5
d) Arcilloso fluido	1,60-1,70		-	0°	2-3
V. Fangos turbosos y terrenos pantanosos en general	0,60-1,1		[c]		[c]
VI. Terrenos de relleno sin consolidar	1,40-1,60	30°-40°	[c]	14°-20°	[c]

[a] *Duro:* Los terrenos con su humedad natural rompen difícilmente con la mano. Tonalidad en general clara.
Semiduro: Los terrenos con su humedad natural se amasan difícilmente con la mano. Tonalidad en general oscura.
Blando: Los terrenos con su humedad natural se amasan fácilmente, permitiendo obtener entre las manos cilindros de 3 mm de diámetro. Tonalidad oscura.
Fluido: Los terrenos con su humedad natural presionados en la mano cerrada fluyen entre los dedos. Tonalidad en general oscura.

[b] Puede admitirse que sea proporcional a la profundidad en que se considere la acción.

[c] Se determinará experimentalmente.

Teniendo en cuenta que la resistencia del terreno es nula en la superficie y crece proporcionalmente a la profundidad de la excavación, se puede expresar:

$$\frac{C_h}{h} = \frac{C_2}{2}$$

donde C_2, es el coeficiente de compresibilidad del terreno a 2 m de profundidad.

Por lo que la expresión del momento estabilizador debido a las reacciones laterales, en daN·m, queda:

$$M_1 = \frac{b \cdot h^3}{36} \cdot C_h \cdot tg\,\alpha = \frac{b \cdot h^3}{36} \cdot h \cdot \frac{C_2}{2} \cdot tg\,\alpha = \frac{b \cdot h^4}{36} \cdot \frac{C_2 \cdot 10^6}{2} \cdot 0,01 \approx 139 \cdot b \cdot C_2 \cdot h^4$$

c) Momento estabilizador debido a las reacciones verticales del terreno, en daN·m

$$M_2 = P \cdot a \cdot \left[0,5 - \frac{2}{3} \cdot \sqrt{\frac{P}{2 \cdot a^2 \cdot b \cdot C_h \cdot 10^6 \cdot tg\,\alpha}} \right]$$

El diseño de las cimentaciones monobloques (cimentaciones y estrechas y profundas) debe de cumplir con la condición de estabilidad indicada en el RLAT, y por tanto la estabilidad del apoyo, al estar confiada a las reacciones horizontales del terreno, está condicionada principalmente a que $tg\alpha$, sea igual o inferior a 0,01.

Por tanto debe cumplirse que:

$$M_V = M_1 + M_2, \quad \text{para } tg\,\alpha \leq 0,01$$

Cuando las reacciones laterales del terreno sean más débiles que las verticales, $M_1 < M_2$, el RLAT en el Apartado 3.6.1 de la ITC-LAT 07, indica que se debe considerar un coeficiente de seguridad.

«En las cimentaciones de apoyos cuya estabilidad esté fundamentalmente confiada a las reacciones verticales del terreno, se comprobará el coeficiente de seguridad al vuelco, que es la relación entre el momento estabilizador mínimo (debido a los pesos propios, así como las reacciones y empujes pasivos del terreno), respecto a la arista más cargada de la cimentación y el momento volcador máximo motivado por las acciones externas.

El coeficiente de seguridad no será inferior a los siguientes valores:
    Hipótesis normales: 1,5
    Hipótesis anormales: 1,20...»

Aunque este coeficiente no es necesario tenerlo en cuenta en el caso de cimentaciones estrechas y profundas, conviene tenerlo en cuenta, y por tanto la condición de estabilidad puede modificarse de la siguiente forma:

$$M_1 + M_2 \geq K \cdot M_V$$

con un coeficiente $K = 1,2$ como mínimo.

Para cimentaciones anchas y poco profundas se utilizará el coeficiente de seguridad de 1,5 o 1,2 según que el esfuerzo aplicado sobre el apoyo, F, se obtenga de las hipótesis de cálculo normales (viento y hielo) o anormales (desequilibrio de tracciones y rotura de conductores)

A continuación, y a modo de ejemplo se presentan en la Figura 4.7, las dimensiones mínimas de una cimentación monobloque de geometría prismática y de sección cuadrada para apoyos de metálicos de celosía o chapa y de hormigón. Sobre el macizo suele construir una peana, de forma piramidal en su parte superior, para hacer la función de vierteaguas, con una pendiente aproximada del 5% y con una altura igual o superior a 10 cm desde la línea de tierra hasta el vértice. Para determinar el peso de la cimentación, se incluirá también el volumen de hormigón correspondiente a esta peana.

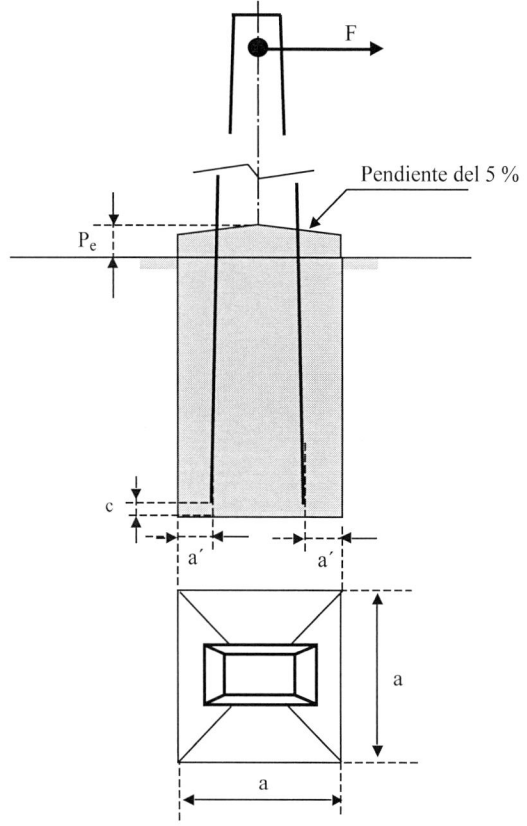

Tipo de apoyo	Dimensiones en cm		
	$a' \geq$	$c \geq$	$P_e \geq$
Celosía	10	10	20
Chapa	10	10	20
Hormigón	10	0	20

Figura 4.7. Diseño típico de cimentaciones monobloque

4.3. CIMENTACIONES DE MACIZOS INDEPENDIENTES O DE PATAS SEPARADAS

El RLAT establece que este tipo de cimentaciones deben ser absorber las cargas de compresión y arranque que el apoyo transmite al suelo. De los cuatro macizos constituyentes de la cimentación, para un determinado esfuerzo transversal o longitudinal aplicado al apoyo, dos de ellos trabajan al arranque y los otros dos a la compresión. El cálculo de las cargas de compresión y de arranque está basado en el método del talud natural o ángulo de arrastre de tierras.

La cimentación con patas de forma prismática recta son preferibles a las del tipo "pata de elefante", ya que en la fase de ejecución en obra, este último tipo presenta cierto riesgo para las personas por desprendimiento del terreno, por lo que no se recomienda su uso.

4.3.1. Comprobación al arranque

Según especifica el Apartado 3.6.2 de la ITC-LAT 07:

«…Se considerarán todas las fuerzas que se oponen al arranque del apoyo:

a)   Peso del apoyo;

b)   Peso propio de la cimentación;

c)   Peso de las tierras que arrastraría el macizo de hormigón al ser arrancado;

d)   Carga resistente de los pernos, en el caso de realizarse cimentaciones mixtas o en roca.

Se comprobará que el coeficiente de estabilidad de la cimentación, definido como la relación entre las fuerzas que se oponen al arranque del apoyo y la carga nominal de arranque, no sea inferior a 1,5 para las hipótesis normales y 1,2 para las hipótesis anormales.

En el caso de no disponer de las características reales del terreno mediante ensayos realizados en el emplazamiento de la línea, se recomienda utilizar como ángulo de talud natural o de arranque de tierras: 30° para terreno normal y 20° para terreno flojo.»

Según la Figura 4.8, el esfuerzo de tracción sobre el montante T, o carga nominal de arranque, P_{arr}, se puede considerar como:

$$P_{arr} = T = \frac{F \cdot H_t}{2 \cdot C} - \frac{F_V + P_{apoyo}}{4}$$

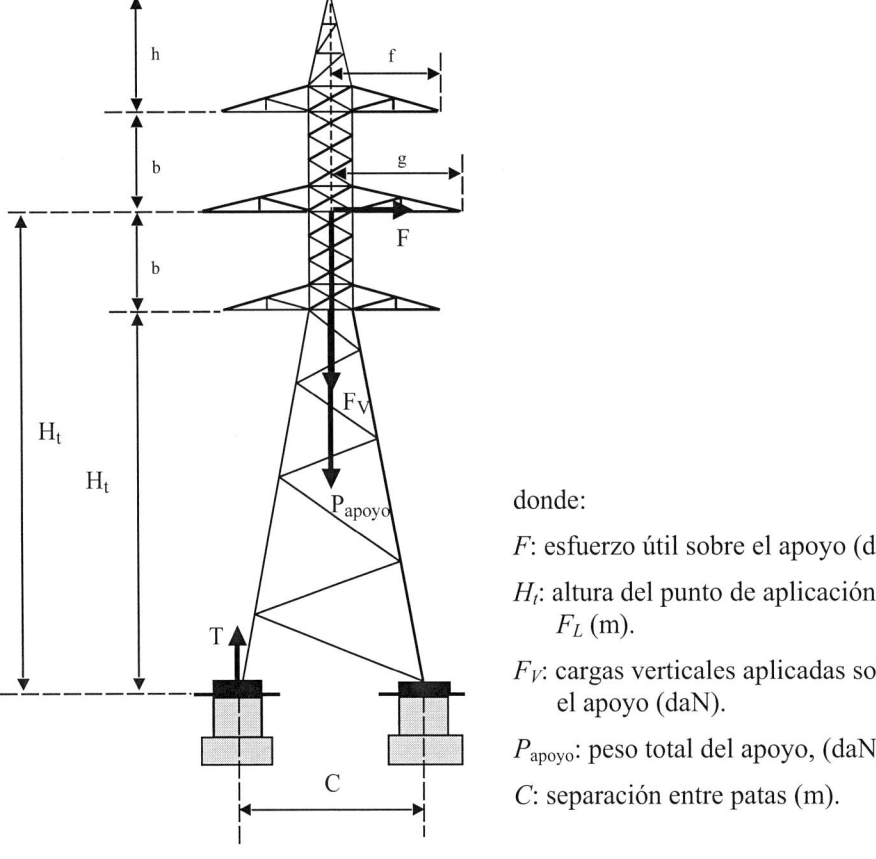

donde:

F: esfuerzo útil sobre el apoyo (daN).

H_t: altura del punto de aplicación de F_L (m).

F_V: cargas verticales aplicadas sobre el apoyo (daN).

P_{apoyo}: peso total del apoyo, (daN).

C: separación entre patas (m).

Figura 4.8. Esfuerzo de tracción sobre el macizo de hormigón

Los esfuerzos que se oponen al arranque, *véase* la Figura 4.9, son:

a) Peso del macizo de hormigón (1).

b) Peso de las tierras que gravitan sobre el hormigón (2).

c) Peso de las tierras arrancadas según el ángulo natural del terreno β (3).

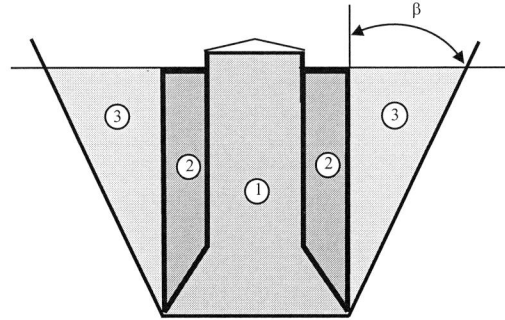

Figura 4.9. Zonas de la cimentación, que se oponen al arranque

a) Peso del macizo de hormigón (1) con una densidad del hormigón, $\delta_{horm.}$

- Si la cimentación es circular en pata de elefante:

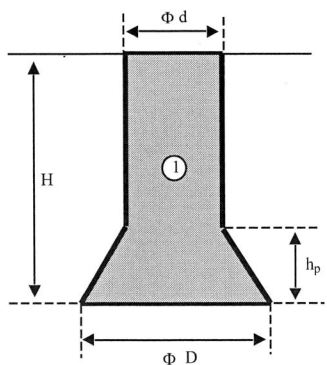

$$P_{macizo,1} = \delta_{horm.} \cdot \pi \left[\left(H - h_p\right) \cdot \left(\frac{d}{2}\right)^2 + \frac{h_p}{3} \cdot \left(\frac{D^2 + D \cdot d + d^2}{4}\right) \right]$$

- Si la cimentación es cuadrada en pata de elefante:

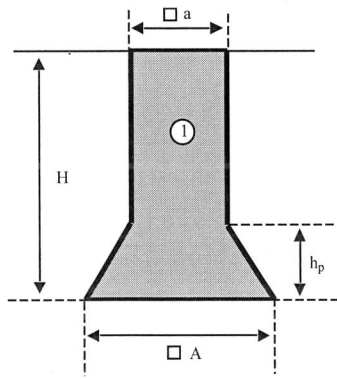

$$P_{macizo,2} = \delta_{horm.} \cdot \left[\left(H - h_p\right) \cdot a^2 + \frac{h_p}{3} \cdot \left(A^2 + A \cdot a + a^2\right) \right]$$

- Si la cimentación es cuadrada, prismática recta:

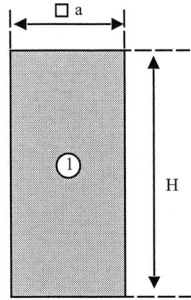

$$P_{macizo,3} = \delta_{horm.} \cdot a^2 \cdot H$$

b) Peso de las tierras que gravitan sobre la pata (2), con una densidad del terreno, $\delta_{terr.}$

- Si la cimentación es circular en pata de elefante:

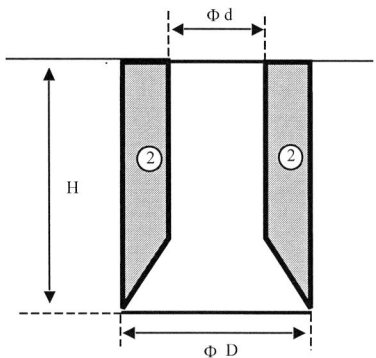

$$P_{t,1} = \delta_{terr.} \cdot \left[\pi \cdot H \cdot \frac{D^2}{4} - \frac{P_{macizo,1}}{\delta_{horm.}} \right]$$

- Si la cimentación es cuadrada en pata de elefante:

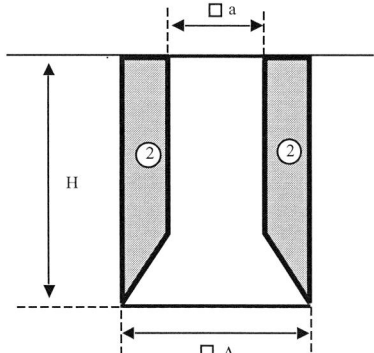

$$P_{t,2} = \delta_{terr.} \cdot \left[H \cdot A^2 - \frac{P_{macizo,2}}{\delta_{horm.}} \right]$$

- Si la cimentación es cuadrada prismática recta, no gravita tierra alguna sobre la pata, $P_{t,3} = 0$.

c) Peso de las tierras arrancadas según el ángulo natural del terreno (3)

- Si la cimentación es circular en pata de elefante:

El peso de las tierras que serían arrancadas $P_{\beta,1}$, se corresponde con el volumen de tierras de un cono truncado, al que se le restan los volúmenes del macizo de hormigón y del terreno que gravita sobre el hormigón.

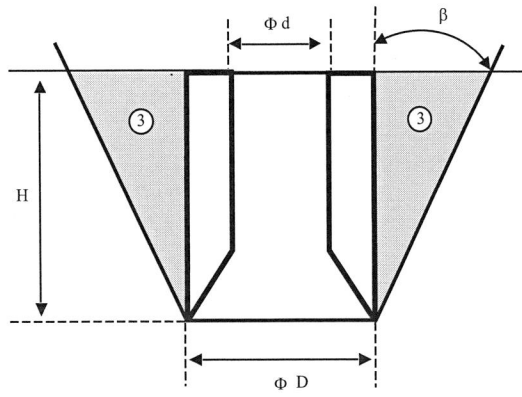

$$P_{\beta,1} = \delta_{terr.} \cdot \left[\pi \cdot \frac{H}{3} \cdot \left[\left(\frac{D}{2} + H \cdot \tan\beta \right)^2 + \frac{D}{2} \cdot \left(\frac{D}{2} + H \cdot \tan\beta \right) + \left(\frac{D}{2} \right)^2 \right] - \pi \cdot H \cdot \frac{D^2}{4} \right]$$

- Si la cimentación es cuadrada en pata de elefante:

El peso de las tierras que serían arrancadas $P_{\beta,2}$, se corresponde con el volumen de tierras de una pirámide truncada, a la que se le restan los volúmenes del macizo de hormigón y del terreno que gravita sobre el hormigón.

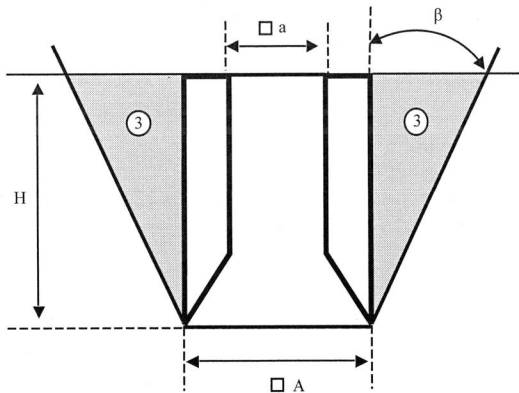

$$P_{\beta,2} = \delta_{terr.} \cdot \left[\frac{H}{3} \cdot \left[(A + 2 \cdot H \cdot \tan\beta)^2 + A \cdot (A + 2 \cdot H \cdot \tan\beta) + A^2 \right] - H \cdot A^2 \right]$$

- Si la cimentación es cuadrada, prismática recta:

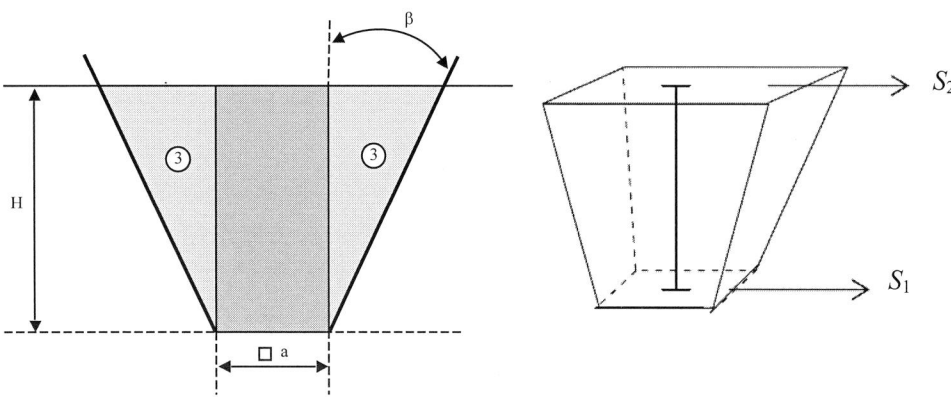

El peso de las tierras que serían arrancadas $P_{\beta,3}$, se corresponde con el volumen de tierras de una pirámide truncada, a la que se le resta el volumen del macizo de hormigón.

$$P_{\beta,3} = \delta_{terr} \cdot \left[\frac{H}{3} \cdot \left(S_1 + S_2 + \sqrt{S_1 \cdot S_2} \right) - a^2 \cdot H \right]$$

siendo:

a = lado de la base de la cimentación (m)

S_1 = base inferior de la pirámide truncada (m²). $S_1 = a^2$

S_2 = base superior de la pirámide truncada (m²). $S_2 = \left[a + 2 \cdot H \cdot \tan \beta \right]^2$

En algunas ocasiones puede ocurrir que la separación entre patas del apoyo, *véase* la distancia C de la Figura 4.8, sea inferior al lado de la base S_2. En tal caso, según se muestra en la Figura 4.10, se produce un volumen de interferencia de tierras, ya que las pirámides truncadas intersectan entre sí.

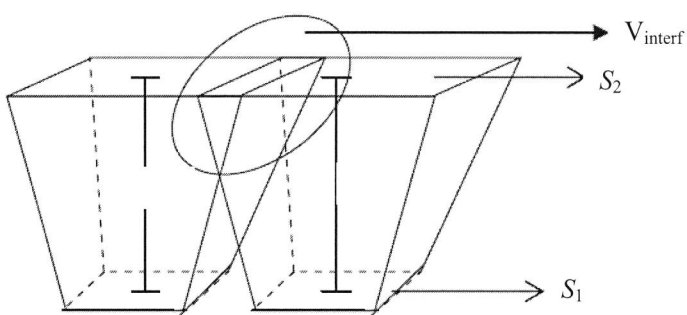

Figura 4.10. Volumen de interferencia de tierras

Dicho volumen de tierras interceptadas no aporta estabilidad a los dos macizos, por lo que será necesario restarlo al volumen total de la pirámide de tierras que serían arrancadas.

- Si la cimentación es circular en pata de elefante, la interferencia se produce cuando el valor de B es mayor de $C/2$, siendo el valor del volumen de interferencia:

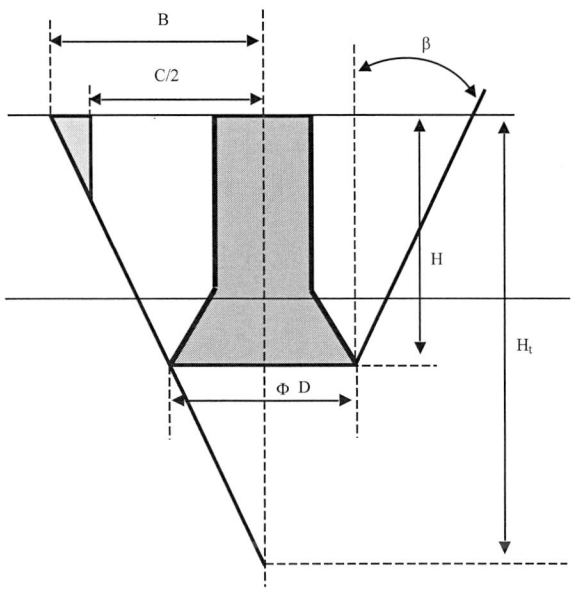

$$V_{interf} = \frac{H_t}{3} \cdot \left[B^2 \cdot acos\left(\frac{C}{2 \cdot B}\right) + \frac{C^3}{8 \cdot B} \cdot \ln\left[2 \cdot \frac{\sqrt{B^2 - \left(\frac{C}{2}\right)^2} + B}{C} \right] - C \cdot \sqrt{B^2 - \left(\frac{C}{2}\right)^2} \right]$$

siendo:

C = distancia entre patas.

$$B = \frac{D}{2} + H \cdot \tan \beta$$

$$H_t = \frac{B}{\tan \beta}$$

- Si la cimentación es recta en pata de elefante, la interferencia se produce cuando el valor de B es mayor de $C/2$, siendo el valor del volumen de interferencia:

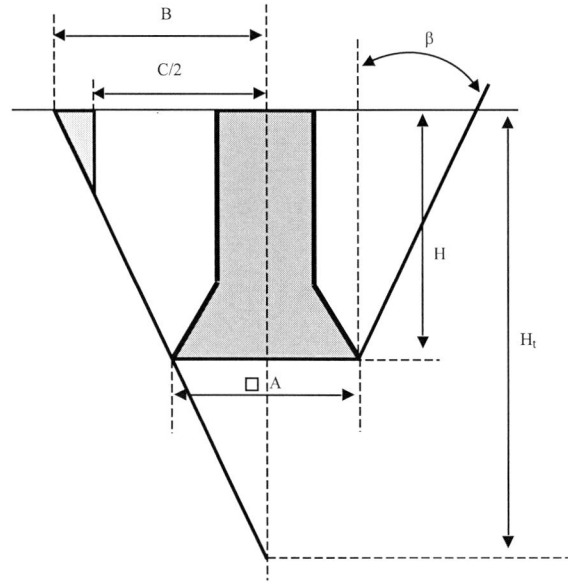

$$V_{interf} = \left(B - \frac{C}{2} \right) \cdot \frac{B - \dfrac{C}{2}}{2 \cdot \tan \beta} \cdot 2 \cdot B = \frac{B \cdot (C - 2 \cdot B)^2}{4 \cdot \tan \beta}$$

siendo $B = \dfrac{A}{2} + H \cdot \tan \beta$

- Si la cimentación es cuadrada, prismática recta, la interferencia se produce cuando el valor de B es mayor de $C/2$, siendo el valor del volumen de interferencia:

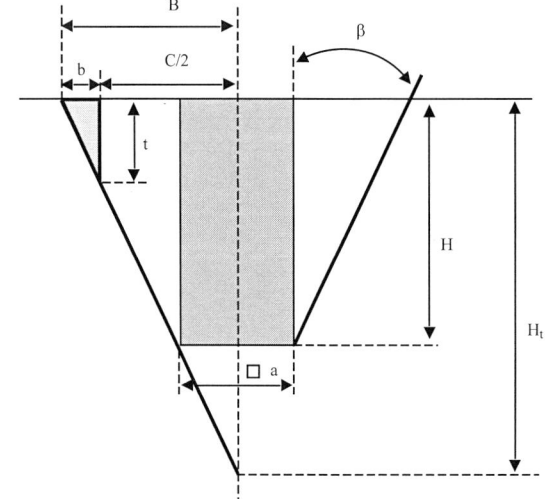

$$V_{interf} = t \cdot b \cdot (B - b) + \left(\frac{2}{3} \cdot t \cdot b^2 \right)$$

siendo:

$$B = \frac{a}{2} + H \cdot \tan \beta.$$

b = anchura del prisma triángular o cuña de la interferencia (m).

$$b = (B - \frac{C}{2}).$$

t = altura del prisma triangular o cuña de interferencia, $t = B \cdot \tan \beta$.

Teniendo en cuenta el volumen de interferencia, el esfuerzo estabilizador total que tiende a contrarrestar el esfuerzo al arranque P_{arr}, viene dado por la siguiente expresión:

$$P_{est} = P_{macizo} + P_t + P_\beta - \delta_{terr} \cdot V_{inter}$$

El correcto dimensionamiento de la cimentación al arranque, se producirá cuando se cumpla:

$$P_{est} > K \cdot P_{arr}$$

siendo el coeficiente de seguridad no inferior a 1,5 para hipótesis normales y a 1,2 para hipótesis normales.

4.3.2. Comprobación a compresión

Según especifica el Apartado 3.6.3 de la ITC-LAT 07:

«Se considerarán todas las cargas de compresión que la cimentación transmite al terreno:

a) *Peso del apoyo.*

b) *Peso propio de la cimentación.*

c) *Peso de las tierras que actúan sobre la solera de la cimentación.*

d) *Carga de compresión ejercida por el apoyo.*

Se comprobará que todas las cargas de compresión anteriores, divididas por la superficie de la solera de la cimentación, no sobrepasa la carga admisible del terreno.

En el caso de no disponer de las características reales del terreno mediante ensayos realizados en el emplazamiento de la línea se recomienda considerar como carga admisible para terreno normal 3 daN/cm^2 y para terreno flojo 2 daN/cm^2. En el caso de cimentaciones mixtas o en roca se recomienda utilizar como carga admisible para la roca 10 daN/cm^2.»

El terreno debe soportar el esfuerzo a compresión provocado por la fuerza F_L y por las cargas verticales. Para la disposición de la Figura 4.11, el esfuerzo a compresión es mayor en las patas de la derecha que en las de la izquierda. Para soportar el esfuerzo a compresión, la carga admisible del terreno (daN/cm^2) debe ser mayor que la presión que ejerce cada pata sobre el terreno.

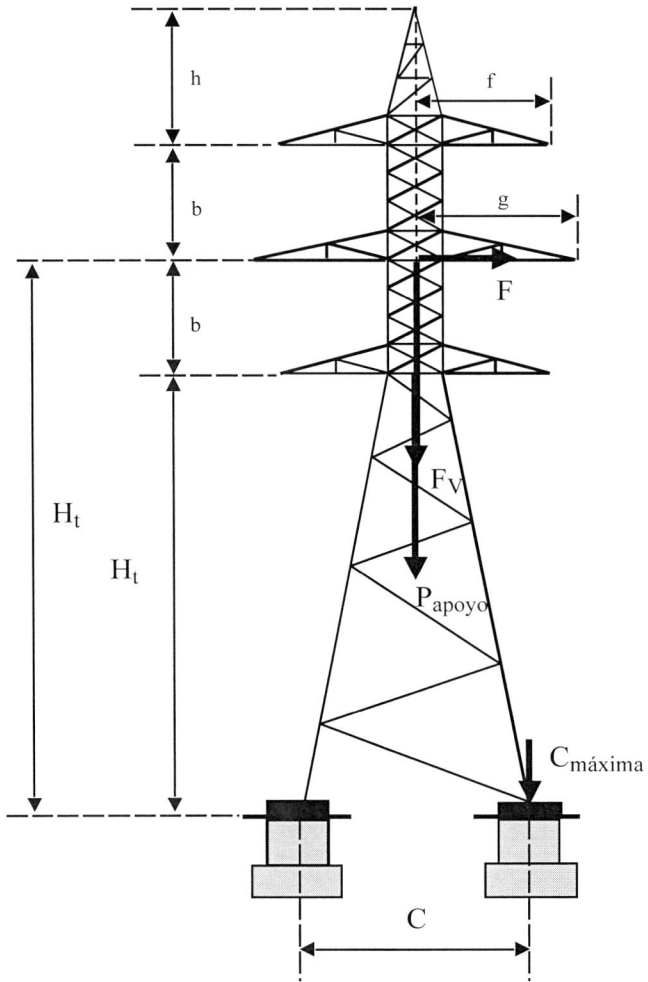

Figura 4.11. Esfuerzo a compresión sobre el macizo de hormigón

El esfuerzo a compresión sobre una de las patas de la derecha será:

$$C_{máxima} = \frac{F \cdot H_t}{2 \cdot C} + \frac{F_V + P_{apoyo}}{4}$$

El peso de la cimentación más las tierras que gravitan sobre esta, ha sido calculado en el Apartado 4.3.1, siendo su valor, $P_{macizo} + P_t$.

La presión sobre el terreno viene dada por la relación entre la fuerza total sobre el terreno y la superficie afectada.

- Para cimentación circular en pata de elefante tiene por valor:

$$\sigma_t = \frac{\dfrac{F \cdot H_t}{2 \cdot C} + \dfrac{F_V + P_{apoyo}}{4} + P_{macizo,1} + P_{t,1}}{\pi \cdot \dfrac{D^2}{4}} =$$

$$= \frac{2 \cdot F \cdot H_t + F_V \cdot C + + P_{apoyo,1} \cdot C + 4 \cdot P_{macizo,1} \cdot C + 4 \cdot P_{t,1} \cdot C}{\pi \cdot D^2 \cdot C}$$

- Para cimentación cuadrada en pata de elefante tiene por valor:

$$\sigma_t = \frac{\dfrac{F.H_t}{2.C} + \dfrac{F_V + P_{apoyo}}{4} + P_{macizo,2} + P_{t,2}}{A^2} =$$

$$= \frac{2.F.H_t + F_V.C + 4.P_{macizo,2}.C + 4.P_{t,2}.C + P_{apoyo}.C}{4.A^2.C}$$

- Para cimentación cuadrada, prismática recta:

$$\sigma_t = \frac{\dfrac{F \cdot H_t}{2 \cdot C} + \dfrac{F_V + P_{apoyo}}{4} + P_{macizo,3}}{a^2} = \frac{2 \cdot F \cdot H_t + F_V \cdot C + P_{apoyo} \cdot C + 4 \cdot C \cdot P_{macizo,3}}{4 \cdot C \cdot a^2}$$

El correcto dimensionamiento de la cimentación a la compresión, se producirá cuando la carga admisible del terreno, σ_{adm}, cuyos valores vienen dados en la Tabla 4.1, sea mayor a la presión que ejerce la cimentación sobre el mismo, , es decir, cuando:

$$\sigma_{adm.} > \sigma_t$$

Cuando no se disponga de las características reales del terreno, se recomienda considerar como carga admisible para terreno normal de 3 daN/cm^2 y para terreno flojo de 2 daN/cm^2. En el caso de cimentaciones mixtas o en roca se recomienda usar una carga admisible de 10 daN/cm^2.

4.3.3. Comprobación de la adherencia entre anclaje y cimentación

De acuerdo con lo indicado en el RLAT, Apartado 3.6.4 de la ITC-LAT 07:

«… de la carga mayor que transmite el anclaje a la cimentación, normalmente la carga de compresión, cuando el anclaje y la unión a la estructura estén embebidas en el hormigón, se considerará que la mitad de esta carga la absorbe la adherencia entre el anclaje y la cimentación y la otra mitad los casquillos del anclaje por la cortadura de los tornillos de unión entre casquillos y anclaje. Los coeficientes de seguridad de ambas cargas opuestas a que el anclaje deslice de la cimentación, no deberán ser inferiores a 1,5….»

Considérese la Figura 4.12, que representa dos patas de un apoyo con cimentación en patas separadas. Si se denomina:

F_{VT} = carga vertical total aplicada sobre el apoyo incluido su peso.

ϑ = ángulo que forma la pata del apoyo en el punto dónde el angular penetra en la cimentación con el eje vertical.

F_t = esfuerzo transversal aplicado sobre el apoyo.

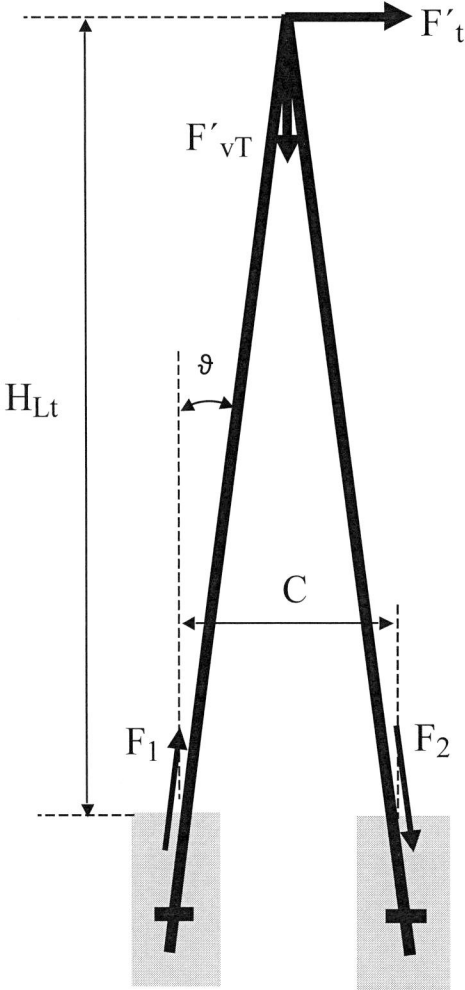

Figura 4.12. Esfuerzos aplicados sobre las patas de un apoyo

La carga vertical, F'_{VT}, y transversal, F'_t, aplicadas sobre las dos patas de la figura serían:

$$F'_{VT} = \frac{F_{VT}}{2}$$

$$F'_{t} = \frac{F_{t}}{2}$$

Los esfuerzos F_1, a tracción y F_2, a compresión, que se producen sobre los angulares de cada una de las patas se calculan como:

$$F_1 = \frac{F'_t \cdot H_t}{C \cdot (\cos \vartheta)^2} - \frac{F'_{VT}}{2 \cdot (\cos \vartheta)^2}$$

$$F_2 = \frac{F'_t \cdot H_t}{C \cdot (\cos \vartheta)^2} + \frac{F'_{VT}}{2 \cdot (\cos \vartheta)^2}$$

4.3.3.1. Cálculo de la adherencia

La fuerza de adherencia, entre el hormigón y el angular embebido en el mismo, tiene por expresión:

$$F_{adh} = \tau_{adh} \cdot S_{contacto}$$

donde:

τ_{adh} = presión de adherencia, de valor según [2], $\tau_{adh} = 0,253 \cdot \sqrt{f_c}$ (MPa), siendo f_c, la resistencia característica del hormigón. Se puede considerar para el hormigón f_c = 25. (1MPa=10^5 daN/m^2).

$S_{contacto}$ = superficie de contacto de la parte del angular embebida en el hormigón. Si denominamos a la anchura del angular a_L, y a la longitud de la parte del angular embebida en el hormigón l_L, la superficie de contacto viene dada por $S_{contacto} = 4 \cdot a_L \cdot l_L$.

Según especifica el RLAT en el Apartado 3.6.4 de la ITC-LAT 07, la fuerza de adherencia debe ser la mitad de la fuerza, F_2, con un coeficiente de seguridad de 1,5, es decir:

$$F_{adh} \geq 0,75 \cdot F_2$$

Se puede calcular, por tanto, la longitud mínima de angular embebida en el hormigón, para cumplir con la condición anterior, mediante la expresión:

$$l_L \geq \frac{0,75 \cdot F_2}{\tau_{adh} \cdot 4 \cdot a_L}$$

4.3.3.2. Cálculo a cortadura de los tornillos del casquillo

El angular embebido en la cimentación, debe llevar unos casquillos unidos al angular mediante tornillos, *véase* por ejemplo la Figura 4.13, con cuatro casquillos por pata. Según especifica el RLAT en el Apartado 3.6.4 de la ITC-LAT 07, la mitad de la carga a compresión, $0,5 \cdot F_2$, la absorberán los casquillos del anclaje por la cortadura de los tornillos de unión entre casquillos y anclaje.

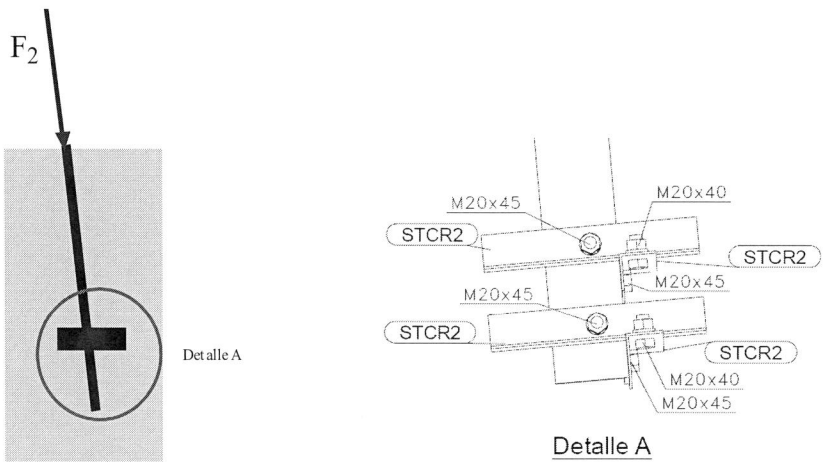

Figura 4.13. Casquillos sobre angular embebido en hormigón

La resistencia a cortante, en la sección transversal del tornillo, tiene por expresión según referencia [3]:

$$F_c = n \cdot \frac{0,5 \cdot f_{ub} \cdot A_{torn}}{\gamma_{M2}}$$

donde:

n = números de planos de corte (número de tornillos).

f_{ub} = resistencia última del acero del tornillo, en unidades de presión.

γ_{M2} = coeficiente de seguridad del tornillo, se suele utilizar 1,25.

A_{torn} = sección transversal de la caña del tornillo o de su parte roscada, según se encuentren los planos de cortadura en el vástago o en la parte roscada del tornillo respectivamente.

Según especifica el RLAT la fuerza a cortante debe ser la mitad de la fuerza, F_2, con un coeficiente de seguridad de 1,5, por tanto el cumplimiento de esta condición viene dado por la relación:

$$F_c \geq 0,75 \cdot F_2$$

4.4. EJEMPLOS DE CÁLCULO DE CIMENTACIONES

4.4.1. Ejemplo de cálculo de cimentación monobloque

Se desea comprobar el cumplimiento con el RLAT de una cimentación monobloque, correspondiente a un apoyo HV-800-13, fabricado según la norma UNE 207016.

Datos del apoyo

- Esfuerzo nominal del apoyo, $F = 800$ daN.

- Altura total apoyo, $H_T = 13$ m.

- Punto de aplicación del esfuerzo nominal, $h_0 = 0,25$ m.

- Anchura de la base, $A_{base} = 0,309$ m.

- Largo de la base, $L_{base} = 0,473$ m.

- Anchura de la cogolla, $A_{cogolla} = 0,14$ m.

- Largo de la cogolla, $L_{cogolla} = 0,2$ m.

- Peso del apoyo, $P_{apoyo} = 1740$ kg.

- Conicidad de la cara estrecha, $Con_{cara\_estrecha} = 13$ mm/m.

- Conicidad cara ancha, $Con_{cara\_ancha} = 21$ mm/m.

Datos del terreno

- Coeficiente compresibilidad del terreno, a 2 m de profundidad, $C_2 = 8$ daN/cm^3.

Datos del hormigón utilizado para la cimentación

- Densidad del hormigón, $\delta_{horm} = 2200$ kg/m^3.

Datos relacionados con la cimentación

- Espesor de la solera cimentación. $c = 0$ m.

- Altura de la peana, $P_e = 0,1$ m.

- Ancho de la cimentación, $A = 0,673$ m.

- Largo de la cimentación, $a = 0,673$ m.

- Profundidad de la cimentación, sin la peana, $h = 2,03$ m.

La figura siguiente muestra el apoyo junto con su cimentación.

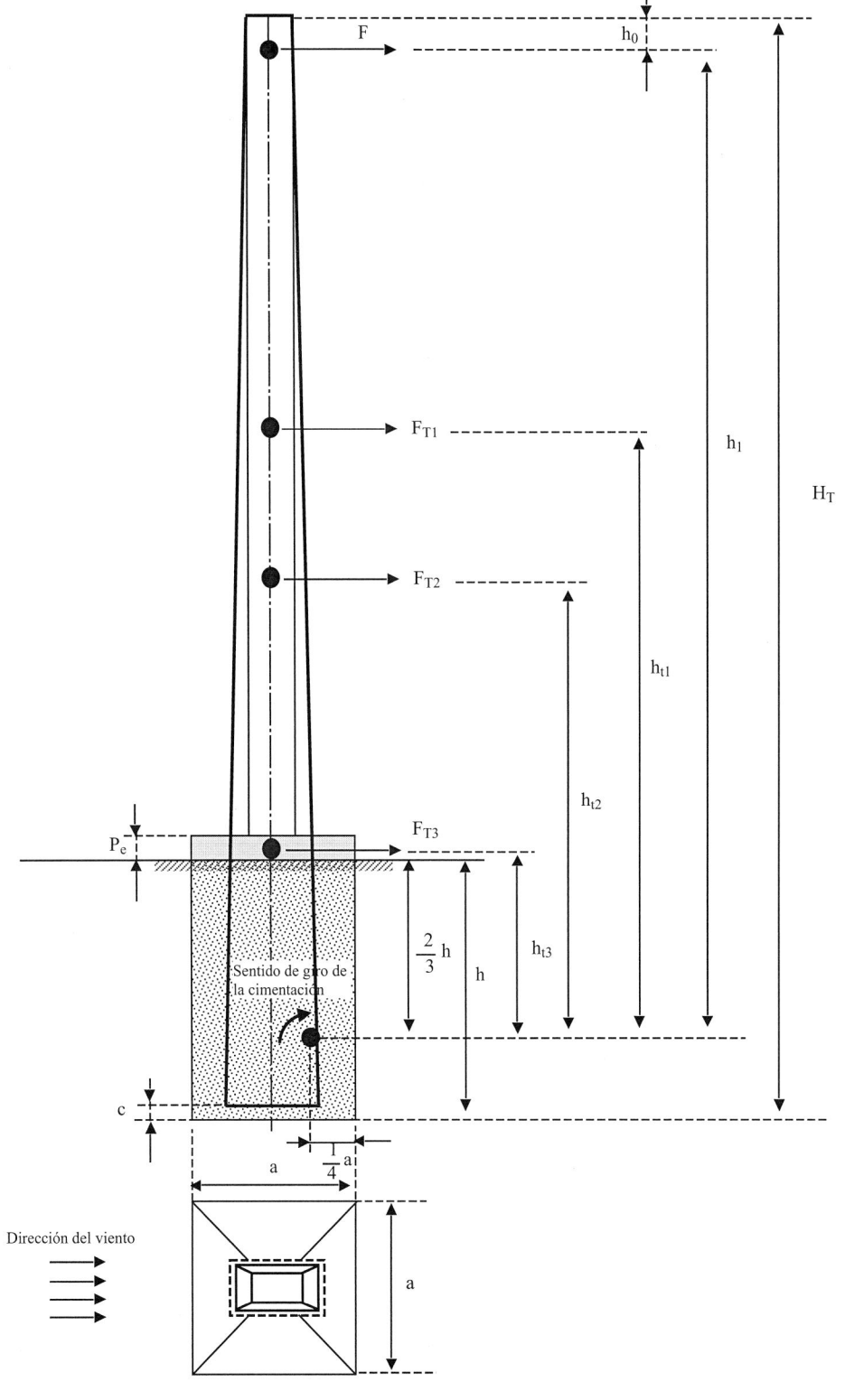

El coeficiente de compresibilidad del terreno a una profundidad $h = 2,03$ m, vale:

$$C_h = h \cdot \frac{C_2}{2} = 2,03 \cdot \frac{8}{2} = 8,12 \, \frac{daN}{cm^3}$$

Para determinar el peso de la cimentación, se calculan a continuación las superficies y volúmenes que intervienen:

- Superficie de la base del apoyo:

$$S_{base} = A_{base} \cdot L_{base} = 0,309 \cdot 0,473 = 0,146 \, m^2$$

- Superficie de la base del apoyo, a la altura de la peana:

$$S_{base.peana} = A_{base.peana} \cdot L_{base.peana}$$

Anchura de la base del apoyo a la altura de la peana:

$$A_{base.peana} = A_{base} - Con_{cara\_estrecha} \cdot \left(h + P_e\right) = 0,309 - 13 \cdot 10^{-3} \cdot \left(2,03 + 0,1\right) = 0,281 \, m$$

Largo de la base del apoyo a la altura de la peana:

$$L_{base.peana} = L_{base} - Con_{cara\_ancha} \cdot \left(h + P_e\right) = 0,473 - 21 \cdot 10^{-3} \cdot \left(2,03 + 0,1\right) = 0,428 \, m$$

$$S_{base.peana} = A_{base.peana} . L_{base.peana} = 0,281 \cdot 0,428 = 0,120 \, m^2$$

- Volumen del tronco del apoyo embebido en el hormigón:

$$V_{tronco} = \frac{1}{3} \cdot \left(P_e + h\right) \cdot \left(S_{base} + S_{base.peana} + \sqrt{S_{base} \cdot S_{base.peana}}\right)$$

$$V_{tronco} = \frac{1}{3} \cdot \left(0,1 + 2,03\right) \cdot \left(0,146 + 0,120 + \sqrt{0,146 \cdot 0,120}\right) = 0,283 \, m^3$$

- Volumen de la cimentación:

$$V_{macizo} = a^2 \cdot \left(h + P_e\right) - V_{tronco} = 0,673^2 \cdot \left(2,03 + 0,1\right) - 0,283 = 0,682 \, m^3$$

Peso de la cimentación:

$$P_{macizo} = V_{macizo} \cdot \delta_{horm} = 0,682 \cdot 2200 = 1500,4 \, kg$$

Para calcular el esfuerzo que provoca el viento sobre el apoyo, se considerará la superficie del mismo como una superficie plana, siendo la presión de viento para una velocidad de 120 km/h, según el RLAT:

$$q = 100 \frac{daN}{m^2}$$

El ángulo máximo de giro de la cimentación, α, será tal que la $tg\alpha$ sea menor o igual que 0,01.

Condición de estabilidad de la cimentación:

$$M_1 + M_2 \geq K \cdot M_V$$

a) Cálculo del momento al vuelco, M_V

$$M_V = M_{V1} + M_{V2}$$

- Momento al vuelco, M_{V1}, provocado por el esfuerzo F_u, aplicado sobre el apoyo:

$$M_{V1} = F \cdot \left(H_T + c - h_0 - \frac{1}{3} \cdot h \right) = 800 \cdot \left(13 + 0 - 0,25 - \frac{1}{3} \cdot 2,03 \right) = 9658,7 \; daN \cdot m$$

- Momento al vuelco, M_{V2}, provocado por el viento sobre el apoyo:

$$M_{V2} = M_{V21} + M_{V22} + M_{V23}$$

$$M_{V21} = F_{T1}.h_{t1}; \text{ siendo, } F_{T1} = q \cdot S_{v1}$$

$$M_{V22} = F_{T2}.h_{t2}; \text{ siendo, } F_{T2} = q \cdot S_{v2}$$

$$M_{V23} = F_{T3}.h_{t3}; \text{ siendo, } F_{T3} = q \cdot S_{v3}$$

Si se divide la superficie del apoyo expuesta al viento en un rectángulo y un triángulo, S_{V1}, es la superficie del rectángulo y S_{V2} la del triángulo. La superficie de la peana expuesta al viento es S_{V3}.

$$S_{V1} = A_{cogolla}.(H_T + c - h - P_e) = 0,14.(13 + 0 - 2,03 - 0,1) = 1,520 \; m^2$$

$$S_{V2} = \frac{Con_{cara\_estrecha} \cdot (H_T + c - h - P_e)^2}{2} = \frac{13 \cdot 10^{-3} \cdot (13 + 0 - 2,03 - 0,1)^2}{2}) = 0,768 \; m^2$$

$$S_{V3} = P_e.a = 0,1 \cdot 0,673 = 0,0673 \; m^2$$

A continuación se calculan las alturas, h_{t1}, h_{t2}, h_{t3}, de los puntos de aplicación de los esfuerzos del viento, F_{T1}, F_{T2}, F_{T3}, sobre las tres superficies anteriores

$$h_{t1} = \frac{H_T + c - h - P_e}{2} + P_e + \frac{2}{3} \cdot h = \frac{13 + 0 - 2,03 - 0,1}{2} + 0,1 + \frac{2}{3} \cdot 2,03 = 6,88 \ m$$

$$h_{t2} = \frac{H_T + c - h - P_e}{3} + P_e + \frac{2}{3} \cdot h = \frac{13 + 0 - 2,03 - 0,1}{3} + 0,1 + \frac{2}{3} \cdot 2,03 = 5,08 \ m$$

$$h_{t3} = \frac{P_e}{2} + \frac{2}{3} \cdot h = \frac{0,1}{2} + \frac{2}{3} \cdot 2,03 = 1,403 \ m$$

Finalmente se calculan los momentos al vuelco, M_{V21}, M_{V22}, M_{V23}:

$$M_{V21} = q \cdot S_{v1} \cdot h_{t1} = 100 \cdot 1,52 \cdot 6,88 = 1045,76 \ daN \cdot m$$

$$M_{V22} = q \cdot S_{v2} \cdot h_{t2} == 100 \cdot 0,768 \cdot 5,08 = 389,92 \ daN \cdot m$$

$$M_{V23} = q \cdot S_{v3} \cdot h_{t3} == 100 \cdot 0,0673 \cdot 1,403 = 9,44 \ daN \cdot m$$

El momento al vuelco provocado por el viento sobre el apoyo vale:

$$M_{V2} = M_{V21} + M_{V22} + M_{V23} = 1045,76 + 389,92 + 9,44 = 1445 \ daN \cdot m$$

El momento al vuelco total tiene por valor:

$$M_V = M_{V1} + M_{V2} = 9658,6 + 1445 = 11104 \ daN \cdot m$$

b) Cálculo del momento estabilizador debido a las reacciones laterales del terreno

$$M_1 = \frac{b \cdot h^3}{36} \cdot C_h \cdot tg \ \alpha = \frac{0,673 \cdot 2,03^3}{36} \cdot 8,12.10^6 \cdot 0,01 = 12698,6 \ daN \cdot m$$

c) Cálculo del momento estabilizador debido a las reacciones verticales del terreno

$$M_2 = \left(P_{macizo} + P_{apoyo} \right) \cdot a \cdot \left[0,5 - \frac{2}{3} \cdot \sqrt{\frac{P_{macizo} + P_{apoyo}}{2 \cdot a^2 \cdot b \cdot C'_h \cdot 10^6 \cdot tg \ \alpha}} \right]$$

$$M_2 = \left(1500,4 + 1740 \right) \cdot 0,98 \cdot 0,673 \cdot \left[0,5 - \frac{2}{3} \cdot \sqrt{\frac{\left(1500,4 + 1740 \right) \cdot 0,98}{2 \cdot 0,673^2 \cdot 0,673 \cdot 8,12 \cdot 10^6 \cdot 0,01}} \right]$$
$$= 707,7 \ daN \cdot m$$

d) Cálculo del coeficiente K, coeficiente de seguridad:

$$M_1 + M_2 \geq K \cdot M_V$$

$$K = \frac{M_1 + M_2}{M_V} = \frac{12698,6 + 707,7}{11104} = 1,207$$

Al ser el coeficiente K mayor que 1,2, las dimensiones de la cimentación se consideran adecuadas.

4.4.2. Ejemplo de cálculo de cimentación prismática de macizos independientes

Se desea comprobar el cumplimiento con el RLAT de una cimentación de macizos independientes, prismática recta, correspondiente a un apoyo CO-9000-33-N3C [4].

Datos del apoyo

- Esfuerzo nominal del apoyo (transversal y longitudinal): $F_t = F_L = F = 11310$ daN.
- Carga vertical admisible por fase o cable de tierra, 2000 daN.
- Altura libre, $H_{libre} = 33$ m.
- Separación entre semicrucetas, $b = 3,3$ m.
- Aplicación del esfuerzo nominal, $(H_{libre}+b) = 36,3$ m.
- Separación entre patas, $C = 7,40$ m.
- Peso del fuste, $P_{fuste} = 5862$ kg.
- Peso de cabeza, semicrucetas y cúpula, $P_{armado} = 1687$ kg.
- Ancho de la cabeza del apoyo, $a_{cabeza} = 1,5$m.

Datos de la cimentación

- Tipo de angular embebido en el hormigón: 120.10.
    - Lado del angular, $a_L = 120$ mm.
    - Espesor del angular, $e_a = 10$ mm.
- Longitud de angular embebido en la cimentación, $l_L = 2$ m.
- Tipo de tornillos utilizados para unir los casquillos al angular: M20-5.6.
    - Resistencia última del acero del tornillo, $f_{ub} = 500$MPa.
    - Diámetro del tornillo, $\Phi_t = 20$ mm.
    - Número de tornillos, $n = 4$.
- Largo y ancho de la cimentación, $a = 1,20$ m.
- Altura de la cimentación, $H = 2,65$ m.

Datos del terreno:

- Densidad del terreno, $\delta_{terr} = 1600$ kg/m^3.
- Ángulo de arranque del terreno, $\beta = 30°$.
- Carga admisible del terreno, $\sigma_{adm} = 3$ daN/cm^2.

Datos del hormigón utilizado para la cimentación

- Densidad del hormigón, $\delta_{horm} = 2200$ kg/m^3.

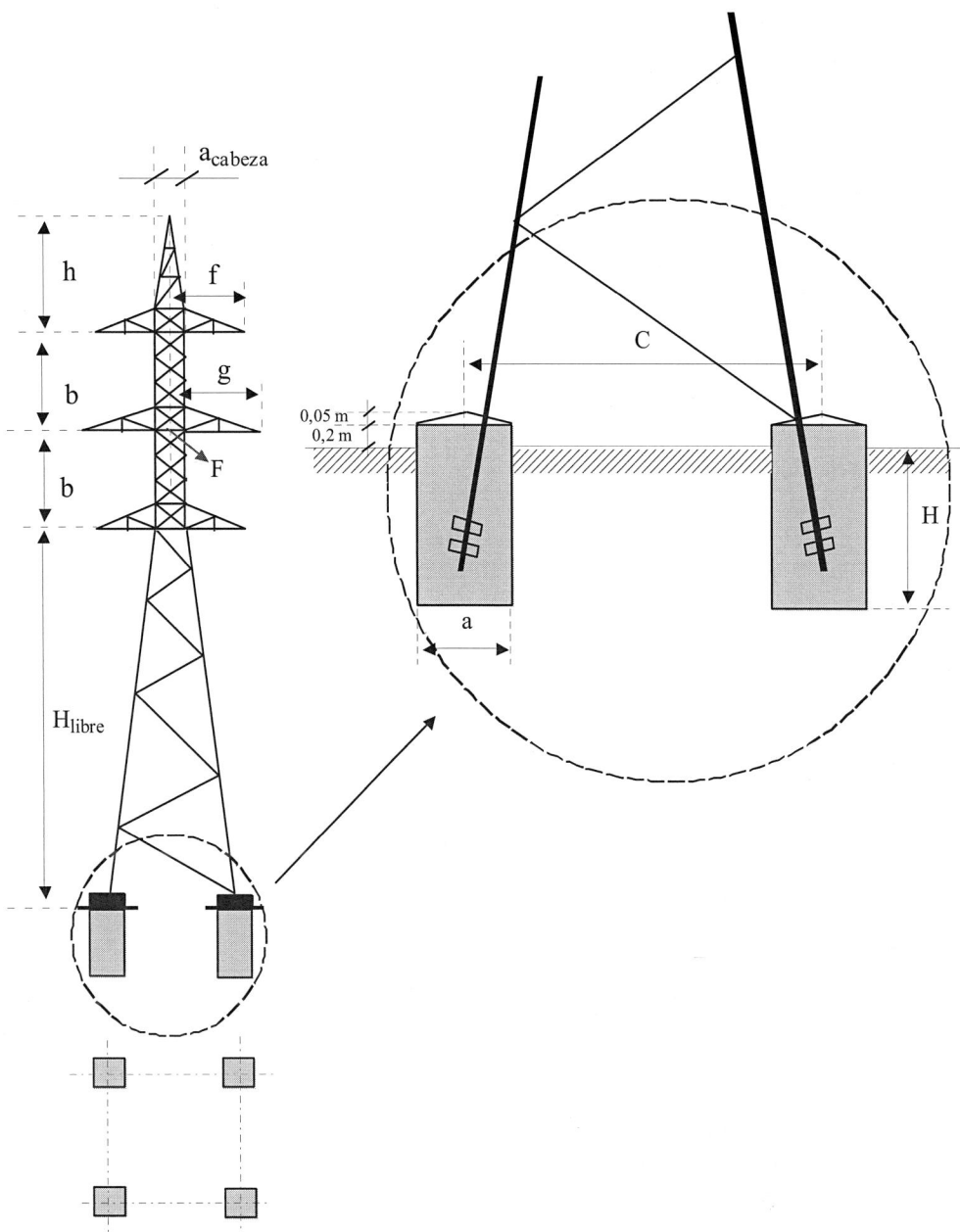

a) Comprobación al arranque

El esfuerzo de tracción sobre el montante, T, o carga nominal de arranque, P_{arr}, se calcula como:

$$P_{arr} = T = \frac{F \cdot H_t}{2 \cdot C} - \frac{F_V + P_{apoyo}}{4}$$

siendo:

F = esfuerzo nominal del apoyo. F=11310 daN.

$H_t = H_{libre} + b = 33 + 3,3 = 36,3\ m$

F_V = carga vertical total sobre el apoyo, $F_V = 7 \cdot 2000 = 14000\ daN$

$P_{apoyo} = P_{fuste} + P_{armado} = 5862 + 1687 = 7549\ kg$

$$P_{arr} = T = \frac{11310 \cdot 36,3}{2 \cdot 7,40} - \frac{(14000 + 7549 \cdot 0,98)}{4} = 22390,6\ daN$$

El esfuerzo estabilizador, P_e, que se opone a la salida del macizo del terreno es la suma de los siguientes esfuerzos:

- Peso del macizo de hormigón:

$$P_{macizo} = V_{macizo} \cdot \delta_{horm} = a^2 \cdot (H + 0,2) \cdot \delta_{horm} = 1,2^2 \cdot (2,65 + 0,2) \cdot 2200 = 9028,8\ kg$$

- Peso de las tierras arrancadas según el ángulo natural del terreno:

$$P_\beta = \delta_{terr} \cdot \left[\frac{H}{3} \cdot \left(S_1 + S_2 + \sqrt{S_1 \cdot S_2} \right) - a^2 \cdot H - V_{interf} \right]$$

siendo:

a = lado de la base de la cimentación (m), se supone cuadrada. a = 1,20 m.

S_1 = base inferior de la pirámide truncada (m^2). $S_1 = a^2 = 1,2^2 = 1,44\ \text{m}^2$.

S_2 = base superior de la pirámide truncada (m^2).

$S_2 = (a + 2 \cdot H \cdot \tan \beta)^2 = (1,2 + 2 \cdot 2,65 \cdot \tan 30)^2 = 18,14\ \text{m}^2$.

V_{interf} = volumen de interferencia de las tierras (m^3).

Existirá la interferencia de tierras si $B > C/2$ =3,7 m.

$$B = \frac{a}{2} + H \cdot \tan \beta = \frac{1,2}{2} + 2,65 \cdot \tan 30 = 2,13\ \text{m}$$

por tanto, no existe volumen de interferencia de tierras.

$$P_\beta = 1600 \cdot \left[\frac{2,65}{3} \cdot \left(1,44 + 18,14 + \sqrt{1,44 \cdot 18,14} \right) - 1,2^2 \cdot 2,65 - 0 \right] = 28790,9\ kg$$

El esfuerzo estabilizador total, que tiende a contrarrestar el esfuerzo al arranque P_{arr}, viene dado por la siguiente expresión:

$$P_{est} = P_{macizo} + P_\beta = 9028,8 + 28790,9 = 37819\ kg$$

El coeficiente de estabilidad de la cimentación vale:

$$K = \frac{P_{est}}{P_{arr}} = \frac{37819 \cdot 0,98}{22390,6} = 1,65$$

Al ser el coeficiente de estabilidad mayor que 1,5, la cimentación, en cuanto a la comprobación al arranque, cumple con los requisitos establecidos en el RLAT.

b) Comprobación a la compresión

Se comprobará que las tensiones de compresión transmitidas al terreno en el fondo de la cimentación son inferiores a las tensiones máximas admisibles del mismo.

Las tensiones de compresión ejercidas sobre el terreno vendrán dadas por la siguiente expresión:

$$\sigma_t = \frac{C_{máxima} + P_{macizo}}{S}$$

siendo:

$C_{máxima}$ = compresión máxima por montante

$$C_{máxima} = \frac{F \cdot H_t}{2 \cdot C} + \frac{F_V + P_{apoyo}}{4}$$

$$C_{máxima} = \frac{11310 \cdot 36,3}{2 \cdot 7,40} + \frac{14000 + 7549 \cdot 0,98}{4} = 33089,6 \; daN$$

P_{macizo} = Peso del macizo de hormigón. $P_{macizo} = 9028,8 \; kg$

S = superficie de la base del macizo, $S = a^2 = 1,2^2 = 1,44 \; m^2$

El valor de σ_t, deberá resultar inferior o igual a la carga admisible del terreno, facilitada en el enunciado.

$$\sigma_t = \frac{C_{máxima} + P_{macizo}}{S} = \frac{33089,6 + 9028,8 \cdot 0,98}{1,44 \cdot 10^4} = 2,91 \; \frac{daN}{cm^2}$$

En este caso la tensión de compresión ejercida sobre el terreno resulta inferior a la carga admisible, $\sigma_{adm} = 3 \; daN/cm^2$, por lo que las dimensiones de la cimentación se consideran adecuadas en cuanto a la comprobación a la compresión.

c) Comprobación de la adherencia entre anclaje y cimentación

Se deben de calcular los esfuerzos F_1, a tracción y F_2, a compresión, que se producen sobre los angulares de cada una de las patas del apoyo, para lo cual se debe de calcular en primer lugar la carga vertical total, F_{VT}, aplicada sobre el apoyo, incluido el peso del mismo.

$$F_{VT} = P_{apoyo} + F_V = 7549 \cdot 0,98 + 14000 = 21398 \; daN$$

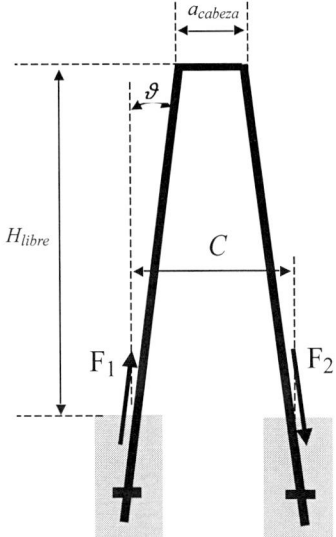

ϑ, ángulo que forma la pata del apoyo con el eje vertical, en el punto dónde el angular penetra en la cimentación.

$$\vartheta = \arctan\left(\dfrac{\dfrac{C - a_{cabeza}}{2}}{H_{libre}}\right) = \arctan\left(\dfrac{\dfrac{7,40 - 1,5}{2}}{33}\right) = 5,1°$$

Siendo F, el esfuerzo útil transversal soportado por el apoyo.

La carga vertical, F'_{VT}, y transversal, F'_t, aplicadas sobre las dos patas de la figura serían:

$$F'_{VT} = \frac{F_{VT}}{2} = \frac{21398}{2} = 10699 \; daN$$

$$F'_t = \frac{F}{2} = \frac{11310}{2} = 5655 \; daN$$

Los esfuerzos F_1, a tracción y F_2, a compresión, que se producen sobre los angulares de cada una de las patas tiene por valor:

$$F_1 = \frac{F'_t \cdot H_t}{C \cdot (\cos\vartheta)^2} - \frac{F'_{VT}}{2 \cdot (\cos\vartheta)^2} = \frac{5655 \cdot 36,3}{7,40 \cdot (\cos 5,1)^2} - \frac{10699}{2 \cdot (\cos 5,1)^2} = 22569 \; daN$$

$$F_2 = \frac{F'_t \cdot H_t}{C \cdot (\cos\vartheta)^2} + \frac{F'_{VT}}{2 \cdot (\cos\vartheta)^2} = \frac{5655 \cdot 36,3}{7,40 \cdot (\cos 5,1)^2} + \frac{10699}{2 \cdot (\cos 5,1)^2} = 33353 \; daN$$

c-1) Cálculo de la adherencia

Según especifica el RLAT en el Apartado 3.6.4 de la ITC-LAT 07, la fuerza de adherencia debe ser la mitad de la fuerza, F_2, con un coeficiente de seguridad de 1,5, por tanto el cumplimiento de esta condición viene dado por la relación:

$$F_{adh} \geq 0,75 \cdot F_2$$

La longitud mínima de angular embebido en el hormigón, necesaria para cumplir con la condición anterior, es:

$$l_L \geq \frac{0,75 \cdot F_2}{\tau_{adh} \cdot 4 \cdot a_L} = \frac{0,75 \cdot F_2}{0,253 \cdot \sqrt{f_c} \cdot 4 \cdot a_L} = \frac{0,75 \cdot 33353}{0,253 \cdot \sqrt{25} \cdot 10^5 \cdot 4 \cdot 0,12} = 0,41 \, m$$

como la longitud del angular embebido en la cimentación es de 2 m, se cumple sobradamente con el requisito reglamentario.

c-2) Cálculo a cortadura de los tornillos del casquillo

El angular embebido en la cimentación lleva unidos unos casquillos mediante 4 tornillos. Según especifica el RLAT en el Apartado 3.6.4 de la ITC-LAT 07, la mitad de la carga a compresión, $0,5 \cdot F_2$, deben absorberla los casquillos del anclaje por la cortadura de los tornillos de unión entre casquillos y anclaje.

La resistencia a cortante, en la sección transversal del tornillo, tiene por expresión:

$$F_c = n \cdot \frac{0,5 \cdot f_{ub} \cdot A_{torn}}{\gamma_{M2}}$$

donde:

n = número de tornillos, $n = 4$.

f_{ub} = resistencia última del acero del tornillo, f_{ub} =500 MPa.

γ_{M2} = coeficiente de seguridad del tornillo, γ_{M2} =1,25.

A_{torn} = sección transversal de la caña del tornillo o de su parte roscada, según se encuentren los planos de cortadura en el vástago o en la parte roscada del tornillo respectivamente.

Suponiendo que el plano de corte no pasa por la parte roscada del tornillo:

$$A_{torn} = \pi \cdot \frac{\phi_t^{\,2}}{4} = \pi \cdot \frac{\left(20 \cdot 10^{-3}\right)^2}{4} = 3,142 \cdot 10^{-4} \, m^2$$

El valor de la resistencia a cortante, vale:

$$F_c = n \cdot \frac{0,5 \cdot f_{ub} \cdot A_{torn}}{\gamma_{M2}} = 4 \cdot \frac{0,5 \cdot 500 \cdot 10^5 \cdot 3,142 \cdot 10^{-4}}{1,25} = 25136 \, daN$$

Según especifica el RLAT la fuerza a cortante debe ser la mitad de la fuerza, F_2, con un coeficiente de seguridad de 1,5, por tanto el cumplimiento de esta condición viene dado por la relación:

$$F_c \geq 0,75 \cdot F_2$$

En este caso $F_c = 25136 \, daN \geq 0,75 \cdot 29820 = 22365 \, daN$, por lo que la forma de unión entre el anclaje y la cimentación, formada por dos casquillos unidos al angular mediante 2 tornillos tipo M20–5.6 por casquillo, cumple con el requisito reglamentario.

EJERCICIOS PROPUESTOS

4.1. Cálculo de cimentación monobloque

Se desea comprobar el cumplimiento con el RLAT de una cimentación monobloque, correspondiente a un apoyo C-3000-20, fabricado según la norma UNE 207017.

Datos del apoyo:

- Esfuerzo nominal del apoyo, $F = 3000$ daN.
- Altura total apoyo, $H_T = 20$ m.
- Punto de aplicación del esfuerzo nominal, $h_0 = 0,25$ m.
- Anchura de la base, $A_{base} = 1,30$ m.
- Largo de la base, $L_{base} = 1,30$ m.
- Anchura de la cogolla, $A_{cogolla} = 0,51$ m.
- Largo de la cogolla, $L_{cogolla} = 0,51$ m.
- Peso del apoyo, $P_{apoyo} = 1274$ kg.
- Conicidad del tramo piramidal, en ambas caras, $Con_{cara} = 50$ mm/m.

Datos del terreno:

- Coeficiente compresibilidad del terreno, a 2 m de profundidad, $C_2 = 8$ daN/cm^3.

Datos del hormigón utilizado para la cimentación:

- Densidad del hormigón, $\delta_{horm} = 2200$ kg/m^3.

Datos relacionados con la cimentación:

- Espesor de la solera cimentación, $c = 0,1$ m.
- Altura de la peana, $P_e = 0,1$ m.
- Ancho de la cimentación, $a = 1,5$ m.
- Largo de la cimentación, $a = 1,5$ m.
- Profundidad de la cimentación, sin la peana, $h = 2,68$ m.

4.2. Cálculo de cimentación prismática de macizos independientes

Se desea comprobar el cumplimiento con el RLAT de una cimentación de macizos independientes, prismática recta, correspondiente a un apoyo IC-55000-20-N2 [4].

Datos del apoyo

- Esfuerzo nominal del apoyo (transversal y longitudinal), $F_t = F_L = F = 57210$ daN.
- Carga vertical admisible por fase o cable de tierra: 5000 daN.
- Altura libre, $H_{libre} = 20$ m.

- Separación entre semicrucetas, b = 5,8 m.

- Aplicación del esfuerzo nominal, $(H_{libre}+b)$ = 25,8 m.

- Separación entre patas, C = 6,14 m.

- Peso del fuste, P_{fuste} = 10475 kg.

- Peso de cabeza, semicrucetas y cúpula, P_{armado} =7524 kg.

- Ancho de la cabeza del apoyo, a_{cabeza} = 2,56 m.

Datos de la cimentación

- Tipo de angular embebido en el hormigón: 200.16.

  - Lado del angular, a_L = 200 mm.
  - Espesor del angular, e_a = 16 mm.

- Longitud de angular embebido en la cimentación, l_L = 3,8 m.

- Tipo de tornillos utilizados para unir los casquillos al angular: M24-5.6.

  - Resistencia última del acero del tornillo, f_{ub} = 500 MPa.
  - Diámetro del tornillo, Φ_t = 24 mm.
  - Número de tornillos, n = 8.

- Largo y ancho de la cimentación, a_{cimen} = 2,15 m.

- Altura de la cimentación, H = 3,95 m.

Datos del terreno

- Densidad del terreno, δ_{terr} = 1600 kg/m^3.
- Ángulo de arranque del terreno, β = 35 °.
- Carga admisible del terreno, σ_{adm} = 4 daN/cm^2.

Datos del hormigón utilizado para la cimentación

- Densidad del hormigón, δ_{horm} = 2200 kg/m^3.

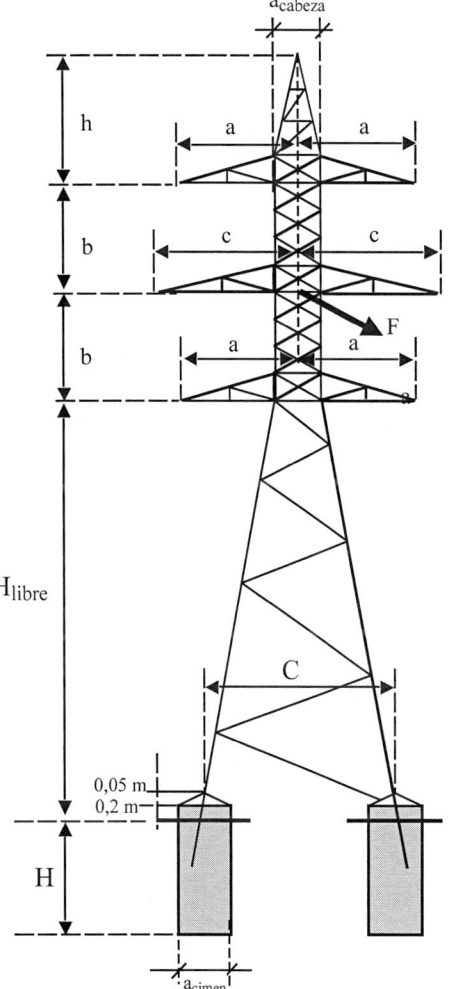

GLOSARIO DE TÉRMINOS

a	Anchura de la cimentación.
a'	Distancia horizontal desde la base del apoyo a la pared de la cimentación.
a_L	Anchura del angular del apoyo embebido en la cimentación.
A	Lado de la base de una cimentación cuadrada en "pata de elefante".
A_{torn}	Sección transversal del tornillo.
b	Espesor de la cimentación.
c	Espesor de solera de la cimentación.
C	Separación entre patas (entre ejes de macizos de hormigón).
C_h	Coeficiente de compresibilidad del terreno a una profundidad h.
$C_{máxima}$	Compresión máxima por montante en la pata de la cimentación.
C_2	Coeficiente de compresibilidad del terreno a una profundidad de 2 metros.
d	Diámetro de una cimentación circular en "pata de elefante".
D	Diámetro de la base de una cimentación circular en "pata de elefante".
e_a	Espesor del angular del apoyo embebido en la cimentación.
f_{ub}	Resistencia última del acero del tornillo, en unidades de presión.
F	Esfuerzo útil sobre el apoyo (transversal o longitudinal).
F_1	Esfuerzo de tracción sobre los angulares de las patas de la cimentación.
F_2	Esfuerzo de compresión sobre los angulares de las patas de la cimentación.
F_c	Resistencia a cortadura del tornillo.
F_V	Cargas verticales aplicadas sobre el apoyo.
F_{VT}	Cargas verticales aplicadas sobre el apoyo más el peso del apoyo.
h	Profundidad de una cimentación monobloque..
h_0	Distancia desde la cogolla del apoyo al punto de aplicación del esfuerzo nominal.
h_p	Altura de la parte ancha de una cimentación de "pata de elefante".
H	Altura de una cimentación de patas separadas.
H_L	Altura del punto de aplicación del esfuerzo útil, F, hasta la línea de tierra.
H_T	Altura total del apoyo.
l_L	Longitud del angular del apoyo embebido en la cimentación.
K	Coeficiente de seguridad para el cálculo de la cimentación.
M_1	Momento estabilizador debido a las reacciones laterales del terreno.
M_2	Momento estabilizador debido a las reacciones verticales del terreno.
M_V	Momento al vuelco del apoyo.
n	Número de tornillos en la fijación de los casquillos a los angulares en una pata.
O	Centro de rotación de la cimentación para un terreno suelto.
O'	Centro de rotación de la cimentación para un terreno plástico.

O'' Centro de rotación de la cimentación para un terreno muy resistente.

P Peso del conjunto formado por el macizo de hormigón, el apoyo y otros elementos.

P_{apoyo} Peso del apoyo.

P_{arr} Esfuerzo de arranque del apoyo.

P_e Altura de la peana de la cimentación.

P_{est} Esfuerzo estabilizador que contrarresta el esfuerzo de arranque.

P_{macizo} Peso de una pata de la cimentación.

P_t Peso de las tierras que gravitan sobre una pata de la cimentación.

P_β Peso de las tierras arrancadas según el ángulo natural del terreno.

q Presión del viento sobre una superficie plana. $q = 100 \ daN/m^2$

S_1 Área de la base de una cimentación prismática de patas separadas.

S_2 Área de la base superior de la pirámide truncada definida por el ángulo de talud natural, β.

V_{interf} Volumen de interferencia de tierras entre dos patas de cimentación próximas.

α Ángulo máximo de giro del macizo de hormigón.

β Ángulo del talud natural del terreno.

γ_{M2} Coeficiente de seguridad del tronillo. $\gamma_{M2} = 1{,}25$.

δ_{horm} Densidad del hormigón.

δ_{terr} Densidad del terreno.

Φ_t Diámetro del tornillo.

ϑ Ángulo de inclinación del angular en el punto de empotramiento con la cimentación.

$\sigma_{adm.}$ Carga admisible del terreno, en unidades de fuerza por unidad de superficie.

σ_t Presión sobre el terreno.

τ_{adh} Presión de adherencia entre el angular embebido y la cimentación.

BIBLIOGRAFÍA

[1]   Gaudencio Zopetti Júdez. Redes eléctricas de Alta y Baja Tensión. Editorial Gustavo Gili. Quinta edición. 1972.

[2]   Instrucción para el proyecto y la ejecución de obras de hormigón en masa o armado. EH-82.

[3]   Código técnico de la edificación. Documento básico de Seguridad Estructural Acero. Editorial Garceta. Edición 2009.

[4]   Catálogo General IMEDEXSA 2010, adaptado al nuevo reglamento R.D. 223/2008.

Capítulo **5**

Cálculo de puestas a tierra de los apoyos

OBJETIVOS

- Comprender cómo funciona un sistema de puesta a tierra, la importancia de su correcto diseño y ejecución para garantizar la seguridad de las personas y el buen funcionamiento de las líneas.

- Entender cómo la circulación de una corriente de defecto, desde los electrodos hacia el suelo provoca gradientes de tensión por el terreno y una elevación de la tensión de los apoyos metálicos en defecto, valores que no deben crear tensiones de paso y contacto superiores a las soportadas por las personas.

- Conocer de forma detallada los pasos para realizar el proyecto de una instalación de puesta a tierra de una línea.

- Comprender los principios y métodos de cálculo según que la línea esté o no provista de cables de tierra.

- Analizar cómo la elevada frecuencia de la corriente de descarga del rayo impone en los circuitos de puesta a tierra criterios adicionales de diseño.

SIMULACIÓN

- Hojas de cálculo en Excel.
- Programas desarrollados en Mathcad.

CONOCIMIENTOS FUNDAMENTALES PREVIOS

Se requieren conocimientos básicos de electrotecnia, en concreto, de cálculo vectorial de tensiones, corrientes, e impedancias, así como de la transformación en componentes simétricas y redes de secuencia, directa, inversa y homopolar.

CONTENIDO DEL CAPÍTULO

5.1. Cálculo de puestas a tierra

5.1.1 Introducción

5.1.2 Circulación de corrientes por el terreno: potenciales y gradientes

5.1.3. Partes de la instalación de puesta a tierra de un apoyo

5.1.4. Prescripciones generales de seguridad

5.1.5. Proyecto de una instalación de puesta a tierra

5.1.6 Intensidad de defecto a tierra e intensidad de puesta a tierra

5.1.7. Cálculo del factor de reducción en líneas aéreas con cables de tierra

5.1.8. Cálculo de la intensidad de defecto a tierra en líneas de tercera categoría

5.2. Ejemplo de cálculo de puesta a tierra en línea aérea de 3ª categoría con neutro impedante y neutro aislado

5.2.1. Caso del transformador de la subestación con neutro a tierra

5.2.1.1. Diseño de la puesta a tierra de los apoyos no frecuentados

5.2.1.2. Diseño de la puesta a tierra de los apoyos frecuentados.

5.2.2. Caso del transformador de la subestación con neutro aislado

5.2.2.1. Diseño de la puesta a tierra de los apoyos no frecuentados

5.2.2.2. Diseño de la puesta a tierra de los apoyos frecuentados

5.3. Ejemplo de cálculo de puesta a tierra en línea aérea de 2ª categoría, con cable de tierra y sin cable de tierra

5.3.1. Caso de que la línea no esté equipada con cables de tierra

5.3.1.1. Diseño de la puesta a tierra de los apoyos no frecuentados

5.3.1.2. Diseño de la puesta a tierra de los apoyos frecuentados

5.3.2. Caso de que la línea esté equipada con cables de tierra

5.3.2.1. Diseño de la puesta a tierra de los apoyos no frecuentados

5.3.2.2. Diseño de la puesta a tierra de los apoyos frecuentados

5.4. Comportamiento frente al rayo de las puestas a tierra y longitud crítica de los electrodos

5.1. CÁLCULO DE PUESTAS A TIERRA

5.1.1. Introducción

Un circuito de puesta a tierra consiste en la unión mediante conductores de todas las partes metálicas de una instalación de alta tensión no destinadas a la conducción de la corriente eléctrica, con unos conductores desnudos o electrodos que se entierran en el terreno. La finalidad es evitar que aparezcan tensiones peligrosas para las personas y que las instalaciones de alta tensión queden expuestas a sobretensiones que superen su nivel de aislamiento.

Cuando se produce un defecto a tierra en una instalación de alta tensión, por ejemplo en un apoyo de una línea, se provoca una elevación del potencial del electrodo a través del cual circula la corriente de defecto. Asimismo, al disiparse dicha corriente por tierra aparecerán en el terreno tensiones y gradientes de potencial que pueden ser elevados. Al diseñar la forma y disposición de los electrodos de puesta a tierra se debe tener en cuenta lo siguiente:

- La seguridad de las personas con relación a las elevaciones de potencial.

- Que las sobretensiones se limiten a valores que no excedan el nivel de aislamiento de las instalaciones.

- Que el valor de la intensidad de defecto sea lo suficientemente alto para que actúen las protecciones y eliminen la falta a tierra, por lo que la resistencia de puesta a tierra no debe ser demasiado elevada.

La ITC-LAT 07 del Reglamento de Líneas de alta tensión y la MIE-RAT 13 (Instalaciones de puesta a tierra) del Reglamento sobre Condiciones Técnicas y Garantías de Seguridad en Centrales Eléctricas, Subestaciones, y Centros de Transformación, tratan el diseño, la construcción y el mantenimiento de estas instalaciones con el objetivo principal de disminuir al máximo el riesgo de accidentes para las personas, y garantizar la seguridad y fiabilidad de las instalaciones de alta tensión.

Los criterios de diseño para garantizar la seguridad de las personas no especifican un valor máximo admisible de resistencia de puesta a tierra, sino que establecen que las tensiones de paso y contacto que puedan ser puenteadas por una persona en caso de defecto a tierra sean menores que unos valores máximos admisibles.

Con frecuencia se considera que un objeto puesto a tierra se puede tocar con seguridad, pero esto no siempre es cierto. Por ejemplo, una subestación o un apoyo de una línea con una baja resistencia de puesta a tierra no es en sí misma una instalación segura, ya que no existe una relación simple entre la resistencia de puesta a tierra y la corriente de paso a la que una persona podría estar expuesta en caso de defecto a tierra. En algunos casos, una resistencia de puesta a tierra baja podría ser peligrosa, mientras que en otros, una resistencia de puesta a tierra mayor, con un proyecto bien realizado y tomando las medidas oportunas podría ser perfectamente segura, por ejemplo, si la corriente de puesta a tierra en la instalación es muy pequeña.

Los parámetros más importantes del diseño sobre los que se puede actuar para conseguir valores de tensiones de paso y contacto admisibles, son:

- La intensidad de defecto a tierra.

- El tiempo de actuación de las protecciones.

- La resistividad del terreno.

- La geometría, y las dimensiones de la instalación de puesta a tierra.

Ciertamente los accidentes por contactos indirectos con elementos metálicos de instalaciones de alta tensión son muy poco frecuentes, debido a la baja probabilidad de que coincidan todas las condiciones desfavorables de diseño simultáneamente, y en especial por la baja probabilidad de tocar la instalación de alta tensión durante el defecto, si el tiempo de actuación de las protecciones es muy breve.

Una correcta instalación de puesta a tierra es una medida de seguridad en caso de contactos indirectos con masas metálicas puestas a tierra, que por un defecto se han puesto en tensión durante unos instantes, pero no es en absoluto una medida que proteja frente a todos los posibles accidentes que se pueden dar en la explotación y mantenimiento de instalaciones de alta tensión, como por ejemplo, los contactos directos con partes en tensión. Es más, en estos casos, una instalación de puesta a tierra con una resistencia pequeña puede ser, incluso, más desfavorable.

5.1.2. Circulación de corrientes por el terreno: potenciales y gradientes

Una corriente de defecto a tierra que circula por un electrodo se difunde a través del terreno y retorna por la conexión a tierra de la fuente o fuentes que alimentan el defecto.

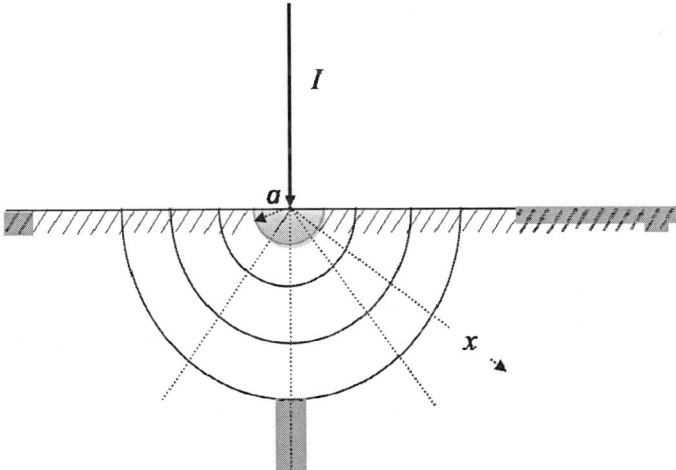

Figura 5.1. Líneas de campo eléctrico y líneas equipotenciales creadas por la difusión de corrientes a través de un electrodo semiesférico

Para estudiar las tensiones y gradientes de potencial que aparecen en la superficie del terreno se utilizará un electrodo sencillo formado por una semiesfera conductora de radio a, enterrada en un suelo homogéneo de resistividad eléctrica, ρ (*véase* la Figura 5.1).

Como el electrodo es semiesférico y el terreno es homogéneo, las superficies equipotenciales a una distancia, x, del centro del electrodo serán también semiesferas, a una tensión igual al producto de la resistencia del terreno por la intensidad, I, es decir:

$$U(x) = R \cdot I = \rho \cdot \frac{x}{S} \cdot I = \rho \cdot \frac{x}{2 \cdot \pi \cdot x^2} \cdot I = \frac{\rho.I}{2 \cdot \pi \cdot x} \quad (1)$$

Las líneas de campo eléctrico, perpendiculares a las líneas equipotenciales, son rectas radiales que parten del centro de la semiesfera. La magnitud del campo eléctrico o gradiente de potencial (en unidades de *V/m*) se puede calcular como:

$$E(x) = -\frac{dU(x)}{dx} = \frac{\rho \cdot I}{2 \cdot \pi \cdot x^2}$$

Por otra parte, se puede calcular la diferencia de potencial entre el electrodo y un punto genérico del terreno, a una distancia *x*, del centro del electrodo:

$$U(a) - U(x) = \frac{\rho \cdot I}{2 \cdot \pi} \cdot \left(\frac{1}{a} - \frac{1}{x} \right)$$

La tensión que adquiere el electrodo respecto de un punto del terreno suficiente alejado para considerarlo a potencial nulo, se calculará como:

$$U(a) = U(a) - U(\infty) = \frac{\rho \cdot I}{2 \cdot \pi} \left(\frac{1}{a} - \frac{1}{\infty} \right) = \frac{\rho \cdot I}{2 \cdot \pi \cdot a}$$

Finalmente como la tensión del electrodo es el producto de su resistencia de puesta a tierra por la intensidad *I*, se puede calcular la resistencia de puesta a tierra como:

$$R = \frac{U(a)}{I} = \frac{\rho}{2 \cdot \pi \cdot a} \quad (2)$$

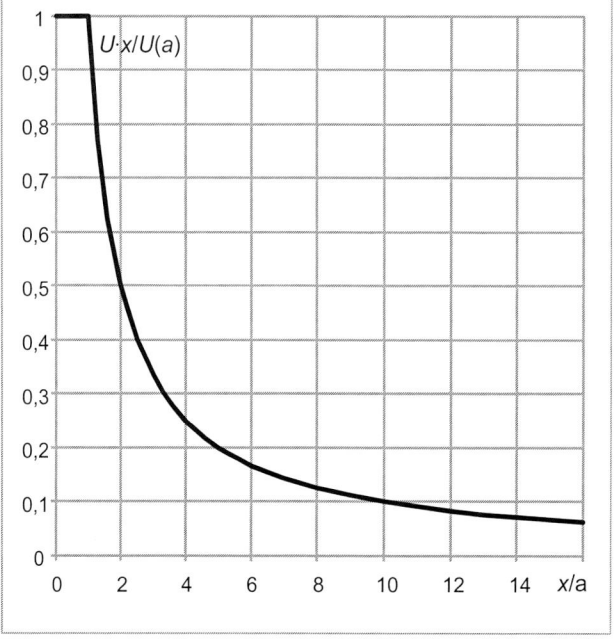

Figura 5.2. Variación de la tensión en el terreno con la distancia al electrodo

En la Figura 5.2 se ha representado cómo varía la tensión en el terreno en función de la distancia al electrodo. La tensión se expresa en por unidad de la tensión del electrodo y la distancia en por unidad del radio de la semiesfera.

En la práctica no se utilizan los electrodos semiesféricos, sino otros que con poco material consiguen obtener valores de resistencia de puesta a tierra menores. Para electrodos de pequeñas dimensiones, en la Tabla 5.1 se recogen las fórmulas simplificadas de la resistencia de puesta a tierra según la MIE-RAT 13.

Tabla 5.1. Valores de la resistencia de puesta de tierra de los electrodos sencillos más utilizados

Tipo de electrodo	Resistencia de puesta a tierra, R
Placa enterrada profunda	$R = \dfrac{0,8 \cdot \rho}{P}$ (3)
Placa enterrada superficial	$R = \dfrac{1,6 \cdot \rho}{P}$ (4)
Pica vertical	$R = \dfrac{\rho}{L}$ (5)
Conductor enterrado horizontalmente	$R = \dfrac{2 \cdot \rho}{L}$ (6)
Malla de tierra (formada por conductores enterrados e incluyendo en ocasiones picas)	$R = \dfrac{\rho}{4 \cdot r} + \dfrac{\rho}{L}$ (7)

donde:

R = resistencia de tierra del electrodo, en ohmios.

ρ = resistividad del terreno, en ohmios $\times$ metro.

P = perímetro de la placa, en metros.

L = longitud en metros de la pica o del conductor, y en una malla, la longitud total de los conductores enterrados (incluyendo en su caso la longitud de las picas).

r = radio, en metros, de un círculo de la misma superficie que el área cubierta por la malla.

Aplicando el método de cálculo descrito para el electrodo semiesférico basado en las superficies equipotenciales, se puede calcular la variación de la tensión en el terreno, V_x, y la resistencia de puesta a tierra, R, para algunos electrodos sencillos utilizados en la práctica. El método descrito en la bibliografía, [1], se basa en suponer un terreno homogéneo, lo que implica que todos los puntos a la misma distancia del electrodo estarán al mismo potencial cuando pase una corriente de defecto, y formarán una superficie equipotencial al ser igual la caída de tensión en el terreno desde el electrodo hasta la superficie considerada. En las figuras siguientes se dibuja la forma de las superficies equipotenciales con línea discontinua.

a) Pica enterrada con la cabeza a ras de suelo

Se clava la pica verticalmente de forma que su extremo superior queda a ras del suelo. Para simplificar los cálculos se considera que la punta de la pica es roma o semiesférica.

Las superficies equipotenciales serán cilindros concéntricos en la parte vertical y semi-esferas en la parte de la punta.

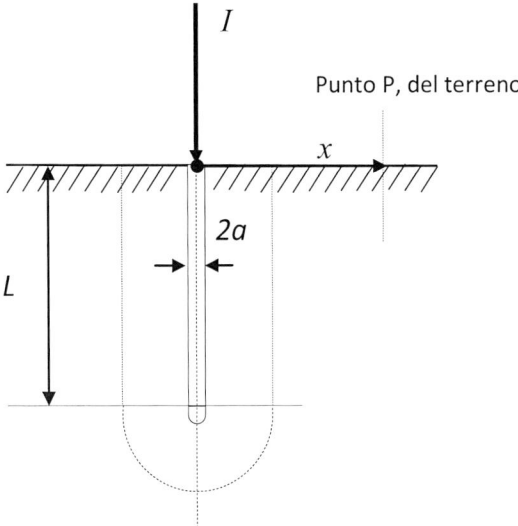

Figura 5.3. Electrodo en forma de pica con la cabeza enterrada a ras de suelo

$$R = \frac{\rho}{2 \cdot \pi \cdot L} \ln \frac{a + L}{a} \quad (8)$$

$$V_x = \frac{\rho \cdot I}{2 \cdot \pi \cdot L} \ln \frac{x + L}{x} \quad (9)$$

b) Pica con la cabeza enterrada a una profundidad _h_

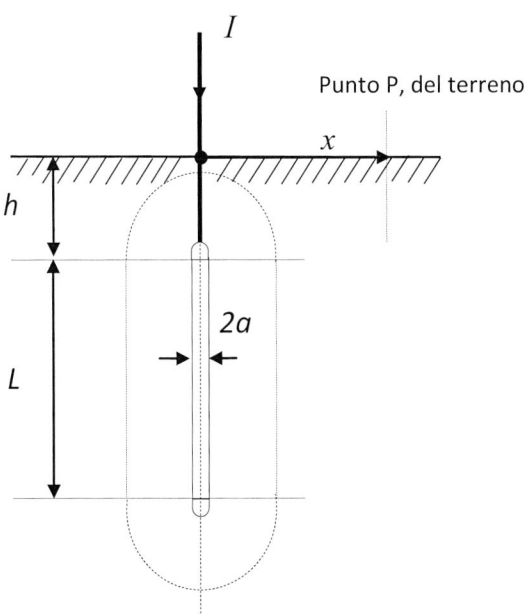

Figura 5.4. Electrodo en forma de pica con la cabeza enterrada a una profundidad _h_

El conductor de salida desde la pica debe ser aislado, ya que si no se estaría en el caso anterior de pica a ras de suelo. Las superficies equipotenciales serán cilindros concéntricos en la parte vertical y semiesferas en los dos extremos de la pica.

$$R = \frac{\rho}{2 \cdot \pi \cdot L} ln \frac{h(2 \cdot a + L)}{a \cdot (2 \cdot h + L)} + \frac{\rho}{2 \cdot \pi \cdot (L + h)} ln \frac{2 \cdot h + L}{h} \quad (10)$$

$$V_x = \frac{\rho \cdot I}{2 \cdot \pi \cdot (L + h)} ln \frac{\sqrt{x^2 + h^2} + L + h}{\sqrt{x^2 + h^2}} \quad (11)$$

c) Varias picas enterradas y en paralelo

Supóngase inicialmente que se dispone de dos picas iguales conectadas en paralelo, con la cabeza enterrada a una profundidad h. La intensidad total de defecto se repartirá por igual entre las dos picas circulando la mitad por cada una. Si no hubiera interferencias mutuas entre las dos picas, la resistencia del conjunto sería la mitad, al tratarse de dos resistencias eléctricas en paralelo.

Sin embargo, cuando dos o más picas cercanas se conectan en paralelo, la resistencia del conjunto resulta superior a la teórica calculada por la fórmula de resistencias en paralelo. Esto es debido a que comparten el mismo terreno para disipar la corriente. Este efecto disminuye a medida que las picas se separan, por lo que se recomienda una separación mínima s, de vez y media la longitud de las picas.

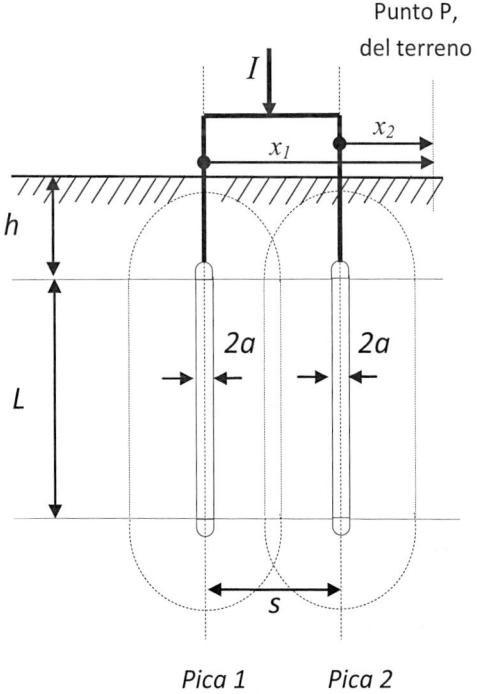

Pica 1   Pica 2

Figura 5.5. Electrodo por varias picas en paralelo enterradas a una profundidad h

La resistencia de n picas en paralelo se calcula mediante la ecuación:

$$R = \frac{\rho}{2 \cdot \pi \cdot n \cdot L} \ln \frac{h \cdot (2 \cdot a + L)}{a \cdot (2 \cdot h + L)}$$
$$+ \frac{\rho}{2 \cdot \pi \cdot n \cdot (L + h)} \left(ln \frac{2 \cdot h + L}{h} + \sum_{i=1}^{n-1} ln \frac{s_i + h + L}{s_i} \right) \quad (12)$$

donde, s_i, representa la separación entre cada pica y las $n - 1$ restantes.

Si se compara la ecuación (12) con la (10), se observa cómo la resistencia de puesta a tierra del conjunto de las picas es la de una pica dividida por el número, n de picas, al suponer que la intensidad se divide por igual entre todas las picas, pero se incrementa en un valor que representa la influencia del acoplamiento mutuo de cada pica con las restantes.

$$\Delta R = \frac{\rho}{2 \cdot \pi \cdot n \cdot (L + h)} \left(\sum_{i=1}^{n-1} ln \frac{s_i + h + L}{s_i} \right)$$

Para el cálculo de las distancias entre picas, s_i, se toma una pica como origen de distancias y se calculan las distancias con las $n - 1$ restantes. En disposiciones simétricas no influye la pica que se tome como origen. En disposiciones no simétricas se debe tomar como origen de distancias la pica sobre la que sea mayor el acoplamiento del resto, es decir, la que esté más próxima en promedio a las $n–1$ restantes, ya que de esta forma el incremento de resistencia será mayor y se estará del lado de la seguridad.

El potencial en un punto P del terreno se calcula por superposición de los potenciales causados por cada una de las picas, como:

$$V_x = \frac{\rho \cdot I}{2 \cdot \pi \cdot n \cdot (L + h)} \sum_{i=1}^{n} ln \frac{\sqrt{x_i^2 + h^2} + L + h}{\sqrt{x_i^2 + h^2}} \quad (13)$$

d) Conductor horizontal enterrado a una profundidad h

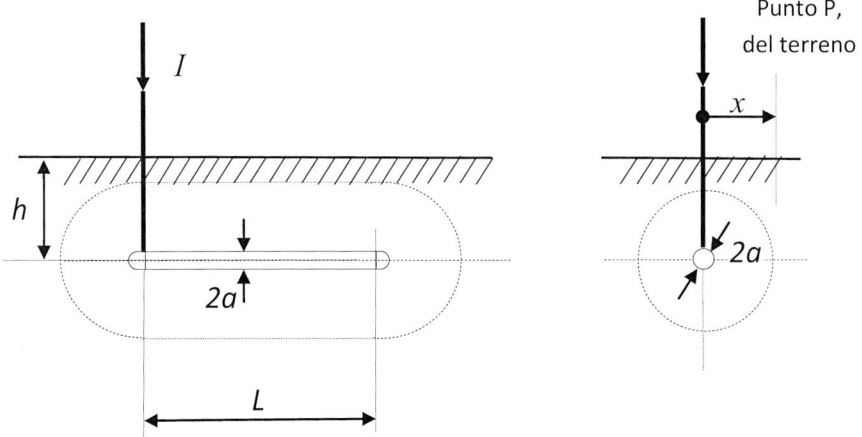

Figura 5.6. Electrodo formado por un conductor horizontal enterrado a una profundidad h

La resistencia de puesta a tierra y el potencial en un punto P, de terreno se calculan como:

$$R = \frac{\rho}{2 \cdot \pi \cdot L} \ln \frac{h(2 \cdot a + L)}{a \cdot (2 \cdot h + L)} + \frac{\rho}{\pi \cdot (L + 2 \cdot h)} \ln \frac{4 \cdot h + L}{2 \cdot h} \quad (14)$$

$$V_x = \frac{\rho \cdot I}{\pi \cdot (L + h)} \ln \frac{2 \cdot \sqrt{x^2 + h^2} + L + 2 \cdot h}{2 \cdot \sqrt{x^2 + h^2}} \quad (15)$$

e) Conductor en forma de bucle circular enterrado a una profundidad h
Las superficies equipotenciales tienen forma toroidal.

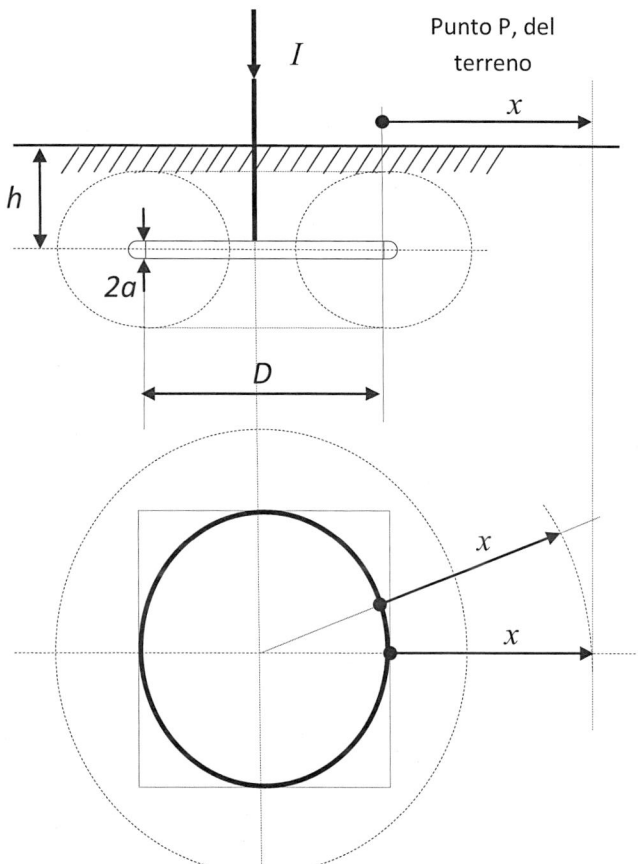

Figura 5.7. Electrodo en bucle circular enterrado a una profundidad h

El valor de la resistencia de puesta a tierra se puede calcular como:

$$R = 0{,}366 \frac{\rho}{\pi D} \log \frac{8 \cdot D^2}{a \cdot h} \quad (16)$$

Si la profundidad de enterramiento es menor que el diámetro del bucle, el potencial en un punto del terreno se puede calcular partiendo de la expresión (15) y teniendo en cuenta la longitud del electrodo en forma de anillo.

$$V_x = \frac{\rho \cdot I}{\pi \cdot (\pi \cdot D + h)} \, ln \frac{2 \cdot \sqrt{x^2 + h^2} + \pi \cdot D + 2 \cdot h}{2 \cdot \sqrt{x^2 + h^2}} \quad (17)$$

5.1.3. Partes de la instalación de puesta a tierra de un apoyo

En la Figura 5.8 se representa un ejemplo constructivo del circuito de puesta a tierra de un apoyo con objeto de ilustrar las distintas partes que la componen.

1. Electrodo de tierra formado por la combinación de una pica cilíndrica de acero-cobre de 14,6 mm de diámetro y 1,5 m de longitud, con un conductor de 50 mm^2 de cobre formando un anillo perimetral alrededor del poste.

2. Grapa de conexión entre la pica cilíndrica y el cable de 50 mm^2 de cobre.

3. Línea de tierra con conductor de 50 mm^2 de cobre (solo la parte aislada del terreno se denomina *línea de tierra*, y el resto es el electrodo).

4. Punto de puesta a tierra con grapa de conexión tipo paralelo para el cable de cobre.

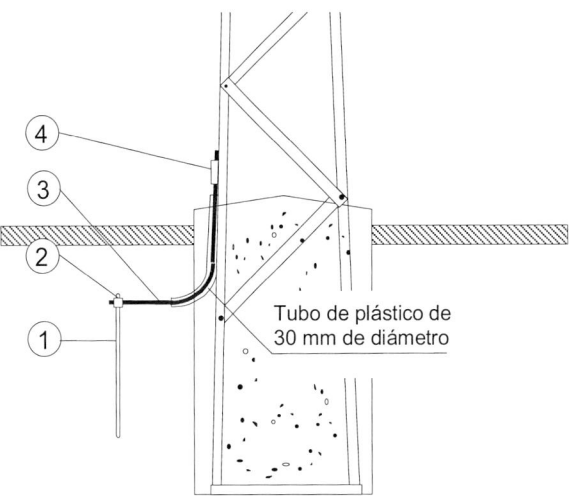

Figura 5.8. Esquema de las partes de una instalación de puesta a tierra de un poste

5.1.4. Prescripciones generales de seguridad

Cuando se produce un defecto, por ejemplo, el contorneo de una cadena de aisladores en una línea aérea, se provoca una elevación del potencial del apoyo de la línea y de la instalación de puesta a tierra que canaliza la corriente de defecto hacia el terreno.

Como consecuencia de la disipación de la corriente de defecto por tierra aparecerán en el terreno gradientes o diferencias de tensión potencialmente peligrosas para una persona que toque el apoyo justo cuando se produce el defecto, o que se encontrara caminando, en ese instante, en las proximidades del apoyo en defecto. Cuanto más separados estén los pies de la persona, mayor será el peligro, pues mayor será también la tensión puenteada entre ambos pies.

La tensión que adquiere el apoyo respecto a un punto del terreno suficientemente alejado para considerar su potencial nulo, es la tensión de puesta a tierra U_E, igual al producto de la resistencia de puesta a tierra del apoyo por la intensidad de puesta a tierra que se difunde al terreno a través de los electrodos conectados al apoyo.

$$U_E = R \cdot I_E$$

La tensión de contacto, U'_c, es la diferencia entre la tensión que adquiere el apoyo y un punto del terreno a una distancia de un metro del apoyo. La tensión de paso, U'_p, es la diferencia de tensión entre dos puntos de la superficie del terreno, separados por un metro. Lógicamente, para garantizar la seguridad, las tensiones de paso y contacto que aparecen en la instalación de alta tensión en caso de defecto, U'_p y U'_c deben ser menores que unos valores admisibles.

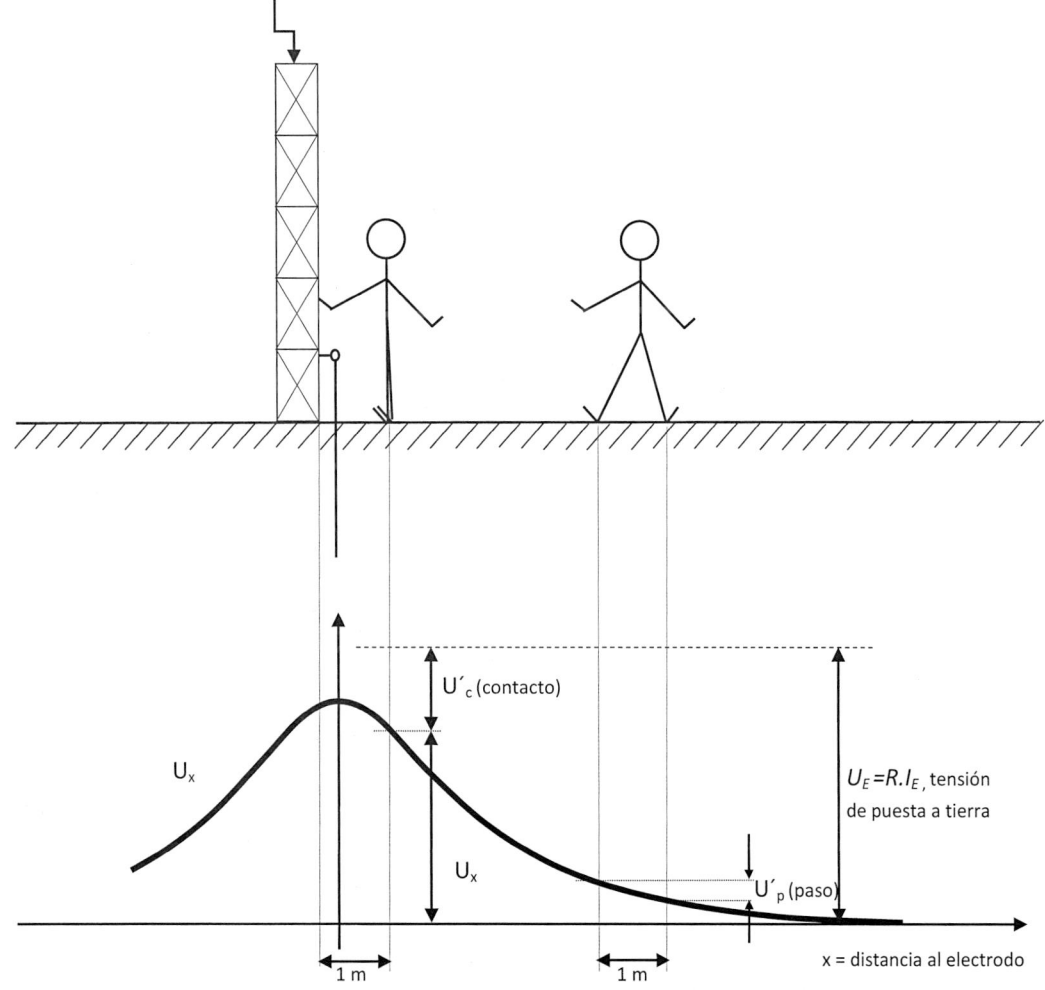

Figura 5.9. Tensiones de paso y contacto

El peligro más grande para las personas durante la circulación de una corriente de puesta a tierra no es por las tensiones de paso (que son más peligrosas para los grandes cuadrúpedos como las vacas), sino por el contacto de las manos o el brazo con el apoyo (que estaría a una tensión U_E), al tiempo que los pies quedan a la tensión del terreno U_x, existente a una distancia aproximada de 1 metro del apoyo. Por lo tanto, en la instalación aparece una tensión de contacto de valor:

$$U'_c = U_E - U_x$$

Los valores de las tensiones de paso y contacto, en caso de defecto, serían los que se medirían sobre el terreno entre dos puntos separados por un metro de distancia, o entre una masa metálica y un punto del terreno a un metro de distancia, valiéndose de un voltímetro de alta impedancia interna para que la lectura no estuviera influida por el consumo del aparato.

Cuando una persona toca el apoyo en defecto o camina en su proximidad, aparece un divisor de tensión con todas las resistencias que intervienen en el circuito, de forma que a la persona se le aplica solamente una fracción de la tensión de paso o contacto existente en la instalación. Estas fracciones, denominadas *tensiones de paso* y contacto aplicadas (U'_{pa} y U'_{ca}), tienen unos valores máximos admisibles (U_{pa} y U_{ca}) definidos en el RLAT.

Los valores admisibles de la tensión de contacto aplicada U_{ca}, a la que puede estar sometido el cuerpo humano entre la mano y los pies, en función de la duración de la corriente de falta, son los de la Tabla 5.2 y la Figura 5.10, y están basados en la norma UNE-IEC/TS 60479-1 que trata los efectos de la corriente que pasa a través del cuerpo humano en función de su magnitud y duración.

Tabla 5.2. Valores admisibles de la tensión de contacto aplicada U_{ca} en función de la duración de la corriente de falta t_F

Duración de la corriente de falta, t_F (s)	Tensión de contacto aplicada admisible, U_{ca} (V)
0.05	735
0.10	633
0.20	528
0.30	420
0.40	310
0.50	204
1.00	107
2.00	90
5.00	81
10.00	80
> 10.00	50

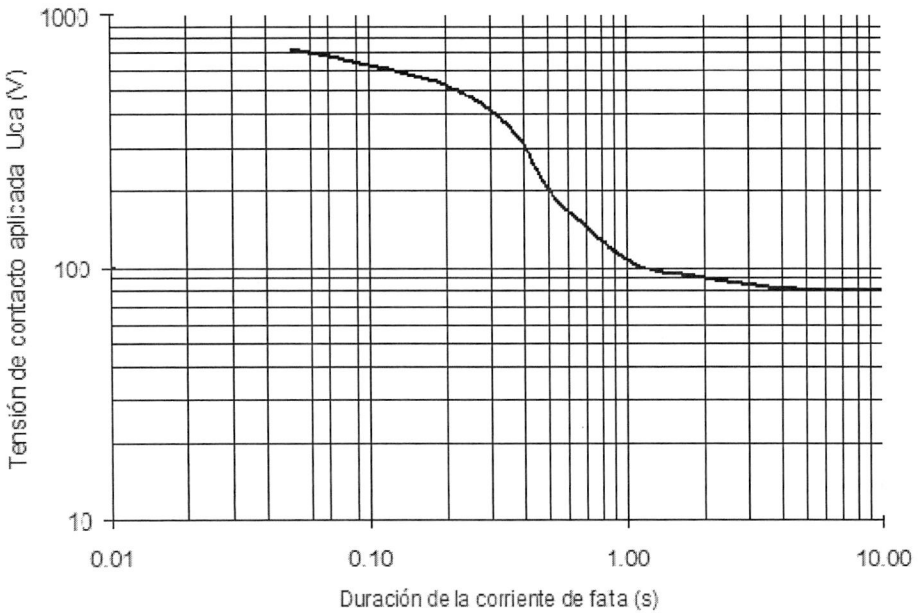

Figura 5.10. Valores admisibles de la tensión de contacto aplicada
U_{ca} en función de la duración de la corriente de falta

Esta curva, se ha determinado, considerando las siguientes hipótesis:

- La corriente circula entre la mano y los pies.

- Únicamente se ha considerado la propia impedancia del cuerpo humano, sin resistencias adicionales como la resistencia a tierra del punto de contacto con el terreno, la resistencia del calzado, la presencia de empuñaduras aislantes, etc.

- La impedancia del cuerpo humano utilizada tiene un 50% de probabilidad de que su valor sea menor o igual al considerado.

- Una probabilidad de fibrilación ventricular del 5%. La fibrilación ventricular consiste en la parada del corazón con la consiguiente pérdida de la circulación sanguínea. La única forma de restaurar el ritmo cardiaco después de una fibrilación ventricular es mediante un choque eléctrico controlado mediante un aparato denominado desfibrilador.

Los valores admisibles de la tensión de paso aplicada entre los pies de una persona, considerando únicamente la propia impedancia del cuerpo humano, se definen como diez veces el valor admisible de la tensión de contacto aplicada, ($U_{pa} = 10 \ U_{ca}$), ya que el trayecto de la corriente entre los dos pies, es mucho menos peligroso que un trayecto entre la mano izquierda y los pies al encontrarse de dicho trayecto el corazón.

A partir de los valores de U_{ca} y U_{pa}, se determinan las tensiones máximas de contacto y paso admisibles en una instalación (U_c, U_p), considerando todas las resistencias que intervienen en el circuito de la Figura 5.11 para la tensión de contacto y de la Figura 5.12 para la tensión de paso.

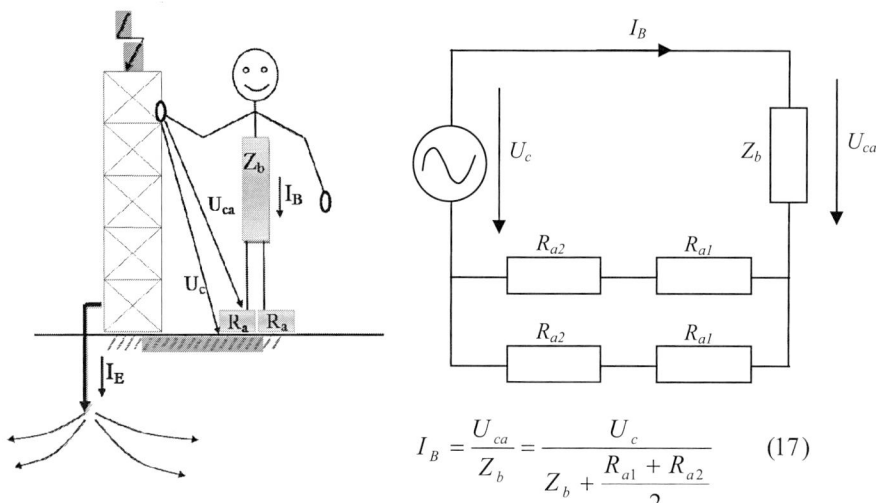

$$I_B = \frac{U_{ca}}{Z_b} = \frac{U_c}{Z_b + \dfrac{R_{a1} + R_{a2}}{2}} \qquad (17)$$

Figura 5.11. Circuito equivalente para calcular la tensión de contacto U_c, admisible en una instalación

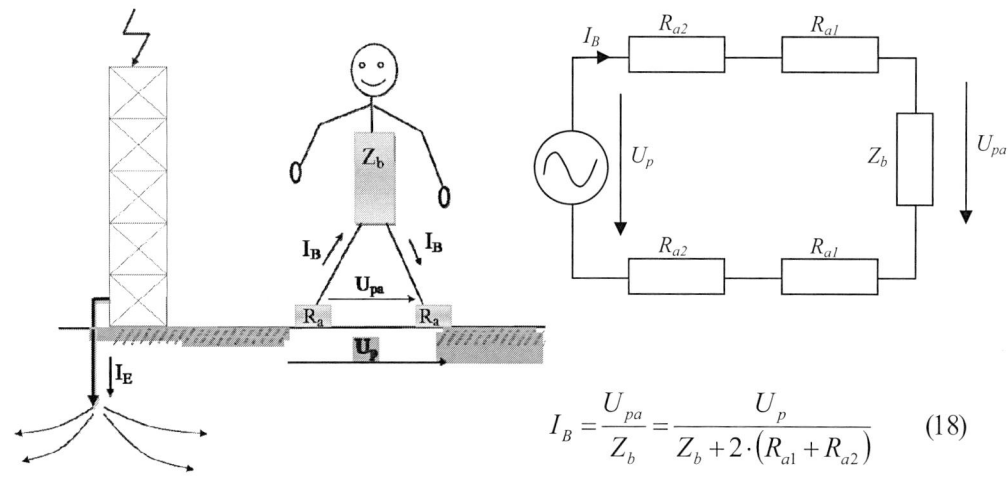

$$I_B = \frac{U_{pa}}{Z_b} = \frac{U_p}{Z_b + 2 \cdot \left(R_{a1} + R_{a2} \right)} \qquad (18)$$

Figura 5.12. Circuito equivalente para calcular la tensión de paso admisible, U_p, en una instalación

donde:

U_{ca} = tensión de contacto aplicada admisible que puede soportar el cuerpo humano entre una mano y los pies.

U_{pa} = tensión de paso aplicada admisible que puede soportar el cuerpo humano entre los dos pies. ($U_{pa} = 10 \cdot U_{ca}$).

Z_B = impedancia del cuerpo humano. Se considerará un valor resistivo de 1000 Ω.

I_B = corriente que fluye a través del cuerpo.

U_c = tensión de contacto máxima admisible en la instalación que garantiza la seguridad de las personas, considerando resistencias adicionales (por ejemplo, resistencia a tierra del punto de contacto, del calzado o la presencia de superficies de material aislante).

U_p = tensión de paso máxima admisible en la instalación que garantiza la seguridad de las personas, considerando las resistencias adicionales (por ejemplo calzado o presencia de superficies de material aislante).

R_a = resistencia adicional total suma de las resistencias adicionales individuales.

R_{a1} = es, por ejemplo, la resistencia equivalente del calzado de un pie cuya suela sea aislante. Se puede emplear como valor 2000 Ω. Se considerará nula esta resistencia cuando las personas puedan estar descalzas, en instalaciones situadas en lugares tales como jardines, piscinas, campings, y áreas recreativas.

R_{a2} = resistencia a tierra del punto de contacto de un pie con el terreno. $R_{a2} = 3 \cdot \rho_s$, donde ρ_s es la resistividad del suelo cerca de la superficie.

A partir de las ecuaciones anteriores (17) y (18) se pueden determinar las fórmulas finales para calcular las tensiones de paso y contacto máximas admisibles en la instalación:

$$U_c = U_{ca} \cdot \left[1 + \frac{R_{a1} + R_{a2}}{2 \cdot Z_B} \right] = U_{ca} \cdot \left[1 + \frac{\dfrac{R_{a1}}{2} + 1,5 \cdot \rho_S}{1000} \right] \qquad (19)$$

$$U_p = U_{pa} \cdot \left[1 + \frac{2 \cdot R_{a1} + 2 \cdot R_{a2}}{Z_B} \right] = 10 \cdot U_{ca} \cdot \left[1 + \frac{2 \cdot R_{a1} + 6 \cdot \rho_S}{1000} \right] \qquad (20)$$

Los circuitos responden al siguiente planteamiento:

- La magnitud de la corriente que pueda circular por la persona (del orden de los miliamperios), no altera de forma significativa la distribución de potenciales por el terreno.

- U_{ca} es el valor admisible de la tensión de contacto aplicada que es función de la duración de la corriente de falta.

- Se supone que la resistencia del cuerpo humano es $Z_B = 1000$ Ω, tanto para una trayectoria entre mano y pie como para una trayectoria de la corriente entre los dos pies.

- Se asimila cada pie a un electrodo en forma de placa de 200 cm^2 de superficie, ejerciendo sobre el suelo una fuerza mínima de 250 N, lo que representa una resistencia de contacto con el suelo para cada electrodo $R_{a2} = 3 \cdot \rho_s$, evaluada en función de la resistividad superficial aparente, ρ_s, del terreno.

- Según cada caso, R_{a1}, es la resistencia del calzado, la resistencia de superficies de material aislante, etc. En el caso de la resistencia del calzado se puede utilizar $R_{a1} = 2000\ \Omega$, para cada zapato.

- Si son de prever contactos del cuerpo humano con partes metálicas no activas que puedan ponerse a distinto potencial, se aplicará la fórmula (19) de la tensión de contacto con $\rho_s = 0$.

En el caso de que una persona pudiera estar pisando zonas de diferentes resistividades con cada pie, por ejemplo, en el caso del acceso a una plataforma de hormigón alrededor del apoyo, se calcula la tensión de paso de acceso máxima admisible, que por simple extrapolación de la ecuación (20) se calcula como:

$$U_{p,acceso} = 10 \cdot U_{ca} \cdot \left[1 + \frac{2 \cdot R_{a1} + 3 \cdot \rho_S + 3 \cdot \rho_s^*}{1000} \right] \qquad (21)$$

Donde, ρ_s y ρ_s^*, son las resistividades superficiales del terreno en el que se apoya cada pie.

Cuando el terreno se recubre de una capa adicional de elevada resistividad (grava u hormigón), pero de pequeño espesor, se debe tener en cuenta la influencia de las dos capas de material (el terreno y su recubrimiento). Para calcular la resistividad superficial aparente se multiplicará el valor de resistividad de esta capa superficial por un coeficiente reductor. El coeficiente reductor se obtendrá de la expresión siguiente, indicada en la norma americana IEEE 80-2000. Este coeficiente se utiliza generalmente solo en el diseño de la puesta a tierra en subestaciones, aunque sería recomendable extender su uso a otros diseños de instalaciones de puesta a tierra.

$$C_S = 1 - 0,09 \cdot \left(\frac{1 - \dfrac{\rho}{\rho^*}}{2 \cdot h_S + 0,106} \right) \qquad (22)$$

donde:

C_S = coeficiente reductor de la resistividad de la capa superficial.

h_s = espesor de la capa superficial, en metros.

ρ = resistividad del terreno natural.

ρ^* = resistividad de la capa superficial.

El proyectista de la instalación de tierra deberá comprobar que los valores de las tensiones de paso U'_p, y de contacto, U'_c, que calcule para la instalación proyectada en función de la geometría de la misma, la corriente de puesta a tierra que considere y la resistividad del terreno, no superen en las condiciones más desfavorables las calculadas por las fórmulas (19), (20) y (21) en ninguna zona del terreno afectada por la instalación de tierra.

En el caso de líneas de alta tensión el requisito del cumplimiento de las tensiones de contacto se realizará para los apoyos metálicos o de hormigón armado, cuando los apoyos sean frecuentados, cuando soporten aparatos de maniobra, o cuando la línea no tenga protecciones que actúen de forma automática en caso de defecto a tierra. Los apoyos frecuentados son los situados en lugares de acceso público, donde la presencia de personas ajenas a la instalación eléctrica es frecuente, por ejemplo, apoyos situados junto a una carretera, en lugares de aparcamiento, jardines, piscinas, campings o áreas recreativas. Los apoyos situados en lugares que no son de acceso público, o que solo se ocupan ocasionalmente como bosques, campo abierto o campos de labranza, se consideran no frecuentados.

Según el RLAT, cuando se verifique el cumplimiento de la tensión de contacto según la ecuación (19), no será necesario el verificar el cumplimiento de la tensión de paso. No obstante, sí se deberá verificar que se cumple la tensión de paso cuando se tomen medidas adicionales encaminadas a evitar el peligro de la tensión de contacto, por ejemplo, si se recubre el apoyo con obra de fábrica de ladrillo a su alrededor, de forma que se imposibilite tocarlo.

5.1.5. Proyecto de una instalación de puesta a tierra

El diseño de un circuito de puesta a tierra debe satisfacer los siguientes requisitos:

a) Asegurar una resistencia mecánica y a la corrosión adecuada, para lo cual se establecen secciones mínimas para los electrodos y las líneas de tierra.

b) Soportar, desde un punto de vista térmico, la mayor intensidad de defecto a tierra prevista en la instalación.

c) Evitar daños en las propias instalaciones eléctricas, para lo cual el nivel de aislamiento del material debe ser suficiente para soportar las sobretensiones que se produzcan en caso de faltas en tierra (tanto de frecuencia industrial como por efectos atmosféricos).

Por ejemplo, en caso de líneas aéreas, se trata de reducir el riesgo de descarga de un rayo sobre un apoyo, o sobre los cables de tierra, la sobretensión que adquiera el apoyo o el cable de tierra sea superior al nivel de aislamiento de los conductores de fase respecto de tierra. De esta forma se mejora la fiabilidad de la línea, ya que se evitan, o al menos se reducen, los cebados inversos, que se traducen en cortocircuitos y disparos en las líneas.

d) Proteger a las personas de los riesgos derivados de las tensiones de paso y contacto.

Los parámetros que se consideran relevantes para el diseño de un sistema de puesta a tierra son, básicamente:

- El valor de la intensidad de defecto.

- La duración de la intensidad de defecto.

- Las características del terreno.

- La extensión, la forma y la profundidad del circuito de puesta a tierra.

Los valores de la intensidad de defecto y su duración dependen principalmente de la forma en la que está puesto a tierra el neutro de la instalación aguas arriba del defecto.

El proyecto de una instalación de puesta a tierra debe comprender los pasos que se detallan a continuación:

1. Investigación de las características del suelo.

2. Determinación de las corrientes máximas de puesta a tierra y del tiempo máximo de eliminación del defecto.

3. Diseño preliminar de la instalación de tierra.

4. Cálculo de la resistencia del sistema de tierra.

5. Cálculo de las tensiones de paso y contacto que aparecen en la instalación.

6. Comprobación de que las tensiones de paso y contacto calculadas son inferiores a los valores máximos.

7. Investigación de las tensiones transferibles al exterior.

8. Corrección y ajuste del diseño inicial estableciendo el definitivo, recurriendo si fuera necesario, a medidas adicionales de seguridad.

9. Comprobaciones y verificaciones in situ una vez terminada la instalación.

Paso 1. Investigación de las características del suelo

El proyecto de una línea aérea no requiere de un estudio previo de la resistividad del terreno, sino que su valor se puede estimar por análisis visual utilizando tablas que facilitan valores aproximados de la resistividad en función del tipo de terreno.

No obstante, puesto que la resistencia de puesta a tierra depende directamente de la resistividad del terreno, es conveniente realizar siempre un estudio de la resistividad mediante medidas en campo, que además, tampoco resultan excesivamente complicadas. Por ejemplo, el Reglamento de Centrales Eléctricas, Subestaciones y Centros de Transformación exige la realización de estas medidas para instalaciones de tensión nominal superior a 30 kV.

Paso 2. Determinación de las corrientes máximas de puesta a tierra y del tiempo máximo de eliminación del defecto

La determinación de la corriente máxima de puesta a tierra se tratará en los apartados siguientes. Es muy importante recalcar que no se debe confundir la intensidad de defecto a tierra con la intensidad de puesta a tierra. La segunda, que es solo una fracción de la primera, es la responsable de la elevación de potencial de la malla de tierra de una subestación o del apoyo metálico de una línea aérea. Si se considera la intensidad de puesta a tierra igual a la de defecto a tierra, tanto en el diseño de subestaciones como en el de la puesta a tierra de apoyos de líneas aéreas con cable de tierra, se sobredimensionaría innecesariamente la red de tierras, aunque siempre se estaría del lado de la seguridad.

El tiempo de eliminación del defecto depende del tiempo de actuación de las protecciones para una intensidad igual a la prevista de defecto a tierra, según el tipo de relé y su curva de actuación.

En caso de instalaciones con reenganche automático rápido (no superior a 0,5 segundos) el tiempo a considerar para determinar U_{ca}, será la suma de los tiempos parciales de mantenimiento de la corriente de defecto.

Salvo en casos excepcionales justificados, no se considerarán tiempos inferiores a 0,1 segundos. Este requisito se basa en que el tiempo de duración de la falta es la suma de dos componentes: el tiempo que el relé de protección tarda en medir y ordenar la apertura del interruptor, t_1, y el tiempo de respuesta mecánica del interruptor automático, t_2

Para un disparo instantáneo el tiempo del relé será del orden de 10 o 20 ms, mientras que el tiempo propio del interruptor es generalmente superior o del orden de 60 ms. Al no considerar el Reglamento tiempos de duración de la falta menores a 0,1 segundos resulta una tensión de contacto aplicada admisible menor o igual de 633 V, valor que va disminuyendo a medida que las protecciones actúan más lentamente. Los tiempos de funcionamiento de un relé de sobreintensidad siguen la siguiente expresión:

$$t_1 = \frac{k'}{\left(r^n - 1\right)}$$

El valor de r es el cociente entre la intensidad de defecto a tierra y la intensidad de arranque programada en el relé. El valor del exponente n depende de la curva característica de disparo seleccionada. Los valores de k' se calculan en función de una constante que depende del tipo de curva de disparo y otra constante k seleccionable durante el tarado del relé, de la siguiente forma:

Tabla 5.3. Definición del tiempo de funcionamiento de los relés de protección con valores de k'

$k =$	VALORES DE k' SEGÚN EL TIPO DE CURVA DE DISPARO		
	Inversa: $n = 0,02$	Muy inversa: $n = 1$	Extremadamente inversa: $n = 2$
	$k' = 0,14 \cdot k$	$k' = 13,5 \cdot k$	$k' = 80\ k$
0,1	0,014	1,35	8
0,2	0,028	2,70	16
0,3	0,042	4,05	24
0,4	0,056	5,40	32
0,5	0,070	6,70	40
0,6	0,084	8,10	48
0,7	0,098	9,45	56
0,8	0,112	10,80	64
0,9	0,126	12,15	72
1,0	0,140	13,50	80

Paso 3. Diseño preliminar de la instalación de puesta a tierra

El diseño preliminar de la instalación de puesta a tierra, en especial el número, longitud y forma de los electrodos, se basará en la experiencia del proyectista, de forma que se elegirán inicialmente unos tipos de electrodos que previsiblemente cumplan con todos los requisitos en cuanto al cumplimiento de las tensiones de paso y contacto.

El diseño preliminar se hará respetando las secciones mínimas de los electrodos y líneas de tierra que garanticen una suficiente resistencia mecánica y a la corrosión de todo el circuito de tierra.

Por ejemplo, para las líneas de tierra, la sección mínima de los conductores será de 25 mm² si son de cobre y 50 mm², si son de acero. Cuando los electrodos estén formados por conductores enterrados, sean de varilla, cable o pletina, deberán tener una sección mínima de 50 mm² los de cobre, y 100 mm², los de acero.

Además, la sección será la suficiente para que pueda soportar el paso de la intensidad de puesta a tierra durante un tiempo igual al doble del previsto de actuación de las protecciones para que los conductores no alcancen una temperatura cercana a la de fusión, ni se pongan en peligro sus empalmes y conexiones. Como la corriente de puesta a tierra se reparte entre los diferentes electrodos de la red de tierra, se podrá dimensionar cada electrodo para la fracción prevista de la corriente de falta que circule por el electrodo.

El dimensionado de las instalaciones se hará de forma que no se produzcan calentamientos que puedan deteriorar sus características o aflojar elementos desmontables.

La comprobación de que los conductores de la línea de tierra y de los electrodos sean capaces de soportar la intensidad de cortocircuito a tierra se realiza suponiendo un calentamiento adiabático durante el régimen de cortocircuito que permite deducir la expresión siguiente:

$$\frac{I_{cc}}{S} = \frac{K}{\sqrt{t_{cc}}} \qquad (23)$$

donde:

I_{cc} = intensidad de puesta a tierra máxima prevista, en amperios.

S = sección del conductor, en mm².

K = coeficiente que depende de la naturaleza del conductor y de las temperaturas al inicio y final del cortocircuito.

t_{cc} = duración del cortocircuito, en segundos, igual al doble del tiempo de actuación de las protecciones, pero que nunca es inferior a 1s.

Los valores de K para una temperatura final de los electrodos y líneas de puesta a tierra de 200 ºC son los siguientes:

K = 160 A·s$^{1/2}$·mm^{-2}, para el cobre.

K = 60 A·s$^{1/2}$·mm^{-2}, para el acero.

K = 100 A·s$^{1/2}$·mm^{-2}, para el aluminio.

Puede admitirse un aumento de esta temperatura hasta 300 °C si no supone un riesgo de incendio, lo cual es admisible para la mayoría de las instalaciones de tierra, salvo en algunos casos, como por ejemplo, si se utilizan materiales combustibles como la madera. En este caso, los valores de K serían:

$K = 192$ A$\cdot$s$^{1/2}\cdot$mm^{-2}, para el cobre.

$K = 72$ A$\cdot$s$^{1/2}\cdot$mm^{-2}, para el acero.

$K = 120$ A$\cdot$s$^{1/2}\cdot$mm^{-2}, para el aluminio.

Para materiales distintos de los indicados, el valor de K, en las unidades indicadas, se puede calcular mediante la siguiente expresión:

$$K = \sqrt{\left[\frac{q_c \cdot \gamma \cdot \overline{\beta}}{\rho_0}\right] \ln\left(\frac{\overline{\beta} + \theta_f}{\overline{\beta} + \theta_i}\right)}$$

donde:

q_c = calor específico del material del conductor en J / (kg . °C).

γ = densidad del conductor en kg /mm^3.

$\overline{\beta}$ = $1/\alpha_0$, siendo α_0, el coeficiente de variación de la resistividad con la temperatura a 0 °C. Para el aluminio, $\overline{\beta}$ = 228 °C. Para el cobre, $\overline{\beta}$ = 235 °C.

ρ_0 = resistividad eléctrica del conductor a la temperatura de 0 °C, en $\Omega\cdot$mm.

θ_f = temperatura final del conductor después del cortocircuito (200 °C, o 300 °C si no existe riesgo de incendio).

θ_i = temperatura inicial del conductor antes del cortocircuito (será la temperatura ambiente, ya que por el circuito de tierra no circula intensidad, generalmente se considera 30 °C).

Cuando se empleen materiales distintos del cobre, acero o aluminio, su resistencia mecánica será, al menos, equivalente a la del cobre de 25 mm^2. Los electrodos y demás elementos metálicos llevarán las protecciones precisas para evitar corrosiones peligrosas durante la vida de la instalación.

Cuando se ponen en contacto dos metales diferentes en presencia de un electrolito, como el agua ligeramente ácida, se produce entre ellos un par galvánico que produce la destrucción del más electronegativo, ya que, en presencia de una solución salina o de aire húmedo, el metal de índice de reducción más bajo (*véase* la Tabla 5.4), se corroe.

La corrosión es tanto más rápida cuanto más alejados se hallen los metales en la escala electroquímica, siendo muy ligera si los metales son contiguos en la serie, sobre todo si el electrolito en cuestión es el agua de lluvia, con una casi ausencia de sales en disolución, al contrario de lo que sucede con metales enterrados en presencia de humedad. Por lo tanto, hay que evitar siempre el contacto directo cobre-hierro, cobre-zinc o cobre-aluminio ya que, por ejemplo, un par galvánico elevado puede ocasionar la corrosión de la base de un apoyo.

El metal que sufre la corrosión (el que tiene un potencial más bajo en la tabla de potenciales de reducción) se puede proteger mediante la técnica de los ánodos de sacrificio, de forma que basta con poner dicho metal, por ejemplo, el hierro, en contacto con otro metal que esté por encima de él en la tabla como el cinc, (Zn), el aluminio, (Al), o el magnesio, (Mg), para que sea este último el que sufra la corrosión quedando intacto el primero.

Otra técnica de protección consiste en utilizar piezas de unión bimetálicas formadas por dos metales, limitando también de esta forma la magnitud de los pares galvánicos.

Tabla 5.4. Potenciales normales de reducción de los metales respecto del hidrógeno

Tipo de iones	Potencial normal de reducción respecto del electrodo de hidrógeno (voltios)
$Li+$	$-3,022$
Rb^+	$-2,925$
K^+	$-2,924$
Na^+	$-2,715$
Mg^{2+}	$-1,866$
Al^{3+}	$-1,67$
Zn^{2+}	$-0,762$
Cr^{3+}	$-0,71$
Fe^{2+}	$-0,441$
Cd^{2+}	$-0,397$
Co^{2+}	$-0,29$
Ni^{2+}	$-0,22$
Sn^{2+}	$-0,136$
Pb^{2+}	$-0,129$
H^+	$0,000$
Bi^{3+}	$0,226$
Cu^{2+}	$0,344$
Te^{4+}	$0,558$
Hg^{2+}	$0,798$
Ag^+	$0,799$
Pt^{2+}	$1,2$
Au^{3+}	$1,42$

Paso 4. Cálculo de la resistencia del sistema de tierra

La forma de cálculo de la resistencia de puesta a tierra puede realizarse mediante:

- La aplicación de fórmulas sencillas.
- La utilización de métodos de cálculo simplificados.
- Métodos especiales de cálculo para mallas de tierra de gran dimensión.

Cuando se utilicen electrodos simples, es posible realizar el cálculo de la resistencia de puesta a tierra mediante las expresiones anteriores (3) a (7), (8), (10), (12), (14) y (16). En cuanto al diseño geométrico de los electrodos de puesta a tierra, cabe resaltar que un bucle enterrado circundando el perímetro del terreno de la instalación de alta tensión, es la solución que proporciona la resistencia más baja a igualdad de longitud enterrada del electrodo.

Los métodos simplificados de cálculo, tales como el método de las superficies equipotenciales [1], o el de Howe de UNESA [2], suponen unas ciertas simplificaciones como una disipación de corriente homogénea por unidad de longitud del electrodo y un valor de resistividad del terreno uniforme. Mediante estos métodos de cálculo se obtienen configuraciones de electrodos normalizadas utilizadas en centros de transformación y en apoyos de líneas de alta tensión, tales como:

- Bucle o anillo perimetral alrededor de la instalación o del apoyo.

- Bucle perimetral con 4 picas en las esquinas o, en ocasiones, con picas adicionales a lo largo del anillo.

- Picas alineadas, exteriores a la instalación.

Con objeto de disminuir la resistencia de puesta a tierra se puede variar la longitud del anillo, su profundidad de enterramiento, así como el número y longitud de las picas. Para estos electrodos normalizados se calcula un valor unitario (para una resistividad de $1\ \Omega{\cdot}m$) de la resistencia de puesta a tierra k_r, de forma que, multiplicando k_r, por la resistividad del terreno, se obtiene el valor de la resistencia de puesta a tierra final.

$$R = k_r \cdot \rho$$

Tabla 5.5. Ejemplos de valores de resistencia de puesta a tierra unitaria para un electrodo en forma de anillo cuadrado de dimensiones 3 × 3 m

Forma del electrodo	Profundidad del anillo	Longitud de las picas	$k_r\left(\dfrac{\Omega}{\Omega\cdot m}\right)$
Anillo rectangular sin picas		–	0,155
Anillo con 4 picas	0,5 m	2	0,110
		4	0,086
		6	0,071
		8	0,061
Anillo rectangular sin picas		–	0,148
Anillo con 4 picas	0,8 m	2	0,105
		4	0,083
		6	0,069
		8	0,048

Paso 5. Cálculo de las tensiones de paso y contacto que aparecen en la instalación

Una vez realizado el diseño preliminar de la instalación de puesta a tierra y calculada su resistencia, el siguiente paso del proyecto consiste en estudiar las tensiones máximas de paso y contacto que pueden aparecer en la instalación en caso de defecto.

En el caso de la puesta a tierra de apoyos de líneas de alta tensión, el RLAT establece que es posible estimar la tensión de contacto como la mitad de la tensión de puesta a tierra, lo que supone el considerar que cualquier punto del terreno a un metro del apoyo está a una tensión igual o mayor de la mitad de la tensión total U_E, es decir:

$$U_c' \simeq \frac{U_E}{2}$$

Si se quiere realizar un cálculo más preciso de U'_c y U'_p, será necesario conocer el perfil de tensiones en el terreno, U_x, con la distancia al elemento puesto a tierra, ver por ejemplo, para electrodos sencillos, las fórmulas (9), (11), (13), (15) y (17).

Cuando se utilizan electrodos normalizados, las máximas tensiones de contacto y de paso presentes en la instalación se pueden calcular mediante unos coeficientes que representan el valor máximo de la tensión de contacto y de paso que aparece en la instalación en cualquier dirección del terreno, por amperio de corriente que circula por el electrodo y por unidad de resistividad del terreno.

$$U_c' = k_c \cdot \rho \cdot I_E$$

$$U_p' = k_p \cdot \rho \cdot I_E$$

donde:

k_c = coeficiente que representa la máxima tensión de contacto unitaria en la instalación.

k_p = coeficiente que representa la máxima tensión de paso unitaria en la instalación, en cualquier punto del terreno próximo al apoyo puesto a tierra.

I_E = intensidad de corriente que circula por el electrodo de puesta a tierra,

ρ = resistividad del terreno.

Paso 6. Comprobación de que las tensiones de paso y contacto calculadas son inferiores a los valores máximos

El proyectista deberá comprobar que los valores de las tensiones de paso y contacto U'_p y U'_c, que calcule para la instalación en función su geometría, de la corriente de puesta a tierra que considere y de la resistividad del terreno, no superen en las condiciones más desfavorables las calculadas por las fórmulas (19), (20) y (21), en ninguna zona del terreno afectada por la instalación de tierra.

$$U_c' < U_c; \qquad U_p' < U_p; \qquad U_p' < U_{p,acceso}$$

Según el RLAT, cuando se haya comprobado el cumplimento de la tensión de contacto en el apoyo, no será necesario comprobar las tensiones de paso, sin embargo, si se utilizaran medidas adicionales de seguridad que eviten el riesgo de la tensión de contacto, sí habría que comprobar las tensiones de paso.

Es necesario calcular las tensiones de paso y contacto que aparecen en cualquier dirección y lugar de la instalación, y utilizar en la comprobación los valores máximos de todos los obtenidos.

Cuando el relé de protección contra defectos a tierra tenga una característica de actuación con un tiempo de disparo constante, independiente del valor de la corriente de defecto, el caso más desfavorable de cálculo será para la máxima intensidad de defecto. Sin embargo, cuando la característica de actuación sea a tiempo inverso (tiempo más pequeño para mayor corriente de defecto), no es seguro que el caso más desfavorable sea la máxima intensidad de defecto y es conveniente realizar comprobaciones adicionales para intensidades de defecto menores (que corresponderán a tiempos de actuación mayores).

Paso 7. Investigación de las tensiones transferibles al exterior

La siguiente etapa del proyecto. de gran importancia desde el punto de vista de la seguridad, es el estudio de las posibles tensiones transferidas por tuberías, raíles, conductores de neutro de baja tensión, pantallas o blindajes de cables, vallas y en general por cualquier elemento metálico que salga fuera de la instalación proyectada y que puede transferir tensiones peligrosas fuera de la instalación de alta tensión.

Estas situaciones no se producen en el diseño de la puesta a tierra de los apoyos de una línea de alta tensión, pero sí que son frecuentes en el diseño de subestaciones o incluso en centros de transformación.

Paso 8. Corrección y ajuste del diseño inicial utilizando en su caso medidas adicionales

Si con el diseño previsto de la instalación de puesta a tierra no se cumplen las tensiones de paso y contacto, se procurará, en primer lugar, replantear dicho diseño, actuando sobre alguno de los parámetros siguientes.

- Disminución de la resistencia de puesta a tierra.

  Esto puede lograrse cambiando la geometría de la instalación, por ejemplo, aumentando la longitud de los conductores enterrados, o sustituyendo un electrodo en forma de anillo simple por un doble anillo.

  También es posible mejorar la resistividad del terreno mediante un tratamiento adecuado alrededor de los electrodos mediante sales, geles, o abonado electrolítico, aunque cualquier tratamiento del terreno requiere de un mantenimiento periódico, dependiendo el período del tipo de tratamiento (del orden de cada dos años para las sales, cada seis para los geles, y cada diez para el abonado electrolítico).

- Reducción de la intensidad de defecto o del tiempo de eliminación de la falta

  Para reducir la intensidad de defecto es posible actuar sobre las impedancias del circuito, mientras que para reducir el tiempo de eliminación de la falta se puede actuar sobre el tarado de las protecciones. Nótese que estas dos medidas tienen por fin disminuir la tensión de contacto que aparece en la instalación.

Como última posibilidad, cuando por los valores de la resistividad del terreno, de la corriente de puesta a tierra o del tiempo de eliminación de la falta, no sea posible técnicamente, o resulte económicamente desproporcionado mantener los valores de las tensiones aplicadas de paso y contacto dentro de los límites reglamentarios, deberá recurrirse al empleo de medidas adicionales de seguridad. Cuando se utilicen medidas adicionales se deberá comprobar que se cumplen los requisitos de la tensión de paso.

En el caso de los apoyos de una línea de alta tensión las medidas adicionales podrían ser por ejemplo:

- Aumento de la resistividad superficial del terreno. En este caso, se trata de sustituir la resistividad superficial que interviene en las fórmulas (19), (20), y (21), por otra de valor muy superior, de forma que, aunque las tensiones de paso y contacto que aparecen en la instalación no varíen, se aumente su valor admisible. Se puede aumentar la resistividad superficial mediante una plataforma de hormigón alrededor del apoyo, o utilizando un pavimento aislante, de modo que la persona que pueda establecer un contacto se sitúe sobre el hormigón y no sobre el terreno. Esta medida se utiliza mucho también en centros de transformación, construyendo una acera perimetral alrededor del centro.

- Recubrir los apoyos con una obra de fábrica de ladrillo hasta una altura de 2,5 m, con lo cual resulta imposible tocar las partes metálicas del apoyo.

- Instalar una valla aislante perimetral a una distancia al menos de 1,25 m del apoyo, de modo que una persona podría pegarse a la valla pero no llegaría a tocar el apoyo.

- Construir una superficie equipotencial que rodee el apoyo y que se extienda hasta 1,25 m de sus caras, de forma que se garantice que cualquier persona que toque el apoyo tenga sus pies al potencial del apoyo. Esta superficie equipotencial se puede obtener con un mallazo electrosoldado con varillas de diámetro no inferior a 4 mm formando una retícula no superior a 0,30 × 0,30 m, embebidas en el hormigón a unos 10 cm de profundidad. Este mallazo se conectará en dos puntos opuestos a la tierra del apoyo.

- Recubrir los apoyos con placas aislantes hasta una altura de 2,5 m. Esta solución tiene el inconveniente de que se debe garantizar la integridad de la placa a lo largo de los años mediante un mantenimiento adecuado.

- En ocasiones, debido a la propia orografía del terreno, el apoyo se puede considerar inaccesible para las personas, siempre que quede a una distancia mayor de 1,25 m de la zona límite accesible (por ejemplo, un apoyo próximo a una carretera pero en la ladera de un barranco no accesible desde el arcén).

Paso 9. Comprobaciones y verificaciones in situ una vez terminada la instalación

Una vez terminada la instalación se deberán realizar las medidas necesarias para tener una mayor certeza de que el diseño del sistema de puesta a tierra es correcto con respecto de la seguridad de las personas.

Para una línea de alta tensión se realizarán las medidas siguientes:

- Medida de la resistencia de puesta a tierra de todos los apoyos, para comprobar que es lo suficientemente baja para garantizar que actúan las protecciones.

- Medida de la tensión de contacto aplicada en los apoyos frecuentados, de maniobra, o para aquellos que no dispongan de un sistema de desconexión automática inmediata en caso de defecto a tierra.

- Para los apoyos en los que se aplicaron por proyecto medidas adicionales de seguridad para evitar el riesgo por tensión de contacto se medirá la tensión de paso aplicada.

En caso de no cumplirse los valores establecidos de resistencia o de tensiones de paso y contacto aplicadas se realizarán los cambios necesarios en la instalación hasta lograr conseguir los valores necesarios para garantizar la seguridad.

5.1.6. Intensidad de defecto a tierra e intensidad de puesta a tierra

Para realizar el proyecto de una instalación de puesta a tierra se debe determinar la máxima intensidad de puesta a tierra I_E, ya que esta corriente es la que provoca la elevación del potencial de tierra del apoyo, los gradientes de tensión y las tensiones de paso y contacto peligrosas. No se debe confundir la intensidad de puesta a tierra, con la de defecto a tierra ya que la primera es siempre menor o igual a la segunda, y según los casos, puede ser mucho menor.

En cuanto a los tipos de intensidades de falta se suele considerar solamente el defecto monofásico a tierra, ya que, aunque la doble falta monofásica a tierra puede crear corrientes de falta más elevadas (cuando la impedancia a secuencia homopolar es menor que a secuencia directa), es un defecto muy improbable. Durante el proyecto se debe determinar cuál es la localización de la falta que provoca una mayor tensión de puesta a tierra.

Las figuras siguientes muestran la corriente de puesta a tierra, I_E, en comparación con la intensidad de defecto a tierra, I_F, para diferentes localizaciones de la falta y configuraciones del sistema eléctrico. Se calcula también para cada caso la elevación de potencial o tensión de puesta a tierra, U_E, del apoyo o estructura en la que se produce la falta.

a) Línea sin cable de tierra alimentada desde la propia subestación, con falta en un apoyo dentro de la subestación.

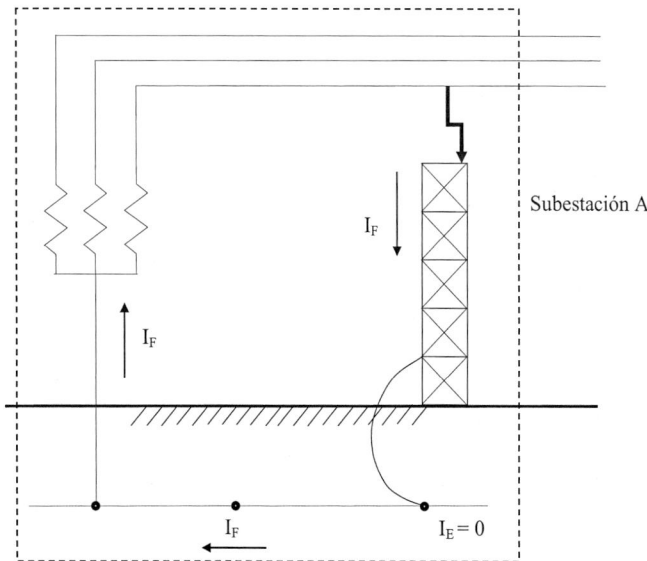

Figura 5.13. Línea sin cable de tierra alimentada desde la propia subestación, con falta en un apoyo dentro de la subestación

Toda la corriente de defecto retorna por la malla de tierra de la subestación a través de la conexión a tierra del neutro del transformador; por tanto:

$$\overrightarrow{I_E} \approx 0; \qquad \overrightarrow{U_E} \approx 0$$

b) Línea sin cable de tierra alimentada desde las subestaciones A y B con falta en un apoyo dentro de la subestación A.

La corriente de defecto se divide entre la de puesta a tierra y la que retorna a la fuente por la malla de tierra de la subestación A, a través de la conexión a tierra del neutro del transformador.

$$\overrightarrow{I_E} = \overrightarrow{I_F} - \overrightarrow{I_{F1}} = \overrightarrow{I_{F2}}$$

$$\overrightarrow{U_E} = R_{malla,sub-A} \cdot \overrightarrow{I_E}$$

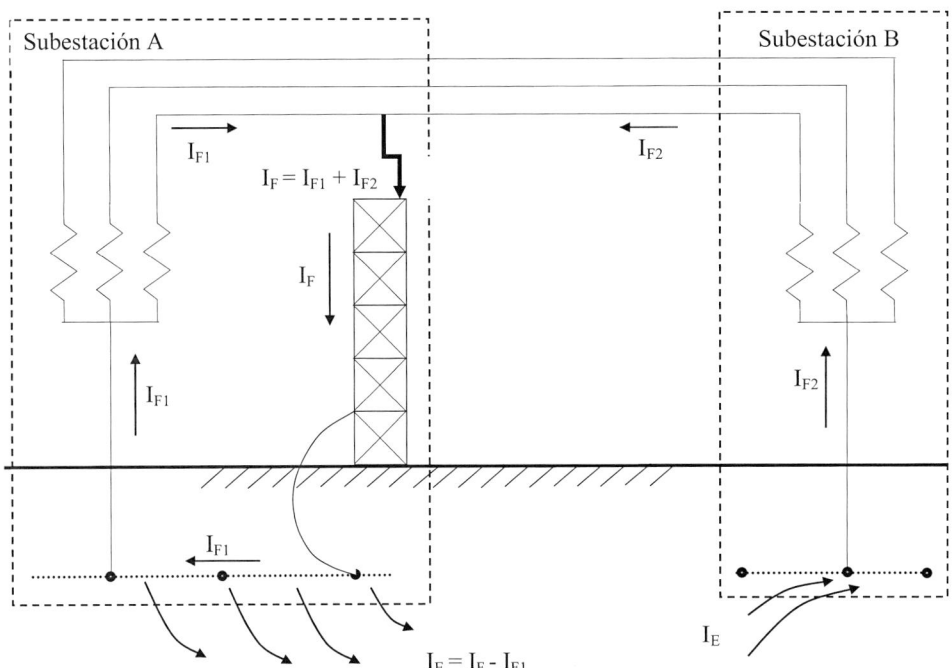

Figura 5.14. Línea sin cable de tierra alimentada desde las subestaciones A y B, con falta en un apoyo dentro de la subestación A

Nótese que en este mismo ejemplo si el apoyo estuviera fuera de la subestación A, toda la corriente de defecto sería corriente de puesta a tierra. Por tanto si se denomina R la resistencia de puesta a tierra del apoyo se tendría en este caso que:

$$\overrightarrow{I_E} = \overrightarrow{I_F} = \overrightarrow{I_{F1}} + \overrightarrow{I_{F2}}; \qquad \overrightarrow{U_E} = R \cdot \overrightarrow{I_E}$$

c) Línea sin cable de tierra alimentada desde la propia subestación, con falta en un apoyo alejado de la subestación.

Toda la corriente de defecto se transforma en intensidad de puesta a tierra; por tanto:

$$\vec{I_E} = \vec{I_F}; \qquad \vec{U_E} = R \cdot \vec{I_E}$$

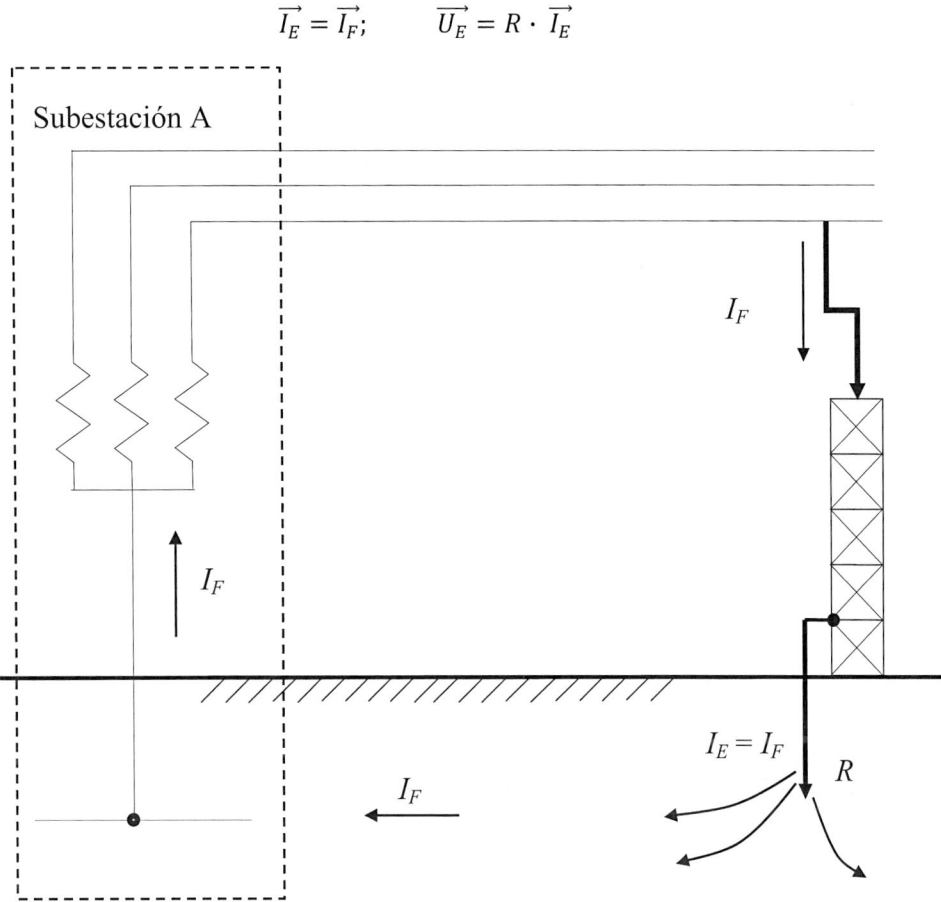

Figura 5.15. Línea sin cable de tierra alimentada desde la propia subestación, con falta en un apoyo fuera de la subestación

d) Línea con cables de tierra y falta en un apoyo intermedio de la línea.

En este caso, se deben tener en cuenta dos efectos: la reducción de la corriente de puesta a tierra por efecto de los cables de tierra, y que el propio cable de tierra conecta en paralelo las puestas a tierra de todos los apoyos de la línea.

Si la línea une las subestaciones A y B, los cables de tierra de la línea estarán conectados en los extremos a las mallas de tierra de cada subestación. Una fracción de la corriente de defecto retornará a la fuente por el cable de tierra y por su unión con la malla de cada subestación, mientras que el resto será la intensidad de puesta a tierra.

Como la falta se alimenta desde las dos subestaciones, se tiene:

$$\vec{I_F} = \vec{I_{F1}} + \vec{I_{F2}} = 3 \cdot \vec{I_{0A}} + 3 \cdot \vec{I_{0B}}$$

La fracción de la corriente de defecto que no se difunde por tierra se calcula como:

$$\vec{I_F} - \vec{I_E} = (1 - \vec{r}) \cdot \vec{I_F} = (1 - \vec{r}) \cdot \left(3 \cdot \overrightarrow{I_{0A}} + 3 \cdot \overrightarrow{I_{0B}}\right)$$

Por lo tanto, la intensidad de puesta a tierra se calcula como:

$$\vec{I_E} = \vec{r} \cdot \vec{I_F} = \vec{r} \cdot \left(3 \cdot \overrightarrow{I_{0A}} + 3 \cdot \overrightarrow{I_{0B}}\right)$$

Donde el factor de reducción de la intensidad de falta es un número complejo, cuyo cálculo se explica en el siguiente apartado.

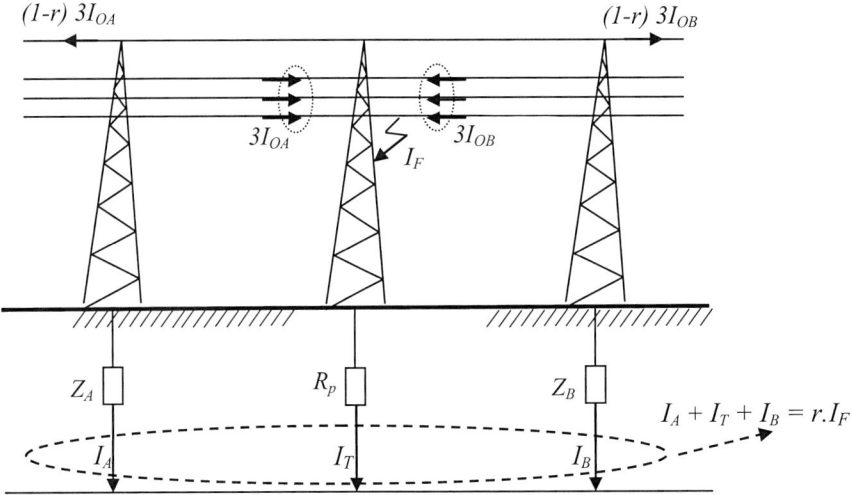

Figura.5.16. Factor de reducción *r*, para una línea con cables de tierra

El segundo efecto considera que todos los apoyos están conectados en paralelo a través del cable de tierra tal y como se representa en la figura siguiente.

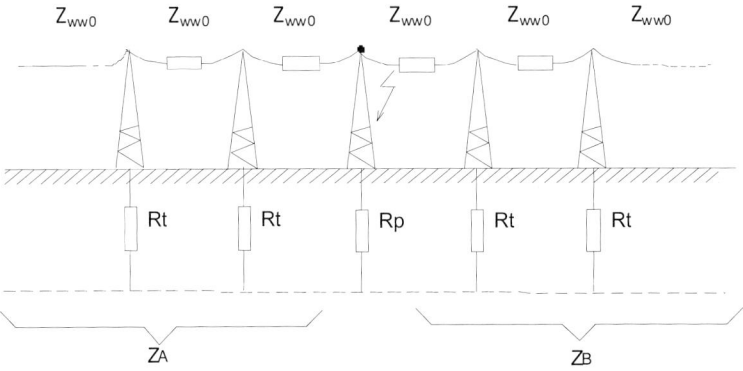

Figura 5.17. Representación de las impedancias que intervienen en un defecto a tierra para líneas con cables de tierra

donde:

R_p = resistencia de puesta a tierra del apoyo en que se produce la falta.

R_t = resistencia de puesta a tierra media de los apoyos colindantes.

$\overrightarrow{Z_{ww0}}$ = impedancia homopolar del cable de tierra (calculado para un vano de longitud media, a_m).

$\overrightarrow{Z_A}$ = impedancia de entrada de una cadena infinita compuesta por la impedancia del hilo de tierra y la resistencia de puesta a tierra de los apoyos, con distancias iguales entre apoyos.

$\overrightarrow{Z_B}$ = impedancia de entrada de una cadena infinita al otro lado del apoyo en defecto.

Se suele admitir que las impedancias Z_A, y Z_B son constantes cuando el número de vanos que intervienen en la cadena es suficiente, definiéndose así el concepto de impedancia de entrada de cadena infinita, aproximación que se cumple para una distancia suficiente, denominada *distancia lejana*, y que se puede alcanzar a partir de un número de 10 o 15 apoyos (para más detalles, *véase* la referencia [4]).

$$\overrightarrow{Z_A} = \overrightarrow{Z_B} = \overrightarrow{Z_P} = \frac{1}{2} \cdot \left(\overrightarrow{Z_{ww0}} + \sqrt{\overrightarrow{Z_{ww0}}\left(4 \cdot R_t + \overrightarrow{Z_{ww0}}\right)} \right) \qquad (24)$$

Partiendo de la distancia media de los vanos, a_m, la longitud de la distancia lejana D_T, se puede calcular según [4] como:

$$D_T = 3 \cdot \sqrt{R_t} \cdot \frac{a_m}{Real\left(\sqrt{Z_{ww0}}\right)}$$

Por lo tanto, la intensidad de puesta a tierra circulará en parte por la resistencia de puesta a tierra del apoyo en defecto pero también por el resto de apoyos a izquierda y derecha, representados por sendas impedancias de cadena infinita, Z_A y Z_B, es decir:

$$\overrightarrow{I_E} = \overrightarrow{I_A} + \overrightarrow{I_T} + \overrightarrow{I_B}$$

Finalmente, la tensión de puesta a tierra se puede calcular como:

$$\overrightarrow{U_E} = \overrightarrow{I_E} \cdot \overrightarrow{Z_{total}}$$

De donde se tiene que:

$$\overrightarrow{Z_{total}} = \frac{1}{\dfrac{1}{R_p} + \dfrac{2}{\overrightarrow{Z_p}}}$$

5.1.7. Cálculo del factor de reducción en líneas aéreas con cables de tierra

Para formular el cálculo del factor de reducción, r, es necesario estudiar primero el valor de la impedancia de las líneas a secuencia homopolar. Para ello se estudiarán los casos de una línea de un solo conductor, de una línea trifásica y de una línea trifásica con cables de tierra.

a) Línea de un solo conductor

El cálculo de la impedancia a secuencia homopolar se basa principalmente en los trabajos de Carson y Pollaczeck (1921). Según estos trabajos, la impedancia que presenta un circuito formado por un conductor y el terreno (*véase* la Figura 5.18), viene dada por la siguiente expresión (25):

$$\overrightarrow{Z_{c-t}} = R_{ca} + \omega \cdot \frac{\mu_0}{4 \cdot \pi} \left[\frac{\pi}{2} - 3,5 \cdot \frac{h^*}{\delta} + 3,42 \cdot \frac{h^{*2}}{\delta^2} \cdot \left(0,055 + ln\frac{h^*}{\delta} \right) \right] +$$

$$j\omega \cdot \frac{\mu_0}{2\pi} \left[ln\frac{\delta}{r} + 1,75 \cdot \frac{h^*}{\delta} - 1,34 \cdot \frac{h^{*2}}{\delta^2} + \frac{\mu_r}{4} \right] \quad (25)$$

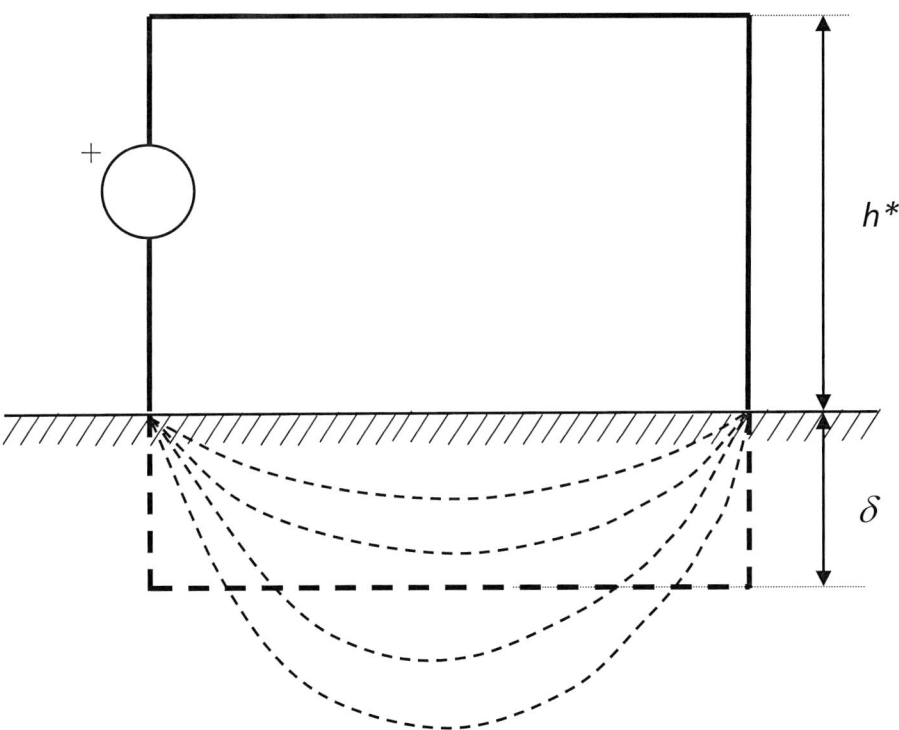

Figura 5.18. Representación del circuito formado por un conductor y el terreno

donde:

R_{ca} = resistencia en corriente alterna del conductor.

δ = profundidad media de las líneas de intensidad de corriente que retornan por el terreno. Viene dada por la expresión:

$$\delta = \frac{1,85}{\sqrt{\dfrac{\omega \cdot \mu_0}{\rho}}}$$

r = radio del conductor.

ρ = resistividad del terreno.

μ_r = permeabilidad relativa del conductor.

Para cables de aluminio-acero con una capa de aluminio, vale entre 5 y 10.

Para otros cables de aluminio-acero $\mu_r \approx 1$.

Para cables de acero, $\mu_r = 75$.

ω = pulsación eléctrica, $\omega = 2 \cdot \pi \cdot f$, siendo f la frecuencia eléctrica (50 ó 60 Hz).

μ_0 = permeabilidad magnética del vacío, $\mu_0 = 4 \cdot \pi \cdot 10^{-7}$ H/m.

En la práctica, h^* es mucho menor que δ (por ejemplo para $\rho = 100\ \Omega \cdot$m, $\delta = 930$ m) por lo que la expresión (25) se puede simplificar como:

$$\overrightarrow{Z_{ct}} = R_{ca} + \omega \cdot \frac{\mu_0}{8} + j\omega \cdot \frac{\mu_0}{2 \cdot \pi}\left[ln\frac{\delta}{r} + \frac{\mu_r}{4} \right] \quad (26)$$

Por otra parte, la impedancia mutua entre dos conductores, ambos con retorno por el terreno, viene dada por la expresión siguiente:

$$\overrightarrow{Z_{mn}} = \omega \cdot \frac{\mu_0}{4 \cdot \pi}\left[\frac{\pi}{2} - \frac{1,75}{\delta} \cdot (y + h^*) \right] + j\omega \cdot \frac{\mu_0}{2\pi}\left[ln\frac{\delta}{D_{m-n}} + \frac{0,875}{\delta} \cdot (y + h^*) \right] \quad (27)$$

donde:

y = altura del segundo conductor sobre el terreno en metros.

D_{m-n} = distancia entre ambos conductores, en metros.

En la práctica, las alturas de los conductores sobre el terreno (h^*, y) son mucho menores que δ, y por otra parte, $D_{m-n} < 0,3 \cdot \delta$, por lo que la expresión (27) se puede simplificar como:

$$\overrightarrow{Z_{mn}} = \omega \cdot \frac{\mu_0}{8} + j\omega \cdot \frac{\mu_0}{2 \cdot \pi} ln\frac{\delta}{D_{m-n}} \quad (28)$$

Téngase en cuenta que cuando los dos conductores pertenecen a la misma línea se cumple que $D_{m-n} < 0,3 \cdot \delta$, pero no cuando pertenecen a líneas distintas, por ejemplo, al estudiar perturbaciones de líneas de transporte de energía sobre líneas de comunicaciones. Obsérvese también cómo la impedancia de acoplamiento mutuo presenta una parte resistiva que se conoce como *resistencia de retorno por tierra*, ($\approx$ 0,05 Ω/km para 50 Hz, y es $\approx$ 0,06 Ω/km para 60 Hz).

b) Línea trifásica

El estudio de una línea trifásica a secuencia homopolar se representa en la Figura 5.19.

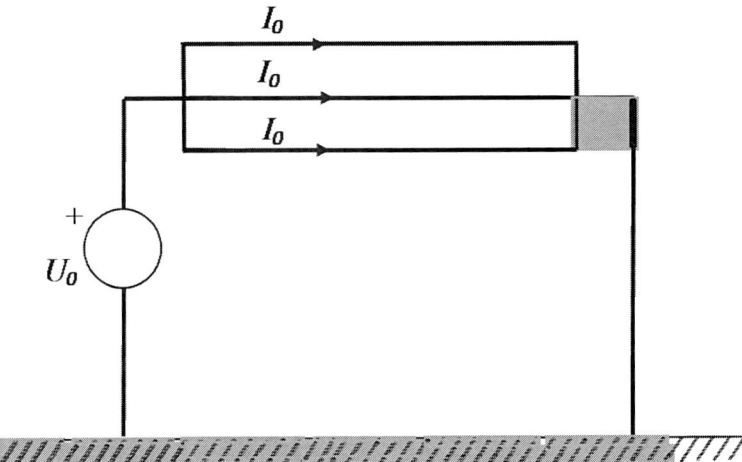

Figura 5.19. Representación de una línea trifásica en secuencia homopolar

Si se han hecho las transposiciones en los tres conductores de fase, por cada uno de ellos circulará la misma corriente I_0. En cualquiera de los conductores, por ejemplo, en el de la fase a se cumplirá la igualdad siguiente, ya que en cada tercio de la longitud total de la línea l, el conductor ocupa sucesivamente las posiciones a, b, y c.

$$\overrightarrow{U_0} = \frac{l}{3} \cdot (\overrightarrow{Z_{aa0}} + \overrightarrow{Z_{ab0}} + \overrightarrow{Z_{ac0}})I_0 + \frac{l}{3} \cdot (\overrightarrow{Z_{bb0}} + \overrightarrow{Z_{ba0}} + \overrightarrow{Z_{bc0}})I_0 + \frac{l}{3} \cdot (\overrightarrow{Z_{cc0}} + \overrightarrow{Z_{ca0}} + \overrightarrow{Z_{cb0}})\overrightarrow{I_0} \quad (29)$$

Después de reagrupar términos la ecuación (29) se puede escribir como:

$$\overrightarrow{U_0} = \frac{l}{3} \cdot (\overrightarrow{Z_{aa0}} + \overrightarrow{Z_{bb0}} + \overrightarrow{Z_{cc0}}) \cdot I_0 + \frac{2 \cdot l}{3} \cdot (\overrightarrow{Z_{ab0}} + \overrightarrow{Z_{bc0}} + \overrightarrow{Z_{ca0}}) \cdot \overrightarrow{I_0} \quad (30)$$

Por lo que se puede calcular la impedancia homopolar de un conductor de fase por unidad de longitud como:

$$\overrightarrow{Z_0} = \frac{1}{3} \cdot (\overrightarrow{Z_{aa0}} + \overrightarrow{Z_{bb0}} + \overrightarrow{Z_{cc0}}) + \frac{2}{3} \cdot (\overrightarrow{Z_{ab0}} + \overrightarrow{Z_{bc0}} + \overrightarrow{Z_{ca0}}) \quad (31)$$

Si se sustituyen en la ecuación (31) los valores dados por las igualdades (26) y (28), se tiene:

$$\vec{Z_0} = R_{ca} + 3 \cdot \omega \cdot \frac{\mu_0}{8} + j\omega \cdot \frac{\mu_0}{2 \cdot \pi} \left[ln \frac{\delta^3}{r \cdot D_m^2} + \frac{\mu_r}{4} \right] \quad (32)$$

donde:

D_m = distancia media geométrica entre los conductores de fase, $D_m = \sqrt[3]{D_{ab} \cdot D_{bc} \cdot D_{ca}}$

c) Influencia de los cables de tierra

En teoría de circuitos, cuando una línea trifásica está recorrida por un sistema trifásico equilibrado de corrientes cuya suma vectorial es cero, aunque el neutro esté puesto a tierra no hay circulación de corriente por tierra, ni por el conductor neutro, si existiera, ni por los cables de tierra. Por ello, aunque los cables de tierra constituyan un circuito que está acoplado magnéticamente con los conductores de fase, su presencia no modifica los valores de la inductancia de los conductores de fase según las fórmulas del capítulo de cálculos eléctricos de una línea.

En la práctica, un cable de tierra junto con el terreno constituye una espira conductora en cortocircuito. Esta espira está atravesada por el campo magnético variable resultante del que crean los conductores de fase de la línea. Por tanto, se induce en ella una tensión y, al estar en cortocircuito, se produce la circulación de determinada intensidad de corriente. Esta intensidad es, no obstante, pequeña, dado que el campo resultante creado por los tres conductores de fase es pequeño. En resumen, se puede despreciar la presencia de los cables de tierra en el cálculo de la reactancia inductiva de las líneas a secuencia directa e inversa.

Sin embargo, cuando las corrientes que circulan por los conductores de fase constituyen un sistema de secuencia homopolar, el campo resultante es la suma de tres campos en fase y, por tanto, no se puede considerar despreciable, ni tampoco la corriente que circula por los cables de tierra. Por consiguiente, en el cálculo de la reactancia inductiva de las líneas a secuencia homopolar se debe considerar la presencia de los cables de tierra.

Por ejemplo, para una línea trifásica con conductores de fase transpuestos y con un cable de tierra, se tiene para el circuito formado por uno de los conductores de fase y el terreno que:

$$\vec{U_0} = \vec{Z_0} \cdot l \cdot \vec{I_0} - \frac{l}{3} \cdot \left(\vec{Z_{aw0}} + \vec{Z_{bw0}} + \vec{Z_{cw0}} \right) \cdot \vec{I'_0} \quad (33)$$

donde:

$\vec{Z_0}$ = impedancia homopolar de los conductores de fase según la ecuación (32)

$\vec{I'_0}$ = intensidad que circula por el cable de tierra, w.

$\vec{Z_{aw0}}$ = impedancia homopolar mutua por unidad de longitud entre un conductor en la posición a y el cable de tierra según la ecuación (28), y lo mismo para las posiciones b, c.

$$\overrightarrow{Z_{aw0}} = \omega \cdot \frac{\mu_0}{8} + j\omega \cdot \frac{\mu_0}{2 \cdot \pi} ln \frac{\delta}{D_{a-w}}$$

$$\overrightarrow{Z_{bw0}} = \omega \cdot \frac{\mu_0}{8} + j\omega \cdot \frac{\mu_0}{2 \cdot \pi} ln \frac{\delta}{D_{b-w}}$$

$$\overrightarrow{Z_{cw0}} = \omega \cdot \frac{\mu_0}{8} + j\omega \cdot \frac{\mu_0}{2 \cdot \pi} ln \frac{\delta}{D_{c-w}}$$

A su vez, para el circuito formado por el cable de tierra y el terreno, y teniendo en cuenta la transposición de los conductores de fase, se puede escribir la igualdad siguiente:

$$0 = -\frac{l}{3} \cdot \left(\overrightarrow{Z_{aw0}} + \overrightarrow{Z_{bw0}} + \overrightarrow{Z_{cw0}} \right) \cdot I_0 - \frac{l}{3} \cdot \left(\overrightarrow{Z_{bw0}} + \overrightarrow{Z_{cw0}} + \overrightarrow{Z_{aw0}} \right) \cdot I_0$$
$$- \frac{l}{3} \left(\overrightarrow{Z_{cw0}} + \overrightarrow{Z_{aw0}} + \overrightarrow{Z_{bw0}} \right) \cdot \overrightarrow{I_0} + l \cdot Z_{ww0} \cdot \overrightarrow{I_0'}$$

Agrupando términos se tiene:

$$0 = -\left(\overrightarrow{Z_{aw0}} + \overrightarrow{Z_{bw0}} + \overrightarrow{Z_{cw0}} \right) . \overrightarrow{I_0} + \overrightarrow{Z_{ww0}} . \overrightarrow{I_0'}$$

De donde se puede despejar el valor de la intensidad que circula por el cable de tierra como:

$$\overrightarrow{I_0'} = \frac{\overrightarrow{Z_{aw0}} + \overrightarrow{Z_{bw0}} + \overrightarrow{Z_{cw0}}}{\overrightarrow{Z_{ww0}}} \cdot \overrightarrow{I_0} \quad (34)$$

Si se sustituye la igualdad (34) en la (33) se tiene que:

$$\overrightarrow{U_0} = \overrightarrow{Z_0} \cdot l \cdot \overrightarrow{I_0} - \frac{l}{3} \frac{\left(\overrightarrow{Z_{aw0}} + \overrightarrow{Z_{bw0}} + \overrightarrow{Z_{cw0}} \right)^2}{\overrightarrow{Z_{ww0}}} \cdot \overrightarrow{I_0} \quad (35)$$

De la expresión (35) se deduce el valor de la expresión de la impedancia a secuencia homopolar de un conductor de fase teniendo en cuenta el efecto de un cable de tierra:

$$\overrightarrow{U_0} = \overrightarrow{Z_0'} \cdot l \cdot \overrightarrow{I_0} \Rightarrow$$

$$\overrightarrow{Z_0'} = \overrightarrow{Z_0} - 3 \cdot \frac{\overrightarrow{Z_{WL}}^2}{\overrightarrow{Z_{ww0}}} \quad (36)$$

donde:

$$\overrightarrow{Z_{WL}} = \frac{1}{3} \cdot \left(\overrightarrow{Z_{aw0}} + \overrightarrow{Z_{bw0}} + \overrightarrow{Z_{cw0}} \right) = \omega \cdot \frac{\mu_0}{8} + j\omega \cdot \frac{\mu_0}{2 \cdot \pi} ln \frac{\delta}{D_{WL}} \quad (37)$$

$$\overrightarrow{Z_{ww0}} = R_w + \omega \cdot \frac{\mu_0}{8} + j\omega \cdot \frac{\mu_0}{2\pi}\left[ln\frac{\delta}{r_w} + \frac{\mu_r}{4}\right] \quad (38)$$

Teniendo en cuenta que D_{WL} es la distancia media geométrica entre el cable de tierra y los conductores de fase:

$$D_{WL} = \sqrt[3]{D_{a-w} \cdot D_{b-w} \cdot D_{c-w}}$$

d) Definición del factor de reducción r

El planteamiento previo servirá para definir a continuación el factor de reducción. Este factor determina qué parte de la corriente homopolar que se tiene en el punto de cortocircuito circula a tierra a través de la puesta a tierra de la instalación en defecto provocando la elevación del potencial y las tensiones de paso y contacto potencialmente peligrosas. *Véase* como ilustración la Figura 5.15.

$$\overrightarrow{I_E} = \vec{r} \cdot \overrightarrow{I_F} = \vec{r} \cdot 3\overrightarrow{I_0}$$

Por lo tanto, teniendo en cuenta que I'_0 es la parte de la intensidad de defecto que retorna a la fuente por los cables de tierra y que no contribuye a la elevación del potencial de la instalación, se puede calcular el factor de reducción como:

$$\vec{r} = \frac{3 \cdot \overrightarrow{I_0} - \overrightarrow{I'_0}}{3 \cdot \overrightarrow{I_0}} \quad (39)$$

Si se sustituye la ecuación (34) en la anterior se tiene que:

$$\vec{r} = 1 - \frac{\overrightarrow{Z_{aw0}} + \overrightarrow{Z_{bw0}} + \overrightarrow{Z_{cw0}}}{3 \cdot \overrightarrow{Z_{ww0}}} \Longrightarrow$$

$$\vec{r} = 1 - \frac{\overrightarrow{Z_{WL}}}{\overrightarrow{Z_{ww0}}} \quad (40)$$

Se puede generalizar la expresión (38) de la impedancia homopolar por unidad de longitud propia del cable de tierra, Z_{ww0}, para los casos en que existan uno o dos conductores de tierra:

$$\overrightarrow{Z_{ww0}} = \frac{R_w}{v} + \omega \cdot \frac{\mu_0}{8} + j\omega \cdot \frac{\mu_0}{2 \cdot \pi}\left[ln\frac{\delta}{r_{ww}} + \frac{\mu_r}{4 \cdot v}\right] \quad (41)$$

donde:

R_w = resistencia por unidad de longitud de un cable de tierra.

Para un cable de tierra, $v = 1$,

$$r_{ww} = r_w$$

Para dos cables de tierra, $v = 2$,

$$r_{ww} = \sqrt{r_w \cdot d_w}; \quad d_w = \text{distancia entre los cables de tierra}$$

La expresión (37) de la impedancia homopolar por unidad de longitud mutua entre el cable de tierra y los conductores de fase Z_{WL}, resulta aplicable para uno o dos cables de tierra, adaptando el cálculo de la distancia media geométrica D_{WL}, entre los cables de tierra y los conductores de fase, según existan uno o dos cables de tierra:

Para un cable de tierra, $v = 1$,

$$D_{WL} = \sqrt[3]{D_{a-w} \cdot D_{b-w} \cdot D_{c-w}}$$

Para dos cables de tierra, $v = 2$,

$$D_{WL} = \sqrt[6]{D_{a-w1} \cdot D_{b-w1} \cdot D_{c-w1} \cdot D_{a-w2} \cdot D_{b-w2} \cdot D_{c-w2}}$$

5.1.8. Cálculo de la intensidad de defecto a tierra en líneas de tercera categoría

En la Figura 5.20 se muestran los caminos de retorno por el terreno de la corriente de defecto a tierra, teniendo en cuenta que en media tensión las redes se explotan de forma radial.

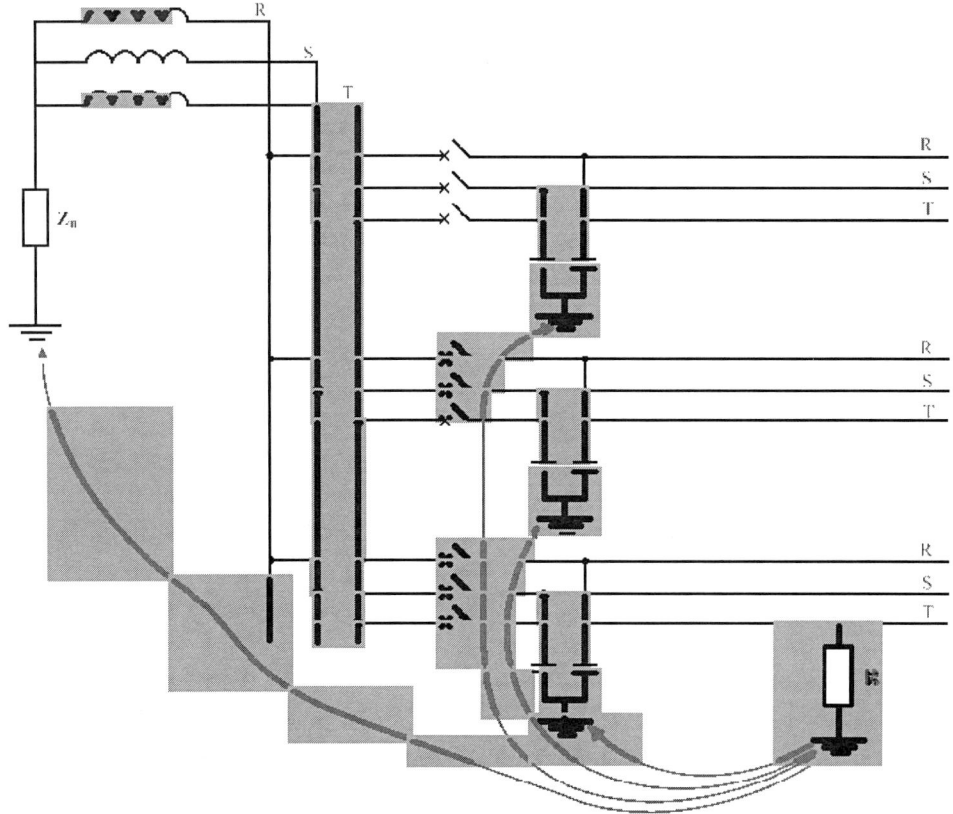

Figura 5.20. Caminos de retorno de la corriente de defecto a tierra

Se considerarán dos casos de estudio, red con el neutro a tierra y red con neutro aislado:

a) Red con el neutro del transformador de la subestación a tierra a través de una impedancia $\overrightarrow{Z_n}$

La corriente retorna principalmente por la impedancia de puesta a tierra del neutro:

$$\overrightarrow{Z_n} = R_n + j \cdot X_n$$

La fórmula simplificada para calcular la intensidad de defecto a tierra, sin tener en cuenta la impedancia de las líneas, es la siguiente:

$$|\overrightarrow{I_F}| = \frac{\sqrt{3} \cdot c \cdot U_n}{\left| 3 \cdot \overrightarrow{Z_n} + 2 \cdot j \dfrac{u_{cc.}U_n{}^2}{S_{nom}} + 3 \cdot R \right|} \qquad (42)$$

donde:

U_n = tensión de servicio entre fases en voltios.

c = factor de tensión $c = 1,1$, según norma UNE-EN 60909-1. Este factor tiene en cuenta la variación de la tensión en el espacio y en el tiempo, la tolerancia de la impedancia de puesta a tierra, los cambios eventuales en las conexiones de los transformadores, y el comportamiento subtransitorio de los alternadores y motores.

ω = pulsación eléctrica ($2 \cdot \pi \cdot f$).

R = resistencia de puesta a tierra del elemento metálico en el que se produce el defecto, por ejemplo la resistencia del apoyo.

u_{cc} = tensión de cortocircuito del transformador de la subestación expresada en por unidad.

S_{nom} = potencia nominal del transformador de la subestación.

El segundo sumando del denominador de la expresión (42) representa la impedancia del cortocircuito del transformador de la subestación, y su valor suele ser pequeño en comparación con el resto de sumandos, por lo que dicha expresión se suele transformar en la siguiente:

$$|\overrightarrow{I_F}| = \frac{\sqrt{3} \cdot c \cdot U_n}{\left| 3 \cdot \overrightarrow{Z_n} + 2 \cdot j \dfrac{u_{cc.}U_n{}^2}{S_{nom}} + 3R \right|} \approx \frac{\sqrt{3}.c.U_n}{\left| 3 \cdot \overrightarrow{Z_n} + 3 \cdot R \right|} \Rightarrow$$

$$|\overrightarrow{I_F}| \approx \frac{c \cdot U_n}{\sqrt{3} \cdot \sqrt{X_n^2 + (R_n + R)^2}} \quad (43)$$

La aplicación de la fórmula (43), en lugar de la (42) supone el cálculo de una intensidad de defecto a tierra algo superior, por lo que se puede aplicar con carácter general al sobredimensionarse ligeramente el diseño de la instalación.

b) Red con neutro aislado

En una red con neutro aislado la corriente de defecto retorna únicamente por las capacidades de las líneas o cables de las fases sanas a tierra, no solo por la línea en defecto, sino por cualquier línea que parta de la misma subestación que la línea en defecto.

La fórmula simplificada para calcular la intensidad de defecto a tierra, es la siguiente:

$$|\overrightarrow{I_F}| = \frac{\sqrt{3} \cdot c \cdot U_n \cdot (\omega \cdot C_a \cdot L_a + \omega \cdot C_c \cdot L_c)}{\sqrt{1 + (\omega \cdot C_a \cdot L_a + \omega \cdot C_c \cdot L_c)^2 \cdot (3R)^2}} \quad (44)$$

donde, además de los términos ya explicados anteriormente, se tiene que:

C_a = capacidad de las líneas aéreas que parten de la subestación en μF/km. Si no se conoce el valor exacto, se puede utilizar $C_a = 0{,}006$ μF/km.

L_a = longitud en km de todas las líneas aéreas que parten de la subestación.

C_c = capacidad de las líneas de cables aislados que parten de la subestación en μF/km. Si no se conoce el valor exacto, se puede utilizar $C_c = 0{,}25$ μF/km.

L_c = longitud en km de todas la líneas con cables aislados que parten de la subestación.

En el caso de redes con neutro aislado, resulta muy práctico el calcular la intensidad de defecto a tierra en función de la longitud, tipo de la red y de su tensión nominal, aplicando la fórmula anterior con los valores de C_a, y C_c indicados y suponiendo nula la resistencia de puesta a tierra.

El régimen de neutro aislado proporciona una reducción de las tensiones de contacto que aparecen en la instalación, al reducirse de forma muy importante los valores de las intensidades de defecto a tierra, lo cual supone una economía en la realización de las instalaciones de puesta a tierra de las líneas. Otra de las ventajas es la disminución de las interrupciones del servicio debido al gran número de faltas que se auto extinguen sin necesidad de que lleguen a actuar las protecciones.

5.2. EJEMPLO DE CÁLCULO DE PUESTA A TIERRA EN LÍNEA AÉREA DE 3ª CATEGORÍA CON NEUTRO IMPEDANTE Y NEUTRO AISLADO

Se debe de proyectar la instalación de puesta a tierra de los apoyos de una línea aérea sin cables de tierra, y de tensión nominal, $U_n = 20$ kV, en la que existen tanto apoyos frecuentados como no frecuentados, suponiendo que el terreno tiene una resistividad media, $\rho = 400$ $\Omega \cdot$m, y que la cimentación de los apoyos es un dado de hormigón de dimensiones 1,2 m $\times$ 1,2 m.

A continuación se estudiarán dos situaciones distintas:

- Neutro del transformador de la subestación puesto a tierra

  La línea parte de una subestación en la que el transformador está puesto a tierra a través de una reactancia de valor, $X_n = 5,7$ Ω. Por otra parte, las protecciones de sobreintensidad homopolar actúan en tiempos menores que los indicados por la curva: $I_F \cdot t = 400$.

  El transformador de la subestación del que parte la línea tiene una potencia nominal de 25 MVA y una tensión de cortocircuito del 10%.

- Neutro aislado

  La línea parte de una subestación en la que el transformador tiene su neutro aislado de tierra. Dicho transformador alimenta 20 km de líneas subterráneas y 10 km de líneas aéreas. El tiempo de actuación de las protecciones con relés direccionales de impedancia homopolar es fijo, con un valor de 0,3 s, a partir de una intensidad de arranque de 0,5 A.

5.2.1. Caso del transformador de la subestación con neutro a tierra

5.2.1.1. Diseño de la puesta a tierra de los apoyos no frecuentados

Se realiza un diseño preliminar de la puesta a tierra mediante un electrodo en forma de pica, de 2 m de longitud.

Según la fórmula (5):

$$R = \frac{\rho}{L} = \frac{400}{2} = 200 \ \Omega$$

Teniendo en cuenta que el neutro del transformador de la subestación está puesto a tierra por una reactancia, se puede calcular la intensidad de defecto según (42) como:

$$|\vec{I_F}| = \frac{\sqrt{3}c \cdot U_n}{\left| 3 \cdot \vec{Z_n} + 2 \cdot j \dfrac{u_{cc} . U_n{}^2}{S_{nom}} + 3 \cdot R \right|} = \frac{\sqrt{3} \cdot 1,1 \cdot 20 \cdot 10^3}{\left| j \cdot 3 \cdot 5,7 + 2 \cdot j \dfrac{0,1 \cdot (20 \cdot 10^3)^2}{25 \cdot 10^6} + 3 \cdot 200 \right|}$$
$$\Rightarrow$$

$$|\vec{I_F}| = \frac{\sqrt{3} \cdot 1{,}1 \cdot 20 \cdot 10^3}{\sqrt{(17{,}1 + 3{,}2)^2 + 600^2}} = 63{,}47 A$$

También se puede utilizar la expresión simplificada (43) que desprecia la impedancia del transformador y que da un valor muy similar, pero algo mayor para la corriente de defecto:

$$|\vec{I_F}| = \frac{c \cdot U_n}{\sqrt{3} \cdot \sqrt{X_n^2 + (R_n + R)^2}} = \frac{1{,}1 \cdot 20000}{\sqrt{3} \cdot \sqrt{5{,}7^2 + (0 + 200)^2}} = 63{,}48 \ A$$

$$\Longrightarrow I_F \approx 63{,}5 \ A$$

En lo sucesivo y por comodidad, se calculará la intensidad de defecto utilizando esta última expresión.

Nótese que el factor de tensión, $c = 1{,}1$, según, la Norma UNE-EN 60909-1, tiene en cuenta la variación de la tensión en el espacio y en el tiempo, la tolerancia de la impedancia de puesta a tierra, los cambios eventuales en las conexiones de los transformadores y el comportamiento subtransitorio de los alternadores y motores.

Para un valor de la intensidad de defecto de 63,5 A, el tiempo de actuación de la protección será:

$$t = \frac{400}{63{,}5} = \ 6{,}3 \ s$$

Al tratarse de apoyos no frecuentados, la única condición del sistema de puesta a tierra es garantizar la actuación de las protecciones. Se considera que un tiempo de disparo inferior a 10 s constituye una seguridad suficiente al ser extremadamente improbable que un apoyo no frecuentado pueda tocarse durante este breve tiempo.

5.2.1.2. Diseño de la puesta a tierra de los apoyos frecuentados

a) Apoyo frecuentado con calzado

Se realiza un diseño preliminar mediante un electrodo normalizado formado por un conductor enterrado en forma de anillo cuadrado de 3,2×3,2 m, con picas en los extremos, según la Figura 5.21.

Según la bibliografía [5], se puede comprobar que este electrodo tiene un valor unitario de resistencia de puesta a tierra de:

$$k_r = 0{,}113 \ \frac{\Omega}{\Omega \cdot \mathrm{m}}$$

Por consiguiente, se puede calcular la resistencia de puesta a tierra como:

$$R = k_r \cdot \rho = 0{,}113 \cdot 400 = 45{,}2 \ \Omega$$

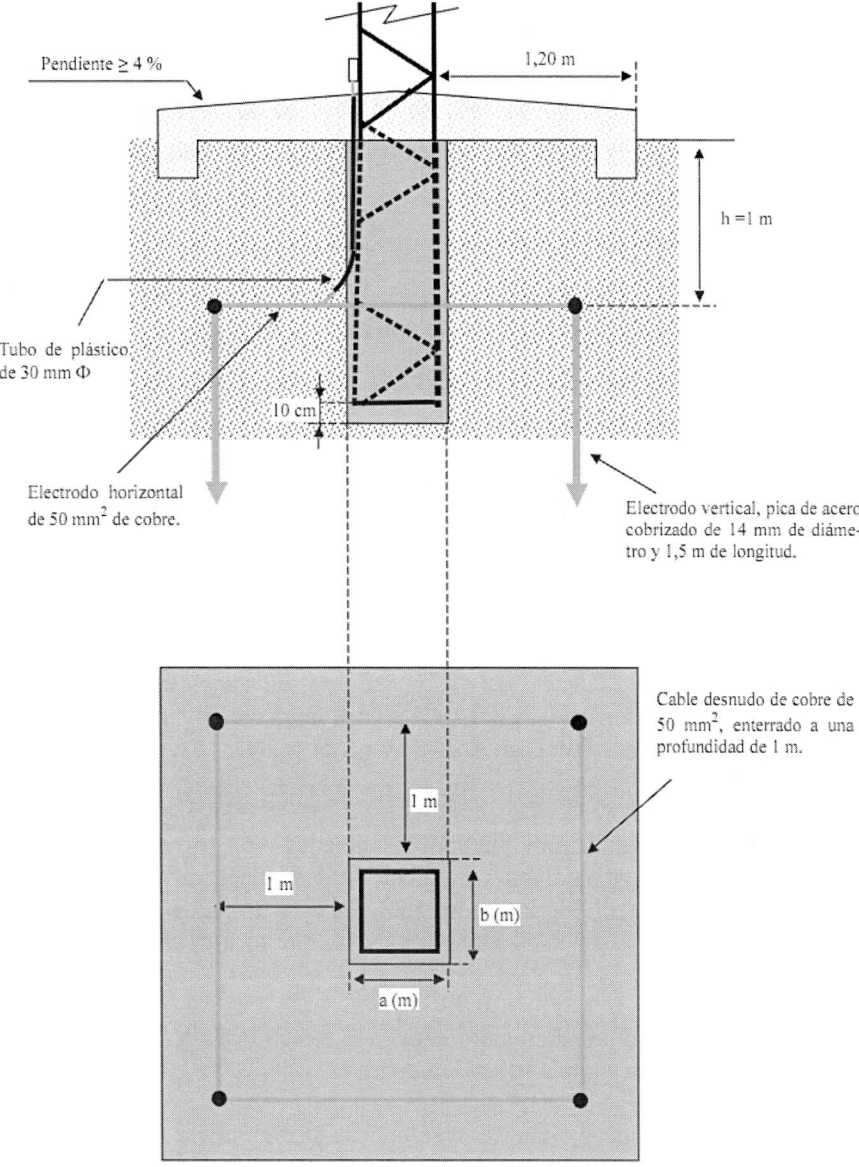

Figura 5.21. Electrodo para apoyos frecuentados

Utilizando de nuevo la expresión (43) se puede calcular la intensidad de puesta a tierra en el apoyo como:

$$I_F = \frac{1,1 \cdot U_n}{\sqrt{3} \cdot \sqrt{X_n^2 + R^2}} = \frac{1,1 \cdot 20000}{\sqrt{3} \cdot \sqrt{5,7^2 + 45,2^2}} = 278,8 \; A$$

El tiempo de actuación de las protecciones se puede calcular como:

$$t = \frac{400}{I_F} = \frac{400}{278,8} = 1,43 \; s$$

A partir de la tensión de contacto aplicada se puede calcular la máxima tensión de contacto admisible para la instalación, según la fórmula (19):

$$U_c = U_{ca} \left[1 + \frac{\dfrac{R_{a1}}{2} + 1,5 \cdot \rho_S}{1000} \right] = 95 \left[1 + \frac{1000 + 1,5 \cdot 400}{1000} \right] = 247 \ V$$

Por otra parte, según la bibliografía [5], se puede consultar el valor unitario de la tensión de contacto máxima para este electrodo tipo normalizado:

$$k_c = 0,035 \ \frac{V}{A \cdot (\Omega \cdot m)}$$

Partiendo de la tensión de contacto unitaria, se calcula también la máxima tensión de contacto presente en la instalación como:

$$U'_c = k_c \cdot \rho \cdot I_F = 0,035 \cdot 400 \cdot 278,8 = 3891 \ V$$

No se satisface la condición de $U'_c < U_c$, y se está muy lejos de lograrla. El lector puede comprobar que recurriendo a otros electrodos de mayores dimensiones, tampoco se cumplirían las condiciones reglamentarias, y no es posible alcanzar un compromiso técnico-económico razonable.

Por consiguiente, se utilizarán medidas adicionales, construyendo una superficie equipotencial bajo el apoyo mediante un mallado soldado eléctricamente y embebido en el hormigón, según el detalle de la Figura 5.22. De esta forma, la tensión de contacto puede considerarse nula al estar pisando, la persona que toca el apoyo, una superficie equipotencial con el apoyo.

Al emplearse una medida adicional que evita el riesgo de la tensión de contacto es necesario comprobar si se cumple la tensión de paso.

La tensión de paso aplicada admisible se obtiene al multiplicar por 10 la tensión de contacto aplicada admisible, es decir:

$$U_{pa} = 10 \cdot U_{ca} = 950 \ V$$

A partir de la tensión de paso aplicada se puede calcular la máxima tensión de paso admisible para la instalación según las fórmulas (20) o (21), ya que habrá de considerarse tanto el caso de que la persona camine por el terreno, como el caso de que con un pie pise el terreno y con el otro, acceda a la plataforma de hormigón.

Tensión de paso admisible en el terreno:

$$U_p = U_{pa} \cdot \left[1 + \frac{2 \cdot R_{a1} + 6 \cdot \rho_S}{1000} \right] = 950 \cdot \left[1 + \frac{2 \cdot 2000 + 6 \cdot 400}{1000} \right] = 7030 \ V$$

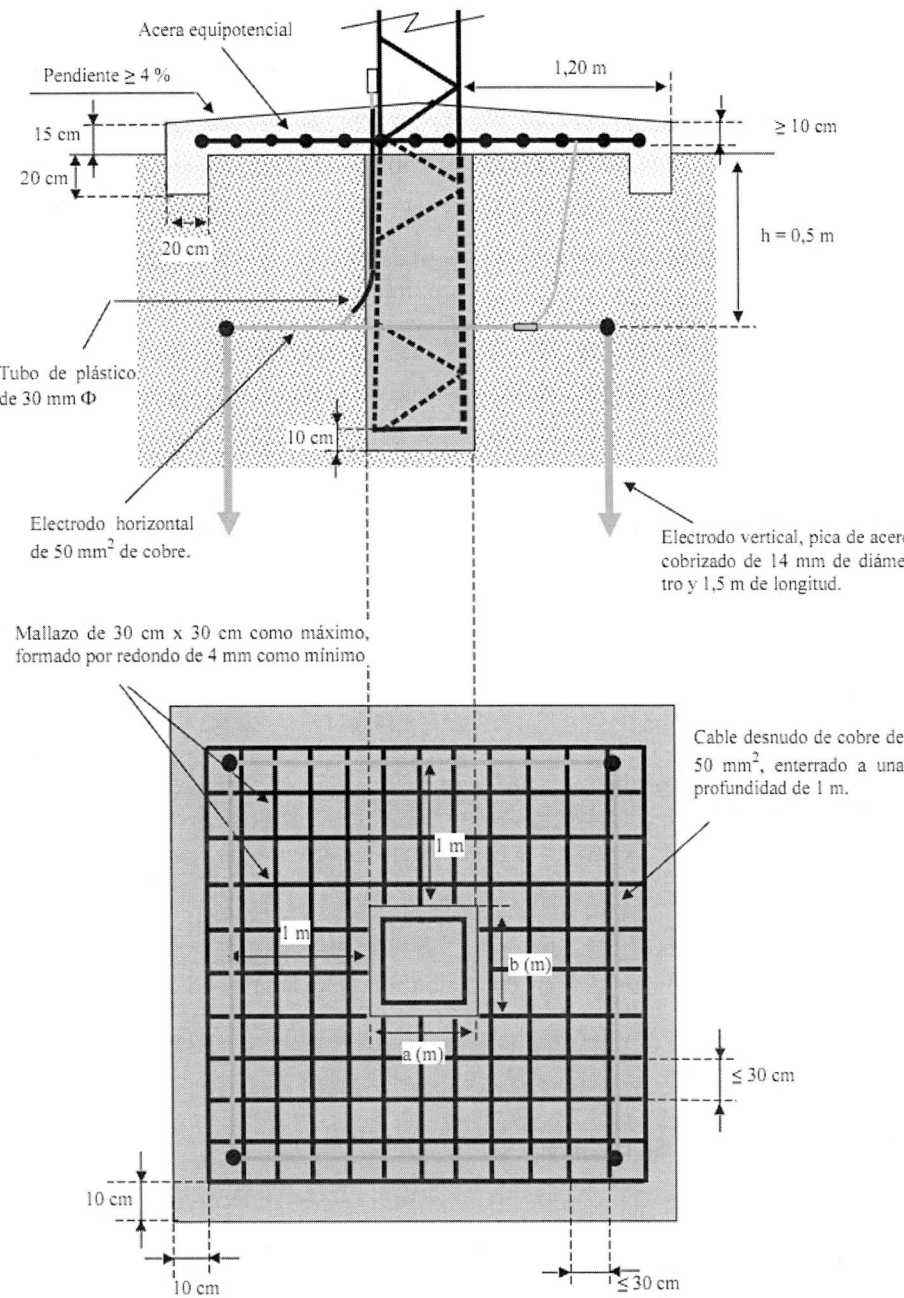

Figura 5.22. Electrodo para apoyos frecuentados con medidas adicionales de seguridad

Tensión de paso de acceso admisible (para un pie en el terreno y el otro sobre la plataforma de hormigón):

$$U_{p,acceso} = U_{pa} \cdot \left[1 + \frac{2 \cdot R_{a1} + 3 \cdot \rho_S + 3 \cdot \rho_s^*}{1000} \right] = 950 \left[1 + \frac{2 \cdot 2000 + 3 \cdot 400 + 3 \cdot 3000}{1000} \right] = 14440 V$$

Nótese que en la expresión anterior, para el valor de la resistividad superficial de la acera equipotencial ρ_s^*, se ha tomado directamente el valor típico de la resistividad del hormigón de 3000 $\Omega \cdot$m, aunque para una mayor exactitud en los cálculos se podría haber multiplicado dicho valor con el coeficiente reductor C_s, calculado con la ecuación (22), en función del espesor de la capa de hormigón con lo que se obtendría un valor de resistividad superficial algo inferior.

Al tratarse de electrodos normalizados, en la referencia [5] se han estudiado las máximas tensiones de paso unitarias en la proximidad del apoyo, provocadas por la circulación de una corriente de defecto y en las dos situaciones posibles.

Cuando los dos pies están pisando el terreno (fuera de la superficie equipotencial), la máxima tensión de paso unitaria encontrada por la superficie del terreno se denomina, k_{p1}. Cuando al acceder a la plataforma de hormigón sobre la que se sitúa el apoyo, un pie pisa el terreno y el otro, la superficie equipotencial de la plataforma, la máxima tensión de paso unitaria encontrada se denomina k_{p2}.

$$k_{p1} = 0{,}023 \, \frac{V}{A \cdot (\Omega \cdot m)}$$

$$k_{p2} = 0{,}065 \, \frac{V}{A \cdot (\Omega \cdot m)}$$

Se pueden calcular las máximas tensiones de paso que aparecen en la instalación como:

$$U'_{p1} = k_{p1} \cdot \rho \cdot I_F = 0{,}023 \cdot 400 \cdot 278{,}8 = 2565 \, V$$

$$U'_{p2} = k_{p2} \cdot \rho \cdot I_F = 0{,}065 \cdot 400 \cdot 278{,}8 = 7249 \, V$$

Se comprueba que se cumplen las condiciones reglamentarias en cuanto a las tensiones de paso ya que:

$$U'_{p1} < U_p \, ; \quad U'_{p2} < U_{p,acceso}$$

b) Apoyo frecuentado sin calzado

Al utilizarse las medidas adicionales de seguridad (acera equipotencial), la tensión de contacto presente en la instalación se puede considerar nula y sólo hay que comprobar la tensión de paso admisible, tanto en el terreno como de acceso, considerando ahora una resistencia adicional nula.

Tensión de paso admisible en el terreno sin calzado:

$$U_p = U_{pa} \cdot \left[1 + \frac{6 \cdot \rho_S}{1000} \right] = 950 \cdot \left[1 + \frac{6 \cdot 400}{1000} \right] = 3230 \, V$$

Tensión de paso admisible de acceso en la instalación sin calzado:

$$U_{p,acceso} = U_{pa} \cdot \left[1 + \frac{3 \cdot \rho_S + 3 \cdot \rho_s^*}{1000} \right] = 950 \cdot \left[1 + \frac{3 \cdot 400 + 3 \cdot 3000}{1000} \right] = 10640 \, V$$

Los valores de las tensiones de paso que pueden aparecer en la instalación son los ya calculados anteriormente:

$$U'_{p1} = 2565\ V$$

$$U'_{p2} = 7249\ V$$

Aunque con menor margen que en el caso anterior, se cumplen también las condiciones reglamentarias en cuanto a las tensiones de paso, ya que:

$$U'_{p1} < U_p; \qquad U'_{p2} < U_{p,acceso}$$

Por lo tanto, el diseño establecido para la instalación de tierra cumple con todos los requisitos reglamentarios.

5.2.2. Caso del transformador de la subestación con neutro aislado

5.2.2.1. Diseño de la puesta a tierra de los apoyos no frecuentados

Se utiliza un diseño preliminar mediante un electrodo en forma de pica de 2 m de longitud, igual que para el caso de subestación con neutro a tierra a través de impedancia. La resistencia de puesta a tierra de este electrodo ya se calculó, y su valor resultó de:

$$R = 200\ \Omega$$

Teniendo en cuenta que el neutro está aislado y que la subestación alimenta 20 km de líneas subterráneas y 10 km de líneas aéreas, se puede calcular la intensidad de defecto a tierra aplicando la ecuación (44):

$$I_F = \frac{\sqrt{3} \cdot c \cdot U_n \cdot (\omega \cdot C_a \cdot L_a + \omega \cdot C_c \cdot L_c)}{\sqrt{1 + (\omega \cdot C_a \cdot + \omega \cdot C_c \cdot L_c)^2 \cdot (3 \cdot R)^2}} = 43{,}8\ \text{A}$$

Los relés de protección direccional homopolar actúan a partir de una intensidad mucho menor (0,5 A), con un tiempo fijo de 0,3 segundos; por lo tanto, el diseño preliminar se considera correcto.

5.2.2.2. Diseño de la puesta a tierra de los apoyos frecuentados

a) Apoyo frecuentado con calzado

Se partirá del mismo diseño preliminar utilizado en el apartado anterior, con un electrodo formado por un conductor enterrado en forma de anillo cuadrado de 3,2×3,2 m con picas en los extremos, según muestra la Figura 5.21, cuya resistencia de puesta a tierra se calculó como:

$$R = 45{,}2\ \Omega$$

Para calcular la intensidad de defecto a tierra, y teniendo en cuenta que el neutro está aislado se aplica de nuevo la ecuación (44):

$$I_F = \frac{\sqrt{3} \cdot c \cdot U_n \cdot (\omega \cdot C_a \cdot L_a + \omega \cdot C_c \cdot L_c)}{\sqrt{1 + (\omega \cdot C_a \cdot L_a + \omega \cdot C_c \cdot L_c)^2 \cdot (3 \cdot R)^2}} = 59{,}2 \text{ A}$$

Como la intensidad de defecto es mayor que el umbral de arranque de las protecciones, su tiempo de actuación es fijo de 0,3 s.

Para este tiempo de actuación, según muestra la Figura 5.10 la tensión de contacto aplicada admisible tiene un valor aproximado de:

$$U_{ca} = 420\,V$$

A partir de la tensión de contacto aplicada se puede calcular la máxima tensión de contacto admisible para la instalación, según la fórmula (19):

$$U_c = U_{ca}\left[1 + \frac{\dfrac{R_{a1}}{2} + 1{,}5 \cdot \rho_S}{1000}\right] = 420 \cdot \left[1 + \frac{1000 + 1{,}5 \cdot 400}{1000}\right] = 1092\,V$$

Por otra parte, según la bibliografía [5] se conoce el valor unitario de la tensión de contacto máxima para este electrodo tipo normalizado y se puede calcular la máxima tensión de contacto presente en la instalación como:

$$U_c^{'} = k_c \cdot \rho \cdot I_F = 0{,}035 \cdot 400 \cdot 59{,}2 = 829\,V$$

Se satisface la condición de $U_c^{'} < U_c$ y, por lo tanto, el diseño resulta reglamentario, poniéndose de manifiesto, en este caso, la enorme ventaja que supone el disponer de protecciones que actúen con rapidez, ya que se obtienen valores mucho mayores para las tensiones de contacto admisibles en la instalación.

Como se cumplen las tensiones de contacto, no es necesaria ninguna comprobación adicional con las tensiones de paso.

b) Apoyo frecuentado sin calzado

Se partirá del mismo diseño preliminar que para el apoyo frecuentado con calzado, de forma que se mantienen los mismos valores de:

$$R = 45{,}2\,\Omega; \quad I_F = 59{,}2\,A$$

$$t_{protección} = 0{,}3\,s\,; \quad U_{ca} = 420\,V$$

A partir de la tensión de contacto aplicada se puede calcular la máxima tensión de contacto admisible para la instalación, según la fórmula (19), pero teniendo en cuenta que la resistencia adicional del cazado es nula en este caso.

$$U_c = U_{ca} \cdot \left[1 + \frac{1{,}5 \cdot \rho_S}{1000}\right] = 420 \cdot \left[1 + \frac{1{,}5 \cdot 400}{1000}\right] = 672\,V$$

La máxima tensión de contacto presente en la instalación es la ya obtenida para los apoyos frecuentados con calzado.

$$U'_c = 829\ V$$

No se satisface la condición de $U'_c < U_c$, y por lo tanto, el diseño no resulta reglamentario. Una posible solución sería construir una acera perimetral de 1,25 m alrededor del apoyo (sin necesidad de utilizar plataforma equipotencial), solo con el fin de aumentar la resistividad superficial a un valor aproximado de 3000 Ω·m. De este modo, aumentaría la tensión de contacto máxima admisible en la instalación a un valor de:

$$U_c = U_{ca} \cdot \left[1 + \frac{1,5 \cdot \rho_S}{1000} \right] = 420 \cdot \left[1 + \frac{1,5 \cdot 3000}{1000} \right] = 2310\ V$$

Con esta medida adicional, $U'_c < U_c$, y por lo tanto, el diseño resulta reglamentario. Al utilizar esta medida adicional se debería de realizar una comprobación complementaria de las tensiones de paso de acceso a la acera equipotencial, y de paso por el terreno.

Los valores admisibles de las tensiones de paso en la instalación se calcularían partiendo del valor de la tensión admisible de paso aplicada:

$$U_{pa} = 10 \cdot U_{ca} = 4200\ V$$

Tensión admisible de paso en el terreno sin calzado:

$$U_p = U_{pa} \cdot \left[1 + \frac{6 \cdot \rho_S}{1000} \right] = 4200 \cdot \left[1 + \frac{6 \cdot 400}{1000} \right] = 14280\ V$$

Tensión admisible de paso de acceso en la instalación sin calzado:

$$U_{p,acceso} = U_{pa} \cdot \left[1 + \frac{3 \cdot \rho_S + 3 \cdot \rho_s^*}{1000} \right] = 4200 \cdot \left[1 + \frac{3 \cdot 400 + 3 \cdot 3000}{1000} \right] = 47040\ V$$

Por otra parte, la tensión de puesta a tierra del apoyo se puede calcular como:

$$U_E = R \cdot I_F = 45,2\Omega \cdot 59,2A = 2676\ V$$

Las tensiones de paso presentes en la instalación (tanto en el terreno como en el acceso al apoyo) serán obligatoriamente una fracción de la tensión de puesta a tierra calculada, que a su vez, será muy inferior a las tensiones de paso admisibles en la instalación.

$$U_E < U_p\ ;\quad U_E < U_{p,acceso} \quad \Rightarrow U'_{p1} < U_p\ ;\quad U'_{p2} < U_{p,acceso}$$

Por lo tanto, se cumple el requisito reglamentario sin necesidad de realizar cálculos más detallados de las posibles tensiones de paso presentes en la instalación.

5.3. EJEMPLO DE CÁLCULO DE PUESTA A TIERRA EN LÍNEA AÉREA DE 2ª CATEGORÍA, CON CABLE DE TIERRA Y SIN CABLE DE TIERRA

Se debe de proyectar la instalación de puesta a tierra de los apoyos de una línea aérea de tensión nominal, $U_n = 66$ kV, que en alguno de sus tramos recorre una zona frecuentada próxima a una carretera.

Con objeto de evaluar la influencia del cable de tierra en el diseño de las puestas a tierra se repetirán los cálculos para la línea proyectada con y sin cable de tierra.

Datos de la línea:

- La línea conecta las subestaciones A, y B y tiene una longitud total de 25 km.
- Longitud media de los vanos: 250 m.
- Línea de simple circuito con conductores de fase al tresbolillo, transpuestos regularmente.
- Las dimensiones de los apoyos se indican en la Figura 5.23, con una altura libre del apoyo medida entre la cruceta inferior y el terreno $h = 19{,}55$ m.
- La medida de resistividad con telurómetro de la zona por donde se proyecta la línea proporciona un valor medio de 400 Ω·m.

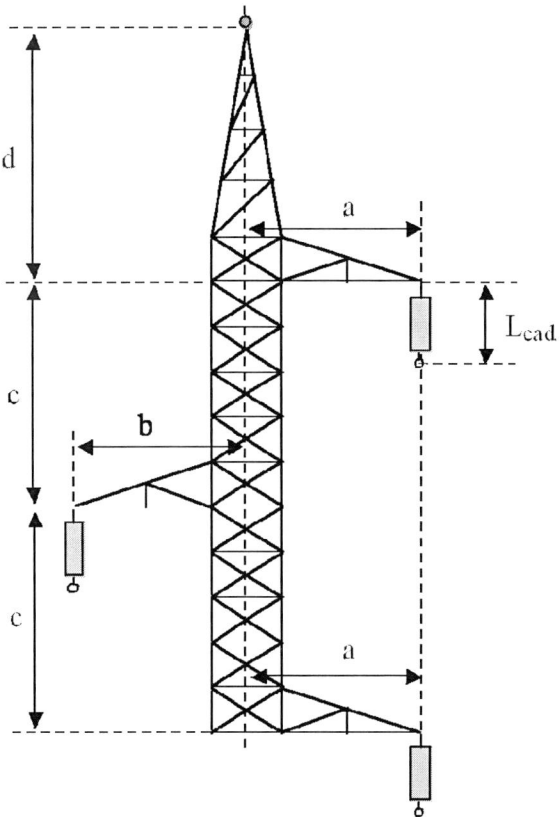

Figura 5.23. Dimensiones de los armados: $a = 2$ m; $b = 2$ m; $c = 1{,}32$ m; $d = 3{,}01$m; $L_{cad} = 1{,}05$m

- Existen 7 apoyos frecuentados a lo largo de la línea, ubicados a 7, 9, 11, 13, 15 y 17 km de la subestación A, en una zona asfaltada próxima a una carretera. Se considerará que las personas que pueden tocar el apoyo van siempre calzadas (apoyos frecuentados con calzado).

Datos de la línea y sus conductores

- Conductores de fase, LA 280, (242-AL1/39-ST1A).
  - Diámetro del conductor LA 280: 21,8 mm.
  - Resistencia en corriente alterna (20ºC): 0,000125 Ω/m.
  - Impedancia directa: $\overrightarrow{Z'_{1L}} = (0,125 + j \cdot 0,380)$ Ω/km.
  - Impedancia homopolar (con cables de tierra):

$$\overrightarrow{Z'_{0L}} = (0,369 + j \cdot 1,509)\ \Omega/\text{km}.$$

  - Impedancia homopolar (sin cables de tierra):

$$\overrightarrow{Z'_{0L(sct)}} = (0,352 + j \cdot 1,525)\ \Omega/\text{km}.$$

Nótese que la impedancia de secuencia homopolar se calcula por reducción de matrices, teniendo en cuenta las impedancias de los conductores de fase y de tierra de la línea, así como las impedancias mutuas entre todos los conductores. Para líneas aéreas, los valores de la impedancia a secuencia homopolar resultan del orden de 3 o 4 veces los de secuencia directa.

- Conductor de tierra, AC50, (50-ST1A).
  - Sección resistente: 49,48 mm^2.
  - Diámetro del conductor AC50 del conductor: 9,12 mm.
  - Resistividad del acero: 0,19 $\Omega \cdot$mm^2 /m.
  - Permeabilidad magnética relativa del acero, $\mu_r = 75$.

Protecciones de la línea

El tiempo de actuación de las protecciones para un defecto a tierra en la línea es constante 0,4 segundos, a partir de una intensidad de arranque de 200 A.

Datos de las subestaciones

En las dos subestaciones el neutro de los transformadores que alimentan la línea están conectados a tierra.

- Subestación A:
  - Impedancia de secuencia directa: $\overrightarrow{Z_{1A}} = (0 + j \cdot 7,6)$ Ω.
  - Impedancia de secuencia homopolar: $\overrightarrow{Z_{0A}} = (0 + j \cdot 7)$ Ω.
  - Resistencia de puesta a tierra de la subestación: $\overrightarrow{Z_{EA}} = 2$ Ω.

- Subestación B:
  - Impedancia de secuencia directa: $\overrightarrow{Z_{1B}} = (0+j\cdot 21)\ \Omega$.

  - Impedancia de secuencia homopolar: $\overrightarrow{Z_{0B}} = (0+j\cdot 20,3)\ \Omega$.

  - Resistencia de puesta a tierra de la subestación: $\overrightarrow{Z_{EB}} = 2\ \Omega$.

Se debe diseñar la instalación de puesta a tierra de los apoyos no frecuentados y de los frecuentados. En los no frecuentados se debe garantizar que la intensidad de puesta a tierra hará actuar las protecciones de forma automática. En los frecuentados, se debe calcular la tensión de puesta a tierra y comprobar que el diseño garantiza que no se superará el valor admisible de la tensión de contacto, U_c.

5.3.1. Caso de que la línea no esté equipada con cables de tierra

La tensión de puesta a tierra en el apoyo en el que se produce el defecto dependerá de la intensidad de defecto, I_F, que a su vez, depende del punto de la línea en defecto. Por lo tanto, se iniciará la resolución del problema estudiando cómo varía la intensidad de defecto a tierra según el punto de la línea en que se produzca.

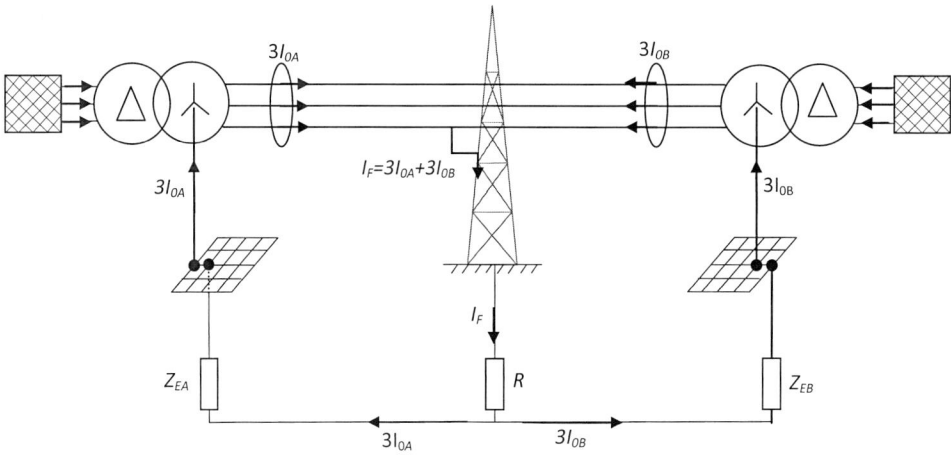

Figura 5.24. Representación de un defecto a tierra en la línea aérea sin cables de tierra

En la figura anterior, R representa la resistencia de puesta a tierra de uno cualquiera de los apoyos de la línea. El cálculo de la intensidad de defecto a tierra se realiza conectando en serie las redes de secuencia directa, inversa y homopolar vistas desde el punto de la línea en el que se produce el defecto a tierra, cortocircuitando todas las fuentes de tensión del circuito y aplicando una fuente de tensión en el punto de defecto.

Las resistencias de puesta a tierra de las subestaciones y del apoyo en defecto R, intervienen en el circuito multiplicadas por un factor de tres, ya que para un defecto monofásico, la intensidad de defecto I_F, es tres veces la intensidad homopolar. Las impedancias de la red de secuencia directa e inversa se consideran idénticas.

Se puede consultar la bibliografía, [6], para comprender mejor el uso de las componentes simétricas en el cálculo de cortocircuitos desequilibrados.

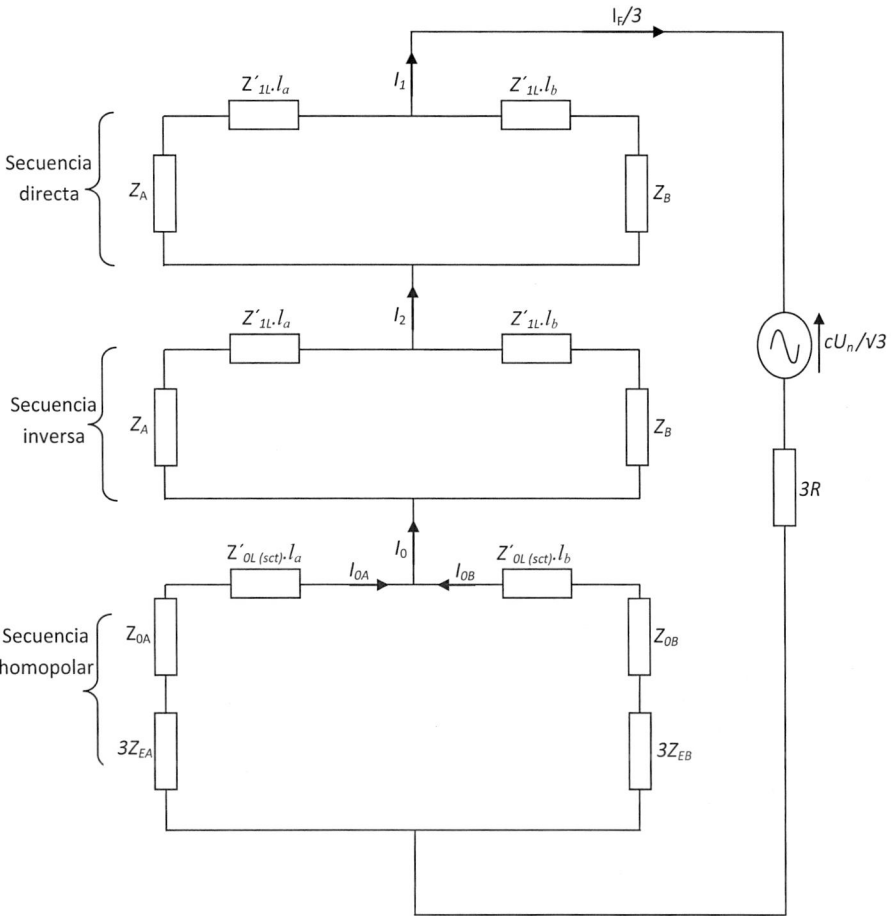

Figura 5.25. Cálculo de la intensidad de defecto a tierra mediante las redes de secuencia

donde:

c = factor de tensión para cortocircuitos en alta tensión que tiene en cuenta la variación de la tensión en régimen normal de funcionamiento en el tiempo y a lo largo de la longitud de la línea. Según la referencia [4], $c = 1,1$.

l_a = distancia en km entre la subestación A y el punto de defecto a tierra.

l_b = distancia en km entre la subestación B y el punto de defecto a tierra.

Si se establecen las impedancias equivalentes de las conexiones en serie y en paralelo, se pueden calcular las impedancias de secuencia directa, inversa y homopolar $\overrightarrow{Z_1}$, $\overrightarrow{Z_2}$, $\overrightarrow{Z_0}$, con las fórmulas siguientes:

$$\overrightarrow{Z_1} = \overrightarrow{Z_2} = \cfrac{1}{\cfrac{1}{\overrightarrow{Z_A} + \overrightarrow{Z'_{1L}} \cdot l_a} + \cfrac{1}{\overrightarrow{Z_B} + \overrightarrow{Z'_{1L}} \cdot l_b}}$$

$$Z_{o\,(sct)} = \cfrac{1}{\cfrac{1}{3 \cdot \overrightarrow{Z_{EA}} + \overrightarrow{Z_{0A}} + \overrightarrow{Z'}_{OL(sct)} \cdot l_a} + \cfrac{1}{3 \cdot \overrightarrow{Z_{EB}} + \overrightarrow{Z_{0B}} + \overrightarrow{Z'}_{OL(sct)} \cdot l_b}}$$

Resolviendo el circuito de la figura anterior, se calcula la intensidad de defecto a tierra como:

$$\frac{\overrightarrow{I_F}}{3} = \overrightarrow{I_1} = \overrightarrow{I_2} = \overrightarrow{I_0} \Longrightarrow$$

$$\overrightarrow{I_F} = \frac{\sqrt{3} \cdot c \cdot \overrightarrow{U_n}}{\overrightarrow{Z_1} + \overrightarrow{Z_2} + \overrightarrow{Z_{0(sct)}} + 3 \cdot R} = \frac{\sqrt{3} \cdot c \cdot \overrightarrow{U_n}}{2 \cdot \overrightarrow{Z_1} + \overrightarrow{Z_{0(sct)}} + 3 \cdot R}$$

Nótese que la distancia entre el punto de defecto y las subestaciones A y B interviene en la expresión anterior a través de los valores de las impedancias $\overrightarrow{Z_{0(sct)}}$ y $\overrightarrow{Z_1}$, y que por tanto, I_F depende del punto en que se produce el defecto a tierra. Para realizar los cálculos se tomará el ángulo de la tensión U_n como origen de ángulos.

$$\overrightarrow{U_n} = U_n \angle 0°$$

5.3.1.1. Diseño de la puesta a tierra de los apoyos no frecuentados

En estos apoyos, su resistencia de puesta a tierra R, no debería ser muy alta, para garantizar que la intensidad de defecto a tierra haga actuar las protecciones de forma automática, lo cual se produce según el enunciado a partir de $I_{F,mín} = 200$ A. Por tanto a partir de la última expresión se deduce que:

$$\left(2 \cdot \overrightarrow{Z_1} + \overrightarrow{Z_{o(sct)}} + 3 \cdot R\right) \le \left(\frac{\sqrt{3} \cdot c \cdot \overrightarrow{U_n}}{\overrightarrow{I_{F,mín}}}\right)$$

Tomando módulos a ambos lados de la igualdad, y denominando:

$$\overrightarrow{Z_1} = R_1 + j \cdot X_1$$

$$\overrightarrow{Z_{0(sct)}} = R_0 + j \cdot X_0$$

Se concluye que:

$$R_{máxima} = \left(\sqrt{\left(\frac{\sqrt{3} \cdot c \cdot U_n}{I_{F,mín}}\right)^2 - (2 \cdot X_1 + X_o)^2}\,\right) - (2 \cdot R_1 + R_o)$$

Aplicando esta igualdad se calculan los valores máximos de R en función del punto en el que se produce la intensidad de defecto a tierra (l_a variable entre 0 km y 25 km), que garantizan la actuación de las protecciones.

I_a (km)	0	5	10	15	20	25
R (Ω)	204,5	203,6	203,1	203,0	203,3	204,1

Por lo tanto, basta con que la resistencia de puesta a tierra en los apoyos no frecuentados sea inferior a 200 Ω. Este valor no depende prácticamente del punto de la línea en el que se produce el defecto.

Para tener un buen margen de seguridad se tomará como criterio de diseño que la resistencia de puesta a tierra sea del orden de 100 Ω, utilizando como diseño dos picas cilíndricas de acero-cobre de 1,5 metros de longitud cada una, con un diámetro de 14,6 mm, con su cabeza enterrada a una profundidad de 0,5 m y conectadas en paralelo con una separación entre ambas de 4 m. Su resistencia de puesta a tierra se calcula según la ecuación (12) como:

$$R = \frac{\rho}{2 \cdot \pi \cdot n \cdot L} ln \frac{h(2 \cdot a + L)}{a(2 \cdot h + L)} + \frac{\rho}{2 \cdot \pi \cdot n \cdot (L + h)} \left(ln \frac{2 \cdot h + L}{h} + \sum_{i=1}^{n-1} ln \frac{s_i + h + L}{s_i} \right)$$

$$R = \frac{400}{6 \cdot \pi} ln \left(\frac{0,5 \cdot (1,5146)}{\frac{0,0146}{2} \cdot (2,5)} \right) + \frac{400}{8 \cdot \pi} \left(ln \frac{2,5}{0,5} + ln \frac{6}{4} \right) = 111,1 \ \Omega$$

5.3.1.2. Diseño de la puesta a tierra de los apoyos frecuentados

En primer lugar se calculará la tensión de contacto máxima admisible en la instalación, teniendo en cuenta que las protecciones actúan en 0,4 segundos.

Para este tiempo de actuación, según muestra la Figura 5.10, la tensión de contacto aplicada admisible tiene un valor aproximado de:

$$U_{ca} = 310 \, V$$

A partir de la tensión de contacto aplicada se puede calcular la tensión de contacto admisible para la instalación según la fórmula (19), considerando una resistividad superficial del terreno $\rho_s = 3000 \ \Omega \cdot m$, al estar los apoyos en una zona asfaltada, y sin considerar el factor de reducción C_s.

$$U_c = U_{ca} \cdot \left[1 + \frac{\frac{R_{a1}}{2} + 1,5 \cdot \rho_S}{1000} \right] = 310 \cdot \left[1 + \frac{1000 + 1,5 \cdot 3000}{1000} \right] = 2015 \, V$$

Como diseño preliminar del electrodo en los apoyos frecuentados se utilizará un conductor de cobre de radio 4 mm, en forma de anillo circular de 6 metros de diámetro, enterrado a una profundidad de 0,8 m, cuya resistencia de puesta a tierra se calcula según la fórmula (16):

$$R = 0{,}366 \cdot \frac{\rho}{\pi \cdot D} \cdot log\, \frac{8 \cdot D^2}{a \cdot h} = 0{,}366 \cdot \frac{400}{\pi \cdot 6}\, log\, \frac{8 \cdot 6^2}{0{,}004 \cdot 0{,}8} = 38{,}48\; \Omega$$

Con este valor de resistencia de puesta a tierra se aplica la fórmula ya presentada en el Apartado 5.3.1, para el cálculo de la intensidad de defecto a tierra I_F, en función del punto en el que se produce la falta:

$$\vec{I_F} = \frac{\sqrt{3} \cdot c \cdot \vec{U_n}}{2 \cdot \vec{Z_1} + \vec{Z_{0(sct)}} + 3 \cdot R}$$

En la siguiente tabla se indica para cada una de las localizaciones de los apoyos frecuentados el módulo de la intensidad de defecto a tierra calculado según la fórmula anterior. Se observa que depende muy poco del punto de la línea en que se produce en defecto.

$R = 38{,}48\;\Omega$						
I_a (km)	7	9	11	13	15	17
I_F (A)	1004,0	998,5	994,2	990,9	988,9	988,2

Al no existir cables de tierra, la tensión de puesta a tierra, en módulo, se calcula simplemente como:

$$U_E = R \cdot I_F$$

$R = 38{,}48\;\Omega$						
I_a (km)	7	9	11	13	15	17
U_E (V)	38634	38423	38254	38130	38053	38023

Según establece la ITC-LAT 07, es posible estimar la tensión de contacto que aparece en un apoyo frecuentado en defecto como la mitad de la tensión máxima de puesta a tierra encontrada. Es decir:

$$U_c' \simeq \frac{U_E}{2} = \frac{38634}{2} = 19317\; V$$

Sin embargo, esta tensión es muy superior a la tensión de contacto admisible:

$$U_c = 2015\; V \Longrightarrow U_c' > U_c$$

Por lo tanto, con el diseño preliminar propuesto no se cumplen las condiciones reglamentarias de seguridad.

Cabría recurrir a un nuevo diseño de electrodo con el que se pudiera obtener una resistencia de puesta a tierra muy inferior en los apoyos frecuentados, por ejemplo:

$$R = 5 \, \Omega$$

Con este valor de resistencia de puesta a tierra se calculan de nuevo los módulos de la intensidad de defecto a tierra, y de la tensión de puesta a tierra.

$R = 5 \, \Omega$						
l_a (km)	7	9	11	13	15	17
I_F (A)	3553,3	3392,0	3270,0	3181,1	3121,3	3087,8
U_E (V)	17766	16960	16350	15906	15606	15439

Se observa que la tensión de puesta a tierra ha disminuido de forma importante respecto del caso anterior, de forma que si se estima de nuevo la tensión de contacto que aparece en un apoyo frecuentado en defecto como la mitad de la tensión máxima de puesta a tierra encontrada, se tiene:

$$U_c' \simeq \frac{U_E}{2} = \frac{17766}{2} = 8883 \, V$$

Sin embargo, esta tensión sigue siendo muy superior a la tensión de contacto admisible

$$U_c = 2015 \, V \implies U_c' > U_c$$

En conclusión, no es posible alcanzar un compromiso técnico-económico aceptable en el diseño del electrodo y resulta necesario el recurrir a medidas adicionales de seguridad para asegurar el cumplimiento de las tensiones de contacto. Por ejemplo, se puede utilizar un electrodo formado por un anillo con cuatro picas en los extremos y construyendo una superficie equipotencial bajo el apoyo mediante un mallado electrosoldado embebido en hormigón, similar al indicado en el Ejemplo 5.2.

Al emplearse una medida adicional que evita el riesgo de la tensión de contacto es necesario comprobar si se cumple la tensión de paso.

La tensión de paso admisible aplicada se obtiene como 10 veces la tensión de contacto aplicada admisible, es decir:

$$U_{pa} = 10 \cdot U_{ca} = 3100 \, V$$

A partir de la tensión de paso aplicada se puede calcular la máxima tensión de paso admisible para la instalación según la fórmula (20) ya que al estar el entorno del apoyo asfaltado con $\rho_s = 3000 \, \Omega \cdot m$, se puede considerar que las tensiones de paso y de paso de acceso máximas admisibles en la instalación coinciden.

Tensión de paso admisible en el terreno:

$$U_p = U_{pa} \cdot \left[1 + \frac{2 \cdot R_{a1} + 6 \cdot \rho_S}{1000} \right] = 3100 \cdot \left[1 + \frac{4000 + 6 \cdot 3000}{1000} \right] = 71300\,V$$

Como esta tensión es incluso mayor que la tensión nominal de 66 kV de la línea, no es necesario calcular U'_p, ya que es una fracción de la tensión de defecto, y esta, a su vez, no puede ser mayor que la tensión nominal fase-neutro de la línea. En consecuencia, se puede afirmar que el diseño utilizado cumple también con la tensión de paso, es decir: $U_p > U'_p$.

5.3.2. Caso de que la línea esté equipada con cables de tierra

La tensión de puesta a tierra en el apoyo en que se produce el defecto dependerá de la intensidad de defecto, I_F, que a su vez depende del punto de la línea en defecto. Por lo tanto se iniciará la resolución del problema estudiando cómo varía la intensidad de defecto a tierra a lo largo de la línea.

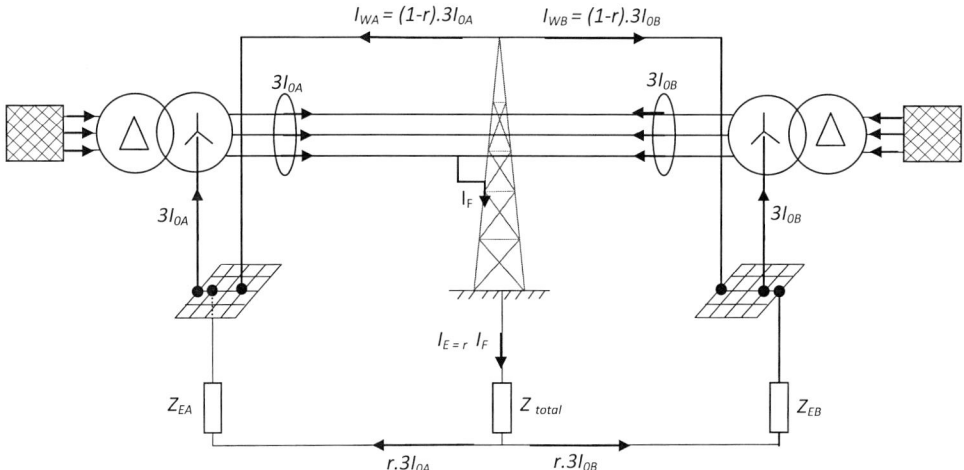

Figura 5.26. Representación de un defecto a tierra en la línea aérea con cables de tierra

En la figura anterior $\overrightarrow{Z_{total}}$ representa la impedancia equivalente paralelo de la resistencia de puesta a tierra propia del apoyo en el que se produce la falta, R_p, y las dos impedancias de cadena de línea infinita, $\overrightarrow{Z_p}$, situadas a derecha a izquierda del apoyo en defecto.

El cálculo de la intensidad de defecto a tierra se realiza conectando en serie las redes de secuencia directa, inversa y homopolar vistas desde el punto de la línea en el que se produce el defecto a tierra, cortocircuitando todas las fuentes de tensión del circuito y aplicando una fuente de tensión en el punto de defecto. Las impedancias de la red de secuencia directa e inversa se consideran idénticas.

Para el cálculo de las corrientes de cortocircuito a tierra y conforme a la referencia [4], cuando existen cables de tierra no se consideran las resistencias de puesta a tierra de las subestaciones ni de los apoyos, ya que su influencia es pequeña.

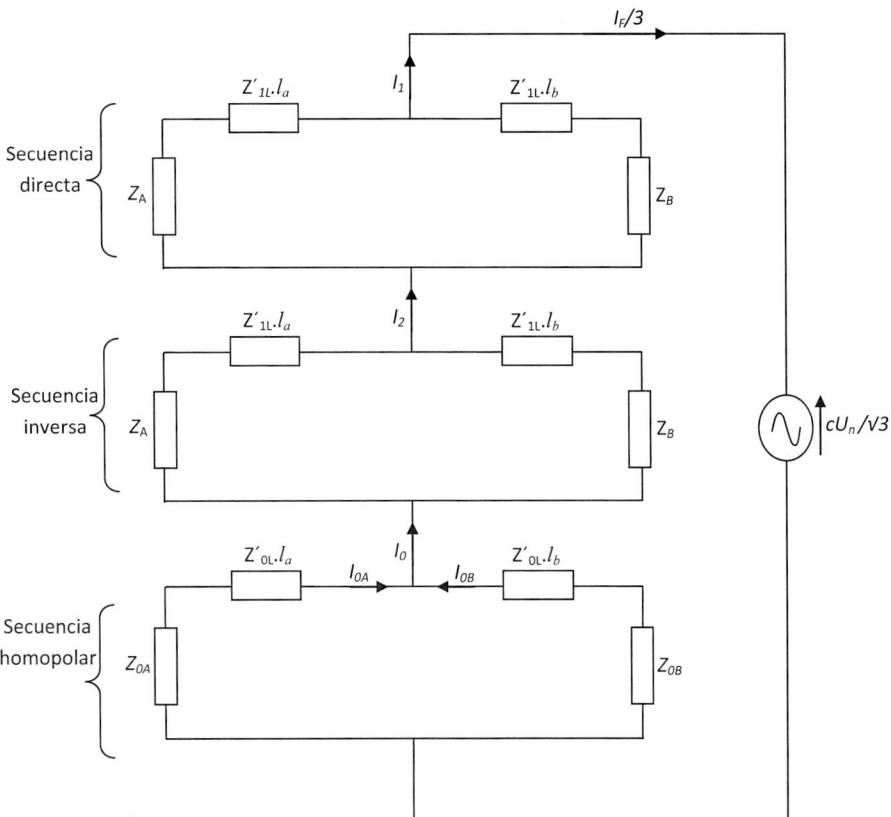

Figura 5.27. Cálculo de la intensidad de defecto a tierra mediante las redes de secuencia

Símbolos utilizados en la figura:

c = factor de tensión para cortocircuitos en alta tensión que tiene en cuenta la variación de la tensión en régimen normal de funcionamiento en el tiempo y a lo largo de la longitud de la línea. Según la referencia [4], $c = 1,1$.

l_a = distancia en km entre la subestación A y el punto de defecto a tierra.

l_b = distancia en km entre la subestación B y el punto de defecto a tierra.

Si se establecen las impedancias equivalentes de las conexiones serie y paralelo, se pueden calcular las impedancias de secuencia directa, inversa y homopolar, Z_1, Z_2, Z_0, con las fórmulas siguientes:

$$\overrightarrow{Z_1} = \overrightarrow{Z_2} = \cfrac{1}{\cfrac{1}{\overrightarrow{Z_A} + \overrightarrow{Z'_{1L}} \cdot l_a} + \cfrac{1}{\overrightarrow{Z_B} + \overrightarrow{Z'_{1L}} \cdot l_b}}$$

$$\overrightarrow{Z_0} = \cfrac{1}{\cfrac{1}{\overrightarrow{Z_{oA}} + \overrightarrow{Z'_{OL}} \cdot l_a} + \cfrac{1}{\overrightarrow{Z_{oB}} + \overrightarrow{Z'_{OL}} \cdot l_b}}$$

Resolviendo el circuito de la figura anterior se calcula la intensidad de defecto a tierra como:

$$\frac{\vec{I_F}}{3} = \vec{I_1} = \vec{I_2} = \vec{I_0} \Rightarrow$$

$$\vec{I_F} = \frac{\sqrt{3} \cdot c \cdot \vec{U_n}}{\vec{Z_1} + \vec{Z_2} + \vec{Z_0}} = \frac{\sqrt{3} \cdot c \cdot \vec{U_n}}{2 \cdot \vec{Z_1} + \vec{Z_0}}$$

Nótese que la distancia entre el punto de defecto y las subestaciones A, y B, interviene en la expresión anterior a través de los valores de las impedancias $\vec{Z_0}$, y $\vec{Z_1}$, y que por tanto I_F, depende del punto en que se produce el defecto a tierra. Para realizar los cálculos se tomará el ángulo de la tensión U_n como origen de ángulos.

$$\vec{U_n} = U_n \angle 0°$$

Los valores de la intensidad de defecto a tierra en función de la distancia entre la subestación A y el punto de defecto se indican en la tabla siguiente. Se puede apreciar que resultan sensiblemente mayores que cuando la línea no está equipada con cables de tierra.

l_a (km)	7	9	11	13	15	17
I_F (A)	501-j·4465	506-j·4167	501-j·3950	489-j·3796	473-j·3693	453-j·3632
I_F (A), módulo	4492,8	4197,7	3982,2	3827,8	3723,0	3660,4

5.3.2.1. Diseño de la puesta a tierra de los apoyos no frecuentados

El efecto de los cables de tierra es conectar las puestas a tierra de todos los apoyos en paralelo mediante la propia impedancia de estos cables. Por tal motivo, la resistencia de puesta a tierra del apoyo en el que se produce la falta ya no limita la intensidad de defecto a tierra y se obtienen valores de intensidad de defecto a tierra mayores que para línea no equipada con cables de tierra.

Como los relés de protección son los mismos y la intensidad de defecto a tierra es más elevada, el diseño de puesta tierra, utilizado para los apoyos no frecuentados de la línea sin cables de tierra garantizará, incluso, una mejor actuación de las protecciones cuando la línea esté equipada con los cables de tierra. Por tanto, se utilizará el mismo electrodo formado por dos picas en paralelo de 1,5 separadas 4 m entre sí, cuya resistencia es:

$$R_t = 111,1 \ \Omega$$

5.3.2.2. Diseño de la puesta a tierra de los apoyos frecuentados

En primer lugar se calculará la tensión de contacto máxima admisible en la instalación, teniendo en cuenta que las protecciones actúan en 0,4 segundos. Dicho valor ya se calculó en el Apartado 5.3.1.2 para los apoyos frecuentados de la línea sin cables de tierra.

$$U_c = 2015 \ V$$

Como diseño preliminar de electrodo en los apoyos frecuentados se utilizará un conductor de radio 4 mm, en forma de anillo circular de 6 metros de diámetro, enterrado a una profundidad de 0,8 m, cuya resistencia de puesta a tierra ya se calculó en 5.3.1.2,

$$R_p = 38,48 \; \Omega$$

Para los apoyos no frecuentados se mantiene el diseño de electrodo con dos picas de 1,5 m separadas a 4 m, cuyo valor de resistencia es:

$$R_t = 111,1 \; \Omega$$

Para calcular la tensión de contacto que puede aparecer en un apoyo (U'_c) se tiene que calcular previamente la tensión de puesta a tierra, que al existir cables de tierra sigue la fórmula siguiente que se deduce de la Figura 5.26:

$$\overrightarrow{U_E} = \overrightarrow{I_E} \cdot \overrightarrow{Z_{total}}$$

Por lo tanto, habrá que calcular tanto la intensidad de puesta a tierra como la impedancia total mediante las expresiones siguientes ya presentadas en el Apartado 5.1.

Cálculo de la intensidad de puesta a tierra

$$\overrightarrow{I_E} = \vec{r} \cdot \overrightarrow{I_F}$$

Los valores de la intensidad de defecto ya se calcularon en forma de tabla al final de Apartado 5.3.2 para cada uno de los apoyos frecuentados de la línea, mientras que el factor de reducción se calcula según la expresión (40):

$$\vec{r} = 1 - \frac{\overrightarrow{Z_{WL}}}{\overrightarrow{Z_{ww0}}}$$

Para calcular r, se necesitan calcular las impedancias por unidad de longitud, Z_{WL}, y Z_{ww0}:

- Impedancia a secuencia homopolar mutua entre el cable de tierra y los conductores de fase por unidad de longitud, según la expresión (37):

$$\overrightarrow{Z_{WL}} = \omega \cdot \frac{\mu_0}{8} + j \cdot \omega \cdot \frac{\mu_0}{2 \cdot \pi} \cdot ln\frac{\delta}{D_{WL}}$$

$$\overrightarrow{Z_{ww0}} = \frac{R_w}{v} + \omega \cdot \frac{\mu_0}{8} + j \cdot \omega \cdot \frac{\mu_0}{2 \cdot \pi}\left[ln\frac{\delta}{r_{ww}} + \frac{\mu_r}{4 \cdot v}\right]$$

$$= R_w + \omega \cdot \frac{\mu_0}{8} + j \cdot \omega \cdot \frac{\mu_0}{2 \cdot \pi}\left[ln\frac{\delta}{r_{ww}} + \frac{\mu_r}{4}\right]$$

A su vez, para calcular $\overrightarrow{Z_{WL}}$, $\overrightarrow{Z_{ww0}}$, es necesario conocer o calcular previamente:

- Profundidad de retorno de la corriente de tierra por el terreno:

$$\delta = \frac{1,85}{\sqrt{\dfrac{\omega \cdot \mu_0}{\rho}}} = \frac{1,85}{\sqrt{\dfrac{2 \cdot \pi \cdot 50 \cdot 4 \cdot \pi \cdot 10^{-7}}{400}}} = 1862,2 \; m$$

- Distancia medida geométrica entre el cable de tierra y los conductores de fase:

$$D_{WL} = \sqrt[3]{D_{a-w} \cdot D_{b-w} \cdot D_{c-w}}$$

Las distancias entre los conductores de cada fase y cable de tierra se calculan según las dimensiones del armado de la Figura 5.23 del enunciado:

$$D_{a-w} = \sqrt{(d + L_{cad})^2 + a^2} = 4{,}526 \text{ m}$$

$$D_{b-w} = \sqrt{(c + d + L_{cad})^2 + b^2} = 5{,}740 \text{ m}$$

$$D_{c-w} = \sqrt{(2 \cdot c + d + L_{cad})^2 + a^2} = 6{,}992 \text{ m}$$

Por tanto:

$$D_{WL} = \sqrt[3]{D_{a-w} \cdot D_{b-w} \cdot D_{c-w}} = 5{,}663 \text{ m}$$

- Resistencia por unidad de longitud del cable de tierra.

$$R_w = \frac{\rho}{S} = \frac{0{,}19 \dfrac{\Omega \cdot \text{mm}^2}{\text{m}}}{49{,}48 \text{ mm}^2} = 0{,}00383994 \frac{\Omega}{\text{m}} = 3{,}83994 \frac{\Omega}{\text{km}}$$

- Radio del cable de tierra:

$$r_{ww} = r_w = \frac{9{,}12 \text{ mm}}{2} = 0{,}00456 \text{ m}$$

Si se sustituyen los parámetros calculados que intervienen en las expresiones de las impedancias Z_{WL} y Z_{ww0},

$$\overrightarrow{Z_{WL}} = \omega \cdot \frac{\mu_0}{8} + j \cdot \omega \cdot \frac{\mu_0}{2 \cdot \pi} ln \frac{\delta}{D_{WL}} = \frac{2 \cdot \pi \cdot 50 \cdot 4\pi.10^{-7}}{8} +$$

$$j \cdot \frac{2\pi.50.4 \cdot \pi \cdot 10^{-7}}{2 \cdot \pi} ln \frac{1862{,}2}{5{,}663} = (0{,}0493 + j \cdot 0{,}3641) \frac{\Omega}{\text{km}}$$

$$\overrightarrow{Z_{ww0}} = R_w + \omega \cdot \frac{\mu_0}{8} + j \cdot \omega \cdot \frac{\mu_0}{2 \cdot \pi} \left[ln \frac{\delta}{r_{ww}} + \frac{\mu_r}{4} \right] =$$

$$= 3{,}8399 + 0{,}0493 + j \cdot \frac{100 \cdot \pi \cdot 4 \cdot \pi \cdot 10^{-7}}{2 \cdot \pi} \left[ln \frac{1862{,}2}{0{,}00456} + \frac{75}{4} \right]$$

$$= (3{,}8893 + j \cdot 1{,}9899) \frac{\Omega}{\text{km}}$$

Finalmente se puede calcular ya el factor de reducción,

$$\vec{r} = 1 - \frac{Z_{WL}}{Z_{ww0}} = 1 - \frac{(0{,}0493 + j \cdot 0{,}3641)}{(3{,}8893 + j \cdot 1{,}9899)} = 0{,}9520 - j \cdot 0{,}0691$$

Cuyo módulo tiene un valor:

$$r = 0{,}9545$$

Cálculo de la impedancia total

La impedancia total es el paralelo de las dos impedancias de cadena infinita, Z_p y de la resistencia de puesta a tierra del apoyo frecuentado, R_p.

$$\overrightarrow{Z_{total}} = \cfrac{1}{\cfrac{1}{R_p} + \cfrac{2}{\overrightarrow{Z_p}}}$$

Para el diseño preliminar propuesto de los electrodos en los apoyos frecuentados:

$$R_p = 38{,}48\ \Omega$$

Para los apoyos no frecuentados los electrodos de puesta a tierra tienen una resistencia:

$$R_t = 111{,}1\ \Omega$$

Según la expresión (24), la impedancia de cadena de línea infinita se calcula como:

$$\overrightarrow{Z_P} = \frac{1}{2} \cdot \left(\overrightarrow{Z_{ww0}} + \sqrt{\overrightarrow{Z_{ww0}}\left(4 \cdot R_t + \overrightarrow{Z_{ww0}}\right)} \right)$$

En esta expresión la impedancia homopolar propia del cable de tierra se debe expresar en ohmios, para lo cual se multiplica su valor en por unidad de longitud por la longitud del vano:

$$\overrightarrow{Z_{ww0}}(\Omega) = \overrightarrow{Z_{ww0}}\left(\frac{\Omega}{km}\right) \cdot a_m(\text{km}) = (3{,}8893 + j \cdot 1{,}9899)\frac{\Omega}{km} \cdot 0{,}25\text{km} \Rightarrow$$

$$\overrightarrow{Z_{ww0}}(\Omega) = (0{,}9723 + j \cdot 0{,}4975)\Omega$$

Por tanto, se puede calcular la impedancia de cadena infinita como:

$$\overrightarrow{Z_P} = \frac{1}{2} \cdot \Bigg[(0{,}9723 + j \cdot 0{,}4975)$$

$$+ \sqrt{(0{,}9723 + j \cdot 0{,}4975) \cdot \left(4 \cdot 111{,}1 + (0{,}9723 + j \cdot 0{,}4975)\right)} \Bigg] \Rightarrow$$

$$\overrightarrow{Z_P} = (11{,}2068 + j \cdot 2{,}8383)\ \Omega$$

Nótese que la impedancia de cadena $\overrightarrow{Z_p}$, se calcula utilizando el valor de resistencia R_t, de los apoyos no frecuentados, aunque existan unos pocos frecuentados formando dicha cadena infinita de impedancias. Este criterio es en cualquier caso conservador, ya que se obtiene una impedancia de cadena ligeramente mayor y además, existen muy pocos apoyos no frecuentados, con lo que la diferencia entre ambas es muy pequeña.

Si se sustituyen los valores obtenidos en la expresión de la impedancia total se tiene:

$$\overrightarrow{Z_{total}} = \cfrac{1}{\cfrac{1}{R_p} + \cfrac{2}{\overrightarrow{Z_p}}} = \cfrac{1}{\cfrac{1}{38{,}48} + \cfrac{2}{11{,}2068 + j \cdot 2{,}8383}} = (4{,}9259 + j \cdot 1{,}0802)\ \Omega$$

Cálculo de la tensión de puesta a tierra

Realizados los cálculos previos necesarios ya se puede obtener el valor de la tensión de puesta a tierra en función de la distancia entre las subestaciones y el apoyo frecuentado.

$$\overrightarrow{U_E} = \vec{r} \cdot \overrightarrow{I_F} \cdot \overrightarrow{Z_{total}}$$

donde:

$$\vec{r} = 0{,}9520 - j \cdot 0{,}0691$$

$$\overrightarrow{Z_{total}} = (4{,}9259 + j \cdot 1{,}0802)\ \Omega$$

I_a (km)	7	9	11	13	15	17
I_F (A)	501-j·4465	506-j·4167	501-j·3950	489-j·3796	473-j·3693	453-j·3632

Si se realiza el producto complejo de las tres magnitudes se obtiene la tensión de puesta a tierra para cada uno de los apoyos frecuentados.

I_a (km)	7	9	11	13	15	17
U_E (V)	5459-j·20925	5280-j·19503	5105-j·18475	4944-j·17749	4795-j·17267	4659-j·16992
U_E (V), módulo	21626	20205	19168	18425	17920	17619

Se puede observar por comparación con los resultados de 5.3.1.2 que las tensiones de puesta a tierra para el mismo tipo de electrodo, son mucho menores cuando la línea va equipada con cables de tierra (en este ejemplo se reducen aproximadamente a la mitad).

Según establece la ITC-LAT 07 es posible estimar la tensión de contacto que aparece en un apoyo frecuentado en defecto como la mitad de la tensión de puesta a tierra. Tomando la máxima tensión de puesta a tierra de entre todos los apoyos frecuentados se tiene que:

$$U_c' \simeq \frac{U_E}{2} = \frac{21626}{2} = 10813\ V$$

Sin embargo, esta tensión es muy superior a la tensión de contacto límite admisible

$$U_c = 2015\ \text{V} \implies U_c' > U_c$$

Por lo tanto, con el diseño preliminar propuesto no se cumplen las condiciones reglamentarias de seguridad.

Cabría recurrir a un nuevo diseño de electrodo con el que se pudiera obtener una resistencia de puesta a tierra muy inferior en los apoyos frecuentados, por ejemplo:

$$R_p = 5\ \Omega$$

Con este valor de resistencia de puesta a tierra se repetiría el proceso calculando la impedancia total y la tensión de puesta a tierra.

$$\overrightarrow{Z_{total}} = (2{,}6838 + j \cdot 0{,}3100)\ \Omega$$

$R_p = 5\ \Omega$						
I_a (km)	7	9	11	13	15	17
U_E (V)	11585	10824	10269	9871	9600	9439

Se observa que la tensión de puesta a tierra ha disminuido de forma importante respecto del caso anterior, de forma que si se estima de nuevo la tensión de contacto que aparece en un apoyo frecuentado en defecto como la mitad de la tensión de puesta a tierra, se tiene:

$$U_c' \simeq \frac{U_E}{2} = \frac{11585}{2} = 5793\ V$$

Sin embargo, esta tensión sigue siendo muy superior a la tensión de contacto admisible

$$U_c = 2015\ V \implies U_c' > U_c$$

En conclusión, no es posible alcanzar un compromiso técnico-económico aceptable en el diseño del electrodo y resulta necesario el recurrir a medidas adicionales de seguridad para asegurar el cumplimiento de las tensiones de contacto. Por ejemplo, se puede utilizar un electrodo formado por un anillo con cuatro picas en los extremos y construyendo una superficie equipotencial bajo el apoyo mediante un mallado electrosoldado embebido en hormigón similar al indicado en el Ejemplo 5.2.

Al emplearse una medida adicional que evita el riesgo de la tensión de contacto, es necesario comprobar si se cumple la tensión de paso admisible en el terreno, cuyo valor ya se calculó en el Apartado 5.3.1.2.

$$U_p = 71300 V$$

Como esta tensión es incluso mayor que la tensión nominal de 66 kV de la línea, no es necesario calcular U_p', ya que es una fracción de la tensión de defecto, y esta, a su vez, no puede ser mayor que la tensión nominal fase-neutro de la línea. En consecuencia, se puede afirmar que el diseño utilizado cumple también con la tensión de paso, es decir: $U_p > U_p'$.

Nota sobre la utilización de la expresión de cadena infinita de línea

Los cálculos de la intensidad de defecto a tierra realizados de esta forma solo son correctos si la distancia entre el apoyo en defecto y la subestación es suficiente para poder aplicar la expresión de la impedancia de cadena infinita, $\overrightarrow{Z_P}$.

La impedancia de cadena infinita está formada por la conexión, serie y paralelo de un conjunto de impedancias. Solamente cuando el número de apoyos conectados comprende una longitud de línea mayor que la denominada «distancia lejana» se puede considerar correcto su uso. Como la mínima distancia entre los apoyos frecuentados y las subestaciones es de 7 km a la subestación A, y 8 km a la subestación B, se debería comprobar que la longitud de la distancia lejana sea menor o igual de 7 km.

En la figura siguiente $\overrightarrow{Z_{total}}$ representa la impedancia equivalente paralelo de la resistencia de puesta a tierra propia del apoyo en el que se produce la falta R_p, y las dos impedancias de cadena de línea infinita, $\overrightarrow{Z_P}$, situadas a derecha y a izquierda del apoyo en defecto.

Según la fórmula del Apartado 5.1.6, la longitud de la distancia lejana se puede calcular como:

$$D_T = 3 \cdot \sqrt{R_t} \cdot \frac{a}{Real\left(\sqrt{Z_{ww0}}\right)}.$$

donde, en nuestro ejemplo:

$a = 250$ m.

$R_t = 111,1\,\Omega.$

$\overrightarrow{Z_{ww0}} = (0{,}972 + j \cdot 0{,}497)\ \Omega.$

Por lo tanto:

$$DT = 7{,}78\ \text{km}$$

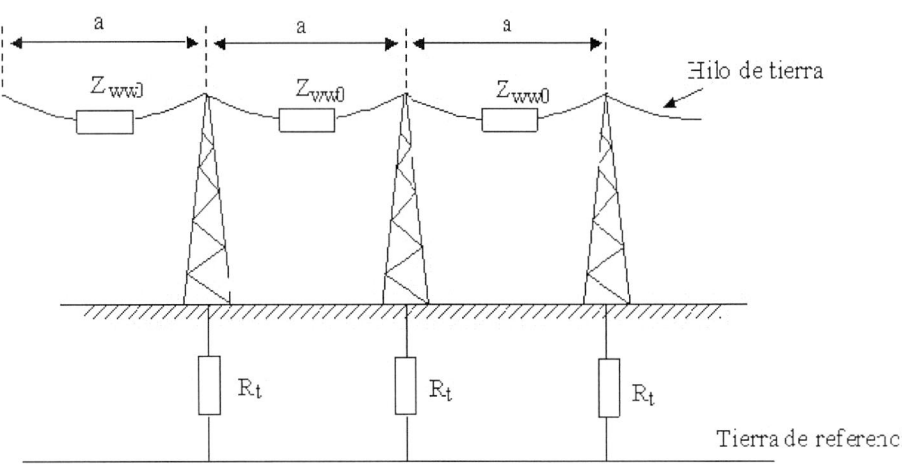

Figura 5.28. Conexión de impedancias formando la impedancia de cadena infinita, (a = 250 m)

Aunque la distancia lejana resultante no sea menor de los 7 km de distancia, su valor tampoco es mucho mayor, por lo que se considera aceptable el uso de la impedancia de cadena infinita de línea en los cálculos.

En caso de que los apoyos frecuentados estuvieran muy próximos a la subestación, el cálculo de las intensidades de defecto a tierra y el de la tensión de puesta a tierra, se deberían realizar utilizando la impedancia de cadena finita de línea, de manera que las tensiones obtenidas serían mayores. Para estos casos especiales se puede consultar la referencia [4].

5.4. COMPORTAMIENTO FRENTE AL RAYO DE LAS PUESTAS A TIERRA Y LONGITUD CRÍTICA DE LOS ELECTRODOS

La descarga de un rayo sobre una línea aérea o sobre un apoyo actúa como una fuente de intensidad de alta corriente (7 a 25 kA) y de frecuencia elevada (1, o 2 MHz). A la frecuencia característica del rayo, el comportamiento de un electrodo de puesta a tierra difiere del que se tiene a frecuencia industrial. Para estudiar tal comportamiento se debe considerar el electrodo como una línea de parámetros distribuidos abierta en el extremo final del electrodo (*véase* referencia [7]). En la siguiente figura se representa un electrodo simple del tipo conductor enterrado, como una línea de parámetros distribuidos.

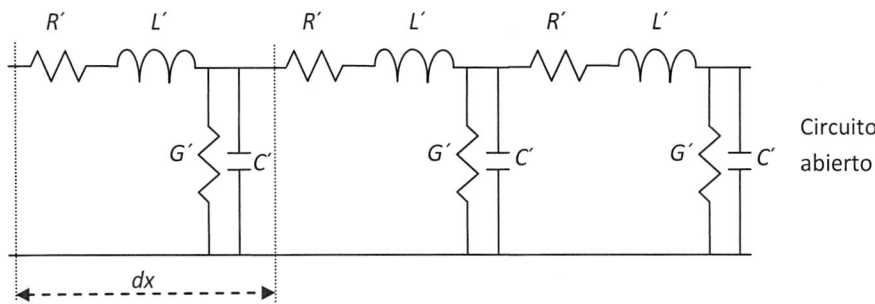

Figura 5.29. Circuito equivalente de un electrodo de puesta a tierra mediante parámetros distribuidos

El parámetro R', representa la resistencia serie por unidad de longitud del material conductor del que está fabricado el electrodo. Su valor es tan pequeño ($R' \approx 0{,}01\,\mathrm{m\Omega/m}$) que puede considerarse despreciable a cualquier frecuencia.

El parámetro L', representa la inductancia serie del electrodo por unidad de longitud su valor puede considerarse del orden de $L' = 1\ \mu\mathrm{H/m}$. Como la reactancia inductiva se calcula como $X_L' = \omega \cdot L'$, será pequeña a la frecuencia de 50 Hz, pero importante a la frecuencia de 1MHz.

La capacidad en paralelo, C', por unidad de longitud representa la capacidad entre el electrodo y el terreno su valor puede considerarse del orden de $C' = 100$ pF/m. Como la reactancia capacitiva se calcula como $X_C' = 1/(\omega \times C')$, será muy grande a la frecuencia de 50 Hz (prácticamente un circuito abierto, sin influencia en el circuito equivalente), pero será mucho menor a la frecuencia de 1MHz.

La conductancia por unidad de longitud, G', representa el inverso de la resistencia de puesta a tierra del electrodo R, cuyas expresiones se han estudiado en el Apartado 5.1.

A la frecuencia de 50 Hz los parámetros serie R' y X_L' son muy pequeños, y la reactancia capacitiva X_C' muy grande (un circuito abierto). Por tanto, la impedancia de puesta a tierra de un electrodo de longitud L, es una resistencia R, que se calcula como:

$$G = \int_0^L G' \cdot dx = G' \cdot L \Rightarrow R = \frac{1}{G} = \frac{1}{G' \cdot L} \quad (44)$$

Por lo tanto, el circuito equivalente de electrodo a la frecuencia de 50 Hz, se transformará en el representado en la figura siguiente.

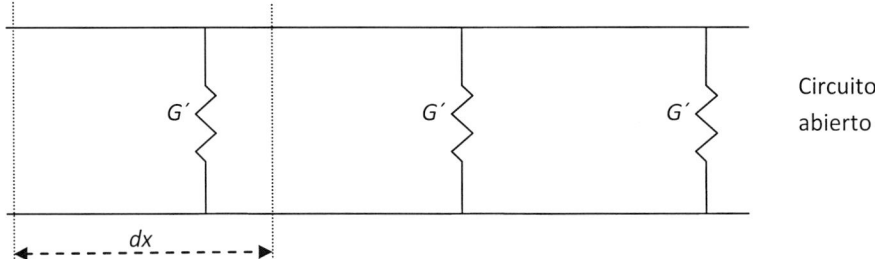

Figura 5.30. Circuito equivalente de un electrodo de puesta a tierra, de longitud *L*, a 50 Hz, utilizando parámetros distribuidos

Sin embargo, a la frecuencia característica de descarga de la corriente de un rayo (1 MHz) es necesario considerar todos los parámetros, y la impedancia de puesta a tierra deja de tener un comportamiento puramente resistivo, ya que puede ser inductiva o capacitiva. El considerar en este caso la impedancia de puesta a tierra tan solo como una resistencia puede suponer grandes errores de cálculo.

Despreciando algunos efectos de segundo orden como la posible ionización del terreno en caso de conducción de una corriente de rayo elevada por los electrodos, o la disminución de la resistividad del terreno al aumentar la frecuencia de la corriente, se puede aplicar la teoría de líneas al cálculo de la impedancia del electrodo.

Según la teoría que estudia las líneas con parámetros distribuidos vistas en el Capítulo 1, Apartado 1.2.3.3, la impedancia característica del electrodo representado según la Figura 5.29 se puede calcular como:

$$\overrightarrow{Z_c} = \sqrt{\frac{R' + j \cdot \omega \cdot L'}{G' + j \cdot \omega \cdot C'}} \quad (45)$$

Se puede observar cómo la impedancia característica se calcula a partir de los parámetros distribuidos expresados en por unidad de longitud y, por lo tanto, es independiente de la longitud del electrodo.

La constante de propagación de la línea, que en este caso es un electrodo, se define como:

$$\vec{\gamma} = \sqrt{(R' + j \cdot \omega \cdot L') . (G' + j \cdot \omega \cdot C')} = \alpha + j \cdot \beta \quad (46)$$

donde:

R' (Ω/m) = resistencia por unidad de longitud.

L' (H/m) = inductancia por unidad de longitud.

G' (S/m) = conductancia por unidad de longitud.

C' (F/m) = capacidad por unidad de longitud.

α (néper/m) = coeficiente de atenuación.

β (rad/m) = coeficiente de fase.

Por otra parte, según se demostró en el Capítulo 1, Apartado 1.2, la intensidad en el extremo de la línea se puede calcular como:

$$\vec{I_2} = \vec{I_1} \cdot ch(\bar{\gamma}L) - \frac{\vec{U_1}}{\vec{Z_c}} \cdot sh(\bar{\gamma}L)$$

Como el electrodo se asimila a una línea abierta en su extremo, (para: $x = L$, la intensidad $\vec{I_2}$, es nula), de la última expresión se deduce la impedancia de entrada de la línea como:

$$\vec{Z_{in}} = \frac{\vec{U_1}}{\vec{I_1}} = \vec{Z_c} \cdot \coth(\vec{\gamma}L) \quad (47)$$

$$Coth(\bar{\gamma}L) = \frac{ch(\bar{\gamma}L)}{sh(\bar{\gamma}L)} = \frac{e^{\bar{\gamma}L} + e^{-\bar{\gamma}L}}{e^{\bar{\gamma}L} - e^{-\bar{\gamma}L}}$$

El parámetro de impedancia de entrada del electrodo tiene un gran interés en la coordinación del aislamiento, ya que la elevación de tensión del electrodo se calculará como el producto de los módulos de esta impedancia por la corriente de descarga del rayo que atraviesa el electrodo y se disipa por el terreno.

a) Electrodo en forma de conductor enterrado horizontalmente
Para caracterizar el comportamiento con la frecuencia de un electrodo de puesta a tierra se elegirá uno simple, un conductor enterrado horizontalmente de longitud L, cuya resistencia de puesta a tierra toma el valor según (6):

$$R = \frac{2 \cdot \rho}{L}$$

Si se aplica la expresión (44), se puede calcular la conductancia del electrodo por unidad de longitud en función de la resistividad del terreno, como:

$$G' = \frac{1}{R \cdot L} = \frac{1}{\frac{2 \cdot \rho}{L} \cdot L} = \frac{1}{2 \cdot \rho}$$

Si se consideran unos valores típicos de los parámetros distribuidos de:

$$R' = 1 \frac{m\Omega}{m}; \quad L' = 1 \frac{\mu H}{m}; \quad C' = 100 \frac{pF}{m};$$

Utilizando las expresiones (45) y (46), se pueden calcular, los valores de la impedancia característica, Z_c, de la constante de atenuación, α, y del coeficiente de fase, β, del electrodo, en función de la resistividad del terreno y de la frecuencia de la corriente que se disipa por el terreno.

Tabla 5.6. Variación con la frecuencia de la impedancia característica y de la constante de propagación de un electrodo del tipo conductor enterrado, para una resistividad de 100 $\Omega \cdot m$

ρ ($\Omega \cdot m$)	F (Hz)	Z_c (Ω)		α (néper/m)	β' (rad/m)
		Módulo (Ω)	Argumento (°)		
100	50	0,46	8,72	0,0023	0,0003
	100	0,49	16,07	0,0023	0,0007
	200	0,57	25,74	0,0026	0,0012
	500	0,81	36,17	0,0033	0,0024
	1000	1,13	40,47	0,0043	0,0037
	10000	3,55	44,51	0,0126	0,0124
	100000	11,21	44,59	0,0394	0,0399
	1000000	35,31	41,41	0,1177	0,1334

Tabla 5.7. Variación con la frecuencia de la impedancia característica y de la constante de propagación de un electrodo del tipo conductor enterrado, para una resistividad de 1000 $\Omega \cdot m$

ρ ($\Omega \cdot m$)	F (Hz)	Z_c (Ω)		α (néper/m)	β' (rad/m)
		Módulo (Ω)	Argumento (°)		
1000	50	1,45	8,72	0,0007	0,0001
	100	1,54	16,07	0,0007	0,0002
	200	1,79	25,74	0,0008	0,0004
	500	2,57	36,15	0,0010	0,0008
	1000	3,57	40,44	0,0014	0,0012
	10000	11,21	44,18	0,0040	0,0040
	100000	35,31	41,37	0,0118	0,0133
	1000000	88,46	19,25	0,0234	0,0671

Tabla 5.8. Variación con la frecuencia de la impedancia característica y de la constante de propagación de un electrodo del tipo conductor enterrado, para una resistividad de 3000 $\Omega \cdot m$

ρ ($\Omega \cdot m$)	F (Hz)	Z_c (Ω)		α (néper/m)	β' (rad/m)
		Módulo (Ω)	Argumento (°)		
3.000	50	2,51	8,71	0,0004	0,0001
	100	2,66	16,06	0,0004	0,0001
	200	3,10	25,72	0,0005	0,0002
	500	4,45	36,12	0,0006	0,0004
	1000	6,18	40,37	0,0008	0,0007
	10000	19,41	43,46	0,0023	0,0023
	100000	59,39	34,63	0,0060	0,0087
	1000000	98,31	7,42	0,0083	0,0634

Comparando en las tablas anteriores las frecuencias de 50 Hz, y de 1 MHz, se puede comprobar cómo el módulo de la impedancia característica aumenta de forma muy importante al aumentar la frecuencia, lo que confirma que la respuesta del electrodo a la frecuencia del rayo será distinta que a la frecuencia de 50 Hz.

También se observa cómo el coeficiente de atenuación del electrodo α, aumenta al aumentar la frecuencia, siendo este efecto mucho más marcado cuando la resistividad del terreno es baja. Esto quiere decir que, a la frecuencia de 50 Hz, la corriente casi no tiene atenuación y toda la longitud de electrodo sirve para disipar la corriente de forma prácticamente uniforme, mientras que a la frecuencia del rayo de 1 MHz, la atenuación es importante y no toda la longitud del electrodo servirá para disipar la corriente de la misma forma, dejando de disipar la corriente de forma progresiva al aumentar su longitud.

Como la elevación de tensión de electrodo se calcula como el producto de los módulos de la impedancia de entrada del electrodo por la corriente de descarga a través del electrodo, si se aplica la expresión (47) se puede calcular el módulo y el argumento de esta impedancia de entrada $\overrightarrow{Z_{in}}$, en función de la longitud de electrodo L, de la frecuencia de la corriente y de la resistividad del terreno.

Considerando la corriente de descarga como un valor fijo determinado, la elevación de tensión del electrodo seguirá la misma evolución que la impedancia de entrada $\overrightarrow{Z_{in}}$.

En las tablas que se muestran a continuación, se comparan los valores de la impedancia de entrada a 50 Hz y 1MHz, para electrodos de longitud variable con tres resistividades distintas del terreno.

Tabla 5.9. Comparación de los valores de la impedancia de entrada para 50 Hz y 1 MHz, según la longitud del electrodo y para una resistividad de 100 Ω·m

ρ (Ω·m)	L (m)	$\overrightarrow{Z_{in}}$ (50 Hz) (Ω)		$\overrightarrow{Z_{in}}$ (1 MHz) (Ω)		$\overrightarrow{Z_{in}}$ (1 MHz)/ $\overrightarrow{Z_{in}}$ (50 Hz)
		Módulo (Ω)	Argumento (°)	Módulo (Ω)	Argumento (°)	(relación de módulos)
100	1	200,0	0,000	198,2	−6,561	0,991
	2	100,0	0,000	98,8	−4,747	0,988
	3	66,7	0,000	65,8	−1,701	0,987
	4	50,0	0,000	49,6	2,560	0,991
	5	40,0	0,000	40,3	7,913	1,008
	6	33,3	0,001	34,8	14,057	1,045
	7	28,6	0,001	31,7	20,504	1,108
	8	25,0	0,002	30,1	26,677	1,203
	9	22,2	0,002	29,6	32,080	1,331
	10	20,0	0,003	29,8	36,426	1,491
	15	13,3	0,006	34,0	43,958	2,548
	20	10,0	0,012	35,7	42,252	3,566
	25	8,0	0,018	35,5	41,294	4,432
	30	6,7	0,027	35,3	41,317	5,287

Tabla 5.10. Comparación de los valores de la impedancia de entrada para 50 Hz y 1 MHz, según la longitud del electrodo y para una resistividad de 1000 Ω·m

ρ (Ω·m)	L (m)	$\overrightarrow{Z_{in}}$ (50 Hz) (Ω)		$\overrightarrow{Z_{in}}$ (1 MHz) (Ω)		$\overrightarrow{Z_{in}}$ (1 MHz)/ $\overrightarrow{Z_{in}}$ (50 Hz)
		Módulo (Ω)	Argumento (°)	Módulo (Ω)	Argumento (°)	(relación de módulos)
1000	1	2000,0	−0,004	1243,7	−51,428	0,622
	2	1000,0	−0,004	619,4	−51,246	0,619
	3	666,7	−0,004	410,2	−50,939	0,615
	4	500,0	−0,004	304,8	−50,499	0,610
	5	400,0	−0,004	240,9	−49,916	0,602
	6	333,3	−0,003	197,9	−49,177	0,594
	7	285,7	−0,003	166,6	−48,264	0,583
	8	250,0	−0,003	142,9	−47,155	0,572
	9	222,2	−0,003	124,1	−45,820	0,559
	10	200,0	−0,003	108,9	−44,227	0,544
	15	133,3	−0,003	62,1	−30,624	0,466
	20	100,0	−0,002	43,6	−3,060	0,436
	25	80,0	−0,002	47,5	27,428	0,593
	30	66,7	−0,001	65,3	41,183	0,980

Tabla 5.11. Comparación de los valores de la impedancia de entrada para 50 Hz y 1 MHz, según la longitud del electrodo y para una resistividad de 3000 Ω·m

ρ (Ω·m)	L (m)	$\overrightarrow{Z_{in}}$ (50 Hz) (Ω)		$\overrightarrow{Z_{in}}$ (1 MHz) (Ω)		$\overrightarrow{Z_{in}}$ (1 MHz)/ $\overrightarrow{Z_{in}}$ (50 Hz)
		Módulo (Ω)	Argumento (°)	Módulo (Ω)	Argumento (°)	(relación de módulos)
3000	1	6000,0	−0,011	1536,3	−75,124	0,256
	2	3000,0	−0,011	765,1	−75,063	0,255
	3	2000,0	−0,011	506,7	−74,961	0,253
	4	1500,0	−0,011	376,5	−74,814	0,251
	5	1200,0	−0,011	297,5	−74,620	0,248
	6	1000,0	−0,011	244,2	−74,373	0,244
	7	857,1	−0,011	205,5	−74,067	0,240
	8	750,0	−0,011	175,9	−73,695	0,235
	9	666,7	−0,011	152,4	−73,245	0,229
	10	600,0	−0,011	133,2	−72,703	0,222
	15	400,0	−0,011	71,0	−67,740	0,177
	20	300,0	−0,010	34,7	−52,010	0,116
	25	240,0	−0,010	20,1	11,058	0,084
	30	200,0	−0,010	41,2	57,332	0,206

Se puede comprobar cómo a 50 Hz, el valor de la impedancia de entrada de la puesta a tierra disminuye de forma continua cuando aumenta su longitud, ya que el electrodo disipa una corriente uniforme en toda su longitud. Este comportamiento no se ve afectado por el valor de la resistividad del terreno.

El comportamiento de la impedancia de entrada del electrodo a 1 MHz es muy diferente. Inicialmente, la impedancia disminuye al aumentar la longitud del electrodo hasta alcanzar un valor mínimo, pero si se sobrepasa una longitud denominada *crítica*, se invierte la tendencia y la impedancia aumenta si se incrementa la longitud del electrodo. El mínimo de impedancia no se obtiene siempre para la misma longitud, sino que varía con la resistividad del terreno, por ejemplo, para 100 Ω·m se alcanza para unos 9 m, pero para una resistividad de 3000 Ω·m se alcanza para 25 m de longitud. Es decir, la longitud crítica del electrodo (longitud que proporciona una impedancia mínima) aumenta con la resistividad del terreno.

También se observa cómo, al aumentar la longitud del electrodo, la impedancia pasa de capacitiva a inductiva y para resistividades elevadas, dicho cambio coincide con el mínimo de impedancia (se puede observar como el cambio de signo del argumento de la impedancia en dos tablas anteriores coincide con el mínimo de impedancia).

Otra conclusión es que para resistividades altas la impedancia a 1 MHz es menor que a 50 Hz, mientras que para resistividades bajas (100 Ω·m), la impedancia a 1 MHz es aproximadamente igual a la de 50 Hz, solo hasta que la longitud del electrodo alcanza la longitud crítica, siendo superior a partir de esta longitud.

Por todo lo anterior, el RLAT en su ITC-LAT 07, adopta la expresión matemática siguiente, basada en los estudios de los grupos de trabajo de CIGRE y CIRED, para calcular la longitud crítica de un electrodo:

$$L_c(m) = \sqrt{\frac{\rho(\Omega \cdot m)}{f(\text{MHz})}} \qquad (48)$$

Nótese que esta expresión se debe aplicar teniendo en cuenta que la frecuencia característica del rayo es de 1MHz.

b) Puesta a tierra formada por electrodos múltiples

Según la fórmula (48), se puede calcular la longitud crítica, L_{c1}, de un electrodo simple formado por un conductor único enterrado horizontalmente.

$$L_{c1}(m) = \sqrt{\frac{\rho(\Omega \cdot m)}{1(\text{MHz})}}$$

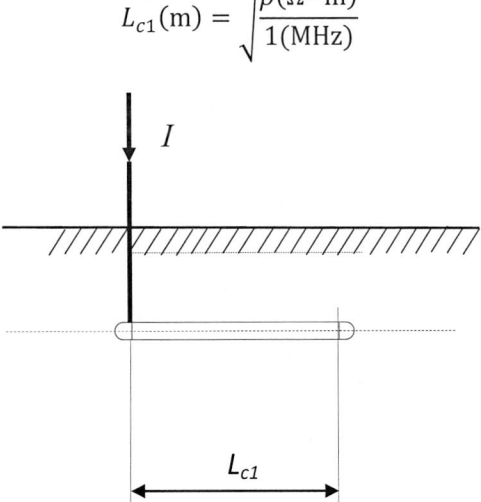

Figura 5.31. Longitud crítica de un electrodo compuesto por un conductor enterrado horizontalmente

Si el mismo tipo de electrodo se conecta por su punto central, la mitad de la corriente del rayo circulará por cada parte del electrodo, con lo cual, si la impedancia de puesta a tierra fuera la misma que en el caso anterior, la elevación de tensión del electrodo sería la mitad.

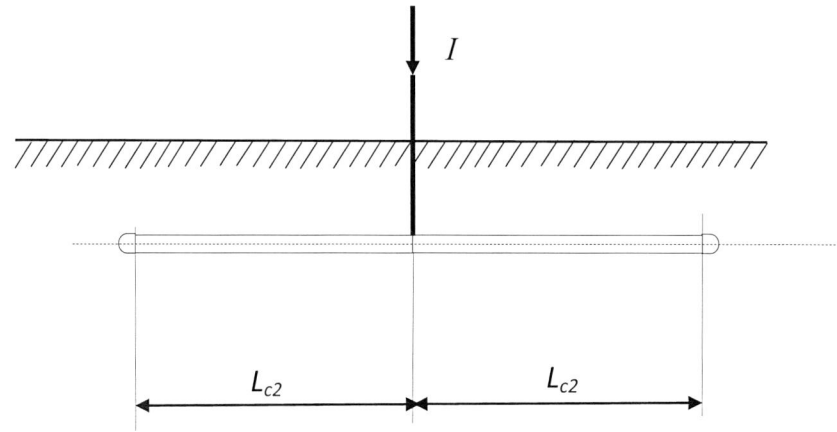

Figura 5.32. Longitud crítica de un electrodo compuesto por dos conductores de igual longitud

Al dividirse en dos el electrodo, disminuye la frecuencia de la onda del rayo, ya que, para el mismo tiempo de subida de la onda el valor de cresta de la corriente será la mitad, es decir, se tendrá una pendiente de subida de la onda aproximadamente mitad y por tanto, una frecuencia también mitad. En este caso, la longitud crítica de trabajo del electrodo, L_{c2}, se incrementa respecto del caso anterior:

$$L_{c2}(\text{m}) \approx \sqrt{\frac{\rho(\Omega \cdot \text{m})}{0{,}5(\text{MHz})}} = \sqrt{2} \cdot L_{c1}(\text{m})$$

Este razonamiento, aunque no es riguroso, sí que sirve para estimar un valor aproximado, y se puede generalizar a puestas a tierras compuestas por un número mayor de electrodos.

$$L_c(m) \approx \sqrt{n^\circ\ electrodos} \cdot \sqrt{\rho(\Omega \cdot m)}$$

c) Puesta a tierra de apoyos de alta tensión mediante electrodos complejos

En este caso, aunque las fórmulas simplificadas de cálculo de la longitud crítica no resultan aplicables, se puede recurrir al enfoque indicado en el anexo F.3.2 de la norma de coordinación de aislamiento UNE-EN 60071-2 [8].

Según esta referencia, la impedancia de entrada de puesta a tierra puede calcularse según una fórmula sencilla, siempre que todos los electrodos de puesta a tierra estén colocados en un radio máximo de 30 metros, tal y como muestra la figura siguiente.

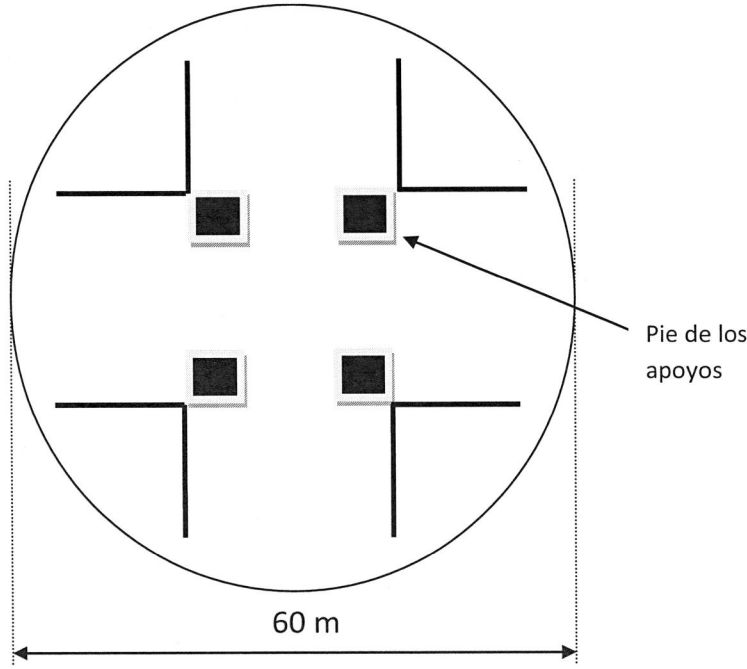

Figura 5.33. Puesta a tierra de una torre de transporte

El radio máximo de 30 m, equivale al concepto de longitud crítica hasta ahora estudiado. En estas condiciones la expresión simplificada para calcular la impedancia de entrada de la puesta a tierra es la siguiente:

$$Z_{in} = \frac{R}{\sqrt{1 + \dfrac{I}{I_g}}} \quad (49)$$

donde:

Z_{in} = módulo de la impedancia de entrada de la puesta a tierra para descargas de rayo, (Ω).

R = resistencia de puesta a tierra a baja frecuencia (Ω), medida por ejemplo con un telurómetro.

I = intensidad de descarga prevista del rayo (kA). Un valor habitualmente utilizado es 30 kA.

I_g = intensidad de descarga del rayo (kA) que provoca la ionización del terreno y que se puede calcular como:

$$I_g = \frac{1}{2 \cdot \pi} \frac{E_0 \cdot \rho}{R^2}$$

E_0 = gradiente de tensión que provoca la ionización del terreno. Un valor recomendable es de 400 kV/m.

ρ = resistividad del terreno $(\Omega \cdot m)$.

Esta expresión resulta apropiada para la estimación de la impedancia de puesta a tierra, tanto si se utiliza un electrodo en forma de anillo con picas, o una malla con picas, aunque en este segundo caso el valor real sería menor, teniendo en cuenta que se trataría de un electrodo muy subdividido.

En la Tabla 5.12, se calcula el valor de la impedancia de entrada de la puesta a tierra para descargas del rayo, Z_{in}, en función del valor de la resistencia de puesta a tierra, R, y de la resistividad del terreno.

Tabla 5.12. Módulo de la impedancia, Z_{in}, en función del valor de la resistencia de puesta a tierra y de la resistividad del terreno

$R(\Omega)$	$\rho(\Omega \cdot m)$	I_g(kA)	$Z_{in}(\Omega)$
1	100	6366,2	1,00
1	1000	63662,0	1,00
1	3000	190985,9	1,00
5	100	254,6	4,73
5	1000	2546,5	4,97
5	3000	7639,4	4,99
10	100	63,7	8,24
10	1000	636,6	9,77
10	3000	1909,9	9,92
20	100	15,9	11,77
20	1000	159,2	18,35
20	3000	477,5	19,40
30	100	7,1	13,10
30	1000	70,7	25,14
30	3000	212,2	28,08
40	100	4,0	13,69
40	1000	39,8	30,20
40	3000	119,4	35,76

Puede apreciarse cómo la corriente necesaria para la ionización del terreno disminuye al aumentar la resistencia de puesta a tierra y aumenta al aumentar la resistividad.

El efecto de la ionización provoca que la impedancia de la puesta a tierra para descargas tipo rayo sea menor que la resistencia medida a baja frecuencia, siendo este efecto tanto más acusado cuanto menor sea la corriente de ionización en comparación con la corriente de descarga prevista del rayo.

EJERCICIOS PROPUESTOS

5.1. Diseño de puesta a tierra en línea aérea sin cable de tierra

Verificar el cumplimiento con el RLAT de la puesta a tierra para un apoyo, de cimentación 1,3 m × 1,3 m, perteneciente a una línea de tensión nominal, $U_n = 20$ kV.

La línea sale de una subestación donde el neutro se encuentra puesto a tierra a través de una reactancia de 10 Ω.

El tiempo de actuación de las protecciones, en caso de defecto a tierra, es de 0,5 s cuando se supera el ajuste de la protección de 50 A.

Considérese una resistividad del terreno es de 400 Ω·m.

Casos a considerar:

a) Apoyo no frecuentado. (Considérese una pica enterrada de 2 m de longitud).

b) Apoyo frecuentado con calzado. (Considérese una configuración 25-25/5/42).

c) Apoyo frecuentado sin calzado. (Considérese una configuración 25-25/5/48).

Configuración	L_p (m)	Resistencia, K_r $\left(\dfrac{\Omega}{\Omega \cdot m}\right)$	Tensión de paso, K_p $\left(\dfrac{V}{(\Omega \cdot m) \cdot A}\right)$	Tensión de contacto exterior $K_c = K_{p(acc)}$ $\left(\dfrac{V}{(\Omega \cdot m) \cdot A}\right)$	Código de la configuración
Sin picas	–	0,180	0,0395	0,1188	25-25/5/00
4 picas	2	0,121	0,0291	0,0633	25-25/5/42
	4	0,093	0,0213	0,0422	25-25/5/44
	6	0,076	0,0166	0,0312	25-25/5/46
	8	0,065	0,0136	0,0247	25-25/5/48
Cuadrado de 2,5 m × 2,5 m enterrado a 0,5 m de profundidad, con una sección del conductor de 50 mm² de cobre desnudo y un diámetro de las picas de 14 mm.					

5.2. Diseño de puesta a tierra en línea aérea con dos cables de tierra

- Datos de la red:

    - Tensión nominal de la red, $U_n = 132$ kV.

    - Intensidad máxima de falta a tierra, $I_{máxF} = 28000$ A

    - Tiempo de actuación de las protecciones, $t = 0,6$ s.

- Datos de la subestaciones

    - Forma de conexión del neutro en la subestación, rígido a tierra.

    - Impedancia equivalente secuencia directa, subestación A, $Z_{1A} = j \cdot 3$ Ω.

    - Impedancia equivalente secuencia inversa, subestación A, $Z_{2A} = j \cdot 3$ Ω.

    - Impedancia equivalente secuencia homopolar, subestación A, $Z_{0A} = j \cdot 3$ Ω.

    - Resistencia de puesta a tierra de la subestación A, $R_{TA} = 3$ Ω.

    - Impedancia equivalente secuencia directa, subestación B, $Z_{1A} = j \cdot 3$ Ω.

    - Impedancia equivalente secuencia inversa, subestación B, $Z_{2A} = j \cdot 3$ Ω.

    - Impedancia equivalente secuencia homopolar, subestación B, $Z_{0A} = j \cdot 3$ Ω.

    - Resistencia de puesta a tierra de la subestación B, $R_{TB} = 3$ Ω.

- Datos de la línea

    - Distancia entre subestaciones, $L_T = 90$ km.

    - Longitud del apoyo en estudio a la subestación A, $L_A = 18$ km.

    - Número de apoyo en estudio, $n = 60$, contado desde la subestación A.

    - Vano medio considerado, $a_m = 300$ m.

    - Resistividad del terreno donde está emplazada la línea, $\rho = 300$ Ω·m.

    - Línea de doble circuito, de altura libre, considerada desde el cable de tierra al suelo, de 30 m.

    - Resistencia de los apoyos colindantes, $R_T = 90$ Ω.

- Datos de los conductores de fase de la línea

    - Tipo: LA-280.

    - Radio, $r_f = 10,9$ mm.

    - Resistencia, $R_f = 0,125$ Ω/km.

    - Impedancia de secuencia directa de la línea, $Z_{1L} = 0,125 + j \cdot 0,417$ Ω/km.

    - Impedancia de secuencia inversa de la línea, $Z_{2L} = 0,125 + j \cdot 0,417$ Ω/km.

    - Impedancia de secuencia homopolar de la línea, $Z_{0L} = 0,621 + j \cdot 2,311$ Ω/km.

- Datos del conductor de tierra

    - Tipo: 50-ST1A.

    - Sección, $S_q = 49,48$ mm^2.

    - Radio, $r_q = 4,5$ mm.

    - Resistencia, $R_q = 4,095$ Ω/km.

    - Permeabilidad relativa del material, $\mu_q = 75$.

• Configuración del armado a utilizar:

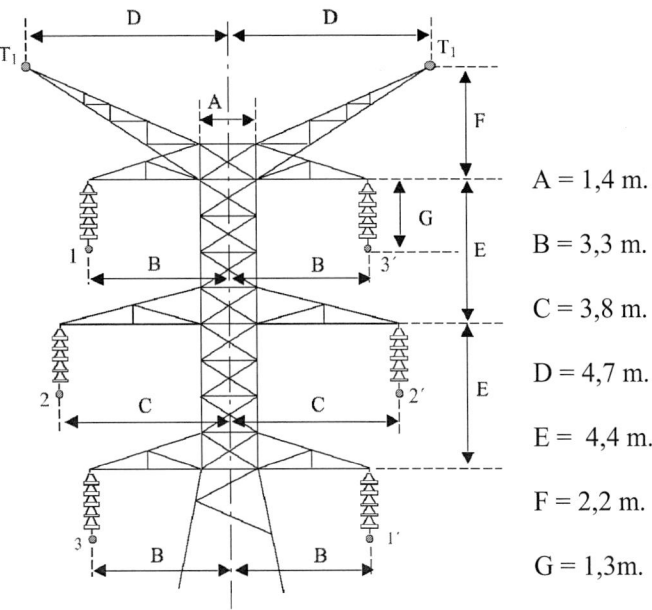

A = 1,4 m.

B = 3,3 m.

C = 3,8 m.

D = 4,7 m.

E = 4,4 m.

F = 2,2 m.

G = 1,3m.

• Datos de los electrodos que se pretenden utilizar:

1. Para un apoyo no frecuentado

Electrodo formado por tres picas de 2 metros de longitud, separadas 3 m.

$$K_r = 0,125 \frac{\Omega}{\Omega.m}$$

2. Para un apoyo frecuentado

Electrodo formado por dos anillos combinados con picas y plataforma equipotencial alrededor del apoyo.

$$K_r = 0,0556 \frac{\Omega}{\Omega \cdot m}$$

$$K_{pt-t} = 0,00832 \frac{V}{A \cdot (\Omega \cdot m)} \qquad \text{(con los dos pies en el terreno)}$$

$$K_{pa-t} = 0,0229 \frac{V}{A \cdot (\Omega \cdot m)} \qquad \begin{array}{l}\text{(con un pie en la plataforma equipotencial} \\ \text{y otro en el terreno)}\end{array}$$

GLOSARIO DE TÉRMINOS

a	Radio de un electrodo de puesta a tierra.
a_m	Vano medio.
c	Factor de tensión, para alta tensión: $c = 1,1$ según UNE-EN 60909-1.
C_a	Capacidad de las líneas aéreas que parten de la subestación
C_c	Capacidad de las líneas de cables aislados que parten de la subestación
C_s	Coeficiente reductor de la resistividad de la capa superficial.
C'	Capacidad por unidad de longitud de un electrodo.
D	Diámetro del círculo de un electrodo en forma de bucle circular.
D_T	Distancia lejana a partir de la cual son válidas las expresiones de las impedancias de cadena infinita.
D_m	Distancia media geométrica entre los conductores de fase
$D_{m\text{-}n}$	Distancia entre los conductores m-n.
$D_{W\text{-}L}$	Distancia media geométrica entre el cable de tierra y los conductores de fase.
E_0	Gradiente de tensión que provoca la ionización del terreno.
G'	Conductancia por unidad de longitud de un electrodo.
h_s	Espesor de la capa superficial del terreno que tiene una resistividad distinta a la de la capa de terreno más profunda.
h	Profundidad de enterramiento de un electrodo de puesta a tierra.
$h*$	Altura de un conductor sobre el terreno
K	Coeficiente que caracteriza la densidad de corriente soportada por el circuito de puesta a tierra para un cortocircuito a tierra de 1 segundo de duración.
I_{cc}	Intensidad de puesta a tierra máxima prevista para el dimensionamiento del circuito de tierra.
I_g	Intensidad de descarga del rayo que provoca la ionización del terreno.
I_E	Intensidad de puesta a tierra.
I_F	Intensidad de defecto a tierra.
$\vec{I_0}$	Intensidad a secuencia homopolar.
$\vec{I_1}$	Intensidad a secuencia directa.
$\vec{I_2}$	Intensidad a secuencia inversa.
k'	Parámetro para definir el tiempo de disparo de un relé de sobreintensidad según la curva y la constante de tiempos seleccionada en el relé.
k_c	Coeficiente que representa la máxima tensión de contacto unitaria en la instalación.
k_p	Coeficiente que representa la máxima tensión de paso unitaria en la instalación, en cualquier punto del terreno próximo al apoyo puesto a tierra.
k_r	Valor unitario de la resistencia de puesta a tierra.
l	Longitud de un tramo de línea, o de toda la línea.

L	Longitud del electrodo o electrodos de puesta a tierra.
L'	Inductancia por unidad de longitud de un electrodo
L_a	Longitud de todas las líneas aéreas que parten de la subestación.
L_c	Longitud de todas las líneas con cables aislados que parten de la subestación.
L_c	Longitud crítica de un electrodo de puesta a tierra
P	Perímetro de un electrodo de puesta a tierra en forma de placa.
q_c	Calor específico de un material conductor.
r	cociente entre la intensidad de defecto tierra y la intensidad de arranque programada en el relé.
$\vec{r}$	Número complejo que representa el efecto de reducción de la intensidad de falta debido a la presencia de los cables de tierra.
r_{ww}	Radio del cable de tierra (para un cable de tierra), o raíz cuadrada del producto del radio del cable de tierra por la separación entre cables de tierra (cuando existen dos cables de tierra).
R	Resistencia de puesta a tierra de un apoyo cuando no existen cables de tierra.
R'	Resistencia por unidad de longitud de un electrodo.
R_{a1}	Resistencia del calzado de un pie.
R_{a2}	Resistencia a tierra del punto de contacto de un pie con el terreno.
R_{ca}	Resistencia en corriente alterna de un conductor.
R_n	Resistencia de puesta a tierra del neutro en una subestación.
R_p	En líneas con cables de tierra, resistencia de puesta a tierra del apoyo en que se produce la falta.
R_t	En líneas con cables de tierra, resistencia de puesta a tierra de los apoyos próximos al apoyo en que se produce la falta.
s	Separación entre picas en el caso de electrodos múltiples formados por varias picas en paralelo.
S	Sección de un electrodo o de un conductor de puesta a tierra.
S_{nom}	Potencia nominal del transformador de una subestación.
t_{cc}	Tiempo de duración del cortocircuito.
t_1	Tiempo de funcionamiento de un relé de sobreintensidad
u_{cc}	Tensión de cortocircuito del transformador de la subestación expresada en por unidad.
U_c	Tensión de contacto admisible en un apoyo de una línea.
U'_c	Tensión de contacto que aparece en un apoyo de una línea en caso de defecto a tierra.
U_{ca}	Tensión de contacto aplicada admisible que puede soportar el cuerpo humano entre una mano y los pies.
U_E	Tensión de puesta a tierra.
$\overrightarrow{U_0}$	Tensión a secuencia homopolar.

U_p Tensión de paso admisible.

U'_p Tensión de paso que aparece cerca de un apoyo de una línea en caso de defecto a tierra.

U_{pa} Tensión de paso aplicada admisible que puede soportar el cuerpo humano entre los dos pies.

$U_{p,acceso}$ Tensión de paso de acceso admisible cuando se pisan zonas de diferentes resistividades con cada pie.

$U'_{p,acceso}$ Tensión de paso de acceso que aparece cerca de un apoyo en caso de defecto a tierra, cuando se pisan zonas de diferentes resistividades con cada pie.

U_x Tensión del terreno en un punto x respecto de una referencia a potencial cero.

X_n Reactancia de puesta a tierra del neutro de una subestación.

y Altura de un segundo conductor sobre el terreno.

$\overrightarrow{Z_A}$ Impedancia de entrada de una cadena infinita compuesta por la impedancia del hilo de tierra y la resistencia de puesta a tierra de los apoyos, con distancias iguales entre apoyos.

$\overrightarrow{Z_B}$ Impedancia de entrada de una cadena infinita al otro lado del apoyo en defecto.

$\overrightarrow{Z_c}$ Impedancia característica de un electrodo considerado como una línea en parámetros distribuidos.

$\overrightarrow{Z_{in}}$ Impedancia de entrada de un electrodo considerado como una línea.

$\overrightarrow{Z_P}$ Impedancia de entrada de una cadena infinita considerada igual a izquierda y derecha del apoyo en defecto.

Z_B Impedancia del cuerpo humano.

$\overrightarrow{Z_{c-t}}$ Impedancia a secuencia homopolar que presenta un circuito formado por un conductor y el terreno.

$\overrightarrow{Z_{mn}}$ Impedancia homopolar mutua entre dos conductores, ambos con retorno por el terreno.

$\overrightarrow{Z_n}$ Impedancia de puesta a tierra del neutro de una subestación.

$\overrightarrow{Z_0}$ Impedancia a secuencia homopolar de un conductor de fase.

$\overrightarrow{Z'_0}$ Impedancia a secuencia homopolar de un conductor de fase, teniendo en cuenta la influencia del cable o cables de tierra.

$\overrightarrow{Z_{total}}$ Impedancia paralelo de la resistencia de puesta a tierra del apoyo en defecto y de las dos impedancias de cadena infinita a sus lados

$\overrightarrow{Z_{WL}}$ Impedancia homopolar entre el cable de tierra y los conductores de fase.

$\overrightarrow{Z_{ww0}}$ Impedancia homopolar propia del cable de tierra.

$\overrightarrow{Z_1}$ Impedancia equivalente de un circuito a secuencia directa.

$\overrightarrow{Z_1}$ Impedancia equivalente de un circuito a secuencia inversa.

α Coeficiente de atenuación de un electrodo considerado como línea en parámetros distribuidos.

β	Coeficiente de fase de un electrodo considerado como línea en parámetros distribuidos.
$\bar{\beta}$	$1/\alpha_0$, siendo α_0, el coeficiente de variación de la resistividad con la temperatura a 0 ºC.
γ	Densidad del conductor.
δ	Profundidad media de las líneas de intensidad de corriente que retornan por el terreno.
μ_r	Permeabilidad relativa de un conductor.
μ_0	Permeabilidad magnética en el vacío, $\mu_0 = 4\pi \cdot 10^{-7}$ H/m.
v	Número de cables de tierra.
θ_f	Temperatura final del conductor después del cortocircuito.
θ_i	Temperatura inicial del conductor antes del cortocircuito.
ρ	Resistividad del terreno.
ρ^*	Resistividad de la capa superficial del terreno, cuando existe otra capa más profunda con una resistividad distinta.
ρ_s	Resistividad superficial del terreno.
ρ_0	Resistividad eléctrica del conductor a la temperatura de 0 ºC, en $\Omega \cdot$ mm.

BIBLIOGRAFÍA

[1] Julio Moreno Clemente. Instalaciones de puesta a tierra en Centros de Transformación. ASA. Málaga 1991.

[2] UNESA. Método de cálculo y proyecto de instalaciones de puesta a tierra para Centros de Transformación conectados a redes de tercera categoría. 1989.

[3] IEEE STD 80-2000. IEEE Guide for Safety in AC substation Grounding. 30 January 2000.

[4] UNE-EN 60909-3. Corrientes de cortocircuito en sistemas trifásicos de corriente alterna. Parte 3. Corrientes durante dos cortocircuitos monofásicos a tierra simultáneos y separados y corrientes parciales de cortocircuito circulando a través de tierra.

[5] MT 2.23.35. Manual técnico de distribución de Iberdrola. Diseño de puestas a tierra en apoyos de líneas aéreas de alta tensión de tensión nominal igual o inferior a 20 kV.

[6] Fermín Barrero. Sistemas de energía eléctrica. Editorial Thomson 2004.

[7] Juan Antonio Martínez Velasco y otros. Coordinación de aislamiento en redes eléctricas de alta tensión. Red eléctrica de España. Editorial Mc Graw Hill 2008. Capítulo 4: Puestas a tierra. Blas Hermoso Alameda.

[8] UNE-EN 60071-2, Coordinación de aislamiento. Parte 2: Guía de aplicación.

Capítulo **6**

Cálculo de líneas subterráneas de alta tensión

OBJETIVOS

- Estudiar las particularidades del cálculo eléctrico de las líneas subterráneas de alta tensión, incidiendo en conceptos tales como la longitud crítica y el cálculo de la intensidad admisible, tanto en régimen permanente como en régimen transitorio de sobrecarga o cortocircuito.

- Conocer los tipos de conexión utilizados para las pantallas de los cables de alta tensión, analizando con mayor detalle la configuración de *solid bonding*, por ser la más utilizada en proyectos de media tensión.

- Estudiar la forma de calcular el campo magnético creado por cables aislados de alta tensión en instalación subterránea y compararlo con el creado por las líneas aéreas.

SIMULACIÓN

- Hojas de cálculo en Excel.
- Programas desarrollados en Mathcad.

CONOCIMIENTOS FUNDAMENTALES PREVIOS

Se requiere el estudio previo del Capítulo 1 dedicado al cálculo eléctrico de líneas de alta tensión, conocimientos básicos de teoría de circuitos y de electromagnetismo.

CONTENIDO DEL CAPÍTULO

6.1. Fundamentos para el cálculo de líneas subterráneas
  6.1.1. Introducción
  6.1.2. Tipos de configuraciones de las líneas de alta tensión con cables aislados
  6.1.3. Longitud crítica de una línea subterránea.

6.2. Cálculo de la intensidad admisible de un cable, en régimen permanente, sobrecarga o cortocircuito
  6.2.1. Calentamiento de un cable en régimen permanente
  6.2.2. Calentamiento de un cable en régimen transitorio
      6.2.2.1. Capacidad de sobrecarga de un cable que está inicialmente descargado
      6.2.2.2. Capacidad de sobrecarga de un cable que está inicialmente cargado con una intensidad, i_1.
      6.2.2.3. Carga de emergencia de corta duración
      6.2.2.4. Carga cíclica diaria
  6.2.3. Intensidad admisible en régimen de cortocircuito

6.3. Ejemplo de cálculo eléctrico de línea de alimentación a un centro de transformación del cliente

6.4. Ejemplo de cálculo eléctrico de una red de distribución de compañía entre dos subestaciones

6.5. Puesta a tierra de las pantallas en cables de alta tensión
  6.5.1. Introducción
  6.5.2. Forma de conexión de las pantallas de los cables aislados
      6.5.2.1. Sistema de puesta a tierra *solid bonding* (SB), o con puesta a tierra en ambos extremos del cable
      6.5.2.2. Sistema de puesta a tierra en un solo punto, en *single-point* (SP) o *mid-point* (MP)
      6.5.2.3. Sistema de puesta a tierra con transposición de pantallas *cross-bonding* (CB)
      6.5.2.4. Sistema de puesta a tierra con transposición solo de conductores, pero no de pantallas
  6.5.3. Cálculo de las tensiones inducidas para una disposición en SB
      6.5.3.1. Cálculo de las tensiones inducidas en régimen trifásico
      6.5.3.2. Cálculo de las tensiones inducidas para cortocircuito monofásico
  6.5.4. Formas especiales de conexión de pantallas y criterios de selección de los protectores de sobretensiones
  6.5.5. Pérdidas de potencia activa por corrientes de circulación por las pantallas
      6.5.5.1. Pérdidas de potencia activa para cables con pantallas conectadas en SB
      6.5.5.2. Pérdidas de potencia activa para cables con pantallas conectadas en CB
          6.5.5.2.1. Disposición en capa
          6.5.5.2.2. Disposición al tresbolillo

6.6. Cálculo del campo magnético en el entorno de líneas subterráneas. Comparación con línea aérea
  6.6.1. Introducción
  6.6.2. Configuraciones típicas de las líneas eléctricas subterráneas
  6.6.3. Variación del campo magnético en las configuraciones típicas de las líneas eléctricas subterráneas
  6.6.4. Comparación del campo magnético creado por una línea aérea y una línea subterránea

6.1. FUNDAMENTOS PARA EL CÁLCULO DE LÍNEAS SUBTERRÁNEAS

6.1.1. Introducción

Las líneas con cables subterráneos se han construido tradicionalmente en las zonas urbanas, mientras que en las zonas rurales o no urbanas, se han utilizado generalmente las líneas aéreas.

La decisión de construir una línea subterránea como alternativa a una línea aérea o simplemente como parte de una línea aérea de mayores dimensiones es, con frecuencia, consecuencia de la dificultad que existe para obtener los permisos de la línea aérea a su paso por determinadas zonas.

El público en general y en cierta medida las administraciones, ven con mejores ojos la línea subterránea por su menor impacto visual y medioambiental, lo cual genera cierta presión popular que induce a construir las líneas nuevas como subterráneas en lugar de aéreas.

Para los no expertos, la línea subterránea parece una solución ambientalmente menos agresiva e incluso barata en comparación con la línea aérea. No obstante, hay que tener en cuenta que el presupuesto de una línea subterránea es mucho mayor (entre 10 y 20 veces, según la referencia [1]) que si fuera aérea, aunque dichos costes no se transmitan de forma directa al público en general.

Por otra parte, los condicionantes de impacto visual o la presencia de especies de avifauna protegida no serán los mismos en todo el trazado de la línea, por lo que la construcción subterránea sólo en algunos tramos puede ser una buena solución.

En definitiva, es importante proporcionar información exacta a las autoridades competentes, como elemento de decisión, ya que el proyecto de una línea subterránea no está exento de problemas técnicos, a veces incluso mayores que en las líneas aéreas.

Entre los aspectos técnicos que se tratan en este libro, cabe destacar el cálculo de la intensidad admisible, tanto en régimen permanente como en régimen de sobrecarga, emergencia o cortocircuito, las caídas de tensión, así como la forma de conectar las pantallas de los cables a tierra con sus ventajas e inconvenientes.

6.1.2. Tipos de configuraciones de las líneas de alta tensión con cables aislados

Las líneas subterráneas de alta tensión se configuran, en la mayoría de los casos, formando circuitos de los siguientes tipos:

a) Línea subterránea integrada en una red de alta tensión de líneas aéreas

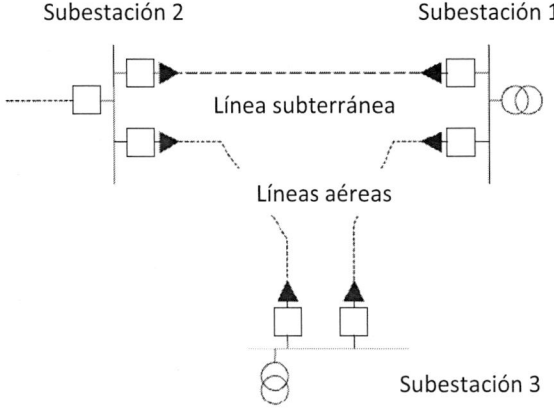

Figura 6.1. Cable subterráneo integrado en una red de alta tensión existente

b) Línea subterránea en sifón

Un *sifón* es un tramo subterráneo de cable conectado entre dos líneas aéreas de alta tensión. Esta solución se utiliza para permitir que una línea aérea cruce zonas como ríos o lagos en las que no sea posible instalar los apoyos, y también para permitir el cruce por una zona medioambientalmente protegida, o por una zona urbana.

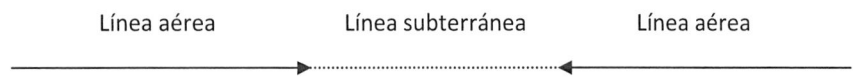

Figura 6.2. Cable subterráneo en sifón entre dos líneas aéreas

c) Entrada de subestación

Este tipo de circuito se utiliza especialmente si la subestación es del tipo GIS (blindada con aislamiento en gas SF6), o cuando existen muchas líneas de entrada, de forma que con entradas subterráneas se consigue proyectar subestaciones de menores dimensiones.

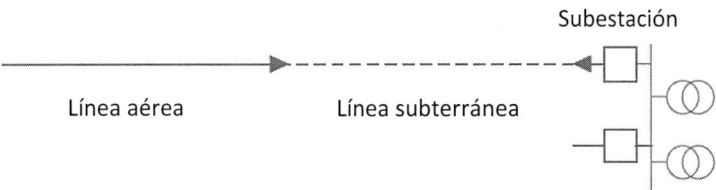

Figura 6.3. Cable subterráneo de entrada a subestación

d) Salida de una central

Por ejemplo, si el alternador hidráulico se encuentra dentro de una montaña, es necesaria una línea subterránea para enlazar el alternador con el juego de barras de la subestación. Estas líneas subterráneas no suelen ser de gran longitud.

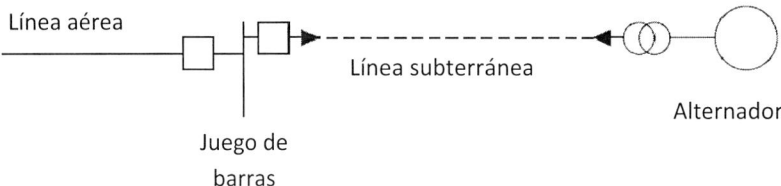

Figura 6.4. Cable subterráneo a la salida de un alternador

6.1.3. Longitud crítica de una línea subterránea

Tal y como se explicó en el Capítulo 1, el circuito equivalente de una línea subterránea se representa mediante un circuito equivalente de parámetros distribuidos formado por muchos cuadripolos conectados entre sí. Uno de estos cuadripolos se representa en la Figura 6.5.

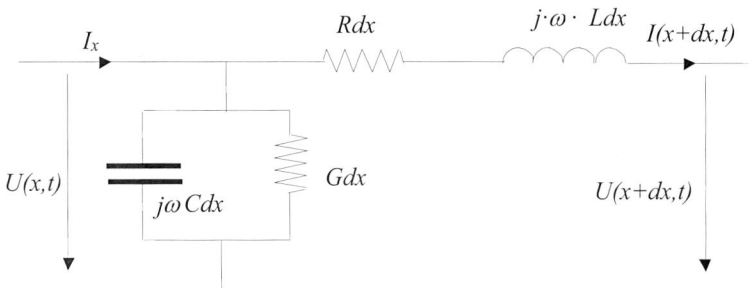

Figura 6.5. Cuadripolo del circuito monofásico equivalente de una línea de gran longitud

Donde:

R = resistencia efectiva serie por unidad de longitud, (Ω/m). Tiene en cuenta la resistencia del conductor corregida para considerar también las pérdidas adicionales de potencia activa en las pantallas de los cables.

L = inductancia efectiva serie de la línea, (H/m).

G = conductancia paralelo de la línea, (Ω^{-1}/m). Representa las pérdidas dieléctricas en el seno del aislamiento del cable: $W_d = G \cdot U^2 = \omega \cdot C \cdot tg\delta \cdot U^2$.

$tg\delta$ = factor de pérdidas del aislamiento a la 50 Hz, y a la temperatura máxima de servicio de cable. El factor de pérdidas es un número adimensional que depende del tipo de aislamiento del cable.

C = capacidad paralelo de la línea (F/m).

Para el cálculo de la caída de tensión en líneas radiales de distribución, de longitud menor de 50 km se empleará el circuito equivalente serie siguiente:

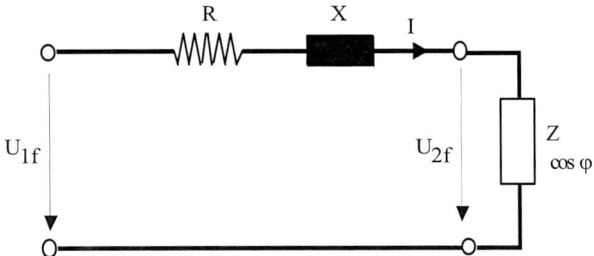

Figura 6.6. Circuito monofásico equivalente de una línea de corta longitud

En el circuito anterior, el circuito equivalente fase-neutro, R, representa la resistencia por fase de línea en ohmios y X, la reactancia inductiva por fase de la línea en ohmios, despreciándose la reactancia capacitiva y la conductancia. Utilizando este esquema se puede calcular la caída de tensión entre fases de la línea en voltios como:

$$\Delta U = \sqrt{3} \cdot I \cdot L \cdot (R \cdot \cos\varphi + X \cdot \text{sen}\varphi) \quad \text{voltios}$$

donde:

I = intensidad de carga prevista en la línea (A).

L = longitud de la línea en m.

R = resistencia por fase del conductor y por unidad de longitud, (Ω/m).

X = reactancia inductancia serie de la línea, (Ω/m).

φ = ángulo de desfase de la carga en el extremo de la línea.

La inductancia serie de una línea aérea es entre 2 y 3 veces mayor que para una línea con cable subterráneo, pero la capacidad de una línea con cables es entre 10 y 20 veces mayor que la capacidad de una línea aérea. Teniendo en cuenta estos órdenes de magnitud, y para definir el concepto de longitud crítica, resulta de utilidad el emplear el siguiente esquema simplificado de una línea con cable subterráneo que considera sólo la capacidad, despreciando el resto de parámetros.

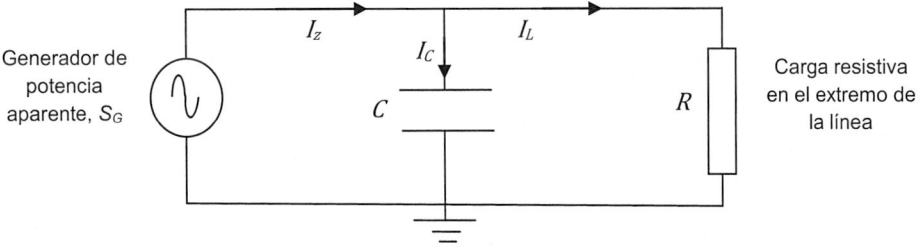

Figura 6.7. Circuito monofásico equivalente simplificado de una línea con cables subterráneos

Para alimentar una carga puramente resistiva como la de la Figura 6.7 en una línea radial construida con cables aislados, es necesario inyectar una corriente mayor en el generador, debido a la corriente capacitiva del cable que estaría en cuadratura con la corriente suministrada a la carga en el extremo de la línea.

La capacidad total de la línea es proporcional a su longitud, de forma que a mayor longitud de la línea mayor será la corriente capacitiva. Se define como *longitud crítica de una línea, L_c,* la longitud necesaria para que la corriente capacitiva de la línea sea igual a la intensidad máxima admisible de dicha línea. En estas condiciones, toda la corriente admisible de la línea se emplearía en alimentar la capacidad del cable.

$$I_z = I_c$$

$$I_c = \frac{U_n \cdot \omega \cdot C \cdot L_c}{\sqrt{3} \cdot 10^3} \Longrightarrow$$

$$L_c = \frac{I_z}{\omega \cdot C} \cdot \frac{\sqrt{3}}{U_n} 10^3 \quad (km) \quad (1)$$

donde:

C = capacidad de la línea en μF/km.

ω = pulsación angular ($2\pi f$), siendo f = 50 Hz.

U_n = tensión nominal de la línea en kV (tensión entre fases).

I_z = intensidad máxima admisible en servicio permanente por la línea en A.

A partir de la intensidad máxima admisible, en servicio permanente de la línea, se define la capacidad de transporte de la línea como la potencia:

$$S_G = \sqrt{3} \cdot U_n \cdot I_z$$

Como ejemplo, se puede aplicar la ecuación (1) para el cálculo de la longitud crítica de varias líneas construidas con cables aislados de tensiones nominales de 20 kV y 400 kV, y con distintas secciones del cable.

Tabla 6.1. Valores de la longitud crítica de varias líneas de alta tensión

Características del cable				Tensión nominal	Capacidad de transporte		Longitud crítica
Instalación	U₀/U (kV)	S (mm2)	C (μF/km)	Un(kV)	Iz (A)	SG (MVA)	Lc (km)
enterrada en un	12/20	95 Al	0,217	20	205	7,1	260
terreno a 25ºC,	12/20	150 Al	0,254	20	260	9,0	282
pantallas en SB	12/20	240 Al	0,309	20	445	15,4	397
enterrada en un	220/400	800 Al	0,14	400	642	444,8	63
terreno a 25ºC,	220/400	1200 Al	0,17	400	764	529,3	62
pantallas en CB	220/400	1600 Al	0,19	400	857	593,7	62

Se puede observar, como la longitud crítica es mucho menor cuanto mayor es la tensión nominal de la línea.

Resulta también de gran interés, el cálculo de la máxima potencia activa que puede transportar una línea radial en función de su longitud, para una carga resistiva conectada en su extremo, teniendo en cuenta, por supuesto, la carga capacitiva del cable:

$$S_G^2 = P_L^2 + Q_c^2 \Longrightarrow P_L = \sqrt{S_G^2 - (\omega \cdot C \cdot L \cdot U_n^2 \cdot 10^{-6})^2} \quad (2)$$

donde las nuevas magnitudes que intervienen son:

P_L = potencia activa que la línea puede transportar para alimentar una carga de
$\cos\varphi = 1$, conectada al extremo de la línea, expresada en MW.

S_G = potencia aparente de la fuente en MVA.

Ejemplo 6.1.

Determinar mediante la aplicación de la ecuación (2) a los cables de 12/20 kV 240Al y 220/400 1600Al, de la Tabla 6.1, cómo varía la potencia activa que la línea es capaz de transportar en función de su longitud, suponiendo que la carga conectada en el extremo de la línea tiene factor de potencia unidad.

Solución

Las longitudes obtenidas son muy distintas según la tensión nominal:

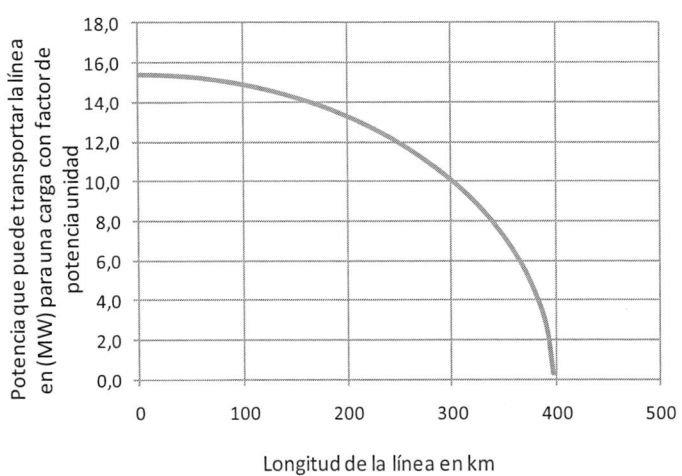

Figura 6.8. Potencia máxima que puede transportar una línea radial de 20 kV, con cables de XLPE 240 Al, en función de la longitud de la línea

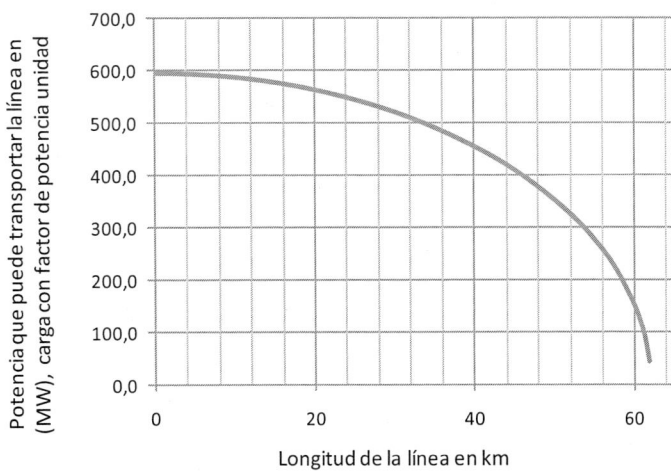

Figura 6.9. Potencia máxima que puede transportar una línea radial de 400 kV con cables de XLPE 1600 Al, en función de la longitud de la línea

En resumen, se puede afirmar que la transmisión de la potencia reactiva aportada por el cable reduce la capacidad de transportar potencia activa.

Con objeto de resolver este inconveniente, se utilizan reactancias de compensación en paralelo cuando la longitud de la línea construida con cable aislado es importante.

Como una primera aproximación, se puede afirmar que la compensación resulta necesaria cuando la potencia a transportar ha disminuido en más de un 15%, debido a la gran longitud de la línea con cables subterráneos, (*véase* la referencia [2]).

La Figura 6.10 muestra una inductancia trifásica *shunt* de 160 MVAr, de dimensiones $9 \times 6 \times 9$ m y con un peso de 160 toneladas, para compensar una línea de cables de 400 kV.

Figura 6.10. Reactancia trifásica *shunt* para compensar una línea de cables de 400 kV

6.2. CÁLCULO DE LA INTENSIDAD ADMISIBLE DE UN CABLE, EN RÉGIMEN PERMANENTE, SOBRECARGA O CORTOCIRCUITO

6.2.1. Calentamiento de un cable en régimen permanente

El calentamiento de un cable se produce principalmente debido a las pérdidas producidas por el efecto Joule en el conductor, que generan un calor por unidad de tiempo y por unidad de longitud del cable, de la forma:

$$\frac{dQ_1}{dt} = n \cdot R \cdot I^2 \quad (3)$$

donde:

n = número de conductores cargados (uno para un cable unipolar y tres si es tripolar).

R = resistencia eléctrica por unidad de longitud, a la temperatura de servicio del cable, (Ω/m).

I = intensidad eléctrica, (A).

Este calor generado se intercambia con el medio ambiente siguiendo una expresión conocida como la *ley de Ohm térmica*:

$$\frac{dQ_2}{dt} = \frac{\theta - \theta_a}{T} \quad (4)$$

donde:

θ = temperatura del conductor.

θ_a = temperatura ambiente. Si los cables están directamente enterrados, θ_a representa la temperatura del terreno, cuyo valor de referencia es 25 ºC, mientras que si están instalados al aire, representa la temperatura del aire circundante, con un valor de referencia de 40 ºC.

T = resistencia térmica por unidad de longitud, en $(K \cdot m)/W$.

La resistencia térmica por unidad de longitud del cable, T, depende de sus características constructivas y condiciones de instalación. Esta resistencia, representa la dificultad que tiene el conductor en intercambiar el calor generado con el ambiente exterior circundante, y puede considerarse como suma de varias resistencias térmicas conectadas en serie:

T_1 = resistencia térmica del aislamiento del conductor.

T_2 = resistencia térmica del asiento de la armadura, en caso de cables armados.

T_3 = resistencia térmica de la cubierta del cable.

T_4 = resistencia térmica del medio exterior.

El cálculo de las resistencias térmicas se detalla en la norma UNE 21144-2 [3]. A continuación, se presentan, como ejemplo, las expresiones para los casos más comunes.

La resistencia térmica del aislamiento del conductor, T_1, depende del tipo de cable (unipolar, bipolar, tripolar, trenzado). Para cables unipolares se puede calcular como:

$$T_1 = C_1 \cdot \frac{\rho_{T1}}{2\pi} \cdot ln\left(1 + \frac{2 \cdot t_1}{d_c}\right) \quad (5)$$

donde:

C_1 = coeficiente utilizado sólo para cables enterrados con pantalla metálica cuyo valor es 1,07 hasta 35 kV de tensión nominal inclusive y 1,16 para cables de 35 kV a 110 kV, inclusive.

ρ_{T1} = resistividad térmica del aislamiento (K·m/W). Las resistividades térmicas de los aislantes de los cables, y otros materiales se indican en la Tabla 6.2.

d_c = diámetro del conductor, (mm).

t_1 = espesor del aislamiento, (mm).

La resistencia térmica del asiento de la armadura, T_2, para cables unipolares, bipolares o tripolares que tengan una cubierta metálica común se calcula como:

$$T_2 = \frac{\rho_{T2}}{2 \cdot \pi} \cdot ln\left(1 + \frac{2 \cdot t_2}{D_s}\right) \quad (6)$$

donde:

ρ_{T2} = resistividad térmica del asiento de la armadura, (K·m/W).

D_s = diámetro interior de la capa de asiento de la armadura, (mm).

t_2 = espesor del asiento de la armadura, (mm).

La resistencia térmica de la cubierta del cable, T_3, se calcula como:

$$T_3 = C_3 \cdot \frac{\rho_{T3}}{2 \cdot \pi} \cdot ln\left(1 + \frac{2 \cdot t_3}{D'_a}\right) \quad (7)$$

donde:

C_3 = coeficiente utilizado sólo para cables enterrados con pantalla metálica cuyo valor es 1,6.

ρ_{T3} = resistividad térmica de la cubierta, (K·m/W).

D'_a = diámetro interior de la cubierta, (mm).

t_3 = espesor de la cubierta, (mm).

Los valores de la resistividad térmica de los distintos materiales usados en la construcción del cable, o en conductos, se indican en la Tabla 6.2:

Tabla 6.2. Resistividad térmica de los materiales

Tipo de elemento	Características	Resistividad térmica ρ_T, (K·m/W)
Aislamiento del cable	Papel impregnado	6,0
	PE	3,5
	XLPE	3,5
	PVC (cables hasta 3 kV inclusive)	5,0
	PVC (cables de más de 3 kV)	6,0
	EPR (cables hasta 3 kV inclusive)	3,5
	EPR (cables de más de 3 kV)	5,0
Cubiertas	Policloropreno	5,5
	PVC (cables hasta 35 kV inclusive)	5,0
	PVC (cables de más de 35 kV)	6,0
	PVC/betún sobre cubiertas de aluminio corrugado.	6,0
	PE	3,5
Conductos de cables	Hormigón	1,0
	Fibra	4,8
	Cerámico	1,2
	PVC	6,0
	PE	3,5

La resistencia térmica del medio exterior, T_4, y su cálculo depende del modo de instalación, utilizándose fórmulas de evaluación distintas para los posibles casos:

- Cables instalados al aire libre protegidos de la radiación solar directa.

- Cables instalados al aire libre expuestos a la radiación solar directa.

- Cables enterrados directamente en el terreno.

- Cables enterrados en el interior de tubos o conductos.

Por ejemplo, el valor de la resistencia T_4, en caso de cables apantallados, directamente enterrados en el terreno, se calcula como:

$$T_4 = \frac{1,5 \cdot \rho_T}{\pi} [ln(2 \cdot u) - 0,63] \quad (8)$$

donde:

$$u = \frac{2 \cdot h_0}{D_{ext}}$$

h_0 = distancia de la superficie del suelo al eje del cable (mm).

D_{ext} = diámetro exterior del cable (mm).

ρ_T = resistividad térmica del terreno, (K·m/W).

Para cables entubados, la resistencia T_4 es suma a su vez de tres resistencias:

T_4' = resistencia térmica entre el cable y el tubo o conducto.

T_4'' = resistencia térmica del tubo o conducto.

T_4''' = resistencia térmica del medio que rodea al tubo, según sus condiciones de instalación.

Cuando la corriente comienza a circular por un conductor descargado el aumento de temperatura provoca un salto térmico, $\Delta\theta$, entre el conductor y el medio ambiente. Inicialmente el calor generado es mayor que el evacuado y el conductor se sigue calentando, pero a medida que el salto térmico aumenta, la cantidad de calor evacuada aumenta también, llegando al equilibrio térmico cuando la temperatura final del conductor es suficientemente alta para que el calor generado y evacuado por unidad de tiempo se igualen ($dQ_1 = dQ_2$). Por lo tanto, en régimen permanente se cumple que:

$$n \cdot R \cdot I^2 = \frac{\theta - \theta_a}{T} \Longrightarrow I = \sqrt{\frac{\theta - \theta_a}{n \cdot R \cdot T}}$$

La intensidad máxima admisible, en servicio permanente de un cable, es aquella que calienta el conductor hasta su máximo admisible, $\theta = \theta_s$. Para temperaturas mayores las características eléctricas, mecánicas o químicas del aislamiento del cable se irían deteriorando progresivamente.

$$I_{admisible} = I_z = \sqrt{\frac{\theta_s - \theta_a}{n \cdot R \cdot T}} \quad (9)$$

La temperatura máxima admisible en régimen permanente, $I_{admisible}$, depende del tipo de aislamiento utilizado, así el EPR y el XLPE soportan $\theta_s = 90$ ºC, mientras que el HEPR (para $U_0 / U \leq 18/30kV$) soporta una $\theta_s = 105$ ºC. Por este motivo, y para las mismas condiciones de instalación, los cables con aislamiento HEPR tendrán una intensidad máxima admisible mayor que los cables de aislamiento EPR, o XLPE.

Nótese que la fórmula (9) es sólo aproximada, y necesita de una elaboración mayor, ya que para cables de alta tensión las pérdidas de potencia activa son debidas los efectos siguientes:

- Pérdidas por *efecto Joule* (son las principales, pero no las únicas), W_c.
- Pérdidas dieléctricas en el seno del aislamiento, W_d.
- Pérdidas en las pantallas conductoras del cable, W_s.
- Pérdidas en la armadura, sólo para el caso de cables armados W_A.

Las pérdidas por efecto Joule en el conductor, por unidad de longitud, se calculan a partir de su resistencia en corriente alterna:

$$W_c = R \cdot I^2 = R_{cc} \cdot \left(1 + y_s + y_p\right) \cdot I^2 \qquad (10)$$

donde:

R = resistencia del conductor en alterna a la temperatura máxima de servicio prevista del cable (Ω/m).

R_{cc} = resistencia del conductor en continua a la temperatura máxima de servicio prevista, (Ω/m).

y_s = factor de efecto pelicular.

y_p = factor de efecto proximidad.

I = intensidad de servicio prevista, (A).

En el caso de cables en tubo de acero, la presencia del tubo provoca pérdidas adicionales por efecto pelicular y por efecto de proximidad que se estiman como un incremento de la resistencia de corriente alterna, según la siguiente expresión:

$$R = R_{cc} \cdot \left[1 + 1,5 \cdot \left(y_s + y_p \right) \right] \qquad (11)$$

Para el cálculo de la resistencia del conductor en continua a la temperatura máxima de servicio y de los factores de efecto pelicular y proximidad se utilizan las expresiones siguientes:

$$R_{cc} = \frac{\rho_{20}}{S} \left[1 + \alpha_{20} \cdot \left(\theta_s - 20 \right) \right] \qquad (12)$$

donde:

ρ_{20} = resistividad del conductor a 20 °C. Su valor es $1,7241 \cdot 10^{-8}$ $\Omega \cdot$m, para el cobre y $2,8264 \cdot 10^{-8}$ $\Omega \cdot$m, para el aluminio.

α_{20} = coeficiente de temperatura por grado kelvin a 20 °C. Su valor es $3,93 \cdot 10^{-3}$ K^{-1} para el cobre y $4,03.10^{-3}$ K^{-1} para el aluminio.

S = sección del conductor.

θ_s = temperatura máxima admisible en el conductor según el tipo de aislamiento.

$$y_s = \frac{x_s^{\,4}}{192 + 0,8 \cdot x_s^{\,4}} \qquad (13)$$

donde:

$$x_s^{\,2} = \frac{8 \cdot \pi \cdot f}{R_{cc}} \cdot 10^{-7} \cdot k_s$$

Teniendo en cuenta que f, es la frecuencia de alimentación en hercios, y que los valores de k_s se indican en la Tabla 6.3

El factor de efecto de proximidad varía según se utilicen cables bipolares (o dos cables unipolares) o cables tripolares (o tres cables unipolares). Para el caso más habitual de tres cables unipolares con conductores de sección circular, se calcula utilizando las expresiones siguientes:

$$y_p = \frac{x_p^4}{192 + 0,8 \cdot x_p^4} \left(\frac{d_c}{s}\right)^2 \left[0,312 \cdot \left(\frac{d_c}{s}\right)^2 + \frac{1,18}{\dfrac{x_p^4}{192 + 0,8 \cdot x_p^4} + 0,27}\right] \qquad (14)$$

donde:

$$x_p^{\ 2} = \frac{8 \cdot \pi \cdot f}{R_{cc}} \cdot 10^{-7} \cdot k_p$$

d_c = diámetro del conductor (mm).

s = distancia entre ejes de los conductores (mm).

Los valores de k_p se indican en la Tabla 6.3. Para cables dispuestos en capa, s, es la distancia entre fases adyacentes. Cuando esta distancia no sea igual para las dos fases se tomará como:

$$s = \sqrt{s_1 \cdot s_2}$$

La expresión del factor de efecto proximidad es válida siempre que x_p no supere un valor de 2,8; condición que se cumple en la inmensa mayoría de los casos.

Tabla 6.3. Coeficientes para determinar los factores pelicular y de proximidad

Tipo de conductor	Impregnado o no impregnado	k_s	k_p
De cobre o aluminio circular, cableado	Sí	1	0,8
	No	1	1
De cobre circular segmentado	Ambos	0,435	0,37
De aluminio circular 4 segmentos	Ambos	0,28	0,37
De aluminio circular 5 segmentos	Ambos	0,19	0,37
De aluminio circular 6 segmentos	Ambos	0,12	0,37

Las *pérdidas dieléctricas* dependen de la tensión y sólo llegan a ser considerables para elevados niveles de tensión que varían en función del tipo de aislamiento utilizado, de hecho, en media tensión se consideran despreciables. Se producen debido a que el condensador formado por el aislamiento entre el conductor y su pantalla no es ideal sino que tiene unas pérdidas de potencia activa en su interior, efecto que se representa en el circuito equivalente con una resistencia en paralelo con el condensador. Las pérdidas dieléctricas para cables multipolares no apantallados o de corriente continua se consideran despreciables. Las pérdidas dieléctricas por unidad de longitud y fase se calculan como:

$$W_d = \omega \cdot C \cdot U_0^2 \cdot tg\delta \qquad (15)$$

donde:

ω = pulsación eléctrica, igual a 2π veces la frecuencia, (s^{-1}).

C = capacidad del cable por unidad de longitud, (F/m).

$tg\delta$ = factor de pérdidas del aislamiento a la frecuencia y temperatura de servicio.

El factor de pérdidas es adimensional, por ejemplo:

- Para cables con aislamiento de XLPE es muy pequeño (entre 0,005 y 0,001).
- Para cables con aislamiento de EPR es bastante mayor (entre 0,02 y 0,005 según la tensión nominal del cable).
- Para aislamiento de PVC es muy alto (0,1).

U_0 = tensión con relación a tierra en voltios.

La capacidad de un cable de sección circular viene dada por:

$$C = \frac{2 \cdot \pi \cdot \varepsilon_r \cdot \varepsilon_0}{ln \dfrac{d_{ais}}{d_c}} \quad (16)$$

donde:

ε_0 = permitividad en el vacío = 8,854. 10 $^{-12}$ F/m.

ε_r = permitividad relativa del aislamiento del cable.

d_{ais} = diámetro exterior del aislamiento con exclusión de la pantalla (mm).

d_c = diámetro del conductor (mm).

Las *pérdidas de potencia activa* en las pantallas se calculan también como una fracción (λ_1) de las pérdidas por efecto joule. A su vez, son debidas a dos efectos: a las corrientes de circulación por las pantallas (λ'_1) y a las corrientes de Foucault (λ''_1).

$$W_c = R \cdot I^2 \quad (10)$$

$$W_s = \lambda_1 \cdot W_c \quad (17)$$

$$\lambda_1 = \lambda'_1 + \lambda''_1 \quad (18)$$

Las *corrientes de circulación* se producen ya que al unir las pantallas de los cables entre sí, en sus extremos, se cierra un camino conductor en el seno del campo magnético, generado por la corriente del circuito principal. La evaluación de las pérdidas de potencia activa asociadas a este efecto se trata en el Apartado 6.5.

Las *corrientes de Foucault* son las corrientes inducidas en el cuerpo de un material conductor (en nuestro caso en el interior de la pantalla del cable) por la variación del campo magnético creado por la corriente principal.

Para la disposición más utilizada en media tensión formada por cables unipolares con pantallas en cortocircuito y a tierra, en ambas extremidades de cada tramo longitudinal de tendido del cable, solamente es preciso considerar las pérdidas por corrientes de circulación, ya que las pérdidas por corrientes de Foucault se pueden considerar despreciables frente a las primeras.

Por el contrario, las pérdidas por corrientes de circulación se deben considerar nulas para las instalaciones cuyas pantallas metálicas estén cortocircuitadas en un solo extremo del cable y para aquellas en las que las pantallas estén permutadas formando un *cross-bonding* de tramos iguales con cables al tresbolillo (*véase* Apartado 6.5). En estos casos sí se tienen en cuenta las pérdidas por corrientes de Foucault, que se calculan como:

$$\lambda_1'' = \frac{R_p}{R} \cdot \left[g_p \cdot \lambda_0 \cdot (1 + \Delta_1 + \Delta_2) + \frac{(\beta_1 \cdot t_p)^4}{12 \cdot 10^{-12}} \right] \quad (19)$$

donde:

$$g_p = 1 + \left(\frac{t_p}{D_p} \right)^{1,74} \cdot \left(\beta_1 \cdot D_p \cdot 10^{-3} - 1,6 \right).$$

$$\beta_1 = \sqrt{\frac{4 \cdot \pi \cdot \omega}{10^{-7} \cdot \rho_p}}$$

R_p = resistencia lineal de la pantalla expresada en Ω/m.

R = resistencia del conductor en corriente alterna expresada en Ω/m.

t_p = espesor de la pantalla en mm.

D_p = diámetro exterior de la pantalla en mm.

ρ_p = resistividad eléctrica del material que forma la pantalla a la temperatura de servicio expresada en $\Omega \cdot$m.

Los valores de las constantes, λ_0, Δ_1, Δ_2 para cables unipolares dependen de la forma de instalación del cable al tresbolillo o en capa, (*véase* [4]).

Para cables al tresbolillo:

$$\lambda_0 = 3 \cdot \left(\frac{m^2}{1 + m^2} \right) \cdot \left(\frac{d}{2s} \right)^2$$

$$\Delta_1 = (1,14 \cdot m^{2,45} + 0,33) \cdot \left(\frac{d}{2 \cdot s} \right)^{(0,92m+1,66)}$$

$$\Delta_2 = 0$$

$$m = \frac{\omega}{R_p} \cdot 10^{-7}$$

donde:

s = separación entre los centros de los cables

d = diámetro medio de la pantalla.

La potencia disipada en la armadura (W_A) se calculan también como una fracción (λ_2) de las pérdidas por efecto joule (W_c). Su cálculo se realiza igual que para las pérdidas en las pantallas, remplazando la resistencia de la pantalla por el paralelo de la resistencia de la pantalla y de la armadura. Su valor depende de si la armadura es o no magnética, del tipo de armadura (de plomo, de alambres), así como del tipo de conductor (de sección circular, sectorial, unipolar, bipolar o tripolar).

Una vez calculadas las resistencias térmicas del cable, según su forma de instalación y las pérdidas de potencia activa en el seno del cable, el incremento de temperatura del conductor respecto de la temperatura ambiente se puede calcular mediante un símil eléctrico que establece una correlación entre parámetros térmicos o de transferencia de calor y sus equivalentes eléctricos.

El símil eléctrico se basa en considerar las diferencias de temperatura como diferencias de tensión, las pérdidas de potencia activa como fuentes de intensidad de corriente, y las resistencias térmicas como resistencias eléctricas. Utilizando esta similitud, se puede representar el cable y sus pérdidas de potencia como un circuito eléctrico, cuya resolución conduce a la determinación de la intensidad máxima admisible. El circuito eléctrico equivalente del problema de transferencia de calor para un cable unipolar es el siguiente:

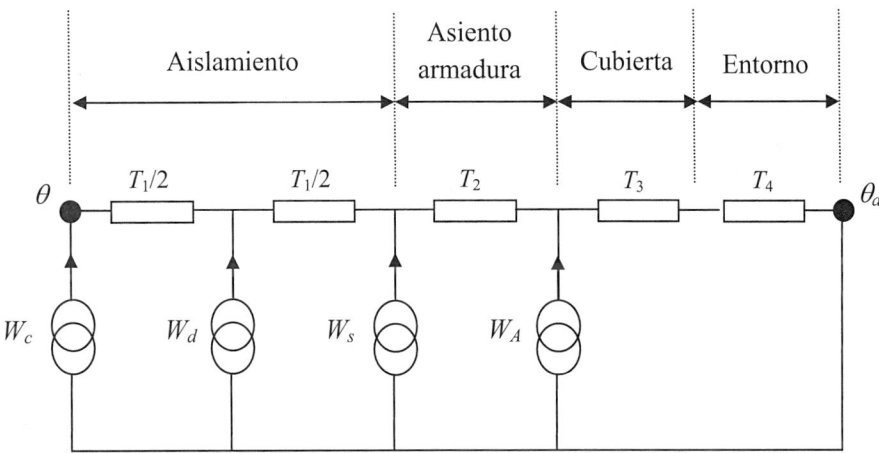

Figura 6.9. Circuito eléctrico equivalente del problema de transferencia de calor en un cable unipolar

Para resolver el circuito con el símil eléctrico mencionado, se aplica la ley de Ohm a las magnitudes térmicas, de forma que:

$$\theta - \theta_a = \left(W_c\right) \cdot \frac{T_1}{2} + \left(W_c + W_d\right) \cdot \frac{T_1}{2} + \left(W_c + W_d + W_s\right) \cdot T_2 + \left(W_c + W_d + W_s + W_A\right) \cdot \left(T_3 + T_4\right)$$

Si se tiene en cuenta, según lo indicado anteriormente, que:

$$W_c = R \cdot I^2$$

$$W_s = \lambda_1 \cdot R \cdot I^2$$

$$W_A = \lambda_2 \cdot R \cdot I^2$$

$$\Delta\theta = \theta - \theta_a$$

Se puede calcular el valor de la intensidad máxima admisible en un cable, como:

$$I = \sqrt{\frac{\Delta\theta - W_d \cdot (0,5 \cdot T_1 + T_2 + T_3 + T_4)}{R \cdot T_1 + R \cdot (1 + \lambda_1) \cdot T_2 + R \cdot (1 + \lambda_1 + \lambda_2) \cdot (T_3 + T_4)}} \quad (20)$$

Cuando el cable no es unipolar, sino que existen n conductores cargados en el mismo cable, la expresión anterior se generaliza de la forma siguiente:

$$I = \sqrt{\frac{\Delta\theta - W_d \cdot [0,5 \cdot T_1 + n \cdot (T_2 + T_3 + T_4)]}{R \cdot T_1 + n \cdot R \cdot (1 + \lambda_1) \cdot T_2 + n \cdot R \cdot (1 + \lambda_1 + \lambda_2) \cdot (T_3 + T_4)}} \quad (21)$$

Para el caso particular de cables unipolares apantallados, pero no armados, la expresión general (20) se particulariza en la siguiente, que es la más utilizada en cables de alta tensión.

$$I = \sqrt{\frac{\Delta\theta - W_d \cdot (0,5 \cdot T_1 + T_3 + T_4)}{R \cdot T_1 + R \cdot (1 + \lambda_1) \cdot (T_3 + T_4)}} \quad (22)$$

Cuando el salto térmico es el máximo admisible por el aislamiento del cable, $\Delta\theta = \Delta\theta_s$, se obtiene la intensidad máxima admisible en régimen permanente por el cable, es decir: $I = I_z$, mediante la aplicación de las fórmulas (20), (21) ó (22).

Ejemplo 6.2. Cálculo de la intensidad admisible en régimen permanente, I_z

Se debe calcular la intensidad máxima admisible, en régimen permanente, de una terna de cables unipolares de alta tensión, con aislamiento de XLPE, directamente enterrados, para una tensión de servicio de 20 kV y 50 Hz, con las siguientes características:

- Cables no armados en triángulo y en contacto, enterrados a una profundidad media de 1 metro.

- S_{ecc} = 240 mm^2 en aluminio.

- Resistividad térmica del terreno, ρ_T = 1,5 K · m /W.

- Diámetro exterior, D_{ext} = 37,1 mm.

- Espesor de la cubierta, t_3 = 2 mm.

- Resistividad térmica, ρ_{T3} = 3,5 K · m/W.

- Diámetro medio de la pantalla, d = 31,3 mm.

- Diámetro exterior del aislamiento, d_{ais} = 30,3 mm.

- Diámetro del conductor, d_c = 17,9 mm.

- Resistencia de la pantalla, $R_p = 0,1691$ Ω/km.

- Temperatura máxima admisible por el cable en servicio permanente, 90 °C.

- Tangente de delta (XLPE) = 0,004.

- Resistividad térmica (XLPE), $\rho_{T1} = 3,5$ K · m/W.

- ε_r (XLPE) = 2,5

- Temperatura del suelo: 25 °C

- Puesta a tierra de las pantallas de los cables en ambos extremos.

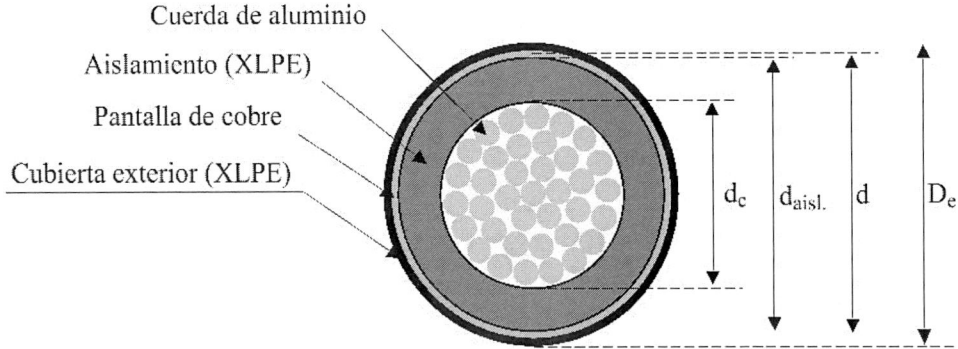

Figura 6.10. Sección del cable de XLPE de 12/20 kV, de 240 mm^2 de aluminio

Solución

La intensidad máxima admisible en régimen permanente y a la temperatura de 90 °C se calculará por tratarse de cables unipolares no armados con a la expresión (22). Por lo tanto, habrá que calcular la resistencia en corriente alterna a 90 °C, las pérdidas dieléctricas y en las pantallas, así como las resistencias térmicas.

$$I = \sqrt{\frac{\Delta\theta - W_d \cdot (0,5 \cdot T_1 + T_3 + T_4)}{R \cdot T_1 + R \cdot (1 + \lambda_1) \cdot (T_3 + T_4)}} \Rightarrow I_z = \sqrt{\frac{\Delta\theta_s - W_d \cdot (0,5 \cdot T_1 + T_3 + T_4)}{R \cdot T_1 + R \cdot (1 + \lambda_1) \cdot (T_3 + T_4)}} \quad (22)$$

donde:

$$\Delta\theta_s = \theta_s - \theta_a = 90 - 25 = 65\text{°C}$$

1. Resistencia, R, en corriente alterna a la temperatura máxima de servicio posible de 90 °C. Se calcula según (11) y (12), como:

$$R = R_{cc,90\text{°}C} \cdot \left(1 + y_s + y_p\right)$$

donde:

$$R_{cc,90ºC} = \frac{\rho_{Al,20ºC}}{S_{ecc}} \cdot \left[1 + \alpha_{Al,20ºC} \cdot (\theta_s - 20) \right] = 0,15099 \cdot 10^{-3} \frac{\Omega}{m}$$

Por otra parte, los factores de efecto pelicular y proximidad se calculan según las expresiones (13) y (14):

$$y_s = \frac{x_s^4}{192 + 0,8 \cdot x_s^4} \qquad (13)$$

$$y_p = \frac{x_p^4}{192 + 0,8 \cdot x_p^4} \cdot \left(\frac{d_c}{s} \right)^2 \cdot \left[0,312 \cdot \left(\frac{d_c}{s} \right)^2 + \frac{1,18}{\frac{x_p^4}{192 + 0,8 \cdot x_p^4} + 0,27} \right] \qquad (14)$$

donde:

$$x_s^2 = \frac{8 \cdot \pi \cdot f}{R_{cc,90ºC}} \cdot 10^{-7} \cdot k_s \qquad\qquad x_p^2 = \frac{8 \cdot \pi \cdot f}{R_{cc,90ºC}} \cdot 10^{-7} \cdot k_p$$

Según la Tabla 6.3, para un cable circular, compacto no impregnado, los coeficientes:

$$k_s = k_p = 1$$

Por tanto:

$$x_s = x_p = 0,912 \frac{A.s}{(m \cdot kg)^{0,5}} \Rightarrow$$

$$y_s = 3,593 \cdot 10^{-3}$$

$$y_p = 3,672 \cdot 10^{-3}$$

Finalmente, sustituyendo valores, se obtiene la resistencia en corriente alterna a 90ºC:

$$R = R_{cc,90ºC} \cdot \left(1 + y_s + y_p \right) = 0,15209 \cdot 10^{-3} \frac{\Omega}{m}$$

2. Las pérdidas dieléctricas, se calculan mediante la ecuación (15). Donde la capacidad por unidad de longitud del cable, se calcula como:

$$C = \frac{2 \cdot \pi \cdot \varepsilon_r \cdot \varepsilon_0}{\ln \frac{d_{ais}}{d_c}} = \frac{2 \cdot \pi \cdot 2,5 \cdot 8,854 \cdot 10^{-12}}{\ln \frac{30,3}{17,9}} = 2,642 \cdot 10^{-10} \frac{F}{m}$$

Por tanto, aplicando la ecuación (15),

$$W_d = \omega \cdot C \cdot U_0^2 \cdot tg\delta = 2 \cdot \pi \cdot 50 \cdot 2{,}642 \cdot 10^{-10} \cdot \left(\frac{20000}{\sqrt{3}}\right)^2 \cdot 0{,}004 = 0{,}04427 \, \frac{w}{m}$$

3. Las pérdidas en las pantallas para cables con pantallas cortocircuitadas en sus extremos y con disposición en triángulo se calculan mediante las ecuaciones siguientes, que se explicarán en el Apartado 6.5, teniendo en cuenta que las pérdidas por corrientes de Foucault se consideran despreciables frente a las pérdidas por corrientes de circulación en las pantallas. El cálculo se realiza en por unidad de las pérdidas por el efecto Joule.

$$\lambda_1 = \lambda_1' + \lambda_1'' \approx \lambda_1'$$

$$\lambda_1' = \frac{R_p}{R} \frac{1}{1 + \left(\frac{R_p}{X}\right)^2}$$

$$X = \frac{\omega \cdot \mu_0}{2 \cdot \pi} \ln \frac{2s}{d}$$

donde:

X = reactancia mutua entre conductores y pantallas del cable.

R_p = resistencia de la pantalla del cable por unidad de longitud.

R = resistencia en corriente alterna del cable, por unidad de longitud, a la temperatura máxima del cable.

s = separación entre centros de cables (al estar en triángulo y en contacto coincide con el diámetro exterior del cable).

d = diámetro medio de la pantalla.

$$X = \frac{\omega \cdot \mu_0}{2 \cdot \pi} \ln \frac{2 \cdot s}{d} = \frac{2 \cdot \pi \cdot 50 \cdot 4 \cdot \pi \cdot 10^{-7}}{2 \cdot \pi} \ln\left(\frac{2.37{,}1}{31{,}3}\right) = 5{,}423 \cdot 10^{-5} \, \frac{\Omega}{m}$$

$$= 0{,}05423 \, \frac{\Omega}{km}$$

$$\lambda_1' = \frac{R_p}{R} \frac{1}{1 + \left(\frac{R_p}{X}\right)^2} = \frac{0{,}1691}{0{,}15209} \frac{1}{1 + \left(\frac{0{,}1691}{0{,}05423}\right)^2} = 0{,}1037 \text{ pu}$$

- Resistencia térmica, T_1, del aislamiento del cable, según la expresión (5):

$$T_1 = C_1 \cdot \frac{\rho_{T1}}{2 \cdot \pi} \cdot \ln\left(1 + \frac{2 \cdot t_1}{d_c}\right) = 1{,}07 \cdot \frac{3{,}5}{2\pi} \ln\left(\frac{30{,}3}{17{,}9}\right) = 0{,}3137 \frac{K \cdot m}{W}$$

- Resistencia térmica, T_3, de la cubierta, según la expresión (7):

$$T_3 = C_3 \cdot \frac{\rho_{T3}}{2\pi} \cdot \ln\left(1 + \frac{2 \cdot t_3}{D'_a}\right) = 1{,}6 \cdot \frac{3{,}5}{2 \cdot \pi} \ln\left(\frac{37{,}1}{33{,}1}\right) = 0{,}1017 \frac{K \cdot m}{W}$$

- Resistencia térmica, T_4, del medio externo, según la expresión (8):

$$T_4 = \frac{1,5 \cdot \rho_T}{\pi}\left[\ln\left(\frac{4 \cdot h_0}{D_{ext}}\right) - 0,63\right] = \frac{1,5 \cdot 1,5}{\pi}\left[\ln\left(\frac{4 \cdot 1000}{37,3}\right) - 0,63\right] = 2,9009\frac{\text{K}\cdot\text{m}}{\text{W}}$$

Finalmente, si se aplica la ecuación (22) y se sustituyen todos los términos calculados, tenemos:

$$I_z = \sqrt{\frac{\Delta\theta_s - W_d \cdot (0,5 \cdot T_1 + T_3 + T_4)}{R \cdot T_1 + R \cdot (1 + \lambda_1) \cdot (T_3 + T_4)}}$$

$$= \sqrt{\frac{65 - 0,04427 \cdot (0,5 \cdot 0,3137 + 0,1017 + 2,9009)}{0,15209 \cdot 10^{-3} \cdot 0,3137 + 0,15209 \cdot 10^{-3} \cdot (1 + 0,1037) \cdot (0,1017 + 2,9009)}}$$

$$= 342,9\text{ A}$$

Se puede consultar la Tabla 6 de la ITC-LAT 06, que establece una intensidad máxima admisible, para un cable de las mismas características y en idénticas condiciones de instalación, de 345 A, que resulta muy similar al valor calculado en el ejemplo.

6.2.2. Calentamiento de un cable en régimen transitorio

Hasta llegar al régimen permanente el calentamiento del conductor sigue la ecuación siguiente:

$$dQ = dQ_1 - dQ_2 = Q_c \cdot d\theta \quad (23)$$

Donde Q_c, representa la capacidad calorífica del cable en conjunto con los elementos que le rodean, en unidades de (W·s/m ºC), y resulta un parámetro difícil de determinar en la práctica. Si en la ecuación (23) se sustituyen dQ_1, y dQ_2 por sus expresiones respectivas (3) y (4), se tiene que:

$$\frac{d\theta}{n \cdot R \cdot T \cdot I^2 - (\theta - \theta_a)} = \frac{dt}{T \cdot Q_c}$$

En lo sucesivo, se aceptará la simplificación de que la resistencia del conductor no varía con la temperatura, lo cual aunque no es cierto, permite calcular expresiones aproximadas muy útiles. La ecuación anterior se resuelve integrándola por partes:

$$\int_{\theta_a}^{\theta} \frac{d\theta}{(\theta - \theta_a) - n \cdot R \cdot T \cdot I^2} = \int_0^t -\left(\frac{dt}{T \cdot Q_c}\right) \Rightarrow \ln|(\theta - \theta_a) - n \cdot R \cdot T \cdot I^2|_{\theta_a}^{\theta} = -\frac{t}{T \cdot Q_c}$$
$$\Rightarrow$$

$$\ln\left(1 - \frac{\theta - \theta_a}{n \cdot R \cdot T \cdot I^2}\right) = -\frac{t}{T \cdot Q_c} \Rightarrow \quad \theta - \theta_a = n \cdot R \cdot T \cdot I^2 \cdot \left(1 - e^{\frac{-t}{T \cdot Q_c}}\right) \quad (24)$$

Por otra parte, según la ecuación (9) anterior, en régimen permanente ($t = \infty$):

$$\Delta\theta_s = \theta_s - \theta_a = n \cdot R \cdot T \cdot I_z^{\,2} \quad (25)$$

La ecuación (25) se puede generalizar a cualquier régimen de carga, de forma que, en régimen permanente ($t = \infty$), el incremento de temperatura del cable respecto de la temperatura ambiente se calcula como:

$$\Delta\theta = \theta - \theta_a = n \cdot R \cdot T \cdot I^2 \quad (26)$$

Combinando las ecuaciones (25) y (26), se llega a la (27) que permite calcular la temperatura del cable en régimen permanente para una carga de intensidad constante, I.

$$\Delta\theta = \Delta\theta_s \cdot \left(\frac{I}{I_z}\right)^2 \quad (27)$$

Por otra parte, combinando las ecuaciones (27) y (24) se llega a la definición de la curva de calentamiento del cable en función de la intensidad que lo atraviesa y de la constante de tiempo.

$$\theta - \theta_a = \Delta\theta_s \cdot \left(\frac{I}{I_z}\right)^2 \cdot \left(1 - e^{-\frac{t}{\tau}}\right) \quad (28)$$

Donde, τ, representa la constante de tiempo del cable que responde a la siguiente expresión, deducida a su vez de (24) y (25):

$$\tau = T \cdot Q_c = \frac{Q_c \cdot \Delta\theta_s}{n \cdot R \cdot I_z^2} \quad (29)$$

La *constante de tiempo térmica* del cable, es una medida de la velocidad a la cual se calienta o enfría el cable debido a un incremento o disminución de la carga, concretamente es el tiempo que tarda el cable en alcanzar el 63% del incremento de temperatura final para una intensidad que se mantenga constante.

En la Figura 6.11 se ilustra gráficamente la curva de calentamiento de un cable.

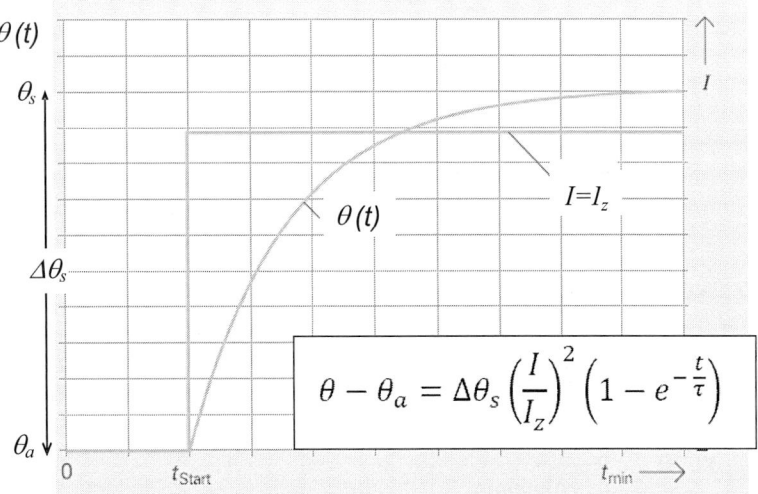

Figura 6.11. Curva de calentamiento de un cable partiendo de intensidad cero, y aplicando el valor de I_z

La constante de tiempo del cable se puede obtener generalmente a través de las especificaciones del fabricante, aunque a falta de datos mejores se puede estimar también suponiendo la igualdad siguiente (según referencia [5]).

$$I_{cc}^2 \cdot t_{cc} = I_z^2 \cdot \tau \implies \tau = \left(\frac{I_{cc}}{I_z}\right)^2 \cdot t_{cc} \quad (30)$$

Ejemplo 6.3.

Partiendo de los valores de intensidad máxima admisible reglamentaria para cables con $U_0/U \le 18/30$ kV instalados directamente enterrados a 25 ºC de temperatura del terreno, y de la densidad de corriente de cortocircuito soportada durante 1 segundo, calcular la constante de tiempo térmica de cables con secciones de 50, 95 y 240 mm^2 con aislamientos XLPE y HEPR, y conductores de cobre o aluminio.

Tabla 6.4. Intensidad máxima admisible para cables enterrados en las condiciones de referencia de temperatura y resistividad térmica del terreno indicadas en el RLAT

Aislamiento	Conductor	Sección (mm^2)	I_z (A)
XLPE	Cobre	50	170
		95	245
		240	415
	Aluminio	50	130
		95	190
		240	320
HEPR	Cobre	50	180
		95	260
		240	440
	Aluminio	50	135
		95	200
		240	290

Tabla 6.5. Densidad de corriente de cortocircuito admisible en cables de media tensión

Aislamiento	Conductor	t_{cc} (s)	Densidad de corriente admisible en cortocircuito (A /mm^2), δ_{cc}
XLPE	Cobre	1	143
	Aluminio	1	94
HEPR	Cobre	1	135
	Aluminio	1	89

Solución

Partiendo de la ecuación (30) y utilizando la densidad de corriente en cortocircuito se calcula la constante de tiempo para cada cable (*véanse* los resultados en la Tabla 6.6):

$$\tau(\min) = \left(\frac{I_{cc}}{I_z}\right)^2 \cdot t_{cc} = \frac{1}{60} \cdot \left(\frac{\delta_{cc} \cdot S}{I_z}\right)^2 \cdot 1$$

Tabla 6.6. Constante de tiempo térmica en cables de media tensión

Aislamiento	Conductor	Sección (mm²)	Constante de tiempo térmica, τ (min)
XLPE	Cobre	50	29
		95	51
		240	114
	Aluminio	50	22
		95	37
		240	83
HEPR	Cobre	50	23
		95	41
		240	90
	Aluminio	50	18
		95	30
		240	90

Según la tabla anterior, se observa que cuanto mayor es la sección del conductor mayor es la constante de tiempo, y que para igual sección la constante de tiempo es mayor con conductor de cobre que de aluminio.

Ejemplo 6.4.

Un cable del tipo RHE-OL 127/220 kV 1×1200 kCU para un sistema de instalación al aire en galería, con los cables al tresbolillo y con sus pantallas conectadas a tierra en los dos extremos, según información facilitada por el fabricante, es capaz de transportar en régimen permanente una potencia de 458 MVA a 220 kV. Además, este cable es capaz de soportar una intensidad de cortocircuito de 242,5 kA durante un tiempo de 0,5 segundos. Calcular la constante de tiempo del cable en minutos.

Solución:

Se calcula en primer lugar, la intensidad máxima admisible en servicio permanente para las condiciones de instalación, partiendo, para ello, de la potencia aparente que el cable puede transportar:

$$I_z = \frac{S}{\sqrt{3} \cdot U} = \frac{458 \cdot 10^6}{220 \cdot 10^3} = 1202 \text{ A}$$

A continuación, se calcula la constante de tiempo a partir de la ecuación (30):

$$\tau(\text{min}) = \left(\frac{I_{cc}}{I_z}\right)^2 \cdot t_{cc} = \frac{1}{60} \cdot \left(\frac{242500}{1202}\right)^2 \cdot 0,5 = 339 \text{ min.}$$

Nota: como conclusión de este ejemplo, se puede observar como al aumentar la tensión asignada del cable aumenta también su constante de tiempo.

La intensidad que eleva la temperatura del cable a su valor máximo admisible, θ_s, se denomina, I_z. Un sistema de cables, especialmente si está enterrado, es un sistema térmicamente lento con una constante de tiempo elevada, de forma que si se parte de una situación inicial de cable descargado (o en bajo régimen de carga), puede transportar durante un tiempo relativamente largo una corriente de sobrecarga mayor que la máxima admisible, I_z, sin que por ello se supere la temperatura máxima admisible, θ_s.

A continuación, se calculará el factor de sobrecarga que puede soportar el cable en función de la duración de la sobrecarga para dos condiciones distintas:

1. Cuando el cable parte de una situación inicial sin carga alguna y, por tanto, se encuentra a la temperatura ambiente.

2. Cuando el cable parte de una carga previa (precarga), I_1, inferior a la máxima admisible.

Nota: la capacidad de sobrecarga de una línea aérea es bastante pequeña, ya que el RLAT limita a 100 ºC la temperatura de funcionamiento del conductor, en condiciones de emergencia o fallo en el sistema eléctrico, con el fin de no superar las distancias de seguridad debido a una flecha excesiva. De forma aproximada, y según [6], se puede estimar una sobrecarga admisible del orden de 1,25 pu durante una duración entre 15 a 30 minutos.

6.2.2.1. Capacidad de sobrecarga de un cable que está inicialmente descargado

Si el cable parte de una situación inicial sin carga alguna su temperatura será la ambiente y tendrá una capacidad de sobrecarga importante antes de alcanzar la temperatura máxima admisible. A continuación se calculará el factor de sobrecarga admisible, M, en función de la duración de la sobrecarga.

$$\text{Factor de sobrecarga} = M = \frac{I_{sob}}{I_z}$$

Si a un cable descargado a la temperatura ambiente se le aplica la intensidad de sobrecarga, su temperatura, θ, aumentará según la ecuación (28) ya estudiada:

$$\theta - \theta_a = \Delta\theta_s \cdot \left(\frac{I_{sob}}{I_z}\right)^2 \cdot \left(1 - e^{-\frac{t}{\tau}}\right)$$

Esta temperatura no debe ser mayor que la temperatura máxima admisible por el cable, θ_s, por tanto:

$$\theta_s - \theta_a = \Delta\theta_s = \Delta\theta_s \cdot \left(\frac{I_{sob}}{I_z}\right)^2 \cdot \left(1 - e^{-\frac{t}{\tau}}\right) \Rightarrow M = \left(\frac{I_{sob}}{I_z}\right) = \frac{1}{\sqrt{1 - e^{-\frac{t}{\tau}}}} \quad (31)$$

En la Figura 6.12 se representa el factor de sobrecarga admisible, M, en función del tiempo, expresando este tiempo en número de veces de la constante, τ.

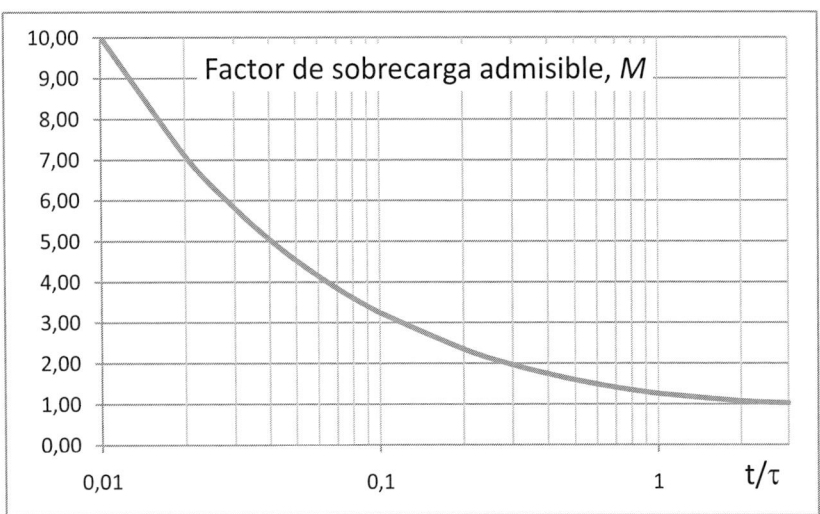

Figura 6.12. Factor de sobrecarga admisible expresado en función de la duración de la sobrecarga

Ejemplo 6.5.

Para un cable de tensión asignada 12/20kV y 240 mm^2 de sección, con conductor de cobre y aislamiento de XLPE, cuyas características se estudiaron en el Ejemplo 6.3, calcular durante cuánto tiempo podría soportar una corriente de sobrecarga de 600 A, sin sobrepasar la temperatura máxima admisible del cable en servicio permanente (90°C).

Solución:

Según los datos del Ejemplo 6.3, para este cable se conoce su intensidad máxima admisible en servicio permanente y, por lo tanto, se puede calcular el coeficiente de sobrecarga al que se somete:

$$M = \frac{I_{sob}}{I_z} = \frac{600}{415} = 1,45 \text{ pu}$$

Por otra parte, su constante de tiempo, ya calculada anteriormente en el Ejemplo 6.3, era, $\tau = 114$ minutos.

Si se aplica la ecuación (31):

$$M = \frac{1}{\sqrt{1 - e^{-\frac{t}{\tau}}}} \Rightarrow t(\text{min}) = -\tau \cdot ln\left(1 - \frac{1}{M^2}\right) \approx 74 \text{ min.}$$

6.2.2.2. Capacidad de sobrecarga de un cable que está inicialmente cargado con una intensidad, I_1

En este caso, el cable parte de una carga previa, I_1, inferior a la máxima admisible, aplicada el tiempo suficiente para alcanzar la estabilidad térmica a una temperatura θ_1. Esta temperatura se determina utilizando la expresión (27):

$$\theta_1 - \theta_a = (\theta_s - \theta_a) \cdot \left(\frac{I_1}{I_z}\right)^2 \quad (32)$$

Partiendo de esta temperatura inicial, se trata de determinar durante cuánto tiempo puede soportar el cable la sobrecarga de una intensidad, I_2, mayor que la máxima admisible, I_z, sin que se sobrepase la temperatura máxima admisible θ_s.

Para ello, se utiliza la ecuación de calentamiento del cable ya descrita (23), junto con las expresiones (1) y (2), resultando la ecuación diferencial siguiente:

$$\frac{d\theta}{n \cdot R \cdot T \cdot I_2^2 - (\theta - \theta_a)} = \frac{dt}{T \cdot Q_c}$$

La ecuación anterior se resuelve integrándola por partes:

$$\int_{\theta_1}^{\theta} \frac{d\theta}{(\theta - \theta_a) - n \cdot R \cdot T \cdot I_2^2} = \int_0^t -\left(\frac{dt}{T \cdot Q_c}\right) \Rightarrow \ln|(\theta - \theta_a) - n \cdot R \cdot T \cdot I_2^2|_{\theta_1}^{\theta} = -\frac{t}{T \cdot Q_c}$$

$$\Rightarrow \ln\left(1 - \frac{\theta - \theta_1}{n \cdot R \cdot T \cdot I_2^2 - (\theta_1 - \theta_a)}\right) = -\frac{t}{T \cdot Q_c} \Rightarrow \theta - \theta_1$$

$$= [n \cdot R \cdot T \cdot I_2^2 - (\theta_1 - \theta_a)] \cdot \left(1 - e^{\frac{-t}{T \cdot Q_c}}\right)$$

Como la temperatura del cable no debe sobrepasar la máxima admisible se puede sustituir θ por θ_s, y reordenando los términos, se llega a:

$$\frac{\theta_s - \theta_1}{\left(1 - e^{\frac{-t}{T \cdot Q_c}}\right)} = [n \cdot R \cdot T \cdot I_2^2 - (\theta_1 - \theta_a)] \Rightarrow n \cdot R \cdot T \cdot I_2^2$$

$$= (\theta_1 - \theta_a) + \frac{(\theta_s - \theta_1)}{\left(1 - e^{\frac{-t}{T \cdot Q_c}}\right)}$$

En la expresión anterior se pueden dividir ambos miembros por: $\Delta\theta_s = \theta_s - \theta_a$

$$\frac{n \cdot R \cdot T \cdot I_2^2}{(\theta_s - \theta_a)} = \frac{(\theta_1 - \theta_a)}{(\theta_s - \theta_a)} + \frac{(\theta_s - \theta_1)}{(\theta_s - \theta_a) \cdot \left(1 - e^{\frac{-t}{T \cdot Q_c}}\right)}$$

Además se puede sustituir el incremento de temperatura $\Delta\theta_s$, por su equivalencia según la ecuación (25):

$$\Delta\theta_s = \theta_s - \theta_a = n \cdot R \cdot T \cdot I_z{}^2$$

de forma que, se llega a la expresión que relaciona la magnitud de la sobrecarga, M, con su duración máxima, t, lo que garantiza que la temperatura del cable no supere el valor de θ_s.

$$M^2 = \left(\frac{I_2}{I_z}\right)^2 = \frac{(\theta_1 - \theta_a)}{(\theta_s - \theta_a)} + \frac{(\theta_s - \theta_1)}{(\theta_s - \theta_a) \cdot \left(1 - e^{\frac{-t}{\tau}}\right)} \quad (33)$$

Ejemplo 6.6.

Para el mismo cable del Ejemplo 6.5, canalizado en un terreno que está a una temperatura de 25 ºC, calcular durante cuánto tiempo podría soportar una corriente de sobrecarga de 600 A, sin sobrepasar la temperatura máxima admisible en servicio permanente (90 ºC). Se conoce que, antes de la sobrecarga, el cable tenía una carga mantenida en permanencia, igual a la mitad de la carga máxima admisible.

Solución

En primer lugar, se calcula la temperatura inicial del cable antes de la sobrecarga, mediante la expresión (13):

$$\theta_1 - \theta_a = (\theta_s - \theta_a) \cdot \left(\frac{I_1}{I_z}\right)^2 = (90 - 25) \cdot \left(\frac{1}{2}\right)^2 = 16{,}25 \text{ ºC} \Longrightarrow$$

$$\theta_1 = \theta_a + 16{,}25 \text{ ºC} = 25 \text{ ºC} + 16{,}25 \text{ ºC} = 41{,}25 \text{ ºC}$$

Una vez calculada la magnitud de la sobrecarga, M, si se despeja el tiempo en la ecuación (14) se puede determinar la duración admisible de la sobrecarga.

$$M = \frac{I_2}{I_z} = \frac{600}{415} = 1{,}45 \text{ pu}$$

$$t(\text{min}) = -\tau \cdot ln\left[1 - \frac{(\theta_s - \theta_1)}{(\theta_s - \theta_a)} \cdot \frac{1}{\left[M^2 - \frac{(\theta_1 - \theta_a)}{(\theta_s - \theta_a)}\right]}\right] \approx 60 \text{ min.}$$

Comparando este resultado con el del Ejemplo 6.5, se observa cómo unas condiciones de partida con carga previa en el cable reducen el tiempo admisible de duración de una sobrecarga de la misma amplitud, en ambos casos.

6.2.2.3. Carga de emergencia de corta duración

En situaciones de emergencia se puede someter a los cables a una temperatura de trabajo superior a la máxima admisible. Concretamente algunas recomendaciones admiten temperaturas de emergencia de 130 ºC, cuyo efecto es un envejecimiento acelerado del aislamiento del cable, con la ventaja de que el cable puede transportar una carga bastante superior, sin riesgo de fallo, siempre que se limiten las horas de trabajo en estas condiciones de emergencia.

Por ejemplo, si un cable con aislamiento de XLPE, enterrado a 25 ºC, soportara una temperatura, en condiciones de emergencia, de 130 ºC, podría transportar una corriente de sobrecarga calculada según la expresión (27) de 1,27 veces la corriente máxima admisible en servicio permanente.

Concretamente, la recomendación [7] admite una temperatura de emergencia para cables de XLPE de 130 °C, siempre que su duración sea menor de 100 horas por año, y como máximo 5 veces a lo largo de la vida útil del cable (500 horas en total).

Otras especificaciones, como la norma francesa NF C33253 limitan la temperatura máxima en condiciones de emergencia a temperaturas inferiores, pero admitiendo una duración mayor: 105 °C para cables de XLPE y 130 °C para aislamiento HEPR, limitando estas condiciones a 216 horas/año, con una media anual menor de 72 horas por año, a lo largo de una vida útil prevista de 40 años (2880 horas en total).

6.2.2.4. Carga cíclica diaria

Las curvas de carga diaria de las líneas muestran un patrón generalmente repetitivo según se trate de un día de trabajo o de un día festivo, y según se trate de verano o invierno. Concretamente, la curva de carga diaria suele tener dos picos horarios que se repiten de forma parecida a lo largo de los días.

Se define el *factor de capacidad de transporte cíclico, $M_{cíclico}$*, como el factor por el cual se puede multiplicar la intensidad máxima admisible en servicio permanente del cable, I_z, para obtener el valor de punta admisible en el curso de un ciclo diario, de manera que no se sobrepase la temperatura máxima admisible, θ_s, del cable.

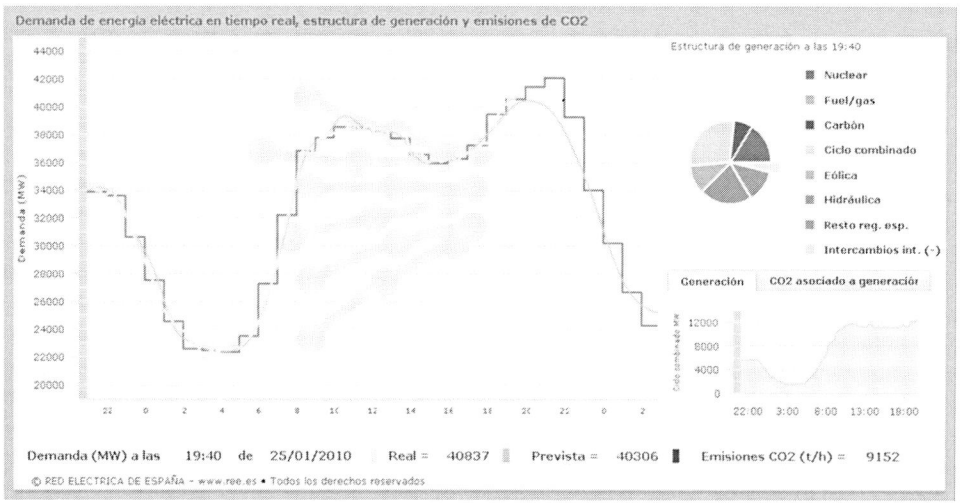

Figura 6.13. Curva de carga diaria típica de un día laborable de invierno. (*Cortesía de REE*)

Para calcular este factor se divide el ciclo diario de carga en rectángulos de una hora, y a cada intervalo horario se le asigna su intensidad media:

$$I_i \quad para \ i = 0, 1, 2 \ldots, 23$$

Se definen los coeficientes de carga para cada rectángulo horario como:

$$Y_i = \left(\frac{I_i}{I_z}\right)^2, \quad para \ i = 0, 1, 2 \ldots, 23$$

Se define el coeficiente de carga medio como:

$$\mu = \frac{1}{24} \sum_{i=0}^{23} Y_i$$

Se define también la temperatura del cable al cabo de i horas de aplicarle un escalón de corriente de valor, I_z, según la fórmula (9), como:

$$\theta_{Ri} = \theta_a + \Delta\theta_s \cdot \left(1 - e^{-\frac{t}{\tau}}\right), \quad para \ i = 1, 2, 3, 4, 5 \ y \ 6 \ horas$$

Si en la fórmula anterior la constante de tiempo, τ, se expresa en minutos el tiempo t se expresará también en minutos, es decir $t = 60, 120,\ldots, 360$ para $i = 1, 2,\ldots, 6$.

El factor de sobrecarga, $M_{cíclico}$, se calcula como:

$$M_{cíclico} = \sqrt{\frac{\theta_s}{\theta_{máx}}}$$

Donde, $\theta_{máx}$, representa la temperatura máxima que puede alcanzar el cable a lo largo del día. Se considera que la temperatura máxima del cable depende principalmente de las cargas en las 6 horas precedentes (mediante los coeficientes Y_0, Y_1, Y_2, Y_3, Y_4, Y_5, respectivamente) y que las cargas horarias anteriores tienen menor influencia, por lo que basta con representarlas por su valor medio.

Para calcular la temperatura máxima del cable a lo largo de un ciclo diario de carga, se puede aplicar la siguiente expresión.

$$\theta_{máx} = Y_0 \cdot \theta_{R1} + Y_1 \cdot (\theta_{R2} - \theta_{R1}) + Y_2 \cdot (\theta_{R3} - \theta_{R2}) + Y_3 \cdot (\theta_{R4} - \theta_{R3})$$
$$+ Y_4 \cdot (\theta_{R5} - \theta_{R4}) + Y_5 \cdot (\theta_{R6} - \theta_{R5}) + \mu \cdot (\theta_s - \theta_{R6})$$

En la referencia [8] existen expresiones más detalladas para el cálculo del factor M, en función de las condiciones de instalación del cable.

6.2.3. Intensidad admisible en régimen de cortocircuito

Para cortocircuitos de duración no superior a 5 segundos, la densidad de corriente de cortocircuito admisible que eleva la temperatura del conductor desde su temperatura inicial θ_i, hasta la temperatura límite admisible de corta duración, θ_{cc}, puede calcularse por la fórmula siguiente que representa la curva térmica admisible por los conductores en régimen de cortocircuito.

$$\frac{I_{cc}}{S} = \frac{K}{\sqrt{t_{cc}}} \cdot \sqrt{\frac{\ln\left(\dfrac{\theta_{cc} + \beta}{\theta_i + \beta}\right)}{\ln\left(\dfrac{\theta_{cc} + \beta}{\theta_s + \beta}\right)}} \quad \Rightarrow \sqrt{t_{cc}} = \frac{K \cdot S}{I_{cc}} \cdot \sqrt{\frac{\ln\left(\dfrac{\theta_{cc} + \beta}{\theta_i + \beta}\right)}{\ln\left(\dfrac{\theta_{cc} + \beta}{\theta_s + \beta}\right)}} \qquad (34)$$

El tiempo que se obtenga según esta fórmula debe ser mayor que el tiempo que tarden en actuar las protecciones, para la máxima intensidad de cortocircuito posible en el lugar de construcción de la línea (generalmente será la intensidad de cortocircuito trifásico). En caso contrario, habría que aumentar la sección del conductor hasta cumplir con esta condición.

La fórmula anterior se deduce al considerar que un cortocircuito produce un calentamiento adiabático en el seno de un conductor, es decir, que todo el calor producido por efecto Joule se emplea en aumentar su temperatura.

$$R \cdot I_{cc}^2 \cdot dt = q_c \cdot \gamma \cdot S \cdot L \cdot d\theta$$

donde:

R = resistencia eléctrica del conductor en alterna a la temperatura θ, en Ω.

I_{cc} = valor eficaz de la intensidad de cortocircuito, en A.

dt = variación de tiempo, en segundos.

q_c = calor específico del material del conductor, en J/(kg · ºC).

γ = densidad del conductor, en kg /mm³.

S = sección del conductor, en mm².

L = longitud del conductor, en m.

$d\theta$ = variación de temperatura, en ºC.

Por tanto, sustituyendo la resistencia eléctrica por su expresión se tiene que:

$$\rho_\theta \cdot \frac{L}{S} \cdot I_{cc}^2 \cdot dt = q_c \cdot \gamma \cdot S \cdot L \cdot d\theta \Rightarrow \frac{\rho_\theta}{S} \cdot I_{cc}^2 \cdot dt = q_c \cdot \gamma \cdot S \cdot d\theta$$

Por otra parte, si ρ_0, es la resistividad eléctrica del conductor a la temperatura de 0 ºC y α_0, es su variación con la temperatura a 0 ºC, se tiene que:

$$\frac{\rho_0 \cdot (1 + \alpha_0 \theta)}{S} \cdot I_{cc}^2 \cdot dt = q_c \cdot \gamma \cdot S \cdot d\theta \Rightarrow I_{cc}^2 \cdot dt = \left[\frac{q_c \cdot \gamma}{\rho_0}\right] \cdot S^2 \frac{d\theta}{(1 + \alpha_0 \cdot \theta)}$$

Suponiendo que el cortocircuito se produce en el instante $t = 0$, y que dura hasta el instante, $t = t_{cc}$, se integra por partes la expresión anterior entre la temperatura al inicio, θ_i, y al final, θ_f, del cortocircuito, y se tiene que:

$$\int_0^{t_{cc}} I_{cc}^2 \cdot dt = \left[\frac{q_c \cdot \gamma}{\rho_0 \cdot \alpha_0}\right] \cdot S^2 \int_{\theta_i}^{\theta_f} \frac{d\theta}{\left(\dfrac{1}{\alpha_0} + \theta\right)} \Rightarrow I_{cc}^2 \cdot t_{cc} = \left[\frac{q_c \cdot \gamma}{\rho_0 \cdot \alpha_0}\right] \cdot S^2 \left[\ln\left(\frac{1}{\alpha_0} + \theta\right)\right]_{\theta_i}^{\theta_f} \Rightarrow$$

$$I_{cc}^2 t_{cc} = \left[\frac{q_c \cdot \gamma}{\rho_0 \cdot \alpha_0}\right] S^2 \cdot \ln\left(\frac{\dfrac{1}{\alpha_0} + \theta_f}{\dfrac{1}{\alpha_0} + \theta_i}\right)$$

Si se denomina β, al inverso de α_0, la última expresión se convierte en:

$$\sqrt{t_{cc}} = \left[\frac{q_c \cdot \gamma \cdot \beta}{\rho_0}\right]^{\frac{1}{2}} \cdot \frac{S}{I_{cc}} \sqrt{\ln\left(\frac{\beta + \theta_f}{\beta + \theta_i}\right)} \qquad (35)$$

Si se define un *parámetro, K,* como la densidad de corriente máxima que soporta el conductor para un cortocircuito de duración $t_{cc} = 1$ segundo, al calentarse desde una temperatura inicial, igual a la máxima admisible en servicio permanente, θ_s, (90 ºC en el XPLE) hasta una temperatura final igual a la máxima admisible en cortocircuito, θ_{cc}, (típicamente 250 ºC), se tiene que:

$$K = \frac{I_{cc}}{S} = \left[\frac{q_c \cdot \gamma \cdot \beta}{\rho_0}\right]^{\frac{1}{2}} \sqrt{\ln\left(\frac{\beta + \theta_{cc}}{\beta + \theta_s}\right)} \Rightarrow \left[\frac{q_c \cdot \gamma \cdot \beta}{\rho_0}\right]^{\frac{1}{2}} = \frac{1}{K \cdot \sqrt{\ln\left(\dfrac{\beta + \theta_{cc}}{\beta + \theta_s}\right)}} \qquad (36)$$

El valor de K se expresa en unidades de $A \cdot s^{1/2} \cdot mm^{-2}$. Si se sustituye (36) en la expresión del tiempo de cortocircuito (35), se calcula la expresión:

$$\sqrt{t_{cc}} = \frac{K \cdot S}{I_{cc}} \cdot \sqrt{\frac{\ln\left(\dfrac{\theta_f + \beta}{\theta_i + \beta}\right)}{\ln\left(\dfrac{\theta_{cc} + \beta}{\theta_s + \beta}\right)}} \qquad (37)$$

Para calcular el tiempo que un cable es capaz de soportar un cortocircuito, la temperatura del conductor, al final de su duración, no debe superar la máxima admisible en cortocircuito ($\theta_f = \theta_{cc}$) que generalmente es de 250 ºC, de forma que se obtiene la expresión (34), que es la del reglamento RLAT.

$$\sqrt{t_{cc}} = \frac{K \cdot S}{I_{cc}} \cdot \sqrt{\frac{\ln\left(\dfrac{\theta_{cc} + \beta}{\theta_i + \beta}\right)}{\ln\left(\dfrac{\theta_{cc} + \beta}{\theta_s + \beta}\right)}} \qquad (34)$$

Para determinar la temperatura inicial antes del cortocircuito, para una intensidad de carga, I_1, inferior a la máxima admisible, se puede utilizar la fórmula (32):

$$\theta_1 = \theta_a + (\theta_s - \theta_a) \cdot \left(\frac{I_1}{I_z}\right)^2$$

En el caso de que la temperatura inicial del conductor coincida con la temperatura máxima admisible en régimen permanente, ($\theta_i = \theta_s$), se tendría la expresión simplificada (19), ya que el cociente de logaritmos sería la unidad.

donde:

$$\sqrt{t_{cc}} = \frac{K \cdot S}{I_{cc}} \qquad (35)$$

t_{cc} = duración del cortocircuito máximo admisible, en segundos.

K = densidad de la corriente admisible para un cortocircuito de 1 segundo, que depende de la naturaleza del conductor y del tipo de aislamiento. Los valores son:

- Para aislamiento de XLPE o EPR:

  $K_{(aluminio)} = 94$ A·s$^{1/2}$·mm^{-2}, $K_{(cobre)} = 143$ A·s$^{1/2}$·mm^{-2}.

- Para HEPR hasta $U_0/U \le 18/30$ kV,

  $K_{(aluminio)} = 89$ A·s$^{1/2}$·mm^{-2}, $K_{(cobre)} = 135$ A·s$^{1/2}$·mm^{-2}.

S = sección del conductor en mm^2.

I_{cc} = valor eficaz de la intensidad de cortocircuito en amperios.

θ_i = temperatura inicial del conductor en ºC. Esta temperatura dependerá de la carga del conductor.

θ_s = temperatura máxima admisible por el conductor en régimen permanente, en ºC. Para conductores de XLPE, EPR y HEPR, es 90 ºC.

θ_{cc} = temperatura máxima admisible en cortocircuito, en ºC. Su valor es 250 ºC.

β = es $1/\alpha_0$, siendo α_0, el coeficiente de variación de la resistividad con la temperatura a 0 ºC. Para el aluminio $\beta = 228$ ºC. Para el cobre $\beta = 235$ ºC. Este valor se suele considerar constante para cualquier temperatura del conductor.

Ejemplo 6.7

Calcular para duraciones de un cortocircuito trifásico de 0,5 s y 1,0 s y las densidades de corrientes máximas admisibles, para los aislamientos termoestables de XLPE y EPR. Considerar dos casos, uno suponiendo que el conductor tiene una temperatura inicial antes del cortocircuito $\theta_i = 60$ ºC (debido a que el conductor está descargado, o su sección está sobredimensionada para la intensidad que circula en régimen permanente), o bien que la temperatura inicial es $\theta_i = \theta_s = 90$ ºC.

Solución

Para resolver el ejercicio se aplica la expresión (37), despejando la densidad de corriente de cortocircuito (I_{cc}/S). Se puede observar cómo, cuanto menor es la temperatura inicial, mayor es la densidad de corriente admisible en cortocircuito.

Tabla 6.7. Densidades de corriente admisibles para distintas temperaturas iniciales del conductor y duración del cortocircuito. Aislamiento: EPR o XLPE

Conductor	θ_i (ºC)	t_{cc} (s)	$\dfrac{I_{cc}}{S}\left(\dfrac{A}{mm^2}\right)$
Cobre	60	1,0	159
		0,5	225
	90	1,0	143
		0,5	202
Aluminio	60	1,0	105
		0,5	148
	90	1,0	94
		0,5	133

6.3. EJEMPLO DE CÁLCULO ELÉCTRICO DE LÍNEA DE ALIMENTACIÓN A UN CENTRO DE TRANSFORMACIÓN DEL CLIENTE

Se desea diseñar una línea de alta tensión a 15 kV para alimentar un solo centro de transformación de un cliente formado por 4 transformadores de 630 kVA cada uno de ellos, cos $\varphi = 0,9$. No se prevé la utilización de los transformadores en condiciones de sobrecarga. La compañía suministradora de energía ha establecido el punto de entronque de dicha línea en un centro de transformación de 15 kV/400-230 V, situado en las inmediaciones de la nave industrial objeto del suministro de energía. El plano de situación del centro respecto del punto de entronque se muestra en la Figura 6.14.

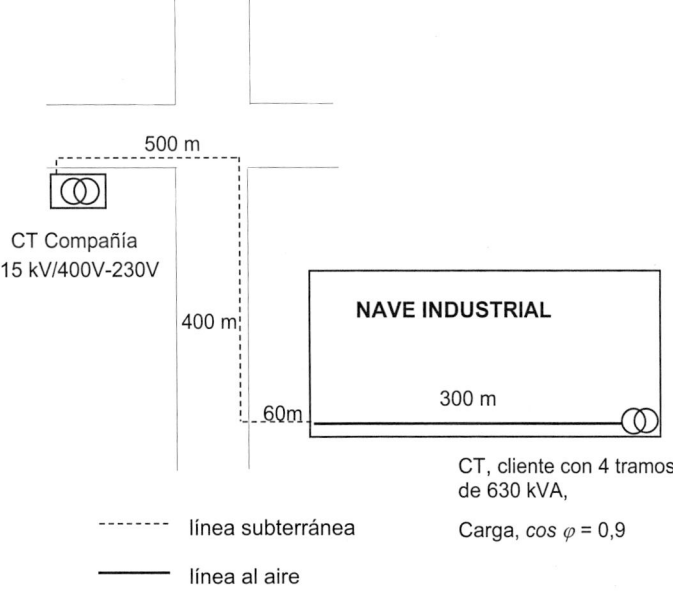

Figura 6.14. Trazado de la línea de alimentación a un CT de cliente

La compañía suministradora de energía ha aportado los siguientes datos solicitados:

- Con el fin de asegurar el suministro, la alimentación desde el centro de transformación de la compañía se realizará con dos líneas, una funcionará en condiciones normales y la otra quedará como línea de socorro cuando falle la línea normal.

- El neutro del transformador de la subestación en el lado de 15 kV está aislado de tierra.

- La protección instalada en cabecera de línea (en la subestación) contra defectos a tierra, actúa en un tiempo de 0,7 s.

- La potencia de cortocircuito de la red de 15 kV es de 375 MVA, con un tiempo de disparo de las protecciones para un defecto trifásico de 0,4 s.

- La caída de tensión máxima admisible, teniendo en cuenta que el tramo de red de media puede ser cedido posteriormente a la empresa de distribución de energía eléctrica, no será mayor del 5 %.

Condiciones generales de instalación:

- Parte instalada al aire

  - Teniendo en cuenta el sistema de acondicionamiento de la fábrica, la máxima temperatura ambiente dentro de la fábrica, incluso en verano será de 35 ºC.
  - Cables unipolares agrupados en triángulo, en contacto mutuo, sobre bandeja perforada.

- Parte subterránea

  - Temperatura media del terreno de 30 °C.
  - Profundidad del tendido de 1,25 metros.
  - Considérense dos ternas de cables unipolares (ida y vuelta hacia el centro de transformación de la compañía suministradora). Cada terna bajo tubo de polipropileno de 160 mm de diámetro exterior, con los dos tubos en contacto.

Considérese que, tanto en la parte al aire como en la parte subterránea, se instalarán dos ternas de cables unipolares en contacto para dos líneas de alimentación desde el centro de transformación de la compañía suministradora. Para evitar incendios el cable será no propagador del incendio con baja emisión de humos opacos y ácidos.

Se debe seleccionar el cable más adecuado y determinar sus características de aislamiento y sección utilizando criterios técnicos y la información contenida en la ITC-LAT 06 del RLAT.

Solución

a) Tipo de cable a emplear

Como no hay problemas de humedad ni de terrenos accidentados para los que se requiera un cable especialmente flexible, se seleccionará un cable con aislamiento de XLPE (Polietileno Reticulado), que además sea no propagador del incendio. El tipo de cable a emplear será: RHZ1(AS)

b) Elección de la tensión nominal (U_0/U)

- La tensión de línea de la red es de 15 kV.

- Puesta a tierra de neutro en la subestación (15 kV): neutro aislado a tierra. En nuestro caso, independientemente de que la corriente de defecto a tierra sea reducida, el defecto a tierra se elimina en 0,7 s, por lo que esta red se correspondería con una red de categoría A. No obstante, si se prevé que la red puede funcionar bastante frecuentemente con un defecto a tierra, con objeto de no deteriorar el aislamiento del cable podría ser más ventajoso económicamente clasificar dicha red dentro de la categoría C.

Por lo tanto, según la Tabla 2 de la ITC-LAT 06, se selecciona: $U_0/U = 12/20$ kV.

c) Elección de la sección del cable

La sección de la red de distribución de media tensión se elegirá de forma que se cumplan los criterios técnicos de intensidad admisible en régimen permanente, en cortocircuito y el criterio de la caída de tensión.

c.1) Cálculo por intensidad máxima admisible

La intensidad que circulará por la línea para dar servicio a la potencia prevista será:

$$I = \frac{S}{\sqrt{3} \cdot U_n} = \frac{4630 \cdot 10^3}{\sqrt{3} \cdot 15 \cdot 10^3} = 96,99 \ A$$

Al estar instalada la línea tanto de forma aérea como de forma subterránea, la sección seleccionada cumplirá los requisitos, de intensidad máxima admisible, especificados para ambos casos en la ITC-LAT 06.

c1.1) Parte de la red instalada al aire

Según puede observarse de la Tabla 13 de la ITC-LAT 06, la sección de 25 mm^2 de aluminio (menor sección de la tabla), para una terna de cables unipolares, con aislamiento de XLPE, instalada al aire a 40 °C, es capaz de soportar una intensidad de 120A.

Como las condiciones reales de instalación difieren de las de la tabla habrá que considerar los siguientes factores de corrección.

- Factor de corrección para cables instalados al aire, para temperaturas del aire ambiente, θ_a, distintas de 40 ºC.

  Según la Tabla 14 de la ITC-LAT 06 el factor de corrección para cables instalados al aire, para temperaturas del aire ambiente, $\theta_a = 35$ ºC, en función de la temperatura máxima de servicio, $\theta_s = 90$ ºC, vale $K_1 = 1,05$.

- Factor de corrección por agrupación de circuitos sobre bandejas.

  Según la Tabla 18 de la ITC-LAT 06, para dos ternas de cables instalados al aire, en contacto mutuo, instalados sobre bandeja perforada, se podría considerar un factor de corrección de $K_2 = 0,84$. No obstante, al tratarse de una alimentación de un centro de transformación en puntas, se debe entender que solamente una de las ternas irá cargada y, por tanto, es más adecuado no considerar tal factor de reducción que se aplicaría sólo si existiese más de un circuito cargado. Por tanto, se puede considerar que $K_2 = 1,00$.

La intensidad que admitirá el cable seleccionado (conductor de aluminio de 25 mm^2 con aislamiento de XLPE) en las condiciones reales de instalación será la intensidad de referencia leída en la Tabla 13 de la ITC-LAT 06, multiplicada por los factores de corrección:

$$I_z = I_{referencia\,tabla\,13} \cdot K_1 \cdot K_2 = 120 \cdot 1,05 \cdot 1,00 = 126 \ A$$

$$I_{prevista} = 96,99 \ A$$

El valor de intensidad admisible, I_z, es mayor que la intensidad prevista. Por lo tanto, el cable a utilizar según el criterio de intensidad máxima admisible, en instalación al aire, podría ser: RHZ1 (AS) 12/20 kV 1 × 25 Al. No obstante habrá que seguir comprobando si cumple con el resto de criterios.

R = aislamiento XLPE.

H = Pantalla individual, campo radial.

$Z1$ = cubierta de poliolefina.

AS = cable no propagador del incendio.

c1.2) Parte subterránea

Según puede observarse en la Tabla 12 de la ITC-LAT 06, una terna de cables unipolares de sección de 35 mm^2 de aluminio, con aislamiento de XLPE, instalada bajo tubo, a 1 metro de profundidad (medido hasta la parte superior del cable), en un terreno de resistividad térmica media de 1,5 K·m/W, con una temperatura ambiente del terreno a dicha profundidad de 25 ºC y con una temperatura del aire ambiente de 40 ºC, es capaz de soportar una intensidad de 110 A. La sección inferior de 25mm², sólo soporta 90 A y como habrá que aplicar posteriormente factores de reducción es seguro que no resultará adecuada.

Partiendo como primera hipótesis de trabajo de la sección de 35 mm², de aluminio como las condiciones reales de instalación difieren de las de la tabla habrá que considerar los siguientes factores de corrección que en este caso serán todos de reducción.

- El factor de corrección para cables instalados en terrenos cuya temperatura del terreno θ_t, sea distinta de 25 ºC, en función de la temperatura máxima asignada al conductor θ_s, se dan en la Tabla 7 de la ITC-LAT 06. En nuestro caso, para una temperatura del terreno de 30ºC, $K_1 = 0,96$.

- Factor de corrección por profundidad de tendido. Según la Tabla 11 de la ITC-LAT 06, por ir los cables instalados a una profundidad de 1,25 m, se considerará un factor de corrección $K_2 = 0,98$.

- Factor de corrección por distancia entre ternas. Según la Tabla 10 de la ITC-LAT 06, si existieran dos ternas cargadas, instaladas bajo tubo, estando los tubos en contacto mutuo, se consideraría un factor de corrección $K_3 = 0,8$. No obstante al existir solamente una terna cargada no procede aplicar el factor de corrección (o lo que es lo mismo $K_3 = 1,00$).

Por tanto, la intensidad, I_z, que admitirá el cable seleccionado (conductor de aluminio de 35 mm² con aislamiento de XLPE) en las condiciones reales de instalación será la intensidad de referencia leída en la Tabla 12 de la ITC-LAT 06, multiplicada por los factores de corrección:

$$I_z = I_{referencia\,tabla\,12} \cdot K_1 \cdot K_2 \cdot K_3 = 110 \cdot 0,96 \cdot 0.98 \cdot 1,0 = 103,49\ A$$

$$I_{prevista} = 96,99\ A$$

Por lo tanto, la mínima sección de cable unipolar de aluminio con aislamiento de XLPE, que, en las condiciones reales de instalación, admite una intensidad mayor de 96,99 A, es de 35 mm² y el cable a utilizar según el criterio de intensidad máxima admisible para el tramo de instalación enterrada, será: RHZ1 (AS) 12/20 kV−1 × 35 Al.

c.2) Capacidad de soportar térmicamente la corriente de cortocircuito

El valor eficaz de la corriente de cortocircuito viene dado por la expresión siguiente:

$$I_{cc} = \frac{S_{cc}}{\sqrt{3} \cdot U_n} = \frac{375 \cdot 10^6}{\sqrt{3} \cdot 15 \cdot 10^3} = 14433,7 A$$

siendo, S_{cc}, la potencia de cortocircuito de la red en VA y U_n, la tensión nominal de la red en kV.

Para cortocircuitos de duración no superior a 5 segundos, el tiempo, t_{cc}, que tarda la intensidad en elevar la temperatura del conductor desde su temperatura inicial, θ_i, hasta la temperatura límite admisible de corta duración, θ_{cc}, puede calcularse por la fórmula (34) que representa la curva térmica de los conductores:

$$\sqrt{t_{cc}} = \frac{K \cdot S}{I_{cc}} \cdot \sqrt{\frac{\ln\left(\dfrac{\theta_{cc} + \beta}{\theta_i + \beta}\right)}{\ln\left(\dfrac{\theta_{cc} + \beta}{\theta_s + \beta}\right)}} \qquad (34)$$

En el caso de que la temperatura inicial del conductor coincidiera con la temperatura máxima admisible en régimen permanente ($\theta_i = \theta_s$) se tendría la expresión simplificada (35), ya que el cociente de logaritmos sería la unidad.

$$\sqrt{t_{cc}} = \frac{K \cdot S}{I_{cc}} \qquad (35)$$

La notación utilizada en las fórmulas (34) y (35) ya se ha explicado en el Apartado 6.2.3.

A continuación se comprobará si la sección de 35 mm^2, que corresponde a la mayor de las secciones obtenidas en los tramos aéreo y subterráneo atendiendo al primer criterio de intensidad máxima admisible, es válida para soportar térmicamente la corriente de cortocircuito. La comprobación se realizará para las condiciones de instalación subterránea que resultan más desfavorables, al ser para la misma sección de conductor, la intensidad admisible para la instalación subterránea inferior que para la instalación aérea. Por este motivo, la temperatura de servicio del conductor antes de un eventual cortocircuito será superior en el tramo subterráneo que en el aéreo.

Como se desconoce la temperatura inicial del conductor antes del cortocircuito, para un primer tanteo se supondrá que coincide con la máxima admisible en régimen permanente, lo cual sería ciertamente el caso más desfavorable y permite aplicar la fórmula simplificada (35):

$$\sqrt{t_{cc}} = \frac{K \cdot S}{I_{cc}} = \frac{94 \cdot 35}{14433} = 0 \cdot 228\ s^{\frac{1}{2}} \quad \Rightarrow t_{cc} = 0,052\ s$$

Como el tiempo obtenido es menor que el tiempo de actuación de las protecciones (0,4 s), parece que el cable no sería capaz de soportar la duración del cortocircuito prevista y que en consecuencia habría que utilizar una sección superior.

No obstante, para un cálculo más preciso se debe considerar que en el instante inicial de cortocircuito los conductores no están a la máxima temperatura admisible por el aislamiento. Se puede estimar la temperatura anterior al instante de cortocircuito, θ_i, según (32), como la que adquiere el conductor para el 100% de la intensidad prevista:

$$\theta_i = \theta_a + (\theta_s - \theta_a)\left(\frac{I_{prevista}}{I_z}\right)^2 \qquad (32)$$

Con un cable de 35 mm², y sustituyendo en la fórmula anterior, se obtiene una temperatura superior (más desfavorable) para la parte de instalación subterránea, que en la parte al aire:

Tramo subterráneo:

$$\theta_i = 30 + (90 - 30)\cdot\left(\frac{96,99}{103,49}\right)^2 = 82,7\,°C$$

Tramo al aire:

$$I_z = I_{referencia\,tabla\,12}\cdot K_1\cdot K_2\cdot K_3 = 145\,A\cdot 1,05\cdot 1,00 = 152,25\,A$$

$$\theta_i = 35 + (90 - 35)\cdot\left(\frac{96,99}{152,25}\right)^2 = 57,3\,°C$$

Utilizando la mayor temperatura antes del cortocircuito que es la del tramo subterráneo, $\theta_i = 82,7\,°C$, se puede aplicar la fórmula (34) para comprobar si el tiempo que se obtiene mediante un cálculo más fino es mayor que el de actuación de las protecciones:

$$\sqrt{t_{cc}} = \frac{K\cdot S}{I_{cc}}\cdot\sqrt{\frac{\ln\left(\dfrac{\theta_{cc}+\beta}{\theta_i+\beta}\right)}{\ln\left(\dfrac{\theta_{cc}+\beta}{\theta_s+\beta}\right)}} = \frac{94\cdot 35}{14433}\cdot\sqrt{\frac{\ln\left(\dfrac{250+228}{82,7+228}\right)}{\ln\left(\dfrac{250+228}{90+228}\right)}} = 0,234\,s^{1/2} \quad \Rightarrow t_{cc} = 0,055\,s$$

Nótese que la fórmula desarrollada obtiene un tiempo muy parecido al de la fórmula simplificada, lo cual era de esperar ya que la intensidad prevista era sólo ligeramente inferior a la máxima admisible.

Como el tiempo obtenido es menor de 0,4 s, definitivamente podemos concluir que la sección de 35 mm² es insuficiente y será necesario pasar al menos a la sección normalizada superior. Por tanto, aplicando las fórmulas anteriores (32) y (34) se repiten los mismos cálculos para secciones de 50, 70, 95 y 120 mm². Los resultados se recogen en la Tabla 6.8.

Tabla 6.8. Cálculos para secciones de conductores de aluminio con aislamiento de XLPE

Sección (mm²)	$I_{referencia\ Tabla\ 12}$ (A)	I_z (A)	θ_i (°C)	t_{cc} (s)
35	110	103,488	82,70	0,055
50	130	122,304	67,73	0,125
70	160	150,528	54,91	0,267
95	190	178,752	47,66	0,517
120	215	202,272	43,80	0,846

Por lo que el cable RHZ1 12/20 kV 1×95 mm² es válido para soportar térmicamente la corriente de cortocircuito, ya que el tiempo obtenido (0,517 s), es mayor que el tiempo de actuación de las protecciones (0,4 s).

c.3) Máxima caída de tensión admisible por el conductor

La expresión de la caída de tensión trifásica para líneas cortas, según el capítulo 1, viene dada por la expresión:

$$\Delta U = \sqrt{3} \cdot I \cdot L \cdot (R \cdot \cos\varphi + X \cdot \text{sen}\varphi)$$

Del catálogo del fabricante del cable, se consultan, para un cable unipolar de XLPE de 95 mm², los valores de la resistencia y reactancia en corriente alterna:

R_{ca} (90 °C) = 0,403 Ω/km.

X_{ca} (50 Hz) = 0,12 Ω/km.

Nota: la longitud de la línea, *L*, se calculará en km, si *R*, y *X*, se expresan en Ω/km. En este caso, teniendo en cuenta la longitud de los tramos subterráneo y aéreo, se tiene que *L* = 1,26 km.

En principio, se tomará el valor de la resistencia a la temperatura máxima admisible del conductor (90°C) con objeto de calcular la máxima caída de tensión en el caso más desfavorable, aunque según los cálculos anteriores (*veáse* laTabla 6.8) es muy poco probable que la temperatura del cable supere los 47,7 °C en el tramo subterráneo, y todavía menos en el tramo aéreo. Esta temperatura se podría haber tomado para calcular la resistencia del conductor en caso de desearse un cálculo más preciso de la caída de tensión.

Con la simplificación mencionada, la caída de tensión entre fases resulta:

$$\Delta U = \sqrt{3} \cdot 96,99 \cdot 1,26 \cdot (0,403 \cdot 0,9 + 0,12 \cdot 0,436) = 87,65\ V$$

Este valor representa una caída de tensión sobre 15000 voltios, del 0,58%, inferior al 5% máximo admitido normalmente, en este tipo de instalaciones, por lo que carece de sentido el repetir el cálculo más preciso considerando una temperatura menor para el conductor.

6.4. EJEMPLO DE CÁLCULO ELÉCTRICO DE UNA RED DE DISTRIBUCIÓN DE COMPAÑÍA ENTRE DOS SUBESTACIONES

Se pretende proyectar la red de distribución en MT a 20 kV, de un nuevo polígono industrial, para lo cual se ha realizado una previsión de carga en baja tensión y se ha estudiado su incidencia en la previsión de cargas en alta tensión en cada uno de los centros de transformación. De este estudio, se ha concluido la necesidad de construir 8 circuitos formando un huso apoyado, alimentado desde dos subestaciones, según la Figura 6.15:

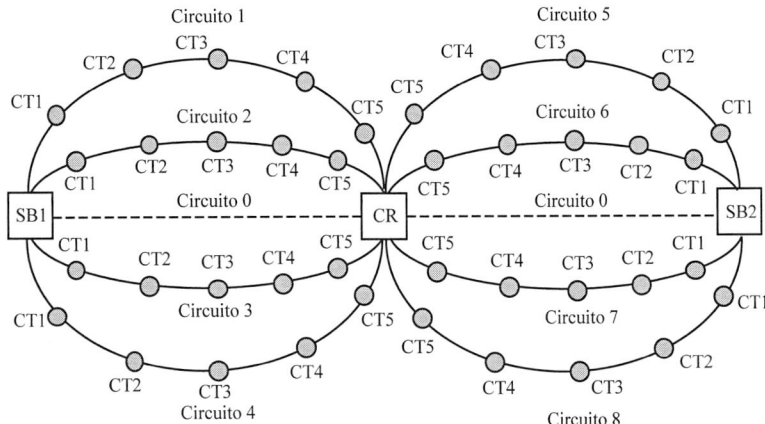

Figura 6.15 Esquema eléctrico de la estructura de alimentación de la red de distribución para la alimentación del polígono industrial

El centro de reflexión (CR) constituye un punto de socorro en el que confluyen los 8 circuitos. Existe un circuito especial de alimentación denominado circuito cero, que no tiene centros de transformación (CT) conectados, sino que sirve para disponer de toda la capacidad de potencia de alimentación en el centro de reflexión que quedaría alimentado bien de la subestación 1 o desde la 2, según las necesidades de explotación. Desde el CR se alimentaría a cualquiera de los 8 circuitos en caso de fallo en cualquiera de los tramos de estos circuitos.

Las condiciones previstas de instalación serán:

- Instalación bajo tubo de polipropileno de 160 mm de diámetro con una terna de cables en triángulo por tubo.
- Profundidad de enterramiento de los cables, 0,8 m.
- Resistividad térmica del terreno, 1,5 K·m/W.
- Temperatura del terreno, 25 °C.

Datos facilitados por la empresa de transporte y distribución:

- Potencia de cortocircuito de la red, 500 MVA.
- Tiempo de actuación de las protecciones en caso de cortocircuito trifásico, 0,5 s.
- Máxima caída de tensión admisible, 5%.

Características de la previsión de carga en los CT:

- Factor de potencia previsto, 0,9 inductivo.

Teniendo en cuenta que se desea construir la red de distribución con el mismo tipo de cable, se debe de seleccionar de entre las secciones normalizadas de la Tabla 6.9, la que cumpla los criterios de intensidad máxima admisible, intensidad de cortocircuito y caída de tensión, tanto para los circuito que alimentan los CT, como para los circuitos de socorro (cable cero). La caída de tensión admisible será del 5%. Se calcularán también las pérdidas de potencia para la configuración de funcionamiento normal, en la que todos los CT, se alimentan desde las subestaciones.

Tabla 6.9. Características de los posibles tipos de cables a utilizar, con aislamiento XLPE

Conductor	Sección nominal de aluminio (mm²)	Resistencia máxima a 20°C (Ω/km)	Resistencia máxima a 90°C (Ω/km)	Reactancia en disposición trébol en contacto mutuo (Ω/km)
RHZ1-2OL 12/20 kV	95	0,320	0,410	0,126
	150	0,206	0,264	0,118
	240	0,125	0,160	0,109

Tabla 6.10. Características de los circuitos de alimentación a los centros de transformación

Circuito Nº	Origen	Final	Nº de CT del circuito	Potencia en kVA de cada CT				
				CT1	CT2	CT3	CT4	CT5
1	SB1	CR	5	400	400	400	630	400
2	SB1	CR	5	400	630	400	630	400
3	SB1	CR	5	400	400	400	400	400
4	SB1	CR	5	630	400	400	400	400
5	SB2	CR	5	400	400	400	400	400
6	SB2	CR	5	400	630	630	400	400
7	SB2	CR	5	400	400	400	400	400
8	SB2	CR	5	630	400	400	400	630

Tabla 6.11. Longitudes de los circuitos de alimentación a los centros de transformación

Circuito Nº	Distancias en metros					
	SB-CT1	CT1-CT2	CT2-CT3	CT3-CT4	CT4-CT5	CT5-CR
1	250	300	250	400	250	300
2	300	350	300	350	300	300
3	250	350	300	250	300	250
4	290	300	350	250	250	250
5	150	250	300	250	300	500
6	250	300	300	250	200	400
7	300	300	300	300	300	300
8	250	350	300	250	300	250

Tabla 6.12. Características de los circuitos cero de socorro

Circuito N°	Origen	Final	N° de CT. del circuito	Distancia (m)
9	SB1	CR	0	1550
10	CR	SB2	0	1600

La sección de la red de distribución es de 20 kV, se elegirá de forma que se cumplan simultáneamente los criterios técnicos de intensidad admisible en régimen permanente, en cortocircuito y el criterio de la caída de tensión. Al ser la red de distribución propiedad de la compañía suministradora de energía, toda ella se realizará con la misma sección.

a) Cálculo de la sección por intensidad máxima admisible en régimen permanente

Considerando como condición de partida que la sección de toda la red de distribución debe ser uniforme, se calculará la situación más desfavorable, que se produce cuando todos los CT del mismo circuito se alimentan desde uno de los dos cables cero, debido por ejemplo, a una avería en el tramo de cable que une la subestación (SB1, o SB2) con el CT más próximo. En estas condiciones, la situación más desfavorable se produce cuando se alimenta desde el CR el circuito con mayor potencia instalada.

Se calcula la potencia por circuito como suma de las potencias nominales de los CT pertenecientes al mismo circuito, ya que se considera que los CT funcionarán al 100% de la potencia instalada sin sobrecarga alguna.

La intensidad que circulará por el cable cero para dar servicio a la potencia prevista en cada uno de los circuitos será:

$$I_{circuito,i} = \frac{S_{circuito,i}}{\sqrt{3} \cdot U_n} = \frac{S_{circuito,i}(kVA)}{\sqrt{3} \cdot 20kV}$$

Tabla 6.13. Intensidad máxima para cada circuito cuando se alimentan desde el CR

Circuito N°	Origen	Final	N° de CT del circuito	Potencia de cada circuito, $S_{circuito,\,i}$ (kVA)	$I_{circuito,\,i}$ (A)
1	PA1	CR	1	2230	64,4
2	PA1	CR	2	2460	71,0
3	PA1	CR	3	2000	57,7
4	PA1	CR	4	2230	64,4
5	CR	PA2	5	2000	57,7
6	CR	PA2	6	2460	71,0
7	CR	PA2	7	2000	57,7
8	CR	PA2	8	2460	71,0

En conclusión, la máxima intensidad que tendrá que soportar el cable cero para alimentar a todos los centros de transformación en caso de socorro de uno de los circuitos con mayor potencia instalada (circuitos 2, 6 u 8) será:

$$I_{máxima} = 71,1 \ A$$

Según puede observarse de la Tabla 12 de la ITC-LAT 06, una terna de cables unipolares de sección 95 mm^2 de aluminio, con aislamiento de XLPE, instalado bajo tubo, a 1 metro de profundidad (medido hasta la parte superior del cable), en un terreno de resistividad térmica media de 1,5 K·m/W, con una temperatura ambiente del terreno a dicha profundidad, de 25 ºC, es capaz de soportar una intensidad de 190 A.

Las condiciones reales de instalación difieren de las de la Tabla 12, por lo que habrá que considerar los factores de corrección correspondientes. En este caso, es solamente el relacionado con la profundidad de la instalación. Según la Tabla 11 de la ITC-LAT 06, para una profundidad de 0,8 m y una sección de los cables inferior a 180 mm^2, $K_1 = 0,8$.

Por tanto, la intensidad que admitirá el cable seleccionado, en las condiciones reales de instalación, será la intensidad de referencia leída en la Tabla 12, multiplicada por el factor de corrección, K_1:

$$I_z = I_{referencia \ tabla \ 12} \cdot K_1 = 190 \cdot 0,8 = 152 \ A > I_{máxima} = 71 \ A$$

Se concluye que, el cable a utilizar, según el criterio de intensidad máxima admisible, en instalación enterrada, será: RHZ1-2OL 12/20 kV 1 × 95 Al.

b) Cálculo de la sección por intensidad admisible en régimen de cortocircuito

El valor eficaz de la corriente de cortocircuito viene dado por la expresión siguiente.

$$I_{cc} = \frac{S_{cc}}{\sqrt{3} \cdot U_n} = \frac{500 \cdot 10^6}{\sqrt{3} \cdot 20 \cdot 10^3} = 14433,7 \ A$$

siendo, S_{cc}, la potencia de cortocircuito de la red y U_n la tensión nominal de la red.

Como se desconoce la temperatura inicial del conductor antes del cortocircuito, para un primer tanteo, se supondrá que coincide con la máxima admisible en régimen permanente, lo cual sería ciertamente el caso más desfavorable y permite aplicar la fórmula simplificada (35):

$$\sqrt{t_{cc}} = \frac{K \cdot S}{I_{cc}} = \frac{94 \cdot 95}{14433} = 0,618 \ s^{\frac{1}{2}} \quad \Rightarrow t_{cc} = 0,38 \ s$$

donde:

t_{cc} = duración máxima admisible del cortocircuito por el cable, en segundos.

K = constante que depende de la naturaleza del conductor y del tipo de aislamiento. Representa la densidad de la corriente admisible para un cortocircuito de 1 segundo. Los valores vienen en el reglamento; para el aluminio con aislamiento de XLPE, $K = 94 \ A \cdot s^{1/2} \cdot mm^{-2}$.

S = sección del conductor en mm^2.

I_{cc} = valor eficaz de la intensidad de cortocircuito en amperios.

Como el tiempo obtenido es menor que el tiempo de actuación de las protecciones (0,5 s), parece que el cable no sería capaz de soportar la duración del cortocircuito prevista y, en consecuencia, habría que utilizar una sección superior:

No obstante, para un cálculo más preciso se debe considerar que en el instante inicial de cortocircuito los conductores no están a la máxima temperatura admisible debido al aislamiento. Se puede estimar la temperatura anterior al instante de cortocircuito, θ_i, como la que adquiere el conductor para el 100% de la intensidad máxima prevista.

$$\theta_i = \theta_a + (\theta_s - \theta_a) \cdot \left(\frac{I_{máxima}}{I_z} \right)^2 \qquad (32)$$

Por tanto:

$$\theta_i = 25 + (90 - 25) \cdot \left(\frac{71}{152} \right)^2 = 39{,}18\,^\circ C$$

Una vez conocida la temperatura antes del cortocircuito, $\theta_i = 39{,}18$ ºC, se puede aplicar la fórmula (34) para comprobar si el tiempo que se obtiene mediante un cálculo más fino es mayor que el de actuación de las protecciones:

$$\sqrt{t_{cc}} = \frac{K \cdot S}{I_{cc}} \cdot \sqrt{\frac{Ln\left(\dfrac{\theta_{cc} + \beta}{\theta_i + \beta} \right)}{Ln\left(\dfrac{\theta_{cc} + \beta}{\theta_s + \beta} \right)}} = \frac{94 \cdot 95}{14433} \sqrt{\frac{Ln\left(\dfrac{250 + 228}{39{,}18 + 228} \right)}{Ln\left(\dfrac{250 + 228}{90 + 228} \right)}} = 0{,}739\ s^{1/2} \quad \Rightarrow t_{cc} = 0{,}547\ s$$

donde:

θ_i = temperatura inicial del conductor en ºC. Esta temperatura dependerá de la carga del conductor antes del cortocircuito.

θ_s = temperatura máxima admisible por el conductor en régimen permanente, en ºC. Para conductores de XLPE es 90 ºC.

θ_{cc} = temperatura máxima admisible por el conductor en cortocircuito, en ºC. Para conductores de XLPE es 250 ºC.

β = es $1/\alpha_0$, siendo α_0, el coeficiente de variación de la resistividad con la temperatura a 0 ºC. Para el aluminio $\beta = 228$ ºC. Este valor se suele considerar constante para cualquier temperatura del conductor.

Como el tiempo obtenido es mayor de 0,5 s, la sección de 95 mm^2 es suficiente, por lo que el cable RHZ1-2OL 12/20 kV 1×95 Al, es válido para soportar tanto la corriente en régimen permanente, como durante el cortocircuito.

c) Cálculo de la sección por caída de tensión admisible

De entre los circuitos con más carga (circuitos 2, 6 y 8) se elegirá el de mayor longitud (circuito 2), igualmente se tendrá en cuenta que la mayor longitud del circuito cero se produce cuando el CR se alimenta desde la SB2. Se debe comprobar, en este caso, si la caída de tensión en todo este circuito es inferior al 5%.

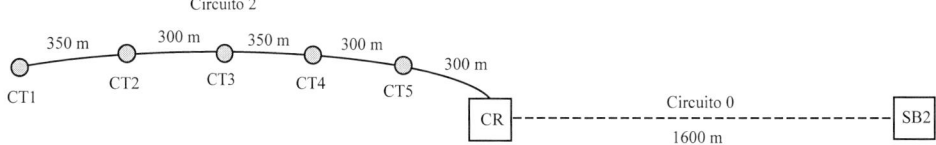

Figura 6.16. Circuito más desfavorable para el cálculo de la caída de tensión

Para el cálculo de la caída de tensión se tomará el circuito equivalente de línea corta, ya que la longitud es mucho menor de 80 km. El circuito eléctrico equivalente se representa la figura siguiente:

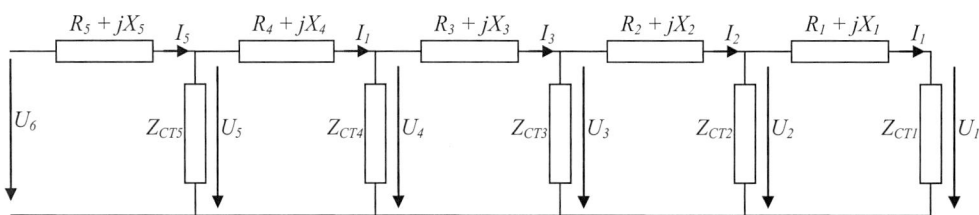

Figura 6.17. Circuito equivalente para el cálculo de la caída de tensión

La caída de tensión se calcula como la diferencia entre los módulos de las tensiones U_6 y U_1. Como el factor de potencia previsto en todos los centros de transformación es de 0,9 inductivo, se puede suponer, sin cometer prácticamente error alguno, que las tensiones en los centros de transformación CT1 al CT5 y en la SB2, denominadas, respectivamente, U_i ($i = 1,\ldots, 6$), están en fase, por ser las caídas de tensión en las impedancias $R_i + j \cdot X_i$, muy pequeñas en comparación a la tensión nominal. Por tanto, los ángulos entre U_i e I_i, se considerarán todos iguales entre sí, e iguales al ángulo de la carga, φ, prevista en cualquiera de los 5 centros de transformación.

$$\cos \varphi = 0,9 \Longrightarrow \varphi = 25,8^{\circ}$$

Para el cable RHZ1-2OL 12/20 kV 1×95 Al, los valores de la resistencia y reactancia, por unidad de longitud, valen:

$$R_{ca}(90^{\circ}C) = 0,410 \ \Omega/km$$

$$R_i = R_{ca} \cdot L_i \qquad (i = 1, \ldots, 5)$$

$$X_{ca}(50\ Hz) = 0{,}126\ \Omega/\text{km}$$

$$X_i = X_{ca} \cdot L_i \qquad (i = 1, \dots, 5)$$

La longitud de cada tramo, L_i, se expresará en km, ya que R_{ca} y X_{ca} se expresan en Ω/km.

Se tomará el valor de la resistencia a la temperatura máxima admisible del conductor (90ºC), con objeto de calcular la máxima caída de tensión en el caso más desfavorable, aunque, según los cálculos anteriores, es muy poco probable que la temperatura del cable supere los 39,18 ºC en el circuito cero, y será incluso inferior en los demás tramos. Esta temperatura se podría utilizar para calcular la resistencia del conductor en caso de desearse un cálculo más preciso, y se obtendría una caída de tensión lógicamente algo menor.

Con estas dos simplificaciones, se puede calcular la impedancia, $R_i + j \cdot X_i$, de cada tramo, así como la intensidad, I_i que circula por cada tramo, tal y como se detalla en la tabla siguiente:

$$I_i = \frac{\Sigma\ S_i}{\sqrt{3} \cdot U_n}$$

Tabla 6.14. Cálculo de la intensidad que circula por cada tramo de cable, en el circuito 2

Tramo cable	Carga alimentada	L_i (km))	$R_i(\Omega)$	$X_i(\Omega)$	$\Sigma\ S_i$(kVA)	I_i(A)
CT2-CT1	CT1	0,35	0,1435	0,0441	400	11,55
CT3-CT2	CT1+CT2	0,30	0,1230	0,0378	1030	29,73
CT4-CT3	CT1+CT2+CT3	0,35	0,1435	0,0441	1430	41,28
CT5-CT4	CT1+CT2+CT3+CT4	0,30	0,1230	0,0378	2060	59,47
SB2-CT5	CT1+CT2+CT3+CT4+CT5	1,90	0,7790	0,2394	2460	71,01

La expresión de la caída de tensión trifásica (de línea) para una línea corta viene dada, según el Capítulo 1, por:

$$\Delta U = \sqrt{3} \cdot I \cdot L(R \cdot \cos\varphi + X \cdot \text{sen}\varphi)$$

En este ejemplo, la caída de tensión total será la suma de la caída de tensión en cada uno de los 5 tramos. Como ya se ha calculado previamente la resistencia y la reactancia de cada uno de los tramos, la expresión anterior se transforma en la siguiente:

$$\Delta U = \sqrt{3} \cdot \sum_{i=1}^{5} I_i \cdot (R_i \cdot \cos\varphi + X_i \cdot \text{sen}\varphi)$$

Sustituyendo todos los valores conocidos de la Tabla 6.14, se tiene que:

$$\Delta U = (2{,}97 + 6{,}55 + 10{,}61 + 13{,}10 + 99{,}07)\ V = 132{,}29\ V = 0{,}661\%$$

La caída de tensión de 20000 voltios, en porcentaje, es del 0,66%, inferior al 5% máximo admitido normalmente en este tipo de instalaciones, por lo que la sección de 95 mm^2 cumple también el criterio de la caída de tensión.

d) Cálculo de las pérdidas de potencia activa en condiciones normales de funcionamiento

En condiciones normales de funcionamiento los centros de transformación estarán alimentados desde las subestaciones SB1 y SB2, y no circulará corriente por el cable cero, de forma que, las pérdidas de potencia serán menores que en el caso de que la alimentación se realice desde el cable cero.

A modo de ejemplo, se calcularán las pérdidas de potencia en el circuito 2 alimentado desde la SB1, bien entendido que el cálculo para el resto de circuitos se realizaría de idéntica forma. Las pérdidas de potencia activa se pueden calcular para cada uno de los 5 tramos con la fórmula siguiente:

$$P_{pérdidas} = \sum_{i=1}^{5} P_{pérdidas\ tramo,i} = \sum_{i=1}^{5} 3R_i \cdot I_i^2 = 4442\ W$$

Las resistencias de cada tramo del cable, las intensidades por cada tramo, y las pérdidas de potencia en cada tramo, se calculan en la Tabla 6.15.

Tabla 6.15. Cálculo de las pérdidas de potencia en cada tramo de cable para el circuito 2

Tramo-cable	Carga alimentada	L_i(km)	R_i (Ω)	ΣS_i (kVA)	I_i (A)	$3R_iI_i^2$ (W)
SB1-CT1	CT1+CT2+CT3+CT4+CT5	0,30	0,1230	2460	71,01	1861
CT1-CT2	CT2+CT3+CT4+CT5	0,35	0,1435	2060	59,47	1522
CT2-CT3	CT3+CT4+CT5	0,30	0,1230	1430	41,28	629
CT3-CT4	CT4+CT5	0,35	0,1435	1030	29,73	381
CT4-CT5	CT5	0,30	0,1230	400	11,55	49

La pérdida de potencia se puede calcular también en porcentaje de la potencia activa total distribuida por el circuito.

$$P_{circuito\ 2} = \sum_{i=1}^{5} S_i \cdot \cos\varphi = 2460 kVA \cdot 0,9 = 2214\ kW$$

$$P_{pérdidas}(\%) = 100 \cdot \frac{P_{pérdidas}}{P_{circuito\ 2}} = 100 \cdot \frac{4442}{2214 \cdot 10^3} = 0,20\%$$

6.5. PUESTA A TIERRA DE LAS PANTALLAS EN CABLES DE ALTA TENSIÓN

6.5.1. Introducción

Todo conductor por el que circula una corriente alterna provoca una campo magnético a su alrededor.

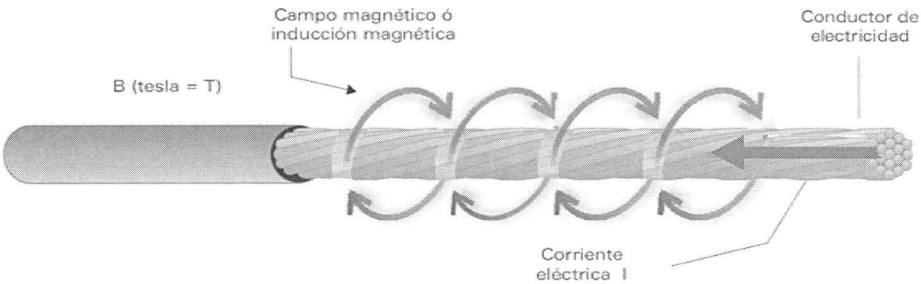

Figura 6.18. Campo magnético creado por la circulación de una corriente por un conductor cilíndrico

Cuando un campo magnético atraviesa una superficie se provoca un flujo magnético que se define como el producto de la inducción magnética perpendicular a la superficie (B) por el área de la superficie, A.

$$\Phi = B \cdot A$$

Siendo:

ϕ = flujo magnético en Wb (weber).

B = inducción magnética en T (tesla).

A = sección en m^2.

Si el campo magnético perpendicular a la superficie no es constante en toda su área la formula anterior se sustituye por una integral:

$$\Phi = \int B_{(A)} \cdot dA$$

Según la ley del electromagnetismo de Faraday, cuando el flujo magnético a través de la superficie varía con el tiempo se induce en el perímetro de la superficie una fuerza electromotriz, o tensión eléctrica, u.

$$u = -\frac{d\Phi}{dt} = -\frac{d(B \cdot A)}{dt}$$

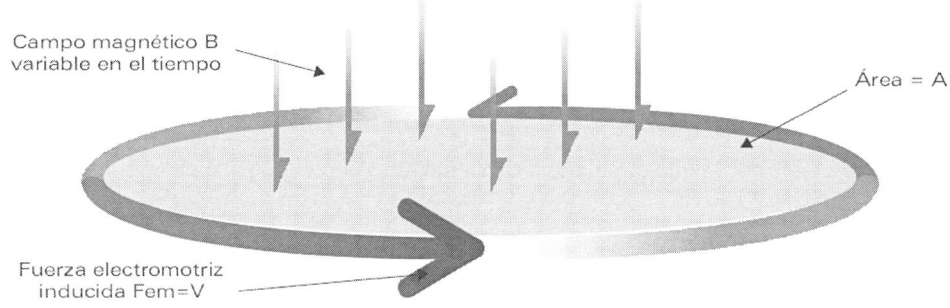

Figura 6.19. Tensión inducida, u, por la variación de un campo magnético con el tiempo

Si en el perímetro de la superficie en la que se induce la tensión existe un circuito conductor cerrado, por ejemplo, un alambre, se provocará la circulación de una corriente eléctrica.

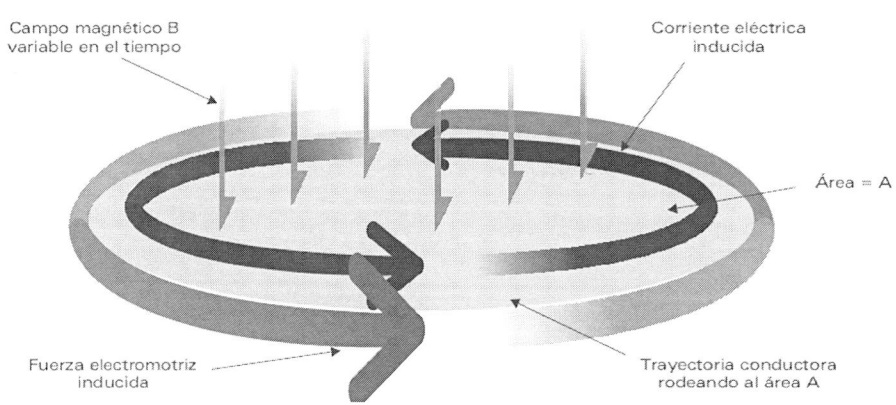

Figura 6.20. Circulación de corriente en un camino conductor cerrado por efecto de la tensión de inducida

Los principios del electromagnetismo explicados con carácter general se pueden aplicar también a las pantallas de los cables de alta tensión. En la Figura 6.21 se muestra el caso de dos cables con pantalla metálica, en los que circula una corriente eléctrica alterna sólo por el cable de la derecha. Dicha corriente provoca un campo magnético que rodea al conductor principal. Como las pantallas de los dos cables están separadas una cierta distancia se generará un flujo magnético en la superficie que las une. Este flujo magnético será alterno, ya que la corriente que lo provoca es también alterna, por lo que induce una fuerza electromotriz en el circuito formado por las dos pantallas y sus uniones. Como el circuito conductor es cerrado, se provocará también una corriente de circulación.

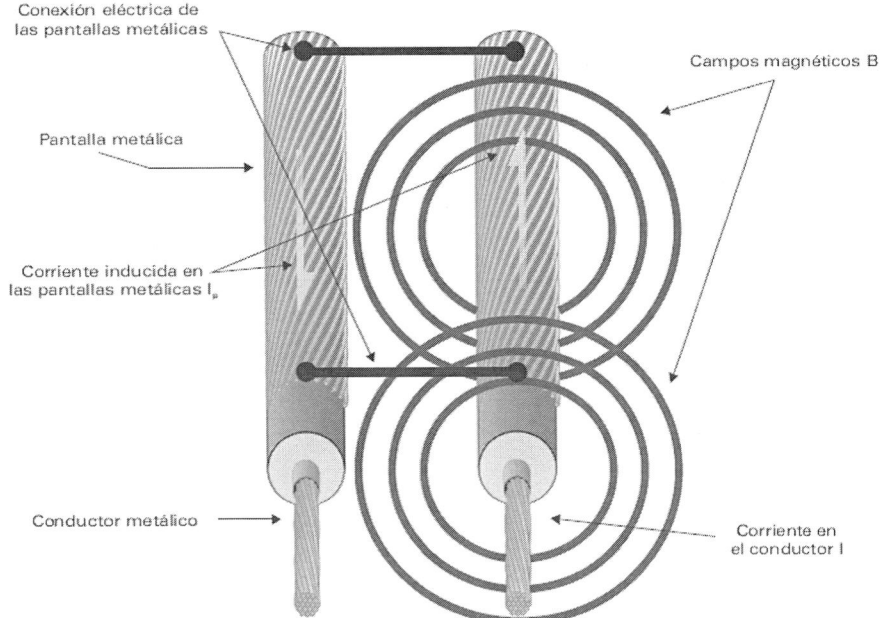

Figura 6.21. Inducción de corriente en las pantallas metálicas unidas en dos puntos

La circulación de la corriente por las pantallas de los cables se produce por la unión entre ellas y no por su puesta a tierra (o aterrizaje), lo que sucede en la práctica es que en los puntos de unión las pantallas se ponen también a tierra, con lo cual ambos conceptos a veces se confunden. En una configuración trifásica, la intensidad de corriente dependerá de los coeficientes de inducción mutua entre los tres conductores y las tres pantallas, que dependen a su vez de la construcción del cable y de la separación entre ellos.

Cuando las pantallas no se unen entre sí en los dos extremos del cable, sino sólo en un extremo (*véase* la Figura 6.22), aparece una tensión inducida en la pantalla pero sin circulación de corriente, ya que el circuito queda abierto. La magnitud de la tensión respecto a tierra en el extremo abierto de la pantalla, aumentará con la longitud del cable y puede llegar a ser peligrosa en régimen permanente para las personas, y durante los cortocircuitos para las personas y para los propios cables y sus accesorios.

El diseño de la forma de conexión de las pantallas de una línea de alta tensión trata de conseguir un funcionamiento admisible en relación a los dos criterios siguientes:

- Eliminación o reducción en régimen permanente de las corrientes de circulación por las pantallas debidas al acoplamiento inductivo con la corriente principal de los conductores, de forma que se eviten, o al menos se reduzcan las pérdidas de potencia activa.

- Reducción, tanto en régimen permanente como durante un cortocircuito de las tensiones inducidas entre las pantallas de los cables y tierra, ya que las sobretensiones inducidas, especialmente durante cortocircuitos, pueden provocar la perforación del aislamiento de la cubierta o descargas en los empalmes y en las cajas de conexiones que se utilizan para realizar la transposición de pantallas.

Para conseguir un buen comportamiento según los dos criterios anteriores se utilizan varios tipos de puesta a tierra de las pantallas, que se describirán en el apartado siguiente.

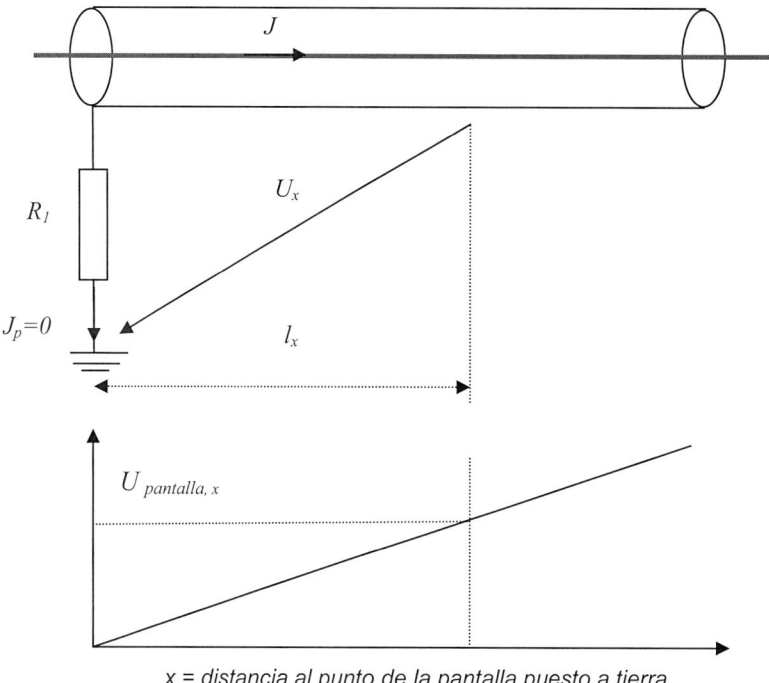

x = distancia al punto de la pantalla puesto a tierra

Figura 6.22. Conexión de pantallas unidas entre sí y a tierra en un punto único. Se representa la tensión inducida en la pantalla del cable de una de las fases

6.5.2. Forma de conexión de las pantallas de los cables aislados

6.5.2.1. Sistema de puesta a tierra *solid bonding* (SB) o con puesta a tierra en ambos extremos del cable

El sistema de conexión de pantallas SB se aplica en líneas de media tensión y en general en líneas de corta longitud. En estos casos se asume que las pérdidas de potencia en las pantallas reducen la corriente nominal de la línea entre el 10% y 25% en media tensión, y hasta el 50% en líneas de muy alta tensión. Cuando la corriente que circula por el cable es alta (superior a unos 500 A), las pérdidas son elevadas y se suele recurrir a otras disposiciones de conexión de las pantallas.

Figura 6.23. Línea de cables con conexión de pantallas en *solid bonding*, SB

Condiciones de instalación

- Se colocarán los cables al tresbolillo y lo más juntos posible para que se reduzca la tensión inducida en la pantalla y por tanto, la corriente de circulación.

- Para no superar las tensiones soportadas por la cubierta en líneas de gran longitud y elevada corriente de cortocircuito, es conveniente que en los puntos de empalme de los cables las pantallas se conecten entre sí y a tierra

Ventajas

- En régimen permanente, la tensión entre la pantalla y tierra a lo largo de la línea es próxima a cero, ya que se debe solo a la circulación de la corriente capacitiva del cable.

- En régimen permanente la tensión de contacto en los extremos de las pantallas es nula para una distribución de cables al tresbolillo y en general, pequeña para una distribución no simétrica (en capa o bandera). Para disposiciones no simétricas se pueden transponer los cables (tanto los conductores como sus pantallas), con lo cual se consigue reducir las pérdidas y la tensión de contacto en los extremos de las pantallas.

- Tanto para disposiciones en capa como al tresbolillo, en caso de defecto desequilibrado fuera del cable se inducirá una tensión en la pantalla debida al acoplamiento entre el conductor y la pantalla y por ello, una corriente a través de la pantalla y las puestas a tierra de ambos extremos. La circulación de la corriente por las pantallas reduce la tensión inducida a lo largo de estas.

Inconvenientes

- Existen pérdidas de potencia por la circulación de corriente en las pantallas, por el calentamiento del cable y en consecuencia, por la pérdida de capacidad de carga de la línea. Por este motivo, salvo en medida tensión o para distancias cortas de unos pocos kilómetros se recurre a otras formas de conexión de las pantallas.

6.5.2.2. Sistema de puesta a tierra en un solo punto, en *single-point* (SP) o *mid-point* (MP)

La conexión en SP se utiliza en tramos cortos y la conexión en MP, en tramos algo más largos con un empalme intermedio.

El SP se aplica para cables de tensión asignada igual o superior a 26/45 kV, para un tramo de longitud corta o media (del orden de 500 ó 600 m). Es común utilizarlo en uno o los dos tramos extremos de una línea de gran longitud en disposición *cross bonding* (*véase* el apartado siguiente).

Para el mismo valor de tensión inducida en régimen permanente en el extremo de la pantalla no conectada a tierra, la disposición en MP permite cubrir el doble de longitud que el SP, ya que las pantallas se conectan a tierra en la mitad de la longitud del cable dejando los dos extremos abiertos.

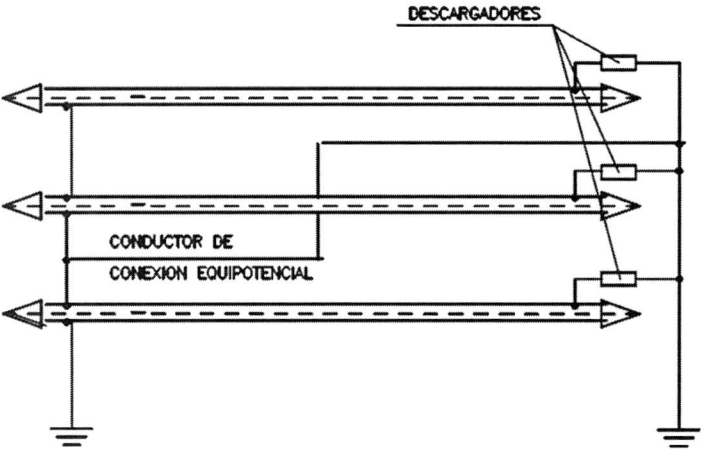

Figura 6.24. Línea de cables con conexión de pantallas en *single point* (SP)

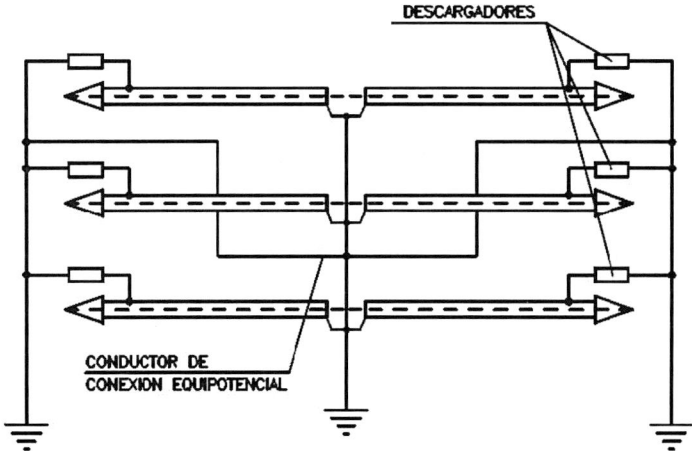

Figura 6.25. Línea de cables con conexión de pantallas en *mid point* (MP)

Condiciones de instalación

- Con objeto de reducir las tensiones inducidas en las pantallas, en caso de corto-circuito es imprescindible disponer de un conductor equipotencial (ecc) conecta-do a tierra en sus extremos a lo largo del trazado del cable.

- El conductor equipotencial se debe trasponer para evitar corrientes de circula-ción y pérdidas de potencia, salvo que los conductores de fase se transpongan, lo cual es difícil de ejecutar en la práctica. También se lograría el mismo efecto si el conductor equipotencial se colocara en el centro de una disposición de con-ductores al tresbolillo.

- La sección del conductor equipotencial debe ser capaz de soportar la corriente de defecto a tierra prevista en la instalación.

- Para lograr que la tensión inducida en la pantalla en caso de defecto monofásico sea lo menor posible, es necesario que la distancia entre el conductor de fase por el que circula la corriente de defecto y el conductor equipotencial sea lo menor posible. En este sentido, la mejor solución sería disponer los cables en disposi-ción tresbolillo, con el conductor equipotencial en el centro geométrico.

Ventajas

- No hay pérdida de potencia en las pantallas por corrientes de circulación, excep-tuando las pérdidas por corrientes de Foucault que, aunque siempre existen, se pueden considerar casi despreciables.

Inconvenientes

- Aparece una tensión inducida en régimen permanente en el extremo de las pan-tallas no conectadas a tierra. Estas tensiones se pueden calcular mediante fórmu-las sencillas. Por ejemplo, para una línea en la que la separación entre fases con-tiguas sea el doble del diámetro exterior de la pantalla la tensión inducida será de: 87 V/kA·km para una disposición al tresbolillo, y 116 V/kA·km para una disposición en capa.

- Estos órdenes de magnitud requieren tener en cuenta el valor de la tensión de contacto aplicada en las pantallas y con objeto de garantizar la seguridad de las personas evitar su accesibilidad cuando sobrepasen los 50V.

- En régimen transitorio se producen tensiones muy elevadas en los extremos de las pantallas no conectadas a tierra, lo que obliga a proteger la cubierta de los cables con descargadores, también llamados limitadores de tensión de pantalla (LTP).

6.5.2.3. Sistema de puesta a tierra con transposición de pantallas *cross-bonding* (CB)

El CB se utiliza para cables de $U_0/U \geq 26/45$ kV y para grandes longitudes.

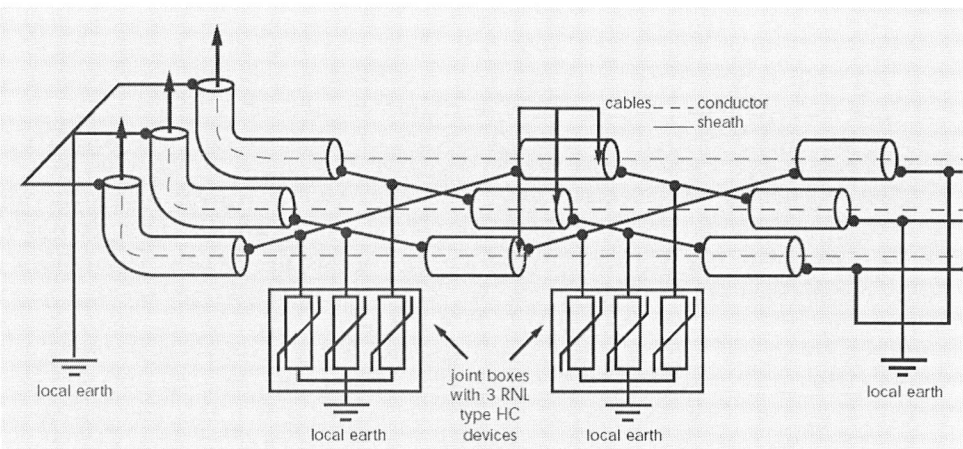

Figura 6.26. Conexión en CB, con descargadores tipo HC. Cortesía de AREVA

Recomendaciones de instalación

- Los tres tramos que componen un CB deben ser aproximadamente de la misma longitud, teniendo un límite para cada tramo del orden de 500 o 600 m. El final de cada tramo donde se realiza la transposición de pantallas se hace coincidir con los empalmes.

- Para instalaciones de grandes longitudes en las que es difícil conseguir que el número de tramos de cable sea múltiplo de tres, se combina esta disposición con uno o dos tramos finales en SP.

Ventajas

- Para una disposición de conductores al tresbolillo la tensión inducida en régimen permanente con cargas equilibradas en tres tramos consecutivos de pantallas es nula, por ser la suma de tres tensiones iguales desfasadas 120º, al ser las inductancias mutuas entre conductores y pantallas iguales en las tres fases. En consecuencia, no hay corrientes de circulación por las pantallas, ni pérdidas asociadas.

- Para una disposición de conductores en capa o bandera, la tensión inducida en régimen permanente con cargas equilibradas en tres tramos consecutivos de pantallas, se reduce pero no es nula, al no ser las inductancias mutuas entre conductores y pantallas iguales en las tres fases. No obstante, aunque no son nulas las corrientes de circulación por las pantallas, son pequeñas respecto de otras conexiones como el SB.

- Como ventaja respecto de la disposición en SP, en régimen permanente para una disposición en CB con cables al tresbolillo se consigue una tensión nula entre pantalla y tierra en ambos extremos y pequeña para CB con cables en capa o bandera.

- Otra ventaja es que la tensión máxima entre las pantallas y tierra en un circuito con disposición CB será tres veces inferior que para una disposición de la misma longitud en SP. Estas tensiones máximas se producen en los puntos de transposición de las pantallas.

- Debido al efecto de compensación de campo magnético por la circulación de corriente por las pantallas puestas a tierra, las tensiones inducidas en caso de cortocircuito sobre otros cables que discurran paralelos son mucho menores que para una disposición en SP.

Inconvenientes

- En los puntos donde se realiza la transposición de pantallas se deben instalar unas cajas de conexión provistas de limitadores de tensión de pantalla (LTP) para controlar las sobretensiones entre pantallas y pantalla-tierra (*véase* el Apartado 6.5.4 para establecer los criterios básicos de selección).

6.5.2.4. Sistema de puesta a tierra con transposición solo de conductores, pero no de pantallas

Mediante este sistema se consiguen anular las corrientes de circulación para una disposición de conductores no simétrica (en capa o bandera). Su utilización no tiene sentido para conductores al tresbolillo, ya que se consigue el mismo efecto con un sistema CB que resulta más sencillo.

Condiciones de instalación

- En el punto donde se efectúa la transposición de conductores se interrumpen las pantallas con el fin de que permanezcan en la misma posición espacial en todo su recorrido.

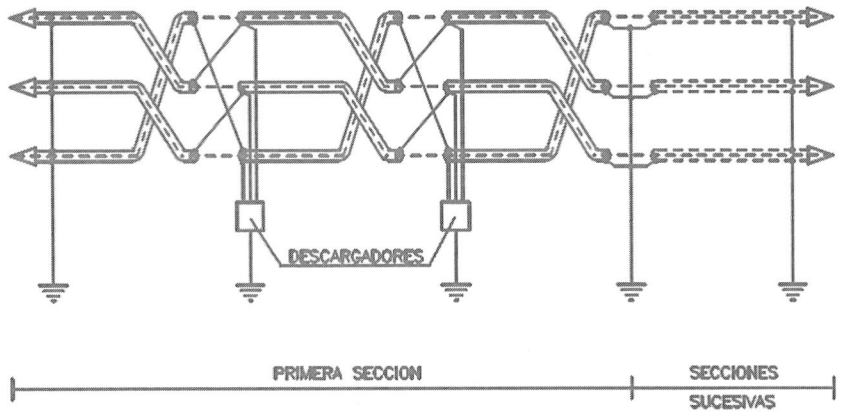

Figura 6.27. Transposición de conductores y de pantallas simultáneamente

Ventajas

- La tensión inducida a lo largo de un circuito de pantallas es nula ya que en cada uno de los tres tramos las tensiones inducidas son iguales y están desfasadas 120° entre sí. Esto se cumple siempre que los tres tramos sean de la misma longitud y se mantenga la separación entre conductores. Por tanto, la potencia de pérdidas por corrientes de circulación es nula, al igual que en una disposición SP.

- Respecto a la disposición en SP se reducen las tensiones inducidas entre pantallas, y entre pantalla y tierra, tanto en régimen permanente como en transitorio.

- Al transponer conductores, tal y como se realiza en líneas aéreas, las caídas de tensión en la línea son iguales en cada fase. En consecuencia al final de la línea se tiene un sistema de tensión trifásico equilibrado.

Inconvenientes

- Dificultad de ejecución práctica en la instalación. Por lo que se recurre generalmente a la solución CB al tresbolillo, que aporta las mismas ventajas y es más sencilla.

Debido a que la forma habitual de conexión de las pantallas para de líneas de media tensión ($U_n \leq 30$ kV) es en SB, será este esquema el que se estudiará en detalle, tanto desde el punto de vista de las tensiones inducidas como de las pérdidas por corrientes de circulación. Los sistemas de especiales de conexión de pantallas utilizados para tensiones nominales superiores están estudiados en numerosas referencias bibliográficas: *véase* por ejemplo: [9], [10], [11], [12] y [13].

6.5.3. Cálculo de las tensiones inducidas para una disposición en SB

El cálculo de las tensiones inducidas se realizará, tanto para régimen permanente como para régimen de cortocircuito. Se considerarán los cortocircuitos trifásicos equilibrados y los cortocircuitos fase-tierra. Se tendrá en cuenta también que los cables pueden ir instalados al tresbolillo y en capa. Los cálculos de las tensiones inducidas a lo largo de la pantalla se realizarán por unidad de longitud, es decir, en V/m. También se calcularán las tensiones que aparecen entre las pantallas y tierra en los extremos del cable.

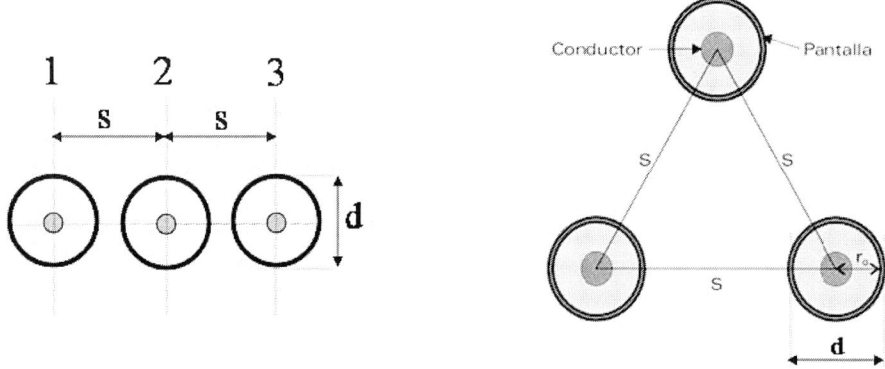

Figura 6.28. Cables instalados en capa y cables instalados al tresbolillo

Una vez calculadas las tensiones se podrá ver su efecto en la selección del material y en la limitación de la longitud del tramo. Por ejemplo, habrá que comprobar si la cubierta del cable es capaz de soportar la tensión a la que puede estar sometida, especialmente durante cortocircuitos, ya que está en contacto en su interior con la pantalla, que puede estar a una tensión elevada respecto a tierra y por su exterior, con el terreno que está al potencial de tierra.

Para obtener las tensiones inducidas es necesario conocer las expresiones, por unidad de longitud, de las impedancias mutuas entre los conductores de fase y pantallas, de las mutuas entre pantallas y de la impedancia propia de la pantalla. Su cálculo se realiza mediante las fórmulas de Carson siguientes:

$$Z_{c-p} = \frac{\omega \cdot \mu_0}{8} + j \frac{\omega \cdot \mu_0}{2 \cdot \pi} \ln\left(\frac{D_e}{s_{c-p}}\right) = R_0 + jX_{c-p}$$

$$Z_{p-p} = \frac{\omega \cdot \mu_0}{8} + j \frac{\omega \cdot \mu_0}{2 \cdot \pi} \ln\left(\frac{D_e}{s_{p-p}}\right) = R_0 + jX_{p-p}$$

$$Z_p = R_p + \frac{\omega \cdot \mu_0}{8} + j \frac{\omega \cdot \mu_0}{2 \cdot \pi} \ln\left(\frac{D_e}{r_p}\right)$$

donde:

X_{c-p} = reactancia inductiva conductor-pantalla, (en Ω/m).

X_{p-p} = reactancia inductiva mutua pantalla- pantalla, en (Ω/m).

Z_p = impedancia de la pantalla, en (Ω/m).

R_p = resistencia de pantalla, en (Ω/m).

ω = pulsación eléctrica, $\omega = 2 \cdot \pi \cdot f$.

μ_0 = permeabilidad del vacío ($4 \cdot \pi \cdot 10^{-7}$) (en H/m).

r_p = radio medio geométrico de pantalla (aproximadamente igual radio de la pantalla), (en m).

d = diámetro de la pantalla en m ($d = 2 \cdot r_p$).

s_{c-p} = separación entre los centros del conductor de un cable y de la pantalla de otro cable. Para el mismo cable sería el radio de la pantalla, r_p, (en m).

s_{p-p} = distancia entre los centros de las pantallas, (en m).

D_e = distancia equivalente de retorno por tierra (en m).

ρ_e = resistividad del terreno en (Ω·m).

$$D_e = 1,85 \cdot \sqrt{\frac{\rho_e}{\omega \cdot \mu_0}}$$

Para un sistema trifásico se pueden definir, por tanto, dos matrices de dimensión 3×3 que representarán respectivamente las impedancias de acoplamiento entre conductores y pantallas $[Z_{c-p}]$ y las impedancias de acoplamiento entre las pantallas $[Z_{p-p}]$.

$$[Z_{c-p}] = \begin{bmatrix} Z_{c1-p1} & Z_{c1-p2} & Z_{c1-p3} \\ Z_{c2-p1} & Z_{c2-p2} & Z_{c2-p3} \\ Z_{c3-p1} & Z_{c3-p2} & Z_{c3-p3} \end{bmatrix} \qquad [Z_{p-p}] = \begin{bmatrix} Z_{p1-p1} & Z_{p1-p2} & Z_{p1-p3} \\ Z_{p2-p1} & Z_{p2-p2} & Z_{p2-p3} \\ Z_{p3-p1} & Z_{p3-p2} & Z_{p3-p3} \end{bmatrix}$$

En cada matriz los elementos de la diagonal son iguales entre sí. Todas las impedancias incluyen una parte resistiva R_0, que representa el efecto de acoplamiento por el terreno entre conductores y pantallas. Además, las impedancias Z_{pi-pi} incluyen también la resistencia de la pantalla. En las dos matrices la inductancia que ocupa la posición (i,j) es siempre igual que la que ocupa la posición (j,i).

Es decir, que en resumen:

$$X_{ci-pi} = X_{c1-p1} = X_{c2-p2} = X_{c3-p3} \qquad\qquad Z_p = Z_{p1-p1} = Z_{p2-p2} = Z_{p3-p3}$$

$$X_{c1-p2} = X_{c2-p1} \qquad\qquad\qquad X_{p1-p2} = X_{p2-p1}$$

$$X_{c1-p3} = X_{c3-p1} \qquad\qquad\qquad X_{p1-p3} = X_{p3-p1}$$

$$X_{c2-p3} = X_{c3-p2} \qquad\qquad\qquad X_{p2-p3} = X_{p3-p2}$$

Por todo ello, la presentación de los elementos de las matrices se puede simplificar de la forma siguiente:

$$\left[Z_{c-p} \right] = \begin{bmatrix} R_0 + jX_{ci-pi} & R_0 + jX_{c1-p2} & R_0 + jX_{c1-p3} \\ R_0 + jX_{c1-p2} & R_0 + jX_{ci-pi} & R_0 + jX_{c2-p3} \\ R_0 + jX_{c1-p3} & R_0 + jX_{c2-p3} & R_0 + jX_{ci-pi} \end{bmatrix}$$

$$\left[Z_{p-p} \right] = \begin{bmatrix} Z_p & R_0 + jX_{p1-p2} & R_0 + jX_{p1-p3} \\ R_0 + jX_{p1-p2} & Z_p & R_0 + jX_{p2-p3} \\ R_0 + jX_{p1-p3} & R_0 + jX_{p2-p3} & Z_p \end{bmatrix}$$

Por otra parte, como la separación entre pantallas y entre conductores y pantallas se considera desde el centro del cable, se cumple que la distancia del conductor i a la pantalla j es la misma que de la pantalla i a la pantalla j.

$$s_{ci-pj} = s_{ci-cj}$$

Por todo ello la presentación de los elementos de las matrices se puede simplificar como:

$$\left[Z_{c-p} \right] = \begin{bmatrix} R_0 + jX_{c-p} & R_0 + jX_{m,1-2} & R_0 + jX_{m,1-3} \\ R_0 + jX_{m,1-2} & R_0 + jX_{c-p} & R_0 + jX_{m,2-3} \\ R_0 + jX_{m,1-3} & R_0 + jX_{m,2-3} & R_0 + jX_{c-p} \end{bmatrix} \qquad (38)$$

$$\left[Z_{p-p} \right] = \begin{bmatrix} R_p + R_0 + jX_{c-p} & R_0 + jX_{m,1-2} & R_0 + jX_{m,1-3} \\ R_0 + jX_{m,1-2} & R_p + R_0 + jX_{c-p} & R_0 + jX_{m,2-3} \\ R_0 + jX_{m,1-3} & R_0 + jX_{m,2-3} & R_p + R_0 + jX_{c-p} \end{bmatrix} \qquad (39)$$

donde:

$$R_0 = \frac{\omega \cdot \mu_0}{8} \qquad (40)$$

$$X_{c-p} = \frac{\omega \cdot \mu_0}{2 \cdot \pi} \ln\left(\frac{D_e}{r_p}\right) \qquad (41)$$

$$X_{m,i-j} = \frac{\omega \cdot \mu_0}{2 \cdot \pi} \ln\left(\frac{D_e}{s_{i-j}}\right) \qquad (42)$$

$$Z_p = R_p + \frac{\omega \cdot \mu_0}{8} + j\frac{\omega \cdot \mu_0}{2 \cdot \pi} \ln\left(\frac{D_e}{r_p}\right) = (R_p + R_0) + jX_{c-p} \qquad (43)$$

D_e = distancia equivalente de retorno por tierra, (m).
s_{i-j} = separación entre centros de los cables de las fases i y j.

Ejemplo 6.8.

Calcular las matrices de impedancias para un circuito trifásico formado por tres cables de 220 kV en triángulo, tanto en instalación de cables en contacto, como bajo tubo. Teniendo en cuenta los datos de partida siguientes:

- Cable unipolar: RHE-OL 127/220 kV 1×2000 KCu + Cu 250 mm^2.
- Radio y diámetro de la pantalla, $r_p = 54{,}55$ mm, $d = 109{,}1$ mm.
- Resistencia eléctrica del conductor, $R\,(90°) = 0{,}0129.10^{-3}$ Ω/m.
- Resistencia eléctrica de la pantalla, $R_p\,(90°) = 0{,}0876.10^{-3}$ Ω/m.
- Diámetro exterior del cable, $D_{ext} = 121{,}9$ mm.
- Distancia entre cables bajo tubo, $s_{p-p} = 250$ mm.
- Resistividad del terreno, $\rho_e = 100$ $\Omega\cdot$m.

Por tratarse de una distribución al tresbolillo, la distancia entre centros de conductores es la misma para las tres fases, y las impedancias de fuera de la diagonal son iguales entre sí:

$$X_{m,1-2} = X_{m,1-3} = X_{m,2-3} = X_m$$

Por lo tanto, bastará con efectuar el cálculo de las tres impedancias con las que se formarán todos los términos de las matrices (38) y (39).

$$[Z_{c-p}] = \begin{bmatrix} R_0 + jX_{c-p} & R_0 + jX_m & R_0 + jX_m \\ R_0 + jX_m & R_0 + jX_{c-p} & R_0 + jX_m \\ R_0 + jX_m & R_0 + jX_m & R_0 + jX_{c-p} \end{bmatrix}$$

$$[Z_{p-p}] = \begin{bmatrix} Z_p & R_0 + jX_m & R_0 + jX_m \\ R_0 + jX_m & Z_p & R_0 + jX_m \\ R_0 + jX_m & R_0 + jX_m & Z_p \end{bmatrix}$$

donde:

$$R_0 + jX_{c-p} = \frac{\omega \cdot \mu_0}{8} + j\frac{\omega \cdot \mu_0}{2 \cdot \pi}\ln\left(\frac{D_e}{r_p}\right)$$

$$Z_p = R_p + R_0 + jX_{c-p}$$

$$R_0 + jX_m = \frac{\omega \cdot \mu_0}{8} + \frac{\omega \cdot \mu_0}{2 \cdot \pi}\ln\left(\frac{D_e}{s}\right)$$

Según la separación, *s,* para cables en contacto o cables bajo tubo se obtienen los siguientes valores de las impedancias. Para manejar números mayores los resultados se expresarán en ohmios por kilómetro de longitud del cable.

Tabla 6.16. Componentes de las matrices de impedancias

Separación entre cables, *s,*	R_0 (Ω/km)	X_{c-p} (Ω/km)	X_m (Ω/km)	Z_p (Ω/km)
121,9 mm	0,0493	0,6123	0,5618	0,1369 + j 0,6123
250 mm	0,0493	0,6123	0,5166	0,1369 + j 0,6123

6.5.3.1. Cálculo de las tensiones inducidas en régimen trifásico

En este apartado se estudiarán las tensiones inducidas, tanto a lo largo de la pantalla del cable como la tensión entre pantalla y tierra en los extremos, para un régimen de funcionamiento trifásico equilibrado. Este estudio será aplicable, tanto en régimen de funcionamiento normal con cargas equilibradas, como durante un cortocircuito trifásico, teniendo en cuenta que en cortocircuito la intensidad de corriente será lógicamente mucho mayor.

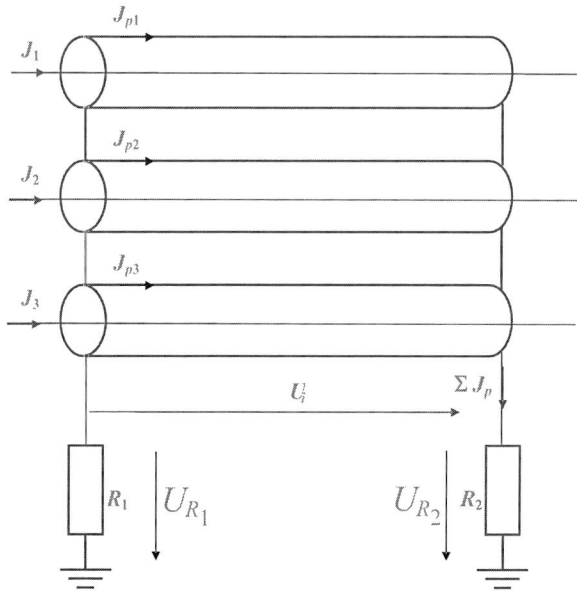

Figura 6.29. Pantallas en SB en un régimen de funcionamiento trifásico equilibrado

Al tratarse de un sistema de corrientes trifásico equilibrado de secuencia directa la suma vectorial de las intensidades de línea que circulan por los conductores será nula:
$J_1 + J_2 + J_3 = 0$

Si se define el vector a, de módulo unidad como:

$$a = 1\angle 120° = -\frac{1}{2} + j\frac{\sqrt{3}}{2}$$

se cumplirá que: $1 + a + a^2 = 0$

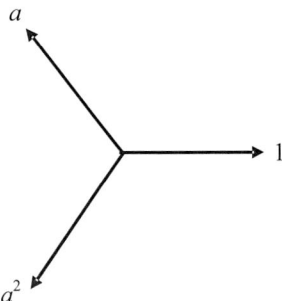

Figura 6.30. Representación del vector a, y de sus propiedades

Las intensidades por los conductores de fase 1, y 3 se pueden expresar en función de la intensidad que pasa por conductor 2 como:

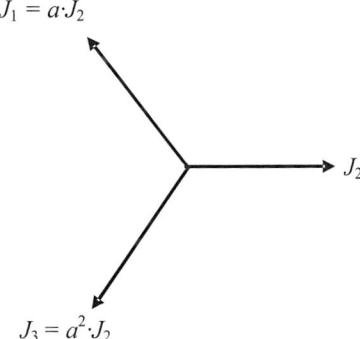

Figura 6.31. Representación de un sistema trifásico de secuencia directa mediante el vector, a

Las tensiones inducidas en las pantallas de los cables de las fases 1, 2 y 3 se pueden calcular teniendo en cuenta que en el caso más general circulará corriente, tanto por los conductores de fase como por las pantallas, y que, por tanto, existirá un acoplamiento, no solo entre conductores de fase y pantallas, sino también entre pantallas. Utilizando los valores de $[Z_{c-p}]$ y $[Z_{p-p}]$ de las matrices según las expresiones (38) y (39), se calculan las tensiones inducidas en las pantallas como:

$$\begin{bmatrix} U_1 \\ U_2 \\ U_3 \end{bmatrix} = \begin{bmatrix} U_{1c} \\ U_{2c} \\ U_{3c} \end{bmatrix} + \begin{bmatrix} U_{1p} \\ U_{2p} \\ U_{3p} \end{bmatrix} = \begin{bmatrix} Z_{c-p} \end{bmatrix} \begin{bmatrix} J_1 \\ J_2 \\ J_3 \end{bmatrix} + \begin{bmatrix} Z_{p-p} \end{bmatrix} \begin{bmatrix} J_{p1} \\ J_{p2} \\ J_{p3} \end{bmatrix} \quad (44)$$

En un SB, al estar cortocircuitadas las pantallas en los dos extremos, las tres tensiones inducidas en las pantallas son iguales, es decir: $U_1 = U_2 = U_3 = U_i$.

Además, se puede escribir una ecuación adicional según la condición de contorno que se deduce de la Figura 6.29:

$$U_i = -(R_1 + R_2) \cdot \left(J_{p1} + J_{p2} + J_{p3} \right) \quad (45)$$

Las ecuaciones (44) y (45) representan un sistema de cuatro ecuaciones con cuatro incógnitas (U_i, J_{p1}, J_{p2}, J_{p3}), que permite calcular la tensión inducida en las pantallas y la corriente de circulación por cada pantalla. La tensión en los extremos de las pantallas se calcularía finalmente como:

$$U_{R_1} = -R_1 \cdot \left(J_{p1} + J_{p2} + J_{p3} \right) \quad (46)$$

$$U_{R_2} = R_2 \cdot \left(J_{p1} + J_{p2} + J_{p3} \right) \quad (47)$$

En la expresión (44) intervienen dos sumandos: el primero representa las tensiones inducidas en las pantallas por la circulación de corriente por los conductores [U_{ic}], y el segundo, son las tensiones inducidas en las pantallas debidas a la circulación de corriente por las pantallas [U_{ip}].

En una configuración de pantallas en SP (con un solo extremo conectado a tierra) no existe corriente por las pantallas y por lo tanto, solo interviene el primer sumando de tensiones inducidas [U_{ic}]. En la configuración en SB la circulación de corriente por las pantallas compensa en gran parte la tensión inducida por la circulación de corriente por los conductores, por lo que la tensión inducida total resulta en general pequeña, o incluso nula si los conductores están en triángulo (*véase* el Apartado 6.5.3.1.2).

6.5.3.1.1. Cálculo de las tensiones inducidas en régimen trifásico para una disposición en capa

Para una disposición en capa, y teniendo en cuenta las distancias entre conductores de la Figura 6.28 se cumple que:

$$s_{1-2} = s_{2-3} = s$$

$$s_{1-3} = 2s$$

Por tanto, $X_{m,1-2} = X_{m,2-3}$, y la expresión (44) se transforman en:

$$\begin{bmatrix} U_i \\ U_i \\ U_i \end{bmatrix} = \begin{bmatrix} U_{1c} \\ U_{2c} \\ U_{3c} \end{bmatrix} + \begin{bmatrix} U_{1p} \\ U_{2p} \\ U_{3p} \end{bmatrix} = \begin{bmatrix} R_0 + jX_{c-p} & R_0 + jX_{m,1-2} & R_0 + jX_{m,1-3} \\ R_0 + jX_{m,1-2} & R_0 + jX_{c-p} & R_0 + jX_{m,1-2} \\ R_0 + jX_{m,1-3} & R_0 + jX_{m,1-2} & R_0 + jX_{c-p} \end{bmatrix} \begin{bmatrix} aJ_2 \\ J_2 \\ a^2J_2 \end{bmatrix} +$$

$$+ \begin{bmatrix} R_0 + R_p + jX_{c-p} & R_0 + jX_{m,1-2} & R_0 + jX_{m,1-3} \\ R_0 + jX_{m,1-2} & R_0 + R_p + jX_{c-p} & R_0 + jX_{m,1-2} \\ R_0 + jX_{m,1-3} & R_0 + jX_{m,1-2} & R_0 + R_p + jX_{c-p} \end{bmatrix} \begin{bmatrix} J_{p1} \\ J_{p2} \\ J_{p3} \end{bmatrix} \quad (48)$$

Sustituyendo los valores de las inductancias mutuas según (41) y (42) se calculan las tensiones inducidas en las pantallas por efecto de la circulación de corriente sólo por los conductores de fase, es decir, el primer sumando de la expresión (48).

$$U_{1c} = j\frac{\omega \cdot \mu_0}{2 \cdot \pi} J_2 \left(-\frac{1}{2} \ln \frac{s}{d} + j\frac{\sqrt{3}}{2} \ln \frac{4 \cdot s}{d} \right) \quad (49)$$

$$U_{2c} = j\frac{\omega \cdot \mu_0}{2 \cdot \pi} J_2 \left(\ln \frac{2 \cdot s}{d} \right) \quad (50)$$

$$U_{3c} = j\frac{\omega \cdot \mu_0}{2 \cdot \pi} J_2 \left(-\frac{1}{2} \ln \frac{s}{d} - j\frac{\sqrt{3}}{2} \ln \frac{4 \cdot s}{d} \right) \quad (51)$$

Nótese que estas tensiones inducidas, por unidad de longitud, serían las que se tendrían en una configuración capa en SP entre los extremos de las pantallas abiertos y tierra, ya que al estar las pantallas abiertas no hay circulación de corriente por ellas.

Las tensiones inducidas (49), (50) y (51), no tienen el mismo módulo, ni están desfasadas 120° entre sí, lo que provocará circulación de corriente por las tres pantallas y también por tierra. Las corrientes por las pantallas serán distintas entre sí.

Resolviendo el sistema de ecuaciones (48) y (45) y aplicando las expresiones (46) y (47) se calcularían las tensiones entre los extremos de las pantallas y tierra, que no serán nulas, ni siquiera en régimen permanente. Como criterio de diseño el valor de esta tensión no debería superar un valor máximo de unos 400 V, incluso aunque las pantallas sean no accesibles o estén protegidas por envolventes metálicas puesta a tierra, [14].

6.5.3.1.2. Cálculo de las tensiones inducidas en régimen trifásico para una disposición al tresbolillo

Para una disposición al tresbolillo, y teniendo en cuenta que las distancias entre conductores son iguales se cumple que:

$$s_{1-2} = s_{2-3} = s_{1-3} = s \, .$$

Por tanto, $X_{m,1-2} = X_{m,2-3} = X_{m,1-3} = X_m$, y la expresión (44) se transforman en:

$$\begin{bmatrix} U_i \\ U_i \\ U_i \end{bmatrix} = \begin{bmatrix} U_{1c} \\ U_{2c} \\ U_{3c} \end{bmatrix} + \begin{bmatrix} U_{1p} \\ U_{2p} \\ U_{3p} \end{bmatrix} = \begin{bmatrix} R_0 + jX_{c-p} & R_0 + jX_m & R_0 + jX_m \\ R_0 + jX_m & R_0 + jX_{c-p} & R_0 + jX_m \\ R_0 + jX_m & R_0 + jX_m & R_0 + jX_{c-p} \end{bmatrix} \begin{bmatrix} a.J_2 \\ J_2 \\ a^2 J_2 \end{bmatrix} +$$

$$+ \begin{bmatrix} R_0 + R_p + jX_{c-p} & R_0 + jX_m & R_0 + jX_m \\ R_0 + jX_m & R_0 + R_p + jX_{c-p} & R_0 + jX_m \\ R_0 + jX_m & R_0 + jX_m & R_0 + R_p + jX_{c-p} \end{bmatrix} \begin{bmatrix} J_{p1} \\ J_{p2} \\ J_{p3} \end{bmatrix} \quad (52)$$

Para calcular las tensiones inducidas en las pantallas por efecto de la circulación de corriente por los conductores de fase, es decir, el primer sumando de la expresión (52), se sustituyen las inductancias mutuas por sus expresiones (41) y (42), con lo que resulta:

$$U_{1c} = j(X_{c-p} - X_m) \cdot a \cdot J_2 = j\frac{\omega \cdot \mu_0}{2 \cdot \pi} ln\left(\frac{2 \cdot s}{d}\right) \cdot a \cdot J_2 = a \cdot U_{2c}$$

$$U_{2c} = j(X_{c-p} - X_m) \cdot J_2 = j\frac{\omega \cdot \mu_0}{2 \cdot \pi} ln\left(\frac{2 \cdot s}{d}\right) \cdot J_2 \quad (53)$$

$$U_{3c} = j(X_{c-p} - X_m) \cdot a^2 \cdot J_2 = j\frac{\omega \cdot \mu_0}{2 \cdot \pi} ln\left(\frac{2 \cdot s}{d}\right) a^2 \cdot J_2 = a^2 \cdot U_{2c}$$

Nótese que estas tensiones, inducidas por unidad de longitud, serían las que se tendrían en una configuración tresbolillo en SP entre los extremos de las pantallas abiertos y tierra, ya que al estar las pantallas abiertas no hay circulación de corriente por ellas.

Estas tres tensiones inducidas por el paso de corriente por los conductores de fase son iguales en módulo, pero desfasadas 120°; por lo tanto, su suma será nula, por lo que si se suman las tres ecuaciones definidas por la expresión (52), y se tiene en cuenta la condición de contorno (45), se llega a la igualdad siguiente:

$$3 \cdot U_i = -3 \cdot (R_1 + R_2) \cdot (J_{p1} + J_{p2} + J_{p3})$$
$$= [3 \cdot R_0 + R_p + j(X_{c-p} + 2 \cdot X_m)] \cdot (J_{p1} + J_{p2} + J_{p3})$$

Para que se cumpla esta igualdad la única solución es que la suma de corriente por las pantallas sea nula, lo cual implica $U_i = 0$, es decir, que la tensión inducida en cualquiera de las pantallas es también nula. Es decir:

$$J_{p1} + J_{p2} + J_{p3} = 0; \quad U_i = 0$$

Por lo tanto, las pantallas se encuentran en sus extremos al potencial de tierra y no existe circulación de corriente a tierra.

Teniendo en cuenta estas condiciones particulares de la configuración al tresbolillo, las tres ecuaciones de (52) se pueden rescribir como:

$$\begin{bmatrix} 0 \\ 0 \\ 0 \end{bmatrix} = \begin{bmatrix} U_{1c} \\ U_{2c} \\ U_{3c} \end{bmatrix} + [R_p + j(X_{c-p} - X_m)]\begin{bmatrix} J_{p1} \\ J_{p2} \\ J_{p1} \end{bmatrix} \Longrightarrow \begin{bmatrix} a.U_{2c} \\ U_{2c} \\ a^2 U_{2c} \end{bmatrix} = -[R_p + j(X_{c-p} - X_m)]\begin{bmatrix} J_{p1} \\ J_{p2} \\ J_{p1} \end{bmatrix}$$

Por lo tanto, las corrientes por las pantallas serán también del mismo módulo y desfasadas 120° entre sí. Si se sustituyen en la última expresión los valores de las tensiones inducidas según (53) y de las inductancias según (41) y (42), se puede calcular el valor de las corrientes por las pantallas como:

$$J_{p1} = a \cdot J_{p2}$$

$$J_{p2} = -\frac{\dfrac{j\omega \cdot \mu_0}{2 \cdot \pi} \ln \dfrac{2 \cdot s}{d}}{R_p + \dfrac{j\omega \cdot \mu_0}{2 \cdot \pi} \ln \dfrac{2 \cdot s}{d}} J_2 = -\frac{jX}{R_p + jX} J_2 \quad (54)$$

$$J_{p3} = a^2 \cdot J_{p2}$$

donde:

$$X = \frac{\omega \cdot \mu_0}{2 \cdot \pi} \ln \frac{2 \cdot s}{d}$$

En resumen, aunque un sistema SB con conductores al tresbolillo no presenta tensiones inducidas en los extremos de las pantallas en régimen equilibrado (ni siquiera durante un cortocircuito trifásico), existen corrientes de circulación por las pantallas que pueden llegar a ser elevadas.

6.5.3.2. Cálculo de las tensiones inducidas para cortocircuito monofásico

Para el funcionamiento desequilibrado correspondiente a un cortocircuito monofásico se calcularán las tensiones inducidas a lo largo de la longitud de las pantallas y en sus extremos. El corto monofásico es mucho más probable que cualquier otro cortocircuito desequilibrado y además, al existir una circulación de corriente por tierra, origina unas tensiones inducidas importantes en los extremos de las pantallas.

Por simplicidad de resolución se estudiará únicamente la disposición de conductores al tresbolillo. Una disposición en capa se calcularía aplicando el mismo procedimiento, teniendo en cuenta, tal y como se ha explicado para el régimen trifásico equilibrado, que no existe una igualdad entre las inductancias mutuas conductor-pantalla o pantalla-pantalla para las tres fases.

Por otra parte, según cómo sea la conexión o integración del cable subterráneo con el resto de la red, existen varios escenarios posibles para el cortocircuito monofásico, ya que la corriente de cortocircuito retornará a la fuente por las pantallas o por tierra en mayor o menor medida según el caso. Los escenarios considerados son los siguientes:

a) Cable instalado entre subestaciones. En este caso, la mayoría de la corriente de defecto retorna a la fuente por las pantallas y sólo una parte muy pequeña lo hace por tierra a través de las puestas a tierra de las pantallas en los extremos del cable.

b) Cable instalado en sifón. En este caso, el cable subterráneo tiene sus dos extremos alimentados por líneas aéreas sin cable de tierra, de forma que para una falta lejana toda la intensidad de defecto retorna a la fuente directamente por tierra, sin pasar por la puesta a tierra de las pantallas en los extremos del cable.

c) Cable con origen en una subestación y con el otro extremo en sifón. La intensidad de defecto retorna una parte por tierra y otra por las pantallas de los cables.

d) Cable instalado en sifón, pero cuando la falta se produce en uno de los extremos del cable, por ejemplo en el apoyo de una conversión aéreo-subterránea. La intensidad de defecto retorna también, una parte por tierra y otra por las pantallas de los cables.

Con objeto de garantizar que la cubierta sea capaz de soportar la sobretensión provocada por un cortocircuito monofásico, las tensiones calculadas entre las pantallas y tierra en los extremos del cable deben ser menores que el nivel de tensión soportado por la cubierta del cable, es decir:

$$U_{cubierta,50Hz} > U_{R1} \left(\frac{V}{kA}\right) \cdot I_{cc,I}(kA)$$

$$U_{cubierta,50Hz} > U_{R2} \left(\frac{V}{kA}\right) \cdot I_{cc,I}(kA)$$

El nivel de tensión soportado por la cubierta para sobretensiones de frecuencia industrial y para cables en servicio suele ser de $U_{cubierta,50Hz} = 10$ kV, aunque se pueden especificar niveles superiores. El valor de la intensidad de cortocircuito monofásico ($I_{cc,I}$) dependerá de la tensión nominal de la línea, y debe ser facilitado por la empresa de transporte y distribución de energía eléctrica. Las tensiones en los extremos de las pantallas dependen de la integración del cable subterráneo con el resto de la red, de su forma de instalación (separación entre fases) y de la longitud del cable subterráneo. Su cálculo se explica a continuación para cada uno de los cuatro tipos de escenarios considerados.

6.5.3.2.1. Tensiones inducidas en cortocircuito monofásico, con el cable instalado entre subestaciones

La circulación de la corriente de defecto se puede observar en la Figura 6.32. La mayor parte de la corriente retorna a la fuente por las pantallas, y solo una fracción muy pequeña (ε) retorna por tierra. Las condiciones de contorno imponen las ecuaciones siguientes:

$$J_1 + \sum J_{pi} = \varepsilon \cdot J_1 \quad (55)$$

$$U_i = -(R_1 + R_2) \cdot \varepsilon \cdot J_1 \quad (56)$$

La circulación de corriente por las pantallas y en sentido contrario a la corriente de cortocircuito tiene un efecto de apantallamiento que reduce la tensión inducida a lo largo de la pantalla. Por este motivo, este tipo de defecto no provoca sobretensiones importantes en los extremos de las pantallas y no resulta crítico a la hora de dimensionar el aislamiento de la cubierta.

Partiendo de la ecuación (44), teniendo en cuenta que se trata de una disposición de conductores al tresbolillo y que en cortocircuito monofásico solo circula corriente por una de las fases (se considerará que es la fase 1), se puede escribir la siguiente ecuación:

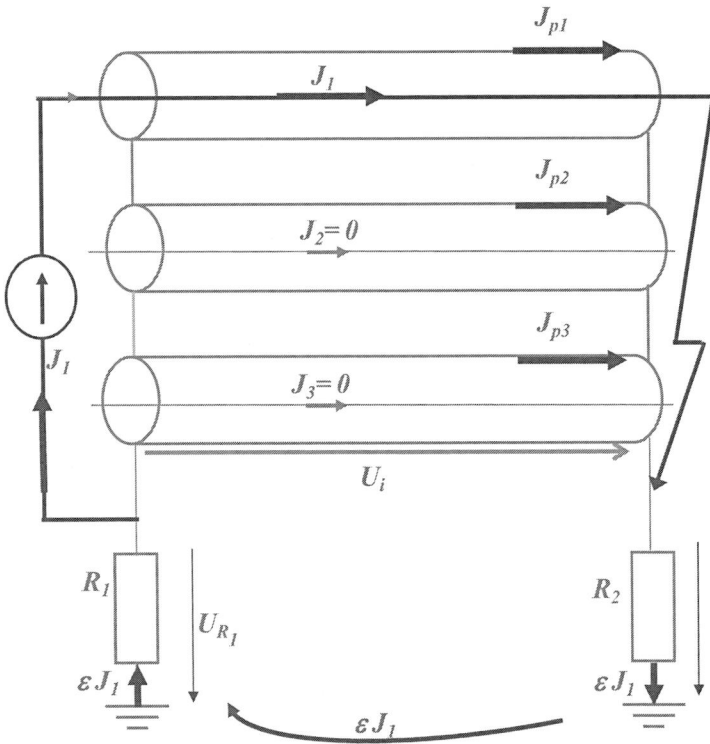

Figura 6.32. Cortocircuito monofásico para un cable instalado entre subestaciones

$$
\begin{bmatrix} U_i \\ U_i \\ U_i \end{bmatrix} = \begin{bmatrix} U_{1c} \\ U_{2c} \\ U_{3c} \end{bmatrix} + \begin{bmatrix} U_{1p} \\ U_{2p} \\ U_{3p} \end{bmatrix} = \begin{bmatrix} R_0 + jX_{c-p} & R_0 + jX_m & R_0 + jX_m \\ R_0 + jX_m & R_0 + jX_{c-p} & R_0 + jX_m \\ R_0 + jX_m & R_0 + jX_m & R_0 + jX_{c-p} \end{bmatrix} \begin{bmatrix} J_1 \\ 0 \\ 0 \end{bmatrix} +
$$

$$
+ \begin{bmatrix} R_0 + R_p + jX_{c-p} & R_0 + jX_m & R_0 + jX_m \\ R_0 + jX_m & R_0 + R_p + jX_{c-p} & R_0 + jX_m \\ R_0 + jX_m & R_0 + jX_m & R_0 + R_p + jX_{c-p} \end{bmatrix} \begin{bmatrix} J_{p1} \\ J_{p2} \\ J_{p3} \end{bmatrix} \quad (57)
$$

Si se desarrolla cada fila de la expresión (57) y se suman las tres filas, se obtiene que:

$$
3 \cdot U_i = \left(3 \cdot R_0 + jX_{c-p} + 2 \cdot jX_m \right) \cdot \left(J_1 + \sum J_{pi} \right) + R_p \cdot \sum J_{pi} \quad (58)
$$

Teniendo en cuenta las condiciones de contorno (55), (56), junto con la ecuación (58), se puede calcular el valor de la fracción de corriente de defecto que circula por tierra, ε, así como las caídas de tensión en los extremos de la pantallas.

$$\varepsilon = \frac{R_p}{\left[3 \cdot (R_0 + R_1 + R_2) + R_p + jX_{c-p} + 2 \cdot jX_m\right]} \quad (59)$$

$$U_{R1} = -\varepsilon \cdot J_1 \cdot R_1 \quad (60)$$

$$U_{R2} = \varepsilon \cdot J_1 \cdot R_2 \quad (61)$$

Para evitar errores de cálculo, debe tenerse en cuenta que el número, ε, es complejo con su módulo y argumento además, los valores de resistencia e inductancia en (59) se deben expresar en Ω, por lo que los valores obtenidos en Ω/km se deben multiplicar por la longitud del tramo estudiado en km. Para facilitar los cálculos es cómodo tomar como origen de ángulos a la intensidad de defecto, J_1.

Una buena opción para minimizar el valor de las tensiones en los extremos de las pantallas es conseguir que las resistencias de puesta a tierra en los extremos, R_1 y R_2, sean del mismo valor.

6.5.3.2.2. Tensiones inducidas en cortocircuito monofásico, con el cable instalado en sifón para una falta lejana

Como se puede observar en la Figura 6.33, toda la corriente de cortocircuito retorna a la fuente directamente por tierra, pero no por las pantallas. Por tanto, la circulación de corriente por las pantallas es resultado solo de la tensión inducida en las propias pantallas y su magnitud será mucho más pequeña que para el caso de un cable instalado entre subestaciones.

Como toda la corriente que circula por las pantallas pasa a tierra a través de las puestas a tierra de los extremos del cable, las tensiones en los extremos de las pantallas serán bastante elevadas y dependerán de los valores de las resistencias de puesta a tierra en estos extremos. Por este motivo, este tipo de defecto puede resultar crítico a la hora de dimensionar el aislamiento de la cubierta, teniendo que limitar la longitud del tramo de cable en sifón para disminuir el valor de las sobretensiones. Las condiciones de contorno imponen la ecuación siguiente:

$$U_i = -(R_1 + R_2) \cdot \sum J_{pi} \quad (62)$$

Partiendo de la ecuación (58) que es directamente aplicable, y de la ecuación de contorno (62) se puede calcular la corriente que circula por las pantallas, así como las caídas de tensión en los extremos de las pantallas.

$$\sum J_{pi} = \frac{-\left(3 \cdot R_0 + jX_{c-p} + 2 \cdot jX_m\right)}{\left[3 \cdot (R_0 + R_1 + R_2) + R_p + jX_{c-p} + 2 \cdot jX_m\right]} \quad (63)$$

$$U_{R1} = -R_1 \cdot \sum J_{pi} \quad (64)$$

$$U_{R2} = R_2 \cdot \sum J_{pi} \quad (65)$$

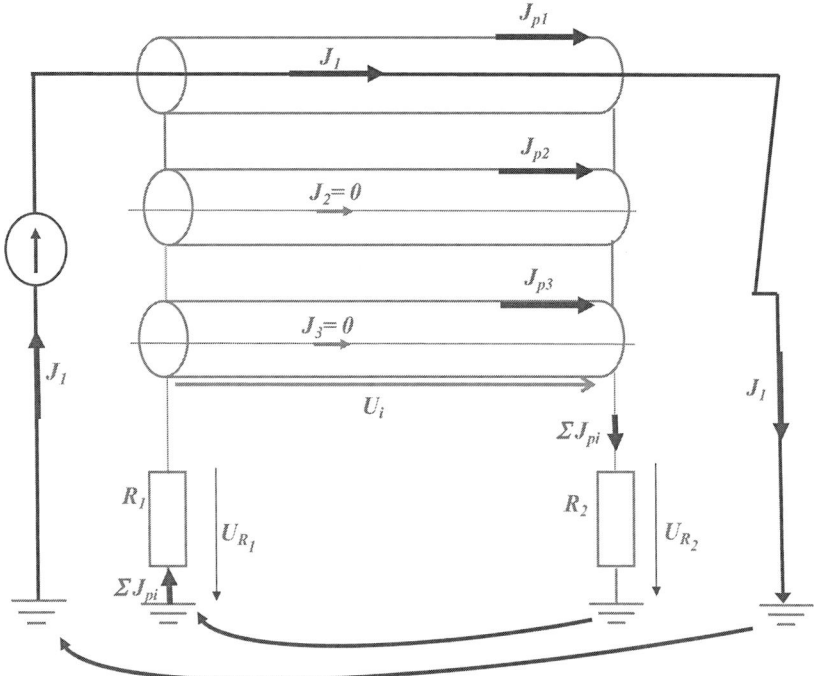

Figura 6.33. Cortocircuito monofásico para un cable instalado en sifón durante una falta lejana

Los valores de resistencia e inductancia en (63) se deben expresar en Ω, por lo que los valores en Ω/km se deben multiplicar por la longitud del tramo estudiado en km. Para facilitar los cálculos es cómodo el tomar como origen de ángulos a la intensidad de defecto, J_1.

Una buena opción para minimizar el valor de las tensiones en los extremos de las pantallas es conseguir que las resistencias de puesta a tierra en los extremos, R_1 y R_2, sean del mismo valor. Además, también se reduce la tensión inducida si se reduce la longitud del cable entre los puntos de puesta a tierra de las pantallas.

6.5.3.2.3. Tensiones inducidas en cortocircuito monofásico, con el cable instalado con un extremo en subestación y el otro en sifón

La circulación de la corriente de defecto se puede observar en la Figura 6.34. Como toda la corriente de defecto pasa a tierra a través de las dos puestas a tierra de los extremos del cable, las tensiones en los extremos de las pantallas serán muy elevadas y dependerán, sobre todo, de los valores de las resistencias de puesta a tierra en estos extremos.

Por este motivo, cuando un cable está instalado de forma que por uno de sus extremos, las pantallas no tengan continuidad con las pantallas de una red de cables subterráneos o con los cables de tierra de una línea aérea conectándolas con la red de puesta a tierra de una subestación, la posibilidad de que ocurra una falta lejana monofásica como la de la Figura 6.34 resulta crítica a la hora de dimensionar el aislamiento de la cubierta. Las condiciones de contorno imponen la ecuación siguiente:

$$\sum J_{pi} = \frac{J_1}{2} \cdot (\varepsilon - 1) \quad (66)$$

Partiendo de la ecuación (58) que es directamente aplicable, y de la ecuación de contorno (66) se puede calcular el número complejo ε, así como las caídas de tensión en los extremos de las pantallas.

$$\varepsilon = \frac{3 \cdot (R_2 - R_1 - R_0) + R_p - j \cdot X_{c-p} - 2 \cdot j \cdot X_m}{[3 \cdot (R_0 + R_1 + R_2) + R_p + j \cdot X_{c-p} + 2 \cdot j \cdot X_m]} \quad (67)$$

$$U_{R1} = -R_1 \cdot \frac{J_1}{2} \cdot (1 + \varepsilon) \quad (68)$$

$$U_{R2} = -R_2 \cdot \frac{J_1}{2} \cdot (1 - \varepsilon) \quad (69)$$

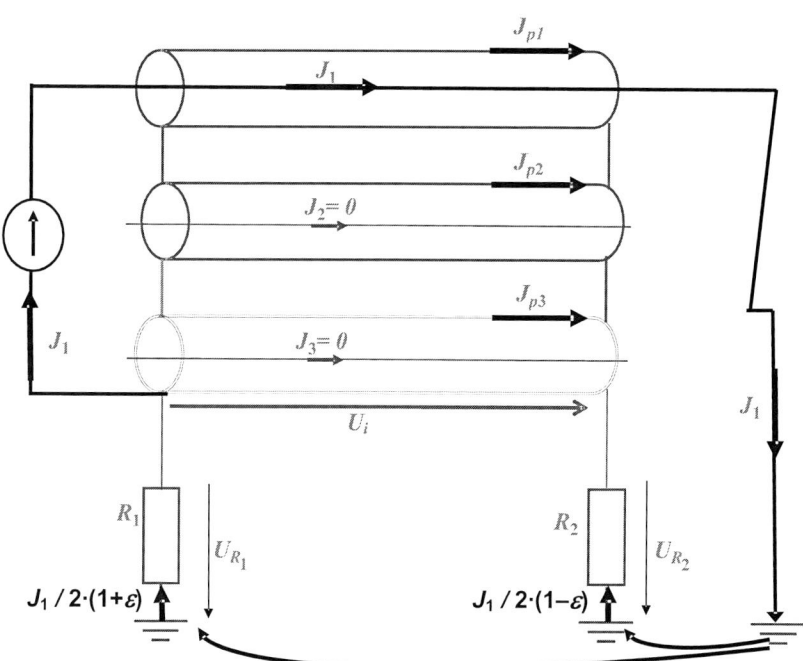

Figura 6.34. Cortocircuito monofásico para un cable instalado en subestación-sifón

Los valores de resistencia e inductancia en (67) se deben expresar en Ω, por lo que los valores en Ω/km se deben multiplicar por la longitud del tramo estudiado en km. Para facilitar los cálculos es cómodo el tomar como origen de ángulos a la intensidad de defecto, J_1.

Una buena opción para minimizar el valor de las tensiones en los extremos de las pantallas es conseguir que las resistencias de puesta a tierra en los extremos R_1 y R_2, sean lo más pequeñas posibles. También se reduce la tensión inducida si se reduce la longitud del tramo de cable, aunque este efecto solo es apreciable para valores bajos de R_1 y R_2.

6.5.3.2.4. Tensiones inducidas en cortocircuito monofásico con el cable instalado en sifón para una falta próxima a uno de los extremos del cable

La falta puede tener su origen, por ejemplo, en el apoyo de conversión aéreo subterránea de un cable subterráneo instalado en sifón para salvar un cruce en una línea aérea sin cables de tierra. La circulación de la corriente de defecto se puede observar en la Figura 6.35. Toda la corriente retorna a la fuente directamente por las puestas a tierra de las pantallas del cable en los extremos. La formulación y por lo tanto, el cálculo de las sobretensiones, es idéntica a la del caso anterior (Apartado 6.5.3.2.3), ya que se trata del mismo circuito visto de izquierda a derecha o de derecha a izquierda (se intercambian las caídas de tensión en R_1 y en R_2).

Debido al elevado valor de las sobretensiones esta falta resulta crítica a la hora de dimensionar el aislamiento de la cubierta de los cables subterráneos. Las condiciones de contorno imponen la ecuación siguiente:

$$\sum J_{pi} = \frac{J_1}{2} \cdot (\varepsilon - 1) \quad (70)$$

Partiendo de la ecuación (58) que es directamente aplicable, y de la ecuación de contorno (70) se puede calcular el número complejo ε, así como las caídas de tensión en los extremos de las pantallas.

$$\varepsilon = \frac{3 \cdot (R_1 - R_2 - R_0) + R_p - jX_{c-p} - 2 \cdot jX_m}{[3 \cdot (R_0 + R_1 + R_2) + R_p + jX_{c-p} + 2 \cdot jX_m]} \quad (71)$$

$$U_{R1} = R_1 \cdot \frac{J_1}{2} \cdot (1 - \varepsilon) \quad (72)$$

$$U_{R2} = R_2 \cdot \frac{J_1}{2} \cdot (1 + \varepsilon) \quad (73)$$

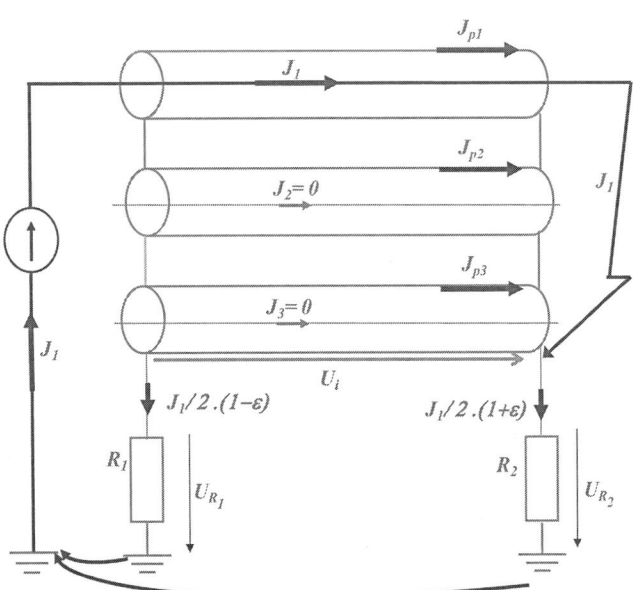

Figura 6.35. Cortocircuito monofásico próximo al extremo de un cable instalado en sifón

6.5.3.2.5. Ejemplo de cálculo de sobretensiones para el cortocircuito monofásico

Ejemplo 6.9.

Partiendo del mismo circuito formado por tres cables unipolares al tresbolillo descrito en el Ejemplo 6.8 del Apartado 6.5.3, se trata de calcular las sobretensiones entre los extremos de la pantalla del cable y tierra para un cortocircuito monofásico de los distintos tipos descritos en este apartado, estudiando tres posibles longitudes de cable (0,5 km, 1 km y 2 km), tanto para la disposición de cables en contacto, como bajo tubo.

Estudiar también cómo afecta el valor de las resistencias de puesta a tierra en los extremos de las pantallas al valor de estas sobretensiones.

Se calcularán las sobretensiones para los cuatro tipos de cortocircuito monofásico estudiados:

- Cable de subestación a subestación (SE/SE), fórmulas (59), (60) y (61).

- Cable en sifón con falta lejana, fórmulas (63), (64) y (65).

- Cable con un extremo en subestación y el otro en sifón, fórmulas (67), (68), y (69).

- Cable en sifón con falta próxima a uno de los extremos del cable, fórmulas (71), (72) y (73).

Mediante la aplicación de las ecuaciones anteriores se determinarán las sobretensiones en los extremos de las pantallas, expresadas en voltios por kA de corriente de defecto.

Si se conoce que el nivel de aislamiento de la cubierta a 50 Hz es de 10 kV, determinar en qué casos el aislamiento de la cubierta sería insuficiente para una intensidad de cortocircuito monofásico máxima prevista de 31,5 kA. Partiendo del nivel de aislamiento de la cubierta y del valor de la intensidad de cortocircuito, se calcula la máxima sobretensión admisible en los extremos de las pantallas del cable.

$$U_{cubierta,50Hz} > U_{R1}\left(\frac{V}{kA}\right) \cdot I_{cc,I}(kA) \implies$$

$$U_{R1}\left(\frac{V}{kA}\right) < \frac{U_{cubierta,50Hz}}{I_{cc,I}(kA)} = \frac{10000V}{31,5kA} \implies U_{R1} < 317\frac{V}{kA}; \qquad U_{R2} < 317\frac{V}{kA}$$

Para las distintas configuraciones estudiadas y, en caso de un cortocircuito monofásico, todas las tensiones de la Tabla 6.17, cuyos valores absolutos sobrepasen 317 V/kA, estarían comprometiendo el aislamiento de la cubierta y la integridad del cable.

Tabla 6.17. Sobretensiones inducidas en los extremos de las pantallas para las distintas condiciones y tipos de cortocircuito monofásico.
(Valores en voltios por kA de corriente monofásica de defecto).

Tramo de línea estudidado				Cable SE/SE		Sifón, falta lejana		Cable SE /sifón		Sifón, falta próxima	
L (km)	$R_1(\Omega)$	$R_2(\Omega)$	s(mm)	U_{R1} (V/kA)	U_{R2} (V/kA)	U_{R1} (V/kA)	U_{R2} (V/kA)	U_{R1} (V/kA)	U_{R2} (V/kA)	U_{R1} (V/kA)	U_{R2} (V/kA)
0,5	0,25	0,25	121,9	-12	12	-119	119	-108	-163	163	108
0,5	0,25	0,50	121,9	-9	17	-86	173	-153	-237	178	157
0,5	0,50	0,50	121,9	-13	13	-130	130	-239	-276	276	239
0,5	0,25	10,00	121,9	-1	28	-7	281	-243	-399	243	275
0,5	0,50	10,00	121,9	-1	28	-14	274	-474	-582	475	505
0,5	10,00	10,00	121,9	-15	15	-145	145	-4997	-5004	5004	4997
0,5	10,00	20,00	121,9	-10	19	-97	193	-6660	-6681	6664	6672
0,5	20,00	20,00	121,9	-15	15	-145	145	-9997	-10003	10003	9997
0,5	0,25	0,25	250,0	-11	11	-108	108	-111	-157	157	111
0,5	0,25	0,50	250,0	-8	17	-79	158	-153	-230	175	163
0,5	0,50	0,50	250,0	-13	13	-124	124	-240	-274	274	240
0,5	0,25	10,00	250,0	-1	28	-7	267	-243	-389	243	275
0,5	0,50	10,00	250,0	-1	28	-13	260	-474	-576	475	505
0,5	10,00	10,00	250,0	-15	15	-137	137	-4997	-5004	5004	4997
0,5	10,00	20,00	250,0	-10	19	-92	183	-6660	-6681	6664	6672
0,5	20,00	20,00	250,0	-15	15	-137	137	-9997	-10003	10003	9997
1,0	0,25	0,25	121,9	-9	9	-177	177	-85	-199	199	85
1,0	0,25	0,50	121,9	-7	14	-144	287	-131	-322	197	138
1,0	0,50	0,50	121,9	-12	12	-237	237	-216	-326	326	216
1,0	0,25	10,00	121,9	-1	28	-14	561	-242	-630	243	270
1,0	0,50	10,00	121,9	-1	28	-27	548	-473	-753	475	500
1,0	10,00	10,00	121,9	-15	15	-289	289	-4993	-5011	5011	4993
1,0	10,00	20,00	121,9	-10	19	-193	386	-6658	-6692	6667	6667
1,0	20,00	20,00	121,9	-15	15	-290	290	-9994	-10008	10008	9994
1,0	0,25	0,25	250,0	-9	9	-173	173	-88	-196	196	88
1,0	0,25	0,50	250,0	-7	15	-139	277	-133	-314	195	140
1,0	0,50	0,50	250,0	-12	12	-228	228	-219	-321	321	219
1,0	0,25	10,00	250,0	-1	28	-13	532	-242	-604	243	270
1,0	0,50	10,00	250,0	-1	28	-26	520	-473	-733	475	500
1,0	10,00	10,00	250,0	-15	15	-274	274	-4993	-5011	5011	4993
1,0	10,00	20,00	250,0	-10	19	-183	366	-6658	-6691	6667	6668
1,0	20,00	20,00	250,0	-15	15	-275	275	-9994	-10008	10008	9994
2,0	0,25	0,25	121,9	-5	5	-218	218	-58	-227	227	58
2,0	0,25	0,50	121,9	-5	10	-197	395	-95	-411	222	105
2,0	0,50	0,50	121,9	-9	9	-367	367	-164	-406	406	164
2,0	0,25	10,00	121,9	-1	28	-28	1117	-241	-1153	244	259
2,0	0,50	10,00	121,9	-1	27	-55	1091	-471	-1208	476	488
2,0	10,00	10,00	121,9	-15	15	-577	577	-4982	-5035	5035	4982
2,0	10,00	20,00	121,9	-10	19	-386	772	-6651	-6728	6675	6657
2,0	20,00	20,00	121,9	-15	15	-579	579	-9986	-10023	10023	9986
2,0	0,25	0,25	250,0	-6	6	-222	222	-54	-230	230	54
2,0	0,25	0,50	250,0	-5	11	-200	401	-94	-415	224	98
2,0	0,50	0,50	250,0	-9	9	-358	358	-169	-400	400	169
2,0	0,25	10,00	250,0	-1	28	-27	1060	-241	-1097	244	259
2,0	0,50	10,00	250,0	-1	27	-52	1036	-471	-1158	476	488
2,0	10,00	10,00	250,0	-15	15	-548	548	-4983	-5032	5032	4983
2,0	10,00	20,00	250,0	-10	19	-366	732	-6651	-6724	6675	6658
2,0	20,00	20,00	250,0	-15	15	-549	549	-9986	-10021	10021	9986

6.5.4. Formas especiales de conexión de pantallas y criterios de selección de los protectores de sobretensiones

Las formas especiales de conexión de las pantallas (SP, MP y CB) presentadas en el Apartado 6.5.2 tienen la ventaja de eliminar las corrientes de circulación, pero el inconveniente que las sobretensiones que aparecen durante los cortocircuitos son mucho mayores que para una disposición en SB. Por tal motivo, se utilizan protectores de sobretensiones, también denominados *varistores* o *LTP* (limitadores de tensión de pantalla) cuya función es proteger el aislamiento de las cubiertas, así como de los empalmes y de las cajas donde se realiza la transposición de las pantallas.

Los criterios de selección de los LTP instalados según las Figuras 6.24, 6.25, 6.26 y 6.27 son los siguientes:

- Tanto la tensión asignada de los LTP, U_r, como la tensión soportada por la cubierta a frecuencia industrial, U_w, deben ser superiores a la sobretensión temporal entre pantalla y tierra que se produzca en caso de cortocircuito.

  La sobretensión temporal entre pantalla y tierra en caso de cortocircuito es la que se produce después del transitorio inicial, hasta que se elimina el cortocircuito y tiene, por tanto, una frecuencia característica de 50Hz.

  El valor de esta sobretensión no depende de la tensión más elevada de la red sino de la intensidad de cortocircuito, del tipo de cortocircuito (monofásico, bifásico o trifásico), de la longitud de las secciones elementales del *cross bonding* o de *single-point*, del tipo de falta, según que el cable esté instalado entre subestaciones o en sifón, y de la separación y distribución de los conductores (en capa, al tresbolillo, en contacto o bajo tubo).

  Para verificar si la tensión asignada del pararrayos y la tensión a frecuencia industrial soportada por la cubierta son superiores a la sobretensión temporal que puede aparecer en caso de cortocircuito, es necesario realizar su cálculo. La sobretensión se calcula como el producto de la tensión que aparece entre pantalla y tierra por amperio de cortocircuito multiplicada por la intensidad de cortocircuito. Los valores de las tensiones pantalla-tierra por amperio no se pueden determinar por formulación analítica sencilla, sino que se obtienen con programas de cálculo numérico, o en su defecto, mediante tablas resumen, obtenidas de aplicar los programas para los distintos escenarios. En el caso particular de CB, en los puntos de la transposición también deben estudiarse las sobretensiones entre pantallas.

  Para el cálculo anterior debe tenerse en cuenta que igual que se ha estudiado para la disposición en SB con faltas monofásicas a tierra, la tensión pantalla-tierra cuando se utilizan conexiones especiales de pantallas, aumenta con la longitud del tramo estudiado, pero de forma no lineal, ya que depende muy fuertemente de los valores de las resistencias de puesta a tierra en los extremos del tramo.

- Los LTP seleccionados para cada nivel de tensión de la red, deben garantizar, para impulsos tipo rayo, un margen de protección superior o igual al 100% del nivel aislamiento soportado por la cubierta, por los empalmes o por las cajas de transposición de pantallas frente a impulsos tipo rayo, U_{p-t}.

  El margen de protección en (%) se define como:

  $$MP(\%) = 100 \cdot \left(\frac{U_{p-t}}{U_{res}} - 1 \right) \quad (74)$$

donde:

U_{p-t} = tensión soportada para el aislamiento entre pantalla y tierra de la cubierta, en un empalme, o en una caja de transposición de pantallas para impulsos tipo rayo.

U_{res} = Tensión residual del pararrayos para la corriente de descarga de impulso tipo rayo 8/20.

Este margen de protección se elige para tener en cuenta que la sobretensión puede alcanzar el doble de la tensión residual del LTP por efecto de la distancia entre el aislamiento a proteger y el pararrayos, debido a fenómenos transitorios de reflexiones. En la siguiente tabla puede observarse cómo se haría la elección de las características de los LTP, en función de la tensión soportada por el material entre pantalla y tierra, U_{p-t}, para impulsos tipo rayo, identificándose para cada caso cuál sería el margen de protección.

Tabla 6.18. Características de aislamiento del material y características de los pararrayos

$U_{n, red}$ (kV)	U_{p-t} (kV)	Características del LTP			MP (%)
		Tensión asignada del LTP U_r (kV)	Tensión soportada en servicio continuo por el LTP U_c (kV)	Tensión residual del LTP U_{res} (kV)	
26/45	30	3,3	2,7	10	200
		5	4	14	114
36/66	30	3,3	2,7	10	200
		5	4	14	114
76/132	37,5	3,3	2,7	10	275
		5	4	14	168
		6	4,8	18	108
127/220	47,5	3,3	2,7	10	375
		5	4	14	239
		6	4,8	18	164

6.5.5. Pérdidas de potencia activa por corrientes de circulación por las pantallas

Las pantallas de los cables que se colocan por encima de la capa semiconductora externa constituyen una protección eléctrica que da forma radial al campo eléctrico en el seno del aislamiento, confinando el campo eléctrico totalmente dentro del cable. Sirven también para conducir las corrientes de defecto a tierra. Las pantallas deben soportar reglamentariamente, al menos, una corriente de 1000 A durante 1 segundo.

Las pérdidas de potencia activa en las pantallas se calculan como una fracción (λ_1), de las pérdidas por efecto joule (W_c). A su vez, son debidas a dos efectos: a las corrientes de circulación por las pantallas (λ_1') y a las corrientes de Foucault (λ_1''). Es cir: $\lambda_1 = \lambda_1' + \lambda_1''$.

Las corrientes de Foucault son las corrientes inducidas en el cuerpo de un material conductor (en nuestro caso, en el interior la pantalla del cable) por la variación del campo magnético creado por la corriente principal. Las corrientes de circulación se deben a que, al poner a tierra ambos extremos de la pantalla de un cable, se cierra una espira que se encuentra en el seno del campo magnético generado por la corriente que circula por el circuito principal.

Para la disposición más utilizada en media tensión, formada por cables unipolares con pantallas en cortocircuito y a tierra en ambas extremidades de cada tramo longitudinal de tendido del cable, solamente es preciso considerar las pérdidas por corrientes de circulación, mientras que las pérdidas por corrientes de Foucault se pueden considerar totalmente despreciables frente a las anteriores.

Las pérdidas por corrientes de circulación son nulas para las instalaciones cuyas pantallas metálicas estén cortocircuitadas en un solo punto (conexión SP), al no existir un circuito cerrado que permita la circulación de corriente y también si se permutan formando un *cross-bonding* seccionado (CB) formado por tres tramos de igual longitud y con los cables al tresbolillo.

Sólo cuando las corrientes de circulación sean nulas se considerarán las pérdidas por corrientes de Foucault, cuyo cálculo ha explicado en el Apartado 6.1.

Debido a la existencias de pérdidas de potencia activa en las pantallas, la intensidad máxima admisible en servicio permanente y por tanto, la capacidad de transporte de potencia de un cable varía en función de la forma de conexión de las pantallas. Para el mismo cable del Ejemplo 6.8, el fabricante facilitará la siguiente capacidad de transporte de energía en MVA, según su forma conexión.

Tabla 6.19. Capacidad de transporte de potencia (MVA) de una terna al tresbolillo con cables: RHE-OL 127/220 kV 1×2000 KCu + Cu 250 mm², según la forma de conexión de las pantallas

Instalación 1 terna, con cables	Pantallas en	MVA
En contacto, enterrados	CB o SP	563
	SB	354
Bajo tubo, enterrados	CB o SP	602
	SB	283
En contacto, al aire en galería	CB o SP	773
	SB	545

Puesto que las pérdidas de potencia activa, cuando las pantallas están conectadas en SP son nulas, se estudiarán los casos siguientes:

- Pantallas conectadas en SB.
- Pantallas conectadas en CB.

6.5.5.1. Pérdidas de potencia activa para cables con pantallas conectadas en SB

Para régimen de funcionamiento trifásico equilibrado se considerarán disposiciones de cables al tresbolillo y en capa.

a) Cables en SB al tresbolillo

Para disposiciones de cables en triángulo o al tresbolillo se puede partir de la expresión (54), que establece una relación entre la corriente que circula por la pantalla y la que circula por el conductor de la misma fase.

$$J_{pi} = -\frac{jX}{R_p + jX} \cdot J_i; \qquad i = 1,2,3; \qquad |J_1| = |J_2| = |J_3| = I; \qquad |J_{p1}| = |J_{p2}| = |J_{p3}| = I_p$$

$$X = \frac{\omega \cdot \mu_0}{2 \cdot \pi} \ln \frac{2 \cdot s}{d} \quad (\Omega/m) \qquad (75)$$

Por otra parte, las pérdidas por efecto Joule, (W_c) y las pérdidas por corrientes de circulación en las pantallas (W_s) en un régimen equilibrado responden a las ecuaciones siguientes:

$$W_c = 3R \cdot I^2$$

$$W_s = 3R_p \cdot I_p{}^2$$

$$\lambda_1' = \frac{W_s}{W_c} = \frac{R_p}{R} \cdot \left(\frac{I_p}{I}\right)^2$$

Sustituyendo la relación entre la corriente de pantalla y la corriente de fase se llega a las expresiones siguientes, que permiten calcular las pérdidas por corrientes de circulación y el módulo de las corrientes que circulan por las pantallas.

$$\lambda_1' = \frac{R_p}{R} \cdot \frac{1}{1 + \left(\frac{R_p}{X}\right)^2} \qquad (76)$$

$$\frac{I_p}{I} = \sqrt{\frac{X^2}{X^2 + R_p^2}} \qquad (77)$$

donde:

X = reactancia inductiva mutua equivalente entre los conductores y pantallas (Ω/m).

R = resistencia del conductor, (Ω/m).

R_p = resistencia de la pantalla, (Ω/m).

d = diámetro de la pantalla (m).

s = separación entre los centros de los cables dispuestos al tresbolillo, (en m).

Ejemplo 6.10

Para el mismo cable aislado de alta tensión estudiado en el Ejemplo 6.8, calcular las corrientes de circulación por las pantallas y sus pérdidas asociadas para los tres tipos de instalación siguientes:

- Cables en contacto.

- Cables bajo tubo con una separación, $s = 250$ mm.

- Cables bajo tubo con una separación, $s = 320$ mm.

Solución

Se aplican las expresiones (75), (76) y (77) que permiten calcular los valores de la inductancia X, del módulo de las corrientes por las pantallas expresado en por unidad de la corriente por el circuito principal (I_p / I), y las pérdidas en las pantallas en por unidad de las pérdidas por el efecto Joule (λ_1').

Tabla 6.20. Corrientes por pantallas y pérdidas asociadas según la separación entre cables dispuestos al tresbolillo

Instalación de cables	s(mm)	X (Ω/km)	(I_p/I)	λ_1'
En contacto	121,9	0,0505	0,500	1,69
Bajo tubo	250	0,0957	0,737	3,69
Bajo tubo	320	0,1112	0,785	4,19

De la Tabla 6.20 se deduce que al aumentar la separación, aumenta la inductancia, según (75), y también aumentan las pérdidas por corrientes de circulación, que llegan a ser, incluso, varias veces mayores que las pérdidas por efecto Joule.

Para poner de manifiesto que las pérdidas en las pantallas aumentan con la separación, se repiten los cálculos para separaciones intermedias menores de 320 mm, obteniéndose la Figura 6.36, que representa el crecimiento de las pérdidas con el aumento de la separación y de la inductancia X, pero considerando constantes la resistencia de la pantalla y la resistencia del conductor.

La conclusión debida a este efecto es que resulta beneficioso para aumentar la capacidad de carga el reducir la separación entre cables (las pérdidas son, por ejemplo, mucho menores para cables en contacto que bajo tubo). Por tanto, se debería calcular la intensidad admisible de los cables teniendo en cuenta que las pérdidas en las pantallas aumentan con su separación y que por tanto, la intensidad admisible del cable debería disminuir. Este efecto se compensa no obstante en parte, ya que las condiciones de refrigeración de los cables mejoran al aumentar su separación.

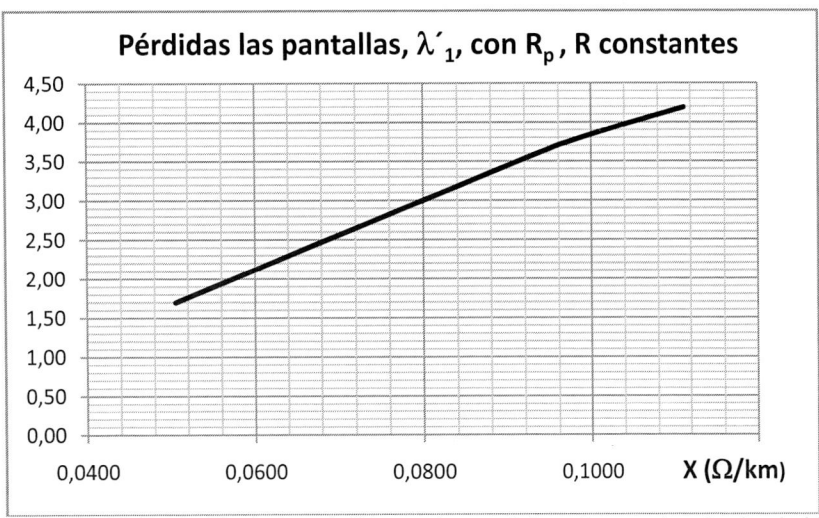

Figura 6.36. Evolución de las pérdidas en las pantallas al aumentar el valor de X

Otro estudio de interés consiste en determinar cómo varían las pérdidas al variar la resistencia eléctrica de la pantalla, R_p, manteniendo constante la resistencia del conductor principal, así como la separación entre los cables. En principio cabría esperar que las pérdidas en las pantallas disminuyeran al disminuir la resistencia de la pantalla y viceversa, sin embargo, para valores de R_p mayores que X, el comportamiento es el contrario ya que un aumento de R_p provoca una disminución importante de las corrientes por las pantallas y una disminución de las pérdidas. Para ilustrar este efecto se calculan para este ejemplo las pérdidas para distintos valores de R_p, con R y X constantes.

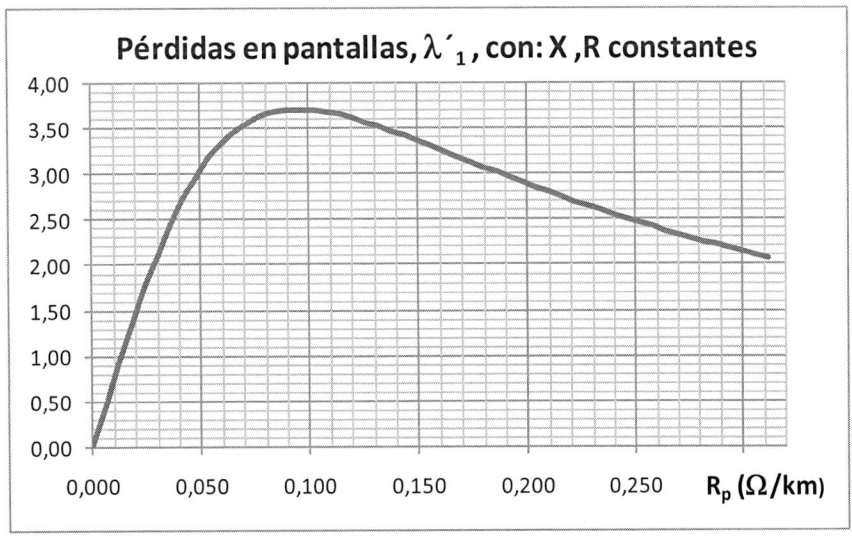

Figura 6.37. Evolución de las pérdidas en las pantallas al variar el valor de Rp, separación: s=250 mm

La solución de disminuir las pérdidas en las pantallas aumentando R_p, es decir, disminuyendo su sección, no suele ser aplicable en la práctica, ya que la pantalla debe soportar el paso de corriente en régimen permanente, así como durante el régimen de cortocircuito, lo cual exige una sección mínima.

b) Cables en SB en capa

En una disposición de cables en capa, según lo demostrado en 6.5.3.1.1, las corrientes por las pantallas son distintas para las tres pantallas. Por este motivo, las pérdidas varían también de una pantalla a otra.

Concretamente las pérdidas mayores son para el cable extremo cuya fase de la corriente principal esté en retraso respecto de la corriente que pasa por el conductor central. El cálculo de estas pérdidas está detallado en la norma UNE 21144-1 (*véase* referencia [4]), y para una disposición con el cable central equidistante de los exteriores, responde a las ecuaciones siguientes:

Para el cable extremo con la fase en retraso:

$$\lambda_{11}' = \frac{R_p}{R} \cdot \left[\frac{0,75 \cdot P^2}{R_p^2 + P^2} + \frac{0,25 \cdot Q^2}{R_p^2 + Q^2} + \frac{2 \cdot R_p \cdot P \cdot Q \cdot X_m}{\sqrt{3} \cdot \left(R_p^2 + P^2\right) \cdot \left(R_p^2 + Q^2\right)} \right] \quad (78)$$

Para el otro cable extremo:

$$\lambda_{12}' = \frac{R_p}{R} \cdot \left[\frac{0,75 \cdot P^2}{R_p^2 + P^2} + \frac{0,25 \cdot Q^2}{R_p^2 + Q^2} - \frac{2 \cdot R_p \cdot P \cdot Q \cdot X_m}{\sqrt{3} \cdot \left(R_p^2 + P^2\right) \cdot \left(R_p^2 + Q^2\right)} \right] \quad (79)$$

Para el cable central:

$$\lambda_{13}' = \frac{R_p}{R} \left[\frac{Q^2}{R_p^2 + Q^2} \right] \quad (80)$$

Teniendo en cuenta los valores de las inductancias siguientes, en Ω/m:

$$P = X + X_m$$

$$Q = X - \frac{X_m}{3}$$

$$X = \frac{\omega \cdot \mu_0}{2 \cdot \pi} \ln\left(\frac{2 \cdot s}{d}\right)$$

$$X_m = \frac{\omega \cdot \mu_0}{2 \cdot \pi} \ln 2$$

Realizando los cálculos se puede observar como las pérdidas para una disposición en capa son mayores que para una disposición al tresbolillo. Además, los cables exteriores tienen mayores pérdidas que el cable central.

Para evitar estas cargas asimétricas en las pantallas, se puede recurrir a la transposición de los cables (tanto de los conductores como de las pantallas), de forma que cada cable vuelva a la misma posición cada tres tramos. De esta forma se consiguen corrientes menores por las pantallas y además iguales en los tres cables, con una formulación de las pérdidas muy parecida a la que se tiene para cables en SB al tresbolillo, según las ecuaciones siguientes:

$$\lambda_1' = \frac{R_p}{R} \cdot \frac{1}{1 + \left(\dfrac{R_p}{X_l}\right)^2} \qquad (81)$$

siendo,

$$X_l = \frac{\omega \cdot \mu_0}{2 \cdot \pi} \ln\left(2 \cdot \sqrt[3]{2} \cdot \frac{s}{d}\right) \qquad \frac{\Omega}{m} \qquad (82)$$

Téngase en cuenta que al ser iguales las corrientes de pantalla por las tres fases en régimen permanente, existirá circulación de corriente por tierra. Aunque con esta transposición se reducen las pérdidas, manteniendo la misma separación s, entre los cables, las pérdidas calculadas para un SB con cables transpuestos en capa (fórmulas 81 y 82) son mayores que para una disposición al tresbolillo, (fórmulas 76 y 75).

Cuando los cables están en contacto, aunque las pérdidas por corrientes de circulación por las pantallas sean mayores en una disposición en capa que al tresbolillo, se tiene la ventaja de que la disipación de calor es mejor en capa, de forma que la capacidad de transporte de corriente suele ser mayor que al tresbolillo.

Resulta ilustrativo analizar los valores de λ_1', facilitados por los fabricantes de cables. Se puede comprobar cómo para la misma sección de conductor principal las pérdidas son mucho mayores en capa que al tresbolillo. Además también se comprueba que λ_1' aumenta a medida que aumenta la sección del conductor principal, ya que disminuye el valor de R, que interviene en el denominador de las fórmulas (76) y (81).

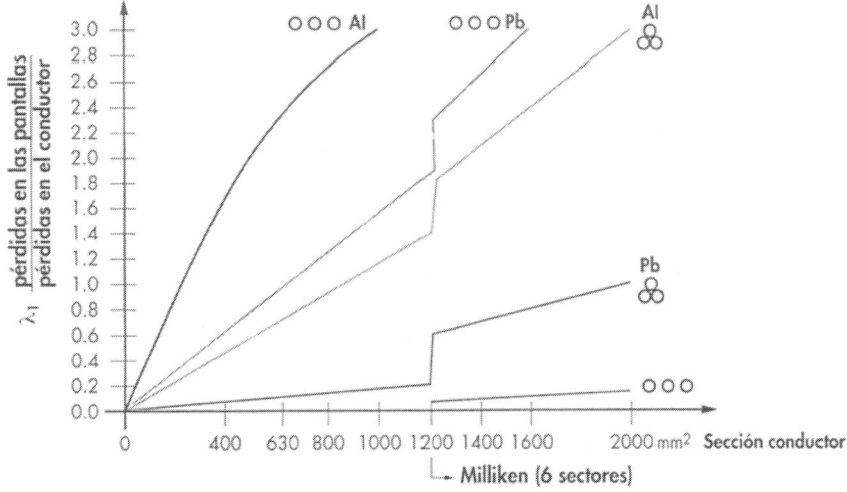

Figura 6.38. Pérdidas en las pantallas para cables en SB según se instalen en capa o al tresbolillo y según la sección del conductor principal, cortesía de ALCATEL

6.5.5.2. Pérdidas de potencia activa para cables con pantallas conectadas en CB

6.5.5.2.1. Disposición en capa

En régimen trifásico equilibrado y para una disposición en *cross bonding* seccionado, formada por tres tramos de igual longitud, con cables dispuestos al tresbolillo, aplicando la misma metodología con matrices de acoplamiento descrita en el Apartado 6.5.3, al ser iguales las inductancias mutuas, se puede demostrar fácilmente que la tensión inducida a lo largo de cualquiera de los tres circuitos de pantallas es nula ($U_i = 0$), y que, por tanto, la corriente por la pantallas también lo será y lo serán las pérdidas de potencia activa por las pantallas.

Sin embargo, para un CB con tramos de igual longitud, pero con cables en capa, la tensión inducida en un circuito de pantallas ya no es nula y la corriente por las pantallas es igual para las tres fases (tanto en módulo como en argumento), pero no es nula. También existe circulación de corriente por los extremos de las pantallas a tierra. Las expresiones aplicables que se pueden deducir aplicando el mismo desarrollo matricial y las condiciones de contorno correspondientes, considerando que los tres tramos tienen la misma longitud, son las siguientes:

$$U_i = j\frac{\omega \cdot \mu_0}{2 \cdot \pi} \cdot (\ln 2) \cdot J_2 + \left(3 \cdot Z_p + 4 \cdot jX_{m,1-2} + 2 \cdot jX_{m,1-3}\right) \cdot J_p \qquad (83)$$

$$J_p = -\frac{j\dfrac{\omega \cdot \mu_0}{2 \cdot \pi}(\ln 2)}{3 \cdot \left(R_1 + R_2 + Z_p\right) - 4 \cdot jX_{m,1-2} - 2 \cdot jX_{m,1-3}} \cdot J_2 \qquad (84)$$

A partir del valor de la intensidad que circula por las pantallas se pueden calcular las pérdidas asociadas para la configuración de CB en capa.

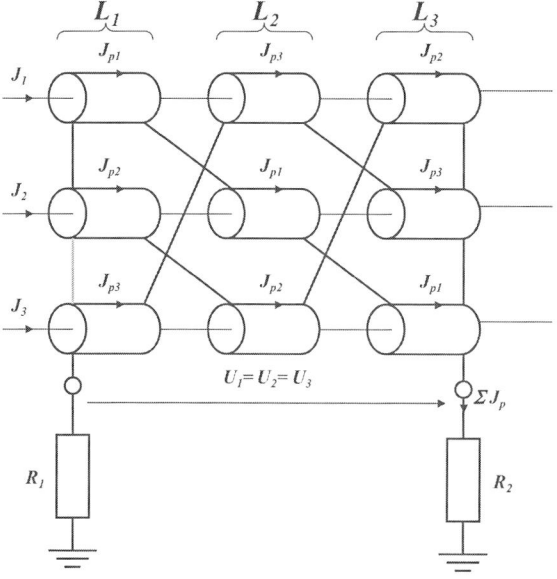

Figura 6.39. Cables en CB formado por tres tramos de longitudes, L_1, L_2, L_3

6.5.5.2.2. Disposición al tresbolillo

Para disposiciones al tresbolillo, en muchas ocasiones resulta imposible el conseguir que los tramos L_1, L_2 y L_3 sean exactamente de la misma longitud, en cuyo caso, incluso para cables al tresbolillo, existen unas pérdidas de potencia activa asociadas. Su cálculo es muy sencillo, si las pérdidas se refieren a las que se tendrían para un tramo único de longitud L, con conexión de pantallas en SB, tal que: $L = L_1 + L_2 + L_3$.

Si se denominan l_1, l_2, l_3 a las longitudes de cada sección menor expresadas en por unidad de la longitud total L, es decir:

$$l_1 = \frac{L_1}{L} \; ; \quad l_2 = \frac{L_2}{L} \; ; \quad l_3 = \frac{L_3}{L} \; ; \implies l_1 + l_2 + l_3 = 1$$

Las pérdidas para un tramo en CB formado por tres tramos menores de longitudes desiguales, expresadas en por unidad de las pérdidas que se tendrían para un tramo en SB de longitud igual a la suma de los tres tramos, se calculan mediante la expresión siguiente (consultar la referencia [12]):

$$\frac{\lambda_1'(CBS)}{\lambda_1'(SB)} = 1 - 3 \cdot \left(l_1 \cdot l_2 + l_1 \cdot l_3 + l_2 \cdot l_3 \right) \qquad (85)$$

Ejemplo 6.11

Para una línea en CB de 1,5 km formada por tres tramos de longitudes desiguales, calcular las pérdidas de potencia activa en las pantallas en comparación con las que se tendrían para un tramo en SB de la misma longitud. Realizar el cálculo para los desequilibrios de longitudes siguientes:

Tabla 6.21. Línea de 1,5 km, en CB, con tramos menores desequilibrados en longitud

L_1(m)	L_2(m)	L_3(m)	$L_1 + L_2 + L_3$ (m)
500	450	550	1500
550	400	550	1500
600	300	600	1500

Solución

Se calculan las longitudes de los tramos menores en por unidad de la longitud total y se calculan las pérdidas por las pantallas, según (45). Se puede apreciar cómo, a pesar del desequilibrio se obtienen unas pérdidas mucho menores (al menos 25 veces) que para una conexión en SB.

Tabla 6.22. Pérdidas asociadas a una línea de 1,5 km en CB, con tramos menores desequilibrados en longitud

l_1	l_2	l_3	λ_1'(CBS) / λ_1'(SB)
0,333	0,300	0,367	0,33%
0,367	0,267	0,367	1,00%
0,400	0,200	0,400	4,00%

6.6. CÁLCULO DEL CAMPO MAGNÉTICO EN EL ENTORNO DE LÍNEAS SUBTERRÁNEAS. COMPARACIÓN CON LÍNEA AÉREA

6.6.1. Introducción

Para calcular el valor eficaz del campo magnético en un punto cuando no existe ningún apantallamiento magnético se puede emplear la tradicional ley de Biot-Savart. Si se mantiene la misma geometría e intensidad de corriente que en los cálculos, el valor obtenido aplicando esta ley será idéntico al que se mediría con un gausímetro.

Así, el valor eficaz del campo magnético en un punto P (x_i, y_i), situado a una altura h sobre el suelo, creado por la corriente I (valor eficaz de una corriente sinusoidal a la frecuencia de 50 Hz), que circula por un cable enterrado a una profundidad d, situado a una distancia r del punto P, puede determinarse mediante la expresión [15]:

$$B = \mu_0 \cdot H = 4 \cdot \pi \cdot 10^{-7} \cdot \frac{I}{2 \cdot \pi \cdot r} \quad (T) \quad (86)$$

El campo magnético también se suele expresar en Gauss o miliGauss, siendo la equivalencia 10^{-4} Gauss por Tesla.

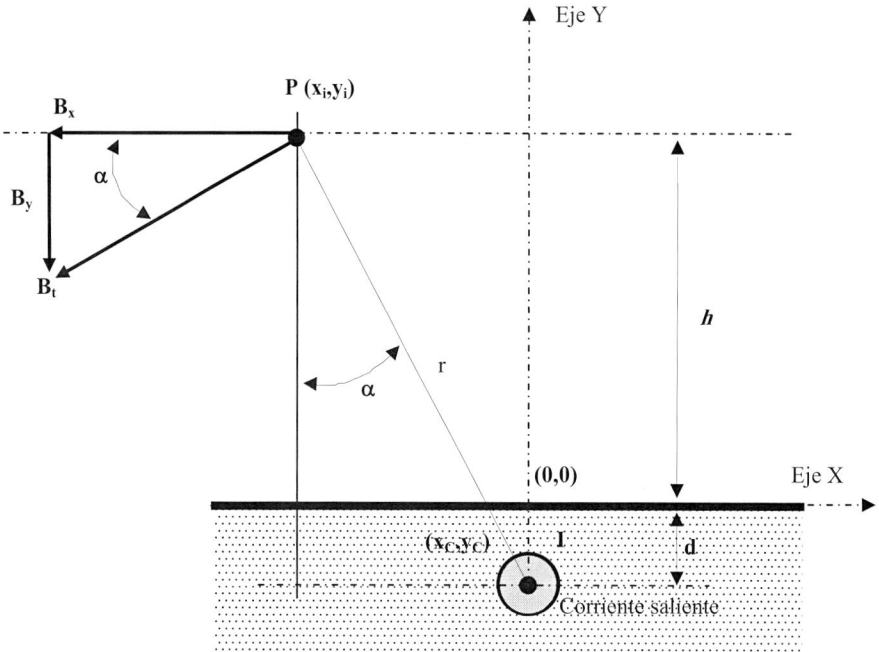

Figura 6.40. Campo magnético, B_t, creado por un cable en un punto genérico P (x_i, y_i)

La dirección del campo magnético, B_t, en el punto $P(x_i, y_i)$, es perpendicular a la línea que une el conductor situado en las coordenadas (x_C, y_C), con el punto P donde se quiere calcular el campo.

Teniendo en cuenta la dirección de los ejes (x,y) de la Figura 6.40, las componentes horizontal, B_x, y vertical, B_y, del campo magnético quedan definidas por las ecuaciones siguientes:

$$B_x = -2 \cdot 10^{-7} \cdot I \cdot \left(\frac{y_i - y_C}{r^2} \right) = -2 \cdot 10^{-7} \cdot I \cdot \left(\frac{h+d}{r^2} \right) \ (T)$$

$$B_y = -2 \cdot 10^{-7} \cdot I \cdot \left(\frac{x_i - x_C}{r^2} \right) = -2 \cdot 10^{-7} \cdot I \cdot \left(\frac{x_i}{r^2} \right) \ (T)$$

siendo, $r = \sqrt{(x_i - x_C)^2 + (y_i - y_C)^2} = \sqrt{(x_i)^2 + (h+d)^2}$

La magnitud del campo magnético, en módulo, se determina mediante la suma pitagórica de sus componentes:

$$B_t = \sqrt{B_x^2 + B_y^2}$$

De forma general, el cálculo del campo magnético producido en un punto $P\ (x_i, y_i)$, por varios cables se realizará por superposición del campo magnético producido por cada cable independientemente. Así, el valor eficaz del campo magnético, B_{ti}, en un punto $P\ (x_i, y_i)$, situado a una altura h sobre el suelo, creado por las corrientes (I_1, I_2, I_3, ..., I_k), que circulan por k cables enterrados a una profundidad d, situado cada uno a una distancia r_j del punto P, (*véase* la Figura 6.41), tiene por expresión:

$$B_{t_i} = \sqrt{B_{x_i}^2 + B_{y_i}^2} \quad (T)$$

siendo:

$$B_{x_i} = \frac{\mu_0}{2 \cdot \pi} \cdot \sum_{j=0}^{k} \frac{I_j}{(x_i - x_{C_j})^2 + (y_i - y_{C_j})^2} \cdot (y_i - y_{C_j}) \quad (T)$$

$$B_{y_i} = \frac{\mu_0}{2 \cdot \pi} \cdot \sum_{j=0}^{k} \left[\frac{I_j}{(x_i - x_{C_j})^2 + (y_i - y_{C_j})^2} \cdot (x_i - x_{C_j}) \right] \quad (T)$$

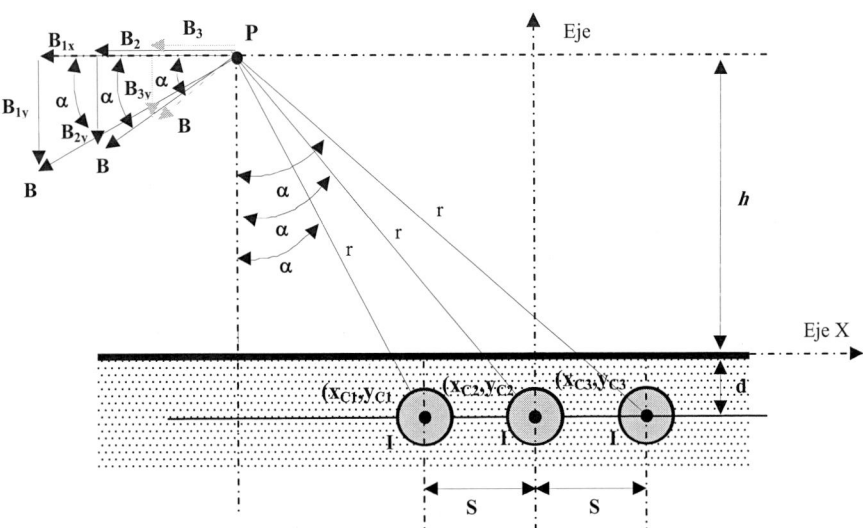

Figura 6.41. Campo magnético creado por un número *k* de cables en un punto genérico *P* (*x_i*,*y_i*)

El método de cálculo descrito anteriormente establece las siguientes consideraciones:

- Cada cable subterráneo se considera un conductor sólido, recto y de longitud infinita por el que circula una intensidad de valor y fase determinadas.

- No contempla las intensidades que pueden circular por las pantallas de los cables.

- No considera circulación de corriente por el conductor equipotencial (ecc) que se instala para el conexionado de pantallas en *single point*, es decir, cuando las pantallas de los cables se conectan rígidamente a tierra sólo en un extremo de la línea subterránea.

6.6.2. Configuraciones típicas de las líneas eléctricas subterráneas

Las configuraciones típicas para la instalación de las líneas eléctricas subterráneas de alta tensión son:

a) Simple circuito en capa

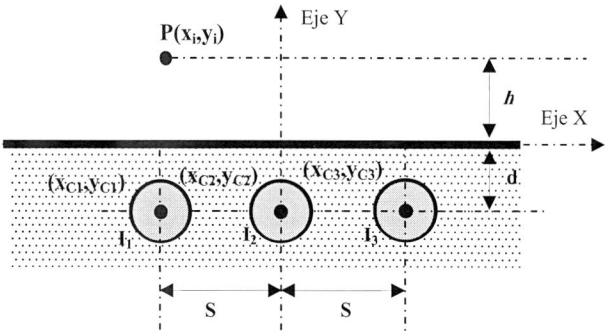

Figura 6.42. Configuración simple circuito en capa

b) Simple circuito al tresbolillo

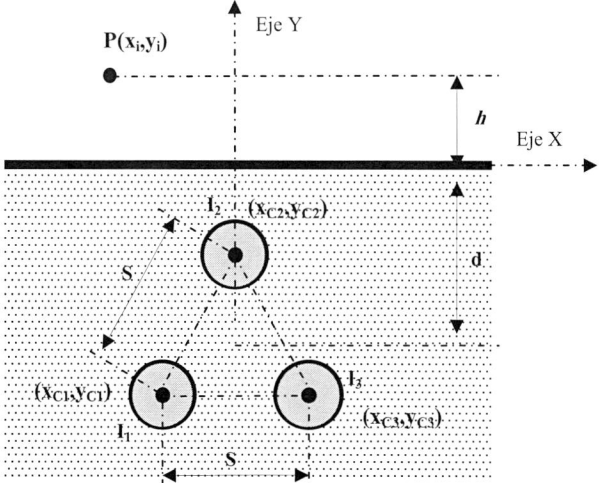

Figura 6.43. Configuración simple circuito al tresbolillo

c) Simple circuito en vertical

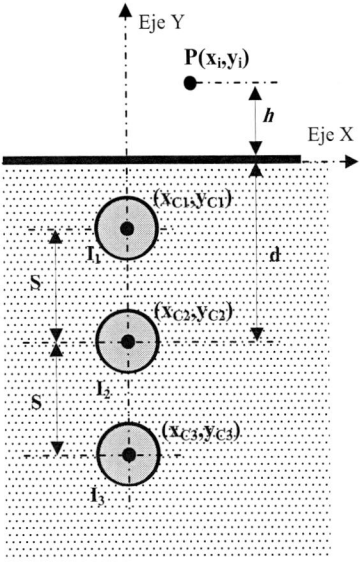

Figura 6.44. Configuración simple circuito en vertical

d) Doble circuito en capa

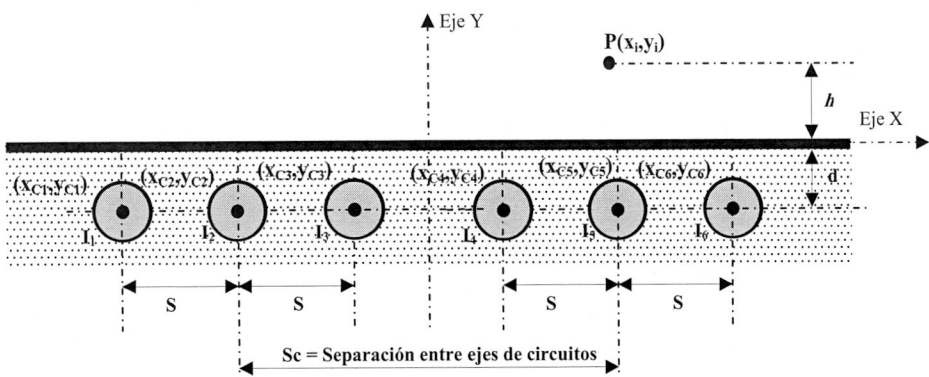

Figura 6.45. Configuración doble circuito en capa

e) Doble circuito al tresbolillo

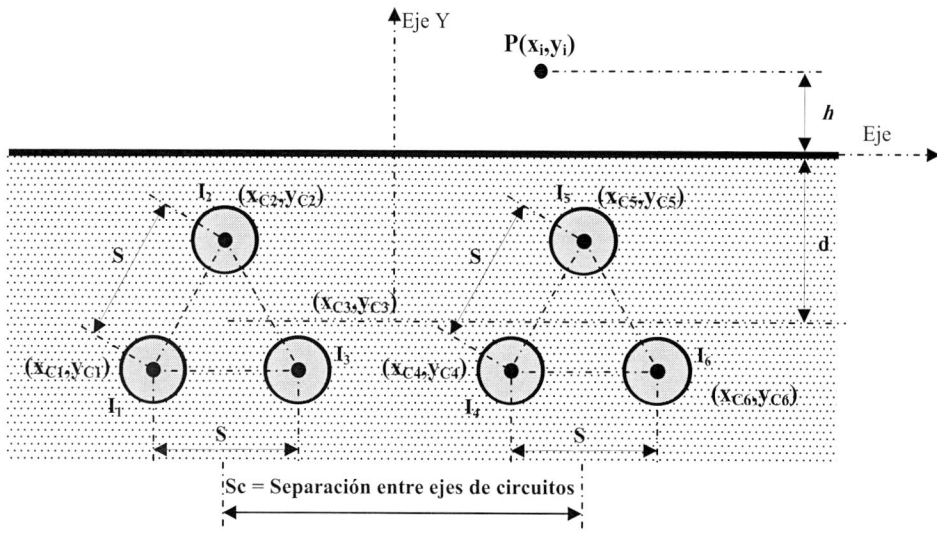

Figura 6.46. Configuración doble circuito en tresbolillo

f) Doble circuito en vertical

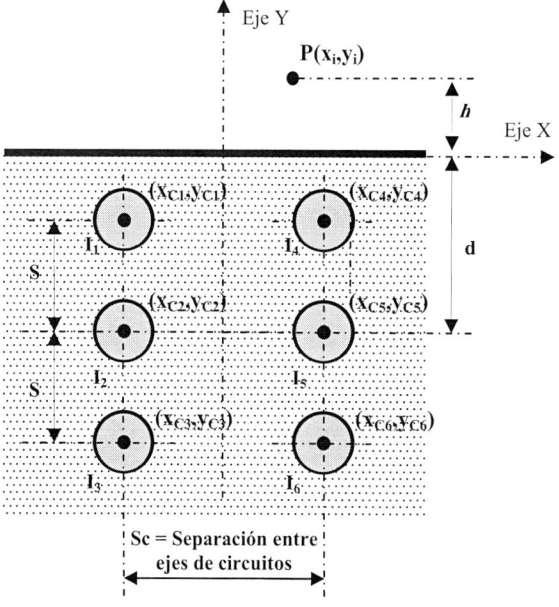

Figura 6.47. Configuración doble circuito en vertical

6.6.3. Variación del campo magnético en las configuraciones típicas de las líneas eléctricas subterráneas

Para seleccionar la configuración de los cables a emplear en las líneas subterráneas se debe tener en cuenta también el efecto de los campos electromagnéticos en las proximidades de la línea, ya que el campo eléctrico está confinado en el interior de la pantalla metálica de los cables y resulta nulo en su exterior.

Los factores principales que tienen influencia en el campo magnético son:

- La magnitud de la corriente de carga.

- La profundidad de enterramiento.

- La distancia entre las fases.

- La distancia entre los diferentes circuitos.

- La secuencia de las fases.

Para poder estudiar la variación del campo magnético con respecto a los factores indicados anteriormente se han utilizado herramientas informáticas capaces de realizar de una forma fácil los sumatorios descritos en el Apartado 6.6.1.

El campo magnético es directamente proporcional a la magnitud de la corriente de carga, es decir, para una configuración dada, a mayor corriente, mayor campo magnético. Por este motivo, el análisis del resto de los factores se ha realizado para una intensidad fija de 1000 A.

La influencia del resto de factores ya no es tan evidente, motivo por el cual se ha realizado un estudio más detallado de su influencia.

A continuación se muestran los resultados obtenidos para cada una de las configuraciones típicas descritas anteriormente.

En todos los casos el campo magnético se ha calculado a la altura de 1 metro del nivel del suelo según establece la norma UNE 215001:2004.

A continuación se analizan los valores de campo magnético para cada configuración de los circuitos subterráneos, analizando las magnitudes de influencia más relevantes.

a) Análisis del campo magnético en la configuración en capa, simple circuito

- Variación del campo magnético con la profundidad de enterramiento, d

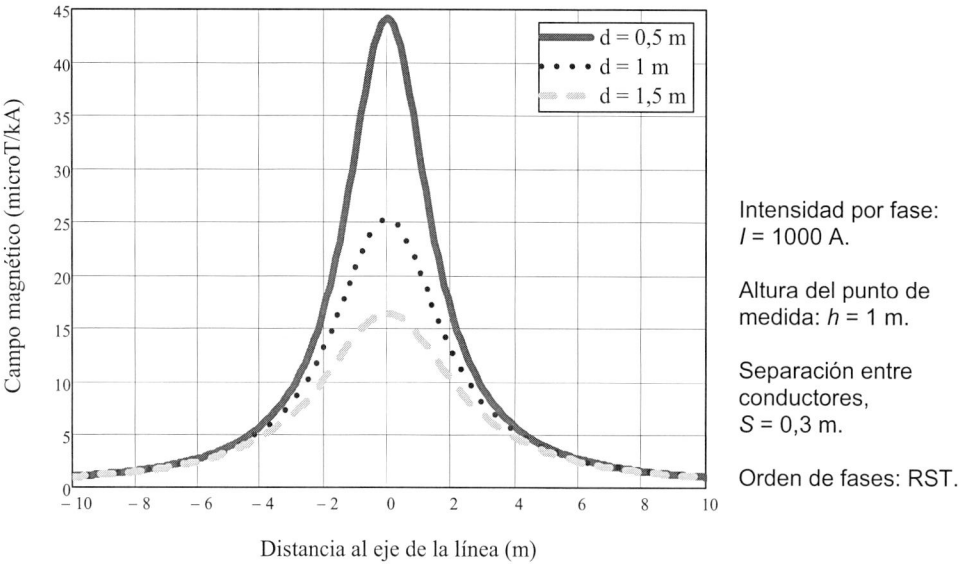

Figura 6.48. Variación del campo magnético con la profundidad en la configuración simple circuito en capa

- Variación de la distancia entre conductores, s

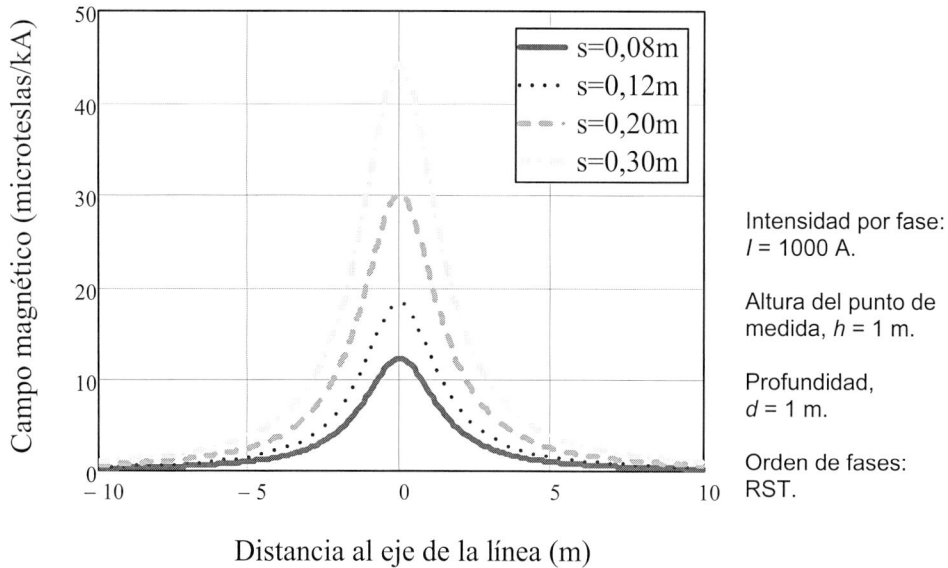

Figura 6.49. Variación del campo magnético con la distancia entre fases en la configuración simple circuito en capa

El valor máximo del campo magnético se produce sobre el eje de los cables. La distancia a los cables ($h + d$), así como la distancia entre fases tienen una influencia importante en la densidad de flujo, siendo los valores más altos para bajas profundidades de enterramiento y mayor distancia entre fases.

Según se aprecia en la Figura 6.48, para un espaciado fijo entre fases, la profundidad de enterramiento no tiene apenas influencia sobre la densidad de flujo para distancias horizontales desde el eje de coordenadas de varias veces esa profundidad, por ejemplo, a partir de 7,5 m (5 veces la mayor profundidad considerada $d = 1,5$ m).

b) Análisis del campo magnético en la configuración en capa, doble circuito

- Variación con la altura del punto de medida h, y con la secuencia de fases RST-STR

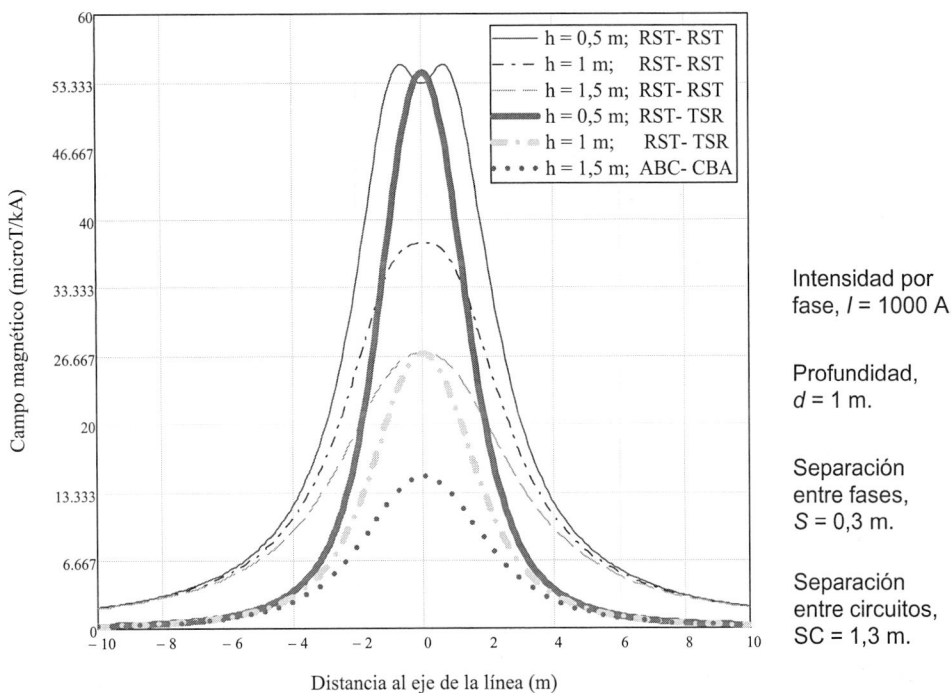

Figura 6.50. Variación del campo magnético con la altura del punto de medida y con la secuencia de fases en la configuración doble circuito en capa

El campo magnético es menor con la secuencia de fases RST-TSR que con la secuencia de fases RST-RST.

Además, para la configuración RST-TSR, la densidad de flujo magnético disminuye fuertemente a una cierta distancia transversal de los cables del orden de 5 m.

• Variación de la separación entre circuitos, *Sc* y de la secuencia de fases RST-STR

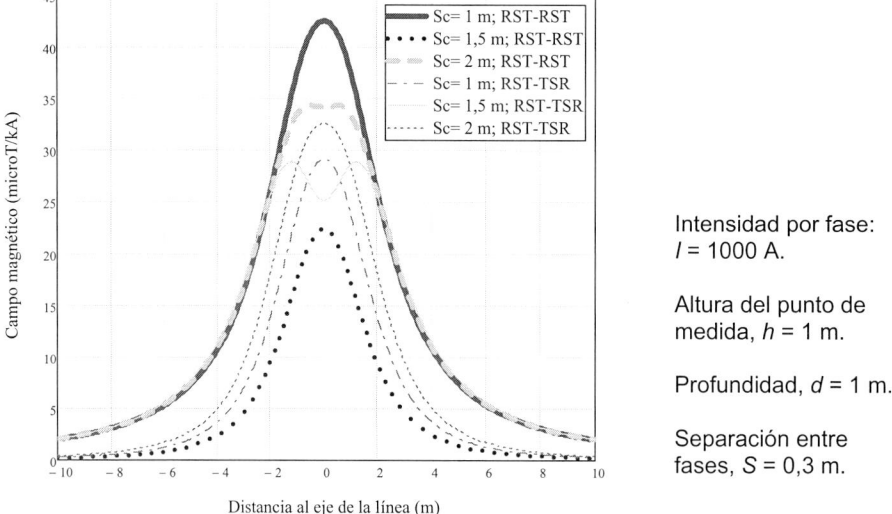

Intensidad por fase:
I = 1000 A.

Altura del punto de
medida, *h* = 1 m.

Profundidad, *d* = 1 m.

Separación entre
fases, *S* = 0,3 m.

Figura 6.51. Variación del campo magnético con la separación entre circuitos y la
secuencia de fases, en la configuración doble circuito en capa

Puede observarse cómo a medida que crece el espaciamiento entre ternas, decrece o se incrementa el campo magnético para las configuraciones RST-RST y RST-TSR respectivamente

A medida que aumenta la separación entre circuitos, el valor máximo del campo magnético deja de estar en el eje de simetría de los dos circuitos, ya que la influencia de un circuito sobre el otro disminuye, y aparecen dos valores máximos del campo, uno en el eje de cada circuito.

c) Análisis del campo magnético en la configuración en tresbolillo, simple circuito

• Variación de la profundidad, *d*

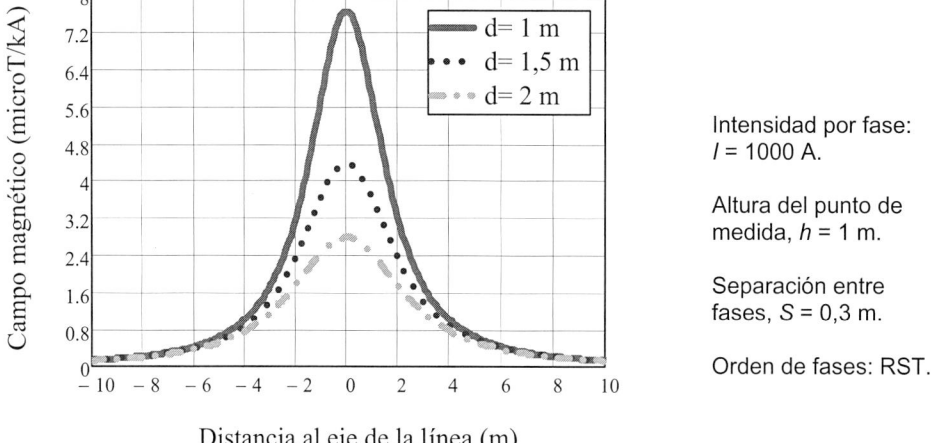

Intensidad por fase:
I = 1000 A.

Altura del punto de
medida, *h* = 1 m.

Separación entre
fases, *S* = 0,3 m.

Orden de fases: RST.

Figura 6.52. Variación del campo magnético con la profundidad en la configuración
simple circuito en tresbolillo

El campo magnético máximo se obtiene sobre el eje del tresbolillo.

El campo magnético se reduce con la profundidad de enterramiento. Sin embargo, a mayores profundidades, el decrecimiento del campo en las proximidades del eje es más lento.

- Variación de la distancia entre fases, *S*

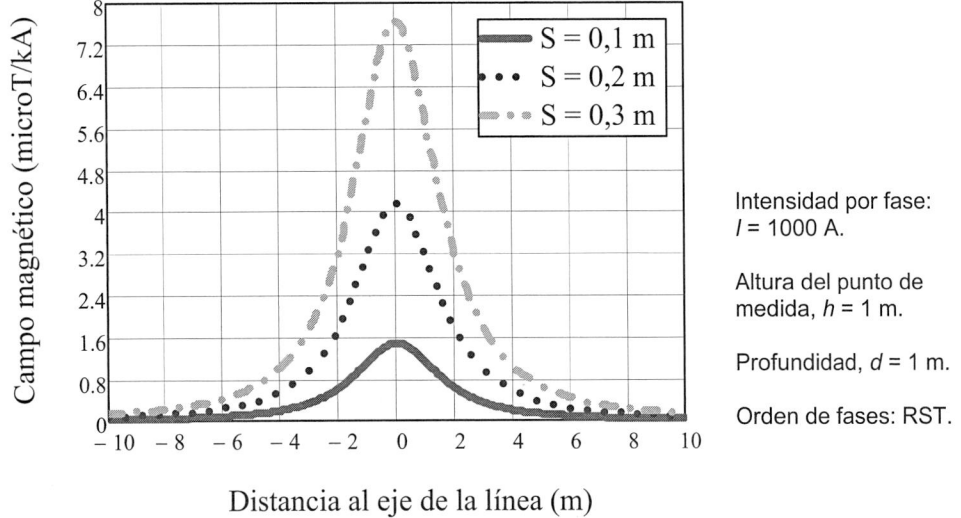

Figura 6.53. Variación del campo magnético con la distancia entre fases en la configuración simple circuito en tresbolillo

Se observa como el campo magnético se reduce al disminuir la distancia entre fases.

d) Análisis del campo magnético en la configuración en tresbolillo, doble circuito

- Variación con la separación entre circuitos, *Sc* y con el orden de fases

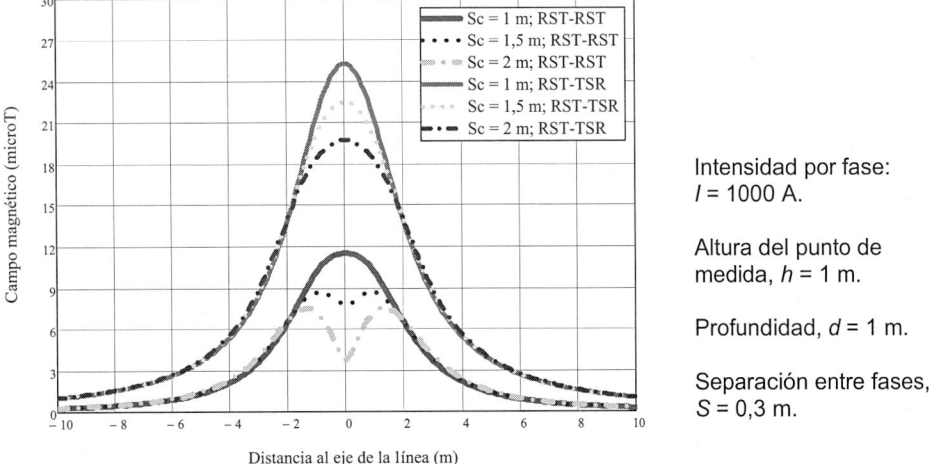

Figura 6.54. Variación del campo magnético con la separación entre circuitos y del orden de fases, en la configuración doble circuito en tresbolillo

Para la configuración al tresbolillo en doble circuito se destacan las conclusiones siguientes:

A medida que aumenta la separación entre circuitos, el valor máximo del campo magnético deja de estar en el eje de simetría de los dos circuitos, ya que la influencia de un circuito sobre el otro disminuye, y aparecen dos valores máximos del campo, uno en el eje de cada circuito.

El campo magnético es menor con la secuencia de fases RST-RST que con la secuencia de fases RST-TSR, al contrario de lo ocurrido con la configuración en capa.

e) Análisis del campo magnético en la configuración en vertical

- Variación de la profundidad, d

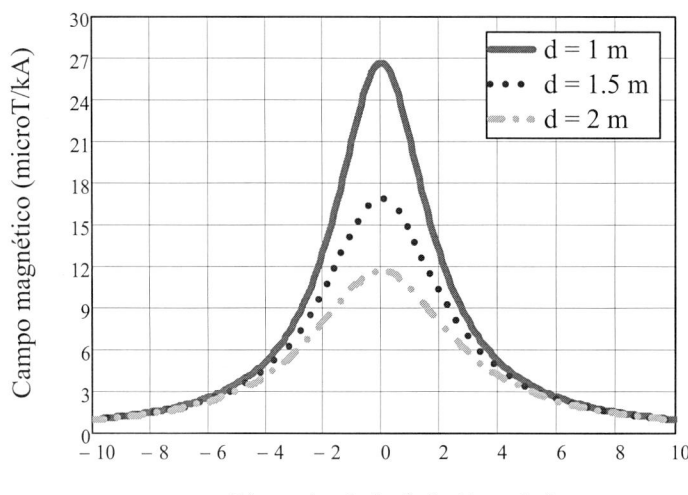

Intensidad por fase, I = 1000 A.

Altura del punto de medida, h = 1m.

Separación entre conductores, S = 0,3 m.

Orden de fases: RST.

Figura 6.55. Variación del campo magnético con la profundidad en la configuración simple circuito en vertical

El campo magnético máximo se obtiene sobre el eje vertical donde se encuentran emplazados los cables.

El campo magnético se reduce con la profundidad. Sin embargo, a mayores profundidades, el decrecimiento del campo en las proximidades del eje es más lento. A partir de una distancia horizontal de 5 m, la profundidad de enterramiento del circuito apenas influye en el valor del campo magnético.

- Variación de la distancia entre fases, S

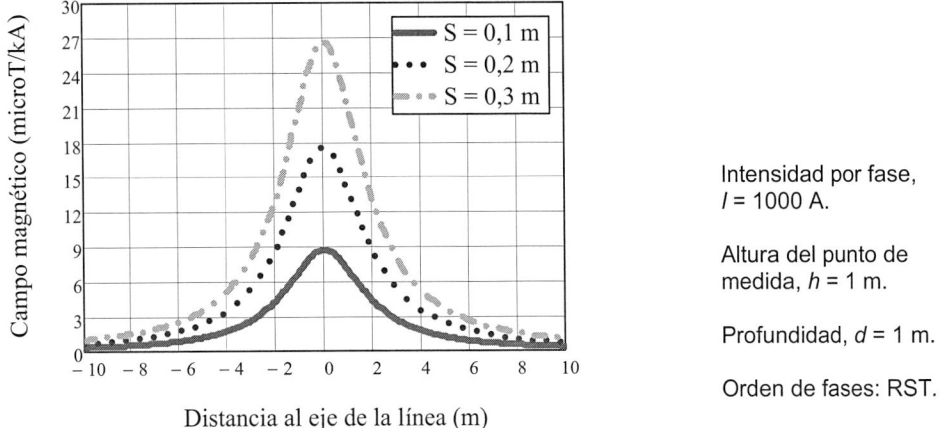

Intensidad por fase,
I = 1000 A.

Altura del punto de
medida, h = 1 m.

Profundidad, d = 1 m.

Orden de fases: RST.

Figura 6.56. Variación del campo magnético con la distancia entre fases en la configuración simple circuito en vertical

Se puede observar según la Figura 6.56, cómo se reduce el campo magnético al disminuir la distancia entre fases.

f) Análisis del campo magnético en la configuración en vertical, doble circuito

- Variación de la separación entre circuitos, Sc y del orden de fases

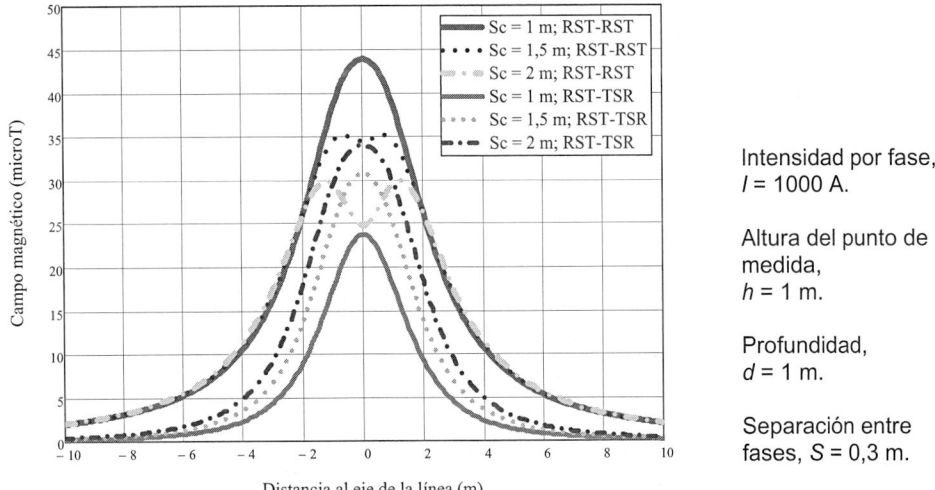

Intensidad por fase,
I = 1000 A.

Altura del punto de
medida,
h = 1 m.

Profundidad,
d = 1 m.

Separación entre
fases, S = 0,3 m.

Figura 6.57. Variación del campo magnético con la separación entre circuitos y secuencia de fases, en la configuración doble circuito en vertical

A medida que aumenta la separación entre circuitos, el valor máximo del campo magnético deja de estar en el eje de simetría de los dos circuitos, ya que la influencia de un circuito sobre el otro disminuye, y aparecen dos valores máximos del campo, uno en el eje de cada circuito.

También se aprecia como el campo magnético es menor con la secuencia de fases RST-TSR que con la secuencia de fases RST-RST.

g) Comparación entre configuración en capa y en tresbolillo

Con objeto de facilitar la comparación entre la configuración en capa y al tresbolillo se ha considerado que la fase central de la configuración en capa está en el centro de la configuración en tresbolillo. En ambas configuraciones, la distancia entre fases se considera la misma y la profundidad se define como la distancia desde el nivel del suelo al centro del tresbolillo o como la distancia desde el nivel del suelo al eje horizontal de los cables en capa.

En esta comparación se analiza la variación del campo magnético cuando se modifica la profundidad, la distancia entre las fases, la separación entre los circuitos y la secuencia de fases.

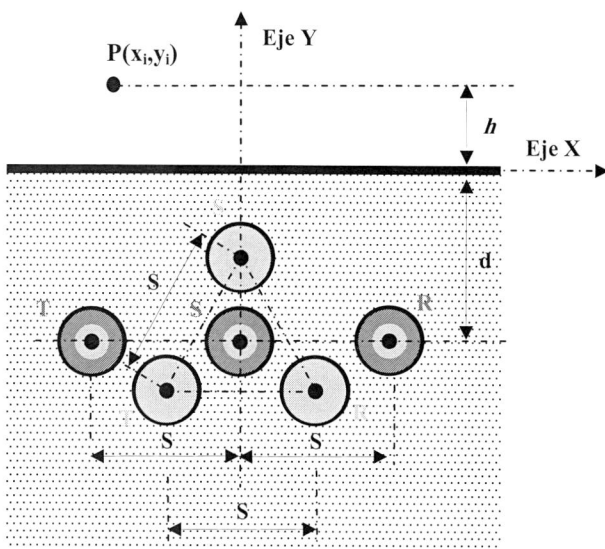

Figura 6.58. Comparativa en simple circuito de la configuración en capa con el tresbolillo

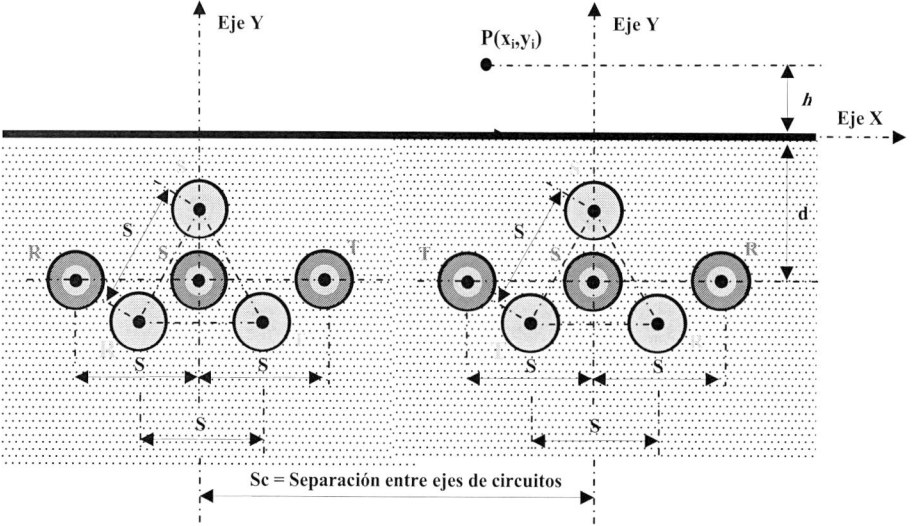

Figura 6.59. Comparativa en doble circuito de la configuración en capa con el tresbolillo

- Variación de la profundidad

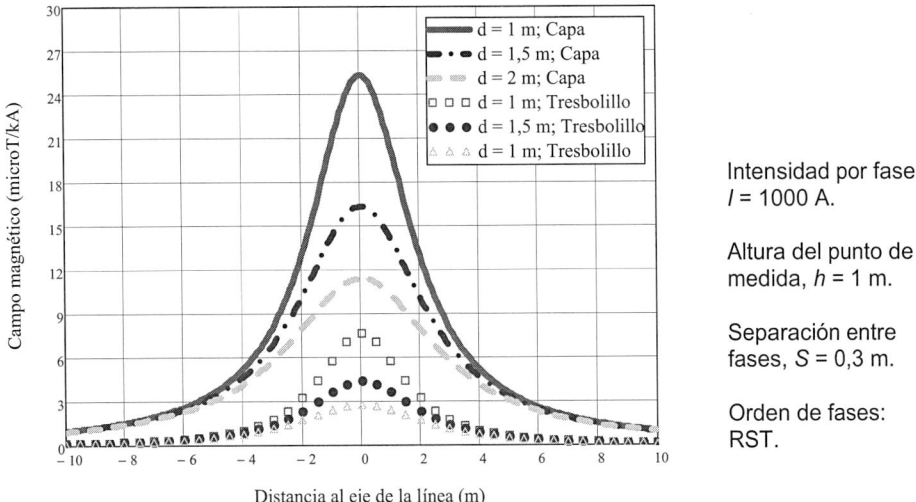

Figura 6.60. Variación del campo magnético con la profundidad en la comparación de la configuración en capa con la configuración en tresbolillo en simple circuito

Para una misma separación entre conductores, la densidad de flujo en configuración tresbolillo es del orden de un 30% más baja que en configuración en capa.

- Variación de la distancia entre fases

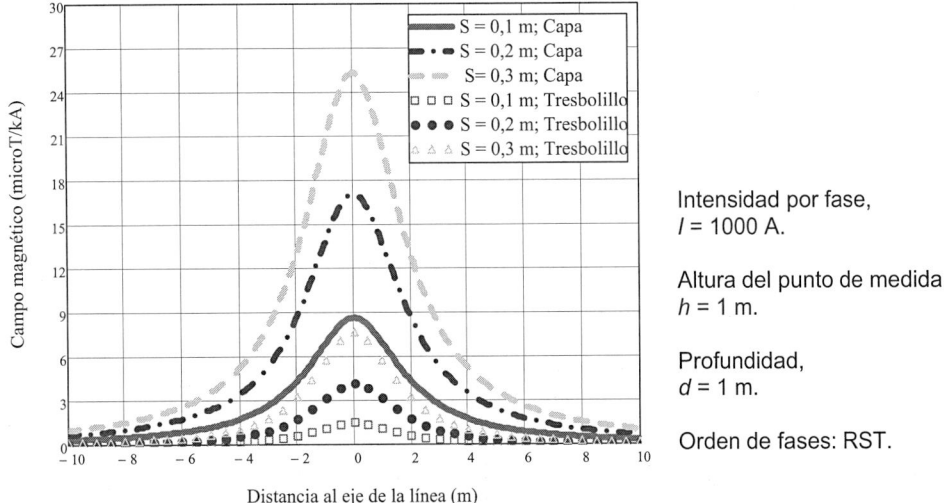

Figura 6.61. Variación del campo magnético con la separación entre fases en la comparación de la configuración en capa con la configuración en tresbolillo en simple circuito

De entre todos los casos estudiados, la densidad de flujo máxima se establece para la máxima separación entre fases en configuración en capa, mientras que el campo magnético mínimo resulta para la configuración al tresbolillo con una separación menor entre fases.

- Variación de la separación entre circuitos, *Sc*, para la comparación de la configuración en capa con el tresbolillo en doble circuito

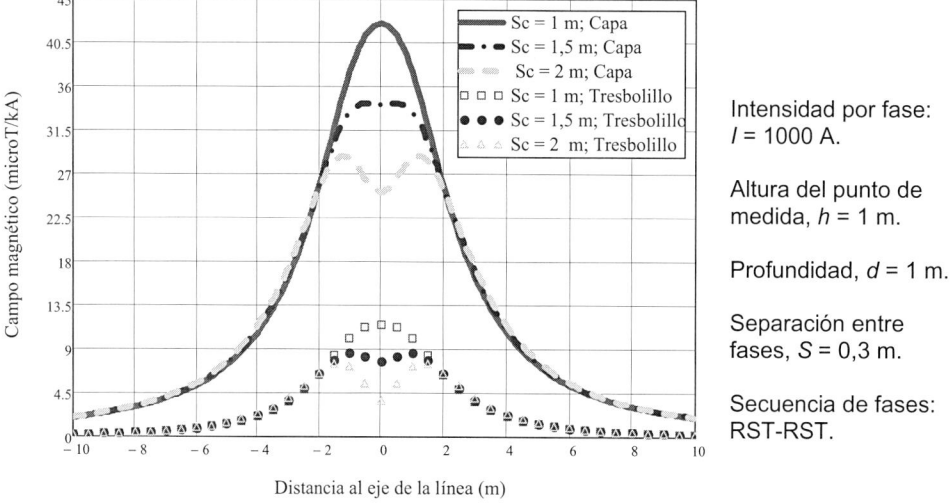

Figura 6.62. Variación del campo magnético con la separación entre circuitos en la comparación de la configuración en capa con la configuración en tresbolillo en doble circuito

- Variación de secuencia de las fases para la comparación de la configuración en capa con el tresbolillo en doble circuito.

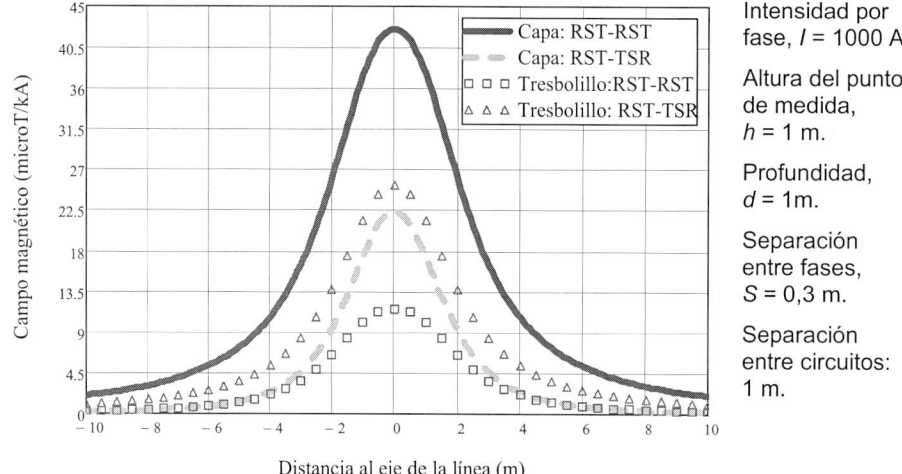

Figura 6.63. Variación de la secuencia de fases en la comparación de la configuración en capa con la configuración en tresbolillo en doble circuito

Con la secuencia de fases RST-RST, el campo magnético en la configuración al tresbolillo es inferior que en la configuración en capa. Sin embargo, con la secuencia de fases RST-TSR ocurre lo contrario, ya que el campo magnético al tresbolillo es superior que en capa.

La configuración ideal en doble circuito que provoca menor campo magnético es la de tresbolillo, con la secuencia de fases RST-RST.

6.6.4. Comparación del campo magnético creado por una línea aérea y una línea subterránea

A continuación se establece, a modo de ejemplo, la comparación del campo magnético obtenido para una línea aérea y para una línea subterránea.

a) Características de línea aérea

- Tensión nominal, $U_n = 45$ kV.
- Conductor LA-280.
- Configuración del armado, T-2/1,3.
- Altura de la cruceta inferior al terreno, 20,95 m.

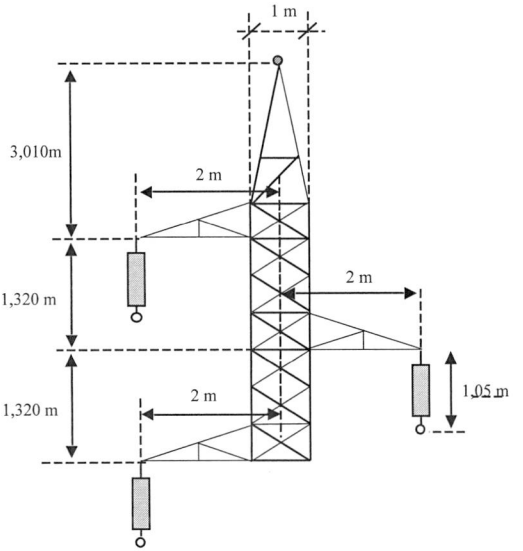

b) Características de la línea subterránea

- Tensión nominal, $U_n = 45$ kV.
- Tipo de cable, RHZ1 – 2OL (S) 26/45 kV 1×400 KCU + H165.
- Diámetro exterior del cable: 54 mm.
- Distancia del centro de la terna a la superficie del terreno, 850 mm.

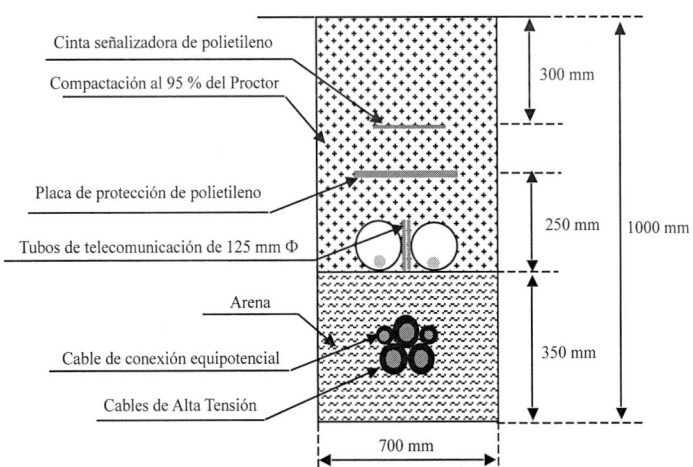

Disposición

A continuación se representa la variación del campo magnético en función de la distancia al eje central de ambas líneas, para las siguientes condiciones:

- Intensidad por fase, en ambas líneas: 1000 A.

- Misma secuencia de fases en los conductores de ambas líneas.

- Altura sobre el suelo de los puntos donde se ha calculado el campo: 1 m.

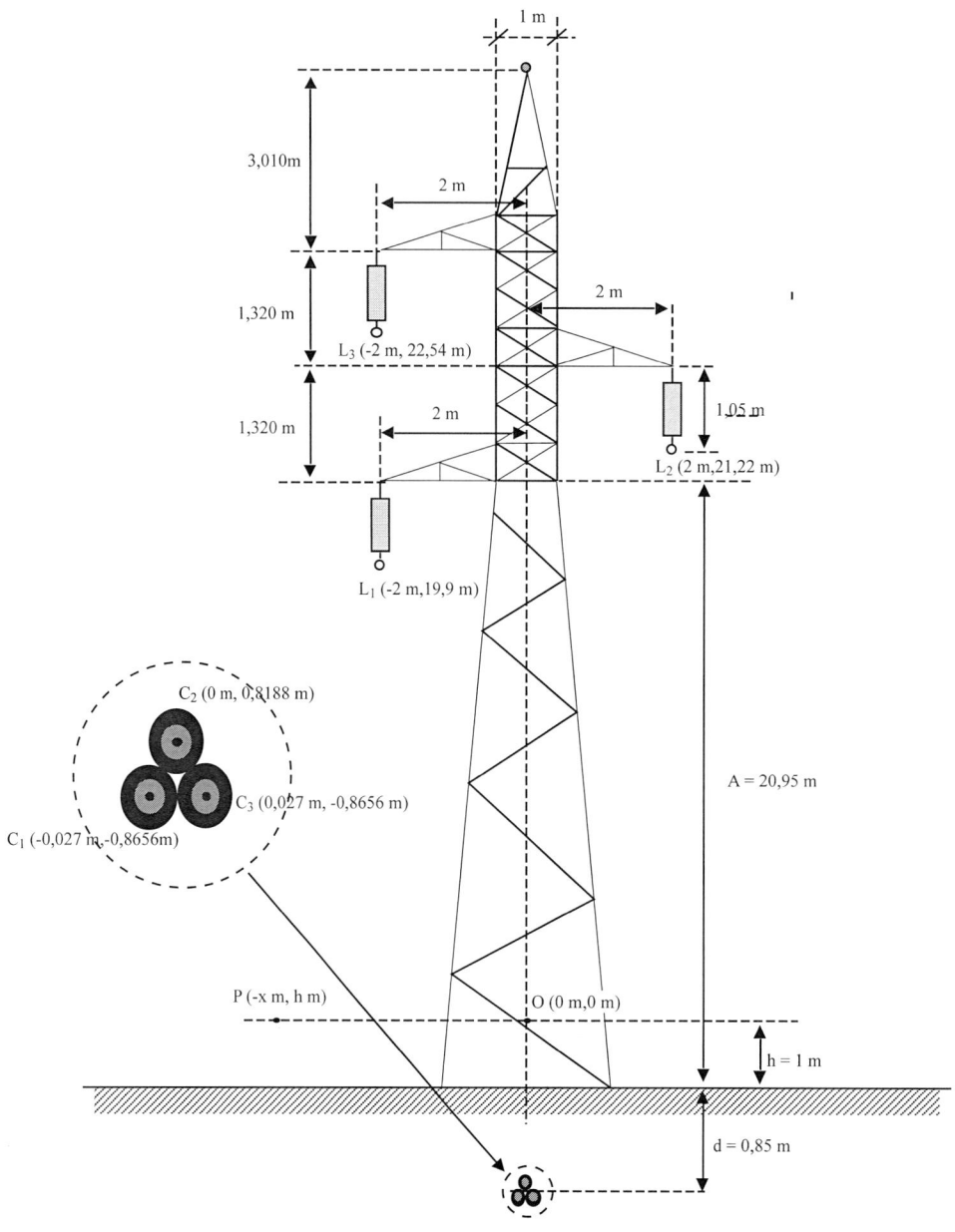

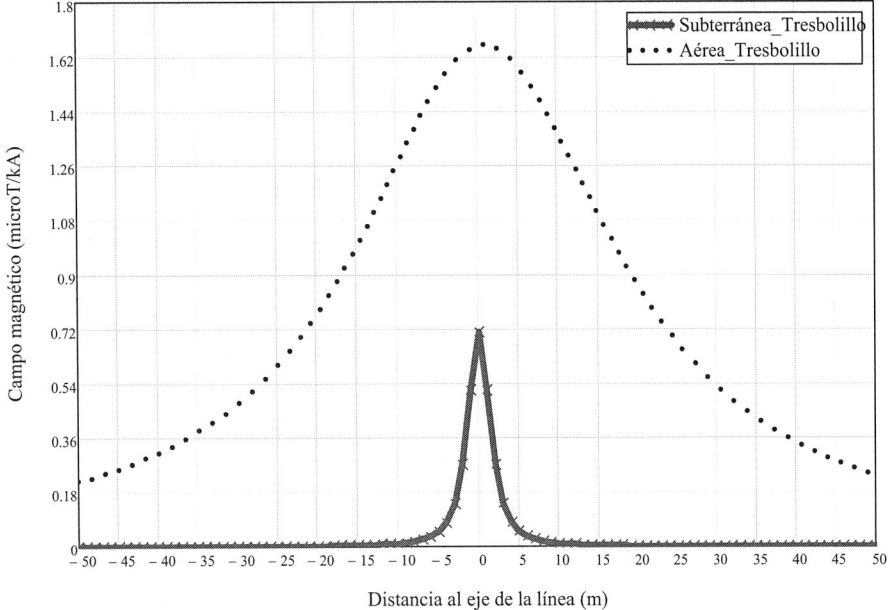

Figura 6.64. Comparación entre el campo magnético producido por línea aérea y línea subterránea

Se debe recordar también que el campo eléctrico debido a la diferencia de potencial entre los conductores de la línea aérea está siempre presente alrededor de la línea, mientras que en la línea subterránea está confinado totalmente en el interior de la pantalla.

Aunque no sea el caso del ejemplo, para algunas configuraciones de líneas aéreas y subterráneas, el campo magnético provocado por la línea aérea en su eje puede ser del mimo orden que el provocado por la línea subterránea. La diferencia fundamental estriba en que el campo magnético generado por una línea aérea disminuye, al alejarnos del eje central progresivamente pero de forma lenta, mientras que en una línea subterránea, a tan solo pocos metros del eje central del sistema, el campo magnético adquiere ya valores muy pequeños.

La información aportada por la Figura 6.64 es tan solo un ejemplo, ya que los campos magnéticos se caracterizan por ser sensibles a muchos parámetros (orden de fases, número de circuitos, corriente en las pantallas o conductores de tierra, configuración de los cables, etc.) Por ejemplo, si disminuye el valor de la altura h, a la que se toman los puntos de medida el valor del campo magnético se incrementa para líneas subterráneas y disminuye para líneas aéreas [16].

Finalmente se debe señalar también que para cualquier configuración de la línea, los valores de los campos magnéticos producidos por las líneas aéreas y subterráneas son habitualmente más bajos que los valores recomendados internacionalmente respecto a la seguridad para las personas [17] y [18], para la exposición electromagnética a dichos campos.

EJERCICIOS PROPUESTOS

6.1. Cálculo de la intensidad máxima admisible

Se procede al tendido de una terna de cables unipolares de alta tensión directamente enterrados en el terreno para una tensión de servicio de 15 kV y 50 Hz, con las siguientes características:

- Cables unipolares no armados.
- $S = 240$ mm^2 en Alumino.
- Disposición de conductores: en triángulo y en contacto.
- Diámetro exterior del aislamiento: 30,3 mm.
- Diámetro del conductor: 17,9 mm.
- Aislamiento: XLPE.
- Temperatura máxima admisible por el cable en servicio permanente: 90 ºC.
- Tangente de delta (XLPE): 0,004.
- ε_r (XLPE) = 2,5.
- Temperatura del suelo: 25 ºC.
- Factor de efecto pelicular, $Y_s = 0,0036$.
- Factor de efecto proximidad, $Y_p = 0,0037$.
- Puesta a tierra de las pantallas de los cables en ambos extremos.
- Pérdidas por corrientes de circulación, $\lambda_1' = 0,1037$.
- Resistencia térmica del aislamiento: 0,314 K·m/W.
- Resistencia térmica de la cubierta: 0,127 K·m /W.
- Resistencia térmica del suelo: 2,914 K·m /W.

Calcular las pérdidas dieléctricas por fase y la intensidad máxima admisible por el cable en servicio permanente.

6.2. Cálculo de la temperatura de un cable en régimen transitorio

Un cable tripolar de baja tensión subterráneo, con aislamiento de XLPE tiene una constante de tiempo, τ, de 25 minutos. En las condiciones tipo de instalación (para una temperatura del terreno de 25 ºC) el cable puede soportar una intensidad I_Z en servicio permanente.

Calcular cuál será la temperatura del cable 25 minutos después de ponerlo en servicio con una carga igual a I_Z, si la temperatura del terreno es de 20 ºC.

6.3. Cálculo de la temperatura de un cable en régimen transitorio

Se desea transportar una potencia de 4 MVA desde una subestación de 45/20 kV hasta un centro de transformación de 20 kV/400/230 V, situado a una distancia de la subestación de 7 km. El neutro del transformador de la subestación en el lado de 20 kV está puesto rígidamente a tierra. El cable irá tendido por el interior del túnel del metropolitano, apoyado sobre una bandeja ciega. La temperatura ambiente se considera 40 °C, pero habrá que tener en cuenta que la presencia de los cables implica un sobrecalentamiento de la galería respecto a la temperatura de un máximo de 15ºC. Se utilizará un cable tripolar de aluminio, situado lo más próximo posible a la pared del túnel. La potencia de cortocircuito de la red de 20 kV es de 450 MVA, con un tiempo de disparo de las protecciones para un defecto trifásico de 0,5 s. Considerar un factor de potencia igual a la unidad. Se debe seleccionar el cable más adecuado y determinar sus características utilizando criterios técnicos. Para evitar incendios se desea que el cable sea no propagador del incendio con baja emisión de humos y gases tóxicos y corrosivos. Se utilizará la información de las tablas siguientes.

Seleccionar la tensión asignada del cable a utilizar con aislamiento de XLPE y su sección suponiendo que no existen limitaciones en cuanto a la caída de tensión admisible.

Tabla 6.21. Cables aislados con XLPE: Intensidad máxima admisible,
en A, en servicio permanente y con corriente alterna

Sección nominal de los conductores (mm²)	Cobre				Aluminio			
	Tensión asignada, U_o / U, (kV)				Tensión asignada, U_o / U (kV)			
	1,8/3 a 18/30		26/45[*]	36/66[*]	1,8/3 a 18/30		26/45[*]	36/66[*]
	3 cables unipolares	1 cable tripolar	3 cables unipolares		3 cables unipolares	1 cable tripolar	3 cables unipolares	
35	170	160	–	–	135	125	–	–
50	205	190	–	–	160	150	–	–
70	260	235	275	–	200	185	215	–
95	315	285	335	–	245	225	260	–
120	365	325	385	385	285	255	300	300
150	415	370	430	435	320	290	335	340
185	475	425	495	495	370	330	385	385
240	555	495	580	580	435	385	455	455
300	645	570	665	665	500	445	520	520
400	745	650	765	760	580	505	600	600
500	845	–	880	875	660	–	700	700
630	975	–	1015	1005	760	–	810	815

Temperatura máxima en el conductor: 90ºC

Instalación al aire según condiciones tipo: un cable tripolar instalado al aire o una terna de cables unipolares agrupados en contacto con una colocación tal que permita una eficaz renovación de aire, siendo la temperatura del medio ambiente de 40ºC. Por ejemplo, con el cable colocado sobre bandejas o fijado a una pared, etc.

(*) Para estas tensiones, al no existir normativa oficial, el diseño del cable puede influir notablemente en las correspondientes intensidades máximas admisibles.

Tabla 6.22. Cables tripolares o ternas de cables unipolares tendidos sobre bandejas continuas, (la circulación del aire es restringida), con separación entre cables igual a un diámetro

Número de Bandejas	Factor de corrección				
	Número de cables tripolares o ternas unipolares				
	1	2	3	6	9
1	0,95	0,90	0,88	0,85	0,84
2	0,90	0,85	0,83	0,81	0,80
3	0,88	0,83	0,81	0,79	0,78
6	0,86	0,81	0,79	0,77	0,76

6.4. Red de media tensión de parque eólico constituido por un conjunto de aerogeneradores

Sea un parque eólico formado por una única hilera de treinta aerogeneradores de 660 kW cada uno con las siguientes distancias entre ellos tal y como se representa en la figura.

Calcular la línea subterránea de media tensión de este parque para una tensión nominal de 20 kV y una intensidad de cortocircuito máxima de 6 kA, suponiendo que la canalización está directamente enterrada a 1 metro de profundidad, en un terreno a 25 °C de temperatura máxima y con una resistividad térmica de 1 K·m/W. Se considerará la red de categoría A, y el tiempo de actuación de las protecciones en caso de cortocircuito de 0,3 s. La subestación se sitúa cercana al punto medio de la línea de aerogeneradores "entre" los aerogeneradores 15 y 16 a una distancia de 450 m y 420 m de cada uno de ellos respectivamente. Se considerará un factor de potencia de la carga de 0,85. Los cables se elegirán de aluminio con secciones de 95, 150 o 240 mm^2, ya que son estos tipos de cable los disponibles comercialmente para este proyecto.

Como parte del problema se calcularán también los parámetros eléctricos de la línea, tanto su resistencia en corriente alterna a la temperatura de servicio prevista a plena carga, como su inductancia. Para ello, se considerarán los coeficientes de piel y proximidad, y se utilizará la información indicada en la Tabla 6.23.

Para facilitar futuras ampliaciones los cables se calcularán de forma que en régimen permanente circule como máximo al 80% de la intensidad máxima admisible por el cable.

Tabla 6.23. Datos de los cables obtenidos de catálogos de los fabricantes

Tipo de cable	Diámetro exterior (incluyendo aislamiento y cubierta), en mm	Diámetro interior (sólo del conductor), en mm	Intensidad máxima admisible en instalación tipo enterrada, (A)
RHFV 12/20 kV 1× 95 mm^2 Al	29,5	11,2	250
RHFV 12/20 kV 1× 150 mm^2 Al	32,5	14	315
RHFV 12/20 kV 1× 240 mm^2 Al	37,1	17,9	415

Nota: la instalación tipo enterrada se refiere a una terna de cables unipolares en triángulo en contacto mutuo, para una temperatura del terreno de 25°C, con una resistividad térmica del terreno de 1 K·m/W, a una profundidad de 1 metro.

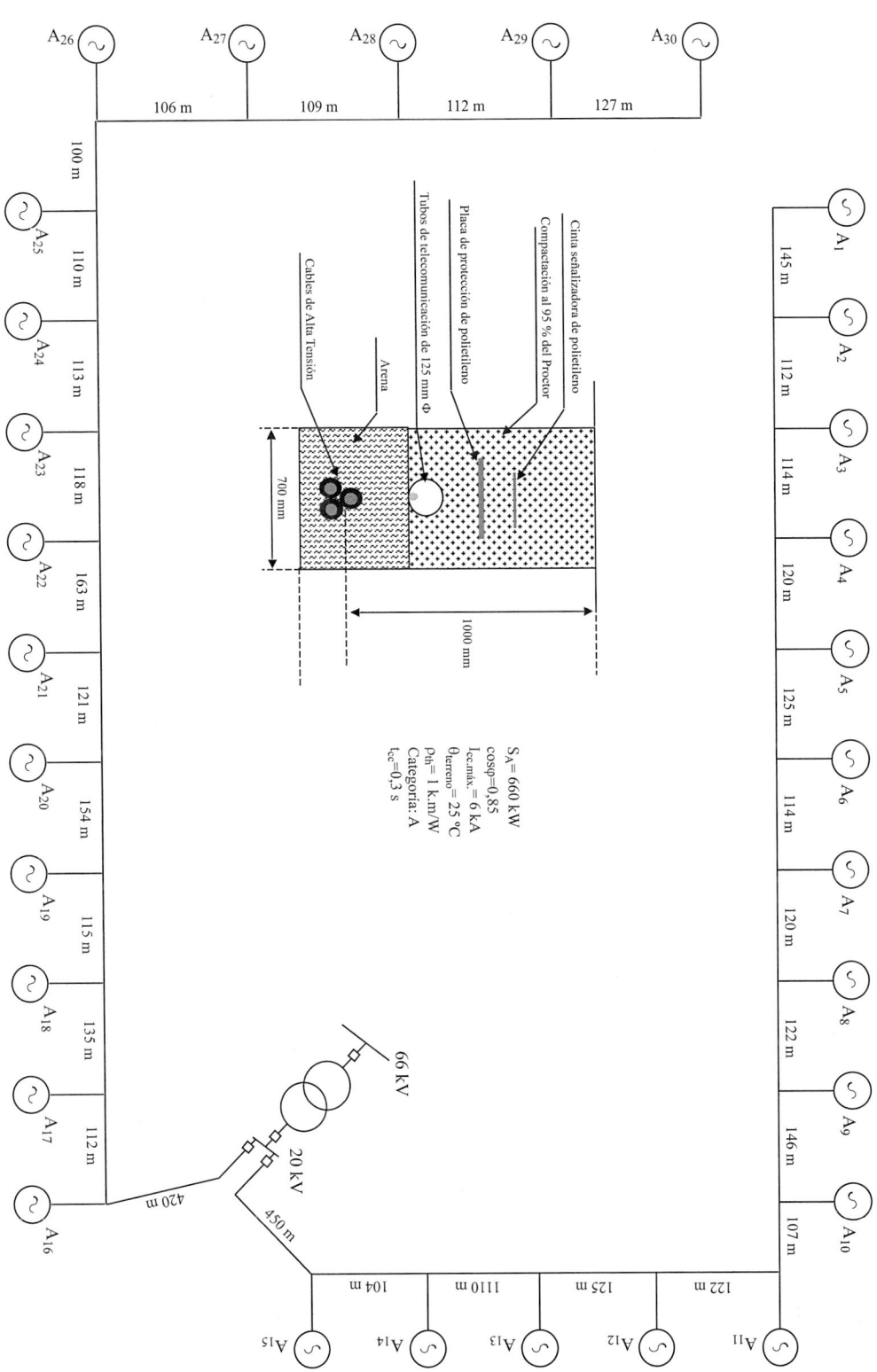

GLOSARIO DE TÉRMINOS

a Vector de módulo unidad y argumento 120º.

A Sección perpendicular al vector de inducción magnética.

B Campo magnético o inducción del campo magnético.

B_t Módulo del campo magnético.

C Capacidad paralelo de la línea por unidad de longitud.

d Diámetro medio de la pantalla.

d_{ais} Diámetro exterior del aislamiento

d_c Diámetro del conductor.

D'_a Diámetro interior de la cubierta.

D_{ext} Diámetro exterior del cable.

D_e Distancia equivalente de retorno por tierra en m.

D_s Diámetro interior de la capa de asiento de la armadura.

G Conductancia paralelo de la línea por unidad de longitud.

H Intensidad del campo magnético.

h Altura del punto P ,donde se quiere calcular el campo magnético, respecto de tierra.

h_0 Distancia de la superficie del suelo al eje del cable enterrado. Se denomina d, para el estudio de campos magnéticos.

I Valor de la intensidad de la corriente.

I_c Intensidad capacitiva de la línea.

I_{cc} Intensidad de cortocircuito trifásico.

I_{sob} Intensidad de sobrecarga.

I_z Intensidad máxima admisible en servicio permanente de la línea.

J_i Intensidad por el conductor de la fase i.

J_p Intensidad por la pantalla.

J_{pi} Intensidad por la pantalla de la fase i.

K Densidad de corriente admisible en un conductor, para un cortocircuito de duración 1 segundo.

L Inductancia efectiva serie por unidad de longitud.

L Longitud de la línea.

L_c Longitud crítica de la línea.

M Factor de sobrecarga

MP Margen de protección de un pararrayos.

n Número de conductores cargados.

P_L Potencia activa consumida por una carga conectada en el extremo de una línea.

q_c Calor específico del material del conductor.

Q_C Potencia reactiva capacitiva debida a la capacidad de los cables de una línea.

Q_c Capacidad calorífica del cable en función de las condiciones de instalación.

r Distancia entre el cable y el punto de medida del campo magnético.

r_p Radio medio geométrico de la pantalla.

R Resistencia efectiva serie por unidad de longitud.

R_{ca} Resistencia en corriente alterna por unidad de longitud.

R_{cc} Resistencia en corriente continua por unidad de longitud.

R_p Resistencia de la pantalla.

R_0 Parte resistiva del acoplamiento por el terreno entre conductores y pantallas.

s Separación entre los ejes de dos cables próximos. Se denomina S, para el estudio de campos magnéticos.

s_{c-p} Separación entre los centros del conductor de un cable y de la pantalla de otro cable.

s_{p-p} Distancia entre los centros de las pantallas, en m.

S Potencia aparente.

S_{ecc} Sección del cable.

S_G Potencia aparente de la fuente.

t_{cc} Tiempo de duración del cortocircuito.

t_1 Espesor del aislamiento.

t_2 Espesor del asiento de la armadura.

t_3 Espesor de la cubierta.

$tg\delta$ Factor de pérdidas del aislamiento.

T Resistencia térmica por unidad de longitud.

T_1 Resistencia térmica del aislamiento del conductor.

T_2 Resistencia térmica del asiento de la armadura, en caso de cables armados.

T_3 Resistencia térmica de la cubierta del cable.

T_4 Resistencia térmica del medio exterior.

U_c Tensión soportada en servicio continuo por un pararrayos.

U_n Tensión nominal de la línea.

U_r Tensión nominal de un pararrayos.

U_{res} Tensión residual de un pararrayos.

U_0 Tensión con relación a tierra.

W_A Pérdidas en la armadura de un cable.

W_c Pérdidas por efecto Joule.

W_d Pérdidas dieléctricas en el seno del aislamiento.

W_s Pérdidas en las pantallas conductoras de un cable.

x_C Coordenada x, de la posición del cable.

x_i Coordenada x, de los puntos donde se quiere calcular el campo magnético.

X Reactancia inductiva serie de la línea.

X Reactancia inductiva mutua equivalente entre los conductores y pantallas

X_{c-p} Reactancia inductiva conductor-pantalla.

X_{p-p} Reactancia inductiva mutua pantalla-pantalla.

y_C Coordenada y, de la posición del cable.

y_i	Coordenada y, de los puntos donde se quiere calcular el campo magnético.
y_s	Factor de efecto pelicular.
y_p	Factor de efecto proximidad.
Z_p	Impedancia de la pantalla, en Ω/m.
α	Ángulo que forman las componentes vertical y horizontal del campo magnético B.
α_{20}	Coeficiente de temperatura del conductor a 20 ºC.
β	Inverso del coeficiente de variación de la resistividad con la temperatura a 0º.
γ	Densidad del material conductor.
δ_{cc}	Densidad de corriente admisible en cortocircuito de un cable.
ε_0	Permitividad en el vacío.
ε_r	Permitividad relativa del aislamiento del cable.
φ	Ángulo de desfase de la carga en el extremo de la línea.
ϕ	Flujo magnético.
λ_1	Pérdidas de potencia activa en la pantalla en por unidad de las pérdidas por efecto Joule.
λ'_1	Pérdidas de potencia activa por corrientes de circulación en las pantalla en por unidad de las pérdidas por efecto Joule.
λ''_1	Pérdidas de potencia activa por corrientes de Foucault en la pantalla en por unidad de las pérdidas por efecto Joule.
λ_2	Pérdidas de potencia activa en la armadura en por unidad de las pérdidas por efecto Joule.
μ_0	Permeabilidad del vacío.
θ	Temperatura del conductor.
θ_a	Temperatura ambiente.
θ_{cc}	Temperatura máxima admisible por el aislamiento en condiciones de cortocircuito.
θ_i	Temperatura del conductor al inicio del cortocircuito.
θ_f	Temperatura del conductor al final del cortocircuito.
θ_s	Temperatura máxima admisible por el aislamiento en servicio permanente.
ρ_{20}	Resistividad del conductor a 20 ºC.
ρ_e	Resistividad del terreno.
ρ_T	Resistividad térmica del terreno.
ρ_{T1}	Resistividad térmica del aislamiento.
ρ_{T2}	Resistividad térmica del asiento de la armadura.
ρ_{T3}	Resistividad térmica de la cubierta.
τ	Constante térmica de calentamiento o enfriamiento de un cable.
ω	Pulsación de la corriente eléctrica.

BIBLIOGRAFÍA

[1]   TB-338. Statistics of AC underground cables in power networks. Working Group B1.07. December 2007. Cigre.

[2]   TB-250. General guidelines for the integration of a new underground cable system in the network. Working Group B1.19. August 2004. Cigre.

[3]   UNE 21144-2-1. Cables eléctricos. Cálculo de la intensidad admisible. Parte 2: resistencia térmica. Sección 1: cálculo de la resistencia térmica.

[4]   UNE 21144-1-1. Cables eléctricos. Cálculo de la intensidad admisible. Parte 1: ecuaciones de intensidad máxima admisible (factor de carga 100%) y cálculo de pérdidas.

[5]   Thermal overload protection of cables. Siemens PTD EA. Applications for SI-PROTEC Protection Relays. 2005.

[6]   Statistics of ac underground cables in power networks. Technical Brochure, 338, CIGRE, December 2007.

[7]   Insulated Cable Engineers Association Standard P32-382-1994. "Short circuit Characteristics of Insulated Cables". 1994, Soyh Yarmouth, MA.

[8]   UNE 21191. Parte 2. Cálculo de las capacidades de transporte de los cables para regímenes de carga cíclicos y sobrecarga de emergencia. Régimen cíclico para cables de tensiones superiores a 18/30 (36) kV y regímenes de emergencia para cables de todas las secciones.

[9]   The design of specially bonded cable systems. Working Group 07, of study Committee n° 21 (HV insulated cables). ELECTRA n° 28. 1973.

[10] The design of specially bonded cable systems. Part II. Working Group 07, of study Committee n° 21 (HV insulated cables). ELECTRA n° 47. 1976.

[11] Guide of the protection of specially bonded cable systems against sheath overvoltages. Working Group 07, of study Committee n° 21 (HV insulated cables). ELECTRA n° 128. 1990.

[12] IEEE Guide for the Application of Sheath-Bonding Methods for Single-conductor Cables and the Calculation of Induced Voltages and Currents in Cable Sheaths. ANSI/IEEE Std 575-1988.

[13] Earth potential rises in specially bonded screen systems. Technical brochure, 347, CIGRE. June 2008.

[14] General guidelines for the integration of a new underground cable system in the network. Technical brochure, 250, CIGRE. august 2004.

[15] Magnetic Field Management Considerations for Underground Cable Duct Bank. *2005 IEEE Transmission & Distribution Conference – New Orleans, Louisiana.*

[16] Construction, Laying and Installation Techniques for Extruded and Self Contained Fluid Filled Cable Systems. Cigré. Brochure 194. Working Group 21.17. October 2001.

[17] Recomendación del Consejo de 12 de julio de 1999 relativa a la exposición del público en general a campos electromagnéticos (0 Hz a 300 GHz) (1999/519/CE).

[18] Directiva 2004/40/CE del Parlamento Europeo y del Consejo de 29 de abril de 2004 sobre las disposiciones mínimas de seguridad y de salud relativas a la exposición de los trabajadores a los riesgos derivados de los agentes físicos.